三北地区林木良种

SAN BEI DI QU LIN MU LIANG ZHONG

国家林业和草原局西北华北东北防护林建设局
国家林业和草原局国有林场和种苗管理司
◎联合编写

中国林业出版社

图书在版编目（CIP）数据

三北地区林木良种：全 2 册 / 张炜主编 . -- 北京：中国林业出版社，
2017.12

ISBN 978-7-5038-9368-1

Ⅰ.①三… Ⅱ.①张… Ⅲ.①优良树种—三北地区Ⅳ.① S722

中国版本图书馆 CIP 数据核字 (2017) 第 276485 号

中国林业出版社

责任编辑：李　顺　薛瑞琪　赵建渭　王思源　陈　慧

出版咨询：（010）83143569

出版：中国林业出版社（100009 北京西城区德内大街刘海胡同 7 号）

网 站：http://lycb.forestry.gov.cn/

印 刷：固安县京平诚乾印刷有限公司

发 行：中国林业出版社

电 话：（010）83143500

版 次：2018 年 10 月第 1 版

印 次：2018 年 10 月第 1 次

开 本：889mm×1194mm　1 / 16

印 张：70.875

字 数：500 千字

定 价：1280.00 元（上、下册）

《三北地区林木良种》编委会

主　　　任：张　炜

副　主　任：程　红　周　岩　杨　超

编　　　委：洪家宜　张健民　冯德乾　杨连清　武爱民　邹连顺
　　　　　　刘　冰　贾权民　王绍军　李振龙　阿勇嘎　陈　杰
　　　　　　郭石林　张学武　郭道忠　樊　辉　邓尔平　金绍琴
　　　　　　李东升

主　　　编：张　炜

副　主　编：洪家宜　欧国平　解树民　包　军

执行副主编：魏永新　丁明明

成　　　员：（按姓氏笔画排序）
　　　　　　丁立娜　于丽丽　于桂花　马兴华　王生军　王自龙
　　　　　　王晓莘　王福维　孔俊杰　牛锦凤　艾合买提·约罗瓦斯
　　　　　　卢　伟　田　静　付奥南　宁明世　宁瑞些　庄凯勋
　　　　　　闫奕心　孙士庆　李东升　李仰东　李英武　李树春
　　　　　　李帮同　李　锐　肖振海　佟朝晖　辛菊平　宋作敏
　　　　　　宋建昌　张全科　张昕欣　张海忠　范国儒　罗剑驰
　　　　　　周长东　房丽华　赵建渭　胡　茵　姜英淑　姚　飞
　　　　　　秦秀忱　袁士保　徐秀琴　殷光晶　高振寰　郭小兵
　　　　　　黄　鑫　崔卫东　敏正龙　梁胜发　肇　楠　樊彦新

PREFACE 序

　　解决我国人民日益增长的美好生活需要与发展不平衡不充分之间的矛盾，增加生态产品供给担负着补短板的重任。林木良种是短板中的短板，增加良种壮苗数量，提高质量，又是重中之重。这是十九大对林业工作的要求，也是推进林业现代化建设的题中之义。

　　"林以种为本，种以质为先"。优良的林木种苗资源是林业现代化建设最基础的生产资料，是着力提升森林质量的最根本保障，也是提供优质生态产品的最关键因素。学习贯彻十九大精神，夯实生态文明和美丽中国建设根基，离不开选育、生产和推广林木良种，推动林木种苗供给侧结构性改革，补齐林业建设、特别是困难立地条件下生态治理良种供给的短板。

　　林木良种，优良为本。要尊重自然规律，搜集和筛选适合不同地区栽植培育的林木良种，真正做到适地适树、适水适肥。要科技先行，加强良种选育，特别要选育优质、高产、高抗的品种，着力提升良种质量，从根本上保证优良品种在大规模国土绿化中落地生根、开花结果。

　　林木良种，推广为要。目前我国林木良种使用率仍然较低，其中有良种选育问题，有使用成本问题，更重要的还是认识不足，推广不力问题。"有毛不算秃"的理念依然存在，成果推广机制严重不活，示范应用动力不足。这些问题不仅在乔木、经济林营造中存在，而且在灌木造林中尤其严重。不解决这些问题，加强森林经营、提升森林质量、提高林业效益就无从谈起。要推动产、学、研相结合，活化林木良种推广应用机制，改变科研成果与生产实际脱节的现象，真正使良种成为良苗，良苗成为良材。要加强宣传推介，增强社会认知，使良种切实摆上决策者的案头，走入田间地头。

　　林木良种，监管为重。要加强林木种苗质量管理，牢固树立质量第一的思想，加强林木种苗生产、流通、使用等全过程的质量管理，严格落实许可与证签、档案、检验制度。要认真贯彻执行《种子法》，强化种苗行政执法，完善执法程序，严格执法责任，严厉打击制售假劣保苗行为，建设种苗诚信市场。要探索建立重点林业生态工程良种壮苗使用率考核指标，运用行政导向、经济调控等手段促进良种壮苗生产应用。

林木良种，效益为先。要加大科学研究和政策支持力度，鼓励科研人员加强良种选育，出成果、出人才、出效益。要推广使用林木良种，有效开拓良种应用市场，提高良种培育效益。要保证良种质量，让使用者从林木良种应用中获得更大的经济收益。

本书名为《三北地区林木良种》。三北地区地域辽阔，植被稀少，生态脆弱，宜林地占全国的三分之二，生态建设任务重、难度大，是开展国土绿化和林业建设的攻坚区。大面积造林需要林木良种，退化林分改造需要林木良种，助力生态建设、精准脱贫、乡村振兴、提升林业经营质量也需要林木良种。本书收录了三北地区林木良种1000余种，采用传统印刷出版和网络推送相结合的方式，全面推介各良种的来源、特性、培育技术和适宜栽植的范围，集专业性、实用性、科普性于一体，推广传播林业良种信息。这是一部汇集三北地区林木良种工作结晶、推进三北林业现代化发展和生态建设的重要著作。

我真诚地希望，各地能学习借鉴本书编辑整理的成果，并结合本地实际，充分运用到国土绿化和生态治理的实践中，维护森林生态安全，全面提升森林生态系统的稳定性和生态服务功能，着力提高林业经营质量和效益，为建设社会主义生态文明和美丽中国做出更大的贡献！

PREFACE 前言

三北防护林体系建设工程是当代世界最大的林业生态建设工程。根据总体规划，建设范围包括三北地区 13 个省（自治区、直辖市）的 551 个县（旗、市、区），总面积 406.9 万平方公里，占国土面积的 42.4%；规划建设 73 年，从 1978 年开始到 2050 年结束，分三个阶段，八期工程；使区域内的森林覆盖率从 5.05% 提高到 14.95%，生态环境得到根本性改善。在党中央、国务院的正确领导下，经过三北地区各族干部群众艰苦卓绝的努力，累计完成造林保存面积 3014 万公顷，森林覆盖率提高到 13.57%，取得了显著的生态、经济和社会效益。

三北地区是全国生态系统最脆弱的地区，林业建设任务最艰巨的地区。面对干旱少雨、风沙危害、水土流失等严酷的自然条件，面对国计民生日益增长的生态经济需求，需要采取多种措施，必须把培育和推广林木良种作为突破口，加快林木种苗供给侧结构性改革，补齐营造林生产的短板，良种、壮苗和良法相结合，克服严酷自然条件的限制，努力提高营造林质量，提高生态稳定性和综合效益。编辑出版《三北地区林木良种》传播良种信息，促进良种推广，成为当前一项紧迫任务。

《三北地区林木良种》分上、下两卷。收录了我国实行林木良种审定制度以来三北地区培育的木本、藤本良种 43 科，77 属，1000 余品种（种源、无性系），收录图片 4000 余幅。具体编纂中科、属、种按郑万钧（1978）系统及恩格勒系统排序，同种不同种源按审定时间并结合国家行政区划排序。品种的学名为各省（自治区、直辖市）林木良种审定委员会的定名。读者还可以按中文名称或者分省进行检索。本书图文结合，简明介绍每个良种品种来源、品种特性、培育技术和适宜栽植范围等。同时，适应"互联网+"的新形势，开发了《三北地区林木良种》APP 电子书和 PC 端网络版平台，伴随着林木良种审定工作的持续推进，将定期对 APP 电子书和 PC 端网络版平台的内容进行补充、修改、完善，读者通过移动终端扫描纸质书或者林业网站上相应的二维码，通过网站搜索中文域名"三北地区林木良种.com"即可进入 APP 电子书和 PC 端网络界面，可以利用移动终端和网站随时随地浏览、查阅、检索，掌握三北地区林木良种的最新情况。

在本书的编写过程中，全体编纂人员尽心尽力，所在单位给予大力支持。国家林业局国有林场和林木种苗工作总站张周忙、刘春延、张耀恒副总站长，郑新民处长精心指导本书的编写，北京林业大学续九如、康向阳教授，国家林业局国有林场和林木种苗工作总站鲁新政教授级高级工程师对本书进行了认真审核并提出修改意见。在此对他们的辛勤付出一并表示感谢。尽管编写人员力求做到科学、严谨，但由于受水平所限，难免存在疏漏之处，敬请读者批评指正。

编著者

2018 年 10 月

目录 CONTENTS

编委会 ···································· 3

序 ······································ 4

前言 ····································· 6

一、银杏科

丹东银杏 ······························· 001

二、松科

雪岭云杉（天山云杉）种子园 ············· 002

嫩江云杉 ······························· 003

管涔林局闫家村白杆母树林种子 ·········· 004

关帝林局孝文山白杆母树林种子 ·········· 005

五台林局白杆种源种子 ·················· 006

青海云杉（天祝）母树林种子 ············ 007

青海云杉 ······························· 008

罗山青海云杉天然母树林种子 ············ 009

内蒙古贺兰山青海云杉母树林种子 ········ 010

互助县北山林场青杆种源 ················ 011

白音敖包沙地云杉优良种源种子 ·········· 012

黄南州麦秀林场紫果云杉母树林 ·········· 013

新疆落叶松种子园 ······················ 014

长城山华北落叶松 ······················ 015

静乐华北落叶松 ························· 016

六盘山华北落叶松一代种子园种子 ········ 017

上高台林场华北落叶松母树林种子 ········ 018

苏木山林场华北落叶松种子园种子 ········ 019

华北落叶松母树林种子 ·················· 020

乌兰坝林场华北落叶松种子园种子 ········ 021

乌兰坝林场华北落叶松母树林种子 ········ 022

黑里河林场华北落叶松种子园种子 ········ 023

旺业甸林场华北落叶松母树林种子 ········ 024

关帝林局华北落叶松种源种子 ············ 025

五台林局华北落叶松种源种子 ············ 026

缸窑兴安落叶松初级无性系种子园种子 ···· 027

阁山兴安落叶松人工母树林 ·············· 027

加格达奇兴安落叶松第一代无性系种子园种子 ··· 028

胜山兴安落叶松天然母树林 ·············· 028

乌兰坝林场兴安落叶松种子园种子 ········ 029

甘河林业局兴安落叶松种子园种子 ········ 030

乌尔旗汉林业局兴安落叶松种子园种子 ···· 031

内蒙古大兴安岭北部林区兴安落叶松母树林种子 ··· 032

内蒙古大兴安岭东部林区兴安落叶松母树林种子 ··· 033

内蒙古大兴安岭南部林区兴安落叶松母树林种子 ··· 034

内蒙古大兴安岭中部林区兴安落叶松母树林种子 ··· 035

青山杂种落叶松实生种子园种子 ·········· 036

哈达长白落叶松种子园种子 ·············· 037

错海长白落叶松第一代无性系种子园种子 ·· 038

孟家岗长白落叶松初级无性系种子园种子 ·· 039

青山长白落叶松第一代种子园种子 ········ 040

渤海长白落叶松初级无性系种子园种子 ···· 041

旺业甸实验林场长白落叶松种子园种子 ···· 042

旺业甸实验林场长白落叶松母树林种子 ···· 043

鸡西长白落叶松种源 ···················· 044

和龙长白落叶松种源 ···················· 045

太东长白落叶松初级无性系种子园种子 ···· 046

梨树长白落叶松初级无性系种子园种子··········046

鸡西长白落叶松初级无性系种子园种子··········047

陈家店长白落叶松初级无性系种子园种子··········047

鹤岗长白落叶松初级无性系种子园种子··········048

通天一长白落叶松初级无性系种子园种子··········048

大孤家日本落叶松种子园种子··········049

老秃顶子日本落叶松种子园种子··········050

青凉山日本落叶松种子园种子··········051

落叶松杂交种子园··········052

日本落叶松优良家系（F13、F41）··········053

旺业甸实验林场日本落叶松种子园种子··········054

旺业甸实验林场日本落叶松母树林种子··········055

辽宁省实验林场日本落叶松母树林种子··········056

日5×兴9杂种落叶松家系··········057

兴7×日77-2杂种落叶松家系··········057

中条山华山松··········058

华山松母树林··········059

华山松六盘山种源··········060

老秃顶子红松母树林种子··········061

草河口红松结实高产无性系··········062

清河城红松种子园种子··········063

清河城红松母树林种子··········064

红松果林高产无性系（9512、9526）··········065

辽宁省实验林场红松母树林种子··········066

LK3红松坚果无性系··········067

LK11红松坚果无性系··········068

LK20红松坚果无性系··········069

LK27红松坚果无性系··········070

NB45红松坚果无性系··········071

NB66红松坚果无性系··········072

NB67红松坚果无性系··········073

NB70红松坚果无性系··········074

JM24红松坚果无性系··········075

JM29红松坚果无性系··········076

JM32红松坚果无性系··········077

HG8红松坚果无性系··········078

HG14红松坚果无性系··········079

HG23红松坚果无性系··········080

HG27红松坚果无性系··········081

大亮子河红松天然母树林··········082

胜山红松天然母树林··········082

东部白松2000-4号种源··········083

东部白松2000-15号种源··········084

东部白松2000-16号种源··········085

东部白松··········086

太岳林局石膏山白皮松母树林种子··········087

关帝林局枝柯白皮松种源种子··········088

沙地赤松··········089

付家樟子松无性系初级种子园种子··········090

樟子松优良无性系（GS1、GS2）··········091

章古台樟子松种子园种子··········092

樟子松优良种源（高峰）··········093

红花尔基樟子松母树林种子··········094

错海樟子松第一代无性系种子园种子··········095

东方红樟子松第一代无性系种子园种子··········096

青山樟子松初级无性系种子园种子··········097

樟子松金山种源··········098

东方红钻天松··········099

榆林樟子松种子园种子··········100

樟子松··········101

旺业甸林场樟子松种子园种子··········102

旺业甸林场樟子松母树林种子··········103

大杨树林业局樟子松母树林种子··········104

杨树林局九梁洼樟子松母树林种子··········105

加格达奇樟子松第一代无性系种子园种子··········106

梨树樟子松初级无性系种子园种子··········106

樟子松卡伦山种源··········107

彰武松··········108

八渡油松种子园··········109

上庄油松··········110

北票油松种子园种子··········111

古城油松种子园··········112

吴城油松··········113

红旗油松种子园种子··········114

桥山双龙油松种子园··········115

万家沟油松种子园种子··········116

海眼寺母树林油松种子…………… 117

和顺义兴母树林油松种子………… 118

阜新镇油松母树林种子…………… 119

胜利油松母树林种子……………… 120

黑里河林场油松母树林种子……… 121

准格尔旗油松母树林种子………… 122

黑里河油松种子园种子…………… 123

沁源油松………………………… 124

小洞油松母树林种子……………… 125

大板油松母树林种子……………… 126

陵川第一山林场油松母树林种子… 127

太岳林局灵空山油松母树林种子… 128

互助县北山林场油松种源………… 129

奥地利黑松……………………… 130

美国黄松………………………… 131

峨嵋林场刚松种子园种子………… 132

班克松…………………………… 133

三、柏科

沈阳文香柏……………………… 134

寒香萃柏………………………… 135

蝶叶侧柏………………………… 136

周家店侧柏母树林种子…………… 137

沁水县樊庄侧柏母树林种子……… 138

乌拉特中旗叉子圆柏优良种源穗条… 139

乌审旗沙地柏优良种源穗条……… 140

锡盟洪格尔高勒沙地柏优良种源穗条… 141

金花桧…………………………… 142

蓝塔桧…………………………… 143

峰桧……………………………… 144

绒团桧…………………………… 145

祁连圆柏………………………… 146

桦林背杜松……………………… 147

四、红豆杉科

辽宁东北红豆杉………………… 148

陵川县西闸水南方红豆杉母树林种子…………… 149

五、木兰科

北美鹅掌楸种源4P ………………… 150

六、悬铃木科

二球悬铃木……………………… 151

七、杜仲科

秦仲1号………………………… 152

秦仲2号………………………… 152

秦仲3号………………………… 153

秦仲4号………………………… 153

饲仲1号………………………… 154

短枝密叶杜仲…………………… 154

八、榆科

新疆大叶榆母树林……………… 155

大叶榆母树林…………………… 156

'裂叶'榆………………………… 157

中条林局历山裂叶榆母树林种子… 158

锡盟沙地榆优良种源种子………… 159

白榆初级种子园………………… 160

天水榆树第一代种子园…………… 161

'金叶'榆………………………… 162

白榆种子园……………………… 163

钻天榆×新疆白榆优树杂交种子园 ………… 164

圆冠榆…………………………… 165

九、桑科

白桑……………………………… 166

'早熟'无花果 …………………… 167

'晚熟'无花果 …………………… 168

十、胡桃科

'新光'核桃 …………………… 169

'新丰'核桃 …………………… 170

'新露'核桃 …………………… 171

'温185'核桃 ………………… 172

'扎343'核桃 ………………… 173

'新早丰'核桃 ………………… 174

'卡卡孜'核桃 ………………… 175

西扶1号 ……………………… 176

西扶2号 ……………………… 177

西林2号 ……………………… 178

西洛1号 ……………………… 178

西洛2号 ……………………… 179

西洛3号 ……………………… 179

晋龙1号 ……………………… 180

晋龙2号 ……………………… 181

薄壳香 ………………………… 182

辽核1号 ……………………… 183

清香 …………………………… 184

'和上01号'核桃 ……………… 185

'和上15号'核桃 ……………… 186

'新温81'核桃 ………………… 187

'新温179'核桃 ……………… 188

'新温233'核桃 ……………… 189

'新乌417'核桃 ……………… 190

'新巨丰'核桃 ………………… 191

'和上20号'核桃 ……………… 192

'和春06号'核桃 ……………… 193

'阿浑02号'核桃 ……………… 194

'库三02号'核桃 ……………… 195

'乌火06号'核桃 ……………… 196

'新新2号'核桃 ……………… 197

'新萃丰'核桃 ………………… 198

'萨依瓦克5号'核桃 ………… 199

'萨依瓦克9号'核桃 ………… 200

'吐古其15号'核桃 …………… 201

辽宁1号 ……………………… 202

辽宁7号 ……………………… 203

香玲 …………………………… 204

金薄香1号核桃 ……………… 205

金薄香2号核桃 ……………… 206

寒丰 …………………………… 207

辽宁10号 …………………… 208

辽宁7号 ……………………… 209

香玲 …………………………… 210

鲁光 …………………………… 211

辽宁1号 ……………………… 212

辽宁4号 ……………………… 213

辽宁5号 ……………………… 214

石门魁香 ……………………… 215

晋香 …………………………… 216

晋丰 …………………………… 217

金薄香3号 …………………… 218

辽宁6号 ……………………… 219

京香1号 ……………………… 220

京香2号 ……………………… 221

京香3号 ……………………… 222

金薄香7号 …………………… 223

金薄香8号 …………………… 224

金薄丰1号 …………………… 225

西岭 …………………………… 226

绿岭 …………………………… 227

强特勒 ………………………… 228

陕核短枝 ……………………… 229

金薄香6号 …………………… 230

晋RS-1系核桃砧木 ………… 231

清香 …………………………… 232

辽瑞丰 ………………………… 233

安康串核桃 …………………… 234

安康紫仁核桃 ………………… 235

辽宁4号 ……………………… 236

薄壳香 ………………………… 237

中林1号 ……………………… 238

晋龙2号 ……………………… 239

鲁光 …………………………… 240

早硕 …… 241

鲁果1号 …… 242

鲁果11 …… 243

丰香 …… 244

美香 …… 245

晋绵1号 …… 246

金核1号 …… 247

辽宁1号核桃 …… 248

新温724 …… 249

新温915 …… 250

新温917 …… 251

京艺1号 …… 252

华艺1号 …… 253

京艺2号 …… 254

京艺6号 …… 255

京艺7号 …… 256

京艺8号 …… 257

华艺2号 …… 258

华艺7号 …… 259

核桃楸 …… 260

丹东核桃楸母树林种子 …… 261

太岳林局大南坪核桃楸母树林种子 …… 262

太岳林局北平核桃楸母树林种子 …… 263

太行林局海眼寺核桃楸母树林种子 …… 264

吕梁林局上庄核桃楸母树林种子 …… 265

中条林局皋落核桃楸母树林种子 …… 266

关帝林局双家寨核桃楸母树林种子 …… 267

十一、壳斗科

安栗1号 …… 268

辽栗10号 …… 269

辽栗15号 …… 270

辽栗23号 …… 271

燕山早丰 …… 272

东陵明珠 …… 273

遵化短刺 …… 274

燕平 …… 275

燕龙 …… 276

广银 …… 277

燕昌早生 …… 278

燕山早生 …… 279

怀丰 …… 280

京暑红 …… 281

燕兴 …… 282

宽优9113 …… 283

金真栗 …… 284

金真晚栗 …… 284

怀香 …… 285

良乡1号 …… 286

燕紫 …… 287

燕秋 …… 288

阳光 …… 289

灰拣 …… 290

明拣 …… 291

安栗2号 …… 292

燕丽 …… 293

国见 …… 294

利平 …… 295

大峰 …… 296

高城 …… 297

大国 …… 298

关帝林局真武山辽东栎母树林种子 …… 299

太行林局坪松辽东栎母树林种子 …… 300

吕梁林局康城辽东栎母树林种子 …… 301

中条林局横河辽东栎母树林种子 …… 302

太岳林局灵空山辽东栎母树林种子 …… 303

夏橡 …… 304

十二、桦木科

白桦六盘山种源 …… 305

疣枝桦 …… 306

欧洲垂枝桦 …… 307

湾甸子裂叶垂枝桦 …… 308

沼泽小叶桦 …… 309

天山桦 ……………………………………… 310

红桦六盘山种源 …………………………… 311

十三、榛科

极丰榛子 …………………………………… 312

铁榛一号 …………………………………… 313

铁榛二号 …………………………………… 314

晋榛2号 …………………………………… 315

薄壳红 ……………………………………… 316

达维 ………………………………………… 317

玉坠 ………………………………………… 318

辽榛3号 …………………………………… 319

辽榛4号 …………………………………… 320

'新榛1号'（平榛 × 欧洲榛） ………… 321

'新榛2号'（平榛 × 欧洲榛） ………… 322

'新榛3号'（平榛 × 欧洲榛） ………… 323

'新榛4号'（平榛 × 欧洲榛） ………… 324

辽榛7号 …………………………………… 325

辽榛8号 …………………………………… 326

辽榛9号 …………………………………… 327

十四、藜科

梭梭柴 ……………………………………… 328

乌拉特后旗梭梭采种基地种子 …………… 329

四子王旗华北驼绒藜采种基地种子 ……… 330

十五、蓼科

乔木状沙拐枣 ……………………………… 331

头状沙拐枣 ………………………………… 332

十六、芍药科

子午岭紫斑牡丹 …………………………… 333

'祥丰'牡丹 ……………………………… 333

十七、猕猴桃科

秦香 ………………………………………… 334

十八、柽柳科

松柏柽柳 …………………………………… 335

红花多枝柽柳 ……………………………… 336

额济纳旗多枝柽柳优良种源区穗条 ……… 337

短毛柽柳 …………………………………… 338

多枝柽柳 …………………………………… 339

杭锦后旗细穗柽柳优良种源穗条 ………… 340

十九、杨柳科

乌审旗旱柳优良种源穗条 ………………… 341

中富柳1号 ………………………………… 342

中富柳2号 ………………………………… 342

潞城西流漳河柳 …………………………… 343

青竹柳 ……………………………………… 344

吉柳1号 …………………………………… 345

吉柳2号 …………………………………… 346

白林85－68柳 …………………………… 347

白林85－70柳 …………………………… 348

陵川王莽岭中国黄花柳种源 ……………… 349

鄂尔多斯沙柳优良种源穗条 ……………… 350

正蓝旗黄柳采条基地穗条 ………………… 351

金丝垂柳 J841 ……………………………… 352

金丝垂柳 J842 ……………………………… 353

金丝垂柳 J1010 …………………………… 354

金丝垂柳 J1011 …………………………… 355

银白杨母树林 ……………………………… 356

'银 × 新4' ……………………………… 357

'银 × 新10' ……………………………… 358

'银 × 新12' ……………………………… 359

'准噶尔1号'杨（银白杨 × 新疆杨）… 360

'准噶尔2号'杨（银白杨 × 新疆杨）… 361

银中杨 ……………………………………… 362

金白杨1号 …………………………… 363

金白杨2号 …………………………… 364

金白杨3号 …………………………… 365

金白杨5号 …………………………… 366

秦白杨1号 …………………………… 367

秦白杨2号 …………………………… 368

秦白杨3号 …………………………… 369

新疆杨 ……………………………… 370

新疆杨 ……………………………… 371

新疆杨 ……………………………… 372

大叶山杨 …………………………… 373

欧洲三倍体山杨 …………………… 374

欧洲山杨三倍体 …………………… 375

山新杨 ……………………………… 376

阳高河北杨 ………………………… 377

西吉青皮河北杨 …………………… 378

河北杨 ……………………………… 379

三倍体毛白杨 ……………………… 380

'三倍体'毛白杨（193系列） …… 381

白城杨-2 …………………………… 382

湟水林场小叶杨M29无性系 ……… 383

青海杨X10无性系 ………………… 384

伊犁小青杨（'熊钻17号'杨） …… 385

小青杨新无性系 …………………… 386

青杨雄株优良无性系 ……………… 387

大青杨HL系列无性系 …………… 388

群改2号 …………………………… 389

辽育1号杨 ………………………… 390

辽育2号杨 ………………………… 391

白林二号杨 ………………………… 392

白城小青黑杨 ……………………… 393

鞍杂杨 ……………………………… 394

风沙1号杨 ………………………… 395

白林一号 …………………………… 396

伊犁小叶杨（加小×俄9号） …… 397

白城5号杨 ………………………… 398

辽育3号杨 ………………………… 399

合作杨 ……………………………… 400

'大台'杨 …………………………… 401

吴屯杨 ……………………………… 402

哲林4号杨 ………………………… 403

青山杨 ……………………………… 404

小美旱杨 …………………………… 405

小美旱杨 …………………………… 406

汇林88号杨 ………………………… 407

通林7号杨 ………………………… 408

拟青×山海关杨 …………………… 409

赤峰杨 ……………………………… 410

'741-9-1'杨 ……………………… 411

'076-28'杨 ………………………… 412

中金2号 …………………………… 413

中金7号 …………………………… 414

中金10号 …………………………… 415

白城小黑杨 ………………………… 416

晚花杨 ……………………………… 417

格尔里杨 …………………………… 418

西+加杨 …………………………… 419

伊犁大叶杨（大叶钻天杨） ……… 420

伊犁小美杨（阿富汗杨） ………… 421

'伊犁杨1号'（'64号'杨） ……… 422

'伊犁杨2号'（'I-45／51'杨） … 423

'伊犁杨3号'（日本白杨） ……… 424

'伊犁杨4号'（'I-262'杨） ……… 425

'伊犁杨5号'（'I-467'杨） ……… 426

'伊犁杨7号'（马里兰德杨） …… 427

'伊犁杨8号'（'保加利亚3号'杨） …… 428

格氏杨 ……………………………… 429

北京605杨 ………………………… 430

法国杂种 …………………………… 431

加杨 ………………………………… 432

'I-214'杨 ………………………… 433

'保加利亚3号'杨 ………………… 434

箭×小杨 …………………………… 435

'I-488'杨 ………………………… 436

'健227'杨 ………………………… 437

'斯大林工作者'杨 ………………… 438

俄罗斯杨 ⋯⋯⋯⋯⋯⋯⋯⋯⋯⋯⋯⋯ 439

小黑杨 ⋯⋯⋯⋯⋯⋯⋯⋯⋯⋯⋯⋯⋯ 440

中加10号杨 ⋯⋯⋯⋯⋯⋯⋯⋯⋯⋯ 441

‘少先队2号’杨 ⋯⋯⋯⋯⋯⋯⋯⋯ 442

‘伊犁杨6号’（‘优胜003’） ⋯⋯⋯ 443

辽宁杨 ⋯⋯⋯⋯⋯⋯⋯⋯⋯⋯⋯⋯⋯ 444

光皮小黑杨 ⋯⋯⋯⋯⋯⋯⋯⋯⋯⋯ 445

欧美杨107 ⋯⋯⋯⋯⋯⋯⋯⋯⋯⋯⋯ 446

欧美杨108 ⋯⋯⋯⋯⋯⋯⋯⋯⋯⋯⋯ 446

‘北美1号’杨（‘OP–367’） ⋯⋯⋯ 447

‘北美2号’杨（‘DN–34’） ⋯⋯⋯ 448

‘北美3号’杨（‘NM–6’） ⋯⋯⋯ 449

中辽1号杨 ⋯⋯⋯⋯⋯⋯⋯⋯⋯⋯⋯ 450

黑青杨 ⋯⋯⋯⋯⋯⋯⋯⋯⋯⋯⋯⋯⋯ 451

赤美杨 ⋯⋯⋯⋯⋯⋯⋯⋯⋯⋯⋯⋯⋯ 452

中林美荷 ⋯⋯⋯⋯⋯⋯⋯⋯⋯⋯⋯ 453

2001杨 ⋯⋯⋯⋯⋯⋯⋯⋯⋯⋯⋯⋯ 454

中黑防杨 ⋯⋯⋯⋯⋯⋯⋯⋯⋯⋯⋯ 455

WQ90杨 ⋯⋯⋯⋯⋯⋯⋯⋯⋯⋯⋯ 456

J2杨 ⋯⋯⋯⋯⋯⋯⋯⋯⋯⋯⋯⋯⋯ 457

J3杨 ⋯⋯⋯⋯⋯⋯⋯⋯⋯⋯⋯⋯⋯ 458

金黑杨1号 ⋯⋯⋯⋯⋯⋯⋯⋯⋯⋯⋯ 459

金黑杨2号 ⋯⋯⋯⋯⋯⋯⋯⋯⋯⋯⋯ 460

金黑杨3号 ⋯⋯⋯⋯⋯⋯⋯⋯⋯⋯⋯ 461

78–8杨 ⋯⋯⋯⋯⋯⋯⋯⋯⋯⋯⋯⋯ 462

78–133杨 ⋯⋯⋯⋯⋯⋯⋯⋯⋯⋯⋯ 463

54杨 ⋯⋯⋯⋯⋯⋯⋯⋯⋯⋯⋯⋯⋯ 464

101杨 ⋯⋯⋯⋯⋯⋯⋯⋯⋯⋯⋯⋯⋯ 465

中林杨 ⋯⋯⋯⋯⋯⋯⋯⋯⋯⋯⋯⋯⋯ 466

欧洲黑杨 ⋯⋯⋯⋯⋯⋯⋯⋯⋯⋯⋯ 467

昭林6号杨 ⋯⋯⋯⋯⋯⋯⋯⋯⋯⋯⋯ 468

赤峰小黑杨 ⋯⋯⋯⋯⋯⋯⋯⋯⋯⋯ 469

健杨 ⋯⋯⋯⋯⋯⋯⋯⋯⋯⋯⋯⋯⋯ 470

胡杨 ⋯⋯⋯⋯⋯⋯⋯⋯⋯⋯⋯⋯⋯ 471

胡杨母树林 ⋯⋯⋯⋯⋯⋯⋯⋯⋯⋯ 472

辽胡耐盐1号杨 ⋯⋯⋯⋯⋯⋯⋯⋯ 473

辽胡耐盐2号杨 ⋯⋯⋯⋯⋯⋯⋯⋯ 474

‘密胡杨1号’ ⋯⋯⋯⋯⋯⋯⋯⋯⋯ 475

‘密胡杨2号’ ⋯⋯⋯⋯⋯⋯⋯⋯⋯ 476

小胡杨 –1 ⋯⋯⋯⋯⋯⋯⋯⋯⋯⋯⋯ 477

小胡杨 ⋯⋯⋯⋯⋯⋯⋯⋯⋯⋯⋯⋯ 478

二十、柿树科

猗红柿 ⋯⋯⋯⋯⋯⋯⋯⋯⋯⋯⋯⋯⋯ 479

阳丰 ⋯⋯⋯⋯⋯⋯⋯⋯⋯⋯⋯⋯⋯ 480

二十一、茶藨子科

黑林穗宝醋栗 ⋯⋯⋯⋯⋯⋯⋯⋯⋯ 481

惠丰醋栗 ⋯⋯⋯⋯⋯⋯⋯⋯⋯⋯⋯ 482

‘寒丰’ ⋯⋯⋯⋯⋯⋯⋯⋯⋯⋯⋯⋯ 483

‘布劳德’ ⋯⋯⋯⋯⋯⋯⋯⋯⋯⋯⋯ 484

二十二、蔷薇科

早钟6号 ⋯⋯⋯⋯⋯⋯⋯⋯⋯⋯⋯⋯ 485

夹角 ⋯⋯⋯⋯⋯⋯⋯⋯⋯⋯⋯⋯⋯ 486

解放钟 ⋯⋯⋯⋯⋯⋯⋯⋯⋯⋯⋯⋯⋯ 486

太城4号 ⋯⋯⋯⋯⋯⋯⋯⋯⋯⋯⋯⋯ 487

长红3号 ⋯⋯⋯⋯⋯⋯⋯⋯⋯⋯⋯⋯ 487

森尾早生 ⋯⋯⋯⋯⋯⋯⋯⋯⋯⋯⋯ 488

西农枇杷2号 ⋯⋯⋯⋯⋯⋯⋯⋯⋯ 488

艳丽花楸 ⋯⋯⋯⋯⋯⋯⋯⋯⋯⋯⋯ 489

冬红花楸 ⋯⋯⋯⋯⋯⋯⋯⋯⋯⋯⋯ 490

砀山酥梨 ⋯⋯⋯⋯⋯⋯⋯⋯⋯⋯⋯ 491

建平南果梨 ⋯⋯⋯⋯⋯⋯⋯⋯⋯⋯ 492

寒红梨 ⋯⋯⋯⋯⋯⋯⋯⋯⋯⋯⋯⋯⋯ 493

‘库尔勒’香梨 ⋯⋯⋯⋯⋯⋯⋯⋯ 494

‘沙01’ ⋯⋯⋯⋯⋯⋯⋯⋯⋯⋯⋯⋯ 495

新梨9号 ⋯⋯⋯⋯⋯⋯⋯⋯⋯⋯⋯⋯ 496

香红梨 ⋯⋯⋯⋯⋯⋯⋯⋯⋯⋯⋯⋯⋯ 497

黄冠梨 ⋯⋯⋯⋯⋯⋯⋯⋯⋯⋯⋯⋯⋯ 498

金钟梨 ⋯⋯⋯⋯⋯⋯⋯⋯⋯⋯⋯⋯⋯ 499

‘早美香’（‘香梨芽变94–9’） ⋯ 500

中农酥梨 ⋯⋯⋯⋯⋯⋯⋯⋯⋯⋯⋯ 501

冀硕	502	寒富	539
冀酥	503	秋富1号	540
锦梨1号	504	新红星	541
锦梨2号	505	天汪一号	542
红佳人（张掖红梨2号）	506	长富6号	542
昌红	507	红叶乐园	543
天红1号	508	苹果矮化砧木 SH 1	544
天红2号	509	红满堂	545
2001（21世纪）	510	中砧1号	546
宁秋	511	新疆野苹果	547
金蕾1号	512	SC 1苹果矮化砧木	548
金蕾2号	513	SC 3苹果矮化砧木	549
农大1号	514	矮化苹果砧木 Y-2	550
农大2号	515	苹果砧木 Y-3	551
农大3号	516	硕果海棠	552
天富1号	517	景观奈 -29	553
天富2号	517	钻石	554
晋富2号	518	粉芽	555
晋富3号	519	绚丽	556
金冠苹果	520	红丽	557
国光苹果	521	草莓果冻	558
宁金富苹果	522	雪球	559
'长富2号'、'（伊犁）长富2号'	523	凯尔斯	560
'烟富3号'	524	火焰	561
'皇家嘎啦'	525	王族	562
晋18短枝红富士	526	道格	563
昌苹8号	527	红玉	564
红光1号	528	京海棠 - 宝相花	565
红光2号	529	京海棠 - 紫美人	566
红光3号	530	京海棠 - 粉红珠	567
红光4号	531	京海棠 - 紫霞珠	568
'新红1号'	532	红亚当	569
'新富1号'	533	圣乙女	570
'早富1号'	534	缱绻	571
蒙富	535	缨络	572
新苹红	536	'京海棠——黄玫瑰'	573
阿波尔特	537	'京海棠——宿亚当'	574
首红	538	八棱脆	575

红八棱 …………………………… 576

'红宝石'海棠 …………………… 577

红勋1号 …………………………… 578

博爱 ……………………………… 579

黄手帕 …………………………… 580

暗香 ……………………………… 581

春潮 ……………………………… 582

红五月 …………………………… 583

'红梅朗'月季 …………………… 584

北京红 …………………………… 585

哈雷彗星 ………………………… 586

绿野 ……………………………… 587

燕妮 ……………………………… 588

特娇 ……………………………… 589

特俏 ……………………………… 590

多娇 ……………………………… 591

多俏 ……………………………… 592

天香 ……………………………… 593

天山之星 ………………………… 594

天山之光 ………………………… 595

天山桃园 ………………………… 596

天山白雪 ………………………… 597

粉荷 ……………………………… 598

蝴蝶泉 …………………………… 599

火焰山 …………………………… 600

美人香 …………………………… 601

香妃 ……………………………… 602

香恋 ……………………………… 603

醉红颜 …………………………… 604

'多果'巴旦杏 …………………… 605

'双软'巴旦杏 …………………… 606

'晚丰'巴旦杏 …………………… 607

'纸皮'巴旦杏 …………………… 608

'鹰嘴'巴旦姆 …………………… 609

'克西'巴旦姆 …………………… 610

'双果'巴旦姆 …………………… 611

'双薄'巴旦姆 …………………… 612

'麻壳'巴旦姆 …………………… 613

'寒丰'巴旦姆 …………………… 614

'小软壳(14号)'巴旦姆 ………… 615

晋扁2号扁桃 …………………… 616

晋扁3号扁桃 …………………… 617

'浓帕烈' ………………………… 618

'索诺拉' ………………………… 619

'特晚花浓帕烈' ………………… 620

'卢比' …………………………… 621

米星 ……………………………… 622

'弗瑞兹' ………………………… 623

'汤姆逊' ………………………… 624

'尼普鲁斯' ……………………… 625

'布特' …………………………… 626

'索拉诺' ………………………… 627

'卡买尔' ………………………… 628

晋薄1号 ………………………… 629

榆林长柄扁桃(种源) ………… 630

蒙古扁桃 ………………………… 631

美硕 ……………………………… 632

望春 ……………………………… 633

早露蟠桃 ………………………… 634

瑞蟠22号 ………………………… 635

艳丰6号 ………………………… 636

红岗山桃 ………………………… 637

贺春 ……………………………… 638

咏春 ……………………………… 639

知春 ……………………………… 640

美锦 ……………………………… 641

忆春 ……………………………… 642

金秋蟠桃 ………………………… 643

中农红久保 ……………………… 644

中农醮保 ………………………… 645

久脆 ……………………………… 646

久艳 ……………………………… 647

久玉 ……………………………… 648

脆保 ……………………………… 649

艳保 ……………………………… 650

中农3号 ………………………… 651

中农 4 号 ···················· 652

瑞光 35 号 ················· 653

瑞油蟠 2 号 ··············· 654

瑞蟠 24 号 ················· 655

保佳红···················· 656

久鲜···················· 657

久蜜···················· 658

龙田硕蟠 ················· 659

秋妃···················· 660

晚秋妃···················· 661

京春···················· 662

白花山碧桃················· 663

品虹···················· 664

品霞···················· 665

谷艳···················· 666

谷丰···················· 667

谷玉···················· 668

谷红 1 号 ················· 669

谷红 2 号 ················· 670

敦煌紫胭桃················· 671

晚金油桃················· 672

金春···················· 673

华春···················· 674

锦春···················· 675

锦霞···················· 676

夏至早红················· 677

金美夏···················· 678

夏至红···················· 679

瑞光 33 号 ················· 680

瑞光 39 号 ················· 681

京和油 1 号 ··············· 682

京和油 2 号 ··············· 683

瑞光 45 号 ················· 684

山桃六盘山种源··············· 685

冀光···················· 686

太平肉杏················· 687

一窝蜂···················· 687

'慕亚格'杏 ··············· 688

'色买提'杏 ··············· 689

'托普鲁克'杏 ··············· 690

'黑叶'杏 ··············· 691

'明星'杏 ··············· 692

'胡安娜'杏 ··············· 693

'轮南白杏' ··············· 694

串枝红···················· 695

香白杏···················· 696

'巴仁'杏('苏克牙格力克'杏) ······· 697

围选 1 号 ················· 698

山杏彭阳种源··············· 699

京早红···················· 700

西农 25 ··············· 701

'轮台白杏' ··············· 702

'库车小白杏' ··············· 703

京香红···················· 704

京脆红···················· 705

曹杏···················· 706

'叶娜'杏 ··············· 707

京佳 2 号 ················· 708

红梅杏···················· 709

金秀···················· 710

辽优扁 1 号 ··············· 711

金宇···················· 712

辽白扁 2 号 ··············· 713

山杏···················· 714

'圃杏 1 号' ··············· 715

晋梅杏···················· 716

山苦 2 号 ················· 717

唐汪大接杏··············· 717

大红杏···················· 718

山杏 1 号 ················· 719

山杏 2 号 ················· 720

山杏 3 号 ················· 721

甜丰···················· 722

'恐龙蛋' ··············· 723

'味帝' ··············· 724

'味厚'···················· 725

‘卡拉玉鲁克1号’（‘喀什酸梅1号’）·········· 726

‘艾努拉’酸梅（喀什大果酸梅）··········· 727

‘卡拉玉鲁克5号’（‘喀什酸梅5号’）·········· 728

紫晶·· 729

‘新梅1号’·· 730

新梅2号·· 731

新梅3号·· 732

‘新梅4号’（法新西梅）······················ 733

理查德早生·· 734

伊梅1号·· 735

‘红叶’李·· 736

‘紫霞’（Ⅰ14-14）···························· 737

‘黑玉’（Ⅰ16-56）···························· 738

‘络珠’（Ⅰ16-38）···························· 739

‘紫美’（Ⅴ2-16）···························· 740

西域红叶李·· 741

紫叶矮樱·· 742

紫叶矮樱·· 743

黑宝石李·· 744

安哥诺李·· 745

黑宝石李·· 746

大石早生·· 747

红喜梅·· 747

秦红李·· 748

奥德·· 748

‘桑波’（Ⅱ20-38）·························· 749

奥杰·· 750

玫蕾·· 750

秦樱1号··· 751

艳阳·· 751

龙田早红·· 752

彩虹·· 753

晶玲·· 754

彩霞·· 755

早丹·· 756

友谊·· 757

香泉1号··· 758

香泉2号··· 759

兰丁1号··· 760

兰丁2号··· 761

万尼卡·· 762

吉美·· 763

海樱1号··· 763

海樱2号··· 764

京欧1号··· 765

京欧2号··· 766

夏日红·· 767

北美紫叶稠李····································· 768

紫叶稠李·· 769

紫叶稠李·· 770

二十三、豆科

吉县刺槐1号······································ 771

吉县刺槐2号······································ 772

吉县刺槐3号······································ 773

吉县刺槐4号······································ 774

吉县刺槐5号······································ 775

吉县刺槐6号······································ 776

吉县刺槐7号······································ 777

树新刺槐母树林种子······························ 778

金山刺槐母树林种子······························ 779

沁盛香花槐·· 780

大叶槐·· 781

双季槐·· 782

晋森·· 783

金叶槐·· 784

米槐1号··· 785

米槐2号··· 786

运城五色槐·· 787

紫穗槐·· 788

柠条盐池种源····································· 789

晋西柠条·· 790

毛条灵武种源····································· 791

杭锦旗柠条锦鸡儿母树林种子····················· 792

达拉特旗柠条锦鸡儿母树林种子··················· 793

乌拉特中旗柠条锦鸡儿采种基地种子……794

正镶白旗柠条锦鸡儿采种基地种子……795

白锦鸡儿……796

鄂托克前旗中间锦鸡儿采种基地种子……797

沙冬青宁夏种源……798

阿拉善盟沙冬青优良种源区种子……799

花棒宁夏种源……800

花棒……801

鄂托克旗细枝岩黄耆采种基地种子……802

杨柴盐池种源……803

鄂托克旗塔落岩黄耆采种基地种子……804

晋皂1号……805

帅丁……806

二十四、胡颓子科

银果胡颓子……807

沙枣宁夏种源……808

白城桂香柳……809

沙枣母树林……810

大果沙枣……811

尖果沙枣……812

深秋红……813

无刺丰……814

沙棘……815

沙棘六盘山种源……816

'向阳'……817

'阿尔泰新闻'……818

'楚伊'……819

'阿列伊'……820

沙棘HF-14……821

'无刺丰'……822

'深秋红'……823

'壮圆黄'……824

'新垦沙棘1号'（乌兰沙林）……825

'新垦沙棘2号'（'棕丘'）……826

'新垦沙棘3号'（'无刺雄'）……827

中红果沙棘……828

中黄果沙棘……829

中无刺沙棘……830

二十五、石榴科

'皮亚曼1号'石榴……831

'皮亚曼2号'石榴……832

昭陵御石榴……833

二十六、山茱萸科

芽黄……834

贝雷……835

主教……836

大红枣1号……837

石滚枣1号……837

秦丰……838

秦玉……838

二十七、卫矛科

'华源发'黄杨……839

栓翅卫矛'铮铮1号'……840

栓翅卫矛'铮铮2号'……841

二十八、鼠李科

'哈密大枣'……842

延川狗头枣……843

佳县油枣……844

阎良相枣……845

七月鲜……846

无核丰……847

骏枣1号……848

壶瓶枣1号……849

金昌一号……850

'灰枣'……851

'赞皇枣'……852

'金丝小枣' ·················· 853
'喀什噶尔长圆枣' ············· 854
献王枣 ····················· 855
晋枣3号 ··················· 856
秦宝冬枣 ··················· 857
灵武长枣 ··················· 858
帅枣1号 ··················· 859
帅枣2号 ··················· 860
雨丰枣 ····················· 861
冷白玉枣 ··················· 862
阎良脆枣 ··················· 863
长辛店白枣 ················· 864
北京大老虎眼酸枣 ··········· 865
北京马牙枣优系 ············· 866
木枣1号 ··················· 867
早脆王 ····················· 868
板枣1号 ··················· 869
靖远小口枣 ················· 870
民勤小枣 ··················· 871
同心圆枣 ··················· 872
中宁圆枣 ··················· 873
新星 ······················· 874
相枣1号 ··················· 875
早熟王 ····················· 876
关公枣 ····················· 877
骏枣 ······················· 878
'垦鲜枣1号'（梨枣） ········ 879
金谷大枣 ··················· 880
宫枣 ······················· 881
晋赞大枣 ··················· 882
喀左大平顶枣 ··············· 883
陕北长枣 ··················· 884
方木枣 ····················· 885
'若羌灰枣' ················· 886
'若羌冬枣' ················· 887
'若羌金丝小枣' ············· 888
曙光2号 ··················· 889
曙光3号 ··················· 890

敦煌灰枣 ··················· 891
曙光4号 ··················· 892
红螺脆枣 ··················· 893
鸡心脆枣 ··················· 894
灵武长枣2号 ··············· 895
晋园红 ····················· 896
临黄1号 ··················· 897
'垦鲜枣2号'（赞皇枣） ······ 898
京枣311 ··················· 899
晋冬枣 ····················· 900
霍城大枣 ··················· 901
九龙金枣（宁县晋枣） ········ 902
梨枣 ······················· 903

二十九、葡萄科

大青葡萄 ··················· 904
'无核白'（吐鲁番无核白、和静无核白） ·· 905
'无核白鸡心' ··············· 906
'赤霞珠' ··················· 907
'白木纳格'葡萄 ············· 908
'红木纳格'葡萄 ············· 909
'红地球'葡萄 ··············· 910
'克瑞森无核' ··············· 911
'新雅' ····················· 912
'火州紫玉' ················· 913
'白沙玉' ··················· 914
'红旗特早玫瑰' ············· 915
葡萄'威代尔' ··············· 916
霞多丽 ····················· 917
梅鹿辄 ····················· 918
西拉 ······················· 919
雷司令 ····················· 920
无核白葡萄 ················· 921

三十、无患子科

冠硕 ······················· 922

冠红 ································· 923
冠林 ································· 924

三十一、槭树科

艳红 ································· 925
丽红 ································· 926
翁牛特旗元宝枫采种基地种子 ·········· 927
寒露红 ······························· 928
阜新高山台五角枫母树林种子 ·········· 929
周家店五角枫母树林种子 ·············· 930
金枫 ································· 931
金叶复叶槭 ························· 932
复叶槭 ····························· 933

三十二、漆树科

紫霞 ································· 934
大红袍 ······························· 935
高八尺 ······························· 935

三十三、苦木科

天水臭椿母树林 ····················· 936
晋椿1号 ····························· 937

三十四、芸香科

南强1号 ····························· 938
狮子头 ······························· 938
无刺椒 ······························· 939
美凤椒 ······························· 939
大红袍 ······························· 940
黄波萝母树林 ······················· 941

三十五、蒺藜科

霸王 ································· 942

三十六、马钱科

互叶醉鱼草（醉鱼木）················· 943

三十七、萝藦科

杠柳 ································· 944

三十八、茄科

'精杞1号' ··························· 945
宁杞4号 ····························· 946
宁杞5号 ····························· 947
宁杞3号 ····························· 948
宁杞6号 ····························· 949
宁杞7号 ····························· 950
'精杞2号' ··························· 951
柴杞1号 ····························· 952
青杞1号 ····························· 953
宁农杞9号 ··························· 954
'精杞4号' ··························· 955
'精杞5号' ··························· 956
宁杞8号 ····························· 957
枸杞'叶用1号' ······················· 958
黑果枸杞"诺黑" ····················· 959

三十九、马鞭草科

金叶莸 ······························· 960
蒙古莸 ······························· 961

四十、木犀科

金叶白蜡 ··························· 962
泗交白蜡 ··························· 963
京黄 ································· 964
水曲柳驯化树种 NG ················· 965
宝龙店水曲柳天然母树林 ············· 966

大泉子水曲柳母树林 …………………… 967

'水曲柳1号' …………………………… 968

小叶白蜡 ………………………………… 969

大叶白蜡 ………………………………… 970

秋紫白蜡 ………………………………… 971

大叶白蜡母树林 ………………………… 972

京绿 ……………………………………… 973

雷舞 ……………………………………… 974

'金园' 丁香 …………………………… 975

紫丁香 …………………………………… 976

紫丁香 …………………………………… 977

红董 ……………………………………… 978

暴马丁香 ………………………………… 979

暴马丁香 ………………………………… 980

金阳 ……………………………………… 981

林伍德 …………………………………… 982

四十一、玄参科

陕桐3号 ………………………………… 983

陕桐4号 ………………………………… 983

四十二、紫葳科

楸树 ……………………………………… 984

晋梓1号 ………………………………… 985

四十三、忍冬科

金羽 ……………………………………… 986

蓝心忍冬 ………………………………… 987

伊人忍冬 ………………………………… 988

黑林丰忍冬 ……………………………… 989

鞑靼忍冬 ………………………………… 990

金花忍冬 ………………………………… 991

梢红 ……………………………………… 992

红王子 …………………………………… 993

金亮 ……………………………………… 994

中文名称索引 …………………………… 507

分省名称索引 …………………………… 522

拉丁文名称索引 ………………………… 538

丹东银杏

树种：银杏	学名：*Ginkgo biloba* L.
类别：优良种源	编号：辽S-SP-GB-009-2007
科属：银杏科 银杏属	申请人：丹东市林木种苗管理站

良种来源 从丹东市城市行道树选育的优良单株。

良种特性 落叶大乔木，胸径达4m，树高达40m，幼树树皮近平滑，浅灰色，大树皮灰褐色，不规则纵裂，粗糙；树冠圆锥形，冬芽黄褐色，常为卵圆形，先端钝尖。叶互生，有细长的叶柄，扇形，两面淡绿色，无毛，秋季落叶前变为黄色。球花雌雄异株，单性，生于短枝顶端的鳞片状叶的腋内，呈簇生状。雄球花荑黄花序状，雌球花具长梗。4月开花，10月成熟，种子具长梗，下垂。长2.5~3.5cm，径为2cm，熟时黄色或橙黄色，外被白粉，有臭液。胚乳肉质，味甘略苦；子叶2枚，初生叶2~5片，有主根。

丹东银杏为阳性喜光树种，喜湿润排水良好的深厚壤土，深根性，耐干旱。在年平均气温10~18℃，冬季绝对最低气温 -30℃ 以内也可存活，在酸性土（pH4.5）、石灰性土（pH8.0）中均可生长良好，而以中性或微酸土最适宜。初期生长较慢，萌蘖性强。20年开始结实，3月下旬~4月上中旬萌动、展叶、开花，9月下旬~10月上旬种子成熟，10月下旬~11月落叶。园林观赏树种。材质优良，可作雕刻工艺品等用；种子富含营养，供食用或药用等。

繁殖和栽培 以种子繁殖为主，亦可扦插、嫁接以及组织培养繁育扦插繁殖。丹东银杏栽培方法：选择上层厚、土壤湿润肥沃、排水良好的中性或微酸性土壤。合理配置授粉树，雌雄株比例是25~50：1。配置方式采用5株或7株中心式或四角配置。选择高径比50：1以上，主根长30cm，侧根齐，当年新梢生长量30cm以上的苗木进行栽植。合理密植：采用初植密度2.5m×3m或3m×3.5m株行距、每亩定植88株或63株，经过抚育最后每亩定植22株或16株。栽植时间：春季萌动前或秋季栽植在10~11月进行。栽植规格：0.5~0.8m×0.6~0.8m。

适宜范围 辽宁省丹东、辽中及辽南地区栽培。

雪岭云杉（天山云杉）种子园

树种：天山云杉	学名：*Picea schrenkiana* 'Zhongziyuan'
类别：无性系种子园	编号：新S-CSO-PSZ-005-2014
科属：松科 云杉属	申请人：新疆天山西部国有林管理局

良种来源 乡土树种。尼勒克云杉种子园建园所用嫁接材料，全部从巩留林场所选的云杉优树上采集，1995~1997年，每年分别对优树进行复选并在此基础上采穗，1997年在尼勒克林区选优树5株，采集无性系2株。共嫁接成活192个无性系，1998年春季临时定植在苗圃内，按1m×1m定植嫁接苗10774株，总面积为18亩。经过2012年和2013年2年的定植，截止到2013年年底尼勒克云杉种子园共有种子生产区7个小区，面积140亩，优树收集区一个小区，面积20亩。试验林6个小区，面积60亩。乌拉斯台种子园面积共计220亩。

良种特性 乔木，树皮暗褐色，裂成块片；树冠圆柱形或窄塔形；冬芽圆锥状卵圆形，微有树脂；叶四棱状条形，直伸而微弯，长2~3.5cm，宽约1.5mm，先端锐尖，横切面菱形，四面有气孔线，上两面有5~8条，下两面有4~6条；球果椭圆状圆柱形或圆柱形，长8~10cm，宽2.5~4cm，熟前紫红色，熟时带褐色，中部种鳞倒三角形卵形，上部圆形；种子斜卵形，长3~4mm，连翅约1.5cm，花期5~6月，8~9月成熟。

繁殖和栽培 地块整平，采用高床，施羊粪3~4t/亩，播种前一周，灌足底水，用硫酸亚铁进行土壤消毒，床面耙平。种子用0.5%的硫酸铜或高锰酸钾消毒2h左右，再用清水洗种，在高架温床内进行催芽，播种量每亩40kg左右，待种子约有2/3露白时即可播种，再进行覆土镇压。

适宜范围 海拔1300~2800m的天山山区，尤其是天山西部山区适宜栽植。

嫩江云杉

树种：红皮云杉
类别：优良品种
科属：松科 云杉属

学名：*Picea koraiensis* var. *nenjiangensis*
编号：黑S-SV-PK-031-2010
申请人：嫩江县高峰林场

良种来源 嫩江云杉为嫩江县高峰林场红皮云杉的变种。亲本具耐寒、耐旱、抗污染、尖塔冠形、枝叶繁茂、生长迅速特性。

良种特性 常绿乔木，枝条轮生，小枝具有明显叶枕，冬芽卵圆形。雌雄同株。耐寒、耐旱、抗污染、生长迅速、冠形尖塔丰满、枝叶繁茂、树姿优美。可用于园林绿化。嫩江云杉与红皮云杉的识别技术，制作出嫩江云杉与红皮云杉电镜扫描图，红皮云杉上两面各有2条气孔线，下两面各有1条气孔线，下面棱上有2列刺，排列紧密自针叶尖部向叶基部递减；嫩江云杉上两面各有1~2条气孔线，下两面各有2条气孔线，下面棱上有1列刺，排列均匀、稀疏。

繁殖和栽培 种子处理：雪藏催芽法。由于种子小，1kg种粒数可达14万~20万粒，千粒重5~7g。发芽率高，一般达80%以上。为使发芽提早、出苗整齐，播种前需进行雪藏催芽处理。11月下旬将种子置于0.3%~0.5%硫酸铜液浸泡5~10h，或用0.3%高锰酸钾洗1遍，用清水冲洗后与3倍的雪混匀，置于底部垫雪10cm的坑内，然后再覆雪10cm，雪上加盖厚1m的稻草。春播前15~20d，除去覆盖物，将种子露天混沙或摊晒催芽3d，待30%左右的种子裂嘴时，即可播种。快速催芽法。在没有雪藏处理的情况下，也可采取快速催芽法，即用30℃温水浸种24~48h，每天搅动3~4次，捞出晾晒，种子保持湿润，温度控制在25℃左右，4~5d即可播种，发芽率有的高达95%以上。圃地选择及做床：苗圃应以排水良好的平坦地为宜，要求土质疏松的砂壤土，并富含有机质，以利于根系生长。由于种粒小，要求整地细致，床面平整，以采用高床或平床为宜。有立枯病的圃地要进行土壤消毒，用浓硫酸40~60ml/m²对水6kg/m²喷床面，使床面湿透5cm左右。播种：播种量45~60kg/hm²，条播，覆土（草炭或腐殖土）厚度0.2~0.3cm，上面再盖1层薄草。一般15d内幼苗可出齐，出齐后撤除覆草。苗期管理：红皮云杉幼苗生长缓慢，一年生苗高仅2~4cm。而且不耐高温，易受日灼危害。有的生产单位采取给当年生苗适当遮荫的办法，有利于苗高、地径、根系的生长发育。在水源充足、灌水方便的地方，可以进行全光育苗，但必须注意保证及时和充足的灌水。6月中下旬雨季开始，灌水可逐渐减少。掌握适时、适量灌水，使全光育苗获得成功，具体措施如下：灌水、追肥。灌水施肥要因时制宜，播种后到幼苗发出新梢前，灌水要少量多次，经常保持床面湿润，以利于种子发芽，幼苗扎根。用土面增温剂，播种后10~15d内可不灌水；在幼苗萌发新梢，苗木进入高生长期，气温逐渐增高，要增加日灌水量，多量少次，保持苗木的水分平衡，并开始追施氮肥，以防出现早期封顶现象，影响苗木的正常生长。从苗木生长趋向迟缓时期，一般在8月中下旬就要停止灌水，并及时施磷、钾肥，以促进苗木木质化，亦可采用根外追肥。6月初~7月初，追施3次肥料，施用硫铵或碳铵总量450~525kg/hm²、钾肥30kg/hm²，隔10d左右施用1次。8月上旬开始，隔1周喷施1次0.7%~1.5%磷肥、0.5%钾肥，共喷施3次。间苗、除草、松土。苗齐后30d左右间苗，15d后再定苗1次，保苗密度为450~550株/m²。水肥足、生长快的要早间苗，密间稀留，去除生长势弱的苗木，使产苗量达到240~300万株/hm²。应用40%除草醚灭草的效果好，一般每年施两次：第1次在播种后至出苗前，施用量不高于0.4g/m²；第2次于6月末~7月初进行，仍按不超过0.4g/m²的用量喷施，以免发生药害。幼苗生出真叶前后开始中耕松土，根据表土板结情况，隔15d左右中耕1次，以疏松床面表土，改善土壤的保水性和内部的通气性，松土前先少量灌水，松土后要灌足水，促进保温。防寒。防寒是减少红皮云杉幼苗越冬损失率的关键性措施：在初冬土壤冻结前（10月底~11月初），将苗床间步道上的土壤翻起打碎，把苗木倒向一方，将土均匀盖上，其厚度应高出苗木4~5cm。覆土时间不宜过早，否则幼苗容易受热发霉。撤覆土的时间应在春季旱风之后，过早则不能免除生理干旱。

适宜范围 适宜黑龙江省城乡绿化。

管涔林局闫家村白杆母树林种子

树种：白杆	学名：*Picea meyeri* Rehd. et Wils.
类别：母树林种子	编号：晋S-SS-PM-017-2014
科属：松科 云杉属	申请人：管涔山国有林管理局

良种来源 管涔山国有林管理局闫家村林场白杆母树林基地。

良种特性 种子饱满，千粒重4.1~4.6g，发芽率90%以上。球果成熟前绿色，熟时褐黄色，矩圆状圆柱形，长6~9cm，径2.5~3.5cm；中部种鳞倒卵形，长约1.6cm，宽约1.2cm，先端圆或钝三角形，下部宽楔形或微圆，鳞背露出部分有条纹；种子倒卵圆形，长约3.5mm，种翅淡褐色，倒宽披针形，连种子长约1.3cm。花期4月，球果9月下旬~10月上旬成熟。具有周期性结实现象，一般4~5年出现1次丰年。5年生苗木高度16cm，地径0.5cm。白杆树体通直、美观，其枝稠而密，整体下宽上窄，形似宝塔。叶针形四季常绿，泛有光泽，春夏多为翠绿、秋冬多为浓绿，常作为景观园林树种。

繁殖和栽培 种子繁殖。浸种催芽，高床整地，土壤消毒。下种量10~20kg/亩。幼苗对干燥抵抗力弱，应经常浇水以保持湿润，对阳光抵抗力弱，接草后应架设荫棚，以避免日灼危害。造林密度110株/亩，苗木出圃移植期一般在春季土壤解冻后苗木萌芽前进行；做景观树移植时要带土球起苗，土球大小一般是苗木地径的10倍左右，草绳捆绑应边挖边绑，运输中要轻拿轻放。苗木栽植选择无风低温时进行，深度一般是在根系土球5~10cm以下即可，栽植后要及时夯实回土，并浇一次透水。

适宜范围 适宜于山西太原以北海拔1300~1800m地区种植。

关帝林局孝文山白杆母树林种子

树种：白杆
类别：母树林种子
科属：松科 云杉属

学名：*Picea meyeri* Rehd. et Wils.
编号：晋S-SS-PM-020-2015
申请人：关帝山国有林管理局种苗站、关帝山国有林管理局孝文山林场

良种来源 关帝山国有林管理局孝文山白杆母树林。

良种特性 种子饱满，种子千粒重4.1~4.6g，发芽率80~85%。与普通白杆对照8年生高生长3.3m，增加13.8%，胸径生长3.1cm，增加10.7%。盛果期亩产种子10kg，是一般林分的2倍。树体通直，枝稠而密，整体下宽上窄，形似宝塔。叶针形四季常绿，背面灰白，泛有光泽，春夏多为翠绿、秋冬多为浓绿。主要用于营造用材林，也可用于城镇园林绿化。

繁殖和栽培 种子繁殖。浸种催芽，早春播种。4月下旬下种，下种量10~20kg/亩。营造用材林使用2+3容器苗，110株/亩。园林绿化移植要带土球起苗，土球直径是苗木地径的10倍左右，苗木栽植选择无风低温时进行，深度在根系土球纵径5~10cm以下，栽植后要及时回土，并浇一次透水。

适宜范围 适宜在山西省晋西北地区海拔1600~2400m栽培。

五台林局白杆种源种子

树种：白杆
类别：优良种源
科属：松科 云杉属

学名：*Picea meyeri* Rehd. et Wils.
编号：晋S-SP-PM-022-2015
申请人：五台山国有林管理局

良种来源 五台山国有林管理局伯强林场、宽滩林场白杆采种基地。

良种特性 5年生苗木平均高14cm，地径0.43cm，普通种子苗木高11cm，地径0.35cm，苗高提高了27%，地径提高了23%。12年生苗木平均高1.8m，冠幅1.1m，普通种子苗木平均高1.6m，冠幅1.0m，苗高提高了13%，地径提高了10%。耐旱、耐瘠薄、抗性强。耐阴能力较强；抗寒性较强，可耐-30℃的极端低温，浅根性，主根不明显，侧根发达，固土性能好，涵养水源、保持水土的能力强。主干通直圆满，材质松软、富有弹性，易加工，是较好的用材品种。冬夏常绿，冠形优美，其枝稠而密，整体下宽上窄形似宝塔，叶针形四季常绿，泛有光泽，春夏多为翠绿，秋冬多为浓绿，又可作为城市、庭院、公园和通道绿化品种。主要用于营造用材林，也可用于城镇园林绿化等。

繁殖和栽培 种子繁殖，浸种催芽，早春播种，下种时间4月下旬，每亩10~20kg。幼苗对干燥的抵抗力弱，耐阴湿，应经常浇水以保持湿润，对阳光抵抗力弱，接草后应架设荫棚，以避免日灼危害，播种苗需进行再次移床培育后出圃。营造用材林使用2+3容器苗，110株/亩。园林绿化移植要带土球起苗，土球直径是苗木地径的10倍左右，苗木栽植选择无风低温时进行，深度在根系土球纵径5~10cm以下，栽植后要及时回土，并浇一次透水。

适宜范围 适宜在山西省五台山、管涔山海拔1600~2500m栽培。

青海云杉（天祝）母树林种子

树种：青海云杉	学名：*Picea crassifolia* Kom.
类别：母树林	编号：甘S-SS-PC-03-2007
科属：松科 云杉属	申请人：天祝藏族自治县林木种苗管理站

良种来源 甘肃省天祝藏族自治县。

良种特性 该树种主要优点是适应性强，耐寒、耐旱、耐瘠薄，可耐−30℃的极端低温，适合在西北高寒干旱地区造林绿化；青海云杉属侧根性树种，固土性能好，涵养水源、保持水土的能力强，是一个很好的水源涵养树种；其冬夏常绿，又是城市和庭院绿化观赏的主要树种；此外，主干通直圆满，材质松软、富有弹性，易加工，更是较好的用材树种。

繁殖和栽培 青海云杉9月果熟，10月份采种；播种应选用新鲜饱满、质量好的种子，消毒处理，苗圃地以壤土或沙壤土为好，幼苗期要遮阴，春季气温达8℃时播种，播种量15kg/亩，覆土厚度0.6~1cm为宜，栽植地块要选在阴坡、半阴坡、半阳坡，降雨量330~500mm的地区，如有灌溉条件则更好；精细整地，造林用苗的苗龄要求4年生、苗高15cm以上、地径0.3cm以上；造林密度以每亩200株左右为宜，要求栽正踏实；栽后要定期抚育。

适宜范围 适合在青海、甘肃、宁夏、内蒙古等省栽植。

青海云杉

树种：青海云杉	学名：*Picea crassifolia* Kom.
类别：母树林	编号：青S-SS-PP-001-2007
科属：松科 云杉属	申请人：大通县东峡林场

良种来源　青海省大通县东峡林区原生树种。

良种特性　常绿乔木，雌雄同株，枝轮生。叶螺旋状排列，无柄，四棱状、条形叶。花单生。球果当年成熟，下垂。种子有黑色、黄褐色两种，具翅，千粒重4.5~6 g，发芽率65%~75%，具有天然传播能力，形态成熟时才能发芽，无休眠期。适应范围广，耐寒、耐旱、能适应微酸、中性、微碱性土壤。在针叶树当中生长较快，材质优良，纹理直，结构细致，轻软有弹性，是很好的建筑材料和工业原料，也是青海省内用材、水源涵养、荒山造林和庭院绿化的重要乡土树种。

繁殖和栽培　宜栽植在阴坡、半阴坡，以春季造林为主，采用穴状整地。株行距为1m×1.5m 或者1.5m×2m，造林密度3330~6660株 /hm²，造林时采用5~7年生移植苗，苗高20 cm 以上，顶芽饱满的优良壮苗。在苗木高生长开始后加强抚育管理。

适宜范围　适宜在青海东部黄土丘陵沟壑区栽植。

罗山青海云杉天然母树林种子

树种：青海云杉
类别：母树林种子
科属：松科 云杉属

学名：*Picea crassifolia* Kom.
编号：宁S-SS-PC-002-2010
申请人：罗山国家级自然保护区管理局、
宁夏泾源县林业局、
宁夏林业技术推广总站

良种来源 亲本位于宁夏中部的罗山红庙沟、大冰沟林区。

良种特性 常绿高大乔木，1年生枝条呈淡黄绿色，2~3年生枝条呈红褐色。小枝具明显隆起的叶枕，有毛或近无毛。针叶长1.2~2.2cm，宽2.0~2.5mm，叶顶端钝尖或钝。叶4棱针形，在枝上螺旋状着生。冬芽圆锥形，宿存芽鳞开展或反曲。花期5月，球果圆柱形或圆锥状，单生枝端，幼球果紫红色直立，成熟后褐色。球果9~10月成熟，种子斜倒卵圆形，长约3.5mm。母树林树干通直，树形圆满，树冠较窄，呈圆锥形。造林绿化树种，亦可用于园林观赏。

繁殖和栽培 采用春季播种育苗，播前进行种子催芽处理。当气温稳定在8℃以上时即可播种，采取条播方式播种，播幅宽8~10cm，行距12~16cm，播种量225~300kg/hm²，播后及时覆土0.3~1cm。播种后20~40d内要防止鸟害、日灼和病虫害，做好田间管理工作。冬季要注意覆土。春秋两季均可造林，选择3+2、苗高≥30cm的移植苗栽植。

适宜范围 宁夏南部山区年平均降水量300~625mm，北部引黄灌区和中部干旱沙区有灌溉条件，土壤全盐含量0.5%以下、pH值7以下的地区均可栽植。

内蒙古贺兰山青海云杉母树林种子

树种：青海云杉
类别：母树林
科属：松科 云杉属

学名：*Picea crassifolia* Kom.
编号：内蒙古S-SS-PC-011-2013
申请人：内蒙古贺兰山国家级自然保护区管理局

良种来源 内蒙古贺兰山国家级自然保护区乱柴沟。

良种特性 常绿乔木，树干挺直，枝条平展，树形美观。生长缓慢，适应性强，可耐 –30℃低温。耐旱，耐瘠薄，喜中性土壤，忌水涝，幼树耐阴，浅根性树种，抗风力差。主要用于造林绿化，也可用作建筑、桥梁等用材林。

繁殖和栽培 植苗造林，一般以春季为主，也可在秋季造林。选用6~7年生苗造林。穴状整地，穴的规格一般为50 cm×50 cm×50 cm。造林密度2 m×1 m。栽植时分层填土踩实，保证根系舒展，苗干直，做到"三埋两踩一提苗"。栽植后每年应松土除草2~3次。

适宜范围 内蒙古中西部海拔800~3000 m地区均可栽培。

互助县北山林场青杆种源

树种：青杆
类别：优良种源
科属：松科 云杉属

学名：*Picea wilsonii* Mast.
编号：青S-SP-PW-009-2013
申请人：互助县北山林场

良种来源 通过种源试验选育的互助县北山青杆母树林种源。

良种特性 常绿乔木，树干直，树冠圆锥形。一年生小枝淡黄绿、淡黄或淡黄灰色，无毛，罕疏生短毛。冬芽卵圆形，无树脂，芽鳞排列紧密，小枝基部宿存的芽鳞不反卷（与同属其他植物的重要区别）。叶较细、短，长0.8~1.3（1.8）cm，横断面菱形或扁菱形。球果卵状圆柱形或圆柱状长卵形，成熟前绿色，熟时黄褐色或淡褐色，长4~8cm，径2.5~4cm。花期4月，球果10月成熟。木材轻软，可做电杆、枕木等。适应力强，耐阴

性强，耐寒，喜凉爽湿润气候，在降水量500~1000mm地区均可生长，喜排水良好、适当湿润之中性或微酸性土壤，但在微碱性土中亦可生长。抗病能力强，根系发达，是青海省城镇和造林绿化的主要树种之一。

繁殖和栽培 采用播种育苗繁殖，播种量375kg/hm²，播种苗培育3年后及时移植。造林多采用6年生移植苗，宜栽植在阴坡、半阴坡，以春季、秋季造林为主，穴状整地，造林密度2505~3330株/hm²。

适宜范围 适宜在青海省西宁市、海东市种植。

白音敖包沙地云杉优良种源种子

树种：沙地云杉　　　　　　　学名：*Picea mongolica*（H.Q.Wu）W.D.Xu
类别：优良种源　　　　　　　编号：内蒙古S-SP-PM-010-2011
科属：松科　云杉属　　　　　申请人：内蒙古白音敖包国家级自然保护区

良种来源　种子来源于白云敖包国家级自然保护区实验区采种基地。

良种特性　常绿乔木，树冠尖塔形，树高可达45m，树皮灰褐色或红褐色。叶长1~2cm，粗壮稍弯曲，先端微尖或极尖。花期4~5月，种熟期9~10月。适应性强，具有极强的抗旱、抗寒、耐贫瘠能力。主要用于防风固沙，也可用于园林绿化。

繁殖和栽培　造林前一年雨季前穴状或带状整地。用容器苗或带土坨苗造林。栽植前灌足水，栽植不宜过深。栽植时做到"三埋两踩一提苗"，浇水，覆土。

适宜范围　内蒙古大部分地区栽培。

黄南州麦秀林场紫果云杉母树林

树种：紫果云杉　　　　　　学名：*Picea purpurea* Mast.
类别：母树林　　　　　　　编号：青S-SS-PP-010-2013
科属：松科　云杉属　　　　申请人：黄南州麦秀林场

良种来源　青海省黄南州麦秀林区优选母树林原生树种。

良种特性　紫果云杉为中国特有树种，常绿乔木。树冠尖塔形，枝轮生，叶四棱状条形，无柄，螺旋状排列，花单生，雌雄同株。球果当年成熟，圆柱状卵圆形或椭圆形，下垂。种子黄褐色，具翅，千粒重3.2~3.8 g，发芽率65%~75%，具有天然传播更新能力，无休眠期。适应范围广，耐寒、耐高海拔，抗病虫害，能适应微酸、中性、微碱性土壤。在针叶树中属生长较快树种，树形优美，是青海省用材、水源涵养、荒山造林和城镇绿化的乡土树种。木材淡红褐色，材质坚韧，微轻软，纹理直，结构细，有弹性，耐久用，是很好的建筑材料和工业原料。

繁殖和栽培　采用播种繁殖，播种量300~375 kg/hm^2。宜栽植在阴坡、半阴坡，以春季造林为主，采用穴状整地，株行距为1.5 m×2 m或2 m×2 m，造林密度2505~3330株/hm^2，造林时采用5~7年生移植苗，苗高≥20 cm，顶芽饱满的优质壮苗。在苗木高生长开始后加强抚育管理。

适宜范围　适宜在青海省西宁市、海东市、海南州、海北州、黄南州、果洛州、玉树州栽植。

新疆落叶松种子园

树种：新疆落叶松	学名：*Larix sibirica* 'Zhongziyuan'
类别：实生种子园	编号：新S-SSO-LS-016-1995
科属：松科 落叶松属	申请人：新疆林业科学研究院、哈密林场

良种来源 1973年开始'西伯利亚落叶松（新疆落叶松）种子园、母树林营建'研究。1973~1976年通过选择优树、园地规划设计、无性系嫁接和遗传配置，在哈密林场初步建成了针叶树种初级种子园。1983年起，紧紧围绕营建新疆落叶松第一代生产性种子园和尽快为生产提供良种，依据实际情况开展了深入系统的育种研究。综合工程项目和研究课题从提高种子品质、促进子园丰产和缩短林木育种周期等方面考虑，开展了：初级种子园无性系表型（当代、子代）测定和家系遗传增益评价；种间杂交育种技术研究；营建第一代生产性种子园技术研究；落叶松优树选择及保存技术；种子园经营管理技术研究；初级种子园开花习性及结实规律研究；新疆落叶松地理种源试验研究等多项内容，并取得阶段性成果。

良种特性 苗期增益：2年生原床苗高增益31.97%，3年生苗高增益36.7%，4年生苗高增益21.16%，地径增益16.16%。

繁殖和栽培 播种繁殖。

适宜范围 在新疆哈密林区、阿尔泰林区落叶松分布区种植。

长城山华北落叶松

树种：华北落叶松
类别：无性系种子园
科属：松科 落叶松属

学名：*Larix principis-rupprechtii* Mayr
编号：晋S-CSO-LP-007-2001
申请人：大同市长城山林场

良种来源 大同市长城山林场无性系种子园。

良种特性 树皮灰褐色，片状剥裂，叶披针形，树冠呈塔型。落叶乔木，树干通直圆满，耐旱、耐寒、喜光，对土壤适应性强，抗风力强。20年生，林分平均高可达13m，平均胸径可达14cm。宜营造用材林、水源涵养林和防风固沙林。

繁殖和栽培 同普通华北落叶松。采用种子繁殖。

适宜范围 山西省北部海拔1200m以上，中南部海拔1400m以上山地栽培。

静乐华北落叶松

树种：华北落叶松
类别：无性系种子园
科属：松科 落叶松属

学名：*Larix principis-rupprechtii* Mayr
编号：晋S-CSO-LP-003-2006
申请人：静乐县华北落叶松种子园

良种来源 静乐县华北落叶松种子园。

良种特性 树皮灰褐色，片状剥裂，叶披针形，树冠呈塔型。树干通直圆满，生长快、耐旱、耐寒、喜光，对土壤适应性较强。种子千粒重4.8g。生长速度快，20年生平均树高8.39m，平均胸径15.14cm，分别超出对照6.2%和5.7%。宜营造用材林、生态林。

繁殖和栽培 同普通华北落叶松。种子繁殖。

适宜范围 山西省海拔1200~2400m山地及生态条件类似地区栽培。

六盘山华北落叶松一代种子园种子

树种：华北落叶松
类别：无性系种子园
科属：松科 落叶松属

学名：*Larix principis-rupprechtii* Mayr
编号：宁S-CSO（1）-LP-001-2007
申请人：宁夏固原市六盘山林业局、宁夏林业技术推广总站

良种来源 源于我国华北落叶松天然分布的中心区——山西省吕梁山管涔林区大石洞林场麦碾塔、大南沟林班。

良种特性 常绿高大乔木，树皮暗灰褐色，不规则纵裂，呈小块片状脱落。枝条平展，具不规则细齿。苞鳞暗紫色，近带状矩圆形，长0.8~1.2cm，基部宽，中上部微窄，先端圆截形，仅球果基部苞鳞的先端露出。花期4~5月，球果9月中下旬成熟。20个无性系球果平均重3.63g，平均长3.46cm，平均宽2.52cm。种子千粒重为7.15g。造林绿化树种，在土层深厚、湿润肥沃、排水良好，pH值≤7，海拔1200~2000m的缓坡地生长良好。

繁殖和栽培 4月上旬至5月上旬进行春播育苗。春播前1年对种子进行雪藏或沙藏处理，播前4~7d进行种子消毒及催芽处理。采用高床育苗，苗床长10m，宽0.8~1m，苗床高15~20cm，步道宽20~30cm。条播播幅间距5~10cm，播种量7~10kg/亩。幼苗出齐1月后间苗，一般保留400~500株/m^2。幼苗期，应及时防治松苗猝倒病和立枯病。在当年封冻之前，要用土埋苗，确保幼苗安全越冬，翌年春季适时撤除覆土。

适宜范围 适宜在宁夏六盘山及周边地区栽植。

上高台林场华北落叶松母树林种子

树种：华北落叶松
类别：母树林种子
科属：松科 落叶松属

学名：*Larix principis-rupprechtii* Mayr.
编号：内蒙古S-SS-LP-006-2009
申请人：乌兰察布市卓资县上高台林场

良种来源 亲本来源于赤峰市喀喇沁旗。华北落叶松母树林始建于1974年，选择10年生、林分整齐、生长良好的人工用材林改建而成。

良种特性 树干通直、圆满，天然整枝良好，根系发达，生长快，耐寒性强，耐水湿，喜光，对大气干燥的适应性也较强。主要用于工程造林，也可作用材林。

繁殖和栽培 种子繁殖，可用容器苗育苗，亦可大田育苗，播种前进行种子消毒，浸泡后雪藏催芽最好，大田育苗一般以平床为主，播种前灌足底水。

用2年生容器苗或2年生带泥浆苗栽植。用带泥浆苗造林，前一年雨季前穴状或带状整地，起苗或运苗过程中注意保水，栽植时做到根土密接，根系舒展。

适宜范围 内蒙古自治区中东部地区均可栽培。

苏木山林场华北落叶松种子园种子

树种：华北落叶松
类别：种子园种子
科属：松科 落叶松属

学名：*Larix principis-rupprechtii* Mayr.
编号：内蒙古S-CSO（1）-LP-005-2009
申请人：乌兰察布市兴和县苏木山林场

良种来源 亲本来源于山西宁武管涔山。苏木山华北落叶松种子园从1976年开始建立，从山西宁武选择的华北落叶松优树作为接穗进行嫁接，方法采用髓心形成层贴接法，无性系配置20个，采用随机排列法，嫁接后及时松绑修枝。1978年建成初级种子园。

良种特性 树干通直、圆满，天然整枝良好，根系发达，生长快，耐寒性强，耐水湿，喜光，对大气干燥的适应性也较强。主要用于工程造林，也可作用材林。

繁殖和栽培 种子繁殖，大田育苗，也可容器育苗。播种前进行种子消毒，浸泡后雪藏催芽最好。育苗时要进行土壤消毒，出苗后喷洒波尔多液预防苗木立枯病。

用2~3年生苗栽植造林，前一年雨季整地，方式为水平沟或鱼鳞坑。起苗或运苗过程中注意保水、防晒，栽植时要打好泥浆，做到"三埋两踩一提苗"。

适宜范围 内蒙古自治区境内土壤质地为沙壤土，年平均降雨量500 mm 左右，海拔高度1800~2000 m 的山地、丘陵地区均可栽培。

华北落叶松母树林种子

树种：华北落叶松	学名：*Larix principis-rupprechtii* Mayr.
类别：母树林	编号：甘S-SS-LP-005-2010
科属：松科 落叶松属	申请人：庆阳市国营正宁林业总场

良种来源 甘肃。

良种特性 高大乔木，高可达30m，胸径1m，树冠圆锥形。树皮暗灰褐色，呈不规则鳞状裂开，大枝平展，小枝不下垂，球果长卵形或卵圆形，长约2~4cm，径约2cm，种鳞26~45，背面光滑无毛，边缘不反曲，苞鳞短于种鳞，暗紫色；种子灰白色，有褐色斑纹，有长翅。

繁殖和栽培

1.种子育苗。当春季日平均气温连续5d保持在10℃以上时，进行种子处理。种子处理可用0.5%硫酸铜溶液浸种8h，再用清水冲洗后即可备用，亦可继续再行温水浸种1~2d进行催芽处理后再在高畦上播种。

2.轻基质网袋容器扦插育苗技术。在全光雾条件下，以轻基质网袋容器为基质，利用华北落叶松半木质化嫩枝为插穗，在6月中旬~7月中旬以IBA 100mg/L浓度液处理插穗0.5h扦插，20d后逐渐形成愈伤组织，一个月后普遍长出新根，60d 90%以上插穗生根，并形成根幅不等的根系，第二年移植在13cm×16cm容器或按株行距10cm×15cm移植在大田，常规培育2年，苗高达到20cm以上，即可出圃造林。

适宜范围 适宜在甘肃省的陇东、河西地区栽植。

乌兰坝林场华北落叶松种子园种子

树种：华北落叶松
类别：无性系种子园
科属：松科 落叶松属

学名：*Larix principis-rupprechtii* Mayr
编号：内蒙古S-CSO（1）-LP-003-2011
申请人：赤峰市巴林左旗乌兰坝林场

良种来源 亲本来源于山西省关帝山经营局孝文山林场，山西省管芩山经营局马家庄林场，山西省雁北地区林业局长城山林场、佰强林场和宽滩林场。1973~1982年确定优树108个，采穗、嫁接建种子园。

良种特性 树干通直圆满，天然整枝良好，根系发达，生长快。耐寒性强，耐水湿，喜光，对大气干燥的适应性也较强。主要用于工程造林，也可作用材林。

繁殖和栽培 前一年雨季前水平沟或鱼鳞坑整地。用2~3年生根系发达的合格苗造林。在起苗或运苗过程中注意保水、防晒、打好泥浆。栽植时做到"三埋两踩一提苗"，浇水，覆土。

适宜范围 赤峰市和锡林郭勒盟东北部山地均可栽培。

乌兰坝林场华北落叶松母树林种子

树种：华北落叶松	学名：*Larix principis-rupprechtii* Mayr
类别：母树林	编号：内蒙古S-SS-LP-004-2011
科属：松科 落叶松属	申请人：赤峰市巴林左旗乌兰坝林场

良种来源 1963年从山西岚县采种育苗，造林、选优、疏伐，保留优良单株。

良种特性 树干通直圆满，天然整枝良好，根系发达，生长快。耐寒性强，耐水湿，喜光，对大气干燥的适应性也较强。主要用于工程造林，也可作用材林。

繁殖和栽培 前一年雨季前水平沟或鱼鳞坑整地。用2~3年生根系发达合格苗造林。在起苗或运苗过程中注意保水、防晒、打好泥浆。栽植时做到"三埋两踩一提苗"，浇水，覆土。

适宜范围 赤峰市和锡林郭勒盟东北部山地均可栽培。

黑里河林场华北落叶松种子园种子

树种：华北落叶松
类别：无性系种子园
科属：松科 落叶松属

学名：*Larix principis-rupprechtii* Mayr
编号：内蒙古S-CSO（1）-LP-006-2011
申请人：赤峰市宁城县黑里河林场

良种来源 种源来源于山西省宁武县管岑山和文水县孝文山。五株大树法选优，82个无性系，嫁接建种子园。

良种特性 树干通直圆满，天然整枝良好，根系发达，生长快。耐寒性强，耐水湿，喜光，对大气干燥的适应性也较强。主要用于工程造林，也可作用材林。

繁殖和栽培 前一年雨季前水平沟或鱼鳞坑整地。用2~3年生根系发达的合格苗造林。在起苗或运苗过程中注意保水、防晒、打好泥浆。栽植时做到"三埋两踩一提苗"，浇水，覆土。

适宜范围 内蒙古大部分山地均可栽培。

旺业甸林场华北落叶松母树林种子

树种：华北落叶松	学名：*Larix principis-rupprechtii* Mayr
类别：母树林	编号：内蒙古S-SS-LP-009-2011
科属：松科 落叶松属	申请人：赤峰市喀喇沁旗旺业甸实验林场

良种来源 亲本来源赤峰市喀喇沁旗。1972年利用华北落叶松优良林分疏伐改建成母树林。

良种特性 落叶乔木，树干通直圆满，天然整枝良好，根系发达，生长快。耐寒性强，耐水湿，喜光，对大气干燥的适应性也较强。主要用于工程造林，也可作用材林。

繁殖和栽培 前一年雨季前穴状或带状整地。用2~3年生根系发达合格苗造林。在起苗或运苗过程中注意保水、打好泥浆。栽植时做到"三埋两踩一提苗"，浇水，覆土。

适宜范围 内蒙古大部分山地均可栽培。

关帝林局华北落叶松种源种子

树种：华北落叶松
类别：优良种源
科属：松科 落叶松属

学名：*Larix principis-rupprechtii* Mayr.
编号：晋S-SP-LP-016-2014
申请人：关帝山国有林管理局

良种来源 来源于关帝山国有林管理局孝文山林场、云顶山林场华北落叶松天然中林龄林分。

良种特性 种粒饱满，千粒重5.9g，发芽率在70%以上。生长迅速，8年生平均高2.2m，地径3.2cm，15年生平均高9.5m，平均胸径10.6cm。性极耐寒，根系发达，可塑性强，对土壤的适应性强，喜深厚湿润而排水良好的酸性或中性土壤，抗风力较强。干形直，材质优良、耐湿耐腐，容易加工。

繁殖和栽培 种子繁殖。浸种催芽，高床整地，土壤消毒、灭虫。下种时间4月上旬，下种量7~10kg/亩。用1~2年生换床苗、2年或3年生营养杯苗造林，密度167~220株/亩，新造林三年内注意割灌除草抚育管理，幼中龄林抚育按技术规程进行。

适宜范围 适宜在山西省吕梁山、关帝山、太岳山、管涔山海拔1400~2000m种植。

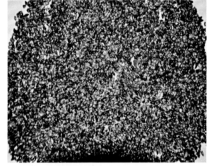

五台林局华北落叶松种源种子

树种：华北落叶松　　　　　　　学名：*Larix principis-rupprechtii* Mayr

类别：优良种源　　　　　　　　编号：晋S-SP-LP-021-2015

科属：松科　落叶松属　　　　　申请人：五台山国有林管理局

良种来源　五台山国有林管理局伯强林场、宽滩林场华北落叶松采种基地。

良种特性　种粒饱满，千粒重5.8~6.2g，发芽率在70%以上。与普通华北落叶松对照，8年生平均高2.1m，增长10.5%，地径3.1cm，增长10.7%。15年生，平均高8.2m，增长10.8%，平均胸径8.6cm，增长10.3%。性极耐寒，根系发达，可塑性强，对土壤的适应性强，喜深厚湿润而排水良好的酸性或中性土壤。适生于高寒气候，抗风力较强。干形直，材质坚实、耐湿耐腐，用途广。主要用于营造用材林和防护林。

繁殖和栽培　种子繁殖。浸种催芽，高床整地，土壤消毒、灭虫。下种时间4月上旬，下种量7~10kg/亩。用2~1切根换床苗或2+3容器苗造林，167株/亩，以秋季造林为主，春季造林应尽量提早进行。新造林三年内注意割灌除草抚育管理，换床苗造林方法常采用窄缝栽植法或直壁靠边栽植法。

适宜范围　适宜在山西省五台山、关帝山、管涔山海拔1400~2400m栽培。

缸窑兴安落叶松初级无性系种子园种子

树种：兴安落叶松
类别：无性系种子园
科属：松科 落叶松属

学名：*Larix gmelini*
编号：黑S-CSO（0）-LG-017-2010
申请人：北安市缸窑种子园

良种来源 缸窑兴安落叶松初级种子园建园优树，来自黑河爱辉区滨南林场未进行逆向选择的天然林分。

良种特性 生长快、耐寒、抗病、抗鼠害、适应性强。

繁殖和栽培 种子繁殖，种子催芽后可直接播种，每亩播种7~10kg，用捣细的腐殖质或细沙覆盖，覆土不能超过0.5cm，有条件时，最好再覆一层草保墒。苗期防治苗木立枯病。春季土壤解冻出圃移栽。起苗前3~5天浇水一次，使土壤湿润疏松，起苗时不易伤根。对主根适当修剪，注意起苗时不要伤顶芽。

适宜范围 黑河、伊春、绥化等适合兴安落叶松生长的地区。

阁山兴安落叶松人工母树林

树种：兴安落叶松
类别：母树林
科属：松科 落叶松属

学名：*Larix gmelini*
编号：黑S-SS-LG-027-2010
申请人：绥棱国有林场管理局

良种来源 兴安落叶松母树林亲本来源于绥棱森工林业局北股流林场的30年生左右的天然兴安落叶松母树。

良种特性 速生、材积增益显著，树干通直，出材率高。耐寒。抗逆性强。

繁殖和栽培 种子繁殖，种子催芽后可直接播种，每亩播种7~10kg，用捣细的腐殖质或细沙覆盖，覆土不能超过0.5cm，有条件时，最好再覆一层草保墒。苗期防治苗木立枯病。春季土壤解冻出圃移栽。起苗前3~5天浇水一次，使土壤湿润疏松，起苗时不易伤根。对主根适当修剪，注意起苗时不要伤顶芽。

适宜范围 黑河、绥化地区。

加格达奇兴安落叶松第一代无性系种子园种子

树种：兴安落叶松	学名：*Larix gmelini*
类别：无性系种子园	编号：黑S-CSO（1）-LG-029-2010
科属：松科 落叶松属	申请人：大兴安岭林业集团森林经营部技术推广站

良种来源 选自内蒙古的红花尔基、克一河、甘河和大兴安岭林区的古连、松岭、塔河、新林等地。

良种特性 生长快、材积增益显著、材质优良、结实多。耐寒、抗病、抗鼠害、适应性强。

繁殖和栽培 种子繁殖，种子催芽后可直接播种，每亩播种7~10kg，用捣细的腐殖质或细沙覆盖，覆土不能超过0.5cm，有条件时，最好再覆一层草保墒。苗期防治苗木立枯病。春季土壤解冻出圃移栽。起苗前3~5天浇水一次，使土壤湿润疏松，起苗时不易伤根。对主根适当修剪，注意起苗时不要伤顶芽。

适宜范围 大兴安岭、黑河、伊春、绥化等适合兴安落叶松生长的地区。

胜山兴安落叶松天然母树林

树种：兴安落叶松	学名：*Larix gmelini*
类别：母树林	编号：黑S-SS-LG-025-2010
科属：松科 落叶松属	申请人：胜山天然母树林林场

品种来源 亲本来自于爱辉区胜山林场天然林改建的母树林，落叶松优良林分1667hm²，母树林经营始于1978年。

品种特性 树干通直、生长较快、材积增益显著，材质较好，耐寒、适应性强。

培育技术 种子繁殖，种子催芽后可直接播种，每亩播种7~10kg，用捣细的腐殖质或细沙覆盖，覆土不能超过0.5cm，有条件时，最好再覆一层草保墒。苗期防治苗木立枯病。春季土壤解冻出圃移栽。起苗前3~5天浇水一次，使土壤湿润疏松，起苗时不易伤根。对主根适当修剪，注意起苗时不要伤顶芽。

适宜范围 大兴安岭、黑河、伊春等地区。

乌兰坝林场兴安落叶松种子园种子

树种：兴安落叶松
类别：无性系种子园
科属：松科 落叶松属

学名：*Larix gmelini* (Rupr.)Kuzen.
编号：内蒙古S-CSO（1）-LG-002-2011
申请人：赤峰市巴林左旗乌兰坝林场

良种来源 1985年在根河好里堡林场天然兴安落叶松优良林分选优24个，1986年在甘河林业局种子园选优55个，优选采用五株大树法。采穗、嫁接建种子园。

良种特性 干型通直圆满，生长迅速。抗病虫害能力较强，耐寒能力强。主要用于造林绿化，也可作用材林。

繁殖和栽培 前一年雨季前水平沟或鱼鳞坑整地。用2年生根系发达的合格苗造林。在起苗或运苗过程中注意保水、防晒、打好泥浆。栽植时做到"三埋两踩一提苗"，浇水，覆土。

适宜范围 赤峰市和锡林郭勒盟东北部山地均可栽培。

甘河林业局兴安落叶松种子园种子

树种：兴安落叶松	学名：*Larix gmelini* (Rupr.)Kuzen.
类别：无性系种子园	编号：内蒙古S-CSO（1）-LG-001-2012
科属：松科 落叶松属	申请人：内蒙古甘河林业局

良种来源 亲本来源于甘河林业局施业区内原始森林中选择优良林分。

良种特性 落叶乔木，喜光，树干通直圆满，材质优良，速生丰产，抗病、抗寒、抗烟。主要用于造林绿化，也可作用材林。

繁殖和栽培 前一年秋季穴状整地，当年春季用2年生根系发达的合格苗造林。容器苗可在春、夏、秋三季造林。在起苗或运苗过程中注意保水、防晒，打好泥浆。栽植方法有明穴栽植法、靠壁栽植法和窄缝栽植法，栽植时做到"三埋两踩一提苗"，不漏根，不窝根。

适宜范围 内蒙古大兴安岭地区均可栽培。

乌尔旗汉林业局兴安落叶松种子园种子

树种：兴安落叶松

类别：无性系种子园

科属：松科 落叶松属

学名：*Larix gmelini* (Rupr.)Kuzen.

编号：内蒙古S-CSO（1）-LG-014-2013

申请人：内蒙古乌尔旗汉林业局

良种来源 亲本来源于内蒙古大兴安岭林管局生态功能区内天然落叶松优良林分。1981年选优、嫁接建种子园。

良种特性 落叶乔木，喜光，树干通直圆满，材质优良。速生丰产，抗病、抗寒、抗烟。主要用于造林绿化，也可作用材林。

繁殖和栽培 一般选用兴安落叶松2年生换床苗或移植容器苗造林，苗木规格要求地径在0.3cm以上、苗高25cm以上。整地要在栽植的前一年秋季进行，采用穴状整地，株行距为2m×2m，整地规格为50cm×50cm×30cm。山地条件下，穴面要成反坡5°角，以便蓄水。苗木要蘸浆保湿。裸根苗一般在春季或雨季进行，容器苗春、夏、秋三季均可栽植。栽植时采用窄缝栽植法，做到"三埋两踩一提苗"，不露根、不窝根。栽植后1~3年，主要采取扶正苗木、松土、除草、埋青、补苗、踏实等抚育措施。

适宜范围 内蒙古大兴安岭地区均可栽培。

内蒙古大兴安岭北部林区兴安落叶松母树林种子

树种：兴安落叶松	学名：*Larix gmelini* (Rupr.)Kuzen.
类别：母树林	编号：内蒙古S-SS-LG-015-2013
科属：松科 落叶松属	申请人：内蒙古大兴安岭林管局营林生产处

良种来源 亲本来源于内蒙古大兴安岭林区北部（即根河、金河、阿龙山、满归、得耳布尔、莫尔道嘎等林业局）兴安落叶松天然林和该区种源营造的人工林。

良种特性 落叶乔木，生长速度较快，树干通直圆满，材质优良，抗病、抗寒、抗烟，耐低温，耐土壤瘠薄，是内蒙古大兴安岭林区荒山荒地、迹地更新的主要优良树种之一。兴安落叶松的木材重而坚实，抗压及抗弯曲的强度大，而且耐腐朽，木材工艺价值高，是电杆、枕木、桥梁、矿柱、车辆、建筑等优良用材。

繁殖和栽培 选用兴安落叶松苗龄2年生换床苗、移植容器苗或1年生温室大棚容器苗造林，2年生换床苗、移植容器苗规格要求地径在0.3cm以上、苗高25cm以上，1年生大棚温室容器苗规格要求地径在0.2cm以上、苗高10cm以上。造林前，容器苗不需要进行特殊处理，只需浇透水即可；裸根苗上山前苗根需用生根粉浸泡并裹泥浆、打捆上山。一般在造林前一年的秋季或在造林当年春季进行整地，采取带状或穴状整地方式，穴大小一般为50cm×50cm，深度依当地土壤条件而定，一般以见土（露出土壤）为宜。株行距依造林密度而定。造林一般在春季或雨季进行。做到"三埋两踩一提苗"，不露根、不窝根。栽植后1~3年，主要采取扶正苗木、松土、除草、埋青、补苗、踏实等抚育措施。

适宜范围 内蒙古大兴安岭地区均可栽培。

内蒙古大兴安岭东部林区兴安落叶松母树林种子

树种：兴安落叶松　　　　　　　　学名：*Larix gmelini* (Rupr.)Kuzen.

类别：母树林　　　　　　　　　　编号：内蒙古S-SS-LG-016-2013

科属：松科　落叶松属　　　　　　申请人：内蒙古大兴安岭林管局营林生产处

良种来源　亲本来源于内蒙古大兴安岭林区东部（即克一河、甘河、吉文、阿里河、大杨树、毕拉河等林业局）兴安落叶松天然林和该区种源营造的人工林。

良种特性　落叶乔木，生长速度较快，树干通直圆满，材质优良，抗病、抗寒、抗烟、耐低温、耐土壤瘠薄，是内蒙古大兴安岭林区荒山荒地、迹地更新的主要优良树种之一。兴安落叶松的木材重而坚实，抗压及抗弯曲的强度大，而且耐腐朽，木材工艺价值高，是电杆、枕木、桥梁、矿柱、车辆、建筑等优良用材。

繁殖和栽培　选用兴安落叶松苗龄2年生换床苗、移植容器苗或1年生温室大棚容器苗造林，2年生换床苗、移植容器苗规格要求地径在0.3cm以上、苗高25cm以上，1年生大棚温室容器苗规格要求地径在0.2cm以上、苗高10cm以上。造林前，容器苗不需要进行特殊处理，只需浇透水即可；裸根苗上山前苗根需用生根粉浸泡并裹泥浆、打捆上山。一般在造林前一年的秋季或在造林当年春季进行整地，采取带状或穴状整地方式，穴规格一般为50cm×50cm，深度依当地土壤条件而定，一般以见土（露出土壤）为宜。株行距依造林密度而定。造林一般在春季或雨季进行。做到"三埋两踩一提苗"，不露根、不窝根。栽植后1~3年，主要采取扶正苗木、松土、除草、埋青、补苗、踏实等抚育措施。

适宜范围　内蒙古大兴安岭地区均可栽培。

内蒙古大兴安岭南部林区兴安落叶松母树林种子

树种：兴安落叶松	学名：*Larix gmelini* (Rupr.)Kuzen.
类别：母树林	编号：内蒙古S-SS-LG-017-2013
科属：松科 落叶松属	申请人：内蒙古大兴安岭林管局营林生产处

良种来源 亲本来源于内蒙古大兴安岭林区南部（即阿尔山、绰尔、绰源等林业局）兴安落叶松天然林和该区种源营造的人工林。

良种特性 落叶乔木，生长速度较快，树干通直圆满，材质优良，抗病、抗寒、抗烟，耐低温，耐土壤瘠薄，是内蒙古大兴安岭林区荒山荒地、迹地更新的主要优良树种之一。兴安落叶松的木材重而坚实，抗压及抗弯曲的强度大，而且耐腐朽，木材工艺价值高，是电杆、枕木、桥梁、矿柱、车辆、建筑等优良用材。

繁殖和栽培 选用兴安落叶松苗龄2年生换床苗、移植容器苗或1年生温室大棚容器苗造林，2年生换床苗、移植容器苗规格要求地径在0.3cm以上、苗高25cm以上，1年生大棚温室容器苗规格要求地径在0.2cm以上、苗高10cm以上。造林前，容器苗不需要进行特殊处理，只需浇透水即可；裸根苗上山前苗根需用生根粉浸泡并裹泥浆、打捆上山。一般在造林前一年的秋季或在造林当年春季进行整地，采取带状或穴状整地方式，穴大小一般为50cm×50cm，深度依当地土壤条件而定，一般以见土（露出土壤）为宜。株行距依造林密度而定。造林一般在春季或雨季进行。做到"三埋两踩一提苗"，不露根、不窝根。栽植后1~3年，主要采取扶正苗木、松土、除草、埋青、补苗、踏实等抚育措施。

适宜范围 内蒙古大兴安岭地区均可栽培。

内蒙古大兴安岭中部林区兴安落叶松母树林种子

树种：兴安落叶松
类别：母树林
科属：松科　落叶松属

学名：*Larix gmelini* (Rupr.)Kuzen.
编号：内蒙古S-SS-LG-018-2013
申请人：内蒙古大兴安岭林管局营林生产处

良种来源　亲本来源于内蒙古大兴安岭林区中部（即乌尔旗汉、库都尔、图里河、伊图里河等林业局）兴安落叶松天然林和该区种源营造的人工林。

良种特性　落叶乔木，生长速度较快，树干通直圆满，材质优良，抗病、抗寒、抗烟，耐低温，耐土壤瘠薄，是内蒙古大兴安岭林区荒山荒地、迹地更新的主要优良树种之一。兴安落叶松的木材重而坚实，抗压及抗弯曲的强度大，而且耐腐朽，木材工艺价值高，是电杆、枕木、桥梁、矿柱、车辆、建筑等优良用材。

繁殖和栽培　选用兴安落叶松苗龄2年生换床苗、移植容器苗或1年生温室大棚容器苗造林，2年生换床苗、移植容器苗规格要求地径在0.3cm以上、苗高25cm以上，1年生大棚温室容器苗规格要求地径在0.2cm以上、苗高10cm以上。造林前，容器苗不需要进行特殊处理，只需浇透水即可；裸根苗上山前苗根需用生根粉浸泡并裹泥浆、打捆上山。一般在造林前一年的秋季或在造林当年春季进行整地，采取带状或穴状整地方式，穴大小一般为50cm×50cm，深度依当地土壤条件而定，一般以见土（露出土壤）为宜。株行距依造林密度而定。造林一般在春季或雨季进行。做到"三埋两踩一提苗"，不露根、不窝根。栽植后1~3年，主要采取扶正苗木、松土、除草、埋青、补苗、踏实等抚育措施。

适宜范围　内蒙古大兴安岭地区均可栽培。

青山杂种落叶松实生种子园种子

树种：杂种落叶松
类别：实生种子园
科属：松科 落叶松属

学名：*Larix kaempferi* ×*L. gmelini*、
Larix kaempferi ×*L. olgensis*、
Larix gmelini×*L. kaempferi*
编号：黑S-SSO-LKGO-009-2010
申请人：林口县青山国家长白落叶松良种基地

良种来源 日本落叶松、长白落叶松优树选自1941年当地营造的1960改建的人工母树林；兴安落叶松优树来自于小兴安岭汤汪河林业局东汤林场。亲本材料具有干形好、生长快、无病虫害等特点。

良种特性 杂种率100%，杂种优势明显，树高、胸径、材积增益显著，超过长白落叶松优良种源20%以上。喜光，抗逆性强。

繁殖和栽培 采种：人工上树采摘果枝，将球果露天摊晒、敲打、筛选，然后干藏。贮藏：短时间内播种可直接干藏，将筛选后的种子适当干燥，置于通风、干燥的室内，春播种前一个月混沙催芽。整地：选择海拔在300m以上的阴坡、半阴坡土质肥沃、排水良好的砂壤土，翻深整平，做1m宽左右的高床或高垄，每亩施厩肥3000kg，严格进行土壤消毒。播种：种子催芽后可直接播种。否则，要用40℃左右温水浸种一、二天，在温暖处混沙或锯末中进行催芽后再播种。开沟条播，灌足底水。每亩播种7~10kg，用捣细的腐殖质或细沙覆盖，覆土不能超过0.5cm，有条件时，最好再覆一层草保墒。抚育管理：幼苗出齐后，要进行必要遮阴，透光度保持60%左右，进入雨季撤除。间苗2次，最后一次每米播种行留苗100株左右。出苗前始终保持床面湿润，用喷壶每天喷水2~3次，出苗后可适当减少喷水次数，但不可床面过干。出苗后15~20d，每亩追硫铵5kg，以后每隔半个月左右连续追肥3~4次，每亩每次追肥量逐渐增加至10kg左右。可适量追施磷钾肥，苗期主要病害是立枯病。出圃：春季土壤解冻出圃移栽。起苗前3~5d浇水一次，使土壤湿润疏松，起苗时不易伤根。对主根适当修剪，注意起苗时不要伤顶芽。

适宜范围 黑龙江省除大兴安岭地区外的山地。

哈达长白落叶松种子园种子

树种：长白落叶松　　　　　　　　　学名：*Larix olgensis* Henry
类别：无性系种子园　　　　　　　　　编号：国S-CSO（1）-LO-008-2003
科属：松科　落叶松属　　　　　　　　申请人：国有东洲区哈达林场

良种来源　1967年分别从辽宁省抚顺县、新宾县、本溪县、吉林省临江县、长白县、黑龙江省小北街、勃海、林口和帽儿山选择优树，按照标准营建长白落叶松种子园33.3 hm²。

良种特性　落叶乔木，树干通直、圆满，细枝窄冠，自然整枝良好。在平均气温2.5~12℃，年降水量500~1400 mm的气候条件下都能生长。在气候干旱、土壤瘠薄的地方生长量很小。喜光性树种，根系浅。适宜在湿润、排水和通气良好的深厚肥沃的土壤条件下生长。适应性强，具有速生丰产，较强的抗旱、耐寒和抗落叶病能力。经测定其性能遗传增益达26.17%。用材林树种。材质优良，最适宜作桩木、桥桥梁、排水涵洞等。此外多用于建筑、家具等。

繁殖和栽培　种子繁殖，播种前对土壤和种子进行消毒，种子需催芽后播种，播种量一般每亩5~6 kg，条播或撒播；无性繁殖采用髓心形成层嫁接方法。适宜春季或秋季造林，造林苗木采用2年生一级苗，密度1 m×1.5 m或1.5 m×1.5 m，栽后及时浇水、除草等抚育管理。

适宜范围　适宜在辽宁东部山区及长白落叶松适宜栽培区域。

错海长白落叶松第一代无性系种子园种子

树种：长白落叶松　　　　　　　学名：*Larix olgensis*
类别：无性系种子园　　　　　　　编号：黑S-CSO（1）-LO-006-2010
科属：松科　落叶松属　　　　　　申请人：黑龙江省龙江县错海林场

良种来源　用于建立长白落叶松无性系种子园的材料分别来源于吉林省汪清和黑龙江省小北湖的长白落叶松优树。

良种特性　落叶乔木，高达30m，胸径可达1m。幼树树皮灰褐色，老时呈灰色、暗灰色或灰褐色，片状剥离，脱落后呈紫红色，枝平展或斜展，树冠尖塔形。一年生枝淡红色，微有白粉，老枝灰褐色，短枝灰褐色。芽鳞边缘有毛。叶现行，扁平。球果有梗，卵形、卵圆形或长卵圆形。生长快，干形直，材积增益显著。无病虫害，适应性、抗逆性强。

繁殖和栽培　采种：人工上树采摘果枝，将球果露天摊晒、敲打、筛选，然后干藏。贮藏：短时间内播种可直接干藏，将筛选后的种子适当干燥，置于通风、干燥的室内，春播种前一个月混沙催芽。整地：选择海拔在300m以上的阴坡、半阴坡土质肥沃、排水良好的砂壤土，翻深整平，做1m宽左右的高床或高垄，每亩施厩肥3000kg，严格进行土壤消毒。播种：种子催芽后可直接播种。否则，要用40℃左右温水浸种一、二天，在温暖处混沙或锯末中进行催芽后再播种。开沟条播，灌足底水。每亩播种7~10kg，用捣细的腐殖质或细沙覆盖，覆土不能超过0.5cm，有条件时，最好再覆一层草保墒。抚育管理：幼苗出齐后，要进行必要遮阴，透光度保持60%左右，进入雨季撤除。间苗2次，最后一次每米播种行留苗100株左右。出苗前始终保持床面湿润，用喷壶每天喷水2~3次，出苗后可适当减少喷水次数，但不可床面过干。出苗后15~20d，每亩追硫铵5kg，以后每隔半个月左右连续追肥3~4次，每亩每次追肥量逐渐增加至10kg左右。可适量追施磷钾肥，苗期主要病害是立枯病。出圃：春季土壤解冻出圃移栽。起苗前3~5d浇水一次，使土壤湿润疏松，起苗时不易伤根。对主根适当修剪，注意起苗时不要伤顶芽。

适宜范围　哈尔滨、齐齐哈尔、牡丹江、佳木斯、大庆、鸡西、双鸭山、七台河及鹤岗、绥化南部长白落叶松适生地区。

孟家岗长白落叶松初级无性系种子园种子

树种：长白落叶松
类别：无性系种子园
科属：松科 落叶松属

学名：*Larix olgensis*
编号：黑S-CSO（0）-LO-007-2010
申请人：佳木斯市孟家岗林木种子园

良种来源 长白落叶松优树于1978年选自宁安小北湖林场和穆棱牛心山林场当地天然母树林。亲本材料具有干形好、生长快、无病虫害等特点。

良种特性 落叶乔木，高达30m，胸径可达1m。幼树树皮灰褐色，老时呈灰色、暗灰色或灰褐色，片状剥离，脱落后呈紫红色，枝平展或斜展，树冠尖塔形。一年生枝淡红色，微有白粉，老枝灰褐色，短枝灰褐色。芽鳞边缘有毛。叶现行，扁平。球果有梗，卵形、卵圆形或长卵圆形。适应性强、生长快、材积增益显著，树干通直、出材率高。

繁殖和栽培 采种：人工上树采摘果枝，将球果露天摊晒、敲打、筛选，然后干藏。贮藏：短时间内播种可直接干藏，将筛选后的种子适当干燥，置于通风、干燥的室内，春播种前一个月混沙催芽。整地：选择海拔在300m以上的阴坡、半阴坡土质肥沃、排水良好的砂壤土，翻深整平，做1m宽左右的高床或高垄，每亩施厩肥3000kg，严格进行土壤消毒。播种：种子催芽后可直接播种。否则，要用40℃左右温水浸种一、二天，在温暖处混沙或锯末中进行催芽后再播种。开沟条播，灌足底水。每亩播种7~10kg，用捣细的腐殖质或细沙覆盖，覆土不能超过0.5cm，有条件时，最好再覆一层草保墒。抚育管理：幼苗出齐后，要进行必要遮阴，透光度保持60%左右，进入雨季撤除。间苗2次，最后一次每米播种行留苗100株左右。出苗前始终保持床面湿润，用喷壶每天喷水2~3次，出苗后可适当减少喷水次数，但不可床面过干。出苗后15~20d，每亩追硫铵5kg，以后每隔半个月左右连续追肥3~4次，每亩每次追肥量逐渐增加至10kg左右。可适量追施磷钾肥，苗期主要病害是立枯病。出圃：春季土壤解冻出圃移栽。起苗前3~5d浇水一次，使土壤湿润疏松，起苗时不易伤根。对主根适当修剪，注意起苗时不要伤顶芽。

适宜范围 哈尔滨、齐齐哈尔、牡丹江、佳木斯、大庆、鸡西、双鸭山、七台河及鹤岗、绥化南部长白落叶松适生地区。

青山长白落叶松第一代种子园种子

树种：长白落叶松	学名：*Larix olgensis*
类别：无性系种子园	编号：黑S-CSO（1）-LO-010-2010
科属：松科 落叶松属	申请人：林口县青山国家长白落叶松良种基地

良种来源 长白落叶松优树选自青山林场当地营造的人工母树林、白刀山天然母树林、小北湖天然母树林和穆棱天然母树林。亲本材料具有干形好、生长快、无病虫害、适应性强等特点。

良种特性 落叶乔木，高达30m，胸径可达1m。幼树树皮灰褐色，老时呈灰色、暗灰色或灰褐色，片状剥离，脱落后呈紫红色，枝平展或斜展，树冠尖塔形。一年生枝淡红色，微有白粉，老枝灰褐色，短枝灰褐色。芽鳞边缘有毛。叶现行，扁平。球果有梗，卵形、卵圆形或长卵圆形。适应性、抗逆性强，生长快、材积增益显著。

繁殖和栽培 采种：人工上树采摘果枝，将球果露天摊晒、敲打、筛选，然后干藏。贮藏：短时间内播种可直接干藏，将筛选后的种子适当干燥，置于通风、干燥的室内，春播种前一个月混沙催芽。整地：选择海拔在300m以上的阴坡、半阴坡土质肥沃、排水良好的砂壤土，翻深整平，做1m宽左右的高床或高垄，每亩施厩肥3000kg，严格进行土壤消毒。播种：种子催芽后可直接播种。否则，要用40℃左右温水浸种一、二天，在温暖处混沙或锯末中进行催芽后再播种。开沟条播，灌足底水。每亩播种7~10kg，用捣细的腐殖质或细沙覆盖，覆土不能超过0.5cm，有条件时，最好再覆一层草保墒。抚育管理：幼苗出齐后，要进行必要遮阴，透光度保持60%左右，进入雨季撤除。间苗2次，最后一次每米播种行留苗100株左右。出苗前始终保持床面湿润，用喷壶每天喷水2~3次，出苗后可适当减少喷水次数，但不可床面过干。出苗后15~20d，每亩追硫铵5kg，以后每隔半个月左右连续追肥3~4次，每亩每次追肥量逐渐增加至10kg左右。可适量追施磷钾肥，苗期主要病害是立枯病。出圃：春季土壤解冻出圃移栽。起苗前3~5d浇水一次，使土壤湿润疏松，起苗时不易伤根。对主根适当修剪，注意起苗时不要伤顶芽。

适宜范围 哈尔滨、齐齐哈尔、牡丹江、佳木斯、大庆、鸡西、双鸭山、七台河及鹤岗、绥化南部长白落叶松适生地区。

渤海长白落叶松初级无性系种子园种子

树种：长白落叶松	学名：*Larix olgensis*
类别：无性系种子园	编号：黑S-CSO（0）-LO-012-2010
科属：松科 落叶松属	申请人：渤海林木种子园

良种来源 长白落叶松优树选自长白落叶松最佳种源区小北湖母树林林场。

良种特性 落叶乔木，高达30m，胸径可达1m。幼树树皮灰褐色，老时呈灰色、暗灰色或灰褐色，片状剥离，脱落后呈紫红色，枝平展或斜展，树冠尖塔形。一年生枝淡红色，微有白粉，老枝灰褐色，短枝灰褐色。芽鳞边缘有毛。叶现行，扁平。球果有梗，卵形、卵圆形或长卵圆形。喜光、适应性强、生长优势较明显、材积增益显著。

繁殖和栽培 采种：人工上树采摘果枝，将球果露天摊晒，敲打、筛选，然后干藏。贮藏：短时间内播种可直接干藏，将筛选后的种子适当干燥，置于通风、干燥的室内，春播种前一个月混沙催芽。整地：选择海拔在300m以上的阴坡、半阴坡土质肥沃、排水良好的砂壤土，翻深整平，做1m宽左右的高床或高垄，每亩施厩肥3000kg，严格进行土壤消毒。播种：种子催芽后可直接播种。否则，要用40℃左右温水浸种一、二天，在温暖处混沙或锯末中进行催芽后再播种。开沟条播，灌足底水。每亩播种7~10kg，用捣细的腐殖质或细沙覆盖，覆土不能超过0.5cm，有条件时，最好再覆一层草保墒。抚育管理：幼苗出齐后，要进行必要遮阴，透光度保持60%左右，进入雨季撤除。间苗2次，最后一次每米播种行留苗100株左右。出苗前始终保持床面湿润，用喷壶每天喷水2~3次，出苗后可适当减少喷水次数，但不可床面过干。出苗后15~20d，每亩追硫铵5kg，以后每隔半个月左右连续追肥3~4次，每亩每次追肥量逐渐增加至10kg左右。可适量追施磷钾肥，苗期主要病害是立枯病。出圃：春季土壤解冻出圃移栽。起苗前3~5d浇水一次，使土壤湿润疏松，起苗时不易伤根。对主根适当修剪，注意起苗时不要伤顶芽。

适宜范围 哈尔滨、齐齐哈尔、牡丹江、佳木斯、大庆、鸡西、双鸭山、七台河及鹤岗、绥化南部长白落叶松适生地区。

旺业甸实验林场长白落叶松种子园种子

树种：长白落叶松	学名：*Larix olgensis* Henry
类别：无性系种子园	编号：内蒙古S-CSO（1）-LO-003-2013
科属：松科 落叶松属	申请人：赤峰市喀喇沁旗旺业甸实验林场

良种来源 亲本来源于辽宁省清原县、吉林省汪清县。1974年开始营建种子园，采用五株木和小标准地法选择优树嫁接培育母树幼苗。

良种特性 落叶乔木，一年生小枝细，淡褐色，无毛或散生白毛。树干通直圆满、材质优良，适合培育大径材，达到主伐年龄时，胸径可达36cm。抗病、抗寒、抗风，能在年均气温－2℃低温环境下正常生长。主要用于建筑、电杆、桥梁、舟车、枕木、矿柱等用材林，也可用作园林绿化。

繁殖和栽培 选择土壤比较肥沃的阴坡或半阴坡，土壤呈弱酸性。整地要在栽植的前一年雨季进行，采用穴状整地，株行距为1.5m×2m，整地规格为60cm×60cm×30cm。山地条件下，穴面要成反坡5°角，以便蓄水。栽植时采用"穴心靠壁栽植法"，做到"三埋两踩一提苗"，不露根、不窝根。栽植后1~5年，要适时踩穴、割灌、除草。

适宜范围 内蒙古东部地区均可栽培。

旺业甸实验林场长白落叶松母树林种子

树种：长白落叶松　　　　　　学名：*Larix olgensis* Henry
类别：母树林　　　　　　　　编号：内蒙古S-SS-LO-004-2013
科属：松科　落叶松属　　　　申请人：赤峰市喀喇沁旗旺业甸实验林场

良种来源　亲本来源于辽宁省清原县、吉林省汪清县。1964年开始利用本场的长白落叶松优良林分疏伐改建母树林。

良种特性　落叶乔木，一年生小枝细，淡褐色，无毛或散生白毛。树干通直圆满、材质优良，适合培育大径材，达到主伐年龄时，胸径可达36cm。抗病、抗寒、抗风，能在年均气温－2℃低温环境下正常生长。主要用于建筑、电杆、桥梁、舟车、枕木、矿柱等用材林，也可用作园林绿化。

繁殖和栽培　选择土壤比较肥沃的阴坡或半阴坡，土壤呈弱酸性。整地要在栽植的前一年雨季进行，采用穴状整地，株行距为1.5m×2m，整地规格为60cm×60cm×30cm。山地条件下，穴面要成反坡5°角，以便蓄水。栽植时采用"穴心靠壁栽植法"，做到"三埋两踩一提苗"，不露根、不窝根。栽植后1~5年，要适时踩穴、割灌、除草。

适宜范围　内蒙古东部地区均可栽培。

鸡西长白落叶松种源

树种：长白落叶松
类别：优良种源
科属：松科 落叶松属

学名：*Larix olgensis* 'Jixi'
编号：黑S-SP-LOJX-046-2015
申请人：杨传平，张含国/东北林业大学

良种来源 黑龙江鸡西原生种源区。

良种特性 落叶乔木。小枝细，淡褐色，树皮灰色、暗灰色、灰褐色，纵裂成长鳞片状翘离，易剥落，剥落后呈酱紫红；枝平展或斜展，树冠塔形。雌雄同株，雌、雄球花均单生于短枝顶端，花期先于针叶在4月中下旬开放，种子成熟期为8月中旬左右，种子脱落。适应性较强，生长较快，生物量、碳储量大，含碳率高。耐寒、抗落叶病、抗枯梢病、抗鼠害能力强。不适于碱性土壤栽培，pH6.0左右适合生长。用于营造高固碳人工林和速生丰产林。31年生鸡西等长白落叶松种源在帽儿山实验林场、凉水实验林场、错海林场、加格达奇林场4个地点种源试验林结果表明：鸡西种源含碳率分别为45.17%、45.89%、44.58%、43.85%，平均含碳率为44.90%，排在所有种源第二位。帽儿山地点和凉水地点树干生物量分别超过种源种源平均值11.14%、10.45%、错海地点树干生物量高出对照21.13%；帽儿山地点和凉水地点树干碳储量分别超过种源种源平均值16.67%、10.18%、错海地点树干碳储量高出对照20.81%。

繁殖和栽培 按照常规方法进行采种、贮藏及种子催芽处理。播种育苗同落叶松常规育苗，8月中下旬采种，脱粒、净种，种子宜采用冬季雪藏处理，春季播种前2周混沙处理也可。宜用2年生换床苗造林。

适宜范围 在松花江、小兴安岭地区及相似环境地区推广应用。

和龙长白落叶松种源

树种：长白落叶松
类别：优良种源
科属：松科 落叶松属

学名：*Larix olgensis* 'Helong'
编号：黑S-SP-LOHL-047-2015
申请人：张含国，杨传平/东北林业大学

良种来源 吉林和龙原生种源区。

良种特性 落叶乔木。小枝细，淡褐色，树皮灰色、暗灰色、灰褐色，纵裂成长鳞片状翅离，易剥落，剥落后呈酱紫红；枝平展或斜展，树冠塔形。雌雄同株，雌、雄球花均单生于短枝顶端，花期先于针叶在4月中下旬开放，种子成熟期为8月中旬左右，种子脱落。适应性较强，生长较快，生物量、碳储量大，含碳率高。耐寒、抗落叶病、抗枯梢病、抗鼠害能力强。不适于碱性土壤栽培，pH6.0左右适合生长。用于营造高固碳人工林和速生丰产林。31年生和龙等长白落叶松种源在帽儿山实验林场、凉水实验林场、错海林场、加格达奇4个地点种源试验林结果表明：和龙种源含碳率分别为44.66%、45.71%、44.25%、43.67%；错海地点树干生物量高出对照27.31%、加格达奇地点树干生物量高于种源平均值9.32%；错海地点树干碳储量高出对照25.52%、加格达奇地点树干生物量高于种源平均值8.32%。

繁殖和栽培 按照常规方法进行采种、贮藏及种子催芽处理。播种育苗同落叶松常规育苗，8月中下旬采种，脱粒、净种，种子宜采用冬季雪藏处理，春季播种前2周混沙处理也可。宜用2年生换床苗造林。

适宜范围 在黑龙江省西部及大兴安岭地区及相似环境地区推广应用。

太东长白落叶松初级无性系种子园种子

树种：长白落叶松	学名：*Larix olgensis*
类别：无性系种子园	编号：黑S-CSO（0）-LO-013-2010
科属：松科 落叶松属	申请人：富锦太东种子园

良种来源 长白落叶松优树共有79个无性系，来自黑龙江省宁安县小北湖林场。亲本材料自然整枝良好，树冠整齐匀称，呈尖塔形或圆锥形，没有病虫害和机械损伤，结实能力较强。

良种特性 喜光、适应性强，生长快、材积增益显著。

繁殖和栽培 种子繁殖，种子催芽后可直接播种，每亩播种7~10kg，用捣细的腐殖质或细沙覆盖，覆土不能超过0.5cm，有条件时，最好再覆一层草保墒。苗期防治苗木立枯病。春季土壤解冻出圃移栽。起苗前3~5天浇水一次，使土壤湿润疏松，起苗时不易伤根。对主根适当修剪，注意起苗时不要伤顶芽。

适宜范围 哈尔滨、齐齐哈尔、牡丹江、佳木斯、大庆、鸡西、双鸭山、七台河及鹤岗、绥化南部长白落叶松适生地区。

梨树长白落叶松初级无性系种子园种子

树种：长白落叶松	学名：*Larix olgensis*
类别：无性系种子园	编号：黑S-CSO（0）-LO-014-2010
科属：松科 落叶松属	申请人：宝清县梨树种子园

良种来源 建园优树来源于牡丹江市宁安小北湖林场、渤海种子园、吉林汪清种子园、林口青山种子园、宝清县宝山林场。在优良林分中选择优良单株作为优树，获得164个无性系，采穗嫁接育苗，1979年建立长白落叶松初级无性系种子园。

良种特性 喜光、适应性强，生长优势明显、材积增益显著。

繁殖和栽培 种子繁殖，种子催芽后可直接播种，每亩播种7~10kg，用捣细的腐殖质或细沙覆盖，覆土不能超过0.5cm，有条件时，最好再覆一层草保墒。苗期防治苗木立枯病。春季土壤解冻出圃移栽。起苗前3~5天浇水一次，使土壤湿润疏松，起苗时不易伤根。对主根适当修剪，注意起苗时不要伤顶芽。

适宜范围 哈尔滨、齐齐哈尔、牡丹江、佳木斯、大庆、鸡西、双鸭山、七台河及鹤岗、绥化南部长白落叶松适生地区。

鸡西长白落叶松初级无性系种子园种子

树种：长白落叶松	学名：*Larix olgensis*
类别：无性系种子园	编号：黑S-CSO（0）-LO-016-2010
科属：松科 落叶松属	申请人：鸡西市种子园

良种来源 鸡西长白落叶松初级无性系种子园亲本来源于宁安渤海种子园。亲本材料具有干型好，生长快，抗性强，无病虫害等特点。

良种特性 耐寒，抗落叶病、抗流脂病、抗鼠害，喜光，适应性强，生长快、材积增益显著。

繁殖和栽培 种子繁殖，种子催芽后可直接播种，每亩播种7~10kg，用捣细的腐殖质或细沙覆盖，覆土不能超过0.5cm，有条件时，最好再覆一层草保墒。苗期防治苗木立枯病。春季土壤解冻出圃移栽。起苗前3~5天浇水一次，使土壤湿润疏松，起苗时不易伤根。对主根适当修剪，注意起苗时不要伤顶芽。

适宜范围 哈尔滨、齐齐哈尔、牡丹江、佳木斯、大庆、鸡西、双鸭山、七台河及鹤岗、绥化南部长白落叶松适生地区。

陈家店长白落叶松初级无性系种子园种子

树种：长白落叶松	学名：*Larix olgensis*
类别：无性系种子园	编号：黑S-CSO（0）-LO-018-2010
科属：松科 落叶松属	申请人：海伦市陈家店林场

良种来源 长白落叶松建园优树来源于：1981年选自小北湖的200株优树以及1982选自青山林场的40株长白落叶松优树。亲本材料具有干形好、生长快、无病虫害、适应性强等特点。

良种特性 生长快、材积增益显著，抗性强。

繁殖和栽培 种子繁殖，种子催芽后可直接播种，每亩播种7~10公斤，用捣细的腐殖质或细沙覆盖，覆土不能超过0.5cm，有条件时，最好再覆一层草保墒。苗期防治苗木立枯病。春季土壤解冻出圃移栽。起苗前3~5天浇水一次，使土壤湿润疏松，起苗时不易伤根。对主根适当修剪，注意起苗时不要伤顶芽。

适宜范围 哈尔滨、齐齐哈尔、牡丹江、佳木斯、大庆、鸡西、双鸭山、七台河及鹤岗、绥化南部长白落叶松适生地区。

鹤岗长白落叶松初级无性系种子园种子

树种：长白落叶松	学名：*Larix olgensis*
类别：无性系种子园	编号：黑S-CSO（0）-LO-019-2010
科属：松科 落叶松属	申请人：黑龙江省林木良种繁育中心

良种来源 长白落叶松初级无性系种子园建园优树选自东宁白刀山长白落叶松天然林分。种源优良，优树具有生长快、干形好、无病虫害、自然整枝好等特点。

良种特性 速生、材积增益显著，结实能力强，喜光，抗性强。

繁殖和栽培 种子繁殖，种子催芽后可直接播种，每亩播种7~10公斤，用捣细的腐殖质或细沙覆盖，覆土不能超过0.5cm，有条件时，最好再覆一层草保墒。苗期防治苗木立枯病。春季土壤解冻出圃移栽。起苗前3~5天浇水一次，使土壤湿润疏松，起苗时不易伤根。对主根适当修剪，注意起苗时不要伤顶芽。

适宜范围 哈尔滨、齐齐哈尔、牡丹江、佳木斯、大庆、鸡西、双鸭山、七台河及鹤岗、绥化南部长白落叶松适生地区。

通天一长白落叶松初级无性系种子园种子

树种：长白落叶松	学名：*Larix olgensis*
类别：无性系种子园	编号：黑R-CSO（0）-LO-010-2012
科属：松科 落叶松属	申请人：勃利县林业局

良种来源 通天一长白落叶松初级无性系种子园亲本来源于本县通天一林场、河口林场、红星林场、大陆林场人工林和大兴安岭地区新林、塔尔根林场牡丹江小北湖。

良种特性 生长迅速，抗落叶病、流脂病、鼠害。

繁殖和栽培 种子繁殖，种子催芽后可直接播种，每亩播种7~10kg，用捣细的腐殖质或细沙覆盖，覆土不能超过0.5cm，有条件时，最好再覆一层草保墒。苗期防治苗木立枯病。春季土壤解冻出圃移栽。起苗前3~5天浇水一次，使土壤湿润疏松，起苗时不易伤根。对主根适当修剪，注意起苗时不要伤顶芽。

适宜范围 七台河、牡丹江等长白落叶松适宜地区。

大孤家日本落叶松种子园种子

树种：日本落叶松
类别：无性系种子园
科属：松科 落叶松属

学名：*Larix kaempferi* (Lamb.) Carr.
编号：国S-CSO（1）-LK-006-2003
申请人：辽宁省清原满族自治县大孤家林场

良种来源 由本溪、宽甸、抚顺、新宾等县的日本落叶松人工林中选出来的。

良种特性 落叶乔木，树高30 m，胸径100 cm，一年生小枝红褐色，被白粉。叶长2~3.5 cm，球果卵圆形，长2~3.5 cm，熟时黄褐色，种子千粒重4.5~4.8 g，雌雄同株异花授粉。种鳞卵状距圆形，上部边缘常外卷。花期4~5月，种熟期9~10月。耐寒喜光，生长期内要求林内空气流通，光照充足，它对土壤水分、养分条件适应范围较广。在湿润、肥沃、通气良好的中性微酸性土壤上生长最好。它的生长速度与土壤水分条件密切相关，在土壤湿的缓坡中部及排水良好的草甸土上，生长率很高，而在过于干旱的阳坡、陡坡中上部或过于潮湿的泥沼土上，落叶松的生长率均降低，耐涝性差。用材林树种。亦可用于造林绿化等。材质优良，可用作家具、建筑等。可从木材中提取松节油、酒精等化学物品。

繁殖和栽培 9月采种，晾晒、调制、筛选、低温储藏。11月下旬降雪后将种子与雪1：3比例混合装入容器内，放置于低温处储藏。播种前10~15 d将种子取出，用容器将种子用水浸泡使雪融化，并进行水选，然后用5%比例高锰酸钾进行浸泡消毒2 h，用清水洗净后装入麻袋（以半袋为宜），平放于室内高床之上，每天早、中、晚各翻动一次，若种子较干，可适量喷水，种子温度应在30~35℃。待种子40%裂嘴后即可以播种。播种一般在5 cm深土层处平均温度在8℃左右时进行播种。一般40%~50%发芽率的种子每亩播种5~6 kg，种子撒上后用木磙镇压两次，然后用1：1锯末和细土混合之后覆盖，覆盖层厚度要控制在种子的3倍，覆盖后马上浇水，浇水不要过多。每天早、晚定时浇水，出苗期一般在20 d左右。

适宜范围 吉林省中南部、辽宁及华北、西北地区日本落叶松适生区。

老秃顶子日本落叶松种子园种子

树种：日本落叶松	学名：*Larix kaempferi* (Lamb.) Carr.
类别：无性系种子园	编号：辽S-CSO（1）-LK-004-2004
科属：松科 落叶松属	申请人：桓仁老秃顶子林木良种基地

良种来源 老秃顶子保护区原生树种。

良种特性 乔木，树皮暗褐色，纵裂成鳞片状脱落；一年生长枝淡红褐色或黄褐色，有白粉。球果卵圆形或圆柱状卵形，成熟时黄褐色，种鳞46~65，排列紧密，上缘波状，明显向外反曲，先端平截或微凹。花期4~5月，球果10月成熟。生长速度快，较抗病虫害。用材林树种。木材用于建筑，也可做观赏树种。

繁殖和栽培 播种前将种子用0.5%的高锰酸钾溶液浸泡消毒4h，用清水洗净后再倒入45℃的温水中浸泡24h，捞出稍稍晾干后与三倍于种子体积的河沙混合，然后置于发芽坑内催芽。发芽坑应挖在背风向阳处。坑深50cm，宽50cm，坑上覆盖塑料薄膜，晚上加盖草帘，每天将种子均匀翻动一次，待有30%的种子裂嘴后即可播种。

适宜范围 辽宁本溪、丹东、抚顺、铁岭东部及鞍山东南部山区栽培。

青凉山日本落叶松种子园种子

树种：日本落叶松
类别：无性系种子园
科属：松科 落叶松属

学名：*Larix kaempferi* (Lamb.) Carr.
编号：辽S-CSO（1）-LK-009-2004
申请人：辽宁省岫岩满族自治县青凉山林场

良种来源 青凉山日本落叶松种子园。

良种特性 喜光性树种，根系较浅，对气候的适应性较强，在平均气温2.5~12℃，年降水量500~1400mm的气候条件下都能生长。对土壤肥力和水分反应较敏感，在气候干旱、土壤瘠薄的地方，生长量很小。落叶松最适湿润、排水和通气良好的深厚而肥沃的土壤条件下生长。速生、丰产、耐寒、抗病，材积生长量提高105%~204%，综合抗逆性提高46%~105%，材积遗传增益13%~59%，用材林树种。材质优良，干形好，可作为民用、工业用建筑用材的优良栽培品种。

繁殖和栽培 种子繁殖。落叶松种粒较小，生长初期幼苗嫩弱抗性差，需要充足的肥水，而且怕旱、忌涝、不耐瘠薄。因此应选择地势平坦、排水灌溉方便、土壤疏松、肥沃的微酸性或中性（pH6.5~7.0）沙壤土为宜。施足底肥，结合翻地施入一半，另一半作床时施入。床宽1m，高15cm，床长10~20m。播种前要进行土壤和种子消毒，消毒用0.3%~0.5%高锰酸钾或硫酸铜溶液。种子需催芽后播种，播种量一般每亩5~6kg。撒播或条播。做好苗期管理，及时浇水、施肥、防治病虫害。适宜春季和秋季造林，造林苗木用2年生Ⅰ级苗。密度1m×1m、1m×1.5m、1.5m×1.5m，速生丰产林密度要小些。栽后要及时进行浇水、除草等抚育管理。

适宜范围 辽宁省本溪、丹东、抚顺、铁岭东部以及鞍山东南部山区栽培。

落叶松杂交种子园

树种：日本落叶松	学名：*Larix kaempferi × gmelini*
类别：无性系种子园	编号：辽S-CSO-LKG-008-2007
科属：松科 落叶松属	申请人：宽甸县种苗站

良种来源 亲本来源于日本北海道林务署训子府采种园，该品种为日本落叶松的一个优良品种，被称为'精英树'。1981年引进并在宽甸县石湖沟乡双岭子村建立日本落叶松采种园和良种繁育基地。

良种特性 落叶乔木。成年树高30m，直径1.0m。树皮暗褐色纵裂成鳞状块片脱落，花期4月下旬，异花同株。球果8月下旬~9月上旬成熟。喜光，根系较浅，对气候的适应性较强，对落叶松早期落叶病有很强的抗性，较其他落叶松耐瘠薄。材质好，生长迅速，适应性强，用途广泛，是生产木材、迹地更新、荒山绿化的主要树种，是辽宁东部山区人民最喜爱的用材林树种。

繁殖和栽培 种子繁殖：9月初将成熟的种子采集晾干、选种、净种。在土壤封冻后采用混雪埋藏法，次年春4月上旬将种子取出晾干，再浸泡3~5d，消毒混沙露天催芽，种子裂口即可。播种实行床播，新种子每亩播种量8~10斤，用过筛的沙子覆盖0.5~0.7cm即可。适时浇水，防止日灼，看好鸟并及时除草、施肥、打药。在封冻前将一年生苗分好等级后实行窖藏。第2年移植，采用大垄双行，亩移植量3.5~4.0万株，搞好田间管理。春天采用人工植苗造林，搞好幼林抚育管护，6年生可郁闭成林，亦可采用全光喷雾扦插育苗繁殖。

适宜范围 辽宁东部山区。

日本落叶松优良家系（F13、F41）

树种：日本落叶松
类别：优良家系
科属：松科 落叶松属

学名：*Larix kaempferi*（Lamb.）Carr.
编号：辽S-SF-LK-010-2010
申请人：辽宁省森林经营研究所

良种来源 亲本来源于辽宁省日本落叶松初级无性系种子园，经过25年的选育，选择出'F13'、'F41'两个优良无性系。

良种特性 'F13'、'F41'具有干型圆满，尖销度小较好的形质指标，同时具有生长快、抗逆性强、速生性持续时间长等特点，是一个速生性稳定的优良家系。用材林树种，亦可用于荒山造林。材质优良，可用作家具、建筑等。可从木材中提取松节油、酒精等化学物品。

繁殖和栽培

1. 嫩枝扦插：6月中上旬前取半木质化带有顶芽的枝条插于沙床中，采用全光喷雾的方法直至生根。

2. 嫁接技术：使用一年生日本落叶松为砧木，采用"落叶松低接法"，成活后解带培土，增加根系数量。

3. 播种：8月20日以后采种，自然晾晒，经过冬藏，来年4月20日取出后在室内增温处理，见芽后播种。

4. 嫁接苗成活后，及时剪掉顶部砧木，防止影响接穗生长，第2年进行移植培养，造林时整地、除草，及时割藤。

5. 播种苗同生产造林苗木一样对待。

适宜范围 辽宁东部山区推广。

旺业甸实验林场日本落叶松种子园种子

树种：日本落叶松
类别：无性系种子园
科属：松科 落叶松属

学名：*Larix kaempferi* (Lamb.) Carr.
编号：内蒙古S-CSO（1）-LK-001-2013
申请人：赤峰市喀喇沁旗旺业甸实验林场

良种来源 亲本来源于辽宁省清原县、吉林省汪清县。1974年开始营建种子园，采用五株木和小标准地法选择优树，嫁接培育母树幼苗。

良种特性 落叶乔木，树冠塔形，树皮棕褐色，片状剥落。树干通直圆满，生长速度快，材质优良，适合培育大径材，达到主伐年龄时，胸径可达40cm。抗病、抗寒能力强，能在年均气温 -4.5℃低温环境下正常生长。主要用于建筑、电杆、桥梁、舟车、枕木、矿柱等用材林，也可用作园林绿化。

繁殖和栽培 选择土壤比较肥沃的阴坡或半阴坡，土壤呈弱酸性。整地要在栽植的前一年雨季进行，采用穴状整地，株行距为1.5m×2m，整地规格为60cm×60cm×30cm。山地条件下，穴面要成反坡5°角，以便蓄水。栽植时采用"穴心靠壁栽植法"，做到"三埋两踩一提苗"，不露根、不窝根。栽植后1~5年，要适时踩穴、割灌、除草。

适宜范围 内蒙古东部地区均可栽培。

旺业甸实验林场日本落叶松母树林种子

树种：日本落叶松
类别：母树林
科属：松科 落叶松属

学名：*Larix kaempferi* (Lamb.) Carr.
编号：内蒙古S-SS-LK-002-2013
申请人：赤峰市喀喇沁旗旺业甸实验林场

良种来源 亲本来源于辽宁省清原县、吉林省汪清县。1976年开始营建母树林，采用五株木和小标准地法选择优树，嫁接培育母树幼苗。

良种特性 落叶乔木，树冠塔形，树皮棕褐色，片状剥落。树干通直圆满，生长速度快，材质优良，适合培育大径材，达到主伐年龄时，胸径可达40cm。抗病、抗寒能力强，能在年均气温−4.5℃低温环境下正常生长。主要用于建筑、电杆、桥梁、舟车、枕木、矿柱等用材林，也可用作园林绿化。

繁殖和栽培 选择土壤比较肥沃的阴坡或半阴坡，土壤呈弱酸性。整地要在栽植的前一年雨季进行，采用穴状整地，株行距为1.5m×2m，整地规格为60cm×60cm×30cm。山地条件下，穴面要成反坡5°角，以便蓄水。栽植时采用"穴心靠壁栽植法"，做到"三埋两踩一提苗"，不露根、不窝根。栽植后1~5年，要适时踩穴、割灌、除草。

适宜范围 内蒙古东部地区均可栽培。

辽宁省实验林场日本落叶松母树林种子

树种：日本落叶松
类别：母树林
科属：松科 落叶松属

学名：*Larix kaempferi*（Lamb.）Carr.
编号：辽S-SS-LK-009-2014
申请人：辽宁省实验林场

良种来源 辽宁省清原满族自治县湾甸子镇日本落叶松种源。

良种特性 乔木。生长优良，27年时，树高平均可达22.7m，胸径平均为20.7m，树皮灰褐色，呈中小块剥落，侧枝多细枝，树干通直圆满，尖削度小，自然整枝强度大，生长健壮。喜光树种，对气候的适应性强，有一定的耐寒性，喜肥沃、湿润、排水良好的沙壤土或壤土。无病虫害，有较强抗性。具有干形圆满，尖削度小形质指标，同时具有生长快、抗逆性强、速生持续时间长等特点。树干弯曲度1、2级指数分别比对照的日本落叶松林分提高6.6%、18.6%，在生长指标上，树高、胸径、材积分别比对照的日本落叶松林分提高19.08%、21.44%、38.03%。是一个速生稳定的优良品种。造林绿化树种，用于营造速生丰产林、大径材林、用材林、纸浆林，也可为日本落叶松营造初级种子园提供优良材料。

繁殖和栽培 9月中旬采种，将种子用0.5%的高锰酸钾溶液浸泡消毒4h，用清水洗净后再倒入45℃的温水中浸泡24h，捞出稍稍晾干后与三倍种子体积的河沙混合，然后置于发芽坑内催芽，待有30%的种子裂嘴后即可播种，播种期在3~4月。造林前进行整地，规格为50cm×50cm×30cm；植苗前苗木根部全部沾满黄泥浆；造林时采用"三埋两踩一提苗"的造林方法；造林后连续进行3年5次幼林抚育。抚育开始期为10年左右，初次抚育株数抚育强度20%~25%；抚育间隔期在5年左右；保留木选择采用GB/T 15781-1995中的5级木法。

适宜范围 辽宁省适宜地区推广。

日5×兴9杂种落叶松家系

树种：落叶松	学名：*Larix kaempferi* 5× *L.gmelini* 9
类别：优良家系	编号：黑S-SF-LK5G9-044-2012
科属：松科 落叶松属	申请人：张含国、周显昌、袁桂华、潘本立等

良种来源　日本落叶松优树选自1941年当地营造的人工母树林、兴安落叶松优树来自于小兴安岭汤汪河林业局东汤林场。亲本材料具有干形好、生长快、无病虫害等特点。

良种特性　适应性较强，结实量较大；树干通直，塔形，顶端优势明显，冠幅较大，侧枝中等，针叶稍短，分支角较大，速生优质。

繁殖和栽培　种子繁殖，种子催芽后可直接播种，每亩播种7~10kg，用捣细的腐殖质或细沙覆盖，覆土不能超过0.5cm，有条件时，最好再覆一层草保墒。苗期防治苗木立枯病。春季土壤解冻出圃移栽。起苗前3~5天浇水一次，使土壤湿润疏松，起苗时不易伤根。对主根适当修剪，注意起苗时不要伤顶芽。造林地宜选择土层厚50cm以上的暗棕壤。

适宜范围　适宜在黑龙江省林区及相似环境地区推广应用。

兴7×日77-2杂种落叶松家系

树种：落叶松	学名：*Larix gmelini* 7 ×*L. kaempferi* 77-2
类别：优良家系	编号：黑S-SF-LG7K77-2-045-2012
科属：松科 落叶松属	申请人：张含国、周显昌、袁桂华、潘本立等

良种来源　日本落叶松优树选自1941年当地营造的人工母树林、兴安落叶松优树来自于小兴安岭汤汪河林业局东汤林场。亲本材料具有干形好、生长快、无病虫害等特点。

良种特性　适应性较强，结实量中等；树干通直，塔形，顶端优势明显，冠幅中等，侧枝较细，针叶较长，分支角较大，速生优质。

繁殖和栽培　种子繁殖，种子催芽后可直接播种，每亩播种7~10kg，用捣细的腐殖质或细沙覆盖，覆土不能超过0.5cm，有条件时，最好再覆一层草保墒。苗期防治苗木立枯病。春季土壤解冻出圃移栽。起苗前3~5天浇水一次，使土壤湿润疏松，起苗时不易伤根。对主根适当修剪，注意起苗时不要伤顶芽。造林地宜选择土层厚50cm以上的暗棕壤。

适宜范围　黑龙江省林区及相似环境地区推广应用。

中条山华山松

树种：华山松	学名：*Pinus armandii* 'zhongtiaoshan'
类别：母树林	编号：晋S-SS-PA-011-2009
科属：松科 松属	申请人：中条山国有林管理局

良种来源 中条山国有林管理局横河林场。

良种特性 树冠塔形、冠形优美，树干高大挺拔、通直圆满，针叶苍翠、修长、柔软，树皮灰绿色、平滑。球果平均长23cm，平均球径10.5cm，种子平均长度1.5cm，平均宽1.0cm，千粒重320~350g。生长较快，2年生苗的平均苗高、平均地径分别为15.5cm和0.3cm，24年生母树林平均树高、平均胸径分别为6.37m和12.5cm。

繁殖和栽培 种子繁殖，精细整地，种子催芽，覆土厚度2cm。也可营养袋育苗，每袋播种2~3粒，播种深度约1cm。栽培技术同华山松。

适宜范围 山西省中南部海拔1200~2000m地区栽培。

华山松母树林

树种：华山松
类别：母树林
科属：松科 松属

学名：*Pinus armandii* Franch
编号：甘S-SS-PA-011-2011
申请人：甘肃省小陇山林业实验局山门林场

良种来源 中国。

良种特性 华山松高大挺拔，针叶苍翠，冠形优美，生长迅速，是优良的庭院绿化树种。在园林中可用作园景树、庭荫树、行道树及林带树，亦可用于丛植、群植，并系高山风景区之优良风景林树种。华山松不仅是风景名树及薪炭林，还能涵养水源，保持水土，防止风沙。

繁殖和栽培 栽植时裸根苗要求边起边栽植，在24h内必须上山，容器苗栽植时要撕掉容器袋，使根系舒展与土壤充分接触，便于扎根。整地规格按50cm×50cm×40cm，植树穴作三角形配置。整地时要挖通、整细，拣除草皮、残根、石块做到肥土还原，穴面工整。按照"一提、两踩、三埋土"及表土还原措施操作，绝对不允许出现窝根、漏根、悬根现象。苗木栽植要正、要直，不能东倒西歪。栽植完要加强管理，防止鼠害、病害，争取造成一片，管理一片。

适宜范围 适宜在中国中部、西北、西南部高山上栽植。

华山松六盘山种源

树种：华山松	学名：*Pinus armandii* Franch
类别：优良种源	编号：宁S-SP-PA-003-2011
科属：松科 松属	申请人：宁夏固原市六盘山林业局、宁夏林业技术推广总站

良种来源 来源于六盘山林业局东山坡林场大海子林区的天然华山松林分。

良种特性 常绿高大乔木，为宁夏乡土树种之一，主要分布于六盘山东山坡、二龙河林区石质山崖上，高可达35m。幼树皮平滑而薄，呈灰绿色，老树皮开裂成方块状，不脱落。小枝绿色，无毛。针叶5针1束，长8~18cm。球果圆锥状长卵形，长10~22cm，成熟时种鳞张开，黄褐色。种子扁卵形，淡褐色至黑色，长1~1.5cm，无翅或两侧及顶端具棱脊。造林绿化树种，亦可用于园林观赏。适宜在土层深厚、湿润肥沃、排水良好，pH值≤7，海拔1500~2300m的缓坡地生长。

繁殖和栽培 9月中下旬采种，冬季将种子与积雪按1：3均匀混拌后装入木箱或草袋，置于低温房间进行雪藏。播种前进行浸种、消毒、催芽处理。采用高床育苗，苗床长10m，宽1.0~1.2m，步道宽20~30cm。4月下旬~5月上旬播种，适时早播，播种量50~75kg/亩。待幼苗出土后，及时搭盖遮荫网，防止幼苗遭受日灼或高温引发猝倒病。出苗后进行间苗，保留株数300~400株/m²。当年封冻之前，在留床苗上覆土5cm，保证幼苗安全越冬。4月中下旬至5月上旬进行春季造林。

适宜范围 在宁夏六盘山及其外围土石质山区作为生态造林树种进行栽植，也可作为宁南山区城镇园林绿化景观树种进行栽植。

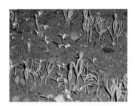    

老秃顶子红松母树林种子

树种：红松
类别：母树林
科属：松科 松属

学名：*Pinus koraiensis* Sieb. et Zucc.
编号：辽S-SS-PK-005-2004
申请人：桓仁老秃顶子林木良种基地

良种来源 黑龙江带岭林场和老秃顶子保护区原生树种。

良种特性 乔木，树皮灰褐色，表面鳞片状剥离，新鲜裂缝呈红褐色。1年生枝密被黄褐色毛。叶5针一束。球果生于枝梢，圆锥状卵形或圆锥状长圆形，长9~14cm；花期6月下旬；翌年9~10月种子成熟。造林3年平均株高0.7m左右，平均地径1.5cm以上，南北冠幅5~7m，东西冠幅4~6m。喜深厚、肥沃、排水良好，土壤pH值5.5~6.5山地棕色森林土。适生于温凉湿润的气候，平均气温0~6℃，年降水量700~1200mm，能耐-50℃的绝对最低温，对土壤水分要求较高，在过干、过湿的土壤以及严寒气候条件下生长不良。果材兼用林树种，种子可榨油，可食用；木材可用于建筑或做家具。

繁殖和栽培 对新采的自然成熟的红松种子进行精选后，用净水，最好在流动的河水中浸泡3~5d后，捞出种子进行消毒（每500kg种子用高锰酸钾0.5kg）。消毒后的种子进行混沙，种沙体积比1：2，种沙的湿度一般保持40%~50%。混沙后，将种子放在空房内摆放好，用雪覆盖，冷冻。来年春天播种前10d左右进行催芽，待种子裂口后进行播种。

适宜范围 辽宁本溪、丹东、抚顺、铁岭东部及鞍山东南部山区栽培。

草河口红松结实高产无性系

树种：红松	学名：*Pinus koraiensis* Sieb. et Zucc.
类别：优良无性系	编号：辽S-SC-PK-006-2004
科属：松科 松属	申请人：辽宁省森林经营研究所

良种来源 辽宁省森林经营研究所草河口实验基地红松种子园。

良种特性 喜微酸性土壤，pH值5.5~6.5，适宜在相对湿度较高的气候和土壤肥沃、排水良好的山坡地造林。具有结实量大，稳定性强，具有速生的遗传基础等特点。遗传增益达到51.38%以上，比对照增产60.03%以上。果材兼用林树种。种子可食用或榨取食用油及工业用油；木材可用于建筑、家具等用。

繁殖和栽培 嫁接育苗，最好采用髓心形成层嫁接法。在春季树液流动前的3月采条，5~6月在圃地嫁接。砧木一般采用3~4年生移植苗，嫁接后1~2年上山造林。嫁接成活后再营建丰产园，具体操作按辽宁省地方标准《红松嫁接技术规程》DB21/T1570-2007执行。

适宜范围 辽宁本溪、丹东、抚顺、铁岭东部及鞍山东南部山区栽培。

清河城红松种子园种子

树种：红松	**学名**：*Pinus koraiensis* Sieb. et Zucc.
类别：无性系种子园	**编号**：辽S-CSO（1）-PK-007-2004
科属：松科 松属	**申请人**：辽宁省本溪县清河城实验林场

良种来源 清河城实验林场种子园。

良种特性 乔本植物。喜湿润、肥沃、排水和通气状况反应敏感的土壤，不耐湿、不耐旱、不耐盐碱。红松材质轻软，结构细腻，纹理密直通达，形色美观又不容易变形，并且耐腐朽力强，所以是建筑、桥梁、枕木、家具制作的上等木料。松子含脂肪、蛋白质、碳水化合物等。果材兼用林树种。松子是红松的种子，是红松的果实，又称海松子。松子既是重要的中药，久食健身心，滋润皮肤，延年益寿。松子仁是红松种子去掉外硬壳的统称。近年来，由于红松种子在食品、医药、保健品等方面具有广泛的实用价值。

繁殖和栽培 砧木苗选择：利用林场红松种子园的种子培育的优质红松苗，作为砧木苗。培育5~6年后，地径在1.0cm以上，苗高在30cm以上，根系完好，须根发达，无病虫害的苗木用于定植。春季嫁接，采用芽接方法，选接穗与砧木苗主枝顶端粗度相等，芽下2cm处剪下，去掉所有针叶，用单面刀片从芽的基部开始削成双面楔形。把砧木顶芽平头切下，从中间劈开，切口略长与接穗切口，把接穗插入，两边对齐，然后用塑料条绑扎。接穗选择：直径0.5~0.8cm，长度15~20cm，1年生枝条，生长旺盛，无病虫害和损伤。

适宜范围 辽宁本溪、丹东、抚顺、铁岭东部及鞍山东南部山区栽培。

清河城红松母树林种子

树种：红松
类别：母树林
科属：松科 松属

学名：*Pinus koraiensis* Sieb. et Zucc.
编号：辽S-SS-PK-008-2004
申请人：辽宁省本溪县清河城实验林场

良种来源 清河城实验林场母树林。

良种特性 乔本植物。喜湿润、肥沃、排水和通气状况反应敏感的土壤，不耐湿、不耐旱、不耐盐碱。红松材质轻软，结构细腻，纹理密直通达，形色美观又不容易变形，并且耐腐朽力强，是建筑、桥梁、枕木、家具制作的上等木料。松子是红松的种子，是红松的果实，又称海松子。松子含脂肪、蛋白质、碳水化合物等。果材兼用林树种。松子是重要的中药，久食健身心，滋润皮肤，延年益寿。松子仁是红松种子去掉外硬壳的统称。近年来，红松种子在食品、医药、保健品等方面具有广泛的实用价值。

繁殖和栽培 砧木苗选择：利用林场红松种子园的种子培育的优质红松苗，作为砧木苗。培育5~6年后，地径在1.0cm以上，苗高在30cm以上，根系完好，须根发达，无病虫害的苗木用于定植。春季嫁接，采用芽接方法，选接穗与砧木苗主枝顶端粗度相等，芽下2cm处剪下，去掉所有针叶，用单面刀片从芽的基部开始削成双面楔形。把砧木顶芽平头切下，从中间劈开，切口略长与接穗切口，把接穗插入，两边对齐，然后用塑料条绑扎。接穗选择：直径0.5~0.8cm，长度15~20cm，1年生枝条，生长旺盛，无病虫害和损伤。

适宜范围 辽宁本溪、丹东、抚顺、铁岭东部及鞍山东南部山区栽培。

红松果林高产无性系（9512、9526）

树种：红松

类别：优良无性系

科属：松科 松属

学名：*Pinus koraiensis* Sieb. et Zucc.

编号：辽S-SC-PK-009-2010

申请人：辽宁省森林经营研究所

良种来源 辽宁省森林经营研究所草河口实验基地特异性单株。

良种特性 '9512'，53年生，树高21.5m，胸径36.5cm，1995年结实量49个球果，高出3株大树平均结实量700%，材积超过3株大树平均165%。树干圆满通直，分枝角75°，无病虫害。'9526'，53年生，树高21.7m，胸径35.6cm，1995年结实量62个球果，高出3株大树平均结实量620%，材积超过3株大树平均333%。树干圆满通直，分枝角60°，针叶较密，无病虫害。果材兼用林树种，亦可用于造林绿化。种子可供食用或榨油。

繁殖和栽培 利用3~5年生的红松移植大苗和山上1m以下的幼树嫁接。操作简单，容易掌握，成活率一般在85%~90%。具体操作按辽宁省地方标准《红松嫁接技术规程》DB21/T1570-2007执行。

适宜范围 辽宁东部山区栽培。

辽宁省实验林场红松母树林种子

树种：红松
类别：母树林
科属：松科 松属

学名：*Pinus koraiensis* Sieb.et Zucc
编号：辽S-SS-PK-008-2014
申请人：辽宁省实验林场

良种来源 辽宁省本溪县草河口实验林场红松人工林种源。

良种特性 常绿乔木。小枝密生褐色柔毛，针叶5针一束，粗硬，直，深绿色，边缘具细锯齿，花期6月，球果第2年9~10月成熟。单株连年结实量高、单株出材量高，辽宁省实验林场红松母树林47年生平均树高19.3m，平均胸径29.8cm，平均单株出材量0.4215m^3，平均单株结实量23个球果（欠丰年平均）。喜光性强，对土壤水分要求较高，不宜过干、过湿的土壤及严寒气候；耐寒性强，喜微酸性土或中性土。抗逆性强。无主要缺陷。造林绿化树种，主要用于营建红松果材兼用林，扩大栽培面积，促进林农致富，既能获得很大的经济效益。

繁殖和栽培 9月中旬采种，自然晾晒或放入干燥室，经过变温催芽处理，来年4月末~5月初播种，出苗期15~25d；采用芽接法嫁接，具体操作按辽宁省地方标准《红松嫁接技术规程》DB21/T1570-2007执行。造林前进行整地，规格为50cm×50cm×30cm；植苗前苗木根部全部沾满黄泥浆；造林时采用"三埋两踩一提苗"的造林方法；造林后连续进行5年7次幼林抚育。抚育开始期为15年左右，初次抚育株数抚育强度20%~25%；抚育间隔期在8年左右；保留木选择采用GB/T15781-1995中的5级木法。

适宜范围 辽宁省适宜地区推广。

LK3红松坚果无性系

树种：红松	学名：*Pinus koraiensis* 'LK3'
类别：优良无性系	编号：黑R-SC-PKLK3-011-2015
科属：松科 松属	申请人：袁桂华，杨伟财/林口县青山国家长白落叶松良种基地

良种来源 红松优树选自五营自然保护区天然林，亲本材料具有干形好、生长快、结实量大、无病虫害等特点。

良种特性 常绿乔木，球果硕大，小枝密生褐色柔毛，雌雄同株，花期6月，种子成熟期为9月中下旬，种子不脱落。适应性较强，结实量大；球果重、种子重等性状表现较好，多糖营养成分含量高。油脂含量、多糖含量分别高于无性系总平均值为1.12%、53.90%，高于最低无性系分别为6.16%、228.6%；球果重、种子重分别高于无性系总平均值为10.18%、8.16%，高于最低无性系分别为59.9%、48.9%。适合东北地区气候特点，耐寒性较强。不适宜于碱性土壤栽培，pH6.0左右适合生长。用于营建红松坚果林。

繁殖和栽培 采条时间是在树液开始流动前春季2~3月进行，采条部位选取树冠中上部外围枝条或采穗圃，生长健壮的1年生枝条，长度20~30cm，粗度应在8mm左右，贮藏在放有冰雪的苗木窖中。宜在树叶流动期5月采用本砧嫁接，髓心形成层贴接方式，当年苗圃培育，3个月左右解除绑扎带，愈合或生长较弱时也可定植后解除绑扎物，第二年春季定植，栽培同红松常规育苗。造林地宜选择土层厚50cm以上的暗棕壤，宜采用3m×3m、4m×4m株行距营建坚果园。

适宜范围 适宜在黑龙江省林区及相似环境地区推广应用。

LK11红松坚果无性系

树种：红松	学名：*Pinus koraiensis* 'LK11'
类别：优良无性系	编号：黑R-SC-PKLK11-012-2015
科属：松科 松属	申请人：袁桂华，贾庆彬/林口县青山国家长白落叶松良种基地

良种来源 红松优树选自五营自然保护区天然林，亲本材料具有干形好、生长快、结实量大、无病虫害等特点。

良种特性 常绿乔木，球果硕大，小枝密生褐色柔毛，雌雄同株，花期6月，种子成熟期为9月中下旬，种子不脱落。适应性较强，结实量大；种子出仁率、千粒重、种仁重等性状表现较好，主要营养成分含量高。出仁率比无性系平均值高出10.45%，球果重高出无性系平均值18.35%，种子重高出无性系总平均值12.94%，千粒重高出无性系平均值为9.92%，种仁重高出无性系平均值21.14%。蛋白质含量比无性系总平均值高出32.16%，多糖含量比无性系总平均值高出5.48%。适合东北地区气候特点，耐寒性较强。不适宜于碱性土壤栽培，pH6.0左右适合生长。用于营建红松坚果林。

繁殖和栽培 采条时间是在树液开始流动前春季2~3月进行，采条部位选取树冠中上部外围枝条或采穗圃，生长健壮的1年生枝条，长度20~30cm，粗度应在8mm左右，贮藏在放有冰雪的苗木窖中。宜在树叶流动期5月采用本砧嫁接，髓心形成层贴接方式，当年苗圃培育，3个月左右解除绑扎带，愈合或生长较弱时也可定植后解除绑扎物，第二年春季定植，栽培同红松常规育苗。造林地宜选择土层厚50cm以上的暗棕壤，宜采用3m×3m、4m×4m株行距营建坚果园。

适宜范围 适宜在黑龙江省林区及相似环境地区推广应用。

LK20红松坚果无性系

树种：红松　　　　　　　　　学名：*Pinus koraiensis* 'LK20'

类别：优良无性系　　　　　　编号：黑R-SC-PKLK20-013-2015

科属：松科 松属　　　　　　　申请人：袁桂华，张振/林口县青山国家长白落叶松良种基地

良种来源　红松优树选自五营自然保护区天然林，亲本材料具有干形好、生长快、结实量大、无病虫害等特点。

良种特性　常绿乔木，球果硕大，小枝密生褐色柔毛，雌雄同株，花期6月，种子成熟期为9月中下旬，种子不脱落。适应性较强，结实量大；种子出仁率、千粒重、种仁重等性状表现较好，蛋白质、油脂成分含量高。出仁率、千粒重、种仁重等分别为34.69%、625.93g、0.2168g，分别高出总平均值为6.28%、14.56%、21.25%；LK20蛋白质含量（10.85%）比无性系总平均值高出13.02%，油脂含量（66.30%）比无性系总平均值高出4.51%。适合东北地区气候特点，耐寒性较强。不适宜于碱性土壤栽培，pH6.0左右适合生长。用于营建红松坚果林。

繁殖和栽培　采条时间是在树液开始流动前春季2~3月进行，采条部位选取树冠中上部外围枝条或采穗圃，生长健壮的1年生枝条，长度20~30cm，粗度应在8mm左右，贮藏在放有冰雪的苗木窖中。宜在树叶流动期5月采用本砧嫁接，髓心形成层贴接方式，当年苗圃培育，3个月左右解除绑扎带，愈合或生长较弱时也可定植后解除绑扎物，第二年春季定植，栽培同红松常规育苗。造林地宜选择土层厚50cm以上的暗棕壤，宜采用3m×3m、4m×4m株行距营建坚果园。

适宜范围　适宜在黑龙江省林区及相似环境地区推广应用。

LK27红松坚果无性系

树种：红松	学名：*Pinus koraiensis* 'LK27'
类别：优良无性系	编号：黑R-SC-PKLK27-014-2015
科属：松科 松属	申请人：张含国，袁桂华/林口县青山国家长白落叶松良种基地

良种来源 红松优树选自五营自然保护区天然林，亲本材料具有干形好、生长快、结实量大、无病虫害等特点。

良种特性 常绿乔木，球果硕大，小枝密生褐色柔毛，雌雄同株，花期6月，种子成熟期为9月中下旬，种子不脱落。适应性较强，结实量大；种子油脂含量、多糖含量、蛋白质含量等主要营养成分含量高。LK27无性系种子油脂含量为67.37%，比无性系总平均值高出10.45%，比含量较低的LK19无性系高出11.48%。多糖含量为12.06%，比含量较低的LK32无性系高出139.29%，比无性系总平均值高出12.12%。蛋白质含量为10.08%，高出较低的LK32为90.19%。球果重为209.44g，比无性系平均值高出5.89%，比球果重较低的LK79-36无性系高出15.29%。种子重为113.71g，比无性系平均值高出9.83%，比种子重较小的LK13高出41.92%。适合东北地区气候特点，耐寒性较强。不适宜于碱性土壤栽培，pH6.0左右适合生长。用于营建红松坚果林。

繁殖和栽培 采条时间是在树液开始流动前春季2~3月进行，采条部位选取树冠中上部外围枝条或采穗圃，生长健壮的1年生枝条，长度20~30cm，粗度应在8mm左右，贮藏在放有冰雪的苗木窖中。宜在树叶流动期5月采用本砧嫁接，髓心形成层贴接方式，当年苗圃培育，3个月左右解除绑扎带，愈合或生长较弱时也可定植后解除绑扎物，第二年春季定植，栽培同红松常规育苗。造林地宜选择土层厚50cm以上的暗棕壤，宜采用3m×3m、4m×4m株行距营建坚果园。

适宜范围 适宜在黑龙江省林区及相似环境地区推广应用。

NB45红松坚果无性系

树种：红松	学名：*Pinus koraiensis* 'NB45'
类别：优良无性系	编号：黑R-SC-PKNB45-015-2015
科属：松科 松属	申请人：张含国，王金宁/宁安市小北湖国家落叶松红松良种基地

良种来源 亲本来源于宁安市小北湖母树林林场。干形通直，结实量大，通过无性繁殖，结实早，结实量随树体发育逐渐增加。Ⅰ级侧枝1/3处60°、1/3以下80°，球果卵状圆锥形，种鳞先端钝，向外反曲，成熟时种子不脱落。

良种特性 常绿乔木，球果硕大，小枝密生褐色柔毛，雌雄同株，花期6月，种子成熟期为9月中下旬，种子不脱落。结实早且丰年结实量大，干形良好，分枝角1/3上60°、1/3以下80°，皮纵块状开裂。NB45号无性系3年球果产量（13.8个）超无性系均值76.2%，最高单株结实27个；出种率超过无性系均值的8.26%。随着树体增大，结实量会逐渐增加。耐寒性较强。异砧嫁接亲和力总体不如本砧嫁接；不适宜碱性土壤、干旱地区栽植。用于营建红松坚果林。

繁殖和栽培 采条时间是在树液开始流动前春季2~3月进行，采条部位选取树冠中上部外围枝条或采穗圃，生长健壮的1年生枝条，长度20~30cm，粗度应在8mm左右，贮藏在放有冰雪的苗木窖中。宜在树叶流动期5月采用本砧嫁接，髓心形成层贴接方式，当年苗圃培育，3个月左右解除绑扎带，愈合或生长较弱时也可定植后解除绑扎物，第二年春季定植，栽培同红松常规育苗。造林地宜选择土层厚50cm以上的暗棕壤，宜采用3m×3m、4m×4m株行距营建坚果园。

适宜范围 适宜在黑龙江省林区及相似环境地区推广应用。

NB66红松坚果无性系

树种：红松
类别：优良无性系
科属：松科 松属

学名：*Pinus koraiensis* 'NB66'
编号：黑R-SC-PKNB66-016-2015
申请人：王金宁，张振/宁安市小北湖国家落叶松红松良种基地

良种来源　亲本来源于宁安市小北湖母树林林场。干形通直，结实量大，通过无性繁殖，结实早，Ⅰ级侧枝1/3以上65°，1/3以下85°。球果卵状圆锥形，种鳞先端钝，向外反曲，成熟时种子不脱落。

良种特性　常绿乔木，球果硕大，小枝密生褐色柔毛，雌雄同株，花期6月，种子成熟期为9月中下旬，种子不脱落。结实早且丰年结实量大，干形良好。1/3以上侧枝分枝角70°，1/3以下分枝角85°，树皮纵长条块块状开裂。NB66无性系3年球果产量（11.8个）超无性系均值的50.7%，最高单株结实56个。随着树体增大，结实量会逐渐增加。耐寒性较强。异砧嫁接亲和力总体不如本砧嫁接；不适宜碱性土壤、干旱地区栽

植。用于营建红松坚果林。

繁殖和栽培　采条时间是在树液开始流动前春季2~3月进行，采条部位选取树冠中上部外围枝条或采穗圃，生长健壮的1年生枝条，长度20~30cm，粗度应在8mm左右，贮藏在放有冰雪的苗木窖中。宜在树叶流动期5月采用本砧嫁接，髓心形成层贴接方式，当年苗圃培育，3个月左右解除绑扎带，愈合或生长较弱时也可定植后解除绑扎物，第二年春季定植，栽培同红松常规育苗。造林地宜选择土层厚50cm以上的暗棕壤，宜采用3m×3m、4m×4m株行距营建坚果园。

适宜范围　适宜在黑龙江省林区及相似环境地区推广应用。

NB67红松坚果无性系

树种：红松	学名：*Pinus koraiensis* 'NB67'
类别：优良无性系	编号：黑R-SC-PKNB67-017-2015
科属：松科 松属	申请人：王金宁，莫迟/宁安市小北湖国家落叶松红松良种基地

良种来源 亲本来源于宁安市小北湖母树林林场。干形通直，结实量大，通过无性繁殖，结实早，Ⅰ级侧枝1/3以上65°，1/3以下85°。球果卵状圆锥形，种鳞先端钝，向外反曲，成熟时种子不脱落。

良种特性 常绿乔木，球果硕大，小枝密生褐色柔毛，雌雄同株，花期6月，种子成熟期为9月中下旬，种子不脱落。结实早且丰年结实量大，干形良好。1/3以上侧枝分枝角70°，1/3以下分枝角85°，树皮纵长条块状开裂。NB67无性系3年球果产量（19.8个）超无性系均值的152.2%，最高单株结实35个。球果重超过无性系均值1.77%，单个球果的种子重超过无性系均值10.4%，千粒重超过无性系均值5.38%，出种率超过无性系均值5.52%。耐寒性较强。异砧嫁接亲和力总体

不如本砧嫁接；不适宜碱性土壤、干旱地区栽植。用于营建红松坚果林。

繁殖和栽培 采条时间是在树液开始流动前春季2~3月进行，采条部位选取树冠中上部外围枝条或采穗圃，生长健壮的1年生枝条，长度20~30cm，粗度应在8mm左右，贮藏在放有冰雪的苗木窖中。宜在树叶流动期5月采用本砧嫁接，髓心形成层贴接方式，当年苗圃培育，3个月左右解除绑扎带，愈合或生长较弱时也可定植后解除绑扎物，第二年春季定植，栽培同红松常规育苗。造林地宜选择土层厚50cm以上的暗棕壤，宜采用3m×3m、4m×4m株行距营建坚果园。

适宜范围 适宜在黑龙江省林区及相似环境地区推广应用。

NB70红松坚果无性系

树种：红松
类别：优良无性系
科属：松科 松属

学名：*Pinus koraiensis* 'NB70'
编号：黑R-SC-PKNB70-018-2015
申请人：张磊，王金宁/宁安市小北湖国家落叶松红松良种基地

良种来源 亲本来源于宁安市小北湖母树林林场。干形通直，结实量大，通过无性繁殖，结实早，I级侧枝1/3以上65°，1/3以下85°。球果卵状圆锥形，种鳞先端钝，向外反曲，成熟时种子不脱落。

良种特性 常绿乔木，球果硕大，小枝密生褐色柔毛，雌雄同株，花期6月，种子成熟期为9月中下旬，种子不脱落。结实早且丰年结实量大，干形良好。1/3以上侧枝分枝角70°，1/3以下分枝角85°，树皮纵长条块块状开裂。NB70无性系3年球果产量（11.4个）超无性系均值的45.4%，最高单株结实25个。球果重超过无性系均值12.98%，单个球果的种子重超过无性系均值15.09%，千粒重超过无性系均值的7.79%。耐寒性较强。异砧嫁接亲和力总体不如本砧嫁接；不适宜碱性土壤、干旱地区栽植。用于营建红松坚果林。

繁殖和栽培 采条时间是在树液开始流动前春季2~3月进行，采条部位选取树冠中上部外围枝条或采穗圃，生长健壮的1年生枝条，长度20~30cm，粗度应在8mm左右，贮藏在放有冰雪的苗木窖中。宜在树叶流动期5月采用本砧嫁接，髓心形成层贴接方式，当年苗圃培育，3个月左右解除绑扎带，愈合或生长较弱时也可定植后解除绑扎物，第二年春季定植，栽培同红松常规育苗。造林地宜选择土层厚50cm以上的暗棕壤，宜采用3m×3m、4m×4m株行距营建坚果园。

适宜范围 适宜在黑龙江省林区及相似环境地区推广应用。

JM24红松坚果无性系

树种：红松	学名：*Pinus koraiensis* 'JM24'
类别：优良无性系	编号：黑R-SC-PKJM24-019-2015
科属：松科 松属	申请人：梁晓东，张含国/佳木斯市孟家岗国家红松落叶松良种基地

良种来源 亲本来源于佳木斯市孟家岗林木良种基地红松母树林。所选优树具有结实量大、干形好、生长快、抗病虫害能力强等特点。

良种特性 常绿乔木，球果硕大，小枝密生褐色柔毛，雌雄同株，花期6月，种子成熟期为9月中下旬，种子不脱落。耐寒力强，在小兴安岭林区冬季零下50℃低温下无冻害现象，且能正常生长，作为小兴安岭及张广才岭地区的乡土树种，抗病虫害能力较强。JM24球果产量（73个）为总体平均值（18.73个）的389.7%，单个球果种子数量（161个）为总体平均值（125个）的128.8%，出种率（33.5%）为总体平均值（33.3%）的100.6%，30粒种子种皮重（9.14g）低于总体平均值（11.63g）21.4%，30粒种子空壳率（0.8%）低于总体平均值（4.4%）81.8%。不耐湿，不耐干旱，不耐盐碱，主根不发达，幼年时期生长缓慢。用于经济林营建。

繁殖和栽培 采条时间是在树液开始流动前春季2~3月进行，采条部位选取树冠中上部外围枝条或采穗圃，生长健壮的1年生枝条，长度20~30cm，粗度应在8mm左右，贮藏在放有冰雪的苗木窖中。宜在树叶流动期5月采用本砧嫁接，髓心形成层贴接方式，当年苗圃培育，3个月左右解除绑扎带，愈合或生长较弱时也可定植后解除绑扎物，第二年春季定植，栽培同红松常规育苗。造林地宜选择土层厚50cm以上的暗棕壤，宜采用3m×3m、4m×4m株行距营建坚果园。

适宜范围 适宜在黑龙江省红松分布区及相似环境地区推广应用。

JM 29红松坚果无性系

树种：红松	学名：*Pinus koraiensis* 'JM29'
类别：优良无性系	编号：黑R-SC-PKJM29-020-2015
科属：松科 松属	申请人：孙国飞，梁晓东/佳木斯市孟家岗国家红松落叶松良种基地

良种来源 亲本来源于佳木斯市孟家岗林木良种基地红松母树林。所选优树具有结实量大、干形好、生长快、抗病虫害能力强等特点。

良种特性 常绿乔木，球果硕大，小枝密生褐色柔毛，雌雄同株，花期6月，种子成熟期为9月中下旬，种子不脱落。耐寒力强，在小兴安岭林区冬季零下50℃低温下无冻害现象，且能正常生长，作为小兴安岭及张广才岭地区的乡土树种，抗病虫害能力较强。JM29球果产量（37个）为总体平均值的197.5%，单个球果种子数量（148个）为总体平均值的118.4%，单个球果种子重量（101.58 g）为总体平均值（81.57 g）的124.5%，千粒重（685.24 g）为总体平均值（637.56 g）的107.5%，出种率（38.1%）为总体平均值的114.4%，30粒种子的种仁重（7.32 g）为总体平均值（6.68 g）的109.6%，30粒种子的出仁率（36.9%）为总体平均值（35.7%）的103.4%，30粒种子空壳率（1.0%）低于总体平均值（4.4%）77.3%。不耐湿，不耐干旱，不耐盐碱，主根不发达，幼年时期生长缓慢。用于经济林营建。

繁殖和栽培 采条时间是在树液开始流动前春季2~3月进行，采条部位选取树冠中上部外围枝条或采穗圃，生长健壮的1年生枝条，长度20~30 cm，粗度应在8 mm左右，贮藏在放有冰雪的苗木窖中。宜在树叶流动期5月采用本砧嫁接，髓心形成层贴接方式，当年苗圃培育，3个月左右解除绑扎带，愈合或生长较弱时也可定植后解除绑扎物，第二年春季定植，栽培同红松常规育苗。造林地宜选择土层厚50 cm以上的暗棕壤，宜采用3 m×3 m、4 m×4 m株行距营建坚果园。

适宜范围 适宜在黑龙江省红松分布区及相似环境地区推广应用。

JM32红松坚果无性系

树种：红松	学名：*Pinus koraiensis* 'JM32'
类别：优良无性系	编号：黑R-SC-PKJM32-021-2015
科属：松科 松属	申请人：梁晓东，潘建忠/佳木斯市孟家岗国家红松落叶松良种基地

良种来源 亲本来源于佳木斯市孟家岗林木良种基地红松母树林。所选优树具有结实量大、干形好、生长快、抗病虫害能力强等特点。

良种特性 常绿乔木，球果硕大，小枝密生褐色柔毛，雌雄同株，花期6月，种子成熟期为9月中下旬，种子不脱落。耐寒力强，在小兴安岭林区冬季零下50℃低温下无冻害现象，且能正常生长，作为小兴安岭及张广才岭地区的乡土树种，抗病虫害能力较强。JM32球果产量（45个）为总体平均值（18.73个）的240.3%，千粒重（681.36g）为总体平均值（637.56g）的106.9%，出种率（37.0%）为总体平均值（33.3%）的111.1%，30粒种子的种仁重（7.1g）为总体平均值（6.68g）的106.3%，30粒种子的出仁率（36.7%）为总体平均值（35.7%）的102.8%，30粒种子空壳率（0.7%）低于总体平均值（4.4%）84.1%。不耐湿，不耐干旱，不耐盐碱，主根不发达，幼年时期生长缓慢。用于经济林营建。

繁殖和栽培 采条时间是在树液开始流动前春季2~3月进行，采条部位选取树冠中上部外围枝条或采穗圃，生长健壮的1年生枝条，长度20~30cm，粗度应在8mm左右，贮藏在放有冰雪的苗木窖中。宜在树叶流动期5月采用本砧嫁接，髓心形成层贴接方式，当年苗圃培育，3个月左右解除绑扎带，愈合或生长较弱时也可定植后解除绑扎物，第二年春季定植，栽培同红松常规育苗。造林地宜选择土层厚50cm以上的暗棕壤，宜采用3m×3m、4m×4m株行距营建坚果园。

适宜范围 适宜在黑龙江省红松分布区及相似环境地区推广应用。

HG8红松坚果无性系

树种：红松	学名：*Pinus koraiensis* 'HG8'
类别：优良无性系	编号：黑R-SC-PKHG8-022-2015
科属：松科 松属	申请人：李海峰，张磊/黑龙江省林木良种繁育中心国家落叶松红松良种基地

良种来源 亲本来源为黑龙江省的伊春五营自然保护区优树，优树具有干形圆满，自然整枝良好的特性，结实特性良好。

良种特性 常绿乔木，球果硕大，小枝密生褐色柔毛，雌雄同株，花期6月，种子成熟期为9月中下旬，种子不脱落。适应性较强，产种量大，出仁率高、种仁重高，营养成分丰富。30年生红松无性系HG8的球果重为383.3g、种仁重为47.0g、种子重为126.0g、千粒重为881.0g、出仁率为37.3%、产种量为3.05kg、脂肪含量为58.75%、蛋白质含量为12.57%，分别高出无性系平均值的27.54%、35.09%、29.74%、26.74%、5.98%、83.73%、3.03%、71.25%。具有较好的耐寒性能和适应性、抗病、抗虫害能力较强。不适于碱性干旱土壤栽培。适于营建坚果经济林及用材林。

繁殖和栽培 采条时间是在树液开始流动前春季2~3月进行，采条部位选取树冠中上部外围枝条或采穗圃，生长健壮的1年生枝条，长度20~30cm，粗度应在8mm左右，贮藏在放有冰雪的苗木窖中。宜在树叶流动期5月采用本砧嫁接，髓心形成层贴接方式，当年苗圃培育，3个月左右解除绑扎带，愈合或生长较弱时也可定植后解除绑扎物，第二年春季定植，栽培同红松常规育苗。造林地宜选择土层厚50cm以上的暗棕壤，宜采用3m×3m、4m×4m株行距营建坚果园。

适宜范围 适宜在黑龙江省红松分布区及相似环境地区推广应用。

HG14红松坚果无性系

树种：红松	学名：*Pinus koraiensis* 'HG14'
类别：优良无性系	编号：黑R-SC-PKHG14-023-2015
科属：松科 松属	申请人：李海峰，张振/黑龙江省林木良种繁育中心国家落叶松红松良种基地

良种来源 亲本来源为黑龙江省的伊春五营自然保护区优树，优树具有干形圆满，自然整枝良好的特性，结实特性良好。

良种特性 常绿乔木，球果硕大，小枝密生褐色柔毛，雌雄同株，花期6月，种子成熟期为9月中下旬，种子不脱落。适应性较强，千粒重高，出仁率较高，空壳率低，营养成分丰富。30年生红松无性系HG14的产种量为2.03kg、球果重为483.3g、种仁重为57.7g、种子重为149.3g、千粒重为908.0g、出仁率为38.6%、油脂为56.13%，分别高出总平均值的22.29%、60.77%、65.85%、53.73%、30.62%、8.63%、1.54%。具有较好的耐寒性能和适应性、抗病、抗虫害能力较强。不适于碱性干旱土壤栽培。适于营建坚果经济林及用材林。

繁殖和栽培 采条时间是在树液开始流动前春季2~3月进行，采条部位选取树冠中上部外围枝条或采穗圃，生长健壮的1年生枝条，长度20~30cm，粗度应在8mm左右，贮藏在放有冰雪的苗木窖中。宜在树叶流动期5月采用本砧嫁接，髓心形成层贴接方式，当年苗圃培育，3个月左右解除绑扎带，愈合或生长较弱时也可定植后解除绑扎物，第二年春季定植，栽培同红松常规育苗。造林地宜选择土层厚50cm以上的暗棕壤，宜采用3m×3m、4m×4m株行距营建坚果园。

适宜范围 适宜在黑龙江省红松分布区及相似环境地区推广应用。

HG23红松坚果无性系

树种：红松	学名：*Pinus koraiensis* 'HG23'
类别：优良无性系	编号：黑R-SC-PKHG23-024-2015
科属：松科 松属	申请人：张含国，李海峰/黑龙江省林木良种繁育中心国家落叶松红松良种基地

良种来源 亲本来源为黑龙江省的伊春五营自然保护区优树，优树具有干形圆满，自然整枝良好的特性，结实特性良好。

良种特性 常绿乔木，球果硕大，小枝密生褐色柔毛，雌雄同株，花期6月，种子成熟期为9月中下旬，种子不脱落。适应性较强，种仁重高，千粒重较高，营养成分丰富，蛋白质、多糖含量高。30年生红松无性系HG23的出种率为34.10%、出仁率为37.99%、千粒重为605.73g、种仁重为0.22g/粒、油脂含量为58.99%、蛋白质含量为9.17%、多糖含量为13.41%，分别高出无性系总平均值的8.15%、9.68%、8.94%、14.37%、6.70%、24.92%、21.60%。具有较好的耐寒性能和适应性，抗病、抗虫害能力较强。不适于碱性干旱土壤栽培。适于营建坚果经济林及用材林。

繁殖和栽培 采条时间是在树液开始流动前春季2~3月进行，采条部位选取树冠中上部外围枝条或采穗圃，生长健壮的1年生枝条，长度20~30cm，粗度应在8mm左右，贮藏在放有冰雪的苗木窖中。宜在树叶流动期5月采用本砧嫁接，髓心形成层贴接方式，当年苗圃培育，3个月左右解除绑扎带，愈合或生长较弱时也可定植后解除绑扎物，第二年春季定植，栽培同红松常规育苗。造林地宜选择土层厚50cm以上的暗棕壤，宜采用3m×3m、4m×4m株行距营建坚果园。

适宜范围 适宜在黑龙江省红松分布区及相似环境地区推广应用。

HG27红松坚果无性系

树种：红松	学名：*Pinus koraiensis* 'HG27'
类别：优良无性系	编号：黑R-SC-PKHG27-025-2015
科属：松科 松属	申请人：李海峰/黑龙江省林木良种繁育中心国家落叶松红松良种基地

良种来源 亲本来源为黑龙江省的伊春五营自然保护区优树，优树具有干形圆满，自然整枝良好的特性，结实特性良好。

良种特性 常绿乔木，球果硕大，小枝密生褐色柔毛，雌雄同株，花期6月，种子成熟期为9月中下旬，种子不脱落。适应性较强，种子重高，出仁率较高，空壳率低，营养成分丰富。30年生红松无性系HG27的产种量为2.48kg、球果重为383.3g、种仁重为48.3g、种子重为127.0g、千粒重为864.0g、出仁率为38.1%，高于总平均值的49.40%、27.54%、38.83%、30.77%、24.29%、7.23%。具有较好的耐寒性能和适应性，抗病、抗虫害能力较强。不适于碱性干旱土壤栽培。适于营建坚果经济林及用材林。

繁殖和栽培 采条时间是在树液开始流动前春季2~3月进行，采条部位选取树冠中上部外围枝条或采穗圃，生长健壮的1年生枝条，长度20~30cm，粗度应在8mm左右，贮藏在放有冰雪的苗木窖中。宜在树叶流动期5月采用本砧嫁接，髓心形成层贴接方式，当年苗圃培育，3个月左右解除绑扎带，愈合或生长较弱时也可定植后解除绑扎物，第二年春季定植，栽培同红松常规育苗。造林地宜选择土层厚50cm以上的暗棕壤，宜采用3m×3m、4m×4m株行距营建坚果园。

适宜范围 适宜在黑龙江省红松分布区及相似环境地区推广应用。

大亮子河红松天然母树林

树种：红松	学名：*Pinus koraiensis*
类别：母树林	编号：黑S-SS-PK-023-2010
科属：松科 松属	申请人：汤原县大亮子河林场

良种来源 亲本来源于汤原县大亮子河红松母树林场境内的红松原始林。

良种特性 生长较快、材积增益显著，材质较好，耐寒、适应性强。

繁殖和栽培 种子繁殖。种子需要雪藏处理。播种前10~20天混沙摧芽。播种时横床条播为宜，播幅宽3~4cm，行距8~10cm，播后及时镇压，以防芽干，覆上约0.5cm，通常每亩播8~10斤。防止幼苗立枯病。红松幼苗顶壳出土易遭鸟类啄食，为防止鸟害，应设专人看护到种壳全部脱落为止。

适宜范围 小兴安岭、完达山及张广才岭红松适生区。

胜山红松天然母树林

树种：红松	学名：*Pinus koraiensis*
类别：母树林	编号：黑S-SS-PK-024-2010
科属：松科 松属	申请人：胜山天然母树林林场

良种来源 亲本来源于爱辉区胜山林场天然红松母树林，红松优良林分。

良种特性 生长较快、材积增益显著，材质较好，耐寒、适应性强。

繁殖和栽培 种子繁殖。种子需要雪藏处理。播种前10~20天混沙摧芽。播种时横床条播为宜，播幅宽3~4cm，行距8~10cm，播后及时镇压，以防芽干，覆上约0.5cm，通常每亩播8~10斤。防止幼苗立枯病。红松幼苗顶壳出土易遭鸟类啄食，为防止鸟害，应设专人看护到种壳全部脱落为止。

适宜范围 小兴安岭、完达山及张广才岭红松适生区。

东部白松2000-4号种源

树种：东部白松

类别：优良种源

科属：松科 松属

学名：*Pinus strobus* L. '2000-4'

编号：辽S-SP-PS-001-2010

申请人：董健、林永启、于世河

良种来源 引进加拿大种源。

良种特性 针叶乔木，树高一般20~25m，胸径一般30~50cm。幼树树冠圆锥形，老树呈光伞形，树干通直，树皮灰绿色，小枝绿色或淡灰褐色，针叶5针一束，长6~14cm。冬芽3月下旬萌动，5月下旬开始散粉，8月中旬球果成熟。年降水500mm，仍能生存，在各种类型土壤上都能生长，在排水良好、土质疏松的沙壤上生长最好。5.5年生时，树高达1.93m，地径达3.83cm。不耐盐碱和烟害，抗风、耐雪压。造林绿化树种，可用于用材林和景观林营建。

繁殖和栽培 种子用20~30℃温水浸种36h，按一份种子、三份沙子混合，在1~5℃下处理60d；地温8~9℃时撒播，覆沙或松针土0.6cm；播种量10kg/亩；冬季土壤结冻前，覆土1.5cm防寒；苗木2年生时移植，床移密度150株/m²，垄移80株/m²。采用3年生苗木造林，选择腐殖质层10cm、土层厚度40cm的造林地，株行距2m×2m，造林后连续抚育2~3年。

适宜范围 辽宁丹东、抚顺、本溪、鞍山、营口、辽阳各市及沈阳、铁岭东部地区。

东部白松2000-15号种源

树种：东部白松
类别：优良种源
科属：松科 松属

学名：*Pinus strobus* L. '2000-15'
编号：辽S-SP-PS-002-2010
申请人：董健、林永启、于世河

良种来源 引进加拿大种源。

良种特性 针叶乔木，树高一般20~25m，胸径一般30~50cm。幼树树冠圆锥形，老树呈光伞形，树干通直，树皮灰绿色，小枝绿色或淡灰褐色，针叶5针一束，长6~14cm。冬芽3月下旬萌动，5月下旬开始散粉，8月中旬球果成熟。年降水500mm，仍能生存，在各种类型土壤上都能生长，在排水良好、土质疏松的沙壤上生长最好。5.5年生时，树高达1.84m，地径达4.0cm。不耐盐碱和烟害，抗风、耐雪压。造林绿化树种，可用于用材林和景观林营建。

繁殖和栽培 种子用20~30℃温水浸种36h，按一份种子、三份沙子混合，在1~5℃下处理60d；地温8~9℃时撒播，覆沙或松针土0.6cm；播种量10kg/亩；冬季土壤结冻前，覆土1.5cm防寒；苗木2年生时移植，床移密度150株/m²，垄移80株/m²。采用3年生苗木造林，选择腐殖质层10cm、土层厚度40cm的造林地，株行距2m×2m，造林后连续抚育2~3年。

适宜范围 辽宁丹东、抚顺、本溪、鞍山、营口、辽阳各市及沈阳、铁岭东部地区。

东部白松2000-16号种源

树种：东部白松　　　　　　　　学名：*Pinus strobus* L. '2000-16'
类别：优良种源　　　　　　　　编号：辽S-SP-PS-003-2010
科属：松科　松属　　　　　　　申请人：董健、林永启、于世河

良种来源　引进加拿大种源。

良种特性　针叶乔木，树高一般20~25m，胸径一般30~50cm。幼树树冠圆锥形，老树呈光伞形，树干通直，树皮灰绿色，小枝绿色或淡灰褐色，针叶5针一束，长6~14cm。冬芽3月下旬萌动，5月下旬开始散粉，8月中旬球果成熟。年降水500mm，仍能生存，在各种类型土壤上都能生长，在排水良好、土质疏松的沙壤上生长最好。5.5年生时，树高达1.96m，地径达3.98cm。不耐盐碱和烟害，抗风、耐雪压。造林绿化树种，可用于用材林和景观林营建。

繁殖和栽培　种子用20~30℃温水浸种36h，按一份种子、三份沙子混合，在1~5℃下处理60d；地温8~9℃时撒播，覆沙或松针土0.6cm；播种量10kg/亩；冬季土壤结冻前，覆土1.5cm防寒；苗木2年生时移植，床移密度150株/m²，垄移80株/m²。采用3年生苗木造林，选择腐殖质层10cm、土层厚度40cm的造林地，株行距2m×2m，造林后连续抚育2~3年。

适宜范围　辽宁丹东、抚顺、本溪、鞍山、营口、辽阳各市及沈阳、铁岭东部地区。

东部白松

树种：东部白松	学名：*Pinus strobus* L.
类别：引种驯化品种	编号：辽S-ETS-PS-008-2010
科属：松科 松属	申请人：董健、林永启、于世河

良种来源 引进加拿大树种。

良种特性 针叶乔木，树高一般20~25m，胸径一般30~50cm。幼树树冠圆锥形，老树呈光伞形，树干通直，树皮灰绿色，小枝绿色或淡灰褐色，针叶5针一束，长6~14cm。冬芽3月下旬萌动，5月下旬开始散粉，8月中旬球果成熟。年降水500mm，仍能生存，在各种类型土壤上都能生长，在排水良好、土质疏松的沙壤上生长最好。5.5年生时，树高1.38~1.99m，地径达2.37~4.00cm。不耐盐碱和烟害，抗风、耐雪压。造林绿化树种，可用于用材林和景观林营建。

繁殖和栽培 种子用20~30℃温水浸种36h，按一份种子、三份沙子混合，在1~5℃下处理60d；地温8~9℃时撒播，覆沙或松针土0.6cm；播种量10kg/亩；冬季土壤结冻前，覆土1.5cm防寒；苗木2年生时移植，床移密度150株/m²，垄移80株/m²。采用3年生苗木造林，选择腐殖质层10cm、土层厚度40cm的造林地，株行距2m×2m，造林后连续抚育2~3年。

适宜范围 辽宁东部山区栽培。

太岳林局石膏山白皮松母树林种子

树种：白皮松	学名：*Pinus bungeana* Zucc.
类别：母树林种子	编号：晋S-SS-PB-015-2014
科属：松科 松属	申请人：太岳山国有林管理局石膏山林场

良种来源 太岳山国有林管理局石膏山林场白皮松母树林。

良种特性 种子千粒重150~160g，1年生苗高11.3~16cm，3年生苗高29~35cm，10年生苗高3.9~4.3m。幼树树皮光滑，灰绿色，大树树皮不规则鳞片剥落露出乳白色内皮。喜光，耐瘠薄，抗风沙，生长较缓慢，对二氧化碳及烟尘的污染有较强的抗性。主要用于园林景观绿化。

繁殖和栽培 种子繁殖，精细整地，种子催芽，覆土厚度2cm，出苗时防止高温日灼和立枯病危害。栽植时需带土球，土球直径为胸径的8~10倍，深度为胸径的4~5倍，挖穴的大小比土球或根系横径大20cm左右，深度比土球和根系纵径大30cm。栽植后应及时浇透水，3d后覆土、扶正。

适宜范围 适宜山西省海拔500~1100m范围内栽植。

关帝林局枝柯白皮松种源种子

树种：白皮松	学名：*Pinus bungeana* Zucc. ex Endl.
类别：优良种源	编号：晋S-SP-PB-019-2015
科属：松科 松属	申请人：关帝山国有林管理局种苗站、关帝山国有林管理局枝柯林场

良种来源 关帝山国有林管理局枝柯林场白皮松中龄林林分。

良种特性 种子颗粒大，呈椭圆形，暗褐色，长80~95mm，宽40~70mm。种子饱满，千粒重150~160g，发芽率高，一般发芽率在85%以上。盛果期亩产良种10kg，是一般林分的1.5倍。适应性强，扎根深，穿透力强，耐干旱瘠薄，早期生长较慢，生命力强，树形多姿，冠型圆满，五年生营养钵苗高45.2cm，冠幅45cm，15年绿化大苗平均苗高2.25m，平均冠幅2.08m，苗木树冠阔圆，枝下高20cm，枝条稠密均匀，13层，松针粗短茂密，颇具美感。主要用于城镇园林绿化，也可用于营造防护林。

繁殖和栽培 种子育苗，浸种催芽，高床整地，土壤消毒。下种时间5~6月，下种量25kg/亩。城镇园林绿化移植要带土球起苗，土球大小一般是苗木地径的10倍左右，苗木栽植选择无风低温时进行，深度一般是在根系土球5~10cm以下，栽植后要及时夯实回土，并浇一次透水。

适宜范围 适宜在山西省吕梁山及周边地区海拔800~1500m之间栽培。

沙地赤松

树种：赤松	学名：*Pinus densiflora* Sieb. et Zucc.
类别：引种驯化品种	编号：辽S-ETS-PD-001-2014
科属：松科 松属	申请人：辽宁省固沙造林研究所

良种来源　1965年从黑龙江引入东宁赤松，于1967年在章古台沙地上定植造林。

良种特性　综合各种沙地类型，37~42年生沙地赤松平均树高为8.68m，比同龄樟子松(8.22m)高出5.6%；胸径18.39cm，比樟子松(16.10cm)高出14.2%；平均单株材积为0.1020m³，比樟子松(0.0877m³)高出16.3%。沙地赤松为深根性喜光树种，光合性能较好，根系发达。15年生时开始结实，花期为5月份，球果第2年9~10月份成熟。种子倒卵状椭圆形，长4.0~6.5mm，宽2.0~3.0mm，连翅长1.5~2.0cm，种翅宽5~7mm，千粒重10.3g。沙地赤松造林成活率高，能耐沙地瘠薄土壤和干旱环境，具有防风阻沙能力。干形较好，材质强度较高。抗逆性较强，林分健康，

数量成熟龄较长，比樟子松长12~13年。天然更新能力较强，更新幼树生长良好。在人工固定沙地或天然固定沙地、沙丘或平缓沙地上均可栽植。造林绿化树种，亦可作用材林树种，可也用于绿化和观赏。

繁殖和栽培　采用播种繁殖，一般于5月上旬播种，种子经消毒后撒播或条播。一年生苗需埋土越冬，翌年春进行移植或培育成容器苗。沙地赤松适应性较强，可以在多种沙地类型上栽植，在平缓沙地上栽植，可获得较大生长量。一般采用容器苗造林，造林设计时选择混交林方式，能与多种针阔叶树种混交。与纯林相比，混交林生长量较大，土壤养分状况较好。

适宜范围　辽西北适宜地区(阜新、铁岭、沈阳等)推广。

付家樟子松无性系初级种子园种子

树种：樟子松
类别：无性系种子园
科属：松科 松属

学名：*Pimus sylvestris* L. var. *mongolica* Litv.
编号：辽S-CSO（1）-PS-003-2004
申请人：国有昌图县付家机械林场

良种来源 内蒙古红花尔基、黑龙江林口县、黑龙江伊安县通宽林场等采集穗条嫁接建园。

良种特性 喜光、耐寒、抗旱、适应性强，幼苗不耐阴。深根性，对土壤要求不严。在比较干旱、贫瘠的石质山地和沙地上均能生长良好。喜酸性土壤，有弱度耐碱能力。耐寒，可耐－40~－50℃低温。用材林树种，亦可用于造林绿化等。材质优良，可用作家具、建筑等用。

繁殖和栽培 种子繁殖和无性繁殖。采用全光播种育苗和嫁接繁殖育苗方法。播种育苗：先用0.5%高锰酸钾43~45℃温水浸种2h，再用清水洗种三次，然后冷水浸种24h，层积催芽5~7d后播种，覆土厚度0.3~0.5cm；嫁接繁殖育苗采取髓心形成层嫁接方法。

适宜范围 辽宁阜新、沈阳北部、抚顺及铁岭地区。

樟子松优良无性系（GS1、GS2）

树种：樟子松
类别：优良无性系
科属：松科 松属

学名：*Pinus sylvestris* L. var. *mongolica* Litv
编号：辽S-SC-PS-002-2007
申请人：辽宁省固沙造林研究所

良种来源 亲本来源于红花尔基和大兴安岭天然林，1976~1980年通过嫁接定植在章古台樟子松种子园中，经过数十年来通过对365个优良无性系的对比观测，筛选出的两个表现突出的樟子松优良无性系，分别命名为'GS1'和'GS2'。

良种特性 樟子松优良无性系'GS1'、'GS2'为高大常绿乔木，28年生时，平均高为11.3m，比同龄种子园樟子松无性系高出29.9%，平均胸径29cm，比同龄种子园樟子松无性系高出54.1%，28年生'GS1'、'GS2'平均单株蓄积为0.342m^3，是对照樟子松的2.2倍。现地观测发现，'GS1'、'GS2'生长旺盛，树冠大，枝茂叶绿，结实多，干枝少，无明显病虫害。樟子松优系'GS1'、'GS2'在苗期就显示出了它的速生特性，其1、3、5年生实生苗的苗高和地径均大于同龄的普通樟子松，苗高为对照的1.18倍，地径为1.25倍；'GS1'、'GS2'的3年生嫁接苗年均生长量28.8cm，最高达35cm。干物质、根茎比明显高于普通樟子松(对照)。可作用材林、防风固沙林和护路林及城市街道绿化。

繁殖和栽培 5月末~6月上旬，采用髓心形成层贴接法，用嫩枝接穗嫁接。砧木选用3~4年生普通樟子松做砧木，在野外幼树或圃地容器苗上均可嫁接。嫁接成活后，及时把砧木的顶梢剪去，防止影响接穗的生长。接后第2年进行浇水、除草、施肥和抹除砧木竞争芽等管理措施。

适宜范围 辽宁省境内栽培。

章古台樟子松种子园种子

树种：樟子松
类别：无性系种子园
科属：松科 松属

学名：*Pinus sylvestris* L. var. *mongolica* Litv
编号：辽S-CSO-PS-003-2007
申请人：辽宁省固沙造林研究所

良种来源 1976~1980年自红花尔基和大兴安岭天然林中选择优树，通过嫁接定植在科尔沁沙地南缘章古台樟子松种子园中。

良种特性 经过30多年的选育，发现章古台种子园樟子松较其他地方种子园生长量（28年，8.5m）和结实量（7~10kg/株）均较高。该樟子松良种为高大常绿乔木，树干部呈灰褐色或褐黄色，薄皮脱落，针叶长6.5~9.5cm，针叶粗硬、扭曲，2针一束，雌雄同株，花单性，花期为5月下旬~6月上旬，球果翌年9月成熟，球果圆卵形，平均长度3.4~4.1cm，平均宽度

1.5~2.1cm。种子千粒重7.5~8.0g，是一般樟子松的103%~116%，种子褐色或黑褐色花粒。种子繁殖苗具有一定生长优势，苗高为对照110%，地径115%。苗木抗逆性强，无明显病虫害，可用于防风固沙林营造，亦可用于城市绿化。

繁殖和栽培 9月份采种，自然晾晒，经过冬藏、消毒，翌年春季于10cm处地温8℃时播种。播种苗第2年需经过移植或留床，第3年春季装杯（袋），当年雨季就可造林。

适宜范围 辽宁境内栽培。

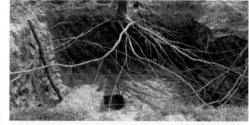

樟子松优良种源（高峰）

树种：樟子松
类别：优良种源
科属：松科 松属

学名：*Pinus sylvestris* var. *mongolica* cv. 'Gaofeng'
编号：吉S-SP-PS-2007-02
申请人：白城市林业科学研究院

良种来源　该种源于1991年从辽宁省章古台辽宁省固沙造林研究所引入吉林省通榆县瞻榆第二机械林场苗圃。

良种特性　该种源具有耐寒、耐旱、速生、干形良好等特性。据2007年对种源试验林调查结果表明，在风积沙地上没有施肥、灌溉条件下，高峰种源15年生时，平均胸径达到13.8cm，为对照的章古台种源（10.9cm）的127%，而且干形通直，尖削度小，分枝匀称，松毛虫发生率明显低于其他种源。耐干旱瘠薄，可在风积沙地和降水量在300mm左右条件下正常生长。耐寒性强，经历2002年白城地区出现的极端低温（通榆县达到-39℃）没有出现冻害。

繁殖和栽培　苗木繁育需要使用高峰种源良种。苗木培育和造林技术与普通樟子松相同。

适宜范围　高峰种源具有优良的抗寒性、抗旱性、抗虫性和速生性。可以在白城市周边地区的风积沙地、淡黑钙土区、黑钙土区进行推广。

红花尔基樟子松母树林种子

树种：樟子松
类别：母树林种子
科属：松科 松属

学名：*Pinus sylvestris* L.var. *mongolica* Litv.
编号：内蒙古S-SS-PS-001-2009
申请人：呼伦贝尔市红花尔基林业局

良种来源 红花尔基。在优良种源区优良林分内，选择优良木作为采种母树，通过疏伐、修枝、割灌、施肥、病防等措施，将优良林分改建成采种母树林。

良种特性 高大常绿乔木，树干通直，根系发达，生长迅速，喜光，抗寒，耐干旱，耐瘠薄，适应性强。主要用于造林绿化，也可作用材林，是优良的建筑用材。

繁殖和栽培 种子繁殖，可用营养袋育苗，亦可大田育苗。播种前进行种子消毒，用0.5%硫酸铜溶液浸泡2h，或者直接雪藏催芽。大田育苗方式以高床为主，干旱地区可用平床，用敌克松溶液喷施土壤消毒后播种。播种前灌足底水。

用2~3年生容器苗或裸根苗栽植，造林密度110株/亩，株行距2m×3m。用裸根苗造林，前一年雨季前穴状或带状整地，起苗或运苗过程中注意保水，栽植前灌水10~15kg/穴，栽植时做到"三埋两踩一提苗"。

适宜范围 内蒙古自治区境内海拔400~900m的地区均可栽培。

错海樟子松第一代无性系种子园种子

树种：樟子松
类别：无性系种子园
科属：松科 松属

学名：*Pinus sylvestris* var. *mongolica*
编号：黑S-CSO（1）-PS-005-2010
申请人：黑龙江省龙江县错海林场

良种来源 樟子松无性系种子园的材料分别来源于内蒙罕达盖、大兴安岭古莲、塔尔根和黑河市爱辉区卡伦山人工筛选的樟子松优树。

良种特性 适应性、抗逆性强，生长较快、材积增益显著。优树生长优良，无病虫害，干形直。

繁殖和栽培 种子催芽处理：将种子用0.3%高锰酸钾溶液浸种几分钟灭菌，取出用清水洗净，再用约30℃温水浸泡一昼夜，捞出种子稍晾干，将种子与河沙按体积1：2混拌，保持含水量为饱和持水量的60%，种、沙温度为15~20℃，每天翻动一、二次，催芽10多天，裂嘴达5%时即可播种。整地、作床、施肥：樟子松对土壤肥力要求不高，但对水热条件、通气条件要求严格。播种地要在秋季进行翻耕，同时施入基肥量的40%，耙碎土块，翌春经过重复耕地后，作床时施入总基肥量的60%。床高15cm，宽100cm，长度不限，要求床平正，床内无土块。播种地应以基肥为主，基肥与追肥相结合、迟效肥与速效肥相结合、有机肥料与无机肥料相结合的原则，采取分期分层的方法进行施肥。一般情况下施厩肥或草炭，但在沙地可用河泥，以利保水和调节地表温度。播种：春季播种，在立枯病严重地区，于播种前要进行土壤消毒。每平方米用40~60ml的工业用硫酸，加水6L或稍多，灌溉床面，要灌匀，使土层湿润

3cm，经一周后播种。播种量一级种子每亩3.5kg；二级种子4kg；三级种子5kg，覆土厚为0.5~1cm，要均匀。以草炭粉、锯木屑和土混合物作覆盖物，覆土后镇压，减少水分蒸发，播种后灌水，经常保持土壤湿润。在灌水条件好，春季风速小的地方，可以不必覆草。在播种后的覆土面上，喷灌除草醚（按有效量）每平方米0.5~1g灭草。苗期管理：一般情况，播种后15~20d苗木出齐。出苗后为防止立枯病，每周喷一次0.5~1.0%的波尔多液，至6月下旬为止。在高生长速生期结束前，要注意灌溉，前期要掌握量少次多的原则，既供苗木所需水分，又调节床面温度，减轻日灼；雨季来临后，视降水多少，以定灌溉与否；生长后期，应降低土壤湿度，以免苗木徒长，影响越冬、西部地区风大，播种后应在上风向设防风障，至6月上旬季风已过，沙粒不易被风刮起，即可撤除。幼苗覆土越冬：为了防止土壤冻结期间苗木失水，尤其要防止春季苗木地上部分开始萌动，而土未解冻苗根不能吸水，造成生理干旱，应在秋季土壤将要结冻前，将步道土打碎，覆盖苗床，以苗梢全部埋盖为度。翌春4月上、中旬化冻即可撤除。

适宜范围 黑龙江省山地、平原均可种植。

东方红樟子松第一代无性系种子园种子

树种：樟子松
类别：无性系种子园
科属：松科 松属

学名：*Pinus sylvestris* var. *mongolica*
编号：黑S-CSO（1）-PS-008-2010
申请人：泰来县东方红种子园

良种来源 建园无性系来源：大兴安岭地区，新林地区塔尔根林场55年生的（选优时间1977年）、古连林业局前哨林场53年生的（选优时间1978年）、漠河县漠河林场51年生的（选优时间1982年）、呼玛县金山林场52年生的（选优时间1984年、1986年）天然林中的自选优树。内蒙古自治区呼盟地区红花尔基林业局71年生的（选优时间1980年、1986年）天然林中的自选优树。

良种特性 乔木，高达25m。胸径可达100cm。树皮厚树冠下部灰褐色或黑褐色，深纵列，呈不规则的鳞状块片脱落。上部树皮及枝皮黄色至褐黄色，裂成薄片脱落，内侧金黄色。幼树树冠尖塔形，老则呈圆顶或平顶。一年生枝淡黄褐色，老枝灰褐色。冬芽褐色或黄褐色，长卵圆形。叶两针一束，常绿扭曲。种子黑褐色常卵圆形或倒卵圆形。树干通直，冠尖塔形，生长快、材积增益显著，出材率高。适应性、抗逆性强，。

繁殖和栽培 种子催芽处理：将种子用0.3%高锰酸钾溶液浸种几分钟灭菌，取出用清水洗净，再用约30℃温水浸泡一昼夜，捞出种子稍晾干，将种子与河沙按体积1∶2混拌，保持含水量为饱和持水量的60%，种、沙温度为15~20℃，每天翻动一、二次，催芽10多天，裂嘴达5%时即可播种。整地、作床、施肥：樟子松对土壤肥力要求不高，但对水热条件、通气条件要求严格。播种地要在秋季进行翻耕，同时施入基肥量的40%，耙碎土块，翌春经过重复耕地后，作床时施入总基肥量的60%。床高15cm，宽100cm，长度不限，要求床平正，床内无土块。播种地应以基肥为主，基肥与追肥相

结合、迟效肥与速效肥相结合、有机肥料与无机肥料相结合的原则，采取分期分层的方法进行施肥。一般情况下施厩肥或草炭，但在沙地可用河泥，以利保水和调节地表温度。播种：春季播种，在立枯病严重地区，于播种前要进行土壤消毒。每平方米用40~60ml的工业用硫酸，加水6L或稍多，灌溉床面，要灌匀，使土层湿润3cm，经一周后播种。播种量一级种子每亩3.5kg；二级种子4kg；三级种子5kg，覆土厚为0.5~1cm，要均匀。以草炭粉、锯木屑和土混合物作覆盖物，覆土后镇压，减少水分蒸发，播种后灌水，经常保持土壤湿润。在灌水条件好，春季风速小的地方，可以不必覆草。在播种后的覆土面上，喷灌除草醚（按有效量）每平方米0.5~1g灭草。苗期管理：一般情况，播种后15~20d苗木出齐。出苗后为防止立枯病，每周喷一次0.5~1.0%的波尔多液，至6月下旬为止。在高生长速生期结束前，要注意灌溉，前期要掌握量少次多的原则，既供苗木所需水分，又调节床面温度，减轻日灼；雨季来临后，视降水多少，以定灌溉与否；生长后期，应降低土壤湿度，以免苗木徒长，影响越冬、西部地区风大，播种后应在上风向设防风障，至6月上旬季风已过，沙粒不易被风刮起，即可撤除。幼苗覆土越冬：为了防止土壤冻结期间苗木失水，尤其要防止春季苗木地上部分开始萌动，而土未解冻苗根不能吸水，造成生理干旱，应在秋季土壤将要结冻前，将步道土打碎，覆盖苗床，以苗梢全部埋盖为度。翌春4月上、中旬化冻即可撤除。

适宜范围 黑龙江省山地、平原均可种植。

青山樟子松初级无性系种子园种子

树种：樟子松
类别：无性系种子园
科属：松科 松属

学名：*Pinus sylvestris* var. *mongolica*
编号：黑S-CSO（0）-PS-011-2010
申请人：林口县青山国家长白落叶松良种基地

良种来源　樟子松优树主要选自呼玛县金山林场天然林，内蒙古自治区红花尔基林业局天然林。亲本材料具有干形好、生长快、无病虫害等特点。

良种特性　乔木，高达25m。胸径可达100cm。树皮厚树冠下部灰褐色或黑褐色，深纵列，呈不规则的鳞状块片脱落。上部树皮及枝皮黄色至褐黄色，裂成薄片脱落，内侧金黄色。幼树树冠尖塔形，老则呈圆顶或平顶。一年生枝淡黄褐色，老枝灰褐色。冬芽褐色或黄褐色，长卵圆形。叶两针一束，常绿扭曲。种子黑褐色常卵圆形或倒卵圆形。耐寒、耐干旱，喜光、喜沙质土，适应性强，生长较快、材积增益显著。

繁殖和栽培　种子催芽处理：将种子用0.3%高锰酸钾溶液浸种几分钟灭菌，取出用清水洗净，再用约30℃温水浸泡一昼夜，捞出种子稍晾干，将种子与河沙按体积1：2混拌，保持含水量为饱和持水量的60%，种、沙温度为15~20℃，每天翻动一、二次，催芽10多天，裂嘴达5%时即可播种。整地、作床、施肥：樟子松对土壤肥力要求不高，但对水热条件、通气条件要求严格。播种地要在秋季进行翻耕，同时施入基肥量的40%，耙碎土块，翌春经过重复耕地后，作床时施入总基肥量的60%。床高15cm，宽100cm，长度不限，要求床平正，床内无土块。播种地应以基肥为主，基肥与追肥相结合、迟效肥与速效肥相结合、有机肥料与无机肥料相结合的原则，采取分期分层的方法进行施肥。一般情况下施厩肥或草炭，但在沙地可用河泥，以利保水和调节地表温度。播种：春季播种，在立枯病严重地区，于播种前要进行土壤消毒。每平方米用40~60毫升的工业用硫酸，加水6升或稍多，灌溉床面，要灌匀，使土层湿润3cm，经一周后播种。播种量一级种子每亩3.5kg；二级种子4kg；三级种子5kg，覆土厚为0.5~1cm，要均匀。以草炭粉、锯木屑和土混合物作覆盖物，覆土后镇压，减少水分蒸发，播种后灌水，经常保持土壤湿润。在灌水条件好，春季风速小的地方，可以不必覆草。在播种后的覆土面上，喷灌除草醚（按有效量）每平方米0.5~1g灭草。苗期管理：一般情况，播种后15~20d苗木出齐。出苗后为防止立枯病，每周喷一次0.5%~1.0%的波尔多液，至6月下旬为止。在高生长速生期结束前，要注意灌溉，前期要掌握量少次多的原则，既供苗木所需水分，又调节床面温度，减轻日灼；雨季来临后，视降水多少，以定灌溉与否；生长后期，应降低土壤湿度，以免苗木徒长，影响越冬、西部地区风大，播种后应在上风向设防风障，至6月上旬季风已过，沙粒不易被风刮起，即可撤除。幼苗覆土越冬：为了防止土壤冻结期间苗木失水，尤其要防止春季苗木地上部分开始萌动，而土未解冻苗根不能吸水，造成生理干旱，应在秋季土壤将要结冻前，将步道土打碎，覆盖苗床，以苗梢全部埋盖为度。翌春4月上、中旬化冻即可撤除。

适宜范围　黑龙江省山地、平原均可种植。

樟子松金山种源

树种：樟子松
类别：优良种源
科属：松科 松属

学名：*Pinus sylvestris* var. *mongolica*
编号：黑S-SP-PS-021-2010
申请人：呼玛县金山林场

良种来源 樟子松金山种源（品种）来源于经过全分布区种源试验选育出的优良种源，金山种源在各造林生态相似区都表现出生长快、遗传稳定性高、适应性强、干形通直和自然整枝能力好等特点。如15年生材积获得的遗传增益为26%~65.4%。

良种特性 乔木，高达25m。胸径可达100cm。树皮厚树冠下部灰褐色或黑褐色，深纵列，呈不规则的鳞状块片脱落。上部树皮及枝皮黄色至褐黄色，裂成薄片脱落，内侧金黄色。幼树树冠尖塔形，老则呈圆顶或平顶。一年生枝淡黄褐色，老枝灰褐色。冬芽褐色或黄褐色，长卵圆形。叶两针一束，常绿扭曲。种子黑褐色常卵圆形或倒卵圆形。生长较快、材积增益显著。干形通直、自然整枝能力好。适应性强。

繁殖和栽培 种子催芽处理：将种子用0.3%高锰酸钾溶液浸种几分钟灭菌，取出用清水洗净，再用约30℃温水浸泡一昼夜，捞出种子稍晾干，将种子与河沙按体积1：2混拌，保持含水量为饱和持水量的60%，种、沙温度为15~20℃，每天翻动一、二次，催芽10多天，裂嘴达5%时即可播种。整地、作床、施肥：樟子松对土壤肥力要求不高，但对水热条件、通气条件要求严格。播种地要在秋季进行翻耕，同时施入基肥量的40%，耙碎土块，翌春经过重复耕地后，作床时施入总基肥量的60%。床高15cm，宽100cm，长度不限，要求床平正，床内无土块。播种地应以基肥为主，基肥与追肥相结合、迟效肥与速效肥相结合、有机肥料与无机肥料相结合的原则，采取分期分层的方法进行施肥。一般情况

下施厩肥或草炭，但在沙地可用河泥，以利保水和调节地表温度。播种：春季播种，在立枯病严重地区，于播种前要进行土壤消毒。每平方米用40~60ml的工业用硫酸，加水6L或稍多，灌溉床面，要灌匀，使土层湿润3cm，经一周后播种。播种量一级种子每亩3.5kg；二级种子4kg；三级种子5kg，覆土厚为0.5~1cm，要均匀。以草炭粉、锯木屑和土混合物作覆盖物，覆土后镇压，减少水分蒸发，播种后灌水，经常保持土壤湿润。在灌水条件好，春季风速小的地方，可以不必覆草。在播种后的覆土面上，喷灌除草醚（按有效量）每平方米0.5~1g灭草。苗期管理：一般情况，播种后15~20d苗木出齐。出苗后为防止立枯病，每周喷一次0.5%~1.0%的波尔多液，至6月下旬为止。在高生长速生期结束前，要注意灌溉，前期要掌握量少次多的原则，既供苗木所需水分，又调节床面温度，减轻日灼；雨季来临后，视降水多少，以定灌溉与否；生长后期，应降低土壤湿度，以免苗木徒长，影响越冬、西部地区风大，播种后应在上风向设防风障，至6月上旬季风已过，沙粒不易被风刮起，即可撤除。幼苗覆土越冬：为了防止土壤冻结期间苗木失水，尤其要防止春季苗木地上部分开始萌动，而土未解冻苗根不能吸水，造成生理干旱，应在秋季土壤将要结冻前，将步道土打碎，覆盖苗床，以苗梢全部埋盖为度。翌春4月上、中旬化冻即可撤除。

适宜范围 黑龙江省山地、平原均可种植。

东方红钻天松

树种：樟子松	学名：*Pinus sylvestris* var. *fastigiana*
类别：引种驯化	编号：黑S-ETS-PS-032-2010
科属：松科 松属	申请人：泰来县东方红种子园

良种来源 樟子松的一种类型。首先于1975年在黑龙江省泰来县东方红机械林场的樟子松人工林内发现，后来在其种源的产地内蒙古红花尔基等地进行详细考察，发现在其天然樟子松林中亦有钻天松零星分布。

良种特性 树干通直，冠幅窄小，树冠呈狭帚或圆锥状狭塔形，侧枝常近基部分枝紧抱树干短而密集，夹角15°~20°；顶芽柱形，侧芽小；叶两针一束，稍扭曲；球果近似卵圆形，种子小，呈三角形。抗寒，耐干旱、耐瘠薄，喜光，适应性强。可用于园林绿化。

繁殖和栽培 选择在地势平缓开阔，光照充足，肥力中等，透气性、排水性较好的地段（湿润肥沃的土壤上栽植更好），一般先在苗圃地定植1~2年或2~3年的樟子松容器苗进行嫁接，集中管理，生长2~4年后进行栽植。

适宜范围 黑龙江省城乡绿化。

榆林樟子松种子园种子

树种：樟子松
类别：种子园种子
科属：松科 松属

学名：*Pinus sylvestris* L. var. *mongolica* Litv.
编号：QL-S085-Z005-2010
申请人：榆林樟子松种子园

良种来源 内蒙古红花尔基。

良种特性 常绿乔木。树势强健，生长旺盛。树冠卵形至广卵形。老树干下部黑褐色，鳞片状纵裂，上部树皮及枝皮呈褐黄色，裂成薄片脱落。轮枝明显，每轮5~12个，多为7~9个，1年生枝淡黄色，2~3年后变为灰褐色，芽圆柱状椭圆形或长圆状卵形不等，尖端钝或尖，黄褐色或棕黄色，表面有树脂。针叶2针一束，稀有3针，粗硬，稍扁，扭曲，树脂道边生，7~11条。冬季针叶为黄绿色。雄球花圆柱状卵圆形，聚生于新枝下部，呈穗状；雌球花淡紫褐色，生于新枝顶端处。1年生小球果下垂，绿色。球果长卵形，单果出种数60粒，黄褐色或灰黄色；第三年春球果开裂，鳞脐小，疣状凸起，有短刺，易脱落。每鳞片着生两枚种子，种子黑褐色，倒卵形。花期5月中旬~6月中旬，种子翌年成熟期9~10月。耐寒性强。耐旱，对土壤水分要求不严，根系发达。适应性很强，在风积沙土、砾质粗沙土、沙壤土、淋溶黑土等均能正常生长。

繁殖和栽培 容器育苗。基质为沙壤土，每立方米加25kg硫酸亚铁、30kg磷肥，充分混合均匀，过筛、装袋。营养袋规格为9cm×18cm。将种子用30℃的温水加入0.3%的高锰酸钾浸泡0.5~1h，捞出后洗净，再用凉水浸泡24h，捞出后晾干，再将种子与河沙按体积1：2混合，摊放于向阳处并加盖湿麻袋片，每1~2h搅拌一次，待5%种子裂嘴时播种。播种时间以5月中下旬为宜，每袋点种6~8粒，然后覆盖干净细沙0.5~1.0cm。苗床搭设小弓棚。早晚洒水保湿，晚上覆盖薄膜。选择山地石砾质沙土、沙地排水良好的流动沙丘、半固定沙丘造林。密度225~300万株/hm²。

适宜范围 适宜毛乌素沙区营造水土保持及防风固沙林带。

樟子松

树种：樟子松	学名：*Pinus sylvestris* var. *mongolica*
类别：优良品种	编号：新S-SV-PSM-005-2010
科属：松科 松属	申请人：新疆阿勒泰地区林业科学研究所

良种来源 1985年新疆阿勒泰地区林业局从辽宁省章古台引进，在阿勒泰地区六县一市进行栽植。

良种特性 樟子松为常绿树种，乔木，喜光，干形直，材质硬，树冠高大呈阔卵形。一年生枝淡黄褐色，无毛，2~3年枝灰褐色。冬芽淡褐黄至赤褐色，卵状椭圆形，有树脂。叶2针1束，较短硬而扭转，雌雄花同株而异枝，雄球花黄色，雌球花淡紫红色。樟子松适应性很强，耐干旱瘠薄，耐严寒。繁殖技术要点樟子松采用播种繁殖，在播种前，种子应进行催芽5~7d。先将种子消毒后，再用45℃水浸种一昼夜，捞出后放在室内温暖处，每天用清水淘洗一次，到种子有50%裂口时播种，播种后覆土不超过0.5cm。幼苗出土后至9月中午需加遮阴装置，苗床保持湿润不积水。幼苗出整齐一周后，喷洒40%的多菌灵或甲基托布津或波尔多液预防病害，每亩每次100g，连续3次，一周一次。第3年即可移植，进入大苗培育阶段。

繁殖和栽培 樟子松采用播种繁林木良种繁殖，在播种前，种子应进行催芽5~7d。先将种子消毒后，再用45℃水浸种一昼夜，捞出后放在室内温暖处，每天用清水淘洗一次，到种子有50%裂口时播种，播种后覆土不超过0.5cm。幼苗出土后至9月中午需加遮阴装置，苗床保持湿润不积水。幼苗出整齐一周后，喷洒40%的多菌灵或甲基托布津或波尔多液预防病害，每亩每次100g，连续3次，一周一次。第3年即可移植，进入大苗培育阶段。

适宜范围 新疆南北疆平原区域均可种植。

旺业甸林场樟子松种子园种子

树种：樟子松

类别：无性系种子园

科属：松科 松属

学名：*Pinus sylvestris* L. var. *mongolica* Litv.

编号：内蒙古S-CSO（1）-PS-007-2011

申请人：赤峰市喀喇沁旗旺业甸实验林场

良种来源 亲本来源呼伦贝尔盟红花尔基林业局。1986年采用五株大树法和小标准地法选优，嫁接建种子园。

良种特性 常绿乔木，树干通直圆满，材质优良。抗旱，抗寒，抗病虫害，耐盐碱，耐瘠薄，适应性强。主要用于工程绿化，也可作用材林，是优良的建筑用材。

繁殖和栽培 前一年雨季前穴状或带状整地。用2~3年生容器苗或裸根苗造林。起苗或运苗过程中注意保水、打好泥浆。栽植时做到"三埋两踩一提苗"，浇水，覆土。

适宜范围 内蒙古大部分地区均可栽培。

旺业甸林场樟子松母树林种子

树种：樟子松
类别：母树林
科属：松科 松属

学名：*Pinus sylvestris* L. var. *mongolica* Litv.
编号：内蒙古S-SS-PS-008-2011
申请人：赤峰市喀喇沁旗旺业甸实验林场

良种来源 亲本来源呼伦贝尔盟红花尔基林业局。1996年利用樟子松优良林分疏伐改建成母树林。

良种特性 常绿乔木，树干通直圆满，材质优良。抗旱，抗寒，抗病，耐盐碱，耐瘠薄，适应性强。主要用于工程绿化，也可作用材林，是优良的建筑用材。

繁殖和栽培 前一年雨季前穴状或带状整地。用2~3年生容器苗或裸根苗造林。在起苗或运苗过程中注意保水、打好泥浆。栽植时做到"三埋两踩一提苗"，浇水，覆土。

适宜范围 内蒙古大部分地区均可栽培。

大杨树林业局樟子松母树林种子

树种：樟子松	学名：*Pinus sylvestris* L.var. *mongolica* Litv.
类别：母树林	编号：内蒙古S-SS-PS-013-2013
科属：松科 松属	申请人：内蒙古大杨树林业局

良种来源 亲本来源于大杨树林业局樟子松优良人工母树林林分。

良种特性 常绿乔木，树干通直，根系发达。喜光，抗寒，耐干旱，耐瘠薄，耐盐碱，适应性强。用材树种，也是防风固沙、保持水土和园林绿化树种。

繁殖和栽培 选用樟子松2~1换床苗或移植容器苗造林，苗木规格要求地径在0.3cm以上、苗高10cm以上。造林前，容器苗不需要进行特殊处理，只需浇透水即可；裸根苗上山前苗根需裹泥浆、打捆上山。一般在造林前一年的秋季或在造林当年春季进行整地，带状或穴状整地，穴规格一般为50cm×50cm，深度依当地土壤条件而定，一般以见土（露出土壤）为宜。株行距一般为2m×2m。裸根苗一般在春季或雨季进行，容器苗春、夏、秋三季均可栽植。栽植时应扶正苗木，做到"三埋两踩一提苗"，不漏根，不窝根。幼林抚育一般按照3年4次即2-1-1的次数进行，主要进行苗木扶正、松土、除草、埋青、补苗、踏实等。

适宜范围 内蒙古大兴安岭林区海拔400~900m地区均可栽培。

杨树林局九梁洼樟子松母树林种子

树种：樟子松　　　　　　　　学名：*Pinus sylvestris* var. *mongolica*
类别：母树林　　　　　　　　编号：晋S-SS-PM-018-2015
科属：松科 松属　　　　　　　申请人：山西省桑干河杨树丰产林实验局

良种来源　杨树林局九梁洼林场樟子松母树林。

良种特性　球果出种率1.1%，种粒饱满，千粒重6g，发芽率在70%以上。与本地普通樟子松对照，母树林生产的种子育出的3年生苗平均高14.75cm，平均地径0.46cm，比普通樟子松种子苗高生长超出7.6%，地径超出8.6%。3+2营养袋苗平均高38.75cm，平均地径0.97cm，比普通樟子松种子苗高生长超出7.7%，地径超出8.2%。性极耐寒、耐瘠薄，可在不同立地条件下生长，根系发达，抗旱抗风力强。抗病虫害能力强。主要用于营造用材林和防护林。

繁殖和栽培　种子繁殖。冬季雪藏种子，春季浸种催芽。5月上旬下种，条播下种量15kg/亩，撒播下种量20kg/亩，后期对弱苗进行间苗，立冬前进行覆土，次年清明节后选无风天气撤土并及时灌水。留床苗培养2（或3）年用于装袋（钵）。用3+2营养袋（杯）苗造林，111株/亩，新造林三年内需要进行扩穴除草抚育管理，幼中龄林抚育按技术规程进行。

适宜范围　适宜在山西省同朔地区、忻州地区海拔1100~1700m的非盐碱地栽培。

加格达奇樟子松第一代无性系种子园种子

树种：樟子松	学名：*Pinus sylvestris* var. *mongolica*
类别：无性系种子园	编号：黑S-CSO（1）-PS-030-2010
科属：松科 松属	申请人：大兴安岭林业集团森林经营部技术推广站

良种来源 选自内蒙古的红花尔基和大兴安岭林区的瓦拉干、十八站、阿木尔、图强、塔河、古连、碧水等地。特性：干直、生长量大、材质优良、结实多、适应性强。

良种特性 喜光、耐低温、耐干旱、适应性强，生长较快、材积增益显著。

繁殖和栽培 种子繁殖。作好种子催芽处理，播种地要在播种前一年秋季进行翻耕，同时施入基肥量的40%，耙碎土块，翌春经过重复耕地后，作床时施入总基肥量的60%。播种量一级种子每亩3.5kg；二级种子4kg；三级种子5kg，覆土厚为0.5~1cm，要均匀。出苗后防止立枯病。幼苗覆土越冬，翌春4月上、中旬化冻即可撤除。

适宜范围 黑龙江省山地、平原地区。

梨树樟子松初级无性系种子园种子

树种：樟子松	学名：*Pinus sylvestris* var. *mongolica*
类别：无性系种子园	编号：黑S-CSO（0）-PS-015-2010
科属：松科 松属	申请人：宝清县梨树种子园

良种来源 建园优树来源于呼玛金山林场、西林吉林业局翠岗林场、漠河县漠河林场的优树。亲本材料具有生长快，干形直等优点。

良种特性 喜光、耐低温、耐干旱、适应性强，生长较快、材积增益显著。

繁殖和栽培 种子繁殖。作好种子催芽处理，播种地要在播种前一年秋季进行翻耕，同时施入基肥量的40%，耙碎土块，翌春经过重复耕地后，作床时施入总基肥量的60%。播种量一级种子每亩3.5kg；二级种子4kg；三级种子5kg，覆土厚为0.5~1cm，要均匀。出苗后防止立枯病。幼苗覆土越冬，翌春4月上、中旬化冻即可撤除。

适宜范围 黑龙江省山地、平原均可种植。

樟子松卡伦山种源

树种：樟子松
类别：优良种源
科属：松科 松属

学名：*Pinus sylvestris* var. *mongolica*
编号：黑S-SP-PS-020-2010
申请人：黑河市卡伦山林场

良种来源 樟子松卡伦山种源（品种）来源于经过全分布区种源试验选育出的优良种源，卡伦山种源在各造林生态相似区都表现出生长快、遗传稳定性高、适应性强、干形通直和自然整枝能力好等特点。如9年生材积获得的遗传增益为16%~81.4%。

良种特性 生长较快、材积增益显著，适应性强，干形通直、自然整枝能力好。

繁殖和栽培 种子繁殖。作好种子催芽处理，播种地要在播种前一年秋季进行翻耕，同时施入基肥量的40%，耙碎土块，翌春经过重复耕地后，作床时施入总基肥量的60%。播种量一级种子每亩3.5kg；二级种子4kg；三级种子5kg，覆土厚为0.5~1cm，要均匀。出苗后防止立枯病。幼苗覆土越冬，翌春4月上、中旬化冻即可撤除。

适宜范围 黑龙江省山地、平原均可种植。

彰武松

树种：彰武松	学名：*Pinus* Sieb.et Zucc.var.*zhangwuensis* Zhang.Li etYuan var.nov.
类别：优良无性系	编号：辽S-SC-PD-001-2007
科属：松科 松属	申请人：辽宁省固沙造林研究所

良种来源 1990年10月，在章古台区域内的樟子松人工林中发现并选育；经常规遗传育种方法和分子标记分析，认定是赤松与油松的天然杂交种。

良种特性 彰武松为高大常绿乔木，在正常年份，其与樟子松连年高生长量之比为1.21，最大高生长量达1m；在干旱年份，该比值增大至1.3~1.5，连年高生长量不低于0.5~0.6m，其综合生长指标比樟子松快30%以上。树皮呈灰黑色，鳞片状开裂，针叶长7~15cm，针叶长短隔年交替，两针一束，稀三针一束，颜色与油松相似；种子千粒重21.4g，种子黑色，长5~7mm，连翅长2.0~2.2cm；雌雄同株，花单性，花期为5月下旬~6月上旬，球果翌年9月成熟。球果下垂。与樟子松相比，彰武松更具有速生性、抗旱性、抗寒性和耐盐碱性，特别是无明显病虫害，不感染对樟子松造成严重危害的松枯梢病。树势挺拔，树干笔直，树形十分美观。彰武松生长快，适应能力强。栽培地点降水量要求在350mm以上，如果降水量350mm以下但有灌水条件，亦可试栽。在半湿润半干旱的草甸土、褐土、栗钙土、黑钙土和风沙土区均适于生长，长势良好。生长季节0~60cm土壤平均含水率4%~15%，pH值6~8.5范围内均可以健康生长。能耐多种瘠薄土壤类型，可以作为沙地治理和城市绿化美化树种。

繁殖和栽培 以嫁接方式繁殖，采用髓心形成层贴接法，时间为6月中上旬，砧木以3~5年生樟子松容器苗为最佳，油松也可，赤松次之。嫁接后灌水1次，翌年春季进行嫁接苗的剪砧和定干，之后施肥，施肥种类为氮磷钾复合肥，以促进嫁接苗木更好的生长。可在圃地、也可在野外幼树上直接嫁接。嫁接的成活率可达85%以上。沙地造林时株行距一般为2m×3m，2m×4m，可与山杏、五角枫等进行带状混交。

适宜范围 辽西北地区栽培。

八渡油松种子园

树种：油松
类别：优良种源
科属：松科 松属

学名：*Pinus tabulaeformis* Carr.
编号：QL-S001-Z001-1991
申请人：陇县八渡林场

良种来源　陕西省陇县原生树种。

良种特性　常绿树种。树势强健。树冠塔形或卵圆形。分枝角度小，生长旺盛，自然整枝好。树皮灰褐色或黄褐色。树皮为龟裂、纵裂或片状剥落等形态开裂。大枝平展，1年生枝淡红褐色或淡灰黄色。针叶2针一束，粗硬具细齿，树脂管约10个，边生，叶鞘宿存。雌雄同株。球果卵圆形，成熟时暗褐色，常宿存树上长达6~7年，鳞盾肥厚，横脊显著，鳞脐凸起有尖刺。种子卵形，灰白色，有褐色条纹。花期4~5月，翌年9~10月果实成熟。造林绿化、园林观赏兼用树种。

适宜范围　适宜年平均气温9.0℃左右，海拔800~1700m，年降水量500~800mm，无霜期180d左右的地区栽植。

上庄油松

树种：油松
类别：无性系种子园
科属：松科 松属

学名：*Pinus tabulaeformis* Carr.
编号：晋S-CSO-PT-001-2001
申请人：吕梁山森林经营局油松种子园

良种来源 吕梁山森林经营局上庄油松无性系种子园。

良种特性 生长迅速，高生长比普通种子同龄林木大5%~30%。树干通直，侧枝细、均匀，树冠整齐，根系数量多。抗干旱、耐瘠薄。

繁殖和栽培 采用种子繁殖，可大田育苗，亦可用营养袋育苗，育苗技术与普通油松种子育苗技术相同。用2年生裸根壮苗或3年生带母土苗造林，纯林密度220株／亩，裸根苗沾泥浆直壁靠边栽。造林三年内注意割灌除草等抚育管理，幼、中林抚育按技术规程进行。

适宜范围 山西省海拔1200~1800m的山地、丘陵栽培。

北票油松种子园种子

树种：油松
类别：无性系种子园
科属：松科 松属

学名：*Pinus tabulaeformis* Carr.
编号：国S-CSO（1）-PT-006-2004
申请人：北票市林木良种繁育中心

良种来源 北票油松种子园。

良种特性 常绿针叶乔木，干皮灰褐色，冠高大、冠顶平展，叶2针一束，针叶长10~15cm，粗硬但不扎手，密集着生于枝端。花单性，雄球花簇生，雌球花单生或2~4个聚生。雌雄同株，花期3月上旬~4月中旬，凤尾异花传粉，球果对称，卵圆形，果柄短，鳞盾肥厚，横脊明显，鳞脐突起具刺尖，浅黄色，长约8cm 球果两年成熟，成熟期为24节气的白露前后为最佳，球果通常在成熟后陆续脱落，种子飞迸出来，种子倒卵圆形，浅褐色，有斑纹，具膜质种翅。造林绿化树种，亦可用于园林观赏。油松的花粉是高档营养保健品，被誉为是"微型营养库"。用材林树种；亦可用于园林绿化；供建筑、桥梁、木纤维工业原料等用。

繁殖和栽培 油松的种子在9月份上中旬成熟。将收起来的种子搓翅，筛选，晒干后贮藏。油松在3月下旬~4月上旬播种，播种前用45~60℃之间的温水浸泡，浸种的同时不断搅拌，促使种子受热均匀，待自然冷却后浸泡24 h 的时间。种皮吸水膨胀后捞出，放置于25℃条件下催芽。油松造林宜用3年生左右根系良好的带土苗，初植密度110株/亩为宜。危害油松的主要是油松毛虫、松梢螟、球果螟等，冬季捕杀越冬幼虫；或涂毒环以毒杀幼虫，春季上树前效果最好。在我国北方冬季比较寒冷，春天风比较大，干旱，气候转变强烈，需要采用一些有效的防寒措施。油松的苗木主要是防止冻害和干旱。

适宜范围 辽宁锦州、葫芦岛、朝阳、铁岭、阜新及沈阳地区。

古城油松种子园

树种：油松	学名：*Pinus tabulaeformis* Carr.
类别：优良种源	编号：QL-S059-Z002-2005
科属：松科 松属	申请人：洛南县古城林场

良种来源 陕西省洛南县原生树种。

良种特性 常绿树种。树势强健。树冠塔形或卵圆形。分枝角度小，生长旺盛，自然整枝好。树皮灰褐色或黄褐色。树皮为龟裂、纵裂或片状剥落等形态开裂。大枝平展，1年生枝淡红褐色或淡灰黄色。针叶2针一束，粗硬具细齿，树脂管约10个，边生，叶鞘宿存。雌雄同株。球果卵圆形，成熟时暗褐色，常宿存树上长达6~7年，鳞盾肥厚，横脊显著，鳞脐凸起有尖刺。种子卵形，灰白色，有褐色条纹。花期4~5月，翌年9~10月果实成熟。造林绿化、园林观赏兼用树种。

适宜范围 适宜年平均气温9.0℃左右，海拔800~1700m，年降水量500~800mm，无霜期180d左右的地区栽植。

吴城油松

树种：油松

类别：无性系种子园

科属：松科 松属

学名：*Pinus tabulaeformis* Carr.

编号：晋S-CSO-PT-004-2006

申请人：关帝山国有林管理局吴城种子园

良种来源 关帝山国有林管理局吴城种子园。

良种特性 树干通直，侧枝较细，树冠均匀，根系发达，耐干旱、耐瘠薄。种子千粒重48g。生长速度快，14年生平均树高3.34m、平均胸径8.3cm，分别超出对照油松19.3%和16.9%。

繁殖和栽培 采用种子繁殖，营养钵和大田育苗，育苗技术与常规育苗技术相同。造林使用2年生裸根壮苗或2~3年容器苗，裸根苗沾泥浆直壁靠边栽。造林后按幼、中林抚育技术规程进行抚育。

适宜范围 山西省油松自然分布区栽培。

红旗油松种子园种子

树种：油松　　　　　　　　　　学名：*Pinus tabulaeformis* Carr.
类别：无性系种子园　　　　　　　编号：辽S-CSO-PT-011-2007
科属：松科 松属　　　　　　　　申请人：国有凌海市红旗林场

良种来源　亲本来源于辽宁省抚顺、阜新、北票、凌源、葫芦岛、兴城、绥中等县市。

良种特性　油松是温带树种，常绿乔木，树皮下部灰褐色，裂成不规则鳞块。大枝平展或斜向上，老树平顶，雄球花柱形，长1.2~1.8cm，聚生于新枝下部呈穗状；球果卵形或卵圆形，长4~7cm。种子长6~8mm，花期5月，球果第2年10月上旬成熟。适生于大陆性气候，抗寒能力强，可耐-25℃的低温，在年降雨量300mm左右的地方也能生长。油松是喜光的强阳性树种，1~2年生幼苗稍耐庇荫，耐干旱瘠薄，喜微

酸性及中性土壤，在pH7.5以上生长不良。造林绿化树种，也可作用材林树种。

繁殖和栽培　10月上旬采种，晾晒，筛出杂质，低温库贮藏。5月播种，种子处理前用0.5%高锰酸钾溶液浸种1~2h，然后进行催芽处理。播种以条播为主，播种前进行土壤消毒，施足基肥，灌足底水。播种后覆盖稻草或在床面覆盖地膜。来年春季对1年生播种苗进行移植。2~3年生苗木上山造林。

适宜范围　辽宁境内。

桥山双龙油松种子园

树种：油松
类别：优良种源
科属：松科 松属

学名：*Pinus tabulaeformis* Carr.
编号：QL-S073-Z003-2007
申请人：桥山林业局

良种来源 陕西省桥山林区原生树种。

良种特性 常绿树种。树势强健。树冠塔形或卵圆形。分枝角度小，生长旺盛，自然整枝好。树皮灰褐色或黄褐色。树皮为龟裂、纵裂或片状剥落等形态开裂。大枝平展，1年生枝淡红褐色或淡灰黄色。针叶2针一束，粗硬具细齿，树脂管约10个，边生，叶鞘宿存。雌雄同株。球果卵圆形，成熟时暗褐色，常宿存树上长达6~7年，鳞盾肥厚，横脊显著，鳞脐凸起有尖刺。种子卵形，灰白色，有褐色条纹。花期4~5月，翌年9~10月果实成熟。造林绿化、园林观赏兼用树种。

繁殖和栽培 种子繁殖。从良种母树采种，种子用0.5%高锰酸钾浸泡5min进行消毒处理，再用50℃温水浸泡一昼夜，捞出后置于背风向阳处，经常洒水并翻动，待部分种子露白后即可播种。3月下旬~5月上旬播种。大田育苗条播，行距15~20cm，播沟宽10cm，播幅4~5cm，播后覆土0.5~2.0cm。容器育苗基质为60%山坡表土+30%黄土+10%腐熟厩肥或80%耕作土+10%厩肥+10%沙子或50%松林表土+50%蛭石配制。加强水肥管理，松土除草，尤其要加强立枯病防治，一是不要在黏重土壤或前作为瓜类、马铃薯、蔬菜、棉花等的地块育苗；二是整地、配置基质时施入适量硫酸亚铁；三是发病后及时喷洒1:1:

200的波尔多液或75%敌克松可湿性粉剂500~800倍液或50%退菌特可湿性粉剂800~1000倍液。也可喷洒1%硫酸亚铁或0.5%高锰酸钾水溶液，但喷药10~30min后喷清水，清洗叶上药液，以防发生药害。产苗量控制在150~240万株/hm²。造林地宜选择阴坡、半阴坡、半阳坡或植被较好的阳坡。春季树木萌动前栽植。鱼鳞坑整地，品字形沿等高线排列，栽植穴40cm×40cm×40cm或40cm×40cm×30cm；反坡梯田整地，沿等高线自上而下，里切外垫，修成里低外高的梯田，形成10°~20°的反坡，宽1.0~1.2m，两个梯田间留2.0~3.0m的生草带或空地。栽植密度2m×2m。秋季封顶后也可栽植。油松害虫种类较多，但近年来种实害虫为害较重，主要有油松球果小卷蛾、松果梢斑螟等，防治方法一是加强虫情预测预报，准确掌握发生动态；二是6~7月份人工摘除虫害果，集中销毁；三是幼虫孵化期喷洒50%杀螟松乳油500~1000倍液或20%杀灭菊酯乳油1500~2500倍液；四是成虫羽化期设置黑光灯诱杀。在虫口密度较大，林分郁闭度0.6以上的林分，施放烟剂防治。

适宜范围 适宜年平均气温9.0℃左右，海拔800~1700m，年降水量500~800mm，无霜期180d左右的地区栽植。

万家沟油松种子园种子

树种：油松	学名：*Pinus tabulaeformis* Carr.
类别：种子园种子	编号：内蒙古S-CSO（1）-PT-004-2009
科属：松科 松属	申请人：呼和浩特市土默特左旗万家沟林场

良种来源 宁城黑里河、河北围场、河北平泉、山西沁源。

良种特性 生长迅速，年生长可达0.3~0.5m，抗病虫害能力强，耐干旱，耐瘠薄，对土壤要求不严格。主要用于造林绿化，也可作用材林。

繁殖和栽培 种子繁殖。可用营养袋育苗，亦可大田育苗。播种前进行种子消毒，用0.5%硫酸铜溶液浸泡2h，然后雪藏催芽最好。大田育苗方式以高床为主，干旱地区可用平床，用敌克松溶液、多菌灵黑矾喷施土壤后播种。播种前灌足底水。

用2~3年生容器苗或裸根苗栽植。用裸根苗造林，前一年雨季前穴状或带状整地，起苗或运苗过程中注意保水，栽植前灌水10~15kg/穴，栽植时做到"三埋两踩一提苗"。

适宜范围 内蒙古自治区中西部地区均可栽培。

海眼寺母树林油松种子

树种：油松
类别：母树林
科属：松科 松属

学名：*Pinus tabulaeformis* Carr.
编号：晋S-SS-PT-002-2010
申请人：太行山国有林管理局

良种来源　太行山国有林管理局海眼寺林场母树林。

良种特性　种子色泽光亮，颗粒大，长4~7mm，宽1.3~3mm，千粒重48g左右。干形通直，材质好，根系发达，耐干旱、耐瘠薄。生长速度快，15年生平均树高3.39m、平均胸径8.40cm，分别超出对照油松11.69%和11.14%。

繁殖和栽培　种子育苗：浸种催芽，高床整地，土壤消

毒。下种时间3~6月，下种量15kg/亩。植苗造林可一年三季进行，植苗造林用2年生裸根苗或2~3年生营养袋苗。造林使用2~3年生容器苗，密度110株/亩。新造林三年内注意割灌除草等抚育管理，幼、中龄林抚育按技术规程进行。

适宜范围　山西省海拔1000~1800m地区栽培。

和顺义兴母树林油松种子

树种：油松
类别：母树林
科属：松科 松属

学名：*Pinus tabulaeformis* Carr.
编号：晋S-CSO-PT-001-2010
申请人：和顺县林木种苗站

良种来源 和顺县林木种苗站母树林。

良种特性 树干通直，侧枝较细，树冠均匀，根系发达，耐干旱、耐瘠薄。种子千粒重48g左右。生长速度快，14年生平均树高3.14m、平均胸径7.9cm，分别超出对照油松14.0%和12.7%。

繁殖和栽培 采用种子繁殖，育苗可采用大田育苗或用营养袋育苗，育苗技术同普通种子。造林使用2~3年容器苗。造林后按幼、中林抚育技术规程进行抚育。

适宜范围 山西省海拔1000~1800m地区栽培。

阜新镇油松母树林种子

树种：油松	学名：*Pinus tabulaeformis* Carr.
类别：母树林	编号：辽S-SS-PT-005-2010
科属：松科 松属	申请人：辽宁省阜新蒙古族自治县林业种苗管理站

良种来源 辽宁省老鹰窝山自然保护区原生树种。

良种特性 常绿乔木，树高达30m，胸径可达1m。树皮下部灰褐色，裂成不规则鳞块。大枝平展或斜向上，老树平顶；小枝粗壮，雄球花柱形，长1.2~1.8cm，聚生于新枝下部呈穗状；球果卵形或卵圆形，长4~7cm。种子长6~8mm，连翅长1.5~2.0cm、翅为种子长的2~3倍。花期5月，球果第2年10月上、中旬成熟。喜光，喜温凉气候，能耐-20~-30℃的低温，不适于高温气候；较耐干旱，对土壤适应性广，较耐瘠薄，不耐水涝，中性土，酸性土，钙质土壤均能生长。生长快，7~10年生开始开花结实；寿命长。种子繁殖。怕水涝、盐碱，在重钙质的土壤上生长不良。树型优美，树冠呈塔形或广卵形，木材材质优良，可作用材树种，也是荒山造林绿化的主要树种，同时还是城市公园街道绿化树种。

繁殖和栽培 播种繁殖，种子采收后干藏。春播或秋播均可，一般以春播为好。播种前消毒，用浓度5%的高锰酸钾溶液浸泡种子以后，清水洗净，阴干，然后用温水浸种催芽，播种。油松一般半年或二年生可出圃，不必经过移植，要求苗高15cm，地径0.1cm以上，如果用2年生以上大苗造林时，可进行大苗培育。8月中下旬喷洒1：1：170的波尔多液、0.3~0.5波美度石硫合剂或15%粉锈宁1000倍液防治油松松针锈病；4~5月喷洒1：1：100的波尔多液或50%退菌特500~800倍液、70%敌克松500~800倍液、65%代森锌500倍液、45%代森铵200~300倍液等防治油松落针病；3月下旬~4月上旬，8~9月采用、喷雾法或卵期用白僵菌、苏云金杆菌等防治油松毛虫。

适宜范围 辽宁省适宜地区推广。

胜利油松母树林种子

树种：油松	学名：*Pinus tabulaeformis* Carr.
类别：母树林	编号：辽S-SS-PT-006-2010
科属：松科 松属	申请人：辽宁省国有彰武县胜利林场

良种来源 辽宁彰武地区原生树种。

良种特性 常绿乔木。树皮开裂，裂皮红褐色。树高达30 m，胸径1.8 m，树冠塔形或卵圆形，孤立老树冠平顶，扁圆形或伞形，一年生枝淡灰色或淡褐红色。冬芽褐色，叶2针一束。种子卵形，长6~8mm。子叶8~12；花期4~5月。是阴性树种，深根性，喜光，耐瘠薄，抗风，在25℃仍可正常生长，但以棕壤及淋溶褐土为佳。怕水涝，盐碱，在重钙质土壤上生长不良。油松树干苍劲挺拔，四季常青，适用于造林绿化，亦可用于园林观赏。

繁殖和栽培 播种前消毒，用浓度5%的高锰酸钾溶液浸泡种子以后，清水洗净，阴干，然后用温水浸种催芽，播种。油松一般半年或二年生可出圃，不必经过移植，要求苗高15cm，地径0.1cm以上，如果用2年生以上大苗造林时，可进行大苗培育。8月中下旬喷洒1：1：170的波尔多液、0.3~0.5波美度石硫合剂或15%粉锈宁1000倍液防治油松松针锈病；4~5月喷洒1：1：100的波尔多液或50%退菌特500~800倍液、70%敌克松500~800倍液、65%代森锌500倍液、45%代森铵200~300倍液等防治油松落针病；3月下旬~4月上旬，8~9月采用、喷雾法或卵期用白僵菌、苏云金杆菌等防治油松毛虫。

适宜范围 辽宁省适宜地区推广。

黑里河林场油松母树林种子

树种：油松
类别：母树林
科属：松科 松属

学名：*Pinus tabulaeformis* Carr.
编号：内蒙古S-SS-PT-005-2011
申请人：赤峰市宁城县黑里河林场

良种来源 宁城县黑里河林场油松优良林分。

良种特性 干型通直圆满，生长迅速。抗病虫害能力强，耐干旱、瘠薄，对土壤要求不严格。主要用于造林绿化。

繁殖和栽培 前一年雨季前穴状或带状整地。用2~3年生容器苗或裸根苗造林。在起苗或运苗过程中注意保水、打好泥浆。栽植时做到"三埋两踩一提苗"，浇水，覆土。

适宜范围 内蒙古大部分地区均可栽培。

准格尔旗油松母树林种子

树种：油松
类别：母树林
科属：松科 松属

学名：*Pinus tabulaeformis* Carr.
编号：内蒙古S-SS-PT-020-2011
申请人：鄂尔多斯市准格尔旗林业种苗站

良种来源 亲本来源于准格尔旗油松采种基地的优良林分，疏伐、选优建成母树林。

良种特性 干型通直圆满，生长迅速。抗病虫害能力强，耐干旱、瘠薄，对土壤要求不严格。主要用于造林绿化。

繁殖和栽培 前一年雨季前穴状或带状整地。用2~3年生容器苗或裸根苗造林。在起苗或运苗过程中注意保水，打好泥浆。栽植时做到"三埋两踩一提苗"，浇水、覆土。

适宜范围 内蒙古大部分地区均可栽培。

黑里河油松种子园种子

树种：油松
类别：种子园种子
科属：松科 松属

学名：*Pinus tabulaeformis* Carr.
编号：内林良审字第4号
申请人：赤峰市宁城县黑里河林场

良种来源 黑里河林场。在人工林和天然林中，选择优良林分，用五株大树对比法选择优树190株，使用161株，采用髓心形成层贴接法嫁接定植建成种子园。

良种特性 干型通直、树冠窄，生长快，抗性强，耐干旱、耐瘠薄，对土壤要求不严。主要用于造林绿化，也可作用材林。

繁殖和栽培 播种前进行种子消毒，用0.5%硫酸铜溶液浸泡2h，然后雪藏催芽。苗床以高床为主，干旱地区可以平床，用敌克桦溶液喷施土壤消毒后播种。播种前灌足底水。

造林前一年雨季整地，穴状或带状整地，起苗和运输过程中注意保湿，栽植前要灌足水，栽植时做到"三埋两踩一提苗"。

适宜范围 内蒙古大部分地区均可栽培。

沁源油松

树种：油松	学名：*Pinus tabulaeformis*
类别：优良种源	编号：晋S-SP-PT-002-2012
科属：松科 松属	申请人：沁源县林业局

良种来源 沁源县油松优良种源。

良种特性 树干通直，侧枝较细，树冠均匀，根系发达。抗寒、抗旱能力强，可耐－25℃的低温，在年降雨量400mm，土层50~60cm的贫瘠土壤中也可正常生长。生长速度快，30年生树高可达10.2m，胸径达12.3cm；比对照油松分别超出6%和5%。

繁殖和栽培 种子繁殖，以条播为主。造林使用2+1或2+2容器苗，造林后按幼、中林抚育技术规程进行抚育。

适宜范围 山西省海拔1000~1800m地区栽培。

小洞油松母树林种子

树种：油松	学名：*Pinus tabulaeformis* Carr.
类别：母树林	编号：辽S-SS-PT-003-2012
科属：松科 松属	申请人：辽宁省阜新蒙古族自治县林业种苗管理站

良种来源 辽宁省关山自然保护区原生树种。

良种特性 常绿乔木，高达30m，胸径可达1m。树皮下部灰褐色，裂成不规则鳞块。大枝平展或斜向上，老树平顶；小枝粗壮，雄球花柱形，长1.2~1.8cm，聚生于新枝下部呈穗状；球果卵形或卵圆形，长4~7cm。种子长6~8mm，连翅长1.5~2.0cm、翅为种子长的2~3倍。花期5月，球果第2年10月上、中旬成熟。本品种种子饱满，粒大，卵圆形或长卵圆形，长5~8mm，宽1.3~3.4mm，千粒重40~45g；生长迅速，10年生高可达3.8m，胸径达4.2cm；树干通直，圆满，生长力强，根系发达；抗病虫害、抗旱、抗寒。耐寒，能耐－30℃低温。对土壤要求不严，能耐干旱瘠薄土壤。油松树型优美，树冠呈塔形或广卵形，木材材质优良，可作用材树种，也是荒山造林绿化的主要树种，同时还是城市公园街道绿化树种。

繁殖和栽培 播种繁殖，种子采收后干藏。春播或秋播均可，一般以春播为好。播种前消毒，用浓度5%的高锰酸钾溶液浸泡种子以后，清水洗净，阴干，然后用温水浸种催芽，播种。油松一般半年或二年生可出圃，不必经过移植，要求苗高15cm，地径0.1cm以上，如果用2年生以上大苗造林时，可进行大苗培育。8月中下旬喷洒1∶1∶170的波尔多液、0.3~0.5波美度石硫合剂或15%粉锈宁1000倍液防治油松松针锈病；4~5月喷洒1∶1∶100的波尔多液或50%退菌特500~800倍液、70%敌克松500~800倍液、65%代森锌500倍液、45%代森铵200~300倍液等防治油松落针病；3月下旬~4月上旬、8~9月采用喷雾法或卵期用白僵菌、苏云金杆菌等防治油松毛虫。

适宜范围 辽宁省境内推广。

大板油松母树林种子

树种：油松	学名：*Pinus tabulaeformis* Carr.
类别：母树林	编号：辽S-SS-PT-004-2012
科属：松科 松属	申请人：辽宁省阜新市林业种苗管理站

良种来源 辽宁海棠山自然保护区原生树种。

良种特性 常绿乔木，高达30m，胸径可达1m。树皮下部灰褐色，裂成不规则鳞块。大枝平展或斜向上，老树平顶；小枝粗壮，雄球花柱形，长1.2~1.8cm，聚生于新枝下部呈穗状；球果卵形或卵圆形，长4~7cm。种子长6~8mm，连翅长1.5~2.0cm，翅为种子长的2~3倍。花期5月，球果第2年10月上、中旬成熟。喜光，喜温凉气候，能耐-20~-30℃的低温，不适于高温气候；较耐干旱，对土壤适应性广，较耐瘠薄，不耐水涝，中性土、酸性土、钙质土壤均能生长。生长快，7~10年生开始开花结实；寿命长。树型优美，树冠呈塔形或广卵形，木材材质优良，可作用材树种，也是荒山造林绿化的主要树种，同时还是城市公园街道绿化树种。

繁殖和栽培 播种繁殖，种子采收后干藏。春播或秋播均可，一般以春播为好。播种前消毒，用浓度5%的高锰酸钾溶液浸泡种子以后，清水洗净，阴干，然后用温水浸种催芽，播种。油松一般半年或二年生可出圃，不必经过移植，要求苗高15cm，地径0.1cm以上，如果用2年生以上大苗造林时，可进行大苗培育。8月中下旬喷洒1∶1∶170的波尔多液、0.3~0.5波美度石硫合剂或15%粉锈宁1000倍液防治油松松针锈病；4~5月喷洒1∶1∶100的波尔多液或50%退菌特500~800倍液、70%敌克松500~800倍液、65%代森锌500倍液、45%代森铵200~300倍液等防治油松落针病；3月下旬~4月上旬、8~9月采用喷雾法或卵期用白僵菌、苏云金杆菌等防治油松毛虫。

适宜范围 辽宁省境内推广。

陵川第一山林场油松母树林种子

树种：油松
类别：母树林种子
科属：松科 松属

学名：*Pinus tabulaeformis* Carr.
编号：晋S-SS-PT-013-2014
申请人：陵川县国营第一山林场

良种来源 来源于陵川县国营第一山林场油松母树林。

良种特性 种子色泽光亮，种子颜色多为灰褐色或黄褐色，千粒重38.6g，发芽率在88%以上。生长快，12年生高生长2.75m，胸径生长3.3cm。郁闭成林快，郁闭期9年生，比当地种源早2年。树体干形通直、圆满，尖削度小。

繁殖和栽培 种子繁殖。浸种催芽，高床整地，土壤消毒。下种时间4月上旬，下种量25kg/亩。用2+2或2+3营养袋苗造林，密度110~167株/亩。新造林3年内割灌除草抚育管理，幼中龄林抚育按技术规程进行。

适宜范围 适宜山西省太行山及周边地区种植。

太岳林局灵空山油松母树林种子

树种：油松　　　　　　　　　　学名：*Pinus tabulaeformis* Carr.
类别：母树林种子　　　　　　　　编号：晋S-SS-PT-014-2014
科属：松科　松属　　　　　　　　申请人：太岳山国有林管理局灵空山林场

良种来源　太岳山国有林管理局灵空山林场油松母树林。

良种特性　种子千粒重47~50g，5年生高生长、地径生长分别为0.58m、1.65cm，分别为对照区当地种源的113.7%和110.7%，15年生树高、胸径分别达4.80m、7.70cm，分别为普通油松的117.1%和110.0%。树干通直，侧枝较细，树冠均匀，为深根性树种，根系发达，喜光，耐干旱、耐瘠薄。抗寒能力较强，可耐−25℃的低温。材质坚硬，强度大，耐腐蚀，纹理直，可供建筑等用材，立木还供采脂。

繁殖和栽培　种子繁殖，育苗可采用大田育苗或用营养袋育苗，精细整地，种子催芽，覆土厚度2cm，出苗时防止高温日灼和立枯病危害。用2+2或2+3容器苗造林密度110~167株/亩。造林3年内注意割灌除草等抚育管理，幼、中林抚育按技术规程进行。

适宜范围　适宜山西省海拔800~1600m范围内栽植。

互助县北山林场油松种源

树种：油松
类别：种源种子
科属：松科 松属

学名：*Pinus tabulaeformis* Carr.
编号：青S-SP-PTC-001-2014
申请人：互助县北山林场

良种来源 互助县北山林场原生优质油松母树。

良种特性 常绿乔木，阳性树种，浅根性，喜光、抗瘠薄、抗风，高达10~24m，胸径可达10~41cm。枝轮生，大枝平展或斜向上，老树平顶；小枝粗壮，淡灰黄色或淡黄色，无毛，幼枝微被白色。冬芽长圆柱形，先端尖，棕褐色。针叶常两针一束，长10~15cm，边缘具极细锯齿，两面有气孔带。雌雄同株，球果卵形或卵圆形，长4~7cm。种子长6~8mm，花期5月，球果第二年10月上、中旬成熟。种子含仁率及饱满度高，播种时出苗速度快，出苗率高，越冬平均保存率高，苗木高生长和生物量大，造林时苗木保存率高，抗寒性和抗生理干旱能力较强，具有良好的保水固土和涵养水源作用，森林群落结构稳定，可用作高寒高海拔地区造林绿化和园林绿化树种。

繁殖和栽培 以实生苗繁育技术为主。种子播种量为450kg/hm²。造林时选择苗木根系良好的2-2年生移植优质壮苗进行，采用春、秋两季造林，春季造林土壤解冻后和苗木萌动前进行，秋季造林在土壤封冻前苗木落叶休眠后进行，挖穴栽植，栽植按"三埋二踩一提苗"的栽植技术进行，防止出现窝根、悬根。造林初植密度为2505~3330株/hm²，保持水肥充足，抚育保护，集约经营。

适宜范围 适宜在海拔2700m以下的阳坡、半阳坡，pH值6.5~7.5的湿润立地条件。

奥地利黑松

树种：黑松	学名：*Pinus nigra* var. *austriaca*.Badoux
类别：优良种源	编号：陕S-ETS-PA-001-2014
科属：松科 松属	申请人：西北农林科技大学

良种来源 奥地利（欧洲黑松的变种）。

良种特性 常绿乔木。树势强健。树冠尖塔状。主枝短，分枝密。树皮灰黑色，小枝淡黄褐色。芽卵圆形或矩圆状卵形，红褐色，被白色毛，基部芽鳞常反卷，较大，具树脂。针叶2针一束，深绿色。球果卵圆形，淡黄褐色，鳞被厚隆起，鳞脐微尖。种子黑灰色或黑褐色。造林绿化树种。

繁殖和栽培 容器育苗。基质为腐殖土、腐殖土+黄土，加适量过磷酸钙、硫酸亚铁堆放备用。种子用0.5%高锰酸钾浸泡2h消毒，经反复清洗后，用45~50℃温水浸种24h，置于背风向阳处催芽，大部分种子露白后播种。3月下旬~4月中旬播种。苗木出土后每隔5~7d喷1次等量式波尔多液，连喷2~3次，预防立枯病。造林用2年生苗木，苗高≥20cm、地径≥0.5cm，顶芽饱满，叶色正常，无病虫害危害。造林前先整地，清除地表杂物及干燥土层。栽植时间以春季土壤解冻后为宜，密度2m×2m。

适宜范围 适宜海拔800~1700m，年平均气温9.0℃左右，降水500~800mm，无霜期180d左右的关中及渭北地区栽植。

美国黄松

树种：西黄松
类别：优良种源
科属：松科 松属

学名：*Pinus ponderosa* Dougl. es Laws.
编号：陕S-ETS-PP-001-2013
申请人：西北农林科技大学

良种来源 美国。

良种特性 常绿乔木。树势强健。叶深绿或黄绿色，针叶3针一束，也有2针一束或5针一束，针叶长可达10~25cm。育苗成活率高，种子发芽率80%。造林前3年为缓苗阶段，生长量较小，4~7年生长量增长明显，8~11年生长量快速增长。树皮厚，木材坚硬。造林绿化树种。

繁殖和栽培 播种前10d，种子用0.5%高锰酸钾浸泡2~3h进行消毒处理，清水漂洗后，倒入60~70℃温水中，待水自然冷却后装入布袋，置于向阳处催芽，每天用温水淘洗一次，约10d左右，2/3种子露白即可播种。

容器育苗基质采用森林腐殖质土、黄土1：3混合均匀，加适量硫酸亚铁。3月中下旬播种，每杯3粒，上覆土1~2cm，架设小弓棚。播后每7d喷洒一次1%波尔多液或10%多菌灵可湿性粉剂800倍液防治立枯病。造林绿化树种。造林选择半阴坡、半阳坡或土层深厚的阳坡，造林前先整地，栽植穴规格20cm×10cm×10cm。苗木选用2年生，苗高20cm、地径0.5cm以上，顶芽饱满，生长健壮。随起苗随栽植。初植密度宜大，每穴2株，3300株/hm²。

适宜范围 适宜海拔550~1600m，年平均气温7.8~10.8℃，年降水量430~677mm的渭北及关中推广栽植。

峨嵋林场刚松种子园种子

树种：刚松
类别：无性系种子园
科属：松科 松属

学名：*Pinus rigida* Mall.
编号：辽S-CSO-PR-012-2007
申请人：国营辽阳县峨嵋经济林场

良种来源 亲本来源于辽宁省内的东港、兴城等地选择的优树，另外在吉林省松花湖地区进行了选优。

良种特性 具有早期速生、耐瘠薄、耐海雾、萌芽力强、抗松干蚧等特点，特别适合在沿海地区营造海防林，在松干蚧疫区营造用材林。树干通直、速生、材质好，刚松树脂含量高，适合荒山造林属"先锋树种"。造林绿化树种。

繁殖和栽培 9月份采种，风选。刚松苗木繁殖采用种子繁殖，苗木移栽时应随起随栽并浇透水，造林密度经1.5m×1.5m或2m×2m为好。绿化时进行营养杯造林。

适宜范围 辽宁中部及南部沿海地区栽培。

班克松

树种：北美短叶松
类别：引种驯化品种
科属：松科 松属

学名：*Pinus banksiana* L.
编号：辽S-ETS-PB-007-2010
申请人：董健 林永启 王骞春

良种来源 引进加拿大树种。

良种特性 针叶乔木，树高可达25m，胸径可达80cm。树冠塔形，树皮暗褐色，裂成不规则鳞状薄片脱落，大枝近平展，小枝紫褐色或棕褐色，针叶2针一束，长2~4cm。4月上旬树液萌动，5月上旬顶芽开始出现，6月下旬雌花出现，7月下旬花期结束。年降水250mm时，仍能生存，班克松为强阳性树种，适应多种土壤，在pH4.5~8山顶干瘠土壤上和上中部深厚的土壤上均能正常生长，但对土壤通透性反应敏感，在排水不良的平地上不能生长。5年生时，树高1.74~3.46m，胸径达1.81~3.84cm。造林绿化树种，可用于用材林和景观林营建。

繁殖和栽培 用0.3%~0.5%的高锰酸钾溶液浸泡班克松种子3~5min，捞出用水冲洗干净，然后把班克松种子放入冷水中，浸泡12~24h后捞出，将潮湿的河沙按种沙1∶3的比例拌匀，放入0~5℃低温下处理60d。播种前1周，将种子移到背风向阳处，铺成10~15cm厚度，种子上覆3~5cm细沙，盖塑料薄膜增温，夜间用草帘盖好，保持温度和湿度。种子用20~30℃温水浸种36h，按一份种子、三份沙子混合，在1~5℃下处理60d；地温8~9℃时撒播，播种量37.5kg/hm^2。采用2年生苗木造林，选择腐殖质层10cm、土层厚度40cm的造林地，株行距2m×2m，造林后连续抚育2~3年。

适宜范围 辽宁东部山区栽培。

沈阳文香柏

树种：北美香柏	学名：*Thuja occidentalis* L. 'shen yang wen xiang bai'
类别：引种驯化品种	编号：辽S-ETS-TO-001-2012
科属：柏科 崖柏属	申请人：崔文山、陆秀君、赵明晶

良种来源 美国引进种子，从中选育的优良单株。

良种特性 常绿乔木，树干直立，枝平展，小叶扁平，叶鳞片状，叶表面夏季呈翠绿色，鳞叶揉搓后有浓烈香气。雌雄同株异花，小球果，种子扁平。浅根系、根发达，具有速生、耐寒、耐旱、寿命长、耐修剪、抗病虫害、抗烟尘和有毒气体的特性，树形优美，是用材、园林观赏、药用兼备的优良树种。

繁殖和栽培 种子繁殖：消毒后的种子用温水浸种24h，按种沙1：3的比例混合，在1~5℃低温下处理30d；地温8~9℃时床播育苗；种子千粒重约1.7g，播种量约5g/m²；播种后覆沙或松针土，厚度0.6cm左右；第2年苗木移植，移植密度：床200株/m²，垄（双行）80株/m。扦插繁殖：插床地表铺15cm河沙，插前用0.5%高锰酸钾或500倍液多菌灵喷淋灭菌；选树干中部二、三年枝作为插穗，将穗材剪成12~15cm长，将插穗基部3~4cm用浓度50mg/L的ABT生根粉浸泡12h；上午10时前扦插，深度3.5cm，株行距3cm×5cm；扦插苗留床越冬，翌年春采用大垄移植。移栽后，从第5年逐步进入速生期，年高生长量达到60cm左右，5年生达到1.40m，6年生2.00m以上。

适宜范围 辽宁境内推广。

寒香萃柏

树种：北美香柏　　　　　　　学名：*Thuja occidentalis* L. 'Hanxiangcuibai'
类别：引种驯化品种　　　　　　编号：辽R-ETS-TO-001-2015
科属：柏科　崖柏属　　　　　　申请人：辽宁省抚顺松杉绿化工程有限公司

良种来源　抚顺松杉绿化工程有限公司1973年开始从北美引进，北纬34°，北美东部。

良种特性　常绿乔木，树皮红褐色或橘红色，稀呈灰褐色，纵裂成条状块片脱落；枝条开展，树冠塔形；当年生小枝扁，2~3年后逐渐变形圆柱形。叶鳞形，先端尖。中央之叶楔状菱形或斜方形长1.5~3mm，宽1.2~2mm，尖头下方有透明隆起的圆形腺点，主枝上鳞叶的腺点较侧枝的大。具有抗寒、抗旱、抗涝、抗污染、抗盐碱的特性。常年翠绿，枝叶香气四溢，是园林绿化和立地条件不好的地方造林的首选树种。

繁殖和栽培　种子繁殖：消毒后的种子用常温水浸种24h，按种沙1：3的比例混合，在1~5℃低温下处理60d以上；地温15~20℃时床播育苗；种子千粒重1.7g，播种量约50g/m²；播种后覆沙，厚度1cm左右；在第2年苗木移植。移植密度：床100株/m²，垄（双行）20株/m；加强苗木田间管理，及时施肥，保持土壤疏松，做到田间无杂草。

扦插繁殖：插床地表铺5cm河沙，插前用1%~0.5%高锰酸钾或500~1000倍液多菌灵喷淋灭菌；选树干顶部一、二年枝作为插穗，将穗材剪成10cm~12cm长顶芽饱满插穗，每50根1捆，将基部2cm~3cm用浓度50mg/L的ABT生根粉浸泡12h；上午10时前和下午16时后扦插，深度5cm，株行距10cm×10cm，插后浇水，插后每天喷水1次；扦插苗留床越冬，留床1年后移植，行距50~60cm，栽后及时浇水。其他苗期管理与大田实生苗移植相同

适宜范围　辽宁沈阳、大连、鞍山、丹东、抚顺、本溪、营口、辽阳适宜地区推广。

蝶叶侧柏

树种：侧柏	学名：*Platycladus orientalis* 'Dieye'
类别：优良无性系	编号：京S-SV-PO-001-2006
科属：柏科 侧柏属	申请人：北京市农林科学院林业果树研究所

良种来源 北京西山人工林中的一株极优个体。

良种特性 树体为圆锥形，树形优美，小枝扁平，肥壮，叶鳞形，叶色深绿，北京地区3月下旬～4月上旬芽开始萌动。树冠浓密，透光系数值为0.06，枝条褐绿色，鳞状叶组成的叶片因之肥厚，形成略带扭曲的扇形，类似无数蝴蝶附着在冠表面。

繁殖和栽培 用无性方法繁殖，即剪取半本质化枝条作为繁殖材料，长10～12cm，剪去下部叶片，插在沙床中5～6cm深，充分喷水，以后要经常保持空气和土壤湿润。60～90d生根后移植上杯，经炼苗后定植株行距30cm×35cm，培育2～3年，即可用于造林绿化。如需工程大苗，需再分株培育，培育年限视所需苗木规格而定，也可带木质部腹接或劈接培育苗木。

适宜范围 北京地区。

周家店侧柏母树林种子

树种：侧柏
类别：母树林
科属：柏科 侧柏属

学名：*Platycladus orientalis* (L.) Franco
编号：辽S-SS-PO-006-2011
申请人：阜新蒙古族自治县林业种苗管理站

良种来源　辽宁省老鹰窝山自然保护区原生树种。

良种特性　常绿乔木，树冠广卵形，小枝扁平，排列成1个平面。叶小，鳞片状，紧贴小枝上，呈交叉对生排列，叶背中部具腺槽。雌雄同株，花单性。雄球花黄色，由交互对生的小孢子叶组成，每个小孢子叶生有3个花粉囊，珠鳞和苞鳞完全愈合。球果当年成熟，种鳞木质化，开裂，种子不具翅或有棱脊。侧柏耐旱，常为阳坡造林树种，也是常见的庭园绿化树种；木材可供建筑和家具等用材，叶和枝入药，可收敛止血、利尿健胃、解毒散瘀；种子有安神、滋补强壮之效。

繁殖和栽培　侧柏适于春播，东北地区以4月中、下旬为好。侧柏种子空粒较多，通常经过水选、催芽处理后再播种。为确保苗木产量和质量，播种量不宜过小，当种子净度为90%以上，种子发芽率85%以上时，每亩播种量10kg左右为宜。整地采用水平阶或鱼鳞坑，活土层40cm。苗木选用2年生无病虫害的合格留床苗，苗高大于40cm，地径大于0.5cm，栽植时间为春季，栽植密度为2m×4m。

适宜范围　辽宁省内适宜地区推广。

沁水县樊庄侧柏母树林种子

树种：侧柏	学名：*Platycladus orientalis* (L.)Franco
类别：母树林	编号：晋S-SS-PO-025-2015
科属：柏科 侧柏属	申请人：沁水县林木种苗站

良种来源 沁水县胡底乡樊庄村天然次生侧柏母树林。

良种特性 常绿乔木，为浅根性树种，根系发达，喜光，耐干旱、耐瘠薄。抗寒能力较强，可耐 -35℃的低温。对土壤要求不严，在向阳干燥瘠薄的山坡和石缝中都能生长。种子千粒重22g，5年生高生长、地径生长分别为0.56m、1.25cm，分别为对照区普通油松的114.2%和110.6%。12年生树高、胸径分别达4.70m、6.61cm，分别为普通侧柏的111.9%和108.3%。主要用于营造防护林，也可用于园林绿化。

繁殖和栽培 种子繁殖，育苗可采用大田育苗或用营养袋育苗，精细整地，种子催芽，覆土厚度2cm，出苗时防止高温日灼和立枯病危害。用2+2或2+3容器苗造林。密度为110~220株／亩。造林三年内注意割灌除草等抚育管理，幼、中林抚育按技术规程进行。

适宜范围 适宜山西省中南部海拔1400m以下地区栽培。

乌拉特中旗叉子圆柏优良种源穗条

树种：叉子圆柏	学名：*Sabina vulgaris* Ant.
类别：优良种源	编号：内蒙古S-SP-SV-016-2011
科属：柏科 圆柏属	申请人：巴彦淖尔市乌拉特中旗种苗站

良种来源 亲本来源于乌拉特中旗阿尔其山叉子圆柏自然保护区内优良林分。

良种特性 多年生常绿匍匐灌木，密集成片生于石质山地。植株高小于2m，树皮灰褐色，植株无明显主干，侧根发达，枝条具极强的萌根抽枝繁殖特性，匍匐枝沙埋后产生的不定根能长出新的植株继续蔓延繁殖，最终逐渐扩大形成大片灌丛。抗风蚀，耐寒，耐旱，耐盐碱，耐瘠薄。主要用于防风固沙、水土保持、园林绿化等。

繁殖和栽培 带状或穴状整地。用1~2年生根系发达合格苗造林。栽植时保持根系舒展，踩实，及时浇水、覆土。

适宜范围 内蒙古石质山区、黄土丘陵山区均可栽培。

乌审旗沙地柏优良种源穗条

树种：沙地柏
类别：优良种源
科属：柏科 圆柏属

学名：*Sabina vulgaris* Ant.
编号：内蒙古S-SP-SV-003-2009
申请人：鄂尔多斯市乌审旗林业局

良种来源 乌审旗沙地柏自然保护区内的优良林分。

良种特性 多年生常绿匍匐灌木树种，密集成片生于流动沙丘及半固定沙地。植株高2m，树皮灰褐色。植株无明显主干，侧根发达，枝条具极强的萌根抽枝繁殖特性，匍匐枝沙埋后产生的不定根能长出新的植株继续蔓延繁殖，最终逐渐扩大形成大片灌丛。抗风蚀，耐寒，耐旱，耐盐碱，耐瘠薄。主要用于防风固沙、园林绿化、水土保持、改良土壤等。

繁殖和栽培 扦插育苗，在生长健壮的植株上，采集2~3年生穗条，长40cm，截口为0.7~1cm的壮条作插穗，剪去插穗1/2处以上的小侧枝，扦插深度为插穗的1/2~2/3，插后立即灌足水。压条扩繁，将沙地柏贴近地面的匍匐枝压入沟内，覆土10~20cm，保持一定湿度，翌年分别切断各分枝与主枝的联系，形成新的植株。采用人工穴状整地，整地规格为30cm×30cm×40cm，春秋两季均可进行压条或者苗木造林，或选用1~2年生根系发达的实生壮苗造林，栽植时保持根系舒展，分层覆土、踩实，及时浇水。

适宜范围 内蒙古自治区境内pH值为6.5~8.5的土壤，肥力较差的流动沙地及固定、半固定沙地均可栽培。

锡盟洪格尔高勒沙地柏优良种源穗条

树种：沙地柏　　　　　　　　　学名：*Sabina vulgaris* Ant.
类别：优良种源　　　　　　　　编号：内蒙古S-SP-SV-012-2011
科属：柏科　圆柏属　　　　　　申请人：锡林郭勒盟林木种苗工作站

良种来源　亲本来源于锡盟阿巴嘎旗洪格尔高勒苏木沙地柏采种基地，林分起源为天然林。

良种特性　多年生常绿匍匐灌木，分布于固定及半固定沙地。树皮灰褐色，植株无明显主干，侧根发达，枝条具极强的萌根抽枝繁殖特性，匍匐枝沙埋后产生的不定根能长出新的植株继续蔓延繁殖，最终逐渐扩大形成大片灌丛。抗风蚀，耐寒，耐旱，耐盐碱，耐瘠薄。主要用于防风固沙、水土保持、园林绿化等。

繁殖和栽培　带状或穴状整地。用1~2年生根系发达合格苗造林。栽植时保持根系舒展，踩实，及时浇水，覆土。

适宜范围　内蒙古pH值为6.5~8.5的流动、固定、半固定沙地均可栽培。

金花桧

树种：桧柏	学名：*Sabina chinensis* 'Jinhua'
类别：优良无性系	编号：京S-SC-SV-003-2006
科属：柏科 圆柏属	申请人：北京市农林科学院林业果树研究所

良种来源 北京海淀区一株优良个体。

良种特性 树姿挺拔、树体柱状、小枝褐色、密生。叶片针形，先端尖锐，长6.5~8mm，宽1mm，深绿色。雄花金黄色，为多个小鳞片组成的四棱柱形体，花序长4mm，粗2mm，鳞片14~16个。3月下旬~4月上旬叶片转绿，萌芽，5月中下旬开花，散粉。树冠表面光亮美丽，开花季节密集的金黄色雄花分布在冠表，呈美丽的金黄色，金黄色的树冠观赏期3~4个月。树高生长量大，年生长量50~60cm，5~6年树体可成型。树冠浓密，透光系数0.147，冠表整齐度一级，分枝角

54°，冠幅角85°。

繁殖和栽培 利用母树的枝条为繁殖材料。一是扦插繁殖法。二是嫁接繁殖法。扦插方法，建立小塑料棚为插床，最好造成透光度0.6的环境；采取扦插穗条上有2~3个根原基的枝条；扦插床内保持70%湿度，25~30℃左右温度。嫁接方法，用侧柏或桧柏实生苗为砧木，蓝木塔桧母树枝条为接穗，采用不断头的腹接法或者劈接法嫁接。

适宜范围 北京地区。

蓝塔桧

树种：桧柏	学名：*Sabina chinensis* 'Lanta'
类别：优良无性系	编号：京S-SC-SV-002-2006
科属：柏科 圆柏属	申请人：北京市农林科学院林业果树研究所

良种来源 北京城区内的一株优良个体。

良种特性 树体塔形，蓝色，健壮。幼叶为鳞形，成熟叶为针形，叶片为蓝绿色，雌性。球果近圆球形，果径7.5mm，2年成熟，成熟时呈暗褐色，被白粉。种子2粒。北京地区3月下旬~4月上旬芽开始萌动。树体整齐一致，树高年生长量40~45cm。树冠浓密，透光系数0.048，分枝角64°。

繁殖和栽培 利用母树的枝条为繁殖材料。一是扦插繁殖法；二是嫁接繁殖法。扦插方法，建立小塑料棚为插床，最好造成透光度0.6的环境；采取扦插穗条上有2~3个根原基的枝条；扦插床内保持70%湿度，25~30℃左右温度。嫁接方法，用侧柏或桧柏实生苗为砧木，蓝木塔桧母树枝条为接穗，采用不断头的腹接法或者劈接法嫁接。

适宜范围 北京地区。

峰桧

树种：桧柏	学名：*Sabina chinensis* 'Feng'
类别：优良无性系	编号：京S-SV-SC-041-2007
科属：柏科 圆柏属	申请人：北京市农林科学院林业果树研究所

良种来源 北京城区内的一株优良个体。

良种特性 该品种树体塔形，主枝顶端优势明显，侧枝外延斜伸，形成依次稍低的小山峰，使树体形成叠翠不齐的多峰状。冬季树冠表面枝叶仍能保持绿色，为优良城市绿化树种。

繁殖和栽培 利用母树的枝条为繁殖材料，一是扦插繁殖法；二是嫁接繁殖法。扦插方法，建立小塑料棚为插床，最好造成透光度0.6的环境；剪取半木质化枝条作为繁殖材料，长10~12cm，剪去下部枝叶，插在沙床中5~6cm深；扦插床内保持70%湿度，25~30℃左右温度。嫁接方法，用侧柏或桧柏实生苗为砧木，峰桧母树枝条为接穗，采用不断头的腹接法或劈接法嫁接。

适宜范围 北京地区城乡及平原。

绒团桧

树种：桧柏

类别：优良无性系

科属：柏科 圆柏属

学名：*Sabina chinensis* 'Fongtuan'

编号：京S-SV-SC-040-2007

申请人：北京市农林科学院林业果树研究所

良种来源　北京城区庭院内的一株优良个体。

良种特性　该品种树体尖塔形，冠浓密；针叶小而短，细小枝叶密集在冠表面，形成绒球团状。适应性良好，是优良的城市观赏常绿树种。

适宜范围　北京地区城乡及平原。

祁连圆柏

树种：祁连圆柏
类别：母树林
科属：柏科 圆柏属

学名：*Sabina Przewalskii* Kom.
编号：青S-SS-SP-002-2013
申请人：互助县北山林场

良种来源 互助县北山林场祁连圆柏种子园优良母树通过无性繁殖和实生繁殖建立的母树林。

良种特性 常绿乔木，高达12m，稀灌木状。树干直或略扭，树皮灰色或灰褐色，裂成条片脱落。枝条开展或直伸，枝皮裂成不规则的薄片脱落。叶有刺叶与鳞叶，幼树之叶通常全为刺叶，壮龄树上兼有刺叶与鳞叶，大树或老树则几全为鳞叶。雌雄同株，雄球花卵圆形。 球果卵圆形或近圆球形，长8~13mm，成熟前绿色，微具白粉，熟后蓝褐色、蓝黑色或黑色，微有光泽，有1粒种子。种子扁方圆形或近圆形，稀卵圆形，两端钝，长7~9.5mm，径6~10mm，具或深或浅的树脂槽，两侧有明显而凸起的棱脊，间或仅上部之脊较明显。树形优美，耐高寒、干旱，耐贫瘠，抗病能力强，根系发达，木材结构细致，耐久用，可供建筑、家具、农具及器具等用。种子含仁率高。根系发达，有良好的保水固土和涵养水源作用，可作为干旱高寒区的造林绿化树种和草原护牧林。

繁殖和栽培 育苗以实生繁殖为主，5~6月份播种，播种量450~600kg/hm^2。造林时采用穴状整地，规格0.5m×0.5m，做到起苗不伤根、不窝根，栽植时严格按照"三埋二踩一提苗"的技术规程进行，栽植密度2m×2m，确保苗木水分充足。

适宜范围 适宜在青海省海拔2600~4300m的干旱半干旱地区栽培。

桦林背杜松

树种：杜松
类别：优良种源
科属：柏科 刺柏属

学名：*Juniperus rigida* 'hualinbei'
编号：晋S-SP-JR-012-2009
申请人：大同市桦林背林场

良种来源 大同市桦林背林场种源。

良种特性 耐寒、耐干旱、耐瘠薄，可在干旱的岩缝间或沙砾地正常生长。树形优美，树形呈圆柱形或塔形、小枝密集、不易松散，冠形好，适用于干旱阳坡造林和城镇绿化观赏。

繁殖和栽培 栽培管理技术与杜松相同。春播或夏播，25g/m²。春播在土壤解冻后播种，覆面沙2cm，制作弓形塑料棚。夏播在8月初进行，撒播在畦土上，覆0.5cm细土和1.5cm细沙后在覆6cm的畦地土，第2年解冻后刮掉6cm的畦地土，浇足水，保墒并连续出圃。

适宜范围 山西省海拔1000~1800m地区栽培。

辽宁东北红豆杉

树种：东北红豆杉	学名：*Taxus cuspidata Sieb.* et Zucc
类别：优良品种	编号：辽S-SV-TC-002-2005
科属：红豆杉科 红豆杉属	申请人：辽宁红豆杉技术发展有限公司

良种来源 宽甸满族自治县黎明林场。

良种特性 耐光照，根系发达，枝叶繁茂、叶宽厚深绿，植株多为丛状发育。抗性强，耐干旱、耐瘠薄、抗病虫害，对土壤要求不严，适应范围广泛（pH值5~8沙土壤），幼苗不耐湿涝，积水地生长不良，两年生以前苗木需遮阴。提取紫杉醇特效药物树种，高档次绿化树种，也是很好的生态造林树种。紫杉醇含量高、结实量高。

繁殖和栽培 无性繁殖和种子繁殖。扦插育苗：插穗用VB12或生根粉等处理，注意插穗保鲜，扦插深度适当，切口完整，适当遮阴。嫁接繁殖：采取髓心形成层、芽接、皮接等法。种子繁殖：采取越冬沙藏层积处理。栽植前一年雨季普翻整地，带状整地，山区穴状整地，初植密度30cm×30cm，栽后第1年冬采取培土防寒，避免出现生理性干旱。

适宜范围 辽宁省境内适宜地区推广。

陵川县西闸水南方红豆杉母树林种子

树种：南方红豆杉
类别：母树林种子
科属：红豆杉科 红豆杉属

学名：*Taxus mairei* (Lemee' et Levl.)S.Y.Hu ex Liu
编号：晋S-SS-TM-024-2015
申请人：陵川县国营西闸水林场

良种来源 陵川县西闸水林场南方红豆杉母树林。

良种特性 果实形状为圆形，直径4~6mm，色泽红润，肉质光滑，成熟期为9月中下旬。种子饱满，坚果状，卵圆形，颜色为褐色，色泽光亮，直径为3.8~5.8mm，千粒重66g，发芽率一般在80%以上。与普通南方红豆杉对照，3年生平均高生长0.35m，地径生长0.528cm，分别超出对照普通种子的5.8%，8.2%。8年生平均高生长1.5m，地径生长1.754cm，分别超出对照普通种子的9.8%，10.1%。3年生冠幅7cm，8年生冠幅42cm，分别是普通种子的107.3%，110.2%。根系发达，性较耐寒，对土壤的适应性较强，喜中性和微酸性土壤。枝叶稠密，主干层次明显，树形美观。主要用于园林及庭院绿化。

繁殖和栽培 种子繁殖。低温沙藏层积催芽，土壤消毒。下种时间4月上旬，下种量10~12kg/亩。用于园林、庭院绿化时，使用1m以上苗木带土球栽植。

适宜范围 适宜在山西省南部山地海拔900m以下栽培。

北美鹅掌楸种源4P

树种：北美鹅掌楸	学名：*Liriodendron tulipifera*-4P
类别：优良种源	编号：京S-SP-LT-009-2006
科属：木兰科 鹅掌楸属	申请人：北京市十三陵昊林苗圃

良种特性 干形通直，树形美观，树叶形状如鹅掌，花瓣浅黄绿色，抗寒性强，大苗北京地区夜间－10℃可正常越冬。10年生平均树高达10m，胸径达15cm。

繁殖和栽培

1. 适宜种植于微酸性或中性土壤。

2. 采用播种育苗技术和扦插繁殖技术进行繁殖。

3. 栽植后及时浇水，六月中旬追氮肥，八月上旬追磷肥。栽植后头三年应每年进行修枝抚育。

4. 小苗期抗寒性差冬季需加以防寒保护，对苗高不足50cm的用土埋；50cm以上的苗木基部培土。其余用内裹报纸外裹塑料布的防寒方法。

适宜范围 北京地区。

二球悬铃木

树种：悬铃木
类别：优良品种
科属：悬铃木科 悬铃木属

学名：*Platanus acerifolia*
编号：新S-SV-PA-001-2014
申请人：新疆泽普县林业局

良种来源 本种从江苏南京引进，是三球悬铃木（*P.orientalis*）与一球悬铃木（*P.occidentalis*）的杂交种，我国引入栽培百余年，北自大连、北京、河北，西至陕西、甘肃，西南至四川、云南，南至广东及东部沿海各省份都有栽培，是我国上海、南京等许多城市主要的行道树种。1966年由泽普县老一辈林业工作者朱书绅等从江苏南京引入当地波斯喀木乡大和其村200株小苗进行培育而后扩繁。

良种特性 喜光，不耐荫。喜温暖湿润气候，在年平均气温13~20℃、降水量400~1200mm的地区生长良好。幼树易受冻害，须防寒。对土壤要求不严，耐干旱、瘠薄，亦耐湿。根系深，抗风力强，萌芽力强，耐修剪。生长迅速、成荫快。树干高大，枝叶茂盛，广泛栽植作行道绿化树种，也作为速生材用树种；对二氧化硫、氯气等有害气体有较强的抗性。

繁殖和栽培 通常采用播种育苗和插条育苗两种形式。播种育苗每千克头状果序（俗称果球）约有120个，每个果球约有小坚果800~1000粒，千粒重4.9g，每千克小坚果约20万粒，发芽率10%~20%。插条育苗落叶后及早采条，选取10年生母树林发育粗壮的1年生萌芽枝。采条后随即在庇荫无风处截成插穗，长15~20cm，上端剪口在芽上约0.5cm处，剪口略斜或平口；下端剪口在芽以下1cm左右，剪成平口或斜口。苗圃地要求排水良好，土质疏松，熟土层深厚，肥沃湿润；切忌积水，否则生根不良。深耕30~45cm，施足基肥。扦插行距30~40cm，株距20~30cm，一般直插，也有斜插，上端的芽应朝南，有利生长，便于管理。

适宜范围 在新疆库尔勒市、阿克苏地区、喀什地区、和田地区生长良好，在伊犁河谷地带亦可生长。

秦仲1号

树种：杜仲	学名：*Eucommia ulmoides* Oliv. 'Qinzhong1.'
类别：优良无性系	编号：QLS041-J026-2002
科属：杜仲科 杜仲属	申请人：西北农林科技大学

良种来源　陕西省略阳县特异性单株。

良种特性　落叶乔木。树势健旺。树冠圆锥形，冠型紧凑。分枝角度50°~62°。幼龄树皮光滑。成龄树皮浅纵裂，皮孔消失，树皮褐色。属粗皮类型。芽圆锥形。叶片椭圆形，锯齿细。3月中旬萌动，雄花4月中旬开放。速生，属高药、高胶型品种。SOD酶活性较强。叶片绿原酸、桃叶珊瑚甙、总黄酮、杜仲胶有效成分含量分别较"无性系测定林"（40个无性系）的平均值高80.50%、74.93%、101.82%和49.12%。根蘖苗3年生平均树高4.47m，胸径3.80cm。造林绿化、经济林兼用树种。

繁殖和栽培　根蘖苗嫩枝扦插繁育。春季树木未萌发前，将采集的根条剪成7~10cm长，埋于"V"字形沟内，外露1cm，扦插株行距10cm×20cm。当幼苗长到5~7cm、10~15cm和20~25cm时，分别培土培育。造林采用"三角形""窄行宽带品字形"模式栽植，一穴二株。栽植后次年春季平茬，3年后短截当年枝三分之一，复壮促长；成苗后，截去地上部分，使其呈灌木状，保留主干高度0.5~1.0m，其余截去，培育成矮林采叶园。每年垦复松土，每隔3~5年平茬或短截复壮一次。病虫害主要有：叶枯病，危害叶片。防治方法一是发叶初期，及时摘除病叶，避免传播；二是冬季清除枯枝落叶，集中销毁；三是发病后每隔7~10d喷洒1：1：100波尔多液。豹纹木蠹蛾，危害枝干。防治方法一是冬季检查清除被害木，剥皮处理，消灭越冬幼虫；二是成虫羽化初期，树干涂白，阻止产卵或产卵后使其不能正常孵化；三是树干喷洒2.5%溴氰菊酯3000~5000倍液；四是幼虫蛀入木质部后，用废棉花等蘸敌敌畏或敌百虫原液堵塞蛀道，黄泥封堵。

适宜范围　适宜于秦巴山区、关中，年平均气温13~17℃，年降水量500~1500mm的浅山区、丘陵以及平原地区的pH值5.0~7.5的钙质及沙质等多种土壤栽植。

秦仲2号

树种：杜仲	学名：*Eucommia ulmoides* Oliv. 'Qinzhong2.'
类别：优良无性系	编号：QLS042-J027-2002
科属：杜仲科 杜仲属	申请人：西北农林科技大学

良种来源　湖南省慈利县特异性单株。

良种特性　落叶乔木。树势强健。树冠窄圆锥形，冠形紧凑。分枝角度30°~35°。幼龄、成龄树皮均光滑，暗灰白色，横生皮孔明显。属光皮类型。芽圆锥形。叶片椭圆形，锯齿细。3月中旬萌动，雌花4月中旬开放。绿原酸、桃叶珊瑚甙、杜仲胶有效成分含量分别较"无性系测定林"（40个无性系）的平均值高2.17%、32.28%和44.95%。高药、高胶型品种。根蘖苗3年生平均树高4.40m，胸径4.70cm。造林绿化、经济林兼用树种。

繁殖和栽培　根蘖苗嫩枝扦插繁育。春季树木未萌发前，将采集的根条剪成7~10cm长，埋于"V"字形沟内，外露1cm，扦插株行距10cm×20cm。当幼苗长到5~7cm、10~15cm和20~25cm时，分别培土培育。造林采用"三角形""窄行宽带品字形"模式栽植，一穴二株。栽植后次年春季平茬，3年后短截当年枝三分之一，复壮促长；成苗后，截去地上部分，使其呈灌木状，保留主干高度0.5~1.0m，其余截去，培育成矮林采叶园。每年垦复松土，每隔3~5年平茬或短截复壮一次。病虫害主要有：叶枯病，危害叶片。防治方法一是发叶初期，及时摘除病叶，避免传播；二是冬季清除枯枝落叶，集中销毁；三是发病后每隔7~10d喷洒1：1：100波尔多液。豹纹木蠹蛾，危害枝干。防治方法一是冬季检查清除被害木，剥皮处理，消灭越冬幼虫；二是成虫羽化初期，树干涂白，阻止产卵或产卵后使其不能正常孵化；三是树干喷洒2.5%溴氰菊酯3000~5000倍液；四是幼虫蛀入木质部后，用废棉花等蘸敌敌畏或敌百虫原液堵塞蛀道，黄泥封堵。

适宜范围　适宜于秦巴山区、关中，年平均气温13~17℃，年降水量500~1500mm的浅山区、丘陵以及平原地区的pH值5.0~7.5的钙质及沙质等多种土壤栽植。

秦仲3号

树种：杜仲	学名：*Eucommia ulmoides* Oliv. 'Qinzhong3.'
类别：优良无性系	编号：QLS043-J028-2002
科属：杜仲科 杜仲属	申请人：西北农林科技大学

良种来源 四川省都江堰特异性单株。

良种特性 落叶乔木。树势中庸偏强。树冠阔锥形，冠型紧凑。分枝角度55°~65°。幼龄树皮光滑，成龄树皮较光滑，灰色，横生皮孔稀疏，属光皮类型。叶片卵形，锯齿细。芽圆锥形。3月中旬萌动，雌花4月中旬开放。高药型品种。SOD酶活性强。绿原酸、桃叶珊瑚甙、总黄酮有效成分含量分别较"无性系测定林"（40个无性系）的平均值高90.52%、114.76%和17.54%。根蘖苗3年生平均树高4.44m，胸径3.53cm。造林绿化、经济林兼用树种。

繁殖和栽培 根蘖苗嫩枝扦插繁育。春季树木未萌发前，将采集的根条剪成7~10cm长，埋于"V"字形沟内，外露1cm，扦插株行距10cm×20cm。当幼苗长到5~7cm，10~15cm和20~25cm时，分别培土培育。造林采用"三角形""窄行宽带品字形"模式栽植，一穴二株。栽植后次年春季平茬，3年后短截当年枝三分之一，复壮促长；成苗后，截去地上部分，使其呈灌木状，保留主干高度0.5~1.0m，其余截去，培育成矮林采叶园。每年垦复松土，每隔3~5年平茬或短截复壮一次。病虫害主要有：叶枯病，危害叶片。防治方法一是发叶初期，及时摘除病叶，避免传播；二是冬季清除枯枝落叶，集中销毁；三是发病后每隔7~10d喷洒1∶1∶100波尔多液。豹纹木蠹蛾，危害枝干。防治方法一是冬季检查清除被害木，剥皮处理，消灭越冬幼虫；二是成虫羽化初期，树干涂白，阻止产卵或产卵后使其不能正常孵化；三是树干喷洒2.5%溴氰菊酯3000~5000倍液；四是幼虫蛀入木质部后，用废棉花等蘸敌敌畏或敌百虫原液堵塞蛀道，黄泥封堵。

适宜范围 适宜于秦巴山区、关中，年平均气温13~17℃，年降水量500~1500mm的浅山区、丘陵以及平原地区的pH值5.0~7.5的钙质及沙质等多种土壤栽植。

秦仲4号

树种：杜仲	学名：*Eucommia ulmoides* Oliv. 'Qinzhong4.'
类别：优良无性系	编号：QLS044-J029-2002
科属：杜仲科 杜仲属	申请人：西北农林科技大学

良种来源 陕西省略阳县特异性单株。

良种特性 落叶乔木。树势中庸。树冠圆锥形，冠形紧凑。树皮灰白色，幼龄树和成龄树皮均光滑，属光皮类型，横生皮孔极其明显，密集、内陷。分枝角度42°~50°。芽圆锥形。叶片卵形，钝锯齿。3月中旬萌动，雌花4月中旬开放。SOD酶活性强。叶片绿原酸、桃叶珊瑚甙、总黄酮有效成分含量分别较"无性系测定林"（40个无性系）的平均值高74.66%、62.03%和31.07%。根蘖苗3年生平均树高5.09m，胸径3.52cm。造林绿化、经济林兼用树种。

繁殖和栽培 根蘖苗嫩枝扦插繁育。春季树木未萌发前，将采集的根条剪成7~10cm长，埋于"V"字形沟内，外露1cm，扦插株行距10cm×20cm。当幼苗长到5~7cm，10~15cm和20~25cm时，分别培土培育。造林采用"三角形""窄行宽带品字形"模式栽植，一穴二株。栽植后次年春季平茬，3年后短截当年枝三分之一，复壮促长；成苗后，截去地上部分，使其呈灌木状，保留主干高度0.5~1.0m，其余截去，培育成矮林采叶园。每年垦复松土，每隔3~5年平茬或短截复壮一次。病虫害主要有：叶枯病，危害叶片。防治方法一是发叶初期，及时摘除病叶，避免传播；二是冬季清除枯枝落叶，集中销毁；三是发病后每隔7~10d喷洒1∶1∶100波尔多液。豹纹木蠹蛾，危害枝干。防治方法一是冬季检查清除被害木，剥皮处理，消灭越冬幼虫；二是成虫羽化初期，树干涂白，阻止产卵或产卵后使其不能正常孵化；三是树干喷洒2.5%溴氰菊酯3000~5000倍液；四是幼虫蛀入木质部后，用废棉花等蘸敌敌畏或敌百虫原液堵塞蛀道，黄泥封堵。

适宜范围 适宜于秦巴山区、关中，年平均气温13~17℃，年降水量500~1500mm的浅山区、丘陵以及平原地区的pH值5.0~7.5的钙质及沙质等多种土壤栽植。

饲仲1号

树种：杜仲	学名：*Eucommia ulmoides* Oliv. 'Sizhong1.'
类别：优良无性系	编号：QLS090-J064-2010
科属：杜仲科 杜仲属	申请人：西北农林科技大学

良种来源 陕西省略阳县特异性单株。

良种特性 落叶乔木。树势中强。树形开张。枝条开张角度65°~70°。幼龄树皮光滑，浅褐色。成龄树皮较粗糙，灰色。叶长椭圆形，叶缘锯齿深裂，平均单叶面积151.8cm²。芽圆锥形。萌芽期3月中旬，展叶期4月上中旬，花期4月上中旬，果实发育期4月下旬~10月下旬，11月中下旬落叶。春梢生长期4月中旬~7月上中旬，二次梢生长期7月中下旬~9月上旬。叶片绿原酸含量2.700%、黄酮含量1.134%，粗蛋白含量13.95%、粗脂肪含量8.84%、粗纤维含量11.86%、灰分含量10.57%、水分含量9.78%、钙含量1.58%。6年生平均树高4.5m，胸径6.4cm。经济林树种。

繁殖和栽培 参阅短枝密叶杜仲。树体形成后，每年7月底~8月中旬采集杜仲叶，除枝条顶端5~7片叶外全部采下。2~3年后树势变弱，于秋季落叶后春季萌动前，隔行或隔株修剪主枝，从每个主枝最下端侧枝的基部剪去。第二年修剪先年没有修剪的植株，方法与前次相同。以后每隔3~4年依此方法对主枝修剪1次。

适宜范围 适宜陕西南部和关中地区栽植。

短枝密叶杜仲

树种：杜仲	学名：*Eucommia ulmoides* Oliv. 'Duanzhimiyeduzhong.'
类别：优良无性系	编号：陕S-SV-EUD-007-2013
科属：杜仲科 杜仲属	申请人：西北农林科技大学

良种来源 西北农林科技大学试验苗圃特异性单株。

良种特性 落叶乔木。树势健壮。冠型紧凑。树皮光滑。分枝角度25°~35°。节间距长1.0~1.2cm，为普通杜仲的1/3~1/2。枝条粗壮呈棱形，具有明显的短枝特征。叶长椭圆形，单叶面积45.42cm²。萌芽期3月中旬，展叶期4月中下旬，11月上旬~下旬落叶。叶片绿原酸和黄酮含量为2.100%和1.612%。6年生树高4.5m，胸径7.3cm。造林绿化、经济林兼用树种。

繁殖和栽培 培育实生苗作砧木，翌年8月份芽接。嫁接第二年3月上中旬自接芽上1.5cm处剪去砧木，及时解绑、松土、除草。造林以春季3月中上旬到4月下旬或秋季落叶前后7d左右栽植为宜。选择平地、半阴坡或半阳坡坡地建园，坡面较整齐、坡度在25°以下的采用水平沟整地，规格为1.0m×0.8m；坡面不整齐，坡度大于25°的采用鱼鳞坑整地，规格为长1.5m×0.8m×0.6m。品字形栽植，株行距为2m×2m，2500株/hm²。秋季栽植按照20~25cm定干，封埋30cm；春季栽植的定干高度70~80cm，剪口封漆。当萌枝长到15cm以后，按不同方位，在主干上、中、下错落选留3个健壮、端直、分布较为合适的萌枝，培育主枝，主枝之间平面夹角110°~130°。绿化栽植时，可与小灌木间隔单行栽植或单独栽植，株距3~4m。病虫害防治参阅秦仲1号。

适宜范围 适宜陕西南部和关中地区栽植。

新疆大叶榆母树林

树种：欧洲白榆
类别：母树林
科属：榆科 榆属

学名：*Ulmus laevis* 'Mushulin'
编号：新S-SS-UL-070-2004
申请人：新疆博林科技发展有限责任公司

良种来源　原产于欧州，引入新疆时间为20世纪50年代，在新疆伊犁州直、石河子市、昌吉州、乌鲁木齐市等地多有种植，也引入到南疆及东疆各地。

良种特性　乔木，树冠圆而优美，树干通直，生长快，喜光，耐寒，耐大气干旱，抗病虫能力强。

繁殖和栽培　多采用播种育苗，也可嫁接。

适宜范围　新疆境内均可种植。

大叶榆母树林

树种：欧洲白榆
类别：母树林
科属：榆科 榆属

学名：*Ulmus laevis* 'Mushulin'
编号：新S-SS-UL-071-2004
申请人：新疆玛纳斯县平原林场

良种来源　玛纳斯县平原林场于20世纪60年代中初期从新疆伊犁州直引进，营造60亩示范林，通过适应性、抗逆性调查发现，大叶榆适应当地气候，且生长健壮。通过近15年的人工选育，根据不同的表现性状选出了10个优树，于1975年营造50亩母树林。

良种特性　落叶乔木，喜光，对气温有较强的适应范围，在-40~40℃范围内能正常生长。稍耐盐碱，在pH值为8左右的沙壤土条件下生长良好。材质坚硬。生长20年树木的平均树高18m，平均胸径22.4cm。翅果含油量27.7%，其中的丰富脂肪酸为重要工业原料。

繁殖和栽培　一般5月中下旬种子成熟，在生长良好的成熟母树上采摘种子、播种、育苗。幼苗喜光，在pH值为8左右的沙壤土上播种生长良好。种子绒毛要尽量去除且覆土不宜厚，否则出苗不齐或不出苗。

适宜范围　新疆境内均可种植。

'裂叶'榆

树种：裂叶榆	学名：*Ulmus laciniata*
类别：优良无性系	编号：新S-SC-UL-011-2014
科属：榆科 榆属	申请人：新疆玛纳斯县林业局

良种来源 玛纳斯县1982年从昌吉州苗圃引进接穗。选用胸径2~3cm的白榆进行嫁接5000株，株行距70cm×70cm，种植地点为平原林场。土壤为砂石土，机井漫灌。2年后冠形饱满，冬季没有冻害发生，耐瘠薄，生长量大，作为城市景观树被大量运用。2007年开始着手进行大面积人工造林。

良种特性 树皮淡灰褐色或灰色，浅纵裂，裂片较短，常翘起，表面常呈薄片状剥落；1年生枝幼时被毛，后变无毛或近无毛，2年生枝淡褐灰色、淡灰褐色或淡红褐色，小枝无木栓翅；冬芽卵圆形或椭圆形，内部芽鳞毛较明显。其树干较直，冠伞形，分枝角度较大，树形美观；裂叶榆叶片大，形状奇特，呈色浓绿，生长茂盛，极具观赏性。树形高大，树冠丰满，生长较快，适生范围广，兼顾用材与观赏树种，春季发芽早，适于作道路行道树绿化庭院观赏等用途栽培。

繁殖和栽培 播种育苗极少，主要采用嫁接育苗。可以白榆为砧木，进行嫁接繁殖。

适宜范围 新疆昌吉市、吉木萨尔县、玛纳斯县、呼图壁县及相似土壤、气候的区域均可栽植。

中条林局历山裂叶榆母树林种子

树种：裂叶榆
类别：母树林
科属：榆科 榆属

学名：*Ulmus laciniata* (Trautv.) Mayr
编号：晋S-SS-UL-008-2015
申请人：山西省林业科学研究院、中条山国有林管理局

良种来源 中条山国有林管理局历山自然保护区裂叶榆母树林。

良种特性 母树林平均树高12.6m，平均胸径26.2cm，树干通直，无扭曲，树冠均匀，侧枝分枝角度大。种子粒大、饱满，千粒重可达8.3g，在实验室光照培养条件下，种子发芽率为78%，在大田播种时，发芽率为50%左右。2年生苗与普通裂叶榆相比，平均苗高和地径生长量分别提高9.15%和7.48%，盛果期亩产

种子10kg左右。用于营造用材林、防护林、园林观赏。

繁殖和栽培 种子繁殖。高床整地，土壤消毒，随采随播。播种量4~6kg/亩。用2年生裸根苗或2~3年生营养袋苗造林，110~220株/亩。新造林三年内注意割灌除草抚育管理，幼中龄林抚育按技术规程进行。

适宜范围 适宜在山西省中条山、太行山中南部山地及太原盆地栽培。

锡盟沙地榆优良种源种子

树种：沙地榆
类别：优良种源
科属：榆科 榆属

学名：*Ulmus pumila* L. var. sabulosa J. H. Guo Y. S. Li et J. H. Li
编号：内蒙古S-SP-UP-011-2011
申请人：锡林郭勒盟林木种苗工作站

良种来源 种子来源于锡盟正蓝旗那日图苏木高格斯台榆树采种基地，林分起源为天然林。

良种特性 根系发达，分枝多。叶椭圆状披针形，半革质，边缘是不规则锯齿。具有极强的抗旱、抗寒、耐贫瘠能力。主要用于防风固沙、水土保持，也可入药。

繁殖和栽培 栽植前对裸根苗的根系进行修剪，将断根、劈裂根、病虫根、过长的根剪去，剪口要平滑。穴植，栽后立即浇水，后期加强抚育管理。

适宜范围 内蒙古浑善达克沙地、乌珠穆沁沙地均可栽培。

白榆初级种子园

树种：榆树　　　　　　学名：*Ulmus pumila* 'Chujizhongziyuan'
类别：实生种子园　　　编号：新S-SSO-UP-015-1995
科属：榆科　榆属　　　申请人：新疆林木种苗管理总站、玛纳斯县平原林场、新疆农业大学林学与园艺学院

良种特性　白榆优树种子园，其子代干形、高生长、材积均优于白榆，其高生长遗传增益显著，材积增益可超过10%，抗寒、抗旱，适应性强。

繁殖和栽培　种子繁殖。
适宜范围　新疆境内均可栽植。

天水榆树第一代种子园

树种：榆树
类别：家系
科属：榆科 榆属

学名：*Ulmus pumila* L.
编号：甘S-SC-UP-003-2011
申请人：天水市林木种苗管理站

良种来源 天水地区。

良种特性 树干通直，叶椭圆状卵形或椭圆披针形，互生，树皮较白，树冠火炬形，在一般条件下树高可达15~25m，胸径可达1m，在干旱贫瘠地方长成灌木状。耐寒性强，极端最低温度达到－18℃以上时，未出现冻害，能正常生长；耐旱性强，天水地区年平均降雨量600mm，最低时不到400mm，降雨时间集中在7~8月份，形成大气和土壤干旱，在这种气候条件下，白榆优良种源能正常生长发育。耐盐碱强，在pH值8.5以上、土壤含盐量为0.43%的盐碱土壤上，榆树生长良好。抗病虫能力强，在各试验林中，在未进行药物防治的情况下，仅发现少量的榆紫金花虫，没有影响林木的正常生长，也没有其他病害。

繁殖和栽培 榆树种子最好随采随播，不必进行特殊处理。调入的种子可以用冷水浸种3~5h，使种子充分吸水。再捞出后与两倍湿沙混拌均匀，摊晒在地面上铺的席上或大的容器内，每日翻动3~5次，使种沙受热均匀，视种沙湿润程度适当喷砂水，以保持温湿度适宜，夜间堆起用草帘或麻袋盖上，待2~3d后种子萌发，部分种子刚刚露出白色幼芽时，及时播种。播种多采用条播。条距30cm，每床3行，拨幅5cm，沟深2cm。播种要均匀，以防缺苗断行。覆土0.5cm左右，以不见种子为宜。覆土后要及时轻轻镇压，使种子与土壤密接，以防透风，并保持种子发芽所需的土壤湿度，覆土不宜过厚，否则影响幼苗出土。在湿度、温度适宜的条件下，一般播种后3~5d就可发芽出土，10d左右苗木可出齐。播种后，苗出齐前，切忌灌蒙头水，以免土壤板结，影响幼苗出土。

适宜范围 在甘肃省陇中地区栽植。

'金叶'榆

树种：榆树	学名：*Ulmus pumila* 'Jinye'
类别：优良无性系	编号：新S-SC-UP-010-2014
科属：榆科 榆属	申请人：新疆玛纳斯县林业局

良种来源　玛纳斯县1997年春天从河南引进接穗；新疆林业科学研究院玛平基地种植。选用胸径2~3cm白榆做砧木，定植株行距70cm×70cm，面积3亩，土壤为沙壤土，机井灌溉，冬季未发生冻害。由于叶色金黄，很快在全县推广，后推广到昌吉各县。

良种特性　生长迅速，枝条密集，耐强度修剪，造型丰富，可培育成乔木，作园林风景树，也可培育成灌木，广泛应用于绿篱、色带。根系发达，耐贫瘠，水土保持能力强。除用于城市绿化外，还可大量应用于山体景观绿化中，营造景观生态林和水土保持林。

繁殖和栽培　繁殖方法主要有嫁接和扦插两种，以嫁接为主。常以白榆为砧木，进行嫁接繁殖。可采用以大规格白榆为砧木的高枝嫁接方法直接培育工程苗，也可采取1~2年生白榆实生苗上嫁接。

适宜范围　新疆昌吉市、吉木萨尔县、玛纳斯县、呼图壁县及相似土壤、气候的区域均可栽植。

白榆种子园

树种：榆树

类别：无性系种子园

科属：榆科 榆属

学名：*Ulmus pumila* 'Zhongziyuan'

编号：新S-CSO-UP-015-2014

申请人：新疆伊犁州林木良种繁育试验中心

良种来源 1981~1983年，在新疆林木种苗管理总站的支持和帮助下，营建白榆种子园100亩，汇集白榆优良单株86个。通过子代测定，不同家系间存在遗传差异，证明树高生长与品种关系密切，2年生苗木树高遗传增益为22%。

良种特性 落叶乔木，高达25m，树冠圆球形。树皮暗灰色，纵裂，粗糙。小枝灰色，细长，排成二列状。叶卵状长椭圆形，先端尖，基部稍歪，缘有不规则之单锯齿。早春叶前开花，簇生于上年生枝上，翅果近圆形，种子位于翅果中部。

繁殖和栽培 播种繁殖：夏播为主，种子随采随播，播种深度1~2cm，亩播种量6~8kg，5~10d发芽，苗高10cm时进行间苗，间距3~5cm，苗期管理要注意经常修剪侧枝，以促其主干向上生长。嫁接繁殖：春季可采用舌接、皮下枝接和劈接，夏季可采用芽接，在1~2年生枝条上嫁接成活率高。

适宜范围 伊犁州新源县、巩留县、伊宁县、察布查尔县及相似土壤、气候的区域均可栽植。

钻天榆 × 新疆白榆优树杂交种子园

树种：榆树	学名：*Ulmus pumila 'Pyramidalis × Umuspumila* Linn'
类别：实生种子园	编号：新S-SSO-UP-069-2004
科属：榆科 榆属	申请人：新疆博林科技发展有限责任公司、新疆吉木萨尔县林木良种试验站

良种来源 选择温湿速生型的河南白榆优树与抗寒耐干旱的新疆白榆优树为亲本，于1978~1986年建立钻天榆 × 新疆白榆优树杂交种子园520亩。经苗期与幼林子代测定，种子园杂种子代综合了双亲优良特性，表现出较强的杂种优势。

良种特性 生长快，干形通直，冠幅窄。耐瘠薄，耐盐碱，喜光不耐庇荫，适应性强，耐低温，抗大气干旱，耐高温，不耐水淹，根系发达，具有强大的主根和侧根，因而抗风力强。种子园子代综合了双亲优良特性，母本3个家系苗期树高与地径遗传增益分别达42.37%和86.36%，父本16个家系达23.32%和27.7%。7年生，种子园正交钻 × 新白综合评价值超河南白榆12.7%~21.2%；6年生，种子园正交钻 × 新白综合评价超新疆白榆47.4%，反交新白 × 钻超新疆白榆41.6%。

繁殖和栽培 播种育苗。

适宜范围 适宜新疆范围内种植。

圆冠榆

树种：圆冠榆	学名：*Ulmus densa* Litw
类别：引种驯化品种	编号：新S-ETS-ZJ-028-2015
科属：榆科 榆属	申请人：新疆维吾尔自治区省级林木种苗示范基地

良种来源 省级林木种苗示范基地2004年从新疆博林公司引进栽培；期间进行驯化繁育。

良种特性 雄花的花序聚伞状，雌花的花序总状，均由无叶的小枝旁边生出，常下垂，花梗长约1.5~3cm，花小，黄绿色，开于叶前，雌雄异株，无花瓣及花盘，雄蕊4~6，花丝很长，子房无毛。

繁殖和栽培 为了提高种子品质，种子应选自15~30年生的健壮母树。当种子变为黄白色时即可采收。过早采收，种子秕，影响发芽率；过晚采集，种子易被风刮走。种子采收后不可暴晒，而应使其自然阴干，轻轻去掉种翅，避免损伤种子。苗圃的选择与整地应选择有水源、排水良好、土层较厚的沙壤土地作苗圃。 播种方法可采用畦播或垄播。播前整地要细，亩施有机肥4000~5000kg，浅翻后灌足底水。

适宜范围 适宜在新疆昌吉州栽植。

白桑

树种：桑	学名：*Morus alba* L.
类别：优良品种	编号：新S-SV-MA-007-2014
科属：桑科 桑属	申请人：新疆吐鲁番地区林业管理站

良种来源 属乡土树种。吐鲁番地区的林果业科学工作者们在果树调查中发现该品种具有的优良结果性状和经济性状后，经过有意识的优良单株汇集、筛选、提纯、扩繁和推广等过程，逐步使该品种成为吐鲁番地区推广的优质树种之一。

良种特性 树形开展，枝条较细而直，发条中等，有下垂枝；皮色综褐色，节间直，节距较短，叶序2/5，皮孔大小中等，椭圆形；冬芽饱满，褐色，正三角形，芽尖紧贴，副芽小而少；成叶心脏形，圆叶，叶色深绿色，光泽较弱，叶面平滑，叶柄细而短，叶基深心形，叶缘乳头齿，叶尖短尾状，叶片着生平伸；开雌花，椹少而中大，玉白色，味甜，含糖量17.34%~19.32%；米条长产叶量春季为100.09~119.5g，秋季为65.38~79.23g，叶片数春季为600~650片、秋季为400~480片。发芽期为4月14~18日、开叶期为4月20~24日；叶片成熟期为5月15~22日，秋叶硬化期一般为9月上旬；品种的抗旱能力强，耐寒性中等。

繁殖和栽培 播种：春播地温达20℃时播种，4月下旬播种。每亩施基肥2500kg，条播每亩用种0.5kg左右，每份种子混拌5份细泥土，播种沟深1cm，沟内先浇水，水渗下后将桑种均匀撒入盖土立即浇水。管理：刚播下半个月之内，每天早晚都要浇水，经常保持土表湿润，重点管理是抗旱防涝、田间定苗、追肥除草。修剪侧枝：5~6月应结合除草修剪侧枝，留主干长出的叶，剪除侧枝，做到去弱留强，空隙处少疏多留，密集处多疏少留，外围多留。通过疏芽、定芽，使桑树条数适当、分布均匀，通风透光、养分集中，有利于枝叶生长。

适宜范围 吐鲁番地区二县一市均可栽植。

'早熟'无花果

树种：无花果
类别：优良无性系
科属：桑科 榕属

学名：*Ficus carica* 'Zaoshu'
编号：新S-SC-FC-019-2009
申请人：新疆阿图什市林业局

良种来源 无花果大约在唐代传入新疆阿图什市，至今有1300余年。1982年，新疆克州科委在无花果资源调查时，发现百年以上树龄的老树有713株，树龄最老的有400多年，盘根苍劲，枝繁叶茂，硕果累累。

良种特性 树势强，树冠半圆形，树高3~4m，树冠直径4~5m。茎干银灰色，幼枝墨绿色，切断后有白色乳汁液体流出。叶掌形互生，浓绿或绿色，叶缘三裂或五裂，叶脉明显，全株有异香。树冠中等，株形紧凑，灌木丛生，没有明显的主干。叶片三裂，叶裂较深，叶色较淡，果实扁圆形，成熟后黄色的果皮上有白色圆果点，果肉为淡黄色。阿图什市在7月上旬成熟，个别年份6月25日以后也可成熟。成熟早，但品质不如晚熟种，不耐贮藏。幼果色绿，随成熟期进展变为淡黄色、黄色，果汁黏，甜而不腻，清爽可口，含蔗糖14%~19%。单果重60~70g，大者可达90g。喜光、喜肥，不耐寒，不抗涝，较耐干旱。如遇－12℃低温新梢即易发生冻害，－20℃时地上部分可能死亡，冬季防寒极为重要。无花果属浆果树种，可食率高达92%以上，果实皮薄无核，肉质松软，风味甘甜，具有很高的营养价值和药用价值。当地维吾尔族群众称其为"树上结的糖包子"。

繁殖和栽培 以扦插繁育为主，也可压条繁育。

适宜范围 在新疆阿图什市周边及喀什地区适宜区域种植。

'晚熟'无花果

树种：无花果	学名：*Ficus carica* 'Wanshu'
类别：优良无性系	编号：新S-SC-FC-020-2009
科属：桑科 榕属	申请人：新疆阿图什市林业局

良种来源 原产于西亚及地中海沿岸诸国，由唐代"丝绸之路"传入我国。在新疆阿图什市主要分布在市郊的松他克乡、阿扎克乡、市园艺场、市良种场。1982年，新疆克州科委组织的无花果科研组进行无花果资源调查时，发现百年以上的老树713株，树龄最老的有400多年，盘根苍劲，枝繁叶茂，硕果累累。

良种特性 树形高大，主干明显，枝茎松散，树形不规则。生长势强，树冠面积较早熟种大。叶片大，叶色浓绿，叶片三裂，裂浅。果实黄色，果皮有果点，扁圆略带锥形，果顶微隆起，果肉黄色略呈淡红色，果内花蕊顶部有的呈紫红色，果顶裂孔处有紫斑或淡红晕。单果重量较早熟种大，一般60~70g。在阿图什市7月下旬8月初成熟，约比早熟种晚上市15~20d，但丰产性比早熟种强。

繁殖和栽培 以扦插繁育为主，也可压条繁育。

适宜范围 在新疆阿图什市周边及喀什地区适宜区域种植。

'新光'核桃

树种：核桃　　　　　　　　　　学名：*Juglans regia* 'Xinguang'

类别：优良品种　　　　　　　　　编号：新S-SV-JR-001-1995

科属：胡桃科 胡桃属　　　　　　申请人：新疆林木种苗管理总站、阿克苏地区实验林场

良种来源　该品种原生长于新和县排先巴扎乡坤托合拉克村一农户果园内，1979年，依据国家颁发的《林木选择育种技术要领》，在新疆各核桃产区的实生混杂群体中，选出优良单株，经过初选、复选、决选以及一系列试验测定后选出。原树号为'新和8号'，命名为'新光'核桃。

良种特性　生长势强，树冠开张，抗性及适应性较强，早实丰产。小枝较粗短弯曲，呈绿色稍褐。混合芽较大，多饱满，无芽座。复叶3~9片。雌先型。结果性状良好，结果母枝发枝2.13个。结果枝率95.3%。中短果枝率80%，果枝长9.81cm。果枝单果率36.7%，双果率为61.7%，三果率1.6%。果大、光滑、美观，味香，品质优良。坚果近扁圆形，果基部平，顶部稍有凹陷，缝合线平，壳面光滑，果形美观。单位树冠投影面积产仁量为259g/m^2；果壳厚度为1.19mm，单果重17.83g，56个/kg，三径平均值3.94cm。单果体积32.38cm^3，易取半仁，出仁率50.46%，仁色较深，含油率68.19%。

繁殖和栽培　无性嫁接繁殖。

适宜范围　在新疆南疆核桃适生区栽植。

'新丰'核桃

树种：核桃	学名：*Juglans regia* 'Xinfeng'
类别：优良品种	编号：新S-SV-JR-002-1995
科属：胡桃科 胡桃属	申请人：新疆林木种苗管理总站、阿克苏地区实验林场

良种来源 该品种原生长于和田县拉依喀乡四管区二村一农户私人住宅旁。1976年，依据国家颁发的《林木选择育种技术要领》，在新疆各核桃产区的实生混杂群体中，选出优良单株，经过初选、复选、决选以及一系列试验测定后选出。原树号为'和上10号'，命名为'新丰'核桃。

良种特性 生长健壮，树势强，树冠开张，抗性强，适生范围广。小枝粗短弯曲，多鸡爪状，呈青褐色或赤褐色。混合芽大而饱满，离开叶腋，有的有芽座。叶片大，浓绿色，复叶3~7片，并有畸形单叶。雌先型。早实丰产、稳产，结果母枝发枝2.95个，结果枝率89.8%，短、中果枝率达3.13%，果枝长8.38cm。果枝单果率29.1%，双果率达60.14%，三果率10.0%。坚果长圆形，果基平，顶部有尖，壳面较光滑，缝合线较突起，结合紧密。单果体积25.13cm³，果壳厚度1.28mm，易取整仁，出仁率为53.12%，仁色黄褐色，味香甜，含油率71.59%，单位树冠投影面积产仁量370g/m²。单果重14.67g，68个/kg，三径平均3.73cm。具很强的早期丰产性能，需保证良好的水土肥条件，以利保持连年丰产稳产。

繁殖和栽培 无性嫁接繁殖。

适宜范围 在新疆南疆核桃适生区栽植。

'新露'核桃

树种：核桃	学名：*Juglans regia* 'Xinlu'
类别：优良品种	编号：新S-SV-JR-003-1995
科属：胡桃科 胡桃属	申请人：新疆林木种苗管理总站、阿克苏地区实验林场

良种来源 该品种原生长于阿克苏地区实验林场造林一队实生核桃园中。1976年，依据国家颁发的《林木选择育种技术要领》，在新疆各核桃产区的实生混杂群体中，选出优良单株，经过初选、复选、决选以及一系列试验测定后选出。原树号为'阿林10号'，命名为'新露'核桃。

良种特性 树势强，树冠开张，适应性强。冠间枝条结构较稀疏，小枝多较弯曲，呈黄褐色或黄绿色。混合芽较大，多饱满，无芽座，复叶5~7片。雌先型。具有露仁、早实丰产、果大、美观等综合优良性状。结果母枝发枝1.69个。结果枝率82.8%。中短果枝率为75.49%，长果枝率24.5%。果枝长12.01 cm。果枝单果率59.5%，双果率达37.49%。易取全仁，出仁率为52.15%，含油率69.02%，味香，单位树冠投影面积产仁量为235 g/m²。坚果扁圆形，缝合线较平，线侧有小麻坑，壳面除露孔外，都较光滑。单果体积42.92 cm³，单果重量19.49 g，51个/kg，三径平均值4.3 cm，果壳厚度1.37 mm。抗性强，是宝贵的种质资源和育种材料，宜作当地仁用加工品种发展，可在新疆南疆核桃产区水土肥条件较好的地方适当发展。

繁殖和栽培 无性嫁接繁殖。

适宜范围 在新疆南疆核桃适生区栽植。

'温185'核桃

树种：核桃	学名：*Juglans regia* 'Wen185'
类别：优良品种	编号：新S-SV-JR-004-1995
科属：胡桃科 胡桃属	申请人：新疆林业科学研究院、新疆林木种苗管理总站、温宿县木本粮油林场

良种来源 该品种母株原为温宿县木本粮油林场核桃园'卡卡孜'实生子一代植株，原树号'OB185'。1983年按照《林木选择育种技术要领》，在温宿县木本粮油林场实生核桃园选出优良单株，经过一系列试验测定后选出。

良种特性 树势强，树冠开张，当年生枝条粗壮，呈深绿色。混合芽大而饱满。复叶3~7片，具畸形单叶。雌先型，侧花芽比例100%。结果母枝4.5个。结果枝率100%。短果枝率69.2%、中果枝率30.8%。果枝单果率31.5%、双果率31.5%、三果率29.6%、多果率7.4%。早实丰产型，坚果圆，果基圆，果顶渐尖，似桃形，壳面光滑，线平或稍凸，壳厚0.8mm，坚果三径平均4cm。果重15.8g，单个仁重10.4g，出仁率65.9%；果仁充实饱满，易取整仁，仁满色浅，出仁率65.9%，含油率68.3%，味香，坚果品质优。嫁接后第5年（砧木7年）单位树冠投影面积产果仁452g/m²，折合亩产达460kg，含脂肪68.3%；抗逆性强，较耐干旱，抗寒抗病性强。坚果宜带壳销售作生食用，适宜营建密植丰产园，实行集约经营。

繁殖和栽培 无性嫁接繁殖。

适宜范围 在新疆南疆核桃主产区栽植。

'扎343'核桃

树种：核桃	学名：*Juglans regia* 'Zha343'
类别：优良品种	编号：新S-SV-JR-005-1995
科属：胡桃科 胡桃属	申请人：新疆林业科学研究院、新疆林木种苗管理总站、温宿木本粮油林场

良种来源 该品种母株原生长于新疆林业科学研究院扎木台木本粮油试验站实生核桃园中。1963年按照《林木选择育种技术要领》，在新疆各核桃产区选择优良单株，经过多年株间比较和选择后，经过一系列试验测定后选出。

良种特性 长势旺，树冠开张，适应性强，小枝呈黄绿色。混合芽较大，且饱满。复叶3~7片。雄先型。侧花芽比例97%，结果母枝发枝2.5个，结果枝率93.0%。果枝单果率50.0%、双果率25.0%、三果率25.0%。坚果卵圆形，果基部圆，果顶部小而圆，壳面光滑，缝合线平，壳厚1.16mm。坚果三径平均4cm，易取整仁。果重16.4g，仁重8.9g，出仁率54.0%，含油率67.5%，味香，品质优良。产量中上，嫁接苗定植后第2年开始结果。较耐粗放管理，宜作带壳销售品种发展。雄花先开，花粉量大，花期长，是理想的授粉品种。

繁殖和栽培 无性嫁接繁殖。

适宜范围 在新疆南疆核桃主产区栽植。

'新早丰'核桃

树种：核桃	学名：*Juglans regia* 'Xinzaofeng'
类别：优良品种	编号：新S-SV-JR-006-1995
科属：胡桃科 胡桃属	申请人：新疆林业科学研究院、新疆林木种苗管理总站、温宿县木本粮油林场

良种来源 该品种母株原生长于温宿县吐木秀克乡兰干村一农户宅旁。1983年按照《林木选择育种技术要领》，对该母株采集穗条，经过嫁接、对比测定，因其结果早、早期丰产性强、果实品质优良等特性被选出。

良种特性 长势中等，树冠开张。雌先型。当年生枝条绿褐色，小枝粗壮。混合芽大而饱满，馒头形，多为复芽，主副芽分离，主芽具芽座，侧花芽比例93%。复叶3~7片，顶叶大而呈深绿色，具畸形单叶。结果母枝发枝7.6个，结果枝率100%。短果枝率43.8%，中果枝率55.6%，长果枝率0.6%。果枝单果率15.0%，双果率52.5%、三果率20.0%、多果率12.5%。盛果期单位树冠投影面积产果仁569.7 g/m²，坚果椭圆形，果基圆，果顶渐小，果尖稍凸，壳面光滑，缝合线平。单果体积27.7 cm³，坚果三径平均3.7 cm，果重13.1 g，单个仁重6.7 g，果仁饱满，出仁率51%。品质优良，仁满色浅，含油率66.6%。

繁殖和栽培 无性嫁接繁殖。

适宜范围 在新疆南疆核桃主产区栽植。

'卡卡孜'核桃

树种：核桃	学名：*Juglans regia* 'Kakazi'
类别：优良品种	编号：新S-SV-JR-007-1995
科属：胡桃科 胡桃属	申请人：新疆林业科学研究院造林治沙研究所

良种来源 该品种母株原生长于阿克苏市阿音柯乡十五村的农田中，1963年按照《林木选择育种技术要领》，通过对母株多年经济性状的观测，其品质优良稳定，为优良种质。

良种特性 生长势较旺，树冠开张，抗逆性强。雌先型。小枝呈淡绿色，节间较长。芽多呈半球形，无芽座。复叶5~9片。结果母枝发技1.8个。结果枝率72.2%。单果率54.8%、双果率41.9%、三果率3.3%。坚果椭圆形或卵形，果基部圆形，顶部有小尖，壳面光滑，缝合线平。单果重14.9g，果仁充实饱满，"壳薄如纸"而不露仁，易取整仁，色浅，出仁率66.4%，含油率78.8%，味香。嫁接苗定植后二三年可开花，但进入盛果期较晚，产量中等，大小年不明显。

繁殖和栽培 无性嫁接繁殖。

适宜范围 在新疆南疆核桃产区水肥较好地区栽培。

'卡卡孜'核桃

西扶1号

树种：核桃	学名：*Juglans regia* 'Xifu1.'
类别：优良无性系	编号：QLS007-J006-1998
科属：胡桃科 胡桃属	申请人：西北农林科技大学

良种来源 陕西省扶风县绛帐特异性单株。

良种特性 落叶乔木。树势健壮。树冠圆头形，树姿较开张。节间较短，复芽，芽呈半圆形。雄先型。早实。晚熟品种。坚果大小中等，长圆形，壳面较光滑，缝合线稍凸。核仁色浅，充实饱满，易取整仁，出仁率50%。中短枝结果为主，丰产稳产，栽植3~4年后挂果，7~8年进入稳产期，盛果期平均产量1800kg/hm²。经济林树种。制干、鲜食及榨油兼用品种。

繁殖和栽培 培育实生苗作砧木。翌年插皮接或单芽切接，留苗量75000株/hm²左右。造林前要细致整地，施足基肥，栽植穴1.0m×1.0m×1.0m，密度330株或495/hm²。栽后灌透水，覆膜或盖细土保墒。定干高度1.2~1.5m。核桃病虫害约有百余种。造成严重危害的主要有：1.核桃细菌性黑斑病，危害叶、花、嫩枝及果实。防治方法一是选育抗病品种；二是加强综合管理，提高抗病能力；三是及时清理病枝病叶病果；四是用5%菌毒清水剂1000倍液或用中生菌素（按说明使用）进行防治。2.核桃腐烂病，危害树干及主枝。防治方法一是加强管理，增强树势，提高抗病能力；二是冬季树干涂白；三是经常检查，刮除病斑，及时清理枯死枝、死树；四是刮除病斑后，涂抹涂勃生牌等离子体制剂或10%多菌灵可湿性粉剂、65%甲基托布津可湿性粉剂50~100倍液。3.核桃举肢蛾，幼虫危害果实。防治方法一是林粮间作，扩翻树盘，破坏幼虫越冬场所；二是加强虫情预测预报，准确掌握发生动态；三是成虫羽化产卵后、幼虫孵化蛀果前，树冠喷20%除虫脲胶悬剂3000倍液，每7d一次，连喷2~3次，或2.5%溴氰菊酯、20%氰戊菊酯3000倍液。4.云斑天牛，幼虫蛀食枝干皮部和木质部，成虫啃食新枝嫩皮。防治方法一是选择抗虫品种；二是利用成虫假死习性，人工捕杀；三是幼虫期用铁丝钩出虫粪、木屑，蛀孔注射80%敌敌畏乳油100~300倍液，或2.5%溴氰菊酯20~50倍液。

适宜范围 陕西黄土高原、秦巴山区及相类似地区推广栽植。

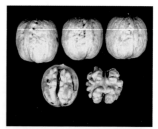

西扶2号

树种：核桃
类别：优良无性系
科属：胡桃科 胡桃属

学名：*Juglans regia* 'Xifu2.'
编号：QLS008-J007-1998
申请人：西北农林科技大学

良种来源 陕西省扶风县特异性单株。

良种特性 落叶乔木。树势中庸。树冠圆头形，树姿开张。分枝力强，主干分枝早，节间较短，枝条斜平。早实型。果形似元宝。核仁充实饱满，易取整仁，淡黄色，出仁率50%以上。抗病性强，抗旱、抗寒能力强。丰产性好，栽植3~4年后挂果，8年进入稳产期，盛果期平均产量1900kg/hm²。经济林树种。制干、鲜食及榨油兼用品种。

繁殖和栽培 培育实生苗作砧木。翌年插皮接或单芽切接，留苗量75000株/hm²左右。造林前要细致整地，施足基肥，栽植穴1.0m×1.0m×1.0m，密度330株或495/hm²。栽后灌透水，覆膜或盖细土保墒。定干高度1.2~1.5m。核桃病虫害约有百余种。造成严重危害的主要有：1.核桃细菌性黑斑病，危害叶、花、嫩枝及果实。防治方法一是选育抗病品种；二是加强综合管理，提高抗病能力；三是及时清理病枝病叶病果；四是用5%菌毒清水剂1000倍液或用中生菌素（按说明使用）进行防治。2.核桃腐烂病，危害树干及主枝。防治方法一是加强管理，增强树势，提高抗病能力；二是冬季树干涂白；三是经常检查，刮除病斑，及时清理枯死枝、死树；四是刮除病斑后，涂抹涂勃生牌等离子体制剂或10%多菌灵可湿性粉剂、65%甲基托布津可湿性粉剂50~100倍液。3.核桃举肢蛾，幼虫危害果实。防治方法一是林粮间作，扩翻树盘，破坏幼虫越冬场所；二是加强虫情预测预报，准确掌握发生动态；三是成虫羽化产卵后、幼虫孵化蛀果前，树冠喷20%除虫脲胶悬剂3000倍液，每7d一次，连喷2~3次，或2.5%溴氰菊酯、20%氰戊菊酯3000倍液。4.云斑天牛，幼虫蛀食枝干皮部和木质部，成虫啃食新枝嫩皮。防治方法一是选择抗虫品种；二是利用成虫假死习性，人工捕杀；三是幼虫期用铁丝钩出虫粪、木屑，蛀孔注射80%敌敌畏乳油100~300倍液，或2.5%溴氰菊酯20~50倍液。

适宜范围 陕西黄土高原、秦巴山区及相类似地区推广栽植。

西林2号

树种：核桃
类别：优良无性系
科属：胡桃科 胡桃属

学名：*Juglans regia* 'Xilin2.'
编号：QLS009-J008-1998
申请人：西北农林科技大学

良种来源 引进新疆早实核桃的特异性单株。

良种特性 落叶乔木。树势较强。树冠圆形，树姿开张。枝条粗壮较为密集，分枝力强。雌先行。早实。果大，圆形，表面光滑，果壳较薄，出仁率50％以上。丰产稳产，栽植3~4年后挂果，7~8年进入稳产期，盛果期平均产量1950 kg/hm²。经济林树种。制干、鲜食及榨油兼用品种。

繁殖和栽培 培育实生苗作砧木。翌年插皮接或单芽切接，接穗已半木质化时，采用双开门芽接。留苗量75000株/hm²左右。高接换头宜采用下舌接或接穗皮下舌接。造林前先细致整地，施足基肥，栽后灌透水，覆膜或盖细土保墒。栽植密度330株/hm²。

适宜范围 适宜海拔800~1300 m的黄土高原、秦巴山区及相类似地区栽植。

西洛1号

树种：核桃
类别：优良无性系
科属：胡桃科 胡桃属

学名：*Juglans regia* 'Xiluo1'
编号：QLS010-J009-1998
申请人：西北农林科技大学、洛南县核桃研究所

良种来源 陕西省洛南县石门乡特异性单株。

良种特性 落叶乔木。树势强健。树冠圆头形，树形紧凑。顶花芽结果为主。坚果椭圆形，壳面较为光滑，黄褐色。核仁充实饱满，仁色淡黄色，易取整仁，出仁率50％以上。栽植4年后挂果，7年进入稳产期，盛果期平均产量1650 kg/hm²。经济林树种。制干、鲜食及榨油兼用品种。

繁殖和栽培 培育实生苗作砧木。翌年插皮接或单芽切接，留苗量75000株/hm²左右。造林前要细致整地，施足基肥，栽植穴1.0 m×1.0 m×1.0 m，密度330株或495/hm²。栽后灌透水，覆膜或盖细土保墒。定干高度1.2~1.5 m。核桃病虫害约有百余种。造成严重危害的主要有：1.核桃细菌性黑斑病，危害叶、花、嫩枝及果实。防治方法一是选育抗病品种；二是加强综合管理，提高抗病能力；三是及时清理病枝病叶病果；四是用5％菌毒清水剂1000倍液或用中生菌素（按说明使用）进行防治。2.核桃腐烂病，危害树干及主枝。防治方法一是加强管理，增强树势，提高抗病能力；二是冬季树干涂白；三是经常检查，刮除病斑，及时清理枯死枝、死树；四是刮除病斑后，涂抹涂勃生牌等离子体制剂或10％多菌灵可湿性粉剂、65％甲基托布津可湿性粉剂50~100倍液。3.核桃举肢蛾，幼虫危害果实。防治方法一是林粮间作，扩翻树盘，破坏幼虫越冬场所；二是加强虫情预测预报，准确掌握发生动态；三是成虫羽化产卵后、幼虫孵化蛀果前，树冠喷20％除虫脲胶悬剂3000倍液，每7d一次，连喷2~3次，或2.5％溴氰菊酯、20％氰戊菊酯3000倍液。4.云斑天牛，幼虫蛀食枝干皮部和木质部，成虫啃食新枝嫩皮。防治方法一是选择抗虫品种；二是利用成虫假死习性，人工捕杀；三是幼虫期用铁丝钩出虫粪、木屑，蛀孔注射80％敌敌畏乳油100~300倍液，或2.5％溴氰菊酯20~50倍液。

适宜范围 陕西秦巴山区、黄土高原及相类似地区栽植。

西洛2号

树种：核桃	学名：*Juglans regia* 'Xiluo2'
类别：优良无性系	编号：QLS011-J010-1998
科属：胡桃科 胡桃属	申请人：西北农林科技大学、西安市植物园、洛南县核桃研究所

良种来源 陕西省洛南县石门乡特异性单株。

良种特性 落叶乔木。树势中庸。树冠圆头形，树形紧凑。顶花芽结果为主，多为3果。坚果长圆形。核仁充实饱满，易取整仁，淡黄色，出仁率50%。栽植3年后挂果，5~6年进入稳产期，盛果期平均产量1500kg/hm²。经济林树种。制干、鲜食及榨油兼用品种。

繁殖和栽培 培育实生苗作砧木。翌年插皮接或单芽切接，留苗量75000株/hm²左右。造林前要细致整地，施足基肥，栽植穴1.0m×1.0m×1.0m，密度330株或495/hm²。栽后灌透水，覆膜或盖细土保墒。定干高度1.2~1.5m。核桃病虫害约有百余种。造成严重危害的主要有：核桃细菌性黑斑病，危害叶、花、嫩枝及果实。防治方法一是选育抗病品种；二是加强综合管理，提高抗病能力；三是及时清理病枝病叶病果；四是用5%菌毒清水剂1000倍液或用中生菌素（按说明使用）进行防治。核桃腐烂病，危害树干及主枝。防治方法一是加强管理，增强树势，提高抗病能力；二是冬季树干涂白；三是经常检查，刮除病斑，及时清理枯死枝、死树；四是刮除病斑后，涂抹涂勃生牌等离子体制剂或10%多菌灵可湿性粉剂、65%甲基托布津可湿性粉剂50~100倍液。核桃举肢蛾，幼虫危害果实。防治方法一是林粮间作，扩翻树盘，破坏幼虫越冬场所；二是加强虫情预测预报，准确掌握发生动态；三是成虫羽化产卵后、幼虫孵化蛀果前，树冠喷20%除虫脲胶悬剂3000倍液，每7d一次，连喷2~3次，或2.5%溴氰菊酯、20%氰戊菊酯3000倍液。云斑天牛，幼虫蛀食枝干皮部和木质部，成虫啃食新枝嫩皮。防治方法一是选择抗虫品种；二是利用成虫假死习性，人工捕杀；三是幼虫期用铁丝钩出虫粪、木屑，蛀孔注射80%敌敌畏乳油100~300倍液，或2.5%溴氰菊酯20~50倍液。

适宜范围 陕西秦巴山区、黄土高原及相类似地区栽植。

西洛3号

树种：核桃	学名：*Juglans regia* 'Xiluo3'
类别：优良无性系	编号：QLS012-J011-1998
科属：胡桃科 胡桃属	申请人：西北农林科技大学、西安市植物园

良种来源 陕西省商州区民主村特异性单株。

良种特性 落叶乔木。树势中庸偏强。树冠圆头形，树形紧凑。枝条较直立。坚果椭圆形，壳面光滑，黄褐色。核仁充实饱满，易取整仁，淡黄色或黄色，出仁率50%。丰产稳产，栽植3年后挂果，7年进入稳产期，盛果期平均产量1800kg/hm²。经济林树种。制干、鲜食及榨油兼用品种。

繁殖和栽培 培育实生苗作砧木。翌年插皮接或单芽切接，留苗量75000株/hm²左右。造林前要细致整地，施足基肥，栽植穴1.0m×1.0m×1.0m，密度330株或495/hm²。栽后灌透水，覆膜或盖细土保墒。定干高度1.2~1.5m。核桃病虫害约有百余种。造成严重危害的主要有：1.核桃细菌性黑斑病，危害叶、花、嫩枝及果实。防治方法一是选育抗病品种；二是加强综合管理，提高抗病能力；三是及时清理病枝病叶病果；四是用5%菌毒清水剂1000倍液或用中生菌素（按说明使用）进行防治。2.核桃腐烂病，危害树干及主枝。防治方法一是加强管理，增强树势，提高抗病能力；二是冬季树干涂白；三是经常检查，刮除病斑，及时清理枯死枝、死树；四是刮除病斑后，涂抹涂勃生牌等离子体制剂或10%多菌灵可湿性粉剂、65%甲基托布津可湿性粉剂50~100倍液。3.核桃举肢蛾，幼虫危害果实。防治方法一是林粮间作，扩翻树盘，破坏幼虫越冬场所；二是加强虫情预测预报，准确掌握发生动态；三是成虫羽化产卵后、幼虫孵化蛀果前，树冠喷20%除虫脲胶悬剂3000倍液，每7d一次，连喷2~3次，或2.5%溴氰菊酯、20%氰戊菊酯3000倍液。4.云斑天牛，幼虫蛀食枝干皮部和木质部，成虫啃食新枝嫩皮。防治方法一是选择抗虫品种；二是利用成虫假死习性，人工捕杀；三是幼虫期用铁丝钩出虫粪、木屑，蛀孔注射80%敌敌畏乳油100~300倍液，或2.5%溴氰菊酯20~50倍液。

适宜范围 陕西黄土高原、秦巴山区及相类似地区推广栽植。

晋龙1号

树种：核桃	学名：*Juglans regia* L.
类别：无性系	编号：晋S-SV-JR-014-2001
科属：胡桃科 胡桃属	申请人：汾阳市林业局、山西省林业科学研究所、汾阳市核桃良种园

良种来源 选自山西汾阳市南偏城村当地晚实核桃类群。

良种特性 植株生长势强，树姿较开张，分枝角60~70°，树冠圆头形，叶片大而厚，深绿色，属雄先型，晚实型品种。早期丰产性较强，并能单性结实。坚果较大，平均单果重14.85g，果形端正，壳面光滑，颜色较浅，壳厚1.09mm，缝合线窄而平，结合紧密，可取整仁，出仁率61.34%，平均单仁重9.1g，仁色淡黄白色，风味香，品质上等。抗寒、耐旱，抗病性强。

繁殖和栽培 嫁接繁殖，芽接降低成本。栽植密度株行距可按6×（12~14）m，早密丰园株行距可按5×（5~8）m，栽植方法均以单行密株合适。大坑定植、施足底肥。间作核桃园定干高度1.2~1.5m，树形宜采用主干疏层形。密植园定干高度为0.4~1.0m，树形宜采用开心形、圆柱形。

适宜范围 山西省太原以南海拔1300m以下丘陵山区中上部栽培。

晋龙2号

树种：核桃	学名：*Juglans regia* L.
类别：品种	编号：晋S-SV-JR-015-2001
科属：胡桃科 胡桃属	申请人：汾阳市林业局、山西省林业科学研究所、汾阳市核桃良种园

良种来源 选自山西汾阳市南偏城村当地晚实核桃类群。

良种特性 植株生长势强，树姿开张，分枝角度70°左右，树冠半圆形，叶片中大，深绿色，属雄先型、晚实型品种。早期丰产性较强，嫁接苗和高接树第3年开始结果，中短果枝结果为主，双果居多。侧花芽率较高，并能单性结实。坚果光滑，外观漂亮，单果重15.92g，最大18.1g，壳厚1.22mm，出仁率56.7%，取仁容易，仁色淡黄色，风味香甜独特。抗寒、抗旱、抗病性强。

繁殖和栽培 嫁接繁殖，芽接降低成本。栽植密度一般为（5~8）m×（8~12）m，幼树对肥水条件要求不太严，整形修剪以培养骨干枝、扩大树冠、解决通风透光为主。盛果期应加强土、肥、水管理，增施有机肥和氮磷复合肥，控制背后枝夺头生长，保持良好的结果树形。

适宜范围 山西省太原以南海拔1300m以下丘陵山区中上部栽培。

晋龙2号

薄壳香

树种：核桃	学名：*Juglans regia* L.
类别：品种	编号：晋S-SV-JR-016-2001
科属：胡桃科 胡桃属	申请人：祁县核桃良种试验场

良种来源　从中国林业科学研究院引种。

良种特性　植株生长势强，树姿较直立，分枝角55°左右，树冠圆头形，叶大而厚，深绿色，属雄先型，早实型品种。该品种树势强健，丰产性较强；坚果较大，壳面光滑美观，单果重平均13.0g，壳厚1.2mm，出仁率50.9%，可取整仁，仁色淡黄白色，风味香，品质上等；抗寒、耐旱、抗病性强。

繁殖和栽培　采用嫁接繁殖，双舌接从元月1日~4月底，芽接6月1日~6月底。每亩可定植55~110株，株行距（2~3）m×（3~4）m，该品种生长势与丰产性均较强，提倡园艺化栽培。注意增施有机肥，加强花果管理，适量负荷，延长结果寿命。

适宜范围　山西省太原以南海拔1300m以下丘陵山区中下部栽培。

薄壳香（baokexiang）

辽核1号

树种：核桃	学名：*Juglans regia* L.
类别：品种	编号：晋S-SV-JR-017-2001
科属：胡桃科 胡桃属	申请人：安泽县林业局

良种来源　从中国林业科学研究院引种。

良种特性　植株生长中庸，树姿开张，分枝角度70°左右，树冠呈半圆形，果枝短粗，叶片较大，深绿色。该品种树冠紧凑，适宜矮化密植；结果早、丰产；属雄先型，早实型品种；坚果中等大，平均单果重12g，壳面较光滑美观，壳厚1.17mm，可取整仁，出仁率55.4%，仁色淡黄白色，风味香，品质上等。

繁殖和栽培　6~7月方块芽接和T字型芽接。3月底～4月中旬采用室内枝接，用蜡封接口以上部分再定植。用2年生嫁接苗栽植，株行距3m×5m，每亩可定植44株。该品种属高肥水、丰产性强品种，提倡园艺化栽培。注意增施有机肥，保持结果与生长量平衡，同时适当控制结果量，延长结果寿命。

适宜范围　山西省太原以南海拔1300m以下丘陵山区中下部栽培。

清香

树种：核桃	学名：*Juglans regia* L. 'Qing xiang'
类别：引种驯化品种	编号：冀S-ETS-JR-007-2003
科属：胡桃科 胡桃属	申请人：河北农业大学

良种来源 核桃清香是1948年日本清水直江从晚实核桃实生群体中选出，1983年引入我国。

良种特性 落叶乔木。坚果较大，种仁品质优良。内褶壁退化，取仁容易，种仁含蛋白质23.1%，粗脂肪65.8%，碳水化合物9.8%，仁色浅黄，香味浓涩味淡，风味佳。适应性性强。对炭疽病、黑斑病及干旱、干热风的抵御能力强。丰产。树势稳定，连续结果能力强。嫁接亲和力强。

繁殖和栽培 土壤质地以保水、透气良好，pH值为7.0~7.5的壤土和沙壤土较为适宜。清香核桃为雄先型品种，一般雌先型品种都可与其搭配栽植，如'礼品2号''绿波''辽宁5号''中林5号'等。树形应根据分枝情况，采用主干分层形或自然开心形。修剪中应注意树体结构的调整，一年生枝可适当进行中、轻度短截，以促发健壮结果母枝。春季可采用刻芽等措施，增加枝量。

适宜范围 河北省核桃适生区。

'和上01号'核桃

树种：核桃	学名：*Juglans regia* 'Heshang01'
类别：优良品种	编号：新S-SV-JR-026-2004
科属：胡桃科 胡桃属	申请人：新疆林木种苗管理总站、阿克苏地区实验林场

良种来源 原为新疆和田县上游公社（现为拉依喀乡）一管区三村2村民组农田中的一株实生母株。1976年新疆林木种苗管理总站组织核桃选优时入选为优树，阿克苏地区实验林场进行了无性系测定，后经过两个点区域试验，1991年由新疆科委主持通过品种签定。

良种特性 长势强，树冠较开张，适应性强，开始结果早，产量较高。小枝粗壮芽大，叶大，多呈深绿色，顶叶特大，由3~7片叶组成的复叶，偶有4片小叶。雌雄花期基本一致。坚果品质优良，短卵形，果基部及顶部较圆，缝合线平，壳面光滑，适宜带壳，宜在水肥条件良好的地区发展。经无性系测定，其母

枝发枝5.37个，结果枝率70.01%，以中果枝结果为主，单果率59.45%，双果率34.65%。嫁接后第3年开始结果，8年生最高株产26kg，按每平方米树冠投影面积计算，产仁量524g，单果体积26.95cm³，单果重14.72g，67个/kg，壳厚1.18mm，出仁率56.61%，含油率69.39%，坚果整齐，取仁极易，仁色淡黄，味香甜。

繁殖和栽培 以嫁接繁殖为主，通过育好砧木，选好接穗，在生长期内用硬枝插皮舌接、腹接及芽接等多种方法。注意嫁接后的管理要符合丰产栽培规程要求。

适宜范围 在新疆南疆核桃适生区栽植。

'和上15号'核桃

树种：核桃	学名：*Juglans regia* 'Heshang15'
类别：优良品种	编号：新S-SV-JR-027-2004
科属：胡桃科 胡桃属	申请人：新疆林木种苗管理总站、阿克苏地区实验林场

良种来源 原为新疆和田县上游公社（现为拉依喀乡）五管区二村3组的院墙旁的一株实生母株。1976年新疆林木种苗管理总站组织核桃选优时入选为优树，阿克苏地区实验林场进行了无性系测定，后经过两个点区域试验，1991年由新疆科委主持通过品种签定。

良种特性 该品种长势强，树冠紧凑，适应性强，结果早，产量较高。小枝短而粗壮。芽大而饱满，顶叶大，具单叶，有很多由3片叶组成的复叶，雌先型。坚果品质较优良，短卵形，果基都圆，果顶部小而圆，壳面较麻，缝合线较平，适宜带壳销售，宜在水肥条件良好的地区发展。经无性系测定，其母枝发枝7.8个，结果枝率63.99%，以短中果枝结果为主，单果率66.2%，双果率29.5%。嫁接第8年平均株产19kg，最高达35kg，按每平方米树冠投影面积计算，产仁量485g，表现了很强的丰产性，单果体积30.3cm³，单果重18g，56个/kg，壳厚1.15mm，出仁率55.1%，含油率63.3%，取仁容易，仁黄白色，果型中等偏大。

繁殖和栽培 以嫁接繁殖为主，通过育好砧木，选好接穗，在生长期内用硬枝插皮舌接、腹接及芽接等多种方法。注意嫁接后的管理要符合丰产栽培规程要求。

适宜范围 在新疆南疆核桃适生区栽植。

'新温81'核桃

树种：核桃
类别：优良品种
科属：胡桃科 胡桃属

学名：*Juglans regia* 'Xinwen81'
编号：新S-SV-JR-034-2004
申请人：新疆林业科学研究院、
　　　　新疆林木种苗管理总站、
　　　　温宿县木本粮油林场

品种来源　该品种在全疆核桃优树选择的基础上，1980年定植优树半同胞播种苗，通过试验观测，于1983年从扎465号子一代中选育出的优树，于1984开始大树高接换头，经过11年试验观测所形成的新品种，命名为'新温81'核桃。1990年8月通过新疆科委组织的科研、教学、生产等单位专家参加的现场鉴定验收。

品种特性　该品种树势强，生长旺盛，树冠开张，适应性强。当年生枝呈绿褐色，较粗壮。混合芽大而饱满，馒头形，无芽座。复叶3~7片，具畸形单叶，叶片小，深绿色。雄先型。早期丰产性强，盛果期产量中等。早实，结果母枝发枝3.4个。结果枝率91.2%。短果枝率82.6%、中果枝率15.9%、长果枝率1.5%。果枝单果率33.8%、双果率50.7%、三果率9.9%、多果率5.6%。坚果较小，品质极佳，果仁无苦涩味。坚果椭圆形，果尖稍凸，果基圆，三径平均3.4cm，单果重10.98g，壳面较光滑，色浅，壳厚0.88mm，内褶壁退化，横隔膜膜质，宜取整仁，果仁色浅，味浓香，出仁率61.4%，冠影产果仁209g/m^2，大小年不明显。

培育技术　以嫁接繁殖为主。

适宜范围　新疆南疆核桃适生区。

'新温179'核桃

树种：核桃
类别：优良品种
科属：胡桃科 胡桃属

学名：*Juglans regia* 'Xinwen179'
编号：新S-SV-JR-035-2004
申请人：新疆林业科学研究院、
　　　　新疆林木种苗管理总站、
　　　　温宿县木本粮油林场

品种来源　该品种在全疆核桃优树选择的基础上，1980年定植优树半同胞播种苗，通过试验观测，于1983年从扎63号子一代中选育出的优树，于1984开始大树高接换头，经过11年试验观测所形成的新品种，命名为'新温179'核桃。1990年8月通过自治区科委组织的科研、教学、生产等单位专家参加的现场鉴定验收。

品种特性　该品种树势较强，树冠开张，适应性强。当年生枝灰绿色，小枝粗壮。混合芽大而饱满，馒头形。复叶3~9片，具畸形单叶，顶叶大而肥厚，深绿色。雌先型。早期丰产性强，盛果期产量上等，早实，结果母枝发枝2.95个。结果枝率93.2%。短果枝率50%、中果枝率46.4%、长果枝率3.6%。果枝单果率27.3%、双果率67.3%、三果率5.4%。坚果光滑美观品质特优。坚果圆形，果顶、果基圆，缝合线平，单果体积34.9cm^3，三径平均4.1cm，单果重15.94g，壳面较光滑、色浅，壳厚0.86mm。内褶壁退化，横隔膜膜质，宜取整仁。果仁色浅，味浓香，含油率70.4%。出仁率61.4%，冠影产果仁339.1g/m^2，大小年不明显。

培育技术　以嫁接繁殖为主。

适宜范围　新疆南疆核桃适生区。

'新温233'核桃

树种：核桃
类别：优良品种
科属：胡桃科 胡桃属

学名：*Juglans regia* 'Xinwen233'
编号：新S-SV-JR-036-2004
申请人：新疆林业科学研究院、
　　　　新疆林木种苗管理总站、
　　　　温宿县木本粮油林场

品种来源 该品种在全疆核桃优树选择的基础上，1980年定植优树半同胞播种苗，通过试验观测，于1983年从'和春3号'子一代中选育出的优树，于1984开始大树高接换头，经过11年试验观测所形成的新品种，命名为'新温233'核桃。1990年8月通过自治区科委组织的科研、教学、生产等单位专家参加的现场鉴定验收。

品种特性 该品种树势强，生长旺盛，树冠开张，适应性强。当年生枝灰绿色，小枝粗壮。芽具芽座，顶芽大而饱满，每鳞片内侧基部有一小混合芽。复叶3~9片，具畸形单叶，顶叶大，呈深绿色。雌先型。早期丰产性强，盛果期产量上等，早实，坚果较大，仅次于新巨丰。结果母枝发枝4.3个。结果枝率89.5%。短果枝率27.1%、中果枝率54.3%、长果枝率18.6%。果枝单果率46%、双果率30.8%、三果率7.7%，多果率15.5%。坚果品质优良，果仁无苦涩味。坚果椭圆形，果尖稍凸，果基圆。三径平均5.1cm，单果重23.37g，壳面较光滑、色浅，壳厚1.14mm。内褶壁退化，横隔膜膜质，宜取整仁。果仁色浅，味浓香，无苦涩感，含油率69.2%。出仁率55.13%，冠影产果仁290.6g/m²，大小年不明显。

培育技术 以嫁接繁殖为主。

适宜范围 新疆南疆核桃适生区。

'新乌417'核桃

树种：核桃
类别：优良品种
科属：胡桃科 胡桃属

学名：*Juglans regia* 'Xinwu417'
编号：新S-SV-JR-037-2004
申请人：新疆林业科学研究院、
新疆林木种苗管理总站、
温宿县木本粮油林场

品种来源 该品种在全疆核桃优树选择的基础上，1980年定植优树半同胞播种苗。通过试验观测，于1983年从乌什县城镇居民院内选出的优树，1984年开始大树高接换头，经过11年试验观测所形成的新品种，命名为'新乌417'核桃。1990年8月通过新疆科委组织的科研、教学、生产等单位专家参加的现场鉴定验收。区域、引种试验：区域试验点在温宿县木本粮油林场，试验面积40亩，20株为1个小区，4次重复，试验时间为1980~1990年。经鉴定科学技术水平达到国内先进水平，1998年获新疆科技进步3等奖。

品种特性 树势强，树冠开张，适应性强。早期丰产性强，盛果期产量上等，大小年不明显。当年生枝条呈淡绿色，小枝粗壮。混合芽大而饱满。复叶3~7片，具畸形单叶，顶叶大，深绿色。雌先型。结果母枝发枝3.85个。结果枝率90.9%。短果枝率70.4%、中果枝率26.3%、长果枝率3.3%。单果率49.6%、双果率36.6%、三果率7.3%，多果率6.5%。早实、坚果较大、品质优良。坚果卵圆形，果基圆，果顶稍小而园，果尖稍凸。三径平均4.0cm。单果重17.08g，壳面较光滑、色浅，壳厚1.12mm，内褶壁退化，横隔膜膜质，宜取整仁。果仁色浅，味浓香，含油率64.9%，出仁率56.8%，冠影产果仁232.6g/m²，稳产。

培育技术 以嫁接繁殖为主。

适宜范围 新疆南疆核桃适生区。

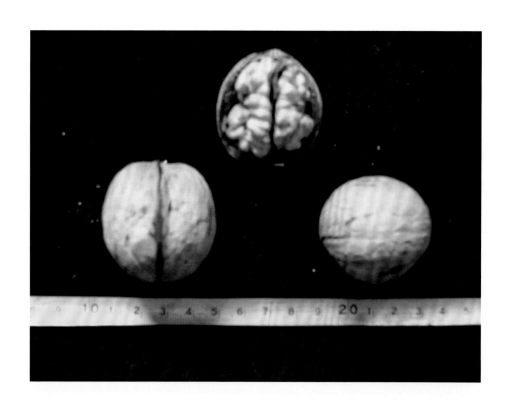

'新巨丰'核桃

树种：核桃
类别：优良品种
科属：胡桃科 胡桃属

学名：*Juglans regia* 'Xinjufeng'
编号：新S-SV-JR-040-2004
申请人：新疆林业科学研究院、
新疆林木种苗管理总站、
温宿县木本粮油林场

品种来源 该品种在全疆核桃优树选择的基础上，1980年定植和春4号优树的半同胞播种苗。通过试验观测，1983年从中选出优树，1984年开始进行大树高接换头，经过多年试验观测所形成的新品种，命名为'新巨丰'核桃。1989年8月通过新疆科技厅组织的科研、教学、生产等单位专家参加的现场鉴定验收。

品种特性 树势强，树冠开张，抗逆性强。盛果期产量上等，稳产，早实、坚果特大，坚果品质优良。当年生枝条呈绿褐色，小枝粗壮，混合芽大而饱满。复叶3~9片。雌先型。结果母枝发枝3.7个。结果枝率81.1%。短果枝率16.3%、中果枝率56.3%。长果枝率27.4%。果枝单果率52.9%、双果率35.3%、三果率11.8%。坚果椭圆形，果基、果顶渐小而圆，果尖稍凸。三径平均5.5cm，单果重29.2g，壳面较光滑、色较浅，壳厚1.38mm。内褶壁中等，横隔膜膜质，易取整仁。果仁饱满，色浅，味甜香，含油率67.8%。出仁率48.5%，冠影产果仁307.3g/m^2。

培育技术 以嫁接繁殖为主。

适宜范围 新疆南疆核桃适生区。

'和上20号'核桃

树种：核桃	学名：*Juglans regia* 'Heshang20'
类别：优良品种	编号：新S-SV-JR-028-2004
科属：胡桃科 胡桃属	申请人：新疆林木种苗管理总站、阿克苏地区实验林场

良种来源 原为新疆和田县上游公社（现为拉依喀乡）五管区二村3组的农田中的一株实生母株。1976年新疆林木种苗管理总站组织核桃选优时入选为优树，阿克苏地区实验林场进行了无性系测定，后经过两个点区域试验，1991年由新疆科委主持通过品种签定。

良种特性 该品种树势强，生长旺盛，适应性强，盛果期产量较高，稳产性强。小枝较粗壮，青褐色、青绿色。芽较大，饱满，顶芽具长芽座，侧芽具短芽座且离开叶腋。叶型较大，椭圆形，深绿色，有光泽，由5~9片叶组成复叶。雌先型。坚果外观好，近圆形，果基部圆，果顶部圆稍凸，壳面较光滑，缝合线较平，品质优良，尤宜带壳销售作生食。经无性系测定，母枝发枝3.85个，结果枝率75.3%，以中果枝结果为主，单果率41.95%，双果率56.45%。嫁接第4年开始结果，第8年最高株产可达30kg，按每平方米树冠投影面积计算，产仁量457g，单果体积31.5cm³，单果重17.1g，58个/kg，平均壳厚1.16mm，出仁率60.5%，含油率62.31%，取仁容易，仁色淡黄，风味香甜。

繁殖和栽培 以嫁接繁殖为主，通过育好砧木，选好接穗，在生长期内用硬枝插皮舌接、腹接及芽接等多种方法。注意嫁接后的管理要符合丰产栽培规程要求。

栽培技术要点：选择水土条件好、土层深厚肥沃的壤土和沙壤土，年均气温在9℃以上。先行深翻整地，施足基肥，开好保护沟，用2年生以上嫁接壮苗，株行距5m×8m或6m×8m。要进行合理间种，配置好授粉树和四周防护林带。对树体作好定干、整形修剪、疏除雄花、病虫害防治，及时进行施肥、灌水、中耕除草等。

适宜范围 在新疆南疆核桃适生区栽植。

'和春06号'核桃

树种：核桃	学名：*Juglans regia* 'Hechun06'
类别：优良品种	编号：新S-SV-JR-029-2004
科属：胡桃科 胡桃属	申请人：新疆林木种苗管理总站、阿克苏地区实验林场

良种来源 原为新疆和田县春花公社（现为巴格其镇）五管区三村4组的农田中的一株实生母株。1977年新疆林木种苗管理总站组织核桃选优时入选为优树，阿克苏地区实验林场进行了无性系测定，后经过两个点区域试验，1991年由新疆科委主持通过品种签定。

良种特性 该品种为晚实大果型品种，树势强，生长旺盛，适应性强，丰产性强。枝条多，细长，二、三年生枝青褐色，一年生枝淡褐色，芽较小，靠叶腋。复叶5~9片，以7片为多，叶色深绿色、梭形、较大。雌先型。坚果大而品质优良，长卵形，果基部圆，果顶部稍凸，果型大，壳面较光滑，缝合线较平，尤宜带壳销售，适宜条件较好地区发展。经无性系测定，母枝发枝4.36个，结果枝率71.9%，以中果枝结果为主，单果率53.6%，双果率46.4%。嫁接第8年最高株产可达25kg，按每平方米树冠投影面积计算，产仁量333g，单果体积40.92cm3，单果重22.5g，44个/kg，平均壳厚1.36mm，出仁率52.9%，含油率70.86%，取仁容易，仁色黄稍褐，风味香甜。

繁殖和栽培 以嫁接繁殖为主，通过育好砧木，选好接穗，在生长期内用硬枝插皮舌接、腹接及芽接等多种方法。注意嫁接后的管理要符合丰产栽培规程要求。

适宜范围 在新疆南疆核桃适生区栽植。

'阿浑02号'核桃

树种：核桃	学名：*Juglans regia* 'Ahun02'
类别：优良品种	编号：新S-SV-JR-031-2004
科属：胡桃科 胡桃属	申请人：新疆林木种苗管理总站、阿克苏地区实验林场

良种来源 原为新疆阿克苏市浑巴什公社（现为浑巴什乡）哈纳斯村艾山尼牙孜承包地中的一株实生母株。自治区科研部门和阿克苏地、县林业等部门在20世纪60年代初所选出的优良单株，后在全区统一选优时进行重新调查和测定，确认为优树，阿克苏地区实验林场进行了无性系测定，后经过两个点区域试验，1991年由新疆科委主持通过品种签定。

良种特性 该品种树势强，树冠较开张，适应性强，产量较高。小枝粗壮，青褐色。芽大而饱满。由3~9片叶组成的复叶，以7片为多，叶较大，椭圆形，深绿色。雌先型。坚果成熟期早，品质优良，倒卵形，果基部小而圆，果顶都较平或稍凹，壳面较麻，缝合线平，是宝贵的育种材料和外销品种。经无性系测定，母枝发枝5.55个，结果枝率54.7%，以中果枝结果为主，单果率58.2%，双果率41.8%，多内膛结果。嫁接第2年开始结果，第9年株产可达20kg，最高达30kg，按每平方米树冠投影面积计算，产仁量361~448g，单果体积21.6cm^3，单果重12.37g，80个/kg，壳厚1.06mm，出仁率57.5%，含油率65.3%，易取全仁，仁色淡黄，味香甜。

繁殖和栽培 以嫁接繁殖为主，通过育好砧木，选好接穗，在生长期内用硬枝插皮舌接、腹接及芽接等多种方法。注意嫁接后的管理要符合丰产栽培规程要求。

适宜范围 在新疆南疆核桃适生区栽植。

'库三02号'核桃

树种：核桃	学名：*Juglans regia* 'Kusan02'
类别：优良品种	编号：新S-SV-JR-032-2004
科属：胡桃科 胡桃属	申请人：新疆林木种苗管理总站、阿克苏地区实验林场

良种来源 原为新疆库车县三道桥公社(现为三道桥乡)玉斯屯霍加艾热克村1组热孜纳赛尔私人果园中的一株实生母株。1979年新疆林木种苗管理总站组织核桃选优时入选为优树,阿克苏地区实验林场进行了嫁接汇集、无性系测定,后经过两个点区域试验,1991年由新疆科委主持通过品种签定。

良种特性 该品种树势强,树冠开张,结果早,早期丰产性强,产量高。小枝青褐色,较细弱。由5~7片叶组成的复叶,以5片为多。雌先型。坚果品质优良,椭圆形,果基部小而圆,果顶部渐小稍凹,壳面较麻,但缝合线不紧密,宜作种仁加工品种,适宜在条件较好的地区集约栽培。经无性系测定,发枝力强,树势旺盛,具内膛结果习性,坐果均匀,母枝发枝4.96个,结果枝率76.8%,以中果枝结果为主,单果率61.8%,双果率38.2%。嫁接第3年开始结果,嫁接第9年单株产量可达17.5kg,最高株产25kg,按每平方米树冠投影面积计算,产仁量365g,单果体积28.31cm³,单果重15.34g,65个/kg,壳厚1.06mm,出仁率57.99%,含油率67.71%,取仁容易,种仁淡黄色,味香甜。

繁殖和栽培 以嫁接繁殖为主,通过育好砧木,选好接穗,在生长期内用硬枝插皮舌接、腹接及芽接等多种方法。注意嫁接后的管理要符合丰产栽培规程要求。

适宜范围 在新疆南疆核桃适生区栽植。

'乌火06号'核桃

树种：核桃	学名：*Juglans regia* 'Wuhuo06'
类别：优良品种	编号：新S-SV-JR-033-2004
科属：胡桃科 胡桃属	申请人：新疆林木种苗管理总站、阿克苏地区实验林场

良种来源 原为新疆乌什县火箭公社(现为奥吐拜什乡)九村6组私人果园中的一株实生母株。1979年新疆林木种苗管理总站组织核桃选优时入选为优树，阿克苏地区实验林场进行了嫁接、汇集、无性系测定，后经过两个点区域试验，1991年由新疆科委主持通过品种签定。

良种特性 该品种长势中等，树冠较开张，适应性强，结果早，早期丰产性强。小枝较粗短。芽大，离开叶腋较远。叶深绿色，由3~7片叶组成的复叶，顶叶较大，呈椭圆形，罕有单叶。雌先型。坚果品质优良，近圆球形，果基部圆，果顶部圆，壳面光滑，缝合线平，适宜作加工品种，宜在条件良好的地区实行密植集约栽培。经无性系测定，分枝力强，母枝发枝4.65个，结果枝率77.4%，以中果枝结果为主。嫁接第2年开始结果，嫁接第8~9年最高株产可达25kg，按每平方米树冠投影面积计算，产仁量264~334g，单果体积25.27cm³，单果重14.08g，71个/kg，壳厚1.09mm，出仁率53.14%，含油率66.28%，仁饱满，极易整取，黄褐色。

繁殖和栽培 以嫁接繁殖为主，通过育好砧木，选好接穗，在生长期内用硬枝插皮舌接、腹接及芽接等多种方法。注意嫁接后的管理要符合丰产栽培规程要求。

适宜范围 在新疆南疆核桃适生区栽植。

'新新2号'核桃

树种：核桃	学名：*Juglans regia* 'Xinxin2'
类别：优良品种	编号：新S-SV-JR-038-2004
科属：胡桃科 胡桃属	申请人：新疆林业科学研究院、新疆林木种苗管理总站、温宿县木本粮油林场

良种来源 该品种在全疆核桃优树选择的基础上，1980年定植新和县依西里克乡吾宗卡其村的2号优树半同胞播种苗。通过试验观测，1983年从中选出优树，于1984年开始进行大树高接换头，经多年试验观测所形成的新品种，命名为'新新2号'核桃。1990年8月通过新疆科委组织的科研、教学、生产等单位专家参加的现场鉴定验收。

良种特性 树势中等，树冠较紧凑，适应性强。早期丰产性强，盛果期产量上等且稳产。当年生枝条呈绿褐色，小枝稍细长。混合芽大而饱满，馒头形。复叶3~7片，具畸形单叶，叶片较大，深绿色。雄先型。结果母枝发枝1.95个。结果枝率100%。短果枝率12.5%、中果枝率58.3%、长果枝率29.2%。果枝单果率26.4%、双果率48.6%、三果率22.2%，多果率2.8%。坚长圆形，果基圆、果顶稍尖、平或稍圆。三径平均3.7cm，单果重11.63g，壳面较光滑、色浅，壳厚1.2mm。内褶壁退化，横隔膜膜质，宜取整仁。果仁饱满，色浅，味浓香，含油率65.3%，出仁率53.2%，冠影产果仁324.4g/m²，大小年不明显。

繁殖和栽培 以嫁接繁殖为主。

适宜范围 在新疆南疆核桃适生区栽植。

'新萃丰'核桃

树种：核桃	学名：*Juglans regia* 'Xincuifeng'
类别：优良品种	编号：新S-SV-JR-039-2004
科属：胡桃科 胡桃属	申请人：新疆林业科学研究院、新疆林木种苗管理总站、温宿县木本粮油林场

良种来源 该品种在全疆核桃优树选择的基础上，1980年定植温宿县10号优树的半同胞播种苗。通过试验观测，于1983年从中选出优树，1984年开始进行大树高接换头，经过多年试验观测所形成的新品种，命名为'新萃丰'核桃。1989年8月通过自治区科技厅组织的科研、教学、生产等单位专家参加的现场鉴定验收。

良种特性 树势较强，树冠较大、开张，适应性强。盛果期产量中上等且稳产，多果性状稳定，早实。当年生枝条呈深褐色，枝条较细、较稀。芽型中等，饱满。复叶5~9片，呈长椭圆形，较小，深绿色。雌先型。结果母枝发枝1.95个。结果枝率100%。短果枝率92.3%、中果枝率7.7%。果枝单果率6.98%、双果率16.28%、三果率53.49%、多果率23.26%。坚果壳面较光滑，品质优良。坚果椭圆形，果基、果顶稍小而圆，果尖稍凸。三径平均3.9cm，单果重17.4g，壳面较光滑、色浅，壳厚1.25mm。内褶壁中等，横隔膜革质，易取仁。果仁饱满，色浅，味香，含油率68.5%。出仁率50.6%，冠影产果仁249.6g/m²，大小年不明显。

繁殖和栽培 以嫁接繁殖为主。

适宜范围 在新疆南疆核桃适生区栽植。

'萨依瓦克5号'核桃

树种：核桃
类别：优良品种
科属：胡桃科 胡桃属

学名：*Juglans regia* 'Sayiwake5'
编号：新S-SV-JR-041-2004
申请人：新疆喀什地区林业局、叶城县林业局

良种来源 该品种来源于新疆叶城县一个农民庭院中，自然杂交选育的品种，系农家核桃乡土品种。经过优良单株汇集、筛选、提纯、扩繁和推广等过程，1998~2004年在叶城县和泽普县3个点进行区试。该品种性状稳定，通过无性繁殖（嫁接）能基本保留母树的性状，命名为'萨依瓦克5号'核桃。

良种特性 早期丰产，坚果大，坚果长椭圆形，品质上等。自然树形多为疏散分层形、自然开心形等，树体高大，干性强，枝条长势较为直立，光照良好，产量亦高。树皮灰褐色，裂纹随树龄和枝龄的增加而加深。树冠开张，树势旺势，枝条粗壮，结果母枝平均发枝2个，每个雌花序可着生1~2朵雌花，多单花。雄先型，雌花期4月中下旬，9月上旬成熟。一般嫁接苗栽后第2年进入结果期，如水肥条件好，栽后当年就能显果，5~8年左右进入盛果期。中果枝结果为主，单果数多，约占60%。一般盛果期亩产150~200kg。坚果外观较好，适应性强。坚果长椭圆形，纵径4.6cm，横径3.5cm。平均3.8cm，坚果平均重18g，壳面光滑，缝合线平或稍凸，壳厚1.1mm，全取仁，色浅，仁饱满，出仁率达58%，含油率65%。

繁殖和栽培 嫁接繁殖。

适宜范围 在新疆南疆核桃适生区栽植。

'萨依瓦克9号'核桃

树种：核桃	学名：*Juglans regia* 'Sayiwake9'
类别：优良品种	编号：新S-SV-JR-042-2004
科属：胡桃科 胡桃属	申请人：新疆喀什地区林业局、叶城县林业局

良种来源 该品种来源于新疆叶城县一农户的庭院中，自然杂交选育的品种，系农家核桃乡土品种。自然杂交选育之后，通过嫁接进行繁殖推广。经过优良单株汇集、筛选、提纯、扩繁和推广形成该品种，1998~2004年在叶城县和泽普县3个点进行区试。该品种性状稳定，通过无性繁殖（嫁接）能基本保留母树的性状，命名为'萨依瓦克9号'核桃。

良种特性 果个大，易取全仁，丰产性强，品质上等。树高10~20m，具有结果早而寿命长的特点，一般情况下，寿命可达300年以上。自然树形多为疏散分层形、自然开心形等，树体高大，干性强，枝条长势较为直立，树势开张，光照良好，产量亦高。树皮灰褐色，裂纹随树龄和枝龄的增加而加深。树冠大，树势旺盛，枝条粗壮，结果母枝平均发枝1.5个，每个雌花序可着生1~2朵雌花，双果及多果占38%。雄先型，雌花期4月中下旬，9月上旬成熟。坚果长圆形，果顶微凸，适应性强，耐粗放管理。坚果平均重21.3g，纵径4.8cm，横径4.0cm，壳面光滑，缝合线窄而平，壳厚1.3mm，易取全仁，出仁率52%，含油率61%。一般嫁接苗栽后第2年进入结果期，如水肥条件好，栽后当年就能显果，5~8年左右进入盛果期，一般盛果期亩产150~200kg。双果和多果比例少，树冠开张，不适于密植。

繁殖和栽培 嫁接繁殖。

适宜范围 在新疆南疆核桃适生区栽植。

'吐古其15号'核桃

树种：核桃
类别：优良品种
科属：胡桃科 胡桃属

学名：*Juglans regia* 'Tuguqi15'
编号：新S-SV-JR-041-2004
申请人：新疆喀什地区林业局、叶城县林业局

良种来源 该品种来源于新疆叶城县吐古其乡农户大田中，自然杂交选育的品种，系农家核桃乡土品种。经自然杂交选育之后，通过嫁接进行繁殖推广。1998~2004年在叶城县和泽普县3个点进行区试。该品种性状稳定，通过无性繁殖（嫁接）能基本保留母树的性状，命名为'吐古其15号'核桃。区域、引种试验区域试验点3个，包括叶城县萨依瓦克乡7村，吐古其乡4村，泽普县古勒巴格乡3村，每个试验点100亩，9株为一个小区，3~5次重复。试验时间1998~2004年。

良种特性 坚果大，易取全仁，早实丰产，品质上等。自然树形多为疏散分层形、自然开心形等，树体高大，干性强，枝条长势较为直立，树形开张，光照良好，产量亦高。树皮灰褐色，裂纹随树龄和枝龄的增加而加深。树冠大，树势旺势，树干灰色，枝条粗壮，褐色，有二次雄花和雌花，坚果大型，卵形或椭圆，雄先型，雌花期4月中下旬，9月上旬成熟。一般嫁接苗栽后第2年进入结果期，如水肥条件好，栽后当年就能显果，5~8年左右进入盛果期。大小年不太明显，果实壳面光滑，淡褐色。中果枝结果为主，单果数多，约占60%。一般盛果期亩产150~200kg。寿命可达300年以上。坚果卵圆形，纵径4.1cm，横径3.5cm，平均3.6cm，单果平均体积32.9cm^3，坚果平均重21.6g，最大达28g，壳面光滑，淡褐色，缝合线平，壳厚1.1mm，出仁率达59.2%，含油率67.1%。

繁殖和栽培 嫁接繁殖。

适宜范围 在新疆南疆核桃适生区栽植。

辽宁1号

树种：核桃	学名：*Juglans regia* cv. 'Liaoning1'
类别：品种	编号：冀S-ETS-JR-009-2005
科属：胡桃科 胡桃属	申请人：河北省林业科学研究院

良种来源 '辽宁1号'是辽宁省经济林研究所刘万生等通过河北昌黎大薄皮（晚实）'优株10103' × '新疆纸皮核桃的早实单株11001'杂交育成。1995年由河北省林业科学研究院等从辽宁省经济林研究所引入河北省。

良种特性 落叶乔木。坚果圆形，果基平或圆，果顶略呈肩形。壳面较光滑，色浅，缝合线微隆起，结合紧密。坚果平均重12.6g，壳厚0.9mm，内褶壁退化，可取整仁。果仁平均重7.66g，出仁率60.8%。丰产性强，侧芽混合芽比例90%以上，坐果率60%以上，多双果或三果。雄先型。坚果8月底9月初成熟。适应性强，喜肥喜水，抗病性强，坚果品质优良。适合在土、肥、水条件较好的平地、缓坡地栽植。

繁殖和栽培 嫁接繁殖。纯核桃园一般采用3~4m×4~5m的株行距，间作式栽培株距3~4m，行距8~10m。'辽宁1号'要配置授粉树，与授粉树比例为4~8：1，授粉品种采用'中林1号''中林5号''辽宁5号'均可。早春、夏季、和秋季进行修剪。新栽幼树当年生长幼嫩，入冬前要进行埋土防寒工作。

适宜范围 河北省核桃适生区。

辽宁7号

树种：核桃	学名：*Juglans regia* cv. Liaoning7
类别：引种驯化品种	编号：冀S-ETS-JR-010-2005
科属：胡桃科 胡桃属	申请人：河北省林业科学研究院

良种来源 辽宁省经济林研究所人工杂交培育而成。后引入河北省。

良种特性 落叶乔木。树势稳定，连续结果能力强。坚果较大，种仁品质优良。内褶壁退化，取仁容易，种仁含蛋白质23.1%，粗脂肪65.8%，碳水化合物9.8%，仁色浅黄，香味浓涩味淡，风味佳。适应性性强。对炭疽病、黑斑病及干旱、干热风的抵御能力强。丰产。嫁接亲和力强。

繁殖和栽培 嫁接繁殖。纯核桃园一般采用3~4m×4~5m的株行距，间作式栽培株距3~4m，行距8~10m。辽宁7号要配置授粉树，与授粉树比例为4~8：1，授粉品种采用'中林1号''中林5号''辽宁5号'均可。修剪时应尽量避开休眠期，最好是在早春、夏季、和秋季进行。新栽幼树当年生长幼嫩，入冬前要进行埋土防寒工作。

适宜范围 河北省核桃适生区栽培。

香玲

树种：核桃	学名：*Juglans regia* cv. Xiangling
类别：品种	编号：冀S-ETS-JR-012-2005
科属：胡桃科 胡桃属	申请人：河北农业大学

良种来源 山东果树研究所人工杂交培育而成，亲本为早实优系'上宋5号'בв阿克苏9号'。

良种特性 落叶乔木。坚果卵圆形，浅黄色，三径平均为3.39cm，平均果重10.6g。壳厚0.9mm，均匀不露仁，缝合线平滑，果面光滑，内种皮淡黄色，出仁率65%以上，果仁浅黄，无涩味，脂肪含量65.48%、蛋白质含量21.43%。雄先型品种，以中短枝结果为主，每果枝平均坐果1.31个，侧芽结果枝率为81.7%。结果早。丰产性强。抗病性、抗寒性较强，耐旱，在平原沙壤土和中壤土栽培和在土层较厚的山地栽培均可。对细菌性褐斑病和炭疽病具有较强的抗性。

繁殖和栽培 砧木采用实生核桃本砧，嫁接方法采用方块形芽接。栽植地宜选择土层深厚的山地梯田、缓坡地或平地栽植。株行距3~4m×4.5~5m，在山坡梯田单株栽植，株距2~3m为宜。选择优质壮苗，春季栽植，栽后灌足水，树盘覆盖地膜。栽植时必须配置授粉树，主栽品种与授粉品种比例5~8∶1。整形修剪树形以单层高位开心形为好，主枝宜留7~8个，在幼龄或初结果期，对长枝宜进行中度剪截，留枝长度不超过40~50cm，以减少枝量，提高成枝力。

适宜范围 河北省核桃适生区栽培。

金薄香1号核桃

树种：核桃
类别：品种
科属：胡桃科 胡桃属

学名：*Juglans regia* L.
编号：晋S-SV-JR-001-2005
申请人：山西省农科院果树研究所

良种来源 从新疆引种薄壳核桃经实生选育而来。

良种特性 坚果长圆形，三径平均3.82cm，平均单果重15.2g，单仁重9.2g，壳厚度1.15mm，出仁率60.5%。可取出整仁，仁乳黄色，香味浓，品质上等。早果性好，定植后第2年可见果，丰产性强，第5年进入初盛果期，第7年进入盛果期。

繁殖和栽培 嫁接繁殖。应选择背风向阳、土壤肥沃、有水浇条件、排水良好的平地或丘陵山地，栽植密度以300~510株/hm²，栽植时需配置核桃授粉树，比例3~5：1，品种为'金薄香2号'或'中林系列'或'香玲'。树形可选用自然园头形、自然扁园头形、开心形、三主枝疏散分层延迟开心形、十字形等树形。

适宜范围 山西省太原以南海拔1300m以下丘陵山区及类似气候地区栽培。

金薄香2号核桃

树种：核桃	学名：*Juglans regia* L.
类别：品种	编号：晋S-SV-JR-002-2005
科属：胡桃科 胡桃属	申请人：山西省农科院果树研究所

良种来源 从新疆引种薄壳核桃经实生选育而来。

良种特性 坚果圆形，三径平均3.78cm，平均单果重12.3g，单仁重7.6g，壳厚度1.0mm，出仁率61.7%。可取出整仁，仁色较深，琥珀色，风味香，品质上等。早果性好，定植后第2年可见果，丰产性强，第5年进入初盛果期，第7年进入盛果期。

繁殖和栽培 嫁接繁殖。应选择背风向阳、土壤肥沃、有水浇条件、排水良好的平地或丘陵山地，栽植密度以300~510株/hm²，栽植时需配置核桃授粉树，比例3~5：1，品种为'金薄香1号'或'中林系列'或'香玲'。树形可选用自然园头形、自然扁园头形、开心形、三主枝疏散分层延迟开心形、十字形等树形。

适宜范围 山西省太原以南海拔1300m以下丘陵山区及类似气候地区栽培。

寒丰

树种：核桃	学名：*Juglans regia* L. × *Juglans cordiformis* Max 'Han feng'
类别：优良品种	编号：辽S-SV-JR-004-2006；国S-SV-JR-038-2008
科属：胡桃科 胡桃属	申请人：辽宁省经济林研究所

良种来源 以'新纸皮核桃'（*Juglans regia* L.）为母本，以'日本心形核桃'（*Juglans cordiformis* Max）为父本杂交培育而成。

良种特性 属早实核桃类型。嫁接树2~3年开始结果，雄先型，产量高。以中短果枝结果为主。大连地区雌花盛期最晚可延迟到5月28日，可避开晚霜危害。具有较强的孤雌生殖能力，在不授粉的情况下坐果率60%以上。坚果长阔圆形，果基圆，顶部略尖。纵径3.9cm，横径3.7cm，侧径3.7cm，坚果重14.4g，属中大果型。壳面光滑，色浅；缝合线窄而平或微隆起，内褶壁膜质或退化，横隔窄。壳厚1.2mm左右，可取整仁或1/2仁。核仁重7.6g，出仁率52.8%。核仁较充实饱满，黄白色，味略涩。经济林树种，用材林树种和油料树种，亦可用于园林绿化等，可供车辆、建筑及优良家具等用材。

繁殖和栽培 可通过冬季室内嫁接方法繁殖。在11月下旬采集接穗，放在0~3℃的低温冷库中保湿贮藏。嫁接时间在12月下旬~2月底，嫁接方法采用双舌接法。嫁接体在温度为27~28℃、含水量为50%左右的粗锯末中促进愈合及萌芽，15d左右后定植在温室大棚内。建园时土壤选择pH值在6.3~8.2的壤土、沙壤土。可以不配置授粉树。株行距4m×5m，树形可采用疏散分层形或自然开心形。定植后第1年的幼树要防寒。

适宜范围 辽宁大连（庄河地区除外）、葫芦岛地区栽培。

寒丰

辽宁10号

树种：核桃	学名：*Juglans regia* L 'Liaoning 10'
类别：优良品种	编号：辽S-SV-JR-005-2006；国S-SV-JR-039-2008
科属：胡桃科 胡桃属	申请人：辽宁省经济林研究所

良种来源 母本为'60502'（'薄壳5号'×新疆大果隔年核桃的实生后代'优株10506'），父本为纸皮核桃的实生后代'11004'。

良种特性 属早实核桃类型。嫁接树2~3年开始结果，坚果大，产量高。以中短果枝结果为主。大连地区5月上旬雌花盛期，5月中旬雄花散粉，属于雌先型。坚果长圆形，果基微凹，顶部微尖。纵径4.6cm，横径4.0cm，侧径4.3cm，坚果重16.5g，属大果型。壳面光滑，色浅；缝合线窄而平或微隆起，内褶壁膜质或退化，横隔窄。壳厚1.0mm左右，可取整仁或1/2仁。核仁重10.3g，出仁率62.4%。核仁较充实饱满，黄白色，味香。经济林树种、用材林树种和油料树种，亦可用于园林绿化等，可供车辆、建筑及优良家具等用材。

繁殖和栽培 可通过冬季室内嫁接方法繁殖。在11月下旬采集接穗，放在0~3℃的低温冷库中保湿贮藏。嫁接时间在12月下旬~2月底，嫁接方法采用双舌接法。嫁接体在温度为27~28℃、含水量为50%左右的粗锯末中促进愈合及萌芽，15d左右后定植在温室大棚内。建园时土壤选择pH值在6.3~8.2的壤土、沙壤土。可以选择'辽宁1号'、'辽宁7号'等品种作授粉树。株行距采用4m×5m。树形可采用疏散分层形或自然开心形。定植后第1年的幼树要防寒。

适宜范围 辽宁大连（庄河地区除外）、葫芦岛地区栽培。

辽宁10号幼数结果状

辽宁7号

树种：核桃	学名：*Juglans regia* 'Liaoning Qihao'
类别：优良品种	编号：京S-SV-JR-042-2007
科属：胡桃科 胡桃属	申请人：北京市农林科学院林业果树研究所

良种来源 大连经济林研究所从新疆纸皮早实优株21102×辽宁朝阳大麻核桃（晚实）杂交后代中选出。

良种特性 坚果圆形，单果重11.4g。壳面较光滑，果壳颜色浅。缝合线窄而平，结合紧密。果壳厚度0.9mm，内褶壁退化，横膈膜膜质，易取整仁，出仁率61.0%。核仁较充实、饱满，颜色浅黄白色，味香不涩，坚果品质优。树势强，树姿较开张。分枝力强，侧生花芽比率90%以上，中短枝型。嫁接苗第2年出现混合花芽，第3年出现雄花，属早实类型。雄先型。每雌花序多着生2~3朵雌花，坐果率60%左右，多双，丰产性强，连续结果能力强。萌芽期3月底~4月上旬，雄花期在4月中旬，雌花期在4月下旬~5月初，9月上旬坚果成熟，10月底~11月初落叶。一年生枝条颜色绿褐色，皮目小而稀。混合芽三角形。复叶长32cm，小叶数5~7片，小叶形状卵圆，叶色绿，叶尖微尖，叶缘全缘。雄花数较少，柱头颜色浅黄。青皮厚度薄，青皮茸毛较少，成熟后青皮易开裂。

繁殖和栽培

1. 苗木繁育：砧木宜采用本砧。1~2年生实生苗可在5月下旬~6月中旬进行嫩枝芽接。

2. 栽植：选择土层深厚的平原或浅山地区栽植，株行距4~5m×4~6m。授粉品种可选用'辽宁5号''薄壳香'等雌先型品种或雌雄同熟型品种。

3. 整形修剪：树形宜采用疏散分层形或开心形，干高宜为0.8~1.0m。幼树期宜先重剪培养骨干枝，7月下旬~8月上旬对未停长新梢宜轻度摘心。初果期幼树，宜轻剪、拉枝开张角度，促进分枝和坐果。成树宜疏除过密枝及下部过低枝，保持通风透光良好；回缩衰弱枝，保持均衡稳定的树势。

4. 土、肥、水管理：施肥以有机肥为主，一般每年1次即可，以有机肥为主，幼树10~25kg/株，成树25~50kg/株。若土壤肥力较差，萌芽前可结合灌水适量补充氮磷钾复合肥。6~7月果实速长期，可进行叶面喷肥。结合土壤墒情，一般在萌芽前、坐果后、土壤上冻前灌水1~2次／年。

5. 越冬防寒：1~2年生幼树需做防寒，可采用套编织袋填土或弯倒埋土；第2年可对1年生枝用缠报纸和塑料条的方法进行防寒。

6. 病虫害防治：以预防为主，根据具体情况，一般每年在萌芽前喷施1次3~5度石硫合剂，6月上旬、7月上旬~8月上旬喷施1~3次杀菌、杀虫剂即可。树势衰弱，枝干易得腐烂病，可刮除病斑，涂抹果富康等药剂治疗。

适宜范围 北京地区。

香玲

树种：核桃	学名：*Juglans regia* L. 'Xiangling'
类别：优良品种	编号：京S-SV-JR-058-2007
科属：胡桃科 胡桃属	申请人：北京市农林科学院林业果树研究所

良种来源 由山东果树所从早实优系上宋5号 × 阿克苏9号杂交后代中选出。

良种特性 坚果卵圆形，单果重12.4g。壳面光滑美观，果壳颜色浅黄。缝合线窄而平，结合紧密。果壳厚度0.9mm，内褶壁退化，横膈膜膜质，易取整仁，出仁率60.4%。核仁充实、饱满，颜色浅黄白色，香而不涩。蛋白质含量20.5%，脂肪含量68.3%，坚果品质优。树势强，树姿较直立。分枝力较强，侧生花芽比率82%，中枝型。嫁接苗第2年出现混合花芽，第3年出现雄花，属早实类型。雄先型。坐果率60%左右，多双果，丰产性强，连续结果能力较强。萌芽期3月底~4月上旬，雄花期在4月中下旬，雌花期在4月下旬~5月初，9月上旬坚果成熟，10月底~11月初落叶。

一年生枝条颜色黄绿，皮目小而密。混合芽圆形。复叶长39cm，小叶数5~7片，小叶形状卵圆，叶色绿，叶尖渐尖，叶缘全缘。雄花数中，柱头颜色浅黄。青皮厚度薄，青皮茸毛少，成熟后青皮开裂。

繁殖和栽培

1.苗木繁育：砧木宜采用本砧。1~2年生实生苗可在5月下旬~6月中旬进行嫩枝芽接。

2.栽植：选择土层深厚的平原或浅山地区栽植，株行距4~5m×4~6m。授粉品种可选用'辽宁5号'等雌先型品种。

3.整形修剪：树形宜采用疏散分层形或变则主干形，干高宜为0.8~1.2m。幼树长势较旺，宜中度短截促成枝，7月下旬对未停长新梢宜轻度摘心。初果期幼树，宜轻剪、拉枝开张角度，促进分枝和坐果。成树宜疏除过密枝及下部过低枝，保持通风透光良好，回缩衰弱枝，背下枝易长势过旺（俗称"倒拉牛"），应及时疏除，保持均衡稳定的树势。

4.土、肥、水管理：施肥以有机肥为主，一般每年1次即可，以有机肥为主，幼树10~25kg/株，成树25~50kg/株。若土壤肥力较差，萌芽前可结合灌水适量补充氮磷钾复合肥。6~7月果实速长期，可进行叶面喷肥。结合土壤墒情，一般在萌芽前、坐果后、土壤上冻前灌水1~2次/年。

5.越冬防寒：1~2年生幼树需做防寒，可采用套编织袋填土或弯倒埋土；第2年可对1年生枝用缠报纸和塑料条的方法进行防寒。

6.病虫害防治：以预防为主，根据具体情况，一般在萌芽前全树喷1次3~5度石硫合剂，6月上旬、7月上旬~8月上旬喷施2~3次杀菌、杀虫剂即可。树势衰弱，枝干易得腐烂病，可刮除病斑，涂抹果富康等药剂治疗。

适宜范围 适宜在北京及生态相似区土层较厚、肥水条件较好的地区。

鲁光

树种：核桃	学名：*Juglans regia* L. 'Luguang'
类别：优良品种	编号：京S-SV-JR-059-2007
科属：胡桃科 胡桃属	申请人：北京市农林科学院林业果树研究所

良种来源 由山东果树所从新疆卡卡孜 × 上宋6号杂交后代中选出。

良种特性 坚果长圆形，单果重16.0g。壳面光滑美观，果壳颜色浅黄。缝合线窄而平，结合紧密。果壳厚度0.9mm，内褶壁退化，横膈膜膜质，易取整仁，出仁率60.7%。核仁较充实、饱满，颜色浅黄白色，香而不涩。蛋白质含量22.0%，脂肪含量63.4%，坚果品质优。树势中庸，树姿较开张。分枝力较强，侧生花芽比率80%，中长枝型。嫁接苗第2年出现混合花芽，第3~4年出现雄花，属早实类型。雄先型。每雌花序多着生2朵雌花，坐果率55%左右，多单果，丰产性较强，连续结果能力较强。萌芽期3月底~4月上旬，雄花期在4月中下旬，雌花期在4月下旬~5月初，9月上旬坚果成熟，10月底至11月初落叶。

一年生枝条颜色绿褐色，皮目小而稀。混合芽圆形。复叶长43cm，小叶数5~9片，小叶形状卵圆，叶色绿，叶尖微尖，叶缘全缘。雄花数中，柱头颜色浅黄。青皮较薄，茸毛少，成熟后易脱青皮。

繁殖和栽培

1. 苗木繁育：砧木宜采用本砧。1~2年生实生苗可在5月下旬~6月中旬进行嫩枝芽接。

2. 栽植：选择土层深厚的平原或浅山地区栽植，株行距4~5m×4~6m。授粉品种可选用'绿波''辽宁5号'等雌先型品种。

3. 整形修剪：树形宜采用疏散分层形或变则主干形，干高宜为0.8~1.2m。幼树长势较旺，宜中度短截促成枝，7月下旬对未停长新梢宜轻度摘心。初果期幼树，宜轻剪、拉枝开张角度，促进分枝和坐果。成树宜疏除过密枝及下部过低枝，保持通风透光良好，回缩衰弱枝，背下枝易长势过旺，应及时疏除，保持均衡稳定的树势。

4. 土、肥、水管理：施肥以有机肥为主，一般每年1次即可，以有机肥为主，幼树10~25kg/株，成树25~50kg/株。若土壤肥力较差，萌芽前可结合灌水适量补充氮磷钾复合肥。6~7月果实速长期，可进行叶面喷肥。根据土壤墒情，一般在萌芽前、坐果后、土壤上冻前灌水1~2次/年。

5. 越冬防寒：1~2年生幼树需做防寒，可采用套编织袋填土或弯倒埋土；第2年可对1年生枝用缠报纸和塑料条的方法进行防寒。

6. 病虫害防治：以预防为主，一般在萌芽前全树喷1次3~5度石硫合剂，6月上旬、7月上旬~8月上旬喷施2~3次杀菌、杀虫剂即可。树势衰弱，枝干易得腐烂病，可刮除病斑，涂抹果富康等药剂治疗。

适宜范围 适宜在北京及生态相似区土层较厚、肥水条件较好的地区。

辽宁1号

树种：核桃	学名：*Juglans regia* L. 'Liaoning No 1'
类别：优良品种	编号：京S-SV-JR-060-2007
科属：胡桃科 胡桃属	申请人：北京市农林科学院林业果树研究所

良种来源 大连经济林研究所从河北昌黎大薄皮晚实优株10103×新疆纸皮早实优株11001杂交后代中选出。

良种特性 坚果近圆形，单果重10.2g。壳面较光滑，果壳颜色浅。缝合线较宽、轻微凸起，结合紧密。果壳厚度0.8mm，内褶壁退化，横膈膜膜质，易取整仁，出仁率60.9%。核仁较充实、饱满，颜色浅黄白色，香而不涩。蛋白质含量20.0%，脂肪含量64.2%，坚果品质优。

树势强，树姿较开张。分枝力较强，侧生花芽比率90%，短枝型。嫁接苗第2年出现混合花芽，第3年出现雄花，属早实类型。雄先型。每雌花序多着生2~3朵雌花，坐果率65%左右，多双果，有3果，丰产性强，连续结果能力强。萌芽期4月上旬，雄花期在4月中下旬，雌花期在4月下旬~5月初，9月上中旬坚果成熟，11月上旬落叶。

一年生枝条颜色灰褐色，皮目大而稀。混合芽圆形或三角形。复叶长35cm，小叶数5~7片，小叶形状卵圆，叶色绿，叶尖微尖，叶缘全缘。雄花数较多，柱头颜色浅黄。青皮中等厚度，茸毛少，成熟后易脱青皮。

繁殖和栽培

1. 苗木繁育：砧木宜采用本砧。1~2年生实生苗可在5月下旬~6月中旬进行嫩枝芽接。

2. 栽植：选择土层深厚的平原或浅山地区栽植，株行距4~5m×4~6m。授粉品种可选用'辽宁5号''薄壳香'等雌先型品种或雌雄同熟型品种。

3. 整形修剪：树形宜采用疏散分层形或开心形，干高宜为0.8~1.0m。幼树期宜先重剪培养骨干枝，7月下旬~8月上旬对未停长新梢宜轻度摘心。初果期幼树，宜轻剪、拉枝开张角度，促进分枝和坐果。成树宜疏除过密枝及下部过低枝，保持通风透光良好；回缩衰弱枝，保持均衡稳定的树势。

4. 土、肥、水管理：施肥以有机肥为主，一般每年1次即可，以有机肥为主，幼树10~25kg/株，成树25~50kg/株。若土壤肥力较差，萌芽前可结合灌水适量补充氮磷钾复合肥。6~7月果实速长期，可进行叶面喷肥。结合土壤墒情，一般在萌芽前、坐果后、土壤上冻前灌水1~2次/年。

5. 越冬防寒：1~2年生幼树需做防寒，可采用套编织袋填土或弯倒埋土；第2年可对1年生枝用缠报纸和塑料条的方法进行防寒。

6. 病虫害防治：以预防为主，根据具体情况，一般每年在萌芽前喷施1次3~5度石硫合剂，6月上旬、7月上旬~8月上旬喷施1~3次杀菌、杀虫剂即可。树势衰弱，枝干易得腐烂病，可刮除病斑，涂抹果富康等药剂治疗。

适宜范围 适宜在北京及生态相似区土层较厚、肥水条件较好的地区。

辽宁4号

树种：核桃	学名：*Juglans regia* L. 'Liaoning No.4'
类别：优良品种	编号：京S-SV-JR-061-2007
科属：胡桃科 胡桃属	申请人：北京市农林科学院林业果树研究所

良种来源 大连经济林研究所从辽宁朝阳大麻核桃（晚实）×新疆纸皮早实优株11001杂交后代中选出。

良种特性 坚果圆形，单果重10.8g。壳面较光滑，果壳颜色浅。缝合线较宽而平，结合紧密。果壳厚度1.0mm，内褶壁退化，横膈膜膜质，易取整仁，出仁率57.7%。核仁充实、饱满，颜色黄白色，香而不涩，坚果品质优。

树势中庸，树姿较开张。分枝力强，侧生花芽比率90%以上，中短枝型。嫁接苗第2年出现混合花芽，第3年出现雄花，属早实类型。雄先型。每雌花序多着生2~3朵雌花，坐果率70%左右，多双果，有3果，丰产性强，连续结果能力强。萌芽期4月上旬，雄花期在4月中下旬，雌花期在4月下旬~5月初，9月上旬坚果成熟，10月底~11月上旬落叶。

一年生枝条颜色绿褐色，皮目小而稀。混合芽三角形。复叶长30cm，小叶数多5~7片，小叶形状卵圆，叶色绿，叶尖渐尖，叶缘全缘。雄花数中，柱头颜色浅黄。青皮较薄，茸毛少，成熟后易开裂。

繁殖和栽培

1.苗木繁育：砧木宜采用本砧。1~2年生实生苗可在5月下旬~6月中旬进行嫩枝芽接。

2.栽植：选择土层深厚的平原或浅山地区栽植，株行距4~5m×4~6m。授粉品种可选用'辽宁5号''薄壳香'等雌先型品种或雌雄同熟型品种。

3.整形修剪：树形宜采用疏散分层形或开心形，干高宜为0.8~1.0m。幼树期宜先重剪培养骨干枝，7月下旬~8月上旬对未停长新梢宜轻度摘心。初果期幼树，宜轻剪、拉枝开张角度，促进分枝和坐果。成树宜疏除过密枝及下部过低枝，保持通风透光良好；回缩衰弱枝，保持均衡稳定的树势。

4.土、肥、水管理：施肥以有机肥为主，一般每年1次即可，以有机肥为主，幼树10~25kg/株，成树25~50kg/株。若土壤肥力较差，萌芽前可结合灌水适量补充氮磷钾复合肥。6~7月果实速长期，可进行叶面喷肥。结合土壤墒情，一般在萌芽前、坐果后、土壤上冻前灌水1~2次/年。

5.越冬防寒：1~2年生幼树需做防寒，可采用套编织袋填土或弯倒埋土；第2年可对1年生枝用缠报纸和塑料条的方法进行防寒。

6.病虫害防治：以预防为主，根据具体情况，一般每年在萌芽前喷施1次3~5度石硫合剂，6月上旬、7月上旬~8月上旬喷施1~3次杀菌、杀虫剂即可。树势衰弱，枝干易得腐烂病，可刮除病斑，涂抹果富康等药剂治疗。

适宜范围 适宜在北京及生态相似区土层较厚、肥水条件较好的地区。

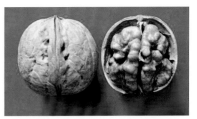

辽宁5号

树种：核桃	学名：*Juglans regia* 'Liaoning No.5'
类别：优良品种	编号：京S-SV-JR-062-2007
科属：胡桃科 胡桃属	申请人：北京市农林科学院林业果树研究所

良种来源 大连经济林研究所从新疆薄壳3号早实优株20905×新疆漏仁1号优株20104杂交后代中选出。

良种特性 坚果圆形，单果重10.2g。壳面光滑，果壳颜色浅。缝合线较宽而平，结合紧密。果壳厚度1.0mm，内褶壁退化，横膈膜膜质，易取整仁，出仁率56.3%。核仁充实、饱满，颜色浅黄色，味香微涩，坚果品质优良。

树势中庸，树姿开张。分枝力强，侧生花芽比率95%以上，短枝型。嫁接苗第2年出现混合花芽，第3年出现雄花，属早实类型。雌先型。每雌花序多着生2~4朵雌花，坐果率70%以上，多双和三果，丰产性强，连续结果能力强。萌芽期3月底~4月上旬，雄花期在4月中下旬，雌花期在4月中旬，9月上旬坚果成熟，10月底~11月初落叶。

一年生枝条颜色绿褐色，皮目小而稀。混合芽三角形。复叶长35cm，小叶数5~9片，小叶形状倒卵圆，叶色浓绿，叶尖渐尖，叶缘全缘。雄花数较少，柱头颜色浅黄。青皮较薄，茸毛较多，成熟后易开裂。

繁殖和栽培

1.苗木繁育：砧木宜采用本砧。1~2年生实生苗可在5月下旬~6月中旬进行嫩枝芽接。

2.栽植：选择土层深厚的平原或浅山地区栽植，株行距3~5m×4~6m。授粉品种可选用'辽宁1号''香玲'等雄先型品种。

3.整形修剪：树形宜采用疏散分层形或开心形，干高宜为0.8~1.0m。幼树期宜先重剪培养骨干枝，7月下旬~8月上旬对未停长新梢宜轻度摘心。初果期幼树，宜轻剪、拉枝开张角度，促进分枝和坐果。成树结果过多易衰弱，宜疏除过密枝及下部过低枝，保持通风透光良好；重回缩衰弱枝，对结果枝组进行适度回缩和疏剪，以保持均衡稳定的树势。

4.土、肥、水管理：施肥以有机肥为主，一般每年1次即可，以有机肥为主，幼树10~25kg/株，成树25~50kg/株。若土壤肥力较差，萌芽前可结合灌水适量补充氮磷钾复合肥。6~7月果实速长期，可进行叶面喷肥。结合土壤墒情，一般在萌芽前、坐果后、土壤上冻前灌水1~2次/年。

5.越冬防寒：1~2年生幼树需做防寒，可采用套编织袋填土或弯倒埋土；第2年可对1年生枝用缠报纸和塑料条的方法进行防寒。

6.病虫害防治：以预防为主，根据具体情况，一般每年在萌芽前喷施1次3~5度石硫合剂，6月上旬、7月上旬~8月上旬喷施1~3次杀菌、杀虫剂即可。树势衰弱，枝干易得腐烂病，可刮除病斑，涂抹果富康等药剂治疗。

适宜范围 适宜在北京及生态相似区土层较厚、肥水条件较好的地区。

石门魁香

树种：核桃
类别：品种
科属：胡桃科 胡桃属

学名：*Juglans regia* L. 'Shimen Kuixiang'
编号：冀S-SV-JR-009-2007
申请人：河北农业大学

良种来源 石门魁香核桃为河北省优良乡土实生品种。
良种特性 落叶乔木。坚果圆形，壳面光滑，黄褐色，缝合线微凸，结合紧密，薄壳。单果重13.9g，仁重7.7g，出仁率55.4%。内褶壁退化、横隔膜退化，可取整仁或半仁，仁饱满，色浅，香味浓，无涩味，含脂肪74.3%，蛋白质17.6%。坚果9月上旬成熟。耐旱，抗寒性强，抗病能力较强。

繁殖和栽培 嫁接繁殖。建园株行距为3~4m×4~5m。需配置授粉树，适宜的授粉品种为礼品2号、中林1号、中林5号，授粉树与主栽品种的配置比例为1：4~8。适宜树形疏散分层形或开心形。施肥以秋施有机肥为主，病虫害防治重点是核桃炭疽病、举肢蛾、刺蛾。
适宜范围 河北省燕山、太行山地区的浅山丘陵区。

晋香

树种：核桃	学名：*Juglans regia* 'Jinxiang'
类别：无性系	编号：晋S-SC-JR-001-2007
科属：胡桃科 胡桃属	申请人：山西省林业科学研究院

良种来源 从祁县核桃良种场引进新疆核桃种子实生苗选育。

良种特性 青皮果果点微突起，果梗较长，果两侧或一侧有较明显的沟，青皮厚度中等。坚果中等大，圆形，平均单果重11.5g。壳面光滑美观，壳厚0.75mm，壳薄而不露，缝合线较松，可取整仁，出仁率63.97%，浅色仁比例占到96%，仁饱满，风味特香，品质上等。

繁殖和栽培 嫁接繁殖。平川区和低山丘陵区均可栽种，山地应注意选择阳坡；适宜矮化或乔化栽培，乔化栽培密度以4m×5m为宜，矮化栽培密度以2m×3m为宜，可以纯栽或与生长势弱的品种混栽；适宜的授粉树为'扎343''鲁光''京861'；树形适宜采用开心形。注意加强水肥管理。

适宜范围 山西省晋中以南以及生态条件类似的平川或丘陵地区栽培。

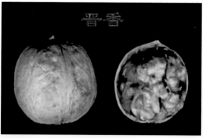

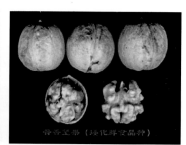

晋丰

树种：核桃　　　　　　　　学名：*Juglans regia* 'Jinfeng'

类别：无性系　　　　　　　编号：晋S-SC-JR-002-2007

科属：胡桃科　胡桃属　　　申请人：山西省林业科学研究院

良种来源　从祁县核桃良种场引进新疆早实核桃实生选育。

良种特性　早实核桃新品种，属雄先性，早熟品种。单果重11.34g，最大果重14.3g，壳厚0.81mm，有露仁现象。出仁率67.0%，可取整仁，仁色浅，风味香，鲜用和仁用最佳。坚果在通风、干燥、冷凉的地方（5℃以下）可贮藏10个月品质不变。丰产稳产，但对肥水条件要求严格。雌花开放较晚，有利于避开晚霜危害。

繁殖和栽培　嫁接繁殖。定植株行距（2~3）m×（3~4）m（55~111株/666.7m²）。栽培时应注意园艺化栽植，即挖大穴，施大肥，栽大苗。幼树时加强肥水管理，促进树体扩大，结果后要注意疏花疏果，果实采收后到落叶前施入腐熟有机肥，以防小果率增加、树体早衰。采取壮树措施，延长结果（经济）寿命。灌溉以每年4次为宜，分别是萌芽前、花后、果实硬核期和落叶后。

适宜范围　山西省太原以南海拔1300m以下的丘陵山区中下部梯田及生态条件类似地区栽培。

晋丰（jinfeng）

金薄香3号

树种：核桃	学名：*Juglans regia* 'Jinboxiang3'
类别：无性系	编号：晋S-SC-JR-003-2007
科属：胡桃科 胡桃属	申请人：山西省农业科学研究院果树研究所

良种来源 从新疆引种薄壳核桃中选育。

良种特性 坚果圆形，壳面光滑，色浅，缝合线突起明显，结合紧密；纵×横×侧径为4.31cm×3.70cm×3.65cm；单果均重11.2g，壳厚1.2mm，仁重6.3g，出仁率56.2%；果仁乳白色，肉质细脆，味浓香，品质上等。第2年结果，第5年进入初盛果期，株产3.0~3.5kg，第7年进入盛果期株产5.0~5.5kg。

繁殖和栽培 嫁接繁殖。应选择背风向阳、土壤肥沃、有灌溉条件、排水良好的平地或丘陵山地建园；适宜矮化或乔化栽培，矮化栽培株行距以2m×3m为宜，乔化栽培株行距以4m×5m为宜，可以纯栽或与生长势弱的品种混栽，适宜的授粉树是'金薄香1''金薄香2号''中林系列''扎343'；树型选用自然园头形、自然扁园头形、开心形、疏散分层形等。注意加强水肥管理。

适宜范围 山西省太原以南海拔1300m以下平川、丘陵山区及类似气候地区栽培。

辽宁6号

树种：核桃	学名：*Juglans regia* L 'Liaoning 6'
类别：优良品种	编号：辽S-SV-JR-003-2008
科属：胡桃科 胡桃属	申请人：辽宁省经济林研究所

良种来源 母本为河北昌黎晚实长薄皮核桃优株'10301'，父本为纸皮核桃的实生后代'11004'。

良种特性 属早实核桃类型。嫁接树2~3年开始结果，坚果大，产量高。以中短果枝结果为主。大连地区5月上旬雌花盛期，5月中旬雄花散粉，属于雌先型。坚果椭圆形，果基圆，顶部略细，微尖。核壳表面光滑，缝合线平或微隆起。纵径3.9cm，横径3.3cm，侧径3.6cm，三径平均3.6cm，坚果重12.4g，核仁重7.3g，出仁率58.9%，壳厚1.0mm，可取整仁。核仁饱满呈黄褐色。经济林树种、用材林树种和油料树种，亦可用于园林绿化等。可供车辆、建筑及优良家具等用材。

繁殖和栽培 繁殖可通过冬季室内嫁接方法。在11月下旬采集接穗，放在0~3℃的低温冷库中保湿贮藏。嫁接时间在12月下旬~2月底，嫁接方法采用双舌接法。嫁接体在温度为27~28℃、含水量为50%左右的粗锯末中促进愈合及萌芽，15d左右后定植在温室大棚内。建园时土壤选择pH值在6.3~8.2的壤土、沙壤土。可以选择'辽宁1号'、'辽宁7号'等品种作授粉树。株行距采用4m×5m。树形可采用疏散分层形或自然开心形。定植后第1年的幼树要防寒。

适宜范围 辽宁大连及葫芦岛地区。

辽宁6号核桃坚果

京香1号

树种：核桃	学名：*Juglans regia* 'Jingxiang yihao'
类别：优良品种	编号：京S-SV-JR-016-2009
科属：胡桃科 胡桃属	申请人：北京市农林科学院林业果树研究所

良种来源 从北京延庆县香屯村实生核桃树中选出。

良种特性 坚果圆形，横径3.55cm，纵径3.49cm，侧径3.57cm。单果重9.16~16.26g，平均12.2g。壳面较光滑，果壳颜色浅。缝合线宽、轻微凸起，结合紧密。果壳厚度0.8mm，内褶壁退化，横隔膜膜质，易取整仁，出仁率58.8%。核仁充实、饱满，颜色浅黄色，香而不涩。脂肪含量71.6%，蛋白质含量15.2%，坚果品质优。

树势强，树姿较直立。分枝力中等，侧生花芽比率30%左右，中枝型。嫁接苗第4年（高接第3年）出现雌花，第5年出现雄花，属晚实类型。雄先型。每雌花序多着生2朵雌花，坐果率58%左右，多双果，有3果，丰产性较强。与早实核桃相比抗病性、抗寒性强。北京地区，萌芽期4月上旬，雄花期在4月中旬，雌花期在4月下旬~5月初，9月上旬坚果成熟，11月上旬落叶。

一年生枝条颜色棕褐色，皮目大而稀。混合芽圆形。复叶长35cm，小叶数7~9片，小叶椭圆形，叶色绿，叶尖微尖，叶缘全缘。雄花数多，柱头颜色浅黄。青皮中等厚度，青皮茸毛少，成熟后易脱青皮。

繁殖和栽培

1.苗木繁育：砧木宜采用本砧。1~2年生实生苗可在5月下旬~6月中旬进行嫩枝芽接。

2.栽植：株行距5~6m×5~6m；平原地区果粮间作，株行距6~8m×15~20m。授粉品种可选用'京香3号'等雌先型品种。

3.整形修剪：树形宜采用疏散分层形或变则主干形，干高宜为1.0~1.5m。幼树长势旺，宜轻剪、拉枝开张角度缓和长势；7月下旬~8月上旬对未停长新梢宜轻度摘心。初果期幼树，可通过主干、主枝环割来缓和树势，促进坐果。成树宜疏除过密枝及下部过低枝及背下过旺枝，回缩衰弱枝，以保持良好的通风透光条件和均衡的树势。

4.土、肥、水管理：施肥以有机肥为主，一般每年1次即可，以有机肥为主，幼树10~25kg/株，成树25~50kg/株。若土壤肥力较差，萌芽前可结合灌水适量补充氮磷钾复合肥。6~7月果实速长期，可进行叶面喷肥。结合土壤墒情，一般在萌芽前、坐果后、土壤上冻前灌水1~2次/年。

5.越冬防寒：1年生幼树需做防寒，可采用套编织袋填土或弯倒埋土；第2年，一般不用防寒，但在春季风大、干旱和寒冷地区需对1年生枝用缠纸和塑料条的方法进行防寒。

6.病虫害防治：以预防为主，根据具体情况，一般每年在萌芽前、6月上旬、7月中旬喷施1~2次杀菌、杀虫剂即可。

适宜范围 适宜北京及生态相似区土层较厚的山地、丘陵及平原地区稀植栽培。

京香2号

树种：核桃
类别：优良品种
科属：胡桃科 胡桃属

学名：*Juglans regia* 'Jingxiang erhao'
编号：京S-SV-JR-017-2009
申请人：北京市农林科学院林业果树研究所

良种来源 从北京密云县团山子村实生核桃树中选出。

良种特性 坚果圆形，横径3.57cm，纵径3.37cm，侧径3.66cm。单果重11.5~14.8g，平均13.5g。壳面较光滑，果壳颜色浅。缝合线中宽、轻微凸起，结合紧密。果壳厚度1.1mm，内褶壁膜质，横膈膜膜质，易取整仁，出仁率56.0%。核仁特充实、饱满、颜色浅黄色，香而不涩。蛋白质含量16.6%，脂肪含量69.5%，坚果品质优。

树势中庸，树姿较开张。分枝力较强，侧生花芽比率50%左右，中短枝型。嫁接苗第4年（高接第3年）出现雌花，第5年出现雄花，属晚实类型。雄先型。每雌花序多着生2~3朵雌花，坐果率65%左右，多双果，有3果，丰产性强。与早实核桃相比抗病性、抗寒性强。在北京地区，萌芽期4月上旬，雄花期在4月中旬，雌花期在4月下旬，8月底~9月上旬坚果成熟，10月底落叶。一年生枝条颜色浅灰色，皮目大而稀。混合芽圆形。复叶长33cm，小叶数5~9片，小叶长锤形，叶色绿，叶尖渐尖，叶缘全缘。雄花数较多，柱头颜色浅黄。青皮中等厚度，青皮茸毛少，成熟后易脱青皮，青皮不染手。

繁殖和栽培

1. 苗木繁育：砧木宜采用本砧。1~2年生实生苗可在5月下旬~6月中旬进行嫩枝芽接。

2. 栽植：株行距4~5m×5~6m；平原地区果粮间作，株行距6~8m×15~20m。授粉品种可选用'京香3号''辽宁5号'等雌先型品种。

3. 整形修剪：树形宜采用疏散分层形或变则主干形，干高宜为0.8~1.2m。幼树长势较旺，宜轻剪、拉枝开张角度缓和长势；7月下旬~8月上旬对未停长新梢宜轻度摘心。初果期幼树，可通过主干、主枝环割来缓和树势，促进坐果。成树宜疏除过密枝，回缩衰弱枝，以保持均衡的树势。

4. 土、肥、水管理：施肥以有机肥为主，一般每年1次即可，以有机肥为主，幼树10~25kg/株，成树25~50kg/株。若土壤肥力较差，萌芽前可结合灌水适量补充氮磷钾复合肥。6~7月果实速长期，可进行叶面喷肥。结合土壤墒情，一般在萌芽前、坐果后、土壤上冻前灌水1~2次/年。

5. 越冬防寒：1年生幼树需做防寒，可采用套编织袋填土或弯倒埋土；第2年，一般不用防寒，但在春季风大、干旱和寒冷地区需对1年生枝用缠纸和塑料条的方法进行防寒。

6. 病虫害防治：以预防为主，根据具体情况，一般每年在萌芽前、6月上旬、7月中旬喷施1~2次杀菌、杀虫剂即可。

适宜范围 适宜北京及生态相似区土层较厚的山地、丘陵及平原地区稀植栽培。

京香3号

树种：核桃	学名：*Juglans regia* 'Jingxiang sanhao'
类别：优良品种	编号：京S-SV-JR-018-2009
科属：胡桃科 胡桃属	申请人：北京市农林科学院林业果树研究所

良种来源 从北京房山区中英水村实生核桃树中选出。

良种特性 坚果近圆形，稍长，果肩微凸。横径3.4cm，纵径3.43cm，侧径3.6cm。单果重10.9~15.5g，平均12.6g。壳面较光滑，果壳颜色较浅。缝合线中宽、轻微凸起，结合紧密。果壳厚度0.7mm，内褶壁膜质、横膈膜膜质，易取整仁，出仁率61.2%。核仁充实、饱满，颜色浅黄色，甜香不涩。蛋白质含量16.6%，脂肪含量70.3%，坚果品质优。

树势较强，树姿较开张。分枝力中等，侧生花芽比率35%左右，中短枝型。嫁接苗第4年（高接第3年）出现雌花，第5年出现雄花，属晚实类型。雌先型。每雌花序多着生2朵雌花，坐果率60%左右，多双果，有3果，丰产性强。与早实核桃相比抗病性、抗寒性强。在北京地区，萌芽期4月上旬，雌花期在4月中旬，雄花期在4月下旬，9月上旬坚果成熟，11月上旬落叶。

一年生枝条颜色灰褐色，皮目大而稀。混合芽圆形。复叶长38cm，小叶数7~9片，小叶椭圆形，叶色绿，叶尖微尖，叶缘全缘。雄花数较少，柱头颜色浅黄。青皮中等厚度，青皮茸毛少，成熟后易脱青皮。

繁殖和栽培

1. 苗木繁育：砧木宜采用本砧。1~2年生实生苗可在5月下旬~6月中旬进行嫩枝芽接。

2. 栽植：株行距5~6m×5~6m；平原地区果粮间作，株行距6~8m×15~20m。授粉品种可选用'京香1号''辽宁1号'等雄先型品种。

3. 整形修剪：树形宜采用疏散分层形或变则主干形，干高宜为1.0~1.5m。幼树长势旺，宜轻剪、拉枝开张角度缓和长势；7月下旬~8月上旬对未停长新梢宜轻度摘心。初果期幼树，可通过主干、主枝环割来缓和树势，促进坐果。成树宜疏除过密枝、下部过低枝及背下过旺枝，回缩衰弱枝，以保持良好的通风透光条件和均衡的树势。

4. 土、肥、水管理：施肥以有机肥为主，一般每年1次即可，以有机肥为主，幼树10~25kg/株，成树25~50kg/株。若土壤肥力较差，萌芽前可结合灌水适量补充氮磷钾复合肥。6~7月果实速长期，可进行叶面喷肥。结合土壤墒情，一般在萌芽前、坐果后、土壤上冻前灌水1~2次/年。

5. 越冬防寒：1年生幼树需做防寒，可采用套编织袋填土或弯倒埋土；第2年，一般不用防寒，但在春季风大、干旱和寒冷地区需对1年生枝用缠纸和塑料条的方法进行防寒。

6. 病虫害防治：以预防为主，根据具体情况，一般每年在萌芽前、6月上旬、7月中旬喷施1~2次杀菌、杀虫剂即可。

适宜范围 适宜北京及生态相似区土层较厚的山地、丘陵及平原地区稀植栽培。

金薄香7号

树种：核桃	学名：*Juglans regia* 'Jinboxiang7'
类别：无性系	编号：晋S-SC-JR-001-2009
科属：胡桃科 胡桃属	申请人：山西省农业科学研究院果树研究所

良种来源　从新疆引种薄壳核桃中选育。

良种特性　坚果圆形，果基圆平或圆，顶部圆、微尖。纵、横、侧径3.15cm×3.29cm×3.11cm，果形指数0.96；坚果重10.6g，核仁重6.4g。壳面光滑，缝合线突起，结合紧密，壳厚1.0mm左右，出仁率60.4%。内褶壁膜质，横膜窄或退化，易取整仁，核仁充实饱满，乳黄色，肉乳白，味香。第5年进入初盛果期，株产2.5~3.0kg，第7年进入盛果期，株产4.2~5.0kg。

繁殖和栽培　核桃、山核桃等做砧木，嫁接繁殖。建园时应选择背风向阳、土壤肥沃、灌排条件好的丘陵山地或平地。可矮化或乔化栽培，矮化栽培以3m×4m为宜，可以纯栽或与生长势弱的品种混栽；乔化栽培以4m×5m、5m×5m为宜，可以纯栽或混栽。授粉树可选金薄香系列、中林系列、晋龙系列、辽核系列。树型选用主干形、开心形、自然园头形、疏散分层形等。

适宜范围　山西省太原以南海拔1300m以下平川或丘陵山区及生态条件类似地区栽培。

金薄香8号

树种：核桃	学名：*Juglans regia* 'Jinboxiang8'
类别：无性系	编号：晋S-SC-JR-002-2009
科属：胡桃科 胡桃属	申请人：山西省农业科学研究院果树研究所

良种来源 从新疆引种薄壳核桃中选育。

良种特性 坚果长圆形，果基圆形，顶部微尖。纵、横、侧径分别为4.34cm×3.67cm×3.70cm，果形指数1.18，坚果重11.5g，仁重7.2g。缝合线宽而突起，结合紧密，壳厚1.0mm左右，出仁率62.6%。内褶壁膜质，易取整仁，核仁饱满，种皮深黄色，味较香。第5年进入初盛果期，株产3.0~3.5kg，第7年进入盛果期，株产5.0~5.5kg。

繁殖和栽培 核桃、山核桃等做砧木，嫁接繁殖。建园时应选择背风向阳、土壤肥沃、灌排条件好的丘陵山地或平地。可矮化或乔化栽培，矮化栽培以3m×4m为宜，可以纯栽或与生长势弱的品种混栽；乔化栽培以4m×5m、5m×5m为宜，可以纯栽或混栽。授粉树可选金薄香系列、中林系列、晋龙系列、辽核系列。树型选用主干形、开心形、自然园头形、疏散分层形等。

适宜范围 山西省太原以南海拔1300m以下平川或丘陵山区及生态条件类似地区栽培。

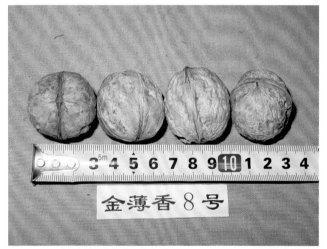

金薄丰1号

树种：核桃	学名：*Juglans regia* 'jinbofeng1'
类别：无性系	编号：晋S-SC-JR-003-2010
科属：胡桃科 胡桃属	申请人：山西省农业科学研究院果树研究所

良种来源 从汾州核桃实生苗中选育。

良种特性 干性强，层性明显，生长势较强，全树结果部位比较均匀，以双果为主，二次枝结果能力强。核桃坚果圆形，果基圆平，顶部圆，三径均值3.73cm，果形指数0.97，坚果重12.6g，核仁重7.9g，壳面光滑，缝合线窄平，结合紧密，壳厚1.1mm左右，出仁率62.7%，易取整仁，核仁充实饱满，种皮浅黄色，肉乳白，味香甜，品质上等；该品种具有较强的抗寒性，丰产性好，单位树冠投影面积产仁量0.21kg/m²。

繁殖和栽培 普通绵核桃、黑核桃等做砧木，嫁接繁殖。建园时应选择背风向阳、土壤肥沃、灌排条件好的平川或丘陵区。适宜矮化或乔化栽培，矮化栽培以3m×4m、4m×4m为宜，乔化栽培以4m×5m、5m×5m为宜。可以与生长势弱的品种混栽；授粉树可选金薄香系列、中林系列、礼品2号等。树型选用开心形、疏散分层形等。

适宜范围 山西省太原以南海拔1100m以下的平川或丘陵区以及生态条件类似地区栽培。

西岭

树种：核桃	学名：*Juglans regia* L. 'Xiling'
类别：引种驯化品种	编号：冀S-SV-JR-007-2011
科属：胡桃科 胡桃属	申请人：河北省林业科学研究院、石家庄市林业局果树站、
	元氏县西岭核桃专业合作社

良种来源 1999~2010年通过实生选种方法选育出的核桃新品种。母树位于河北省元氏县西岭底村。

良种特性 落叶乔木。坚果圆形，果基圆，果顶平，平均坚果重15.9g，属大型果。壳面极光滑，色浅，缝合线较平，果形美观。取仁极易，整仁。核仁饱满，浅黄色，味香微涩。早实、丰产性强。抗病性强，病虫果率2.3%以下。雄先型品种。

繁殖和栽培 采用方块芽接法培育繁殖苗木，春季插皮枝接或夏季芽接法进行高接换优。适宜土层肥厚，具有一定灌溉条件的平地、缓坡地栽植，栽植密度3m×5m或4m×5m。需配置授粉树，辽宁5号、中林1号作授粉树均可，与授粉树比例为5~8∶1。适宜树形为主干形或开心形。适当进行疏花疏果，产量控制在250~300kg/667m^2。

适宜范围 河北省石家庄、邯郸、秦皇岛等核桃适生区内土层较厚、有灌溉条件的丘陵山地栽培。

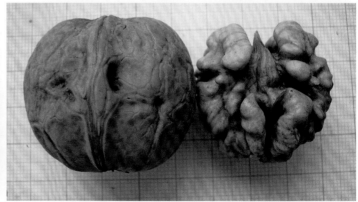

绿岭

树种：核桃	学名：*Juglans regia* L. 'lvling'
类别：引种驯化品种	编号：冀 S-SV-JR-008-2011
科属：胡桃科 胡桃属	申请人：河北农业大学

良种来源 由河北农业大学和河北绿岭果业有限公司从香玲核桃中选出的芽变。

良种特性 落叶乔木。坚果卵圆形，浅黄色，三经平均3.4cm，单果重12.8kg，壳厚0.8mm，均匀不露仁，缝合线平滑而不突出，果面光滑。果仁蛋白质、脂肪含量均比香玲高。早实，丰产，栽植第2年可结果。5年进入盛果期，平均亩产2000kg以上。雄先型品种，以中短枝结果为主。抗逆性与抗病性较强，耐旱。对细菌性褐斑病和炭疽病具有较强的抗性，病果率小于3.5%。

繁殖和栽培 宜选择土层深厚的山地梯田、缓坡地或平地栽植，旱薄地不宜栽植。栽植株行距4.5～5m×2.5～3m；栽植时必须配置授粉树，主栽品种与授粉品种比例5～8：1。整形修剪树形以单层高位开心形为好，小主枝宜留12～14个。在幼龄或初结果期，对小主枝宜进行缓放，所有小主枝均需进行拉枝，角度80°～90°，中心干延长枝每年保留30～40cm短截。结果母枝连续结果3～5年后应当及时更新，方法是在衰老枝基部保留10cm左右短橛，上部去掉，待发出新枝后拉平代替原小主枝。

适宜范围 河北省太行山、燕山南麓以及邢台平原区栽培。

强特勒

树种：核桃		学名：*Juglans regia* 'Chandler'	
类别：优良无性系		编号：陕S-ETS-JR-003-2011	
科属：胡桃科 胡桃属		申请人：陕西林业技术推广中心	

良种来源 美国。

良种特性 落叶乔木。树势中庸。树姿较直立，枝条粗壮，节间中等。早实。4月上旬萌动，中旬发芽，盛花期5月上旬，9月中旬果实成熟，11月上中旬落叶。侧芽结果率80%~90%。坚果长圆形，壳面光滑美观，色较浅，缝合线窄而平，结合紧密，内褶壁退化，横膈膜膜质。核仁充实饱满，乳黄色，出仁率49%。栽植2年后挂果，5年进入稳产期，盛果期平均产量1200kg/hm²。经济林树种。制干、鲜食及榨油兼用品种。

繁殖和栽培 培育实生苗作砧木。翌年5~6月采用方块形芽接。留苗量75000株/hm²左右。建园选择平地或背风向阳的缓坡丘陵地，排灌方便的壤土或沙壤土栽植，土层厚度1m以上。栽植密度330或495株/hm²。定杆高度1.2~1.5m。树形采用疏散分层形，幼树培养各级骨干枝，控制顶端优势和背后枝，充分利用辅养枝，培养结果枝组。

适宜范围 陕西渭北、关中及相类似地区栽植。

陕核短枝

树种：核桃	学名：*Juglans regia* 'Shanheduanzhi'
类别：优良无性系	编号：陕S-SV-JR-004-2011
科属：胡桃科 胡桃属	申请人：西北农林科技大学

良种来源 陕西省富平县引进日本早实核桃'齐引1号'的特异性单株。

良种特性 落叶乔木。树势强健。树冠近圆形。早实。雌先行。4月中旬萌芽，雌花3月底~4月初开放，雄花4月上旬开放，11月上旬落叶。短枝型，挂果密集，每条短枝2~3果。坚果椭圆形，果面光滑，缝合线紧密。抗逆性极强。高产稳产，大小年不明显，栽植3年后挂果，5年进入稳产期，盛果期平均产量2500kg/hm²。经济林树种。制干、鲜食及榨油兼用品种。

繁殖和栽培 选用北方核桃培育砧木，翌年春季插皮舌接或夏季方块形芽接。留苗量75000株/hm²左右。建园选择背风向阳，土层深厚，集中连片的平地或坡耕地，栽植前全面整地，栽植穴1.0m×1.0m×1.0m。栽植时间秋季11月中旬，春季3月上旬~4月上旬。初植密度660株/hm²，郁闭后（8年）隔株移株，永久密度330株/hm²，定干高度1.5~1.8m。

适宜范围 陕西渭北、关中及相类似地区栽植。

金薄香6号

树种：核桃	学名：*Juglans regia* 'Jinboxiang6'
类别：无性系	编号：晋S-SC-JR-006-2012
科属：胡桃科 胡桃属	申请人：山西省农业科学研究院果树研究所

良种来源 从新疆薄壳核桃实生苗中选育。

良种特性 该品种树势强旺，丰产、稳产，几乎无大小年结果现象。果实长椭圆形，缝合线突起明显、紧密，壳面光滑，沟纹浅、细。纵、横、侧径为4.8cm×3.5cm×3.5cm，平均单果重17.12g，仁重8.97g，果仁饱满，壳厚1.18mm，横隔膜膜质，果肉致密，出仁率52.4%，果仁乳白色，颜色鲜亮，肉质细腻，品质上等，是'金薄香'系列核桃中坚果香味最浓的品种。抗旱、抗寒、抗晚霜能力强。

繁殖和栽培 采用本地核桃、山核桃等做砧木，嫁接繁殖。建园时应选择背风向阳、土壤肥沃、灌排条件好的平川或丘陵区。适宜矮化或乔化栽培，矮化栽培以3m×4m或4m×4m为宜，乔化栽培以4m×5m或5m×5m为宜。可以与生长势弱的品种混栽；授粉树可选'金薄香'系列、'中林'系列、'礼品2号'等。树型选用开心形、疏散分层形等。

适宜范围 适宜在山西省太原以南海拔1100m以下的平川或丘陵区以及生态条件类似地区种植。

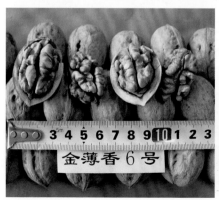

晋 RS-1 系核桃砧木

树种：核桃
类别：优良品种
科属：胡桃科 胡桃属

学名：*Juglans regia* 'Jin RS-1'
编号：晋S-SV-JR-007-2012
申请人：山西省林业科学研究院

良种来源 中林系（汾阳光皮绵（晚实母本）× 祁县洞9~9~15（早实父本）。

良种特性 植株生长势强，树姿较直立。叶片大，叶质厚，深绿色，光合能力强，属雌先型，中熟品种。种子平均单果重11g，壳厚1.2mm，出仁率55%。母枝分枝力1.96个，新梢平均长7.8cm，粗0.72cm，果枝率80.9%，果枝平均坐果1.21个，按树冠垂直投影面积计算，每平方米产仁量0.226kg。树势强壮，抗旱、抗病、抗虫，丰产。该品种主要用于做核桃砧木。

繁殖和栽培 采用晋RS-1系F1代种子建立种子园，生产晋RS-1系砧木种子，进行常规嫁接育苗。种子园第3年开始结果，5年生可亩产砧木种子50kg，盛果期可亩产200kg砧木种子。种子园的技术管理同核桃丰产园。苗圃地应选择在交通便利，水源充足，地势平坦，土壤深厚肥沃的地方。亩施有机肥5000kg，亩播种量90~100kg，播种密度为株行距（12~15）cm×60cm。春季3~4月清水浸泡处理种子5~7天，第2天、第4天分别换水一次，第7天捞出在地面风吹日晒裂口，挑开裂种子播种。清明前后即可播种。播种方法：在地膜两侧靠近埋土的边缘用小铲刨穴，深度为种子直径的3倍，种子的缝合线与地面垂直摆放，然后用湿土将穴填满，压实地膜。在砧木培养阶段，加强肥水管理，及时清除杂草。当砧木苗长到15cm时页面喷肥，6~7月喷0.5%的尿素3~5次，每隔10d喷一次，8月喷0.5%的磷酸二氢钾2~3次。当年秋季芽接率可达60%~80%。

适宜范围 适宜在山西省太原以南地区作为核桃砧木使用。

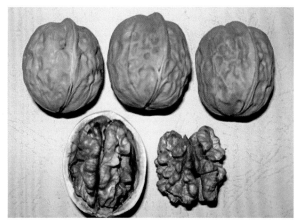

清香

树种：核桃	学名：*Juglans regia* L. 'Qinxiang'
类别：引种驯化品种	编号：晋S-ETC-JR-009-2013
科属：胡桃科 胡桃属	申请人：山西省农科院隰县农业试验站

良种来源 从河北省德胜农林科技有限公司引种。

良种特性 属晚实类型中结果偏早、丰产性强的品种。坚果较大、仁特白、避晚霜，丰产稳产性强。该品种坚果较大，纵径41.1mm、横径35.6mm、侧径35.7mm，三径平均37.5mm。坚果重15.1g，近圆锥形，大小均匀，壳皮光滑，外形美观，壳厚1.14mm，缝合线隆起，结合紧密，适宜机械化采收、脱青皮、清洗，耐贮运。种仁饱满，内褶壁退化，取仁容易，出仁率52.9%，仁色白黄，涩味轻，口感香脆。

繁殖和栽培 以实生核桃苗做砧木，采用方块芽接方法，或幼树、大树改接。初始栽植密度以4m×6m较好，树冠荫闭后间伐成6m×8m为宜。秋季落叶后至土壤上冻前或次年春季土壤解冻后至萌芽前栽植。挖大坑、施大肥、浅栽树、浇大水，栽植第1年越冬埋土防寒，次年春季短截、逼芽出健壮枝。

适宜范围 适宜在山西省西南部海拔500~1100m的平川或丘陵地区种植。

辽瑞丰

树种：核桃	学名：*Juglans regia* L. 'Liaoruifeng'
类别：引种驯化品种	编号：辽S-ETS-JR-006-2013
科属：胡桃科 胡桃属	申请人：辽宁省经济林研究所

良种来源 '辽瑞丰'为新疆纸皮核桃后代，试验代号30301。

良种特性 雄先型，结果习性介于早实核桃和晚实核桃品种之间，树势中庸健壮，树姿开张，分枝力中等，1年生枝呈黄绿色，属中长枝型。混合芽三角形，侧芽形成混合芽能力99%。小叶多为7片，少有5片和9片。每雌花序着生1~2朵雌花，坐果1~2个，坐果率60%以上。坚果椭圆形，果基圆形，果顶微尖。纵径3.6cm，横径3.0cm，侧径3.3cm，坚果三径平均值3.3mm，壳面光滑，色浅；缝合线平，结合紧密。壳厚1.1mm左右，内褶壁退化，核仁充实饱满，黄白色，核仁重6.3g，出仁率66.0%。单果重9.6g，出仁率66.0%。果壳厚度1.1mm，核仁饱满，果仁黄白色。13年生（株行距3m×3m）平均树高4.7m，平均干径12.52cm，冠幅直径4.3m，平均株产2.82kg，高产株达到5.15kg，平均667m²产量209kg。经济林树种，加工或鲜食等。

繁殖和栽培 可通过冬季室内嫁接方法繁殖。在11月下旬采集接穗，放在0~3℃的低温冷库中保湿贮藏。嫁接时间在12月下旬~2月底，嫁接方法采用双舌接法。嫁接体在温度为27~28℃、含水量为50%左右的粗锯末中促进愈合及萌芽，15d左右后定植在温室大棚内。建园时土壤选择pH值在6.3~8.2的壤土、沙壤土。选择雌花先开'辽宁6号'、'辽宁5号'等品种作授粉品种，按照主栽品种与授粉品种8~2：1的比例配置。株行距采用4m×5m。树形可采用疏散分层形或自然开心形。定植后第1年的幼树要防寒。

适宜范围 大连瓦房店以南、葫芦岛连山区以南年平均气温9℃以上地区。

辽瑞丰丰产状

瑞丰核桃坚果

安康串核桃

树种：核桃	学名：*Juglans regia* 'Ankangchuanhetao'
类别：优良类型	编号：陕S-SC-JRA-010-2013
科属：胡桃科 胡桃属	申请人：安康市林业技术推广中心

良种来源 陕西省安康地区变异类群。

良种特性 落叶乔木。树势中庸。树冠圆头形，树姿开张。雄先型。3月中旬发芽，雄花期4月上旬，雌花期4月中旬，9月上中旬果实成熟，10月中下旬落叶。中熟品种。结实成串状，平均每串6.1果。坚果椭圆形，壳面光滑，缝合线平，结合紧密，果仁饱满，乳黄色，易取整仁或半仁，出仁率56%。栽植3年后挂果，10年进入稳产期，盛果期平均产量2000 kg/hm²。经济林树种。制干、鲜食及榨油兼用品种。

繁殖和栽培 培育当地核桃作砧木，留苗量60000株/hm²左右。翌年3月下旬~4月下旬枝接，也可在6月中旬芽接。建园栽植前先整地，栽植穴0.8m×0.8m×0.8m，密度5m×6m，施足底肥。定干高度1.2~1.5m。树形为主干疏层形。

适宜范围 适宜于海拔700~1300m的秦巴山区栽培。

安康紫仁核桃

树种：核桃
类别：优良类型
科属：胡桃科 胡桃属

学名：*Juglans regia* 'Ankangzirenhetao'
编号：陕S-SC-JRAZ-011-2013
申请人：安康市林业技术推广中心

良种来源 陕西省安康地区变异类群。

良种特性 落叶乔木。树势健壮。树冠圆头形。树姿开张，分枝力强。雄先型。结果枝为短枝型。3月中旬发芽，雄花期4月上旬，雌花期4月中旬，9月上中旬果实成熟，10月中下旬落叶。坚果椭圆形，果面较光滑，缝合线微隆起或平，结合紧密。果仁紫褐色，易取整仁，出仁率52%。丰产性强，嫁接苗栽植3年后挂果，10年进入稳产期，盛果期平均产量1800kg/hm²以上。经济林树种。制干、鲜食及榨油兼用品种。

繁殖和栽培 培育当地核桃作砧木，留苗量60000株/hm²左右。翌年3月下旬~4月下旬枝接，也可在6月中旬芽接。建园栽植前先整地，栽植穴0.8m×0.8m×0.8m，密度5m×6m，施足底肥。定干高度1.2~1.5m。树形为主干疏层形。

适宜范围 适宜于海拔700~1300m的秦巴山区栽培。

辽宁4号

树种：核桃	学名：*Juglans regia* Linn 'Liaoning 4'
类别：无性系	编号：甘S-ETS-L-004-2013
科属：胡桃科 胡桃属	申请人：甘肃省林业科学技术推广总站

良种来源 辽宁。

良种特性 雄先型品种。树势较旺，树姿直立或半开张，分枝力强，1年生枝绿褐色，枝条多而较细，节间较长，属中短枝型，芽呈阔三角形，侧芽形成混合芽能力超过90%，侧芽结果率59%，小叶5~7片，少有9片叶片较小。每雌花序着生2~3朵雌花，每果枝平均坐果1.6个，多双果，坐果率75%，坚果圆形，果基圆，果顶圆并微尖，纵径3.4cm，横径3.4cm，侧径3.3cm，壳面光滑，色浅，缝合线平或微隆起，结合紧密。壳厚0.9mm，内褶壁膜质或退化，核仁充实饱满，黄白色，核仁重6.8g，出仁率59.7%。

繁殖和栽培 适宜栽植在平地或缓坡地，栽植株行距4m×5m（每亩33株），或3m×4m（每亩56株）。授粉树应选择与主栽品种花期同期的良种，主栽品种与授粉品种按(4~6)：1的比例呈带状或交叉状配置。授粉品种与主栽品种间距不得超过50m。

适宜范围 适宜在甘肃陇南、天水、平凉、庆阳、兰州等区域栽植。

薄壳香

树种：核桃	学名：*Juglans regia* Linn 'Bokexiang'
类别：无性系	编号：甘S-ETS-B-005-2013
科属：胡桃科 胡桃属	申请人：甘肃省林业科学技术推广总站

良种来源 北京。

良种特性 雌雄同熟型品种。树势强，树姿较直立。分枝力较强。1年生枝常成黄绿色，枝节较长；果枝较长，属中型枝条。顶芽近圆形，侧芽形成混合芽的比例为70%。小叶7~9片，顶叶较大。每雌花序多着生2多个雄花，坐果1~2个，多单生，坐果率50%左右。坚果倒卵形，果基圆，果顶微凹。壳面较光滑，色较浅，缝合线微凸，结合较紧，内壁退化，横膈膜膜质。核仁充实饱满，浅黄色。

繁殖和栽培 适宜栽植在平地或缓坡地，栽植株行距4m×5m（每亩33株），或3m×4m（每亩56株）。授粉树应选择与主栽品种花期同期的良种，主栽品种与授粉品种按(4~6)∶1的比例呈带状或交叉状配置。授粉品种与主栽品种间距不得超过50m。重点推广"四大一膜"建园技术。大坑（1m×1m×1m）、大水（栽后每株苗浇定根水20kg左右）、大肥（20~25kg农家肥和2kg磷肥）、大苗（一级嫁接苗，苗高60cm以上，主根长25cm，芽体饱满，无风干，无机械损伤，定植后覆地膜保温保墒。

适宜范围 适宜在甘肃陇南、天水、平凉、庆阳等区域栽植。

中林1号

树种：核桃	学名：*Juglans regia* Linn 'Zhonglin 1'
类别：无性系	编号：甘S-ETS-Z-006-2013
科属：胡桃科 胡桃属	申请人：甘肃省林业科学技术推广总站

良种来源 北京。

良种特性 雌先型品种。树势较强，树姿直立，树冠椭圆形，分枝力强，侧芽形成混合芽比例90%，雌花序着生2朵雌花，坐果率50%~60%，以双果、单果为主，中短果枝结果为主。坚果圆形，果基圆，果顶扁圆，单果重14g，壳面较粗糙，缝合线两侧有较深麻点，缝合线中宽突起，顶有小尖，结合紧密，横膈膜膜质，可取整仁和1/2仁，核仁充实饱满，浅至中色，纹理中色。

繁殖和栽培 适宜栽植在平地或缓坡地，栽植株行距4m×5m（每亩33株），或3m×4m（每亩56株）。授粉树配置：授粉树应选择与主栽品种花期同期的良种，主栽品种与授粉品种按（4~6）：1的比例呈带状或交叉状配置。授粉品种与主栽品种间距不得超过50m。重点推广"四大一膜"建园技术。大坑（1m×1m×1m）、大水（栽后每株苗浇定根水20kg左右）、大肥（20~25kg农家肥和2kg磷肥）、大苗（一级嫁接苗，苗高60cm以上，主根长25cm，芽体饱满，无风干，无机械损伤），定植后覆地膜保温保墒。

适宜范围 适宜在甘肃陇南、天水、平凉、庆阳、兰州等区域栽植。

晋龙2号

树种：核桃	学名：*Juglans regia* Linn 'jinlong 2'
类别：无性系	编号：甘S-ETS-J-008-2013
科属：胡桃科 胡桃属	申请人：甘肃省林业科学技术推广总站

良种来源 山西。

良种特性 雄先型品种。树势强，树姿开张，分枝力中等，树冠较大。顶芽阔圆形，侧花芽率较高。每雌花序多着生2~3多雌花，坐果率65%，坚果圆形，单果重14.6~16.8g，壳面较光滑，色浅，缝合线窄平，结合较紧密，壳厚1.12~1.26mm，内褶壁退化，横隔膜膜质，易取整仁。核仁饱满，色浅，核仁淡黄白，核仁重8.6~8.9g，出仁率53%~58%，风味香甜。

繁殖和栽培 适宜栽植在平地或缓坡地，栽植株行距4m×5m（每亩33株），或5m×6m（每亩22株）。授粉树配置：授粉树应选择与主栽品种花期同期的良种，主栽品种与授粉品种按（4~6）：1的比例呈带状或交叉状配置。授粉品种与主栽品种间距不得超过50m。重点推广"四大一膜"建园技术。大坑（1m×1m×1m）、大水（栽后每株苗浇定根水20kg左右）、大肥（20~25kg农家肥和2kg磷肥）、大苗（一级嫁接苗，苗高60cm以上，主根长25cm，芽体饱满，无风干，无机械损伤），定植后覆地膜保温保墒。

适宜范围 适宜在甘肃陇南、天水、平凉等区域栽植。

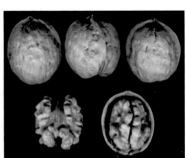

鲁光

树种：核桃	学名：*Juglans regia* Linn 'Luguang'
类别：无性系	编号：甘S-ETS-L-009-2013
科属：胡桃科 胡桃属	申请人：甘肃省林业科学技术推广总站

良种来源 山东省。

良种特性 雄先型品种。树姿开张树冠呈半圆形，树势中庸，分枝力较强，1年生枝条呈绿褐色，节间较长，侧生混合芽比例80.7%，嫁接后第二年开始形成混合芽，芽圆形，有芽座，小叶数多为5~9枚。叶片较厚，浓绿色，每雄花序着生2朵雌花，坐果率65%左右，坚果长圆形，果基圆，果顶微尖，单果重15.3~17.3g，纵径4.24~4.51cm，横径3.57~3.87cm，壳面壳沟浅，光滑美观，浅黄色，缝合线窄平，结合紧密，壳厚0.8~1.0cm，内皱壁退化，横膈膜膜质，易取整仁，核仁重8.1~9.1g，味香不涩。

繁殖和栽培 适宜栽植在平地或缓坡地，栽植株行距4m×5m（每亩33株），或3m×4m（每亩56株）。授粉树配置：授粉树应选择与主栽品种花期同期的良种，主栽品种与授粉品种按（4~6）：1的比例呈带状或交叉状配置。授粉品种与主栽品种间距不得超过50m。重点推广"四大一膜"建园技术。大坑（1m×1m×1m）、大水（栽后每株苗浇定根水20kg左右）、大肥（20~25kg农家肥和2kg磷肥）、大苗（一级嫁接苗，苗高60cm以上，主根长25cm，芽体饱满，无风干，无机械损伤），定植后覆地膜保温保墒。

适宜范围 适宜在甘肃陇南、天水、平凉、庆阳等区域栽植。

早硕

树种：核桃	学名：*Juglans regia* 'Zaoshuo'
类别：品种	编号：冀S-SV-JR-001-2014
科属：胡桃科 胡桃属	申请人：河北省林业科学研究院、卢龙县林业局

良种来源 从石门核桃群体中通过实生选种选育而成。母树生长地为卢龙县燕河营镇鹿角峪村。

良种特性 落叶乔木。坚果圆形，缝合线平，结合较紧密，果顶微尖，壳面较光滑，淡黄褐色。单果重15.6~17.7g，壳厚1.1~1.3mm，内褶壁退化，横隔膜膜质，易取整仁。出仁率54%~59%。核仁淡黄色，脂肪含量66.8%，蛋白质含量18.4%。雌先型品种。早实类型。早期丰产性较好。较抗核桃细菌性黑斑病和炭疽病。

繁殖和栽培 采用方块芽接法培育繁殖苗木。建园要求质地疏松、保水、透气性良好的沙壤到中壤土。土层深度要达到1m以上，pH值6.5~9.0，地下水位最高时在2.0m以下，并具备灌溉条件。栽植密度3m×5m或4m×5m。需配置授粉树，适宜授粉品种可选辽宁1号。适宜树形高位开心形。

适宜范围 河北省石家庄市区、元氏县、卢龙县及生态条件类似地区土层较厚、有灌溉条件的地方栽培。

鲁果1号

树种：核桃	学名：*Juglans regia* 'Luguo1'
类别：优良无性系	编号：陕S-ETS-JL-004-2014
科属：胡桃科 胡桃属	申请人：西安市林业技术推广中心

良种来源　陕西省蓝田县引进山东早实核桃的特异性单株。

良种特性　落叶乔木。树势稳健。树冠圆球形。树姿较直立。雄先型。早实。3月中旬萌动，下旬发芽，4月初展叶，中旬雄花开放，中下旬雌花开放，8月下旬果实成熟，11月初落叶。青果卵圆形。坚果椭圆形，种仁饱满，仁色浅，出仁率61.2%。栽植3年后挂果，6年进入稳产期，盛果期平均产量1000kg/hm²。经济林树种。制干、鲜食及榨油兼用品种。

繁殖和栽培　以实生苗作砧木，留苗量75000株/hm²左右。翌年3~4月枝接，5~6月芽接。枝接多采用插皮接和舌接，芽接以方块芽接为主。选择平地或背风向阳的缓坡丘陵地，排灌方便的壤土或沙壤土栽植，土层厚度1m以上。栽植密度825株/hm²。树形采用疏散分层形，幼树、初果期培养各级骨干枝，调整生长势，充分利用辅养枝，培养结果枝组。定干高度1.5~1.8m。

适宜范围　适宜陕西关中、渭北及相类似地区栽植。

鲁果11

树种：核桃
类别：优良无性系
科属：胡桃科 胡桃属

学名：*Juglans regia* 'Luguo11'
编号：陕S-ETS-JL-005-2014
申请人：西安市林业技术推广中心

良种来源 陕西省蓝田县引进山东早实核桃的特异性单株。

良种特性 落叶乔木。树势强健。树冠圆球形，树姿直立。早实。3月中旬萌动，下旬发芽，4月下旬盛花期，8月下旬果实成熟，11月上旬落叶。青果长椭圆形。坚果圆锥形，壳面光滑，缝合线紧、平，种仁饱满，仁色浅，出仁率60.3%。丰产性较强，栽植2~3年后挂果，6年进入稳产期，盛果期平均产量1000kg/hm²。经济林树种。制干、鲜食及榨油兼用品种。

繁殖和栽培 以实生苗作砧木，留苗量75000株/hm²左右。翌年3~4月枝接，5~6月芽接。枝接多采用插皮接和舌接，芽接以方块芽接为主。选择平地或背风向阳的缓坡丘陵地，排灌方便的壤土或沙壤土栽植，土层厚度1m以上。栽植密度825株/hm²。树形采用疏散分层形，幼树、初果期培养各级骨干枝，调整生长势，充分利用辅养枝，培养结果枝组。定干高度1.5~1.8m。

适宜范围 适宜陕西关中、渭北及相类似地区栽植。

丰香

树种：核桃	学名：*Juglans regia* L. 'Fengxiang'
类别：优良品种	编号：京S-SV-JR-045-2015
科属：胡桃科 胡桃属	申请人：北京市农林科学院林业果树研究所

良种来源 从'香玲'×'云新34号'杂交后代选出。

良种特性 坚果圆形，果基圆，果顶平。单果重8.3~18.6g，平均12.8g。壳面光滑，缝合线中宽、微凸，结合较紧密。果壳厚度1.09mm，内褶壁退化，横隔膜膜质，可取整仁，出仁率56.4%。核仁充实、饱满，颜色浅黄色。脂肪含量70.4%，蛋白质含量18.4%，坚果品质优。

树势较强，树姿较开张。分枝力较强，成枝力较强，侧生花芽比率70%左右。嫁接苗第2年（高接第2年）结果。属早实类型。雄先型。每雌花序着生1~2朵雌花，坐果率60%左右，丰产性强，连续结果能力强。北京地区3月底~4月初萌芽，4月中旬雄花散粉，4月下旬雌花盛期，9月上旬坚果成熟，11月上旬落叶。

一年生枝粗壮，颜色灰色，皮目小而稀。混合芽圆形。复叶长33cm，小叶数7~9片，多9片，小叶长椭圆形，叶尖锐尖，叶缘全缘。雄花较多，柱头颜色黄色。青果圆形，果基圆，果顶凹，青皮厚度中等，成熟后易脱青皮。

繁殖和栽培

1. 苗木繁育。砧木宜采用本砧。1~2年生实生苗可在5月下旬~6月中旬进行嫩枝芽接。

2. 栽植。株行距4~5m×5~6m，授粉品种可选用'辽宁5号''薄壳香'等雌先型或雌雄同熟型早实核桃品种。

3. 整形修剪。树形宜采用疏散分层形、变则主干形或开心形，主干高度宜为0.8~1.0m。幼树长势较旺，宜中度短截促成枝，7月下旬对未停长新梢宜轻度摘心。初果期幼树，宜轻剪、拉枝开张角度，促进分枝和坐果。成树宜疏除过密枝及下部过低枝，回缩衰弱枝，保持通风透光良好和均衡稳定的树势。

4. 肥水管理。施肥以有机肥为主，一般每年1次即可，幼树10~25kg/株，成树25~50kg/株。若土壤肥力较差，萌芽前可结合灌水适量补充氮、磷、钾复合肥。6~7月果实速长期，也可进行叶面喷肥。结合土壤墒情，一般在萌芽前、坐果后、土壤上冻前灌水1~2次/年。

5. 越冬防寒。1~2年生幼树需做防寒，第1年可采用套编织袋填土或弯倒埋土防寒；第2年可对1年生枝用缠报纸和塑料条的方法进行防寒。

6. 病虫害防治。以预防为主。病害一般每年在萌芽前、6月上旬、7月中旬喷施2~3次杀菌剂即可。树势衰弱，枝干易得腐烂病，可用刮除病斑，涂抹果富康药剂治疗。虫害可采用挂杀虫灯等物理方法防治。

适宜范围 适宜北京土层深厚、灌溉条件较好的低山、丘陵及平原地区栽培。

美香

树种：核桃	学名：*Juglans regia* L. 'Meixiang'
类别：优良品种	编号：京S-SV-JR-046-2015
科属：胡桃科 胡桃属	申请人：北京市农林科学院林业果树研究所

良种来源 从'香玲'דﾟ云新34号'杂交后代中选出。

良种特性 坚果椭圆，果基圆，果顶圆，外形美观。单果重8.7~18.5g，平均12.8g。壳面光滑，缝合线中宽、微凸，结合紧密。果壳厚度1.14mm，内褶壁退化，横膈膜膜质，可取整仁，出仁率55.5%。核仁充实、肥厚饱满，颜色浅黄或黄白。脂肪含量68.7%，蛋白质含量19.1%，坚果品质优。

树势强，树姿较开张。分枝力弱，成枝力强，侧花芽比率30%左右。嫁接苗第4年（高接第3年）结果，晚实。雄先型。每雌花序着生1~3朵雌花，坐果率70%左右，丰产性和连续结果能力强。北京地区3月底~4月初萌芽，4月中旬雄花散粉，4月下旬雌花盛期，9月上旬坚果成熟，11月上旬落叶。

一年生枝粗壮，颜色灰色，皮目小而稀。混合芽圆锥形。复叶长35cm，小叶数7~11片，多9片，小叶长椭圆形，叶尖锐尖，叶缘全缘。雄花较多，柱头颜色黄色。青果椭圆形，果基圆，果顶圆，青皮厚度中等，成熟后易脱青皮。

繁殖和栽培

1.苗木繁育。砧木宜采用本砧。1~2年生实生苗可在5月下旬~6月中旬进行嫩枝芽接。

2.栽植。株行距5~6m×5~6m；平原地区果粮间作，株行距6~8m×15~20m。授粉品种可选用'京香3号'等雌先型品种。

3.整形修剪。树形宜采用疏散分层形或变则主干形，干高宜为0.8~1.2m。幼树长势旺，宜轻剪、拉枝开张角度，萌芽前可通过刻芽、轻度短截，促进分枝；7月下旬对未停长新梢宜轻度摘心。初果期幼树可通过主干、主枝分道环割来缓和树势，促进坐果。成树宜疏除过密枝及下部过低枝，保持通风透光良好。回缩衰弱枝，疏除背下过旺枝，保持均衡稳定的树势。

4.肥水管理。施肥以有机肥为主，一般每年1次即可，幼树10~25kg/株，成树25~50kg/株。若土壤肥力较差，萌芽前可结合灌水适量补充氮、磷、钾复合肥。6~7月果实速长期，可进行叶面喷肥。结合土壤墒情，一般在萌芽前、坐果后、土壤上冻前灌水1~2次/年。

5.越冬防寒。1年生幼树需做防寒，可采用套编织袋填土或弯倒埋土；第2年，一般不用防寒，但在春季风大、干旱和寒冷地区需对1年生枝用缠纸和塑料条的方法进行防寒。

6.病虫害防治。以预防为主，根据具体情况，一般每年在萌芽前、6月上旬、7月中旬喷施1~2次杀菌、杀虫剂即可。

适宜范围 适宜北京土层较厚的山地、丘陵及平原地区栽培。

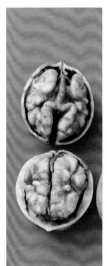

晋绵1号

树种：核桃	学名：*Juglans regia* L 'Jinmian 1'
类别：优良无性系	编号：晋S-SC-JR-029-2015
科属：胡桃科 胡桃属	申请人：山西省林业科学研究院

良种来源 交口县桃红坡陕村发现的晚实核桃优良单株。

良种特性 果个较大，果核壳面较光滑，缝合线窄而平，结合紧密，内褶壁退化，横膜膜质，易取整仁，出仁率52.0%，淡黄色，果仁饱满，风味特香甜。植株生长势强，树姿较开张，树冠圆头形。雌先性，中熟品种。顶芽结果能力强，双果、三果占60%，四果占20%；嫁接苗定植后第3年开始挂果，8年生进入结果盛期，10年生单株产量8~10kg，单位面积产仁量0.20kg/m²。耐旱、耐瘠薄，对土壤要求不严。对黑斑病、腐烂病有很强的抵御能力。

繁殖和栽培 嫁接繁殖。以实生核桃苗做砧木，采用方块芽接方法，无性繁殖嫁接苗。幼树、大树改接要用芽接。栽植密度22株/亩，株行距5m×6m，可以纯林或农林间作。树冠郁闭后间伐成10m×6m为宜。在树体萌芽前，按照目标树形骨架结构进行预处理。在晋中地区每年的5月上旬为雌花盛期，5月上中旬为雄花盛期。因此，授粉树应选择5月上旬雄花盛开的品种。适宜的授粉品种有'扎343''鲁光''京861''晋龙1号''晋龙2号'。主栽品种与授粉品种比例为4∶1。

适宜范围 适宜在山西省年均温9~16℃，海拔1400m以下以及生态类型相似的地区栽培。

金核1号

树种：核桃
类别：优良无性系
科属：胡桃科 胡桃属

学名：*Juglans regia* L 'Jinhe 1'
编号：晋S-SC-JR-031-2015
申请人：山西省农业科学院果树研究所

良种来源 亲本来源为'金薄香8号'，为播种实生苗群体中选育的单株优系。

良种特性 果实长卵圆形，浅褐色，两头尖，缝合线明显，纵径4.23cm，横径3.45cm，侧径3.40cm，果形指数1.2，单果重12.17g，仁重7.7g，果仁饱满，壳厚0.97mm，质地致密，出仁率63.28%。果仁淡黄色，颜色亮，肉乳白，肉质细腻，香味浓。生长势强旺，早实丰产性好，具有较强的抗寒性，抗病虫，单位树冠投影面积产仁量0.20kg/m²。嫁接苗栽植第3年即有零星挂果，高接大树第2年开始挂果，第5年进入初盛果期。

繁殖和栽培 可采用本地核桃、山核桃、奇异核桃和黑核桃等做砧木，一般采用方块芽接繁殖。株行距3m×4m、4m×4m、4m×5m或5m×5m。土壤贫瘠的山坡地按3m×4m定植，土壤肥沃、灌溉条件好的平地稀植。选用'金薄香'系列、'中林'系列和'礼品2号'进行人工辅助授粉，主栽品种与授粉品种比例为4:1。6月份和8月初摘心，幼树以培养树形为主，拟采用疏散分层形和开心形，进入初果期以更新结果枝组为主。在雄花芽萌动前20d进行疏雄。

适宜范围 适宜山西省太原以南海拔1100m以下及生态条件类似地区栽培。

辽宁1号核桃

树种：核桃	学名：*Juglans regia* cv. 'Liaoning1'
类别：引种驯化品种	编号：青S-ETS-JR-002-2015
科属：胡桃科 胡桃属	申请人：青海省农林科学院、青海省林业技术推广总站

良种来源 2012年从辽宁省大连市引进嫁接苗后进行培育。

良种特性 落叶乔木，分枝能力强，通常发育健壮的结果枝，可抽生1~2个二次枝，其长度为40~150cm。雄先型品种。在青海省4月中旬萌芽、9月中下旬果实成熟。坚果圆形，果基圆，果顶稍凹下，核壳表面沟纹少而浅，缝合线平或微隆起、紧密。坚果三径平均3.4cm，平均单果重10g，平均壳厚0.9mm。内褶壁膜质或退化，取仁易，出仁率53%~61%。每平方米树冠垂直投影（简称冠影）面积产仁量可达200g以上。出仁率、脂肪酸、蛋白质及氨基酸含量高。该品种耐寒、耐干旱，一般不发生抽条（干梢）现象，对细菌性黑斑病和炭疽病有较强抗性。

繁殖和栽培 选择生长健壮、长势良好的1~2年生嫁接苗进行栽植。主栽品种与授粉品种的比例为（8~2）∶1。适宜株行距4m×4m或4m×5m。栽植后应根据不同生长阶段满足水肥要求。每年锄草3~4次，早春或晚秋结合施底肥刨树盘一次，深度为20~30cm。为避开伤流，果实采摘后至落叶前修剪。8月以后注意控水，不施氮肥，增施磷、钾肥，并于11月中旬将主干涂白并用草帘或废旧纸将整株包扎，待开春气温稳定后解除包扎物。

适宜范围 适宜在青海省海拔2200m以下，年平均温度8℃以上，无霜期150d以上的地区均可种植。

新温724

树种：核桃	学名：*Juglans regia* L. 'XinWen 724'
类别：优良品种	编号：新S-SV-JR-001-2015
科属：胡桃科 胡桃属	申请人：新疆林业科学院

良种来源 以'扎343'核桃和'新早丰'核桃两个品种的二次果为种子进行播种，培育获得的实生苗。

良种特性 坚果长圆形，果基圆略凸、顶尖平或稍凹；坚果三径平均3.75cm，单果重14.41g，果仁重7.11g，出仁率60.45%，含油率67.2%；壳面较光滑，色浅，缝合线平或稍凸，结合较紧密，易取整仁，果仁饱满充实，色浅（浅黄），味香；嫁接后第二年即可开花结果。花期为4月中旬至下旬，9月上旬坚果成熟，11月上旬落叶。树势中庸，树冠较开张，当年生枝条呈深绿色，较粗壮；中、短果枝结果为主，短果枝率20.0%，中果枝率75.0%，长果枝率5.0%；具二次生长枝；复叶由3~9片小叶组成，具畸形单叶。

繁殖和栽培 以无性繁殖为主，砧木选择本地实生乡土核桃或抗寒核桃品种。5月底至6月中旬采用芽接。嫁接10d后进行浇水，及时抹除砧木上的萌芽。接活的新梢长至15~20cm时解除绑扎，从嫁接部位以上2cm处将砧木剪断，并用塑料薄膜包好砧木的断面。越冬前将嫁接苗挖出并窖藏，或在平整地块处深挖1.50m深假植坑，将嫁接苗排好埋于坑内贮藏越冬。

适宜范围 在新疆阿克苏地区、喀什地区、和田地区及类似条件的核桃适生区域种植。

新温 724

新温 915

树种：核桃	学名：*Juglans regia* L. 'XinWen 915'
类别：优良品种	编号：新S-SV-JR-002-2015
科属：胡桃科 胡桃属	申请人：新疆林业科学院

良种来源 以'扎343'核桃和'新早丰'核桃两个品种的二次果为种子进行播种，培育获得的实生苗。

良种特性 坚果近桃圆形，果基平圆、顶尖稍凸；坚果三径平均3.47cm，单果重10.8g，果仁重6.49g，出仁率60.13%，含油率65.9%；壳面光滑，色浅，缝合线平，结合紧密，易取整仁，果仁饱满充实，色浅（浅黄），香甜，无苦涩感；嫁接后第二年即可开花结果。花期为4月中旬至下旬，8月下旬坚果成熟，11月上旬落叶。树势中庸，树冠较开张，当年生枝条呈深绿色，较粗壮；中、短果枝结果为主，短枝率45.0%，中果枝率50.0%，长果枝率5.0%；具二次生长枝；复叶由3~9片小叶组成，具畸形单叶。

繁殖和栽培 以无性繁殖为主，砧木选择本地实生乡土核桃或抗寒核桃砧木品种。5月底至6月中旬采用芽接。嫁接10d后进行浇水，及时抹除砧木上萌芽。接活新梢长至15~20cm时解除绑扎，并从嫁接部位以上2cm处将砧木剪除。越冬前将嫁接苗挖出并窖藏，或在平整地块处深挖1.50m深假值坑，将嫁接苗排好埋于坑内贮藏越冬。

适宜范围 在新疆阿克苏地区、喀什地区和田地区及类似条件的核桃适生区域种植。

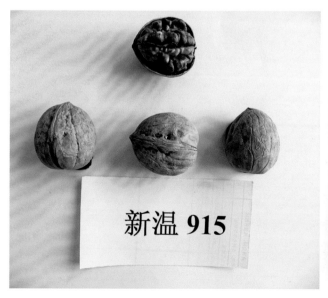

新温917

树种：核桃	学名：*Juglans regia* L. 'XinWen 917'
类别：优良品种	编号：新S-SV-JR-003-2015
科属：胡桃科 胡桃属	申请人：新疆林业科学院

良种来源 以'扎343'核桃和'新早丰'核桃两个品种的二次果为种子进行播种，培育获得的实生苗。

良种特性 坚果卵圆形，果基圆略凸、顶尖稍凸；坚果三径平均3.50cm，单果重13.20g，果仁重7.75g，出仁率58.71%，含油率68.8%；壳面较光滑，色浅，缝合线平或稍凸，结合紧密，易取仁，果仁饱满充实，色浅（浅黄），味香甜，无苦涩感；嫁接后第二年即可开花结果。花期为4月中旬至下旬，9月上旬坚果成熟，11月上旬落叶。树势中庸，树冠较开张，当年生枝条呈深绿色，较粗壮；以短、中果枝结果为主，短枝率75.0%，中果枝率20.0%，长果枝率5.0%；具二次生长枝；复叶由3~9片小叶组成，具畸形单叶。

繁殖和栽培 以无性繁殖为主，砧木选择本地实生乡土核桃或抗寒核桃砧木品种。5月底至6月中旬采用芽接。嫁接10d后进行浇水，及时抹除砧木上萌芽。接活新梢长至15~20cm时解除绑扎，并从嫁接部位以上2cm处将砧木剪除。越冬前将嫁接苗挖出并窖藏，或在平整地块处深挖1.50m深假值坑，将嫁接苗排好埋于坑内贮藏越冬。

适宜范围 在新疆阿克苏地区、喀什地区和田地区及类似的核桃适生区域种植。

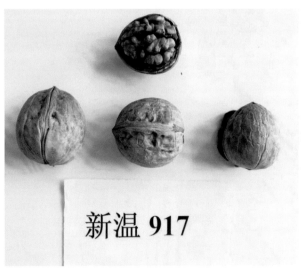

新温917

京艺1号

树种：麻核桃	学名：*Juglans hopeiensis Hu* 'Jingyi yihao'
类别：优良品种	编号：京S-SV-JR-019-2009
科属：胡桃科 胡桃属	申请人：北京市农林科学院林业果树研究所

良种来源 从北京房山区霞云岭乡堂上村实生麻核桃中选出。

良种特性 坚果形长圆，底座较平，属虎头系列。果个中等，横径（边宽）3.8cm左右（最大可达4.5cm），纵径4.0cm，侧径3.6cm。缝合线（边）突出，中宽，结合紧密，不易开裂。壳面颜色浅，纵纹明显，纹路较深，纹理美观。

树势强，树姿较直立。分枝力中等，顶芽结果，长枝型。属晚实类型。雄先型。每雌花序着生4~7朵雌花，柱头浅黄色，多坐果1~3个，自然坐果率15%左右。高接树第2~3年可见果。幼树丰产性较差，成树丰产性中等。在北京地区，萌芽期4月上旬，雄花期在4月中下旬，雌花期在4月底~5月上旬，9月上中旬坚果成熟，10月底~11月上旬落叶。

一年生枝条灰色，皮目大而稀。混合芽圆形。复叶长62cm，小叶数9~15片，多11、13片，小叶阔披针形，叶色绿，叶尖渐尖，叶缘全缘。雄花数中多，柱头颜色浅黄。青皮较中厚（缝合线中部0.53cm），青皮茸毛较多，成熟后青皮易开裂。

繁殖和栽培

1. 苗木繁育：宜采用4~6cm粗的核桃或核桃楸作砧木通过枝接培育大苗，展叶期用插皮舌接。也可采用2~3年生小苗在5月下旬~6月中旬进行嫩枝芽接。

2. 栽植：适宜北京土层较厚的山地、丘陵及平原地区栽植，株行距为6~8m×6~8m，定干高度1.0~1.5m。授粉品种可选用花期相近的核桃楸、雌先型麻核桃或核桃，核桃需提前采花粉，待雌花开放时人工授粉。雌花开放期，可喷施15ppm的赤霉素以提高坐果率。

3. 整形修剪：树形宜采用疏散分层形。幼树长势较旺，可通过拉枝、轻度短截，促进分枝，缓和枝势；通过主干环剥（留1/5~1/3不剥）、主枝环割以缓和树势，促进坐果。成树宜疏除过密枝、下部过低枝及过旺枝，以保持良好的通风透光条件和稳定均衡的树势。

4. 果实管理：7月份阴雨天较多时，应及时排涝，进行土壤翻耕，保持土壤通透。

5. 土、肥、水管理：土壤以自然生草为主，每年可割草3~5次、雨季翻耕1~2次。施肥以有机肥为主，一般每年1次即可，幼树10~25kg/株，成树25~50kg/株；6~7月果实速长期，也可进行叶面喷肥。根据土壤墒情，一般每年灌水1~2次，时期可选坐果后、土壤上冻前或萌芽前。

适宜范围 本品种适宜北京地区土层较厚的浅山和平原区种植。

华艺1号

树种：麻核桃
类别：优良品种
科属：胡桃科 胡桃属

学名：*Juglans hopeiensis* Hu 'Huayiyihao'
编号：京S-SV-JR-020-2009
申请人：北京市农林科学院林业果树研究所

良种来源 从山西实生麻核桃中选出。

良种特性 坚果形圆稍扁，底座较平或微凹，属"狮子头"系列。果个中等，横径（边宽）4.0cm左右（最大可达4.5cm），纵径3.7cm，侧径3.6cm。缝合线（边）突出，中宽，结合紧密，不易开裂。壳面颜色较浅，纵纹较明显，纹路较深，纹理美观。

树势强，树姿较直立。分枝力中等，顶芽结果，中长枝型。属晚实类型。雄先型。每雌花序着生3~7朵雌花，柱头浅黄色，多坐果1~3个，自然坐果率8%左右。高接树第3年见果。幼树丰产性较差，成树丰产性中等。在北京地区，萌芽期4月上旬，雄花期在4月中下旬，雌花期在4月底~5月上旬，9月上旬坚果成熟，10月底~11月上旬落叶。

一年生枝条灰色，皮目中大而稀。混合芽圆形。复叶长63cm，小叶数9~13片，多11片，小叶阔披针形，叶色绿，叶尖渐尖，叶缘全缘。雄花数较少，柱头颜色浅黄。青皮中厚（缝合线中部0.52cm），青皮茸毛较多，成熟后青皮易开裂。

繁殖和栽培

1.苗木繁育：宜采用4~6cm粗的核桃或核桃楸作砧木通过枝接培育大苗，展叶期用插皮舌接。也可采用2~3年生小苗在5月下旬~6月中旬进行嫩枝芽接。

2.栽植：适宜北京土层较厚的山地、丘陵及平原地区栽植，株行距为6~8m×6~8m，定干高度1.0~1.5m。授粉品种可选用花期相近的核桃楸、雌先型麻核桃或核桃，核桃需提前采花粉，待雌花开放时人工授粉。雌花开放期，可喷施15ppm的赤霉素以提高坐果率。

3.整形修剪：树形宜采用疏散分层形。幼树长势旺，可通过拉枝、刻芽，促进分枝，缓和枝势；通过主干环剥（留1/5~1/3不剥）、主枝环割以缓和树势，促进坐果。成树宜疏除过密枝、下部过低枝及过旺枝，以保持良好的通风透光条件和稳定均衡的树势。

4.果实管理：7月份阴雨天较多时，应及时排涝，进行土壤翻耕，保持土壤通透。

5.土、肥、水管理：土壤以自然生草为主，每年可割草3~5次，雨季翻耕1~2次。施肥以有机肥为主，一般每年1次即可，幼树10~25kg/株，成树25~50kg/株；6~7月果实速长期，也可进行叶面喷肥。根据土壤墒情，一般每年灌水1~2次，时期可选坐果后、土壤上冻前或萌芽前。

适宜范围 本品种适宜北京地区土层较厚的浅山和平原区种植。

京艺2号

树种：麻核桃
类别：优良品种
科属：胡桃科 胡桃属

学名：*Juglans hopeiensis* 'Jingyi Erhao'
编号：京S-SV-JH-034-2014
申请人：北京农林科学院林业果树研究所

良种来源 从北京延庆大庄科乡小庄科村实生麻核桃中选出。

良种特性 坚果近圆（或近半圆）形，底较宽、平或微凹，果顶圆、微尖，属"狮子头"系列。果个中等，平均横径（边宽）3.86cm（最大可达4.62cm），纵径3.57cm，侧径3.50cm。缝合线（边）突出，中宽，结合紧密，不易开裂。壳面颜色浅，纵纹较明显，纹路较深，纹理美观。

树势中庸，树姿较开张。分枝力较强，成枝力中等。多顶芽结果，侧生混合芽比率低。高接第3年出现雌花，属晚实类型。雄先型。每雌花序着生3~5朵雌花，自然坐果率10%左右，幼树丰产性较差，成树丰产性中等，连续结果能力较强。北京地区，萌芽期4月上旬，雄花期在4月中下旬，雌花期在4月底~5月上旬，9月上中旬坚果成熟，10月底~11月上旬落叶。

一年生枝粗壮，深灰色，皮目较小、中密，枝条茸毛短、中多。复叶长55cm，小叶数7~13片，多9、11片，小叶椭圆形，叶色浓绿，叶尖渐尖，叶缘全缘。混合芽圆形，柱头颜色黄或粉黄，雄花数较多，雄花序较长，花粉量中多。青果近圆形，果基平，果顶圆，颜色浓绿，果点中大、密，茸毛较少，青皮较薄（缝合线中部厚0.45cm），成熟后青皮易剥离。

繁殖和栽培

1.苗木繁育：砧木可采用3~5年生核桃、核桃楸或黑核桃，展叶期用插皮舌接，当年嫁接苗可长1~2m。

2.栽植：选择土层深厚的浅山、丘陵、平原地区或庭院栽植，株行距为5~6m×6~8m。苗木选择高1m以上、粗度大于2cm的大苗，定干高度0.6~1.0m。授粉品种可选用花期相近的核桃楸、雌先型麻核桃或核桃，用雌先型核桃时，需提前采花粉，待'京艺2号'雌花开放时人工授粉。

3.整型修剪：树形宜采用疏散分层形、变则主干形。幼树长势旺，应拉枝开张角度，通过刻芽、轻度短截，促进分枝；通过主干环剥（留1/5~1/3不剥整圈）、主枝分道环割等以缓和树势，促进坐果。成龄树宜疏除过密枝及下部过低枝，回缩衰弱枝，疏除背下过旺枝（俗称"倒拉牛"），保持良好的通风透光条件和均衡稳定的树势。

4.果实管理：7月份硬核期，阴雨天较多时易白尖。应及时疏除上部徒长枝和过密枝，保持通风透光良好，促进果壳发育；雨水过多时应及时排涝，减少白尖现象。

5.土、肥、水管理：土壤以自然生草为主，每年可割草2~3次、翻耕1~2次。施肥以有机肥为主，一般每年1次，幼树10~25kg/株，成树25~50kg/株；6~7月果实速长期，也可进行叶面喷肥。结合土壤墒情，一般每年在萌芽前、坐果后或土壤上冻前灌水1~2次。

适宜范围 适宜北京土层较厚的浅山、丘陵和平原地区栽植。

京艺6号

树种：麻核桃
类别：优良品种
科属：胡桃科 胡桃属

学名：*Juglans hopeiensis* 'Jingyi Liuhao'
编号：京S-SV-JH-035-2014
申请人：北京农林科学院林业果树研究所

良种来源 从北京海淀区上庄实生麻核桃中选出。

良种特性 坚果扁圆形，矮桩，底座较平，果顶平，闷尖，属文玩核桃——"狮子头"系列，俗称"磨盘"（也称"闷尖狮子头"）。果个中小，平均横径（边宽）3.68cm左右（最大可达4.51cm），纵径3.38cm，侧径3.51cm。缝合线（边）较突出，中宽，结合紧密，不易开裂，纵纹不明显，粗纹，纹路较深，纹理较美观。

树势较强，树姿较直立。分枝力中等，成枝力较强。顶芽结果。属中短枝型。属晚实类型，嫁接苗4~5年（高接第3年）出现雌花，第3年出现雄花。雄先型。每雌花序着生3~6朵雌花，每结果枝坐果1~3个，多1个，自然坐果率15%左右。幼树丰产性较差，成树丰产性较强，连续结果能力较强。北京地区，萌芽期4月初，雄花期在4月中下旬，雌花期在4月底~5月上旬，9月上中旬坚果成熟，10月底~11月上旬落叶。

一年生枝较粗壮，浅灰色，皮目较小、较密，枝条茸毛长、较多。复叶长59cm，小叶数7~15片，多9、11片，小叶椭圆形，叶色绿，叶尖渐尖，叶缘全缘。混合芽圆形，柱头颜色黄，雄花数较多，雄花序较短，花粉量中多。青果圆形，果基平或凹，果顶圆，颜色绿，果点大而密，茸毛多，青皮中厚（缝合线中部厚0.59cm），成熟后青皮易开裂。

繁殖和栽培

1. 苗木繁育：砧木可采用3~5年生核桃、核桃楸或黑核桃，展叶期用插皮舌接，当年嫁接苗可长1~2m。

2. 栽植：选择土层深厚的浅山、丘陵、平原地区或庭院栽植，株行距为5~6m×6~8m。苗木选择高1m以上、粗度大于2cm的大苗，定干高度0.6~1.0m。授粉品种可选用花期相近的核桃楸、雌先型麻核桃或核桃，用雌先型核桃时，需提前采花粉，待'京艺6号'雌花开放时人工授粉。

3. 整型修剪：树形宜采用疏散分层形、变则主干形。幼树长势旺，应拉枝开张角度，通过刻芽、轻度短截，促进分枝；通过主干环剥（留1/5~1/3不剥整圈）、主枝分道环割等以缓和树势，促进坐果。成龄树宜疏除过密枝及下部过低枝，回缩衰弱枝，疏除背下过旺枝（俗称"倒拉牛"），保持良好的通风透光条件和均衡稳定的树势。

4. 果实管理：7、8月阴雨天较多时，应及时疏除上部徒长枝和过密枝，保持良好通风透光条件，促进果壳发育。不易白尖，但采收晚有撑尖现象，可在8月底~9月初（提前1~2周）采收。

5. 土、肥、水管理：土壤以自然生草为主，每年可割草2~3次、翻耕1~2次。施肥以有机肥为主，一般每年1次，幼树10~25kg/株，成树25~50kg/株；6~7月果实速长期，也可进行叶面喷肥。结合土壤墒情，一般每年在萌芽前、坐果后或土壤上冻前灌水1~2次。

适宜范围 适宜北京土层较厚的浅山、丘陵和平原地区栽植。

京艺7号

树种：麻核桃	学名：*Juglans hopeiensis* 'Jingyi Qihao'
类别：优良品种	编号：京S-SV-JH-036-2014
科属：胡桃科 胡桃属	申请人：北京农林科学院林业果树研究所

良种来源 从北京门头沟区王平镇琨樱谷实生麻核桃中选出。

良种特性 坚果圆形，果底凹、圆（形似苹果），果顶圆、微尖，属文玩核桃"狮子头"系列。果个中等大小，平均横径（边宽）3.80cm（最大可达4.50cm），纵径3.61cm，侧径3.70cm。缝合线（边）较凸、较薄，结合紧密，不易开裂。壳面颜色浅，纵纹明显，纹路深，纹理美观。

树势较强，树姿较直立。分枝力中等，成枝力较强。多顶芽结果，侧生混合芽比率较低。属中短枝型。属晚实类型，嫁接苗4~5年（高接第3年）出现雌花，第3年出现雄花。雄先型。每雌花序着生3~6朵雌花，每结果枝坐果1~3个，多1个，自然坐果率10%左右。幼树丰产性较差，成树丰产性中等，连续结果能力较强。北京地区，萌芽期4月初，雄花期在4月中下旬，雌花期在4月底~5月上旬，9月上中旬坚果成熟，10月底~11月上旬落叶。

一年生枝较粗壮，灰色，皮目较小、较密，枝条茸毛较短、中多。复叶长57cm，小叶数7~13片，多9、11片，小叶椭圆形，叶色绿，叶尖渐尖，叶缘全缘。混合芽圆形，柱头颜色粉红，雄花数较多，雄花序中长，花粉量中多。青果圆形，果基凹，果顶圆，颜色绿，果点中大、较密，茸毛较多，青皮较薄（缝合线中部厚0.53cm），成熟后青皮易剥离。

繁殖和栽培

1. 苗木繁育：砧木可采用3~5年生核桃、核桃楸或黑核桃，展叶期用插皮舌接，当年嫁接苗可长1~2m。

2. 栽植：选择土层深厚的浅山、丘陵、平原地区或庭院栽植，株行距为5~6m×6~8m。苗木选择高1m以上、粗度大于2cm的大苗，定干高度0.6~1.0m。授粉品种可选用花期相近的核桃楸、雌先型麻核桃或核桃，用雌先型核桃时，需提前采花粉，待'京艺7号'雌花开放时人工授粉。

3. 整型修剪：树形宜采用疏散分层形、变则主干形。幼树长势旺，应拉枝开张角度，通过刻芽、轻度短截，促进分枝；通过主干环剥（留1/5~1/3不剥整圈）、主枝分道环割等以缓和树势，促进坐果。成龄树宜疏除过密枝及下部过低枝，回缩衰弱枝，疏除背下过旺枝（俗称"倒拉牛"），保持良好的通风透光条件和均衡稳定的树势。

4. 果实管理：6月份果实速生期，结果枝若有二次枝萌发，应及时疏除或摘心，以促进果实发育。7、8月阴雨天较多时应及时疏除上部徒长枝和过密枝，保持良好通风透光条件，促进果壳发育。

5. 土、肥、水管理：土壤以自然生草为主，每年可割草2~3次、翻耕1~2次。施肥以有机肥为主，一般每年1次，幼树10~25kg/株，成树25~50kg/株；6~7月果实速长期，也可进行叶面喷肥。结合土壤墒情，一般每年在萌芽前、坐果后或土壤上冻前灌水1~2次。

适宜范围 适宜北京土层较厚的浅山、丘陵和平原地区栽植。

京艺8号

树种：麻核桃
类别：优良品种
科属：胡桃科 胡桃属

学名：*Juglans hopeiensis* 'Jingyi Bahao'
编号：京S-SV-JH-037-2014
申请人：北京农林科学院林业果树研究所

良种来源 从北京延庆大庄科乡小庄科村实生麻核桃中选出。

良种特性 坚果近圆（或近半圆）形，底较宽、平或微凹，果顶圆、微尖，属"狮子头"系列。果个中等，平均横径（边宽）3.86cm（最大可达4.62cm），纵径3.57cm，侧径3.50cm。缝合线（边）突出，中宽，结合紧密，不易开裂。壳面颜色浅，纵纹较明显，纹路较深，纹理美观。

树势中庸，树姿较开张。分枝力较强，成枝力中等。多顶芽结果，侧生混合芽比率低。高接第3年出现雌花，属晚实类型。雄先型。每雌花序着生3~5朵雌花，自然坐果率10%左右，幼树丰产性较差，成树丰产性中等，连续结果能力较强。北京地区，萌芽期4月上旬，雄花期在4月中下旬，雌花期在4月底~5月上旬，9月上中旬坚果成熟，10月底~11月上旬落叶。

一年生枝粗壮，深灰色，皮目较小、中密，枝条茸毛短、中多。复叶长55cm，小叶数7~13片，多9、11片，小叶椭圆形，叶色浓绿，叶尖渐尖，叶缘全缘。混合芽圆形，柱头颜色黄或粉黄，雄花数较多，雄花序较长，花粉量中多。青果近圆形，果基平，果顶圆，颜色浓绿，果点中大、密，茸毛较少，青皮较薄（缝合线中部厚0.45cm），成熟后青皮易剥离。

繁殖和栽培

1. 苗木繁育：砧木可采用3~5年生核桃、核桃楸或黑核桃，展叶期用插皮舌接，当年嫁接苗可长1~2m。

2. 栽植：选择土层深厚的浅山、丘陵、平原地区或庭院栽植，株行距为5~6m×6~8m。苗木选择高1m以上、粗度大于2cm的大苗，定干高度0.6~1.0m。授粉品种可选用花期相近的核桃楸、雌先型麻核桃或核桃，用雌先型核桃时，需提前采花粉，待'京艺8号'雌花开放时人工授粉。

3. 整型修剪：树形宜采用疏散分层形、变则主干形。幼树长势旺，应拉枝开张角度，通过刻芽、轻度短截，促进分枝；通过主干环剥（留1/5~1/3不剥整圈）、主枝分道环割等以缓和树势，促进坐果。成龄树宜疏除过密枝及下部过低枝，回缩衰弱枝，疏除背下过旺枝（俗称"倒拉牛"），保持良好的通风透光条件和均衡稳定的树势。

4. 果实管理：7月份硬核期，阴雨天较多时易白尖。应及时疏除上部徒长枝和过密枝，保持通风透光良好，促进果壳发育；雨水过多时应及时排涝，减少白尖现象。

5. 土、肥、水管理：土壤以自然生草为主，每年可割草2~3次、翻耕1~2次。施肥以有机肥为主，一般每年1次，幼树10~25kg/株，成树25~50g/株；6~7月果实速长期，也可进行叶面喷肥。结合土壤墒情，一般每年在萌芽前、坐果后或土壤上冻前灌水1~2次。

适宜范围 适宜北京土层较厚的浅山、丘陵和平原地区栽植。

华艺2号

树种：麻核桃
类别：优良品种
科属：胡桃科 胡桃属

学名：*Juglans hopeiensis* 'Huayi erhao'
编号：京S-SV-JH-047-2015
申请人：北京市农林科学院林业果树研究所

良种来源 从北京延庆大庄科乡东二道河村实生麻核桃中选出。

良种特性 坚果圆形，底座平，侧径（肚）大，果顶较圆、钝尖，属"狮子头"系列。果个中等，横径平均3.87cm（最大可达4.65cm），纵径3.87cm，侧径3.88cm。缝合线凸，较厚，结合紧密，纵纹较明显，多呈水波纹，纹路较深，纹理美观。

树势中庸，树姿较开张。分枝力强，成枝力强。多顶芽结果，侧生混合芽比率较高。属早实类型，高接第2~3年出现雌花，第2年出现雄花。雄先型。每雌花序着生3~6朵雌花，自然坐果率5%左右，丰产性中等。北京地区4月上旬萌芽，4月中下旬雄花散粉，4月下~5月上旬雌花盛期，9月上旬坚果成熟，10月底~11月上旬落叶。

一年生枝粗壮，浅灰色，皮目大、较多。复叶长56cm，小叶数7~13片，多9、11片，小叶长圆形，叶尖渐尖，叶缘全缘。混合芽圆形，柱头颜色粉黄，雄花数较多，雄花序较长，花粉量极少。青果近圆形，果基圆，果顶圆，尖常歪，青皮较厚（缝合线中部厚0.75cm），成熟后青皮易剥离。

繁殖和栽培

1.苗木繁育。宜采用4~6cm粗的核桃或核桃楸作砧木通过枝接培育大苗，展叶期用插皮舌接。也可采用2~3年生小苗在5月下旬~6月中旬进行嫩枝芽接。

2.栽植。在北京土层较厚的山地、丘陵及平原地区栽植，株行距为6m×6~8m，定干高度0.8~1.0m。授粉品种可选用花期相近的核桃楸、雌先型麻核桃或核桃，核桃需提前采花粉，待'华艺2号'雌花开放时人工授粉。雌花开放期，可喷施15ppm的赤霉素以提高坐果率。

3.整形修剪。树形宜采用开心形或疏散分层形。幼树长势较旺，可通过拉枝、刻芽、轻度短截，促进分枝，缓和枝势；通过主干环剥（留1/5~1/3不剥）、主枝分道环割以缓和树势，促进坐果。成树宜疏除过密枝、下部过低枝及背下过旺枝易，以保持良好的通风透光条件和稳定均衡的树势。

4.果实管理。7月份阴雨天较多时易白尖，应及时疏除上部徒长枝和过密枝，保持良好通风透光条件，促进果壳发育；并及时排涝，进行土壤翻耕，保持土壤通透。

5.土、肥、水管理。土壤以自然生草为主，每年可割草2~3次，雨季翻耕1~2次。施肥以有机肥为主，一般每年1次即可，幼树10~25kg/株，成树25~50kg/株；6~7月果实速长期，也可进行叶面喷肥。根据土壤墒情，一般每年灌水1~2次，时期可选坐果后、土壤上冻前或萌芽前。

适宜范围 适宜北京土层较厚的浅山、丘陵和平原地区栽植。

华艺7号

树种：麻核桃
类别：优良品种
科属：胡桃科 胡桃属

学名：*Juglans hopeiensis* 'Huayi qihao'
编号：京S-SV-JH-048-2015
申请人：北京市农林科学院林业果树研究所

良种来源 从陕西宝鸡秦岭山区实生麻核桃中选出。

良种特性 果形长圆，底较平或凹、常歪，果顶较尖，属"官帽"系列。坚果大，横径平均4.07cm（最大可达5.12cm），纵径4.89cm，侧径4.14cm。缝合线凸，较厚，结合紧密，不易开裂，纵纹较明显，刺状纹，纹路深，纹理较美观。

树势较强，树姿较开张。分枝力较弱，成枝力强。多顶芽结果，侧生混合芽比率较低。晚实类型，高接第3年结果。雌先型。每雌花序着生3~5朵雌花，自然坐果率20%左右，丰产性和连续结果能力均较强。北京地区4月初萌芽，4月中下旬雌花盛期，4月下~5月初雄花散粉，8月下旬坚果成熟，10月底~11月上旬落叶。

一年生枝粗壮，灰色，皮目较小、较密。复叶长59cm，小叶数9~13片，多11片，小叶长椭圆形，叶尖渐尖，叶缘全缘。混合芽圆形，柱头颜色粉黄，雄花数中多，雄花序较长，花粉量中多。青果阔圆或椭圆形，果基圆，果顶圆、微凸，青皮较厚（缝合线中部厚0.76cm），成熟后青皮易剥离。

繁殖和栽培

1. 苗木繁育。宜采用4~6cm粗的核桃或核桃楸作砧木通过枝接培育大苗，展叶期用插皮舌接。也可采用1~3年生小苗在5月下旬~6月中旬进行嫩枝芽接。

2. 栽植。在北京土层较厚的山地、丘陵及平原地区栽植，株行距为6m×6~8m，定干高度0.8~1.0m。授粉品种可选用雌先型核桃或花期相近的核桃楸。

3. 整形修剪。树形宜采用开心形或疏散分层形。幼树长势较旺，可通过拉枝、刻芽、轻度短截，促进分枝、缓和枝势；通过主干环剥（宽1cm左右，留1/5左右不剥）、主枝分道环割以缓和树势，促进坐果。成树宜疏除过密枝、下部过低枝及背下过旺枝易，以保持良好的通风透光条件和稳定均衡的树势。

4. 果实管理。5月中旬果实迅速生长期，可用夹板适度压扁2周左右，以减缓纵径生长，可使果形更圆。7月份阴雨天较多时，应及时排涝，并进行土壤翻耕，保持土壤通透；并及时疏除上部徒长枝和过密枝，保持良好通风透光条件。

5. 土、肥、水管理。土壤以自然生草为主，每年可割草2~3次、雨季翻耕1~2次。施肥以有机肥为主，一般每年1次即可，幼树10~25kg/株，成树25~50kg/株；6~7月果实速长期，也可进行叶面喷肥。根据土壤墒情，一般每年灌水1~2次，时期可选坐果后、土壤上冻前或萌芽前。

适宜范围 适宜北京土层较厚的浅山、丘陵和平原地区栽植。

核桃楸

树种：核桃楸	学名：*Juglans mandshurica* Maxim
类别：母树林	编号：新S-SV-JM-022-2004
科属：胡桃科 胡桃属	申请人：新疆玛纳斯县平原林场

良种来源 1956年从辽宁省引进，经过几十年的引种栽培和多代繁育、育苗、造林试验、生物、生态学特性观察研究，该品种表现出良好的性状。

良种特性 落叶乔木，树叶美观，为奇数羽状复叶，树体高大。喜光不耐庇荫，可耐-40℃的极端低温，喜肥沃湿润的沙壤土地，不耐贫瘠，抗盐碱能力差。材质致密，可用于家具、建筑等。树皮和外果皮可提取褐色染料及单宁。种子富含油脂，可作为糕点辅料。15年的树木平均树高为9.1m，平均胸径10.29cm，平均冠幅5.6m。

繁殖和栽培 种子一般要采用混沙层积催芽或水浸催芽处理；播种后应及时浇水，保持苗床湿润。

适宜范围 新疆境内均可栽植。

丹东核桃楸母树林种子

树种：核桃楸
类别：母树林
科属：胡桃科 胡桃属

学名：*Juglans mandshurica* Maxim.
编号：辽S-SS-JM-015-2014
申请人：丹东市林业科学研究院

良种来源 母树林亲本来源于辽宁省丹东市宽甸县杨木川镇张金榜沟天然核桃楸林种源。

良种特性 丹东市核桃楸母树林，单株连年结实量高、结果母枝密集，连续20年观测，总结实量排在前列。果实卵形或椭圆形、先端尖；果核卵形、外果皮没有褐色腺毛花，花期5月；果期8月。平均树龄51年生，平均树高19.6m，平均胸径45.2cm，平均结实量831个果实（丰欠年），平均胸径高出对照28.7%，平均树高高出对照26.5%，平均单株结实量高出对照27%。无明显病虫害发生，抗逆性强。经济林树种，也可作造林绿化树种，是珍贵的家具、建筑及运动器械等用材。

繁殖和栽培 8月中旬采种，人工调制，自然晾晒或放入室内气干，在11月上旬期，将种子在冷水中浸泡15d，进行混沙越冬埋藏。来年4月10~15日起窖进行室外混沙催芽10d左右，于4月末播种，采取大垄双行。每亩地播种75kg，选择核桃楸良种培育的Ⅰ级苗进行造林，株行距和初植密度为3m×4m，一亩地栽56株。春季4月中旬造林。5年生以后进行整形修剪，10年生以后进行花果管理。

适宜范围 辽宁东部地区推广。

太岳林局大南坪核桃楸母树林种子

树种：核桃楸	学名：*Juglans mandshurica* Maxim
类别：母树林	编号：晋S-SS-JM-009-2015
科属：胡桃科 胡桃属	申请人：山西省林业科学研究院、太岳山国有林管理局大南坪林场

良种来源 太岳山国有林管理局大南坪林场南京河核桃楸母树林。

良种特性 花期5月，果期9月下旬，果核长2.5~5cm，种子颗粒大，种子千粒重7653g，种子饱满，发芽率约82%，一年生苗侧根长12~19cm，扎根深，根系发达，树势壮，生长快。与普通核桃楸2年生的苗木对照，平均苗高生长量为53.25cm，提高17.55%，地径生长量为1.675cm，提高17.13%。中龄林亩产良种150kg左右，是一般林分的2倍。干形通直饱满，耐寒，对二氧化硫、氯气等有害气体有较强的抗性和吸纳性，抗病虫能力较强。主要用于营造用材林，也可用于营造防护林。

繁殖和栽培 种子繁殖。沙藏催芽，高床整地，土壤消毒。下种时间9月下旬，下种量150~200kg/亩。用2年生裸根苗或2~3年生营养袋苗造林，110~220株/亩，新造林三年内注意割灌除草抚育管理，幼中龄林抚育按技术规程进行。

适宜范围 适宜山西省太岳山及周边山地栽培。

太岳林局北平核桃楸母树林种子

树种：核桃楸
类别：母树林
科属：胡桃科 胡桃属

学名：*Juglans mandshurica* Maxim
编号：晋S-SS-JM-010-2015
申请人：山西省林业科学研究院、太岳山国有林管理局北平林场

良种来源 太岳山国有林管理局北平林场老牛沟核桃楸母树林。

良种特性 花期5月，果期9月下旬，果核长2.5~5cm，种子颗粒大，千粒重8922g，种子饱满，发芽率约84%。一年生苗侧根长14~20cm，扎根深，根系发达，树势壮，生长快。与普通核桃楸2年生的苗木对照，平均苗高生长量为51.25cm，提高13.13%，地径生长量为1.775cm，提高24.13%。中龄林亩产良种180kg左右，是一般林分的2倍。种子平均长短径达到3.59cm、3.13cm，较当地平均高26.46%、33.20%。干形通直饱满，耐寒，抗病虫能力较强。主要用于营造用材林，也可用于营造防护林。

繁殖和栽培 种子繁殖。沙藏催芽，高床整地，土壤消毒。下种时间9月下旬，下种量150~200kg/亩。用2年生裸根苗或2~3年生营养袋苗造林，110~220株/亩，新造林三年内注意割灌除草抚育管理，幼中龄林抚育按技术规程进行。

适宜范围 适宜山西省太岳山及周边山地栽培。

太行林局海眼寺核桃楸母树林种子

树种：核桃楸	学名：*Juglans mandshurica* Maxim
类别：母树林	编号：晋S-SS-JM-011-2015
科属：胡桃科 胡桃属	申请人：山西省林业科学研究院、太行山国有林管理局海眼寺林场

良种来源 太行山国有林管理局海眼寺林场刺榆沟核桃楸母树林。

良种特性 花期5月，果期9月下旬，果核长2.5~5cm，种子颗粒大，千粒重7600g，种子饱满，发芽率约80%，一年生苗侧根长12~18cm，扎根深，根系发达，树势壮，生长快。与普通核桃楸2年生的苗木对照，平均苗高生长量为50.5cm，提高11.48%，地径生长量为1.7cm，提高18.88%。中龄林亩产良种130kg左右，是一般林分的2倍，干形通直饱满，喜光，喜湿润，耐寒，对二氧化硫、氯气等有害气体有较强的抗性和吸纳性，抗病虫能力较强。主要用于营造用材林，也可用于营造防护林。

繁殖和栽培 种子繁殖。沙藏催芽，高床整地，土壤消毒。下种时间9月下旬，下种量150~200kg/亩。用2年生裸根苗或2~3年生营养袋苗造林，110~220株/亩。新造林三年内注意割灌除草抚育管理；幼中龄林抚育按技术规程进行。

适宜范围 适宜山西省太行山及周边山地栽培。

吕梁林局上庄核桃楸母树林种子

树种：核桃楸　　　　　　学名：*Juglans mandshurica* Maxim

类别：母树林　　　　　　编号：晋S-SS-JM-012-2015

科属：胡桃科 胡桃属　　　申请人：山西省林业科学研究院、吕梁山国有林管理局上庄林场

良种来源　吕梁山国有林管理局上庄林场山核桃沟核桃楸母树林。

良种特性　花期5月，果期9月下旬，果核长2.5~5cm，种子颗粒大，千粒重7433g，种子饱满，发芽率约82%，一年生苗侧根长13~20cm，扎根深，根系发达，树势壮，生长快。与普通核桃楸2年生的苗木对照，平均苗高生长量为53.25cm，提高17.55%，地径生长量为1.725cm，提高20.63%。中龄林亩产良种125kg左右，是一般林分的2倍。干形通直饱满，喜光，喜湿润，耐寒，对二氧化硫、氯气等有害气体有较强的抗性和吸纳性，抗病虫能力较强。主要用于营造用材林，也可用于营造防护林。

繁殖和栽培　种子繁殖。沙藏催芽，高床整地，土壤消毒。下种时间9月下旬，下种量150~200kg/亩。用2年生裸根苗或2~3年生营养袋苗造林，110~220株/亩，新造林三年内注意割灌除草抚育管理，幼中龄林抚育按技术规程进行。

适宜范围　适宜山西省吕梁山及周边山地栽培。

中条林局皋落核桃楸母树林种子

树种：核桃楸	学名：*Juglans mandshurica* Maxim
类别：母树林	编号：晋S-SS-JM-013-2015
科属：胡桃科 胡桃属	申请人：山西省林业科学研究院、中条山国有林管理局皋落林场

良种来源 中条山国有林管理局皋落林场大北沟核桃楸母树林。

良种特性 花期5月，果期9月下旬，果核长2.5~5cm，种子颗粒大，千粒重8710g，种子饱满，发芽率约80%，一年生苗侧根长15~20cm，扎根深，根系发达，树势壮，生长快。与普通核桃楸2年生的苗木对照，平均苗高生长量为52.25cm，提高15.34%，地径生长量为1.65cm，提高15.38%。中龄林亩产良种170kg左右，是一般林分的2倍。干形通直饱满，喜光，喜湿润，耐寒，对二氧化硫、氯气等有害气体有较强的抗性和吸纳性，抗病虫能力较强。主要用于营造用材林，也可用于营造防护林。

繁殖和栽培 种子繁殖。沙藏催芽，高床整地，土壤消毒。下种时间9月下旬，下种量150~200kg/亩。用2年生裸根苗或2~3年生营养袋苗造林，110~220株/亩，新造林三年内注意割灌除草抚育管理，幼中龄林抚育按技术规程进行。

适宜范围 适宜山西省中条山及周边山地栽培。

关帝林局双家寨核桃楸母树林种子

树种：核桃楸　　　　　　　学名：*Juglans mandshurica* Maxim
类别：母树林　　　　　　　编号：晋S-SS-JM-014-2015
科属：胡桃科　胡桃属　　　申请人：山西省林业科学研究院、关帝山国有林管理局双家寨林场

良种来源　关帝山国有林管理局双家寨林场清崖沟核桃楸母树林。

良种特性　种子色泽光亮，径3.3~4.8cm，千粒重8200g，发芽率75%。5年生高生长2.32m，增益24.7%，地径生长2.35cm，增益20.5%。盛果期亩产良种120kg，是一般林分的1.5倍。主要用于营造用材林，也可用于营造防护林。

繁殖和栽培　种子繁殖。沙藏催芽，高床整地，土壤消毒。下种时间9月下旬，下种量150~200kg/亩。用2年生裸根苗或2~3年生营养袋苗造林，110~220株/亩，新造林三年内注意割灌除草抚育管理，幼中龄林抚育按技术规程进行。

适宜范围　适宜山西省关帝山及周边山地栽培。

安栗1号

树种：板栗	学名：*Castanea mollissima* Blume 'Anliyihao'
类别：优良无性系	编号：QLS003-J002-1999
科属：壳斗科 栗属	申请人：安康市林业技术推广中心

良种来源 陕西省汉滨区财良乡三湾村特异性单株。

良种特性 落叶乔木。树势强健。树冠自然圆头型。枝条分生角度较小，结果枝粗壮。芽苞近三角型，顶端尖锐，褐色刺束中密，斜生、短而硬。每个总苞内平均坚果2.67粒，内壁有灰白茸毛。种皮易剥离。果实糖含量25.3%，淀粉含量50.4%，粗蛋白含量8.42%。嫁接后植株生长健壮，2年后挂果，4年进入稳产期，盛果期平均产量3000kg/hm²。经济林树种。

繁殖和栽培 实生培育参阅新早栗。定植实生苗后嫁接。栽植株行距3m×4m，定植穴深度60~80cm。幼树生长较慢，行间可间作豆类等低干作物。翌年3月底~4月上中旬采用枝接方式嫁接。修剪主要在冬季进行，采用短截、疏剪、甩放等方法。病虫害防治参阅新早栗。

适宜范围 适宜于秦巴山地海拔1200m以下中低山区，年平均气温10~17℃，年降雨量800mm以上推广栽植。

辽栗10号

树种：板栗
类别：优良品种
科属：壳斗科 栗属

学名：*Castanea dantunnyensis × Castanea mollissima*
编号：辽S-SV-CDM-003-2002
申请人：辽宁省经济林研究所

良种来源 亲本为'丹东栗10-10'בʼ遵化11'。

良种特性 落叶乔木。树体较大，树姿开张；多年生枝条灰绿色，皮孔菱形较大、白色；冬芽卵圆形，鳞片无毛；刺苞皮薄，出实率61.2%，每苞平均含坚果2.6粒；坚果椭圆形，褐色，有光泽，果顶有白色茸毛，平均单粒重18.4g；在辽宁丹东地区9月下旬果实成熟。丰产稳产性强，每母枝平均着生刺苞1.8个，次年抽生结果新梢2.4个；结果习性极好，一年生壮枝，中短截后仍能结果，连续2年结果枝数达43.3%，嫁接5年（砧木4年生以上）进入稳产期，盛果期产量6980kg/hm²。果肉黄色，有香味，加工品质好，含水量61.0%，可溶性糖28.3%，淀粉52.6%，蛋白质8.8%，维生素C7.9mg/100g。pH值6.8以下的微酸性地区均可种植。抗寒性强，适宜在年平均气温7.5℃以上地区栽培。经济林树种。加工及鲜食兼用品种。

繁殖和栽培 主要采用硬枝嫁接进行繁殖或建园，砧木类型选择'日本栗'。自交亲和性极差，可选择其他主栽品种互为授粉。适宜修剪变则主干型或开心型树形。由于结实性好，修剪时应严格控制结果母枝留量，以每平方米保留8~10条为宜。

适宜范围 辽宁丹东及葫芦岛市兴城、绥中。

辽栗15号

树种：板栗	学名：*Castanea dantunnyensis*×（*Castanea mollissima*+ *Castanea crenata*）
类别：优良品种	编号：辽S-SV-CDMC-004-2002
科属：壳斗科 栗属	申请人：辽宁省经济林研究所

良种来源 亲本为'辽丹58号'ב中国栗'+'日本栗'。

良种特性 落叶乔木。树体中等偏小，树姿直立；一年生枝黄绿或浅褐色，光滑，皮孔小而稀；冬芽较小，长椭圆形，芽鳞深褐色，光滑无毛；刺束细长且较密，出实率47.4%，每苞平均含坚果2.5粒；坚果圆形或椭圆形，红褐色，有光泽，平均单粒重15.2g；在辽宁丹东地区9月中旬果实成熟。丰产稳产性强，每母枝平均着生刺苞1.6个，次年抽生结果新梢1.8个；连续2年结果枝数达36%，嫁接5年（砧木4年生以上）进入稳产期，盛果期产量5560kg/hm²。果肉淡黄色，加工品质较好，可溶性糖27.5%，淀粉50.4%，蛋白质8.6%，维生素C

9.2mg/100g。pH值6.8以下的微酸性地区均可种植。抗寒性强，适宜在年平均气温7.5℃以上地区栽培。部分坚果底座有裂缝。经济林树种。加工及鲜食兼用品种。

繁殖和栽培 主要采用硬枝嫁接进行繁殖或建园，砧木类型选择'日本栗'。自交亲和性极差，可选择其他主栽品种互为授粉。适宜修剪变则主干型或开心型树形。由于结实性好，修剪时应严格控制结果母枝留量，以每平方米保留8~10条为宜。

适宜范围 辽宁丹东及葫芦岛市兴城、绥中。

辽栗23号

树种：板栗	学名：*Castanea dantunnyensis* ×（*Castanea mollissima* + *Castanea crenata*）
类别：优良品种	编号：辽S-SV-CDMC-005-2002
科属：壳斗科 栗属	申请人：辽宁省经济林研究所

良种来源 亲本为'辽丹24号'×'中国栗'+'日本栗'。

良种特性 落叶乔木。树体中等偏小，树姿较直立；一年生枝密生，黄绿或浅褐色，光滑；刺苞球形，刺束长且密，每苞平均含坚果2.0粒；坚果圆形或椭圆形，淡褐色，少光泽，果面有少量短茸毛，平均单粒重14.7g；在辽宁丹东地区9月中旬果实成熟。丰产稳产性强，每母枝平均着生刺苞1.5个，次年抽生结果新梢2.0个；嫁接5年（砧木4年生以上）进入稳产期，盛果期产量3990kg/hm²。果肉黄色，加工品质较好，可溶性糖21.7%，淀粉54.1%，蛋白质7.7%，维生素C 6.9mg/100g。pH值6.8以下的微酸性地区均可种植。抗寒性强，适宜在年平均气温7.5℃以上地区栽培。经济林树种。加工及鲜食兼用品种。

繁殖和栽培 要采用硬枝嫁接进行繁殖或建园，砧木类型选择'日本栗'。自交亲和性极差，可选择其他主栽品种互为授粉。适宜修剪变则主干型或开心型树形。由于结实性好，修剪时应严格控制结果母枝留量，以每平方米保留8~10条为宜。

适宜范围 辽宁丹东及葫芦岛市兴城、绥中。

燕山早丰

树种：板栗	学名：*Castanea mollissima* cv. Yanshanzaofeng
类别：引种驯化品种	编号：冀S-SV-CM-002-2005
科属：壳斗科 栗属	申请人：河北省昌黎果树研究所

良种来源 1973年从迁西县杨家峪板栗实生单株中选出，经过多年复选、决选和多点试验选育而成。

良种特性 落叶乔木。树姿半开张。坚果圆形，平均单粒重8g左右，大小均匀，椭圆形，褐色，茸毛少。果肉质地细腻、味香甜，熟食品质上等。可溶性糖含量19.69%，淀粉含量51.34%，粗蛋白含量4.43%。结实性强，果枝率79%，结果枝结蓬平均为2.42个。早果，嫁接后次年结果。丰产性好。成熟期比其他品种早10d左右。

繁殖和栽培 适宜建园密度3m×4m。因幼树结实量大，在大量结果时，要求补充足够养分，或在幼果期疏栗苞，以调节树体营养，避免出现小果或空蓬。应注意母枝量不要过多，树冠投影面积母枝留量6~8个/m²为宜。

适宜范围 河北省燕山及太行山板栗栽培区。

东陵明珠

树种：板栗
类别：品种
科属：壳斗科 栗属

学名：*Castanea mollissima* cv. Donglinmingzhu
编号：冀S-SV-CM-005-2005
申请人：遵化市林业局

良种来源 1974~1978年在遵化市板栗选优中选出的优良单株（西沟7号），母树生长在遵化市西沟村。

良种特性 落叶乔木。树姿半开张。坚果椭圆形，红棕色，油亮，大小整齐，单果重8g，果肉细腻，糯性，香味浓，每百克果实含总糖22.26g，淀粉53.16g，粗蛋白7.02g。果实耐贮藏。结果系数75.30，无空蓬，每m²投影产量0.86kg。早实丰产。

繁殖和栽培 自花授粉结实力低，异花授粉可明显提高结实率，可选塔峰、遵化短刺作为授粉树；结果母枝短截后结蓬数明显减少，但以夏剪摘心代替冬季短截则可大大提高母枝结蓬率。

适宜范围 河北省燕山及太行山板栗适宜栽培区。

遵化短刺

树种：板栗	学名：*Castanea mollissima* cv. Zunhuaduanci
类别：优良品种	编号：冀S-SV-CM-006-2005
科属：壳斗科 栗属	申请人：遵化市林业局

良种来源 遵化市林业局1974~1978年在全县板栗选优中选出的优良单株（代号官厅7号），母树生长在遵化县接官厅村北河滩上。

良种特性 落叶乔木。坚果椭圆形，红褐色，有光泽，茸毛少，平均果重9g左右。大小均匀，果肉细腻，糯性，味香甜。果枝率59.1%，平均每果枝结蓬1.75个，每母枝有果枝2.38个，每蓬有果2.18个，结果系数82.72。空蓬率低，仅为5.27%。嫁接幼树长势强，早期丰产，结果后树势变中强。

繁殖和栽培 异花授粉仍可明显提高结实率，可选塔峰、东陵明珠作授粉树。结果母枝短截后仍可抽生果枝连续结果，是板栗矮密栽培的理想品种，并可减轻栗瘿蜂的危害。

适宜范围 河北省燕山及太行山板栗适宜栽培区推广。

燕平

树种：板栗	学名：*Castanea mollissima* cv. 'Yanping'
类别：优良品种	编号：京S-SV-CM-054-2007
科属：壳斗科 栗属	申请人：北京市农林科学院

良种来源 北京市昌平区长陵镇原生树种。

良种特性 总苞椭圆形，每苞含坚果2.8个，苞皮厚度中等，刺束中密。坚果整齐，红褐色，果面光滑美观，有光泽，平均单粒重12.05g。坚果底座中等。果肉总糖含量7.7%，淀粉34.1%，粗纤维1.60%，脂肪1.7%，蛋白质5.12%。内果皮易剥离，果肉黄色，质地细糯，风味香甜。坚果9月中下旬成熟，耐贮运；幼树生长健壮偏旺。果前梢芽大而饱满，雌花易形成，较丰产，适应范围广。

繁殖和栽培

1.栽植密度：在平地、河滩地建园株行距以3m×4m为宜，山地、丘陵薄地以3m×3.5m为宜。

2.肥水管理：果实采收后施入基肥。根据区试结果，每生产1kg栗实施入5kg优质有机肥，加施少量氮、磷、钾复合肥。

3.整形修剪：该品种树势较旺，前期要注意树冠控制。树形宜选用疏层主干延迟开心形或自然开心形。夏季新梢长到30cm时及时摘心。每平方米树冠投影面积留结果母枝8~10个。果前梢于雌花序显露后留20cm摘除。

4.病虫害防治：主要防治红蜘蛛、桃蛀螟。

适宜范围 北京地区及气候相似区域适宜种植板栗的土壤上栽植。

燕龙

树种：板栗	学名：*Castanea mollissima* 'Yanlong'
类别：优良品种	编号：冀S-SV-CM-003-2009
科属：壳斗科 栗属	申请人：河北科技师范学院

良种来源　河北科技师范学院1996年通过实生选种选育而成。

良种特性　落叶乔木。树冠较形长。平均单果重9.3g；茸毛少；果皮褐色；接线月牙形，底座小。果肉淡黄色，含糖量高，内种皮易剥离，香味浓，肉质细腻，糯性；栗果大而整齐，果实耐贮性强。结果早，嫁接后2年，结果株率达到78%。抗旱耐瘠薄，抗逆性强。

繁殖和栽培　嫁接繁殖。建园土壤pH值6~7，忌土壤粘重、低洼易涝的地块。栽植密度可控制在3m×5m或4m×5m，土壤瘠薄的片麻岩山地或河滩沙地可以3m×4m。母枝结果后尾枝较长，8月中旬从蓬苞以上4~5个芽处短截，控制树冠外移速度。结果树修剪主要短截壮枝，利用中庸枝结果；短截枝组，培养预备枝等轮替更新修剪，控制栗园过早郁闭，延长密植栗园的高产稳产年限。

适宜范围　河北省青龙县、迁西县及生态条件类似地区推广栽培。

广银

树种：板栗	学名：*Castanea mollissima* Bl. × *Castanea crenata* Sieb.et Zucc. 'Guangyin'
类别：优良品种	编号：辽S-SV-CMC-002-2009
科属：壳斗科 栗属	申请人：辽宁省经济林研究所

良种来源 1998年从韩国引进，杂交育种品种，亲本为'广州早栗'בבב'银寄'。

良种特性 落叶乔木。树体中等偏大，树姿较开张；一年生枝红褐色；刺苞球形或椭圆形，刺束长且软，苞皮薄，出实率59.6%；每苞平均含坚果2.9粒；坚果三角形，红褐色，有光泽，平均单粒重20.2 g；在辽宁大连地区9月中旬果实成熟。丰产稳产性强，连续3年结果枝数达12.3%，每母枝平均着生刺苞2.5个，次年抽生结果新梢3.2个；早实性强，嫁接4年（砧木4年生以上）进入稳产期，盛果期产量5600 kg/hm²。果肉黄色，甜度高，加工品质优，可溶性糖19.4%，淀粉55.5%，蛋白质6.8%，维生素C 25.7 mg/100 g。pH值6.8以下的微酸性地区均可种植。抗寒性较差，适宜在年平均气温10℃以上地区栽培。经济林树种，加工及鲜食兼用品种。

繁殖和栽培 主要采用硬枝嫁接进行繁殖或建园，砧木类型选择日本栗。自交亲和性极差，可选择其他主栽品种互为授粉。适宜修剪变则主干型或开心型树形。由于结实性极好，修剪时应严格控制结果母枝留量，以每平方米保留6~8条为宜。

适宜范围 辽宁大连金州以南栗产区。

燕昌早生

树种：板栗	学名：*Castanea mollissima* 'Yanchangzaosheng'
类别：优良品种	编号：京S-SV-CM-020-2010
科属：壳斗科 栗属	申请人：北京市农林科学院林业果树研究所

良种来源 北京市昌平区长陵镇南庄村实生树。

良种特性 该品种为坚果极早熟优系。坚果整齐，平均单粒重8.0g，红褐色，果面光滑美观，有光泽。果肉含水量54.6%，淀粉38.2%，总糖21.37%，蛋白质4.7%，脂肪1.0%，粗纤维2.0%，维生素C 23.4mg/100g，VB 0.13mg/100g，锌7.9mg/100g，磷88mg/100g，铁1.49mg/100g，钾405.68mg/100g，钙18.85mg/100g，硒0.01mg/100g。内果皮易剥离，果肉黄色，质地细糯，风味香甜。坚果8月下旬成熟。

繁殖和栽培

1. 栽植密度。本品种适宜在北京市板栗产区范围的沟谷，山前平地及河滩地种植，株行距以3m×4m为宜，每亩栽植56株。

2. 肥水管理。建议基肥在果实采收后施入。根据栗园土壤肥力，每亩实施入400~1000kg厩肥，加少量复合肥。追肥关键时期为萌芽期（3月下旬~4月上旬）和盛花期后（6月下旬）。主要灌水时期为萌芽期、开花期（6月上中旬）和果实快速增重期（8月上中旬）。

3. 整形修剪。建议树形宜选用多主枝自然开心形，主枝4~5个。交错排列。每平方米树冠投影面积留结果母枝8~12个。果前梢在混合花序确认后，减除过长部分，仅留10~15cm。冬剪时注意回缩修剪。落叶后，主干以及主枝下部涂白防止日烧。

4. 病虫害防治。病较轻，主要防治红蜘蛛、桃蛀螟。

适宜范围 北京地区。

燕山早生

树种：板栗
类别：优良品种
科属：壳斗科 栗属

学名：*Castanea mollissima* 'Yanshanzaosheng'
编号：京S-SV-CM-021-2010
申请人：北京市农林科学院林业果树研究所

良种来源 北京市昌平区长陵镇南庄村实生树。

良种特性 该品种为坚果极早熟优系。坚果整齐，平均单粒重在8.1g，红褐色，果面光滑美观，有光泽。果肉含水量55.2%，淀粉38.6%，总糖19.89%，蛋白质3.82%，脂肪1.1%，粗纤维2.1%，维生素C 19.4mg/100g，VB 0.16mg/100g，锌7.1mg/100g，磷96mg/100g，铁1.03mg/100g，钾337.58mg/100g，钙18.80mg/100g，硒0.01mg/100g。内果皮易剥离，果肉黄色，质地细糯，风味香甜。坚果8月下旬成熟。

繁殖和栽培

1. 栽植密度。本品种适宜在北京市栗产区范围的沟谷，山前平地及河滩地种植，株行距以3m×4m为宜，每亩栽植56株。

2. 肥水管理。建议基肥在果实采收后施入。根据栗园土壤肥力，每亩实施入400kg~1000kg厩肥，加少量复合肥。追肥关键时期为萌芽期（3月下旬~4月上旬）和盛花期后（6月下旬）。主要灌水时期为萌芽期、开花期（6月上中旬）和果实快速增重期（8月上中旬）。

3. 整形修剪。建议树形宜选用多主枝自然开心形，主枝4~5个。交错排列。每平方米树冠投影面积留结果母枝8~12个。果前梢在混合花序确认后，减除过长部分，仅留10~15cm。冬剪时注意回缩修剪。落叶后，主干以及主枝下部涂白防止日烧。

4. 病虫害防治。病较轻，主要防治红蜘蛛、桃蛀螟。

适宜范围 北京地区。

怀丰

树种：板栗	学名：*Castanea mollissima* 'Huaifeng'
类别：优良品种	编号：京S-SV-CM-022-2010
科属：壳斗科 栗属	申请人：北京市农林科学院

良种来源 北京市怀柔区九渡河镇的生树种。

良种特性 该品种为丰产型中熟板栗品种。坚果偏圆形，黑褐色，果面光滑，平均单果重8.9g。果实含水量54.8%，总糖含量6.73%，淀粉含量39.8%，粗纤维含量1.30%，脂肪含量0.90%，蛋白质含量5.25%。内果皮较易剥离，果肉黄色，质地细糯，风味香甜。可用于鲜食、炒食及深加工用。在北京地区9月中上旬成熟。结实力强，丰产，抗逆性较强。

繁殖和栽培

1. 栽植密度：在平地、河滩地建园株行距以4m×4m为宜；山地、丘陵薄地以3m×4m为宜。

2. 肥水管理：基肥最好在果实采收后施入。根据区试结果，每生产1kg栗实施入5kg优质有机肥，加施少量氮、磷、钾复合肥。

3. 整形修剪：该选系自然开张，适宜自然开心树形，一般留主枝4~5个，交错排列，下密上稀。每平方米树冠投影面积留结果母枝8~10个。

4. 病虫害防治：主要防治红蜘蛛、栗实象和桃蛀螟。

适宜范围 北京地区及气候相似区域适宜种植板栗的土壤上栽植。

京暑红

树种：板栗	学名：*Castanea mollissima* 'Jingshuhong'
类别：优良品种	编号：京S-SV-CM-013-2011
科属：壳斗科 栗属	申请人：北京农学院

良种来源 北京市怀柔区渤海镇六渡河村实生树种。

良种特性 该品种树冠扁圆头形，树势中庸，树体较开张；多年生枝条浅灰褐色；1年生新梢灰绿色，绒毛少，皮孔圆形至椭圆形，灰白色，小而密。混合芽扁圆形，浅褐色。叶片长椭圆形，深绿色，有光泽；叶钝锯齿缘向外；叶柄黄绿色；总苞椭圆形，平均纵径5.7cm，平均横径4.7cm，平均高径5.3cm，苞皮厚约0.2cm，成熟时多为"一"字型开裂，苞柄较短，坚果整齐，平均单粒重9.2g，平均果径2.7cm×2.2cm×2.5cm，红褐色，果面光滑美观，有光泽。坚果含水57.23%，灰分2.03%，脂肪4.52%，蛋白质5.61%，总糖20.41%，淀粉38.15%，氨基酸1.47%。内果皮易剥离，果肉黄色，质地细糯，风味香甜。坚果8月下旬成熟，较耐贮运。

繁殖和栽培 适宜密植栽培，株距2~3m，行距3~4m。授粉树配置以"燕红""燕早"为宜。树形宜采用自然开心形和疏散分层形，初果树修剪以疏枝为主，每平方米树冠投影面积留枝8~10个，并要注意开张角度。盛果期修剪疏缩结合，合理培养、利用挂枝，及时回缩控冠，保持良好的通风透光条件，促进主体结果。冬剪时注意回缩修剪。同时要适当增加肥水供给，建议基肥在果实采收后施入。生长期注意对红蜘蛛、桃蛀螟等害虫的防治。

适宜范围 北京地区。

燕兴

树种：板栗	学名：*Castanea mollissima* 'Yanxing'
类别：引种驯化品种	编号：冀S-SV-CM-009-2011
科属：壳斗科 栗属	申请人：河北省农林科学院昌黎果树研究所

良种来源 板栗优系'大青杆'经测试，定名为'燕兴'。

良种特性 落叶乔木。树冠紧凑。结果早，产量高，嫁接后2年结果株率达到90%以上，嫁接后第4年进入盛果期。丰产稳产性强，无大小年现象。抗逆性强。

繁殖和栽培 本品种适宜pH5.6~7.0的片麻岩山地及河滩沙地栽植。适宜密植栽培，为提高前期单位面积产量，土壤条件较好，株行距可按2m×4m定植，土壤条件较差可按2m×3m定植，随树冠扩大可隔行或者隔株间伐，间伐后密度可为4m×4~6m。25°以下山地用挖掘机整地，按等高线水平挖成0.8m深2m宽平台。定植可分为春季定植和秋季定植，距水源较近的地方，可春季定植；交通不便，水源较远的地方，可秋季定植。栽树苗定植覆膜后不再浇水，主要是提高低温，促进生根；浇水过多，气温较低，不利成活；6月上旬如果天气干旱补浇第2次水。

适宜范围 河北省燕山、太行山板栗产区以及我国与此区域气候相似的山东、北京等地种植。

宽优9113

树种：板栗	学名：*C.crenata* Sieb.et Zucc.×*C.mollissima* BL. 'KuanYou9113'
类别：优良品种	编号：辽S-SV-CCM-004-2011
科属：壳斗科 栗属	申请人：宽甸满族自治县板栗试验站

良种来源 丹东市宽甸满族自治县下露河镇马架子村9组实生栗优良单株。

良种特性 树势旺，树姿较开张，结果早，丰产、稳产。一年生枝灰白至灰褐色，皮孔密。叶片披针状椭圆形。总苞刺束长、直而密，苞皮厚。果皮红褐色，底座中大，涩皮较易剥离。果粒较大，平均单果重12.4g，饱满圆润，色泽好，果肉淡黄色，肉质细糯，甜度高，口感好，适合糖炒或加工即食栗肉上市。抗寒力强，可在一月份平均气温－14℃安全越冬。对栗实象甲、栗实蛾等果实害虫有较强抗性。经济林树种，加工及鲜食等。

繁殖和栽培 用无性繁殖法嫁接育苗或大树高接。接穗要蜡封，苗木嫁接用舌接、劈接法；大树高接用插皮接、腹接法。砧木以丹东栗、中国栗种子繁育的实生苗为宜，以两者中间型为最好。园地宜选择坡面向阳，坡度25°以下，土质疏松，pH值5.5~6.5，排水良好的山地。可采用实生树栽培，后期嫁接建园，栽培密度3~5m×5~6m。主栽品种与授粉品种比例为4~8：1。树形采用二主枝或三主枝自然开心形，盛果期树结果母枝留量6~8条/m²冠影面积。幼树及初果期树早春一次施肥，盛果期树早春、果实膨大期两次施肥；采用生草栽培法，每年割草2~3次覆盖树盘。

适宜范围 辽宁大连、丹东、岫岩等地区。

金真栗

树种：板栗	学名：*Castanea mollissima*.av. 'Jinzhenli.'
类别：优良无性系	编号：陕S-SV-JR-002-2012
科属：壳斗科 栗属	申请人：西北农林科技大学

良种来源　陕西省镇安县杨泗镇桂林村特异性单株。

良种特性　落叶乔木。树势中庸偏强。自然圆头形。枝条开张角度较大，干性较差。幼树枝条延伸力强，当年可长1.5m以上，自然萌枝力中等。雄花量大。4月上中旬萌芽，5月中旬始花，9月中下旬果实成熟，10月中下旬落叶。果实成熟较早。刺苞中等、圆形，苞刺粗短，苞皮薄。果实水分含量50.91%，淀粉含量26.70%，总糖含量13.14%，粗蛋白含量2.57%，粗脂肪含量1.89%，维生素C含量23.70mg/100g。嫁接2年后结果，4年进入稳产期，盛产期平均产量3825kg/hm²。经济林树种。

繁殖和栽培　实生苗培育参阅新早栗。栽植实生苗再嫁接或嫁接改造建园。山地建园株行距为3m×4m，水肥条件较好的平地或缓坡地为2m×3m。翌年3月底～4月上中旬插皮接或切接。幼树长势较强，夏季摘心为整形的关键技术，立秋后二次摘心促进结果枝及花芽生长。10年生以上结果枝需更新。病虫害防治参阅新早栗。经济林树种。

适宜范围　适宜在微酸性土壤，海拔400～1400m，年平均气温12～18℃，降雨600～1100mm的秦巴山区及相类似地区推广栽植。

金真晚栗

树种：板栗	学名：*Castanea mollissima*.av. 'Jinzhenwanli.'
类别：优良无性系	编号：陕S-SV-JR-003-2012
科属：壳斗科 栗属	申请人：西北农林科技大学

良种来源　陕西省镇安县结子乡栗园村特异性单株。

良种特性　落叶乔木。树势中庸偏强。自然圆头形。枝条开张角度较大，幼树枝条延伸力强，自然萌枝力中等。4月中下旬萌芽，5月下旬始花，9月底果实成熟，10月下旬落叶。果实成熟较晚。刺苞大，卵圆形，苞刺粗短，苞皮较薄。果实水分含量54.54%，淀粉含量18.57%，总糖含量12.96%，粗蛋白含量3.15%，粗脂肪含量1.61%，维生素C含量33.00mg/100g。嫁接2年后挂果，5年进入稳产期，盛产期平均产量4500kg/hm²左右。经济林树种。

繁殖和栽培　参阅金真栗。病虫害防治参阅新早栗。

适宜范围　适宜在微酸性土壤，海拔400～1400m，年平均气温12～18℃，降雨600～1100mm的秦巴山区及相类似地区推广栽植。

怀香

树种：板栗	学名：*Castanea mollissima* 'Huaixiang'
类别：优良品种	编号：京S-SV-CM-032-2013
科属：壳斗科 栗属	申请人：北京市怀柔区板栗试验站

良种来源 从燕山山脉的北京市怀柔区板栗实生群体中选育的优良新品种。

良种特性 该品种树冠自然开张，雌雄同株，果前梢芽大而饱满，雌花易形成，耐短截。板栗总苞呈椭圆形，横径6.7cm，纵径5.5cm，平均重45.1g，苞皮厚度中等，刺束中密，果实成熟时栗苞外被呈浅白色。果形整齐，大小均匀，平均单粒重8.1g，坚果偏圆形，果顶微凸，红褐色，极少茸毛，内果皮较易剥离，果肉黄色，煮食质地甜糯，鲜食风味香甜。

繁殖和栽培

1. 栽植密度：在土层厚的平地、丘陵地等地建园株行距以3m×3.5m为宜，每亩栽植63株；山地、河滩薄地以3m×4m为宜，每亩栽植55株。

2. 肥水管理：基肥最好在果实采收后施入。根据区试结果，每生产1kg栗实施入5kg优质有机肥，加施少量氮、磷、钾复合肥。春季3月上旬前、土壤返浆时期为最佳施肥期，可增加雌花数量。追肥关键时期为萌芽期（4月下旬）、胚乳形成期（6月中下旬）、种实发育期（8月中下旬）。灌水的重点时期是萌芽期、开花期（5月下旬~6月上旬）、秋季种实增长期（8月中下旬）。

3. 整形修剪：树形宜采用自然开心形和疏散分层形，初果期树修剪以疏枝为主，每平方米树冠投影面积留枝8~10个，并要注意开张角度。盛果期修剪疏缩结合，合理培养、利用娃枝，及时回缩控冠，保持良好的通风透光条件，促进主体结果。冬剪时注意回缩修剪。

4. 病虫害防治：主要防治红蜘蛛、栗实象和桃蛀螟。

适宜范围 北京地区。

良乡1号

树种：板栗		学名：*Castanea mollissima* 'Liangxiang Yihao'	
类别：优良品种		编号：京S-SV-CM-033-2013	
科属：壳斗科 栗属		申请人：北京市农林科学院	

良种来源 从北京市太行山区房山区板栗实生群体中选育的新品种。

良种特性 该品种树冠自然开张，树势中庸，早果性强，结果母枝粗壮，每结果母枝平均抽生结果枝2.4条，每结果枝着生栗苞2.2个，平均每栗苞有坚果2.7粒；大部分总苞椭圆形，苞皮厚度中（3.5mm），刺束中密；坚果整齐，大小均匀，果面光滑，果肉含水量46.2%，总糖12.3%，淀粉47.5%，粗纤维1.7%，脂肪0.9%，蛋白质4.1%。单粒重8.2g~11.2g。内果皮较易剥离，果肉黄色，煮食甜糯，鲜食风味香甜。果实发育期100d。

繁殖和栽培

1. 栽植密度：在土层厚的平地、河滩地等地建园株行距以3m×4m为宜，每亩栽植56株；山地、丘陵地以3m×3m为宜，每亩栽植75株。

2. 肥水管理：基肥最好在果实采收后施入。根据区试结果，每生产1kg栗实施入5kg优质有机肥，结合灌溉加施少量氮、磷、钾复合肥。春季3月上旬前、土壤返浆时期为最佳施肥期，可增加雌花数量。追肥关键时期为板栗雌花分化期（春季）和刺苞膨大期（夏季）。灌水的重点时期是萌芽期、刺苞膨大期，采收后。

3. 整形修剪：树形宜采用多主枝开心形，主枝一般留4~5个交错排列，下密上稀。每平方米树冠投影面积留枝8~10个，并要注意开张角度。冬季修剪对外围结果枝组采取"一长放，一短截，一疏除"的修剪方法，夏季采取摘心拉枝措施。早春修剪注重拉枝与刻芽相结合。

4. 病虫害防治：主要防治桃蛀螟。

适宜范围 北京地区。

燕紫

树种：板栗	学名：*Castanea mollissima* 'Yanzi'
类别：品种	编号：冀S-SV-CM-002-2014
科属：壳斗科 栗属	申请人：河北省科技师范学院

良种来源 '燕紫'是河北省科技师范学院2000年在青龙满族自治县肖营子镇高丽铺村发现的150年生的实生板栗优株。

良种特性 落叶乔木。平均单粒重8.4g，最大单粒重15.6kg。坚果紫褐色，果肉乳黄色，果实炒食香、甜、糯俱佳，适宜糖炒。淀粉含量34.7%，蛋白质含量9.4 mg/g，还原糖含量4.9%、总糖含量15.0%，脂肪含量2.7%，维生素C含量14.7 mg/100 g；可溶性固形物含量25.7%。8年生嫁接树株产6.8kg，折合667 m² 产268.1kg。耐瘠薄、抗逆性强。

繁殖和栽培 嫁接繁殖。建园栽植密度2m×3m或2m×4m，8~10年时隔行间伐。授粉品种为燕山早丰，配置比例为10%，配置方式为行内配置。树形宜选用开心形或主干疏层形。注意病虫害的预测预报，特别注意红蜘蛛、桃蛀螟和栗实象的危害。

适宜范围 河北省青龙满族自治县、迁西县、迁安市及生态条件类似地区。

燕秋

树种：板栗	学名：*Castanea mollissima* 'Yanqiu'
类别：引种驯化品种	编号：冀S-SV-CM-003-2014
科属：壳斗科 栗属	申请人：河北省科技师范学院

良种来源 '燕秋'是河北省科技师范学院2001年在青龙满族自治县肖营子镇五指山村发现的30年左右实生板栗优株。

良种特性 落叶乔木。平均单粒重为8.2 g，果面红褐色，果肉黄色。坚果淀粉含量35.22%，蛋白质含量9.14mg/g，还原糖含量4.75%、总糖含量14.62%，脂肪含量2.66%，维生素C含量14.41mg/100g；可溶性固形物含量25.1%。5年生树单株产量10.3kg，折合667m²产240.9kg。抗逆性，抗红蜘蛛能力强。

繁殖和栽培 嫁接繁殖。建园栽植密度2m×3m或2m×4m，8~10年时隔行间伐。授粉品种为燕山早丰，配置比例为10%，配置方式为行内配置。树形宜选用开心形或主干疏层形。

适宜范围 河北省青龙满族自治县、迁西县、抚宁县及生态条件类似地区。

阳光

树种：板栗	学名：*Castanea mollissima* Bl. 'Yangguang'
类别：优良品种	编号：京S-SV-CM-050-2015
科属：壳斗科 栗属	申请人：北京市农林科学院林业果树研究所

良种来源　密云县巨各庄镇沙厂村实生树。

良种特性　总苞椭圆形，苞皮较厚，刺束中密，平均每苞含坚果数1.3个，出实率45.5%，空蓬率1.3%。坚果整齐，平均单粒重11.1g，深褐色，果面绒毛多。底座中等，坚果接线月牙形。果肉甜、糯性，涩皮易剥离。果实9月上旬成熟。果实总糖15.19%，蛋白质4.58%，脂肪0.9%，肉质细腻，糯性，风味香甜，耐贮运。

植株生长旺盛，枝条粗壮，结果母枝平均抽生2.0个结果枝，果枝平均着生1.7个栗苞，耐瘠薄、丰产性较好。

繁殖和栽培

1. 栽植。在北京市板栗产区范围土层较薄的山地和河滩地种植，株行距以4m×5m为宜，每亩栽植33株。

2. 肥水管理。每2~3年施用一次有机肥，施肥量为每亩200~400kg有机肥，加少量复合肥。追肥关键时期为萌芽期（3月下旬~4月上旬）和盛花期后（6月下旬）。如至8月上中旬仍无有效降水，可酌情灌溉。

3. 整形修剪。建议树形选用多主枝自然开心形，主枝4~5个，交错排列，尽量开张主枝角度。冬剪时注意多保留结果母枝，每平方米树冠垂直投影面积保留结果母枝10~14个。果前梢在混合花序确认后，剪除过长部分，仅留7~10cm。冬剪时注意缓放和拉枝。落叶后，主干以及主枝下部涂白防止日烧。嫁接当年，对新梢进行4~5次摘心，夏季管理和冬季修剪时注意对直立枝进行拉枝处理。

4. 病虫害防治。病较轻，主要防治红蜘蛛、桃蛀螟。

适宜范围　北京山区、丘陵区和土壤瘠薄地区。

灰拣

树种：板栗	学名：*Castanea mollissima* 'Huijian.'
类别：优良类型	编号：陕S-SP-CH-001-2015
科属：壳斗科 栗属	申请人：西安市长安区林业工作站

良种来源　陕西省长安区变异类群。

良种特性　落叶乔木。树势中庸。树冠半开张。枝条稠密，新稍粗壮，1年生枝灰色，有白色蜡膜。叶片长椭圆形。以中长枝结果为主，坐果率高。总苞针刺长。雄花序为柔荑花序，每3~9朵小花组成一簇。每一雌花序有3朵雌花，聚生在一个总苞。4月上旬芽开始膨大，4月下旬展叶，5月新稍伸长，5月下旬~6月上旬开花，9月中下旬果实成熟，10月中旬落叶，生长期约160d。平均每苞坚果2.6个。果实含糖量3.82g/100g，脂肪含量1.45g/100g，淀粉含量33.9g/100g，维生素C含量50.27mg/100g。嫁接1年后挂果，3~4年进入稳产期，盛产期平均产量3600kg/hm²。经济林树种。

繁殖和栽培　实生培育参阅新早栗。缓坡地栽植，先沿等高线修梯田，栽植穴规格为70cm×70cm×70cm，定植实生苗，栽植密度为3m×4m。翌年3月底~4月上中旬枝接。幼树期可间作豆类、薯类等低干作物或非宿根性中草药等。幼树有发出3~4个并列强枝的习性，可疏一缓二或疏一或截一缓二的比例疏间，疏直留斜、疏上留下、疏强留中。多年生选留的主侧骨干枝以外的密生枝、徒长枝等从基部疏除。旺枝长到30cm时可摘心。

适宜范围　适宜秦岭北麓轻沙壤土，土壤pH值5~7，年均温度15.5℃，年均降雨量654mm，无霜期213d及相类似地区栽植。

明拣

树种：板栗	学名：*Castanea mollissima* 'Mingjian.'
类别：优良类型	编号：陕S-SP-CM-002-2015
科属：壳斗科 栗属	申请人：西安市长安区林业站

良种来源 陕西省长安区变异类群。

良种特性 落叶乔木。树势中庸。树冠为自然圆头形。一年生枝红褐色。雄花序为柔荑花序，每3~9朵小花组成一簇。每一雌花序有3朵雌花，聚生在一个总苞。4月上旬芽开始膨大，4月下旬展叶，5月新稍伸长，4月下旬~5月上旬开花，9月上旬果实成熟，10月中旬落叶。平均每苞坚果2.27个。果实含糖量2.69g/100g，脂肪含量1.01g/100g，淀粉含量32.5g/100g，维生素C含量40.09mg/100g。嫁接1年后挂果，3~4年进入稳产期，盛产期平均产量3600kg/hm^2。经济林树种。

繁殖和栽培 实生培育参阅新早栗。缓坡地栽植，先沿等高线修梯田，栽植穴规格为70cm×70cm×70cm，定植实生苗，栽植密度为3m×4m。翌年3月底~4月上中旬枝接。幼树期可间作豆类、薯类等低干作物或非宿根性中草药等。幼树有发出3~4个并列强枝的习性，可疏一缓二或疏一或截一缓二的比例疏间，疏直留斜、疏上留下、疏强留中。多年生选留的主侧骨干枝以外的密生枝、徒长枝等从基部疏除。旺枝长到30cm时可摘心。

适宜范围 适宜秦岭北麓轻沙壤土，土壤pH值5~7，年均温度15.5℃，年均降雨量654mm，无霜期213d及相类似地区栽植。

安栗2号

树种：板栗	学名：*Castanea mollissima* 'Qinli2.'
类别：优良无性系	编号：陕S-SC-CQ-003-2015
科属：壳斗科 栗属	申请人：西北农林科技大学

良种来源 陕西省陈仓区安坪村特异性单株。

良种特性 落叶乔木。树势中庸。树冠为园头形，树姿半开张，多呈开心形。枝条灰褐色，皮孔椭圆形，黄白色。叶片长椭圆形，先端渐尖，叶面深绿色。雄花序斜生。幼树生长旺盛，新梢粗壮。3月底芽萌动，4月中旬左右展叶，雄花盛开期6月上旬，雌花盛形期6月上旬，果实成熟期9月上旬，11月上旬落叶。坚果椭圆形，红褐色，果面茸毛少，出籽率29.0%。果实可溶性糖含量12.0%，蛋白质含量4.56%，淀粉含量20.0%，脂肪含量0.89%，维生素C含量25.4mg/100g。嫁接2年后挂果，3~4年进入稳产期，盛产期平均产量3750kg/hm²。

经济林树种。

繁殖和栽培 实生苗培育参阅新早栗。建园前先整地，定植实生苗，栽植密度丘陵山区3m×4m或3m×5m，河滩、平地4m×5m或5m×6m。翌年3月底~4月上中旬枝接。培育低干自然开心树形。幼树较直立，应对骨架枝进行拉枝，使骨干枝角度达60°左右。盛果期采用小回缩更新修剪。授粉品种宜社栗、泰山1号、大红袍等品种，按5∶1配置，如均为优良品种可按3∶3进行相间配置。病虫害防治参阅新早栗。

适宜范围 适宜陕西南部及关中海拔400~1400m，降雨600~1100mm，年平均气温12~18℃的地区推广栽植。

燕丽

树种：板栗
类别：优良品种
科属：壳斗科 栗属

学名：*Castanea mollissima* 'Yanli'
编号：冀S-SV-CM-004-2014
申请人：河北省科技师范学院

良种来源 '燕丽'是河北省科技师范学院1998年在青龙满族自治县肖营子镇五指山村发现的80年生实生板栗优株。

良种特性 落叶乔木。果面红褐色。果实质地糯性、果肉黄色，细腻、香甜，糖炒品质优良。坚果淀粉含量36.10%，蛋白质含量9.52mg/g，还原糖含量4.85%、总糖含量14.07%，脂肪含量2.53%，维生素C含量13.91mg/100g；可溶性固形物含量24.6%。8年嫁接树平均株产量7.2kg，折合667m²产278.7kg。抗

逆性强。有轻微的嫁接不亲和性。

繁殖和栽培 嫁接繁殖，注意砧木的选择，采用本砧嫁接，选择燕山板栗品种做砧木。建园栽植密度2m×3m或2m×4m，8~10年时隔行间伐。授粉品种为燕山早丰，配置比例为10%，配置方式为行内配置。树形宜选用开心形或主干疏层形。

适宜范围 河北省青龙满族自治县、迁西县、抚宁县及生态条件类似地区。

国见

树种：日本栗		学名：*Castanea crenata* Sieb. et Zucc. 'Guojian'	
类别：优良品种		编号：辽S-SV-CC-001-2004	
科属：壳斗科 栗属		申请人：辽宁省经济林研究所	

良种来源 1995年从日本引进，杂交育种品种，亲本为丹泽×石槌。

良种特性 落叶乔木。树冠较小，树姿较开张，树势中等偏弱；一年生枝红褐色；叶片阔披针形；刺苞椭圆形，较大，刺束较密，苞皮较厚，出实率49.3%；每苞平均含坚果2.5粒；坚果圆三角形，红褐色，有光泽，平均单粒重22.3g；在辽宁丹东地区9月中下旬果实成熟。丰产稳产性强，每母枝平均着生刺苞1.9个，次年抽生结果新梢3.1个；早实性强，嫁接4年（砧木4年生以上）进入稳产期，盛果期产量4620kg/hm²。果肉淡黄色，含水量61.3%，可溶性糖19.4%，淀粉49.9%，蛋白质5.8%，维生素C 33.0mg/100g。栗果甜度较低，涩皮向果肉中陷入较深，出米率较低。pH值6.8以下的微酸性地区均可种植。抗寒性较强，适宜在年平均气温8℃以上地区栽培。经济林树种。加工及鲜食兼用品种。

繁殖和栽培 主要采用硬枝嫁接进行繁殖或建园，砧木类型选择日本栗。自交亲和性极差，可选择其他主栽品种互为授粉。适宜修剪变则主干型或开心型树形。耐瘠薄性较差，盛果期树势衰弱较快，应选择土壤肥沃的地块建园，并实施集约化栽培管理。

适宜范围 辽宁丹东、大连、岫岩等栗产区。

利平

树种：日本栗	学名：*Castanea crenata* Sieb.et Zucc. 'Liping'
类别：优良品种	编号：辽S-SV-CC-002-2004
科属：壳斗科 栗属	申请人：辽宁省经济林研究所

良种来源　1996年从日本引进，日本实生选优品种。

良种特性　落叶乔木。树姿较开张，树势强；一年生枝条皮色灰褐，枝条粗长，枝梢黄色茸毛多；叶背有少量星状毛，腺鳞极少；刺苞扁球状，较大，刺束密且硬，苞皮极厚，出实率29.3%；每苞平均含坚果2.0粒；坚果椭圆形，深紫褐色，有光泽，顶端多茸毛，底座小，接线平滑，平均单粒重21.7g；在辽宁丹东地区9月下旬或10月上旬果实成熟。丰产稳产，嫁接5年（砧木4年生以上）进入稳产期，盛果期产量4590 kg/hm²。果肉黄色，涩皮较易剥离，甜度高，肉质较硬。pH值6.8以下的微酸性地区均可种植。抗寒性较强，适宜在年平均气温8℃以上地区栽培。属中日自然杂交种，嫁接亲和性好。经济林树种。鲜食及炒食兼用品种。

繁殖和栽培　主要采用硬枝嫁接进行繁殖或建园，砧木类型选择日本栗。自交亲和性极差，可选择其他主栽品种互为授粉。适宜修剪变则主干型或开心型树形。

适宜范围　辽宁丹东、大连、岫岩等栗产区。

大峰

树种：日本栗	学名：*Castanea crenata* Sieb. et Zucc. 'Dafeng'
类别：优良品种	编号：辽S-SV-CC-001-2009
科属：壳斗科 栗属	申请人：辽宁省经济林研究所

良种来源 1997年从日本引进，日本实生选优品种。

良种特性 落叶乔木。树体冠幅较小，树姿较开张，嫁接初期树势旺；一年生枝红褐色，皮孔较少；刺苞球形或椭圆形，刺束较密，苞皮较厚，出实率46.5%；每苞平均含坚果2.8粒；坚果圆三角形，红褐色，有光泽，平均单粒重20.7g；在辽宁丹东地区9月中下旬果实成熟。丰产稳产性强，连续3年结果枝数达13.7%，每母枝平均着生刺苞1.6个，次年抽生结果新梢3.2个；早实性强，嫁接4年（砧木4年生以上）进入稳产期，盛果期产量7740kg/hm²。果肉淡黄色，加工品质好，含水量63%，可溶性糖17.3%，淀粉54.2%，蛋白质7.8%，维生素C 25.7mg/100g。pH值6.8以下的微酸性地区均可种植。抗寒性较强，适宜在年平均气温8℃以上地区栽培。经济林树种，加工及鲜食兼用品种。

繁殖和栽培 主要采用硬枝嫁接进行繁殖或建园，砧木类型选择日本栗。自交亲和性极差，可选其他主栽品种互为授粉。适宜修剪变则主干型或开心型树形。耐瘠薄性较差，应选择土壤肥沃的地块建园，并实施集约化栽培管理。由于结实性极好，修剪时应严格控制结果母枝留量，以每平方米保留6~8条为宜。

适宜范围 辽宁丹东市凤城、东港，大连市庄河，葫芦岛市绥中、兴城以南地区栽培。

高城

树种：日本栗
类别：优良品种
科属：壳斗科 栗属

学名：*Castanea crenata* Sieb. et Zucc. 'Gao cheng'
编号：辽S-SV-CC-003-2009
申请人：辽宁省经济林研究所

良种来源 1997年从朝鲜引进，朝鲜实生选优品种。

良种特性 落叶乔木。树体冠幅较大，树姿开张；一年生枝条密生，红褐色；叶片灰绿色，阔披针形，叶缘上卷，呈船型；刺苞椭圆形，刺束较密，苞皮薄，出实率61.1%；每苞平均含坚果2.8粒；坚果高三角形，红褐色，有光泽，顶端不对称，略微"歪嘴"，平均单粒重20.1g；在辽宁丹东地区9月中下旬果实成熟。丰产稳产性强，连续2年结果枝数达23.9%，每母枝平均着生刺苞2.0个，次年抽生结果新梢2.7个；早实性强，嫁接4年（砧木4年生以上）进入稳产期，盛果期产量5850kg/hm²。果肉淡黄色，加工品质好，可溶性糖17.3%，淀粉56.0%，蛋白质5.8%，维生素C 27.0mg/100g。pH值6.8以下的微酸性地区均可种植。耐瘠薄性强。抗寒性较强，适宜在年平均气温8℃以上地区栽培。抗旱性较弱于其他主栽品种。经济林树种，加工及鲜食兼用品种。

繁殖和栽培 主要采用硬枝嫁接进行繁殖或建园，砧木类型选择日本栗。自交亲和性极差，可选择其他主栽品种互为授粉。适宜修剪变则主干型或开心型树形。幼树枝势强，结果后迅速减弱，由于一年生枝密生，且结实性好，修剪时应严格控制结果母枝留量，以每平方米保留6~8条为宜。

适宜范围 辽宁丹东市凤城、东港，大连市庄河，葫芦岛市绥中、兴城以南地区栽培。

大国

树种：日本栗	学名：*Castanea crenata* Sieb. et Zucc. 'Daguo'
类别：引种驯化品种	编号：辽S-ETS-CC-004-2013
科属：壳斗科 栗属	申请人：辽宁省经济林研究所

良种来源　1997年从日本引进，日本实生选优品种。

良种特性　落叶乔木。树姿较开张；一年生枝红褐色，皮孔小而密；刺苞椭圆形，较大，鲜绿色，刺束较密，细长且硬，苞皮较厚，出实率47.9%；每苞平均含坚果2.6粒；坚果椭圆形，红褐色，有光泽，底座中等偏大，平均单粒重23.1g；在辽宁丹东地区9月中旬果实成熟。丰产稳产性强，每母枝平均着生刺苞2.5个，次年抽生结果新梢2.5个；嫁接6年（砧木4年生以上）进入稳产期，盛果期产量7290kg/hm²。果肉淡黄色，味甜，加工品质较好，可溶性糖28.5%，淀粉49.3%，蛋白质9.9%，维生素C 11.1mg/100g。pH值6.8以下的微酸性地区均可种植。抗寒性较强，适宜在年平均气温8℃以上地区栽培。经济林树种，可鲜食、或炒食，也可加工成糖水栗肉、板栗粉、板栗酱等产品。

繁殖和栽培　主要采用硬枝嫁接进行繁殖或建园，砧木类型选择日本栗。自交亲和性极差，可选择其他主栽品种互为授粉。苗木嫁接多采用舌接法，大树嫁接多采用插皮接法。嫁接要点是：本砧嫁接，提高亲和性；蜡封接穗，防治穗条失水；插穗时，必须保证穗砧一侧形成层对齐；接口部位必须绑紧扎严；加强除萌、防风、摘心、解绑、土肥水与病虫害防治等田间管理工作。适宜修剪变则主干型或开心型树形。由于结实性极好，修剪时应严格控制结果母枝留量，以每平方米保留6~8条为宜。适宜在年均温8℃以上、年降雨量600mm以上、土壤pH5.5~6.5、排水良好的山坡、丘陵地栽培；株行距以3~4m×4m为宜，授粉品种一般选用大峰等主栽品种，可互为授粉配置，授粉距离20m为宜；树形主要采取变侧主干形或自然开心形；土壤管理上提倡施用有机肥，生草栽培，割草压青，盛果前期采用秋季一次施肥，盛果期采用春秋两次施肥；人工或药剂进行病虫害防治。

适宜范围　宽甸中部以南年平均气温8℃以上地区。

关帝林局真武山辽东栎母树林种子

树种：辽东栎
类别：母树林
科属：壳斗科 栗属

学名：*Quercus liaotungensis* Koidz.
编号：晋S-SS-QL-006-2013
申请人：关帝林局真武山林场、山西省林业科学研究院

良种来源 关帝山国有林管理局真武山林场辽东栎母树林。

良种特性 种子色泽光亮，径1~2cm，千粒重1600g。适应性强，扎根深，根系发达，萌蘖力强，生长较快。速生：与普通辽东栎对照，8年生高生长增益11.69%，胸径生长增益11.14%。进入盛果期产种量800kg/hm²，是一般林分的2倍。

繁殖和栽培 种子繁殖。浸种催芽，高床整地，土壤消毒。下种时间9月下旬，下种量120kg/亩。用2年生裸根苗或2~3年生营养袋苗造林，密度110~220株/亩，与油松混交最佳；新造林三年内注意割灌除草抚育管理；幼中龄林抚育按技术规程进行。

适宜范围 适宜在山西省吕梁山中部北部辽东栎适生区种植。

太行林局坪松辽东栎母树林种子

树种：辽东栎
类别：母树林
科属：壳斗科 栎属

学名：*Quercus liaotungensis* Koidz.
编号：晋S-SS-QL-008-2014
申请人：山西省林业科学研究院、
太行山国有林管理局坪松林场

良种来源 太行山国有林管理局坪松林场辽东栎天然林母树林。

良种特性 种子色泽光亮，颗粒大，种子千粒重1814g，种子饱满，大田发芽率55%以上，适应性强，扎根深，根系发达，萌蘖力强，生长较快，干形通直，材质好，果实淀粉含量高，喜温、耐寒、耐旱、耐瘠薄。盛果期平均亩产良种860kg左右，是一般林分的2倍。经子代测定其种子的遗传增益为8.5%，抗尘、抗二氧化硫、抗病虫能力较强。所选辽东栎天然林，林龄30年，平均树高12.5m，平均胸径18.5cm，平均冠幅4.2m，平均枝下高2.1m，每亩株数28株。

繁殖和栽培 种子繁殖。浸种催芽，高床整地，土壤消毒。下种时间9月下旬，下种量120kg/亩。用2年生裸根苗、2年或3年生营养袋苗造林，密度110~220株/亩，新造林3年内注意割灌除草抚育管理，幼中龄林抚育按技术规程进行。

适宜范围 适宜山西省太行山林区及周边地区种植。

吕梁林局康城辽东栎母树林种子

树种：辽东栎
类别：母树林
科属：壳斗科 栎属

学名：*Quercus liaotungensis* Koidz.
编号：晋S-SS-QL-009-2014
申请人：山西省林业科学研究院、
　　　　吕梁山国有林管理局康城林场

良种来源　吕梁山国有林管理局康城林场辽东栎天然林母树林。

良种特性　种子色泽光亮，颗粒大，种子千粒重1969g，种子饱满，大田发芽率57%，适应性强，扎根深，根系发达，萌蘖力强，生长较快，干形通直，材质好，果实淀粉含量高，喜温、耐寒、耐旱、耐瘠薄。盛果期亩产良种800kg左右，是一般林分的2倍。抗尘、抗二氧化硫能力较强。所选辽东栎天然林，林龄78年，平均树高14.3m，平均胸径26.52cm，郁闭度在0.85，平均冠幅5.4m，平均枝下高3.5m，每亩株数39株。

繁殖和栽培　种子繁殖。浸种催芽，高床整地，土壤消毒。下种时间9月下旬，下种量120kg/亩。用2年生裸根苗、2年或3年生营养袋苗造林，密度110~220株/亩，新造林3年内注意割灌除草抚育管理，幼中龄林抚育按技术规程进行。

适宜范围　适宜山西省吕梁山林区及周边地区种植。

中条林局横河辽东栎母树林种子

树种：辽东栎
类别：母树林
科属：壳斗科 栎属

学名：*Quercus liaotungensis* Koidz.
编号：晋S-SS-QL-010-2014
申请人：山西省林业科学研究院、
中条山国有林管理局横河林场

良种来源 中条山国有林管理局横河林场辽东栎天然林母树林。

良种特性 种子色泽光亮，颗粒大，种子千粒重2105g，种子饱满，发芽率高，可达到58%，适应性强，扎根深，根系发达，萌蘖力强，生长较快，干形通直，材质好，果实淀粉含量高；喜温、耐寒、耐旱、耐瘠薄，主要适应中条山、太行山辽东栎生长地区的造林绿化。盛果期亩产良种可达850kg，是一般林分的2倍。经子代测定其种子的遗传增益为9.2%，抗尘、抗二氧化硫能力较强。辽东栎天然林，林龄48年，平均树高12m，平均胸径25.5cm，郁闭度在0.90，平均冠幅4.5m，平均枝下高2.8m，每亩株数48株。

繁殖和栽培 种子繁殖。浸种催芽，高床整地，土壤消毒。下种时间9月下旬，下种量120kg/亩。用2年生裸根苗、2年或3年生营养袋苗造林，密度110~220株/亩，新造林3年内注意割灌除草抚育管理，幼中龄林抚育按技术规程进行。

适宜范围 适宜山西省中条山林区及周边地区种植。

太岳林局灵空山辽东栎母树林种子

树种：辽东栎

类别：母树林

科属：壳斗科 栎属

学名：*Quercus liaotungensis* Koidz.

编号：晋S-SS-QL-011-2014

申请人：山西省林业科学研究院、

太岳山国有林管理局灵空山林场

良种来源 太岳山国有林管理局灵空山林场辽东栎天然林母树林。

良种特性 种子色泽光亮，颗粒大，种子千粒重1850g，种子饱满，发芽率高，可达到54%，适应性强，扎根深，根系发达，萌蘗力强，生长较快，干形通直，材质好，果实淀粉含量高，喜温、耐寒、耐旱、耐瘠薄。盛果期亩产良种780kg左右，是一般林分的2倍。经子代测定其种子的遗传增益为8%，抗尘、抗二氧化硫能力较强。所选辽东栎天然林，林龄67年，平均树高17.7m，平均胸径33.2cm，郁闭度在0.85，平均冠幅4.8m，平均枝下高3m，每亩株数47株。

繁殖和栽培 种子繁殖。浸种催芽，高床整地，土壤消毒。下种时间9月下旬，下种量120kg/亩。用2年生裸根苗，2年或3年生营养袋苗造林，密度110~220株/亩，新造林3年内注意割灌除草抚育管理，幼中龄林抚育按技术规程进行。

适宜范围 适宜山西省太岳山林区及周边地区种植。

夏橡

树种：夏橡	学名：*Quercus robur*
类别：优良品种	编号：新S-SV-QR-016-2013
科属：壳斗科 栎属	申请人：新疆玛纳斯县平原林场

良种来源 玛纳斯县平原林场于1964年前后引种种植。

良种特性 落叶乔木，生长快，寿命长，繁殖易，树形美观，抗性强，材质好，用途广，是优良的用材树种和城市街道绿化树种，也是堤岸林和农田防护林的良好树种。喜光树种，适生长于深厚肥沃及水分条件好的土壤上，根系发达，具有较强的抗寒性，耐大气干旱能力较一般硬杂木强。夏橡生长快，寿命长，干形直，材质优，树形美观，是用材和绿化用的优良树种。幼苗期生长缓慢。

繁殖和栽培 选择生长健壮、结实良好、无病虫害的树木进行采种，待种子成熟自然脱落后收集，及时晾干，放在干燥通风室内保存；播种地选择土壤肥沃、排水良好的土壤进行播种，秋播不需种子处理；秋播后要及时灌好冬水，翌年开春后及时耙地保墒。

适宜范围 新疆各地均可种植。

白桦六盘山种源

树种：白桦
类别：优良种源
科属：桦木科 桦木属

学名：*Betula platyphylla* Suk.
编号：宁S-SP-BP-005-2011
申请人：宁夏固原市六盘山林业局

良种来源 来源于六盘山二龙河林区的天然白桦林。

良种特性 落叶高大乔木，树皮白色，纸质分层剥落。小枝红褐色，无毛，外被白色蜡质层。叶片三角状卵形或菱形阔卵形，长3.5~4.5cm，宽3~7cm，叶先端渐尖，基部平截或阔楔形，边缘为不规则重锯齿。叶柄长1~2.5cm，无毛。花期5~6月，果序单生下垂，呈圆柱形，长2.5~4.5cm。果9月成熟。造林绿化树种、耐瘠薄、耐严寒、喜酸性土壤，深根性、生长快、易成活、天然更新良好。

繁殖和栽培 8月中下旬采种。春季4月下旬~5月上旬播种。播前15d，用30℃温水浸种24h，并用0.2%~0.3%的高锰酸钾进行种子处理。在室内进行催芽，有30%种子露白即可直接播种。采用高床育苗，苗床宽1.2m，长10m，用开沟器在整好的苗床上搂开间距为20cm的播幅，将种子和森林土按1：5的比例拌匀后均匀地撒在播幅内，播种量3.5~4kg/亩，常规田间管理。选2年生、地径≥0.3cm、苗高≥20cm的苗木造林。

适宜范围 在宁夏六盘山及其外围地区的原州区、泾源县、隆德县、西吉县、彭阳县、海原县等地的阴坡或半阴坡进行栽植。

疣枝桦

树种：垂枝桦	学名：*Betula pendula*
类别：优良品种	编号：新S-SV-BP-015-2013
科属：桦木科 桦木属	申请人：新疆玛纳斯县平原林场

良种来源 60年代初期，玛纳斯县平原林场从阿勒泰地区引种进行人工繁育。

良种特性 喜生于土层深厚、肥沃、排水良好的沟谷或山坡下部，在新疆土层深厚的沙壤土上生长良好。喜光树种，不耐庇荫，抗寒能力强，能忍受－40℃的极端低温和42℃的高温，大树无冻害和日灼发生。在平原灌溉条件下，对土壤肥力要求不高，干旱贫瘠砾石沙壤土上栽培，也能正常生长。疣枝桦生长快，寿命长，干形直，材质优，树形美观，是用材和绿化用的优良树种，但幼苗喜阴怕涝。

繁殖和栽培 应选择生长健壮、结实良好、无病虫害的树木进行采种，在蒴果果皮由黄绿变成黄褐色时及时采种，种子庇荫晾晒，放在干燥通风室内保存；播种地选择土壤肥沃，排水良好的土壤进行播种，秋播不需种子处理；秋播后要及时灌好冬水，翌年开春后及时耙地保墒。

适宜范围 新疆各地均可种植。

欧洲垂枝桦

树种：垂枝桦
类别：引种驯化品种
科属：桦木科 桦木属

学名：*Betula pendula*
编号：黑S-ETS-BP-034-2010
申请人：黑龙江省种苗示范基地

良种来源 于2001年10月从瑞典哥德堡引种。

良种特性 乔木，高可达25m；树皮灰色或黄白色，成层剥裂；枝条细长，通常下垂，暗褐色或黑褐色，无毛，光亮；小枝褐色，细瘦，无毛，间或疏生树脂状腺体。叶厚纸质，三角状卵形或菱状卵形，长3~7.5cm，宽1.5~6cm，顶端渐尖或尾状渐尖，基部阔楔形、楔形或截形；边缘具粗重锯齿或缺刻状重锯齿，较少为单齿，两面均近无毛，上面无或有时疏生腺点，下面密生腺点，侧脉6~8对；叶柄细瘦，无毛，长2~3cm。果序矩圆形至矩圆状圆柱形，长1~3.3cm，直径8~10(8~15)mm；序梗纤细，长1~2cm，下垂，无毛，有时具腺点；果苞长约5~6mm，两面均密被短柔毛，边缘密生纤毛，中裂片卵形或三角状卵形，顶端钝，侧裂片矩圆形，顶端圆，下弯，较中裂片长。小坚果长倒卵形，长约2mm，宽约1mm，上部疏被短柔毛，膜质翅稍长于果，宽为果的2倍。冠形美观；树干白色；落叶晚，着叶期长达210d；小枝下垂；是四季观赏的优良树种。

繁殖和栽培 白桦种子处理：白桦果实为有翅的圆柱形小坚果，成熟期在每年的7月下旬，果实经过干燥后可以捻散外皮。去翅的白桦果实一般放在阴凉通风的室内地面进行干燥处理，干燥时间以2~3d为宜，干燥后可以搓穗提取白桦种子。黑龙江林区通行的白桦种子贮藏方式为低温干燥存储，白桦种子的保质期可以达到2年，但尽量选用当年生种子作为繁殖用种。在播种前应该对白桦种子进行消毒处理，一般用高锰酸钾溶液浸泡；白桦种子一般采取堆放的方式进行催芽处理。白桦育苗的技术要点：首先，应该做好白桦育苗地的选择和整理工作，育苗地的土壤应该松散、肥沃，以砂质土壤为主，地势应该平坦，需要有排管设备。其次，做好白桦育苗苗床的整理，苗床整地要细，打碎颗粒较大的土块，白桦床面高15~20cm，在苗床间留有30cm的步道。白桦播种有春播和秋播两种，秋播白桦种子利于迅速繁殖，但是存在木质化不完全的缺点，容易导致白桦苗木越冬困难；黑龙江林区一般采用春播的方法，在4月中下旬将经过催芽处理的白桦种子，进行播种，播种前需要对苗床浇水湿透，多采取作床撒播，将种子均匀地撒播在床面上，播种量每4~5kg/亩，用木磙将白桦种子镇压入苗床中，上覆标题土0.3~0.5cm，再整体覆盖草帘，既起到保温的效果，又能有效防止苗床水分蒸发。育苗的田间管理：首先，做好白桦的灌溉工作，灌溉要每天4~5次，保持床面湿润。当幼苗长出5~6片真叶时，苗木抗性增强，浇水可改为多量少次，一次浇透即可。其次，做好白桦幼苗的施肥工作，在白桦幼苗期和速生期追氮肥2~3次，第1次在幼苗长出3片真叶时，施10g/m²；第2次在速生期初期施40g/m²；第3次在速生期中期施30g/m²。在苗木生长后期，为促进苗木充分木质化，适量追施磷、钾肥。其三，做好白桦幼苗的中耕工作，可用除草醚100~150g/亩进行除草，全年应除草松土5~6次。最后，做好白桦幼苗的间苗工作，秋播当年要间苗1次，留250~400株/m²，第2年春定苗，留130~150株/m²。病虫害的防治：要定期喷洒0.5%波尔多液，防治立枯病，用辛硫磷拌和基肥的方式消杀影响白桦幼苗根茎的地老虎、蝼蛄等地下害虫，特别在幼苗施入有机肥时应该做好肥料中虫卵的杀灭。大苗在叶芽萌动前带坨移植。

适宜范围 哈尔滨、佳木斯、齐齐哈尔、大庆等地区。

湾甸子裂叶垂枝桦

树种：垂枝桦	学名：*Betula pendula* 'Wandianzi'
类别：引种驯化品种	编号：辽S-ETS-BP-007-2015
科属：桦木科 桦木属	申请人：辽宁省实验林场

良种来源 德国裂叶垂枝桦实生幼苗。

良种特性 乔木。生长速度快，树皮白色，枝条柔软，幼枝细长下垂，叶片有5道深裂，边缘有深浅不一的锯齿，秋叶黄色，树冠圆锥形，树型优美，是城市绿化的优良树种，具有很高的观赏价值。干形好，生长快，抗性强，对立地条件要求不严。造林绿化树种，主要用于营建裂叶垂枝桦树林，扩大栽培面积，促进林农致富，既能获得很大的经济效益，又能起到促进良种推广工作。

繁殖和栽培 无性繁殖采用组织培养与嫩枝扦插技术；种子繁殖在7~8月种子果穗转变成金黄时采集种子，采集后立即放在庇荫、通风室内晾干，采用露天混雪埋藏法，播种前5~7 d取出，放温暖处控除水分，待种子30%露白，即可播种。造林前进行整地，规格为50 cm×50 cm×30 cm；植苗前苗木根部全部沾满黄泥浆；造林时采用"三埋两踩一提苗"的造林方法；造林后连续进行3年5次幼林抚育。抚育开始期为6年左右，初次抚育株数抚育强度10%~15%；抚育间隔期在3年左右；保留木选择采用GB/T 15781-1995中的5级木法。

适宜范围 辽宁适宜地区栽培。

沼泽小叶桦

树种：小叶桦

类别：优良品种

科属：桦木科 桦木属

学名：*Betula microphylla* var. *paludosa*

编号：新S-SV-BM-024-2015

申请人：阿勒泰地区林科所

良种来源 2000年春季阿勒泰地区林科所组织技术人员从盐池湖边桦树林内迁移保护30余株'盐桦'，在林科所苗圃基地进行培育后进行组培和播种育苗。阿勒泰地区林科所根据其果实和生物学特征与盐桦模式标本比对后，经杨昌友教授鉴定，确定其为沼泽小叶桦。

良种特性 喜光，抗寒、喜湿润、耐盐碱，对土壤要求不严，生长较快，材质较坚硬，结构均匀，抗腐性较差；可用作沿海防护林和湿地及城市绿化树种。

繁殖和栽培 一般采用种子繁殖和组培育苗。

适宜范围 新疆北疆沼泽盐碱地，湿润或潮湿地带均可种植。

天山桦

树种：天山桦	学名：*Betula tianschanica*
类别：优良种源	编号：新S-SP-BT-004-2014
科属：桦木科 桦木属	申请人：新疆天山西部国有林管理局

良种来源 1997年天西林管局组织巩留林场、特克斯林场、尼勒克林场技术人员30多人，开展天山桦选优工作，通过询问老林业职工及实地调查确定巩留林场1C、3、9林班；特克斯林场库东3、7林班；尼勒克林场49、50、52林班3个种源区，8月下旬在每个种源区选取35株采种树，进行采种。1998年在特克斯林场苗圃进行种子育苗试验。

良种特性 喜光性较强，不耐庇荫，落叶小乔木；树皮淡红色，叶卵圆形或狭卵圆形，渐尖，基部阔楔形，边缘有不整齐粗锯齿；叶柄长1cm，光滑或幼时披茸毛。果穗直，长圆柱形，长1~1.8cm，粗径0.6~0.7cm；果梗长3~4mm，苞片光滑，仅边缘稍有睫毛，中裂片线形，侧裂片圆形；小坚果卵圆形，上部稍被茸毛，翅等于或近等宽小坚果。花期4月底至5月初，果熟期7月。天山桦通常在4月底至5月初展叶，10月落叶，年生长期约170~180d左右。生长较快，10年生树高达3~4m，胸径8cm左右，寿命可达50~70年。

繁殖和栽培 8月中下旬待果穗开始变黄时可采种。果穗应及时摊放在干燥处晾晒，稍干时，进行人工搓揉，装袋，并置于干燥、通风、凉爽的室内贮藏。应选择土层深厚、疏松、肥沃的沙壤土质播种。播种前每亩施腐熟的农家肥2500kg，然后对土地进行深翻，深度30cm。苗床要平整，一般为1m×4m。采用春季条播方式播种。播种前将种子用30℃的温水浸泡2~3d，捞出后将种子同湿沙按1：3的比列充分拌匀后堆放在庇荫处，每天翻动喷水2次，保持种子和沙子湿润，待种子30%吐芽后，及时进行播种。播种时应选择无风天气进行，按行间距50cm开播种沟，播种沟一般深3cm，沟底平直，每亩下种量3kg，播种完成后用土沙1：3的混合土覆盖，厚度以不见种子为宜。每天对床面喷水，保持床面湿润，采用遮阳网覆盖庇荫。

适宜范围 海拔800~2000m的天山山区河滩、山谷、山脚湿润地带或向阳的石山坡或针叶林缘均可栽植。

红桦六盘山种源

树种：红桦	学名：*Betula albo-sinensis* Burk.
类别：优良种源	编号：宁S-SP-PA-003-2011
科属：桦木科 桦木属	申请人：宁夏固原市六盘山林业局、宁夏林业技术推广总站

良种来源 原生于六盘山林区的乡土树种之一，亲本来源于六盘山自然保护区核心区的二龙河林区凉殿峡大西沟的天然红桦林。

良种特性 落叶高大乔木，树皮淡红褐色或紫红色，呈薄层状剥落，纸质。小枝紫红色，老枝红褐色，有时疏生树脂腺体。叶片卵形或卵状矩圆形，长3~8cm，宽2~5cm，顶端渐尖，基部圆形或微心形，边缘具不规则的重锯齿，上面深绿色，下面淡绿色，密生腺点。叶柄长5~15cm，疏被长柔毛或无毛。苞鳞紫红色，边缘具纤毛。果序圆柱形，小坚果卵形。造林绿化树种，喜光、喜温凉湿润的生境，也耐寒冷。

繁殖和栽培 8月中下旬采种。春季4月下旬~5月上旬播种。播前15d，用30℃温水浸种24h，并用0.2%~0.3%的高锰酸钾进行种子处理。在室内进行催芽，有30%种子露白即可直接播种。采用高床育苗，苗床宽1.2m，长10m，用开沟器在整好的苗床上搂开间距为20cm的播幅，将种子和森林土按1∶5的比例拌匀后均匀地撒在播幅内，播种量3.5~4kg/亩，常规田间管理。选2年生、地径≥0.3cm、苗高≥20cm的苗木造林。

适宜范围 在宁夏六盘山及其外围地区的原州区、泾源县、隆德县、西吉县、彭阳县、海原县等地的阴坡或半阴坡栽植。

极丰榛子

树种：榛子	学名：*Corylus heterophylla* Fisch.
类别：母树林	编号：辽S-SS-CH-010-2007
科属：榛科 榛属	申请人：铁岭市林业种苗管理站

良种来源 西丰县成平乡及开原市威远镇乡土树种。

良种特性 极丰榛子为灌木，数株丛生，树皮灰褐色，芽卵形，小枝被毛，叶倒卵形长4.5~12.5cm，先端平截，具三角形骤尖，基部心形或圆形，边缘有不整齐的重锯齿，在中部以上近先端处有小浅裂，侧脉5~8对，背部沿叶脉被毛，叶柄长1~3cm。雄花为腋生柔荑花序，总状圆柱形，花粉黄色，苞片先端尖；雌花为头状花序，柱头红色束状，长5~8cm，授粉后柱头变黑。果1~8个簇生或单生，果苞钟状，叶质具纵纹，密被细毛，半包坚果，边缘浅裂，榛果形状以圆柱形、橡子形为优良果形。平榛是东北原产种，喜温喜阳，适应性极强，耐-40℃的低温，年降雨量650mm~1300mm均可生长。对土壤条件要求不严，微酸（pH6.0）微碱（pH8.0）的土壤上均能正常生长，结实。在土层深厚、土质肥沃、土壤湿润、排水良好的中性或微酸性棕色森林土壤上生长最旺盛，结实量最大，盛果期最长。浅根系主要分布在40cm以内的土壤中，在土层深厚的地段可达50cm以下的土层中。枝条由基生枝和根蘖枝组成统称为萌生枝。株丛中每年都生长出一定数量的基生枝，使株丛不断扩大，株丛中的基生枝年龄各不相同，常常是几个年龄的基生枝并存。经过平茬更新的株丛，第1年萌生枝生长最快，当年不分枝，第2年继续延长生长，并形成侧枝，花芽和叶芽都在当年生枝条上形成，随着当年生枝条的生长形成花芽和叶芽，待第2年春天，花芽开放授粉结果。极丰榛子实生苗3年开始结果，嫁接苗和分株苗2年枝条开始结果，4~5年为结实盛期，以后随树龄的增长，结果量逐年下降。平茬后的榛林2~3年为盛果期。4~5年之后结实量呈下降趋势。10年以上很少结实。植株生长速度快，苗期及一年生萌生枝明显高于其他平榛品种；抗瘠薄、抗寒、抗旱、抗病虫害能力极强；经济林树种。坚果品质好，果仁口味纯正，营养含量高。食用、食品原料、工业原料、药品原料、生产榛蘑、水土保持的良好树种。

繁殖和栽培 种子繁殖：8月下旬采种，11月中旬进行种子处理，首先将种子浸泡3~4d，1：3混沙埋藏，沙藏温度（室外气温）-10~-20℃，沙藏时间为11月中旬~3月下旬，4月初取出种子，棚内催芽3~4d即可播种。采用床播或垄播，开沟播种，履土厚度3~5cm。

无性繁殖：嫁接繁殖时间为枝接5月中旬，芽接时间为8月中旬。分株繁殖：把母株分成若干小丛或单株，进行移栽，时间为3月下旬~4月上旬。扦插繁殖：插穗取枝条的中部，用200ppmb吲哚丁酸浸泡1h，沙床上扦插即可生根。

栽培技术：实生苗栽植时间为春秋两季，若是营养杯榛苗可在春、雨、秋三季栽植。裸根苗栽植的最佳季节为秋季（10月上旬~11月初），成活率能达到95%，营养杯苗栽植成活率可达到100%。栽时挖30cm×30cm树坑，踏实，浇水即可。植根造林：挖掘母株株丛周围的根蘖或将母株分成若干单株取得苗木，栽植时间最好在秋季（10月下旬~11月上旬），春季栽植时间为4月上旬~4月中下旬，关键技术环节是要踩实。

适宜范围 辽宁东部山区栽培。

铁榛一号

树种：榛子
类别：优良品种
科属：榛科 榛属

学名：*Corylus heterophylla* Fisch. 'Tie zhen 1'
编号：辽S-SV-CH-010-2013
申请人：铁岭市林业科学研究院

良种来源 辽宁省铁岭市原生树种。

良种特性 灌木或小乔木，数株丛生。树皮灰褐色。芽卵形，芽鳞边缘有须毛，背面无毛。小枝被毛。叶倒卵状长圆形或阔卵形，先端平截，下凹，具三角形骤尖，基部心形或圆形，边缘有不整齐的重锯齿，在中部以上近先端处有小浅裂，侧脉5~8对，背部沿叶脉被毛，叶柄长1~3cm。雌花为头状花序，柱头红色囊状，长5~8cm，授粉后柱头变黑。雄花为腋生葇荑花序，总状圆柱形，花粉黄色，苞片先端尖。果1~8个簇生或单生，果苞钟状，叶质，具纵纹，密被细毛，半包坚果，边缘浅裂；果序柄长1~2cm，被毛；基本果形长圆型，直径1.4cm左右。浅根性树种，根系主要分布在40cm以内的土壤中。枝由基生芽萌生出来的基生枝和不定芽萌发生长的根蘖枝组成。叶片萌芽后随新梢的生长依次展开。二年即可形成雌花芽和雄花序，实生苗3年开始结果，嫁接苗和分株苗2年枝条开始结果。在铁岭地区4月上旬开始开花，4月下旬开始萌芽，5月上旬展叶，5月中旬~下旬为子房膨大期，6月上旬~7月上旬为幼果发育期，7月下旬~8月上旬为种仁发育期，8月上旬~8月下旬为种仁充实期，8月下旬~9月上旬为果实成熟期。9月末叶片开始枯黄进入休眠。果型及色泽美观，口感好，品质极佳，经济性状优良，在市场上有较强的竞争力。同时具有果大、皮薄、易脱壳、丰产性强、抗病虫能力强等优点。成熟期较晚，采收要稍稍晚于普通品种。应合理掌握采收时间。经济林树种，生食、烤制及深加工品种。

繁殖和栽培 适宜栽植密度，人工建园，在丘陵、坡地株行距采用3m×3m，亦可采取先密后稀的计划密植方式。无性繁殖，采用扦插繁殖在6月中上旬进行嫩枝扦插，嫁接繁殖在4月下旬进行劈接，压条繁殖在春季至夏季均可进行，拥土繁殖在5月下旬~6月上旬进行。加强土肥水管理，该品种成花多，坐果率高，幼树结果多，树势容易转弱，应加强土肥水管理，并及时补充所需的各项微量元素。病虫害防治，减少病虫害的发生是保证丰产稳产的根本措施。

适宜范围 铁岭及铁岭以南省内平榛自然分布区内推广。

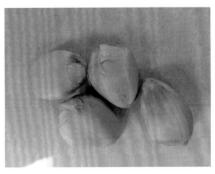

铁榛二号

树种：榛子
类别：优良品种
科属：榛科 榛属

学名：*Corylus heterophylla* Fisch. 'Tie zhen 2'
编号：辽S-SV-CH-011-2013
申请人：铁岭市林业科学研究院

良种来源 辽宁省铁岭市原生树种。

良种特性 灌木或小乔木，数株丛生。树皮灰褐色。芽卵形，芽鳞边缘有须毛，背面无毛。小枝被毛。叶倒卵状长圆形或阔卵形，先端平截，下凹，具三角形骤尖，基部心形或圆形，边缘有不整齐的重锯齿，在中部以上近先端处有小浅裂，侧脉5~8对，背部沿叶脉被毛，叶柄长1~3cm。雌花为头状花序，柱头红色囊状，长5~8cm，授粉后柱头变黑。雄花为腋生葇荑花序，总状圆柱形，花粉黄色，苞片先端尖。果1~8个簇生或单生，果苞钟状，叶质，具纵纹，密被细毛，半包坚果，边缘浅裂；果序柄长1~2cm，被毛；基本果形长圆型，直径1.4cm左右。浅根性树种，根系主要分布在40cm以内的土壤中。枝由基生芽萌生出来的基生枝和不定芽萌发生长的根蘖枝组成。叶片萌芽后随新梢的生长依次展开。二年即可形成雌花芽和雄花序，实生苗3年开始结果，嫁接苗和分株苗2年枝条开始结果。4月上旬开始开花，4月下旬开始萌芽，5月上旬展叶，5月中旬~下旬为子房膨大期，6月上旬~7月上旬为幼果发育期，7月下旬~8月上旬为种仁发育期，8月上旬~8月下旬为种仁充实期，8月下旬~9月上旬为果实成熟期。9月末叶片开始枯黄进入休眠。果型及色泽美观，口感好，品质极佳，经济性状优良，在市场上有较强的竞争力。同时具有皮薄、易脱壳、丰产性强、抗病虫能力强等优点。果实相对较小，成熟期较早，采收不及时易造成果实脱落。经济林树种，生食、烤制及深加工品种。

繁殖和栽培 适宜栽植密度，人工建园，在丘陵、坡地株行距采用3m×3m，亦可采取先密后稀的计划密植方式。无性繁殖，采用扦插繁殖在6月中上旬进行嫩枝扦插，嫁接繁殖在4月下旬进行劈接，压条繁殖在春季、夏季均可进行，拥土繁殖在5月下旬~6月上旬进行。加强土肥水管理，该品种成花多，坐果率高，幼树结果多，树势容易转弱，应加强土肥水管理，并及时补充所需的各项微量元素。病虫害防治，减少病虫害的发生是保证丰产稳产的根本措施。

适宜范围 铁岭及铁岭以南省内平榛自然分布区内推广。

晋榛2号

树种：榛子
类别：优良无性系
科属：榛科 榛属

学名：*Corylus heterophylla* Fisch. 'jinzhen2'
编号：晋S-SC-CH-022-2014
申请人：山西省农科院果树研究所

良种来源 从辽宁经济林研究所引种平欧榛优良品系'B-11'实生播种苗中选育的优良单株。

良种特性 该品种抗早春低温干旱性状优良，壳极薄1.3mm，轻咬可破壳，鲜食有浓郁的香气。生长势较旺，干性较强，易培养成理想树形。果实长圆形，果面黄褐色，纵径1.51cm，横径1.22cm，侧径1.21cm，三径均值1.31cm，果实均重2.41g，出仁率高达56%，果仁乳白。较强的抗早春低温干旱优良性状，连续10年观察未出现抽条现象。运用电导率测定分析，该品种比生产推广的金玲、玉坠及亲本"B-11"等抗寒性强。易取仁，果仁具有浓郁的香气。在正常管理条件下第3年均可开花坐果，第5年进入初盛果期，亩产可达85kg左右，第7年进入盛果期，亩产达130kg左右。

繁殖和栽培 通常采用母株根蘗直立压条繁育。园地应选在背风向阳，土层较深厚，肥沃的坡地或平缓地。栽植株行距2m×3m或2.5m×3m，树形单干形或丛状形较为理想，肥料以农家肥或复合有机肥为主，重点要施足基肥，时间以采收后至土壤封冻前均可进行。浇水要特别浇足近萌芽期水及越冬水，在生长季节进行果实膨大期的浇灌。

适宜范围 适宜在山西省忻州以南及生态条件类似的平川或丘陵地区种植。

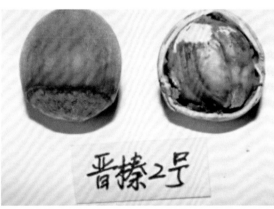

薄壳红

树种：榛子	学名：*Corylus heterophylla* Fisch.×*Corylus avellana* L. 'Bokehong'
类别：优良品种	编号：辽S-SV-CH-002-2000
科属：榛科 榛属	申请人：辽宁省经济林研究所

良种来源 '薄壳红'是辽宁省经济林研究所以'平榛'作母本、以'欧洲榛'作父本，采用种间远缘杂交育成的榛子新品种。

良种特性 '薄壳红'树势强壮，树姿开张，树冠大，8年生树高2.07m，冠径2.28m。无性系苗定植3年开始结果，丰产，8年生株产1.85kg，亩产129.5kg，树冠投影产量430g/m²，盛果期亩产215kg。坚果圆锥形，单果重2.1g，出仁率45.9%，风味佳，品质上。土壤以pH值8.0以下的沙壤土为好，坡度15°以下的坡地及平地均可。经济林树种，加工及鲜食炒食等。

繁殖和栽培 苗木繁殖以绿枝直立压条为主，6月中旬开始压条，从当年生萌蘖中选半木质化枝条，将其基部25cm以下范围内叶片剪除。在离地面1~5cm处用细软铁丝横缢，在横缢处以上10cm高范围涂抹生长素，将处理枝条基部用湿木屑等疏松材料填埋，填埋高度20~25cm，落叶后起苗。栽培株行距为2.5~3m×3~4m，杂交榛子栽培应配置授粉树，树形主要有少干丛状形、单干形二种，提倡施用有机肥，结果树注重氮、磷、钾肥配合施用，每公顷最佳施肥量为氮：120~150kg、五氧化二磷：60~70kg、氧化钾：100~200kg。

适宜范围 辽宁沈阳以南地区。

薄壳红（82-4）

达维

树种：榛子	学名：*Corylus heterophylla* Fisch. × *Corylus avellana* L. 'Dawei'
类别：优良品种	编号：辽S-SV-CH-003-2000
科属：榛科 榛属	申请人：辽宁省经济林研究所

良种来源 '达维'是辽宁省经济林研究所以平榛作母本、以欧洲榛作父本，采用种间远缘杂交育成的榛子新品种。

良种特性 '达维'树势强壮，树姿直立，树冠大，8年生树高2.3m，冠径1.58m，枝条粗壮。无性系苗3年开始结果，丰产，一序多果，平均每序结实2.0粒，8年生树平均株产1.3kg，亩产94.9kg，树冠投影产量661g/m²，盛果期产量330.6kg/亩。坚果大，长圆形，红褐色，平均单果重2.5g，出仁率40.8%，果仁饱满，光洁，风味佳，品质上。土壤以pH值8.0以下的沙壤土为好，坡度15°以下的坡地及平地均可。经济林树种，加工及鲜食炒食等。

繁殖和栽培 苗木繁殖以绿枝直立压条为主，6月中旬开始压条，从当年生萌蘖中选半木质化枝条，将其基部25cm以下范围内叶片剪除。在离地面1~5cm处用细软铁丝横缢，在横缢处以上10cm高范围涂抹生长素，将处理枝条基部用湿木屑等疏松材料填埋，填埋高度20~25cm，落叶后起苗。栽培株行距为2.5~3m×3~4m，杂交榛子栽培应配置授粉树，树形主要有少干丛状形、单干形二种，提倡施用有机肥，结果树注重氮、磷、钾肥配合施用，每公顷最佳施肥量为氮：120~150kg、五氧化二磷60~70kg、氧化钾100~200kg。

适宜范围 辽宁沈阳以南地区。

达维（84-254）

玉坠

树种：榛子	学名: *Corylus heterophylla* Fisch.×*Corylus avellana* L. 'Yuzhui'
类别：优良品种	编号：辽S-SV-CH-004-2000
科属：榛科 榛属	申请人：辽宁省经济林研究所

良种来源 '玉坠'是辽宁省经济林研究所以'平榛'作母本、以'欧洲榛'作父本，采用种间远缘杂交育成的榛子新品种。

良种特性 '玉坠'树势强壮，树姿直立，树冠大，8年生树高2.51m，冠径1.66m。无性系苗3年生开始结果，穗状结实，丰产，8年生树平均株产1.0kg，亩产74.4kg，树冠投影产量485g/m²，盛果期产量229.1kg/亩。坚果圆形，暗红色，平均单果重2.04g，出仁率42.8%，果仁光洁，饱满，风味佳，品质上。土壤以pH值8.0以下的沙壤土为好，坡度15°以下的坡地及平地均可。经济林树种，加工及鲜食炒食等。

繁殖和栽培 苗木繁殖以绿枝直立压条为主，6月中旬开始压条，从当年生萌蘖中选半木质化枝条，将其基部25cm以下范围内叶片剪除。在离地面1~5cm处用细软铁丝横缢，在横缢处以上10cm高范围涂抹生长素，将处理枝条基部用湿木屑等疏松材料填埋，填埋高度20~25cm，落叶后起苗。栽培株行距为2.5~3m×3~4m，杂交榛子栽培应配置授粉树，树形主要有少干丛状形、单干形二种，提倡施用有机肥，结果树注重氮、磷、钾肥配合施用，每公顷最佳施肥量为氮：120~150kg、五氧化二磷：60~70kg、氧化钾：100~200kg。

适宜范围 辽宁沈阳以南地区。

辽榛3号

树种：榛子	学名：*Corylus heterophylla* Fisch. × *Corylus avellana* L. 'Liao zhen 3'
类别：优良品种	编号：辽S-SV-CHA-002-2006
科属：榛科 榛属	申请人：辽宁省经济林研究所

良种来源 '辽榛3号'是辽宁省经济林研究所以'平榛'作母本、以'欧洲榛'作父本，采用种间远缘杂交育成的榛子新品种。

良种特性 '辽榛3号'树势强健，树姿直立。6年生树高2.43m，冠幅直径1.27m，坚果椭圆形，棕红色，具沟纹，果面光洁，少绒毛。平均单果重2.9g，果壳厚度1.15mm，果仁饱满，光洁，出仁率为47.6%，丰产性强，一序多果，平均序结果2.82粒。5~6年生试验树平均单株产量0.78kg。经济林树种。种仁营养丰富，可鲜食、生食或炒食，亦可榨油等。

繁殖和栽培 栽培技术要点：土壤以pH值8.0以下的沙土壤为好，坡度15°以下的坡地及平地均可，栽培株行距为2.5~3m×3~4m，杂交榛子栽培应配置授粉树，树形主要有少干丛状形、单干形二种，提倡施用有机肥，结果树注重氮、磷、钾肥配合施用，每公顷最佳施肥量为氮：120~150kg、五氧化二磷：60~70kg、氧化钾：100~200kg。

繁殖技术要点：苗木繁殖以绿枝直立压条为主，6月中旬开始压条，从当年生萌蘖中选半木质化枝条，将其基部25cm以下范围内叶片剪除。在离地面1~5cm处用细软铁丝横缢，在横缢处以上10cm高范围涂抹生长素，将处理枝条基部用湿木屑等疏松材料填埋，填埋高度20~25cm，落叶后起苗。

适宜范围 辽宁抚顺以南地区。

辽榛4号

树种：榛子	学名：*Corylus heterophylla* Fisch. × *Corylus avellana* L. 'Liao zhen 4'
类别：优良品种	编号：辽S-SV-CHA-003-2006
科属：榛科 榛属	申请人：辽宁省经济林研究所

良种来源 '辽榛4号'是辽宁省经济林研究所以'平榛'作母本、以'欧洲榛'作父本，采用种间远缘杂交育成的榛子新品种。

良种特性 树势强壮，树姿半开张。6年生树高2.30m，冠幅直径1.85m，坚果圆形，黄色，果面光洁，果顶具白绒毛。平均单果重2.5g，果壳厚度1.05mm，果仁饱满，粗糙，出仁率46%，丰产性强，一序多果，平均序结果2.18粒。5~6年生试验树平均单株产量0.8kg，盛果期平均株产2.0kg。经济林树种。种仁营养丰富，可鲜食、生食或炒食，亦可榨油等。

繁殖和栽培 栽培技术要点：土壤以pH值8.0以下的沙土壤为好，坡度15°以下的坡地及平地均可，栽培株行距为2.5~3m×3~4m，杂交榛子栽培应配置授粉树，树形主要有少干丛状形、单干形二种，提倡施用有机肥，结果树注重氮、磷、钾肥配合施用，每公顷最佳施肥量为氮：120~150kg、五氧化二磷：60~70kg、氧化钾：100~200kg。

繁殖技术要点：苗木繁殖以绿枝直立压条为主，6月中旬开始压条，从当年生萌蘖中选半木质化枝条，将其基部25cm以下范围内叶片剪除。在离地面1~5cm处用细软铁丝横缢，在横缢处以上10cm高范围涂抹生长素，将处理枝条基部用湿木屑等疏松材料填埋，填埋高度20~25cm，落叶后起苗。

适宜范围 辽宁省营口市熊岳以南地区。

'新榛1号'（平榛 × 欧洲榛）

树种：榛子	学名：*Corylus heterophylla × avelana* 'Xinzhen1'
类别：优良无性系	编号：新S-SC-CHA-022-2010
科属：榛科 榛属	申请人：新疆林业科学研究院造林治沙研究所

良种来源 1980~1985年辽宁省经济林研究所以平榛与欧洲榛为亲本进行种间远缘杂交选育出若干优良品系，2001~2005年新疆林业科学研究院陆续引入了30个优良品系，在新疆霍城具及玛纳斯县开展了品系的引种驯化和筛选工作，经过近10年的区域试验研究，部分品种表现出了丰产、适应性强等特点。'新榛1号'杂交榛是优选出适宜新疆栽培的品种之一。该品种的原品系号为'84－254'。

良种特性 树势强，树姿半开张，直立性强，冠幅小，雄花序少。7年生树高2.78m，平均冠幅2.45m，当年枝条高生长量40.0~60.0cm，基茎生长量0.66cm。丰产性强，坚果椭圆形，一序多果，平均每序结果3.0粒。坚果8月中下旬成熟。越冬性强，休眠期可抗－33℃低温，适应性强，适宜在平均气温7℃以上地区栽培，抗寒、抗旱、抗风性强。果实长圆形，横径2.19mm、纵径1.83mm、侧径1.77mm。最大单果质量3.45g，果实大小均匀，果壳红褐色，壳厚1.47mm，果仁光洁，饱满，出仁率40.0%。每100g榛仁中含脂肪57.1~62.1g、蛋白质16.1~18.0g，糖类6.5~9.3g，维生素C33.9mg，维生素E14.2mg；钙含量是苹果的近30倍；铁含量是杏仁、扁桃、白果和核桃仁的1~3倍。早实性强，定植第2年便有少量结实，第3年单株产量0.15~0.25kg，第4年，平均单株产量0.4~0.5kg，第6年进入盛果期（稳产），单株产量1.0~1.5kg。果实个头大、果型好、果壳色红美观、果仁金黄色且口感甜香、适宜带壳坚果销售。榛果果仁风味优良，营养价值高，既可直接食用，也可作为食品加工的辅助材料，具有较好的食用价值和保健功能。

繁殖和栽培 采用压条法进行育苗。选取当年高生长在50cm以上、粗度0.5cm左右的半木质化萌条作为压条材料（6月15日前），用22~24号细铁丝在距地面3cm的茎秆处横缢，涂抹生根剂，用锯末作为填充物，管理期间保持锯沫湿润，110~120d后即可成苗出圃。

适宜范围 新疆天山北坡经济带、伊犁河谷、环塔里木盆地均可种植。

'新榛2号'（平榛 × 欧洲榛）

树种：榛子	学名：*Corylus heterophylla × avelana* 'Xinzhen2'
类别：优良无性系	编号：新S-SC-CHA-023-2010
科属：榛科 榛属	申请人：新疆林业科学研究院造林治沙研究所

良种来源 1980~1985年辽宁省经济林研究所以平榛与欧洲榛为亲本进行种间远缘杂交选育出若干优良品系，2001~2005年新疆林业科学研究院陆续引入了30个优良品系，在霍城县及玛纳斯县开展了品系的引种驯化和筛选工作，经过近10年的区域试验研究，部分品种表现出了丰产、适应性强等特点。'新榛2号'杂交榛便是优选出适宜新疆栽培的品种之一。该品种的原品系号为'82-11'。

良种特性 树势中庸，树姿开张，树冠中等大。坚果圆锥形，红褐色，美观。早果实性、坐果率高、丰产性强，单株结实量高，果晚熟。7年生树高2.48m，平均冠幅2.68m，当年枝条高生长量61.4cm，基茎生长量0.77cm。坚果圆锥形，一序多果，平均每序结果4.0粒，最大结果数7.0粒。坚果8月下旬成熟。适应性强，适宜在平均气温7.5℃以上地区栽培，抗寒、抗旱、抗风性强。果仁饱满，光洁，果仁皮易脱落，风味佳。越冬和越夏性均强，休眠期可耐－30℃低温，夏季可忍受40℃高温，适宜在年平均气温6.5℃以上地区栽培。果实圆锥形，横径2.15mm、纵径1.96mm、侧径1.94mm。平均单果重2.8g，果实大小均匀度高，果壳红褐色，壳厚度为1.54mm，果仁光洁，饱满，出仁率约37.0%。每100g榛仁中含脂肪57.1~62.1g、含蛋白质16.1~18.0g，糖类6.5~9.3g，维生素C33.9mg，维生素E14.2mg；钙含量是苹果的近30倍；铁含量是杏仁、扁桃、白果和核桃仁的1~3倍。早实性强，定植第2年便有少量结实，第4年，平均单株产量0.3~0.4kg，第6年进入盛果期（稳产），单株产量1.0~1.2kg。果实个头大、果仁口感香甜，适宜带壳坚果销售或作为加工食品的辅助材料。榛果果仁口感甜香、营养价值高，即可直接食用，也可作为食品加工的辅助材料，具有较好的食用价值和保健功能。

繁殖和栽培 采用压条法进行育苗。选取当年高生长在50cm以上、粗度0.5cm左右的半木质化萌条作为压条材料（一般6月中旬），用22~24号细铁丝在距地面3cm的茎秆处横缢，1000mg/LIBA涂抹横缢处，用锯末作为填充物，管理期间保持锯末湿润，110~120d后即可成苗出圃。

适宜范围 新疆天山北坡经济带、伊犁河谷、环塔里木盆地均可种植。

'新榛3号'（平榛 × 欧洲榛）

树种：榛子
类别：优良无性系
科属：榛科 榛属

学名：*Corylus heterophylla × avelana* 'Xinzhen3'
编号：新S-SC-CHA-024-2010
申请人：新疆林业科学研究院造林治沙研究所

良种来源 1980～1985年辽宁省经济林研究所以平榛与欧洲榛为亲本进行种间远缘杂交选育出若干优良品系，2001～2005年新疆林业科学研究院陆续引入了30个优良品系，在新疆霍城县及玛纳斯县开展了品系的引种驯化和筛选工作，经过近10年的区域试验研究，部分品种表现出了丰产、适应性强等特点。'新榛3号'杂交榛便是优选出适宜新疆栽培的品种之一。该品种的原品系号为'84-310'。

良种特性 树势强壮，树姿直立，冠幅小；8年生树高2.51m，平均冠幅2.10m，当年枝条高生长量约59.0cm，基茎生长量0.67cm。坚果扁圆锥形，红褐色、着色较好；一序多果，平均每序结果4.0粒。单果重2.15g，果壳厚1.2mm，出仁率43%左右；丰产性强，穗状结实，果序最多结果11个，果实8月中下旬成熟。果仁光洁，饱满，出仁率43%。每100g榛仁中含脂肪57.1～62.1g、含蛋白质16.1～18.0g，糖类6.5～9.3g，维生素C33.9mg，维生素E14.2mg；钙含量是苹果的近30倍；铁含量是杏仁、扁桃、白果和核桃仁的1～3倍。早实性强，定植第2年便有少量结实，第3年单株产量0.1～0.2kg，第4年，平均单株产量0.4～0.7kg，第6年进入盛果期（稳产），单株产量1.2～1.8kg。果仁香甜口感好、适宜作为糖果、巧克力、糕点、冰淇淋等食品加工中的辅助材料。果实个头不大、果型外观略差。榛果果仁风味优良，营养价值高，可作为食品加工的辅助材料，具有较好的食用价值和保健功能。7～8年生树平均株产1.2kg以上。抗寒性强，休眠期可抗-30℃绝对低温。适宜在年均气温7.5℃以上的地区栽植。

繁殖和栽培 采用压条法进行育苗。选取当年高生长在50cm以上、粗度0.5cm左右的半木质化萌条作为压条材料（一般在6月15日前），用22～24号细铁丝在距地面3cm的茎秆处横缢，用1000mg/LIBA涂抹横缢处，用锯末作为填充物，管理期间保持锯末湿润，110～120d后即可成苗出圃。

适宜范围 新疆天山北坡经济带、伊犁河谷、环塔里木盆地均可种植。

'新榛4号'（平榛 × 欧洲榛）

树种：榛子	学名：*Corylus heterophylla × avelana* 'Xinzhen4'
类别：优良无性系	编号：新S-SC-CHA-025-2010
科属：榛科 榛属	申请人：新疆林业科学研究院造林治沙研究所

良种来源　1980~1985年辽宁省经济林研究所以平榛与欧洲榛为亲本进行种间远缘杂交选育出若干优良品系，2001~2005年新疆林业科学研究院陆续引入了30个优良品系，在霍城县及玛纳斯县开展了品系的引种驯化和筛选工作，经过近10年的区域试验研究，部分品种表现出了丰产、适应性强等特点。'新榛4号'杂交榛便是优选出适宜新疆栽培的品种之一。该品种的原品系号为'82-15'。

良种特性　树势中庸，树姿半开张，树冠中等大。7年生树高2.7m，冠幅约1.85m，坚果长圆锥形，横径2.11mm、纵径1.57mm、侧径1.46mm。平均单果重2.5g，果实大小均匀度高，果壳红褐色，壳厚度为1.27mm，果仁光洁，饱满，出仁率约47.9%。早实性强，定植第2年便有少量结实，第4年，平均单株产量0.3~0.4kg，第6年进入盛果期（稳产），单株产量1.2kg以上。果实个头不大、果仁口感香甜，适宜作为加工食品的辅助材料。果个相对较小，偶有空壳出现。榛果果仁口感甜香、营养价值高，即可直接食用，也可作为食品加工的辅助材料，具有较好的食用价值和保健功能。抗寒、抗旱、适应性强，休眠期可抗-30℃低温，夏季可忍受35℃高温。适宜在年平均气温7.5℃以上地区栽培。

繁殖和栽培　采用压条法进行育苗。选取当年高生长在50cm以上、粗度0.5cm左右的半木质化萌条作为压条材料（一般在6月中旬），用22~24号细铁丝在距地面3cm的茎秆处横缢，使用生根剂涂抹横缢处，用锯末作为填充物，管理期间保持锯末湿润，110~120d后即可成苗出圃。

适宜范围　新疆天山北坡经济带、伊犁河谷、环塔里木盆地均可种植。

辽榛7号

树种：榛子
类别：优良品种
科属：榛科 榛属

学名：*Corylus heterophylla* Fisch. × *Corylus avellana* L. 'Liaozhen 7'
编号：辽S-SV-CHA-001-2013
申请人：辽宁省经济林研究所

良种来源 '辽榛7号'是辽宁省经济林研究所以'平榛'作母本、以'欧洲榛'作父本，采用种间远缘杂交育成的榛子新品种。

良种特性 树势强健，树姿直立。6年生树高2.43m，冠幅直径1.27m，坚果圆锥形，红褐色，果面光洁。平均单果重2.5g，果壳厚度1.5mm，果仁饱满，光洁，出仁率为42%，丰产性强，一序多果，平均序结果2.82粒。该品种与其他主栽品种亲和性良好，常用作为授粉树。经济林树种，加工及鲜食炒食等。

繁殖和栽培 土壤以pH值8.0以下的沙土壤为好，坡度15°以下的坡地及平地均可，栽培株行距为2.5~3m×3~4m，杂交榛子栽培应配置授粉树，树形主要有少干丛状形、单干形两种，提倡施用有机肥，结果树注重氮、磷、钾肥配合施用，每公顷最佳施肥量为氮：120~150kg、五氧化二磷：60~70kg、氧化钾：100~200kg。苗木繁殖以绿枝直立压条为主，6月中旬开始压条，从当年生萌蘖中选半木质化枝条，将其基部25cm以下范围内叶片剪除。在离地面1~5cm处用细软铁丝横缢，在横缢处以上10cm高范围涂抹生长素，将处理枝条基部用湿木屑等疏松材料填埋，填埋高度20~25cm，落叶后起苗。

适宜范围 辽宁省大部分地区推广。

辽榛8号

树种：榛子　　　　　　学名：*Corylus heterophylla* Fisch. × *Corylus avellana* L. 'Liaozhen 8'
类别：优良品种　　　　　编号：辽S-SV-CHA-002-2013
科属：榛科 榛属　　　　　申请人：辽宁省经济林研究所

良种来源　'辽榛8号'是辽宁省经济林研究所以'平榛'作母本、以欧洲榛作父本，采用种间远缘杂交育成的榛子新品种。

良种特性　树势强健，树姿开张。6年生树高2.0m，冠幅直径2.02m，坚果圆锥形，红褐色，果面光洁。平均单果重2.63g，果壳厚度1.26mm，果仁饱满，光洁，出仁率为45%，丰产性强，一序多果，平均序结果3.37粒。5~6年生平均单株产量1.34kg，树冠矮小，适宜密植。经济林树种，加工及鲜食炒食等。

繁殖和栽培　土壤以pH值8.0以下的沙土壤为好，坡度15°以下的坡地及平地均可，栽培株行距为2.5~3m×3~4m，杂交榛子栽培应配置授粉树，树形主要有少干丛状形、单干形二种，提倡施用有机肥，结果树注重氮、磷、钾肥配合施用，每公顷最佳施肥量为氮：120~150kg、五氧化二磷：60~70kg、氧化钾：100~200kg。苗木繁殖以绿枝直立压条为主，6月中旬开始压条，从当年生萌蘖中选半木质化枝条，将其基部25cm以下范围内叶片剪除。在离地面1~5cm处用细软铁丝横缢，在横缢处以上10cm高范围涂抹生长素，将处理枝条基部用湿木屑等疏松材料填埋，填埋高度20~25cm，落叶后起苗。

适宜范围　辽宁省大部分地区推广。

辽榛9号

树种：榛子
类别：优良品种
科属：榛科 榛属

学名：*Corylus heterophylla* Fisch. × *Corylus avellana* L. 'Liaozhen 9'
编号：辽S-SV-CHA-003-2013
申请人：辽宁省经济林研究所

良种来源 '辽榛9号'是辽宁省经济林研究所以'平榛'作母本、以'欧洲榛'作父本，采用种间远缘杂交育成的榛子新品种。

良种特性 树势强健，树姿较开张。6年生树高2.6m，冠幅直径2.7m，坚果圆形，棕色，果面光洁。平均单果重3.2g，果壳厚度1.5mm，果仁饱满，光洁，出仁率为43%，丰产性强，一序多果，平均序结果2.61粒。5~6年生试验树平均单株产量1.2kg。经济林树种，加工及鲜食炒食等。

繁殖和栽培 土壤以pH值8.0以下的沙土壤为好，坡度15°以下的坡地及平地均可，栽培株行距为2.5~3m×3~4m，杂交榛子栽培应配置授粉树，树形主要有少干丛状形、单干形二种，提倡施用有机肥，结果树注重氮、磷、钾肥配合施用，每公顷最佳施肥量为氮：120~150kg、五氧化二磷：60~70kg、氧化钾：100~200kg。苗木繁殖以绿枝直立压条为主，6月中旬开始压条，从当年生萌蘖中选半木质化枝条，将其基部25cm以下范围内叶片剪除。在离地面1~5cm处用细软铁丝横缢，在横缢处以上10cm高范围涂抹生长素，将处理枝条基部用湿木屑等疏松材料填埋，填埋高度20~25cm，落叶后起苗。

适宜范围 辽宁省熊岳以南地区推广。

梭梭柴

树种：梭梭	学名：*Haloxylon ammodendron*
类别：母树林	编号：新S-SV-HA-024-2004
科属：藜科 梭梭属	申请人：新疆吐鲁番地区林业管理站

良种来源　新疆本地乡土树种。

良种特性　叶退化。绿色枝细长，含水多，表面光滑。在新疆吐鲁番地区5月开花，花很小，呈黄色，花期10多天。种子带翅，10月底成熟，千粒重3g左右。枝干弯曲，树皮灰褐色。根系庞大，垂直根深达5m，水平根达10m以上。耐干旱，耐酷热严寒，沙地表面温度60~70℃甚至80℃仍能正常生长。冬季能耐-40℃的低温。抗盐性强，含盐量达1%~2%时生长良好。它是珍贵中药材肉苁蓉的最佳寄主。不耐涝，材质脆，寿命短（40~50年）。

繁殖和栽培　选择地势平坦，便于灌溉的沙质壤土或轻度盐化沙地作育苗地，采用开沟条播，覆土1~2cm，每亩播种量1~3kg，行距25~30cm，播后浇水。亩产量控制在5~6万株左右。

适宜范围　适生范围广，对土壤要求不严，适宜新疆境内栽培。

乌拉特后旗梭梭采种基地种子

树种：梭梭
类别：采种基地
科属：藜科 梭梭属

学名：*Haloxylon ammodendron* (C. A. Mey.) Bunge
编号：内蒙古S-SB-HA-019-2011
申请人：巴彦淖尔市乌拉特后旗种苗站

良种来源 亲本来源于乌拉特后旗。梭梭采种基地采集种子，2000~2002年育苗试验，2004年造林试验。

良种特性 小乔木，高1~9m，树皮灰白色，木材坚而脆，老枝灰褐色或淡黄褐色。花期5~7月，果期9~10月。细胞液浓度大，渗透压高，抗脱水力强。耐干旱、风蚀、沙埋、沙割，抗盐能力强。喜光，不耐庇荫，耐酷热

严寒。主要用于防风固沙，还可作饲料。

繁殖和栽培 一般选苗高20cm以上、主根30cm以上、根幅30cm以上一年生合格苗造林成活率高。植苗造林采用缝植法，踩实，随栽随灌水，栽植深度要超出苗根10~15cm。

适宜范围 内蒙古干旱、少雨的荒漠地区均可栽培。

四子王旗华北驼绒藜采种基地种子

树种：驼绒藜	学名：*Ceratoides arborescens* (Losinsk.) Tsien et C.G.Ma
类别：采种基地	编号：内蒙古S-SB-CA-013-2011
科属：藜科 驼绒藜属	申请人：乌兰察布市四子王旗种苗站

良种来源 亲本来源于乌兰察布市四子王旗白乃庙苏木华北驼绒藜优良林分。

良种特性 多年生灌木，高1~2m，多分枝，叶互生，披针形，全缘。防风固沙能力强，营养价值丰富，是家畜喜食的优良牧草。具有较强的抗旱、抗寒、抗盐碱能力。主要用于防风固沙，也可作为优良牧草。

繁殖和栽培 用1年生根系发达合格苗造林。在起苗或运苗过程中注意保水、打好泥浆。栽植时做到"三埋两踩一提苗"，浇水，覆土。

适宜范围 内蒙古阴山北麓及周边地区均可栽培。

乔木状沙拐枣

树种：乔木状沙拐枣
类别：优良品种
科属：蓼科 沙拐枣属

学名：*Calligonum arborescens*
编号：新S-SV-CA-025-2004
申请人：新疆吐鲁番地区林业管理站、
　　　　中国科学院新疆生态与地理研究所

良种来源　1970年新疆吐鲁番市治沙站从新疆生态与地理研究所引进乔木状沙拐枣，试种在吐鲁番市治沙站南部沙丘中进行选育。2007年由吐鲁番地区引入中国科学院阜康荒漠生态系统国家野外科学实验研究站原始盐土区试种。

良种特性　具有抗干旱、高温、风蚀、沙埋、盐碱的能力，耐瘠薄，适应性强，结实早，易繁殖，生长迅速，可形成乔木状等特征。乔木状沙拐枣有较强的保水、储水能力和很高的水分利用率。叶片具有旱生结构、C4光合特性。树型高大，生长迅速，成林快，花和种子产量大。适栽范围广，沙漠及边缘和荒漠盐碱土区均可栽植。有很强的生长势，在中低等盐碱土上一年生长1m

左右，当年即能发挥绿化和改良盐碱土的作用。6、7月从花到果，颜色为大片的鹅黄、粉色或红色，繁花密果压弯枝条。因此，该树种可选用为盐碱土上的绿化树、蜜源树。通过每年的水肥管理和修剪，表现出持续生长。平茬可促进复壮更新，平茬补水后，又可萌发新枝。

繁殖和栽培　种子繁殖：首先采用40~60℃温水浸泡2~3d或者常温浸泡在自来水中，有阳光照晒的地方自然放置，待大部分种子吐白即可掺沙播种。把育苗地改造为沙土最好，采用条播方式。

适宜范围　在新疆准噶尔盆地、塔克拉玛干沙漠、古尔班通古特沙漠南部均能正常生长，适生于沙地、固定半固定沙丘和砾质戈壁。

头状沙拐枣

树种：头状沙拐枣
类别：优良品种
科属：蓼科 沙拐枣属

学名：*Calligonum caput-medusae*
编号：新S-SV-CC-032-2010
申请人：中国科学院新疆生态与地理研究所

良种来源 于2006年7月在准噶尔盆地北部沙漠采集种子，2007年3月下旬采集枝条，在中国科学院阜康荒漠生态系统国家野外科学实验研究站内进行扦插和播种育苗栽植试验。

良种特性 大灌木，高可达4~5m。老枝皮淡灰色或黄灰色，同化枝灰绿色，节长2~4cm，数枝簇生于老枝上；叶小，长达2mm，针形，基部有膜质缘，结合成鞘；花生于叶鞘内，淡紫色，长3mm；果倒卵形或球形，直径20~25mm。果为翅果，果实外缘有四片棱状翅。头状沙拐枣有垂直根和水平根，垂直根向下可达3m，水平根平行于沙面生长，根长可达20~30m。幼苗地上部分生长十分迅速，实生苗当年生长高度可达150cm，种植2~3年后高度和冠幅基本定型。被沙埋后枝条可在节上产生不定根，表现出强的萌蘖生长能力。具有抗干旱、抗高温、抗风蚀、抗沙埋的能力，生活力强，易于繁殖，生长迅速等特性，是防风固沙林优选树种，也是很好的蜜源。典型的沙生植物，喜生于沙丘，土壤黏重、板结均不利于其生长。4龄以后生长变缓，甚至停止生长，表现衰老，必须采取平茬措施，促其复壮。

繁殖和栽培 一般是先育苗，后栽植，亦可扦插或直播。果实成熟后易脱落，应及时采集。育苗的圃地要选在盐碱轻、地下水位较低、排灌条件较好的沙土或沙壤土上。播种宜在秋末冬初和早春。春播前种子须先催芽，播前用冷水浸种3d，掺湿沙堆放在向阳处，待少量种子冒白即可播种。冬播行距30cm，覆土2~3cm，50~60粒/m。扦插育苗时，宜用1~2年生枝条作插穗，长20cm，粗1cm左右为宜。育苗初始2~3月内应灌水保持土壤湿润。

适宜范围 新疆南北疆均能生长，适宜沙漠—绿洲过渡带前沿保护地栽培。

子午岭紫斑牡丹

树种：牡丹	学名：*Paeonia suffruticosa* Andr. var.
类别：优良品种	编号：甘S-SC-PR-027-2012
科属：芍药科 芍药属	申请人：甘肃省庆阳市合水林业总场太白林场

良种来源 庆阳市合水林业总场太白林场。

良种特性 植株高大、舒心强、枝条节间距长，高生长量大，部分品种当年生枝条可长至70cm。株高普遍在1m以上，小叶片数目多，一般都在15枚以上，叶片较小（抗蒸腾），叶背多毛，所有品种花瓣基部有明显的大块紫斑和紫红斑。大部分花心及子房为黄白色或白色，部分花心为紫红色。

繁殖和栽培 生产繁殖圃株行距60~70cm，观赏园栽植株行距依品种、树势而定，一般1.5~2m即可，牡丹园圃宜通风透光，以免雨季病虫害滋生。

适宜范围 适宜在甘肃省大部分区域种植。

'祥丰'牡丹

树种：牡丹	学名：*Paeonia ostii* 'Xiangfeng.'
类别：优良无性系	编号：陕S-SP-PX-004-2015
科属：芍药科 芍药属	申请人：西北农林科技大学

良种来源 陕西省凤翔县特异性单株。

良种特性 落叶灌木。树势强健。冠形伞状。分枝性强。多为单枝直立形，少丛枝形。复叶大型长叶，长椭圆形。花白色，单株平均花数9朵，花冠幅平均16.40cm×7.20cm，花头直立，外瓣2轮，花瓣阔倒卵形。花芽膨大期3月初，显蕾器3月中旬，翘蕾期3月中旬，展叶、圆桃期3月下旬，花期4月中旬，果实成熟期7月下旬。种子黑色，出油率32.72%。油总脂肪酸含量84.91%，其中棕榈酸4.84%、硬脂酸1.52%、油酸16.56%、亚麻酸41.70%。6年生平均籽产量3050.40kg/hm^2。经济林、园林观赏兼用树种。

繁殖和栽培 培育凤丹实生苗作砧木。种子采收后荫干，9~10月份条播。降雨较多的地区采用高垄，反之低垄。播种量1500~2250kg/hm^2。苗木培育3~4年后，扒去砧木周围5~10cm深的表土，露出根茎3~5cm，剪去上面枝条，抹去下面隐芽，修平上端面。采取树冠上部枝条作接穗，长度5~10cm，粗3~5cm，带有2~3个充实饱满芽，8月下旬~10月上旬劈接。嫁接后苗木培土10~12cm，翌年春扒去部分覆土，保留3~5cm左右。及时抹除根砧萌发的根蘖，培育2~3年即可出圃造林。造林选择土层深厚、疏松透气、排水良好的地块栽植，土壤以沙质壤土为佳，pH值5.5~8。栽植前一个月深翻土壤，清除杂草，开宽8cm、深30cm的沟栽入。栽植时间为9月下旬~10月中旬，株行距50cm×80cm，或宽窄行栽植，宽行100~120cm，窄行50cm，株距30~50cm。封冻前将地上茎轻轻压倒，覆土封埋，春季扒去覆土，扶正苗木，及时摘除花蕾。病虫害主要有：叶斑病，多发于6~8月，严重时叶片全部枯焦凋落。防治方法一是清洁田园；二是叶面喷1：1：150波尔多液，每5d一次，连喷3次。根腐病，染病植株初期叶片萎缩、凋落，长势衰弱，最后整株枯死，若不及时防治，则传染蔓延周围植株。防治方法一是加强管理，园地通风透光，提高抗逆性。实行轮作，避免重茬；二是加强蛴螬、地老虎等地下害虫防治，整地时施入5%辛硫磷颗粒剂，用量37.5~45.0kg/hm^2；三是挖出染病植株晾2d后，剪去伤残根，整株放入70%甲基托布津可湿性粉剂600~800＋甲基异柳磷可湿性粉剂1000混合液浸泡2~3min；四是清除病株周围土壤，用1：100硫酸亚铁溶液浇灌周围植株。

适宜范围 适宜陕西关中、陕南及相类似地区栽植。

秦香

树种：猕猴桃	学名：*Actindia chinensis* Var. *hisda* C.F.Liang. 'Qinxiang.'
类别：优良无性系	编号：QLS002-J001-1996
科属：猕猴桃科 猕猴桃属	申请人：西北农林科技大学

良种来源 陕西省户县特异性优良单株。

良种特性 落叶灌木。树势强健。树形紧凑。节间短。1年生枝下部绿色，带紫色，嫩梢绿色，着生锈色糙毛，向下弯曲；2年生枝褐色，皮孔白色，椭圆形，凸起，稀而较大；多年生枝深褐色，无毛，皮孔椭圆形。髓白色，片状，髓心较细。5月中旬开花，果实发育期130~140d，果实成熟期9月底~10月初。浆果短圆柱形，果皮绿褐色，果肉翠绿色。果实还原糖含量8.35%，可溶性糖含量9.63%，含水量84.29%，灰分0.63%，可溶性固形物15.00%，粗纤维（烘干）1.85%，有机酸1.16%，维生素C含量60.00mg/100g鲜果。产量稳定，栽植5年后进入稳产期，盛果期45000kg/hm²以上。经济林树种。

繁殖和栽培 培育实生苗作砧木。春、夏、秋均可嫁接，嫁接方法有劈接、舌接、带木质芽接、皮下接等。及时剪砧、除萌、解绑、立柱、摘心。建园以平坦地为宜，坡地坡度在15°以下。秋季栽植从树木落叶到土壤封冻前（11月上旬~12月中旬），春季栽植从土壤解冻到芽萌动前（2月下旬~3月中旬）进行。授粉树种搭配比例5：1~8：1。栽植密度为株行距4.0m×3.0m。常用的架型主要为有"T"形架和大棚架，架材为钢筋和水泥砂石制成的水泥柱，架与架之间用8~10号钢丝连接固定。病虫害主要有：细菌性溃疡病，危害主干、叶蔓、叶片。防治方法一是剪除病枝、枯枝，清除园内枯枝落叶，集中销毁；二是果实采收后、落叶后、修剪后以及春节萌芽前喷洒45%代森铵水剂1000倍液或农用链霉素1000倍液或20%叶枯唑可湿性粉剂600~800倍液，每7~10d交替喷一次，连喷2~3次。花腐病，危害花蕾、花朵。防治方法一是改善通风透光条件；二是采果后至树木萌芽前连喷3次80~100倍波尔多液；三是萌芽至花期喷洒1000万单位农用链霉素1000倍液或20%春雷霉素400倍液。金龟类，危害根部、嫩叶嫩芽等。防治方法一是5%辛硫磷颗粒剂处理土壤，用量37.5~45.0kg/hm²，兼防蝼蛄、金针虫等地下害虫；二是花前2~3d喷洒菊酯类农药2000~3000倍液；三是利用成虫假死习性于傍晚振落捕杀；四是成虫期黑光灯诱杀。

适宜范围 适宜年平均气温12~16℃，无霜期≥210d，年日照时数1900h以上，年降雨1000mm左右，土壤为轻壤土、中壤土、砂壤土等，pH值5.5~7.5的秦岭北麓猕猴桃产区栽植。

松柏柽柳

树种：柽柳
类别：引种驯化品种
科属：柽柳科 柽柳属

学名：*Tamarix chinensis Lour.* 'Songbai'
编号：晋S-SV-PA-005-2013
申请人：山西省林业技术推广总站

良种来源 从山东省农科院东营分院引种。

良种特性 该品种为小乔木，浓绿茂密，叶的密度比柽柳大2~3倍，绿期比柽柳长1个多月，极似柏树。速生性好，1年生苗木地径可达2cm，树高可达1.5~2m；2年生苗木地径可达3~4cm，树高可达3m以上。具备耐盐碱、耐干旱、耐贫瘠、耐水湿、耐寒冷、抗风蚀沙埋等优良特性。

繁殖和栽培 嫩枝扦插在6月中下旬，插条为一年生半木质中部枝条，穗长10~13cm，细沙或蛭石为基质，1000ppm的吲哚乙酸和吲哚丁酸处理；硬枝扦插在3月底~4月初，1000ppm的吲哚乙酸和吲哚丁酸为最佳处理试剂，插条为一年生木质化中部枝条，穗长13~15cm为宜。密度30cm×50cm。整地规格100cm×100cm×100cm，在植树前每坑施入5~15kg的土壤改良剂发酵肥料，春秋季造林采用一年生健壮裸根一级苗，雨季造林采用一年生营养钵苗木，每年浇水次数不少于3次，每年松土除草2次。

适宜范围 适宜在山西省盐碱地区种植。

苗圃地1年生苗木

金沙滩造林2年生表现

苗圃地4年生苗

苗圃地3年生苗

红花多枝柽柳

树种：柽柳	学名：*Tamarix gallica* 'Hong hua duo zhi'
类别：国外引种	编号：宁S-ETS-TG-004-2010
科属：柽柳科 柽柳属	申请人：宁夏银川市林业（园林）技术推广站、银川市花木公司、宁夏大学

良种来源 2000年，北京格瑞阳光生态发展有限公司从比利时(Maldegem 东佛兰德)引入，在北京市房山区窦店基地栽植。2003年春，引入银川。

良种特性 落叶灌木，新枝紫红色，老枝深紫色或紫红色，多分枝，密集。叶小，鳞片状，新叶嫩绿，老叶浓绿，叶痕排列密集、整齐。花小，具短梗，深红粉色或红粉色，春季的总状花序侧生于翌年枝上，花序长6~8cm，径3~5mm。夏、秋季的总状花序生于当年枝上，花序长2~6cm，径3~5mm。花期4~8月下旬。3月中旬从2年生枝条叶痕处开始萌芽，新稍嫩绿色，5月中上旬花蕾显露，5月中下旬初花期，6月初盛花期，7月中旬末花期。11月初落叶，进入冬季休眠。园林观赏树种，亦可用于造林绿化，抗性强，极耐修剪。

繁殖和栽培 以嫩枝扦插和硬枝扦插育苗为主。6月下旬~8月上旬采条制穗进行嫩枝扦插，灌冬水后选择一年生木质化程度好的枝条沙藏处理或直接进行硬枝插。春、夏、秋三季均可栽植，裸根扦插苗或大苗移栽适于在早春季节进行栽植，栽植密度为1m×1m或2m×2m。春季定植后，地上部分要重剪，留20cm即可，促进根茎部分萌发强壮新枝。早春进行平茬。

适宜范围 宁夏全区各地均可栽植。

额济纳旗多枝柽柳优良种源区穗条

树种：柽柳
类别：优良种源
科属：柽柳科 柽柳属

学名：*Tamarix ramosissima* Ledeb.
编号：内蒙古S-SP-TR-012-2013
申请人：阿拉善盟额济纳旗林木种苗站

良种来源 额济纳旗巴彦陶来苏木乌苏荣贵嘎查多枝柽柳优良种源区。

良种特性 灌木，喜光，根系发达，萌生力强，耐修剪刈割。耐旱、耐寒、耐水湿，极耐盐碱。喜生于盐渍化土地、河滩地和沙荒地上，在较平坦的流动沙丘、沙地、丘间低地、中重度盐渍化、石砾沙质土中均能生长。主要用于防风固沙、改良盐碱地造林，也可作园林植物。

繁殖和栽培 春季或雨季造林，一般在3月下旬~4月下旬。选用1~2年生根系发达的合格苗造林，栽植前要修剪根系、浸水、蘸泥浆。带状整地，沿造林行带进行机械开沟，沟深30~40cm。穴状整地，穴深40cm，穴径40cm，每穴2株对角栽植。栽植时应随挖穴随栽植，将苗木放置穴中对角线位置扶正，先填表层湿土，后填新土，分层踩实，埋至地径以上20cm处灌水即可，待水下渗后，覆20cm沙土踩实。幼林期间根据土壤墒情每年灌水3~4次。造林后头三年应严格管护、封禁，防止践踏，并进行松土、除草和病虫害防治等。

适宜范围 内蒙古巴丹吉林沙漠、乌兰布和沙漠、库布齐沙漠、腾格里沙漠、毛乌素沙地以及乌兰察布高原均可栽培。

短毛柽柳

树种：柽柳	学名：*Tamarix karelinii*
类别：优良品种	编号：新S-SV-TK-035-2010
科属：柽柳科 柽柳属	申请人：中国科学院新疆生态与地理研究所

良种来源 2007年4月中下旬于米泉甘泉堡收费站四周的盐渍土生境中采集1~2年生短毛柽柳的插穗，在中国科学院阜康荒漠生态站轻盐渍土（0~30cm含盐量<0.3%）进行人工扦插育苗，育苗成功后向盐土试验区移植。

良种特性 又名盐地柽柳，为大灌木或乔木状，高2~4m，杆粗壮，树皮紫褐色，枝灰紫色或淡红棕色；枝光滑，偶微具糙毛；叶卵形，长1~4.5mm；总状花序，长5~15cm，宽2~4mm；蒴果长3~5mm。花期7~9月。根系发达，部分可直达地下水，从而提高了抗旱、抗盐能力；可寄生盐生肉苁蓉，可用于大面积生产药用盐生肉苁蓉。柽柳皮内含单宁，枝条硫元素含量较高。2007年以来，在20亩重盐碱地栽培试验表明，当年生物量相对提高30%以上，林地土壤含盐量下降40%~50%以上，嫩枝叶粗蛋白、粗纤维含量提高15%左右。引种情况下，成熟期基本不受影响，由于生境条件改善，根系生物量相对增加，根系分布下移。柽柳皮内单宁含量提高20%，枝条硫元素提高10%~15%。短毛柽柳抗逆性强，尤以抗盐能力最为突出，分布区土壤表层含0~30cm盐分含量为3.0%~6.0%，最高可达10%，pH值7.8~9.2。在盐渍化荒地，移栽后的扦插苗成活率可达85%以上。短毛柽柳为泌盐盐生植物，可作为重盐渍地绿化、盐碱地改良的优选树种。短毛柽柳嫩枝叶粗蛋白、粗纤维和钙的含量较高，可作为牛羊饲料。

繁殖和栽培 育苗繁殖方法主要采用扦插繁殖，选择1~2年生发育良好的枝条做插条，直径大于1cm，长20~30cm。插前用清水浸泡5~7d，适宜种植区域适宜于新疆准噶尔盆地绿洲内部撂荒的盐渍化农田、绿洲外围与盐生荒漠毗邻的盐化荒地和次生盐渍化土壤。使枝条吸足水分，为进一步提高成活率，扦插前用100mg/kg ABT生根粉浸泡2小时。由于幼苗期耐盐性不高，应当选择含盐量在0.5%以下的沙壤土作为苗床。扦插后立即灌水，柽柳需水量较高，要保证整个生育期水分的供应。

适宜范围 适宜于新疆准噶尔盆地绿洲内部撂荒的盐渍化农田、绿洲外围与盐生荒漠毗邻的盐化荒地和次生盐渍化土壤栽植。

多枝柽柳

树种：柽柳
类别：优良品种
科属：柽柳科 柽柳属

学名：*Tamarix ramosissima*
编号：新S-SV-TR-036-2010
申请人：新疆阿图什市林业局

良种来源 多枝柽柳是一种落叶灌木，由于其萌芽力强、发新根能力强、耐修剪、寿命长、对环境适应性强，具有高耐盐碱、耐干旱、耐贫瘠、耐水湿、耐寒冷、抗风蚀沙埋等优良特性而成为新疆广泛种植的沙漠植物之一。

良种特性 红花多枝柽柳科灌木或小乔木，通常高2~3m，多分枝，枝紫红色或红棕色。叶披针形、卵状披针形或三角状披针形，长0.5~2mm，先端锐尖，略内弯。总状花序生于当年枝上，长2~5cm，宽3~5mm，组成顶生的大型圆锥花序，苞片卵状披针形，花梗短；萼片5，卵形；花瓣5，倒卵形，淡红色或紫红色，花盘5裂；雄蕊5；花柱3，棍棒状。蒴果长圆锥形，3瓣裂。种子顶端簇生柔毛。红花多枝怪柳3月中旬至4月开始萌发生长，5月下旬至7月开花，花期一直延续到9月底至10月初，6月下旬开始结果，7月上旬开始成熟。在一个花序上，果熟期不一致，下部果实先熟，顶部后熟，持续时间较长。果熟后种子即行飞散，种子小难于采集，种子长0.4~0.5mm。根系发达，直根深入土中，接地下水，最深者可达10余米。侧根多水平分布，甚广阔，且多细根。根株萌发力强，耐沙埋，沙埋后可于根颈处萌发大量纤细的不定根，枝条亦迅速向上生长。极耐沙害。生长较快，寿命长，在适宜条件下，幼龄期年平均高生长50~80cm，4~5年高达2.5~3m，10年生可达4~5m，地径7~8cm。寿命可达百年以上，主要用于营造农田防护林和固沙林。不耐阴、怕涝。

繁殖和栽培 播种繁殖或扦插繁殖。种子在发芽期和苗期要求土壤湿润，宜经常灌水。播种以春播为好，也可夏播。多采用"水面落种法"播种，水面撒种子10g/m²，如方法得当，可得苗500余株/m²。当年苗高50~80cm时，即可出圃。扦插育苗时，选1cm粗的一年生枝条，截成30~40cm长的插穗，在春季扦插。

栽培技术要点：多枝柽柳造林可植苗或扦插，一般以植苗为好。选地下水位较高，轻度或中度盐化沙地及有灌溉条件的其他土壤造林。造林地应保持土壤湿润，以提高苗木成活率。

适宜范围 平原、山区河漫滩、湖盆边缘、固定沙丘、丘间低地、戈壁滩及盐渍化的土壤上均可栽植。

杭锦后旗细穗柽柳优良种源穗条

树种：柽柳

类别：优良种源

科属：柽柳科 柽柳属

学名：*Tamarix leptostachys* Bunge

编号：内蒙古S-SP-TL-018-2011

申请人：巴彦淖尔市杭锦后旗种苗站

良种来源　亲本来源于巴彦淖尔市杭锦后旗。2002年选育试验，2005年造林试验。

良种特性　根系发达，萌生力强，耐修剪。抗盐碱和病虫害，耐寒、抗旱能力强。主要用于防风固沙、盐碱地造林。

繁殖和栽培　带状或穴状整地，用1~2生根系发达的合格苗造林，栽植时保持根系舒展，踩实，及时浇水、覆土。

适宜范围　内蒙古水湿盐碱地区均可栽培。

乌审旗旱柳优良种源穗条

树种：柳树　　　　　　　　　　学名：*Salix matsudana* Koidz.
类别：优良种源　　　　　　　　编号：内蒙古S-SP-SM-021-2011
科属：杨柳科　柳属　　　　　　申请人：鄂尔多斯市乌审旗林木种苗站

良种来源　亲本来源于乌审旗毛乌素沙地优良林分。
良种特性　生长迅速，萌芽力强，根系发达，固土抗风力强。耐严寒、瘠薄、盐碱和干旱。主要用于防风固沙、农田防护林和园林绿化。
繁殖和栽培　常规整地。从8~20年健壮母树上选取色皮光滑新鲜、髓部不具红心的壮实枝条，截去细梢制成小头直径3cm以上、长2.5m的插干。造林前将插干浸入水中，待长出不定根时直接扦插造林，灌足水。扦插繁殖的定干苗按常规造林方法进行栽培。

适宜范围　内蒙古毛乌素沙地、黄土丘陵区均可栽培。

中富柳1号

树种：柳树
类别：优良无性系
科属：杨柳科 柳属

学名：*Salix matsudana* Koidz. 'Zhongfuliu1hao'
编号：QLS020-K001-2000
申请人：西安中富企业集团

良种来源 美国。

良种特性 落叶乔木。树势强健。树冠长卵状。分枝角度45°~55°。幼枝有白毛，幼枝叶浅绿色。初生小叶两面有银白色绢毛，长枝叶披针形，正面绿色背面苍白色，叶片长11~13cm，宽1.5~1.7cm，叶柄带红色，长0.8~1.0cm，叶缘具整齐小锯齿，齿尖有腺点，托叶小，长2mm。腋芽微红，长2mm。幼树生长强势，根系发达，生长迅速，主杆挺拔，树冠成形早，枝层分明。耐寒、耐旱、耐轻度盐碱，适应性强。1年生苗高3.5~4.0m，地径2.5~3.0cm；2年生苗高4.5~5.5m，地径3.0~3.5cm。造林绿化树种。

繁殖和栽培 扦插繁育苗木。在有灌溉条件的圃地育苗，插穗长度15cm左右，春季扦插，扦插密度90万株/hm²，苗木如在苗圃越冬，入冬前要灌越冬水。适宜林农、林草复合经营。造林后要注意修剪竞争枝，使幼树有明显主杆。造林后1年后树干上长出的侧枝不剪或少剪，以后适当修剪下部侧枝，使幼树保持合理的冠干比。

适宜范围 适宜陕西省秦岭以北、长城沿线风沙区以南地区栽植。

中富柳2号

树种：柳树
类别：优良无性系
科属：杨柳科 柳属

学名：*Salix matsudana* Koidz. 'Zhongfuliu2hao'
编号：QLS021-K002-2000
申请人：西安中富企业集团

良种来源 美国。

良种特性 落叶乔木。树势旺盛。幼枝黄绿色。分枝角度小35°左右，顶端长势强。长枝叶线状披针形，叶片长13~15cm，宽1.2~1.3cm，正面绿色，背面苍白色。初生小叶卵状披针形，上半部带红色，下半部绿色，有短白毛，叶基长楔形，叶缘具不整齐小锯齿。腋芽绿色，长1mm。1年生苗高3.0~3.7m，胸径2.0~2.7cm。2年生苗高4.5~5.0m，胸径2.8~3.2cm。造林绿化树种。

繁殖和栽培 扦插繁育苗木。在有灌溉条件的圃地育苗，插穗长度15cm左右，春季扦插，扦插密度90万株/hm²，苗木如在苗圃越冬，入冬前要灌越冬水。适宜林农、林草复合经营。造林后要注意修剪竞争枝，使幼树有明显主杆。造林后1年后树干上长出的侧枝不剪或少剪，以后适当修剪下部侧枝，使幼树保持合理的冠干比。

适宜范围 适宜陕西省秦岭以北、长城沿线风沙区以南地区栽植。

潞城西流漳河柳

树种：柳树
类别：优良种源
科属：杨柳科 柳属

学名：*Salix matsudana f.* lobato~glandulosa
编号：晋S-SP-SM-003-2012
申请人：潞城市林业局

良种来源 从漳河旱柳优良林分中选育。

良种特性 喜光、喜湿润、下湿地生长良好、耐盐碱；速生丰产，15年生平均树高可达18m、平均胸径可达18.1cm；根系发达，萌芽力强，具有内生菌根；树形优美，多作园林绿化树种；抗性强，对二氧化硫、氯气等有较强抗性。

繁殖和栽培 扦插繁殖。早春进行，在萌芽前剪取1~2年生枝条，截成15~20cm长作插穗。扦插株行距30cm×80cm，直插，插后充分浇水，经常保持土壤湿润，及时抹芽和除草，发根后施追肥3~4次，幼苗易受象鼻虫、蚜虫、柳叶甲为害。多栽植于河流两岸、水渠两旁、下湿地或可灌溉的地方。采用植苗造林，栽植时间春秋两季均可，春栽在土壤解冻后越早越好，秋栽在落叶后土壤封冻前进行。

适宜范围 适宜在山西省忻州以南海拔1200m以下，年均温7~14℃，最低气温高于-25℃地区种植。

青竹柳

树种：柳树
类别：实生种子园
科属：杨柳科 柳属

学名：*Salix matsudana × babylonica* cv. 'Qingzhu'
编号：黑S-SC-SMB-037-2012
申请人：黑龙江省森林与环境科学研究院

良种来源　是我院于1992年2月21日从江苏省林业科学研究院（原江苏省林业科学研究所）引入以旱柳（*Salix matsudana*）为母本、垂柳（*Salix babylonica*）为父本，经人工水培杂交获得的 F1 代雄性无性系，编号为349。经苗期测试、品系评比和区域化试验示范等20年多地点多指标的测定与筛选，选育出柳树新品种，定名青竹柳。

良种特性　乔木，雄株，树干通直，树冠长椭圆形，分枝角23.7°。树干基部浅纵裂，灰褐色。幼树树干上部树皮光滑，碧绿色，挺拔似青竹。老枝光滑，灰绿色或浅褐色。该品种在干形、生长量、抗逆性、材质等方面表现突出。在齐齐哈尔地区11年生青竹柳平均树高、胸径和材积分别为9.37 m、9.73 cm 和0.0338 m³。木材纤维长1 190 μm，长宽比72.3，气干密度为0.51 g/cm³。对柳树易感病害烂皮病、溃疡病及多发害虫白杨透翅蛾、柳瘿蚊、木蠹蛾等抗性较强。在齐齐哈尔地区，青竹柳当年生扦插苗平均高1.90 m，地径0.97 cm，2根1干苗平均高2.48 m，胸径0.77 cm。

繁殖和栽培　青竹柳生根能力强，采用无性繁殖即可，一般扦插成活率在95%以上。造林采用2根1干、2根2干大苗或2年生以上母根均可，用2根2干大苗造林效果最好。

适宜范围　青竹柳能在北纬48°25′以南、年均温度2℃以上、最低气温 −40.3℃以上、年降水量大于400 mm、无霜期120 d以上、含盐量 < 0.2%以下的自然条件下正常生长。青竹柳适合在我省松嫩平原中、西部地区及环境相似的三北地区推广利用。

吉柳1号

树种：柳树

类别：引种驯化

科属：杨柳科 柳属

学名：*Salix matsudana × S. alba*

编号：吉S-ETS-SMA-017-2011

申请人：北华大学林学院

良种来源 吉柳1号系北华大学2003年由美国引进的柳树品种AUSC，并在乾安县北华大学科技示范园区、吉林省蛟河林业实验管理局等地经7年多引种驯化试验选育出来的。

良种特性 乔木，独干，速生。树冠狭窄，侧枝开张角度小，小枝粉红色。树叶长披针形，边缘具齿。小枝红色，叶长披针状具有齿状边缘，侧枝开张角度较小，树冠较窄紧凑，而且具有明显的主干，可作为园林绿化行道树。3年生苗木胸径最大达6.464cm。经过几年的引种栽培驯化试验，该品种在吉林省大部分地区已经

可以安全越冬，不会发生严重的冻害，也未有病虫害发生。该品种抗逆性较强，在弱碱性到弱酸性土壤上皆可栽培。

繁殖和栽培 适宜扦插繁殖，成活率高，管理简单。扦插时间以4月中旬为宜，扦插后为提高苗木成活率应大水灌溉苗圃一次，成活后无需人工灌溉。4月中下旬苗木展叶前进行扦插，第二年即可出圃造林。造林株行距为2m×3m。于冬季或早晨可进行修枝。

适宜范围 适宜吉林省全省范围内推广。

吉柳 2 号

树种：柳树	学名：*Salix matsudana × S. alba*
类别：引种驯化	编号：吉S-ETS-SP-018-2011
科属：杨柳科 柳属	申请人：北华大学林学院

良种来源 吉柳2号系北华大学2003年由加拿大引进的柳树品种C1，并在吉林省蛟河林业实验管理局、北华大学林学院二道试验基地，经8年引种驯化试验选育出来的。

良种特性 灌木或小乔木，独干，树冠开阔。小枝冬态嫩绿色，适宜观赏。小枝嫩绿色，叶革质，暗绿色，具有蜡质光泽，长披针状具有齿状边缘，而且具有明显的主干，可作为园林绿化行道树。经过几年的引种栽培驯化试验，该品种在吉林省大部分地区已经可以安全越冬，不会发生严重的冻害，也未有病虫害发生。该品种抗逆性较强，在弱碱性（pH8.0）到弱酸性（pH5.5）土壤上皆可栽培。

繁殖和栽培 适宜扦插繁殖，成活率高，管理简单。扦插时间以4月下旬~5月上旬为宜，扦插后为提高苗木成活率应大水灌溉苗圃一次，成活后无需人工灌溉。4月下旬苗木展叶前进行扦插，第3年即可出圃。

适宜范围 适宜吉林省中东部范围内推广。

白林85-68柳

树种：柳树
类别：无性系
科属：杨柳科 柳属

学名：*Salix babylonica × S. glandulosa* cv. 'Bailin 85-68'
编号：吉-JSLZ-2002-26
申请人：白城市林业科学研究院

良种来源 白林85-68柳是白城市林业科学研究院于1985年用东北地区的垂柳（*Salix babylonica*）为母本，河柳 (*S. glandulosa*) 为父本经过人工控制杂交而选育出的优良柳树新品种。

良种特性 该品种为雄性。小枝紫红色，光滑，有亮泽，微下垂。苗期分枝少，冬芽小，叶间距8~10cm，叶背有银色光泽。在白城市可安全越冬，能耐–40℃的低温。耐盐碱性强，在pH值9以下、含盐量0.3%以下的轻度盐碱低湿地上造林，树木可正常生长和发育。苗期

高生长量为109柳的126%，无严重病虫害，喜湿润土壤。该品种具有抗寒、速生、耐盐碱、树形优美、雄性无花絮等优良性状，已在生产中大量推广。

繁殖和栽培 具有良好的生根性，可用硬枝、嫩枝扦插繁殖，是适宜密植的品种，每公顷育苗量10~15万株。造林株行距3m×4m，大苗和根苗造林效果最好。造林时间春、秋两季均可。可用苗根常规造林，在土壤水份较好的造林地也可直接扦插造林。

适宜范围 可在吉林省中西部以及周边地区推广。

白林85-70柳

树种：柳树	学名：*Salix babylonica × S.glandulosa* cv. 'Bailin 85-70'
类别：无性系	编号：吉-JSLZ-2002-26
科属：杨柳科 柳属	申请人：白城市林业科学研究院

良种来源 白林85-70柳是白城市林业科学研究院于1985年以垂柳（*S. babylonica*）为母本，河柳（*S. glandulosa*）为父本经过人工控制杂交而选育出的优良柳树新品种。

良种特性 雄株，小枝皮黄绿色，光滑，有亮泽。苗期分枝较多，冬芽心形，较大，叶片较长，平均8cm，叶间距较小，6~7cm。萌动期较白林85-68稍晚。在-40℃的低温条件下，可安全越冬。耐盐碱性强，在pH值9以下，含盐量0.4%以下的中轻度盐碱低湿地上造林，树木生长良好。苗期生长稍慢，造林3年后，生长速度加快。苗期高生长量与109柳相近，4~5年后超过109柳。无严重病虫害，极耐水湿，喜低湿土壤，干旱瘠薄土地生长不良。该品种具有抗寒、速生、耐盐碱、树形优美、雄性无花絮等优良性状，已在生产中大量推广。

繁殖和栽培 具有良好的生根性，可用硬枝、嫩枝扦插繁殖。每公顷育苗量10~15万株。由于萌芽能力强，故须经常抹芽。造林株行距3m×4m，大苗和根苗造林效果最好。造林时间春、秋两季均可。可用苗根常规造林，在土壤水份较好的造林地也可直接扦插造林。

适宜范围 可在吉林省中西部以及周边地区推广。

陵川王莽岭中国黄花柳种源

树种：中国黄花柳
类别：优良种源
科属：杨柳科 柳属

学名：*Salix sinica (Hao)* C. Wang et C.F. Fang
编号：晋S-SP-SS-012-2014
申请人：山西省林业科学研究院

良种来源 山西省陵川县王莽岭景区海拔1700m处，自然分布的中国黄花柳种源。

良种特性 陵川王莽岭中国黄花柳种源属于早花型品种，花期长，花色亮丽，具有良好的园林观赏价值。该品种在扦插后第2年即可开花，先花后叶，花呈柱状，颜色为黄色或绿色，长1.5cm~2.5cm，粗0.8cm~1.2cm，两年生树10cm左右的分枝上花量可达6~8朵，扦插后第2年即可开花，花芽萌动期在1~2月，开花始期2月底~3月初，持续20~30d。可用于园林绿化和造景。

繁殖和栽培 采用硬枝扦插。冬末春初，直径0.5cm以上，长10cm~15cm，保留2~3个健康饱满芽，在扦插前浸泡清水使插穗充分吸收水分或蘸ABT生根粉，上切口平口距上部芽1cm。下切口斜口、双斜面。下切口最好在芽或节的下端靠近节。春季土壤解冻后至发芽前栽植，选择背风向阳、土壤肥沃、灌排水条件好的丘陵山地或平地，初始栽植密度为2m×2m。

适宜范围 适宜在山西省太原盆地及东南部地区的平川、土石山区的中低山区种植。

陵川王莽岭中国黄花柳种源

鄂尔多斯沙柳优良种源穗条

树种：北沙柳　　　　　　　　　**学名：** *Salix psammophila* C.Wang et Ch.Y.Yang
类别：优良种源　　　　　　　　**编号：**内蒙古S-SP-SP-023-2011
科属：杨柳科 柳属　　　　　　　**申请人：**鄂尔多斯市林业种苗站

良种来源　种源来源于伊金霍洛旗札萨克镇、红庆河镇、苏布尔嘎镇、乌兰木伦镇、纳林陶亥镇的优良林分。
良种特性　生长快，萌蘖力强，根系发达，固沙保土力强。耐寒，耐旱，耐瘠薄，抗盐碱。主要用于防风固沙，也可作能源林。
繁殖和栽培　机械或人工穴状整地。在优质母树上选取2~3年生枝条，截成小头直径0.8cm以上、长60cm的插条，随截随插，春秋两季均可造林，注意插条平滑不裂伤，要深插、少露、实埋。
适宜范围　内蒙古毛乌素沙地、库布其沙漠及其他类似沙地均可栽培。

正蓝旗黄柳采条基地穗条

树种：黄柳
类别：采种基地
科属：杨柳科 柳属

学名：*Salix gordejevii* Y. L. Chang et Skv.
编号：内蒙古S-SB-SG-008-2013
申请人：锡林郭勒盟林木种苗工作站

良种来源 穗条来源于锡盟正蓝旗黄柳采条基地。

良种特性 落叶灌木，高1~3m。老枝黄白色，有光泽；嫩枝黄褐色，细，无毛。水平根系发达，萌芽力强，适生于疏松的沙质土壤。喜光、耐寒、耐旱、耐贫瘠、耐沙埋、耐风蚀及轻度盐碱。主要用于营造防风固沙林，也可作为饲料或手工艺编制。

繁殖和栽培 春季扦插造林。采用穴状整地，穴的规格为40cm×40cm×50cm，块状造林，株行距2m×2m。

在优质母树上采割1~2年生的健壮枝条，截成小头直径0.6cm以上、长60cm的插穗，插条切口平滑不伤裂。随采条、随切穗、随扦插。要做到深插、少露、实埋。每穴栽植4株，分别直插穴四角栽植。后期加强抚育管理。

适宜范围 内蒙古境内地下水位较高的流动沙地上均可栽培。

金丝垂柳 J841

树种：柳树	学名：*Salix × aureo-pendula* CL. 'J841'
类别：优良无性系	编号：京S-SC-SA-005-2006
科属：杨柳科 柳属	申请人：复兴林木良种繁育中心

良种来源 从江苏省林科院引进。

良种特性 雄株，休眠期枝干黄绿色，枝条下垂，小枝显浅红色。树冠卵圆形，叶阔披针形，长13.5cm，宽1.6cm。雄株柔荑花絮长3~4cm，一年生扦插苗高3m，胸径2.5cm。

繁殖和栽培 采用扦插技术繁殖。种条选取生长充实、健壮，无病虫害的一年生枝条，11月底截取，种条长16~18cm，粗度1cm以上。每两年春季土壤解冻后扦插，北京地区3月中旬，扦插时地面露一芽，插后及时浇足水。

适宜范围 北京地区。

金丝垂柳 J842

树种：柳树
类别：优良无性系
科属：杨柳科 柳属

学名：*Salix × aureo-pendula* CL. 'J842'
编号：京S-SC-SA-006-2006
申请人：复兴林木良种繁育中心

良种来源　从江苏省林科院引进。

良种特性　雄株，休眠期枝干黄绿色，枝条较J841下垂。树冠卵圆形。叶阔披针形，长13.6cm，宽1.5cm。雄株柔黄花絮长3.5cm，生长速度略小于J841，但一年生扦插苗高仍在2.5m以上，胸径2.3cm。

繁殖和栽培　采用扦插技术繁殖。种条选取生长充实、健壮，无病虫害的一年生枝条，11月底截取，种条长16~18cm，粗度1cm以上。每两年春季土壤解冻后扦插，北京地区3月中旬，扦插时地面露一芽，插后及时浇足水。

适宜范围　北京地区。

金丝垂柳 J1010

树种：柳树

类别：优良无性系

科属：杨柳科 柳属

学名：*Salix × aureo-pendula* CL. 'J1010'

编号：京S-SC-SA-007-2006

申请人：复兴林木良种繁育中心

良种来源 从江苏省林科院引进。

良种特性 雄株，休眠期枝色黄色或红色，极具观赏价值，枝条修长下垂。叶阔披针形，长10.3cm，宽1.4cm。一年生扦插苗平均高3.3m，胸径2.5cm。

繁殖和栽培 采用扦插技术繁殖。种条选取生长充实、健壮，无病虫害的一年生枝条，11月底截取，种条长16~18cm，粗度1cm以上。每两年春季土壤解冻后扦插，北京地区3月中旬，扦插时地面露一芽，插后及时浇足水。

适宜范围 北京地区。

金丝垂柳 J1011

树种：柳树　　　　　　　　　　学名：*Salix × aureo-pendula* CL. 'J1011'
类别：优良无性系　　　　　　　编号：京S-SC-SA-008-2006
科属：杨柳科 柳属　　　　　　　申请人：复兴林木良种繁育中心

良种来源　从江苏省林科院引进。

良种特性　雄株，休眠期枝色金黄鲜亮，极具观赏价值。枝条修长下垂，叶阔披针形，长12.9cm，宽1.6cm。一年生扦插苗平均高3.3m，胸径2.5cm。

繁殖和栽培　采用扦插技术繁殖。种条选取生长充实、健壮，无病虫害的一年生枝条，11月底截取，种条长16~18cm，粗度1cm以上。每两年春季土壤解冻后扦插，北京地区3月中旬，扦插时地面露一芽，插后及时浇足水。

适宜范围　北京地区。

银白杨母树林

树种：杨树	学名：*Populus alba* 'Mushulin'
类别：母树林	编号：新S-SS-PA-020-2004
科属：杨柳科 杨属	申请人：新疆玛纳斯县平原林场

良种来源 玛纳斯县平原林场于1960年前后从阿勒泰地区引种繁育，经过几年人工播种繁育，于1967年营造120亩银白杨丰产林。经过近20年的抚育，该林分生长势良好，于1980年初将该林分改选为银白杨母树林，作为银白杨采种林，现已向全疆育苗单位提供了大量良种种子。

良种特性 根系发达，生长迅速，适应性广，抗寒性强，可抗−40℃极端低温，喜光，耐干旱，可耐40℃高温。土壤含盐量0.5%能正常生长。银白杨材质坚硬，是良好的建筑、家具、工业用材，适生于土层深厚肥沃潮湿的沙壤土。

繁殖和栽培 播种育苗。银白杨种子朔果转黄白色及时采摘，立即播种。播种多采用垅沟沿水线播种方式进行，俗称落水播种。播种后要保持苗木温润不干，以便种子发芽。播种后应及时防范有害生物。幼苗及旱喷1000的粉锈，防止锈病发生。

适宜范围 在新疆杨树适生区栽植。

'银 × 新4'

树种：杨树

类别：优良无性系

科属：杨柳科 杨属

学名：*Populus* ×'Yinxin4'

编号：新S-SC-PY-029-2010

申请人：新疆伊犁州林木良种繁育试验中心

良种来源 1991年，新疆伊犁州林木良种繁育试验中心从新疆玛纳斯县引种，当年繁育，1993年与同期引种的200余个品种定植试验林300亩。1999年因生长表现突出被选定进行区试。在整个选育过程中从苗期开始就对各形质指标和抗性指标进行观测，通过品种对比试验，该品种在4个县市表现出较强的生长适应性和遗传稳定性。

良种特性 为银白杨和新疆杨的杂交品种。雄株，不飞絮，干形通直，树皮青灰色，光滑，分枝角度60°，侧枝较粗。高生长超过对照新疆杨16.1%，径生长超过对照19.1%，材积超过对照86.4%。生长迅速，侧枝5~10cm，尖削度小，树冠中等，抗性强，引种至今未观测到冻害发生。无性繁殖及造林成活率高，苗期生长量大，侧芽少，易于管理。抗病虫，能耐−39℃低温。

繁殖和栽培 无性繁殖（扦插、埋条、埋根、组培等），扦插株行距15cm×80cm，扦插量5500~6000株/亩，插后及时灌水，年灌水6~9次，灭芽4次，中耕松土5次，6~7月追肥一次，8月中旬停止灌水以促进苗木木质化，亩出圃Ⅱ级以上合格苗4000株以上。

适宜范围 在新疆伊犁州直县市（昭苏县除外）种植。

'银 × 新10'

树种：杨树	学名：*Populus* × 'Yinxin10'
类别：优良无性系	编号：新S-SC-PY-030-2010
科属：杨柳科 杨属	申请人：新疆伊犁州林木良种繁育试验中心

良种来源 1991年新疆伊犁州林木良种繁育试验中心从玛纳斯县引种，当年繁育，1993年与同期引种的200余个品种定植试验林300亩。1999年因生长表现突出被选定进行区试。在整个选育过程中从苗期开始就对各形质指标和抗性指标进行观测，通过在4个县市进行品种对比试验，该品种表现出较强的生长适应性和遗传稳定性。

良种特性 为银白杨和新疆杨的杂交品种。雄株，不飞絮，干形直，树皮青灰色，光滑，分枝角度30°，侧枝较细。高生长超过对照新疆杨10%，径生长超过对照26.5%，材积超过对照71.2%。生长迅速，尖削度小，树冠中等，抗性强，引种至今未观测到冻害发生。无性繁殖及造林成活率高，苗期生长量大，侧芽少，易于管理。抗病虫，能耐 −39℃低温。

繁殖和栽培 无性繁殖（扦插、埋条、埋根、组培等），扦插株行距15cm×80cm，扦插量5500~6000株/亩，插后及时灌水，年灌水6~9次，灭芽4次，中耕松土5次，6~7月追肥一次，8月中旬停止灌水以促进苗木木质化，亩出圃Ⅱ级以上合格苗4000株以上。

适宜范围 在新疆伊犁州直县市（昭苏县除外）种植。

'银 × 新12'

树种：杨树
类别：优良无性系
科属：杨柳科 杨属

学名：*Populus* × 'Yinxin12'
编号：新S-SC-PY-031-2010
申请人：新疆伊犁州林木良种繁育试验中心

良种来源 1991年新疆伊犁州林木良种繁育试验中心从玛纳斯县引种，当年繁育，1993年与同期引种的200余个品种定植试验林300亩。1999年因生长表现突出被选定进行区试。在整个选育过程中从苗期开始就对各形质指标和抗性指标进行观测，通过在4个县市进行品种对比试验，该品种表现出较强的生长适应性和遗传稳定性。

良种特性 银白杨和新疆杨的杂交品种。雄株，不飞絮，干形直，树皮灰白色，光滑，分枝角度60°，侧枝较粗。高生长超过对照新疆杨10.2%，径生长超过对照46.9%，材积超过对照124%。生长迅速侧枝粗，5~10cm，尖削度小，树冠中等，抗性强，引种至今未观测到冻害发生。无性繁殖及造林成活率高，苗期生长量大，侧芽少，易于管理。抗病虫，能耐−39℃低温。

繁殖和栽培 无性繁殖（扦插、埋条、埋根、组培等），扦插株行距15cm×80cm，扦插量5500~6000株/亩，插后及时灌水，年灌水6~9次，灭芽4次，中耕松土5次，6~7月追肥一次，8月中旬停止灌水以促进苗木木质化，出圃Ⅱ级以上合格苗4000株/亩以上。

适宜范围 在新疆伊犁州直县市（昭苏县除外）种植。

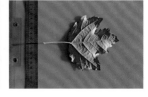

'准噶尔1号'杨（银白杨 × 新疆杨）

树种：杨树　　　　　　　　　学名：*Populus* × 'Yinxin1'
类别：优良无性系　　　　　　编号：新S-SC-PY-015-2004
科属：杨柳科 杨属　　　　　　申请人：新疆林业科学研究院

良种来源　1979年春季在玛纳斯县平原林场采集新疆杨花粉，自然条件下对银白杨人工授粉，当年采种育苗，共培育播种苗6000余株。1980年秋选出超级苗（苗高大于平均苗高30%）670株，1981年营造了超级苗丰产林，1983年秋在林地中选出9株优良单株，1984年秋复选，淘汰一株，共复选出8个'银×新'杂交优良单株。1985~1989年采集8株优良单株枝条进行扩繁，形成8个无性系。1990~2004年在新疆不同生态区（8个试验点）进行区试。

良种特性　具有很强的杂种优势，生长快，干形通直饱满。冠幅中等而紧凑。抗寒性强，伤口愈合能力强，能抗 -42℃低温，抗病虫能力强，抗大气干旱。无性繁殖易成活，有比较强的适生性。材质好。年高生长可达2~2.5m，胸径生长可达2~3cm。

繁殖和栽培　一般采用扦插繁殖，地温要求大于13℃，种条沙埋处理，扦插后保持土壤湿润。每亩育苗6000株左右。

适宜范围　在新疆区域内特别是北疆适宜栽植。

'准噶尔2号'杨（银白杨 × 新疆杨）

树种：杨树
类别：优良无性系
科属：杨柳科 杨属

学名：*Populus* × 'Yinxin2'
编号：新S-SC-PY-016-2004
申请人：新疆林业科学研究院

良种来源 1979年春季在玛纳斯县平原林场采集新疆杨花粉，自然条件下对银白杨采用人工授粉，当年采种育苗，共培育播种苗6000余株。1980年秋选出超级苗（苗高大于平均苗高30%）670株，1981年营造了超级苗丰产林，1983年秋在林地中选出9株优良单株，1984年秋复选，淘汰一株，共复选出8个'银 × 新'杂交优良单株。1985~1989年采集8株优良单株枝条进行扩繁，形成8个无性系。1990~2004年在新疆不同生态区（8个试验点）进行区试。

良种特性 具有很强的杂种优势，生长快，干形通直饱满。冠幅中等而紧凑。抗寒性强，伤口愈合能力强，能抗 –42℃低温，抗病虫能力强，抗大气干旱。无性繁殖易成活，有较强的适生性。材质好。年高生长可达2~2.5m，胸径生长可达2~3cm。

繁殖和栽培 一般采用扦插繁殖，地温要求大于13℃，种条沙埋处理，扦插后保持土壤湿润。每亩育苗6000株左右。

适宜范围 在新疆区域内特别是北疆适宜栽植。

银中杨

树种：杨树	学名：*Populus alba × P. berolinensis*
类别：优良无性系	编号：黑S-SC-PAB-001-2010
科属：杨柳科 杨属	申请人：黑龙江省森林与环境科学研究院

良种来源 银中杨为银白杨与中东杨种间杂种。以采自辽宁省熊岳县的银白杨为母本，以采自当地的中东杨为父本，经人工水培控制杂交选育而成。

良种特性 乔木，雄性无性系。树干通直圆满，树冠广圆锥形，侧枝与主干夹角40°~50°。树皮灰绿色，披白粉，皮孔菱形，明显凸起，萌条圆形无棱，深绿色，披白色绒毛。萌枝叶卵形，掌状，常常是宽大于长，长9~12cm，宽10~15cm，基部圆形或近心形，叶缘有卷曲锯齿，先端尖，叶表绿色，叶背密生绒毛。短枝叶近圆形，长宽相近，4~9cm，基部圆形，叶缘有波状齿，突尖，叶表绿色，叶背初期具白色绒毛，后期只叶脉两侧具毛。叶柄具毛，柄长为叶长1.5倍。花芽卵形，披毛，雄花序长5cm左右，雄蕊5~7个。

银中杨在齐齐哈尔市于四月下旬芽膨大，五月上旬吐叶，五月中下旬展叶。花期在四月末、五用初。九月上旬封顶，九月底叶开始变色，十月中旬开始落叶。

银中杨具有速生性，22年生平均树高26m，平均胸径28cm；材质好，基本密度0.44g/cm³，纤维长宽比47.3左右，综纤维素82.4%；对病虫害有较强的抗性；具有抗寒、耐旱、耐瘠薄、耐盐碱等优良特性。

银中杨主要用于营造用材林、防护林、水土保持林等，适宜城乡、"四旁"绿化。主要缺陷：苗期易受透翅蛾危害。

繁殖和栽培 扦插育苗技术：扦插育苗适于垄作。选择地势平坦、易于灌排水、充分熟化的沙壤或轻壤土地块作圃地，于秋季机械深翻、耙细整平后起垄；翌年3月份将种条剪成15cm长插穗，用湿润的河沙埋藏，苗木窖内温度保持在4℃以下，于5月初当地温达10~15℃进行扦插，扦插密度为株距10cm。插前灌透底水，插完后再及时灌水一次，以后大约5d左右灌水一次，保持土壤湿润；苗木生根后，苗高10cm以上，开始除草、中耕等作业，后期要及时抹芽和病虫害防治。

银中杨造林技术：应选择土壤水肥条件较好、充分熟化的农耕地或土壤条件较好的宜林荒地。营造银中杨根据不同地区特点，宜采用母根、2根2干、3根2干壮苗。造林密度500~1250株·hm⁻²，配置采用2m×4m~5m×4m株行距。造林3年后开始修枝，修掉1.5m以下全部侧枝，适当疏掉1.5~2m的竞争力枝，5年进行第二次修枝，修枝高度3m，冠高比2：3左右，修枝时间以早春为好。

适宜范围 可在黑龙江、吉林、辽宁、内蒙古中东部、河北省等地栽培。

金白杨1号

树种：杨树
类别：无性系
科属：杨柳科 杨属

学名：*P. ×alba* L. 'Jinbaiyang 1'
编号：晋S-SV-PA-001-2013
申请人：山西省桑干河杨树丰产林实验局

良种来源 系母本'银白杨'，父本'新疆杨'杂交品种。

良种特性 落叶乔木，雄性，树干通直圆满，窄冠，分枝角度30°~45°，树皮青绿色，皮孔菱形，叶3~5裂，叶尖渐尖，叶背白色绒毛。强抗锈病，抗光肩星天牛和白杨透翅蛾。物候期为4月中旬萌芽、放叶，8月底~9月初封顶，10月底进入落叶期。杨树伐桩嫁接6年生树高10.35m，胸径10.26cm，单株材积0.0406m³。

繁殖和栽培 以群众杨、小叶杨为砧木，采用嫁接繁殖苗木。造林株行距选择3m×4m或4m×4m，可通过植苗造林或伐桩嫁接更新改造技术栽培。

适宜范围 适宜在山西省新疆杨引种分布区种植。

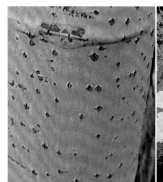

叶片

金白杨2号

树种：杨树	学名：*P. ×alba* L. 'Jinbaiyang 2'
类别：优良品种	编号：晋S-SV-PA-002-2013
科属：杨柳科 杨属	申请人：山西省桑干河杨树丰产林实验局

良种来源 系母本'银白杨'，父本'新疆杨'杂交品种。

良种特性 落叶乔木，雄性，树干通直圆满，窄冠，分枝角度30°~45°，树皮灰绿色，皮孔圆形，叶3~5裂，叶尖渐尖，叶背白色绒毛。强抗锈病，抗光肩星天牛和白杨透翅蛾。物候期为4月中旬萌芽、放叶，8月底~9月初封顶，10月底进入落叶期。杨树伐桩嫁接6年生树高10.97m，胸径9.80cm，单株材积0.0364m³。

繁殖和栽培 以群众杨、小叶杨为砧木，采用嫁接繁殖苗木。造林株行距选择3m×4m或4m×4m，可通过植苗造林或伐桩嫁接更新改造技术栽培。

适宜范围 适宜在山西省新疆杨引种分布区种植。

叶片

金白杨3号

树种：杨树	学名：*P. ×alba* L. 'Jinbaiyang 3'
类别：优良品种	编号：晋S-SV-PA-003-2013
科属：杨柳科 杨属	申请人：山西省桑干河杨树丰产林实验局

良种来源 系母本银白杨，父本新疆杨杂交品种。

良种特性 落叶乔木，雄性，树干通直圆满，窄冠，分枝角度30°～45°，树皮灰绿色，皮孔圆形，叶3～5裂，叶尖渐尖，叶背白色绒毛。强抗锈病，抗光肩星天牛和白杨透翅蛾。物候期为4月中旬萌芽、放叶，8月底～9月初封顶，10月底进入落叶期。杨树伐桩嫁接6年生树高10.38m，胸径9.96cm，单株材积0.0362m³。

繁殖和栽培 以群众杨、小叶杨为砧木，采用嫁接繁殖苗木。造林株行距选择3m×4m或4m×4m，可通过植苗造林或伐桩嫁接更新改造技术栽培。

适宜范围 适宜在山西省新疆杨引种分布区种植。

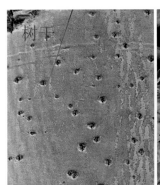

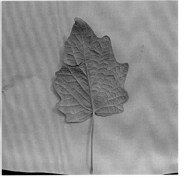

金白杨5号

树种：杨树

类别：优良品种

科属：杨柳科 杨属

学名：*P. × alba* L. 'Jinbaiyang 5'

编号：晋S-SV-PA-005-2013

申请人：山西省桑干河杨树丰产林实验局

良种来源 系母本'银白杨'，父本'新疆杨'杂交品种。

良种特性 落叶乔木，雄性，树干通直圆满，窄冠，分枝角度30°~45°，树皮青绿色，皮孔菱形，叶3~5裂，叶尖渐尖，叶背白色绒毛。强抗锈病，'抗光肩星天牛'和'白杨透翅蛾'。物候期为4月中旬萌芽、放叶，8月底~9月初封顶，10月底进入落叶期。杨树伐桩嫁接

6年生树高达到8.73m，胸径达到9.32cm，单株材积0.0276m³。

繁殖和栽培 以群众杨、小叶杨为砧木，采用嫁接繁殖苗木。造林株行距选择3m×4m或4m×4m，可通过植苗造林或伐桩嫁接更新改造技术栽培。

适宜范围 适宜在山西省新疆杨引种分布区种植。

单株

树干

一年生

叶片

秦白杨1号

树种：杨树	学名：*P.alba × (P.alba × P.glandulosa)* cl. 'Qinbaiyang1.'
类别：优良无性系	编号：陕S-SC-PQ-002-2013
科属：杨柳科 杨属	申请人：西北农林科技大学

良种来源 母本'I-101杨'与父本'84K杨'，有性杂交选育。

良种特性 落叶乔木。树势强健。树冠窄卵形。顶端优势强，分枝角度小。侧枝较细。树皮光滑、青灰色，成年树皮孔菱形、较小，散生或2~4个连生，密度大。腋芽三角形，紧贴或离生枝条。叶片小，长枝叶与苗木的初出叶为绿色，三角形或卵形，尖端渐尖，叶基近截形或亚心形，无腺点，叶面深绿色，背被绒毛，叶缘具钝锯齿，齿端有腺点。短枝叶卵形。3月初开花，4月初展叶，10月上旬封顶，11月下旬落叶。周至县10年生平均树高、胸径、材积生长量分别为17.72 m、20.25 cm、0.242 m³；宝塔区9年生均树高、胸径、材积生长量分别为12.80 m、19.70 cm和0.175 m³；汉中市3年生平均树高、胸径生长量分别为5.80 m、4.25 cm。造林绿化树种。

繁殖和栽培 扦插繁殖。1年生插根苗、根蘖苗、插条苗均可作种条。插根育苗用粗度0.6 cm以上的侧根，剪成12~14 cm长。扦插时间为土壤解冻后。直插土壤，插根上端与地面平，土壤要湿润。根蘖育苗用起苗后留在圃地的侧根萌蘖培育，整平圃地并灌水，春季根蘖苗萌出后及时疏苗，保留合理密度。插条育苗只能用苗干中下部，插穗长度20 cm，下切口要光滑，扦插前浸水5~7 d，扦插上端外露3 cm左右，插后立即浇水。扦插密度6万株/hm²左右。苗木在挖掘、运输、栽植过程中尽可能避免失水。造林栽植前剪去损伤的根，1年生苗需回剪40~60 cm，剪口下留饱满芽。栽植深度40~60 cm，密度为株行距4 m×5 m。踩实，立即浇水。

适宜范围 适宜年平均气温9.3~14.4℃，年降水量580~900 mm，无霜期208~240 d，土壤为黄土、轻壤土、红土的渭北、关中及陕南推广栽植。

秦白杨2号

树种：杨树	学名：*P.alba × (P.alba × P.glandulosa)* cl. 'Qinbaiyang2.'
类别：优良无性系	编号：陕S-SC-PQ-003-2013
科属：杨柳科 杨属	申请人：西北农林科技大学

良种来源 母本'I-101'杨与父本'84K杨'，有性杂交选育。

良种特性 落叶乔木。树势强健。树冠阔卵形。顶端优势较强，分枝角度较大。侧枝粗壮。树皮光滑、灰青色，成年树皮孔菱形、较大。叶片中等，长枝叶与苗木的初出叶为绿色，三角形或阔卵形，腺点数2个，叶面深绿色，背被绒毛，叶缘具细锯齿，叶缘具锯齿，背绿色，被绒毛。3月初开花，4月初展叶，10月上旬封顶，11月下旬落叶。抗旱、抗寒能力较强。周至县10年生平均树高、胸径、材积生长量分别为15.95m、20.82cm、0.234m³；宝塔区9年生平均树高、胸径、材积生长量分别为13.17m、19.70cm和0.179m³；合阳县3年生平均树高、胸径分别为4.21m、3.91cm。汉中市3年生平均树高、胸径分别为6.07m、4.63cm。造林绿化树种。

繁殖和栽培 扦插繁殖。1年生插根苗、根蘖苗、插条苗均可作种条。插根育苗用粗度0.6cm以上的侧根，剪成12~14cm长。扦插时间为土壤解冻后。直插土壤，插根上端与地面平，土壤要湿润。根蘖育苗用起苗后留在圃地的侧根萌蘖培育，整平圃地并灌水，春季根蘖苗萌出后及时疏苗，保留合理密度。插条育苗只能用苗干中下部，插穗长度20cm，下切口要光滑，扦插前浸水5~7d，扦插上端外露3cm左右，插后立即浇水。扦插密度6万株/hm²左右。苗木在挖掘、运输、栽植过程中尽可能避免失水。造林栽植前剪去损伤的根，1年生苗需回剪40~60cm，剪口下留饱满芽。栽植深度40~60cm，密度为株行距4m×5m。踩实，立即浇水。

适宜范围 适宜年平均气温9.3~14.4℃，年降水量580~900mm，无霜期208~240d，土壤为黄土、轻壤土、红土的渭北、关中及陕南推广栽植。

秦白杨3号

树种：杨树
类别：优良无性系
科属：杨柳科 杨属

学名：*P.alba × (P.alba × P.glandulosa)* cl. 'Qinbaiyang3.'
编号：陕S-SC-PQ-004-2014
申请人：西北农林科技大学

良种来源 母本'I-101杨'与父本'84K杨'，有性杂交选育。

良种特性 落叶乔木。树势中庸偏强。树冠圆锥形，冠幅中等。顶端优势较强，分枝角度大。侧枝较粗、稀疏。树皮灰青色、较光滑，成年树皮孔菱形、较大，散生或2~4个连生。长枝叶近三角形，叶面深绿色，背被绒毛；短枝叶卵形，叶缘具波状锯齿，背被灰绒毛。3月上旬开花，4月上旬展叶，10月上旬封顶，11月中旬落叶。周至县10年生平均树高、胸径、材积生长量分别为17.69m、20.57cm、0.250m³；宝塔区9年生平均树高、胸径、材积生长量分别为14.30m、21.90cm和0.237m³。造林绿化树种。

繁殖和栽培 扦插繁殖。1年生插根苗、根蘖苗、插条苗均可作种条。插根育苗用粗度0.6cm以上的侧根，剪成12~14cm长。扦插时间为土壤解冻后。直插土壤，插根上端与地面平，土壤要湿润。根蘖育苗用起苗后留在圃地的侧根萌蘖培育，整平圃地并灌水，春季根蘖苗萌出后及时疏苗，保留合理密度。插条育苗只能用苗干中下部，插穗长度20cm，下切口要光滑，扦插前浸水5~7d，扦插上端外露3cm左右，插后立即浇水。扦插密度6万株/hm²左右。苗木在挖掘、运输、栽植过程中尽可能避免失水。造林栽植前剪去损伤的根，1年生苗需回剪40~60cm，剪口下留饱满芽。栽植深度40~60cm，密度为株行距4m×5m。踩实，立即浇水。

适宜范围 适宜年平均气温9.3~14.4℃，年降水量580~900mm，无霜期208~240d，土壤为黄土、轻壤土、红土的渭北、关中及陕南推广栽植。

秦白杨3号

新疆杨

树种：杨树
类别：驯化品种
科属：杨柳科 杨属

学名：*Populus alba* var. *pyramidalis* Bge.
编号：宁S-ETS-PA-004-2007
申请人：宁夏新华桥种苗场、宁夏林业技术推广总站

良种来源 上世纪70年代，从新疆乌鲁木齐市引进种条。

良种特性 落叶高大乔木，树皮灰绿色，光滑，老时灰褐色，基部浅裂。小枝灰绿色，密被绒毛。芽圆锥形，被绒毛。短枝上的叶椭圆形，长3.5~4.5cm，宽3~4cm，先端尖，基部近截形或微心形，边缘具粗钝齿，上面绿色，无毛，下面灰绿色，幼时密被灰白色绒毛，后脱落。长枝上的叶较大，长8~15cm，3~5浅裂，叶柄长2.5~4.0cm。造林绿化树种，亦可用于园林观赏，喜光，抗寒，抗旱，抗风力强。

繁殖和栽培 采用硬枝扦插育苗。3月上中旬，芽萌动前采条。剪制接穗长15~18cm，直径0.8~1.5cm，顶部留2个饱满芽。将打捆好的插穗置于浸泡池中，压实注水，使插穗完全浸泡在水中，每天换水1次，浸泡5~7d即可扦插。育苗宜选择土层厚、排灌便利、地下水位在1.5m以下的圃地。按株距50cm，行距60cm进行扦插，2000~2200株/亩，要保证插穗露出地面3cm，有2个芽眼露出地面。5月下旬，在苗木高生长到15cm时进行抹芽，只留1个芽。高生长至30cm时，进行2次抹芽定苗。选择地下水位在1.5m以下的宜林地造林，初植密度2×3m。春秋两季均可造林，造林时要对苗木进行截干。

适宜范围 宁夏黄土丘陵区、引黄灌溉区、沙区有补水条件的地方均可栽植。

新疆杨

树种：杨树

类别：引种驯化品种

科属：杨柳科 杨属

学名：*Populus alba* L. var. *pyramidalis* Bunge

编号：内蒙古S-ETS-PA-015-2011

申请人：巴彦淖尔市林业种苗站

良种来源　新疆杨是银白杨的变种，1995年进行新疆杨选育试验，1999年进行造林试验。

良种特性　乔木，高达30米，枝直立向上。干皮光滑，少开裂。生长快，树形美观。喜温，喜光，抗盐碱，耐干旱，耐寒。主要用于园林绿化，也可作用材林。

繁殖和栽培　春季扦插育苗，穗条长度18~20cm，清水浸泡2~4d，生根粉处理后扦插，株行距30cm×50cm，扦插后灌透水一次。用三根两杆根系发达合格苗造林，定杆高度2~2.5m。栽植时保持根展，做到"三埋两踩一提苗"，浇水，覆土。

适宜范围　内蒙古河套及类似地区均可栽培。

新疆杨

树种：杨树
类别：优良无性系
科属：杨柳科 杨属

学名：*Populus alba* var. *pyramidalis*
编号：新S-SC-PA-013-2004
申请人：新疆林木种苗管理总站、新疆林业科学研究院

良种来源 从20世纪70年代引入新疆的400个杨树品种（系）和当地品种的小区试验中，筛选出包括新疆杨在内的18个品种，1982~1993年在新疆不同生态区（12个试验点）进行区试，对生长、抗性、生物学特性、无性繁殖等进行了系统研究，确定了新疆杨的适宜种植区域。

良种特性 材质优良，尖削度小，树干较圆满通直。抗病抗虫（除腐烂病），抗旱抗风沙，生长较快、持续时间长，树木寿命长（80年以上），耐盐碱，树冠窄小，分枝角度小，可高密度栽培。年高生长可达2~3m，胸径生长可达2.5~3.5cm，亩栽植120~300株，亩年产材可达1~2.5m³。

繁殖和栽培 地温要求大于13℃，种条沙藏处理，插前清水浸泡1~2d。

适宜范围 新疆天山以南（南疆）和以东（吐鄯托盆地）地区均可栽植。

大叶山杨

树种：杨树　　　　　　　　学名：*Populus davidiana*
类别：无性系　　　　　　　编号：吉-jslz-2002-20
科属：杨柳科 杨属　　　　　申请人：吉林市林业科学研究院

良种来源　1974年，科研人员在磐石市江南林场天然山杨林中，通过生态、形态学研究，比较同功酶差异和染色体组型测定，从群体中发现一个地理变种，即类型。经研究证实，该类型与原山杨群体间存在遗传学和形态上的差异，并具有遗传稳定性。

良种特性　大叶山杨树干通直高大，树高可达30 m，胸径可达50 cm，树冠窄小，侧枝舒展，体态婀娜多姿，有美人杨之称。树皮青绿色，有较大菱形皮孔；叶型大，叶边缘大波状齿较深，心型叶，叶基部基本平截。花果的长度和大小等形态与原种山杨有明显区别。种子红褐色或深米黄色，略比山杨种子大。耐寒、抗旱、耐瘠薄，速生，树形优美，材质好。大叶山杨木材轻软洁白，不心腐，心材、边材颜色一致，纹理通直，具有细绢光泽，其木材价值可与紫椴媲美。大叶山杨体积干缩系数低于山杨，抗弯弹性模量高于东北林区的柞、水、色木等硬阔叶树种，是优良的胶合板材。

繁殖和栽培　大叶山杨是夏季播种，生长期短，应尽量早播。也可采用组培方式，用水培嫩芽为材料，WPM培养基，6-BA、NAA、2AA和2BA为调配微素进行培养。造林时同常规杨树造林技术。

适宜范围　是山地营造水土保持林、水源涵养林及用材林的优良阔叶树种。干形通直，树型美观，亦适合营造防护林及四旁绿化。宜在吉林中东部及相毗邻的黑龙江、辽宁等省区山地营造速生丰产林和短伐期工业原料林。

欧洲三倍体山杨

树种：杨树
类别：无性系
科属：杨柳科 杨属

学名：*Populus tremulagigas*
编号：吉-jslz-2002-31
申请人：吉林市林业科学研究院

良种来源 欧洲三倍体山杨，是从欧洲山杨种群中发现的三倍体群体，体细胞染色体数目为3n=57。1988年从德国引入我国山西，1990年吉林市林科院作为林业技术合作项目将该品种引入吉林市。

良种特性 落叶乔木，干形通直，主干皮孔椭圆形或圆形。单叶互生，圆卵形或阔卵形，叶片巨大，肥厚，叶色浓绿。叶芽较密，萌芽力强。柔夷花序，败育。是山地造林的优良树种。材质洁白，纤维长，纤维素含量高。吉林市林科院松花湖试验林场7年生欧洲三倍体山杨平均树高5.47m，平均胸径3.89cm。抗白腐病和干腐病，耐寒、耐旱和抗虫能力大于二倍体山杨。欧洲三倍体山杨生长迅速，材质优良，抗性强，具有巨大的生产潜力，是山地营造速生丰产林的优良树种。由于欧洲三倍体山杨染色体呈奇数，不结实飞絮，叶片大，叶色浓绿，是城市园林绿化的理想树种。材质优良，适作建筑、家具、胶合板等用材；木材纤维长，是良好的纸浆原料。

繁殖和栽培 主要采用组培育苗和根繁育苗技术。

适宜范围 吉林、延边地区中低山下腹，河流两岸冲积土及砂壤土。

欧洲山杨三倍体

树种：杨树

类别：引种驯化品种

科属：杨柳科 杨属

学名：*Populus tremula × Populus tremuloides*[3n]

编号：晋S-ETS-PT-001-2014

申请人：山西省林业科学研究院

良种来源 系欧洲山杨与美洲山杨杂交品种，从德国引种。

良种特性 该品种为雌株，喜光、抗寒、喜凉爽气候，不耐天气干旱、干燥瘠薄土和盐碱土，根系发达，主要靠根蘖繁殖，易于更新，生长迅速，树皮青绿色、光滑，干基部为不规则浅裂，树冠椭圆形，树形美观。木材纹理细直、颜色磁白、结构均匀、早晚材和心边材一致，基本没有腐心材。大约在9年左右进入中、壮龄阶段，不同立地下高达10~20m，髓心小于1mm，抗心腐病；树皮厚度多为2~4mm，纤维长为1073μm，纤维宽为20μm，纤维长宽比为56.5，粗制浆的纤维得率为62.1%。

繁殖和栽培 可采用嫁接的方法繁殖，采用一条鞭法、炮捻法嫁接繁殖，砧木一般采用群众杨；也可利用叶芽通过组培的方法繁殖，诱导再生芽培养基和再生芽增值培养基为MS+6-BA 0.5mg/L+NAA 0.5mg/L，生根培养基为1/2MS+IBA 0.25mg/L。选比较凉爽的山地阴坡为宜，土层较厚，土壤湿润的地块。栽植时间为春季土壤解冻至萌芽前，秋季苗木封顶后上冻前。苗木选用3根2杆苗，栽植密度是（2~3）m×（2~4）m，视立地情况而定。忌深栽，50~60cm是最适宜的栽植深度。

适宜范围 适宜在山西省中南部山区海拔1500m左右，在中部和北部适宜于局部低地、避风、年降水量在500mm以上的地方，且选土层较厚、土质疏松、相对湿润的地块种植。

山新杨

树种：杨树	学名：*Populus davidiana* Dodo × *P. alba* var. *pyramidalis* Bunge
类别：杂交品种	编号：黑S-SC-PDB-002-2010
科属：杨柳科 杨属	申请人：黑龙江省森林与环境科学研究院

良种来源 山杨与新疆杨人工水培杂交种。母本山杨采自嫩江县高峰林场，父本新疆杨来源于乌鲁木齐。山杨属白杨派树种，分布广泛，我国东北大兴安岭，小兴安岭，长白山及黄河中下游地区均有生长，最喜光，生长快，适应性强。新疆杨属白杨派树种，主要分布于中亚、西亚、欧洲巴尔干地区、中国北方，属中湿性树种，抗寒性较差。

良种特性 雌株，树干通直，树皮光滑淡绿色，披白粉，皮孔少，光滑，树冠窄，分枝角25°~35°，20年生树皮尚未开裂，侧枝细长，先端及腋芽密生绒毛，光滑无棱，几乎与主干平行向上生长，树姿秀丽整洁美观。短枝叶盾形或圆形，叶宽3~4.5 cm，长3~4.5 cm，先端短渐尖，边缘有六大锯齿，半透明边缘，叶柄及叶背具银白色绒毛，叶表暗绿色。果序长7~10 cm，蒴果，果序不成熟自然脱落。具有速生、抗寒、耐旱、抗病虫能力强等特点。10年生平均树高8.1 m，平均胸径7.7 cm。该品种在年均气温2.2℃，年最低气温达-39.5℃，最短无霜期120 d，年降水量400 mm左右，pH值8.3的自然条件下生长良好。

适宜营造用材林，是北方最理想的园林绿化树种，主要用于城乡、"四旁"绿化。

主要缺陷：扦插繁殖成活率低。

繁殖和栽培 适宜萌蘖、嫁接、扦插和组培方式繁殖。主要采用扦插和嫁接方法繁殖。在温室大棚内可进行硬枝或嫩枝扦插繁殖；嫩枝扦插一般在7月份进行，在齐齐哈尔地区嫩枝扦插应在6月下旬~7月中下旬进行，选择阴天或无风的早晨，从幼龄母树上采集生长健壮的当年生半木质化枝条，并在荫凉处立即制成插穗，在制穗过程中，插穗尽可能浸泡在水中。插穗长度为6~8 cm，顶端保证有两个芽即可。保留插穗上端的叶片，视叶片大小保留叶片的1/2~2/3。插穗基部用0.2%高锰酸钾消毒5 min，清洗后用300~500 ppmATB生根1号浸根2 min。硬枝扦插按照常规扦插程序进行，关键是控制室温在27℃左右，湿度70%以上。嫁接繁殖以银中杨做砧木进行嫁接繁殖，以1年生银中杨根做砧木，采用劈接方法，嫁接成活率达到90%以上，嫁接苗当年平均高生长达2 m左右。

适宜范围 黑龙江省中南部、吉林省、辽宁省等地区。

阳高河北杨

树种：杨树	学名：*Populus hopeiensis* Hu et Chow
类别：品种	编号：晋S-SV-PH-013-2001
科属：杨柳科 杨属	申请人：阳高县林业局、阳高县花木苗圃、阳高县国营苗圃

良种来源 从河北杨中选育出的品种。

良种特性 乔木，树皮青绿，树干通直，表皮光滑，分枝角度55°，当年苗高1.8m以上。叶卵形或宽卵形，长5~9cm，宽4~11cm，先端尖，基部近圆形，具不规则锯齿。幼叶下面密被绒毛，后渐渐脱落。叶柄约为叶片长度的1/2，叶片厚近革质。适应性强，抗旱、抗寒、抗病虫害。生长快，根系发达，根蘖性强，材质较好，用途广泛。可作行道树，园林绿化，防护林和用材林。

繁殖和栽培 插穗18cm，沙藏处理15~20d，对土壤、沙子和接穗消毒，铺地膜扦插，外露2个芽。起苗时根幅保留35~50cm，如长途运输苗木，栽苗前要用清水浸泡24h以上，栽苗后，适当浇透两次水（半月内），一般情况下不进行修剪。

适宜范围 山西省海拔400~1500m，年均温5~10℃，绝对低温-30℃，年降雨量400mm以上的地区栽培。

西吉青皮河北杨

树种：杨树	学名：*Populus hopeiensis* Hu et Chow 'XijiQingpi'
类别：驯化树种	编号：宁S-ETS-PH-003-2007
科属：杨柳科 杨属	申请人：宁夏西吉县林业与旅游局、宁夏林业技术推广总站

良种来源 以宁夏南部山区自然分布的西吉青皮（绿皮）和灰皮为优良类型，作为栽培驯化的原株。

良种特性 落叶乔木，为宁夏南部山区的乡土树种。树冠阔圆形或广卵形，树皮光滑，呈灰白色或青灰色。叶卵圆形或近圆形，叶长3~8cm，叶缘具疏波齿或不规划缺刻，幼叶背面密被绒毛，后渐脱落。叶柄扁，无腺体。冬芽卵形，疏生短柔毛，无粘胶。主干较明显，侧枝下垂，二级侧枝较少，小枝圆柱形。造林绿化树种，亦可用于园林观赏。根系深，侧根长而发达，根蘖力极强，串根性强。适应性广，喜土壤疏松湿润。

繁殖和栽培 11月上旬采集种条窖藏。4月上旬，剪制插穗，将插穗下切口进行消毒处理后，采用地上式层积沙藏法，沙藏温度15℃左右，25d后插穗下切口形成愈合组织即可进行扦插育苗。4月底至5月初，采用畦内平床扦插育苗。8月后，加强除草、抹芽等田间管理，土壤封冻前灌足越冬水。选择土层深厚、排水良好，pH值6.5~8的沙壤或轻沙壤进行植苗造林，株行距2m×2m或2m×3m。春秋季均可进行。

适宜范围 宁夏南部黄土丘陵区、中北部引黄灌区以及沙区有补水条件的地方均可栽植。

河北杨

树种：杨树
类别：引种驯化品种
科属：杨柳科 杨属

学名：*Populus hopeiensis* Hu et Chow
编号：内蒙古S-ETS-PH-024-2011
申请人：包头市林木种苗站

良种来源　种源为80年代包头市劳动公园西湖边生长的河北杨萌蘗苗。1988年挖取萌蘗苗，1989年利用成活苗木扦插。

良种特性　树干通直，树形美观。根蘗性强，生长快，抗病虫能力强，耐寒，耐旱。主要用于园林绿化。

繁殖和栽培　选三根两杆根系发达合格苗，胸径大于3cm，定杆高度2~2.5m。栽植时保持根展，做到"三埋两踩一提苗"，浇水，覆土。

适宜范围　内蒙古大部分地区均可栽培。

三倍体毛白杨

树种：杨树	学名：*Populus tomentosa* 'Triplold'
类别：品种	编号：甘S-ETS-PTT-009-2010
科属：杨柳科 杨属	申请人：庆阳市林业科学研究所

良种来源 陕西省大荔县。

良种特性 落叶大乔木，树高达25m。树皮灰白色，老时深灰色，纵裂；幼枝有灰色绒毛，老枝平滑无毛，芽稍有绒毛。叶互生；长枝上的叶片三角状卵形，长10~15cm，宽8~12cm，先端尖，基部平截或近心形，具大腺体2枚，边缘有复锯齿，上面深绿色，疏有柔毛，下面有灰白色绒毛，叶柄圆，长2.5~5.5cm；老枝上的叶片较小，边缘具波状齿，渐无毛；在短枝上的叶更小，卵形或三角形，有波齿，背面无毛。柔荑花序，雌雄异株，先叶开放；雄花序长约10~14cm；苞片卵圆形，尖裂，具长柔毛；雄蕊8；雌花序长4~7cm；子房椭圆形，柱头2裂。蒴果长卵形，2裂。花期3月。果期4月。

繁殖和栽培 主要采用扦插育苗方式。插条选择1年生通直、健壮、芽眼饱满、无病虫害的平茬条或大树树干下部当年萌蘖条。扦插时间4月中下旬，按20cm×40cm株行距进行扦插。插时上端外露1~2个芽，注意把破膜孔的膜片撕掉以防止膜片包裹插穗下端，要保证插穗下端与土壤密切接触。

适宜范围 在甘肃省均可栽植。

'三倍体'毛白杨（193系列）

树种：杨树
类别：优良无性系
科属：杨柳科 杨属

学名：*Populus tomentosa* 'Triplold'
编号：新S-SC-PT-007-2010
申请人：新疆和田地区绿色方舟林业开发有限责任公司

良种来源 2000年春从北京林业大学引进，在新疆民丰县沙荒地选育、嫁接繁殖。

良种特性 '三倍体'毛白杨193系列的繁殖是靠采毛白杨接穗嫁接到小美旱杨上而完成的，春天不飞絮。栽培周期短，前期速生，造林后基本不蹲苗。到5年采伐时，单株胸径一般都达到了25cm以上，最大已达35cm，适用于短周期工业用材，尤其是纸浆林建设。一年生苗木最高可达6~8m，春插秋收。该品系木材力学性质比同期二倍体毛白杨对照好。4年生抗弯、抗拉、抗压、抗剪能力，均比同期二倍体毛白杨对照好；纤维素含量高，纤维长度长，4年生时纤维长度平均为1.09mm以上，分布集中，0.5~1.5mm的纤维占总纤维的96%~100%，长宽比40以上，壁腔比0.4以下，适于造纸。

繁殖和栽培 扦插培育小美旱杨，采'三倍体'毛白杨接穗进行芽接栽培技术要点起苗时尽可能多地保留侧根、深起苗、修剪与浸水。运输时只留下5m高主干，其余全部除去。按深度50~60cm深度造林。由于'三倍体'毛白杨193系列新品种可以作为片林、行道树、林粮间作、林草间作，农田林网、"四旁"绿化等建设用树种，因此，根据需要和土地情况，可按2m×2m，2m×3m、3m×3m和3m×4m的模式栽培。

适宜范围 在新疆南疆毛白杨适生区栽植。

'三倍体'毛白杨（193系列）

白城杨 - 2

树种：杨树	学名：*Populus ×xiaozhuannica* cv. 'Baicheng-2'
类别：无性系	编号：吉S-SV-PX-015-2011
科属：杨柳科 杨属	申请人：白城市林业科学研究院

良种来源　白城杨是在白城铁路林场选出的一个小叶杨和钻天杨的天然杂种。

良种特性　白城杨为乔木，高可达20余米。树冠较窄，近似塔形；树皮为暗灰色，且开裂晚而浅；短枝叶较大，卵状菱形，最宽处在中下部，叶先端为尾状尖；花序长5~7cm，具小花65朵左右，苞片较窄，每小花具雄蕊20个，花药深红色。具有耐寒、耐旱、耐盐碱、生长迅速等特点，可用于城镇、村屯、铁路和公路的绿化。又是营造速生丰产林、用材林和防护林的良种。

繁殖和栽培　苗木无性繁殖。在平原或较肥沃的土壤条件下，可采用1年生苗根机械造林，栽植深度应在25cm以上。造林后每年都应及时进行中耕除草，促进幼林健壮生长。在沙丘上植树造林时，应使用沙丘深沟植树机机械造林，其优点是既防风剥沙压，又能积肥保墒。

适宜范围　白城杨在吉林、黑龙江、辽宁、河北等省以及天津市的沙地、沙荒地和轻盐碱地上都生长较好。

湟水林场小叶杨 M29 无性系

树种：杨树
类别：无性系
科属：杨柳科　杨属

学名：*Populus simonii* Carr.
编号：青S-SC-PSC-002-2014
申请人：西宁市湟水林场

良种来源　青海省门源县锁龙滩小叶杨天然实生异龄树。

良种特性　乔木，高10~20m。雄株。树皮幼时灰绿色，老树暗灰色，纵裂。树冠卵圆形，幼树小枝及萌枝和长枝有明显棱脊，红褐色。老树小枝细长，圆柱形，无毛。芽较小，褐色，有黏质。长枝叶和萌枝叶大，倒卵形，长6~7.5cm，宽4~6cm，先端突尖，基部宽楔形，叶柄圆柱形，较短，长0.6~1.0cm。短枝叶较小，菱状椭圆形、菱状卵形或菱状倒卵形，长3~5cm，宽2~4cm，中部或中部以上最宽，先端急尖或渐尖，基部楔形、阔楔形；边缘具细锯齿，上面绿色，下面灰绿色或带白色，无毛；叶柄较长，长1~3cm，微带红色。具有耐干旱、耐高寒，抗逆性强，生长速度较快等特性。

繁殖和栽培　以扦插繁育技术为主。造林选用胸径2cm以上生长健壮无病虫害的苗木，定干高度2.2~2.5m，4月10日~5月15日进行造林，水平沟整地，栽植穴，60cm×60cm×60cm，栽植前每穴施入2kg羊粪，并覆10cm表土，后灌足底水待用。造林株行距为2m×3m（1665株/hm²）或2m×6m（825株/hm²）。栽后及时浇水，每次浇完水后及时封穴保墒。每年浇水2~4次。7~8月份喷施三唑酮或粉锈宁800~1000倍液，连续喷施2~3次，防治叶部锈病，冬季做好鼠兔害的防治，主要措施为投放鼠药。

适宜范围　适宜在青海省东部地区、青海西部高寒荒漠区海拔3200~3500m以下的地区种植。

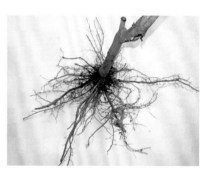

湟水林场小叶杨 M29 无性系

青海杨 X10 无性系

树种：杨树	学名：*Populus przewalskii* Maxim. 'x10'
类别：无性系	编号：青S-SC-PPM-001-2015
科属：杨柳科 杨属	申请人：西宁市湟水林场

良种来源 青海省都兰县乌拉斯泰杨树沟青海杨天然林。

良种特性 乔木。树干挺直，树皮灰白色，较光滑，下部色较暗，有沟裂。叶椭圆状卵形，先端渐尖，基部宽楔形或近圆形，边缘具圆齿状腺锯齿，长3.5~5.0cm，宽2~3cm，腹面暗绿色，脉上被微柔毛，背面粉绿色，无毛，侧脉纤细，约5对，中脉两面凸起，细脉较明显。果序长达7cm，轴密被微柔毛，果卵状，先端钝，高2~5cm，密被短柔毛，2~3裂，花盘全缘，径1.5~2.0cm；果梗长3~2cm，密被刚毛状微柔毛。果期10月。具有超强的抵御干旱、高寒、耐土壤贫瘠、耐盐碱的能力，生长快，适生范围广。

繁殖和栽培 选择优质壮苗，修枝定杆，高度2~2.2m。穴状栽植，坑径60cm×60cm×60cm，栽后踩实，及时灌水，封坑扶苗，保证水肥充足。

适宜范围 适宜在青海省西宁市、海东市，青海西部高寒、荒漠、半荒漠、沙漠化，海拔3200m以下地区均可种植。

伊犁小青杨（'熊钻17号'杨）

树种：杨树

类别：优良无性系

科属：杨柳科 杨属

学名：*Populus nigra* var. *italica* 'Xiongzuan-17'

编号：新S-SC-PN-005-2003

申请人：新疆伊犁州林木良种繁育试验中心

良种来源 1975年从辽宁引进的欧洲黑杨变种（'熊钻17号'杨）。引种时首先进行苗期试验，从苗期表现好的品种中选出优良单株进行对比试验，测定其生长量、抗性、侧枝、干形、冠幅等生长指标，并进行物候观察，了解其生长规律及特性。同时在周边县市布置区域试验林，测试其性状稳定性和适应性。

良种特性 该品种树皮绿色，光滑，冠幅大，侧枝较粗，干形直，侧芽少，好管理，但春季萌芽早。抗寒能力强，在−43℃低温下无冻害，抗虫力强，在沙壤土中生长良好。该品种喜水肥，可用于速生丰产林和工业用材林栽植。

繁殖和栽培 无性繁殖（扦插、组培等），扦插株行距15cm×80cm，插后及时浇水，6~7月施肥一次，抹芽一次。

适宜范围 在新疆北疆杨树适生区栽植。

小青杨新无性系

树种：杨树	学名：*Populus cathayana* Rehd. × *Populus simonii* Kitag.
类别：无性系	编号：青S-SC-PC-002-2012
科属：杨柳科 杨属	申请人：互助县双树苗圃

良种来源 青海省互助县'青杨'（母本）和'小叶杨'（父本）天然杂交种。

良种特性 主干明显，树干通直圆满。树皮光滑，初为灰绿色，后逐渐变为暗灰色，3年生小青杨新无性系高生长比青杨高20%，抗病虫害、抗逆性较强。生长快，适宜于城镇、"四旁"绿化和农田防护林、用材林。

繁殖和栽培 育苗以扦插繁殖为主，穗条采集时间4月15日左右。造林时采用反坡梯田、水平沟和大穴为主的整地方式。苗木泥浆蘸根后造林，株行距2m×2m或2m×3m，造林密度1665~2505株/hm²，造林时采用3年生，胸径在3cm左右的苗木为宜，加强抚育管理。

适宜范围 适宜在青海省西宁市、海东市、海南州、海北州、黄南州、海西州等地区栽植。

青杨雄株优良无性系

树种：杨树
类别：无性系
科属：杨柳科 杨属

学名：*Populus cathayana* Rehd.
编号：青S-SC-PC-001-2012
申请人：西宁市湟水林场

良种来源 青海省湟源县、大通县河滩和行道树中优选原生雄株。

良种特性 乔木，树干通直。老树皮暗灰色。叶椭圆状。生长优势显著，在同等条件下，苗木高径生长量可提高20%以上，成年树材积可提高50%~60%。耐高寒，在年均气温3℃以下地区分布广泛，生长旺盛，垂直分布海拔高达3200~3900 m。工艺价值高，树干通直、圆满，可长寿大材，木材红心病及木腐现象轻微，不产生飞絮，不造成空气污染。

繁殖和栽培 宜栽植在阴坡、半阴坡，以春季造林为主，采用穴状整地。株行距为1 m×1.5 m或者1.5 m×2 m，造林密度3330~6660株/hm²，造林时采用5~7年生移植苗，苗高20 cm以上，顶芽饱满的优良壮苗。在苗木高生长开始后加强抚育管理。

适宜范围 适宜在青海东部黄土丘陵沟壑区栽植。

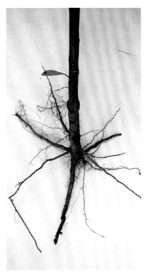

大青杨 HL 系列无性系

树种：杨树
类别：无性系
科属：杨柳科 杨属

学名：*Populus ussuriensis* cv. 'HL'
编号：吉-jslz-2002-10
申请人：吉林省林业科学研究院

良种来源　来源于大青杨种源试验林及大青杨种源地临江当地大青杨实生苗人工林中选择的优树。

良种特性　具有速生性，本系列无性系高生长与径生长密切相关，高生长在1~10年间的连年平均生长量为150cm，径生长从栽植后的第5年开始进入速生期，抗逆性强，本系列无性系抗寒、抗病虫害能力强。主要缺陷：对无性系的材性变化尚缺乏深入的了解。

繁殖和栽培　繁殖时可通过植物组培微繁技术和常规扦插育苗方法。栽植时按吉林省地方标准DB22/T829-2015大青杨植苗造林技术规程要点进行。

适宜范围　吉林省东部山地中下腹坡地、沿岸阶地、山间谷平地、平台地及山岗地等多种立地。适生环境条件：暗棕壤土、沙土、冲积土等土壤类型，气候湿润、冷凉。

群改2号

树种：杨树	学名：*Populus* spp.
类别：品种	编号：晋S-SV-PS-011-2001
科属：杨柳科 杨属	申请人：山西省杨树丰产林实验局

良种来源 '群众杨40#' × '群众杨（营口）'杂交选育出的品种。

良种特性 雄性，树干通直圆满，树皮粗糙，有较深的纵裂，呈灰黑色，树冠半展开，侧枝较细，叶芽尖宽，棕色，叶基宽楔形，叶尖细窄渐尖，叶柄全红，无毛。幼树茎表面有棱，无槽沟，皮孔卵形，分布均匀。扦插成活率高，幼树生长快，主根发达。在半干旱无灌溉条件下，11年生，平均树高14.2m，平均胸径17.19cm，单株平均材积0.1596m³。材性性状优良，抗旱、抗寒、耐瘠薄，抗病虫害能力较强。

繁殖和栽培 同普通杨树。扦插繁殖。

适宜范围 山西省半干旱地区栽培。

辽育1号杨

树种：杨树	学名：*Populus × Liaoyu* '1'
类别：优良无性系	编号：LS200201；国S-SC-PL-005-2002
科属：杨柳科 杨属	申请人：辽宁省杨树研究所

良种来源　辽育1号杨是利用辽河杨与鞍杂杨为亲本人工控制授粉进行有性杂交选育出的抗寒、耐旱的杨树优良新品种。

良种特性　雄性，树干通直圆满，树干1/3以下树皮为暗灰色，成纵裂，树冠大，尖塔形，分枝密而细，层枝明显，下部枝夹角45°~60°，5~6年生进入花期。当年生苗顶端冬芽离生，芽长圆柱形，夏胶乳白色。叶为心形，基部深心形，叶宽大于长，表面平滑，两边缘下垂，腺体多为2个。辽北地区昌图县6年生区域试验林中，'辽育1号'平均胸径为18.0cm，树高14.0m，单株材积0.1340m^3，分别是当地二十几年来一直采用的主栽品种昌图小钻杨(P. ×xiaozuanica cv. 'changtu')的2.3倍、1.7倍和6.0倍。用材林树种。营造速生丰产林、农田防护林的优良树种；可用于胶合板、家具制造、包装材料、建筑原材料、造纸业、生物能源生产原料等方面。

繁殖和栽培　扦插易成活，硬枝扦插4月中下旬，插穗12~15cm，扦插前浸泡不少于24h。采用一年生根桩苗造林，地径1.5cm以上，苗高20cm左右，树坑40~50cm见方。造林密度5m×6m、4m×8m、5m×7m、6m×6m、5m×8m、4m×5m、4m×6m、5m×5m和4m×7m等。间作种为大豆、花生、玉米、小麦、棉花、西瓜或其他绿肥，头年不宜间种高杆农作物。

适宜范围　辽宁省沈阳以南地区平原区域可以栽植。

辽育2号杨

树种：杨树	学名：*Populus× Liaoyu* '2'
类别：优良无性系	编号：LS200202
科属：杨柳科 杨属	申请人：辽宁省杨树研究所

良种来源　辽育2号杨是辽宁省杨树研究所董雁等于1992年利用辽河杨与荷兰3930杨为亲本采用人工控制授粉的方法，选育的新品种。

良种特性　雄性，树干通直圆满，1/3以下树皮暗灰色，成纵裂。树冠大，成塔形，分枝密而细，层枝明显，下部枝夹角45°~50°，5~6年进入花期。1年生苗顶端冬芽着生紧密，圆柱形，夏胶乳白色。叶三角形，长大于宽，基部深心形，腺体为2个，初展叶时微红色。一年生茎褐色，上部棱线明显，皮孔小而圆。花期4月上旬，放叶期4月下旬，封顶期9月上旬。昌图县6年生区域试验林中，辽育2号平均胸径为17.9cm，树高13.8m，单株材积0.1282m³。用材林树种。营造速生丰产林、农田防护林的优良树种；可用于胶合板、家具制造、包装材料、建筑原材料、造纸业、生物能源生产原料等方面。

繁殖和栽培　扦插易成活，硬枝扦插4月中下旬，插穗12~15cm，扦插前浸泡不少于24h。采用一年生根桩苗造林，地径1.5cm以上，苗高20cm左右，树坑50cm见方。造林密度5m×6m、4m×8m、5m×7m、6m×6m、5m×8m、4m×5m、4m×6m、5m×5m和4m×7m等。间作种为大豆、花生、玉米、小麦、棉花、西瓜或其他绿肥，头年不宜间种高秆农作物。

适宜范围　辽宁省沈阳以南地区平原区域可以栽植。

白林二号杨

树种：杨树	学名：*Populus* 'bailin-2'
类别：无性系	编号：吉-jslz-2002-01
科属：杨柳科 杨属	申请人：白城市林业科学研究院

良种来源　以新疆阿勒泰的欧洲黑杨为母本，延边洲龙井镇的钻天杨为父本进行人工杂交育种试验，经过对其杂种后代的反复试验、观测、筛选后，选育成功的一个杨树新品种。

良种特性　白林二号杨为乔木，20年生时树高达25 m以上，胸径达40 cm以上，树干通直，树冠圆锥形。树皮纵裂、灰褐色。小枝灰白色、圆柱形。短枝叶菱状三角形、先端尾尖，基部广楔形。雄性。苗茎无棱，苗木叶片菱状三角形，苗顶液黄色。具有速生、耐寒、较耐干旱和抗杨树烂皮病、锈病的特点。

繁殖和栽培　苗木无性繁殖。在平原或较肥沃的土壤条件下，可采用1年生苗根机械造林，栽植深度应在25 cm以上。造林后每年都应及时进行中耕除草，促进幼林健壮生长。在沙丘上植树造林时，应使用沙丘深沟植树机机械造林，其优点是既防风剥沙压，又能积肥保墒。

适宜范围　白林二号杨适宜在吉林省以及其邻近省(区)的沙地、栗钙土、黑钙土、黑土和排水较好的暗棕壤上栽培推广。

白城小青黑杨

树种：杨树　　　　　学名：*Populus pseudo-simonii × P. nigra* cv. 'baicheng-1'

类别：无性系　　　　编号：吉-jslz-2002-03

科属：杨柳科 杨属　　申请人：白城市林业科学研究院

良种来源　1961年从中国林科院林研所杨树杂种圃中，直接引进了'小青杨'×'欧洲黑杨'杂交组合中一部分。白城小青黑杨是雌性无性系。

良种特性　乔木，树干通直。幼龄树皮光滑灰绿，壮龄时灰白色，开裂晚，浅纵裂。树冠圆锥形。短枝叶菱状卵圆形。叶柄长，约为叶长之半，左右偏平，无毛。叶缘锯齿较细，具狭而半透明的边缘。长枝叶大，菱状三角形。苗茎棱线不明显，呈圆柱形，苗顶液乳白色。具有速生、耐干旱、瘠薄、耐寒、抗病、虫害等特点。适于大规模经营大径材胶合板工业人工林基地，也适宜营造速生丰产林或用材林。

繁殖和栽培　苗木无性繁殖。在平原或较肥沃的土壤条件下，可采用1年生苗根机械造林，栽植深度应在25cm以上。造林后每年都应及时进行中耕除草，促进幼林健壮生长。在沙丘上植树造林时，应使用沙丘深沟植树机机械造林，其优点是既防风剥沙压，又能积肥保墒。

适宜范围　白城小青黑杨适宜在吉林省中西部、东部平原地区以及邻近省（区）湿润、肥沃、排水良好的黑土、黑钙土、棕色森林土和沙壤土上栽培推广。

鞍杂杨

树种：杨树　　　　　　　　　　学名：*Populus × xiaozhuannica* cv. 'Anshan'
类别：无性系　　　　　　　　　　编号：吉-jslz-2002-34
科属：杨柳科　杨属　　　　　　　申请人：四平市林业科学研究院

良种来源　产于辽宁鞍山，小叶杨与钻天杨（钻天杨是欧洲黑杨的变种，也称美杨或美国白杨）天然杂交的雄性无性单系。由四平市林科所（现称院）引入。

良种特性　一年生苗梢端红色，往下绿色，至基部灰绿色或至中部以下灰绿色。整个苗条从梢端顶部开始有皮棱，直达基部，基部皮棱不明显，中部皮棱绿色。苗条（苗茎）中部有皮线。叶缘微有波浪状翘起或基本平展。小叶卵形，大叶卵状三角形，叶片基部是近于平截的微心形或少数圆形，在苗木上半部的叶片宽11cm，长10.5cm。叶片基部有2个腺体，少数1或无。叶柄腹面红色、背面绿色。叶柄腹面全柄有细沟槽，个别特别粗壮的叶柄仅下半段或基部有沟槽。树干饱满，上下通直而尖削度小，因而形数大出材率高，树

皮光滑绿白，侧枝细。中等抗旱。主要缺陷是一年生苗木有侧枝，不利于剪取插穗。

繁殖和栽培　育苗技术与一般杨树品种类似。培育人工林与一般杨树品种类似。为了木材高产，造林初植密度在双辽市造林符合保存率不低于65％的标准下，以3m×4m株行距为好；其他适生区造林符合保存率不低于80％的标准下，以4m×4m株行距为好。人工林培育期间不间伐，进入成熟龄直接主伐。

适宜范围　在吉林省以四平地区西半部的铁西区、铁东区、梨树县东半部、伊通县及以东的长春、辽源、吉林地区为生长最优势树种。在辽宁省北半部的中等降水量地区和黑龙江省中等降水量地区都会表现出生长优势。

风沙1号杨

树种：杨树

类别：无性系

科属：杨柳科 杨属

学名：*Populus pseudo-simonii × nigra* cv. 'Fengsha-1'

编号：吉-jslz-2002-35

申请人：四平市林业科学研究院

良种来源 为小青杨和钻天杨的杂交组合之一的无性系，黄东森先生通过在内蒙通辽沙地造林试验，经温宇光等从中调查而选出。由四平市林科所（现称院）引入，申请审定登记。

良种特性 一年生苗梢泛红，往下至中部红绿，中部至基部绿灰色。苗茎无膜质，表皮剥离。当年苗易生侧枝。叶缘基本平展，略显大波浪翘起。叶片圆三角形，基部圆形，少数平截，先端渐尖。树干饱满，上下通直而尖削度小，因而形数大出材率高，树皮光滑灰白，侧枝细。抗旱。

繁殖和栽培 育苗技术与一般杨树品种类似。培育人工林与一般杨树品种类似。为了木材高产，造林初植密度在双辽市及以西地区造林符合保存率不低于65%的标准下，以3m×4m株行距为好。

适宜范围 在吉林省以四平地区西半部的梨树县西北部、双辽市及再往西的松原、白城地区为生长最优势树种。在辽宁省西北部、黑龙江西部的低降水量缺水严重地区，其他品种的长势都无可与之相匹。

白林一号

树种：杨树	学名：*Populus* 'BaiLin-1'
类别：无性系	编号：吉-jrlz-2002-01
科属：杨柳科 杨属	申请人：白城市林业科学研究院

良种来源　白林一号杨是白城市林科院于1964年用小叶杨和钻天杨的天然杂种24号为母本，以新疆阿尔泰欧洲黑杨为父本，进行人工杂交育种，对其杂种后代经过反复筛选、观测、试验后选育出的一个优良品种。

良种特性　白林一号杨为乔木，树干通直，树冠近于塔形。树皮纵裂，开裂较晚，灰色。侧枝细疏，小枝灰白色，圆柱形。短枝叶卵状三角形，厚而深绿。雄性，花结构的特点是花序短粗，小花多，雄蕊也多。苗木叶片卵状扁圆形、叶面中间浅凹，叶片厚而深绿，叶表光亮，苗顶液黄色。具有速生、耐干旱、瘠薄、耐寒、抗病、虫害等特点。

繁殖和栽培　苗木无性繁殖。在平原或较肥沃的土壤条件下，可采用1年生苗根机械造林，栽植深度应在25cm以上。造林后每年都应及时进行中耕除草，促进幼林健壮生长。在沙丘上植树造林时，应使用沙丘深沟植树机机械造林，其优点是既防风剥沙压，又能积肥保墒。

适宜范围　白林一号杨适宜在吉林省中西部地区，以及其邻近地区的沙地营造农田防护林，以及江湾地和平原地区营造速生丰产林。

伊犁小叶杨（加小 × 俄9号）

树种：杨树
类别：优良无性系
科属：杨柳科 杨属

学名：*Populus* × 'Yilixiaoye'
编号：新S-SC-PY-004-2003
申请人：新疆伊犁州林木良种繁育试验中心

良种来源 1981从新疆玛纳斯县平原林场杨树基因库引进'加拿大小叶杨'与'俄罗斯杨'的人工杂交种。首先进行苗期试验，从苗期表现好的品种中选出优良单株进行对比试验。通过试验，测定其生长量、抗性、侧枝、干形、冠幅等生长指标，并进行物候观察，了解品种生长规律及特性，同时在周边县市布置区域试验林，以测试其性状稳定性和适应性。

良种特性 该品种叶型较小，枝干髓心小，树皮灰绿色，浅裂，树冠大。生长快，干形好，尖削度小，抗寒性强，能耐 −43.2℃低温。抗虫，材质好，苗期几乎无侧芽。便于管理，适应性强，在沙壤土中生长良好。适宜营建速生丰产林、铅笔用材林。

繁殖和栽培 无性繁殖（硬枝扦插、嫩枝扦插、组培等），扦插株行距15cm×80cm，插后及时浇水，6~7月施肥一次。

适宜范围 在新疆北疆杨树适生区栽植。

白城5号杨

树种：杨树
类别：无性系
科属：杨柳科 杨属

学名：*Populus × xiaozhuannica* cv. 'Baicheng - 5'
编号：吉-jslz-2004-13
申请人：白城市林业科学研究院

良种来源 白城5号杨是在原白城地区林木良种繁育场小青杨防护林中发现的一株优良单株，无性系化后，经多年试验，发现白城5号杨在干旱、瘠薄的浅层聚钙栗钙土上造林优于其他品种。

良种特性 白城5号杨为乔木，树干通直，树皮开裂较早，纵裂较深，暗灰褐色。短枝叶菱状卵圆形或卵状菱形，长6.6~7.0cm、宽4.5~5.0cm，叶先端长渐尖，叶基部广楔形或圆形。苗木叶片卵圆形或菱状卵圆形。雌性。苗木棱线较为低平。根系穿透能力强。耐寒、耐土壤干旱。

繁殖和栽培 苗木无性繁殖。在平原或较肥沃的土壤条件下，可采用1年生苗根机械造林，栽植深度应在25cm以上，以确保成活，初值密度1m×3m~1m×4m，以后应及时间伐，形成3m×4m~4m×6m。造林后每年都应及时进行中耕除草，促进幼林健壮生长。在沙丘上植树造林时，应使用沙丘深沟植树机进行机械造林，其优点是既防风剥沙压，又能积肥保墒。

适宜范围 白城5号杨适宜在白城市西北部栗钙土、浅层聚钙栗钙土区，吉林省西部干旱、瘠薄沙地，以及相邻省（区）的同类地区栽培推广。

辽育3号杨

树种：杨树
类别：优良无性系
科属：杨柳科 杨属

学名：*Populus × deltoides* 'Liaoyu3'
编号：辽S-SC-PD-011-2004
申请人：辽宁省杨树研究所

良种来源 '辽育3号'杨是辽宁省杨树研究所董雁等，于1993年利用'辽宁杨'和从加拿大高寒地区引进抗寒的'美洲黑杨D189'，采用人工控制授粉的方法进行种内地理远缘遗传改良选育出的新品种。

良种特性 雌株，树干通直，树干1/3以下为暗灰色，成纵裂，树冠大，尖塔形，分枝较密；叶心形，腺点多为2个；一年生苗茎为绿色，上半部棱线明显，皮孔灰白色，分布均匀。出芽期4月中旬，放叶期4月下旬，果期6月中旬。辽西7年生平均材积单株生长量：'辽育3号' 0.32 m³，'D189杨'为0.25 m³，'辽宁杨' 0.26 m³；纤维长度：'辽育3号'1164 μm、'D189杨'1117 μm、'辽宁杨' 887 μm；基本密度：'辽育3号' 0.391 g/cm³、'D189杨'为0.369 g/cm³、'辽宁杨'1.08 g/cm³；'辽育3号'纸浆得率为48.37%，'辽宁杨'粗浆得率为52.53%。用材林树种。营造速生丰产林、农田防护林的优良树种；可用于胶合板、家具制造、包装材料、建筑原材料、造纸业、生物能源生产原料等方面。

繁殖和栽培 采用一年生根桩苗造林，地径1.5 cm以上，苗高20 cm左右，树坑50 cm见方。造林密度5 m×6 m、4 m×8 m、5 m×7 m、6 m×6 m、5 m×8 m、4 m×5 m、4 m×6 m、5 m×5 m和4 m×7 m等。间作种为大豆、花生、玉米、小麦、棉花、西瓜或其他绿肥，头年不宜间种高杆农作物。

适宜范围 辽宁省沈阳以南平原区域可以栽植。

合作杨

树种：杨树	学名：*Populus × xiaozhuannica* 'Opera'
类别：优良无性系	编号：新S-SC-PX-003-2004
科属：杨柳科 杨属	申请人：新疆伊犁州林木良种繁育试验中心

良种来源 1981年从乌鲁木齐市四宫苗圃引进中林无性系，亲本为小叶杨与钻天杨人工杂种。

良种特性 该品种树皮灰白色，微裂，树冠中等，干形通直，生长迅速，尖削度小，出材率高。适应性强，抗寒能力强，能抵御-39.2℃低温。育苗、造林成活率高。其高生长年平均2.0m，径生长年平均3.8cm。可用于速生丰产林和工业用材林。

繁殖和栽培 无性繁殖(扦插、埋条、埋根、组培等)，扦插株行距15cm×80cm，扦后及时浇水，6~7月施肥一次，6~8月抹芽一次。

适宜范围 适宜在新疆伊犁州直县市及类似气候条件地区栽植。

'大台'杨

树种：杨树
类别：优良无性系
科属：杨柳科 杨属

学名：*Populus × xiaozhuannica* 'Dataiensis'
编号：新S-SC-PX-006-2004
申请人：新疆伊犁州林木良种繁育试验中心

良种来源 20世纪70年代从辽宁海城引种。首先进行苗期试验，筛选出生长快、干形好、适应性强的品种于1986年分别在新疆巩留县、特克斯县、察布查尔县、伊宁县、新源县各布置区域试验100亩。试验过程中，对各参试品种进行高生长、径生长、材积生长、冠幅、材冠比、干形、病虫冻害等生理指标测定。同时观察各品种的生物学特性、生长适应性及遗传稳定性。

良种特性 该品种叶型小，枝干髓心小，树皮灰色，深裂。树冠大，生长快，干形好。抗寒性强，能耐–39.2℃低温，抗虫，材质好，适应性强，在沙壤土中生长良好。其高生长年平均2.1m，径生长年平均3.7cm。适宜营建速生丰产用材林、纸浆林等。

繁殖和栽培 无性繁殖（硬扦插、嫩枝扦插、组培等），扦插株行距15cm×80cm，扦后及时浇水，6~8月施肥一次。

适宜范围 适宜在新疆伊犁州直县市及类似气候条件地区栽植。

吴屯杨

树种：杨树	学名：*Populus wutunensis*
类别：优良无性系	编号：辽S-SC-PW-001-2008
科属：杨柳科 杨属	申请人：大连民族大学

良种来源 '吴屯杨'是杨树天然杂交种选育而来，来源于新民市大柳屯镇吴屯村。

良种特性 落叶乔木，高可达25m左右，胸径可达50cm，干圆满笔直，尖削度较小，树冠近似尖塔形。于4月上、中旬芽变绿，芽鳞开裂；4月中旬开始吐绿，幼叶从叶芽内卷曲伸出，进入变色期；4月下旬~5月上旬开始展叶，大约经过一周左右进入全叶期；9月中下旬封顶，之后叶开始变黄；9月末开始脱叶，后陆续脱落或仍有本分叶残存在树上。从萌动到顶梢停止生长，年生长周期约152~158d。从个体发育看，吴屯杨定植后，约7年左右进入发育成熟期初见开花。花期在4月中、下旬，种子成熟在5月下旬~6月上旬。吴屯杨根系发达，适应性强、生长快、成材早、生长周期长；枝条细密防风性能好、抗盐碱能力强。在土壤水溶性全盐量0.5%、pH为8的重盐碱地上，4年生吴屯杨从主根上发出的大于1mm的侧根须根总数，平均为60根，分别比'群众杨'（31）、'小胡系列'杨树（27）增加了96%、122%。造林绿化树种，也可作用材林树种。可用于胶合板、家具制造等方面。

繁殖和栽培 扦插：在春季开始解冻到插条育苗前十天结束剪条，这时枝条内养分充足。在壮龄母树上选择1~2年、生育健壮、无病虫害的粗壮木质化枝条，也可以用育苗地当年生的营养繁殖苗（如扦插苗）或由壮龄母树根部长出的当年生萌条。其中硬质扦插效果最好。穗材长度12~15cm，上口平面、下口斜面。最上部第1个牙距剪口1~1.5cm，剪口下第1、第2个芽要求饱满的好芽、壮芽。穗材在扦插之前用清水浸泡1~2个昼夜，穗材吸足水分，可软化表面皮层，促进皮下愈伤组织生根。在四月上中旬，条芽萌动之前插完。根据地力、品种和速生程度，可采用一垄一行即单行插条，株距15~25cm，60000~40000株/hm²。为防止插穗下口破皮，最好是先用锹翻撅后插条，方法是前面用尖锹每隔20cm左右立锹翻撅一下，深度一锹深，后面进行扦插。防止倒插。插后用脚采实，覆微薄细土，覆土厚度以插条上口似露不露为准。辽西地区苗木出土期间（芽期）黑绒金龟和象鼻虫危害幼芽严重，如防治不及时直接影响出苗和生长量，幼芽开始萌动时要及时防治。用50%辛硫磷150~200倍液在树干基部外半径为1m的范围内的地下浇灌，严重时可喷洒甲胺磷与1605混合药液或人工捉拿象鼻虫，勤灌水也可减轻象鼻虫危害程度。苗期主要防治叶部害虫，可喷洒40%乐果乳剂或其他防虫药液。

适宜范围 辽宁沿海地区及阜新、朝阳、沈阳、铁岭等地区栽培。

哲林4号杨

树种：杨树
类别：无性系
科属：杨柳科 杨属

学名：*Populus Zheyin3# × Populus canadensis* Carr.
编号：内蒙古S-SC-PZC-002-2009
申请人：通辽市林业科学研究所

良种来源 以'哲引3号杨'（小青 × 美杨）为母本，加拿大杨为父本，通过室内切枝水培人工控制授粉方法进行杂交，其子代经过圃地选择、无性系化、区域化造林对比试验、示范推广等程序筛选出的优良无性系。

良种特性 抗旱，耐寒，耐瘠薄，根系能穿透沙层1m以下深达8m的淀积层。在常规的栽培管理条件下，9年生平均树高15.58m，平均胸径17.92cm，单株材积0.1614m³，与当地推广的小黑杨相比，树高增长13.7%、胸径增长33.9%、材积增长74.38%。主要用于营造农田防护林、速生丰产林和固沙林。

繁殖和栽培 春季扦插育苗，穗条长度为15~18cm、粗度0.5cm以上，扦插前将插穗在清水中浸泡2d，扦插株行距15cm×60cm，扦插深度以插条上端与地面相平，扦插后立即灌透水一次。

采用2根1干或2根2干、高2.5m以上、胸径1.2cm以上的杨树大苗造林。平缓固定沙地随开沟随造林或带状整地，带宽1~1.5m，深25cm以上；半固定半流动沙丘、流动沙丘随挖坑随造林，栽植穴规格80cm×80cm×80cm。造林密度一般为42~84株/亩。栽植时回填湿土，分层踏实，栽后浇水、扶正、踩实、培土。

适宜范围 内蒙古自治区境内东经120~123°、北纬42~45° 范围，土壤质地为壤土、轻壤土及较平缓沙地，年平均降水量350~450mm 的地区。

青山杨

树种：杨树	学名：*Populus pseudo-cachayana* × *P. deltoides* Bartr
类别：杂交品种	编号：黑S-SC-PPD-003-2010
科属：杨柳科 杨属	申请人：黑龙江省森林与环境科学研究院

良种来源 是拟青杨与山海关杨的人工水培杂交种。其中，母本拟青杨采自内蒙古扎兰屯，属青杨派，树干饱满、速生、耐寒、抗旱、抗病虫、木材纹理通直、色泽洁白、细密；父本山海关杨采自北京市城建苗圃，属黑杨派，粗皮，速生。

良种特性 雄株。树干通直，树皮光滑翠绿，披白粉。萌条圆形无棱。长枝叶长卵形，叶缘锯齿状。具有速生、抗寒、耐旱、抗病虫害、材质优良、适应范围广等优良特性。在齐齐哈尔地区11年生青山杨单株平均树高、胸径和材积分别为14.8m、16.2cm和0.137m^3。对主要病害杨灰斑病、锈病、烂皮病、溃疡病及主要蛀干害虫青杨天牛、白杨透翅蛾等抗性较强。该品种树干通直饱满，分枝角48°左右，细枝下垂；11年生木材气干密度为0.35g/cm^3，纤维长宽比50.6。适用于营造纸浆材等工业用材林、防护林等。

繁殖和栽培 扦插繁殖，在齐齐哈尔地区以5月中旬为最宜，一般常规扦插成活率在90%以上。插后及时灌水、抹芽、中耕除草等。在寒冷半干旱地区，12月份割条，窖内湿沙贮藏。营造用材林以选用2根1干、2根2干苗或2年生母根造林为好。密度可选用3m×4m、4m×4m等规格。青山杨有轻微杨干象危害，提倡预防为主综合防治的措施，主要防治措施：严格执行苗木检疫，避免虫害蔓延；加强经营管理，及时伐除零星被害树木并烧毁；化学防治，在5月上旬到5月中旬，采用50%辛硫磷、50%杀螟松剂、40%氧化乐果乳剂各100~200倍液，或20%杀灭菊酯乳剂500~700倍液，涂抹虫孔及树干有虫区；对于高大树木及被害部位较高的树木，在5月中旬前进行输液防治，通过内吸作用毒杀幼虫，用50%久效磷乳剂、40%氧化乐果乳剂、40%氧化乐果油剂等药剂原液皆可；7月末或8月初喷冠毒杀成虫，共喷两次，间隔15d，主要药剂有50%杀螟松乳油、50%辛硫磷乳油各1000倍液，或40%氧化乐果500倍液，或2.5%溴氰菊酯5000倍液。

适宜范围 该品种在北纬47°56′以南、最低温 -36.4℃以上、降水量大于400mm、无霜期120d以上的自然条件下生长良好。适宜在黑龙江省中西部及环境相似的"三北"地区推广利用。

小美旱杨

树种：杨树

类别：引种驯化品种

科属：杨柳科 杨属

学名：*Populus simonii* Carr. × (*Populus nigra* L. var. italica (Moench) Koehne +*Salix matsudana* Koidz.

编号：内蒙古S-ETS-PS-014-2011

申请人：巴彦淖尔市林业种苗站

良种来源 1957年以小叶杨为母本，钻天杨和旱柳混合花粉为父本进行杂交，1985年建采穗圃。

良种特性 乔木，主干通直圆满，树皮灰褐色，下部纵裂，上部浅裂至光滑。仙枝斜向上，呈30°~45°角。生长快，喜温，喜光，耐旱，耐寒，耐盐碱。主要用于营造农田防护林、用材林。

繁殖和栽培 用三根两杆根系发达合格苗造林，定杆高度2~2.5m。栽植时保持根展，做到"三埋两踩一提苗"，浇水，覆土。

适宜范围 内蒙古河套及类似地区均可栽培。

小美旱杨

树种：杨树
类别：优良无性系
科属：杨柳科 杨属

学名：*Populus×popularis* Chon-Lin
编号：辽S-SC-PP-002-2012
申请人：辽宁省阜新蒙古族自治县林业种苗管理站

良种来源　辽宁省阜新地区杂交树种。

良种特性　小美旱杨属高大乔木，主干通直圆满，尖削度小，树皮灰褐色，下部纵裂，上部浅裂光滑，侧枝基部与主干呈35°～45°角。具有耐风沙、干旱气候，中度适应盐渍土壤，抗寒抗病性强，生长较快等优良性状。抗旱、抗寒、抗风折能力强，耐盐碱，较抗病虫害。用材林树种，亦可用于农田防护林营建，街道绿化等。

繁殖和栽培　以扦插繁殖为主。栽植采用一、二年生或埋当年根方式，初植株行距为2m×3m或3m×5m，造林后前三年要及时抚育，加强管理。

适宜范围　辽宁沈阳、鞍山、辽阳、阜新、锦州、朝阳、葫芦岛市及盘锦市的适宜地区推广。

汇林88号杨

树种：杨树

类别：优良品种

科属：杨柳科 杨属

学名：*Populus simonii* cv. 'Huilin 88'

编号：内蒙古S-SV-PS-006-2013

申请人：通辽市林业科学研究院

良种来源 来源于小叶杨优树天然杂交种子后代，经培育选出天然杂种F1代。

良种特性 乔木，以小叶杨为母本的天然杂交种，雄株，具有速生、抗旱、耐寒、耐土壤瘠薄等特性，抗寒性和抗病性强。主要用于营造农田防护林、防风固沙林、水土保持林、速生丰产林和一般用材林。

繁殖和栽培 选用1年生、苗高>1.5m、地径>1.0cm全株苗，采用机械开沟抗旱造林，可在春秋两季节进行，土壤墒情好无需浇水。选用2~3年生、苗高>

3.0m、胸径>1.5cm全株苗，苗干侧枝全部剪掉，采用机械开沟人工沟内挖坑造林或常规人工挖坑造林，可在春季进行，造林时需浇水。选用2根1干或2年生苗、干高>1.7m，小头直径>1.0cm截干苗造林，截掉根部、修掉枝杈，采用深钻植树机钻孔造林，孔深1.6m，苗干插入钻孔内覆土捣实，沙地可在春、秋、冬三季进行，土壤墒情好无需浇水。

适宜范围 内蒙古境内科尔沁平缓沙地、轻盐碱地、黄土丘陵地、轻壤土地等地区均可栽培。

通林7号杨

树种：杨树	学名：*Populus simonii* × *P. nigra* cv. 'Tonglin 7'
类别：优良品种	编号：内蒙古S-SV-PS-007-2013
科属：杨柳科 杨属	申请人：通辽市林业科学研究院

良种来源 以小叶杨（花枝采自内蒙古奈曼旗青龙山镇）为母本，欧洲黑杨（花枝采自新疆北屯额尔齐斯河流域）为父本的杂交种群，经过无性系化研究等选育出的树种。

良种特性 乔木，小叶杨与欧洲黑杨的人工杂交种，雄株，主干明显，侧枝细柔，扦插繁殖容易，苗期生长迅速。耐寒、耐土壤瘠薄，抗旱、抗寒性强。主要用于营造农田防护林、固沙林、水土保持林、速生丰产林和一般用材林、四旁绿化等。

繁殖和栽培 一般用材林，选用1年生全株苗（苗高>1.5m，地径>1.0cm），采用机械开沟抗旱造林，可春、秋两季进行，土壤墒情好无需浇水。丰产林和农田防护林，春季选用2~3年生全株苗（苗高>3.0m，胸径>1.5cm），苗干侧枝全部剪掉，采用机械开沟人工沟内挖坑造林或人工挖坑造林，造林时需浇水。

选用2根1干或2年生截干苗（干高1.7m，小头直径1.0cm以上，截掉根部、修掉枝杈），采用深钻植树机钻孔造林，孔深1.6m，苗干插入钻孔内覆土捣实，沙地可秋、冬、春季造林，土壤墒情好情况下无需浇水。

适宜范围 内蒙古境内科尔沁平缓沙地、轻盐碱地、黄土丘陵地、轻壤土地等地区均可栽培。

拟青 × 山海关杨

树种：杨树
类别：引种驯化品种
科属：杨柳科 杨属

学名：*Populus pseudo-cathayana* × *P. deltoids*
编号：内蒙古S-ETS-PP-005-2015
申请人：通辽市林业科学研究院

良种来源 1990年从黑龙江省引种到科尔沁沙地的优良杨树品种，该品种以内蒙古扎兰屯的'拟青杨'为母本，以北京的'山海关杨'为父本，在室内水培人工杂交授粉获得的杂种。

良种特性 乔木，'拟青杨'与'山海关杨'的人工杂交种，雄株，树干通直，树皮光滑翠绿色，树冠广卵形。抗旱、抗寒、抗病虫，耐旱、耐低温、耐盐碱、耐瘠薄。主要用于营建防护林、用材林。

繁殖和栽培 选用当年生或者二根一干或二根二干 I

级苗，造林前浸泡48h左右，栽植前对根部及地上部分进行修剪，一般根部修剪成20cm×20cm左右即可，地上部分截干，保留3~5个侧芽，地上部分侧枝要全部修剪，根部要蘸泥浆处理。根据不同立地条件开沟或带状整地或随挖坑随栽植。片林栽植株行距一般为2m×6m，两行一带林栽植株行距一般为2m×2~4m，带距8m。栽植后立即灌水，3d后灌第2次水，水渗透后沟内回土至一半，7d后灌第3次水。

适宜范围 内蒙古境内科尔沁沙地栽培。

赤峰杨

树种：杨树

类别：无性系

科属：杨柳科 杨属

学名：*P. ×xiaozhuanica* W.Y.Hsu et liang cv. 'Chifengensis'

编号：内林良审字第1号

申请人：赤峰市林业科学研究所

良种来源　原产地赤峰，以小叶杨为母本，钻天杨为父本的天然杂种无性系进行人工选择得到优良无性系。

良种特性　速生。树高生长最快为第4~7年；胸径生长最快期为第5~10年；材积生长最快期为第5~10年。与当地的小叶杨、合作杨、北京杨等比较，该品种适应性强、耐干旱、耐寒、抗病虫害。主要用于防护林，速生丰产林。

繁殖和栽培　插条繁殖，当年苗条剪成10~15cm的插穗，贮藏后扦插前浸水处理。7000~10000株/亩，扦插深度以插穗切口与垄面相平为宜。

选择土壤通气好、地下水位适宜的造林地，适当稀植，初植密度4m×4m为宜，营造速生丰产林和培育大径材可采用4m×6m、4m×8m、8m×8m、4m×10m。加强抚育管理。

适宜范围　内蒙古高原地区均可栽培。

'741-9-1'杨

树种：杨树
类别：优良无性系
科属：杨柳科 杨属

学名：*Populus canadensis* '741-9-1'
编号：新S-SC-PC-002-1995
申请人：新疆吉木萨尔县林木良种试验站

良种来源 母本小意杨，1974年4月授粉，5月种子成熟，播种，年底保苗110株，初选杂种单株10株，第2年观察苗期生长力，中选杂种苗平茬进行无性系苗期生长筛选，进行苗期生长力、抗寒和无性繁殖力测定。1980年后按照正规田间设计进行了品种对比造林、区域对比等试验。

良种特性 该无性系以抗寒、速生、冠窄、干直等为主要

选育目标，苗期安全越过本地区极值低温−36.6℃，无冻害，苗期枝杈少，生长快，成林后（12年生）树干通直，树冠窄小，生长快。

繁殖和栽培 按黑杨派、青杨派杨树常规扦插繁殖。

适宜范围 适宜在新疆昌吉州、伊犁州、塔城地区、博州及沿天山北麓地区栽植。

'076-28' 杨

树种：杨树	学名：*Populus canadensis* '076-28'
类别：优良无性系	编号：新S-SC-PC-013-1995
科属：杨柳科 杨属	申请人：新疆吉木萨尔县林木良种试验站

良种来源 母本系欧洲黑杨天然杂交种子。1975年播种后，经4~12年生长过程，从21株母本播种苗中以1/1000的选择强度初选出36个优良单株，1978年后，从36个优良单株中再次选出'076-28'单株繁殖，进行苗期生长力、无性繁殖力、抗寒等指标测定。1982年进入品种对比试验、造林区域对比试验，1984年生产少量苗木，在奇台、吉木萨尔、玛纳斯等地试种观察。

良种特性 该无性系以抗寒、速生、窄冠、干直等为主要选育目标。苗期安全越过本地区极值低温 -36.6℃，无冻害。苗期枝杈少，生长快，叶片直立，成林后（14年生），树干通直，尖削度小，树冠窄小，生长量大。

繁殖和栽培 同黑杨派、青杨派杨树常规扦插繁殖。

适宜范围 适宜在新疆昌吉州、伊犁州、塔城地区、博州及沿天山北麓地区栽植。

中金2号

树种：杨树
类别：品种
科属：杨柳科 杨属

学名：*Populus* spp.
编号：晋S-SV-PS-008-2001
申请人：山西省杨树丰产林实验局

良种来源 以'美洲黑杨'为母本，'美杨'×'黑杨'为父本进行杂交选育出的品种。

良种特性 雄性，树干通直，树皮灰黑色，纵裂且较深，树冠顶端优势明显，无层次，幼枝圆柱状，中部皮孔长线形，均匀分布，短枝树叶卵圆形，中绿色，叶基截形，叶尖细窄渐尖，叶柄无毛，绿色。叶基部无腺点，叶脉绿色。扦插极易成活，主根发达，幼树生长快，主干通直、且栽后易成活。11年生平均树高18.12m，平均胸径24.03cm，单株材积0.3844m³。速生，材性性状优良，抗旱、抗寒、抗病虫害，耐瘠薄能力强。

繁殖和栽培 同普通杨树。扦插繁殖。

适宜范围 山西省半干旱地区栽培。

中金7号

树种：杨树	学名：*Populus* spp.
类别：品种	编号：晋S-SV-PS-009-2001
科属：杨柳科 杨属	申请人：山西省杨树丰产林实验局

良种来源 以'美洲黑杨'为母本，以'箭杨'×'黑杨'为父本，杂交选育出的品种。

良种特性 雄性，树干通直，树皮粗，且有密的深纵裂，树皮灰黑色，短枝叶基截形，叶尖细窄渐尖，叶柄绿色无毛，主叶脉绿色，幼枝有棱角，但无沟，中部皮孔圆形，均匀分布。幼树生长速度快，扦插成活率高，主根发达，干形通直。11年生平均树高19m，平均胸径21.3cm，单株材积0.3134m³，材性性状优良。具有较强的抗旱、抗寒、抗病虫害能力，耐瘠薄。

繁殖和栽培 同普通杨树。扦插繁殖。

适宜范围 山西省半干旱地区栽培。

中金10号

树种：杨树	学名：*Populus* spp.
类别：品种	编号：晋S-SV-PS-010-2001
科属：杨柳科 杨属	申请人：山西省杨树丰产林实验局

良种来源 以'美洲黑杨'为母本，'青杨'为父本，杂交选育出的品种。

良种特性 雌性，树干通直，树皮有较密的纵裂，灰色。短枝叶基圆楔形，叶尖细窄渐尖，叶绿色，中主叶脉绿色，叶柄无毛，绿色。幼枝有棱角，但无槽沟，中部上皮孔线形，分布均匀，分枝中等。在半干旱地区无灌溉条件下，11年生时树高达16.2m，胸径21.1cm，单株材积0.2684m³。扦插易成活，材性性状优良，具有较强的抗旱、抗寒、抗病虫害能力，耐瘠薄。

繁殖和栽培 同普通杨树。扦插繁殖。

适宜范围 山西省半干旱地区栽培。

白城小黑杨

树种：杨树	学名：*Populus simonii × P. nigra* cv. 'baicheng-1'
类别：无性系	编号：吉-jslz-2002-02
科属：杨柳科 杨属	申请人：白城市林业科学研究院

良种来源 白城小黑杨是从小黑杨杂交组合中，经过初选、复选和区域栽培试验后，筛选出来的一个雄性无性系。

良种特性 乔木，树干通直。幼龄树皮光滑灰绿，壮龄树皮灰褐色，浅纵裂。树冠圆锥形。短枝叶菱状椭圆形，长5.5~9.0cm，宽2.5~8.0cm，叶面深绿色，叶背淡绿色，叶先端长渐尖，叶基部圆形或广楔形，叶柄近于扁平，叶缘具钝锯齿，但基部锯齿疏浅，且成波状，边缘半透明。长枝叶大，菱状广卵形或三角状卵圆形。芽大有黄色粘液，侧芽呈牛角状向外弯曲着生。雄花序长约5cm，每序具小花50~70朵，每小花具雄蕊20~25个，花药深红色，苞片较大，长6~7mm。苗茎棱线明显，侧枝萌生力强，苗顶液黄色，近苗木生长点处嫩叶红褐色。具有速生、耐寒、耐干旱、瘠薄、耐盐碱、抗烂皮病等特点。

繁殖和栽培 苗木无性繁殖。在平原或较肥沃的土壤条件下，可采用1年生苗根机械造林，栽植深度应在25cm以上。造林后每年都应及时进行中耕除草，促进幼林健壮生长。在沙丘上植树造林时，应使用沙丘深沟植树机机械造林，其优点是既防风剥沙压，又能积肥保墒。

适宜范围 小黑杨适应性广泛，具有速生、抗寒、耐旱、抗病虫、树干通直圆满、材质洁白等综合优点。目前已在三北地区广泛推广应用，并产生了巨大的经济和社会效益。白城小黑杨适宜在吉林省西部以及邻近省（区）的沙地、轻盐碱地及吉林省平原地区栽培推广。

晚花杨

树种：晚花杨
类别：无性系
科属：杨柳科 杨属

学名：*Populus × eurameicana* cv. 'Serotina'
编号：吉-jslz-2002-07
申请人：吉林市林业科学研究院

良种来源 晚花杨是白城市林科院1967年从北京植物园引进，经多年驯化，综合性状良好。

良种特性 乔木，树干通直，树皮深纵裂，灰褐色。短枝叶三角形，长7~9cm，宽6~8cm，叶先端长，渐尖，叶基部截形。雄性，花序长8~12cm，紫红色。苗木叶片三角形，长、宽各10cm，叶柄长，深红色，苗茎棱线明显。具有速生、耐寒、耐干旱、耐瘠薄、耐涝和抗病虫害等特点。

繁殖和栽培 采用营养枝扦插育苗方式培育苗木。

适宜范围 适宜在吉林省中、西部平原，湿润，土层在1.0~1.5m以上，排水良好的沙土、黑土、黑钙土、冲积土上栽培。

格尔里杨

树种：杨树
类别：无性系
科属：杨柳科 杨属

学名：*Populus eurameicana* cv. 'Gelrica'
编号：吉-jslz-2002-08
申请人：吉林市林业科学研究院

良种来源 格尔里杨是白城市林科院1961年从中国林科院引进的，为天然杂种，起源于荷兰，杂交亲本可能是马里兰德杨和晚花杨。

良种特性 乔木，树冠圆锥形。树皮灰白色，深纵裂。短枝叶三角形，长7.4cm，宽6.8cm，叶先端长，渐尖，叶基部截形。雄性，花序长8~12cm，紫红色。苗木叶片三角形，长12.9cm，宽13.1cm，叶先端长，渐尖，叶基

部截形，叶柄绿色。苗茎棱线明显，梢部红褐色。树木耐寒、速生、抗病虫害。在沙土和粘土地上生长良好，但不适于酸性土壤和泥炭土。

繁殖和栽培 无性繁殖。造林技术同常规杨树造林。

适宜范围 适宜在吉林省中、西部地区水肥充足的立地上栽植。

西＋加杨

树种：杨树	学名：*Populus suaveolens × P. canadensis*
类别：无性系	编号：吉-jslz-2002-09
科属：杨柳科 杨属	申请人：吉林市林业科学研究院

良种来源 西＋加杨是∏·波格丹诺夫1936年将加拿大杨嫁接到西伯利亚杨上得到的，波氏称其为加拿大—西伯利亚无性杂种ＮＯ.10。白城市林科院1961年从中国林科院引进。

良种特性 西＋加杨为乔木，树干通直。幼龄树皮灰色，开裂较晚，纵裂狭、浅而短，成年树皮灰褐色。短枝叶三角状卵圆形，叶基圆形或截形，先端长，渐尖或突尖。叶缘具小圆钝锯齿，叶面皱起。雌性，不育。苗木叶片三角状卵圆形。具有速生性、耐寒性、适生能力强、抗病虫害等特点，但不耐干旱。西＋加杨在沙土、沙壤土、黄壤土和黑土等不同土壤条件下，表现速生，在17~22年生时每公顷立木蓄积是北京杨、北京605杨、白城小黑杨的235％、154％和88％。是营造速生丰产林的优良树种之一。

经多年的研究表明：它是一个表皮层为西型杨、皮层为加型杨构成的周缘嵌合体。在采穗圃中土壤特别干旱、根桩上的正常芽遭受损伤，迫使其从基部或地面以下形成不定芽长成新条时，便会发生无性分离现象，将分离出加型杨、西型杨、西＋加杨与加型杨相嵌和西＋加杨与西型杨相嵌4个类型的枝条。加型杨在一般土壤条件下表现比西＋加杨耐旱、速生。

繁殖和栽培 采用营养枝扦插育苗方式培育苗木，采用常规造林技术进行栽植。

适宜范围 吉林省中、西部地区水肥条件好或较好的黑土、黑钙土和沙土。

伊犁大叶杨（大叶钻天杨）

树种：杨树
类别：优良无性系
科属：杨柳科 杨属

学名：*Populus balsamifera*
编号：新S-SC-PB-002-2003
申请人：新疆伊犁州林木良种繁育试验中心

良种来源　1973年从陕西引进。首先进行苗期试验，选出优质壮苗建立品种对比试验林，通过品种对比试验，测定其生长量及抗性等。同时建立品种生长模型，预测品种生长进程，以便建立科学的管理模式。在此基础上，估算品种的经济效益、生态效益。同时在周边县市布置区域试验林，测试品种的遗传稳定性及生长适应性，充分发挥优良品种的社会效益。

良种特性　该品种苗期皮浅灰，皮孔稀、有棱，密度中等，分枝较粗。生长迅速，干形直，抗逆性强，树皮粗糙，育苗成活率高。抗病虫能力强，抗寒，能耐－43.2℃低温，喜沙土，但不耐干旱和瘠薄。根系发达，造林成活率高，无性繁殖容易。材质好，可用于速生丰产林和工业用材林栽植，适合铅笔用材。

繁殖和栽培　无性繁殖（扦插、组培等），扦插株行距15cm×80cm，插后及时浇水，6~7月施肥一次，6、7、8月各抹芽一次。

适宜范围　在新疆北疆杨树适生区栽植。

伊犁小美杨（阿富汗杨）

树种：杨树
类别：优良无性系
科属：杨柳科 杨属

学名：*Populus afghanica*
编号：新S-SC-PA-003-2003
申请人：新疆伊犁州林木良种繁育试验中心

良种来源 1981年从新疆皮山县引进。引种时首先进行苗期对比试验，从苗期表现好的品种中选出优良单株进行品种对比试验，通过品种对比试验，测定其生长量、抗性、侧枝、干形、冠幅等生长指标，并进行物候观察，了解品种生长规律及特性，同时在周边县市布置区域试验林，以测试其性状稳定性和适应性。

良种特性 该品种树皮淡灰色，浅裂，树冠开展，干形通直，尖削度小，侧枝细。生长快，抗病虫力强，抗寒，能耐 –43.2℃低温。喜沙壤土，耐盐碱，苗期侧芽多。可用作速生丰产林和工业用材林栽植。

繁殖和栽培 无性繁殖（扦插、埋条、埋根、组培等），扦插株行距15cm×80cm，插后及时浇水，6~7月施肥一次，6、7、8月各抹芽一次。也可种子繁殖。

适宜范围 新疆北疆杨树适生区。

'伊犁杨1号'（'64号'杨）

树种：杨树	学名：*Populus canadensis* 'Yili1'
类别：优良无性系	编号：新S-SC-PC-006-2003
科属：杨柳科 杨属	申请人：新疆伊犁州林木良种繁育试验中心

良种来源 1981年从中国林业科学研究院引进种条进行无性繁殖，然后从中选取生长好的一级苗造林，造林时设3次重复，随机排列。在整个试验过程中，每年测定其生长量，并对病虫冻害情况进行调查。通过对比试验，表现出较好的生长适应性。经材性测试，被选为铅笔原料。同时在各县市进行育苗、造林试验，该品种生长情况良好，无冻梢抽干现象，高、径生长仍然具有明显优势。

良种特性 属美洲黑杨系列，树皮浅灰色、粗糙、浅裂；树叶三角形，中等大小；树干通直、圆满，尖削度小；冠幅中等偏小，分枝角度40°以内，侧枝细，最大侧枝直径不超过3cm，自然整枝能力强。生长量大，抗性强，1990年定植至今没有感染病虫害，在-39℃低温无冻害，弱碱条件下生长迅速。该品种无性繁殖容易，苗期生长量大，当年扦插苗3.5m以上的可达80%，2年根1年秆扦插苗5m以上的可达80%。扦插成活率在95%以上，造林成活率90%以上。材质好，是营造速生丰产林、铅笔原料林、纸浆和中纤板原料林的理想树种。

繁殖和栽培 无性繁殖（硬枝扦插、嫩枝扦插、埋根等），扦插株行距15cm×80cm，插后及时浇水，6~7月施肥一次，6、8月各抹芽一次。

适宜范围 在新疆北疆杨树适生区栽植。

'伊犁杨2号'（'I-45／51'杨）

树种：杨树	学名：*Populus canadensis* 'Yili2'
类别：优良无性系	编号：新S-SC-PC-007-2003
科属：杨柳科 杨属	申请人：新疆伊犁州林木良种繁育试验中心

良种来源　1981年从北京引种，亲本为意大利卡罗林场的自然种子选育。从苗期试验的表现中，选出优良单株进行对比试验，测定其生长量、抗性、侧枝、干形、冠幅等生长指标，并随时进行物候观察，了解其生长规律及特性。同时在周边县市布置区域试验林，以测试其性状稳定性和适应性。

良种特性　该品种树皮灰色或褐色，粗糙，深裂，树皮厚，落叶晚；树干通直，尖削度小，生长快，生长周期长；材质好，苗期径生长大，高生长小，几乎无侧芽；易于管理，扦插成活率高。抗寒，能耐－43.2℃低温，抗虫、抗病力强。适宜农牧区生长，除用于防护林种植外，还可作铅笔用材。

繁殖和栽培　无性繁殖（扦插、组培等），扦插株行距15cm×80cm，插后及时浇水，头三水间隔时间5~7d，年浇水12次左右，6~7月施肥一次。

适宜范围　在新疆北疆杨树适生区栽植。

'伊犁杨3号'（日本白杨）

树种：杨树	学名：*Populus canadensis* 'Yili3'
类别：优良无性系	编号：新S-SC-PC-008-2003
科属：杨柳科 杨属	申请人：新疆伊犁州林木良种繁育试验中心

良种来源 1981年从北京引进欧美杨无性系。通过苗期试验，选出优质壮苗营建对比试验林，测定其生长量及抗性等，同时建立该品种生长模型，预测其生长进程，估算经济效益、生态效益。同时在周边县市布置区域试验林，测试该品种的遗传稳定性及生长适应性。

良种特性 该品种树皮灰白色，浅裂，树冠大，干形通直，生长迅速，出材率高。适应性强，抗寒能力强，能抵御 −43.2℃低温。适合北疆农牧区种植，育苗、造林成活率高。该品种对水肥要求高，喜在土层深厚、肥力较好的土壤中生长。除用于营造速生丰产林和工业用材林外，还适用于营造铅笔用材林。

繁殖和栽培 无性繁殖（扦插、埋条、埋根、组培等），扦插株行距15cm×80cm，插后及时浇水，6~7月施肥一次，6、7、8月各抹芽一次。

适宜范围 在新疆北疆杨树适生区栽植。

'伊犁杨4号'（'I-262'杨）

树种：杨树
类别：优良无性系
科属：杨柳科 杨属

学名：*Populus canadensis* 'Yili4'
编号：新S-SC-PC-009-2003
申请人：新疆伊犁州林木良种繁育试验中心

良种来源　1973年从北京引进，亲本为'欧美杨'ב卡罗林杨'。首先进行苗期试验，从苗期表现好的品种中选出杂交无性系优良单株进行品种对比试验，测定其生长量、抗性、侧枝、干形、冠幅等生长指标，并随时进行物候观察，了解品种生长规律及特性。同时在周边县市布置区域试验林，测试其性状稳定性和适应性。

繁殖和栽培　无性繁殖（硬枝扦插、嫩枝扦插、埋根等），扦插株行距15cm×80cm，插后及时浇水，6~7月施肥一次，6、7、8月各抹芽一次。

适宜范围　在新疆北疆杨树适生区栽植。

'伊犁杨5号'（'I-467'杨）

树种：杨树	学名：*Populus canadensis* 'Yili5'
类别：优良无性系	编号：新S-SC-PC-010-2003
科属：杨柳科 杨属	申请人：新疆伊犁州林木良种繁育试验中心

良种来源　1981年从北京引种，亲本为'欧美杨'×'卡罗林杨'。经过苗期试验，从苗期表现好的中选出优良单株进行对比试验，测定其生长量、抗性、侧枝、干形、冠幅等生长指标，并进行物候观察，了解品种生长规律及特性。同时在周边县市布置区域试验林，以测试其性状稳定性和适应性。

良种特性　该品种树皮灰色，光滑，冠幅大，圆满，树干直，生长快，树干上部微弯，侧枝较粗。抗性强，抗病虫，能耐-43.2℃低温。在沙壤土中生长良好，稍耐碱，在pH值<8的条件下生长良好。可用于速生丰产林和工业用材林种植。

繁殖和栽培　无性繁殖（硬枝扦插、嫩枝扦插、埋根等），扦插株行距15cm×80cm，插后及时浇水，6~7月施肥一次，6、7、8月各抹芽一次。

适宜范围　在新疆北疆杨树适生区栽植。

‘伊犁杨7号’ (马里兰德杨)

树种：杨树
类别：优良无性系
科属：杨柳科 杨属

学名：*Populus* 'marilandica'
编号：新S-SC-PM-011-2003
申请人：新疆伊犁州林木良种繁育试验中心

良种来源 1973年从陕西林科院引进，亲本为‘欧洲黑杨’×晚花杨人工杂种。经过苗期试验，从苗期表现好的中选出优良单株进行对比试验，通过试验，测定其生长量、抗性、侧枝、干形、冠幅等生长指标，并随时进行物候观察，了解品种生长规律及特性。同时在周边县市布置区域试验林，测试其性状稳定性和适应性。

良种特性 该品种树皮灰白色，浅裂，树冠圆形，树干上部微弯，侧枝细，生长较快，干形较好。适应性强，抗病虫力较强，抗寒，能耐－39℃低温，在沙壤土中生长良好，稍耐碱。适应农牧区农田防护林需要。

繁殖和栽培 无性繁殖（硬枝扦插、嫩枝扦插、埋根等），扦插株行距15cm×80cm，插后及时浇水，6~7月施肥一次，6、7、8月各抹芽一次。

适宜范围 在新疆北疆杨树适生区栽植。

'伊犁杨8号'（'保加利亚3号'杨）

树种：杨树	学名：*Populus canadensis* 'Yili8'
类别：优良无性系	编号：新S-SC-PC-012-2003
科属：杨柳科 杨属	申请人：新疆伊犁州林木良种繁育试验中心

良种来源 1974年从北京大东流苗圃引进。经过苗期试验，从苗期表现好的中选出优良单株进行对比试验，测定其长量、抗性、侧枝、干形、冠幅等生长指标，并随时进行物候观察，了解品种生长规律及特性。同时在周边县市布置区域试验林，以测试其性状稳定性和适应性。

良种特性 该品种树皮灰色，光滑，树干通直，冠幅小，侧枝细，尖削度小。生长较快，抗寒，能耐-43.2℃低温，在pH值<8.5土壤中生长良好，适宜北疆农牧区栽种，同时繁殖容易，造林成活率高。

繁殖和栽培 无性繁殖（硬枝扦插、嫩枝扦插、埋根等），扦插株行距15cm×80cm，插后及时浇水，6~7月施肥一次，6、7、8月各抹芽一次。

适宜范围 在新疆北疆杨树适生区栽植。

格氏杨

树种：杨树
类别：优良无性系
科属：杨柳科 杨属

学名：*Populus × generosa*
编号：新S-SC-PG-001-2004
申请人：新疆伊犁州林木良种繁育试验中心

良种来源 20世纪70年代从北京大东流苗圃引种，进行苗期试验，筛选出生长快、干形好、适应性强的品种，于1986年分别在巩留县、特克斯县、察布查尔县、伊宁县、新源县各布置区域试验100亩。试验过程中，每年对各参试品种进行高生长、径生长、材积生长、冠幅、材冠比、干形、病虫冻害等生理指标测定，同时观察各品种的生物学特性、生长适应性及遗传稳定性，格氏杨是其中之一。

良种特性 该品种树皮灰色或褐色，粗糙，深裂，树皮厚，落叶晚。树干通直，尖削度较小。生长快，生长周期长，材质好。苗期粗生长大，高生长小，几乎无侧芽，易于管理，扦插成活率高。抗寒，能耐 -39.2℃低温，抗病虫能力强。高生长年平均2.1m，径生长年平均3.7cm。适宜农牧区栽植。

繁殖和栽培 无性繁殖（扦插、组培等）。扦插株行距15cm×80cm，扦后及时浇水，头三水间隔5~7d，年浇水12次左右，6~7月施肥一次。

适宜范围 适宜在新疆伊犁州直县市（除奎屯市）及类似气候条件地区栽植。

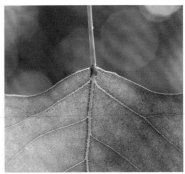

北京605杨

树种：杨树　　　　　　　　　　　学名：*Populus × beijingensis* cv. '605'

类别：无性系　　　　　　　　　　编号：吉–JSLZ2004–11

科属：杨柳科　杨属　　　　　　　申请人：吉林省林木种苗繁育推广示范中心

良种来源　北京605杨是中国林业科学研究院以钻天杨（*P.nigra* L.var *italica*）为母本，以青杨（*P.cathayana rehd.*）为父本人工杂交育成，经定向培育选择的无性系。从20世纪70年代引进到吉林省，所造的林已陆续成材，1998~2000年在农安、九台等地选择优良林分采取措施诱导根萌枝条获得幼化的穗条，并无性系化。

良种特性　高大乔木，树形美观，主干通直圆满，树皮光滑灰绿色，枝条无棱，芽长条形紫褐色，被较厚黄色胶质，叶片较大，边缘呈波状起伏，该品种喜光、喜肥、喜水。生长迅速，用苗根造林年高生长2.2m，胸径1.5cm，高生长和胸径生长量是对照的118％、130％。中等以上的立地条件18~20年可主伐利用。抗病虫害较强，对白杨透翅蛾、青杨天牛、树烂皮病的抗性高于对照品种，对舟蛾类、毒蛾类、叶甲类、杨褐锈病、灰斑病等叶部病虫害与对照无差异。

繁殖和栽培　苗木以硬枝扦插方法繁殖。可采用机械开沟人工挖穴植苗造林或大坑泥浆定植。

适宜范围　该品种适宜在吉林省白城、松原、长春、四平、吉林、通化、辽源市的气候湿润、土壤深厚、肥沃的平原栽植。

法国杂种

树种：杨树
类别：优良无性系
科属：杨柳科 杨属

学名：*Populus × Euramericana*
编号：新S-SC-PE-004-2004
申请人：新疆伊犁州林木良种繁育试验中心

良种来源　20世纪70年代从辽宁、乌鲁木齐市四宫苗圃引种，首先进行苗期试验，筛选出生长快、干形好、适应性强的品种于1986年分别在新疆巩留县、特克斯县、察布查尔县、伊宁县、新源县各布置区域试验100亩。试验过程中，对各参试品种进行高生长、径生长、材积生长、冠幅、材冠比、干形、病虫冻害等生理指标测定。同时观察各品种的生物学特性、生长适应性及遗传稳定性。

良种特性　该品种树皮淡灰色，浅裂，树冠开展，干形通直，尖削度小，侧枝细，出材率高。适应性强，生长迅速，抗病虫害能力强，抗寒，能耐 -39.2℃低温，适合北方寒冷地带种植。该品种喜沙壤土，较耐盐碱，扦插、造林成活率高，苗期侧芽少，易于管理。其高生长年平均2.2m，径生长年平均3.2cm。可用作速生丰产林、工业用材林和铅笔原料林。

繁殖和栽培　无性繁殖（扦插、嫩枝扦插），扦插株行距15cm×80cm，扦后及时浇水，6~7月施肥一次，6~8月抹芽一次。也可种子繁殖。

适宜范围　适宜在新疆伊犁州直县市及类似气候条件地区栽植。

加杨

树种：杨树	学名：*Populus canadensis*
类别：优良无性系	编号：新S-SC-PC-005-2004
科属：杨柳科 杨属	申请人：新疆伊犁州林木良种繁育试验中心

良种来源 20世纪70年代从哈尔滨植物园引种。首先进行苗期试验，筛选出生长快、干形好、适应性强的品种于1986年分别在新疆巩留县、特克斯县、察布查尔县、伊宁县、新源县各布置区域试验100亩。试验过程中，对各参试品种进行高生长、径生长、材积生长、冠幅、材冠比、干形、病虫冻害等生理指标测定，同时观察各品种的生物学特性、生长适应性及遗传稳定性。

良种特性 该品种树皮灰色或褐色，粗糙，浅裂，树干直，树冠中等，尖削度小，生长快，材质好，扦插成活率高。抗寒，能耐-39.2℃低温，抗病虫能力强。其高生长年平均2.1m，径生长年平均3.4cm。适宜农牧区栽植，可用于丰产林和防护林种植。

繁殖和栽培 无性繁殖(扦插、组培、埋条、埋根等)，扦插株行距15cm×80cm，扦插后及时浇水，头三水间隔时间5~7d，年浇水12次左右，6~7月施肥一次，6~8月抹芽一次。

适宜范围 适宜在新疆伊犁州直县市及类似气候条件地区栽植。

'I-214' 杨

树种：杨树
类别：优良无性系
科属：杨柳科 杨属

学名：*Populus* 'I-214'
编号：新S-SC-PI-007-2004
申请人：新疆伊犁州林木良种繁育试验中心

良种来源 20世纪70年代从北京大东流苗圃引种。首先进行苗期试验，筛选出生长快、干形好、适应性强的品种于1986年分别在新疆巩留县、特克斯县、察布查尔县、伊宁县、新源县各布置区域试验100亩。试验过程中，对各参试品种进行高生长、径生长、材积生长、冠幅、材冠比、干形、病虫冻害等生理指标测定，同时观察各品种的生物学特性、生长适应性及遗传稳定性。

良种特性 该品种树皮灰色或褐色，微粗，浅裂，树皮较厚。树干通直，尖削度小，生长快，生长周期较长，材质好，扦插成活率高。抗寒，能耐 -39.2℃低温。其高生长年平均2.0m，径生长年平均2.8cm。抗病虫能力强，适宜农牧区栽植。

繁殖和栽培 无性繁殖(扦插、组培、埋条、埋根等)，扦插株行距15cm×80cm，扦插后及时浇水，头三水间隔5~7d，年浇水12次左右，6~7月施肥一次，6~8月抹芽一次。

适宜范围 适宜在新疆伊犁州直县市（除奎屯市）及类似气候条件地区栽植。

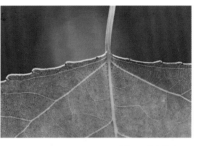

'保加利亚3号'杨

树种：杨树	学名：*Populus canadensis* 'Baojialiya3'
类别：优良无性系	编号：新S-SC-PC-008-2004
科属：杨柳科 杨属	申请人：新疆伊犁州林木良种繁育试验中心

良种来源 20世纪70年代从辽宁引种。首先进行苗期试验筛，选出生长快、干形好、适应性强的品种于1986年分别在新疆巩留县、特克斯县、察布查尔县、伊宁县、新源县各布置区域试验100亩。试验过程中，对各参试品种进行高生长、径生长、材积生长、冠幅、材冠比、干形、病虫冻害等生理指标测定。同时观察各品种的生物学特性、生长适应性及遗传稳定性。

良种特性 该品种树皮灰色或褐色，落叶晚，树干通直，窄冠，尖削度小。生长快，生长周期长，材质好，苗期生长量较大，几乎无侧芽。易于管理，扦插成活率高。抗寒，能耐－39.2℃低温，高生长年平均2.1m，径生长年平均3.0cm。抗病虫能力较强，适宜农牧区栽植。

繁殖和栽培 无性繁殖（扦插、组培等），扦插株行距15cm×80cm，扦后及时浇水，头三水间隔5~7d，年浇水12次左右，6~7月施肥一次，6~8月抹芽一次。

适宜范围 适宜在新疆伊犁州直县市及类似气候条件地区栽植。

箭 × 小杨

树种：杨树
类别：优良无性系
科属：杨柳科 杨属

学名：*Populus nigra* var.thevespina × Simonii
编号：新S-SC-PTS-009-2004
申请人：新疆伊犁州林木良种繁育试验中心

良种来源 20世纪70年代从北京大东流苗圃、辽宁引种。首先进行苗期试验筛选出生长快、干形好、适应性强的品种于1986年分别在新疆巩留县、特克斯县、察布查尔县、伊宁县、新源县各布置区域试验100亩。试验过程中，对各参试品种进行高生长、径生长、材积生长、冠幅、材冠比、干形、病虫冻害等生理指标测定。同时观察各品种的生物学特性、生长适应性及遗传稳定性。

良种特性 该品种生长迅速，干直，树皮粗糙。抗病虫能力强，抗寒，能耐 –39.2℃低温，喜沙土。造林成活率高，根系发达，无性繁殖容易。其高生长年平均2.0m，径生长年平均3.8cm。材质好，可用于速生丰产林和工业用材林，适于农牧区栽植。

繁殖和栽培 无性繁殖（扦插、组培等），扦插株行距15cm×80cm，扦后及时浇水，6~7月施肥一次，6、7、8月各抹芽一次。

适宜范围 适宜在新疆伊犁州直县市及类似气候条件地区栽植。

'I-488'杨

树种：杨树
类别：优良无性系
科属：杨柳科 杨属

学名：*Populus canadensis* 'I-488'
编号：新S-SC-PC-010-2004
申请人：新疆伊犁州林木良种繁育试验中心

良种来源　20世纪70年代从北京大东流苗圃引种。首先进行苗期试验，筛选出生长快、干形好、适应性强的品种于1986年分别在新疆巩留县、特克斯县、察布查尔县、伊宁县、新源县各布置区域试验100亩。试验过程中，对各参试品种进行高生长、径生长、材积生长、冠幅、材冠比、干形、病虫冻害等生理指标测定，同时观察各品种的生物学特性、生长适应性及遗传稳定性。

良种特性　树皮灰色或褐色，粗糙，深裂，树皮厚，落叶晚，树干通直，尖削度小。生长快，生长周期较长，材质好，扦插成活率高。抗寒，能忍耐−39.2℃低温，其高生长年平均2.1m，径生长年平均3.3cm。抗病虫能力强，适宜农牧区栽植。

繁殖和栽培　无性繁殖（扦插、组培等），扦插株行距15cm×80cm，扦后及时浇水，头三水间隔5~7d，年浇水12次左右，6~7月施肥一次，6~8月抹芽一次。

适宜范围　适宜在新疆伊犁州直县市（除奎屯市）及类似气候条件地区栽植。

'健227' 杨

树种：杨树
类别：优良无性系
科属：杨柳科 杨属

学名：*Populus* × 'Robusta227'
编号：新S-SC-PR-011-2004
申请人：新疆伊犁州林木良种繁育试验中心

良种来源 20世纪70年代从辽宁盖县引种。首先进行苗期试验，筛选出生长快、干形好、适应性强的品种于1986年分别在新疆巩留县、特克斯县、察布查尔县、伊宁县、新源县各布置区域试验100亩。试验过程中，对各参试品种进行高生长、径生长、材积生长、冠幅、材冠比、干形、病虫冻害等生理指标测定，同时观察各品种的生物学特性、生长适应性及遗传稳定性。

良种特性 树皮棕灰色或褐色，深裂，落叶晚。树干通直，侧枝细，尖削度小。生长快，生长周期长，材质好，扦插及造林成活率高。抗寒，能耐 -39.2℃低温，高生长年平均2.1m，径生长年平均2.8cm。抗病虫能力强，适宜速生丰产用材林和工业原料林。4m×5m或5m×5m均可，造林后及时浇水、施肥。第1年浇水8~10次，第2年浇水6~8次，第3年进入常规管理。

繁殖和栽培 无性繁殖（扦插、组培等），扦插株行距15cm×80cm，扦后及时浇水，头三水间隔5~7d，年浇水12次左右，6~7月施肥一次，6~8月抹芽一次。

适宜范围 适宜在新疆伊犁州直县市及类似气候条件地区栽植。

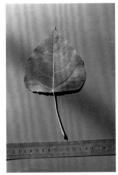

'斯大林工作者'杨

树种：杨树	学名：*Populus* × 'Stalinetz'
类别：优良无性系	编号：新S-SC-PS-012-2004
科属：杨柳科 杨属	申请人：新疆伊犁州林木良种繁育试验中心

良种来源　20世纪70年代从辽宁引种，对苗期表现好的优良单株进行对比试验。通过在新疆伊犁州林木良种繁育试验中心、察布查尔县、新源县、特克斯县、巩留县等地布置区域试验，对各参试品种高生长、径生长、材积生长、冠幅、材冠比、干形、病虫冻害等生理指标进行测定，并进行物候观察，同时观察各品种的生物学特性、生长适应性及遗传稳定性。

良种特性　树皮灰色或褐色，粗糙，浅裂，落叶早。树干通直，尖削度小，生长快，材质好。苗期几乎无侧芽，易于管理，扦插成活率高。抗寒，能耐 - 39.2℃低温，其高生长年平均1.9m，径生长年平均2.8cm。适宜农牧区、农田防护林和铅笔原料林种植。

繁殖和栽培　无性繁殖（扦插、组培等），扦插株行距15cm×80cm，扦后及时浇水，头三水间隔5~7d，年浇水12左右，6~7月施肥一次。

适宜范围　适宜在新疆伊犁州直县市及类似气候条件地区栽植。

俄罗斯杨

树种：杨树	学名：*Populus russkii*
类别：优良无性系	编号：新S-SC-PR-014-2004
科属：杨柳科 杨属	申请人：新疆林木种苗管理总站、新疆林业科学研究院

良种来源 从20世纪70年代引入新疆的400个杨树品种（系）和当地品种的小区试验中，筛选出包括俄罗斯杨在内的18个品种，1982~1993年在新疆不同生态区（12个试验点）进行区试，对生长、抗性、生物学特性、无性繁殖等进行了较系统的研究，确定了俄罗斯杨的适宜种植区域。

良种特性 该品种树干尖削度小，圆满通直。抗病、抗虫能力较强，较抗旱抗风沙，抗寒性强，耐盐碱。树冠窄小，分枝角度小，可高密度栽培。生长快，年高生长可达2.5~3m，胸径生长可达3~4cm，每亩栽植120~300株，每亩年产材可达1.3~2.5m³。

繁殖和栽培 地温要求大于13℃。插穗15~18cm，插后保持土壤湿润。

适宜范围 新疆天山以北（北疆）和以东地区均可栽植。

小黑杨

树种：杨树	学名：*Populus simonii* × Nigra
类别：优良无性系	编号：新S-SC-PSN-018-2004
科属：杨柳科 杨属	申请人：新疆玛纳斯县平原林场

良种来源 20世纪70年代初，玛纳斯县平原林场等单位从吉林白城林业科学研究所引种小黑杨，通过无性繁殖，于1973年和1984年分别营建70亩杨树汇集园和人工营造杨树基因库。通过生长量、材性、抗逆性及适应性等调查分析，成功选育出小黑杨等一批极具推广应用价值的杨树品种，为新疆平原造林增添了新的品种。

良种特性 具有抗寒、抗旱、耐瘠薄、耐盐碱、生长速度快，是营建用材林、农田防护林、城市绿化及荒地造林的优良树种。可抗－40℃极端低温，在40℃的高温下正常生长，16年生平均树高21m，平均胸径24.6cm。

繁殖和栽培 小黑杨多用无性扦插方式繁殖，插穗选择生长健壮、叶芽饱满的1年生枝为种条；扦插时适当密植，控制萌生侧枝。每亩扦插穗5000~10000株为宜；小黑杨为喜光树种，植株密度4m×4m或3m×4m为宜。

适宜范围 在新疆杨树适生区栽植。

中加10号杨

树种：杨树
类别：无性系
科属：杨柳科 杨属

学名：*Populus × eur.* 'DN182'
编号：吉S-SC-PE-2007-004
申请人：白城市林业科学研究院

良种来源 该品种由中国林业科学研究院从加拿大引进，杂交组合为 *Populus pulus deltoides × P. nigra*。1992年由白城市林科院从辽宁省建平县黑水镇苗圃中国林科院欧美杨引种试验基地引入吉林省通榆县瞻榆第二机械林场苗圃。

良种特性 为欧美杨品种，雄株。叶型三角状卵形，叶顶部渐尖。枝条灰绿色，叶部下方有三条棱线。苗顶液黄色，叶芽长三角状，紧贴树皮生长。大树树干通直，树皮灰色，有细纵裂，幼树树皮灰褐色，皮孔大且明显。侧枝分布均匀且枝径较细。大树冠幅较窄。具有耐寒、耐旱、速生、干形良好、抗病虫害等特性。据2003年调查，10年生时，No.10号杨平均胸径达到24.4cm，为对照品种白城小黑杨（16.6cm）的147%，小黑14（17.3cm）的141%。为吉林省中西部地区杨树优良造林新品种。

繁殖和栽培 具有较好的生根性状，可扦插繁殖。扦插繁殖时可参照目前推广的白林2号杨和其他欧美杨繁殖技术。可使用2年生或2根一干苗造林。

适宜范围 可以在白城市以南地区的风积沙地、淡黑钙土区、黑钙土区进行推广。吉林省中西部地区杨树优良造林新品种。

'少先队2号'杨

树种：杨树

类别：优良无性系

科属：杨柳科 杨属

学名：*Populus×pioner 'Jabl-2'*

编号：新S-SC-PP-013-2009

申请人：新疆伊犁州林木良种繁育试验中心

良种来源 该品种由少先队杨天然杂交种子繁育而成。选择出生长快的优良种条扦插繁殖，然后从中选取出生长健壮的一级苗造林。造林时设4次重复，6株小区，随机排列。在整个选育过程中对各形质指标和抗性指标进行观测，通过品种对比试验，该品种表现出较强的生长适应性和遗传稳定性。

良种特性 树皮褐色，浅裂，树干通直，树冠窄，尖削度小，分枝角<15°，侧枝细，自然整枝力强。树皮粗糙，抗性强，生长较迅速，适合北方农牧区及农田防护林种植。同时是目前退耕还林高密度种植的理想树种。抗病虫，耐寒，能耐－39℃低温，在pH值<8条件下生长良好。

繁殖和栽培 无性繁殖（扦插、埋条、埋根、组培等），扦插株行距15cm×80cm，插后及时浇水，6~7月施肥一次，6~8月各抹芽一次。

适宜范围 适宜在新疆伊宁县、新源县、特克斯县、察布查尔县栽植。

'伊犁杨6号'('优胜003')

树种：杨树	学名：*Populus* × 'Koehe-003'
类别：优良无性系	编号：新S-SC-PK-012-2009
科属：杨柳科 杨属	申请人：新疆伊犁州林木良种繁育试验中心

良种来源 该品种由优胜杨天然杂交种子繁育而成。试验过程中，选出生长快的优良种条扦插繁殖，然后从中选取出生长健壮的一级苗造林。造林时设4次重复，6株小区，随机排列。在整个选育过程中从苗期开始就对各形质指标和抗性指标进行观测，通过品种对比试验，该品种表现出较强的生长适应性和遗传稳定性。

良种特性 树皮褐色，深裂，树冠中等，侧枝细，自然整枝效果好。干形通直，尖削度小，分枝角<50°，抗性强。无性繁殖及造成林成活率高，苗期生长量大，侧芽少，易于管理。高生长超过对照箭杆杨23.0%，径生长超过对照68.0%，材积超过对照234%。抗病虫，耐寒，能耐－39℃低温。在pH值<8条件下生长良好。该树树皮粗糙，牲畜不宜啃食，适合北方农牧区种植。

繁殖和栽培 无性繁殖（扦插、埋条、埋根、组培等），扦插株行距15cm×80cm，插后及时浇水，6~7月施肥一次，6~8月抹芽一次。

适宜范围 适宜在新疆伊宁县、新源县、特克斯县、察布查尔县栽植。

辽宁杨

树种：杨树	学名：*Populus × liaoningensis*
类别：优良无性系	编号：辽S-SC-PL-011-2010
科属：杨柳科 杨属	申请人：辽宁省杨树研究所

良种来源 '辽宁杨'是辽宁省杨树研究所陈鸿雕等1982年以'美洲黑杨鲁克斯杨'和'山海关杨'通过室内切枝水培杂交、集团选择培育出的抗病速生新杂交种。

良种特性 雌雄株都有，树干通直，树冠尖塔形，枝叶茂盛，树皮粗糙，顺向深纵裂，灰褐色，小枝有5~6条明显的棱线，侧枝角度大，短枝叶三角形，叶基部为浅心状，叶端宽圆渐尖或微凸尖。花期在4月初，放叶期在4月中旬，初放叶颜色为淡绿。果实成熟在6月末、7月初，封顶在9月中旬。经田间试验使用多基因型混合造林，通过调查、测试，'辽宁杨'7年平均单株材积是'沙兰杨'的2.2倍，比重为0.387，也比'沙兰杨'（0.309）高，而且木材原浆白度高达70%以上，是早期速生最优良品种之一，并对溃疡病有明显抗性。另外，在盘锦轻盐碱地上生长良好。'辽宁杨'是喜温树种，年均温在8℃以上、有效积温超过3400（≥10℃）和降水量在400~800mm之间，无霜期在180多天；沙壤土、轻壤土为佳。造林绿化树种，也可作用材林树种，亦可用于胶合板、家具制造 等方面。

繁殖和栽培 硬枝扦插4月中下旬，插穗12~15cm，扦插前尽量沙藏，浸泡不少于2d。采用一年生根桩苗造林，地径1.5cm以上，苗高20cm左右，树坑40~50cm见方。造林密度5m×6m、4m×8m、5m×7m、6m×6m、5m×8m。4m×5m、4m×6m、5m×5m和4m×7m等。修枝应在林木的休眠季节进行。修枝工具要锋利，切口要平滑，紧贴树干，不撕树皮，不留桩。间作种为大豆、花生、玉米、小麦、棉花、西瓜或其他绿肥，头年不宜间种高杆农作物。

适宜范围 辽宁鞍山、锦州、辽阳、盘锦地区推广。

光皮小黑杨

树种：杨树
类别：优良无性系
科属：杨柳科 杨属

学名：*Populus simonii* Carr ×*P. nigra* L.
编号：黑S-SC-PSN-035-2010
申请人：黑龙江省森林与环境科学研究院

良种来源 小叶杨与欧洲黑杨的种间杂种。母本为小叶杨（*Populus simonii* Carr），乔木，高达20 m。树皮沟裂；树冠近圆形，抗逆性强。父本为欧洲黑杨（*Populus nigra.*），分布在欧洲。具有生长快的特性。

良种特性 乔木、雄性无性系，高可达26 m以上。树皮光滑，灰绿色，皮孔条状，稀疏，原叶柄着生处下方有三条棱线，老树干基部有浅裂，暗灰绿色；树冠长卵形，当年枝条有8条显著棱线，萌枝淡灰绿色，于叶痕下方有三条或多条明显棱线。短枝圆，淡灰褐色或灰白色；叶芽圆锥形，微红褐色，先端长渐尖，小枝直立，花芽牛角状，先端向外弯曲，多3~4个集生，均有粘脂。长枝叶通常为广卵形或菱状三角形，先端短渐尖，基部微心形或广楔形，叶柄短、先端侧扁，带红色，苗期枝端初发叶时，叶腋内含黄粘脂；短枝叶菱状椭圆形或菱状卵形，长5~8 cm，宽4~4.5 cm，先端尾尖或长渐尖，基部楔形或广楔形，边缘圆锯齿，近基部全缘，具极狭半透明边，上面亮绿色，下面淡绿色，光滑；叶柄近圆柱形，先端侧扁，黄绿色，长2~4 cm，无毛；雄花序长4.5~5.5 cm，有小花50余枚，雄蕊20~30，花盘扇形，黄色，苞片纺锤形，黄色，先端褐色，条状分裂。具有速生性，6年生平均树高11.06 m，平均胸径13.6 cm；材质好，基本密度0.428 g/cm，长宽比41~44.5，细浆得率49.82%，综纤维素79.29%；对病虫害有较强的抗性；具有抗寒、耐旱、耐瘠薄、耐盐碱等优良特性。主要缺陷：易感染灰斑病；地势低洼易产生树干冻害。

繁殖和栽培 采用种穗扦插繁殖。12月份将种条割下入窖储藏，翌年3月份加工成长15 cm的种穗，在苗木窖内用干净湿河沙埋藏，春季4月初开始扦插。成活率一般都在90%左右。造林地宜选择地势平坦、土壤肥沃，排水良好的地块；全面整地，穴植。苗木选用母根、2根1干、2根2干及大苗均可。栽植采用坐水造林效果最好，株行距2 m×3 m~4 m×4 m；造林后3年内进行抚育管理，包括及时浇水、除草、中耕、定干、修枝、病虫害防治等。

适宜范围 可在中国东部松嫩平原、三江平原，及气候条件与之相似的地区推广。适宜在疏松通透性好的草甸土、黑土、黑钙土及风水沙土上面生长。

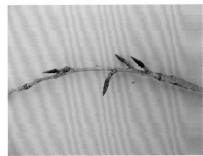

欧美杨 107

树种：杨树
类别：优良品种
科属：杨柳科 杨属

学名：*Populus x euramericana* Neva
编号：甘S-SC-PE-003-2010
申请人：甘肃省庆阳市合水林业总场大山门林场

良种特性 树干高大挺拔，树冠呈圆锥形，枝叶茂密，整体树形阔大，树皮粗糙，透气孔少而均匀，叶片大小中等呈不等多边形，树干通直，适应在中上部地形和川台地栽培。

繁殖和栽培 选择海拔1600以下，土壤深厚、肥沃和水分充足的地段。株行距为2m×2m、2m×2.5m两种。穴状整地规格为80cm×80cm。春季少雨、干旱严重，采用保水剂蘸根，使用保水剂蘸根造林成活率可提高10%以上。

适宜范围 适宜在甘肃省陇东、河西地区种植。

欧美杨 108

树种：杨树
类别：优良品种
科属：杨柳科 杨属

学名：*Populus x euramericana* Guariento
编号：甘S-SC-PE-004-2010
申请人：甘肃省庆阳市合水林业总场大山门林场

良种特性 树干高大挺拔，树冠呈圆锥形，枝叶茂密，整体树形阔大，树皮光滑而细致，透气孔少而大小不均匀，叶片大小中等呈不等多边形，树干通直，适应在中上部地形和川台地栽培。

繁殖和栽培 选择海拔1600以下，土壤深厚、肥沃和水分充足的地段。株行距为2m×2m、2m×2.5m两种。穴状整地规格为80cm×80cm。春季少雨、干旱严重，采用保水剂蘸根，使用保水剂蘸根造林成活率可提高10%以上。

适宜范围 适宜在甘肃省陇东、河西地区种植。

'北美1号'杨（'OP-367'）

树种：杨树
类别：优良无性系
科属：杨柳科 杨属

学名：*Populus deltoides* 'OP-367'
编号：新S-SC-PD-026-2010
申请人：新疆沃尔曼种业科技有限责任公司、新疆林木种苗管理总站

良种来源 本品种为美国选育，母本不详，父本为欧洲黑杨，雄性。2003年春由中国科学院张新时院士从美国华盛顿大学杂交杨研究中心引入新疆，分别在昌吉州、伊犁州直、巴州、阿勒泰地区试种，重点在新疆省级林木种苗示范基地进行繁殖试验，开展物候、生长、抗逆性观测及区试、示范林建设。

良种特性 综合双亲生长快、抗性强等优良特性，杂种优势明显。叶面深绿，背面绿色光滑无毛，叶尖渐尖，叶缘波形，叶基心形，腺点2个，叶脉红色，叶柄扁平无毛。茎形，绿色带淡褐色条纹，有白色斑点，小枝茎部无棱，新梢有棱，小枝绿色带块状红晕，密布白色小点。生长快，年高生长4~5m，年胸径生长4~5cm。6年生单株材积可达0.12~0.25m³，蓄积可达12~25m³/亩，是国家杨树速丰林蓄积标准的2~4倍，年亩产值可达600~1200元（按300元/m³计算）。木材密度低，在378~454kg/m³之间。萌发力强，采伐后可平茬成林，对污染土壤和水体具强大生态修复功能。在-35℃以下地区，个别植株有5cm左右冻梢，但不影响主干通直度。速丰林优良品种，可广泛用作纸浆材、规格木、实木、胶合板、芯板及压缩硬木、纤维板等。

繁殖和栽培 插条繁殖，成活率可达90%以上。每亩插条应控制在4000~5000根。过密则影响苗木质量。

适宜范围 新疆杨树适栽区均可栽植。

'北美2号'杨（'DN-34'）

树种：杨树	学名：*Populus deltoides × nigra* 'DN-34'
类别：优良无性系	编号：新S-SC-PDN-027-2010
科属：杨柳科 杨属	申请人：新疆沃尔曼种业科技有限责任公司、新疆林木种苗管理总站

良种来源 本品种为美国选育，母本为美洲黑杨，父本为欧洲黑杨，雄性。2003年春由中国科学院张新时院士从美国华盛顿大学杂交杨研究中心引入新疆，分别在昌吉州、伊犁州直、巴州、阿勒泰地区试种，重点在新疆省级林木种苗示范基地进行繁殖试验，开展物候、生长、抗逆性观测及区试、示范林建设。

良种特性 综合双亲生长快、抗性强等优良特性，杂种优势明显。叶缘波形，叶尖渐尖偏左，叶柄淡黄色，扁平，光滑无毛，叶基心形腺点2个，茎翠绿色带棱，布有白色小点。叶片直立，紧围茎干，小枝基部无棱，主干分枝处有两短一长条棱。生长快，年高生长4 m左右，年胸径生长4 cm左右。6年生单株材积可达0.12~0.25 m³，亩蓄积可达12~25 m³，是国家杨树速丰林蓄积标准的2~4倍，年亩产值可达600~1200元（按300元/m³计算）。抗寒力强，-35℃无冻梢，耐热，耐盐碱较强，无特殊病虫危害。材质优良，适于加工层积刨花板、胶合板、芯板、压缩硬木、中高密度纤维板。

繁殖和栽培 插条繁殖，成活率可达90%以上。插条应控制在4000~5000根/亩。扦插过密则影响苗木质量。

适宜范围 新疆杨树适栽区均可栽植。

'北美3号'杨（'NM-6'）

树种：杨树	学名：*Populus nigra × maximowiczii* 'NM-6'
类别：优良无性系	编号：新S-SC-PNM-028-2010
科属：杨柳科 杨属	申请人：新疆沃尔曼种业科技有限责任公司、新疆林木种苗管理总站

良种来源 本品种为美国选育，母本美洲黑杨，父本日本杨，雌性。2003年春由中国科学院张新时院士从美国华盛顿大学杂交杨研究中心引入新疆，分别在新疆昌吉州、伊犁州直、巴州、阿勒泰地区试种，重点在新疆省级林木种苗示范基地进行繁殖试验，开展物候、生长、抗逆性观测及区试、示范林建设。

良种特性 综合双亲生长快、抗性强材质好等优良特性，杂种优势明显。叶缘细波纹状，叶尖微尖偏右，叶脉淡黄色，叶基心形，腺点两个，叶柄扁圆柱形，淡红色，光滑无毛，茎绿色，圆柱形，无棱，密布白色小斑点，上下部叶片差别不大，腋芽长圆柱形，褐色，紧贴茎干，小枝无棱，密布白色小斑点。生长快，前期生长不如北美1、2号杨，但后期生长与北美1、2号杨相当。年高生长3.5~4.5m，年胸径生长4cm左右。亩年木材生长量1.5~3m³，是国家杨树速丰林蓄积标准的1.5~3倍，年亩产值可达400~900元（按300元/m³计算）。1年生苗基本越过昌吉地区-35℃低温，无特殊病虫危害。木材品质优良，适于加工胶合板、纤维板、刨花板，因其木材质轻、细密、色淡，最适于生产中大径实木规格材或锯材原木。在-35℃以下地区，部分植株有8~10cm冻梢，但不影响主干通直度。

繁殖和栽培 插条繁殖，成活率可达90%以上。亩扦插插穗应控制在5000~6000根/亩。过密则影响苗木质量。

适宜范围 新疆杨树适栽区均可栽植。

中辽1号杨

树种：杨树	学名：*Populus canadensis* 'zhongliao1'
类别：优良无性系	编号：辽S-SC-PC-001-2011
科属：杨柳科 杨属	申请人：辽宁省杨树研究所

良种来源 在20世纪70年代末，黄东森等人以'I-69杨'（*Populus deltoides* cv.lux）、'箭黑'（*P opulus thevestina* × *P. nigra*）为亲本，进行杂交获得，在辽宁经无性系多点生长对比试验、室内外物候观测、筛选出的生长快、适应强的杨树新品种'中辽1号杨'。

良种特性 雌株，树干通直，树冠尖塔形，树皮较粗糙，下部顺向纵裂，灰褐色，分枝角度45°左右，短枝叶三角形，叶基平截至楔形，叶端渐尖至长渐尖，长、短枝叶基部均无腺点。嫩枝有5~6条明显的棱线，苗叶大，多三角形。初放叶略红，花期一般4月上旬，封顶一般9月中旬。芽棕色，形状窄而钝。属于较喜温型树种，年积温3300℃以上，降雨量500~800mm，沙壤土，生长期在170~200d的平原地区地区均可栽植。其树高生长最快期在5~6年生，连年生长量最大达到3.6m；胸径生长最快期在3~5年生，连年生长量最大

达到6.34cm。'中辽1号'属抗虫品系，和'108'等欧美杨抗虫能力相当，与感虫的美洲黑杨等有明显差异，用材林树种，亦可作造林绿化树种。主要用途为各种工业原料，包括纸浆、胶合板材等。

繁殖和栽培 根据辽宁地区春季多干旱的气候特点，造林季节一般选择秋季，采用一年生根桩苗造林。杨树是强阳性树种，对光的需求量大，尽量加大行距。这样既有利林地间种和抚育管理，又可以满足林木对光照的需求。大径材中径级材其配置方式为5m×6m、4m×8m、5m×7m、6m×6m、5m×8m。4m×5m、4m×6m、5m×5m和4m×7m。主要间作种为大豆、花生、玉米、小麦、棉花、西瓜或其他绿肥。根桩造林间种头年不宜间种高杆农作物。

适宜范围 辽宁省大连、鞍山、辽阳、营口、锦州、盘锦及同类生态条件的平原地区。

黑青杨

树种：杨树　　　　　　学名：*Populus euramericana* 'N3016' × *P. ussuriensis*
类别：杂交品种　　　　编号：黑S-SC-PEU-036-2012
科属：杨柳科 杨属　　　申请人：黑龙江省森林与环境科学研究院

良种来源　中荷64号杨与大青杨人工水培杂交种。其中，母本"中荷64号杨"采自辽宁省建平县黑水林场，属黑杨派，树干饱满通直、速生、耐寒、抗旱、抗病虫、木材纹理通直、色泽洁白、细密；父本大青杨采自大兴安岭，属青杨派，树皮光滑、耐寒、喜光。

良种特性　雄株。树干通直，分枝角38.2°左右，树皮暗绿色，光滑被白粉。萌条无棱，灰褐色。长枝叶卵圆形、心形，叶边缘呈波状起伏。具有速生、抗寒、耐旱、抗病虫害、材质优良等优良特性。在齐齐哈尔地区11年生黑青杨单株平均树高、胸径和材积分别为14.8 m、16.2 cm和0.137 m^3。对主要病害杨灰斑病、锈病、烂皮病、溃疡病及主要蛀干害虫青杨天牛、白杨透翅蛾等抗性较强。该品种11年生木材气干密度为0.35 g/cm^3，纤维长宽比50.6。

繁殖和栽培　扦插繁殖，在齐齐哈尔地区以5月中旬为最宜，一般常规扦插成活率在90%以上。插后及时灌水、抹芽、中耕除草等。在寒冷半干旱地区，12月份割条，窖内湿沙贮藏。营造用材林可选用2根1干、2根2干苗或2年生母根造林。株行距可选用2 m×4 m、3 m×4 m、4 m×4 m等。黑青杨有轻微杨干象危害，需及时防治，措施包括：严格执行苗木检疫；加强经营管理，及时伐除零星被害树木并烧毁；化学防治，在5月上旬到5月中旬，采用50%辛硫磷、50%杀螟松剂、40%氧化乐果乳剂各100~200倍液，或20%杀灭菊酯乳剂500~700倍液，涂抹虫孔及树干有虫区；对于高大树木及被害部位较高的树木，在5月中旬前进行输液防治，用50%久效磷乳剂、40%氧化乐果乳剂、40%氧化乐果油剂等药剂原液皆可；7月末或8月初喷冠毒杀成虫，共喷两次，间隔15 d，主要药剂有50%杀螟松乳油、50%辛硫磷乳油各1000倍液，或40%氧化乐果500倍液，或2.5%溴氰菊酯5000倍液。

适宜范围　该品种在北纬47°56′以南、最低温-36.4℃以上、降水量大于400 mm、无霜期120 d以上的自然条件下生长良好。适宜在齐齐哈尔市、大庆市、绥化市、佳木斯市、哈尔滨市等所辖地及环境相似的"三北"地区推广。

赤美杨

树种：杨树
类别：优良品种
科属：杨柳科 杨属

学名：*Populus deltoides* × *P. cathayana* cv. 'Chimei'
编号：内蒙古S-SV-PD-005-2013
申请人：赤峰市林业科学研究院

良种来源 以美洲黑杨为母本、赤峰青杨为父本的种间杂交群，经过杂种初选、无性系化研究和无性系对比试验等选育环节新培育出的树种。

良种特性 乔木，美洲黑杨与青杨的人工杂交种，雄株，树干通直，树形美观，展叶早、生长快、木材用途广。具有速生、抗寒、耐旱、抗病虫的特点。主要用于营造防护林、速生丰产林，也可用作城乡四旁绿化。

繁殖和栽培 选用2年生或者三根二干苗Ⅰ级苗，修剪侧枝，侧枝全部贴干剪除或保留最上部3、4个经过短剪的较细侧枝，短剪后留茬长度4~6cm，栽植前须在活水中浸泡2~4d。种植穴规格一般为0.6m×0.6m×0.8m、0.8m×0.8m×0.8m 或0.8m×0.8m×1.0m。栽植时将腐熟的基肥与土混合均匀，做到"三埋两踩一提苗"。栽植密度：防护林带2m×3m，片林4m×4m或3m×3m。栽植后1~3年每年松土、锄草两次，每年灌水不少于两次。

适宜范围 赤峰市及类似气候条件地区均可栽培。

中林美荷

树种：杨树　　　　　　　　　学名：*P. × euramericana（Dode）Guiner* cv. 'Zhonglin'
类别：引种驯化品种　　　　　　编号：晋S-ETS-PE-002-2014
科属：杨柳科 杨属　　　　　　　申请人：山西省林业科学研究院

良种来源　系'美洲黑杨品种I-69杨'与'欧洲黑杨'杂交品种，从河南焦作中国林科院基地引种。

良种特性　雌株。落叶乔木，树干通直圆满，树冠窄长卵形，顶端优势明显，侧枝层次分明，树皮青灰色，1年生枝芽贴生，短枝叶三角形，先端细窄渐长，基部平截或宽楔，嫩枝微红色，有浅黄色黏液。

6年生平均树高13.35m、胸径22.22cm。

繁殖和栽培　扦插繁殖育苗。立地条件选择平原和沟底滩地，土层深厚、肥沃湿润，土壤质地为砂壤、中壤。苗木选用2根1杆一级苗，株行距3m×4m为宜。

适宜范围　适宜在山西省太原以南的盆地、滩涂冲积地种植。

2001杨

树种：杨树	学名：*Populus × euramericana* cv. '2001'
类别：引种驯化品种	编号：晋S-ETS-PE-003-2014
科属：杨柳科 杨属	申请人：山西省林业科学研究院

良种来源　系'美洲黑杨品种I-69杨'与'欧洲黑杨'杂交品种，从河南焦作中国林科院基地引种。

良种特性　乔木，树形高大，干形通直圆满，尖削度小，分枝粗度中等，树皮薄；叶片大，心形，叶长12~17cm，叶宽14~16cm，叶色绿色，叶柄长7~10cm，淡绿色；一年生枝条灰青色，枝条基部形状为圆形，中上部微呈五边形，木质化棱线明显，皮孔中下部为圆形，上为椭圆型，皮孔大小为2~6mm，芽长卵形，浅紫红色，基部绿色，长6~8mm，顶端尖，不紧贴。6年树高达到12.85m，胸径达到18.35cm。

繁殖和栽培　扦插繁殖育苗。立地条件选择平原和沟底滩地，土层深厚、肥沃湿润，土壤质地为砂壤、中壤。苗木选用2根1杆一级苗，株行距3m×4m为宜。

适宜范围　适宜在山西省太原以南的盆地、滩涂冲积地种植。

中黑防杨

树种：杨树	学名：*P.deltoides×P.cathayana* 'zhongheifang'
类别：引种驯化品种	编号：晋S-ETS-PD-004-2014
科属：杨柳科 杨属	申请人：山西省林业科学研究院

良种来源 系'美洲黑杨'与'青杨'杂交品种，从陕西杨凌西北农林科技大学引种。

良种特性 雄株。树干通直圆满，树皮灰绿色、光滑披白粉，皮孔线性横向不规则排列，分枝角度45°左右，小枝光滑、灰绿色、叶长12~17cm、叶宽10~14cm、上面绿色、下面灰绿色、叶基浅心形，叶柄长5~8cm、基部偏圆，芽卵圆形、绿色、有半透明黏液、顶端尖，不紧贴。6年树高达到10.7m，胸径达到12.7cm。

繁殖和栽培 扦插繁殖育苗。立地条件选择山地、丘陵的沟底滩地，土层深厚、肥沃湿润，土壤质地为砂壤、中壤。苗木选用2根1杆一级苗，株行距3m×4m为宜。

适宜范围 适宜在山西省上党盆地和大同盆地的河流沿岸，全省低山谷地种植。

WQ90杨

树种：杨树	学名：*P.deltoides × P.cathayana* 'WQ90'
类别：引种驯化品种	编号：晋S-ETS-PD-005-2014
科属：杨柳科 杨属	申请人：山西省林业科学研究院

良种来源 系'美洲黑杨'与'青杨杂交'品种，从陕西杨凌西北农林科技大学引种。

良种特性 雄株。树干通直圆满，树皮灰绿色、光滑披白粉，皮孔线性横向不规则排列，分枝角度50°左右，小枝光滑、灰绿色，叶长12~17cm、叶宽10~14cm、上面绿色、下面灰绿色，叶基心形，叶柄长5~8cm、基部偏圆，芽卵圆形、绿色、有半透明粘液、顶端尖，不紧贴。6年树高达到12.4m，胸径达到13.1cm。

繁殖和栽培 扦插繁殖育苗。立地条件选择山地、丘陵的沟底滩地，土层深厚、肥沃湿润，土壤质地为砂壤、中壤。苗木选用2根1杆一级苗，株行距3m×4m为宜。

适宜范围 适宜在山西省上党盆地和大同盆地的河流沿岸，全省低山谷地种植。

J2杨

树种：杨树
类别：引种驯化品种
科属：杨柳科 杨属

学名：*P.deltoides × P.nigra* 'J2'
编号：晋S-ETS-PD-006-2014
申请人：山西省林业科学研究院

良种来源 系'美洲黑杨'与'欧洲黑杨'杂交品种，从陕西杨凌西北农林科技大学引种。

良种特性 雌株。乔木，树形高大，干形通直圆满，尖削度小，分枝粗度中等，分枝角度80°左右，树皮薄；叶长10~15cm，叶宽12~14cm，叶色绿色，叶基浅心形，叶柄长7~10cm，淡红色；一年生枝条淡红色，枝条基部形状为圆形，皮孔中下部为圆形，上为椭圆型，皮孔大小为2~6mm，芽长卵形，浅紫红色，长6~8mm，顶端尖，不紧贴。6年树高达到13.1m，胸径达到21.7cm。

繁殖和栽培 扦插繁殖育苗。立地条件选择平原和沟底滩地，土层深厚、肥沃湿润，土壤质地为砂壤、中壤。苗木选用2根1杆一级苗，株行距3m×4m为宜。

适宜范围 适宜在山西省太原以南的盆地、滩涂冲积地种植。

J3杨

树种：杨树	学名：*P.deltoides × P.nigra* 'J3'
类别：引种驯化品种	编号：晋S-ETS-PD-007-2014
科属：杨柳科 杨属	申请人：山西省林业科学研究院

良种来源 系'美洲黑杨'与'欧洲黑杨'杂交品种，从陕西杨凌西北农林科技大学引种。

良种特性 雌株。乔木，树形高大，干形通直圆满，尖削度小，分枝粗度中等，分枝角度80°左右，树皮薄；叶长10~15cm，叶宽12~14cm，叶色绿色，叶基浅心形，叶柄长7~10cm，淡红色；一年生枝条淡红色，枝条基部形状为圆形，皮孔中下部为圆形，上为椭圆型，皮孔大小为2~6mm，芽长卵形，浅紫红色，长6~8mm，顶端尖，不紧贴。6年树高达到13.7m，胸径达到21.3cm。

繁殖和栽培 扦插繁殖育苗。立地条件选择平原和沟底滩地，土层深厚、肥沃湿润，土壤质地为砂壤、中壤。苗木选用2根1杆一级苗，株行距3m×4m为宜。

适宜范围 适宜在山西省太原以南的盆地、滩涂冲积地种植。

金黑杨1号

树种：杨树
类别：优良品种
科属：杨柳科 杨属

学名：*P. ×deltoides* L. 'Jinheiyang 1'
编号：晋S-SV-PD-015-2015
申请人：山西省桑干河杨树丰产林实验局

良种来源 系母本'南抗杨'，父本'赤峰杨'杂交品种。

良种特性 落叶乔木，雄性，树干通直圆满，冠大，分枝角度大于45°，成年树皮下中灰褐色，纵裂密而较深，4年以下树皮灰绿色，光滑，小枝常具棱，皮孔短线形，簇状均匀分布，叶芽微红至褐色，先端与茎外弯稍离开，叶三角形，基部截形，近叶柄处有2腺点，叶缘波浪形锯齿，叶尖窄短渐尖。抗光肩星天牛。物候期变化规律为4月下旬萌芽、放叶，8月底~9月初封顶，10月底进入落叶期。6年生树高15.3m，胸径19.9cm，单株材积0.19548m³，抗光肩星天牛能力强。主要用于营造用材林和防护林。

繁殖和栽培 扦插繁育。造林株行距选择3m×4m，4m×4m或4m×6m，可通过植苗造林或伐桩嫁接更新改造技术造林。

适宜范围 适宜在山西省中南部杨树栽培区种植。

金黑杨2号

树种：杨树
类别：优良品种
科属：杨柳科 杨属

学名：*P. × deltoides* L. 'Jinheiyang 2'
编号：晋S-SV-PD-016-2015
申请人：山西省桑干河杨树丰产林实验局

良种来源 系母本南抗杨，父本赤峰杨杂交品种。

良种特性 落叶乔木，雄性，树干通直圆满，冠大，侧枝细而开展，分枝角度大于45°，成年树皮下中灰褐色，纵裂密而较深，4年以下树皮灰绿色，光滑，小枝常具棱，皮孔短线形，簇状均匀分布，叶芽微红至褐色，先端与茎外弯稍离开，叶三角形，基部截形或宽楔形，近叶柄处有2腺点，叶缘波浪形锯齿，叶尖窄短渐尖。抗光肩星天牛。物候期变化规律为4月下旬萌芽、放叶，8月底~9月初封顶，10月底进入落叶期。6年生树高15m，胸径18.8cm，单株材积0.17168m³，抗光肩星天牛能力强。主要用于营造用材林和防护林。

繁殖和栽培 扦插繁育。造林株行距选择3m×4m，4m×4m或4m×6m，可通过植苗造林或伐桩嫁接更新改造技术造林。

适宜范围 适宜在山西省中南部杨树栽培区种植。

金黑杨3号

树种：杨树   学名：*P. × deltoides* L. 'Jinheiyang 3'

类别：优良品种   编号：晋S-SV-PD-017-2015

科属：杨柳科 杨属   申请人：山西省桑干河杨树丰产林实验局

良种来源 系母本'南抗杨'，父本'赤峰杨'杂交品种。

良种特性 落叶乔木，雄性，树干通直圆满，冠大，分枝角度大于45°。成年树皮下中灰褐色，纵裂密而较深，4年以下树皮灰绿色，光滑，小枝常具棱，皮孔短线形，簇状均匀分布。叶芽微红至褐色，先端与茎外弯稍离开，叶三角形，基部截形，近叶柄处有2腺点，叶缘波浪形锯齿，叶尖窄短渐尖。抗光肩星天牛。物候期变化规律为4月下旬萌芽、放叶，8月底~9月初封顶，10月底进入落叶期。6年生树高15.8m，胸径18.2cm，单株材积0.16798m³，抗光肩星天牛能力强。主要用于营造用材林和防护林。

繁殖和栽培 扦插繁育。造林株行距选择3m×4m，4m×4m或4m×6m，可通过植苗造林或伐桩嫁接更新改造技术造林。

适宜范围 适宜在山西省中南部杨树栽培区种植。

78-8杨

树种：杨树

类别：优良无性系

科属：杨柳科 杨属

学名：*Populus* 'Zhonglin 78-8'

编号：新S-SV-PDN-011-2015

申请人：伊犁州林木良种繁育试验中心

良种来源　1991年从中国林科院引种，母本是美洲黑杨，父本为欧亚黑杨及其变种美杨、加龙杨、种内变种的杂种箭×黑、美×黑以及派间杂种欧亚黑杨×小叶杨的杂种。

良种特性　易无性繁殖，树皮暗灰色，深纵裂；干形直，树冠小，侧枝细；生长快、材积量大。适宜营造速生丰产用材林、大径材工业原料林和农田防护林。

繁殖和栽培　无性繁殖（扦插、埋根、埋条、组培等），插穗长度15~18cm，扦插株行距15cm×65cm，亩扦插量6500~7000株。扦插后应及时灌水，头三水间隔5~7d，后期灌水视土壤墒情而定，8月中旬停止灌水，年灌水6~9次。6~8月抹芽一次，6~7月施肥一次。

适宜范围　新疆伊犁州直县市（昭苏县除外）均可种植。

78-133杨

树种：杨树
类别：优良无性系
科属：杨柳科 杨属

学名：*Populus* 'Zhonglin 78-133'
编号：新S-SV-PDN-012-2015
申请人：伊犁州林木良种繁育试验中心

良种来源 1991年从中国林科院引种，母本是美洲黑杨，父本为欧亚黑杨及其变种美杨、加龙杨、种内变种的杂种箭×黑、美×黑以及派间杂种欧亚黑杨×小叶杨的杂种

良种特性 易无性繁殖，树皮暗灰色，深纵裂；干形直，树冠小，侧枝细；生长快、材积量大。适宜营造速生丰产用材林、大径材工业原料林和农田防护林。

繁殖和栽培 无性繁殖（扦插、埋根、埋条、组培等），插穗长度15~18cm，扦插株行距15cm×65cm，亩扦插量6500~7000株。扦插后应及时灌水，头三水间隔5~7d，后期灌水视土壤墒情而定，8月中旬停止灌水，年灌水6~9次。6~8月抹芽一次，6~7月施肥一次。

适宜范围 新疆伊犁州直县市（昭苏县除外）均可种植。

54杨

树种：杨树	学名：*Populus* 'Zhonglin 54'
类别：优良无性系	编号：新S-SV-PDN-013-2015
科属：杨柳科 杨属	申请人：伊犁州林木良种繁育试验中心

良种来源　1991年从中国林科院引种，父母本不详。

良种特性　树皮灰褐至暗灰色，纵裂，小枝橄榄绿，无毛。芽长圆锥形，无毛，多黏质，幼树棱线明显；干形直，冠幅窄，生长快；易无性繁殖，穗条扦插成活率达98%以上。

繁殖和栽培　无性繁殖（扦插、埋根、埋条、组培等），插穗长度15~18cm，扦插株行距15cm×65cm，亩扦插量6500~7000株。扦插后应及时灌水，头三水间隔5~7d，后期灌水视土壤墒情而定，8月中旬停止灌水，年灌水6~9次。6~8月抹芽一次，6~7月施肥一次。

适宜范围　新疆伊犁州直县市（昭苏县除外）均可种植。

101杨

树种：杨树
类别：优良无性系
科属：杨柳科 杨属

学名：*Populus alba* × *P.alba* var. *pyramidalis* '101'
编号：新S-SV-PY-014-2015
申请人：伊犁州林木良种繁育试验中心

良种来源 为银白杨和新疆杨的杂交品种。

良种特性 树皮灰绿色，光滑，干形直，树冠小，侧枝细；生长快、材积量大；雄株，无飞絮。适宜营造速生丰产用材林、大径材工业原料林、农田防护林和城市绿化。

繁殖和栽培 无性繁殖（扦插、埋根、埋条、组培等），插穗长度15~18cm，扦插株行距15cm×65cm，亩扦插量6500~7000株。扦插前用一定浓度的生根粉进行处理。扦插后应及时灌水，头三水间隔5~7d，后期灌水视土壤墒情而定，8月中旬停止灌水，年灌水6~9次。6~8月抹芽一次，6~7月施肥一次。

适宜范围 新疆伊犁州直县市（昭苏县除外）均可种植。

中林杨

树种：杨树
类别：优良无性系
科属：杨柳科 杨属

学名：*Populus* 'Zhonglin'
编号：新S-SV-PDN-015-2015
申请人：伊犁州林木良种繁育试验中心

良种来源　1991年从中国林科院引种，母本是美洲黑杨，父本为欧亚黑杨及其变种美杨、加龙杨、种内变种的杂种箭×黑、美×黑以及派间杂种欧亚黑杨×小叶杨的杂种。

良种特性　易无性繁殖，树皮灰褐色，平滑，有皮孔；干形直，树冠小，侧枝细；生长快、材积量大。适宜营造速生丰产用材林、大径材工业原料林和农田防护林。

繁殖和栽培　无性繁殖（扦插、埋根、埋条、组培等），插穗长度15~18cm，扦插株行距15cm×65cm，亩扦插量6500~7000株。扦插后应及时灌水，头三水间隔5~7d，后期灌水视土壤墒情而定，8月中旬停止灌水，年灌水6~9次。6~8月抹芽一次，6~7月施肥一次。

适宜范围　新疆伊犁州直县市（昭苏县除外）均可种植。

欧洲黑杨

树种：杨树	学名：*Populus nigra*
类别：优良无性系	编号：新S-SC-PN-025-2015
科属：杨柳科 杨属	申请人：阿勒泰地区林业科学研究所

良种来源　1997年从阿勒泰市北屯林场选取欧洲黑杨优良单株，对种子进行收集和播种育苗，第三年春季萌动前选取干型通直无病虫害的壮苗截取插条进行扦插繁殖。

良种特性　喜光，生命周期较长，生长速度快，侧枝开张树干高大通直，枝叶茂盛，树冠阔椭圆形。适应性广，抗寒性强。在我国分布于新疆额尔齐斯河和乌伦古河河谷区的海拔300~600m的地段的河滩、河阶地森林土上，常同银白杨、银灰杨、额河杨及白柳混合分布。苗木造林初期(1~3年)需水次数多，需肥量较大，纯林如管理不当易爆发蓝叶甲和锈病。

繁殖和栽培　苗圃地选择在地势平坦、背风向阳、排灌良好、交通方便、土壤肥沃的平地，附近无空气、水源、土壤污染，无检疫对象，pH值≤8.5，含盐量≤0.2%，地下水位在1.5m以下，土壤厚度>50cm的沙壤土或壤土。播种育苗：应选择品种纯正的母树采种，播种后的40d内一定要保持畦面湿润。扦插育苗：秋季选择发育饱满、光滑、无病虫害、粗1~1.5cm的健壮枝条作插穗。将枝条剪成12~15cm长的插穗，扦插苗萌发长至5cm后，留一健壮芽苗，抹除其余芽苗。

适宜范围　新疆杨造林区域均可种植。

昭林6号杨

树种：杨树	学名：*P. ×xiaozhuanica* W.Y.Hsu et liang cv. 'Zhaolin-6'
类别：无性系	编号：内林良审字第2号
科属：杨柳科 杨属	申请人：赤峰市林业科学研究所

良种来源 以赤峰杨-17为母本，用欧美杨、钻天杨和青杨为父本的混合花粉杂交，经多次选择，栽培试验形成无性系。

良种特性 速生。与当地主栽的加杨、小黑杨、北京杨等比较，该品种速生、耐寒、抗旱、抗病虫害、材质好。主要用于防护林，速生丰产林。

繁殖和栽培 插条繁殖，当年苗条剪成10~15cm的插穗，贮藏后扦插前浸水处理。7000~10000株／亩，扦插深度以插穗切口与垄面相平为宜。

选择土壤通气好、地下水位适宜，有一定肥力的造林地，适当稀植，初植密度4m×4m为宜，营造速生丰产林和培育大径材，可采用4m×6m、4m×8m、8m×8m、4m×10m。加强抚育管理。

适宜范围 内蒙古高原地区均可栽培。

赤峰小黑杨

树种：杨树	学名：*P × simonigra Chon-lin* cv. 'zhao'
类别：无性系	编号：内林良审字第3号
科属：杨柳科 杨属	申请人：赤峰市林业科学研究所

良种来源 以北京小叶杨为母本，苏联的欧洲黑杨为父本杂交，得到小黑杨杂交集团，经过复选、试验、观察、对比选出的雄性无性系。

良种特性 速生。树高生长前5年速生；胸径生长前5年速生；材积生长前5年生长较慢，18年后仍处于速生期。与当地主栽的加杨、小叶杨、小青杨等比较，该品种适应性强，对土壤要求不严，抗寒、抗旱、抗病虫害。主要用于防护林，速生丰产林和造林绿化。

繁殖和栽培 无性繁殖，苗圃繁殖一年生苗7000~10000株/亩为宜，培育2年生大苗可在一年生苗木的基础上留2500株/亩。采穗圃繁殖种条，株行距不小于0.5m×3m。同时要注意种条作业（秋采冬藏）、整地、苗期管理等技术措施。

选择土壤通气好、地下水位深度适宜，有一定肥力的造林地，适当稀植，初植密度4m×4m为宜，营造速生丰产林和培育大径材，可采用4m×6m、4m×8m、8m×8m、4m×10m。加强抚育管理。

适宜范围 内蒙古高原地区均可栽培。

健杨

树种：杨树	学名：*Populus* 'Robusta'
类别：优良无性系	编号：新S-SC-PR-019-2004
科属：杨柳科 杨属	申请人：新疆玛纳斯县平原林场

良种来源　玛纳斯县平原林场于20世纪70年代初从全国多个杨树研究所引进140个杨树品种，于1973年建成杨树汇集圃70亩。通过对140个杨树品种对比试验，健杨以其生长快、干形直、适应性强、抗逆性强及抗病虫害能力强等诸多优点，被选为主要造林树种，并在玛纳斯县平原林场营造健杨丰产林6000亩。

良种特性　生长快，干形直，材质好，适应性强，抗逆性强，耐干旱等。10年生平均树高22.68m，平均胸径25.1cm，单株材积0.47m³，生长迅速，抗寒能力强，可耐−40℃极端低温，在42.5℃极端高温下正常生长。

繁殖和栽培　选择生长健壮，叶芽饱满的一年生枝条作为种条；用锋利的菜刀剁插穗，要求马蹄形切口，平滑；扦插时间应选择气温25℃，地温20℃以上时及时扦插。

适宜范围　在新疆杨树适生区栽植。

胡杨

树种：杨树
类别：优良品种
科属：杨柳科 杨属

学名：*Populus euphratica*
编号：新S-SV-PE-023-2004
申请人：新疆尉犁县林业局

良种来源 20世纪60年代开始对本地胡杨进行驯化，对其生物学特性进行观察。

良种特性 落叶乔木，树皮灰褐色，能从根部萌生幼苗，能忍受荒漠中干旱，对盐碱有极强的忍耐力，根可以扎到地下10m深处吸收水分。喜光性强，不耐庇荫，耐寒、耐大气干旱、耐高温、耐盐碱、耐涝、耐瘠薄、耐沙埋，抗逆性强。

繁殖和栽培 多采用播种育苗。当年播种，秋季移栽。播前准备：选择排水良好的沙壤土或壤土，地势平坦，灌水方便，交通便利，盐碱较轻的土壤。当土壤含盐量在0.5%以下。土地平整后施有机肥2~3t/亩，深耕22~25cm，平整后达到地平、土碎，耙净杂草、杂物，捡拾草根。垄距在90cm左右，垄高30~35cm，垄坡度在45°以下为宜。种子采集、处理和储存：胡杨种子以5月下旬至6月中旬种子质量好。选择健壮的中年母树采种，采种时注意不要伤害树体，以免影响第2年采种量。人工或机械脱粒，晾干后即可装袋、装瓶、外运或储存。种子夏季长途运输，有条件的情况下，最好在放种子的容器周围放上冰，或者用保温桶装种子，在不超过10℃的温度条件下储存。播种：当年采集的种子随采随播，以5月下旬至7月中旬播种为好。新鲜湿种播种量每亩1~2kg为宜。采用垄沟水线播种。播前给垄沟灌足底水。播前种子要拌10~12kg细河沙，另加少量煤面子。拌沙为了便于播种，拌煤面子以利于观察播种是否均匀。播后管理：播后要及时补水，小水细流，不淹播种带。播后10d内要保持垄沟湿润。尽力使播种带土壤含水率达到饱和状态。10d后可视土壤墒情及时补水。当幼苗长出2~3片真叶时，要及时拔除杂草。在拔草前灌一次透水，拔草后及时灌水护根。当幼苗长出4~5片真叶时，结合灌水，在离苗10cm处开沟，亩施尿素5kg。注意防治蝼蛄、锈病和胡杨木虱。及时断根：幼苗密度小（亩产1~2万株），可直接断根。密度大，可间拔大苗。留一定的密度（1~2万株/亩）留圃生长。幼苗移栽：断根后选择移栽苗圃地（条件同播种地），亩施腐熟厩肥4~5t，深翻耙平，修渠作埂，埂高30~40cm，小畦面积视土地平整度而定，畦内高差不超过5cm。春季解冻20cm到展叶前进行移栽，先将主根剪留16~18cm，浸泡在1000倍粉锈宁药液中1~2h，防治胡杨锈病。可使用生根粉液浸根30分钟。以40~45cm行距、5~8cm株距，开沟进行幼苗栽植。移栽好一畦后，骑苗轻踩一次，使苗根和土壤紧密结合，及时灌水，待畦面露出地面时，接着灌第二水。注意松土、除草和施肥。

适宜范围 适宜范围广，特别适宜在干旱的荒漠或半荒漠地区种植。

胡杨母树林

树种：杨树	学名：*Populus euphratica* Oliv
类别：母树林	编号：甘S-SS-PE-001-2011
科属：杨柳科 杨属	申请人：甘肃省瓜州县林果科技服务中心

良种来源 甘肃省瓜州县。

良种特性 该品种为极阳性品种，长期适应极端干旱的大陆性气候；对温度大幅度变化的适应能力很强，喜光，喜土壤湿润，耐大气干旱，耐高温，也较耐寒；适生于10℃以上积温2000~4500℃之间的暖温带荒漠气候，能够忍耐极端最高温45℃和极端最低温−40℃的袭击，在积温4000℃以上的暖温带荒漠河流沿岸、河漫滩细沙 — 沙质土上生长最为良好。胡杨耐盐碱能力较强，在1m以内土壤总盐量在1%以下时，生长良好；总盐量在2~3%时，生长受到抑制；当总盐量超过3%时，便成片死亡。花期5月，果期6~7月。

繁殖和栽培 选用2~4年生胡杨一级苗，苗木栽植密度按株行距2m×6m和4m×4m两种模式。整地时采用穴状整地，按造林设计密度用机械挖穴，苗木栽植穴规格为200cm×200cm×200cm。造林前，在已开挖好的树穴内先铺垫10cm的秸秆碎屑，然后铺垫40cm河沙。在铺垫隔盐碱层时要将其撒匀摊平，再在其上方回填耕作土，灌水后待水完全下渗至土壤湿度在60%左右时即可植苗。为了提高苗木成活率，用ABT3号（醇溶性）配制溶液进行浸根处理。在造林前，将苗木根系浸泡在配制好的ABT3号生根粉溶液0.0025~0.005%浓度溶液中浸根0.5~2h后栽植。苗木栽植时按东西行向进行栽植。

适宜范围 适宜在甘肃河西地区种植。

辽胡耐盐1号杨

树种：杨树
类别：优良无性系（人工杂交种）
科属：杨柳科 杨属

学名：*Populus simonii × P.euphratica*
编号：辽S-SC-PSE-001-2003
申请人：辽宁省杨树研究所

良种来源　辽宁省杨树研究所李驹等1998年在杂交种小胡杨试验林内选择的自然授粉的抗盐碱复合杂种。

良种特性　雌株，树干圆满通直，树皮白灰色，树枝与主干约成45°~60°角，树冠塔形，叶形较小，呈狭菱形，先端渐尖，基部楔形，角度可达140°左右。能在含盐量0.5%以下的地块中正常生长。在新民内陆盐碱试验林，脱盐前，树高、胸径、材积和生物量分别为对照种小美旱的123%、140%、240%和256%。用材林树种。亦可用于农田防护林营建等。

繁殖和栽培　育苗过程中，选轻碱苗圃地比中或酸性土壤好，其他育苗措施与一般杨树繁育技术一样，是易生根和抗性强的品种。造林选轻中度盐碱（2‰~4‰）为好。在造林过程中辅以土壤改良措施，在地下水位过高，高于树木生长的安全地下水位的地点与季节或年份，应有相应的台田工程并合理施肥，解决土壤中必要元素的缺乏及生理贫瘠与自然缺肥问题，提高造林成活率，确保幼林正常生长。

适宜范围　适宜在沈阳、辽阳、锦州、盘锦、营口等地区土壤pH值为8.0~9.1左右，土壤盐度为0.25%~0.4%的沿海和内陆盐碱地区。

辽胡耐盐1号杨成树叶
(1) 果枝　(2) 长枝叶

辽胡耐盐2号杨

树种：杨树	学名：（*P.simonii × P.euphratica*）× *P.nigra*
类别：优良无性系（人工杂交种）	编号：辽S-SC-PSEN-002-2003
科属：杨柳科 杨属	申请人：辽宁省杨树研究所

良种来源 辽宁省杨树研究所1998年通过小胡杨与欧洲黑杨人工杂交获得的复合杂种。

良种特性 雄株，树干圆满通直，树枝与主干约成40°~50°角，树冠长六角形，叶形较小，近三角形，叶尖拧扭状，基部广楔形。适生于辽宁内陆和滨海盐碱地区。这两个品种属于青杨派和胡杨派间杂种，能在含盐量0.5%以下的地块中正常生长。在新民内陆盐碱试验林，脱盐前，树高、胸径、材积和生物量分别为对照种小美旱的110%、126%、175%和169%。用材林树种，亦可用于农田防护林营建等。

繁殖和栽培 育苗过程中，选轻碱苗圃地比中或酸性土壤好，其他育苗措施与一般杨树繁育技术一样，是易生根和抗性强的品种。造林选轻中度盐碱（2‰~4‰）为好。在造林过程中辅以土壤改良措施，在地下水位过高，高于树木生长的安全地下水位的地点与季节或年份，应有相应的台田工程并合理施肥，解决土壤中必要元素的缺乏及生理贫瘠与自然缺肥问题，提高造林成活率，确保幼林正常生长。

适宜范围 适宜在沈阳、辽阳、锦州、盘锦、营口等地区土壤 pH 值8.0~9.1左右，土壤盐度0.25%~0.4%的沿海和内陆盐碱地区。

辽胡耐盐2号杨的成树果枝及长枝叶
(1) 长枝叶　(2) 果枝

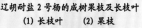

'密胡杨1号'

树种：杨树	学名：*Populus talassica × euphratica* 'Mihu1'
类别：优良无性系	编号：新S-SC-PTE-010-2009
科属：杨柳科 杨属	申请人：新疆吉木萨尔县林木良种试验站、新疆林业科学研究院

良种来源 1975年开始进行杂交育种工作。1980年以密叶杨、胡杨为父母本进行人工杂交，获得杂种单株167个。1983年选出20个单株，1990~1991年筛选出11个优良单株进行扩繁，形成11个无性系。1991年将入选的密叶杨×胡杨杂种F1 2个类型11个无性系，在吉木萨尔县进行造林试验，通过耐盐性、生长量等试验测定，1994年筛选出6个优良无性系。1994年至今，针对筛选出6个优良无性系，通过区域化栽培、抗逆特性、年生长发育规律、丰产栽培技术要点、快速繁育技术、木材材性分析等试验研究，二次选优确定出2个密胡杨优良无性系。经过科研人员33年的不懈努力，多次无性繁殖换代、染色体亲本分析，选育出的2个密胡杨优良无性系基因已稳定，初步将叶型偏向母本密叶杨的杂交种命名为'密胡杨1号'。

良种特性 叶型偏向母本密叶杨，兼有父母本共同的形态特征。具有明显的杂交优势，抗逆性比胡杨弱，比密叶杨强。抗盐性明显比密叶杨强，接近胡杨，可在pH值9.46、总盐含量在1.5%~2.4%的强盐碱地上正常生长（大部分杨树品种在总盐量0.5%情况下栽培即表现出明显盐害）。无性繁殖力（扦插）可达94%以上（胡杨基本为0、种子生命力约15d）。高、径生长量均超胡杨数倍，苗期为胡杨的2.6倍，大树为胡杨的1.4倍。抗寒抗旱，在绝对最高气温40.1℃、绝对最低气温−46.7℃的气候环境下，没有枝条冻害，叶片生长正常不萎蔫，叶片边缘未出现干边现象。根据多年造林表现，物候期与胡杨基本一致。雌雄异株。

繁殖和栽培 以无性繁殖扦插为主，播种为辅，也可采用组织培养快速繁育。

适宜范围 新疆境内均可栽植。

'密胡杨2号'

树种：杨树
类别：优良无性系
科属：杨柳科 杨属

学名：*Populus talassica × euphratica* 'Mihu2'
编号：新S-SC-PTE-011-2009
申请人：新疆吉木莎尔县林木良种试验站、新疆林业科学研究院

良种来源 1975年开始进行杂交育种工作。1980年以密叶杨、胡杨为父母本进行人工杂交，获得杂种单株167个。1983年选出20个单株，1990~1991年筛选出11个优良单株进行扩繁，形成11个无性系。1991年将入选的密叶杨×胡杨杂种F1 2个类型11个无性系，在吉木萨尔县进行造林试验，通过耐盐性、生长量等试验测定，1994年筛选出6个优良无性系。1994年至今，针对筛选出6个优良无性系，通过区域化栽培、抗逆特性、年生长发育规律、丰产栽培技术要点、快速繁育技术、木材材性分析等试验研究，二次选优确定出2个密胡杨优良无性系。经过科研人员33年的不懈努力，多次无性繁殖换代、染色体亲本分析，选育出的2个密胡杨优良无性系基因已稳定，初步将叶型偏向父本的杂交种命名为'密胡杨2号'。

良种特性 叶型偏向父本胡杨，兼有父母本共同的形态特征。具有明显的杂交优势，抗逆性与胡杨相近稍弱。抗盐性明显比密叶杨强，接近胡杨，可在pH值9.46、总盐含量在2%~3%的强盐碱地上正常生长（大部分杨树品种在总盐量0.5%情况下栽培即表现出明显盐害）。无性繁殖力（扦插）可达90%以上（胡杨基本为0、种子生命力约15d）。高、径生长量均超胡杨数倍，苗期为胡杨的2.4倍，大树为胡杨的1.2倍。抗寒抗旱，在绝对最高气温40.1℃、绝对最低气温-46.7℃的气候环境下，没有枝条冻害，叶片生长正常不萎蔫，叶片边缘未出现干边现象。根据多年造林表现，物候期与胡杨基本一致。雌雄异株。

繁殖和栽培 以无性繁殖扦插为主，播种为辅，也可采用组织培养快速繁育。

适宜范围 新疆境内均可栽植。

小胡杨 -1

树种：杨树	学名：*Populus simonii* × *P. euphratica* cv. 'Xiaohuyang-1'
类别：优良无性系	编号：内蒙古S-SC-PS-004-2015
科属：杨柳科 杨属	申请人：通辽市林业科学研究院

良种来源 以乡土树种小叶杨作母本，以巴彦淖尔盟乌拉特前旗天然生长的胡杨为父本，在温室内进行切枝（水培）人工有性杂交。选出优良无性系。

良种特性 乔木，小叶杨与胡杨的人工杂交种，雄株，干形通直，树冠塔形。枝痕三角形和半圆形，侧枝灰褐色，小枝灰绿色。具有明显的两型叶，叶柄和主脉为淡黄色。速生、抗旱、抗病、耐盐碱。主要用于营建防风固沙林、水土保持林、用材林，也可用于园林绿化。

繁殖和栽培 选用当年生或者二根一干或二根二干Ⅰ级苗，造林前浸泡48h左右，栽植前对根部及地上部分进行修剪，一般根部修剪成15cm×15cm左右即可，地上部分侧枝要全部修剪，根部要蘸泥浆处理。轻度盐碱地开沟或带状整地，沟内人工挖栽植穴，栽植穴规格60cm×60cm×60cm。栽植株行距一般为3m×5m或2m×6m。栽植后立即灌水，3d后灌第2次水，水渗透后沟内回土至一半，7d后灌第3次水。

适宜范围 内蒙古境内轻度盐碱地区均可栽培。

小胡杨

树种：杨树	学名：*Populus simonii × P. euphratica*
类别：引种驯化品种	编号：宁S-ETS-PSE-006-2015
科属：杨柳科 杨属	申请人：宁夏林业技术推广总站、平罗县林场、宁夏宁苗绿博苗木有限公司

良种来源 2005年，从辽宁省杨树研究所引进小胡杨2000株，在平罗县进行引种驯化试验。

良种特性 落叶乔木，树形挺拔，干形通直，尖削度中等，树冠呈长椭圆形。树皮灰色，开裂深度较浅，皮孔浅灰色。同一树体上的叶在长、短枝和萌枝上有显著差异，形态特征各异，以菱形、三角形和扁圆形为多，最宽部近叶基部，叶尖突尖，基部广楔形、截形和心形，苗期叶片明显大于成龄树的叶片。造林绿化树种，生长量大、抗性强、耐盐碱，喜肥沃、排水良好的沙质土壤。

繁殖和栽培 硬枝扦插育苗。3月上中旬采集种条，剪取接穗长度18cm，直径1.0~2.0cm，顶部留2个饱满芽。选择土层厚，排灌便利，地下水位在1.5m以下的地块作圃地。整地施肥后，做床覆膜育苗。3月下旬~4月上旬，按株距50cm，行距80cm进行扦插，1500~1600株/亩。扦插时先将地膜钻开，然后插入插穗，入土深度以15cm为宜，保证插穗露出地面3cm，有2个芽眼。5月上中旬开始抹芽，只留1个芽。水肥条件好的苗圃，要做好锈病防治。春秋两季均可造林，初植密度2m×3m，农田防护林株距2~4m。

适宜范围 在宁夏引（扬）黄灌区中、轻度盐渍化地区均可造林。

猗红柿

树种：柿子
类别：无性系
科属：柿树科 柿树属

学名：*Diospyros kaki* L. f.
编号：晋S-SC-DK-005-2005
申请人：临猗县庙上乡城西村张自力、姚建信

良种来源 从当地农家品种车川柿中选育而来。

良种特性 果实长圆或方圆锤形，顶部平，果面有四条纵向纹，果实金黄，完全成熟后为橘黄色，平均单果重250~350g，最大可达700g，皮厚、无核、有隔、芳甜，风味独特，含糖量19%~23%，生理成熟后最高可达28%。结果早、丰产性好，一般定植后当年可见果，三年生株产可达12~20kg。成熟期晚，10月中旬完全成熟，有利于储藏、加工。抗病虫害能力较强。

繁殖和栽培 以当年生君迁子苗木做砧木，芽接或劈接嫁接。在幼苗生长过程中做生物化学处理。幼树长势强，需修剪，树形可采用小冠分层形。但不能拉枝。株行距以2m×3m为宜。注意防治柿蒂虫、介壳虫等病虫害。

适宜范围 山西省晋南、晋东南地区及类似气候地区栽培。

阳丰

树种：柿子	学名：*Diospyros kaki* L.cv. 'Yangfeng'
类别：引种驯化品种	编号：晋S-ETS-DK-030-2015
科属：柿树科 柿树属	申请人：山西省林业科学研究院、临猗县晋桓甜柿种植专业合作社

良种来源 临猗县晋桓甜柿种植专业合作社从陕西省杨凌西北农林大学引进接穗。

良种特性 树势中庸，较开张，极易成花，坐果率特别高，柿果扁圆形，平均果重350g，最大果重400g，成熟时果面橙红色，果顶浓红色，外观艳丽。果肉橙红色，肉质硬脆，味甜，存放后肉质致密，味浓甜。糖度16度，可溶性固形物18.4%。耐贮运，不裂果。密植园第2年挂果，第3年亩产500kg，第6年每亩产量可达3000kg以上。

繁殖和栽培 嫁接繁殖，砧木选用软枣或者涩柿皆可。12月～次年1月采回穗条，存放于地窖中，次年3月进行插皮枝接或劈接。株行距2m×3m或3m×4m，栽植密度110株/亩或55株/亩。定植穴规格1.0m×1.0m×0.8m，坡地上沿等高线开定植沟，规格为宽、深0.7m×0.8m，长度随地形地势而定。花量大，需要疏花疏果。

适宜范围 适宜在山西省年平均气温12℃以上地区栽培。

黑林穗宝醋栗

树种：黑茶藨子

类别：引种驯化品种

科属：茶藨子科 茶藨子属

学名：*Ribes nigrum* 'Hei Lin Sui Bao'

编号：黑S-ETS-RNHLSB-042-2012

申请人：黑河市林业局

良种来源 该品种引自俄罗斯里萨文科园艺研究所，原名"尤娜林中之宝"。

良种特性 树姿直立，叶片深绿色，果圆形，紫黑色，口味酸甜。树势较强；物候期较对照品种早3~6d；自然坐果率高，平均54.6%，比对照高41.2%；1年生苗定植后第4年进入丰产期，平均产量8493.34kg/hm²，比对照增产236.28%；果实中富含花青素、维生素C、糖、酸、蛋白质及各微量元素，其含量均高于对照。耐寒，抗白粉病和蚜虫。具有抗寒、抗病、早熟、果大、丰产、果实品质优良等特点。

繁殖和栽培 春秋两季均可定植；春、夏、秋三季进行修剪，每株丛留20~25个枝，其中一年生、二年生、三年生和四年生枝各占1/4左右，五年生以上枝条因产量下降全部疏除；除每年浇解冻水、催芽水、坐果水、催果水和封冻水外，在缺水时及时进行浇灌；秋施基肥，成龄园公顷施厩肥2~3万kg，幼龄园施0.5~1万kg，一般开沟施肥，2~3年施一次，在萌芽后进行一次追肥；每年进行2~3次中耕除草。

适宜范围 黑河及其他相似生态气候区。

惠丰醋栗

树种：黑茶藨子	学名：*Ribes nigrum* 'Hui Feng'
类别：引种驯化品种	编号：黑S-ETS-RNHF-043-2012
科属：茶藨子科 茶藨子属	申请人：黑河市林业局

良种来源 该品种引自俄罗斯里萨文科园艺研究所，原名"斯塔别恩科"。

良种特性 冠形半开张，叶片深绿色。果圆形，黑色，口味酸甜。树势强，物候期较对照品种早3~6 d；自然坐果率高，平均坐果率52%，较对照增加33.2%；1年生苗定植后第4年进入丰产期，平均产量为8712 kg/hm²，比对照增产242.36%；果实中富含花青素、维生素C、糖、酸、蛋白质及各微量元素，含量显著高于对照；抗白粉病和蚜虫。具有抗寒、抗病、早熟、果大、丰产、果实品质优良等特点。

繁殖和栽培 春秋两季均可定植；春、夏、秋三季进行修剪，每株丛留20~25个枝，其中一年生、二年生、三年生和四年生枝各占1/4左右，五年生以上枝条因产量下降全部疏除；除每年浇解冻水、催芽水、坐果水、催果水和封冻水外，在缺水时及时进行浇灌；秋施基肥，成龄园公顷施厩肥2~3万 kg，幼龄园施0.5~1万 kg，一般开沟施肥，2~3年施一次，在萌芽后进行一次追肥；每年进行2~3次中耕除草。

适宜范围 黑河及其他相似生态气候区。

'寒丰'

树种：黑茶藨子	学名：*Ribes nigrum* 'Hanfeng'
类别：优良品种	编号：新S-SV-RN-012-2013
科属：茶藨子科 茶藨子属	申请人：新疆富蕴县林业局

良种来源 2003年以来，富蕴县先后从吉木萨尔县、呼图壁县个体苗圃、黑龙江尚志黑加仑农民合作社引进'寒丰''奥依宾''亮叶厚皮''布劳德''黑丰'等黑加仑品种，2007年开始在富蕴县进行'黑加仑'品种选育工作，至2012年初共选育出在富蕴县表现优异的黑加仑品种2个，'寒丰'是其中之一。

良种特性 '寒丰'为晚熟品种，果实大小整齐，平均单果重0.87g，抗寒性强，一般不需要埋土越冬。果品厚，较耐储运，高抗白粉病。丰产性好，当年萌条多。

繁殖和栽培 扦插繁殖。秋后从母株上剪取发育强健的基生枝，剪成20~25cm长的插条，每50~300根捆成一束，在沟内或窖内湿沙掩埋贮藏。翌春土温达5℃以上时，将插条剪成10~15cm扦插，约半月左右即可生根。压条繁殖。春季将去年发出的基生枝压在株丛四周，压埋5cm的土。新梢长高后，再覆土3cm，以扩大生根范围。秋季剪离母株后，即可成苗。分株繁殖。一般在每基生枝下都有不定根，将株丛挖起，可分成若干小株丛。

适宜范围 新疆昌吉市、吉木萨尔县、塔城地区、阿勒泰地区等气候冷凉、温差大、海拔高的区域均可栽植。

'布劳德'

树种：黑茶藨子	学名：*Ribes nigrum* 'Bulaode'
类别：优良品种	编号：新S-SV-RN-013-2013
科属：茶藨子科 茶藨子属	申请人：新疆富蕴县林业局

良种来源　2003年以来，富蕴县先后从吉木萨尔县、呼图壁县个体苗圃、黑龙江尚志黑加仑农民合作社引进'寒丰''奥依宾''亮叶厚皮''布劳德''黑丰'等黑加仑品种，2007年开始在富蕴县进行'黑加仑'品种选育工作，至2012年初共选育出在富蕴县表现优异的'黑加仑'品种2个，'布劳德'是其中之一。

良种特性　树冠开展，为早熟品种，果实个大而整齐，酸甜适度，适于生食或加工，极丰产，可一次性采收。抗白粉病，是适于加工与鲜食兼用的优良品种，但该品种枝条软，结果后易下垂。

繁殖和栽培　扦插繁殖。秋后从母株上剪取发育强健的基生枝，剪成20~25cm长的插条，每50~300根捆成一束，在沟内或窖内湿沙掩埋贮藏。翌春土温达5℃以上时，将插条剪成10~15cm，扦插，约半月左右即可生根。压条繁殖。春季将去年发出的基生枝压在株丛四周，压埋5cm的土。新梢长高后，再覆土3cm，以扩大生根范围。秋季剪离母株后，即可成苗。分株繁殖。一般在每基生枝下都有不定根，将株丛挖起，可分成若干小株丛。

适宜范围　新疆昌吉市、吉木萨尔县、塔城地区、阿勒泰地区等气候冷凉、温差大、海拔高的区域均可栽植。

早钟6号

树种：枇杷	学名：*Eriobotrya japonica* 'Zaozhong liuhao'
类别：优良品种	编号：京S-ETS-EJ-007-2008
科属：蔷薇科 枇杷属	申请人：北京市农林科学院林业果树研究所、福建省农业科学院果树研究所

良种来源 福建省农业科学院林业果树研究所以'解放钟'为母本，'森尾早生'为父本杂交育成，2001年引入北京进行温室栽培。

良种特性 果实倒卵形，平均单果重40.5g，最大果重45g。果实纵径5.36cm，横径4.04cm，果实平均种子有6粒，可食率76.8%，可溶性固溶物14.3%。套袋后，果皮及果肉橙红色，锈斑少、皮中厚、不易剥离。肉质细嫩，甜酸可口。

繁殖和栽培

1. 在温室内按南北行向定植，株行距为1m×2m。

2. 在北京地区，11月初温室扣棚升温，加温温室11月下旬开始加温，3月下旬停止加温，5月将棚膜和覆盖物（被子）除掉。花期（10~11月）白天温度为15~25℃，夜间10~15℃，花期夜晚最低气温不低于10℃，否则花粉易发育不良；幼果期（12月~翌年1月）白天温度为15~25℃，夜间10~14℃；果实膨大期（2~3月）白天温度为18~28℃，夜间12~15℃。注意及时通风换气，确保温室内温度不要超过30℃。幼苗定植后和成年树在棚膜拆掉后，夏季光照强烈时搭遮阳网遮阴，防止树干和幼果日灼。

3. 温室栽培枇杷一般在3月果实采摘以后浇透水，在果实发育期和新梢生长期浇薄水，在果实成熟期适当控水。枇杷无明显休眠期，需肥量大。幼树每年施肥5~6次，每2个月施1次，以氮肥为主。成年结果树每年施肥4次。第1次是在7月中旬~8月中旬开花前，施肥量占全年施肥量的20%，株施畜禽粪肥5~10kg。第2次在11月下旬~12月上旬，以促进春梢萌发和幼果发育，施肥量占全年施肥量的30%，株施农家肥4.0~5.0kg、复合肥0.8~1.0kg、钙镁磷肥0.8~1.0kg、尿素0.3~0.5kg。第3次即壮果肥，翌年1月果实迅速膨大期，施以钾、磷为主的速效性肥料，施肥量占全年施肥量的20%左右，并进行根外施肥；第4次即果后肥，在翌年3月下旬，施肥量约占全年的30%，以氮肥为主，配合施用适量有机质肥。

4. 枇杷的花期较长，温室栽培枇杷主要保留头花，每穗留5~6个果。疏果结束后可选用葡萄专用袋进行套袋。

5. 枇杷幼树期不进行大量修剪，主要在头花开放前30~45d进行拉枝，促进花芽分化，保证枇杷的早期产量。枇杷采摘后，对结果树的修剪以疏枝为主，逐步把枇杷树培养成主干分层形。

6. 在温室中利用遮阳网等设施防治日灼病和叶尖焦枯病，主要防治虫害有红蜘蛛、蚜虫等。

适宜范围 北京地区温室栽培。

夹角

树种：枇杷	学名：*Eriobotrya japonica* Lindl. 'Jiajiao.'
类别：优良无性系	编号：QLS017-J016-1998
科属：蔷薇科 枇杷属	申请人：西北农林科技大学

良种来源 国家枇杷资源圃。

良种特性 落叶小乔木。树势中庸。树姿直立。主枝与主干夹角较小。叶中大，面粗皱。花穗较短小，多垂生于叶间。盛花期10月下旬，果实膨大期4月上中旬，6月上旬果实成熟。果实倒卵形，多歪斜。果皮、果肉均为淡橙色，色泽鲜艳，少有斑点。成熟后果味浓郁。嫁接苗3年后挂果，6年进入稳产期，盛果期平均产量10800kg/hm²以上。经济林树种。

繁殖和栽培 培育大枇杷或毛枇杷实生苗作砧木。种子采收后即播种，播种量750~900kg/hm²。当苗木地径达到0.8cm以上时，8~10月份采用带木质芽接，2~4月份劈接、切接或插皮接。建园选择坡度不超过25°，排水良好，土层深厚疏松、肥沃壤土的山坡地，石碴土、黄土均可，坡向以半阳坡，阳坡为主。栽植密度4m×4m。主要虫害为梨小食心虫，危害果实。防治方法一是果实套袋；二是4月份树冠喷洒菊酯类农药3000~5000倍液；三是成虫羽化盛期用红糖1份，醋2份兑水10~20倍，再加少量黄酒，混入适量敌百虫置于果园诱杀。

适宜范围 适宜秦巴山区及相类似地区栽植。

解放钟

树种：枇杷	学名：*Eriobotrya japonica* Lindl. 'Jiefangzhong.'
类别：优良无性系	编号：QLS013-J012-1998
科属：蔷薇科 枇杷属	申请人：西北农林科技大学

良种来源 福建省果树研究所。

良种特性 常绿小乔木。树势强健。枝少而粗壮，较直立。夏叶大，叶缘反转如底朝上的船。盛花期10月中下旬，果实膨大期4月中下旬，6月中下旬果实成熟。晚熟品种。果实钟形，果皮、果肉均为淡橙红色，肉质较粗。果实可溶性固形物含量11.0%~12.0%。栽植3年后挂果，5~7年后进入稳产期，盛果期平均产量16200kg/hm²。缺点是个别年份有裂果现象。经济林树种。

繁殖和栽培 培育大枇杷或毛枇杷实生苗作砧木。种子采收后即播种，播种量750~900kg/hm²。当苗木地径达到0.8cm以上时，8~10月份采用带木质芽接，2~4月份劈接、切接或插皮接。建园选择坡度不超过25°，排水良好，土层深厚疏松、肥沃壤土的山坡地，石碴土、黄土均可，坡向以半阳坡，阳坡为主。栽植密度4m×4m。主要虫害为梨小食心虫，危害果实。防治方法一是果实套袋；二是4月份树冠喷洒菊酯类农药3000~5000倍液；三是成虫羽化盛期用红糖1份，醋2份兑水10~20倍，再加少量黄酒，混入适量敌百虫置于果园诱杀。

适宜范围 适宜秦巴山区及相类似地区栽植。

太城4号

树种：枇杷
类别：优良无性系
科属：蔷薇科 枇杷属

学名：*Eriobotrya japonica* Lindl. 'Taicheng4.'
编号：QLS016-J015-1998
申请人：西北农林科技大学

良种来源 福建省果树研究所。

良种特性 落叶小乔木。树势强健。树形较开张。叶片大，较直立。盛花期10月上中旬，果实膨大期4月上中旬，6月中旬果实成熟。果实倒卵形，果皮果肉均为橙红色，肉质细嫩致密，可溶性固形物含量10.0%~12.0%。栽植3年后挂果，6年进入稳产期，盛果期平均产量12600kg/hm²以上。缺点是树势太旺，不便疏花疏果及果实采收。经济林树种。

繁殖和栽培 培育大枇杷或毛枇杷实生苗作砧木。种子采收后即播种，播种量750~900kg/hm²。当苗木地径达到0.8cm以上时，8~10月份采用带木质芽接，2~4月份劈接、切接或插皮接。建园选择坡度不超过25°，排水良好，土层深厚疏松、肥沃壤土的山坡地，石碴土、黄土均可，坡向以半阳坡，阳坡为主。栽植密度4m×4m。主要虫害为梨小食心虫，危害果实。防治方法一是果实套袋；二是4月份树冠喷洒菊酯类农药3000~5000倍液；三是成虫羽化盛期用红糖1份，醋2份兑水10~20倍，再加少量黄酒，混入适量敌百虫置于果园诱杀。

适宜范围 适宜秦巴山区及相类似地区栽植。

长红3号

树种：枇杷
类别：优良无性系
科属：蔷薇科 枇杷属

学名：*Eriobotrya japonica* Lindl. 'Changhong3.'
编号：QLS014-J013-1998
申请人：西北农林科技大学

良种来源 福建省果树研究所。

良种特性 常绿小乔木。树势中庸。树形较直立紧凑。枝叶密集。节间短，叶距小。盛花期10月上中旬，果实膨大期3月中下旬，5月中旬果实成熟。属早熟品种。果实近圆形，果皮和果肉均为橙红色，果皮易剥离。果肉中粗，汁多，酸少甜多，果面干净鲜艳，可溶性固形物含量9.0%~10.0%。栽植3年后挂果，6年进入稳产期，盛果期平均产量14100kg/hm²以上。缺点是雨水较多时，果味偏淡。经济林树种。

繁殖和栽培 培育大枇杷或毛枇杷实生苗作砧木。种子采收后即播种，播种量750~900kg/hm²。当苗木地径达到0.8cm以上时，8~10月份采用带木质芽接，2~4月份劈接、切接或插皮接。建园选择坡度不超过25°，排水良好，土层深厚疏松、肥沃壤土的山坡地，石碴土、黄土均可，坡向以半阳坡，阳坡为主。栽植密度4m×4m。主要虫害为梨小食心虫，危害果实。防治方法一是果实套袋；二是4月份树冠喷洒菊酯类农药3000~5000倍液；三是成虫羽化盛期用红糖1份，醋2份兑水10~20倍，再加少量黄酒，混入适量敌百虫置于果园诱杀。

适宜范围 适宜秦巴山区及相类似地区栽植。

森尾早生

树种：枇杷	学名：*Eriobotrya japonica* Lindl. 'Senweizaosheng.'
类别：优良无性系	编号：QLS015-J014-1999
科属：蔷薇科 枇杷属	申请人：西北农林科技大学

良种来源 国家枇杷资源圃。

良种特性 落叶小乔木。树势中庸。树形略开张。叶色深绿。盛花期10月上中旬，果实膨大期3月中下旬，5月中旬果实成熟。属早熟品种。果实近圆形，果皮果肉均为橙红色，略有香气，品质好，果面干净，可溶性固形物含量12.0%~13.0%。栽植3年后挂果，6年进入稳产期，盛果期平均产量12780kg/hm²以上。缺点是对敌百虫、敌敌畏特别敏感。经济林树种。

繁殖和栽培 培育大枇杷或毛枇杷实生苗作砧木。种子采收后即播种，播种量750~900kg/hm²。当苗木地径达到0.8cm以上时，8~10月份采用带木质芽接，2~4月份劈接、切接或插皮接。建园选择坡度不超过25°，排水良好，土层深厚疏松、肥沃壤土的山坡地，石碴土、黄土均可，坡向以半阳坡，阳坡为主。栽植密度4m×4m。主要虫害为梨小食心虫，危害果实。防治方法一是果实套袋；二是4月份树冠喷洒菊酯类农药3000~5000倍液；三是成虫羽化盛期用红糖1份，醋2份兑水10~20倍，再加少量黄酒，混入适量敌百虫置于果园诱杀。

适宜范围 适宜秦巴山区及相类似地区栽植。

西农枇杷2号

树种：枇杷	学名：*Eriobotrya japonica* Lindl. 'Xinongpipa2.'
类别：优良无性系	编号：陕S-ETS-EX-005-2015
科属：蔷薇科 枇杷属	申请人：西北农林科技大学

良种来源 日本长崎果树试验站。

良种特性 落叶小乔木。树势旺，生长健壮。树姿较开张，树冠半圆形。叶片大，长椭圆形，正面深绿色，背面色较浅，密被绒毛，边缘有锯齿。显蕾期9月上中旬，始花期10月上中旬，盛花期10月下旬，幼果期2月上中旬，果实膨大期4月上旬，5月下旬~6月上旬果实成熟。果实近圆形，果肉淡橙黄色。鲜果水分含量91.90%、总糖含量5.51%、总酸含量0.38%、粗纤维0.35%，维生素C含量0.84mg/100g。栽植3年后零星挂果，6年进入稳产期，盛果期平均产量7500kg/hm²。经济林树种。

繁殖和栽培 6月中旬枇杷种子成熟后，随采随播，培育砧木。播后种子覆盖细土、麦糠各1cm。嫁接以春季切接为主，时间为4月中旬；秋季也可采用带木质芽接，时间为8月中旬。造林选择坡度25°以下的缓坡地，提前整地，栽植株行距3m×4m，树高控制在2.5~3.5m。水肥条件较好的退耕地采用4m×6m栽植。主栽品种与授粉树比例为7：3。修剪以采果后为主，结合拉枝、疏枝、回缩等调整为疏散形或自然开心形。上冻前清园翻盘，树干涂白。

适宜范围 适宜汉江流域、秦巴中低山区年平均气温15.5℃左右，年降水量800~1200mm，海拔248~360m，无霜期255d以上，土层深厚的砂质壤土，pH值5~7.5的地区推广栽植。

艳丽花楸

树种：花楸
类别：引种驯化
科属：蔷薇科 花楸属

学名：*Sorbus decora*（Showy Mountain Ash）
编号：吉S-ETS-S-2009-013
申请人：吉林省林业科学研究院

良种来源 原产北美洲、欧洲部分森林带和森林草原带，在西伯利亚和远东地区与其他树种混生。2002年从加拿大引进种子，开始在长春市进行了多年的引种驯化和苗木培育。

良种特性 落叶乔木，树高约15m，胸径约20cm，冠幅25m；干光滑，灰绿色至金褐色；小枝粗壮，灰褐色；奇数羽状复叶。5月中下旬开花，花期5~6月。果小球形，亮红色，多果成串。果期7月~翌年5月，挂果时间长。耐寒，生长快，喜湿润而排水良好的土壤。抗污染、抗病虫害能力较强，较耐荫，亦能耐干旱瘠薄。对

土壤要求不严。但在沼泽地、干旱地和盐碱土上不宜栽植。在庇荫条件下不开花，往往形成被压木。挂果时间长，可持续到早春4~5月份。花朵芳香，复叶翠绿，秋果红润，是观花、观果、观叶的优良树种。

繁殖和栽培 播种育苗和常规栽植方式。苗出齐后可用敌克松500倍液或甲基异硫磷500倍液喷洒苗床，每7d喷洒1次，持续3~5次。

适宜范围 城乡彩色园林美化（盐碱地、风沙干旱地除外）。

冬红花楸

树种：花楸	学名：*Sorbus sibirica* 'Dong Hong'
类别：引种驯化品种	编号：黑S-ETS-SSDH-038-2012
科属：蔷薇科 花楸属	申请人：黑河市林业局

良种来源 该品种引自俄罗斯新西伯利亚中心植物园。

良种特性 为蔷薇科花楸属落叶小乔木，树高6~12m。树冠呈椭圆形，树皮灰色有光泽，小枝具软毛呈红褐色。奇数羽状复叶，叶片深绿色。花白色，果实红色或橘红色，富含多种营养物质。具有耐寒、耐旱、适应性强，生长速度快，树形美观，花期长，果实量高，果实经冬不落等特点，是极佳的观赏和经济林树种。

繁殖和栽培 喜土壤肥沃、排水良好轻质壤土或沙壤土；1~2年生优质壮苗在早春苗木萌动前定植；穴内施用基肥，定植后及时灌透水，苗木干旱时及时灌水；每年5月和7月底进行一次整形修剪；夏季进行2~3次中耕除草；苗期需喷洒多菌灵和乐果防治立枯病和蚜虫。

适宜范围 黑河及其他相似生态环境区。

砀山酥梨

树种：梨
类别：品种
科属：蔷薇科 梨属

学名：*Pyrus Linn*
编号：S622102209822
申请人：庆阳市林业科学研究所

良种来源 河北果树研究所引进。

良种特性 砀山酥梨以果大核小、黄亮型美、皮薄多汁、酥脆甘甜而驰名中外。砀山酥梨果实近圆柱形，单果重250g，大者可达1000g以上；果皮为绿黄色，贮后为黄色；果点小而密；果心小，果肉白色，中粗，酥脆，汁多，味浓甜，有石细胞；可溶性固形物含量11%~14%，可溶性糖含量7.35%，可滴定酸含量0.10%，维生素C 2.21mg/100g。树势强，萌芽率为82%，一般剪口下多抽生2个长枝。定植后3~4年开始结果。以短果枝结果为主，腋花芽结果能力强。短果枝占65%，腋花芽20%，中果枝7%，长果枝8%，丰产性好，管理好丰产、稳产。适应性极广，对土壤气候条件要求不严，耐瘠薄，抗寒力及抗病力中等。

繁殖和栽培 按照定植的株行距要求直接播种砧木种子，当砧木达到嫁接标准时，原地进行嫁接建园。其关键技术如下：一穴多籽播种，实行双株嫁接。单株留苗的措施，以保证建园的整齐度。在播种时，按照直径50cm的标准点播5~7粒种子，出苗后，选择生长健壮者在间苗时留苗，以备嫁接。一般每定植穴留2株即可。多次摘心，限制加长生长，促进长粗，以利当年嫁接。一般直播建园当苗木长至30cm左右时应及时进行摘心1次，以限制苗子的加长生长，促进长粗，这样有利于当年进行嫁接。嫁接成活后，8月中旬左右每穴施有机肥12kg左右，并配施0.5kg过磷酸钙、1kg草木灰、50g尿素。第2年春季花期株施有机肥7.5kg左右，加尿素50g、油渣1kg，并看墒情浇水。在5~6月份要限制水分和氮肥供给，实行蹲苗。每年冬季实行定位拉枝，以培养树形；剪除整形带以下的多余枝；对骨干枝及内膛枝实行扭梢、摘心、拿枝等技术措施改造成枝组，以促进花芽形成。以后的修剪管理按常规进行。

适宜范围 适宜在陇东、中部黄河沿岸种植。

建平南果梨

树种：梨	学名：*Pyrus ussuriensis* Maxim .
类别：引种驯化品种	编号：辽S-ETS-PU-015-2013
科属：蔷薇科 梨属	申请人：建平县林业种苗管理站

良种来源 辽宁鞍山、辽阳、海城优良单株。

良种特性 落叶乔木，树势强健。梨芽早熟。梨枝分营养枝和结果枝。果实扁圆形至近球形。一般纵径为5.2~5.8cm，横径为5.7~6.2cm。平均单果重55~75g左右，果皮中厚，较韧，表面不很光亮，底色为黄绿色。鲜果肉含可溶性固形物14.4%~15.5%。可溶性糖11.01%~13.35%，维生素C 2.39mg/100g，含酸量0.41%，还含有蛋质、脂肪、粗纤维、钙、磷、铁等矿物质和多种维生素等。春季梨花白色，秋季果实阳面带有红晕，色泽鲜艳美观。具有观赏性。含盐量不超过0.2%的土壤中正常生长pH5.4~8.8之间，抗寒，抗旱，耐涝，抗病虫害能力强。后熟时间短，常温条件下存贮时间短，易先食。经济林树种，可加工及鲜食等。

繁殖和栽培 砧木种子一般在春季4月初播种，每亩播种量2~2.5kg。幼苗长出2~3片叶时，可进行间苗移栽，亩留苗或栽苗1~1.2万株。接穗应选择在树势健壮，无检疫对象的结果母树上剪取。嫁接时期分春接和秋接。主要采用插皮接、腹接、劈接、芽接等。嫁接后及时抹芽、断根、追肥。沃水，防治病虫害等田间管理工作。栽植密度常采用3m×4m或3m×5m，每亩栽植45~56株。

适宜范围 辽西地区推广。

寒红梨

树种：梨
类别：引种驯化品种
科属：蔷薇科 梨属

学名：*Pyrus ussuriensis* 'Hanhong'
编号：内蒙古S-ETS-PU-003-2015
申请人：赤峰市林业科学研究院

良种来源 '寒红梨'是吉林省农科院果树研究所利用'南果梨'做母本，'晋酥梨'做父本杂交选育而成。2003年从吉林省农科院果树研究所引进'寒红梨'高接苗进行引种栽培。

良种特性 落叶灌木。树冠呈圆锥形，多年生枝皮暗褐色，有条状裂纹；幼树枝条生长旺盛较开张，粗壮坚实。当年生新梢为红色。果实圆形，果个均匀，果色蜡黄带红晕，酥脆多汁，果肉细，果心中等，有南国梨的浓香味，石细胞少。萌芽率高，成枝力中等，自花结实率低。抗寒，抗病，耐贮藏。主要用于营建经济林，果实鲜食。

繁殖和栽培 选择背风向阳、土层深厚、肥水条件较好的沙壤土地块建园。选用地径0.8cm、苗高80cm以上的嫁接苗，穴状栽植，穴的规格一般为0.8m×0.8m×0.8m。栽植株行距一般为3m×4m。施足底肥，栽后及时浇水、覆膜。一般选用'苹果梨'作为授粉品种，配置比例为5：1。结果树每年浇水3~5次。树形以细长松塔形为宜。在果实发育后期，适当摘除阳面遮挡果实的叶片，使果实充分着色。

适宜范围 年平均气温＞5.8℃，无霜期＞130d，有效积温＞2800℃的赤峰市中南部及类似气候条件地区均可栽培。

'库尔勒'香梨

树种：梨	学名：*Pyrus sinkiangensis* 'Kuerlexiangli'
类别：优良品种	编号：新S-SV-PSK-068-2004
科属：蔷薇科 梨属	申请人：新疆库尔勒市林业局

良种来源　是内地白梨与新疆瀚海梨自然杂交形成的新疆梨种群。在库尔勒特殊的环境条件作用下，形成独特的区域品种'库尔勒'香梨。

良种特性　喜光，抗寒，抗干旱，耐瘠薄能力强。适生于肥沃湿润的沙壤土。成熟期果树平均亩产2500kg，果形一般为长卵圆形，蜡质较厚，单果重约110g，果皮较薄，质脆，果肉乳白色，质细嫩酥脆，汁液极多，味甜，抗碱性较低。有一定的营养和药用价值。

繁殖和栽培　采用嫁接技术繁殖。杜梨种子经处理后，经播种、浇水、施肥、除草等培育环节进行抚育，育苗2~3年后定植，于当年秋季或翌年春季嫁接'库尔勒'香梨。

适宜范围　新疆南疆平原地区栽植。

'沙01'

树种：梨	学名：*Pyrus sinkiangensis* 'Sha01'
类别：优良无性系	编号：新S-SC-PSS-013-2014
科属：蔷薇科 梨属	申请人：新疆巴州沙依东园艺场

良种来源 '沙01'发现于1969年9月，地点在巴州沙依东园艺场园艺队7号梨园，一株8年生香梨树上的枝条的芽发生变异，结梨比较大，抽生1个果台副梢，当年无芽转接。1970年夏季取芽高接1株，1972年开花见果，1976年单株产量达到20kg。果实大，平均单果重190g以上，果面光滑，果肉白色，细嫩松脆、汁多味甜，清新爽口，石细胞少。1976年，新疆农业科学院梨育种组和巴州沙依东园艺场在《巴州科技》发表《库尔勒香梨芽变单系–沙01简介》，取名为'沙01'。

良种特性 生长势旺，树势健壮，萌芽力与香梨相同，成枝力较香梨略差；枝条自然开张，柔韧性强，树形松散；果实圆柱形、端正、整齐、美观，外形漂亮，商品性好；植物学特性及物候期与原香梨相似；果型大，平均单果重185g，最大果重276g，大小均匀；横径7.4cm，纵径8.5cm，果肉白色、细嫩松脆，汁多味甜，清新爽口，石细胞少，遗传性状稳定，综合性状良好。综合评定认为，该品种是香梨优良变异品种。可溶性固形物11.82%以上；成熟期较香梨提前10~15d，8月中旬采收上市。

繁殖和栽培 前期主要利用高接、后期利用杜梨作砧木进行嫁接繁殖，接穗取成年树树冠外围健壮营养枝。

适宜范围 库尔勒香梨的适生区均可栽培。

新梨9号

树种：梨	学名：*Pyrus xinjiangensis* 'Xinli9'
类别：优良品种	编号：新S-SV-PBX-010-2015
科属：蔷薇科 梨属	申请人：新疆生产建设兵团第二师农科所

良种来源　以库尔勒香梨为母本、苹果梨为父本杂交选育而成。

良种特性　树冠自然圆锥形，树姿较开张，树势强健，萌芽力强，成枝力中，以短果枝结果为主，占49.1%。在自然状态下极易成花，坐果率高，花序坐果率为67.9%以上，平均每个花序坐果2.6个，抗寒性强，贮藏性强，可贮藏至翌年5~6月。该品种产量高，前期平均产量是库尔勒香梨的3~5倍，表现出早果、丰产、优质的优良性状。

繁殖和栽培　该品种以杜梨为砧木，采用芽接或枝接法繁殖。芽接时间为5月底至6月上旬或8月中下旬，用丁字形芽接法嫁接。枝接时间为3月下旬至4月上旬，可采用插皮接法或舌接法嫁接。

适宜范围　适宜在新疆塔里木、库尔勒及焉耆等地区种植。

香红梨

树种：梨
类别：品种
科属：蔷薇科 梨属

学名：*Pyrus communis* 'Xianghongli'
编号：冀S-SV-PC-005-2013
申请人：河北省农林科学院昌黎果树研究所

良种来源 香红梨是河北省农林科学院昌黎果树研究所在2001年采集红安久自然实生种子，2002年采用γ-Co⁶⁰射线辐射处理后构建分离群体，经初选、复选和区域试验培育而成。

良种特性 落叶乔木。平均单果重216.0g，果实粗颈葫芦形，纵径7.496cm，横径8.460cm，底色黄色，盖色鲜红色，着色程度80%，果面光滑，果点小。果肉白色，石细胞少，可溶性固形物含量12.5%，可溶性糖10.78%，可滴定酸0.097%。自然授粉条件下花朵平均坐果率24.17%，花序坐果率100%。以中短果枝结果为主，顶芽极易成花。6年生长、中、短果枝比例为1：1.3：5.2，果台枝连续结果能力强，采前落果现象不明显，丰产。高抗果实木栓病，抗寒性强。

繁殖和栽培 嫁接繁殖。4月上中旬定植，株行距2~3m×3~4m，配置黄冠、绿宝石、雪花梨、雪青等品种授粉树。树形适宜于圆柱形密植模式。谢花后15d疏果，果台间距为20cm，疏果完成后喷药套袋，8月初去袋。主要防治轮纹病、梨小食心虫和蚜虫，于4月初萌芽前喷1次波美3~5度的石硫合剂，套袋前喷布高效氯氰菊酯1500倍液及800倍40%多菌灵。树盘下也可覆地膜，防止生杂草。

适宜范围 河北省昌黎县、泊头市、滦县及生态条件类似地区。

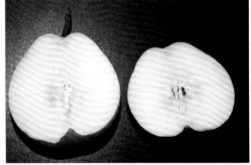

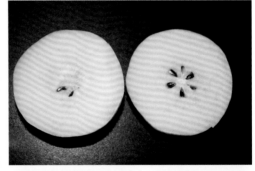

黄冠梨

树种：西洋梨	学名：*Pyrus bretschneideri* 'Huangguanli'
类别：品种	编号：HEBS1997-2102
科属：蔷薇科 梨属	申请人：河北省农林科学院石家庄果树研究所

良种来源 雪花梨 × 新世纪。

良种特性 落叶乔木。果实椭圆形，果皮薄，绿黄色，果肉白色，贮后变为黄色，果面光洁无锈，果点小而密。树势强健。萌芽力强，以短果枝结果为主。有腋花芽结果习性。坐果率高，早果早丰。果台副梢连续结果能力强，幼树腋花芽较多，丰产稳产。果心小，肉质细而松脆，汁液多，酸甜适口，有蜜香，石细胞少。适应性强，抗黑星病能力很强。

繁殖和栽培 10月下旬选择苗高在80cm以上的大苗、壮苗定植，覆膜以利于保湿保温，定干后树体裹塑料膜防冻防虫。新梢长到20~30cm时及时去除薄膜。在果实落叶后或采果前施基肥。追肥同时可追施少量的铁、锌、硼等微量元素。施肥后及时浇水。可在花后、果实膨大期和采果前进行叶面喷肥。重点在花前、花后、果实膨大期进行浇水。6~8月份天旱无雨时浇水，并注意夏季排涝。宜采用小冠疏层形修剪。及时疏花疏果。4月25日开始套袋，宜早不宜迟。套袋前喷一遍杀虫、杀菌药。

适宜范围 河北省北纬36.3°~38.5°。适宜土壤种类为砂壤质潮土、粘层壤质潮土或砂壤质洪冲积潮褐土。

金钟梨

树种：梨
类别：无性系
科属：蔷薇科 梨属

学名：*Pyrus bretschneideri* 'Jinzhong'
编号：晋S-SC-PB-006-2009
申请人：山西省现代农业研究中心、隰县高档水果新品种试验基地

良种来源 从酥梨品种中选育。

良种特性 果实果型近似钟型，底部略宽，上下基本对称，外形漂亮。果肉细腻，汁多，可食率高。果个比酥梨大，平均单果重290.2g，酥梨为224.2g。果肉可溶性固形物含量为14.5%，比酥梨提高1.1%。该品种易成花，高接大树第2年大量结果，第3、4年进入盛果期。在旱作果园条件下，幼树通常第3年开花结果，第5年进入初盛果期，第7~8年进入盛果期。在初盛果期，平均亩产1520kg；在盛果期，平均亩产2313kg。

繁殖和栽培 采用杜梨为砧木，嫁接金钟梨进行栽培。在果园肥力中等的环境下，每亩建园初期定植66株，盛果期变化为每亩33株。适宜树形为小冠开心形，保持4个永久性主枝。

适宜范围 山西省晋中市、运城市、临汾市等地栽培。

'早美香'（'香梨芽变94-9'）

树种：梨
类别：优良品种
科属：蔷薇科 梨属

学名：*Pyrus bretschneideri* 'Zaomeixiang'
编号：新S-SV-PBZ-008-2010
申请人：新疆库尔勒市香梨研究中心

良种来源 1994年8月新疆库尔勒市阿瓦提乡阿克力克村艾比不的一年生枝条的第2个芽发生变异，结梨1个，抽生1个果台副梢，长度2cm，当年无芽转接。冬剪时剪去该枝顶芽，并疏除该枝上的其他分枝，使营养集中，促使芽变枝条生长。2003年《库尔勒香梨芽变新品系94-9推广应用》经新疆维吾尔自治区科技厅立项，经3年努力，建成采穗圃330亩，示范推广园2039亩，2005年验收通过；多年观察表明，后代性状表现稳定，确认为综合栽培性状优良的香梨芽变新品种，暂定名为'香梨芽变94-9'，后定名为'早美香'。

良种特性 生长势旺，树势健壮，萌芽力与香梨相同，成枝力较香梨略差；枝条自然开张，柔韧性强，树形松散；成熟期较香梨提前10~15d，8月中旬采收上市。果形大，果肉白色、细嫩松脆，汁多味甜，清新爽口，石细胞少，果实阳面有红晕，外形漂亮；果实品质和着色均优于香梨；枝条基角小，柔韧性强，连续甩放

和负载后易下垂。在幼龄期（1~4年生）抗寒性较香梨差，幼树期末及成龄树期抗寒性和香梨基本相同；'香梨芽变94-9'与'库尔勒'香梨相比无特殊严重的病虫害蔓延发生；在库尔勒市的极端低温条件下仅有轻微冻害发生，开花结果正常，抗寒性与香梨基本一致。保持了香梨固有的色、香、味，皮薄肉细，汁多味甜，清香爽口；大果型，单果重平均206g，最大的250g以上，果实横径7.3cm，纵径8.5cm；果实圆柱形、端正、整齐、美观，外形漂亮，商品性好；可溶性固形物14%以上，可溶性糖含量16.81%，可滴定酸含量0.10%，水分含量85.3%，蛋白质0.30%；成熟期较香梨提前10~15d，可在8月中旬采收上市；植物学特性及物候期与原香梨相似。

繁殖和栽培 前期主要利用高接、后期利用杜梨作砧木进行嫁接繁殖，接穗取成年树树冠外围健壮营养枝。

适宜范围 新疆库尔勒市香梨的适生区均可栽培。

中农酥梨

树种：梨	学名：*Pyrus bretschneideri* 'Zhongnongsuli'
类别：优良品种	编号：京S-SV-PB-040-2013
科属：蔷薇科 梨属	申请人：中国农业大学

良种来源 '库尔勒香梨'×'雪花梨'杂交。

良种特性 '中农酥梨'树体乔化，生长势中庸，以中短果枝结果为主，果苔枝连续结果能力强。果实圆形，果棱明显，果面金黄色，蜡质多。果个均匀，平均单果重232g，最大单果重340g，可溶性固形物含量12.7%，可滴定酸含量0.14%。果实肉质酥脆，汁液多，果心中等大小。果实发育期120d，北京地区8月底9月初成熟。幼树定植后4年开始结果，早果丰产性好。高接树第2年结果，第3年恢复产量，每公顷平均产量2490kg，树体耐寒、耐旱性较强，无特殊的敏感性病虫害。

繁殖和栽培

1. 苗木定植：春季栽植，株行距2.5m×4.0m。以'黄金''圆黄''鸭梨'等作为授粉树。

2. 花果管理：可人工授粉或放蜂授粉。适时疏花疏果，按距离法留果，每花序单果或双果。无需套袋。

3. 土肥水管理：常规土、肥、水管理，秋施基肥和关键需水时期的灌溉，可以增大果个、提高产量和品质。

4. 整形修剪：自由纺锤形树形，树体高度保持在3.5m左右。冬剪注意保持主干延长枝的顶端优势；适度短截一年生枝，促进树体生长势；适度缩剪，以防结果部位外移。短枝或短果枝不修剪。

5. 病虫害防治：及时防治黑星病、锈病、食心虫等病虫害，春季萌芽前后喷施石硫合剂。

适宜范围 北京地区。

冀硕

树种：梨	学名：*Pyrus bretschneideri* 'Jishuo'
类别：品种	编号：冀S-SV-PB-006-2013
科属：蔷薇科 梨属	申请人：河北省农林科学院石家庄果树研究所

良种来源 黄冠和四川地方品种"金花"的杂交实生后代。

良种特性 落叶乔木。树姿较开张，树势强健。成枝力较强，以短果枝结果为主。果实纺锤形，平均单果重344g，果面绿黄色，光滑，具蜡质，果点小，果皮较薄，套袋后果面呈乳黄色；果肉白色，肉质细、脆。可溶性固形物含量13.0%；常温下可贮藏20d以上，综合品质上等。石家庄地区8月底成熟。对黑星病有较高抗性。自然授粉条件下坐果率高。定植4年产量达650kg/666.67m²，无大小年现象，丰产、稳产。

繁殖和栽培 嫁接繁殖。建园株行距3m×4~5m，可用黄冠、早冠、鸭梨等作授粉品种。树形以单层一心（3+1）形整形为宜；高接树可采用开心形等。幼树整形期需做好拉枝造形工作，对连续结果后的细弱枝、过密枝和竞争枝适当疏除，并注意对多年结果枝组进行必要的回缩更新。通过疏花疏果来调节负载量。每花序留单果，幼果空间距离以25cm左右为宜。尽量选留3、4序位果。果实套袋宜使用单层白蜡袋或外黄内白蜡纸的双层袋。

适宜范围 河北省石家庄市区、晋州、魏县、泊头及生态条件类似地区。

冀酥

树种：梨
类别：品种
科属：蔷薇科 梨属

学名：*Pyrus bretschneideri* 'Jisu'
编号：冀S-SV-PB-007-2013
申请人：河北省农林科学院石家庄果树研究所

良种来源 黄冠和四川地方品种"金花"的杂交实生后代。

良种特性 落叶乔木。果实近圆形，平均单果重325 g，果面黄色、光洁，果皮较薄，果肉白色，肉质细、脆，汁液较多，风味酸甜，可溶性固形物含量12.5%，果心小，综合品质优良。树势较强，萌芽率、成枝力中等，定植2~3年即可结果，成龄树以短果枝结果为主，果台副梢连续结果能力较强，丰产。自然授粉条件下平均每花序坐果2.79个。

繁殖和栽培 嫁接繁殖。华北地区以杜梨为砧木，采用芽接或枝接。栽植株行距3 m×4~5 m，可采用疏散分层形、单层一心形或纺锤形整形。授粉树可选择鸭梨、黄冠、中梨一号等。通过疏花疏果来调节负载量。每花序留单果，幼果空间距离25 cm左右。套袋宜选用单层白蜡袋或外黄内白双层袋为宜。以秋施基肥为主，施有机肥4000 kg/667 m²，并配合适量复合肥于果实采收后施用。

适宜范围 河北省石家庄市区、晋州、魏县、泊头及生态条件类似地区。

锦梨1号

树种：梨	学名：*Pyrus betulifolia* Bunge. 'Jinli 1'
类别：优良无性系	编号：晋S-SC-PB-005-2015
科属：蔷薇科 梨属	申请人：山西省林业科学研究院、中条山国有林管理局

良种来源 中条山国有林管理局历山保护区杜梨优良单株。

良种特性 树皮灰绿色，较光滑，浅纵裂，树干通直，无扭曲，树冠广卵形、圆满，分枝均匀，有枝刺，长势旺盛。与普通杜梨相比，生长速度快，结实量大，种子饱满，发芽率高。主要用于营造防护林、也可用于城镇园林绿化。

繁殖和栽培 嫁接繁殖，夏季带木质部芽接，次年春季解绑，选择生长健壮、地径不小于1.5cm的实生苗作砧木，春季萌芽前采穗，长12~15cm，剪口平整，封蜡处理。春、雨季栽植，宜采用1~2年生容器苗造林，110~160株／亩，栽植截干。

适宜范围 适宜在山西省太原市及以南地区栽培。

锦梨2号

树种：梨

类别：优良无性系

科属：蔷薇科　梨属

学名：*Pyrus betulifolia* Bunge. 'Jinli 2'

编号：晋S-SC-PB-006-2015

申请人：山西省林业科学研究院、中条山国有林管理局

良种来源　中条山国有林管理局大河林场杜梨优良单株。

良种特性　树皮灰色，光滑，纵裂，树干通直，无扭曲，树体粗壮，树冠圆满，分枝角度大、均匀，有枝刺。长势旺盛。与普通杜梨相比，生长速度快，结实量大，种子饱满，发芽率高。主要用于营造防护林、也可用于城镇园林绿化。

繁殖和栽培　嫁接繁殖，夏季带木质部芽接，次年春季解绑，选择生长健壮、地径不小于1.5cm的实生苗作砧木，春季萌芽前采穗，长12~16cm，剪口平整，封蜡处理。春、雨季栽植，宜采用1~2年生容器苗造林，110~160株/亩，栽植截干。

适宜范围　适宜在山西省太原市及以南地区栽培。

红佳人（张掖红梨2号）

树种：梨	学名：*Rosaceae*
类别：品种	编号：甘S-ETS-PS-021-2010
科属：蔷薇科 梨属	申请人：张掖红色梨业有限公司

良种来源 河南郑州。

良种特性 红佳人梨生长健壮，结果早（当年成花，3年有产量）；品质优良（风味好，肉质细脆多汁有果香）；丰产性强（4年生树产量累计达到3000kg/亩以上）；外观好看（卵圆形，阳面鲜红色）；抗病性（黑星病、锈病、干腐病较少）、抗逆性（干旱、寒冷）强，虫害少，适应性广，适于海拔8~2300m的山区和平原，以1000~1800m处品质最好。该品种没有大小年结果现象，甘肃省各地均宜栽种，可取代苹果梨、鸭梨、酥梨等发展生产，以推动甘肃省及全国梨产业进步。

繁殖和栽培 无性繁殖。采用芽接、枝接方式嫁接繁育。在杜梨砧木上嫁接，在其他梨品种上高接换种。栽培技术要点，栽植密度：每亩83~111株，株行距2m×3~4m，10~15年后可适当间伐为4m×6m；树形宜采用纺锤形和疏散分层形，幼树期适当多留枝，开张角度，保持旺盛生长，后期枝条稠密时，适当疏枝，拉开层间距；盛果期需疏花疏果和果实套袋，防止因坐果过多，影响果品质量。

适宜范围 适宜在甘肃省各地区多种生态条件下发展栽培。

中文名称索引

'076-28'杨 ……………………… 412

101杨 ……………………… 465

2001（21世纪） ……………………… 510

2001杨 ……………………… 454

54杨 ……………………… 464

'741-9-1'杨 ……………………… 411

78-133杨 ……………………… 463

78-8杨 ……………………… 462

HG14红松坚果无性系 ……………… 079

HG23红松坚果无性系 ……………… 080

HG27红松坚果无性系 ……………… 081

HG8红松坚果无性系 ……………… 078

'I-214'杨 ……………………… 433

'I-488'杨 ……………………… 436

J2杨 ……………………… 457

J3杨 ……………………… 458

JM24红松坚果无性系 ……………… 075

JM29红松坚果无性系 ……………… 076

JM32红松坚果无性系 ……………… 077

LK11红松坚果无性系 ……………… 068

LK20红松坚果无性系 ……………… 069

LK27红松坚果无性系 ……………… 070

LK3红松坚果无性系 ……………… 067

NB45红松坚果无性系 ……………… 071

NB66红松坚果无性系 ……………… 072

NB67红松坚果无性系 ……………… 073

NB70红松坚果无性系 ……………… 074

SC1苹果矮化砧木 ……………… 548

SC3苹果矮化砧木 ……………… 549

WQ90杨 ……………………… 456

A

阿波尔特 ……………………… 537

'阿尔泰新闻' ……………………… 818

'阿浑02号'核桃 ……………………… 194

阿拉善盟沙冬青优良种源区种子 ……… 799

'阿列伊' ……………………… 820

矮化苹果砧木Y-2 ……………………… 550

'艾努拉'酸梅（喀什大果酸梅） ……… 727

安哥诺李 ……………………… 745

安康串核桃 ……………………… 234

安康紫仁核桃 ……………………… 235

安栗1号 ……………………… 268

安栗2号 ……………………… 292

鞍杂杨 ……………………… 394

暗香 ……………………… 581

奥德 ……………………… 748

奥地利黑松 ……………………… 130

奥杰 ……………………… 750

B

八渡油松种子园 ……………………… 109

八棱脆 ……………………… 575

'巴仁'杏（'苏克牙格力克'杏） ……… 697

霸王 ……………………… 942

白城5号杨 ……………………… 398

白城桂香柳 ……………………… 809

白城小黑杨 ……………………… 416

白城小青黑杨 …… 393
白城杨－2 …… 382
白花山碧桃 …… 663
白桦六盘山种源 …… 305
白锦鸡儿 …… 796
白林85－68柳 …… 347
白林85－70柳 …… 348
白林二号杨 …… 392
白林一号 …… 396
'白木纳格'葡萄 …… 908
白桑 …… 166
'白沙玉' …… 914
白音敖包沙地云杉优良种源种子 …… 012
白榆初级种子园 …… 160
白榆种子园 …… 163
班克松 …… 133
板枣1号 …… 869
宝龙店水曲柳天然母树林 …… 966
'保加利亚3号'杨 …… 434
保佳红 …… 656
暴马丁香 …… 979
暴马丁香 …… 980
北京605杨 …… 430
北京大老虎眼酸枣 …… 865
北京红 …… 585
北京马牙枣优系 …… 866
'北美1号'杨（'OP-367'） …… 447
'北美2号'杨（'DN-34'） …… 448
'北美3号'杨（'NM-6'） …… 449
北美鹅掌楸种源4P …… 150
北美紫叶稠李 …… 768
北票油松种子园种子 …… 111
贝雷 …… 835
博爱 …… 579
渤海长白落叶松初级无性系种子园种子 …… 041
薄壳红 …… 316
薄壳香 …… 182
薄壳香 …… 237

'布劳德' …… 484
'布特' …… 626

C

彩虹 …… 753
彩霞 …… 755
曹杏 …… 706
草河口红松结实高产无性系 …… 062
草莓果冻 …… 558
柴杞1号 …… 952
昌红 …… 507
昌苹8号 …… 527
长城山华北落叶松 …… 015
'长富2号'、'（伊犁）长富2号' …… 523
长富6号 …… 542
长红3号 …… 487
长辛店白枣 …… 864
陈家店长白落叶松初级无性系种子园种子 …… 047
赤峰小黑杨 …… 469
赤峰杨 …… 410
赤美杨 …… 452
'赤霞珠' …… 907
'楚伊' …… 819
串枝红 …… 695
春潮 …… 582
脆保 …… 649
错海长白落叶松第一代无性系种子园种子 …… 038
错海樟子松第一代无性系种子园种子 …… 095

D

达拉特旗柠条锦鸡儿母树林种子 …… 793
达维 …… 317
鞑靼忍冬 …… 990
大板油松母树林种子 …… 126
大峰 …… 296
大孤家日本落叶松种子园种子 …… 049
大国 …… 298
大果沙枣 …… 811

大红袍 ································· 935
大红袍 ································· 940
大红杏 ································· 718
大红枣 1 号 ··························· 837
大亮子河红松天然母树林 ············· 082
大青葡萄 ····························· 904
大青杨 HL 系列无性系 ················ 388
大泉子水曲柳母树林 ················· 967
大石早生 ····························· 747
'大台' 杨 ···························· 401
大杨树林业局樟子松母树林种子 ······· 104
大叶白蜡 ····························· 970
大叶白蜡母树林 ····················· 972
大叶槐 ······························· 781
大叶山杨 ····························· 373
大叶榆母树林 ························ 156
丹东核桃楸母树林种子 ··············· 261
丹东银杏 ····························· 001
砀山酥梨 ····························· 491
道格 ································· 563
蝶叶侧柏 ····························· 136
东部白松 ····························· 086
东部白松 2000 − 15 号种源 ··········· 084
东部白松 2000 − 16 号种源 ··········· 085
东部白松 2000 − 4 号种源 ············ 083
东方红樟子松第一代无性系种子园种子 ··· 096
东方红钻天松 ························ 099
东陵明珠 ····························· 273
冬红花楸 ····························· 490
短毛柽柳 ····························· 338
短枝密叶杜仲 ························ 154
敦煌灰枣 ····························· 891
敦煌紫胭桃 ·························· 671
'多果' 巴旦杏 ······················· 605
多娇 ································· 591
多俏 ································· 592
多枝柽柳 ····························· 339

E

俄罗斯杨 ····························· 439
峨嵋林场刚松种子园种子 ············· 132
额济纳旗多枝柽柳优良种源区穗条 ······ 337
鄂尔多斯沙柳优良种源穗条 ··········· 350
鄂托克旗塔落岩黄耆采种基地种子 ······ 804
鄂托克旗细枝岩黄耆采种基地种子 ······ 802
鄂托克前旗中间锦鸡儿采种基地种子 ···· 797
二球悬铃木 ·························· 151

F

法国杂种 ····························· 431
方木枣 ······························· 885
粉荷 ································· 598
粉芽 ································· 555
丰香 ································· 244
风沙 1 号杨 ·························· 395
峰桧 ································· 144
'弗瑞兹' ···························· 623
付家樟子松无性系初级种子园种子 ······ 090
阜新高山台五角枫母树林种子 ········· 929
阜新镇油松母树林种子 ··············· 119
复叶槭 ······························· 933

G

甘河林业局兴安落叶松种子园种子 ······ 030
缸窑兴安落叶松初级无性系种子园种子 ···· 027
杠柳 ································· 944
高八尺 ······························· 935
高城 ································· 297
阁山兴安落叶松人工母树林 ··········· 027
格尔里杨 ····························· 418
格氏杨 ······························· 429
宫枣 ································· 881
枸杞 '叶用 1 号' ···················· 958
古城油松种子园 ····················· 112
谷丰 ································· 667
谷红 1 号 ···························· 669

谷红2号 ···················· 670
谷艳 ························· 666
谷玉 ························· 668
关帝林局华北落叶松种源种子 ···· 025
关帝林局双家寨核桃楸母树林种子 ·· 267
关帝林局孝文山白杆母树林种子 ···· 005
关帝林局真武山辽东栎母树林种子 ··· 299
关帝林局枝柯白皮松种源种子 ····· 088
关公枣 ······················ 877
冠红 ························· 923
冠林 ························· 924
冠硕 ························· 922
管涔林局闫家村白杆母树林种子 ···· 004
光皮小黑杨 ··················· 445
广银 ························· 277
国光苹果 ····················· 521
国见 ························· 294

Ⓗ

哈达长白落叶松种子园种子 ······· 037
哈雷彗星 ····················· 586
'哈密大枣' ··················· 842
海眼寺母树林油松种子 ··········· 117
海樱1号 ····················· 763
海樱2号 ····················· 764
寒丰 ························· 207
'寒丰' ······················ 483
'寒丰'巴旦姆 ················· 614
寒富 ························· 539
寒红梨 ······················ 493
寒露红 ······················ 928
寒香萃柏 ····················· 135
杭锦后旗细穗桎柳优良种源穗条 ···· 340
杭锦旗柠条锦鸡儿母树林种子 ······ 792
合作杨 ······················ 400
'和春06号'核桃 ··············· 193
和龙长白落叶松种源 ············ 045
'和上01号'核桃 ··············· 185

'和上15号'核桃 ··············· 186
'和上20号'核桃 ··············· 192
和顺义兴母树林油松种子 ········· 118
河北杨 ······················ 379
核桃楸 ······················ 260
贺春 ························· 638
鹤岗长白落叶松初级无性系种子园种子 ·· 048
黑宝石李 ····················· 744
黑宝石李 ····················· 746
黑果枸杞"诺黑" ··············· 959
黑里河林场华北落叶松种子园种子 ·· 023
黑里河林场油松母树林种子 ········ 121
黑里河油松种子园种子 ··········· 123
黑林丰忍冬 ··················· 989
黑林穗宝醋栗 ················· 481
黑青杨 ······················ 451
'黑叶'杏 ···················· 691
'黑玉'（Ⅰ16-56） ············ 738
红八棱 ······················ 576
'红宝石'海棠 ················· 577
'红地球'葡萄 ················· 910
红岗山桃 ····················· 637
红光1号 ····················· 528
红光2号 ····················· 529
红光3号 ····················· 530
红光4号 ····················· 531
红花多枝怪柳 ················· 336
红花尔基樟子松母树林种子 ········ 094
红桦六盘山种源 ················ 311
红佳人（张掖红梨2号） ········· 506
红堇 ························· 978
红丽 ························· 557
红螺脆枣 ····················· 893
红满堂 ······················ 545
'红梅朗'月季 ················· 584
红梅杏 ······················ 709
'红木纳格'葡萄 ··············· 909
'红旗特早玫瑰' ··············· 915

红旗油松种子园种子 ………………………… 114

红松果林高产无性系（9512、9526）………… 065

红王子 ……………………………………… 993

红五月 ……………………………………… 583

红喜梅 ……………………………………… 747

红勋1号 …………………………………… 578

红亚当 ……………………………………… 569

'红叶'李 …………………………………… 736

红叶乐园 …………………………………… 543

红玉 ………………………………………… 564

'胡安娜'杏 ………………………………… 693

胡杨 ………………………………………… 471

胡杨母树林 ………………………………… 472

壶瓶枣1号 ………………………………… 849

蝴蝶泉 ……………………………………… 599

互叶醉鱼草（醉鱼木）…………………… 943

互助县北山林场青杆种源 ………………… 011

互助县北山林场油松种源 ………………… 129

花棒 ………………………………………… 801

花棒宁夏种源 ……………………………… 800

华北落叶松母树林种子 …………………… 020

华春 ………………………………………… 674

华山松六盘山种源 ………………………… 060

华山松母树林 ……………………………… 059

华艺1号 …………………………………… 253

华艺2号 …………………………………… 258

华艺7号 …………………………………… 259

'华源发'黄杨 ……………………………… 839

桦林背杜松 ………………………………… 147

怀丰 ………………………………………… 280

怀香 ………………………………………… 285

'皇家嘎啦' ………………………………… 525

黄波萝母树林 ……………………………… 941

黄冠梨 ……………………………………… 498

黄南州麦秀林场紫果云杉母树林 ………… 013

黄手帕 ……………………………………… 580

湟水林场小叶杨M29无性系 ……………… 383

灰拣 ………………………………………… 290

'灰枣' ……………………………………… 851

汇林88号杨 ………………………………… 407

惠丰醋栗 …………………………………… 482

火焰 ………………………………………… 561

火焰山 ……………………………………… 600

'火州紫玉' ………………………………… 913

霍城大枣 …………………………………… 901

J

鸡西长白落叶松初级无性系种子园种子 …… 047

鸡西长白落叶松种源 ……………………… 044

鸡心脆枣 …………………………………… 894

吉柳1号 …………………………………… 345

吉柳2号 …………………………………… 346

吉美 ………………………………………… 763

吉县刺槐1号 ……………………………… 771

吉县刺槐2号 ……………………………… 772

吉县刺槐3号 ……………………………… 773

吉县刺槐4号 ……………………………… 774

吉县刺槐5号 ……………………………… 775

吉县刺槐6号 ……………………………… 776

吉县刺槐7号 ……………………………… 777

极丰榛子 …………………………………… 312

冀光 ………………………………………… 686

冀硕 ………………………………………… 502

冀酥 ………………………………………… 503

加格达奇兴安落叶松第一代无性系种子园种子 028

加格达奇樟子松第一代无性系种子园种子 …… 106

加杨 ………………………………………… 432

夹角 ………………………………………… 486

佳县油枣 …………………………………… 844

尖果沙枣 …………………………………… 812

建平南果梨 ………………………………… 492

'健227'杨 ………………………………… 437

健杨 ………………………………………… 470

箭×小杨 …………………………………… 435

解放钟 ……………………………………… 486

金白杨1号 ………………………………… 363

金白杨2号	364	金叶莸	960
金白杨3号	365	金宇	712
金白杨5号	366	金羽	986
金薄丰1号	225	'金园'丁香	975
金薄香1号核桃	205	金真栗	284
金薄香2号核桃	206	金真晚栗	284
金薄香3号	218	金钟梨	499
金薄香6号	230	锦春	675
金薄香7号	223	锦梨1号	504
金薄香8号	224	锦梨2号	505
金昌一号	850	锦霞	676
金春	673	晋18短枝红富士	526
金枫	931	晋RS-1系核桃砧木	231
金谷大枣	880	晋扁2号扁桃	616
金冠苹果	520	晋扁3号扁桃	617
金核1号	247	晋薄1号	629
金黑杨1号	459	晋椿1号	937
金黑杨2号	460	晋冬枣	900
金黑杨3号	461	晋丰	217
金花桧	142	晋富2号	518
金花忍冬	991	晋富3号	519
金蕾1号	512	晋龙1号	180
金蕾2号	513	晋龙2号	181
金亮	994	晋龙2号	239
金美夏	678	晋梅杏	716
金秋蟠桃	643	晋绵1号	246
金山刺槐母树林种子	779	晋森	783
金丝垂柳J1010	354	晋西柠条	790
金丝垂柳J1011	355	晋香	216
金丝垂柳J841	352	晋园红	896
金丝垂柳J842	353	晋赞大枣	882
'金丝小枣'	853	晋枣3号	856
金秀	710	晋皂1号	805
金阳	981	晋榛2号	315
'金叶'榆	162	晋梓1号	985
金叶白蜡	962	京春	662
金叶复叶槭	932	京脆红	705
金叶槐	784	京海棠-宝相花	565

京海棠 – 粉红珠 ……………… 567

京海棠 – 紫美人 ……………… 566

京海棠 – 紫霞珠 ……………… 568

'京海棠 —— 黄玫瑰' ……………… 573

'京海棠 —— 宿亚当' ……………… 574

京和油1号 ……………… 682

京和油2号 ……………… 683

京黄 ……………… 964

京佳2号 ……………… 708

京绿 ……………… 973

京欧1号 ……………… 765

京欧2号 ……………… 766

京暑红 ……………… 281

京香1号 ……………… 220

京香2号 ……………… 221

京香3号 ……………… 222

京香红 ……………… 704

京艺1号 ……………… 252

京艺2号 ……………… 254

京艺6号 ……………… 255

京艺7号 ……………… 256

京艺8号 ……………… 257

京早红 ……………… 700

京枣311 ……………… 899

晶玲 ……………… 754

'精杞1号' ……………… 945

'精杞2号' ……………… 951

'精杞4号' ……………… 955

'精杞5号' ……………… 956

景观奈 –29 ……………… 553

靖远小口枣 ……………… 870

静乐华北落叶松 ……………… 016

九龙金枣（宁县晋枣）……………… 902

久脆 ……………… 646

久蜜 ……………… 658

久鲜 ……………… 657

久艳 ……………… 647

久玉 ……………… 648

骏枣 ……………… 878

骏枣1号 ……………… 848

K

'喀什噶尔长圆枣' ……………… 854

喀左大平顶枣 ……………… 883

'卡卡孜'核桃 ……………… 175

'卡拉玉鲁克1号'（'喀什酸梅1号'）……… 726

'卡拉玉鲁克5号'（'喀什酸梅5号'）……… 728

'卡买尔' ……………… 628

凯尔斯 ……………… 560

'克瑞森无核' ……………… 911

'克西'巴旦姆 ……………… 610

'垦鲜枣1号'（梨枣）……………… 879

'垦鲜枣2号'（赞皇枣）……………… 898

'恐龙蛋' ……………… 723

'库车小白杏' ……………… 703

'库尔勒'香梨 ……………… 494

'库三02号'核桃 ……………… 195

宽优9113 ……………… 283

L

兰丁1号 ……………… 760

兰丁2号 ……………… 761

蓝塔桧 ……………… 143

蓝心忍冬 ……………… 987

老秃顶子红松母树林种子 ……………… 061

老秃顶子日本落叶松种子园种子 ……… 050

雷司令 ……………… 920

雷舞 ……………… 974

冷白玉枣 ……………… 862

梨树长白落叶松初级无性系种子园种子 … 046

梨树樟子松初级无性系种子园种子 …… 106

梨枣 ……………… 903

理查德早生 ……………… 734

丽红 ……………… 926

利平 ……………… 295

良乡1号 ……………… 286

辽白扁2号 ………………………………… 713

辽核1号 …………………………………… 183

辽胡耐盐1号杨 …………………………… 473

辽胡耐盐2号杨 …………………………… 474

辽栗10号 ………………………………… 269

辽栗15号 ………………………………… 270

辽栗23号 ………………………………… 271

辽宁10号 ………………………………… 208

辽宁1号 …………………………………… 202

辽宁1号 …………………………………… 212

辽宁1号核桃 ……………………………… 248

辽宁4号 …………………………………… 213

辽宁4号 …………………………………… 236

辽宁5号 …………………………………… 214

辽宁6号 …………………………………… 219

辽宁7号 …………………………………… 203

辽宁7号 …………………………………… 209

辽宁东北红豆杉 …………………………… 148

辽宁省实验林场红松母树林种子 ………… 066

辽宁省实验林场日本落叶松母树林种子 …… 056

辽宁杨 …………………………………… 444

辽瑞丰 …………………………………… 233

辽优扁1号 ………………………………… 711

辽育1号杨 ………………………………… 390

辽育2号杨 ………………………………… 391

辽育3号杨 ………………………………… 399

辽榛3号 …………………………………… 319

辽榛4号 …………………………………… 320

辽榛7号 …………………………………… 325

辽榛8号 …………………………………… 326

辽榛9号 …………………………………… 327

'裂叶'榆 …………………………………… 157

林伍德 …………………………………… 982

临黄1号 …………………………………… 897

灵武长枣 ………………………………… 858

灵武长枣2号 ……………………………… 895

陵川第一山林场油松母树林种子 ………… 127

陵川王莽岭中国黄花柳种源 ……………… 349

陵川县西闸水南方红豆杉母树林种子 …… 149

六盘山华北落叶松一代种子园种子 ……… 017

龙田硕蟠 ………………………………… 659

龙田早红 ………………………………… 752

'卢比' …………………………………… 621

鲁光 ……………………………………… 211

鲁光 ……………………………………… 240

鲁果11 …………………………………… 243

鲁果1号 …………………………………… 242

潞城西流漳河柳 …………………………… 343

吕梁林局康城辽东栎母树林种子 ………… 301

吕梁林局上庄核桃楸母树林种子 ………… 265

绿岭 ……………………………………… 227

绿野 ……………………………………… 587

'轮南白杏' ………………………………… 694

'轮台白杏' ………………………………… 702

罗山青海云杉天然母树林种子 …………… 009

'络珠'（Ⅰ16-38） ………………………… 739

落叶松杂交种子园 ………………………… 052

M

'麻壳'巴旦姆 ……………………………… 613

毛条灵武种源 ……………………………… 791

玫蕾 ……………………………………… 750

梅鹿辄 …………………………………… 918

美凤椒 …………………………………… 939

美国黄松 ………………………………… 131

美锦 ……………………………………… 641

美人香 …………………………………… 601

美硕 ……………………………………… 632

美香 ……………………………………… 245

蒙富 ……………………………………… 535

蒙古扁桃 ………………………………… 631

蒙古莸 …………………………………… 961

孟家岗长白落叶松初级无性系种子园种子 …… 039

米槐1号 …………………………………… 785

米槐2号 …………………………………… 786

米星 ……………………………………… 622

'密胡杨1号'⋯⋯⋯⋯⋯⋯⋯⋯⋯ 475
'密胡杨2号'⋯⋯⋯⋯⋯⋯⋯⋯⋯ 476
民勤小枣⋯⋯⋯⋯⋯⋯⋯⋯⋯⋯ 871
明拣⋯⋯⋯⋯⋯⋯⋯⋯⋯⋯⋯⋯ 291
'明星'杏⋯⋯⋯⋯⋯⋯⋯⋯⋯⋯ 692
木枣1号⋯⋯⋯⋯⋯⋯⋯⋯⋯⋯ 867
'慕亚格'杏⋯⋯⋯⋯⋯⋯⋯⋯⋯ 688

Ⓝ

内蒙古大兴安岭北部林区兴安落叶松母树林种子032
内蒙古大兴安岭东部林区兴安落叶松母树林种子033
内蒙古大兴安岭南部林区兴安落叶松母树林种子034
内蒙古大兴安岭中部林区兴安落叶松母树林种子035
内蒙古贺兰山青海云杉母树林种子⋯⋯⋯ 010
南强1号⋯⋯⋯⋯⋯⋯⋯⋯⋯⋯ 938
嫩江云杉⋯⋯⋯⋯⋯⋯⋯⋯⋯⋯ 003
'尼普鲁斯'⋯⋯⋯⋯⋯⋯⋯⋯⋯ 625
拟青×山海关杨⋯⋯⋯⋯⋯⋯⋯ 409
宁金富苹果⋯⋯⋯⋯⋯⋯⋯⋯⋯ 522
宁农杞9号⋯⋯⋯⋯⋯⋯⋯⋯⋯ 954
宁杞3号⋯⋯⋯⋯⋯⋯⋯⋯⋯⋯ 948
宁杞4号⋯⋯⋯⋯⋯⋯⋯⋯⋯⋯ 946
宁杞5号⋯⋯⋯⋯⋯⋯⋯⋯⋯⋯ 947
宁杞6号⋯⋯⋯⋯⋯⋯⋯⋯⋯⋯ 949
宁杞7号⋯⋯⋯⋯⋯⋯⋯⋯⋯⋯ 950
宁杞8号⋯⋯⋯⋯⋯⋯⋯⋯⋯⋯ 957
宁秋⋯⋯⋯⋯⋯⋯⋯⋯⋯⋯⋯⋯ 511
柠条盐池种源⋯⋯⋯⋯⋯⋯⋯⋯ 789
农大1号⋯⋯⋯⋯⋯⋯⋯⋯⋯⋯ 514
农大2号⋯⋯⋯⋯⋯⋯⋯⋯⋯⋯ 515
农大3号⋯⋯⋯⋯⋯⋯⋯⋯⋯⋯ 516
'浓帕烈'⋯⋯⋯⋯⋯⋯⋯⋯⋯⋯ 618

Ⓞ

欧美杨107⋯⋯⋯⋯⋯⋯⋯⋯⋯ 446
欧美杨108⋯⋯⋯⋯⋯⋯⋯⋯⋯ 446
欧洲垂枝桦⋯⋯⋯⋯⋯⋯⋯⋯⋯ 307
欧洲黑杨⋯⋯⋯⋯⋯⋯⋯⋯⋯⋯ 467

欧洲三倍体山杨⋯⋯⋯⋯⋯⋯⋯ 374
欧洲山杨三倍体⋯⋯⋯⋯⋯⋯⋯ 375

Ⓟ

'皮亚曼1号'石榴⋯⋯⋯⋯⋯⋯⋯ 831
'皮亚曼2号'石榴⋯⋯⋯⋯⋯⋯⋯ 832
品虹⋯⋯⋯⋯⋯⋯⋯⋯⋯⋯⋯⋯ 664
品霞⋯⋯⋯⋯⋯⋯⋯⋯⋯⋯⋯⋯ 665
苹果矮化砧木SH1⋯⋯⋯⋯⋯⋯ 544
苹果砧木Y-3⋯⋯⋯⋯⋯⋯⋯⋯ 551
葡萄'威代尔'⋯⋯⋯⋯⋯⋯⋯⋯ 916
'圃杏1号'⋯⋯⋯⋯⋯⋯⋯⋯⋯ 715

Ⓠ

七月鲜⋯⋯⋯⋯⋯⋯⋯⋯⋯⋯⋯ 846
祁连圆柏⋯⋯⋯⋯⋯⋯⋯⋯⋯⋯ 146
缱绻⋯⋯⋯⋯⋯⋯⋯⋯⋯⋯⋯⋯ 571
强特勒⋯⋯⋯⋯⋯⋯⋯⋯⋯⋯⋯ 228
乔木状沙拐枣⋯⋯⋯⋯⋯⋯⋯⋯ 331
桥山双龙油松种子园⋯⋯⋯⋯⋯ 115
秦白杨1号⋯⋯⋯⋯⋯⋯⋯⋯⋯ 367
秦白杨2号⋯⋯⋯⋯⋯⋯⋯⋯⋯ 368
秦白杨3号⋯⋯⋯⋯⋯⋯⋯⋯⋯ 369
秦宝冬枣⋯⋯⋯⋯⋯⋯⋯⋯⋯⋯ 857
秦丰⋯⋯⋯⋯⋯⋯⋯⋯⋯⋯⋯⋯ 838
秦红李⋯⋯⋯⋯⋯⋯⋯⋯⋯⋯⋯ 748
秦香⋯⋯⋯⋯⋯⋯⋯⋯⋯⋯⋯⋯ 334
秦樱1号⋯⋯⋯⋯⋯⋯⋯⋯⋯⋯ 751
秦玉⋯⋯⋯⋯⋯⋯⋯⋯⋯⋯⋯⋯ 838
秦仲1号⋯⋯⋯⋯⋯⋯⋯⋯⋯⋯ 152
秦仲2号⋯⋯⋯⋯⋯⋯⋯⋯⋯⋯ 152
秦仲3号⋯⋯⋯⋯⋯⋯⋯⋯⋯⋯ 153
秦仲4号⋯⋯⋯⋯⋯⋯⋯⋯⋯⋯ 153
沁盛香花槐⋯⋯⋯⋯⋯⋯⋯⋯⋯ 780
沁水县樊庄侧柏母树林种子⋯⋯ 138
沁源油松⋯⋯⋯⋯⋯⋯⋯⋯⋯⋯ 124
青海杨X10无性系⋯⋯⋯⋯⋯⋯ 384
青海云杉⋯⋯⋯⋯⋯⋯⋯⋯⋯⋯ 008

青海云杉（天祝）母树林种子 …………… 007

青凉山日本落叶松种子园种子 …………… 051

青杞1号 …………………………………… 953

青山长白落叶松第一代种子园种子 ……… 040

青山杨 ……………………………………… 404

青山杂种落叶松实生种子园种子 ………… 036

青山樟子松初级无性系种子园种子 ……… 097

青杨雄株优良无性系 ……………………… 387

青竹柳 ……………………………………… 344

清河城红松母树林种子 …………………… 064

清河城红松种子园种子 …………………… 063

清香 ………………………………………… 184

清香 ………………………………………… 232

秋妃 ………………………………………… 660

秋富1号 …………………………………… 540

秋紫白蜡 …………………………………… 971

楸树 ………………………………………… 984

群改2号 …………………………………… 389

R

日5×兴9杂种落叶松家系 ……………… 057

日本落叶松优良家系（F13、F41） ……… 053

绒团桧 ……………………………………… 145

瑞光33号 ………………………………… 680

瑞光35号 ………………………………… 653

瑞光39号 ………………………………… 681

瑞光45号 ………………………………… 684

瑞蟠22号 ………………………………… 635

瑞蟠24号 ………………………………… 655

瑞油蟠2号 ………………………………… 654

'若羌冬枣' ………………………………… 887

'若羌灰枣' ………………………………… 886

'若羌金丝小枣' …………………………… 888

S

'萨依瓦克5号'核桃 ……………………… 199

'萨依瓦克9号'核桃 ……………………… 200

'三倍体'毛白杨（193系列） …………… 381

三倍体毛白杨 ……………………………… 380

'桑波'（Ⅱ20-38） ……………………… 749

'色买提'杏 ………………………………… 689

森尾早生 …………………………………… 488

'沙01' ……………………………………… 495

沙地赤松 …………………………………… 089

沙冬青宁夏种源 …………………………… 798

沙棘 ………………………………………… 815

沙棘HF-14 ………………………………… 821

沙棘六盘山种源 …………………………… 816

沙枣母树林 ………………………………… 810

沙枣宁夏种源 ……………………………… 808

山苦2号 …………………………………… 717

山桃六盘山种源 …………………………… 685

山新杨 ……………………………………… 376

山杏 ………………………………………… 714

山杏1号 …………………………………… 719

山杏2号 …………………………………… 720

山杏3号 …………………………………… 721

山杏彭阳种源 ……………………………… 699

陕北长枣 …………………………………… 884

陕核短枝 …………………………………… 229

陕桐3号 …………………………………… 983

陕桐4号 …………………………………… 983

上高台林场华北落叶松母树林种子 ……… 018

上庄油松 …………………………………… 110

梢红 ………………………………………… 992

'少先队2号'杨 …………………………… 442

深秋红 ……………………………………… 813

'深秋红' …………………………………… 823

沈阳文香柏 ………………………………… 134

胜利油松母树林种子 ……………………… 120

胜山红松天然母树林 ……………………… 082

胜山兴安落叶松天然母树林 ……………… 028

圣乙女 ……………………………………… 570

狮子头 ……………………………………… 938

石滚枣1号 ………………………………… 837

石门魁香 …………………………………… 215

首红 ···················· 538

曙光 2 号 ················ 889

曙光 3 号 ················ 890

曙光 4 号 ················ 892

树新刺槐母树林种子 ········· 778

帅丁 ···················· 806

帅枣 1 号 ················ 859

帅枣 2 号 ················ 860

栓翅卫矛'铮铮 1 号' ········ 840

栓翅卫矛'铮铮 2 号' ········ 841

'双薄'巴旦姆 ············ 612

'双果'巴旦姆 ············ 611

双季槐 ·················· 782

'双软'巴旦杏 ············ 606

'水曲柳 1 号' ············ 968

水曲柳驯化树种 NG ········· 965

硕果海棠 ················ 552

'斯大林工作者'杨 ········· 438

四子王旗华北驼绒藜采种基地种子···· 330

泗交白蜡 ················ 963

饲仲 1 号 ················ 154

松柏柽柳 ················ 335

苏木山林场华北落叶松种子园种子···· 019

梭梭柴 ·················· 328

'索拉诺' ················ 627

'索诺拉' ················ 619

T

太城 4 号 ················ 487

太东长白落叶松初级无性系种子园种子···· 046

太平肉杏 ················ 687

太行林局海眼寺核桃楸母树林种子···· 264

太行林局坪松辽东栎母树林种子···· 300

太岳林局北平核桃楸母树林种子···· 263

太岳林局大南坪核桃楸母树林种子···· 262

太岳林局灵空山辽东栎母树林种子···· 303

太岳林局灵空山油松母树林种子···· 128

太岳林局石膏山白皮松母树林种子···· 087

'汤姆逊' ················ 624

唐汪大接杏 ·············· 717

特娇 ···················· 589

特俏 ···················· 590

'特晚花浓帕烈' ··········· 620

天富 1 号 ················ 517

天富 2 号 ················ 517

天红 1 号 ················ 508

天红 2 号 ················ 509

天山白雪 ················ 597

天山桦 ·················· 310

天山桃园 ················ 596

天山之光 ················ 595

天山之星 ················ 594

天水臭椿母树林 ··········· 936

天水榆树第一代种子园 ······ 161

天汪一号 ················ 542

天香 ···················· 593

甜丰 ···················· 722

铁榛二号 ················ 314

铁榛一号 ················ 313

通林 7 号杨 ·············· 408

通天一长白落叶松初级无性系种子园种子···· 048

同心圆枣 ················ 872

头状沙拐枣 ·············· 332

'吐古其 15 号'核桃 ········ 201

'托普鲁克'杏 ············ 690

W

湾甸子裂叶垂枝桦 ········· 308

'晚丰'巴旦杏 ············ 607

晚花杨 ·················· 417

晚金油桃 ················ 672

晚秋妃 ·················· 661

'晚熟'无花果 ············ 168

万家沟油松种子园种子 ······ 116

万尼卡 ·················· 762

王族 ···················· 562

旺业甸林场华北落叶松母树林种子…………… 024

旺业甸林场樟子松母树林种子………………… 103

旺业甸林场樟子松种子园种子………………… 102

旺业甸实验林场长白落叶松母树林种子……… 043

旺业甸实验林场长白落叶松种子园种子……… 042

旺业甸实验林场日本落叶松母树林种子……… 055

旺业甸实验林场日本落叶松种子园种子……… 054

望春…………………………………………… 633

围选 1 号……………………………………… 698

'味帝'………………………………………… 724

'味厚'………………………………………… 725

'温 185' 核桃………………………………… 172

翁牛特旗元宝枫采种基地种子………………… 927

乌尔旗汉林业局兴安落叶松种子园种子……… 031

'乌火 06 号' 核桃…………………………… 196

乌拉特后旗梭梭采种基地种子………………… 329

乌拉特中旗叉子圆柏优良种源穗条…………… 139

乌拉特中旗柠条锦鸡儿采种基地种子………… 794

乌兰坝林场华北落叶松母树林种子…………… 022

乌兰坝林场华北落叶松种子园种子…………… 021

乌兰坝林场兴安落叶松种子园种子…………… 029

乌审旗旱柳优良种源穗条……………………… 341

乌审旗沙地柏优良种源穗条…………………… 140

无刺丰………………………………………… 814

'无刺丰'……………………………………… 822

无刺椒………………………………………… 939

'无核白'（吐鲁番无核白、和静无核白）…… 905

'无核白鸡心'………………………………… 906

无核白葡萄…………………………………… 921

无核丰………………………………………… 847

吴城油松……………………………………… 113

吴屯杨………………………………………… 402

五台林局白杆种源种子………………………… 006

五台林局华北落叶松种源种子………………… 026

西 + 加杨 …………………………………… 419

西扶 1 号……………………………………… 176

西扶 2 号……………………………………… 177

西吉青皮河北杨……………………………… 378

西拉…………………………………………… 919

西林 2 号……………………………………… 178

西岭…………………………………………… 226

西洛 1 号……………………………………… 178

西洛 2 号……………………………………… 179

西洛 3 号……………………………………… 179

西农 25 ……………………………………… 701

西农枇杷 2 号………………………………… 488

西域红叶李…………………………………… 741

锡盟洪格尔高勒沙地柏优良种源穗条………… 141

锡盟沙地榆优良种源种子……………………… 159

霞多丽………………………………………… 917

夏日红………………………………………… 767

夏橡…………………………………………… 304

夏至红………………………………………… 679

夏至早红……………………………………… 677

献王枣………………………………………… 855

相枣 1 号……………………………………… 875

香白杏………………………………………… 696

香妃…………………………………………… 602

香红梨………………………………………… 497

香恋…………………………………………… 603

香玲…………………………………………… 204

香玲…………………………………………… 210

香泉 1 号……………………………………… 758

香泉 2 号……………………………………… 759

'祥丰' 牡丹…………………………………… 333

'向阳'………………………………………… 817

小洞油松母树林种子…………………………… 125

小黑杨………………………………………… 440

小胡杨………………………………………… 478

小胡杨 – 1…………………………………… 477

小美旱杨……………………………………… 405

小美旱杨……………………………………… 406

小青杨新无性系……………………………… 386

'小软壳 (14 号)' 巴旦姆…………………… 615

X

小叶白蜡 ……………………… 969
'新萃丰'核桃 ………………… 198
'新丰'核桃 …………………… 170
'新富1号' …………………… 533
'新光'核桃 …………………… 169
'新红1号' …………………… 532
新红星 ………………………… 541
新疆大叶榆母树林 …………… 155
新疆落叶松种子园 …………… 014
新疆杨 ………………………… 370
新疆杨 ………………………… 371
新疆杨 ………………………… 372
新疆野苹果 …………………… 547
'新巨丰'核桃 ………………… 191
'新垦沙棘1号'（乌兰沙林） … 825
'新垦沙棘2号'（'棕丘'） …… 826
'新垦沙棘3号'（'无刺雄'） … 827
新梨9号 ……………………… 496
'新露'核桃 …………………… 171
'新梅1号' …………………… 730
新梅2号 ……………………… 731
新梅3号 ……………………… 732
'新梅4号'（法新西梅） ……… 733
新苹红 ………………………… 536
'新温179'核桃 ……………… 188
'新温233'核桃 ……………… 189
新温724 ……………………… 249
'新温81'核桃 ………………… 187
新温915 ……………………… 250
新温917 ……………………… 251
'新乌417'核桃 ……………… 190
'新新2号'核桃 ……………… 197
新星 …………………………… 874
'新雅' ………………………… 912
'新早丰'核桃 ………………… 174
'新榛1号'（平榛 × 欧洲榛） … 321
'新榛2号'（平榛 × 欧洲榛） … 322
'新榛3号'（平榛 × 欧洲榛） … 323

'新榛4号'（平榛 × 欧洲榛） … 324
兴7 × 日77-2杂种落叶松家系 … 057
绚丽 …………………………… 556
雪岭云杉（天山云杉）种子园 … 002
雪球 …………………………… 559

Ｙ

芽黄 …………………………… 834
'烟富3号' …………………… 524
延川狗头枣 …………………… 843
阎良脆枣 ……………………… 863
阎良相枣 ……………………… 845
艳保 …………………………… 650
艳丰6号 ……………………… 636
艳红 …………………………… 925
艳丽花楸 ……………………… 489
艳阳 …………………………… 751
燕昌早生 ……………………… 278
燕丽 …………………………… 293
燕龙 …………………………… 276
燕妮 …………………………… 588
燕平 …………………………… 275
燕秋 …………………………… 288
燕山早丰 ……………………… 272
燕山早生 ……………………… 279
燕兴 …………………………… 282
燕紫 …………………………… 287
阳丰 …………………………… 480
阳高河北杨 …………………… 377
阳光 …………………………… 289
杨柴盐池种源 ………………… 803
杨树林局九梁洼樟子松母树林种子 … 105
'叶娜'杏 ……………………… 707
一窝蜂 ………………………… 687
伊犁大叶杨（大叶钻天杨） …… 420
伊犁小美杨（阿富汗杨） ……… 421
伊犁小青杨（'熊钻17号'杨） … 385
伊犁小叶杨（加小 × 俄9号） … 397

'伊犁杨1号'（'64号'杨）⋯⋯⋯ 422
'伊犁杨2号'（'I−45／51'杨）⋯⋯ 423
'伊犁杨3号'（日本白杨）⋯⋯⋯ 424
'伊犁杨4号'（'I−262'杨）⋯⋯ 425
'伊犁杨5号'（'I−467'杨）⋯⋯ 426
'伊犁杨6号'（'优胜003'）⋯⋯ 443
'伊犁杨7号'（马里兰德杨）⋯⋯ 427
'伊犁杨8号'（'保加利亚3号'杨）⋯⋯ 428
伊梅1号 ⋯⋯⋯⋯⋯⋯⋯ 735
伊人忍冬 ⋯⋯⋯⋯⋯⋯⋯ 988
猗红柿 ⋯⋯⋯⋯⋯⋯⋯⋯ 479
忆春 ⋯⋯⋯⋯⋯⋯⋯⋯⋯ 642
'银×新10' ⋯⋯⋯⋯⋯⋯ 358
'银×新12' ⋯⋯⋯⋯⋯⋯ 359
'银×新4' ⋯⋯⋯⋯⋯⋯⋯ 357
银白杨母树林 ⋯⋯⋯⋯⋯⋯ 356
银果胡颓子 ⋯⋯⋯⋯⋯⋯ 807
银中杨 ⋯⋯⋯⋯⋯⋯⋯⋯ 362
缨络 ⋯⋯⋯⋯⋯⋯⋯⋯⋯ 572
'鹰嘴'巴旦姆 ⋯⋯⋯⋯⋯ 609
咏春 ⋯⋯⋯⋯⋯⋯⋯⋯⋯ 639
疣枝桦 ⋯⋯⋯⋯⋯⋯⋯⋯ 306
友谊 ⋯⋯⋯⋯⋯⋯⋯⋯⋯ 757
榆林长柄扁桃（种源）⋯⋯⋯ 630
榆林樟子松种子园种子 ⋯⋯⋯ 100
雨丰枣 ⋯⋯⋯⋯⋯⋯⋯⋯ 861
玉坠 ⋯⋯⋯⋯⋯⋯⋯⋯⋯ 318
圆冠榆 ⋯⋯⋯⋯⋯⋯⋯⋯ 165
运城五色槐 ⋯⋯⋯⋯⋯⋯ 787

Z

'赞皇枣' ⋯⋯⋯⋯⋯⋯⋯⋯ 852
早脆王 ⋯⋯⋯⋯⋯⋯⋯⋯ 868
早丹 ⋯⋯⋯⋯⋯⋯⋯⋯⋯ 756
'早富1号' ⋯⋯⋯⋯⋯⋯⋯ 534
早露蟠桃 ⋯⋯⋯⋯⋯⋯⋯ 634
'早美香'（'香梨芽变94−9'）⋯⋯ 500
'早熟'无花果 ⋯⋯⋯⋯⋯⋯ 167

早熟王 ⋯⋯⋯⋯⋯⋯⋯⋯ 876
早硕 ⋯⋯⋯⋯⋯⋯⋯⋯⋯ 241
早钟6号 ⋯⋯⋯⋯⋯⋯⋯ 485
'扎343'核桃 ⋯⋯⋯⋯⋯⋯ 173
章古台樟子松种子园种子 ⋯⋯ 092
彰武松 ⋯⋯⋯⋯⋯⋯⋯⋯ 108
樟子松 ⋯⋯⋯⋯⋯⋯⋯⋯ 101
樟子松金山种源 ⋯⋯⋯⋯⋯ 098
樟子松卡伦山种源 ⋯⋯⋯⋯ 107
樟子松优良无性系（GS1、GS2）⋯⋯ 091
樟子松优良种源（高峰）⋯⋯ 093
昭林6号杨 ⋯⋯⋯⋯⋯⋯ 468
昭陵御石榴 ⋯⋯⋯⋯⋯⋯ 833
沼泽小叶桦 ⋯⋯⋯⋯⋯⋯ 309
哲林4号杨 ⋯⋯⋯⋯⋯⋯ 403
正蓝旗黄柳采条基地穗条 ⋯⋯ 351
正镶白旗柠条锦鸡儿采种基地种子⋯⋯ 795
知春 ⋯⋯⋯⋯⋯⋯⋯⋯⋯ 640
'纸皮'巴旦杏 ⋯⋯⋯⋯⋯ 608
中富柳1号 ⋯⋯⋯⋯⋯⋯ 342
中富柳2号 ⋯⋯⋯⋯⋯⋯ 342
中黑防杨 ⋯⋯⋯⋯⋯⋯⋯ 455
中红果沙棘 ⋯⋯⋯⋯⋯⋯ 828
中黄果沙棘 ⋯⋯⋯⋯⋯⋯ 829
中加10号杨 ⋯⋯⋯⋯⋯⋯ 441
中金10号 ⋯⋯⋯⋯⋯⋯⋯ 415
中金2号 ⋯⋯⋯⋯⋯⋯⋯ 413
中金7号 ⋯⋯⋯⋯⋯⋯⋯ 414
中辽1号杨 ⋯⋯⋯⋯⋯⋯ 450
中林1号 ⋯⋯⋯⋯⋯⋯⋯ 238
中林美荷 ⋯⋯⋯⋯⋯⋯⋯ 453
中林杨 ⋯⋯⋯⋯⋯⋯⋯⋯ 466
中宁圆枣 ⋯⋯⋯⋯⋯⋯⋯ 873
中农3号 ⋯⋯⋯⋯⋯⋯⋯ 651
中农4号 ⋯⋯⋯⋯⋯⋯⋯ 652
中农红久保 ⋯⋯⋯⋯⋯⋯ 644
中农酥梨 ⋯⋯⋯⋯⋯⋯⋯ 501
中农醋保 ⋯⋯⋯⋯⋯⋯⋯ 645

中条林局皋落核桃楸母树林种子·············· 266

中条林局横河辽东栎母树林种子·············· 302

中条林局历山裂叶榆母树林种子·············· 158

中条山华山松······························· 058

中无刺沙棘······························· 830

中砧1号······························· 546

周家店侧柏母树林种子······················ 137

周家店五角枫母树林种子···················· 930

主教······························· 836

'壮圆黄'······························· 824

'准噶尔1号'杨（银白杨×新疆杨）········ 360

'准噶尔2号'杨（银白杨×新疆杨）········ 361

准格尔旗油松母树林种子···················· 122

子午岭紫斑牡丹·························· 333

紫丁香································· 976

紫丁香································· 977

紫晶································· 729

'紫美'（V 2–16）······················ 740

紫穗槐································· 788

紫霞································· 934

'紫霞'（I 14–14）······················ 737

紫叶矮樱································· 742

紫叶矮樱································· 743

紫叶稠李································· 769

紫叶稠李································· 770

钻石································· 554

钻天榆×新疆白榆优树杂交种子园·········· 164

醉红颜································· 604

遵化短刺································· 274

分省名称索引

北京市

柏科

蝶叶侧柏 …………………………………… 136

金花桧 ……………………………………… 142

蓝塔桧 ……………………………………… 143

峰桧 ………………………………………… 144

绒团桧 ……………………………………… 145

木兰科

北美鹅掌楸种源4P ………………………… 150

胡桃科

辽宁7号 …………………………………… 209

香玲 ………………………………………… 210

鲁光 ………………………………………… 211

辽宁1号 …………………………………… 212

辽宁4号 …………………………………… 213

辽宁5号 …………………………………… 214

京香1号 …………………………………… 220

京香2号 …………………………………… 221

京香3号 …………………………………… 222

丰香 ………………………………………… 244

美香 ………………………………………… 245

京艺1号 …………………………………… 252

华艺1号 …………………………………… 253

京艺2号 …………………………………… 254

京艺6号 …………………………………… 255

京艺7号 …………………………………… 256

京艺8号 …………………………………… 257

华艺2号 …………………………………… 258

华艺7号 …………………………………… 259

壳斗科

燕平 ………………………………………… 275

燕昌早生 …………………………………… 278

燕山早生 …………………………………… 279

怀丰 ………………………………………… 280

京暑红 ……………………………………… 281

怀香 ………………………………………… 285

良乡1号 …………………………………… 286

阳光 ………………………………………… 289

杨柳科

金丝垂柳J841 ……………………………… 352

金丝垂柳J842 ……………………………… 353

金丝垂柳J1010 …………………………… 354

金丝垂柳J1011 …………………………… 355

蔷薇科

早钟6号 …………………………………… 485

中农酥梨 …………………………………… 501

金蕾1号 …………………………………… 512

金蕾2号 …………………………………… 513

农大1号 …………………………………… 514

农大2号 …………………………………… 515

农大3号 …………………………………… 516

中砧1号 …………………………………… 546

钻石 ………………………………………… 554

粉芽 ………………………………………… 555

绚丽 ………………………………………… 556

红丽 ………………………………………… 557

草莓果冻 …………………………………… 558

雪球 ………………………………………… 559

凯尔斯 ···················· 560

火焰 ····················· 561

王族 ····················· 562

道格 ····················· 563

红玉 ····················· 564

京海棠－宝相花 ············ 565

京海棠－紫美人 ············ 566

京海棠－粉红珠 ············ 567

京海棠－紫霞珠 ············ 568

红亚当 ··················· 569

圣乙女 ··················· 570

缱绻 ····················· 571

缨络 ····················· 572

'京海棠 —— 黄玫瑰' ········· 573

'京海棠 —— 宿亚当' ········· 574

八棱脆 ··················· 575

红八棱 ··················· 576

博爱 ····················· 579

黄手帕 ··················· 580

暗香 ····················· 581

春潮 ····················· 582

红五月 ··················· 583

'红梅朗' 月季 ·············· 584

北京红 ··················· 585

哈雷彗星 ················· 586

绿野 ····················· 587

燕妮 ····················· 588

特娇 ····················· 589

特俏 ····················· 590

多娇 ····················· 591

多俏 ····················· 592

天香 ····················· 593

天山之星 ················· 594

天山之光 ················· 595

天山桃园 ················· 596

天山白雪 ················· 597

粉荷 ····················· 598

蝴蝶泉 ··················· 599

火焰山 ··················· 600

美人香 ··················· 601

香妃 ····················· 602

香恋 ····················· 603

醉红颜 ··················· 604

望春 ····················· 633

早露蟠桃 ················· 634

瑞蟠22号 ················ 635

艳丰6号 ················· 636

贺春 ····················· 638

咏春 ····················· 639

知春 ····················· 640

忆春 ····················· 642

金秋蟠桃 ················· 643

中农红久保 ··············· 644

中农醥保 ················· 645

中农3号 ················· 651

中农4号 ················· 652

瑞光35号 ················ 653

瑞油蟠2号 ··············· 654

瑞蟠24号 ················ 655

京春 ····················· 662

白花山碧桃 ··············· 663

品虹 ····················· 664

品霞 ····················· 665

谷艳 ····················· 666

谷丰 ····················· 667

谷玉 ····················· 668

谷红1号 ················· 669

谷红2号 ················· 670

金春 ····················· 673

华春 ····················· 674

锦春 ····················· 675

夏至早红 ················· 677

金美夏 ··················· 678

夏至红 ··················· 679

瑞光33号 ················ 680

瑞光39号 ················ 681

京和油1号 …………………………… 682

京和油2号 …………………………… 683

瑞光45号 …………………………… 684

京早红 …………………………… 700

西农25 …………………………… 701

京香红 …………………………… 704

京脆红 …………………………… 705

京佳2号 …………………………… 708

紫叶矮樱 …………………………… 742

彩虹 …………………………… 753

彩霞 …………………………… 755

早丹 …………………………… 756

香泉1号 …………………………… 758

香泉2号 …………………………… 759

兰丁1号 …………………………… 760

兰丁2号 …………………………… 761

海樱1号 …………………………… 763

海樱2号 …………………………… 764

京欧1号 …………………………… 765

京欧2号 …………………………… 766

夏日红 …………………………… 767

紫叶稠李 …………………………… 769

豆科

金叶槐 …………………………… 784

芽黄 …………………………… 834

贝雷 …………………………… 835

主教 …………………………… 836

卫矛科

'华源发' 黄杨 …………………………… 839

鼠李科

长辛店白枣 …………………………… 864

北京大老虎眼酸枣 …………………………… 865

北京马牙枣优系 …………………………… 866

红螺脆枣 …………………………… 893

鸡心脆枣 …………………………… 894

京枣311 …………………………… 899

槭树科

艳红 …………………………… 925

丽红 …………………………… 926

金叶复叶槭 …………………………… 932

漆树科

紫霞 …………………………… 934

木犀科

金叶白蜡 …………………………… 962

京黄 …………………………… 964

秋紫白蜡 …………………………… 971

京绿 …………………………… 973

雷舞 …………………………… 974

'金园' 丁香 …………………………… 975

红堇 …………………………… 978

金阳 …………………………… 981

林伍德 …………………………… 982

忍冬科

金羽 …………………………… 986

梢红 …………………………… 992

红王子 …………………………… 993

金亮 …………………………… 994

河北省

胡桃科

清香 …………………………… 184

辽宁1号 …………………………… 202

辽宁7号 …………………………… 203

香玲 …………………………… 204

石门魁香 …………………………… 215

西岭 …………………………… 226

绿岭 …………………………… 227

早硕 …………………………… 241

壳斗科

燕山早丰 …………………………… 272

东陵明珠 …………………………… 273

遵化短刺 …………………………… 274

燕龙 …………………………… 276

燕兴 …………………………… 282

燕紫 …………………………… 287

燕秋 …………………………… 288

燕丽 ···································· 293

蔷薇科

香红梨 ································ 497

黄冠梨 ································ 498

冀硕 ···································· 502

冀酥 ···································· 503

昌红 ···································· 507

天红 1 号 ··························· 508

天红 2 号 ··························· 509

"2001(21 世纪)" ················ 510

昌苹 8 号 ··························· 527

红光 1 号 ··························· 528

红光 2 号 ··························· 529

红光 3 号 ··························· 530

红光 4 号 ··························· 531

美硕 ···································· 632

红岗山桃 ··························· 637

美锦 ···································· 641

久脆 ···································· 646

久艳 ···································· 647

久玉 ···································· 648

脆保 ···································· 649

艳保 ···································· 650

保佳红 ································ 656

久鲜 ···································· 657

久蜜 ···································· 658

秋妃 ···································· 660

晚秋妃 ································ 661

冀光 ···································· 686

串枝红 ································ 695

香白杏 ································ 696

围选 1 号 ··························· 698

金秀 ···································· 710

金宇 ···································· 712

黑宝石李 ··························· 744

安哥诺李 ··························· 745

大石早生 ··························· 747

鼠李科

无核丰 ································ 847

献王枣 ································ 855

新星 ···································· 874

曙光 2 号 ··························· 889

曙光 3 号 ··························· 890

曙光 4 号 ··························· 892

山西省

松科

管涔林局闫家村白杆母树林种子 ············ 004

关帝林局孝文山白杆母树林种子 ············ 005

五台林局白杆种源种子 ············ 006

长城山华北落叶松 ··············· 015

静乐华北落叶松 ··················· 016

关帝林局华北落叶松种源种子 ··· 025

五台林局华北落叶松种源种子 ··· 026

中条山华山松 ······················ 058

太岳林局石膏山白皮松母树林种子 ··· 087

关帝林局枝柯白皮松种源种子 ··· 088

杨树林局九梁洼樟子松母树林种子 ··· 105

上庄油松 ···························· 110

吴城油松 ···························· 113

海眼寺母树林油松种子 ············ 117

和顺义兴母树林油松种子 ········· 118

沁源油松 ···························· 124

陵川第一山林场油松母树林种子 ··· 127

太岳林局灵空山油松母树林种子 ··· 128

柏科

沁水县樊庄侧柏母树林种子 ······ 138

桦林背杜松 ························· 147

红豆杉科

陵川县西闸水南方红豆杉母树林种子 ········ 149

榆科

中条林局历山裂叶榆母树林种子 ··· 158

胡桃科

晋龙 1 号 ··························· 180

晋龙 2 号 ··························· 181

薄壳香 ································ 182

辽核1号 …………………………… 183

金薄香1号核桃 …………………… 205

金薄香2号核桃 …………………… 206

晋香 ………………………………… 216

晋丰 ………………………………… 217

金薄香3号 ………………………… 218

金薄香7号 ………………………… 223

金薄香8号 ………………………… 224

金薄丰1号 ………………………… 225

金薄香6号 ………………………… 230

晋 RS-1 系核桃砧木 ……………… 231

清香 ………………………………… 232

晋绵1号 …………………………… 246

金核1号 …………………………… 247

太岳林局大南坪核桃楸母树林种子 ………… 262

太岳林局北平核桃楸母树林种子 …………… 263

太行林局海眼寺核桃楸母树林种子 ………… 264

吕梁林局上庄核桃楸母树林种子 …………… 265

中条林局皋落核桃楸母树林种子 …………… 266

关帝林局双家寨核桃楸母树林种子 ………… 267

壳斗科

关帝林局真武山辽东栎母树林种子 ………… 299

太行林局坪松辽东栎母树林种子 …………… 300

吕梁林局康城辽东栎母树林种子 …………… 301

中条林局横河辽东栎母树林种子 …………… 302

太岳林局灵空山辽东栎母树林种子 ………… 303

榛科

晋榛2号 …………………………… 315

柽柳科

松柏柽柳 …………………………… 335

杨柳科

潞城西流漳河柳 …………………… 343

陵川王莽岭中国黄花柳种源 ……… 349

金白杨1号 ………………………… 363

金白杨2号 ………………………… 364

金白杨3号 ………………………… 365

金白杨5号 ………………………… 366

欧洲山杨三倍体 …………………… 375

阳高河北杨 ………………………… 377

群改2号 …………………………… 389

中金2号 …………………………… 413

中金7号 …………………………… 414

中金10号 ………………………… 415

中林美荷 …………………………… 453

2001杨 …………………………… 454

中黑防杨 …………………………… 455

WQ 90 杨 ………………………… 456

J2杨 ……………………………… 457

J3杨 ……………………………… 458

金黑杨1号 ………………………… 459

金黑杨2号 ………………………… 460

金黑杨3号 ………………………… 461

柿树科

猗红柿 ……………………………… 479

阳丰 ………………………………… 480

蔷薇科

金钟梨 ……………………………… 499

锦梨1号 …………………………… 504

锦梨2号 …………………………… 505

晋富2号 …………………………… 518

晋富3号 …………………………… 519

晋18短枝红富士 ………………… 526

苹果矮化砧木 SH 1 ……………… 544

红满堂 ……………………………… 545

SC 1 苹果矮化砧木 ……………… 548

SC 3 苹果矮化砧木 ……………… 549

矮化苹果砧木 Y-2 ……………… 550

苹果砧木 Y-3 …………………… 551

硕果海棠 …………………………… 552

晋扁2号扁桃 ……………………… 616

晋扁3号扁桃 ……………………… 617

晋薄1号 …………………………… 629

龙田硕蟠 …………………………… 659

晚金油桃 …………………………… 672

锦霞 ………………………………… 676

晋梅杏 ……………………………… 716

紫晶 …………………………………………… 729

龙田早红 ……………………………………… 752

晶玲 …………………………………………… 754

友谊 …………………………………………… 757

万尼卡 ………………………………………… 762

豆科

吉县刺槐1号 ………………………………… 771

吉县刺槐2号 ………………………………… 772

吉县刺槐3号 ………………………………… 773

吉县刺槐4号 ………………………………… 774

吉县刺槐5号 ………………………………… 775

吉县刺槐6号 ………………………………… 776

吉县刺槐7号 ………………………………… 777

沁盛香花槐 …………………………………… 780

大叶槐 ………………………………………… 781

双季槐 ………………………………………… 782

晋森 …………………………………………… 783

米槐1号 ……………………………………… 785

米槐2号 ……………………………………… 786

运城五色槐 …………………………………… 787

晋西柠条 ……………………………………… 790

晋皂1号 ……………………………………… 805

帅丁 …………………………………………… 806

鼠李科

骏枣1号 ……………………………………… 848

壶瓶枣1号 …………………………………… 849

金昌一号 ……………………………………… 850

帅枣1号 ……………………………………… 859

帅枣2号 ……………………………………… 860

雨丰枣 ………………………………………… 861

冷白玉枣 ……………………………………… 862

木枣1号 ……………………………………… 867

早脆王 ………………………………………… 868

板枣1号 ……………………………………… 869

相枣1号 ……………………………………… 875

早熟王 ………………………………………… 876

关公枣 ………………………………………… 877

金谷大枣 ……………………………………… 880

宫枣 …………………………………………… 881

晋赞大枣 ……………………………………… 882

晋园红 ………………………………………… 896

临黄1号 ……………………………………… 897

晋冬枣 ………………………………………… 900

无患子科

冠硕 …………………………………………… 922

冠红 …………………………………………… 923

冠林 …………………………………………… 924

槭树科

寒露红 ………………………………………… 928

金枫 …………………………………………… 931

苦木科

晋椿1号 ……………………………………… 937

芸香科

大红袍 ………………………………………… 940

木犀科

泗交白蜡 ……………………………………… 963

紫葳科

晋梓1号 ……………………………………… 985

内蒙古自治区

松科

内蒙古贺兰山青海云杉母树林种子 ………… 010

白音敖包沙地云杉优良种源种子 …………… 012

上高台林场华北落叶松母树林种子 ………… 018

苏木山林场华北落叶松种子园种子 ………… 019

乌兰坝林场华北落叶松种子园种子 ………… 021

乌兰坝林场华北落叶松母树林种子 ………… 022

黑里河林场华北落叶松种子园种子 ………… 023

旺业甸林场华北落叶松母树林种子 ………… 024

乌兰坝林场兴安落叶松种子园种子 ………… 029

甘河林业局兴安落叶松种子园种子 ………… 030

乌尔旗汉林业局兴安落叶松种子园种子 …… 031

内蒙古大兴安岭北部林区兴安落叶松母树林种子032

内蒙古大兴安岭东部林区兴安落叶松母树林种子033

内蒙古大兴安岭南部林区兴安落叶松母树林种子034

内蒙古大兴安岭中部林区兴安落叶松母树林种子035

旺业甸实验林场长白落叶松种子园种子……… 042

旺业甸实验林场长白落叶松母树林种子……… 043

旺业甸实验林场日本落叶松种子园种子……… 054

旺业甸实验林场日本落叶松母树林种子……… 055

红花尔基樟子松母树林种子…………………… 094

旺业甸林场樟子松种子园种子………………… 102

旺业甸林场樟子松母树林种子………………… 103

大杨树林业局樟子松母树林种子……………… 104

万家沟油松种子园种子………………………… 116

黑里河林场油松母树林种子…………………… 121

准格尔旗油松母树林种子……………………… 122

黑里河油松种子园种子………………………… 123

柏科

乌拉特中旗叉子圆柏优良种源穗条…………… 139

乌审旗沙地柏优良种源穗条…………………… 140

锡盟洪格尔高勒沙地柏优良种源穗条………… 141

榆科

锡盟沙地榆优良种源种子……………………… 159

藜科

乌拉特后旗梭梭采种基地种子………………… 329

四子王旗华北驼绒藜采种基地种子…………… 330

柽柳科

额济纳旗多枝柽柳优良种源区穗条…………… 337

杭锦后旗细穗柽柳优良种源穗条……………… 340

杨柳科

乌审旗旱柳优良种源穗条……………………… 341

鄂尔多斯沙柳优良种源穗条…………………… 350

正蓝旗黄柳采条基地穗条……………………… 351

新疆杨…………………………………………… 371

河北杨…………………………………………… 379

哲林 4 号杨 …………………………………… 403

小美旱杨………………………………………… 405

汇林 88 号杨 ………………………………… 407

通林 7 号杨 …………………………………… 408

拟青 × 山海关杨 ……………………………… 409

赤峰杨…………………………………………… 410

赤美杨…………………………………………… 452

昭林 6 号杨 …………………………………… 468

赤峰小黑杨……………………………………… 469

小胡杨 -1 ……………………………………… 477

蔷薇科

寒红梨…………………………………………… 493

蒙富……………………………………………… 535

新苹红…………………………………………… 536

豆科

杭锦旗柠条锦鸡儿母树林种子………………… 792

达拉特旗柠条锦鸡儿母树林种子……………… 793

乌拉特中旗柠条锦鸡儿采种基地种子………… 794

正镶白旗柠条锦鸡儿采种基地种子…………… 795

鄂托克前旗中间锦鸡儿采种基地种子………… 797

阿拉善盟沙冬青优良种源区种子……………… 799

鄂托克旗细枝岩黄耆采种基地种子…………… 802

鄂托克旗塔落岩黄耆采种基地种子…………… 804

槭树科

翁牛特旗元宝枫采种基地种子………………… 927

辽宁省

银杏科

丹东银杏………………………………………… 001

松科

哈达长白落叶松种子园种子…………………… 037

大孤家日本落叶松种子园种子………………… 049

老秃顶子日本落叶松种子园种子……………… 050

青凉山日本落叶松种子园种子………………… 051

落叶松杂交种子园……………………………… 052

日本落叶松优良家系 (F13、F41) ………… 053

辽宁省实验林场日本落叶松母树林种子……… 056

老秃顶子红松母树林种子……………………… 061

草河口红松结实高产无性系…………………… 062

清河城红松种子园种子………………………… 063

清河城红松母树林种子………………………… 064

红松果林高产无性系 (9512、9526) ……… 065

辽宁省实验林场红松母树林种子……………… 066

东部白松 2000 -4 号种源 …………………… 083

东部白松 2000 -15 号种源 ………………… 084

东部白松 2000 -16 号种源 ………………… 085

东部白松……………………………… 086

沙地赤松……………………………… 089

付家樟子松无性系初级种子园种子………… 090

樟子松优良无性系（GS1、GS2）………… 091

章古台樟子松种子园种子………………… 092

彰武松………………………………… 108

北票油松种子园种子…………………… 111

红旗油松种子园种子…………………… 114

阜新镇油松母树林种子………………… 119

胜利油松母树林种子…………………… 120

小洞油松母树林种子…………………… 125

大板油松母树林种子…………………… 126

峨嵋林场刚松种子园种子………………… 132

班克松………………………………… 133

柏科

沈阳文香柏…………………………… 134

寒香萃柏……………………………… 135

周家店侧柏母树林种子………………… 137

红豆杉科

辽宁东北红豆杉………………………… 148

胡桃科

寒丰………………………………… 207

辽宁10号 …………………………… 208

辽宁6号 …………………………… 219

辽瑞丰……………………………… 233

丹东核桃楸母树林种子………………… 261

壳斗科

辽栗10号 …………………………… 269

辽栗15号 …………………………… 270

辽栗23号 …………………………… 271

广银………………………………… 277

宽优9113 …………………………… 283

国见………………………………… 294

利平………………………………… 295

大峰………………………………… 296

高城………………………………… 297

大国………………………………… 298

桦木科

湾甸子裂叶垂枝桦……………………… 308

榛科

极丰榛子……………………………… 312

铁榛一号……………………………… 313

铁榛二号……………………………… 314

薄壳红……………………………… 316

达维………………………………… 317

玉坠………………………………… 318

辽榛3号 …………………………… 319

辽榛4号 …………………………… 320

辽榛7号 …………………………… 325

辽榛8号 …………………………… 326

辽榛9号 …………………………… 327

杨柳科

辽育1号杨…………………………… 390

辽育2号杨…………………………… 391

辽育3号杨…………………………… 399

吴屯杨……………………………… 402

小美旱杨……………………………… 406

辽宁杨……………………………… 444

中辽1号杨…………………………… 450

辽胡耐盐1号杨………………………… 473

辽胡耐盐2号杨………………………… 474

蔷薇科

建平南果梨…………………………… 492

辽优扁1号…………………………… 711

辽白扁2号…………………………… 713

山杏1号……………………………… 719

山杏2号……………………………… 720

山杏3号……………………………… 721

甜丰………………………………… 722

胡颓子科

深秋红……………………………… 813

无刺丰……………………………… 814

中红果沙棘…………………………… 828

中黄果沙棘…………………………… 829

中无刺沙棘…………………………… 830

鼠李科

喀左大平顶枣 ·············· 883

槭树科

阜新高山台五角枫母树林种子 ·············· 929

周家店五角枫母树林种子 ·············· 930

吉林省

松科

樟子松优良种源（高峰） ·············· 093

杨柳科

吉柳1号 ·············· 345

吉柳2号 ·············· 346

白林85-68柳 ·············· 347

白林85-70柳 ·············· 348

大叶山杨 ·············· 373

欧洲三倍体山杨 ·············· 374

白城杨-2 ·············· 382

大青杨HL系列无性系 ·············· 388

白林二号杨 ·············· 392

白城小青黑杨 ·············· 393

鞍杂杨 ·············· 394

风沙1号杨 ·············· 395

白林一号 ·············· 396

白城5号杨 ·············· 398

白城小黑杨 ·············· 416

晚花杨 ·············· 417

格尔里杨 ·············· 418

西+加杨 ·············· 419

北京605杨 ·············· 430

中加10号杨 ·············· 441

蔷薇科

艳丽花楸 ·············· 489

北美紫叶稠李 ·············· 768

胡颓子科

银果胡颓子 ·············· 807

白城桂香柳 ·············· 809

黑龙江省

松科

嫩江云杉 ·············· 003

缸窑兴安落叶松初级无性系种子园种子 ·············· 027

阁山兴安落叶松人工母树林 ·············· 027

加格达奇兴安落叶松第一代无性系种子园种子 ·············· 028

胜山兴安落叶松天然母树林 ·············· 028

青山杂种落叶松实生种子园种子 ·············· 036

错海长白落叶松第一代无性系种子园种子 ·············· 038

孟家岗长白落叶松初级无性系种子园种子 ·············· 039

青山长白落叶松第一代种子园种子 ·············· 040

渤海长白落叶松初级无性系种子园种子 ·············· 041

鸡西长白落叶松种源 ·············· 044

和龙长白落叶松种源 ·············· 045

太东长白落叶松初级无性系种子园种子 ·············· 046

梨树长白落叶松初级无性系种子园种子 ·············· 046

鸡西长白落叶松初级无性系种子园种子 ·············· 047

陈家店长白落叶松初级无性系种子园种子 ·············· 047

鹤岗长白落叶松初级无性系种子园种子 ·············· 048

通天一长白落叶松初级无性系种子园种子 ·············· 048

日5×兴9杂种落叶松家系 ·············· 057

兴7×日77-2杂种落叶松家系 ·············· 057

LK3红松坚果无性系 ·············· 067

LK11红松坚果无性系 ·············· 068

LK20红松坚果无性系 ·············· 069

LK27红松坚果无性系 ·············· 070

NB45红松坚果无性系 ·············· 071

NB66红松坚果无性系 ·············· 072

NB67红松坚果无性系 ·············· 073

NB70红松坚果无性系 ·············· 074

JM24红松坚果无性系 ·············· 075

JM29红松坚果无性系 ·············· 076

JM32红松坚果无性系 ·············· 077

HG8红松坚果无性系 ·············· 078

HG14红松坚果无性系 ·············· 079

HG23红松坚果无性系 ·············· 080

HG27红松坚果无性系 ·············· 081

大亮子河红松天然母树林 ·············· 082

胜山红松天然母树林 ·············· 082

错海樟子松第一代无性系种子园种子 ·············· 095

东方红樟子松第一代无性系种子园种子……… 096

青山樟子松初级无性系种子园种子………… 097

樟子松金山种源…………………………… 098

东方红钻天松……………………………… 099

加格达奇樟子松第一代无性系种子园种子…… 106

梨树樟子松初级无性系种子园种子………… 106

樟子松卡伦山种源………………………… 107

桦木科

欧洲垂枝桦……………………………… 307

杨柳科

青竹柳…………………………………… 344

银中杨…………………………………… 362

山新杨…………………………………… 376

青山杨…………………………………… 404

光皮小黑杨……………………………… 445

黑青杨…………………………………… 451

茶藨子科

黑林穗宝醋栗…………………………… 481

惠丰醋栗………………………………… 482

蔷薇科

冬红花楸………………………………… 490

胡颓子科

沙棘 HF-14 …………………………… 821

木犀科

宝龙店水曲柳天然母树林……………… 966

大泉子水曲柳母树林…………………… 967

忍冬科

蓝心忍冬………………………………… 987

伊人忍冬………………………………… 988

黑林丰忍冬……………………………… 989

陕西

松科

榆林樟子松种子园种子………………… 100

八渡油松种子园………………………… 109

古城油松种子园………………………… 112

桥山双龙油松种子园…………………… 115

奥地利黑松……………………………… 130

美国黄松………………………………… 131

杜仲科

秦仲1号………………………………… 152

秦仲2号………………………………… 152

秦仲3号………………………………… 153

秦仲4号………………………………… 153

饲仲1号………………………………… 154

短枝密叶杜仲…………………………… 154

胡桃科

西扶1号………………………………… 176

西扶2号………………………………… 177

西林2号………………………………… 178

西洛1号………………………………… 178

西洛2号………………………………… 179

西洛3号………………………………… 179

强特勒…………………………………… 228

陕核短枝………………………………… 229

安康串核桃……………………………… 234

安康紫仁核桃…………………………… 235

鲁果1号………………………………… 242

鲁果11 ………………………………… 243

壳斗科

安栗1号………………………………… 268

金真栗…………………………………… 284

金真晚栗………………………………… 284

灰拣……………………………………… 290

明拣……………………………………… 291

安栗2号………………………………… 292

芍药科

'祥丰'牡丹 …………………………… 333

猕猴桃科

秦香……………………………………… 334

杨柳科

中富柳1号 …………………………… 342

中富柳2号 …………………………… 342

秦白杨1号 …………………………… 367

秦白杨2号 …………………………… 368

秦白杨3号 …………………………… 369

蔷薇科

夹角 …………………………………… 486

解放钟 ………………………………… 486

太城4号 ……………………………… 487

长红3号 ……………………………… 487

森尾早生 ……………………………… 488

西农枇杷2号 ………………………… 488

榆林长柄扁桃（种源） ……………… 630

太平肉杏 ……………………………… 687

一窝蜂 ………………………………… 687

山苦2号 ……………………………… 717

红喜梅 ………………………………… 747

秦红李 ………………………………… 748

奥德 …………………………………… 748

奥杰 …………………………………… 750

玫蕾 …………………………………… 750

秦樱1号 ……………………………… 751

艳阳 …………………………………… 751

吉美 …………………………………… 763

石榴科

昭陵御石榴 …………………………… 833

山茱萸科

大红枣1号 …………………………… 837

石滚枣1号 …………………………… 837

秦丰 …………………………………… 838

秦玉 …………………………………… 838

鼠李科

延川狗头枣 …………………………… 843

佳县油枣 ……………………………… 844

阎良相枣 ……………………………… 845

七月鲜 ………………………………… 846

晋枣3号 ……………………………… 856

秦宝冬枣 ……………………………… 857

阎良脆枣 ……………………………… 863

陕北长枣 ……………………………… 884

方木枣 ………………………………… 885

槭树科

大红袍 ………………………………… 935

高八尺 ………………………………… 935

芸香科

南强1号 ……………………………… 938

狮子头 ………………………………… 938

无刺椒 ………………………………… 939

美凤椒 ………………………………… 939

玄参科

陕桐3号 ……………………………… 983

陕桐4号 ……………………………… 983

甘肃省

松科

青海云杉（天祝）母树林种子 ……… 007

华北落叶松母树林种子 ……………… 020

华山松母树林 ………………………… 059

榆科

天水榆树第一代种子园 ……………… 161

胡桃科

辽宁4号 ……………………………… 236

薄壳香 ………………………………… 237

中林1号 ……………………………… 238

晋龙2号 ……………………………… 239

鲁光 …………………………………… 240

芍药科

子午岭紫斑牡丹 ……………………… 333

杨柳科

三倍体毛白杨 ………………………… 380

欧美杨107 …………………………… 446

欧美杨108 …………………………… 446

胡杨母树林 …………………………… 472

蔷薇科

砀山酥梨 ……………………………… 491

红佳人（张掖红梨2号） …………… 506

天富1号 ……………………………… 517

天富2号 ……………………………… 517

秋富1号 ……………………………… 540

新红星 ………………………………… 541

天汪一号 ……………………………… 542

长富6号 …………………………………… 542

敦煌紫胭桃 ………………………………… 671

曹杏 ………………………………………… 706

唐汪大接杏 ………………………………… 717

豆科

花棒 ………………………………………… 801

胡颓子科

沙枣母树林 ………………………………… 810

鼠李科

靖远小口枣 ………………………………… 870

民勤小枣 …………………………………… 871

敦煌灰枣 …………………………………… 891

九龙金枣（宁县晋枣）…………………… 902

梨枣 ………………………………………… 903

葡萄科

无核白葡萄 ………………………………… 921

苦木科

天水臭椿母树林 …………………………… 936

紫葳科

楸树 ………………………………………… 984

青海省

松科

青海云杉 …………………………………… 008

互助县北山林场青杆种源 ………………… 011

黄南州麦秀林场紫果云杉母树林 ………… 013

互助县北山林场油松种源 ………………… 129

柏科

祁连圆柏 …………………………………… 146

胡桃科

辽宁1号核桃 ……………………………… 248

杨柳科

湟水林场小叶杨M29无性系 ……………… 383

青海杨X10无性系 ………………………… 384

小青杨新无性系 …………………………… 386

青杨雄株优良无性系 ……………………… 387

豆科

白锦鸡儿 …………………………………… 796

胡颓子科

沙棘 ………………………………………… 815

蒺藜科

霸王 ………………………………………… 942

茄科

柴杞1号 …………………………………… 952

青杞1号 …………………………………… 953

黑果枸杞"诺黑" …………………………… 959

木犀科

紫丁香 ……………………………………… 976

暴马丁香 …………………………………… 980

宁夏回族自治区

松科

罗山青海云杉天然母树林种子 …………… 009

六盘山华北落叶松一代种子园种子 ……… 017

华山松六盘山种源 ………………………… 060

桦木科

白桦六盘山种源 …………………………… 305

红桦六盘山种源 …………………………… 311

柽柳科

红花多枝柽柳 ……………………………… 336

杨柳科

新疆杨 ……………………………………… 370

西吉青皮河北杨 …………………………… 378

小胡杨 ……………………………………… 478

蔷薇科

宁秋 ………………………………………… 511

国光苹果 …………………………………… 520

金冠苹果 …………………………………… 521

宁金富苹果 ………………………………… 522

红叶乐园 …………………………………… 543

景观奈-29 ………………………………… 553

蒙古扁桃 …………………………………… 631

山桃六盘山种源 …………………………… 685

山杏彭阳种源 ……………………………… 699

红梅杏 ……………………………………… 709

紫叶矮樱 …………………………………… 743

豆科

树新刺槐母树林种子 ·········· 778

金山刺槐母树林种子 ·········· 779

紫穗槐 ·················· 788

柠条盐池种源 ············· 789

毛条灵武种源 ············· 791

沙冬青宁夏种源 ············ 798

花棒宁夏种源 ············· 800

杨柴盐池种源 ············· 803

胡颓子科

沙枣宁夏种源 ············· 808

沙棘六盘山种源 ············ 816

卫矛科

栓翅卫矛 '铮铮1号' ········· 840

栓翅卫矛 '铮铮2号' ········· 841

鼠李科

灵武长枣 ················ 858

同心圆枣 ················ 872

中宁圆枣 ················ 873

灵武长枣2号 ············· 895

葡萄科

大青葡萄 ················ 904

葡萄 '威代尔' ············· 916

马钱科

互叶醉鱼草 (醉鱼木) ······· 943

萝藦科

杠柳 ··················· 944

茄科

宁杞4号 ················ 946

宁杞5号 ················ 947

宁杞3号 ················ 948

宁杞6号 ················ 949

宁杞7号 ················ 950

宁农杞9号 ·············· 954

宁杞8号 ················ 957

枸杞 '叶用1号' ··········· 958

马鞭草科

金叶莸 ················· 960

蒙古莸 ················· 961

木犀科

水曲柳驯化树种 NG ········· 965

暴马丁香 ················ 979

忍冬科

鞑靼忍冬 ················ 990

金花忍冬 ················ 991

新疆维吾尔自治区

松科

雪岭云杉 (天山云杉) 种子园 ····· 002

新疆落叶松种子园 ·········· 014

樟子松 ················· 101

悬铃木科

二球悬铃木 ·············· 151

新疆大叶榆母树林 ·········· 155

大叶榆母树林 ············· 156

'裂叶' 榆 ················ 157

白榆初级种子园 ············ 160

'金叶' 榆 ················ 162

白榆种子园 ·············· 163

钻天榆 × 新疆白榆优树杂交种子园 ····· 164

圆冠榆 ················· 165

桑科

白桑 ·················· 166

'早熟' 无花果 ············· 167

'晚熟' 无花果 ············· 168

胡桃科

'新光' 核桃 ·············· 169

'新丰' 核桃 ·············· 170

'新露' 核桃 ·············· 171

'温185' 核桃 ············· 172

'扎343' 核桃 ············· 173

'新早丰' 核桃 ············· 174

'卡卡孜' 核桃 ············· 175

'和上01号' 核桃 ··········· 185

'和上15号' 核桃 ··········· 186

'和上20号' 核桃 ··········· 192

'和春06号'核桃 ································ 193

'阿浑02号'核桃 ································ 194

'库三02号'核桃 ································ 195

'乌火06号'核桃 ································ 196

'新新2号'核桃 ································ 197

'新萃丰'核桃 ································ 198

'萨依瓦克5号'核桃 ································ 199

'萨依瓦克9号'核桃 ································ 200

'吐古其15号'核桃 ································ 201

新温724 ································ 249

新温915 ································ 250

新温917 ································ 251

'新温81'核桃 ································ 187

'新温179'核桃 ································ 188

'新温233'核桃 ································ 189

'新乌417'核桃 ································ 190

'新巨丰'核桃 ································ 191

核桃楸 ································ 260

壳斗科

夏橡 ································ 304

桦木科

疣枝桦 ································ 306

沼泽小叶桦 ································ 309

天山桦 ································ 310

榛科

'新榛1号'(平榛 × 欧洲榛) ················ 321

'新榛2号'(平榛 × 欧洲榛) ················ 322

'新榛3号'(平榛 × 欧洲榛) ················ 323

'新榛4号'(平榛 × 欧洲榛) ················ 324

蓼科

梭梭柴 ································ 328

乔木状沙拐枣 ································ 331

头状沙拐枣 ································ 332

柽柳科

短毛柽柳 ································ 338

多枝柽柳 ································ 339

杨柳科

银白杨母树林 ································ 356

'银 × 新4' ································ 357

'银 × 新10' ································ 358

'银 × 新12' ································ 359

'准噶尔1号'杨(银白杨 × 新疆杨) ········· 360

'准噶尔2号'杨(银白杨 × 新疆杨) ········· 361

新疆杨 ································ 372

'三倍体'毛白杨(193系列) ················ 381

伊犁小青杨('熊钻17号'杨) ··············· 385

伊犁小叶杨(加小 × 俄9号) ··············· 397

合作杨 ································ 400

'大台'杨 ································ 401

'741-9-1'杨 ································ 411

'076-28'杨 ································ 412

伊犁大叶杨(大叶钻天杨) ················· 420

伊犁小美杨(阿富汗杨) ················· 421

'伊犁杨1号'('64号'杨) ················· 422

'伊犁杨2号'('I-45 / 51'杨) ·············· 423

'伊犁杨3号'(日本白杨) ················· 424

'伊犁杨4号'('I-262'杨) ················· 425

'伊犁杨5号'('I-467'杨) ················· 426

'伊犁杨7号'(马里兰德杨) ················· 427

'伊犁杨8号'('保加利亚3号'杨) ··········· 428

格氏杨 ································ 429

法国杂种 ································ 431

加杨 ································ 432

'I-214'杨 ································ 433

'保加利亚3号'杨 ································ 434

箭 × 小杨 ································ 435

'I-488'杨 ································ 436

健227'杨 ································ 437

斯大林工作者'杨 ································ 438

俄罗斯杨 ································ 439

小黑杨 ································ 440

'少先队2号'杨 ································ 442

'伊犁杨6号'('优胜003') ················· 443

'北美1号'杨('OP-367') ················· 447

'北美2号'杨('DN-34') ················· 448

'北美3号'杨('NM-6') ················· 449

78–8杨	……	462
78–133杨	……	463
54杨	……	464
101杨	……	465
中林杨	……	466
欧洲黑杨	……	467
健杨	……	470
胡杨	……	471
'密胡杨1号'	……	475
'密胡杨2号'	……	476

茶藨子科

'寒丰'	……	483
'布劳德'	……	484

蔷薇科

'库尔勒'香梨	……	494
'沙01'	……	495
新梨9号	……	496
'早美香'('香梨芽变94–9')	……	500
'长富2号'、'(伊犁)长富2号'	……	523
'烟富3号'	……	524
'皇家嘎啦'	……	525
'新红1号'	……	532
'新富1号'	……	533
'早富1号'	……	534
阿波尔特	……	537
首红	……	538
寒富	……	539
新疆野苹果	……	547
'红宝石'海棠	……	577
红勋1号	……	578
'多果'巴旦杏	……	605
'双软'巴旦杏	……	606
'晚丰'巴旦杏	……	607
'纸皮'巴旦杏	……	608
'鹰嘴'巴旦姆	……	609
'克西'巴旦姆	……	610
'双果'巴旦姆	……	611
'双薄'巴旦姆	……	612

麻壳'巴旦姆	……	613
'寒丰'巴旦姆	……	614
'小软壳(14号)'巴旦姆	……	615
'浓帕烈'	……	618
'索诺拉'	……	619
'特晚花浓帕烈'	……	620
'卢比'	……	621
米星	……	622
'弗瑞兹'	……	623
'汤姆逊'	……	624
'尼普鲁斯'	……	625
'布特'	……	626
'索拉诺'	……	627
'卡买尔'	……	628
'慕亚格'杏	……	688
'色买提'杏	……	689
'托普鲁克'杏	……	690
'黑叶'杏	……	691
'明星'杏	……	692
'胡安娜'杏	……	693
'轮南白杏'	……	694
'巴仁'杏('苏克牙格力克'杏)	……	697
'轮台白杏'	……	702
'库车小白杏'	……	703
'叶娜'杏	……	707
山杏	……	714
'圃杏1号'	……	715
大红杏	……	718
'恐龙蛋'	……	723
'味帝'	……	724
'味厚'	……	725
'卡拉玉鲁克1号'('喀什酸梅1号')	……	726
'艾努拉'酸梅(喀什大果酸梅)	……	727
'卡拉玉鲁克5号'('喀什酸梅5号')	……	728
'新梅1号'	……	730
新梅2号	……	731
新梅3号	……	732
'新梅4号'(法新西梅)	……	733

理查德早生·····················734

伊梅1号······················735

'红叶'李······················736

'紫霞'（Ⅰ14-14）···············737

'黑玉'（Ⅰ16-56）···············738

'络珠'（Ⅰ16-38）···············739

'紫美'（Ⅴ2-16）···············740

西域红叶李····················741

黑宝石李·····················746

'桑波'（Ⅱ20-38）···············749

紫叶稠李·····················770

胡颓子科

大果沙枣·····················811

尖果沙枣·····················812

'向阳'·······················817

'阿尔泰新闻'···················818

'楚伊'·······················819

'阿列伊'·····················820

'无刺丰'·····················822

'深秋红'·····················823

'壮圆黄'·····················824

'新垦沙棘1号'（乌兰沙林）·········825

'新垦沙棘2号'（'棕丘'）···········826

'新垦沙棘3号'（'无刺雄'）·········827

石榴科

'皮亚曼1号'石榴·················831

'皮亚曼2号'石榴·················832

鼠李科

'哈密大枣'·····················842

'灰枣'·······················851

'赞皇枣'·····················852

'金丝小枣'·····················853

'喀什噶尔长圆枣'···············854

骏枣·························878

'垦鲜枣1号'（梨枣）·············879

'若羌灰枣'·····················886

'若羌冬枣'·····················887

'若羌金丝小枣'·················888

'垦鲜枣2号'（赞皇枣）···········898

霍城大枣·····················901

葡萄科

'无核白'（吐鲁番无核白、和静无核白）·····905

'无核白鸡心'···················906

'赤霞珠'·····················907

'白木纳格'葡萄·················908

'红木纳格'葡萄·················909

'红地球'葡萄···················910

'克瑞森无核'···················911

'新雅'·······················912

'火州紫玉'·····················913

'白沙玉'·····················914

'红旗特早玫瑰'·················915

霞多丽·······················917

梅鹿辄·······················918

西拉·························919

雷司令·······················920

槭树科

复叶槭·······················933

芸香科

黄波萝母树林···················941

茄科

'精杞1号'·····················945

'精杞2号'·····················951

'精杞4号'·····················955

'精杞5号'·····················956

木犀科

'水曲柳1号'···················968

小叶白蜡·····················969

大叶白蜡·····················970

大叶白蜡母树林·················972

紫丁香·······················977

拉丁文名称索引

（B-9，Milling 8×red standard）'Hongye'　543

（P.simonii×P.euphratica）×P.nigra　474

A

Acer mono Maxim.　929

Acer mono Maxim. 'Jinfeng'　931

Acer mono Maxim. 'Zhoujiadian'　930

Acer negundo 'Jinyefuyeqi'　932

Acer negundo L.　933

Acer truncatum 'Lihong'　926

Acer truncatum 'Yanhong'　925

Acer truncatum Bunge　927

Acer truncatum cv. Aima. L. 'Hanluhong'　928

Actindia chinensis Var. hisda C.F.Liang. 'Qinxiang.'
　334

Ailanthus altissima　936

Ailanthus altissima（Mill.）Swingle. 'Jinchun 1'　937

Ammopiptanthus mongolicus (Maxim. ex Kom.) Cheng f.
　799

Ammopiptanthus mongolicus (Maxim.)Chengf.　798

Amorpha fruticosa L.　788

Amydalus pedunculata Pall. 'Yulin chang bing bian tao.'
　630

Amygdalus communis 'Buute'　626

Amygdalus communis 'Carmel'　628

Amygdalus communis 'Duoguo'　605

Amygdalus communis 'Fritz'　623

Amygdalus communis 'Hanfeng'　614

Amygdalus communis 'Kexi'　610

Amygdalus communis 'Make'　613

Amygdalus communis 'Mission'　622

Amygdalus communis 'Nepulusultra'　625

Amygdalus communis 'Nonpareil'　618

Amygdalus communis 'Ruby'　621

Amygdalus communis 'Shuangbo'　612

Amygdalus communis 'Shuangguo'　611

Amygdalus communis 'Shuangruan'　606

Amygdalus communis 'Solano'　627

Amygdalus communis 'Sonora'　619

Amygdalus communis 'Tewanhuanonpareil'　620

Amygdalus communis 'Thompson'　624

Amygdalus communis 'Wanfeng'　607

Amygdalus communis 'Xiaoruanke-14'　615

Amygdalus communis 'Yingzui'　609

Amygdalus communis 'Zhipi'　608

Amygdalus communis L.　616

Amygdalus communis L.　617

Amygdalus communis L. 'jinbo1'　629

Amygdalus davidiana（Carr.）C. de Voss.ex Henry
　685

Amygdalus mongolica Maxim.　631

Amygdalus persica 'Cuibao'　649

Amygdalus persica 'Honggang Shantao'　637

Amygdalus persica 'Jiucui'　646

Amygdalus persica 'Jiuyan'　647

Amygdalus persica 'Jiuyu'　648

Amygdalus persica 'Meijin'　641

Amygdalus persica 'Meishuo'　632

Amygdalus persica 'Yanbao'　650

Amygdalus persica L. 'lontianshuopan'　659

Armeniaca sibirica L. 'Shanxing 1'　719

Armeniaca sibirica L. 'Shanxing 2'　720

Armeniaca sibirica L. 'Shanxing 3'　721

Armeniaca sibirica L. 'Tianfeng'　722

Armeniaca vulgaris 714

Armeniaca vulgaris 'Baren' 697

Armeniaca vulgaris 'Heiye' 691

Armeniaca vulgaris 'Huanna' 693

Armeniaca vulgaris 'Jiguang' 686

Armeniaca vulgaris 'Lunnanbaixing' 694

Armeniaca vulgaris 'Mingxing' 692

Armeniaca vulgaris 'Muyage' 688

Armeniaca vulgaris 'Puxing1' 715

Armeniaca vulgaris 'Saimaiti' 689

Armeniaca vulgaris 'Tuopuluke' 690

Armeniaca vulgaris 'Weixuan 1' 698

Armeniaca vulgaris Lam. 'hongmei' 709

Armeniaca vulgaris Lam. 'Jinmeixing' 716

Armeniaca vulgaris Lam. 'Liao bai bian 2' 713

Armeniaca vulgaris Lam. 'Liao you bian 1' 711

Armeniaca vulgaris Lam.var. *ansu* (Maxim.)Yuet Lu

699

B

Betula albo-sinensis Burk. 311

Betula microphylla var. *paludosa* 309

Betula pendula 306

Betula pendula 307

Betula pendula 'Wandianzi' 308

Betula platyphylla Suk. 305

Betula tianschanica 310

Buddleja alternifolia Maxim. 943

C

C.crenata Sieb.et Zucc.×*C.mollissima* BL. 'KuanYou9113'

283

Calligonum arborescens 331

Calligonum caput-medusae 332

Caragana intermedia Kuang et H. C. Fu 797

Caragana korshinskii Kom. 791

Caragana korshinskii Kom. 792

Caragana korshinskii Kom. 793

Caragana korshinskii Kom. 794

Caragana korshinskii Kom. 795

Caragana Korshinskii Kom. 796

Caragana microphylla Lam cv. 'jinxi' 790

Caragana microphylla Lam. 789

Caryopteris clandonensis Simmonds. 960

Caryopteris mongholica Bunge. 961

Castanea crenata Sieb. et Zucc. 'Dafeng' 296

Castanea crenata Sieb. et Zucc. 'Daguo' 298

Castanea crenata Sieb. et Zucc. 'Gao cheng' 297

Castanea crenata Sieb. et Zucc. 'Guojian' 294

Castanea crenata Sieb.et Zucc. 'Liping' 295

Castanea dantunnyensis × (*Castanea mollissima*+
Castanea crenata) 270

Castanea dantunnyensis × (*Castanea mollissima*+
Castanea crenata) 271

Castanea dantunnyensis × *Castanea mollissima* 269

Castanea mollissima 'Huaifeng' 280

Castanea mollissima 'Huaixiang' 285

Castanea mollissima 'Huijian.' 290

Castanea mollissima 'Jingshuhong' 281

Castanea mollissima 'Liangxiang Yihao' 286

Castanea mollissima 'Mingjian.' 291

Castanea mollissima 'Qinli2.' 292

Castanea mollissima 'Yanchangzaosheng' 278

Castanea mollissima 'Yanli' 293

Castanea mollissima 'Yanlong' 276

Castanea mollissima 'Yanqiu' 288

Castanea mollissima 'Yanshanzaosheng' 279

Castanea mollissima 'Yanxing' 282

Castanea mollissima 'Yanzi' 287

Castanea mollissima Bl. × *Castanea crenata* Sieb.et
Zucc. 'Guangyin' 277

Castanea mollissima Bl. 'Yangguang' 289

Castanea mollissima Blume 'Anliyihao' 268

Castanea mollissima cv. 'Yanping' 275

Castanea mollissima cv. Donglinmingzhu 273

Castanea mollissima cv. Yanshanzaofeng 272

Castanea mollissima cv. Zunhuaduanci 274

Castanea mollissima.av. 'Jinzhenli.' 284

Castanea mollissima.av. 'Jinzhenwanli.' 284

Catalpa bungei 984

Catalpa ovata G. Don. 'Jinzi 1'　　985

Cerasus avium 'jingling'　　754

Cerasus avium 'Longtianzaohong'　　752

Cerasus avium 'Youyi'　　757

Cerasus avium (L.) 'Wannika'　　762

Cerasus humilis 'Jingouerhao'　　766

Cerasus humilis 'Jingouyihao'　　765

Ceratoides arborescens (Losinsk.) Tsien et C.G.Ma
　　330

Cornus alba 'Bud's Yellow'　　834

Cornus officinalis Sieb.et.Zuuc av 'Dahongzao1.'　　837

Cornus officinalis Sieb.et.Zuuc av 'Qinfeng.'　　838

Cornus officinalis Sieb.et.Zuuc av 'Qinyu.'　　838

Cornus officinalis Sieb.et.Zuuc av 'Shigunzao1.'　　837

Cornus sericea 'Baileyi'　　835

Cornus sericea 'Cardinal'　　836

Corylus heterophylla Fisch.　　312

Corylus heterophylla Fisch. 'jinzhen2'　　315

Corylus heterophylla Fisch. 'Tie zhen 1'　　313

Corylus heterophylla Fisch. 'Tie zhen 2'　　314

Corylus heterophylla Fisch. × *Corylus avellana* L. 'Bokehong'　　316

Corylus heterophylla Fisch. × *Corylus avellana* L. 'Dawei'　　317

Corylus heterophylla Fisch. × *Corylus avellana* L. 'Liao zhen 3'　　319

Corylus heterophylla Fisch. × *Corylus avellana* L. 'Liao zhen 4'　　320

Corylus heterophylla Fisch. × *Corylus avellana* L. 'Liaozhen 7'　　325

Corylus heterophylla Fisch. × *Corylus avellana* L. 'Liaozhen 8'　　326

Corylus heterophylla Fisch. × *Corylus avellana* L. 'Liaozhen 9'　　327

Corylus heterophylla Fisch. × *Corylus avellana* L. 'Yuzhui'　　318

Corylus heterophylla × *avelana* 'Xinzhen1'　　321

Corylus heterophylla × *avelana* 'Xinzhen2'　　322

Corylus heterophylla × *avelana* 'Xinzhen3'　　323

Corylus heterophylla × *avelana* 'Xinzhen4'　　324

Cotinus coggygria 'Zixia'　　934

D

Diospyros kaki L. f.　　479

Diospyros kaki L.cv. 'Yangfeng'　　480

E

Elaeagnus angustifolia　　810

Elaeagnus angustifolia cv. 'baicheng'　　809

Elaeagnus angustifolia L.　　808

Elaeagnus angustifolia var. Orientalis　　811

Elaeagnus commutate　　807

Elaeagnus oxycarpa　　812

Eriobotrya japonica 'Zaozhong liuhao'　　485

Eriobotrya japonica Lindl. 'Changhong3.'　　487

Eriobotrya japonica Lindl. 'Jiajiao.'　　486

Eriobotrya japonica Lindl. 'Jiefangzhong.'　　486

Eriobotrya japonica Lindl. 'Senweizaosheng.'　　488

Eriobotrya japonica Lindl. 'Taicheng4.'　　487

Eriobotrya japonica Lindl. 'Xinongpipa2.'　　488

Eucommia ulmoides Oliv. 'Duanzhimiyeduzhong.'　　154

Eucommia ulmoides Oliv. 'Qinzhong1.'　　152

Eucommia ulmoides Oliv. 'Qinzhong2.'　　152

Eucommia ulmoides Oliv. 'Qinzhong3.'　　153

Eucommia ulmoides Oliv. 'Qinzhong4.'　　153

Eucommia ulmoides Oliv. 'Sizhong1.'　　154

Euonymus japonnicus 'Huayuanfa'　　839

Euonymus phellomanus Loes. 'ZZ-1'　　840

Euonymus phellomanus Loes. 'ZZ-2'　　841

F

Ficus carica 'Wanshu'　　168

Ficus carica 'Zaoshu'　　167

Forsythia koreana 'Sun Gold'　　981

Forsythia × intermedia 'Lynwood'　　982

Fraxinus americana 'Autumn Purple'　　971

Fraxinus americana var. Juglandifolia　　970

Fraxinus americana var. Juglandifolia　　972

Fraxinus angustifolia 'Raywood'　　974

Fraxinus chinensis 'Jinyebaila'　　962

Fraxinus chinensis 'Sijiaobaila'	963
Fraxinus mandshurica	966
Fraxinus mandshurica 'Shuiqvliu1'	968
Fraxinus mandshurica Rup.	967
Fraxinus mandshurica Rupr. cv. 'NG'	965
Fraxinus pennsylvanica 'Jinghuang'	964
Fraxinus sogdiana	969
Fraxinus velutina 'Jinglv'	973

G

Ginkgo biloba L.	001
Gleditsia japonica Miq. 'Jinzao 1'	805
Gleditsia sinensis Lam. 'shuaiding'	806

H

Haloxylon ammodendron	328
Haloxylon ammodendron (C. A. Mey.) Bunge	329
Hedysarum laeve Maxim.	804
Hedysarum mongolicum Turcz.	803
Hedysarum scoparium Fisch. et Mey	801
Hedysarum scoparium Fisch. et Mey.	802
Hedysarum scoparium Fisch.etMey.	800
Hippophae rhamnoide 'HF−14'	821
Hippophae rhamnoides 'Aertaixinwen'	818
Hippophae rhamnoides 'Alieyi'	820
Hippophae rhamnoides 'Chuyi'	819
Hippophae rhamnoides 'Shenqiuhong'	823
Hippophae rhamnoides 'Wucifeng'	822
Hippophae rhamnoides 'Xiangyang'	817
Hippophae rhamnoides 'Xinken1'	825
Hippophae rhamnoides 'Xinken2'	826
Hippophae rhamnoides 'Xinken3'	827
Hippophae rhamnoides 'Zhuangyuanhuang'	824
Hippophae rhamnoides L	813
Hippophae rhamnoides L	814
Hippophae rhamnoides L. 'Zhong hong guo'	828
Hippophae rhamnoides L. 'Zhong huang guo'	829
Hippophae rhamnoides L. 'Zhong wu ci'	830
Hippophae rhamnoides L. subsp. sinensis Rousi	816
Hippophae rhamnoides Linn. subsp. sinensis. Rousi	

	815

J

Juglans hopeiensis 'Huayi erhao'	258
Juglans hopeiensis 'Huayi qihao'	259
Juglans hopeiensis 'Jingyi Bahao'	257
Juglans hopeiensis 'Jingyi Erhao'	254
Juglans hopeiensis 'Jingyi Liuhao'	255
Juglans hopeiensis 'Jingyi Qihao'	256
Juglans hopeiensis Hu 'Huayiyihao'	253
Juglans hopeiensis Hu 'Jingyi yihao'	252
Juglans mandshurica Maxim	260
Juglans mandshurica Maxim	262
Juglans mandshurica Maxim	263
Juglans mandshurica Maxim	264
Juglans mandshurica Maxim	265
Juglans mandshurica Maxim	266
Juglans mandshurica Maxim	267
Juglans mandshurica Maxim.	261
Juglans regia 'Ahun02'	194
Juglans regia 'Ankangchuanhetao'	234
Juglans regia 'Ankangzirenhetao'	235
Juglans regia 'Chandler'	228
Juglans regia 'Hechun06'	193
Juglans regia 'Heshang01'	185
Juglans regia 'Heshang15'	186
Juglans regia 'Heshang20'	192
Juglans regia 'Jin RS−1'	231
Juglans regia 'jinbofeng1'	225
Juglans regia 'Jinboxiang3'	218
Juglans regia 'Jinboxiang6'	230
Juglans regia 'Jinboxiang7'	223
Juglans regia 'Jinboxiang8'	224
Juglans regia 'Jinfeng'	217
Juglans regia 'Jingxiang erhao'	221
Juglans regia 'Jingxiang sanhao'	222
Juglans regia 'Jingxiang yihao'	220
Juglans regia 'Jinxiang'	216
Juglans regia 'Kakazi'	175
Juglans regia 'Kusan02'	195

Juglans regia 'Liaoning No.5'	214	*Juglans regia* L.	183
Juglans regia 'Liaoning Qihao'	209	*Juglans regia* L.	205
Juglans regia 'Luguo1'	242	*Juglans regia* L.	206
Juglans regia 'Luguo11'	243	*Juglans regia* L. 'Fengxiang'	244
Juglans regia 'Sayiwake5'	199	*Juglans regia* L. 'Liaoning No 1'	212
Juglans regia 'Sayiwake9'	200	*Juglans regia* L. 'Liaoning No.4'	213
Juglans regia 'Shanheduanzhi'	229	*Juglans regia* L. 'Liaoruifeng'	233
Juglans regia 'Tuguqi15'	201	*Juglans regia* L. 'Luguang'	211
Juglans regia 'Wen185'	172	*Juglans regia* L. 'Ivling'	227
Juglans regia 'Wuhuo06'	196	*Juglans regia* L. 'Meixiang'	245
Juglans regia 'Xifu1.'	176	*Juglans regia* L. 'Qing xiang'	184
Juglans regia 'Xifu2.'	177	*Juglans regia* L. 'Qinxiang'	232
Juglans regia 'Xilin2.'	178	*Juglans regia* L. 'Shimen Kuixiang'	215
Juglans regia 'Xiluo1'	178	*Juglans regia* L. 'Xiangling'	210
Juglans regia 'Xiluo2'	179	*Juglans regia* L. 'Xiling'	226
Juglans regia 'Xiluo3'	179	*Juglans regia* L. 'XinWen 724'	249
Juglans regia 'Xincuifeng'	198	*Juglans regia* L. 'XinWen 915'	250
Juglans regia 'Xinfeng'	170	*Juglans regia* L. 'XinWen 917'	251
Juglans regia 'Xinguang'	169	*Juglans regia* L. × *Juglans cordiformis* Max 'Han feng'	
Juglans regia 'Xinjufeng'	191		207
Juglans regia 'Xinlu'	171	*Juglans regia* Linn 'Bokexiang'	237
Juglans regia 'Xinwen179'	188	*Juglans regia* Linn 'jinlong 2'	239
Juglans regia 'Xinwen233'	189	*Juglans regia* Linn 'Liaoning 4'	236
Juglans regia 'Xinwen81'	187	*Juglans regia* Linn 'Luguang'	240
Juglans regia 'Xinwu417'	190	*Juglans regia* Linn 'Zhonglin 1'	238
Juglans regia 'Xinxin2'	197	*Juniperus rigida* 'hualinbei'	147
Juglans regia 'Xinzaofeng'	174		
Juglans regia 'Zaoshuo'	241	**L**	
Juglans regia 'Zha343'	173	*Larix gmelini*	027
Juglans regia cv. 'Liaoning1'	202	*Larix gmelini*	027
Juglans regia cv. 'Liaoning1'	248	*Larix gmelini*	028
Juglans regia cv. Liaoning7	203	*Larix gmelini*	028
Juglans regia cv. Xiangling	204	*Larix gmelini* (Rupr.)Kuzen.	029
Juglans regia L 'Jinhe 1'	247	*Larix gmelini* (Rupr.)Kuzen.	030
Juglans regia L 'Jinmian 1'	246	*Larix gmelini* (Rupr.)Kuzen.	031
Juglans regia L 'Liaoning 10'	208	*Larix gmelini* (Rupr.)Kuzen.	032
Juglans regia L 'Liaoning 6'	219	*Larix gmelini* (Rupr.)Kuzen.	033
Juglans regia L.	180	*Larix gmelini* (Rupr.)Kuzen.	034
Juglans regia L.	181	*Larix gmelini* (Rupr.)Kuzen.	035
Juglans regia L.	182	*Larix gmelini* 7 × *L. kaempferi* 77-2	057

Larix kaempferi (Lamb.) Carr. 049
Larix kaempferi (Lamb.) Carr. 050
Larix kaempferi (Lamb.) Carr. 051
Larix kaempferi (Lamb.) Carr. 054
Larix kaempferi (Lamb.) Carr. 055
Larix kaempferi ×L. gmelini、Larix kaempferi ×L. olgensis、Larix gmelini ×L. kaempferi 036
Larix kaempferi 5× L.gmelini 9 057
Larix kaempferi（Lamb.）Carr. 053
Larix kaempferi（Lamb.）Carr. 056
Larix kaempferi × gmelini 052
Larix olgensis 038
Larix olgensis 039
Larix olgensis 040
Larix olgensis 041
Larix olgensis 046
Larix olgensis 046
Larix olgensis 047
Larix olgensis 047
Larix olgensis 048
Larix olgensis 048
Larix olgensis 'Helong' 045
Larix olgensis 'Jixi' 044
Larix olgensis Henry 037
Larix olgensis Henry 042
Larix olgensis Henry 043
Larix principis-rupprechtii Mayr 015
Larix principis-rupprechtii Mayr 016
Larix principis-rupprechtii Mayr 017
Larix principis-rupprechtii Mayr 021
Larix principis-rupprechtii Mayr 022
Larix principis-rupprechtii Mayr 023
Larix principis-rupprechtii Mayr 024
Larix principis-rupprechtii Mayr 026
Larix principis-rupprechtii Mayr. 018
Larix principis-rupprechtii Mayr. 019
Larix principis-rupprechtii Mayr. 020
Larix principis-rupprechtii Mayr. 025
Larix sibirica 'Zhongziyuan' 014
Liriodendron tulipifera-4P 150

Lonicera caerulea 'Hei Lin Feng' 989
Lonicera caerulea 'Lan Xin' 987
Lonicera caerulea 'Yi Ren' 988
Lonicera chrysantha Turcz. 991
Lonicera maackii 'Shaohong' 992
Lonicera tatarica L. 990
Lycium barbarum 'Jingqi-1' 945
Lycium barbarum 'Jingqi2' 951
Lycium barbarum 'Jingqi4' 955
Lycium barbarum 'Jingqi5' 956
Lycium barbarum 'Qingqi-1' 953
Lycium barbarum L. 'chaiqi-1' 952
Lycium barbarum L. 'Ningnongqi-9' 954
Lycium barbarum L. 'Ningqi-3' 948
Lycium barbarum L. 'Ningqi-4' 946
Lycium barbarum L. 'Ningqi-5' 947
Lycium barbarum L. 'Ningqi-6' 949
Lycium barbarum L. 'Ningqi-7' 950
Lycium barbarum L. 'Ningqi-8' 957
Lycium barbarum ×L.chinense 'Yeyong-1' 958
Lycium ruthenicum Murr. 'Nuohei' 959

M

M.baccata ×M.prunifolia 'shuoguohaitang' 552
M.pumila ×M.baccata 'hongmantang' 545
Malus 'Dolgo' 563
Malus 'Flamer' 561
Malus 'Kelsey' 560
Malus 'Radiant' 556
Malus 'Red Jade' 564
Malus 'Royalty' 562
Malus 'Snowdrift' 559
Malus 'Sparkler' 554
Malus 'Spire' 555
Malus 'Splender' 557
Malus 'Strawberry Parfait' 558
Malus baccata 'Y-2' 550
Malus baccata 'Y-3' 551
Malus Crabapple cv. 'hongyadang' 569
Malus cv. 'Baoxianghua' 565

Malus cv. 'Fenhongzhu'	567	*Malus pumila* 'Xinhong1'	532
Malus cv. 'Jinghaitang huangmeigui'	573	*Malus pumila* 'Xinpinghong'	536
Malus cv. 'Jinghaitang suyadang'	574	*Malus pumila* 'Yanfu3'	524
Malus cv. 'qianquan'	571	*Malus pumila* 'Zaofu1'	534
Malus cv. 'shengyinv'	570	*Malus pumila* cv. tianhong1	508
Malus cv. 'yingluo'	572	*Malus pumila* Mill	517
Malus cv. 'Zimeiren'	566	*Malus pumila* Mill	517
Malus cv. 'Zixiazhu'	568	*Malus pumila* Mill	521
Malus domestica 'Jinlei Yihao'	512	*Malus pumila* Mill 'NingJinFu'	522
Malus domestica 'Jinleierhao'	513	*Malus pumila* Mill.	520
Malus domestica 'Nongdaerhao'	515	*Malus pumila* Mill.	540
Malus domestica 'Nongdasanhao'	516	*Malus pumila* Mill.	542
Malus domestica 'Nongdayihao'	514	*Malus pumila* Mill.	542
Malus honanensis SC1	548	*Malus pumila* Mill. cv. 'NingQiu'	511
Malus honanensis × *Malus prattii* SC3	549	*Malus pumila* × *Malus honanensis* 'SH1'	544
Malus prunifolia	578	*Malus sieversii*	547
Malus prunifolia 'Balengcui'	575	*Malus xiaojinensis* 'Zhongzhanyihao'	546
Malus prunifolia 'Hongbaleng'	576	*Morus alba* L.	166
Malus prunifolia 'Ruby'	577		
Malus prunifolia (willd.) Borkh.	553	**Ⓟ**	
Malus pumila	541	*P. × alba* L. 'Jinbaiyang 1'	363
Malus pumila '2001'	510	*P. × alba* L. 'Jinbaiyang 2'	364
Malus pumila 'Abort'	537	*P. × alba* L. 'Jinbaiyang 3'	365
Malus pumila 'Changhong'	507	*P. × alba* L. 'Jinbaiyang 5'	366
Malus pumila 'Changping 8'	527	*P. × deltoides* L. 'Jinheiyang 1'	459
Malus pumila 'Hanfu'	539	*P. × deltoides* L. 'Jinheiyang 2'	460
Malus pumila 'Hongguang1'	528	*P. × deltoides* L. 'Jinheiyang 3'	461
Malus pumila 'Hongguang2'	529	*P. × euramericana* (*Dode*) *Guiner* cv. 'Zhonglin'	453
Malus pumila 'Hongguang3'	530	*P. × xiaozhuanica* W.Y.Hsu et liang cv. 'Chifengensis'	
Malus pumila 'Hongguang4'	531		410
Malus pumila 'Huangjiagala'	525	*P. × xiaozhuanica* W.Y.Hsu et liang cv. 'Zhaolin-6'	468
Malus pumila 'jin18duanzhihongfushi'	526	*P.alba* × (*P.alba* × *P.glandulosa*) cl. 'Qinbaiyang1.'	367
Malus pumila 'Jinfu2'	518	*P.alba* × (*P.alba* × *P.glandulosa*) cl. 'Qinbaiyang2.'	368
Malus pumila 'Jinfu3'	519	*P.alba* × (*P.alba* × *P.glandulosa*) cl. 'Qinbaiyang3.'	369
Malus pumila 'Mengfu'	535	*P.deltoides* × *P.cathayana* 'WQ90'	456
Malus pumila 'Nagafu2'、*Malus pumila* 'YiliNagafu2'		*P.deltoides* × *P.cathayana* 'zhongheifang'	455
	523	*P.deltoides* × *P.nigra* 'J2'	457
Malus pumila 'Redchief'	538	*P.deltoides* × *P.nigra* 'J3'	458
Malus pumila 'Tianhong 2'	509	*P × simonigra* Chon-lin cv. 'zhao'	469
Malus pumila 'Xinfu1'	533	*Paeonia ostii* 'Xiangfeng.'	333

Paeonia suffruticosa Andr. var.	333	*Pinus koraiensis* 'NB67'	073
Paulownia 'Shaantong3.'	983	*Pinus koraiensis* 'NB70'	074
Paulownia 'Shaantong4.'	983	*Pinus koraiensis* Sieb. et Zucc.	061
Periploca sepium Bunge.	944	*Pinus koraiensis* Sieb. et Zucc.	062
Phellodendron amurense 'Mushulin'	941	*Pinus koraiensis* Sieb. et Zucc.	063
Picea crassifolia Kom.	007	*Pinus koraiensis* Sieb. et Zucc.	064
Picea crassifolia Kom.	008	*Pinus koraiensis* Sieb. et Zucc.	065
Picea crassifolia Kom.	009	*Pinus koraiensis* Sieb.et Zucc	066
Picea crassifolia Kom.	010	*Pinus nigra* var. *austriaca*.Badoux	130
Picea koraiensis var. *nenjiangensis*	003	*Pinus ponderosa* Dougl. es Laws.	131
Picea meyeri Rehd. et Wils.	004	*Pinus rigida* Mall.	132
Picea meyeri Rehd. et Wils.	005	*Pinus* Sieb.et Zucc.var.*zhangwuensis* Zhang.Li etYuan	
Picea meyeri Rehd. et Wils.	006	var.nov.	108
Picea mongolica（H.Q.Wu）W.D.Xu	012	*Pinus strobus* L.	086
Picea purpurea Mast.	013	*Pinus strobus* L. '2000−15'	084
Picea schrenkiana 'Zhongziyuan'	002	*Pinus strobus* L. '2000−16'	085
Picea wilsonii Mast.	011	*Pinus strobus* L. '2000−4'	083
Pimus sylvestris L. var. *mongolica* Litv.	090	*Pinus sylvestris* L. var. *mongolica* Litv	091
Pinus armandii 'zhongtiaoshan'	058	*Pinus sylvestris* L. var. *mongolica* Litv	092
Pinus armandii Franch	059	*Pinus sylvestris* L. var. *mongolica* Litv.	100
Pinus armandii Franch	060	*Pinus sylvestris* L. var. *mongolica* Litv.	102
Pinus banksiana L.	133	*Pinus sylvestris* L. var. *mongolica* Litv.	103
Pinus bungeana Zucc.	087	*Pinus sylvestris* L.var. *mongolica* Litv.	094
Pinus bungeana Zucc. ex Endl.	088	*Pinus sylvestris* L.var. *mongolica* Litv.	104
Pinus densiflora Sieb. et Zucc.	089	*Pinus sylvestris* var. *fastigiana*	099
Pinus koraiensis	082	*Pinus sylvestris* var. *mongolica*	095
Pinus koraiensis	082	*Pinus sylvestris* var. *mongolica*	096
Pinus koraiensis 'HG14'	079	*Pinus sylvestris* var. *mongolica*	097
Pinus koraiensis 'HG23'	080	*Pinus sylvestris* var. *mongolica*	098
Pinus koraiensis 'HG27'	081	*Pinus sylvestris* var. *mongolica*	101
Pinus koraiensis 'HG8'	078	*Pinus sylvestris* var. *mongolica*	105
Pinus koraiensis 'JM24'	075	*Pinus sylvestris* var. *mongolica*	106
Pinus koraiensis 'JM29'	076	*Pinus sylvestris* var. *mongolica*	106
Pinus koraiensis 'JM32'	077	*Pinus sylvestris* var. *mongolica*	107
Pinus koraiensis 'LK11'	068	*Pinus sylvestris* var. *mongolica* cv. 'Gaofeng'	093
Pinus koraiensis 'LK20'	069	*Pinus tabulaeformis*	124
Pinus koraiensis 'LK27'	070	*Pinus tabulaeformis* Carr.	109
Pinus koraiensis 'LK3'	067	*Pinus tabulaeformis* Carr.	110
Pinus koraiensis 'NB45'	071	*Pinus tabulaeformis* Carr.	111
Pinus koraiensis 'NB66'	072	*Pinus tabulaeformis* Carr.	112

Pinus tabulaeformis Carr.   113

Pinus tabulaeformis Carr.   114

Pinus tabulaeformis Carr.   115

Pinus tabulaeformis Carr.   116

Pinus tabulaeformis Carr.   117

Pinus tabulaeformis Carr.   118

Pinus tabulaeformis Carr.   119

Pinus tabulaeformis Carr.   120

Pinus tabulaeformis Carr.   121

Pinus tabulaeformis Carr.   122

Pinus tabulaeformis Carr.   123

Pinus tabulaeformis Carr.   125

Pinus tabulaeformis Carr.   126

Pinus tabulaeformis Carr.   127

Pinus tabulaeformis Carr.   128

Pinus tabulaeformis Carr.   129

Platanus acerifolia   151

Platycladus orientalis 'Dieye'   136

Platycladus orientalis (L.) Franco   137

Platycladus orientalis (L.)Franco   138

Populus 'BaiLin-1'   396

Populus 'bailin-2'   392

Populus 'I-214'   433

Populus 'marilandica'   427

Populus 'Robusta'   470

Populus 'Zhonglin 54'   464

Populus 'Zhonglin 78-133'   463

Populus 'Zhonglin 78-8'   462

Populus 'Zhonglin'   466

Populus × *beijingensis* cv. '605'   430

Populus × *deltoides* 'Liaoyu3'   399

Populus × *eur.* 'DN182'   441

Populus afghanica   421

Populus alba 'Mushulin'   356

Populus alba L. var. *pyramidalis* Bunge   371

Populus alba var. *pyramidalis*   372

Populus alba var. *pyramidalis* Bge.   370

Populus alba × *P. berolinensis*   362

Populus alba × *P.alba* var. *pyramidalis* '101'   465

Populus balsamifera   420

Populus canadensis   432

Populus canadensis '076-28'   412

Populus canadensis '741-9-1'   411

Populus canadensis 'Baojialiya3'   434

Populus canadensis 'I-488'   436

Populus canadensis 'Yili1'   422

Populus canadensis 'Yili2'   423

Populus canadensis 'Yili3'   424

Populus canadensis 'Yili4'   425

Populus canadensis 'Yili5'   426

Populus canadensis 'Yili8'   428

Populus canadensis 'zhongliao1'   450

Populus cathayana Rehd.   387

Populus cathayana Rehd. × *Populus simonii* Kitag. 386

Populus davidiana   373

Populus davidiana Dodo × *P. alba* var. *pyramidalis* Bunge   376

Populus deltoides 'OP-367'   447

Populus deltoides × *P. cathayana* cv. 'Chimei'   452

Populus deltoides × *nigra* 'DN-34'   448

Populus euphratica   471

Populus euphratica Oliv   472

Populus eurameicana cv. 'Gelrica'   418

Populus euramericana 'N3016' × *P. ussuriensis*   451

Populus hopeiensis Hu et Chow   377

Populus hopeiensis Hu et Chow   379

Populus hopeiensis Hu et Chow 'XijiQingpi'   378

Populus nigra   467

Populus nigra var. *italica* 'Xiongzuan-17'   385

Populus nigra var.thevespina × Simonii   435

Populus nigra × *maximowiczii* 'NM-6'   449

Populus przewalskii Maxim. 'x10'   384

Populus pseudo-cachayana × *P. deltoides* Bartr   404

Populus pseudo-cathayana × *P. deltoids*   409

Populus pseudo-simonii × *nigra* cv. 'Fengsha-1'   395

Populus pseudo-simonii × *P. nigra* cv. 'baicheng-1'   393

Populus russkii   439

Populus simonii × *P. euphratica* cv. 'Xiaohuyang-1'   477

Populus simonii Carr ×*P. nigra* L.　445

Populus simonii Carr.　383

Populus simonii Carr. × (*Populus nigra* L. var. italica (Moench) Koehne +*Salix matsudana* Koidz.　405

Populus simonii cv. 'Huilin 88'　407

Populus simonii × *P. nigra* cv. 'Tonglin 7'　408

Populus simonii ×Nigra　440

Populus simonii ×*P. euphratica*　478

Populus simonii ×*P. nigra* cv. 'baicheng-1'　416

Populus simonii ×*P.euphratica*　473

Populus spp.　389

Populus spp.　413

Populus spp.　414

Populus spp.　415

Populus suaveolens ×*P. canadensis*　419

Populus talassica ×*euphratica* 'Mihu1'　475

Populus talassica ×*euphratica* 'Mihu2'　476

Populus tomentosa 'Triplold'　380

Populus tomentosa 'Triplold'　381

Populus tremula ×*Populus tremuloides*[3n]　375

Populus tremulagigas　374

Populus ussuriensis cv. 'HL'　388

Populus wutunensis　402

Populus x euramericana Guariento　446

Populus x euramericana Neva　446

Populus Zheyin3# ×*Populus canadensis* Carr.　403

Populus × 'Robusta227'　437

Populus × 'Yinxin1'　360

Populus × 'Yinxin2'　361

Populus × *Liaoyu* '1'　390

Populus × *Liaoyu* '2'　391

Populus × 'Koehe-003'　443

Populus × 'Stalinetz'　438

Populus × 'Yilixiaoye'　397

Populus × 'Yinxin10'　358

Populus × 'Yinxin12'　359

Populus × 'Yinxin4'　357

Populus ×*eurameicana* cv. 'Serotina'　417

Populus ×*Euramericana*　431

Populus ×*euramericana* cv. '2001'　454

Populus ×*generosa*　429

Populus ×*liaoningensis*　444

Populus ×*pioner* 'Jabl-2'　442

Populus ×*popularis* Chon-Lin　406

Populus ×*xiaozhuannica* 'Dataiensis'　401

Populus ×*xiaozhuannica* 'Opera'　400

Populus ×*xiaozhuannica* cv. 'Anshan'　394

Populus ×*xiaozhuannica* cv. 'Baicheng-2'　382

Populus ×*xiaozhuannica* cv. 'Baicheng - 5'　398

Prunus cerasifera 'Atropurpurea'　736

Prunus × *cistena*　742

Prunus Americana Marsh. 'Hongximei.'　747

Prunus Americana Marsh. 'Qinhongli.'　748

Prunus areniaca 'Jinxiu'　710

Prunus areniaca 'Jinyu'　712

Prunus areniaca cv. Chuanzhihong　695

Prunus areniaca cv. Xiangbaixing　696

Prunus armeniaca　706

Prunus armeniaca 'Dahong'　718

Prunus armeniaca 'Jingcuihong'　705

Prunus armeniaca 'Jingjiaerhao'　708

Prunus armeniaca 'Jingxianghong'　704

Prunus armeniaca 'Jingzaohong'　700

Prunus armeniaca 'Kuchexiaobaixing'　703

Prunus armeniaca 'Luntaixiaobaixing'　702

Prunus armeniaca 'Xinong Ershiwu'　701

Prunus armeniaca 'Yena'　707

Prunus armeniaca L　717

Prunus armeniaca L. 'Shanku2.'　717

Prunus armeniaca L. 'Taipingrouxing.'　687

Prunus armeniaca L. 'Yiwofeng.'　687

Prunus avium 'Caihong'　753

Prunus avium 'Caixia'　755

Prunus avium 'Xiangquanerhao'　759

Prunus avium 'Xiangquanyihao'　758

Prunus avium 'Zaodan'　756

Prunus avium × *pseudocerasus* 'Landing Erhao'　761

Prunus avium × *pseudocerasus* 'Landing Yihao'　760

Prunus avium L. 'Jimei.'　763

Prunus avium L. 'Qinying-1.'　751

Prunus avium L. 'Yanyang.'	751	*Prunus persica* 'Ruiyoupan Erhao'	654
Prunus ceracifera 'Sangbo'	749	*Prunus persica* 'Wangchun'	633
Prunus cerasifera 'Pissardii'	741	*Prunus persica* 'Wanqiufei'	661
Prunus cerasus L. 'Aode.'	748	*Prunus persica* 'Xiazhihong'	679
Prunus cerasus L. 'Aojie.'	750	*Prunus persica* 'Xiazhizaohong'	677
Prunus cerasus L. 'Meilei.'	750	*Prunus persica* 'Zaolupantao'	634
Prunus domestica 'Ainula'	727	*Prunus persica* 'Zhichun'	640
Prunus domestica 'Kalayuluke−1'	726	*Prunus persica* 'Zhongnonghongjiubao'	644
Prunus domestica 'Kalayuluke−5'	728	*Prunus persica* 'Zhongnongsanhao'	651
Prunus domestica 'Lichadezaosheng'	734	*Prunus persica* 'Zhongnongsihao'	652
Prunus domestica 'Xinmei 2'	731	*Prunus persica* 'Zhongnongxibao'	645
Prunus domestica 'Xinmei 3'	732	*Prunus persica* × *davidiana* 'Baihua Shanbitao'	663
Prunus domestica 'Xinmei1'	730	*Prunus persica* × *davidiana* 'Pinhong'	664
Prunus domestica 'Xinmei4'	733	*Prunus persica* × *davidiana* 'Pinxia'	665
Prunus domestica 'YiMei.1'	735	*Prunus persica* Batch 'Yanfeng Liuhao'	636
Prunus domestica 'Zijing'	729	*Prunus persica* Batsch 'Hechun'	638
Prunus humilis 'Xiarihong'	767	*Prunus persica* Batsch 'Yongchun'	639
Prunus persica 'Baojiahong'	656	*Prunus persica* Batsch. cv. 'yichun'	642
Prunus persica 'Gufeng'	667	*Prunus persica* L. var. nectariana	672
Prunus persica 'Guhong erhao'	670	*Prunus persica* L. var. nectariana 'Jinxia'	676
Prunus persica 'Guhong yihao'	669	*Prunus persica* var.nectarina 'Zhongyoutao'	671
Prunus persica 'Guyan'	666	*Prunus pseudocerasus* 'Haiyingerhao'	764
Prunus persica 'Guyu'	668	*Prunus pseudocerasus* 'Haiyingyihao'	763
Prunus persica 'Huachun'	674	*Prunus salicina* 'Angeleno'	745
Prunus persica 'Jinchun'	673	*Prunus salicina* 'Fraiar'	744
Prunus persica 'Jinchun'	675	*Prunus salicina* 'Heibaoshi'	746
Prunus persica 'Jingchun'	662	*Prunus salicina* 'Oishiwase'	747
Prunus persica 'Jingheyouerhao'	683	*Prunus simonii* 'Konglongdan'	723
Prunus persica 'Jingheyouyihao'	682	*Prunus simonii* 'Weidi'	724
Prunus persica 'Jinmeixia'	678	*Prunus simonii* 'Weihou'	725
Prunus persica 'Jinqiupantao'	643	*Prunus sogdiana* 'Heiyu'	738
Prunus persica 'Jiumi'	658	*Prunus sogdiana* 'Luozhu'	739
Prunus persica 'Jiuxian'	657	*Prunus sogdiana* 'Zimei'	740
Prunus persica 'Qiufei'	660	*Prunus sogdiana* 'Zixia'	737
Prunus persica 'Ruiguang sanshisanhao'	680	*Prunus virginiana*	770
Prunus persica 'Ruiguang Sanshiwuhao'	653	*Prunus virginiana* 'Canada Red'	769
Prunus persica 'Ruiguangsanshijiuhao'	681	*Prunus virginiana* 'Schubert'	768
Prunus persica 'Ruiguangsishiwuhao'	684	*Prunus × cistena* pissardii	743
Prunus persica 'Ruipan ershierhao'	635	*Punica granatum* 'Piyaman−1'	831
Prunus persica 'Ruipan Ershisihao'	655	*Punica granatum* 'Piyaman−2'	832

Punica granatum L. 'Zhaolingyushiliu.' 833
Pyrus betulifolia Bunge. 'Jinli 1' 504
Pyrus betulifolia Bunge. 'Jinli 2' 505
Pyrus bretschneideri 'Huangguanli' 498
Pyrus bretschneideri 'Jinzhong' 499
Pyrus bretschneideri 'Jishuo' 502
Pyrus bretschneideri 'Jisu' 503
Pyrus bretschneideri 'Zaomeixiang' 500
Pyrus bretschneideri 'Zhongnongsuli' 501
Pyrus communis 'Xianghongli' 497
Pyrus Linn 491
Pyrus sinkiangensis 'Kuerlexiangli' 494
Pyrus sinkiangensis 'Sha01' 495
Pyrus ussuriensis 'Hanhong' 493
Pyrus ussuriensis Maxim . 492
Pyrus xinjiangensis ' Xinli9 ' 496

Q

Quercus liaotungensis Koidz. 299
Quercus liaotungensis Koidz. 300
Quercus liaotungensis Koidz. 301
Quercus liaotungensis Koidz. 302
Quercus liaotungensis Koidz. 303
Quercus robur 304

R

Rhus vrniciflua. cv. 'Dahongpao.' 935
Rhus vrniciflua. cv. 'Gaobachi.' 935
Ribes nigrum 'Bulaode' 484
Ribes nigrum 'Hanfeng' 483
Ribes nigrum 'Hei Lin Sui Bao' 481
Ribes nigrum 'Hui Feng' 482
Robinia pseudoacacia cv. idaho 'Qinsheng' 780
Robinia pseudoacacia L. 771
Robinia pseudoacacia L. 772
Robinia pseudoacacia L. 773
Robinia pseudoacacia L. 774
Robinia pseudoacacia L. 775
Robinia pseudoacacia L. 776
Robinia pseudoacacia L. 777

Robinia pseudoacacia L. 778
Robinia pseudoacacia L. 779
Robinia pseudoacacia L. 'Dayehuai' 781
Rosa 'Anxiang' 581
Rosa 'Boai' 579
Rosa 'Duojiao' 591
Rosa 'Duoqiao' 592
Rosa 'Fenhe' 598
Rosa 'Haleihuixing' 586
Rosa 'Hong wuyue' 583
Rosa 'Huangshoupa' 580
Rosa 'Hudiequan' 599
Rosa 'Huoyanshan' 600
Rosa 'Lvye' 587
Rosa 'Mediland Scarlet' 584
Rosa 'Meirenxiang' 601
Rosa 'Tejiao' 589
Rosa 'Teqiao' 590
Rosa 'Tianshanbaixue' 597
Rosa 'Tianshantaoyuan' 596
Rosa 'Tianshanzhiguang' 595
Rosa 'Tianshanzhixing' 594
Rosa 'Tianxiang' 593
Rosa 'Xiangfei' 602
Rosa 'Xianglian' 603
Rosa 'Yanni' 588
Rosa 'Zuihongyan' 604
Rosa chinensis 'Chunchao' 582
Rosa hybrida 'Beijinghong' 585
Rosaceae 506

S

Sabina chinensis 'Feng' 144
Sabina chinensis 'Fongtuan' 145
Sabina chinensis 'Jinhua' 142
Sabina chinensis 'Lanta' 143
Sabina Przewalskii Kom. 146
Sabina vulgaris Ant. 139
Sabina vulgaris Ant. 140
Sabina vulgaris Ant. 141

Salix babylonica × S. glandulosa cv. 'Bailin 85–68' 347

Salix babylonica × S.glandulosa cv. 'Bailin 85–70' 348

Salix gordejevii Y. L. Chang et Skv. 351

Salix matsudana f. lobato~glandulosa 343

Salix matsudana Koidz. 341

Salix matsudana Koidz. 'Zhongfuliu1hao' 342

Salix matsudana Koidz. 'Zhongfuliu2hao' 342

Salix matsudana × babylonica cv. 'Qingzhu' 344

Salix matsudana × S. alba 345

Salix matsudana × S. alba 346

Salix psammophila C.Wang et Ch.Y.Yang 350

Salix sinica (Hao) C. Wang et C.F. Fang 349

Salix × aureo–pendula CL. 'J1010' 354

Salix × aureo–pendula CL. 'J1011' 355

Salix × aureo–pendula CL. 'J841' 352

Salix × aureo–pendula CL. 'J842' 353

Sambucus racemosa 'Plumosa Aurea' 986

Sarcozygium xanthoxylon 942

Sophora japonica 'Jinye' 784

Sophora japonica Lam. 'mihuai1' 785

Sophora japonica Lam. 'mihuai2' 786

Sophora japonica Linn. 783

Sophora japonica var. violacea Garr. 787

Sophpra japonica L. 'Shuangji' 782

Sorbus decora（Showy Mountain Ash） 489

Sorbus sibirica 'Dong Hong' 490

Syringa 'JinYuan' 975

Syringa amurensis Rupr. 979

Syringa amurensis Rupr. 980

Syringa juliana C.K.Schneid. 976

Syringa oblata Lindl 977

Syringa × chinensis 'Saugeana' 978

T

Tamarix chinensis Lour. 'Songbai' 335

Tamarix gallica 'Hong hua duo zhi' 336

Tamarix karelinii 338

Tamarix leptostachys Bunge 340

Tamarix ramosissima 339

Tamarix ramosissima Ledeb. 337

Taxus cuspidata Sieb. et Zucc 148

Taxus mairei (Lemee' et Levl.)S.Y.Hu ex Liu 149

Thuja occidentalis L. 'Hanxiangcuibai' 135

Thuja occidentalis L. 'shen yang wen xiang bai' 134

U

Ulmus densa Litw 165

Ulmus laciniata 157

Ulmus laciniata (Trautv.) Mayr 158

Ulmus laevis 'Mushulin' 155

Ulmus laevis 'Mushulin' 156

Ulmus pumila 'Chujizhongziyuan' 160

Ulmus pumila 'Jinye' 162

Ulmus pumila 'Pyramidalis × Umuspumila Linn' 164

Ulmus pumila 'Zhongziyuan' 163

Ulmus pumila L. 161

Ulmus pumila L. var. sabulosa J. H. Guo Y. S. Li et J. H. Li 159

V

Vitis vinifera 'Baishayu' 914

Vitis vinifera 'CabernetSauvignon' 907

Vitis vinifera 'Chardonnay' 917

Vitis vinifera 'Crimsonseedless' 911

Vitis vinifera 'Hongmunage' 909

Vitis vinifera 'Hongqitezaomeigui' 915

Vitis vinifera 'Huozhouziyu' 913

Vitis vinifera 'Jixinseedless' 906

Vitis vinifera 'Merlot' 918

Vitis vinifera 'Munage' 908

Vitis vinifera 'Petite Sira' 919

Vitis vinifera 'Riesling' 920

Vitis vinifera 'Tulufanseedless'、*Vitis vinifera* 'Hejingseedless' 905

Vitis vinifera 'vidalblanc' 916

Vitis vinifera 'Xinya' 912

Vitis vinifera 'YiliRedGlobe' 910

Vitis vinifera L. 904

Vitls vinifera L. 921

Ⓦ

Weigela florida 'Goldrush'	994
Weigela florida 'Red Prince'	993

Ⓧ

Xanthoceras sorbifolia 'Guanhong'	923
Xanthoceras sorbifolia 'Guanlin'	924
Xanthoceras sorbifolia 'Guanshuo'	922

Ⓩ

Zanthoxylum bungeanum Maxim. 'Dahongpao'	940
Zanthoxylum bungeanum Maxim. 'Fengjiao'	939
Zanthoxylum bungeanum Maxim. 'Nanqiangyi1hao.'	
	938
Zanthoxylum bungeanum Maxim. 'Shizitou.'	938
Zanthoxylum bungeanum Maxim. 'Wucijiao.'	939
Ziziphus jujuba	848
Ziziphus jujuba	849
Ziziphus jujuba	850
Ziziphus jujuba	859
Ziziphus jujuba	860
Ziziphus jujuba	861
Ziziphus jujuba	862
Ziziphus jujuba 'Banzao1'	869
Ziziphus jujuba 'Beijingmayazaoyoux'	866
Ziziphus jujuba 'Changxindianbaizao'	864
Ziziphus jujuba 'gongzao'	881
Ziziphus jujuba 'Guangongzao'	877
Ziziphus jujuba 'Hamidazao'	842
Ziziphus jujuba 'Hongluocuizao'	893
Ziziphus jujuba 'Huizao'	851
Ziziphus jujuba 'Huochengdazao'	901
Ziziphus jujuba 'jingudazao'	880
Ziziphus jujuba 'Jingzao 311'	899
Ziziphus jujuba 'Jinsixiaozao'	853
Ziziphus jujuba 'jinzandazao'	882
Ziziphus jujuba 'Jixincuizao'	894
Ziziphus jujuba 'Junzao'	878
Ziziphus jujuba 'Kashigaerchangyuanzao'	854
Ziziphus jujuba 'Kenxian1'	879
Ziziphus jujuba 'Kenxianzao2'	898
Ziziphus jujuba 'Muzao1'	867
Ziziphus jujuba 'Ruoqiangdongzao'	887
Ziziphus jujuba 'Ruoqianghuizao'	886
Ziziphus jujuba 'Ruoqiangjinsixiaozao'	888
Ziziphus jujuba 'Shuguang 2'	889
Ziziphus jujuba 'Shuguang 3'	890
Ziziphus jujuba 'Shuguang 4'	892
Ziziphus jujuba 'xiangzao 1'	875
Ziziphus jujuba 'Xinxing'	874
Ziziphus jujuba 'Xinzhenghong'	891
Ziziphus jujuba 'Zanhuangzao'	852
Ziziphus jujuba 'Zaocuiwang'	868
Ziziphus jujuba 'Zaoshuwang'	876
Ziziphus jujuba cv. 'Fangmuzao.'	885
Ziziphus jujuba cv. 'Jiaxianyouzao.'	844
Ziziphus jujuba cv. 'Jinzao3.'	856
Ziziphus jujuba cv. 'Qinbaodongzao.'	857
Ziziphus jujuba cv. 'Qiyuexian.'	846
Ziziphus jujuba cv. 'Shaanbeichangzao.'	884
Ziziphus jujuba cv. 'Yanchuangoutouzao.'	843
Ziziphus jujuba cv. 'Yanliangxiangzao.'	845
Ziziphus jujuba cv. Xianwangzao	855
Ziziphus jujuba Mill	870
Ziziphus jujuba Mill	871
Ziziphus jujuba Mill 'Yanliangcuizao.'	863
Ziziphus jujuba Mill.	883
Ziziphus jujuba Mill.	902
Ziziphus jujuba Mill.	903
Ziziphus jujuba Mill. 'Jindongzao'	900
Ziziphus jujuba Mill. 'Jinyuanhong'	896
Ziziphus jujuba Mill. 'Linhuang1'	897
Ziziphus jujuba Mill. cv. 'Lingwuchangzao-2'	895
Ziziphus jujuba Mill. cv. 'Lingwuchangzao'	858
Ziziphus jujuba Mill. cv. 'ZhongningYuanzao'	873
Ziziphus jujuba. Mill. cv. 'TongxinYuanzao'	872
Ziziphus jujuba（L.）Meikle.	847
Ziziphus.Spinosa 'Beijing Longyan Dasuanzao'	865

三北地区林木良种

SAN BEI DI QU LIN MU LIANG ZHONG

国家林业和草原局西北华北东北防护林建设局
国家林业和草原局国有林场和种苗管理司

◎联合编写

中国林业出版社

图书在版编目（CIP）数据

三北地区林木良种：全2册 / 张炜主编 . —— 北京：中国林业出版社，
2017.12
ISBN 978-7-5038-9368-1

Ⅰ . ①三… Ⅱ . ①张… Ⅲ . ①优良树种—三北地区Ⅳ . ① S722

中国版本图书馆 CIP 数据核字 (2017) 第 276485 号

中国林业出版社
责任编辑：李　顺　薛瑞琪　赵建渭　王思源　陈　慧
出版咨询：（010）83143569

出版：中国林业出版社（100009 北京西城区德内大街刘海胡同 7 号）
网站：http://lycb.forestry.gov.cn/
印刷：固安县京平诚乾印刷有限公司
发行：中国林业出版社
电话：（010）83143500
版次：2018 年 10 月第 1 版
印次：2018 年 10 月第 1 次
开本：889mm × 1194mm　　1 / 16
印张：70.875
字数：500 千字
定价：1280.00 元（上、下册）

《三北地区林木良种》编委会

主　　任：张　炜

副 主 任：程　红　周　岩　杨　超

编　　委：洪家宜　张健民　冯德乾　杨连清　武爱民　邹连顺
　　　　　刘　冰　贲权民　王绍军　李振龙　阿勇嘎　陈　杰
　　　　　郭石林　张学武　郭道忠　樊　辉　邓尔平　金绍琴
　　　　　李东升

主　　编：张　炜

副 主 编：洪家宜　欧国平　解树民　包　军

执行副主编：魏永新　丁明明

成　　员：（按姓氏笔画排序）

　　　　　丁立娜　于丽丽　于桂花　马兴华　王生军　王自龙
　　　　　王晓萃　王福维　孔俊杰　牛锦凤　艾合买提·约罗瓦斯
　　　　　卢　伟　田　静　付奥南　宁明世　宁瑞些　庄凯勋
　　　　　闫奕心　孙士庆　李东升　李仰东　李英武　李树春
　　　　　李帮同　李　锐　肖振海　佟朝晖　辛菊平　宋作敏
　　　　　宋建昌　张全科　张昕欣　张海忠　范国儒　罗剑驰
　　　　　周长东　房丽华　赵建渭　胡　茵　姜英淑　姚　飞
　　　　　秦秀忱　袁士保　徐秀琴　殷光晶　高振寰　郭小兵
　　　　　黄　鑫　崔卫东　敏正龙　梁胜发　肇　楠　樊彦新

序 PREFACE

解决我国人民日益增长的美好生活需要与发展不平衡不充分之间的矛盾，增加生态产品供给担负着补短板的重任。林木良种是短板中的短板，增加良种壮苗数量，提高质量，又是重中之重。这是十九大对林业工作的要求，也是推进林业现代化建设的题中之义。

"林以种为本，种以质为先"。优良的林木种苗资源是林业现代化建设最基础的生产资料，是着力提升森林质量的最根本保障，也是提供优质生态产品的最关键因素。学习贯彻十九大精神，夯实生态文明和美丽中国建设根基，离不开选育、生产和推广林木良种，推动林木种苗供给侧结构性改革，补齐林业建设、特别是困难立地条件下生态治理良种供给的短板。

林木良种，优良为本。要尊重自然规律，搜集和筛选适合不同地区栽植培育的林木良种，真正做到适地适树、适水适肥。要科技先行，加强良种选育，特别要选育优质、高产、高抗的品种，着力提升良种质量，从根本上保证优良品种在大规模国土绿化中落地生根、开花结果。

林木良种，推广为要。目前我国林木良种使用率仍然较低，其中有良种选育问题，有使用成本问题，更重要的还是认识不足，推广不力问题。"有毛不算秃"的理念依然存在，成果推广机制严重不活，示范应用动力不足。这些问题不仅在乔木、经济林营造中存在，而且在灌木造林中尤其严重。不解决这些问题，加强森林经营、提升森林质量、提高林业效益就无从谈起。要推动产、学、研相结合，活化林木良种推广应用机制，改变科研成果与生产实际脱节的现象，真正使良种成为良苗，良苗成为良材。要加强宣传推介，增强社会认知，使良种切实摆上决策者的案头，走入田间地头。

林木良种，监管为重。要加强林木种苗质量管理，牢固树立质量第一的思想，加强林木种苗生产、流通、使用等全过程的质量管理，严格落实许可与证签、档案、检验制度。要认真贯彻执行《种子法》，强化种苗行政执法，完善执法程序，严格执法责任，严厉打击制售假劣保苗行为，建设种苗诚信市场。要探索建立重点林业生态工程良种壮苗使用率考核指标，运用行政导向、经济调控等手段促进良种壮苗生产应用。

林木良种，效益为先。要加大科学研究和政策支持力度，鼓励科研人员加强良种选育，出成果、出人才、出效益。要推广使用林木良种，有效开拓良种应用市场，提高良种培育效益。要保证良种质量，让使用者从林木良种应用中获得更大的经济收益。

本书名为《三北地区林木良种》。三北地区地域辽阔，植被稀少，生态脆弱，宜林地占全国的三分之二，生态建设任务重、难度大，是开展国土绿化和林业建设的攻坚区。大面积造林需要林木良种，退化林分改造需要林木良种，助力生态建设、精准脱贫、乡村振兴、提升林业经营质量也需要林木良种。本书收录了三北地区林木良种1000余种，采用传统印刷出版和网络推送相结合的方式，全面推介各良种的来源、特性、培育技术和适宜栽植的范围，集专业性、实用性、科普性于一体，推广传播林业良种信息。这是一部汇集三北地区林木良种工作结晶、推进三北林业现代化发展和生态建设的重要著作。

我真诚地希望，各地能学习借鉴本书编辑整理的成果，并结合本地实际，充分运用到国土绿化和生态治理的实践中，维护森林生态安全，全面提升森林生态系统的稳定性和生态服务功能，着力提高林业经营质量和效益，为建设社会主义生态文明和美丽中国做出更大的贡献！

三北防护林体系建设工程是当代世界最大的林业生态建设工程。根据总体规划，建设范围包括三北地区 13 个省（自治区、直辖市）的 551 个县（旗、市、区），总面积 406.9 万平方公里，占国土面积的 42.4%；规划建设 73 年，从 1978 年开始到 2050 年结束，分三个阶段，八期工程；使区域内的森林覆盖率从 5.05% 提高到 14.95%，生态环境得到根本性改善。在党中央、国务院的正确领导下，经过三北地区各族干部群众艰苦卓绝的努力，累计完成造林保存面积 3014 万公顷，森林覆盖率提高到 13.57%，取得了显著的生态、经济和社会效益。

三北地区是全国生态系统最脆弱的地区，林业建设任务最艰巨的地区。面对干旱少雨、风沙危害、水土流失等严酷的自然条件，面对国计民生日益增长的生态经济需求，需要采取多种措施，必须把培育和推广林木良种作为突破口，加快林木种苗供给侧结构性改革，补齐营造林生产的短板，良种、壮苗和良法相结合，克服严酷自然条件的限制，努力提高营造林质量，提高生态稳定性和综合效益。编辑出版《三北地区林木良种》传播良种信息，促进良种推广，成为当前一项紧迫任务。

《三北地区林木良种》分上、下两卷。收录了我国实行林木良种审定制度以来三北地区培育的木本、藤本良种 43 科，77 属，1000 余品种（种源、无性系），收录图片 4000 余幅。具体编纂中科、属、种按郑万钧（1978）系统及恩格勒系统排序，同种不同种源按审定时间并结合国家行政区划排序。品种的学名为各省（自治区、直辖市）林木良种审定委员会的定名。读者还可以按中文名称或者分省进行检索。本书图文结合，简明介绍每个良种品种来源、品种特性、培育技术和适宜栽植范围等。同时，适应"互联网+"的新形势，开发了《三北地区林木良种》APP 电子书和 PC 端网络版平台，伴随着林木良种审定工作的持续推进，将定期对 APP 电子书和 PC 端网络版平台的内容进行补充、修改、完善，读者通过移动终端扫描纸质书或者林业网站上相应的二维码，通过网站搜索中文域名"三北地区林木良种 .com"即可进入 APP 电子书和 PC 端网络界面，可以利用移动终端和网站随时随地浏览、查阅、检索，掌握三北地区林木良种的最新情况。

在本书的编写过程中，全体编纂人员尽心尽力，所在单位给予大力支持。国家林业局国有林场和林木种苗工作总站张周忙、刘春延、张耀恒副总站长，郑新民处长精心指导本书的编写，北京林业大学续九如、康向阳教授，国家林业局国有林场和林木种苗工作总站鲁新政教授级高级工程师对本书进行了认真审核并提出修改意见。在此对他们的辛勤付出一并表示感谢。尽管编写人员力求做到科学、严谨，但由于受水平所限，难免存在疏漏之处，敬请读者批评指正。

编著者

2018 年 10 月

目录 CONTENTS

编委会 ……………………… 3

序 …………………………… 4

前言 ………………………… 6

一、银杏科

丹东银杏 …………………… 001

二、松科

雪岭云杉（天山云杉）种子园 …………… 002

嫩江云杉 …………………… 003

管涔林局闫家村白杆母树林种子 ………… 004

关帝林局孝文山白杆母树林种子 ………… 005

五台林局白杆种源种子 …………………… 006

青海云杉（天祝）母树林种子 …………… 007

青海云杉 …………………… 008

罗山青海云杉天然母树林种子 …………… 009

内蒙古贺兰山青海云杉母树林种子 ……… 010

互助县北山林场青杆种源 ………………… 011

白音敖包沙地云杉优良种源种子 ………… 012

黄南州麦秀林场紫果云杉母树林 ………… 013

新疆落叶松种子园 ………………………… 014

长城山华北落叶松 ………………………… 015

静乐华北落叶松 …………………………… 016

六盘山华北落叶松一代种子园种子 ……… 017

上高台林场华北落叶松母树林种子 ……… 018

苏木山林场华北落叶松种子园种子 ……… 019

华北落叶松母树林种子 …………………… 020

乌兰坝林场华北落叶松种子园种子 ……… 021

乌兰坝林场华北落叶松母树林种子 ……… 022

黑里河林场华北落叶松种子园种子 ……… 023

旺业甸林场华北落叶松母树林种子 ……… 024

关帝林局华北落叶松种源种子 …………… 025

五台林局华北落叶松种源种子 …………… 026

缸窑兴安落叶松初级无性系种子园种子 … 027

阁山兴安落叶松人工母树林 ……………… 027

加格达奇兴安落叶松第一代无性系种子园种子… 028

胜山兴安落叶松天然母树林 ……………… 028

乌兰坝林场兴安落叶松种子园种子 ……… 029

甘河林业局兴安落叶松种子园种子 ……… 030

乌尔旗汉林业局兴安落叶松种子园种子 … 031

内蒙古大兴安岭北部林区兴安落叶松母树林种子… 032

内蒙古大兴安岭东部林区兴安落叶松母树林种子… 033

内蒙古大兴安岭南部林区兴安落叶松母树林种子… 034

内蒙古大兴安岭中部林区兴安落叶松母树林种子… 035

青山杂种落叶松实生种子园种子 ………… 036

哈达长白落叶松种子园种子 ……………… 037

错海长白落叶松第一代无性系种子园种子 … 038

孟家岗长白落叶松初级无性系种子园种子 … 039

青山长白落叶松第一代种子园种子 ……… 040

渤海长白落叶松初级无性系种子园种子 … 041

旺业甸实验林场长白落叶松种子园种子 … 042

旺业甸实验林场长白落叶松母树林种子 … 043

鸡西长白落叶松种源 ……………………… 044

和龙长白落叶松种源 ……………………… 045

太东长白落叶松初级无性系种子园种子 … 046

梨树长白落叶松初级无性系种子园种子…………046

鸡西长白落叶松初级无性系种子园种子…………047

陈家店长白落叶松初级无性系种子园种子…………047

鹤岗长白落叶松初级无性系种子园种子…………048

通天一长白落叶松初级无性系种子园种子…………048

大孤家日本落叶松种子园种子…………049

老秃顶子日本落叶松种子园种子…………050

青凉山日本落叶松种子园种子…………051

落叶松杂交种子园…………052

日本落叶松优良家系（F13、F41）…………053

旺业甸实验林场日本落叶松种子园种子…………054

旺业甸实验林场日本落叶松母树林种子…………055

辽宁省实验林场日本落叶松母树林种子…………056

日5×兴9杂种落叶松家系…………057

兴7×日77-2杂种落叶松家系…………057

中条山华山松…………058

华山松母树林…………059

华山松六盘山种源…………060

老秃顶子红松母树林种子…………061

草河口红松结实高产无性系…………062

清河城红松种子园种子…………063

清河城红松母树林种子…………064

红松果林高产无性系（9512、9526）…………065

辽宁省实验林场红松母树林种子…………066

LK3红松坚果无性系…………067

LK11红松坚果无性系…………068

LK20红松坚果无性系…………069

LK27红松坚果无性系…………070

NB45红松坚果无性系…………071

NB66红松坚果无性系…………072

NB67红松坚果无性系…………073

NB70红松坚果无性系…………074

JM24红松坚果无性系…………075

JM29红松坚果无性系…………076

JM32红松坚果无性系…………077

HG8红松坚果无性系…………078

HG14红松坚果无性系…………079

HG23红松坚果无性系…………080

HG27红松坚果无性系…………081

大亮子河红松天然母树林…………082

胜山红松天然母树林…………082

东部白松2000-4号种源…………083

东部白松2000-15号种源…………084

东部白松2000-16号种源…………085

东部白松…………086

太岳林局石膏山白皮松母树林种子…………087

关帝林局枝柯白皮松种源种子…………088

沙地赤松…………089

付家樟子松无性系初级种子园种子…………090

樟子松优良无性系（GS1、GS2）…………091

章古台樟子松种子园种子…………092

樟子松优良种源（高峰）…………093

红花尔基樟子松母树林种子…………094

错海樟子松第一代无性系种子园种子…………095

东方红樟子松第一代无性系种子园种子…………096

青山樟子松初级无性系种子园种子…………097

樟子松金山种源…………098

东方红钻天松…………099

榆林樟子松种子园种子…………100

樟子松…………101

旺业甸林场樟子松种子园种子…………102

旺业甸林场樟子松母树林种子…………103

大杨树林业局樟子松母树林种子…………104

杨树林局九梁洼樟子松母树林种子…………105

加格达奇樟子松第一代无性系种子园种子…………106

梨树樟子松初级无性系种子园种子…………106

樟子松卡伦山种源…………107

彰武松…………108

八渡油松种子园…………109

上庄油松…………110

北票油松种子园种子…………111

古城油松种子园…………112

吴城油松…………113

红旗油松种子园种子…………114

桥山双龙油松种子园…………115

万家沟油松种子园种子…………116

海眼寺母树林油松种子 …………………… 117

和顺义兴母树林油松种子 ………………… 118

阜新镇油松母树林种子 …………………… 119

胜利油松母树林种子 ……………………… 120

黑里河林场油松母树林种子 ……………… 121

准格尔旗油松母树林种子 ………………… 122

黑里河油松种子园种子 …………………… 123

沁源油松 …………………………………… 124

小洞油松母树林种子 ……………………… 125

大板油松母树林种子 ……………………… 126

陵川第一山林场油松母树林种子 ………… 127

太岳林局灵空山油松母树林种子 ………… 128

互助县北山林场油松种源 ………………… 129

奥地利黑松 ………………………………… 130

美国黄松 …………………………………… 131

峨嵋林场刚松种子园种子 ………………… 132

班克松 ……………………………………… 133

三、柏科

沈阳文香柏 ………………………………… 134

寒香萃柏 …………………………………… 135

蝶叶侧柏 …………………………………… 136

周家店侧柏母树林种子 …………………… 137

沁水县樊庄侧柏母树林种子 ……………… 138

乌拉特中旗叉子圆柏优良种源穗条 ……… 139

乌审旗沙地柏优良种源穗条 ……………… 140

锡盟洪格尔高勒沙地柏优良种源穗条 …… 141

金花桧 ……………………………………… 142

蓝塔桧 ……………………………………… 143

峰桧 ………………………………………… 144

绒团桧 ……………………………………… 145

祁连圆柏 …………………………………… 146

桦林背杜松 ………………………………… 147

四、红豆杉科

辽宁东北红豆杉 …………………………… 148

陵川县西闸水南方红豆杉母树林种子 …… 149

五、木兰科

北美鹅掌楸种源4P ……………………… 150

六、悬铃木科

二球悬铃木 ………………………………… 151

七、杜仲科

秦仲1号 …………………………………… 152

秦仲2号 …………………………………… 152

秦仲3号 …………………………………… 153

秦仲4号 …………………………………… 153

饲仲1号 …………………………………… 154

短枝密叶杜仲 ……………………………… 154

八、榆科

新疆大叶榆母树林 ………………………… 155

大叶榆母树林 ……………………………… 156

'裂叶'榆 …………………………………… 157

中条林局历山裂叶榆母树林种子 ………… 158

锡盟沙地榆优良种源种子 ………………… 159

白榆初级种子园 …………………………… 160

天水榆树第一代种子园 …………………… 161

'金叶'榆 …………………………………… 162

白榆种子园 ………………………………… 163

钻天榆 × 新疆白榆优树杂交种子园 ……… 164

圆冠榆 ……………………………………… 165

九、桑科

白桑 ………………………………………… 166

'早熟'无花果 ……………………………… 167

'晚熟'无花果 ……………………………… 168

十、胡桃科

'新光'核桃 …………………… 169

'新丰'核桃 …………………… 170

'新露'核桃 …………………… 171

'温185'核桃 ………………… 172

'扎343'核桃 ………………… 173

'新早丰'核桃 ………………… 174

'卡卡孜'核桃 ………………… 175

西扶1号 ……………………… 176

西扶2号 ……………………… 177

西林2号 ……………………… 178

西洛1号 ……………………… 178

西洛2号 ……………………… 179

西洛3号 ……………………… 179

晋龙1号 ……………………… 180

晋龙2号 ……………………… 181

薄壳香 ………………………… 182

辽核1号 ……………………… 183

清香 …………………………… 184

'和上01号'核桃 …………… 185

'和上15号'核桃 …………… 186

'新温81'核桃 ……………… 187

'新温179'核桃 …………… 188

'新温233'核桃 …………… 189

'新乌417'核桃 …………… 190

'新巨丰'核桃 ………………… 191

'和上20号'核桃 …………… 192

'和春06号'核桃 …………… 193

'阿浑02号'核桃 …………… 194

'库三02号'核桃 …………… 195

'乌火06号'核桃 …………… 196

'新新2号'核桃 …………… 197

'新萃丰'核桃 ………………… 198

'萨依瓦克5号'核桃 ……… 199

'萨依瓦克9号'核桃 ……… 200

'吐古其15号'核桃 ………… 201

辽宁1号 ……………………… 202

辽宁7号 ……………………… 203

香玲 …………………………… 204

金薄香1号核桃 ……………… 205

金薄香2号核桃 ……………… 206

寒丰 …………………………… 207

辽宁10号 …………………… 208

辽宁7号 ……………………… 209

香玲 …………………………… 210

鲁光 …………………………… 211

辽宁1号 ……………………… 212

辽宁4号 ……………………… 213

辽宁5号 ……………………… 214

石门魁香 ……………………… 215

晋香 …………………………… 216

晋丰 …………………………… 217

金薄香3号 …………………… 218

辽宁6号 ……………………… 219

京香1号 ……………………… 220

京香2号 ……………………… 221

京香3号 ……………………… 222

金薄香7号 …………………… 223

金薄香8号 …………………… 224

金薄丰1号 …………………… 225

西岭 …………………………… 226

绿岭 …………………………… 227

强特勒 ………………………… 228

陕核短枝 ……………………… 229

金薄香6号 …………………… 230

晋RS-1系核桃砧木 ………… 231

清香 …………………………… 232

辽瑞丰 ………………………… 233

安康串核桃 …………………… 234

安康紫仁核桃 ………………… 235

辽宁4号 ……………………… 236

薄壳香 ………………………… 237

中林1号 ……………………… 238

晋龙2号 ……………………… 239

鲁光 …………………………… 240

早硕 …… 241

鲁果1号 …… 242

鲁果11 …… 243

丰香 …… 244

美香 …… 245

晋绵1号 …… 246

金核1号 …… 247

辽宁1号核桃 …… 248

新温724 …… 249

新温915 …… 250

新温917 …… 251

京艺1号 …… 252

华艺1号 …… 253

京艺2号 …… 254

京艺6号 …… 255

京艺7号 …… 256

京艺8号 …… 257

华艺2号 …… 258

华艺7号 …… 259

核桃楸 …… 260

丹东核桃楸母树林种子 …… 261

太岳林局大南坪核桃楸母树林种子 …… 262

太岳林局北平核桃楸母树林种了 …… 263

太行林局海眼寺核桃楸母树林种子 …… 264

吕梁林局上庄核桃楸母树林种子 …… 265

中条林局皋落核桃楸母树林种子 …… 266

关帝林局双家寨核桃楸母树林种子 …… 267

十一、壳斗科

安栗1号 …… 268

辽栗10号 …… 269

辽栗15号 …… 270

辽栗23号 …… 271

燕山早丰 …… 272

东陵明珠 …… 273

遵化短刺 …… 274

燕平 …… 275

燕龙 …… 276

广银 …… 277

燕昌早生 …… 278

燕山早生 …… 279

怀丰 …… 280

京暑红 …… 281

燕兴 …… 282

宽优9113 …… 283

金真栗 …… 284

金真晚栗 …… 284

怀香 …… 285

良乡1号 …… 286

燕紫 …… 287

燕秋 …… 288

阳光 …… 289

灰拣 …… 290

明拣 …… 291

安栗2号 …… 292

燕丽 …… 293

国见 …… 294

利平 …… 295

大峰 …… 296

高城 …… 297

大国 …… 298

关帝林局真武山辽东栎母树林种子 …… 299

太行林局坪松辽东栎母树林种子 …… 300

吕梁林局康城辽东栎母树林种子 …… 301

中条林局横河辽东栎母树林种子 …… 302

太岳林局灵空山辽东栎母树林种子 …… 303

夏橡 …… 304

十二、桦木科

白桦六盘山种源 …… 305

疣枝桦 …… 306

欧洲垂枝桦 …… 307

湾甸子裂叶垂枝桦 …… 308

沼泽小叶桦 …… 309

天山桦……………………………310

红桦六盘山种源……………………311

十三、榛科

极丰榛子……………………………312

铁榛一号……………………………313

铁榛二号……………………………314

晋榛2号……………………………315

薄壳红………………………………316

达维…………………………………317

玉坠…………………………………318

辽榛3号……………………………319

辽榛4号……………………………320

'新榛1号'（平榛 × 欧洲榛）……321

'新榛2号'（平榛 × 欧洲榛）……322

'新榛3号'（平榛 × 欧洲榛）……323

'新榛4号'（平榛 × 欧洲榛）……324

辽榛7号……………………………325

辽榛8号……………………………326

辽榛9号……………………………327

十四、藜科

梭梭柴………………………………328

乌拉特后旗梭梭采种基地种子………329

四子王旗华北驼绒藜采种基地种子…330

十五、蓼科

乔木状沙拐枣………………………331

头状沙拐枣…………………………332

十六、芍药科

子午岭紫斑牡丹……………………333

'祥丰'牡丹…………………………333

十七、猕猴桃科

秦香…………………………………334

十八、柽柳科

松柏柽柳……………………………335

红花多枝柽柳………………………336

额济纳旗多枝柽柳优良种源区穗条…337

短毛柽柳……………………………338

多枝柽柳……………………………339

杭锦后旗细穗柽柳优良种源穗条……340

十九、杨柳科

乌审旗旱柳优良种源穗条……………341

中富柳1号…………………………342

中富柳2号…………………………342

潞城西流漳河柳……………………343

青竹柳………………………………344

吉柳1号……………………………345

吉柳2号……………………………346

白林85－68柳……………………347

白林85－70柳……………………348

陵川王莽岭中国黄花柳种源…………349

鄂尔多斯沙柳优良种源穗条…………350

正蓝旗黄柳采条基地穗条……………351

金丝垂柳 J841………………………352

金丝垂柳 J842………………………353

金丝垂柳 J1010……………………354

金丝垂柳 J1011……………………355

银白杨母树林………………………356

'银 × 新4'…………………………357

'银 × 新10'………………………358

'银 × 新12'………………………359

'准噶尔1号'杨（银白杨 × 新疆杨）…360

'准噶尔2号'杨（银白杨 × 新疆杨）…361

银中杨………………………………362

金白杨1号 …… 363

金白杨2号 …… 364

金白杨3号 …… 365

金白杨5号 …… 366

秦白杨1号 …… 367

秦白杨2号 …… 368

秦白杨3号 …… 369

新疆杨 …… 370

新疆杨 …… 371

新疆杨 …… 372

大叶山杨 …… 373

欧洲三倍体山杨 …… 374

欧洲山杨三倍体 …… 375

山新杨 …… 376

阳高河北杨 …… 377

西吉青皮河北杨 …… 378

河北杨 …… 379

三倍体毛白杨 …… 380

'三倍体'毛白杨（193系列） …… 381

白城杨-2 …… 382

湟水林场小叶杨M29无性系 …… 383

青海杨X10无性系 …… 384

伊犁小青杨（'熊钻17号'杨） …… 385

小青杨新无性系 …… 386

青杨雄株优良无性系 …… 387

大青杨HL系列无性系 …… 388

群改2号 …… 389

辽育1号杨 …… 390

辽育2号杨 …… 391

白林二号杨 …… 392

白城小青黑杨 …… 393

鞍杂杨 …… 394

风沙1号杨 …… 395

白林一号 …… 396

伊犁小叶杨（加小 × 俄9号） …… 397

白城5号杨 …… 398

辽育3号杨 …… 399

合作杨 …… 400

'大台'杨 …… 401

吴屯杨 …… 402

哲林4号杨 …… 403

青山杨 …… 404

小美旱杨 …… 405

小美旱杨 …… 406

汇林88号杨 …… 407

通林7号杨 …… 408

拟青 × 山海关杨 …… 409

赤峰杨 …… 410

'741-9-1'杨 …… 411

'076-28'杨 …… 412

中金2号 …… 413

中金7号 …… 414

中金10号 …… 415

白城小黑杨 …… 416

晚花杨 …… 417

格尔里杨 …… 418

西 + 加杨 …… 419

伊犁大叶杨（大叶钻天杨） …… 420

伊犁小美杨（阿富汗杨） …… 421

'伊犁杨1号'（'64号'杨） …… 422

'伊犁杨2号'（'I-45 / 51'杨） …… 423

'伊犁杨3号'（日本白杨） …… 424

'伊犁杨4号'（'I-262'杨） …… 425

'伊犁杨5号'（'I-467'杨） …… 426

'伊犁杨7号'（马里兰德杨） …… 427

'伊犁杨8号'（'保加利亚3号'杨） …… 428

格氏杨 …… 429

北京605杨 …… 430

法国杂种 …… 431

加杨 …… 432

'I-214'杨 …… 433

'保加利亚3号'杨 …… 434

箭 × 小杨 …… 435

'I-488'杨 …… 436

'健227'杨 …… 437

'斯大林工作者'杨 …… 438

俄罗斯杨 ……………………………… 439

小黑杨 ……………………………… 440

中加 10 号杨 ……………………… 441

‘少先队 2 号’杨 ………………… 442

‘伊犁杨 6 号’（‘优胜 003’）…… 443

辽宁杨 ……………………………… 444

光皮小黑杨 ………………………… 445

欧美杨 107 ………………………… 446

欧美杨 108 ………………………… 446

‘北美 1 号’杨（‘OP-367’）…… 447

‘北美 2 号’杨（‘DN-34’）……… 448

‘北美 3 号’杨（‘NM-6’）……… 449

中辽 1 号杨 ………………………… 450

黑青杨 ……………………………… 451

赤美杨 ……………………………… 452

中林美荷 …………………………… 453

2001 杨 ……………………………… 454

中黑防杨 …………………………… 455

WQ 90 杨 …………………………… 456

J2 杨 ………………………………… 457

J3 杨 ………………………………… 458

金黑杨 1 号 ………………………… 459

金黑杨 2 号 ………………………… 460

金黑杨 3 号 ………………………… 461

78-8 杨 ……………………………… 462

78-133 杨 …………………………… 463

54 杨 ………………………………… 464

101 杨 ……………………………… 465

中林杨 ……………………………… 466

欧洲黑杨 …………………………… 467

昭林 6 号杨 ………………………… 468

赤峰小黑杨 ………………………… 469

健杨 ………………………………… 470

胡杨 ………………………………… 471

胡杨母树林 ………………………… 472

辽胡耐盐 1 号杨 …………………… 473

辽胡耐盐 2 号杨 …………………… 474

‘密胡杨 1 号’ …………………… 475

‘密胡杨 2 号’ …………………… 476

小胡杨 -1 …………………………… 477

小胡杨 ……………………………… 478

二十、柿树科

猗红柿 ……………………………… 479

阳丰 ………………………………… 480

二十一、茶藨子科

黑林穗宝醋栗 ……………………… 481

惠丰醋栗 …………………………… 482

‘寒丰’ ……………………………… 483

‘布劳德’ …………………………… 484

二十二、蔷薇科

早钟 6 号 …………………………… 485

夹角 ………………………………… 486

解放钟 ……………………………… 486

太城 4 号 …………………………… 487

长红 3 号 …………………………… 487

森尾早生 …………………………… 488

西农枇杷 2 号 ……………………… 488

艳丽花楸 …………………………… 489

冬红花楸 …………………………… 490

砀山酥梨 …………………………… 491

建平南果梨 ………………………… 492

寒红梨 ……………………………… 493

‘库尔勒’香梨 …………………… 494

‘沙 01’ …………………………… 495

新梨 9 号 …………………………… 496

香红梨 ……………………………… 497

黄冠梨 ……………………………… 498

金钟梨 ……………………………… 499

‘早美香’（‘香梨芽变 94-9’）…… 500

中农酥梨 …………………………… 501

冀硕	502	寒富	539
冀酥	503	秋富 1 号	540
锦梨 1 号	504	新红星	541
锦梨 2 号	505	天汪一号	542
红佳人（张掖红梨 2 号）	506	长富 6 号	542
昌红	507	红叶乐园	543
天红 1 号	508	苹果矮化砧木 SH 1	544
天红 2 号	509	红满堂	545
2001（21 世纪）	510	中砧 1 号	546
宁秋	511	新疆野苹果	547
金蕾 1 号	512	SC 1 苹果矮化砧木	548
金蕾 2 号	513	SC 3 苹果矮化砧木	549
农大 1 号	514	矮化苹果砧木 Y–2	550
农大 2 号	515	苹果砧木 Y–3	551
农大 3 号	516	硕果海棠	552
天富 1 号	517	景观奈 –29	553
天富 2 号	517	钻石	554
晋富 2 号	518	粉芽	555
晋富 3 号	519	绚丽	556
金冠苹果	520	红丽	557
国光苹果	521	草莓果冻	558
宁金富苹果	522	雪球	559
'长富 2 号'、'（伊犁）长富 2 号'	523	凯尔斯	560
'烟富 3 号'	524	火焰	561
'皇家嘎啦'	525	王族	562
晋 18 短枝红富士	526	道格	563
昌苹 8 号	527	红玉	564
红光 1 号	528	京海棠 – 宝相花	565
红光 2 号	529	京海棠 – 紫美人	566
红光 3 号	530	京海棠 – 粉红珠	567
红光 4 号	531	京海棠 – 紫霞珠	568
'新红 1 号'	532	红亚当	569
'新富 1 号'	533	圣乙女	570
'早富 1 号'	534	缱绻	571
蒙富	535	缨络	572
新苹红	536	'京海棠 —— 黄玫瑰'	573
阿波尔特	537	'京海棠 —— 宿亚当'	574
首红	538	八棱脆	575

红八棱……………………………………………… 576
‘红宝石’海棠 ……………………………………… 577
红勋1号 …………………………………………… 578
博爱………………………………………………… 579
黄手帕……………………………………………… 580
暗香………………………………………………… 581
春潮………………………………………………… 582
红五月……………………………………………… 583
‘红梅朗’月季 ……………………………………… 584
北京红……………………………………………… 585
哈雷彗星…………………………………………… 586
绿野………………………………………………… 587
燕妮………………………………………………… 588
特娇………………………………………………… 589
特俏………………………………………………… 590
多娇………………………………………………… 591
多俏………………………………………………… 592
天香………………………………………………… 593
天山之星…………………………………………… 594
天山之光…………………………………………… 595
天山桃园…………………………………………… 596
天山白雪…………………………………………… 597
粉荷………………………………………………… 598
蝴蝶泉……………………………………………… 599
火焰山……………………………………………… 600
美人香……………………………………………… 601
香妃………………………………………………… 602
香恋………………………………………………… 603
醉红颜……………………………………………… 604
‘多果’巴旦杏 ……………………………………… 605
‘双软’巴旦杏 ……………………………………… 606
‘晚丰’巴旦杏 ……………………………………… 607
‘纸皮’巴旦杏 ……………………………………… 608
‘鹰嘴’巴旦姆 ……………………………………… 609
‘克西’巴旦姆 ……………………………………… 610
‘双果’巴旦姆 ……………………………………… 611
‘双薄’巴旦姆 ……………………………………… 612
‘麻壳’巴旦姆 ……………………………………… 613
‘寒丰’巴旦姆 ……………………………………… 614
‘小软壳(14号)’巴旦姆 …………………………… 615
晋扁2号扁桃 ……………………………………… 616
晋扁3号扁桃 ……………………………………… 617
‘浓帕烈’…………………………………………… 618
‘索诺拉’…………………………………………… 619
‘特晚花浓帕烈’…………………………………… 620
‘卢比’……………………………………………… 621
米星………………………………………………… 622
‘弗瑞兹’…………………………………………… 623
‘汤姆逊’…………………………………………… 624
‘尼普鲁斯’………………………………………… 625
‘布特’……………………………………………… 626
‘索拉诺’…………………………………………… 627
‘卡买尔’…………………………………………… 628
晋薄1号 …………………………………………… 629
榆林长柄扁桃（种源）…………………………… 630
蒙古扁桃…………………………………………… 631
美硕………………………………………………… 632
望春………………………………………………… 633
早露蟠桃…………………………………………… 634
瑞蟠22号 ………………………………………… 635
艳丰6号 …………………………………………… 636
红岗山桃…………………………………………… 637
贺春………………………………………………… 638
咏春………………………………………………… 639
知春………………………………………………… 640
美锦………………………………………………… 641
忆春………………………………………………… 642
金秋蟠桃…………………………………………… 643
中农红久保………………………………………… 644
中农醯保…………………………………………… 645
久脆………………………………………………… 646
久艳………………………………………………… 647
久玉………………………………………………… 648
脆保………………………………………………… 649
艳保………………………………………………… 650
中农3号 …………………………………………… 651

中农 4 号 ……………………………… 652
瑞光 35 号 ……………………………… 653
瑞油蟠 2 号 …………………………… 654
瑞蟠 24 号 ……………………………… 655
保佳红 ………………………………… 656
久鲜 …………………………………… 657
久蜜 …………………………………… 658
龙田硕蟠 ……………………………… 659
秋妃 …………………………………… 660
晚秋妃 ………………………………… 661
京春 …………………………………… 662
白花山碧桃 …………………………… 663
品虹 …………………………………… 664
品霞 …………………………………… 665
谷艳 …………………………………… 666
谷丰 …………………………………… 667
谷玉 …………………………………… 668
谷红 1 号 ……………………………… 669
谷红 2 号 ……………………………… 670
敦煌紫胭桃 …………………………… 671
晚金油桃 ……………………………… 672
金春 …………………………………… 673
华春 …………………………………… 674
锦春 …………………………………… 675
锦霞 …………………………………… 676
夏至早红 ……………………………… 677
金美夏 ………………………………… 678
夏至红 ………………………………… 679
瑞光 33 号 ……………………………… 680
瑞光 39 号 ……………………………… 681
京和油 1 号 …………………………… 682
京和油 2 号 …………………………… 683
瑞光 45 号 ……………………………… 684
山桃六盘山种源 ……………………… 685
冀光 …………………………………… 686
太平肉杏 ……………………………… 687
一窝蜂 ………………………………… 687
'慕亚格' 杏 …………………………… 688

'色买提' 杏 …………………………… 689
'托普鲁克' 杏 ………………………… 690
'黑叶' 杏 ……………………………… 691
'明星' 杏 ……………………………… 692
'胡安娜' 杏 …………………………… 693
'轮南白杏' …………………………… 694
串枝红 ………………………………… 695
香白杏 ………………………………… 696
'巴仁' 杏（'苏克牙格力克' 杏）…… 697
围选 1 号 ……………………………… 698
山杏彭阳种源 ………………………… 699
京早红 ………………………………… 700
西农 25 ………………………………… 701
'轮台白杏' …………………………… 702
'库车小白杏' ………………………… 703
京香红 ………………………………… 704
京脆红 ………………………………… 705
曹杏 …………………………………… 706
'叶娜' 杏 ……………………………… 707
京佳 2 号 ……………………………… 708
红梅杏 ………………………………… 709
金秀 …………………………………… 710
辽优扁 1 号 …………………………… 711
金宇 …………………………………… 712
辽白扁 2 号 …………………………… 713
山杏 …………………………………… 714
'圃杏 1 号' …………………………… 715
晋梅杏 ………………………………… 716
山苦 2 号 ……………………………… 717
唐汪大接杏 …………………………… 717
大红杏 ………………………………… 718
山杏 1 号 ……………………………… 719
山杏 2 号 ……………………………… 720
山杏 3 号 ……………………………… 721
甜丰 …………………………………… 722
'恐龙蛋' ……………………………… 723
'味帝' ………………………………… 724
'味厚' ………………………………… 725

‘卡拉玉鲁克1号’（‘喀什酸梅1号’）…………… 726

‘艾努拉’酸梅（喀什大果酸梅）…………… 727

‘卡拉玉鲁克5号’（‘喀什酸梅5号’）…………… 728

紫晶…………………………………………… 729

‘新梅1号’……………………………………… 730

新梅2号………………………………………… 731

新梅3号………………………………………… 732

‘新梅4号’（法新西梅）………………………… 733

理查德早生…………………………………… 734

伊梅1号………………………………………… 735

‘红叶’李………………………………………… 736

‘紫霞’（Ⅰ14-14）…………………………… 737

‘黑玉’（Ⅰ16-56）…………………………… 738

‘络珠’（Ⅰ16-38）…………………………… 739

‘紫美’（Ⅴ2-16）……………………………… 740

西域红叶李…………………………………… 741

紫叶矮樱……………………………………… 742

紫叶矮樱……………………………………… 743

黑宝石李……………………………………… 744

安哥诺李……………………………………… 745

黑宝石李……………………………………… 746

大石早生……………………………………… 747

红喜梅………………………………………… 747

秦红李………………………………………… 748

奥德…………………………………………… 748

‘桑波’（Ⅱ20-38）…………………………… 749

奥杰…………………………………………… 750

玫蕾…………………………………………… 750

秦樱1号………………………………………… 751

艳阳…………………………………………… 751

龙田早红……………………………………… 752

彩虹…………………………………………… 753

晶玲…………………………………………… 754

彩霞…………………………………………… 755

早丹…………………………………………… 756

友谊…………………………………………… 757

香泉1号………………………………………… 758

香泉2号………………………………………… 759

兰丁1号………………………………………… 760

兰丁2号………………………………………… 761

万尼卡………………………………………… 762

吉美…………………………………………… 763

海樱1号………………………………………… 763

海樱2号………………………………………… 764

京欧1号………………………………………… 765

京欧2号………………………………………… 766

夏日红………………………………………… 767

北美紫叶稠李………………………………… 768

紫叶稠李……………………………………… 769

紫叶稠李……………………………………… 770

二十三、豆科

吉县刺槐1号…………………………………… 771

吉县刺槐2号…………………………………… 772

吉县刺槐3号…………………………………… 773

吉县刺槐4号…………………………………… 774

吉县刺槐5号…………………………………… 775

吉县刺槐6号…………………………………… 776

吉县刺槐7号…………………………………… 777

树新刺槐母树林种子…………………………… 778

金山刺槐母树林种子…………………………… 779

沁盛香花槐…………………………………… 780

大叶槐………………………………………… 781

双季槐………………………………………… 782

晋森…………………………………………… 783

金叶槐………………………………………… 784

米槐1号………………………………………… 785

米槐2号………………………………………… 786

运城五色槐…………………………………… 787

紫穗槐………………………………………… 788

柠条盐池种源………………………………… 789

晋西柠条……………………………………… 790

毛条灵武种源………………………………… 791

杭锦旗柠条锦鸡儿母树林种子………………… 792

达拉特旗柠条锦鸡儿母树林种子……………… 793

乌拉特中旗柠条锦鸡儿采种基地种子⋯⋯⋯ 794

正镶白旗柠条锦鸡儿采种基地种子⋯⋯⋯ 795

白锦鸡儿⋯⋯⋯⋯⋯⋯⋯⋯⋯⋯⋯⋯⋯ 796

鄂托克前旗中间锦鸡儿采种基地种子⋯⋯ 797

沙冬青宁夏种源⋯⋯⋯⋯⋯⋯⋯⋯⋯⋯ 798

阿拉善盟沙冬青优良种源区种子⋯⋯⋯⋯ 799

花棒宁夏种源⋯⋯⋯⋯⋯⋯⋯⋯⋯⋯⋯ 800

花棒⋯⋯⋯⋯⋯⋯⋯⋯⋯⋯⋯⋯⋯⋯⋯ 801

鄂托克旗细枝岩黄耆采种基地种子⋯⋯⋯ 802

杨柴盐池种源⋯⋯⋯⋯⋯⋯⋯⋯⋯⋯⋯ 803

鄂托克旗塔落岩黄耆采种基地种子⋯⋯⋯ 804

晋皂1号⋯⋯⋯⋯⋯⋯⋯⋯⋯⋯⋯⋯⋯ 805

帅丁⋯⋯⋯⋯⋯⋯⋯⋯⋯⋯⋯⋯⋯⋯⋯ 806

二十四、胡颓子科

银果胡颓子⋯⋯⋯⋯⋯⋯⋯⋯⋯⋯⋯⋯ 807

沙枣宁夏种源⋯⋯⋯⋯⋯⋯⋯⋯⋯⋯⋯ 808

白城桂香柳⋯⋯⋯⋯⋯⋯⋯⋯⋯⋯⋯⋯ 809

沙枣母树林⋯⋯⋯⋯⋯⋯⋯⋯⋯⋯⋯⋯ 810

大果沙枣⋯⋯⋯⋯⋯⋯⋯⋯⋯⋯⋯⋯⋯ 811

尖果沙枣⋯⋯⋯⋯⋯⋯⋯⋯⋯⋯⋯⋯⋯ 812

深秋红⋯⋯⋯⋯⋯⋯⋯⋯⋯⋯⋯⋯⋯⋯ 813

无刺丰⋯⋯⋯⋯⋯⋯⋯⋯⋯⋯⋯⋯⋯⋯ 814

沙棘⋯⋯⋯⋯⋯⋯⋯⋯⋯⋯⋯⋯⋯⋯⋯ 815

沙棘六盘山种源⋯⋯⋯⋯⋯⋯⋯⋯⋯⋯ 816

'向阳'⋯⋯⋯⋯⋯⋯⋯⋯⋯⋯⋯⋯⋯⋯ 817

'阿尔泰新闻'⋯⋯⋯⋯⋯⋯⋯⋯⋯⋯⋯ 818

'楚伊'⋯⋯⋯⋯⋯⋯⋯⋯⋯⋯⋯⋯⋯⋯ 819

'阿列伊'⋯⋯⋯⋯⋯⋯⋯⋯⋯⋯⋯⋯⋯ 820

沙棘HF-14 ⋯⋯⋯⋯⋯⋯⋯⋯⋯⋯⋯ 821

'无刺丰'⋯⋯⋯⋯⋯⋯⋯⋯⋯⋯⋯⋯⋯ 822

'深秋红'⋯⋯⋯⋯⋯⋯⋯⋯⋯⋯⋯⋯⋯ 823

'壮圆黄'⋯⋯⋯⋯⋯⋯⋯⋯⋯⋯⋯⋯⋯ 824

'新垦沙棘1号'（乌兰沙林）⋯⋯⋯⋯⋯ 825

'新垦沙棘2号'（'棕丘'）⋯⋯⋯⋯⋯⋯ 826

'新垦沙棘3号'（'无刺雄'）⋯⋯⋯⋯⋯ 827

中红果沙棘⋯⋯⋯⋯⋯⋯⋯⋯⋯⋯⋯⋯ 828

中黄果沙棘⋯⋯⋯⋯⋯⋯⋯⋯⋯⋯⋯⋯ 829

中无刺沙棘⋯⋯⋯⋯⋯⋯⋯⋯⋯⋯⋯⋯ 830

二十五、石榴科

'皮亚曼1号'石榴⋯⋯⋯⋯⋯⋯⋯⋯⋯ 831

'皮亚曼2号'石榴⋯⋯⋯⋯⋯⋯⋯⋯⋯ 832

昭陵御石榴⋯⋯⋯⋯⋯⋯⋯⋯⋯⋯⋯⋯ 833

二十六、山茱萸科

芽黄⋯⋯⋯⋯⋯⋯⋯⋯⋯⋯⋯⋯⋯⋯⋯ 834

贝雷⋯⋯⋯⋯⋯⋯⋯⋯⋯⋯⋯⋯⋯⋯⋯ 835

主教⋯⋯⋯⋯⋯⋯⋯⋯⋯⋯⋯⋯⋯⋯⋯ 836

大红枣1号⋯⋯⋯⋯⋯⋯⋯⋯⋯⋯⋯⋯ 837

石滚枣1号⋯⋯⋯⋯⋯⋯⋯⋯⋯⋯⋯⋯ 837

秦丰⋯⋯⋯⋯⋯⋯⋯⋯⋯⋯⋯⋯⋯⋯⋯ 838

秦玉⋯⋯⋯⋯⋯⋯⋯⋯⋯⋯⋯⋯⋯⋯⋯ 838

二十七、卫矛科

'华源发'黄杨 ⋯⋯⋯⋯⋯⋯⋯⋯⋯⋯ 839

栓翅卫矛'铮铮1号'⋯⋯⋯⋯⋯⋯⋯⋯ 840

栓翅卫矛'铮铮2号'⋯⋯⋯⋯⋯⋯⋯⋯ 841

二十八、鼠李科

'哈密大枣'⋯⋯⋯⋯⋯⋯⋯⋯⋯⋯⋯⋯ 842

延川狗头枣⋯⋯⋯⋯⋯⋯⋯⋯⋯⋯⋯⋯ 843

佳县油枣⋯⋯⋯⋯⋯⋯⋯⋯⋯⋯⋯⋯⋯ 844

阎良相枣⋯⋯⋯⋯⋯⋯⋯⋯⋯⋯⋯⋯⋯ 845

七月鲜⋯⋯⋯⋯⋯⋯⋯⋯⋯⋯⋯⋯⋯⋯ 846

无核丰⋯⋯⋯⋯⋯⋯⋯⋯⋯⋯⋯⋯⋯⋯ 847

骏枣1号⋯⋯⋯⋯⋯⋯⋯⋯⋯⋯⋯⋯⋯ 848

壶瓶枣1号⋯⋯⋯⋯⋯⋯⋯⋯⋯⋯⋯⋯ 849

金昌一号⋯⋯⋯⋯⋯⋯⋯⋯⋯⋯⋯⋯⋯ 850

'灰枣'⋯⋯⋯⋯⋯⋯⋯⋯⋯⋯⋯⋯⋯⋯ 851

'赞皇枣'⋯⋯⋯⋯⋯⋯⋯⋯⋯⋯⋯⋯⋯ 852

‘金丝小枣’ ………………………… 853

‘喀什噶尔长圆枣’ ………………… 854

献王枣 ……………………………… 855

晋枣 3 号 …………………………… 856

秦宝冬枣 …………………………… 857

灵武长枣 …………………………… 858

帅枣 1 号 …………………………… 859

帅枣 2 号 …………………………… 860

雨丰枣 ……………………………… 861

冷白玉枣 …………………………… 862

阎良脆枣 …………………………… 863

长辛店白枣 ………………………… 864

北京大老虎眼酸枣 ………………… 865

北京马牙枣优系 …………………… 866

木枣 1 号 …………………………… 867

早脆王 ……………………………… 868

板枣 1 号 …………………………… 869

靖远小口枣 ………………………… 870

民勤小枣 …………………………… 871

同心圆枣 …………………………… 872

中宁圆枣 …………………………… 873

新星 ………………………………… 874

相枣 1 号 …………………………… 875

早熟王 ……………………………… 876

关公枣 ……………………………… 877

骏枣 ………………………………… 878

‘垦鲜枣 1 号’（梨枣） …………… 879

金谷大枣 …………………………… 880

宫枣 ………………………………… 881

晋赞大枣 …………………………… 882

喀左大平顶枣 ……………………… 883

陕北长枣 …………………………… 884

方木枣 ……………………………… 885

‘若羌灰枣’ ………………………… 886

‘若羌冬枣’ ………………………… 887

‘若羌金丝小枣’ …………………… 888

曙光 2 号 …………………………… 889

曙光 3 号 …………………………… 890

敦煌灰枣 …………………………… 891

曙光 4 号 …………………………… 892

红螺脆枣 …………………………… 893

鸡心脆枣 …………………………… 894

灵武长枣 2 号 ……………………… 895

晋园红 ……………………………… 896

临黄 1 号 …………………………… 897

‘垦鲜枣 2 号’（赞皇枣） ………… 898

京枣 311 …………………………… 899

晋冬枣 ……………………………… 900

霍城大枣 …………………………… 901

九龙金枣（宁县晋枣） …………… 902

梨枣 ………………………………… 903

二十九、葡萄科

大青葡萄 …………………………… 904

‘无核白’（吐鲁番无核白、和静无核白）……… 905

‘无核白鸡心’ ……………………… 906

‘赤霞珠’ …………………………… 907

‘白木纳格’葡萄 …………………… 908

‘红木纳格’葡萄 …………………… 909

‘红地球’葡萄 ……………………… 910

‘克瑞森无核’ ……………………… 911

‘新雅’ ……………………………… 912

‘火州紫玉’ ………………………… 913

‘白沙玉’ …………………………… 914

‘红旗特早玫瑰’ …………………… 915

葡萄‘威代尔’ ……………………… 916

霞多丽 ……………………………… 917

梅鹿辄 ……………………………… 918

西拉 ………………………………… 919

雷司令 ……………………………… 920

无核白葡萄 ………………………… 921

三十、无患子科

冠硕 ………………………………… 922

冠红 ·························· 923

冠林 ·························· 924

三十一、槭树科

艳红 ·························· 925

丽红 ·························· 926

翁牛特旗元宝枫采种基地种子 ········· 927

寒露红 ························ 928

阜新高山台五角枫母树林种子 ········· 929

周家店五角枫母树林种子 ·········· 930

金枫 ·························· 931

金叶复叶槭 ···················· 932

复叶槭 ························ 933

三十二、漆树科

紫霞 ·························· 934

大红袍 ························ 935

高八尺 ························ 935

三十三、苦木科

天水臭椿母树林 ················ 936

晋椿1号 ······················ 937

三十四、芸香科

南强1号 ······················ 938

狮子头 ························ 938

无刺椒 ························ 939

美凤椒 ························ 939

大红袍 ························ 940

黄波萝母树林 ·················· 941

三十五、蒺藜科

霸王 ·························· 942

三十六、马钱科

互叶醉鱼草（醉鱼木）·············· 943

三十七、萝藦科

杠柳 ·························· 944

三十八、茄科

'精杞1号' ···················· 945

宁杞4号 ······················ 946

宁杞5号 ······················ 947

宁杞3号 ······················ 948

宁杞6号 ······················ 949

宁杞7号 ······················ 950

'精杞2号' ···················· 951

柴杞1号 ······················ 952

青杞1号 ······················ 953

宁农杞9号 ···················· 954

'精杞4号' ···················· 955

'精杞5号' ···················· 956

宁杞8号 ······················ 957

枸杞'叶用1号' ················ 958

黑果枸杞"诺黑" ················ 959

三十九、马鞭草科

金叶莸 ························ 960

蒙古莸 ························ 961

四十、木犀科

金叶白蜡 ······················ 962

泗交白蜡 ······················ 963

京黄 ·························· 964

水曲柳驯化树种 NG ·············· 965

宝龙店水曲柳天然母树林 ·········· 966

大泉子水曲柳母树林·············· 967

'水曲柳1号'······················ 968

小叶白蜡························· 969

大叶白蜡························· 970

秋紫白蜡························· 971

大叶白蜡母树林·················· 972

京绿····························· 973

雷舞····························· 974

'金园'丁香······················ 975

紫丁香··························· 976

紫丁香··························· 977

红堇····························· 978

暴马丁香························· 979

暴马丁香························· 980

金阳····························· 981

林伍德··························· 982

四十一、玄参科

陕桐3号························· 983

陕桐4号························· 983

四十二、紫葳科

楸树····························· 984

晋梓1号························· 985

四十三、忍冬科

金羽····························· 986

蓝心忍冬························· 987

伊人忍冬························· 988

黑林丰忍冬······················ 989

鞑靼忍冬························· 990

金花忍冬························· 991

梢红····························· 992

红王子··························· 993

金亮····························· 994

中文名称索引···················· 995

分省名称索引···················· 1010

拉丁文名称索引·················· 1026

昌红

树种：苹果
类别：品种
科属：蔷薇科 苹果属

学名：*Malus pumila* 'Changhong'
编号：HEBS2002-2104
申请人：河北省农林科学院石家庄果树研究所

良种来源 昌黎县荒佃庄乡河南庄村'岩富10'苹果中的变异单株。经过对母株进行多代筛选而成。

良种特性 落叶乔木。成熟早。9月底采收时果实品质优良，可溶性固形物含量在13.5%以上。果实个大，平均单果重271g。果肉金黄，肉质细。果色浓红片红，全面着色，光洁，果形端正高桩，果形指数0.89。果实耐贮性强。易早果，整形容易，丰产性强，4年生树平均亩产1300kg。

繁殖和栽培 建园时适宜株行距3~4m×4~6m，授粉品种可选用王林、嘎啦、金冠等。幼树期加强综合管理，促进树体生长发育，并采取系列促花措施使其提早开花结果。树形采用纺锤形、小冠疏层形或延迟开心形等，修剪时冬夏剪结合，使树体保持通风透光良好、结构合理、结果枝组健壮。根据负载量花期疏花并进行人工授粉或蜜蜂传粉或壁蜂传粉，坐果后进行疏果，留果量按枝果比4~6：1进行。

适宜范围 河北省苹果适宜栽培区。

天红1号

树种：苹果	学名：*Malus pumila* cv. tianhong1
类别：无性系	编号：冀S-SC-P-043-2005
科属：蔷薇科 苹果属	申请人：河北农业大学

良种来源 天红1号是在顺平县阳各庄村发现的红富士变异单株。经过1998~2005年的多点高接鉴定和性状调查选育而成。

良种特性 落叶乔木。果个较大，平均果重250g以上。果实圆形或近圆形，着色好，条片红，果面光洁，果形指数0.9。果实香味浓，可溶性固形物含量在15.0%左右。其他性状同普通红富士苹果。

繁殖和栽培 建园时适宜株行距3~4m×4~6m，授粉品种可选用王林、嘎啦、金冠等。幼树期加强综合管理，促进树体生长发育，并采取系列促花措施使其提早开花结果。树形采用纺锤形、小冠疏层形或延迟开心形等，修剪时冬夏剪结合，使树体保持通风透光良好、结构合理、结果枝组健壮。根据负载量花期疏花并进行人工授粉或蜜蜂传粉或壁蜂传粉，坐果后进行疏果，留果量按枝果比4~6：1进行。

适宜范围 河北省红富士苹果适生栽培区。

天红2号

树种：苹果
类别：无性系
科属：蔷薇科 苹果属

学名：*Malus pumila* 'Tianhong 2'
编号：冀S-SC-MP-044-2005
申请人：河北农业大学

良种来源 天红2号是山西省临猗发现的短枝红富士变异单株。1998年引种到河北省，经过1998~2005年的多点高接鉴定和性状调查选育而成。

良种特性 落叶乔木。树冠紧凑，树体较小，节间短，成花容易，表现出明显的短枝型性状。果个较大，平均果重260 g以上。果实圆形或近圆形，果形指数0.9。着色优良，条片红，果面光洁，果实香味。

繁殖和栽培 建园时适宜株行距2~3 m×4~5 m，授粉品种可选用新红星、嘎啦、金矮生等。幼树期加强综合管理，促进树体生长发育。树形采用纺锤形为主，修剪时冬夏剪结合，使树体结构合理、结果枝组健壮；根据负载量花期疏花并进行人工授粉或蜜蜂传粉或壁蜂传粉，坐果后进行疏果，留果量按枝果比4~6：1进行。

适宜范围 河北省红富士苹果适生栽培区。

2001（21世纪）

树种：苹果
类别：无性系
科属：蔷薇科 苹果属

学名：*Malus pumila* '2001'
编号：冀S-SC-MP-045-2005
申请人：河北农业大学

良种来源　1996年河北农业大学李保国教授从山东省青岛果茶工作站引进2001苹果嫁接苗2000株，栽植于河北省内邱县富岗山庄。

良种特性　落叶乔木。树势强健。果实圆形或近圆形，果实高桩，果形指数0.88，单果重300~400g，大小均匀。底色黄绿，果实着色极佳，成熟后密布鲜红色条纹，鲜艳；果面光滑，蜡质多，果梗细长。果皮较薄，果肉黄白色，肉细脆，汁液多；可溶性固形物含量14%~17%，硬度12~13kg/cm²，品质上。早结果、早丰产，无大小年，丰产稳产。栽植第3年开始结果，5年生进入盛果期，平均亩产2500~3500kg。适应性较广，对地势与土壤要求不严格，但以土层深厚、排水良好的土壤为宜。

繁殖和栽培　以八棱海棠实生苗为砧木嫁接繁殖。栽植地宜选择土层深厚的山地梯田、缓坡地或平地。选择优质壮苗，春季栽植，栽植前将苗木用清水浸泡或泥浆加3%~5%过磷酸钙蘸根。栽后灌足水，树盘覆盖地膜。栽植时必须配置授粉树，主栽品种与授粉品种比例4：1。授粉品种选用王林、金冠、红星等。定植后树盘覆盖地膜。栽植株行距3m×4~5m。树形以改良纺锤形形为好，主枝宜留12~14个。在幼龄或初结果期，对长枝不宜进行剪截，以减少大枝量，提高短枝数量和成花率。

适宜范围　河北省红富士适宜栽培区。

宁秋

树种：苹果

类别：优良品种

科属：蔷薇科 苹果属

学名：*Malus pumila* Mill. cv. 'NingQiu'

编号：宁S-SV-MP-002-2005

申请人：宁夏农林科学院

良种来源 以金冠苹果为母本，红魁苹果为父本进行人工杂交育成。

良种特性 落叶小乔木。果实较大，果色鲜红，果肉质细、紧、脆，汁液丰富，风味酸甜适口，具有香气。平均单果重190~250g，可溶性固形物14%，含糖10.8%，含酸0.168%，糖酸比64.3∶1。树势生长旺盛，枝条粗壮，成枝力中等，树冠大，树姿较开张，新梢淡绿色，1年生休眠枝紫褐色。花径大，雌蕊柱头与外围雄蕊等高。叶片长卵圆形，新梢定部叶片狭长。4月上旬花芽萌动，4月下旬初花，5月上旬落花，果实8月上旬开始成熟，8月下旬成熟盛期，果实发育期90d，盛果期100kg/株。适应性强，较耐寒，花期耐冻力也较其他品种强。经济林树种，鲜食及加工兼用品种。

繁殖和栽培 以新疆野苹果作砧木，采用嵌芽接、枝接、皮下接等方法进行嫁接育苗。栽培密度5m×4m或5m×3m，33~44株/亩。6月以前加强施肥、灌水、促进生长，7月后控制灌水，不施化肥控长，8月中旬摘心促进生长，9月下旬提早人工落叶和喷药。树形以小冠疏层形为宜，干高40cm，树高4.5m，全树保留5~6个主枝。及时疏果，合理留果。

适宜范围 宁夏引黄灌区适宜栽植苹果的地区均可栽培。

金蕾1号

树种：苹果　　　　　　　　　　学名：*Malus domestica* 'Jinlei Yihao'
类别：优良品种　　　　　　　　编号：京S-SV-MP-014-2006
科属：蔷薇科　苹果属　　　　　申请人：中国农业大学

良种来源　金冠为母本，舞乐为父本。

良种特性　树体为矮化柱型，以短果枝、顶花芽结果为主，具有一定的腋花芽结果能力。在北京地区4月上旬萌芽，4月中旬初花，果实7月中下旬成熟。早熟、优质、丰产。果实短圆锥形，果形指数0.80，平均单果重180 g，最大果重220 g。果面绿而光滑，无果锈，果点小；果梗长1.9 cm，梗洼较深，萼片宿存，闭合；果皮薄，果肉细脆，汁多，果肉硬度11.5~12.5 kg/cm²，可溶性固形物含量12.5%，可滴定酸含量0.29%；采收即可食用，风味浓，室温（25℃）贮存一周后鲜食品质更佳。

繁殖和栽培　华北地区以"八棱海棠"为砧木嫁接繁殖。提倡苗木春季栽植，宽行密植，株行距0.6~0.8 m×3 m。授粉品种可选用海棠类和栽培苹果。树形采用圆柱型，以疏除和缓放为主要修剪方法。土壤管理选用自然生草法或园艺地布覆盖，秋施有机肥，保证春节萌芽水和封冻水，注意防治卷叶虫、红蜘蛛和白粉病。该品种适合观光采摘园种植。

适宜范围　北京地区。

金蕾2号

树种：苹果
类别：优良品种
科属：蔷薇科 苹果属

学名：*Malus domestica* 'Jinleierhao'
编号：京S-SV-MP-015-2006
申请人：中国农业大学

良种来源 金冠为母本，舞乐为父本。

良种特性 树体为矮化柱型，以短果枝、顶花芽结果为主，具有一定的腋花芽结果能力。在北京地区4月上旬萌芽，4月中旬初花，果实8月上中旬成熟。早熟、优质、丰产。果实长圆锥形，果形指数0.85，平均单果重180g，最大果重210g。果面绿而光滑，无果锈，果点小；果梗长2.0cm，梗洼较深，萼片宿存，闭合；果皮薄，果肉细脆，汁多，果肉硬度11.5~12.5kg/cm²，可溶性固形物含量13.0%，可滴定酸含量0.3%；采收即可食用，风味浓，室温（25℃）贮存一周后鲜食品质更佳。

繁殖和栽培 华北地区以"八棱海棠"为砧木嫁接繁殖。提倡苗木春季栽植，宽行密植，株行距0.6~0.8m×3m。授粉品种可选用海棠类和栽培苹果。树形采用圆柱型，以疏除和缓放为主要修剪方法。土壤管理选用自然生草法或园艺地布覆盖，秋施有机肥，保证春节萌芽水和封冻水，注意防治卷叶虫、红蜘蛛和白粉病。该品种适合观光采摘园种植。

适宜范围 北京地区。

农大1号

树种：苹果
类别：优良品种
科属：蔷薇科 苹果属

学名：*Malus domestica* 'Nongdayihao'
编号：京S-SV-MP-016-2006
申请人：中国农业大学

良种来源　舞美为母本，海棠为父本。

良种特性　矮化柱型芭蕾苹果观赏品种，可高密度栽植，特别适合盆栽。早花早果，高接当年及苗木（八楞海棠砧）定植后，第2年开花结果。短果枝结果为主，顶芽、腋芽易成花，花序坐果率高，约70%~80%，连续开花结果能力强。花蕾深红、花瓣红色、花药黄色，花期长，花量大，聚生于枝干；四季叶色变化，春秋新叶红色，夏秋季叶色浓绿；叶片长椭圆形、叶缘具细浅锯齿、叶脉清晰，叶面平展、光滑，无绒毛，叶柄中长。花后果实即为绛红色，直至果实成熟；果实密集着生于主干，果个小、数量多；果实扁圆形，果皮、果肉红色，平均单果重8g；果实9月下旬成熟，观赏期5~10月。

繁殖和栽培　华北地区以"八棱海棠"为砧木嫁接繁殖，提倡苗木春季栽植。授粉品种可选用海棠类和栽培苹果。树形采用圆柱型，以疏除和缓放为主要修剪方法。栽培管理技术参照园林景观树木管理。该品种适合景观配置、行道树篱壁栽植、盆栽及观光采摘园种植。

适宜范围　北京地区。

农大2号

树种：苹果
类别：优良品种
科属：蔷薇科 苹果属

学名：*Malus domestica* 'Nongdaerhao'
编号：京S-SV-MP-017-2006
申请人：中国农业大学

良种来源 舞美为母本，海棠花为父本。

良种特性 生长势强、柱型芭蕾苹果观赏型品种，可以高密度栽植。早果，高接第2年及苗木（八楞海棠砧）定植第3年即开花结果。短果枝结果为主，顶芽、腋芽易成花，花序坐果率高，约70%~80%，连续开花结果能力强。花蕾、花瓣深红色、花药黄色，花期长，花量大，聚生于枝干；四季叶色变化，春秋新叶红色，夏秋季叶色浓绿；叶片椭圆形、叶缘具细浅锯齿、叶脉清晰，叶面平展、光滑，无绒毛，叶柄中长。花后果实即为绛红色，夏季果色变浅，成熟时浅红色；果实密集着生于主干，果个小、数量多；果实扁圆形，果皮、果肉粉红色，平均单果重8g；果实在9月中下旬成熟，观赏期5~10月。

繁殖和栽培 华北地区以"八棱海棠"为砧木嫁接繁殖，提倡苗木春季栽植。授粉品种可选用海棠类和栽培苹果。树形采用圆柱型，以疏除和缓放为主要修剪方法。栽培管理技术参照园林景观树木管理。该品种适合景观配置、行道树篱壁栽植及观光采摘园种植。

适宜范围 北京地区。

农大3号

树种：苹果	学名：*Malus domestica* 'Nongdasanhao'
类别：优良品种	编号：京S-SV-MP-018-2006
科属：蔷薇科 苹果属	申请人：中国农业大学

良种来源 舞美为母本，海棠花和金冠混合花粉授粉杂交。

良种特性 是一个生长势强、柱型的芭蕾苹果观赏型品种，适宜高密度栽植。早果，高接第二年及苗木（八楞海棠砧）定植第3年即开花结果。短果枝结果为主，顶芽、腋芽易成花，花序坐果率高，约70%~80%，连续开花结果能力强。花色粉红，花瓣大、花药黄色，花期长，花量大，聚生于枝干；四季叶色变化，春季新叶红色，夏秋季叶色浓绿；叶片大、长椭圆形、叶缘具细浅锯齿、叶脉清晰，叶面平展、光滑，无绒毛，叶柄长，叶色浓绿。果实密集着生于主干，果量大，果个中等，果形扁圆形；红果观赏兼食用，果实绛红色，果肉红色，平均单果重35g；果实在9月中下旬成熟，果实观赏期5~9月。

繁殖和栽培 华北地区以"八棱海棠"为砧木嫁接繁殖，提倡苗木春季栽植。授粉品种可选用海棠类和栽培苹果。树形采用圆柱型，以疏除和缓放为主要修剪方法。栽培管理技术参照园林景观树木管理。该品种适合景观配置、行道树篱壁栽植及观光采摘园种植。

适宜范围 北京地区。

天富1号

树种：苹果
类别：无性系
科属：蔷薇科 苹果属

学名：*Malus pumila* Mill
编号：甘S-ETS-MP-06-2007
申请人：天水市果树研究所

良种来源 日本。

良种特性 新梢红褐色，较光滑，茸毛上部多，下部少，皮孔少而小，基部密；多年生枝灰褐色，较光滑，皮孔中多，中大，灰白色，分布较均匀。叶片呈长卵形，叶色浓绿色，叶面光滑，较平展，叶边稍有皱褶，叶尖长尾状渐尖，叶基楔形，叶片平均长9.68cm、宽5.83cm；叶缘锯齿钝、中粗、排列整齐；叶柄平均长3.66cm、粗0.22cm，与枝条夹角为锐角，花瓣白色，花冠较大，每花序有花5~6朵，雌雄蕊发育健全。果实短圆锥形，果面光滑，无锈，有蜡质光泽，底色黄绿色，表面鲜红色，着色全面，风味酸甜适口，汁液多，肉质细、脆、致密，含可溶性固形物15.0%，可滴定酸0.39%，采后室内存放15d，去皮果肉硬度7.17kg/cm²，品质上等。在半地

下式土窑洞中可贮藏至翌年4月中、下旬。

繁殖和栽培 该品系幼树生长较旺，生长势强，山地或矮化砧木栽植时，株行距采用2.5~3m×4~5m；川水地乔化砧，株行距采用3~4m×5~6m。该品系适宜的授粉品种主要为元帅系的新红星、天汪1号、首红及金冠系的金矮生、金冠等。建园时，挖宽、深均为1m的丰产沟或深、口径均为1m的定植穴，表土与心土分别放置，每亩施6000~8000kg农家肥等有机肥，并与表土混合填入丰产沟内，浇水使之沉实。苗木栽植后，树盘覆1m²的地膜，作成锅底形，便于集纳雨水或浇水。栽植时间春、秋季均可。

适宜范围 适合在甘肃省所有富士苹果栽培区推广。

天富2号

树种：苹果
类别：无性系
科属：蔷薇科 苹果属

学名：*Malus pumila* Mill
编号：甘S-SV-MP-07-2007
申请人：天水市果树研究所

良种来源 甘肃。

良种特性 树姿直立，多年生枝黄褐色，较光滑，皮孔中多，中大，不规则，灰白色，靠近梢部较多；新梢紫红色，较光滑，有茸毛，皮孔中多、中大、灰白色、圆点状、中部较多，新梢柔韧。分枝密度中等。花芽圆锥形、大、暗褐色，叶芽三角形、中大、黑褐色。叶片绿色，椭圆形，叶背茸毛较多，叶基多为楔形，叶尖短突尖，叶缘锯齿中大，锐，有复锯齿现象。叶柄平均长3.76cm、粗0.21cm，与枝条夹角为锐角。果实多为圆锥形，果面底色绿黄，表面鲜红色，色相片红，着色面积在90%以上。多数为全红果；果面光滑、洁净、有蜡质光泽，果粉薄。果肉黄白色，肉质细脆，致密，汁液多，风味酸甜可口，香气较淡，品质上。果肉去皮

硬度7.89kg/cm²，可溶性固形物含量16%，可滴定酸0.33%，果实较耐贮藏，在半地下式土窑洞中可贮至次年4月，在气调果库中可贮至次年6月底或7月初。

繁殖和栽培 该品系幼树生长较旺，生长势强，山地或矮化砧木栽植时，株行距采用2.5~3m×4~5m；川水地乔化砧，株行距采用3~4m×5~6m。该品系适宜的授粉品种为嘎拉、新红星、首红等，可按4:1或5:1配置。建园时，挖宽、深均为1m的丰产沟，表土与心土分别放置，每亩施6000~8000kg农家肥等有机肥与表土混合填入丰产沟内，浇水使之沉实。苗木栽植后，树盘覆1m²的地膜，作成锅底形，便于集纳雨水或浇水。栽植时间春、秋季均可。

适宜范围 适合在甘肃省所有富士苹果栽培区推广。

晋富2号

树种：苹果	学名：*Malus pumila* 'Jinfu2'
类别：无性系	编号：晋S-SC-MP-007-2007
科属：蔷薇科 苹果属	申请人：山西省农业科学研究院果树研究所、山西省农业高新技术园区

良种来源 宫腾富士苹果芽变选育。

良种特性 该品种突出特点为整个果面均匀条红着色，从开始着色到果实完全成熟，纵向条纹明显，由原品种宫腾富士的片红与不明显的条红混合着色变为一致的红黄相间的宽纹条红着色，果实色彩鲜亮，果型比较整齐，外观好。平均单果重235.8g，成熟期的果肉可溶性固形物含量15.0%。

繁殖和栽培 采用乔化砧木、矮化砧木进行嫁接繁殖。适宜的乔化砧木为八棱海棠，也可采用山定子繁育。矮化砧木可采用SH3、SH19等类型。果园栽植密度适宜为3m×4m（55株/666.7m²），如果采用矮化砧木，栽植密度适宜为2m×3.5m（95株/666.7m²）；适宜树形为细长纺锤形以及小冠开心树形；适宜授粉品种为凉香、金冠、嘎拉。

适宜范围 山西省晋中以南苹果适生区栽培。

晋富3号

树种：苹果　　　　　　　　　学名：*Malus pumila* 'Jinfu3'

类别：无性系　　　　　　　　编号：晋S-SC-MP-008-2007

科属：蔷薇科 苹果属　　　　　申请人：山西省农业科学研究院果树研究所

良种来源　'长富2号'苹果芽变选育。

良种特性　该品种的突出特点有两个：一是果实浓红着色。果实采收前25~20d开始着色，从开始着色到完全着色，果面彩色为连续片红，全部果面均匀着色，果面色彩更为鲜亮。二是果形指数增加，果型比较端正，与"长富2号"比较，斜果率低，果形指数由0.82增加到0.84~0.85。平均单果重达到233g，成熟期的果肉可溶性固形物含量14.9%。

繁殖和栽培　采用乔化砧木、矮化砧木进行嫁接繁殖。适宜的乔化砧木为八棱海棠，也可采用山定子繁育。矮化砧木可采用SH3、SH19等类型。果园栽植密度适宜为3m×4m（55株/666.7m²），如果采用矮化砧木，栽植密度适宜为2m×3.5m（95株/666.7m²）；适宜树形为细长纺锤形以及小冠开心树形；适宜授粉品种为凉香、金冠、嘎拉。

适宜范围　山西省晋中以南苹果适生区栽培。

金冠苹果

树种：苹果	学名：*Malus pumila* Mill.
类别：优良品种	编号：宁S-SV-MP-005-2008
科属：蔷薇科 苹果属	申请人：宁夏吴忠林场（原吴忠市园艺场）、宁夏林业技术推广总站

良种来源 原产美国，20世纪30年代引入我国。1952年，灵武园艺场从陕西武功西北农学院引入宁夏。

良种特性 落叶小乔木。果形端正，长圆锥形，平均单果重200g，大果可达300g以上。果实着色黄绿色，阳面有红晕，果面无锈斑，有光泽。果皮薄、光滑、底色黄绿，贮藏后全面金黄。果肉黄白色，肉质细、致密，刚采收时脆而多汁，酸甜适口。果实9月中旬成熟，冷藏条件下可贮至次年2~3月，为鲜食与加工的适宜品种。总酸含量最高为0.48%，出汁率最高为86.39%。在宁夏地区，4月上旬萌芽，4月中旬开花，4月下旬落花，果实发育期130~140d，采收期9月中旬。经济林树种，鲜食品种。

繁殖和栽培 用新疆野苹果或八棱海棠作砧木，嫁接繁殖育苗。栽植密度2~4m×5~6m，44~67株/亩。生长前期适当多施肥，最好秋季施基肥，7月份之后减少施肥，少灌水，控制灌水次数。8月中旬对未停止生长的新梢进行摘心。采用主干圆柱形和改良纺锤形修剪。

适宜范围 在有灌溉条件，≥10℃活动积温3000℃以上，年日照时数2800~3000h，土壤无盐渍化，pH值8左右，土层较厚，地下水位1.5m以下的区域均可种植。

国光苹果

树种：苹果	学名：*Malus pumila* Mill
类别：优良品种	编号：宁S-SV-MP-006-2008
科属：蔷薇科 苹果属	申请人：宁夏灵武园艺试验场

良种来源 原产美国，20世纪初从日本引入我国，1951年宁夏灵武园艺试验场从陕西武功原西北农学院引入宁夏。

良种特性 落叶小乔木。果实扁圆形，底色黄绿，阳面具暗红色条纹，果肉黄白色，肉质脆而致密、汁液多，酸甜味浓，品质中上。平均单果重144g，可溶性固形物16.6%，总酸0.72%，总糖12.64%，糖酸比16.75%。幼树生长旺盛，成枝力弱，发枝少，栽后5~6年开始结果，坐果率高，大小年明显。经济林树种，鲜食加工兼用，主要用于加工浓缩果汁。

繁殖和栽培 用新疆野苹果作砧木进行嫁接育苗。采用中度密度矮化密植株行距5m×3m。7月后控制灌水次数，停止施化肥，做好以肥水管理为基础的安全越冬。8月中旬对未停止生长的新梢进行摘心，9月下旬对1~5年生的幼树，将其1~2年生枝条上的叶片捋掉。采取小冠疏层形修剪，干高50cm，树高3~4m，全树5~6个主枝，冬剪时幼树只剪截骨干枝、延长枝留40cm长。注意夏季修剪，通过摘心、环割等方法促进成花提早结果。

适宜范围 在有灌溉条件，土层较厚的沙壤土，pH值8，地下水位1.5m以下，年均气温9.5℃以上，≥10℃积温3334.8℃，日照时数2700h以上，年均太阳辐射量137卡/cm²的地区均可栽植。

宁金富苹果

树种：苹果	学名：*Malus pumila* Mill 'NingJinFu'
类别：优良品种	编号：宁S-SV-MP-007-2008
科属：蔷薇科 苹果属	申请人：宁夏农林科学院园艺研究所

良种来源 以金冠苹果为母本，富士苹果为父本，采用人工杂交进行选育试验。

良种特性 落叶小乔木。果形较端正，卵圆形。果红色，具有条纹，有光泽，果肉乳黄，肉质细、紧、脆，汁多味浓，刚采时酸味较重，贮存至次年2~3月，酸甜适口。果实平均单果重200g，硬度10.76kg/cm²，可溶性固形物16.1%、含总糖12.33%、总酸0.79%、糖酸比15.6：1。4月上旬花芽萌动，4月下旬初花，5月上旬盛花，5月中旬落花，10月上旬果实成熟。经济林树种，鲜食及加工兼用品种。

繁殖和栽培 主要采用春季大树枝接和新疆野苹果嫁接繁育苗木。3月中旬~4月中旬定植，株行距5m×4m或5m×3m，栽植穴60~80cm，定干高度70cm。修剪树形为小冠疏层形，树高4m，干高40cm，全树5~6个主枝。8月中旬对未停长的新梢进行摘心，促进枝条健壮。

适宜范围 在有灌溉条件，年均气温8℃以上，≥10℃积温3000℃以上，日照时数2800~3000h，pH值8，土层较厚，地下水位1.5m以下的地区栽植。

'长富2号'、'(伊犁)长富2号'

树种：苹果
类别：优良品种
科属：蔷薇科 苹果属

学名：*Malus pumila* 'Nagafu2'、*Malus pumila* 'YiliNagafu2'
编号：新S-SV-MP-014-2009
申请人：新疆阿克苏市林业局、
新疆伊犁州林业科学研究院、霍城县林业局

良种来源 1980年农业部从日本引进，1986年阿克苏市引种栽培。1985年从辽宁省果树所引进，在新疆霍城县、伊宁县、巩留县、新源县、特克斯县建立了5个区域试验园。

良种特性 树体生长旺盛，树势强，幼树以短果枝结果为主，果个大，单果重220g以上，且较匀称，果实扁圆形，果肉黄白色，肉质细，松脆，汁多，味甜，有香气，果面底色黄绿，披有鲜红色带暗红色条纹。果形指数0.8~0.9；可溶性固形物含量14.5%以上；果肉硬度8.2kg/cm²，耐贮藏，低温贮藏可达6个月以上。抗逆性较好。

繁殖和栽培 '长富2号'用八楞海棠、新疆野苹果作砧木进行嫁接繁殖，接穗取成年树树冠外围健壮营养枝。'(伊犁)长富2号'以新疆野苹果或毛白蜡种子播种繁育砧木苗，7~8月进行嫁接。嫁接以芽接为主，枝接为辅。伊犁河谷提倡在苗圃地培育高接苹果苗木，方法是春季或秋季在实生苗距地面70~90cm的苗干或分枝上进行枝接或芽接。

适宜范围 在新疆阿克苏地区、伊犁州直六县一市逆温带区域及其他气候相似的苹果适栽区域种植。

'烟富3号'

树种：苹果	学名：*Malus pumila* 'Yanfu3'
类别：优良品种	编号：新S-SV-MP-015-2009
科属：蔷薇科 苹果属	申请人：新疆阿克苏市林业局

良种来源 烟台市果树站1991年在牟平区观水镇从'长富2号'中选出的红富士苹果优系，1998年通过山东省农作物品种审定委员会审定，新疆阿克苏市于2001年开始批量引进种植。

良种特性 生长中庸，抗逆性较好，结果较早。果实大型，平均单果重245~314g，果实圆至长圆形、周正。全面着色，果实色泽浓红艳丽，光泽美观，硬度8.7~9.7kg/cm²，果肉淡黄色，肉质爽脆，汁液多，风味香甜，果实风味略逊于红富士；不套袋果实色泽不佳。可溶性固形物含量14.8%~15.4%。初果期亩产500kg，盛果期亩产2000kg以上。

繁殖和栽培 以海棠或野苹果为砧木，采用芽接或枝接方法繁育。

适宜范围 在新疆阿克苏地区及其他气候相似的苹果适栽区域种植。

'皇家嘎啦'

树种：苹果
类别：优良品种
科属：蔷薇科 苹果属

学名：*Malus pumila* 'Huangjiagala'
编号：新S-SV-MP-016-2009
申请人：新疆阿克苏市林业局

良种来源 '皇家嘎啦'是新西兰1971年从嘎拉中发现的着色系芽变。陕西省果树研究所于1991年从美国引入，1998年通过陕西省农作物品种审定委员会审定。新疆阿克苏市于2000年开始引进种植，主要作为授粉品种栽培，目前此品种约占全市苹果总面积的15%。

良种特性 树姿直立，枝条脆、硬，叶片纺锤形或细椭圆形，浓绿有光泽。多年生枝深褐色，一年生枝红褐色，以短果枝结果为主。3月底4月初萌芽，4月中旬开花，8月中下旬果实成熟。果实平均单果重150~170g，最大单果重270g，可溶性固形物含量14.8%以上。果实硬度平均为7.58kg/cm^2，果面条纹红，果肉黄白色，肉质细脆，汁液多，酸甜适度，香气浓。果实贮藏期短。第3年开始挂果，第4年平均亩产600kg，第6年平均亩产2000kg。

繁殖和栽培 主要采取嫁接方法繁殖，砧木以海棠和野苹果为好，多采用芽接和枝接。栽培管理早期注意防治落叶病和白粉病，初果期少留或全部疏除腋花芽，结果期严格疏花疏果，防止大小年。

适宜范围 在新疆阿克苏地区及其他气候相似的苹果适栽区域种植。

晋18短枝红富士

树种：苹果
类别：无性系
科属：蔷薇科 苹果属

学名：*Malus pumila* 'jin18duanzhihongfushi'
编号：晋S-SC-MP-007-2010
申请人：山西省农业科学研究院果树研究所

良种来源 从2001红富士品种单株变异中选育。

良种特性 属短枝变异类型。枝条节间短，树形紧凑。果实高桩，果面底色淡黄，着片状鲜红色，光洁漂亮。平均单果重260g，最大果重420g。果肉淡黄色，汁液中多，酸甜适口。丰产、稳产；抗旱、抗寒，抗早期落叶病。

繁殖和栽培 可用海棠、山定子及矮化中间砧做砧木，嫁接繁殖。应选择土壤肥沃，排、灌水良好的平地或丘陵山区建园。乔化栽植密度为3m×4m，矮化栽植密度为2m×3m。树形可选用V字形、主干型、纺锤形等。配置授粉树品种以丹霞、绯霞、晋霞等品种为主，配置比例以3~4：1为宜。进行疏花疏果，留下垂单果，果间距20~30cm，做到合理负载。

适宜范围 山西省太原以南苹果种植区栽培。

昌苹8号

树种：苹果
类别：品种
科属：蔷薇科 苹果属

学名：*Malus pumila* 'Changping 8'
编号：冀S-SV-MP-010-2014
申请人：河北省农林科学院昌黎果树研究所

良种来源 '昌苹8号'苹果是1993~2014年利用杂交育种方法培育的苹果新品种。母本为'岩富10'，父本为'红津轻'。

良种特性 落叶乔木。果实圆锥形，大小整齐，平均单果重278g，果形指数0.88，浓红色有暗红条纹，着色好。果肉淡黄色，质细、松脆、多汁，有香气，甘甜适口；去皮硬度7.8kg/cm²，可溶性固形物含量15.6%~16.6%，可滴定酸含量0.27%~0.30%，品质上。萌芽率高，成枝力强。果台枝连续结果能力强，极丰产。5~9年生树667m²产量3100kg。

繁殖和栽培 嫁接繁殖，砧木以八棱海棠、山定子为主，与SH系矮化中间砧亲和良好。适合中密度栽培，建园株行距3m×4~5m（乔砧）或1.5~2m×3.5~4m（矮化砧）为宜。树形采用纺锤形，树高控制在3~3.5m为宜；幼树生长势较强，注意拉枝角度，及时疏除直立枝。自花结实率低，需要配置授粉树，王林、金冠、嘎拉等做授粉品种均可。合理负载，每个花序留单果，盛果期亩产量控制在4000~5000kg。

适宜范围 河北省昌黎县、青龙满族自治县、宽城县及生态条件类似地区。

'昌苹8号'结果状

'昌苹8号'果实

5年生'昌苹8号'开花状

红光1号

树种：苹果

类别：品种

科属：蔷薇科 苹果属

学名：*Malus pumila* 'Hongguang1'

编号：冀S-SV-MP-011-2014

申请人：河北省林业科学研究院

良种来源 '红光1号'是河北省林业科学研究院，在张家口市怀来县王家楼镇葫芦套村发现的国光苹果优良单株。经多年观察对比和多点区域选育而成。

良种特性 落叶乔木。果实近圆形或扁圆形，果形指数0.82，平均单果重145.25g，果个中等偏大。果面着色性状为片红、浓红，果实成熟时平均着色面积93.5%，果面近全红。果实可溶性固形物含量17.08%，可滴定酸含量1.10%，糖酸比15.53，口感较酸。果实成熟期为10月中上旬，为晚熟品种。较耐贮存。在张家口、承德地区植株生长势强，枝条粗壮，长势旺，短枝少，较难结果，需采取促花管理措施。

繁殖和栽培 以八棱海棠为砧木嫁接繁殖。建园株行距3m×4~5m。幼树期和结果初期采取休眠期延迟修剪，于萌芽前2周左右进行，除对骨干枝进行短截外，其他枝条重疏枝、缓放，并辅以抹芽、疏梢、拉枝开角等生长季节修剪措施。合理施肥浇水，萌芽前以氮肥为主，幼果膨大期以磷、钾肥为主，采果后氮、磷、钾肥配合施用。6~10月份，少雨年份土壤干旱时，灌水1~2次。虫害重点防治红蜘蛛、苹果瘤蚜、食心虫类、卷叶蛾类；病害重点防治腐烂病、轮纹病、炭疽病、叶病。

适宜范围 河北省怀来县、承德县、宽城县及生态条件类似地区。

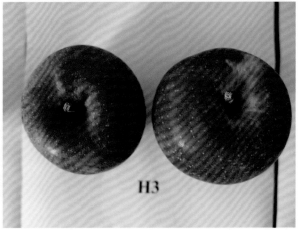

红光2号

树种：苹果

类别：品种

科属：蔷薇科　苹果属

学名：*Malus pumila* 'Hongguang2'

编号：冀S-SV-MP-012-2014

申请人：河北省林业科学研究院

良种来源　'红光2号'是河北省林业科学研究院，于张家口市怀来县王家楼镇宴庄子村发现的国光苹果优良单株。经多年观察、对比和多点区试选育而成。

良种特性　落叶乔木。果实近圆形或扁圆形，果形指数0.79，平均单果重138.1g，果个中等。果面着色性状为片红、浓红，果实成熟时平均着色面积93.3%，果面近全红。果实可溶性固形物含量16.98%，可滴定酸含量0.73%，糖酸比23.26，口感酸甜适口。果实成熟期为10月中上旬，为晚熟品种。较耐贮存。在张家口、承德地区植株生长势强，幼树新梢生长旺盛，枝条粗壮，长势旺，短枝少，较难结果，需采取促花管理措施。

繁殖和栽培　以八棱海棠为砧木嫁接繁殖。建园株行距3m×4~5m，中南部地区需增大株行距。幼树期和结果初期适宜采用延迟修剪。生长期修剪措施为拉枝开角、环剥、环刻、摘心、扭梢。合理施肥浇水，萌芽前以氮肥为主，幼果膨大期以磷、钾肥为主，采果后氮、磷、钾肥配合施用。虫害重点防治红蜘蛛、食心虫；病害重点防治腐烂病、轮纹病、炭疽病。

适宜范围　河北省怀来县、承德县、宽城县及生态条件类似地区。

红光3号

树种：苹果	学名：*Malus pumila* 'Hongguang3'
类别：品种	编号：冀S-SV-MP-013-2014
科属：蔷薇科 苹果属	申请人：河北省林业科学研究院

良种来源 '红光3号'是河北省林业科学研究院，于承德市承德县泉宝河村发现的国光苹果优良单株。经多年观察、对比和多点区试选育而成。

良种特性 落叶乔木。果实圆锥形或扁圆锥形，果形指数0.77，平均单果重121.9g，果个偏小。果面着色性状为条红、粉红，果实成熟时平均着色面积85.0%。果实可溶性固形物含量17.94%，可滴定酸含量0.93%，糖酸比19.29。晚熟品种。不耐贮存。在张家口、承德地区植株生长势中等，幼树新梢生长势中庸，短枝多，易结果，丰产性好，需疏花疏果管理措施，控制树体负载量。

繁殖和栽培 以八棱海棠为砧木嫁接繁殖。建园株行距3m×4~5m。幼树期宜多留长枝，结果初期以疏枝、回缩、缓放、短截为主。合理施肥浇水，萌芽前以氮肥为主，幼果膨大期以磷、钾肥为主，采果后氮、磷、钾肥配合施用。虫害重点防治红蜘蛛、卷叶蛾，病害重点防治腐烂病、炭疽病。

适宜范围 河北省怀来县、承德县、宽城县及生态条件类似地区。

C1

红光4号

树种：苹果
类别：品种
科属：蔷薇科 苹果属

学名：*Malus pumila* 'Hongguang4'
编号：冀S-SV-MP-014-2014
申请人：河北省林业科学研究院

良种来源 '红光4号'是河北省林业科学研究院，于承德市承德县泉宝河村发现的国光苹果优良单株。经多年观察、对比和多点区试选育而成。

良种特性 落叶乔木。果实圆锥形或扁圆锥形，果形指数0.77，平均单果重137.35g，果个中等。果面着色性状为条红、粉红，果实成熟时平均着色面积84.17%。果实可溶性固形物含量18.4%，可滴定酸含量0.80%，糖酸比23.0。果实成熟期为10月中上旬，为晚熟品种。不耐贮存。在张家口、承德地区植株生长势中等，幼树新梢生长势中庸，短枝多，易结果，丰产性极好，需疏花疏果管理措施，控制树体负载量。

繁殖和栽培 以八棱海棠为砧木嫁接繁殖。建园株行距3m×4~5m。幼树期和结果初期以短截、疏枝、回缩、缓放为主。生长期修剪可采用抹芽、拉枝开角、环剥、环刻、摘心、扭梢等措施。合理施肥浇水，萌芽前以氮肥为主，幼果膨大期以磷、钾肥为主，采果后氮、磷、钾肥配合施用。萌芽前后至新梢和幼果迅速生长期，土壤含水量低于田间持水量60%时，灌水1~2次。6~10月份，少雨年份土壤干旱时，灌水1~2次。加强红蜘蛛、苹果瘤蚜、卷叶蛾，腐烂病、轮纹病等病虫害的防治。

适宜范围 河北省怀来县、承德县、宽城县及生态条件类似地区。

'新红1号'

树种：苹果
类别：优良品种
科属：蔷薇科 苹果属

学名：*Malus pumila* 'Xinhong1'
编号：新S-SV-MP-020-2014
申请人：新疆农业大学林学与园艺学院、中国农业大学、
阿克苏地区红旗坡农场、阿克苏地区林业局

良种来源 1995年新疆阿克苏红旗坡农场园艺二分场园林三队一果园内一株'长富2号'的中心干上部受冻枯死，其下部萌发出的一新枝条，其外观形态与另一枝条明显不同，表现为节间短。1997年挂果后表现果个大，果面全红、色泽艳丽，产量高，性状优良，初选为优良变异。2003年采集接穗，春嫁接阿克苏红旗坡农场园艺二分场园林三队梁寿龙果园，2006年开始挂果。经连续几年观测该品种果实大、果个均匀，着色好、树体紧凑、节间短、性状表现稳定。2007年分别于园艺三分场九队毕文军果园、一团园林队袁军果园栽培，2010年引至新疆农业大学红旗坡基地。经四个试验点观察，该变异表现稳定，是综合栽培性状优良的短枝类型芽变新品种，具有早果、丰产、着色优良、修剪量低等优点，有较大发展前景；命名为'新红1号'。

良种特性 生长势中庸，树体圆锥形，紧凑、矮化。枝条节间短，枝条萌芽率高，成枝力弱，成花容易，结果早，产量高。果实大呈圆锥形或近圆形，平均单果质量250g，最大果质量516g，果实大小均匀。套袋后全面着色，果面鲜红，果肉黄白色、细脆、多汁，可溶性糖含量13.6%、可滴定酸含量0.25%；果面色泽为浓红型，果实品质和着色均优于长富2号；短枝性状明显；果个大、坐果率高、早果丰产，优质果率达80%以上。

繁殖和栽培 以八楞海棠、新疆野苹果为砧木，采用嫁接繁殖，接穗选取成年树树冠外围健壮营养枝。秋季采用贴芽接，春季采用枝接。

适宜范围 在新疆阿克苏地区及相似地域苹果适栽区种植。

'新富1号'

树种：苹果

类别：优良品种

科属：蔷薇科 苹果属

学名：*Malus pumila* 'Xinfu1'

编号：新S-SV-MP-025-2014

申请人：新疆林业科学研究院

良种来源 2004年由于新疆阿克苏地区出现低温，苹果发生抽条冻害严重、许多矮化密植园整株冻死，腐烂病蔓延，苹果减产30%～40%。新疆林业科学研究院苹果课题组在对苹果进行田间试验观察测定中，发现了晚熟、有香气的优良芽变，试验编号定为'AHSW-1'号，翌春经高接扩繁成活18株树，命名为'新富1号'。2005年申报并开展了自治区科技开发(含公关)"红富士苹果优良新品种（系）的选育"项目，2005～2009年持续进行高接、扩繁、实品质比较测定研究。

良种特性 属晚熟品种，在阿克苏地区10月中下旬成熟，较'秋富1号''长富2号'要早熟10d左右。平均单果重243g，最大单果重304g。突出特点是肉质细腻松脆（去皮硬度7~8kg/cm²），有香气（目前我国主栽的所有晚熟富士苹果品种如'秋富1号''长富2号'等，其果肉较艮、去皮硬度10~11kg/cm²，香味淡或无）特别迎合国际口味及国内外市场。幼树腋花芽坐果率高、早实、丰产。

繁殖和栽培 以嫁接繁殖为主。砧木选择：乔化苗以黄海棠、八棱海棠较佳，矮化苗以黄海棠、八棱海棠为底砧，中间砧以M26较佳。

适宜范围 在新疆阿克苏地区、伊犁州逆温带、喀什地区、和田地区苹果适生主产区种植。

'早富1号'

树种：苹果
类别：优良品种
科属：蔷薇科 苹果属

学名：*Malus pumila* 'Zaofu1'
编号：新S-SV-MP-026-2014
申请人：新疆林业科学研究院

良种来源 2002年，新疆林业科学研究院张东亚研究员发现红富士早熟富士芽变，试验编号为'QHSZ-1'。后在新疆林业科学研究院阿克苏佳木试验站、温宿县园艺场等地进行高接试验，当年扩繁18株大树。2004年，有15株树结果，由于冻害，发现该品种的3类不同芽变，开展果实品质比较测定研究，初步筛选出优良芽变，命名为'早富1号'。

良种特性 属中早熟品种，在阿克苏地区8月下旬成熟，比目前栽培的早富士（在阿克苏地区10月10日成熟）早熟45 d，比'嘎拉'晚熟5 d，可赶在中国的传统节日中秋节、国庆节上市，很有市场前景。贮运性极佳，采摘后常温下放2个月、冷库储放6个月还可保持果皮不皱，果肉酥脆。目前栽培的早中熟苹果品种如'嘎拉''美国8号'等采摘后常温下放7~10 d果肉口感即变面了。果实不落果，可挂树1个月。

繁殖和栽培 以无性嫁接繁殖为主，砧木选择：乔化苗以黄海棠、八棱海棠较佳，矮化苗以黄海棠、八棱海棠为底砧，中间砧以M26较佳。

适宜范围 在新疆阿克苏地区、伊犁州逆温带、喀什地区、和田地区苹果适生主产区种植。

蒙富

树种：苹果
类别：优良无性系
科属：蔷薇科 苹果属

学名：*Malus pumila* 'Mengfu'
编号：内蒙古S-SC-MP-001-2015
申请人：赤峰市宁城县林业局

良种来源 以'东光'为母本，以'富士'为父本进行人工杂交，选择抗寒性强及经济性状优良的杂种树条进行高接，对高接树的综合经济性状鉴评，选出优良无性系。

良种特性 落叶灌木。树势较强，树姿较直立，树皮光滑，成熟枝条深红色，以短果枝结果为主，果台副梢连续结果能力强，易形成腋花芽，结果能力极强。果实短圆柱型，果柄短粗，抗风性强。果皮底色黄绿，阳面偏红，可全面着红色。果肉淡黄色，果实纵经6.96cm，横经7.84cm，果形指数0.89。平均单果重350g，大果重715g。甜酸味浓，有香气，酥脆多汁。可溶性固形物含量15.2%，pH值为3.6，糖酸比值为36.8。抗寒，耐贮藏，晚熟。主要用于营建经济林，果实鲜食。

繁殖和栽培 选用1~3年生合格嫁接苗，大穴深栽，穴的规格一般为0.8m×0.8m×0.8m。蒙富是短枝型品种，可进行矮化密植栽培，株行距可选用3m×3~5m。一般选用'蒙光'、'宁丰'、'宁酥'等作为授粉品种，配置比例为6∶1。栽植前3年每年松土、锄草2~3次，每年灌水不少于4次。树形以小冠疏层形、自由纺锤形为宜，在盛花后3d内尽早完成疏花、疏果，可按叶果比30∶1留果。

适宜范围 一月平均气温-12℃、年平均气温6.5℃以上背风向阳的赤峰市南部及类似气候条件地区均可栽培。

新苹红

树种：苹果	学名：*Malus pumila* 'Xinpinghong'
类别：引种驯化品种	编号：内蒙古S-ETS-MP-002-2015
科属：蔷薇科 苹果属	申请人：赤峰市林业科学研究院

良种来源 新苹红是孙兴成先生1996年在自家果园发现并开发利用的'新苹1号'的芽变品种，'新苹1号'由新疆石河子农业科技开发研究中心用'国光'做母本，（'青香焦'×'红铃果'）做父本培育而成。

良种特性 落叶灌木。树冠呈圆锥形，树势中庸，树姿半张开，多年生枝褐色，以短果枝结果为主，成花容易，花量大，连续结果能力强，丰产稳定。果实短圆锥形，果个整齐，果面光滑，有光泽，果肉绿白色，肉质细脆，酸甜适口。平均单果重172.26g，最大单果重328.28g，果个较整齐，纵经5.97cm，横经7.07cm，果形指数0.85。总还原糖为13g/100g，酸度为3.57g/kg，可溶性性固形物含量为16.1g/100g。抗寒，抗病，耐贮藏，中晚熟。主要用于营建经济林，也可用于园林绿化，果实鲜食。

繁殖和栽培 选择背风向阳、土层深厚、肥水条件较好的平地或缓坡地栽植，土壤以沙壤土为宜。选用地径1~1.5cm、苗高1.0m以上的嫁接苗，穴状栽植，穴的规格一般为0.8m×0.8m×0.8m。栽植株行距3m×4m为宜。栽植后每年松土锄草1~3次，结果树每年浇水3~5次。树形以细长松塔形为宜，采取萌芽前刻芽复剪、夏秋季摘心、剪梢、疏枝、拿枝等措施控制树势，促进早成花、早结果、早丰产。

适宜范围 年平均气温>5.0℃，无霜期>130d，有效积温>2800℃的赤峰市中北部及类似气候条件地区均可栽培。

阿波尔特

树种：苹果
类别：优良品种
科属：蔷薇科 苹果属

学名：*Malus pumila* 'Abort'
编号：新S-SV-MP-017-2015
申请人：特克斯县林业局

良种来源 在特克斯县有100多年的历史，20世纪50~60年代以前为庭院栽植，之后开始连片栽培，随着城市建设，逐步萎缩，1990年以前，菱形分布面积有687亩。2007年至今，抚育保存开发阿波尔特1200亩。

良种特性 本品种树冠呈圆头形或乱头形，多年生枝黄褐色，果个大，纵径73.29mm，横径95.04mm，单果重平均360g，最大单果重700g左右。酸味较重，具有香味，含糖量12.2%，含酸量0.95%，品质中等。树势强健，树姿开张，树冠大。栽培后表现出极强的适应性，抗干旱、寒冷、高温，无灌溉条件的地方也可栽培。

繁殖和栽培 育苗繁殖以新疆野苹果或海棠种子播种繁育砧木苗，翌年4月进行嫁接。嫁接以枝接为主，芽接为辅。

适宜范围 适宜种植在特克斯县行政区域，年均温度5℃以上，年降雨量400mm以上，≥10℃积温达2900℃左右，海拔900~1200m。

首红

树种：苹果	学名：*Malus pumila* 'Redchief'
类别：优良品种	编号：新S-SV-MP-018-2015
科属：蔷薇科 苹果属	申请人：特克斯县林业局

良种来源 1991年从山东烟台引入我县试种栽培，在特克斯县乔拉克铁热克镇阿克铁热克村、特克斯县呼吉尔图蒙古乡、特克斯县马场等地试种，表现良好。目前已进入丰产期，并在特克斯县大面积推广种植，目前推广种植面积已经达到20000余亩。

良种特性 果实高桩，五菱凸出，圆锥形，纵径71.8mm，横径86.5mm，平均单果重185g，最大果重260g。树势中庸，树冠紧凑，萌芽率高，成枝力强，结果早，在特克斯县10月采摘，丰产性能好，抗逆性强。整形修剪采用自由纺锤形为主。

繁殖和栽培 采用无性繁殖，以新疆野苹果和海棠果种子播种繁育砧木苗，翌年4月15日左右进行嫁接，嫁接以枝接为主，或在7月15日左右采用芽接为辅。

适宜范围 适宜种植在新疆特克斯县行政区域，年均温度5℃以上，年降雨量400mm以上，≥10℃积温达2900℃左右，海拔900～1200m。

寒富

树种：苹果
类别：优良品种
科属：蔷薇科 苹果属

学名：*Malus pumila* 'Hanfu'
编号：新S-SV-MP-019-2015
申请人：伊犁州林业科学研究院

良种来源　2004年引进伊犁河谷后，在霍城县伊车嘎善乡、察布查尔县海努克乡、新源县哈拉布拉乡高接在苹果大树上进行区试。

良种特性　树势较强，树姿较直立，树皮光滑，成熟枝条深红色，萌芽率和成枝率较强，节间短，叶片大而厚，为短枝型苹果品种。以短果枝结果为主，果台副梢连续结果能力强，易形成腋花芽，结果能力极强。早果丰产性强，花序坐果率达83%。3月下旬萌动，4月初开始展叶，花期为4月下旬至5月上旬，8月下旬果实开始着色，10月初果实成熟，比富士早成熟10~15 d。果肉淡黄色，甜酸味浓，有香气，酥脆多汁。果个大，平均单果重250 g，最大单果重达340 g。果实可溶性固形物平均可达14.4%，营养成分丰富。抗寒性强，极耐贮藏，耐贮性超过国光和富士，在冷藏库贮藏期可达8个月左右。

繁殖和栽培　采用嫁接繁殖，砧木主要以新疆野苹果、黄海棠，在春季4~5月份采用枝接，8月中旬左右采用芽接。矮化砧苗木繁殖采用在基砧新疆野苹果上嫁接中间砧GM256，然后再嫁接寒富苹果品种。

适宜范围　在新疆伊犁河谷伊宁县、察布查尔县、新源县、霍城县及北疆乌鲁木齐县逆温带适宜区种植。

秋富1号

树种：苹果	学名：*Malus pumila* Mill.
类别：品种	编号：S622801209815
科属：蔷薇科 苹果属	申请人：庆阳市林业科学研究所

良种来源 日本。

良种特性 树势强健，一般定植后5~6年开始结果。初果期以中长果枝结果为主，大树以短果枝结果为主，较易形成腋花芽结果。果台连续结果能力较强，花序坐果率较高，有隔年结果现象。果实品质以山地、丘陵地区为好。果实近圆形，大型果，果面底色黄绿，着色全面，浓红鲜艳，果肉淡黄色，肉质细、脆、致密、风味甜，有元帅的香气，果汁多，果实硬度7.35kg/cm²，可溶性固形物13.5%~14%。极耐储存，在冷藏条件下可储存至翌年5月。

繁殖和栽培 主要采用嫁接繁殖。幼年时为了防止抽条，有应采用"促前控后"的办法，即在果树生长前期多施肥灌水。9月下旬必须防治好浮尘子；在7月中旬至8月上旬对旺枝摘心或采用别、扭枝、截去新梢的幼嫩部分；9月下旬把全枝尚未停止生长的新梢幼嫩部分剪去，不能埋土的，可在植株北部距树干20~50cm处，培60cm高半圆形的土墙。无论幼树还是结果树均必须灌透水，4月上、中旬和10月下旬、11月初，即春、冬两次灌水。做好疏花疏果工作，一般枝果比4~5：1或叶果比30~40：1为宜。冬剪和夏剪过程中注意调整枝量，以利通风透光。

适宜范围 适应性较强，在山地、丘陵、平原、沙荒地均可正常生长、结果。

新红星

树种：苹果
类别：品种
科属：蔷薇科 苹果属

学名：*Malus pumila*
编号：S620111249817
申请人：兰州市生态林业试验总场

良种来源 美国。

良种特性 该品种树体强壮、直立，枝粗壮，易形成短果枝，树冠紧凑，结果早，适宜密植栽培。果个中大，单重150~200g，大的可达500g以上。果面浓红，色泽艳丽，果形高桩，五棱突出，外观美，香甜可口。新红星苹果平均单果重190g，最大可达到500g左右，果型指数为1左右，果实呈圆锥形。果面光滑，蜡质厚，果粉较多，果实初上色时出现明显的断续红条纹，随后出现红色霞，充分着色后全果浓红，并有明显的紫红粗条纹，果面富有光泽，十分鲜艳夺目，果点浅褐色或灰白色，果肩起伏不平；果肉淡黄色，松脆，果汁多，味甜。

繁殖和栽培 新红星的栽植应选择土壤肥沃，质地良好，土壤有机质含量高，光照充足，地势平坦的地段。株行距为2.5m×3.5m，采用挖定植穴长、宽、深各50cm，每穴施入农家肥约50kg、普钙0.5kg、复合肥0.2kg。定植后，每年加强田间管理，坚持深翻改良土壤，及时松土除草，加强水肥管理。以农业和物理防治为基础，物理防治为核心，按照病虫害的发病规律，科学使用化学防治技术，有效控制病虫害。在整形修剪方面合理选择树形，科学修剪，促使果树生长旺盛，提早开花结果，经加强果树生长季修剪，拉枝开角，及时疏除树冠内直立旺长枝、密生长和剪锯口处的萌蘖枝等，以改善树体通分透过条件。经过精细栽植和管理，植株长势良好。

适宜范围 适宜在西北地区栽植。

天汪一号

树种：苹果	学名：*Malus pumila* Mill.
类别：品种	编号：S620502209818
科属：蔷薇科 苹果属	申请人：天水市果树研究所

良种来源 法国。

良种特性 "天汪一号"母树树姿直立或半开张，树体较矮小，冠内长枝少而粗壮，短枝多而密生，叶片浓绿，以短果枝结果为主，新梢赤褐色，光滑，节间短，浓绿色，椭圆形，呈抱合状。叶面有皱纹；叶尖渐尖，叶基较圆，叶缘复锯齿。叶背茸毛较多，叶柄较粗，带有红色。花冠较大，花瓣初花时为桃红色，盛花后为粉红色，一般五朵簇生。果实于8月15~22日达满红，9月中旬成熟。果面黄绿色底，全面鲜红或深红色，色相片红，圆锥形，端正，果项五棱突起明显。果肉初采收时为青白色，贮藏后为黄白色，肉细汁多，质地致密，风味香甜，品质上等。

繁殖和栽培 "天汪一号"栽植时，可采用2~2.5m×4m的株行距，每亩63~83株，细长纺锤形或自由纺锤形整形。幼龄时宜轻剪、人工拉枝、开角、缓放促花，盛果期后，在全面加强肥水管理和病虫害综合防治的基础上，细致修剪，及时更新复壮结果基枝（小主枝）和结果枝组，疏花疏果，或以花定果、合理留果，亩留果可控制在1.0~1.3万个，保证果品商品质量，防止大小年现象的发生。

适宜范围 在天水市海拔1700m以下的区域种植。

长富6号

树种：苹果	学名：*Malus pumila* Mill.
类别：品种	编号：S622801209816
科属：蔷薇科 苹果属	申请人：庆阳市林业科学研究所

良种来源 日本。

良种特性 树势强健，一般定植后5~6年开始结果。初果期以中长果枝结果为主，大树以短果枝结果为主，较易形成腋花芽结果。果台连续结果能力较强，花序坐果率较高，有隔年结果现象。果实品质以山地、丘陵地区为好。果实近圆形，大型果，果面底色黄绿，着色全面，浓红鲜艳，果肉淡黄色，肉质细、脆、致密、风味甜，有元帅的香气，果汁多，果实硬度7.35kg/cm^2，可溶性固形物13.5%~14%。极耐储存，在冷藏条件下可储存至翌年5月。

繁殖和栽培 主要采用嫁接繁殖。幼年时为了防止抽条，有应采用"促前控后"的办法，即在果树生长前期多施肥灌水。9月下旬必须防治好浮尘子；在7月中旬至8月上旬对旺枝摘心或采用别、扭枝、截去新梢的幼嫩部分；9月下旬把全枝尚未停止生长的新梢幼嫩部分剪去，不能埋土的，可在植株北部距树干20~50cm处，培60cm高半圆形的土墙。无论幼树还是结果树均必须灌透水，4月上、中旬和10月下旬、11月初，即春、冬两次灌水。做好疏花疏果工作，一般枝果比4~5：1或叶果比30~40：1为宜。冬剪和夏剪过程中注意调整枝量，以利通风透光。

适宜范围 适应性较强，在山地、丘陵、平原、沙荒地均可正常生长、结果。

红叶乐园

树种：苹果
类别：国外引种
科属：蔷薇科 苹果属

学名：（B-9，Milling 8×red standard）'Hongye'
编号：宁S-ETS-MR-006-2010
申请人：宁夏大学、宁夏银川市林业（园林）技术推广站、银川市花木公司

良种来源 为前苏联米丘林园艺大学选育出的蔷薇科B系既布达戈夫斯基（Budagovsky）砧系耐寒苹果矮化砧木之一，是由M8（东茂林系列矮化砧之一）×RedStandard（红标）杂交而成。红叶乐园（B9）为其中抗寒性较好的中间砧之一，1989年从山东青岛农业科学研究所引入宁夏。

良种特性 落叶小乔木，春、夏、秋季叶色紫红，叶片蜡质较厚。花期4~5.5d，花瓣绢紫红色，果实自幼紫红色。9月上、中旬果实成熟，单果重100~120g。植株中生，具备露地观叶、观果及盆景果树兼用的观叶、观果、观枝特点，有较强的园林观赏性。在新疆野苹果上高位嫁接，喜光，耐寒，适应性强，较抗病、虫危害。

繁殖和栽培 采用嫁接繁育。用新疆野苹果或八棱海棠作基砧，4月下旬~5月上旬，用芽接、带木质嵌芽接或插皮接等方法进行育苗，当年苗木无需埋土即可越冬。苗木栽植后，适度修剪。成活后按照"杯状开心形"整形。园林绿化可孤植、群植，冬季应进行树干涂白越冬。

适宜范围 宁夏引黄灌区作为园林绿化树种栽植。

苹果矮化砧木 SH1

树种：国光 × 河南海棠
类别：无性系
科属：蔷薇科　苹果属

学名：*Malus pumila × Malus honanensis* 'SH1'
编号：晋S-SC-MP×MH-008-2010
申请人：山西省农业科学院果树研究所

良种来源　从国光 × 河南海棠杂交组合中选育。

良种特性　SH1矮化砧木以中间砧形式嫁接苹果品种后主要经济性状超过了英国的M7、M9、M26等。树体矮化，控冠能力强，成龄树高3m左右。早期丰产性强。一般定植3年即有经济产量，亩产500kg左右，5~6年进入盛果期，亩产可达2500~3000kg。果实成熟早，色泽艳丽，含糖量高，硬度大。砧穗亲和，与红富士、丹霞等品种和山定子、八棱海棠等基砧嫁接表现了良好的亲和性，基本无大小脚现象。抗逆性强、适应性广。具有较强的耐寒、耐旱、抗抽条和抗倒伏能力。

繁殖和栽培　须经过二次嫁接，出圃期限3~4年。SH1砧段长度20cm左右。栽植密度为株距1~2m、行距3~4m；授粉树配置比例1：5~6；定干高度100cm左右，高纺锤形树形。采用冬、夏剪结合的周年修剪方法，冬季修剪以整形、调整结构为主，夏季修剪主要包括刻芽、扭梢、摘心及拉枝等措施；必须合理调节树体花果负载量，及时疏花、疏果。

适宜范围　山西省太原以南地区作为苹果中间矮化砧木推广应用。

红满堂

树种：苹果
类别：优良品种
科属：蔷薇科 苹果属

学名：*M.pumila × M.baccata* 'hongmantang'
编号：晋S-SV-MP×MB-023-2014
申请人：山西省农业科学院果树研究所

良种来源 为柱形'苹果舞美'（母本）和'山定子'（父本）的杂交后代。

良种特性 树冠长圆锥形，树姿开张，树干灰褐色，花序簇状，每花序3~6朵，以4~5朵较多，花蕾、花冠紫红色，花瓣卵圆形，邻接，花冠平均直径4.32cm；果实扁圆形，宿萼，平均单果重8.37g，从幼果直至成熟期均为紫红色，果肉、果汁也呈血红色。一般定植第2年便可开花结果，3月中旬萌动，4月进入花蕾观赏期，从现蕾到终花时间长达23~28d，较舞美、山定子花期长10~15d，9月中旬果实成熟，果肉为紫红色，10月中旬少量落果，11月中下旬落叶。抗寒、抗旱、抗白粉病，主要用于观赏，适合广场、街道、小区、庭院等的园林绿化。

繁殖和栽培 嫁接繁殖，两年出圃。砧木采用八棱海棠和山定子实生苗，每年可嫁接两次，春季多用枝接、秋季多为芽接，苗圃地按照苹果苗圃常规管理。用作景观树时，需配置授粉树，授粉品种可采用八棱海棠等其他海棠品种，株行距3m×4m，授粉树配置比例1：5或1：6，庭院栽植授粉树配置比例1：1或1：2，定干高度80~100cm，采用圆锥形树形（庭院栽植以柱形或开心形为宜）。修剪以通风透光为主，同时合理调节树体花果负载量。春季和冬季应分别喷施波美3~5度石硫合剂一次，预防腐烂病的发生，发现腐烂病斑及病枝要及时刮治和疏除，并在伤口涂抹福美胂等油膏类愈合剂。

适宜范围 适宜在山西省年均温6.5~12.5℃地区种植。

中砧1号

树种：苹果
类别：优良品种
科属：蔷薇科 苹果属

学名：*Malus xiaojinensis* 'Zhongzhanyihao'
编号：京S-SV-MX-015-2009
申请人：中国农业大学

良种来源　采用自然实生选种途径育成，亲本为小金海棠。

良种特性　果实长圆形至卵圆形，平均单果重0.2g。以"中砧1号"作砧木嫁接红富士，表现树体紧凑，树势中庸，半开张，短枝性状明显，枝条粗短，3年生成花株率100%，4年进入结果期，极丰产。花芽饱满，花朵坐果率33%。果实单果重253~271g，着色易、色浓红，70%~90%着红色，全红果比例80%~86%，有或无条纹，果点小，不明显，果面蜡质明显。果肉淡黄、肉质细脆，汁多，可溶性固形物15%~17%，风味甜，适口性好，品质佳。

繁殖和栽培

1. 生产上适宜的栽培密度为2m×4m或3m×5m。
2. "中砧1号"作砧木的苹果树体坐果率高，可以减少人工辅助授粉，要严格进行疏花疏果。
3. 宜采用细长纺锤形或自由纺锤形的整形方法。

适宜范围　北京地区。

新疆野苹果

树种：苹果
类别：优良种源
科属：蔷薇科 苹果属

学名：*Malus sieversii*
编号：新S-SP-MS-006-2014
申请人：新疆天山西部国有林管理局

良种来源 乡土树种，2004年天西林管局组织巩留林场、霍城林场、伊宁林场技术人员20多人，开展新疆野苹果选优工作，通过询问老林业职工及实地调查确定巩留林场30、31、37林班，伊宁林场45、47、49林班，霍城林场37、37A、100、105、123、124林班3个种源区，9月下旬在每个种源区选取35株采种树，进行采种。

良种特性 小乔木，高4~12m，树冠开阔，树皮暗灰色；小枝稍粗，萌条常具刺；当年生枝淡绿至棕褐色，疏被短柔毛，2年生枝灰色；叶片阔披针形或长圆状椭圆形，长5~10cm，宽3~5cm，先端尖，边缘具钝锯齿，下面有疏茸毛，幼叶毛较密；叶柄长1.5~4cm，疏被柔毛，托叶膜质披针，边缘有毛，早落；伞房花序，3~5朵，花梗粗短，长1.5~4cm，密被白色茸毛；花径3~3.5cm，花瓣倒卵形，淡白至粉红色，雄蕊20枚，花柱5；果实球形、扁球形或长圆状卵形，两端有浅洼，长2~5cm，宽3~4cm，黄绿色、黄色、红色等。花期5月，果期7~9月。

繁殖和栽培 9月下旬至10月中旬采种、制种，晒干但不能暴晒，放置在通风干燥处保存备用。选择光照良好、适当庇荫、土壤通透性好的地块进行整地做床，高床、平床均可，1m×4m的床，使用高床时床高0.1m，床面须平整、松软、均匀、细碎。水分对播种苗的生长至关重要，整地前一定要灌足底水，地表每亩地施硫酸亚铁5kg，敌克松3kg，尿素5~8kg，与3~4t腐熟的农家肥和细土混匀后，均匀撒在圃地上，然后进行翻耕作床，翻地深度25cm。播种以10月中旬秋播为宜，最好使用当年采集种子，种子活力强；春季4月中旬播种也可，春播时要将秋季采集种子进行沙藏。播种前要对种子质量情况进行测定，并进行种子处理。将种子放入0.5%硫酸铜溶液中进行2h消毒，然后在25℃清水中浸泡12~24h后捞出，沥干水分，放入催芽箱内，每天早晚泼洒清水，一周左右70%种子吐白，与细土拌匀。在床面上开沟条播，开沟深2~3cm，行距20~25cm，播种量8kg/亩，应随开沟，随播种，将种与土混合物均匀撒入后用钉耙压平镇压，覆盖遮荫网，以防鸟鼠危害。

适宜范围 在天山西部伊犁河谷及准噶尔盆地西部山地海拔1100~1800m的天山山麓、坡地、溪谷等均可栽植。

SC1苹果矮化砧木

树种：山荆子　　　　　　　　学名：*Malus honanensis* SC1
类别：无性系　　　　　　　　编号：晋S-SC-MH-007-2009
科属：蔷薇科 苹果属　　　　　申请人：山西省现代农业研究中心

良种来源　母本为SH5，为自然授粉后代，父本不详。

良种特性　树体矮化丰产，SC1砧木树体矮化——半矮化，株间整齐，成龄树树高3.5m左右，枝展1.8~2m，定植后第2~3年结果，第5年进入初盛果期，第7~8年进入盛果期；甩放枝条一般第2年能够形成短果枝。果实品质优良，与SH系砧木嫁接树相似，SC1系嫁接树的果实着色比SH系提早着色3~4d，色泽较浓，同时可溶性固形物含量比M26嫁接品种平均提高1.5~2°，果皮红色色素花色苷浓度增加50%左右。嫁接亲和性强，与M26、SH6、SH9等矮化砧木相比，SC1矮化砧木的嫁接亲和性明显改善，与富士系、凉香、嘎拉等苹果品种嫁接接口平滑。

繁殖和栽培　采用八楞海棠为砧木，SC1为中间砧木进行矮化栽培。中间砧木长度建议25~30cm。也可以组织培养方法繁育自根苗木。在果园肥力中等的环境下，每亩45~66株。自由纺锤形，每株保留20~25个骨干枝。小冠开心树形，每株保持4个永久性主枝。

适宜范围　山西省晋中市、运城市、临汾市等地作为苹果矮化砧木推广应用。

SC3苹果矮化砧木

树种：山荆子

类别：无性系

科属：蔷薇科 苹果属

学名：*Malus honanensis × Malus prattii* SC3

编号：晋S-SC-MH×MP-008-2009

申请人：山西省现代农业研究中心

良种来源 父本为苹果矮化砧木SH5，母本黄海棠。

良种特性 树体矮化丰产，成龄嫁接树高度3~3.5m，枝展1.6~1.7m，定植后2~3年结果，5年进入初盛果期，7年进入盛果期。甩放枝条一般第2年能够形成5.2个短果枝，并有50%以上果枱副梢可连续结果。果实品质优良，与SH系砧木嫁接树相似，SC3矮化砧木嫁接树果实着色早，比SH5提早7d着色。果实可溶性固形物含量比M26高1.8%。嫁接亲和性强，与M26、SH6、SH9等矮化砧木相比，SC3矮化砧木的嫁接亲和性明显改善，与富士系、凉香、嘎拉等苹果品种嫁接后，接口平和，无大小脚现象，有利于丰产稳产。

繁殖和栽培 采用八楞海棠为砧木，SC3为中间砧木进行矮化栽培。中间砧木长度建议25~30cm。也可以组织培养方法繁育自根苗木。适宜树形为自由纺锤形，每株保留20个骨干枝结果；也可以采用小冠开心树形，保持4个永久性主枝。果园密度为每亩45~66株。

适宜范围 山西省晋中市、运城市、临汾市等地作为苹果矮化砧木推广应用。

矮化苹果砧木 Y-2

树种：山荆子

类别：优良无性系

科属：蔷薇科 苹果属

学名：*Malus baccata* 'Y-2'

编号：晋S-SC-MB-034-2015

申请人：山西省农业科学院果树研究所

良种来源 晋西北野生山丁子实生群体中选育单株优系。

良种特性 树姿开张，树势强，主干黄底黑斑，呈花皮状，表皮粗糙，多裂。1年生枝条红褐色，皮孔圆形，中大，中密，黄色，枝梢茸毛较少，白色。幼叶橙红色，叶片长卵圆形，平展，叶色绿，叶背无茸毛，边缘具锐锯齿，叶尖长尾尖。花蕾粉红色，花白色，花序5~6朵花。果实球形，直径1cm左右，红色脱萼，萼洼有圆形锈斑。作中间砧嫁接品种具有以下特性，矮化效应明显，成龄树高2.5m左右，为普通乔砧树高的50%左右，成花容易，开花早，较乔砧早3~4年，连续结果能力强，抗逆性强，尤其抗寒、抗旱，果实硬度较大，耐贮存，果实品质明显优于乔砧，砧穗亲和性好，与'八棱海棠''山丁子基砧''长富2号''丹霞''嘎啦'等品种亲和性好，嫁接成活率80%以上，且嫁接口结合牢固。该品种主要用途是以中间砧嫁接长枝型苹果品种，也可以中间砧嫁接短枝型品种，用于盆栽观赏。

繁殖和栽培 嫁接繁殖，从基砧种子播种至成品苗出圃需3年。Y-2中间砧长度20cm左右。栽植密度为110~190株／亩，株行距1~1.5m×3.5~4m，定植后1~2年内疏除所有花果，第3年开始正常花果管理，定干高度为1.0~1.2m，树形采用自由纺锤形，以夏季修剪为主。若以富士系为主栽品种，可选用'金冠'系、'嘎啦'系、'元帅'系等作为授粉树种，授粉品种比例15%左右。其他花果管理、果园生草、病虫害防治等管理参照乔砧果园。

适宜范围 适宜山西省苹果产区栽培。

苹果砧木 Y-3

树种：山荆子

类别：优良无性系

科属：蔷薇科 苹果属

学名：*Malus baccata* 'Y-3'

编号：晋S-SC-MB-035-2015

申请人：山西省农业科学院果树研究所

良种来源 晋西北野生山丁子实生群体中选育单株优系。

良种特性 树姿半开张，树势弱，主干黄褐色，粗糙。1年生枝条黄褐色，皮孔圆形中大较密，黄色，枝梢茸毛少，白色。幼叶橘黄色，叶片阔卵圆形，多皱，反卷，叶色绿，边缘具细锐锯齿，叶尖锐尖。花蕾粉红色，花白色，花序4~5朵花。果实圆形，直径1cm左右，红色脱萼。作中间砧嫁接时生长势较强，属半矮化砧，嫁接'长富2号'6年生树高4.7m，嫁接'长富2号'4年生树开花株率可达60%，比乔砧早2~3年。其抗寒、抗旱能力强。砧穗亲和性好。半矮化，成龄树高4.5m左右。主要用途是以中间砧嫁接苹果品种。

繁殖和栽培 嫁接繁殖，从基砧种子播种至成品苗出圃需3年。Y-3中间砧长度21cm左右。株行距2.5~3.0m×4m，栽植密度为56~67株/亩，定干高度为1.0~1.2m，树形采用自由纺锤形或小冠分层形。若以富士系为主栽品种，可选用'金冠'系、'嘎啦'系、'元帅'系等作为授粉品种，授粉品种比例15%左右。其他花果管理、果园生草、病虫害防治等管理参照乔砧果园。

适宜范围 适宜山西省苹果产区栽培。

硕果海棠

树种：山荆子
类别：优良品种
科属：蔷薇科 苹果属

学名：*M.baccata × M.prunifolia* 'shuoguohaitang'
编号：晋S-SV-MB×MP-024-2014
申请人：山西省农业科学院果树研究所

良种来源 晋西北山定子自然实生后代，经SSR检测分析，证实其父本为内蒙古准格尔旗分布的野生海棠。

良种特性 树冠圆锥形，树姿直立，花蕾粉红色，花白色，平均单果重14.48g，果实成熟时色泽艳丽，具有特殊香味。3月中旬萌动，4月左右进入花蕾观赏期，花期较山定子长3~5d，不同年份因气候变化略有不同，10月中下旬果实成熟，11月中下旬落叶后果实依然挂树。抗旱性强，成形快，树冠紧凑，花量大，果实色泽鲜艳等特性，果实落叶后仍可留在枝头，观赏效果极佳。主要用于观赏、园林绿化，适合在广场、公园、庭院、小区、道路等场所栽植，同时亦可作为果园防风带、授粉树使用，是一个花果兼赏、观食兼用，具有综合观赏效果的海棠新品种。

繁殖和栽培 嫁接繁殖，一般用八棱海棠、山定子作砧木，采用春季枝接、秋季芽接两种方法均可，两年出圃。苗圃地按照苹果苗圃常规管理。需配置授粉树，配置比例为15%~20%，授粉品种可选择苹果或西府海棠等观赏树种，定干高度60~80cm，塔形树形。修剪方法以通风透光为主，及时剪除枯死枝、病虫枝、丛生枝和交叉枝，同时合理调节树体花果负载量。肥水管理、病虫害管理同普通观赏类海棠树种。

适宜范围 适宜在山西省年均温6.5~12.5℃地区栽植。

景观柰-29

树种：楸子 　　　　学名：*Malus prunifolia* (willd.) Borkh.

类别：国内引种 　　　编号：宁S-ETS-MP-007-2010

科属：蔷薇科 苹果属 　申请人：宁夏大学、宁夏银川市林业（园林）技术推广站、银川市花木公司

良种来源 为蔷薇科N系苹果矮化砧木之一，属于真正苹果组苹果系楸子（Malusprunifolia）类型的山东楸子中的32份崂山柰子中选出的优系，是我国独有的原产无性系矮化砧木资源，20世纪70年代用于果树矮化栽培。主产于山东青岛崂山区下庄的少山地带及平度地区，主要是利用根蘖苗或压条苗嫁接苹果苗。1989年，从山东青岛农业科学研究所引进10余种矮化砧木，用于培育果树矮化中间砧。

良种特性 落叶小乔木，20年生的母株高3.0m，冠幅2.0m，枝条秋冬季呈淡黄色。花期4月10日~5月5日，花瓣色泽似西府海棠花，花色初期浅粉红色后变白。春、夏季果为宝石绿，初秋至成熟果金黄色，平均单果重50~70g，总糖9.65%、总酸0.95%、维生素C15.64mg/100g。园林观赏树种，果实可鲜食或加工果干、果酱、果脯等，是观花、观果与果品加工兼用型矮化植物品种之一。

繁殖和栽培 采用新疆野苹果、八棱海棠作基砧嫁接育苗。播种前40d将新疆野苹果种子低温沙藏处理，播种前再催芽，待20%的种子露白时即可播种。当苗木粗度达到要求时，适时嫁接，采用芽接和插皮接。4月下旬进行带木质嵌接，7月下旬进行"T"形芽接。春季进行插皮接，根据基砧的粗度选用单穗或双穗。幼树以整形为主，促使分枝，树冠匀称。按照四季结合、冬夏为主、抑强扶弱、全面调整进行修剪整形。园林绿化可孤植、群植，冬季采取树干涂白的措施越冬。

适宜范围 适宜宁夏引黄灌区作为园林绿化树种栽植。

钻石

树种：海棠
类别：引种驯化品种
科属：蔷薇科 苹果属

学名：*Malus* 'Sparkler'
编号：京S-ETS-MS-021-2007
申请人：北京植物园

良种来源 1990年从美国 Bailey 苗圃中引进小苗。

良种特性 该品种树形水平开展。花玫瑰红色，花期4月下旬。果深红色，果熟期6~10月。性喜光、喜肥，抗寒性强。

繁殖和栽培 喜光，喜肥。耐寒性好。栽植前施足底肥，栽植时注意苗木朝向。主要防治红蜘蛛、蚜虫、苹桧锈病。嫁接繁殖为主。多采用芽接。可分成盾字型芽接，带木质部芽接等方法。时间以6~8月为宜。砧木多为山荆子。嫁接时选择饱满、充实的芽子，成活率可达到90%。

适宜范围 北京地区。

粉芽

树种：海棠
类别：引种驯化品种
科属：蔷薇科 苹果属

学名：*Malus* 'Spire'
编号：京S-ETS-MS-022-2007
申请人：北京植物园

良种来源 1990年4月从美国 Bailey 苗圃引进小苗。

良种特性 该品种树形窄而向上。花蕾粉色，大而繁密，花期4月下旬。果实紫红色，果熟期7月，宿存。性喜光、喜肥，抗寒性强。

繁殖和栽培 喜光，喜肥。耐寒性好。栽植前施足底肥，栽植时注意苗木朝向。主要防治红蜘蛛、蚜虫、苹桧锈病。嫁接繁殖为主。多采用芽接。可分成盾字型芽接，带木质部芽接等方法。时间以6~8月为宜。砧木多为山荆子。嫁接时选择饱满、充实的芽子，成活率可达到90%。

适宜范围 北京地区。

绚丽

树种：海棠	学名：*Malus* 'Radiant'
类别：引种驯化品种	编号：京S-ETS-MS-023-2007
科属：蔷薇科 苹果属	申请人：北京植物园

良种来源 1990年4月从美国 Bailey 苗圃引进小苗。

良种特性 该品种树形紧密。花深粉色，繁密而艳丽，花期4月下旬。果亮红色，果熟期6~10月。性喜光、喜肥，抗寒性强。

繁殖和栽培 喜光，喜肥。耐寒性好。栽植前施足底肥，栽植时注意苗木朝向。主要防治红蜘蛛、蚜虫、苹桧锈病。嫁接繁殖为主。多采用芽接。可分成盾字型芽接，带木质部芽接等方法。时间以6~8月为宜。砧木多为山荆子。嫁接时选择饱满、充实的芽子，成活率可达到90%。

适宜范围 北京地区。

红丽

树种：海棠
类别：引种驯化品种
科属：蔷薇科 苹果属

学名：*Malus* 'Splender'
编号：京S-ETS-MS-024-2007
申请人：北京植物园

良种来源 1990年4月从美国Bailey苗圃引进小苗。
良种特性 该品种树形向上，开展。花粉色，繁密，花期4月下旬。果亮红色，扁圆，果熟期8~10月。性喜光、喜肥，抗寒性强。
繁殖和栽培 喜光，喜肥。耐寒性好。栽植前施足底肥，栽植时注意苗木朝向。主要防治红蜘蛛、蚜虫、苹桧锈病。嫁接繁殖为主。多采用芽接。可分成盾字型芽接，带木质部芽接等方法。时间以6~8月为宜。砧木多为山荆子平沂甜茶。嫁接时选择饱满、充实的芽子，成活率可达到90%。

适宜范围 北京地区。

草莓果冻

树种：海棠	学名：*Malus* 'Strawberry Parfait'
类别：引种驯化品种	编号：京S-ETS-MS-025-2007
科属：蔷薇科 苹果属	申请人：北京植物园

良种来源 1990年4月从美国Bailey苗圃引进小苗。

良种特性 该品种树形杯状，树势强，干性强。花浅粉色，边缘有深粉色晕；果黄色，带红晕。果宿存。性喜光、喜肥，抗寒性强。

繁殖和栽培 喜光，喜肥。耐寒性好。栽植前施足底肥，栽植时注意苗木朝向。主要防治红蜘蛛、蚜虫、苹桧锈病。嫁接繁殖为主。多采用芽接。可分成盾字型芽接，带木质部芽接等方法。时间以6~8月为宜。砧木多为山荆子及平沂甜茶。嫁接时选择饱满、充实的芽子，成活率可达到90%。

适宜范围 北京地区。

雪球

树种：海棠
类别：引种驯化品种
科属：蔷薇科 苹果属

学名：*Malus* 'Snowdrift'
编号：京S-ETS-MS-026-2007
申请人：北京植物园

良种来源 1990年4月从美国Bailey苗圃引进小苗。
良种特性 该品种树形整齐。花苞粉色，开后白色，花期4月下旬。果亮橘红色，果熟期8月。性喜光、喜肥，抗寒性强。
繁殖和栽培 喜光，喜肥。耐寒性好。栽植前施足底肥，栽植时注意苗木朝向。主要防治红蜘蛛、蚜虫、苹桧锈病。嫁接繁殖为主。多采用芽接。可分成盾字型芽接，带木质部芽接等方法。时间以6~8月为宜。砧木多为山荆子。嫁接时选择饱满、充实的芽子，成活率可达到90%。
适宜范围 北京地区。

凯尔斯

树种：海棠	学名：*Malus* 'Kelsey'
类别：引种驯化品种	编号：京S-ETS-MS-027-2007
科属：蔷薇科 苹果属	申请人：北京植物园

良种来源　1990年4月从美国Bailey苗圃引进小苗。

良种特性　该品种树形圆而开展。花粉红色，半重瓣，花期4月下旬。果紫红色，果熟期7月，宿存。性喜光、喜肥，抗寒性强。

繁殖和栽培　喜光，喜肥。耐寒性好。栽植前施足底肥，栽植时注意苗木朝向。主要防治红蜘蛛、蚜虫、苹桧锈病。嫁接繁殖为主。多采用芽接。可分成盾字型芽接，带木质部芽接等方法。时间以6~8月为宜。砧木多为山荆子。嫁接时选择饱满、充实的芽子，成活率可达到90%。

适宜范围　北京地区。

火焰

树种：海棠
类别：引种驯化品种
科属：蔷薇科 苹果属

学名：*Malus* 'Flamer'
编号：京S-ETS-MS-028-2007
申请人：北京植物园

良种来源 1990年4月从美国Bailey苗圃引进小苗。

良种特性 该品种树形杯状向上。花大，白色，花期4月中下旬。果实深红色，锥形，果熟期8月，宿存。性喜光、喜肥，抗寒性强。

繁殖和栽培 喜光，喜肥。耐寒性好。栽植前施足底肥，栽植时注意苗木朝向。主要防治红蜘蛛、蚜虫、苹桧锈病。嫁接繁殖为主。多采用芽接。可分成盾字型芽接，带木质部芽接等方法。时间以6~8月为宜。砧木多为山荆子。嫁接时选择饱满、充实的芽子，成活率可达到90%。

适宜范围 北京地区。

王族

树种：海棠	学名：*Malus* 'Royalty'
类别：引种驯化品种	编号：京S-ETS-MS-029-2007
科属：蔷薇科 苹果属	申请人：北京植物园

良种来源 1990年4月从美国 Bailey 苗圃引进小苗。

良种特性 该品种树形圆，向上。新叶红色，成熟后为带绿晕的紫色，花紫红色，花期4月下旬。果深紫色，果熟期6~10月。是少有的观花、观叶及观果的品种。性喜光、喜肥，抗寒性强。

繁殖和栽培 喜光，喜肥。耐寒性好。栽植前施足底肥，栽植时注意苗木朝向。主要防治红蜘蛛、蚜虫、苹桧锈病。嫁接繁殖为主。多采用芽接。可分成盾字型芽接，带木质部芽接等方法。时间以6~8月为宜。砧木多为山荆子。嫁接时选择饱满、充实的芽子，成活率可达到90%。

适宜范围 北京地区。

道格

树种：海棠	学名：*Malus* 'Dolgo'
类别：引种驯化品种	编号：京S-ETS-MS-030-2007
科属：蔷薇科 苹果属	申请人：北京植物园

良种来源 1990年4月从美国 Bailey 苗圃引进小苗。

良种特性 该品种树形开展。花期早，4月中旬，花大，白色。果亮红色，7月底果由黄色变为红色。性喜光、喜肥，抗寒性强。

繁殖和栽培 喜光，喜肥。耐寒性好。栽植前施足底肥，栽植时注意苗木朝向。主要防治红蜘蛛、蚜虫、苹桧锈病。嫁接繁殖为主。多采用芽接。可分成盾字型芽接，带木质部芽接等方法。时间以6~8月为宜。砧木多为山荆子及平沂甜茶。嫁接时选择饱满、充实的芽子，成活率可达到90%。

适宜范围 北京地区。

红玉

树种：海棠	学名：*Malus* 'Red Jade'
类别：引种驯化品种	编号：京S-ETS-MS-031-2007
科属：蔷薇科 苹果属	申请人：北京植物园

良种来源 1990年4月从美国Bailey苗圃引进小苗。

良种特性 该品种为垂枝形。花白色至浅粉色，花期4月下旬。果亮红色，果熟期7月，宿存。性喜光、喜肥，抗寒性强。

繁殖和栽培 喜光，喜肥。耐寒性好。栽植前施足底肥，栽植时注意苗木朝向。主要防治红蜘蛛、蚜虫、苹桧锈病。嫁接繁殖为主。多采用芽接。可分成盾字型芽接，带木质部芽接等方法。时间以6~8月为宜。砧木多为一年生的山荆子。嫁接时选择饱满、充实的芽子，成活率可达到90%。

适宜范围 北京地区。

京海棠 - 宝相花

树种：海棠
类别：优良品种
科属：蔷薇科 苹果属

学名：*Malus* cv. 'Baoxianghua'
编号：京S-SV-MC-009-2009
申请人：北京农学院

良种来源 '印第安魔力'的自然实生后代。

良种特性 该品种树姿直立，树冠柱形。花蕾紫红色，开放后花瓣颜色呈粉红色，每花序着生小花6~8朵，小花直径4.44cm，花瓣5片，单瓣呈长椭圆形，花梗长1.86cm，花期4月中下旬。果实近圆形，整齐度较好；果面平滑，无棱起，蜡质少，果粉薄，果实褐红色，部分着色。

繁殖和栽培

1.栽植密度：小冠疏层形或疏散分层型，可采用3m×5m株行距进行定植。

2.7月份前追肥以氮肥为主，磷、钾肥配合使用，7月份以后，追肥以钾肥为主，促进花芽分化。秋施基肥以有机肥为主。

3.注意加强夏季修剪，及时剪去背上枝、旺长枝和干扰树形的重叠枝等，改善通风透光条件，促进花芽分化。

4.自花结实率低，宜与其他观赏海棠品种一起栽植。

5.病虫害防治：主要控制蚜虫、红蜘蛛和锈病等。

适宜范围 北京地区。

京海棠 - 紫美人

树种：海棠	学名：*Malus* cv. 'Zimeiren'
类别：优良品种	编号：京S-SV-MC-010-2009
科属：蔷薇科 苹果属	申请人：北京农学院

良种来源 '印第安魔力'的自然实生后代。

良种特性 该品种树姿直立，树型丛状分枝形，树势强。伞形花序，每花序着花4~6朵，花蕾紫红色，开放后颜色呈粉红色，花径4.29cm，花瓣4~5片，单瓣呈长椭圆形，花期4月中旬。果实扁圆形，整齐度较好；果面平滑，无棱起，蜡质少，果粉薄，果实紫红色，全部着色。

繁殖和栽培

1. 栽植密度：小冠疏层形，可采用3m×5m株行距进行定植。

2. 7月份前追肥以氮肥为主，磷、钾肥配合使用，7月份以后，追肥以钾肥为主，促进花芽分化。秋施基肥以有机肥为主。

3. 注意加强夏季修剪，及时剪去背上枝、旺长枝和干扰树形的重叠枝等，改善通风透光条件，促进花芽分化。

4. 自交结实率低，宜于其他观赏海棠品种一起栽植。

5. 病虫害防治：主要控制蚜虫、锈病等。

适宜范围 北京地区。

京海棠 - 粉红珠

树种：海棠
类别：优良品种
科属：蔷薇科 苹果属

学名：*Malus* cv. 'Fenhongzhu'
编号：京S-SV-MC-011-2009
申请人：北京农学院

良种来源 '印第安魔力'的自然实生后代。

良种特性 该品种树冠圆柱形，树姿直立，生长势中等。花蕾紫红色，花呈粉红色，每花序着生6~8朵，花朵直径4.01cm，花瓣5片，单瓣呈椭圆形，花梗长3.23cm。果实近圆形，幼果紫红色，成熟果实粉红色；果面平滑，蜡质少，果粉厚。在北京地区4月中下旬开花。

繁殖和栽培

1.栽植密度：小冠疏层形或疏散分层型，可采用3m×5m株行距进行定植。

2.7月份前追肥以氮肥为主，磷、钾肥配合使用，7月份以后，追肥以钾肥为主，促进花芽分化。秋施基肥以有机肥为主。

3.注意加强夏季修剪，及时剪去背上枝、旺长枝和干扰树形的重叠枝等，改善通风透光条件，促进花芽分化。

4.自花结实率低，宜与其他观赏海棠品种一起栽植。

5.病虫害防治：主要控制蚜虫、红蜘蛛和锈病等，注意栽植地附近勿种植柏树类。

适宜范围 北京地区。

京海棠 - 紫霞珠

树种：海棠　　　　　　　　　学名：*Malus* cv. 'Zixiazhu'
类别：优良品种　　　　　　　编号：京S-SV-MC-012-2009
科属：蔷薇科　苹果属　　　　申请人：北京农学院

良种来源　'绚丽'的自然实生后代。

良种特性　该品种树姿较直立，树冠柱形，生长势中等。每花序着生小花5~7朵，小花直径4.75cm，花瓣5片，单瓣呈长椭圆形；花蕾紫红色，开放后花瓣颜色呈粉红色。果实近圆形，整齐度好；果面平滑，无棱起，蜡质少，果粉薄；果实底色浅绿色，果面盖色褐红色，全部着色。

繁殖和栽培

1.栽植密度：小冠疏层形或疏散分层型，可采用3m×5m株行距进行定植。

2.7月份前追肥以氮肥为主，磷、钾肥配合使用，7月份以后，追肥以钾肥为主，促进花芽分化。

3.注意加强夏季修剪，及时剪去背上枝、旺长枝和干扰树形的重叠枝等，改善通风透光条件，促进花芽分化。

4.自花结实率低，宜与其他观赏海棠品种一起栽植。

5.病虫害防治：主要控制蚜虫、红蜘蛛和锈病等，注意栽植地附近勿种植柏树类。

适宜范围　北京地区。

红亚当

树种：海棠
类别：优良品种
科属：蔷薇科 苹果属

学名：*Malus Crabapple* cv. 'hongyadang'
编号：京S-SV-MC-008-2010
申请人：北京农学院

良种来源 '亚当'的自然实生后代。

良种特性 该品种树势中等，树姿较直立，自然树型柱形。花蕾紫红色，花朵粉红色，花单瓣，花瓣5片，花瓣长2.08cm，花瓣宽1.73cm，花瓣呈阔椭圆形；初花期4月上、中旬。果实扁圆形，整齐度好；果实底色黄色，果面盖色橙红色，部分着色。

繁殖和栽培

1. 栽植密度：小冠疏层形或疏散分层型，可采用3m×5m株行距进行定植。

2. 7月份前追肥以氮肥为主，磷、钾肥配合使用，7月份以后，追肥以钾肥为主，促进花芽分化。秋施基肥，以有机肥为主。

3. 注意加强夏季修剪，及时剪去背上枝、旺长枝和干扰树形的重叠枝等，改善通风透光条件，促进花芽分化。

4. 自花结实率低，宜与其他观赏海棠品种一起栽植。

5. 病虫害防治：主要控制蚜虫、红蜘蛛等。

适宜范围 北京地区。

圣乙女

树种：海棠	学名：*Malus* cv. 'shengyinv'
类别：优良品种	编号：京S-SV-ML-009-2010
科属：蔷薇科 苹果属	申请人：北京农学院

良种来源 '火焰'的自然实生后代。

良种特性 该品种树势中等，树姿半直立。伞房花序，着花5~7朵，花蕾紫红色，花朵粉白色，花瓣5片；花期4月上、中旬。果实近圆形，整齐度好，果实底色浅绿色，果面盖色紫红色，部分着色。

繁殖和栽培

1. 栽植密度：可采用3m×5m株行距进行定植。

2. 7月份前追肥以氮肥为主，磷、钾肥配合使用，7月份以后，追肥以钾肥为主，促进花芽分化。秋施基肥以有机肥为主。

3. 注意加强夏季修剪，及时剪去背上枝、旺长枝和干扰树形的重叠枝等，改善通风透光条件。

4. 自花结实率低，宜与其他观赏海棠品种一起栽植。

5. 病虫害防治：主要控制蚜虫、红蜘蛛和锈病等。

适宜范围 北京地区。

缱绻

树种：海棠	学名：*Malus* cv. 'qianquan'
类别：优良品种	编号：京S-SV-MC-003-2011
科属：蔷薇科 苹果属	申请人：北京农学院

良种来源 '红巴伦'的自然实生后代。

良种特性 该品种树势较强，树姿直立，呈自然柱形。一年生枝红褐色，茸毛中等；幼叶褐色，成熟叶浓绿色，长椭圆形；叶姿水平，叶片平展；花蕾深红色，花朵粉红色；每花序花5~6朵，花单瓣，呈卵圆形，花瓣平均长1.2cm；花梗平均长3.6cm，粗0.1cm。果实淡红色，部分着色，纵径平均1.7cm，横径1.9cm；果梗平均长3.6cm，粗0.1cm，平均单果重3.7g；更洼较深而狭，萼洼深度中、广度中。开花期4月中旬，果实成熟期10月上旬。与母本相比，该品种具有树姿直立，幼叶红褐色，成熟叶浓绿，叶面积大，小花直径较大，果实较大，冬果宿存等特点。

繁殖和栽培 小冠疏层形或疏散分层型，可采用3m×5m株行距进行定植。7月份前追肥以氮肥为主，磷、钾肥配合使用，7月份以后，追肥以钾肥为主，促进花芽分化。秋施基肥，以有机肥为主。注意加强夏季修剪，及时剪去背上枝、旺长枝和干扰树形的重叠枝等，改善通风透光条件，促进花芽分化。自花结实率低，宜与其他观赏海棠品种一起栽植。主要控制蚜虫、红蜘蛛和锈病等，注意栽植地附近勿种植柏树类。

适宜范围 北京地区。

缨络

树种：海棠	学名：*Malus* cv. 'yingluo'
类别：优良品种	编号：京S-SV-MC-004-2011
科属：蔷薇科 苹果属	申请人：北京农学院

良种来源 '亚当'的自然实生后代。

良种特性 该品种树势较强，树姿直立，呈自然柱形。一年生枝红褐色，有茸毛；幼叶褐色，叶正面绒毛较多；成熟叶浓绿色，长椭圆形，叶缘钝锯齿；叶姿水平，叶片平展；叶片总径平均8.1cm，横径4.1cm，叶柄平均长2.2cm。花蕾深红色，开放后花瓣红色；每花序花5~6朵，花直径3.8cm；单瓣花，花瓣5枚，呈卵圆形，花瓣平均长2.1cm，花梗平均长3.2cm，粗0.1cm。果实长圆锥形，紫红色，果实平均纵径1.4cm，横径1.2cm，平均单果重1.2g，果柄平均长2.8cm，粗0.1cm，梗洼较浅、广。开花期4月中下旬，果实成熟期9月下旬。

与母本比较该品种树冠较开张，幼叶紫红，小花密集，果实小，结果量大等特点。

繁殖和栽培 小冠疏层形或疏散分层型，可采用3m×5m株行距进行定植。7月份前追肥以氮肥为主，磷、钾肥配合使用，7月份以后，追肥以钾肥为主，促进花芽分化。秋施基肥，以有机肥为主。注意加强夏季修剪，及时剪去背上枝、旺长枝和干扰树形的重叠枝等，改善通风透光条件，促进花芽分化。自花结实率低，宜与其他观赏海棠品种一起栽植。主要控制蚜虫、红蜘蛛和锈病等，注意栽植地附近勿种植柏树类。

适宜范围 北京地区。

'京海棠 —— 黄玫瑰'

树种：海棠
类别：优良品种
科属：蔷薇科 苹果属

学名：*Malus* cv. 'Jinghaitang huangmeigui'
编号：京S-SV-MC-010-2013
申请人：北京农学院

良种来源 '印第安魔力'的自然实生后代。

良种特性 '黄玫瑰'树姿直立，树冠柱形，生长势中等。一年生枝紫褐色，皮孔数量少，茸毛稀。叶片呈长椭圆形，幼叶正面绒毛中等，背面无绒毛。叶缘具钝锯齿。幼叶橙红色，成熟叶浓绿色；叶姿斜向下，叶片抱合。花单瓣，花瓣5片，单瓣呈椭圆形；初花期4月上旬，盛花期4月中旬，落花期4月下旬。果实近圆形，整齐度较好；果面平滑，果实底色浅绿色，盖色紫红色，平均单果重约1.69g。

繁殖和栽培

1. 栽植密度：小冠疏层形或疏散分层型，可采用3m×5m株行距进行定植。

2. 7月份前追肥以氮肥为主，磷、钾肥配合使用，7月份以后，追肥以钾肥为主，促进花芽分化。秋施基肥以有机肥为主。

3. 注意加强夏季修剪，及时剪去背上枝、旺长枝和干扰树形的重叠枝等，改善通风透光条件。

4. 自花结实率低，宜与其他观赏海棠品种一起栽植。

5. 病虫害防治：主要控制蚜虫、红蜘蛛和锈病等，注意栽植地附近勿种植柏树类。

适宜范围 北京地区。

'京海棠 —— 宿亚当'

树种：海棠

类别：优良品种

科属：蔷薇科 苹果属

学名：*Malus* cv. 'Jinghaitang suyadang'

编号：京S-SV-MC-011-2013

申请人：北京农学院

良种来源 '亚当'的自然实生后代。

良种特性 '宿亚当'树势中等，树姿较开张，自然树型为分枝形。一年生枝紫褐色，皮孔数量少；茸毛少。幼叶橘黄色，成熟叶绿色，长椭圆形，成枝力较强；初花期4月上、中旬。果实重量2.18g；果实近圆形，整齐度好，果实底色绿色，果面盖色粉红色，部分着色。冬果宿存。

繁殖和栽培

1.栽植密度：小冠疏层形或疏散分层型，可采用3m×5m株行距进行定植。

2.7月份前追肥以氮肥为主，磷、钾肥配合使用，7月份以后，追肥以钾肥为主，促进花芽分化。秋施基肥，以有机肥为主。

3.注意加强夏季修剪，及时剪去背上枝、旺长枝和干扰树形的重叠枝等，改善通风透光条件，促进花芽分化。

4.自花结实率低，宜与其他观赏海棠品种一起栽植。

5.病虫害防治：主要控制蚜虫、红蜘蛛和锈病等，注意栽植地附近勿种植柏树类。

适宜范围 北京地区。

八棱脆

树种：海棠
类别：优良品种
科属：蔷薇科 苹果属

学名：*Malus prunifolia* 'Balengcui'
编号：京S-SV-MP-028-2014
申请人：延庆县果品服务中心，北京农学院

良种来源 八棱海棠为母本，在其自然授粉实生树园中采用实生选优的方法，选出的优株。

良种特性 该品种树姿直立，树势强，一年生枝褐色，皮孔数量多，茸毛少。叶片呈长椭圆形，叶深绿色，叶正面光滑无毛，纸质，叶背面具稀疏绒毛，叶先端渐尖，叶缘具锐锯齿。伞房花序，着花5~9朵，花蕾粉红色，花朵白色，花期4月中下旬左右。果实近圆形，整齐度较好，有明显棱起；萼片宿存，基部肉质突起；果面平滑，果点密，锈色；果实底色黄白色，盖色红色，果实部分着色。平均单果重26.64g，可溶性固形物含量14.9，维生素C含量11mg/100g，微涩，果肉乳黄色，多汁，风味酸甜。

繁殖和栽培

1. 建园与定植：适宜栽植株行距为1~3m×4~5m。北京地区适宜定植时期为4月上旬。

2. 整形修剪：株行距1~1.5m×3~4m的适宜树形为细纺锤形型或Y字型，株行距2~3m×4~5m的适宜树形为自由纺锤形和小冠疏层形。夏季修剪每年宜进行4~5次，重点调整新梢留量和生长方向，抹除背上旺长新梢、双芽新梢，清理内膛徒长枝，疏除过密、过旺、竞争枝。

3. 花果管理：每花序或留4~5个果。

4. 土肥水管理：灌溉宜采用滴灌。基肥以腐熟的鸡粪、羊粪或牛粪为宜，于每年9月上中旬采果后一次性施入，施肥量以3~5m³/667m²为宜。树冠下开放射沟、环状沟施入。生长季内土壤可追肥2次：分别于花前第1次追肥，5月中下旬第2次追肥，每株施2~3.5kg氮磷钾复合肥。

适宜范围 北京地区。

红八棱

树种：海棠	学名：*Malus prunifolia* 'Hongbaleng'
类别：优良品种	编号：京S-SV-MP-029-2014
科属：蔷薇科 苹果属	申请人：北京农学院

良种来源 八棱海棠为母本，在其自然授粉实生树园中采用实生选优的方法，选出的优株。

良种特性 该品种树势中等，树姿直立。一年生枝紫褐色，皮孔数量少，茸毛少。幼叶橙红色，成熟叶深绿色。伞房花序，着花约5~7朵，花蕾粉红色，花瓣5片，单瓣呈椭圆形，花朵粉红色；花期4月上、中旬。果实近圆形，果面平滑，五棱明显，无果锈；果实底色黄绿色，盖色紫红色，部分着色。单果重9.07g。果肉浅黄，风味酸甜，有涩味。肉质松脆，可溶性固形物含量18.3，维生素C含量4.4mg/100g。

繁殖和栽培

1. 建园与定植：适宜栽植株行距为1~3m×4~5m。北京地区适宜定植时期为4月上旬。

2. 整形修剪：株行距1~1.5m×3~4m的适宜树形为细纺锤形型或Y字型，株行距2~3m×4~5m的适宜树形为自由纺锤形和小冠疏层形。通过夏季修剪调整新梢数量和生长方向，抹除背上旺长新梢、双芽新梢，及时疏除过密、过旺的竞争枝，对各类果枝摘心。

3. 花果管理：由于果个较小，可以不疏或少疏。

4. 土肥水管理：灌溉宜采用滴灌。基肥以腐熟的鸡粪、羊粪或牛粪为宜，于每年9月上中旬采果后一次性施入，施肥量以3~5m³/667m²为宜。树下开方格沟、放射沟、环状沟施入。生长季内土壤可追肥2次：分别于花前第1次追肥，5月中下旬第2次追肥，每株施2~3.5kg氮磷钾复合肥。

适宜范围 北京地区。

'红宝石' 海棠

树种：海棠
类别：优良无性系
科属：蔷薇科 苹果属

学名：*Malus prunifolia* 'Ruby'
编号：新S-SC-MPR-008-2014
申请人：新疆呼图壁县林业局

良种来源 呼图壁县2004年从辽宁引进'红宝石'海棠，春季由县苗圃进行营养袋繁殖苗木15株，通过不断繁育，种植生长情况较好。在充分调查研究、反复论证的基础上，采取大面积推广栽培。苗圃、合作社繁育的'红宝石'海棠苗在满足本地需要的情况下，还为邻县提供了所需的苗木。

良种特性 乔木，高3~7m，树形直立，树冠圆形，枝条暗紫色，叶片椭圆形，锯齿钝。春、夏、秋三季其叶色始终以紫色为基调深浅变化。4月上旬始花，花蕾暗黑红色，开后逐渐转为暗红色至深紫红色；花瓣6~10

数，排成2轮，花梗直立，花直径5cm，花萼筒紫黑色，光滑，萼齿细长，内被稀毛。果实球形，黑红色，直径1.5cm，表面被霜状蜡质，果萼宿存，是具观赏价值的紫叶品种。

繁殖和栽培 通常以嫁接繁殖为主，用海棠实生苗作砧木，芽接或枝接。可扦插繁殖，亦可播种繁殖，但播种繁殖生长较慢，且常产生变异。

适宜范围 新疆昌吉市、吉木萨尔县、玛纳斯县、呼图壁县及相似土壤、气候的区域均可栽植。

红勋1号

树种：海棠
类别：优良品种
科属：蔷薇科 苹果属

学名：*Malus prunifolia*
编号：新S-SV-MP-021-2015
申请人：新疆林业科学院

良种来源　1997年秋季从黄海棠树上采集黄海棠与其周围红元帅和金冠两个品种的自然杂交种子约20kg，入冬前播种。1998年在10余万株实生苗中发现有20余株生长表现性状与其余实生苗明显区别的苗木，1998年秋季对有明显差异的苗木进行了标记，落叶后集中定植。1999~2001年，初步筛选。2001~2006年进行二次复选，选育出黄太平与其周围红元帅和金冠两个品种的自然杂交的优良品种（系）GH-1，命名为'红勋1号'。

良种特性　幼树腋花芽结实能力强，早实性明显，丰产性突出；果大，单果均重28.8g，最大单果重33.3g；果实含酸量高，总酸为17.32（g/kg），可溶性固形物含量为13.5%，维生素C含量为5.66（mg/100g），维生素B含量为0.032mg/kg，果实出汁率为78.35%，加工性能好；果实去皮硬度为13.3kg/cm²。抗逆性强，能耐-32.5℃低温，也适宜南疆干旱炎热气候，抗病虫害。

繁殖和栽培　以无性嫁接繁殖为主，最佳砧木选择为黄海棠和八棱海棠。春季采用双舌枝接或枝接砧穗生长愈合好、萌芽成活率高、新枝生长量大、没有大小脚现象；采用插皮接易风折；采用劈接萌芽成活率低、新枝生长量小。

适宜范围　适宜在新疆塔城地区，昌吉州的吉木萨尔县、奇台县、呼图壁县，阿克苏地区等冬季极端低温-32.5℃以上苹果适生产区及我国相应苹果适生产区种植。

博爱

树种：月季

类别：优良品种

科属：蔷薇科 蔷薇属

学名：*Rosa* 'Boai'

编号：京S-SV-RC-007-2007

申请人：北京市园林科学研究院

良种来源 自育品种。亲本：carefree beauty × orange fire.

良种特性 本品种花朵朱红色，逐渐变为深粉红色；连续花期长，花量较多，花朵均匀分布全株。

繁殖和栽培 抗性一般，需冬季防寒，不耐瘠薄，需采取人工施肥，灌溉等日常养护措施。

适宜范围 北京地区城乡及平原。

黄手帕

树种：月季	学名：*Rosa* 'Huangshoupa'
类别：优良品种	编号：京S-SV-RC-008-2007
科属：蔷薇科 蔷薇属	申请人：北京市园林科学研究院

良种来源 自育品种。亲本：Golden shower × Eden。

良种特性 该品种三季有花，花量中等，花色特别，花黄色，开放过程中渐变为粉色，有香味，无残花，花朵均匀分布全株。

繁殖和栽培 耐粗放管理，可无防护越冬。

适宜范围 北京地区城乡及平原。

暗香

树种：月季   学名：*Rosa* 'Anxiang'

类别：优良品种   编号：京S-SV-RC-009-2007

科属：蔷薇科 蔷薇属   申请人：北京市园林科学研究院

良种来源　自育品种。亲本：carefree beauty × Schloss Manheim。

良种特性　该品种连续开花，无残花。花量大，花色奇特（黑红色），有香味，花期长，花朵成簇开放；株型丰满、紧凑。抗性强。

繁殖和栽培　耐粗放管理，可免维护越冬。

适宜范围　北京地区城乡及平原。

春潮

树种：月季	学名：*Rosa chinensis* 'Chunchao'
类别：优良品种	编号：京S-SV-RC-010-2007
科属：蔷薇科 蔷薇属	申请人：北京市园林科学研究院

良种来源 自育品种。亲本：carefree beauty×Golden Shower。

良种特性 该品种三季有花，花期早，是北京地区为数不多的可五一开花的露地月季品种。花粉色，花径大，有甜香。株型丰满、紧凑。

繁殖和栽培 耐粗放管理，可无防护越冬。

适宜范围 北京地区城乡及平原。

红五月

树种：月季

类别：优良品种

科属：蔷薇科 蔷薇属

学名：*Rosa* 'Hong wuyue'

编号：京S-SV-RC-011-2007

申请人：北京市园林科学研究院

良种来源 自育品种：Carefree Beauty × Greet to Bavaria。

良种特性 该品种连续开花，夏季花量较大，花红色，花较大，香味清淡，花朵均匀分布全株。

繁殖和栽培 耐粗放管理，可无防护越冬。

适宜范围 北京地区城乡及平原。

'红梅朗'月季

树种：月季	学名：*Rosa* 'Mediland Scarlet'
类别：引种驯化品种	编号：京S-ETS-RC-036-2007
科属：蔷薇科 蔷薇属	申请人：北京植物园

良种来源 1990年4月从美国Bailey苗圃引进小苗。

良种特性 该品种为观花落叶藤本。枝条长1~2m，小枝蔓性。花重瓣，猩红色，成串顶生，花期6~10月。该品种喜光、喜肥、耐贫瘠，对土壤要求不严，抗寒性强。

繁殖和栽培 该品种生长迅速。对土壤要求不严。喜大肥大水。耐寒性好。一年生苗木株行距30cm×30cm。

主要防治蚜虫、红蜘蛛等虫害。嫩枝扦插。选择一年生组织充实的枝条。剪成8~12cm。上部保留2~3片叶子。基部采用萘乙酸200倍液处理10秒，扦插在插床中，基质为珍珠岩。20d左右可生根。成活率在90%以上。

适宜范围 北京地区。

北京红

树种：月季
类别：优良品种
科属：蔷薇科 蔷薇属

学名：*Rosa hybrida* 'Beijinghong'
编号：京S-SV-RH-006-2010
申请人：中国农业大学

良种来源 '塞维丽娜'דˋ紫色美地兰'。

良种特性 该品种花朱红色，花色鲜亮，平均花径7.1cm，单朵花期约12d，连续开花性好，全年花量大；生长势强，分枝多，抗性强，在北京湿热的夏季开花效果好，无残花宿存，且不易结实，露地栽培条件下不感染黑斑病。

繁殖和栽培 栽植土壤应以排水良好的中壤为宜，pH值应在6.5~7.2之间。露地栽种应根据季节情况采用容器苗或裸根苗，在栽植条件适宜时，建议栽植密度为4~8株/m²；如园林工程特殊需要，密度可以提高到12~20株/m²。该品种生长季免修剪，耐粗放管理，建议春季控制杂草，为保证成花效果及成花量，建议施用有机肥料或氮、磷、钾比为1∶1∶1的复合肥料，上半年旱季需要适时补充水分。夏季高温高湿条件下不感黑斑病，无需药剂防护，冬季寒冷地区苗期需稍加保护越冬。生长季采用全光喷雾设施进行扦插繁殖，休眠季采用阳畦或冷室扦插。

适宜范围 北京地区。

哈雷彗星

树种：月季	学名：*Rosa* 'Haleihuixing'
类别：优良品种	编号：京S-SV-RC-012-2013
科属：蔷薇科 蔷薇属	申请人：中国农业科学院蔬菜花卉研究所

良种来源　由母本'战地黄花'和父本'亚利桑那'杂交育成。

良种特性　'哈雷彗星'株型灌丛状，枝长，刺少。叶较大，深绿。花重瓣，初放时为金黄色，强光下边缘出现红晕，花径大，约12cm，花瓣约50枚，芳香。花期5~11月。植株生长势强健，抗病性强，且抗雨、耐日灼。

繁殖和栽培　庭园露地栽种时，应根据季节情况采用容器苗或裸根苗，一般建议栽植密度为4~6株/m²。该品种耐粗放管理，生长季节开花后及时修剪，可使开花枝强壮，花大色艳。建议春、夏季控制杂草，追施有机肥或复合肥，旱季需适时补充水分，注意浇足冻水和返青水。

适宜范围　北京地区。

绿野

树种：**月季**	学名：*Rosa* 'Lvye'
类别：**优良品种**	编号：京S-SV-RC-013-2013
科属：**蔷薇科 蔷薇属**	申请人：中国农业科学院蔬菜花卉研究所

良种来源 由母本'白雪山'和父本'大奖章'杂交育成。

良种特性 '绿野'株型灌丛状，皮刺绿色、斜直、少而小。重瓣花，初开时淡黄色，中后期变为浅绿色，花型盘状，直径约12cm，花瓣约20~30枚。花期5~11月。植株生长势强盛，抗寒、抗旱、抗病性强。

繁殖和栽培 庭园露地栽种时，应根据季节情况采用容器苗或裸根苗，一般建议栽植密度为4~6株/m²。该品种耐粗放管理，生长季节开花后及时修剪，可使开花枝强壮，花大，色亮。春、夏季控制杂草，追施有机肥或复合肥，旱季需适时补充水分，并注意防止水涝。注意要浇足冻水和返青水。

适宜范围 北京地区。

燕妮

树种：月季	学名：*Rosa* 'Yanni'
类别：优良品种	编号：京S-SV-RC-014-2013
科属：蔷薇科 蔷薇属	申请人：中国农业科学院蔬菜花卉研究所

良种来源 由母本'红衣主教'和父本'贝拉米'杂交育成。

良种特性 '燕妮'植株生长势强，枝条直立粗壮，花橙粉色，边缘带深粉晕，高心翘角杯状型，花径约10cm，花瓣约25~30枚，淡香。抗病、抗寒、耐热能力强。

繁殖和栽培 进行切花设施栽培时，生长适温以白天20~27℃，夜间15~22℃为宜。气温低于8℃，植株生长缓慢；4℃以下，植株进入休眠状态。如需要周年生产供应，生产温室必须具备合理科学的结构，保证植株最大限度地吸收光能，提高温室湿度，使白天室温保持在20~27℃；夜间温度保持在15.5~16.5℃。冬季采取加温措施，提高温室夜间温度。土壤应以排水良好的中壤土为宜，pH值应在6.5~7.2之间。种植密度6~8株/m²为宜。周年保持充足、均衡的水肥供应。滴灌施肥要选择溶解性高的肥料，在无滴灌施肥系统时采用土壤深施埋肥法。

适宜范围 北京地区。

特娇

树种：月季
类别：优良品种
科属：蔷薇科 蔷薇属

学名：*Rosa* 'Tejiao'
编号：京S-SV-RC-015-2013
申请人：北京联合大学

良种来源　由品种月季'多特蒙得'与'北林红'杂交选育。

良种特性　'特娇'两年生苗长势渐强。藤本，茎干纤长柔韧，具皮刺。1年生苗枝条年生长量可达1.5m左右。叶形近母本，叶色介于父母本之间，有光泽；小叶5~7。花色为娇嫩柔美的水粉红色，两性，辐射对称；花径4~5cm，半重瓣，花瓣5~17。花朵繁多，花序伞房状；整体观赏效果很好。花期4~11月。比较能够耐受北京夏季高热天气，可以连续开花基本无病虫害。花色在7、8月改变不大，仍旧比较鲜艳。花后花柄很快变黄、枯干，残花自行脱落，基本不结实。特异性明显。其抗寒、抗旱以及抗病虫性均较强，可以陆地越冬。

繁殖和栽培　'特娇'喜阳光、冷凉干燥的通风气候和肥沃土壤。施足底肥，每2~3个月施放少量缓释球肥更好。具一定耐热性。抗寒、抗旱性好，可露地越冬。幼苗越冬稍加保护即可，可选用培土、拱棚等办法。

适宜范围　北京地区。

特俏

树种：月季	学名：*Rosa* 'Teqiao'
类别：优良品种	编号：京S-SV-RC-016-2013
科属：蔷薇科 蔷薇属	申请人：北京联合大学

良种来源 由品种月季'多特蒙得'与'北林俏'杂交选育。

良种特性 '特俏'生长势较强。株型灌丛状，具皮刺。叶形近母本，叶色介于父母本之间，有光泽；小叶5~7。单瓣花深玫红色，具白色花心，两性，辐射对称；花径4~5cm，花瓣数5。花朵繁多，花序伞房状；整体观赏效果很好。花期长，4~11月。特别能够耐受北京夏季高热天气，可以连续开花基本无病虫害。花色在7、8月仍旧非常鲜艳。花后花柄很快变黄、枯干，残花自行脱落，基本不结实。特异性明显。其抗寒、抗旱以及抗病虫性均较强，可以陆地越冬。

繁殖和栽培 '特俏'喜阳光、冷凉干燥的通风气候和肥沃土壤。施足底肥，每2~3个月施放少量缓释球肥更好。具一定耐热性。抗寒、抗旱性好，可露地越冬。幼苗越冬稍加保护即可，可选用培土、拱棚等办法。

适宜范围 北京地区。

多娇

树种：月季
类别：优良品种
科属：蔷薇科 蔷薇属

学名：*Rosa* 'Duojiao'
编号：京S-SV-RC-017-2013
申请人：北京联合大学

良种来源 由品种月季'多特蒙得'与'北林红'杂交选育。

良种特性 '多娇'两年生苗长势渐强。藤本，茎干纤长柔韧，具皮刺。2年生苗枝条年生长量可达3m左右。叶形近母本，叶色介于父母本之间，有光泽；小叶5~7。两性花，辐射对称；花深粉红色，非常鲜亮俏丽，花径5~5.8cm，重瓣，花瓣数19~20。花序伞房状，花朵繁多；整体观赏效果很好。花期长，4~11月。比较能够耐受北京夏季高热天气，可以连续开花基本无病虫害。花后花柄很快变黄、枯干，残花自行脱落，基本不结实。特异性明显。其抗寒、抗旱以及抗病虫性均较强，可以陆地越冬。

繁殖和栽培 '多娇'喜阳光、冷凉干燥的通风气候和肥沃土壤。施足底肥，每2~3个月施放少量缓释球肥更好。具一定耐热性。抗寒、抗旱性好，可露地越冬。幼苗越冬稍加保护即可，可选用培土、拱棚等办法。

适宜范围 北京地区。

多俏

树种：月季	学名：*Rosa* 'Duoqiao'
类别：优良品种	编号：京S-SV-RC-018-2013
科属：蔷薇科 蔷薇属	申请人：北京联合大学

良种来源 由品种月季'多特蒙得'与'北林红'杂交选育。

良种特性 '多俏'两年生苗长势渐强。藤本，茎干纤长柔韧，具皮刺。叶形近母本，叶色介于父母本之间，有光泽；小叶5~7。花深玫红色，两性，辐射对称；花径5.1cm，重瓣，花瓣数14~17，刚开放时有丝绒感，且具浓郁玫瑰型香气。花朵繁多，花序伞房状；整体观赏效果很好。花期长，4~11月。比较能够耐受北京夏季高热天气，可以连续开花基本无病虫害。花后花柄很快变黄、枯干，残花自行脱落，基本不结实。特异性明显。其抗寒、抗旱以及抗病虫性均较强，可以陆地越冬。

繁殖和栽培 '多俏'喜阳光、冷凉干燥的通风气候和肥沃土壤。施足底肥，每2~3个月施放少量缓释球肥更好。具一定耐热性。抗寒、抗旱性好，可露地越冬。幼苗越冬稍加保护即可，可选用培土、拱棚等办法。

适宜范围 北京地区。

天香

树种：月季
类别：优良品种
科属：蔷薇科 蔷薇属

学名：*Rosa* 'Tianxiang'
编号：京S-SV-RO-005-2014
申请人：中国农业科学院蔬菜花卉研究所

良种来源 由母本'香紫绒'和母本弯刺蔷薇杂交育成。

良种特性 该品种花深粉红色，浓香，花径10cm左右，20~30瓣，具有一定程度的连续开花性，不结果。植株高大，高3~4m左右，健壮，半开张。该品种植株具有生长势强盛，抗寒、抗病性强等特点。可用作灌丛月季栽培。

繁殖和栽培 庭院露地栽种时，应根据季节情况采用容器苗或裸根苗，一般建议栽植密度为2~3株/m²。该品种耐粗放管理，不结果，无残花，生长季可不修剪；花后修剪可使开花枝强壮，花大色艳。建议春、夏季控制杂草，追施有机肥或复合肥，旱季需适时补充水分，注意要浇足冻水和返青水。

适宜范围 北京地区。

天山之星

树种：月季	学名：*Rosa* 'Tianshanzhixing'
类别：优良品种	编号：京S-SV-RO-006-2014
科属：蔷薇科 蔷薇属	申请人：中国农业科学院蔬菜花卉研究所

良种来源 由母本弯刺蔷薇和父本'墨红'杂交育成。

良种特性 该品种花粉红色，浓香，花径5~6cm，10瓣左右，不抗晒，具有一定程度的连续开花性，不结果。植株高大，株高3m。该品种植株生长势强，耐瘠薄，抗寒性强，并具有较强的抗黑斑病能力。可用作灌丛月季栽培和高抗黑斑病种质资源。

繁殖和栽培 庭园露地栽种时，应根据季节情况采用容器苗或裸根苗，一般建议栽植密度为2~3株/m²。该品种耐粗放管理，一般生长季不需要修剪，不结果，无残花。建议春、夏季控制杂草，追施有机肥或复合肥。旱季需适时补充水分，注意要浇足冻水和返青水。

适宜范围 北京地区。

天山之光

树种：月季
类别：优良品种
科属：蔷薇科 蔷薇属

学名：*Rosa* 'Tianshanzhiguang'
编号：京S-SV-RO-007-2014
申请人：中国农业科学院蔬菜花卉研究所

良种来源 由母本'X-夫人'和父本弯刺蔷薇杂交育成。

良种特性 该品种花白色，淡香，花径10cm，30~40瓣，不结果。植株高大，株高3m。该品种植株生长势强，抗寒、抗病、抗雨、抗晒性强。可用作灌丛月季栽培和抗寒种质资源。

繁殖和栽培 庭园露地栽种时，应根据季节情况采用容器苗或裸根苗，一般建议栽植密度为2~3株/m²。该品种耐粗放管理，一般生长季不需要修剪，不结果，无残花。建议春、夏季控制杂草，追施有机肥或复合肥。旱季需适时补充水分，注意要浇足冻水和返青水。

适宜范围 北京地区。

天山桃园

树种：月季	学名：*Rosa* 'Tianshantaoyuan'
类别：优良品种	编号：京S-SV-RO-008-2014
科属：蔷薇科 蔷薇属	申请人：中国农业科学院蔬菜花卉研究所

良种来源 由母本'世外桃园'和父本弯刺蔷薇杂交育成。

良种特性 该品种花粉色，淡香，花径7cm，8~12瓣，不结果；植株高大，株高3.5m，半直立，株型开张。该品种植株具有生长势强，抗日晒、抗寒、抗病性强等特点。可用作灌丛月季栽培和抗寒种质资源。

繁殖和栽培 庭园露地栽种时，应根据季节情况采用容器苗或裸根苗，一般建议栽植密度为2~3株/m²。该品种耐粗放管理，一般生长季不需要修剪，不结果，无残花。建议春、夏季控制杂草，追施有机肥或复合肥。

适宜范围 北京地区。

天山白雪

树种：月季
类别：优良品种
科属：蔷薇科 蔷薇属

学名：*Rosa* 'Tianshanbaixue'
编号：京S–SV–RO–009–2014
申请人：中国农业科学院蔬菜花卉研究所

良种来源 由母本'白雪山'和父本弯刺蔷薇杂交育成。

良种特性 该品种花白色，淡香，花径8~10cm，10~15瓣，具有一定程度的连续开花性，不结果。植株高大，株高3.5m，较直立。该品种植株生长势强，抗寒性强，抗病性强。可用作抗寒种质资源、树状月季砧木，或作灌丛月季栽培。

繁殖和栽培 庭院露地栽种时，应根据季节情况采用容器苗或裸根苗，一般建议栽植密度为1~2株/m²。该品种耐粗放管理，一般生长季不需要修剪，不结果，无残花。建议春、夏季控制杂草，追施有机肥或复合肥。

适宜范围 北京地区。

粉荷

树种：月季	学名：*Rosa* 'Fenhe'
类别：优良品种	编号：京S-SV-RC-014-2015
科属：蔷薇科 蔷薇属	申请人：中国农业大学

良种来源 '巨型美地兰'开放。

良种特性 '粉荷'植株生长势强，抗寒，在北京平原地区不抽条。抗病虫害能力较强。株高约90cm，冠幅约140cm。初花时间为5月14日左右，末花期6月5日左右，单朵花开花持续约12d，具连续开花习性。花亮粉色（RHS比色卡57-B），平均花瓣数24，花朵平均直径6.75cm，淡香，颜色鲜艳，花量大。皮刺为直刺。

繁殖和栽培 由于苗木较大，根系较深，建议土壤深翻40~60cm，并施足底肥。苗圃育苗在露地生长一年后，上盆形成容器苗。形成容器苗后，可在4月20日~7月10日定植于露地。该品种耐粗放管理，作为防护性绿化观花植物，适宜以3~5棵为一丛栽植于开阔地，生长季节开花后及时修剪，可促进饱满芽长成强壮开花枝。抗寒、抗旱性好，3年生及以上苗木可露地越冬，幼苗稍加防护即可越冬。

适宜范围 北京地区。

蝴蝶泉

树种：月季　　　　　　　学名：*Rosa* 'Hudiequan'
类别：优良品种　　　　　　编号：京S-SV-RC-015-2015
科属：蔷薇科　蔷薇属　　　申请人：中国农业大学

良种来源　'巨型美地兰'×'金玛丽'。
良种特性　'蝴蝶泉'植株直立，生长势强，为大型灌木月季品种。枝条具弯刺，叶光亮，抗性强。初花时间5月11日左右，末花期6月8日左右，单朵花开花持续约13 d，具连续开花习性。花瓣颜色随时间变化，花由黄色渐变为橘色至粉红色（RHS 比色卡52-B，4-A），平均花瓣数14，半重瓣，花朵平均直径9 cm。
繁殖和栽培　庭院或园林开阔地露地栽种时，土壤深翻40~60 cm，并施足底肥。苗圃育苗在露地生长一年后，上盆形成容器苗。形成容器苗后，可在4月20号~7月10号定植于露地。适宜以条带式栽植于墙边、围栏等地；或以3~5株为一丛植于建筑物一角；也可发挥株型高大的优势，植于低矮植物后作为背景。建议春、夏季控制杂草，生长季前及越冬前施肥。旱季适时补充水分，注意浇足冻水和春水。冬季做好防寒工作，一般幼苗采用塑料布覆盖防寒。
适宜范围　北京地区。

火焰山

树种：月季	学名：*Rosa* 'Huoyanshan'
类别：优良品种	编号：京S-SV-RC-016-2015
科属：蔷薇科 蔷薇属	申请人：中国农业大学

良种来源 '巨型美地兰'开放。

良种特性 '火焰山'保留母本生长强健抗病性强的特点，初花时间为5月14日左右，末花期6月7日左右，单朵花开花持续约11d，具连续开花习性。花深红色（RHS比色卡57-A），颜色鲜艳，花量大，平均花瓣数29，花朵平均直径9.7cm。植株皮刺为直刺。抗寒性好，在北京平原地区不抽条，能在北京延庆地区露地越冬。

繁殖和栽培 由于苗木较大，根系较深，建议土壤深翻40~60cm，并施足底肥。苗圃育苗在露地生长一年后，上盆形成容器苗。形成容器苗后，可在4月20日~7月10日定植于露地。适宜以3~5棵为一丛栽植于开阔地，或呈条带状栽植于墙边、围栏等地作为防护性绿化观花植物；由于该品种耐粗放管理，也可用于山区、半山区的绿化。建议春、夏季控制杂草，生长季前及越冬前施肥。3年生及以上苗木可露地越冬，幼苗用塑料布稍加防护即可越冬。

适宜范围 北京地区。

美人香

树种：月季
类别：优良品种
科属：蔷薇科 蔷薇属

学名：*Rosa* 'Meirenxiang'
编号：京S-SV-RC-017-2015
申请人：中国农业大学

良种来源 '香欢喜'ב 艾丽'。

良种特性 '美人香'为杂交茶香月季。株形半开张，枝条粗壮，生长势旺盛。自然花期为5月上旬~10月下旬，初花时间为5月11日左右，连续开花能力强，单朵花开花持续约12d。花朵浓香，花浅粉色（RHS比色卡158-C），平均花瓣数50，花朵平均直径11.7cm，花瓣边缘反卷，花丝黄色。茎绿色，皮刺略向下凹陷倾斜，少数，红棕色。叶具光泽，叶缘无褶皱。抗病性较强，不太耐高温高湿。

繁殖和栽培 适宜在北京气候特点为主的华北地区栽培。选用野蔷薇或变种作为砧木嫁接繁殖或直接扦插繁殖。通过嫁接、扦插等方法繁殖的月季苗可在春秋两季定植，栽植密度为1~2株/m²。栽前筛选长势好的小苗剪去病虫枝及折断的枝，并集中喷洒杀菌剂消毒。苗木定植后，保持土壤湿润确保成活，根据植株生长势加施适量尿素或氯化钾。雨季注意排涝，秋季注意控水，越冬前进行冬灌，且应在花期增加浇灌次数。同时注意修剪地上部枝条以便防寒越冬，生长季免修剪，花期控制修剪。

适宜范围 北京地区。

香妃

树种：月季	学名：*Rosa* 'Xiangfei'
类别：优良品种	编号：京S-SV-RC-018-2015
科属：蔷薇科 蔷薇属	申请人：中国农业大学

良种来源 '艾丽'开放。

良种特性 '香妃'为杂交茶香月季。植株直立，生长势中等强度。自然花期为5月中旬~10月下旬，连续开花能力强，单朵花开花持续约10d。花深紫红色（RHS比色卡57-A），花瓣边缘外翻，花丝黄色。平均花瓣数37，花朵平均直径9.7cm，花朵浓香。茎绿色，分枝多，节间短。皮刺略向下凹陷倾斜，量少，红棕色。叶椭圆形，轻微光亮，叶缘无褶皱。抗黑斑病能力强。

繁殖和栽培 适宜北京气候特点为主的华北地区栽培。选用野蔷薇或变种作为砧木嫁接繁殖或直接扦插繁殖。雨季注意排涝，越冬前进行冬灌，且应在花期增加浇灌次数。施肥过程中协调好氮磷钾的比例，增加钾肥用量，不仅可提高开花质量，还可健壮植株。整形修剪通常在11月中上旬，于休眠前进行，根据生长空间保留健壮枝条，花期应不断剪除残花及顶端嫩芽，保留枝条中部饱满芽，使其发育为新的开花枝。做好越冬防护工作，一般采用塑料布覆盖越冬，翌年春季揭开塑料布，灌足春水，初春注意防风。

适宜范围 北京地区。

香恋

树种：月季

类别：优良品种

科属：蔷薇科 蔷薇属

学名：*Rosa 'Xianglian'*

编号：京S-SV-RC-019-2015

申请人：中国农业大学

良种来源 '艾丽'开放。

良种特性 '香恋'为杂交茶香月季。株形半开张，生长势强，为大中型灌木。花期长，连续开花性状好，初花时间为5月5日左右，单朵花开花持续约11d。花深粉色（RHS比色卡57-B），平均花瓣数30，花朵巨大，平均直径17cm，花朵浓香，花香性状超亲性显著。枝条具平直刺，叶稍光亮，叶片长度为10.9cm，叶片宽度为9.1cm，抗病性较强。

繁殖和栽培 选用野蔷薇或变种作为砧木嫁接繁殖或直接扦插繁殖。露地栽培时建议土壤深翻40~60cm，并施足底肥。苗圃育苗在露地生长一年后，上盆形成容器苗。形成容器苗后，可在4月20日~7月10日定植于露地，浇足定根水。建议春、夏季控制杂草，生长季前及越冬前施肥，生长季及时剪除残花及枝条顶端嫩芽，促进枝条中段饱满芽的生长。旱季适时补充水分，注意浇足冻水和春水。冬季做好防寒工作，一般幼苗采用塑料布覆盖防寒。适宜栽植于凉亭、棚架旁或搭配拱门及塔形花架种植，形成小景观；或条带式栽植于围墙、栏杆处形成绿篱，花朵巨大，花色明艳，营造出抢眼效果。

适宜范围 北京地区。

醉红颜

树种：月季	学名：*Rosa* 'Zuihongyan'
类别：优良品种	编号：京S-SV-RC-020-2015
科属：蔷薇科 蔷薇属	申请人：中国农业大学

良种来源 '第一玫瑰红'ב 'בBig型美地兰'。

良种特性 '醉红颜'为杂交茶香月季。植株直立，生长势强，为大中型灌木。在北京地区自然花期5月下旬~10月下旬，连续开花性状好。初花时间为5月14日左右，单朵花开花持续约10d。花亮粉色（RHS比色卡57-C），平均花瓣数89，花朵平均直径14cm，花朵浓香。茎绿色，皮刺为直刺。叶片椭圆形，叶表有光泽，边缘有褶皱。具有一定的抗黑斑病能力。

繁殖和栽培 适宜栽植于以北京气候特点为主的华北地区，较耐粗放管理。可通过扦插或嫁接繁殖，选用野蔷薇或变种作为砧木嫁接繁殖或直接扦插繁殖。栽培土壤应选择排水良好的中壤。露地种植应根据季节情况采用容器苗或裸根苗。为保证成花效果及成花量，生长季应及时摘除残花，剪除残花下端嫩芽，此外，由于枝条较长，应注意适当修剪长枝，保持水肥供应。气候干旱时需适时浇水，秋季注意控水，同时注意修剪地上部枝条以便防寒越冬。

适宜范围 北京地区。

'多果' 巴旦杏

树种：扁桃　　　　　　学名：*Amygdalus communis* 'Duoguo'

类别：优良品种　　　　编号：新S-SV-AC-008-1995

科属：蔷薇科 桃属　　　申请人：新疆林业科学研究院、喀什地区林业处、莎车县林业局、扎木台试验站

良种来源　该品种最初是通过普查喀什民间果园中的扁桃品种资源类型，汇集于莎车县二林场巴旦木汇集圃，于1987年作为选育新品种推广栽培于二林场和阿克苏佳木试验站。

良种特性　树势极强，属中熟品种，7年生树平均株产坚果4.4kg，单果重1.8~1.9g，出仁率39.3%~42.1%，含油率55.8%~60%。较抗寒、抗虫害。平均亩产162.8kg，比当地大田品种的产量高2倍以上。

繁殖和栽培　嫁接繁殖，配置授粉树。

适宜范围　在新疆喀什地区扁桃适栽区栽植。

'双软'巴旦杏

树种：扁桃	学名：*Amygdalus communis* 'Shuangruan'
类别：优良品种	编号：新S-SV-AC-009-1995
科属：蔷薇科 桃属	申请人：新疆林业科学研究院、喀什地区林业处、莎车县林业局、扎木台试验站

良种来源 该品种最初是通过普查喀什民间果园中的扁桃品种资源类型，汇集于莎车县二林场巴旦木汇集圃，于1987年作为选育新品种推广栽于二林场和阿克苏佳木试验站。

良种特性 属早熟品种，7年生树平均株产坚果4.4kg，单果重1.8g，出仁率44.4%~55.7%，含油率54.7%~55.6%。抗寒、抗虫害。平均亩产162.8kg，比当地普通品种的产量高2倍以上。

繁殖和栽培 嫁接繁殖，配置授粉树。

适宜范围 在新疆喀什地区扁桃适栽区栽植。

'晚丰'巴旦杏

树种：扁桃	学名：*Amygdalus communis* 'Wanfeng'
类别：优良品种	编号：新S-SV-AC-010-1995
科属：蔷薇科 桃属	申请人：新疆林业科学研究院、喀什地区林业处、莎车县林业局、扎木台试验站

良种来源 该品种最初是通过普查喀什民间果园中的扁桃品种资源类型，汇集于莎车县二林场巴旦木汇集圃，于1987年作为选育新品种推广栽培于二林场和阿克苏佳木试验站。

良种特性 晚熟品种，7年生树平均株产4.9kg，单果重1.9~2.2g。出仁率42.1%~42.9%，含油率58.7%~59.7%。较抗寒，但抗虫害较弱。平均亩产181.0kg，比当地大田普通品种的产量高2倍以上。

繁殖和栽培 嫁接繁殖，配置授粉树。

适宜范围 在新疆喀什地区扁桃适栽区栽植。

'纸皮'巴旦杏

树种：扁桃 　　　　学名：*Amygdalus communis* 'Zhipi'
类别：优良品种 　　　编号：新S-SV-AC-011-1995
科属：蔷薇科 桃属 　　申请人：新疆林业科学研究院、喀什地区林业科学研究所、喀什地区林业局、
　　　　　　　　　　　　　　　莎车县林业局、扎木台试验站、英吉沙林业局

良种来源　该品种最初是通过普查喀什民间果园中的扁桃品种资源类型，汇集于莎车县二林场巴旦木汇集圃，于1987年作为选育新品种推广栽培于二林场和阿克苏佳木试验站。

良种特性　早熟软壳型，7年生树平均株产3.1kg，单果重1.3~1.4g，出仁率48.1%~58%，含油率54.7%~57.7%，抗虫及抗寒性较差。平均亩产51.8kg，产量超过当地农家品种30%以上。

繁殖和栽培　嫁接繁殖，配置授粉树。

适宜范围　在新疆喀什地区扁桃适栽区栽植。

'鹰嘴'巴旦姆

树种：扁桃　　　　　　　学名：*Amygdalus communis* 'Yingzui'
类别：优良品种　　　　　编号：新S-SV-AC-044-2004
科属：蔷薇科 桃属　　　　申请人：新疆喀什地区林业局、喀什地区林业科学研究所、英吉沙县林业局

良种来源　1976年筛选为优树，代号"新英32号"。经过优良单株汇集、筛选、提纯、扩繁和推广，形成了该品种，命名为'鹰嘴'巴旦姆。

良种特性　苗期枝条浅黄色，粗壮，直立生长。成年树树势中庸，树姿开张，自然圆头形，枝条粗密，不弯曲，树皮灰黄色，叶淡绿色，狭披针形。花期较早，3月26~27日开花，3月30日进入盛花期，花期12~14 d。花萼、花瓣各5片，花瓣较大，白色，花丝35~45枚，在柱头周围散生。雄蕊与雌蕊一般高或略高一些，花量较大，花粉多，自花结实率1%。短果枝结果为主，果实8月下旬成熟，产量高，果型中大，长卵形，果尖稍弯曲像"鹰嘴"。核仁味甜，单果重1.6g，核仁重0.7g，出仁率44%，双仁率低，商品率高，栽培中需配置授粉树，一般栽培条件下，嫁接苗栽植第3年挂果，第5年单株产量0.5~1kg。

繁殖和栽培　采用野巴旦或山桃播种；春播、秋播皆可，春播种子需在冬季进行层积处理；出苗后加强肥水管理；于出苗当年8月10日至9月10日进行"T"形芽接，接后不剪砧，待第2年春季再剪砧，嫁接未成活的进行补接；8月底停止灌水，促进枝条木质化；嫁接苗高1.5m、地径1.5cm以上时，即可出圃。整个苗期加强病虫害防治。

适宜范围　在新疆南疆扁桃适生区栽植。

'克西'巴旦姆

树种：扁桃	学名：*Amygdalus communis* 'Kexi'
类别：优良品种	编号：新S-SV-AC-045-2004
科属：蔷薇科 桃属	申请人：新疆喀什地区林业局、喀什地区林业科学研究所、英吉沙县林业局

良种来源 1976年筛选为优树，代号"新英12号"。经过优良单株汇集、筛选、提纯、扩繁和推广，形成了该品种。1997~2004年在莎车县、英吉沙县和疏附县等5个点进行区试，对生长、结果习性、果品品质、抗性、生物学特性及嫁接繁殖进行了较为系统的观测。经过几年观测，该品种丰产性较强，品质较好，果实整齐度高，商品性好。抗性较强，遗传性状稳定，通过无性繁殖（嫁接）能基本保留母树的性状，命名为'克西'巴旦姆。

良种特性 树势强，半开张，枝条粗壮。一年生枝绿色，多年生枝褐色，老枝和树干树皮带状开裂。叶片披针形，长4.1~7.5cm，宽1.0~2.5cm，绿色。初花期3月29日至4月2日，盛花期4月3~6日，末花期4月7~13日；粉色花，3~5朵轮生于短果枝上，花量多，花型大，花瓣、花萼各5枚，雄蕊30~33个，雌蕊1个，雌雄蕊等高或雌蕊略低于雄蕊0.4~0.6cm。以短果枝结果为主，平均每个母枝上着生18个短果枝，每个结果短枝上着果2~3个；坚果深黄色，纵扁，较大，三径为长3.49cm，宽1.83cm，厚1.19cm；核仁黄褐色，味甜。从开花至果熟需143~148d。果实8月下旬成熟，产量中等。一般栽培条件下，嫁接苗栽植第3年挂果，第5年单株产量可达0.5kg左右，单果重2~2.4g，出仁率50.97%。双仁率低，商品率高。

繁殖和栽培 采用野巴旦或山桃播种；春播、秋播皆可，春播种子需在冬季进行层积处理；出苗后加强肥水管理；于出苗当年8月10日至9月10进行"T"形芽接，接后不剪砧，待第2年春季再剪砧，嫁接未成活的进行补接；8月底停止灌水，促进枝条木质化；嫁接苗高1.5m、地径1.5cm以上时，即可出圃。整个苗期加强病虫害防治。

适宜范围 在新疆南疆扁桃适生区栽植。

'双果'巴旦姆

树种：扁桃 学名：*Amygdalus communis* 'Shuangguo'
类别：优良品种 编号：新S-SV-AC-046-2004
科属：蔷薇科 桃属 申请人：新疆喀什地区林业局、喀什地区林业科学研究所、英吉沙县林业局

良种来源 1976年筛选为优树，代号"新英2号"。经过优良单株汇集、筛选、提纯、扩繁和推广，形成了该品种，命名为'双果'巴旦姆。

良种特性 苗期枝条深棕色，较粗，节间短，直立生长。成年树树形为疏散分层性，树姿开张，枝条粗壮枣色，轮生，节间光滑，树皮暗棕色。叶片窄披针形。花期早，一般3月25日左右开花，3月28日进入盛花期，花期11~13d，花量大，粉红色，开花主要集中在枝条中部，大部分一朵花里有2个柱头（子房），很少有3个子房，将发育成两个双胞胎果实，果实生育期140~145d，果实8月中旬成熟，产量较高，以中、短果枝结果为主，坚果较大，三径平均1.9cm，果面灰白色。一般栽培条件下，嫁接苗栽植第3年挂果，第7年单株产量可达4~5kg，核仁味甜，单果重1.8~2.2g，核仁重0.97~1.2g，出仁率54%，含油量60.9%。该品种早实，丰产性强，抗逆性较强，双仁率低，商品率高。

繁殖和栽培 采用野巴旦或山桃播种；春播、秋播皆可，春播种子需在冬季进行层积处理；出苗后加强肥水管理；于出苗当年8月10日至9月10日进行"T"形芽接，接后不剪砧，待第2年春季再剪砧，嫁接未成活的进行补接；8月底停止灌水，促进枝条木质化；嫁接苗高1.5m、地径1.5cm以上时，即可出圃。整个苗期加强病虫害防治。

适宜范围 在新疆南疆扁桃适生区栽植。

'双薄'巴旦姆

树种：扁桃	学名：*Amygdalus communis* 'Shuangbo'
类别：优良品种	编号：新S-SV-AC-047-2004
科属：蔷薇科 桃属	申请人：新疆喀什地区林业局、喀什地区林业科学研究所、英吉沙县林业局

良种来源 20世纪70年代经过优良单株汇集、筛选、提纯、扩繁和推广，形成了该品种，命名为'双薄'巴旦姆。

良种特性 该品种树姿开张，树形为疏散分层性，成年树树皮暗褐色，枝条较粗壮，灰白色，密生。叶淡绿色，狭披针形。3月27日开花，3月30日进入盛花期，花期12~13d，花型较小，花量中等，白色，花萼、花瓣各为6片，花丝34~41枚。果实8月上旬成熟，该品种以短果枝结果为主，产量高，一般栽培条件下，嫁接苗栽植第3年挂果，第七年单株产量可达4.3kg。坚果较大，圆球形，果面灰白色。核仁味甜，单果重1.6~1.9g，核仁重0.65~0.8g，出仁率40.5%~43.7%，含油量56.8%~57.9%，双仁率占60%~80%。该品种丰产性强，树势中庸，花粉粒大，花粉量多，可作授粉树。

繁殖和栽培 采用野巴旦或山桃播种；春播、秋播皆可，春播种子需在冬季进行层积处理；出苗后加强肥水管理；于出苗当年8月10日至9月10进行"T"形芽接，接后不剪砧，待第2年春季再剪砧，嫁接未成活的进行补接；8月底停止灌水，促进枝条木质化；嫁接苗高1.5m、地径1.5cm以上时，即可出圃。整个苗期加强病虫害防治。

适宜范围 在新疆南疆扁桃适生区栽植。

'麻壳'巴旦姆

树种：扁桃	学名：*Amygdalus communis* 'Make'
类别：优良品种	编号：新S-SV-AC-048-2004
科属：蔷薇科 桃属	申请人：新疆喀什地区林业局、喀什地区林业科学研究所、英吉沙县林业局

良种来源 1976年筛选为优树，代号'新英4号'。经过优良单株汇集、筛选、提纯、扩繁和推广，形成了该品种，命名为'麻壳'巴旦姆。

良种特性 树势开张，自然圆头形，枝条较粗，树皮灰褐色。果实8月下旬成熟，产量中等，一般栽培条件下，嫁接苗栽植第3年挂果，第5年单株产量可达0.5~1kg。坚果大，三径分别为长3.28cm，宽1.81cm，厚1.28cm，果壳松软，果面上有像人工刻画的麻点。单果重2.3~2.5g，核仁重1~1.2g，出仁率43.5%~48.7%，含油量57.7%，早实。

繁殖和栽培 采用野巴旦或山桃播种；春播、秋播皆可，春播种子需在冬季进行层积处理；出苗后加强肥水管理；于出苗当年8月10日至9月10进行"T"形芽接，接后不剪砧，待第2年春季再剪砧，嫁接未成活的进行补接；8月底停止灌水，促进枝条木质化；嫁接苗高1.5m、地径1.5cm以上时，即可出圃。整个苗期加强病虫害防治。

适宜范围 在新疆南疆扁桃适生区栽植。

'麻壳'巴旦姆

'寒丰'巴旦姆

树种：扁桃	学名：*Amygdalus communis* 'Hanfeng'
类别：优良品种	编号：新S-SV-AC-049-2004
科属：蔷薇科 桃属	申请人：新疆喀什地区林业局、喀什地区林业科学研究所、英吉沙县林业局

良种来源 20世纪70年代，经过优良单株汇集、筛选、提纯、扩繁和推广，形成了该品种，命名为'寒丰'巴旦姆。

良种特性 树姿开张。花白色，叶绿色，披针形，果实8月下旬成熟，产量高，坚果较大，近圆形，浅褐色。该品种以短果枝结果为主，产量中等，一般栽培条件下，嫁接苗栽植第4年挂果，第7年单株产量可达4.2kg。核仁味甜，果型中大，单果重1.7~2.0g，核仁重0.7~0.8g，出

仁率40%~41.1%，含油量58.4%~59.5%。

繁殖和栽培 采用野巴旦或山桃播种；春播、秋播皆可，春播种子需在冬季进行层积处理；出苗后加强肥水管理；于当年8月10日至9月10进行"T"形芽接，接后不剪砧，待第2年春季再剪砧，嫁接未成活的进行补接；8月底停止灌水，促进枝条木质化；嫁接苗高1.5m、地径1.5cm以上时，即可出圃。整个苗期加强病虫害防治。

适宜范围 在新疆南疆扁桃适生区栽植。

'小软壳(14号)'巴旦姆

树种：扁桃   学名：*Amygdalus communis* 'Xiaoruanke-14'

类别：优良品种   编号：新S-SV-AC-051-2004

科属：蔷薇科 桃属   申请人：新疆林业科学研究院、莎车县林业局、莎车县二林场

良种来源 该品种是在新疆20世纪70年代扁桃种质资源普查的基础上，于1984年建立品种类型汇集圃，进一步筛选优株，1986年定为优选对象，命名为'小软壳(14号)'巴旦姆。

良种特性 树体生长中庸，树形过开张，有部分下垂。丰产性和连续结果能力极强；叶片薄而大，稍扭曲；果实较圆，成熟较早；坚果壳极薄，包被较完整；果仁饱满，出仁率极高，达到66%～70%；仁味香甜，品质极佳。坚果长3cm，宽1.8cm，厚1.1cm，单果重1.5g；壳菱形，表面较光，壳厚0.5mm，单粒仁重1g以上，果仁形指数2.0。较耐土壤贫瘠和大气干旱，具有一定的耐盐碱能力，在－21.5℃下能安全越冬。盛果期亩产80～100kg。

繁殖和栽培 山桃砧木嫁接，采用"T"形芽接法育苗。栽植时应注意主授品种的合理搭配，主、授品种以1∶1的比例，成行栽植较为适宜。加强水肥管理。进行病虫害管理(主要是大球蚧)。

适宜范围 在新疆南疆扁桃适生区种植。

晋扁2号扁桃

树种：扁桃	学名：*Amygdalus communis* L.
类别：品种	编号：晋S-SV-AC-003-2005
科属：蔷薇科 桃属	申请人：山西省农科院果树研究所

良种来源 从意大利引种，经实生选育而来。

良种特性 果实扁半月形，成熟后呈灰绿色，表面被有短而密的绒毛，果实长×宽×厚为42.2mm×28.7mm×25.9mm。坚果呈半月形，偏扁，浅褐色，表面光滑，长×宽×厚为39.7mm×23.9mm×15.2mm，平均坚果重4.0g，壳厚2.2mm，种仁饱满，整齐度一致，长卵圆型，平均果仁重1.6g，味香甜，出仁率40.0%，无双仁，品质优良。产量高，嫁接后第3年开始结果，第5年进入盛果初期，产量（坚果）为726kg/hm^2，第7年进入盛果期，产量（坚果）为1575kg/hm^2。抗冻性较强。

繁殖和栽培 嫁接繁殖。应选择背风向阳、土壤肥沃、排水良好的丘陵坡地；栽植密度以825株/hm^2（株行距为3m×4m）为宜，栽植要配置授粉树晋扁4号，配置比例为3:1或2:1树形可选用自然开心形、纺锤形等丰产树形。

适宜范围 山西省中、南部及类似气候地区栽培。

晋扁3号扁桃

树种：扁桃
类别：优良无性系
科属：蔷薇科 桃属

学名：*Amygdalus communis* L.
编号：晋S-SC-AC-009-2006
申请人：山西省农科院果树研究所

良种来源 从意大利引进品种，经自然杂交的种子实生培育。

良种特性 果实扁圆形，成熟后呈深灰绿色，表面被有短而密的绒毛，果实长×宽×厚为36.9mm×28.4mm×24.3mm。坚果呈扁圆形，浅褐色，表面有较深凹点，长×宽×厚为31.0mm×22.4mm×15.5mm，平均坚果重3.20g，壳厚2.8mm，种仁饱满，近圆形，整齐度一致，平均果仁重1.07g，味香甜，出仁率33.3%，无双仁，品质优良，属加工品种。结果早，产量较高。

繁殖和栽培 嫁接繁殖，山桃或毛桃做砧木。应选择背风向阳、土壤肥沃、排水良好的丘陵坡地；栽植密度以（3~4）m×（4~5）m为宜，栽植要配置3∶1或2∶1授粉树'晋扁1号''晋扁2号'或混植；树形可选用自然开心形或改良纺锤形。粘重土壤、排水不良地块不宜栽植。

适宜范围 山西省中、南部及生态条件类似地区栽培。

晋扁3号

'浓帕烈'

树种：扁桃	学名：*Amygdalus communis* 'Nonpareil'
类别：引种驯化品种	编号：新S-ETS-AC-001-2013
科属：蔷薇科 桃属	申请人：新疆林业科学研究院、新疆农业科学院园艺作物研究所、
	喀什地区林业局、莎车县林业局、莎车县纽仕达农林科技有限公司

良种来源 2002年由新疆林业科学研究院、新疆农业科学院园艺作物研究所、莎车县纽仕达农林科技有限公司从美国加州大学戴维斯分校果树资源圃引进美国扁桃18个品种。

良种特性 在莎车县引种区4月3日始花，坚果8月下旬成熟；树体高大，树形开张，成枝力强，有短枝和一年生枝结果的习性。坚果壳极薄且有露仁现象，易受虫害和鸟类啄食，不宜长期贮藏。产量高，品质佳。

繁殖和栽培 嫁接繁殖（芽接或枝接）。砧木采用桃砧、桃巴旦砧或本砧，砧木嫁接部位直径要求0.8cm以上。

适宜范围 新疆喀什地区扁桃适生区及类似条件的地区均可栽植。

'索诺拉'

树种：扁桃
类别：引种驯化品种
科属：蔷薇科 桃属

学名：*Amygdalus communis* 'Sonora'
编号：新S-ETS-AC-002-2013
申请人：新疆农业科学院园艺作物研究所、新疆林业科学研究院、
喀什地区林业局、莎车县林业局、莎车县纽仕达农林科技有限公司

良种来源　2002年由新疆林业科学研究院、新疆农业科学院园艺作物研究所、莎车县纽仕达农林科技有限公司从美国加州大学戴维斯分校果树资源圃引进美国扁桃18个品种。

良种特性　在莎车县引种区4月1日始花，坚果10月上中旬成熟；树体比'浓帕烈'略小，生长旺盛，直立开张，树形呈圆冠形。坐果率高，有一年生枝大量结果的习性，幼树结果早，盛果期仍保持高产。坚果壳中厚偏薄，但不易受虫害和鸟类啄食，耐贮存。

繁殖和栽培　嫁接繁殖（芽接或枝接）。砧木采用桃砧、桃巴旦砧或本砧，砧木嫁接部位直径要求0.8cm以上。

适宜范围　新疆喀什地区扁桃适生区及类似条件的地区均可栽植。

'特晚花浓帕烈'

树种：扁桃	学名：*Amygdalus communis* 'Tewanhuanonpareil'
类别：引种驯化品种	编号：新S-ETS-AC-003-2013
科属：蔷薇科 桃属	申请人：新疆林业科学研究院、新疆农业科学院园艺作物研究所、 喀什地区林业局、莎车县林业局、莎车县纽仕达农林科技有限公司

良种来源 2002年由新疆林业科学研究院、新疆农业科学院园艺作物研究所、莎车县纽仕达农林科技有限公司从美国加州大学戴维斯分校果树资源圃引进'美国扁桃'18个品种。

良种特性 在莎车县引种区4月11日始花；树体高大，直立开张，产量较高。坚果8月下旬成熟，核壳薄，核仁平滑，大小均匀，但不宜长期贮藏。外观好，品质优，口感极佳、风味好，单仁率高，商品率高。

繁殖和栽培 嫁接繁殖（芽接或枝接）。砧木采用桃砧、桃巴旦砧或本砧，砧木嫁接部位直径要求0.8cm以上。

适宜范围 新疆喀什地区扁桃适生区及类似条件的地区均可栽植。

'卢比'

树种：扁桃	学名：*Amygdalus communis* 'Ruby'
类别：引种驯化品种	编号：新S-ETS-AC-004-2013
科属：蔷薇科 桃属	申请人：新疆林业科学研究院、新疆农业科学院园艺作物研究所、
	喀什地区林业局、莎车县林业局、莎车县纽仕达农林科技有限公司

良种来源 2002年由新疆林业科学研究院、新疆农业科学院园艺作物研究所、莎车县纽仕达农林科技有限公司从美国加州大学戴维斯分校果树资源圃引进'美国扁桃'18个品种。

良种特性 在莎车县引种区4月9日始花；树体高大，直立开张，树形与米星相似，表现为大量短枝结果习性、产量高，随着树龄增大，树势会逐渐减衰弱；属中软壳品种，核壳封闭严；果仁外形类似'浓帕烈'中等偏小，品质一般。

繁殖和栽培 嫁接繁殖（芽接或枝接）。砧木采用桃砧、桃巴旦砧或本砧，砧木嫁接部位直径要求0.8cm以上。

适宜范围 新疆喀什地区扁桃适生区及类似条件的地区均可栽植。

米星

树种：扁桃　　　　　　　　学名：*Amygdalus communis* 'Mission'

类别：引种驯化品种　　　　编号：新S-ETS-AC-005-2013

科属：蔷薇科　桃属　　　　申请人：新疆林业科学研究院、新疆农业科学院、喀什地区林业局、
　　　　　　　　　　　　　　　　　莎车县林业局、莎车县纽仕达农林科技有限公司

良种来源　2002年由新疆林业科学研究院、新疆农业科学院园艺作物研究所、莎车县纽仕达农林科技有限公司从美国加州大学戴维斯分校果树资源圃引进'美国扁桃'18个品种。

良种特性　在莎车县引种区4月4日始花，坚果10月上中旬成熟；树体高大，直立开张，开花晚，幼树生长旺盛，表现为短枝结果，高产。坚果壳中厚，果核封闭较好，不易受虫害和鸟类啄食，光滑，便于贮存，适宜加工。

繁殖和栽培　嫁接繁殖（芽接或枝接）。砧木采用桃砧、桃巴旦砧或本砧，砧木嫁接部位直径要求0.8cm以上。

适宜范围　新疆喀什地区扁桃适生区及类似条件的地区均可栽植。

'弗瑞兹'

树种：扁桃　　　　　　　学名：*Amygdalus communis* 'Fritz'

类别：引种驯化品种　　　编号：新S-ETS-AC-006-2013

科属：蔷薇科 桃属　　　　申请人：新疆农业科学院园艺作物研究所、新疆林业科学研究院、

　　　　　　　　　　　　　　　　喀什地区林业局、莎车县林业局、莎车县纽仕达农林科技有限公司

良种来源　2002年由新疆林业科学研究院、新疆农业科学院园艺作物研究所、莎车县纽仕达农林科技有限公司从美国加州大学戴维斯分校果树资源圃引进'美国扁桃'18个品种。

良种特性　在莎车县引种区4月3日始花，坚果9月下旬成熟；树体直立，开张，长势健壮且中庸，有一年生枝结果的习性；核壳软，包被完整，核仁稍小。不易受虫害和鸟类啄食危害；易采收。

繁殖和栽培　嫁接繁殖（芽接或枝接）。砧木采用桃砧、桃巴旦砧或本砧，砧木嫁接部位直径要求0.8cm以上。

适宜范围　新疆喀什地区扁桃适生区及类似条件的地区栽植。

'汤姆逊'

树种：扁桃	学名：*Amygdalus communis* 'Thompson'
类别：引种驯化品种	编号：新S-ETS-AC-007-2013
科属：蔷薇科 桃属	申请人：新疆农业科学院园艺作物研究所、新疆林业科学研究院、
	喀什地区林业局、莎车县林业局、莎车县纽仕达农林科技有限公司

良种来源　2002年由新疆林业科学研究院、新疆农业科学院园艺作物研究所、莎车县纽仕达农林科技有限公司从美国加州大学戴维斯分校果树资源圃引进'美国扁桃'18个品种。

良种特性　在莎车县引种区4月6日开花，坚果10月下旬成熟；树体中庸，树形直立，树冠中等，短枝生长茂盛；坚果核壳薄，果仁中等偏小，单仁率高，产量高且稳定，易受脐橙螟和非侵袭形芽坏死病。

繁殖和栽培　嫁接繁殖（芽接或枝接）。砧木采用桃砧、桃巴旦砧或本砧，砧木嫁接部位直径要求0.8cm以上。

适宜范围　新疆喀什地区扁桃适生区及类似条件的地区栽植。

'尼普鲁斯'

树种：扁桃	学名：*Amygdalus communis* 'Nepulusultra'
类别：引种驯化品种	编号：新S-ETS-AC-008-2013
科属：蔷薇科 桃属	申请人：新疆林业科学研究院、莎车县纽仕达农林科技有限公司、
	新疆农业科学院园艺作物研究所、喀什地区林业局、莎车县林业局

良种来源 2002年由新疆林业科学研究院、新疆农业科学院园艺作物研究所、莎车县纽仕达农林科技有限公司从美国加州大学戴维斯分校果树资源圃引进'美国扁桃'18个品种。

良种特性 在莎车县引种区4月1日开花，坚果9月下旬成熟；树体高大，开张，童期较短，结果早，成枝力强，有生出大量短枝和一年生侧枝结果的习性；对水压敏感，坚果和芽易脱落，是浓帕烈最好的授粉树；坚果属软壳类型，核壳薄，封闭严且包被完整，不易受虫害和鸟类啄食危害；出仁率及产量高，坚果和芽易脱落。

繁殖和栽培 嫁接繁殖（芽接或枝接）。砧木采用桃砧、桃巴旦砧或本砧，砧木嫁接部位直径要求0.8cm以上。

适宜范围 新疆喀什地区扁桃适生区及类似条件的地区栽植。

'布特'

树种：扁桃	学名：*Amygdalus communis* 'Buute'
类别：引种驯化品种	编号：新S-ETS-AC-009-2013
科属：蔷薇科 桃属	申请人：新疆林业科学研究院、莎车县纽仕达农林科技有限公司、新疆农业科学院园艺作物研究所、喀什地区林业局、莎车县林业局

良种来源 2002年由新疆林业科学研究院、新疆农业科学院园艺作物研究所、莎车县纽仕达农林科技有限公司从美国加州大学戴维斯分校果树资源圃引进'美国扁桃'18个品种。

良种特性 在生产上可作为米星的授粉树种植；在莎车县引种区4月1日开花，树体高大、开张，生长旺盛，有短枝和一年生枝结果的优势，产量较高；坚果较小，壳薄且软，包被完整，不易受虫蛀或鸟害，收获期在浓帕烈之后、米星之前，商品率高。

繁殖和栽培 嫁接繁殖（芽接或枝接）。砧木采用桃砧、桃巴旦砧或本砧，砧木嫁接部位直径要0.8cm以上。

适宜范围 新疆喀什地区扁桃适生区及类似条件的地区均可栽植。

'索拉诺'

树种：扁桃
类别：引种驯化品种
科属：蔷薇科 桃属

学名：*Amygdalus communis* 'Solano'
编号：新S-ETS-AC-010-2013
申请人：新疆农业科学院园艺作物研究所、新疆林业科学研究院、喀什地区林业局、莎车县林业局、莎车县纽仕达农林科技有限公司

良种来源 2002年由新疆林业科学研究院、新疆农业科学院园艺作物研究所、莎车县纽仕达农林科技有限公司从美国加州大学戴维斯分校果树资源圃引进'美国扁桃'18个品种。

良种特性 在莎车县引种区4月2日始花，坚果10月上中旬成熟；树体高大，直立、开张，其成枝力强，有一年生枝大量结果的习性；核壳软，壳中厚偏薄；核仁稍小，平滑饱满，外观好，品质优，单仁率高；产量极高，但机械采取困难。

繁殖和栽培 嫁接繁殖（芽接或枝接）。砧木采用桃砧、桃巴砧或本砧，砧木嫁接部位直径要求0.8cm以上。

适宜范围 新疆喀什地区扁桃适生区及类似条件的地区均可栽植。

'卡买尔'

树种：扁桃	学名：*Amygdalus communis* 'Carmel'
类别：引种驯化品种	编号：新S-ETS-AC-011-2013
科属：蔷薇科 桃属	申请人：新疆林业科学研究院、莎车县纽仕达农林科技有限公司、 新疆农业科学院园艺作物研究所、喀什地区林业局、莎车县林业局

良种来源 2002年由新疆林业科学研究院、新疆农业科学院园艺作物研究所、莎车县纽仕达农林科技有限公司从美国加州大学戴维斯分校果树资源圃引进'美国扁桃'18个品种。

良种特性 在莎车县引种区4月3日开花，花期介于浓帕烈和米星之间，坚果10月上旬成熟；树势中等，树姿直立，树冠圆头形或圆锥形，小枝平滑无毛。幼树结果早，产量高；随着树势下降，产量也逐渐下降。坚果整齐美观，核壳厚实且软，其坚果对蛀虫损害的抗性非常高，不易受虫害和鸟类啄食危害。

繁殖和栽培 嫁接繁殖（芽接或枝接）。砧木采用桃砧、桃巴旦砧或本砧，砧木嫁接部位直径要求0.8cm以上。

适宜范围 新疆喀什地区扁桃适生区及类似条件的地区均可栽植。

晋薄1号

树种：扁桃
类别：优良无性系
科属：蔷薇科 桃属

学名：*Amygdalus communis* L. 'jinbo1'
编号：晋S-SC-AC-025-2014
申请人：山西省农业科学院果树研究所

良种来源 从'晋扁1号'后代群体中选育出的扁桃优系。

良种特性 坚果呈扁椭圆形，黄褐色，长×宽×厚为30.4mm×16.6mm×11.0mm，平均坚果重1.12g，果壳薄，壳厚1.2mm，种仁长椭圆形，饱满，整齐一致，平均仁重0.79g，风味甜香，品质优良，出仁率高（71%），基本无双仁，商品性好。成熟期早（7月底~8月初），商品性好。树体生长势中庸，树姿较开张，丰产。嫁接苗第2年开始结果，第7年进入盛果期，亩可产坚果240kg。

繁殖和栽培 无性嫁接繁殖，用山桃作砧木，采用春季或夏秋季嵌芽接、芽接、插皮接、劈接等方法进行嫁接育苗繁殖。宜选择排水良好、土层较深厚的平地及背风向阳的丘陵坡地栽培，平地的栽植密度以55株/亩（株行距为3m×4m）为宜，须配置授粉树，授粉品种以派锥为宜，主栽品种与授粉品种配置比例为2：1或3：1，树形可选用自然开心形等丰产树形，平地栽培宜采用高畦旱作栽培管理技术，坡地栽培宜采用鱼鳞坑、覆膜等旱作栽培管理技术，管理中注意避免机械和人为造成损伤，防治虫害，预防冻害，减少伤口流胶，盛果期应补充树体营养，加强施肥管理，如遇到倒春寒天气，应采取熏烟、灌水等防寒抗冻措施，坡地栽培应选择背风向阳地块，降雨过多的年份，在果皮初裂期及时分批采收，烘干。

适宜范围 适宜在山西省南部地区海拔1300m以下、年平均温度9.1℃以上、极端最低温度-20℃以上、年无霜期170d以上及类似生态区种植。

榆林长柄扁桃（种源）

树种：长柄扁桃	学名：*Amydalus pedunculata* Pall. 'Yulin chang bing bian tao.'
类别：优良种源	编号：陕S-SP-AP-008-2013
科属：蔷薇科 桃属	申请人：榆林市林木种苗工作站

良种来源 陕西省榆林市原生树种。

良种特性 落叶灌木。树势强健。分枝力强。丛生，高1~2m，小枝浅褐色至暗灰褐色。短枝上叶密集簇生，一年生枝上叶互生。叶片长椭圆形，正面深绿色，背面浅绿色。花期4月中下旬~5月初，花单生，先于叶开放，花筒宽中型，花瓣近圆形，粉红色、白色或红色。7月上旬果实成熟，暗红色，果肉薄，成熟时开裂。坚果卵圆形或长椭圆形。种仁宽卵形，棕黄色，含油率45%~52%，粗蛋白含量15%~30%，苦杏仁苷含量3.20%。耐寒、耐旱、耐瘠薄、耐风蚀。造林绿化、经济林兼用树种。

繁殖和栽培 实生繁育。多采用秋播，立冬前，将种子用45℃温水侵泡6~8h后直接播种，播种量600kg/hm² 左右，产苗量控制在37.5~45.0万株/hm²。秋季选择植被盖度在20%~65%的半固定沙地、覆沙黄土地或黄土地造林。栽植1年生苗，苗高≥35cm，地径≥03cm，截杆，蘸泥浆，地面部分留5~10cm，栽植密度为3300株/hm²。生产中常采用与紫穗槐混交造林，可有效预防多种病虫害发生。

适宜范围 适宜海拔1000~1600m，年平均气温8.2℃左右，年降水量414.4mm左右，无霜期156d左右的毛乌素沙漠南缘栽植。

蒙古扁桃

树种：蒙古扁桃
类别：驯化树种
科属：蔷薇科 桃属

学名：*Amygdalus mongolica* Maxim.
编号：宁S-ETS-AM-002-2014
申请人：宁夏林业研究所股份有限公司、种苗生物工程国家重点实验室

良种来源 为国家Ⅲ级保护植物。从宁夏贺兰山东麓榆树沟、苏峪口两地引进自然生长的优良株系，在宁夏林业研究所实验基地银川植物园开展驯化工作。

良种特性 落叶灌木，高1~2m，枝条开展，多分枝，小枝顶端呈枝刺。叶片宽椭圆形、近圆形或倒卵形。花单生，稀数簇生于短枝上，花梗极短，萼筒钟形。花瓣倒卵形，粉红色。果实宽卵球形，顶端具急尖头，外面密被柔毛，果梗短。果肉薄，成熟时开裂，离核。核卵形，顶端具小尖头，基部两侧不对称，腹缝压扁，背缝不压扁，表面光滑，具浅沟纹，无孔穴。种仁扁宽卵形，浅棕揭色。3月下旬叶萌动，4月初开花，5月上中旬大量展叶，7月初种子成形，7月下旬种子成熟，高径生长结束，顶芽形成，8月上旬为落果期，9月末叶变色，11月初全部落叶。造林绿化树种，亦可用于园林观赏。喜光，耐热、耐寒、耐瘠薄，在最低-33℃、最高40℃，pH值8.5~9.0，有机质含量0.02%~0.12%的沙地上仍能正常生长。

繁殖和栽培 主要通过组织培养和播种繁育等方式进行育苗。以蒙古扁桃幼嫩茎段为外植体进行组织培养，炼苗7~10d后移栽，进行温湿度自动化控制，前7d湿度控制在85%~90%，温度22~26℃，后期炼苗逐步接近自然状态的温湿度条件。播种育苗时，先进行种子消毒，再将种子放入50~70℃的热水中搅拌，待水温自然冷却后浸泡48h。将种子放入0.4%的赤霉素溶液中浸种8h，捞出后以1∶3的种沙比均匀混合，保持30%湿度，在18~25℃条件下层积20d后即可播种。在荒漠地带的石质低山或沙地均可选做造林地，以2年生裸根苗或者容器苗进行植苗造林，栽后立即灌足定根水。

适宜范围 在宁夏贺兰山东麓、灵武市、盐池县、中卫市及固原市等干旱地区均可栽种。

美硕

树种：桃	学名：*Amygdalus persica* 'Meishuo'
类别：优良品种	编号：HEBS2002-2102
科属：蔷薇科 桃属	申请人：河北省农林科学院石家庄果树研究所

良种来源 美硕是以'京玉'桃为亲本，采用实生育种方法选育成的早熟桃树新品种。

良种特性 落叶乔木。果实6月下旬成熟。平均果重237g；果实着色面积可达70%以上，平均可溶性固形物12.62%；果肉致密，粘核，成熟度均匀，较耐贮运。花粉量大，丰产。

繁殖和栽培 嫁接繁殖。以浅山丘陵和山前平原地栽植较好，建园株行距一般4m×5m或5m×6m。需配置授粉树并人工辅助授粉，授粉品种以京艳和燕红为宜。树型多采用开心型。

适宜范围 河北省桃树适宜栽培区。

望春

树种：桃
类别：优良品种
科属：蔷薇科 李属

学名：*Prunus persica* 'Wangchun'
编号：京S-SV-PP-012-2006
申请人：北京市农林科学院农业综合发展研究所

良种来源 优株'89-13-11'自然授粉后代。

良种特性 3月底~4月上旬萌芽，4月中旬开花，7月中旬果实成熟，果实发育期85 d左右，11月上旬落叶，年生育期214 d左右。早熟黄肉甜油桃。果实近圆稍长，果个大，平均果重191.3 g，较大果重249 g；果顶圆平或略有小唇状，梗洼深，广度中等，缝合线浅，两侧对称。果皮光滑无毛，底色黄，近全面着鲜红至玫瑰红色，呈块状或斑、条、纹状，有中等粗度的果点。果肉黄色，硬溶质，硬度中等，耐贮运性良好。风味甜、微香。可溶性固形物含量10.9%，鲜食品质优。半粘核，无裂核。7月9~12日成熟。多年未发现裂果。

繁殖和栽培 采用嫁接繁殖，春季枝接或夏秋季芽接，砧木选用毛桃或山桃。选择排水良好，土层深厚，阳光充足的地块建园。露地栽种行株距以5 m×3 m、4 m×3 m，温室1.2 m×1 m、1.5 m×0.8 m为宜；增施基肥，以有机肥为主，配合磷钾肥。追肥需氮、磷、钾配合，最好于落花后即追施果树专用肥，以提高果品质量；及时夏剪，以改善光照，增进果实着色，果实成熟前可适当摘叶，使果面着色均匀。把好疏果关，促进果实发育；注意防治蚜虫、卷叶虫、红蜘蛛等病虫害。

适宜范围 北京地区。

早露蟠桃

树种：桃	学名：*Prunus persica* 'Zaolupantao'
类别：优良品种	编号：京S-SV-PP-044-2007
科属：蔷薇科 李属	申请人：北京市农林科学院林业果树研究所

良种来源 母本'撒花红蟠桃'，父本'早香玉'，杂交育成。

良种特性 早熟蟠桃品种，果实发育期约63d，6月中旬果实成熟。平均单果重103g，最大果重140g；果实扁平形，果顶凹入，果形整齐，果皮黄白色，果面1/4以上具玫瑰红晕。果肉乳白色，肉质柔软多汁，风味甜，粘核。可溶性固形物平均含量10.0%。树势中庸，树姿半开张。花芽形成好，复花芽多，花芽起始节位低，各类果枝均能结果。花粉多。丰产性好，盛果期平均亩产1500kg以上。

繁殖和栽培

1. 果实发育期短，应在秋后增施有机肥，并加强前期管理。

2. 要早疏果、合理留果，否则果形偏小。

3. 加强采收后的夏季修剪，控制徒长枝，防止郁闭，以利花芽分化。

适宜范围 北京地区。

瑞蟠22号

树种：桃
类别：优良品种
科属：蔷薇科 桃属

学名：*Prunus persica* 'Ruipan ershierhao'
编号：京S-SV-PP-045-2007
申请人：北京市农林科学院林业果树研究所

良种来源 母本'幻想'；父本'瑞蟠4号'，杂交育成。

良种特性 中熟蟠桃品种，果实发育期约112d，8月上旬果实成熟。平均单果重182g，最大果重283g；果实扁平形，果顶凹入，不裂或微裂，梗洼浅而广。果皮黄白色，果面近全面着紫红色晕，不能剥离，绒毛中等厚。果肉黄白色，皮下无红丝，近核处红色素少；硬溶质，汁液较多，纤维细而少，风味甜，硬度较高，粘核。可溶性固形物含量13.0%。树势中庸，树姿半开张。花为蔷薇形，无花粉；花芽形成较好，复花芽多，花芽起始节位低。各类果枝均能结果，自然坐果率高。丰产性强，盛果期平均亩产2000kg以上。抗寒性较强。

繁殖和栽培

1. 三主枝自然开心形整枝株行距3~4m×5m，'Y'型整枝株行距2m×5m。

2. 加强基肥、硬核期追肥和果实迅速膨大期（采收前）追肥等三个最关键时期的施肥管理，在采收前20~30d可叶面喷施0.3%的磷酸二氢钾，根据土壤墒情注意及时灌水。

3. 夏季修剪应注意及时控制背上直立旺枝。

4. 由于无花粉，需配置授粉树或进行人工授粉。合理留果，疏果时优先疏除果顶有自然伤口倾向的果实，尽量不留朝天果，幼树期可适当利用徒长性结果枝结果。

5. 注意防治褐腐病和食心虫等病虫害。

适宜范围 北京地区。

艳丰6号

树种：桃	学名：*Prunus persica* Batch 'Yanfeng Liuhao'
类别：优良品种	编号：京S-SV-PP-057-2007
科属：蔷薇科 桃属	申请人：北京市平谷区人民政府果品办公室

良种来源 平谷区金海湖镇洙水村京艳桃园实生苗。

良种特性 树势中庸，树姿半开张；一年生枝阳面红褐色，背面绿色。叶长椭圆披针形，叶面微向内凹，叶尖微向外卷，叶基楔形近直角；绿色；叶缘为钝锯齿；蜜腺肾形，2~4个。花蔷薇形，粉色；花药橙红色，有花粉；萼筒内壁绿黄色。雌蕊与雄蕊等高或略低。以中长果枝结果为主，盛果期亩产2000kg以上。北京地区一般3月底萌芽，4月中旬盛花，花期1周左右。4月下旬展叶，5月上旬抽梢，9月下旬果实成熟。果实发育期140d左右。10月中下旬落叶，生育期200d左右。

果实近圆形，果个均匀；平均单果重275g，大果重600g。果实纵径8.17cm，横径9.12cm，侧径8.16cm，果顶平微凹；缝合线浅，梗洼深而广，果皮底色为淡绿色，果面全红着红色晕，茸毛中等。果皮中等厚，不能剥离。果肉白色，皮下无红丝，近核处红色。肉质为硬溶质，汁中等，风味酸甜，有淡香味。核较小，离核。可溶性固形物含量13%。

繁殖和栽培

1. 整形修剪：采用三主枝自然开心形整枝，株行距4m×6m或"Y"型整枝株行距3m×6m。注意加强夏季修剪，尤其是采收后，及时控制背上直立旺枝，改善通风透光条件，促进花芽分化。

2. 肥水管理：一年中前期追肥以氮肥为主，磷、钾配合使用，促进枝叶生长，后期追肥以钾肥为主，配合磷肥，尤其在采收前20~30d（果实膨大期）可在叶面喷0.3%的KH_2PO_4，以增大果个，促进着色，增加含糖量，提高品质。秋施基肥应适量加施氮、磷、钾化肥，以增加树体营养，提高翌年坐果率。成熟前注意加强肥水管理，水分不足底部易萎。

3. 花果管理：疏果时尽量不留朝天果，防止雨季果顶积水和尘土。主枝上部适当多留果，亩留果量10000~11000个左右。徒长性结果枝坐果良好，幼树期可适当利用徒长性结果枝结果。亩产量控制在2500kg左右为宜。

4. 病虫害防治：主要防治蚜虫、红蜘蛛、根霉软腐病和褐腐病等为害。

5. 适时采收：当果皮底色已变白，果实表现出固有的风味即可采收；为提高贮藏性，采收时带果柄。

适宜范围 北京地区。

红岗山桃

树种：桃
类别：品种
科属：蔷薇科 桃属

学名：*Amygdalus persica* 'Honggang Shantao'
编号：冀S-SV-PP-005-2007
申请人：满城县苗圃

良种来源 保定市满城县翟家佐村村民1972年在1969年定植的岗山白桃园中发现的桃树优良单株，亲本不详。

良种特性 落叶乔木。果实个大，平均单果重298g。果实扁圆形，套袋果实底色黄白色、彩色粉红；非套袋果实底色黄白色，彩色玫瑰红色，着色度30%~60%；果顶凹陷，缝合线较深，茸毛较少，果肉白色，有少量红色；果肉硬度较大，11.4kg/cm²，耐贮藏运输；果汁较少，风味酸甜适度，可溶性固形物含量10.6%；粘核，核较小，可食率97%；果实整齐度0.71。果实采收期长，7月下旬~8月下旬均可采收。

繁殖和栽培 嫁接繁殖。以浅山丘陵和山前平原地栽植较好，建园株行距一般4m×5m或5m×6m。需配置授粉树并人工辅助授粉，授粉品种以京艳和燕红为宜。树型多采用开心型，整形修剪要注意平衡树势，最好采用二枝更新法，以防止内膛光秃。

适宜范围 河北省满城县浅山丘陵和山前平原及其与之类似的桃树适宜栽培区。

贺春

树种：桃	学名：*Prunus persica Batsch* 'Hechun'
类别：优良品种	编号：京S-SV-PP-005-2008
科属：蔷薇科 桃属	申请人：北京市农林科学院农业综合发展研究所

良种来源 优株'93-4-37'与'93-4-44'杂交后代。

良种特性 3月底~4月上旬萌芽，4月中旬开花，7月中下旬果实成熟，果实发育期97~99d左右，11月上旬落叶，生育期223d左右。中熟白肉普通桃。果实圆，果型中等大小，平均果重131.1g，较大果重152g。果顶圆平，少数有小唇状，梗洼深，广度窄。缝合线浅，两侧果肉较对称。果皮茸毛稀少，底色白，表面着条状、块状、斑状鲜红-玫瑰红色，色泽艳丽。果肉乳白色，软溶质，硬度较软。口感较细腻，果汁多。风味浓甜、浓香。可溶性固形物含量10.1%~11.2%，鲜食品质优。半粘核，无裂核。北京地区7月22~24日成熟。多年未发现裂果。花为粉色，重瓣，花丝有瓣化现象。花大，直径为5.3cm左右，美观。花瓣数27枚，有花粉。花期长，始花期晚，观赏价值高。

繁殖和栽培 采用嫁接繁殖，春季枝接或夏秋季芽接，砧木选用毛桃或山桃。种植选排水良好，土层深厚，阳光充足的地块建园。露地栽种行株距以5m×3m、4m×3m或以观光园设计规划种植；增施基肥，以有机肥为主，配合磷钾肥。追肥需氮、磷、钾配合，最好于落花后即追施果树专用肥，以提高果品质量；及时夏剪，以改善光照，增进果实着色；为提高该品种观赏性和延长花期，可与早、中花品种搭配种植且冬剪时适量多留果枝。赏花完毕及时追肥和疏除多余枝；注意防治蚜虫、卷叶虫、红蜘蛛等病虫害。

适宜范围 北京地区。

咏春

树种：桃
类别：优良品种
科属：蔷薇科 桃属

学名：*Prunus persica* Batsch 'Yongchun'
编号：京S-SV-PP-006-2008
申请人：北京市农林科学院农业综合发展研究所

良种来源 优株'93-4-37'与'93-4-44'杂交后代。

良种特性 3月底~4月上旬萌芽，4月中旬开花，7月中旬果实成熟，果实发育期90~97d左右，11月上旬落叶，生育期223d左右。中熟白肉普通桃。果实圆正，果个中等，平均果重142g，较大果重180g。度深，广度狭窄，缝合线浅，两侧果肉对称。果皮茸毛稀少，底色绿白，表面着块状、斑状玫瑰红-暗红色，色泽艳丽。果肉乳白色，软溶质，硬度中等。口感较细腻，果汁多。风味浓甜、浓香。可溶性固形物含量11%~11.2%，鲜食品质优。粘核，无裂核。北京地区7月11~17日成熟。花浅红色，重瓣，花瓣数22枚，有花粉。具有较高的观赏价值，花期晚。

繁殖和栽培 采用嫁接繁殖，春季枝接或夏秋季芽接，砧木选用毛桃或山桃。种植选排水良好，土层深厚，阳光充足的地块建园。露地栽种行株距以5m×3m、4m×3m或以观光园设计规划种植；增施基肥，以有机肥为主，配合磷钾肥。追肥需氮、磷、钾配合，最好于落花后即追施果树专用肥，以提高果品质量；及时夏剪，以改善光照，增进果实着色；为提高该品种观赏性和延长花期，可与早、中花品种搭配种植且冬剪时适量多留果枝。赏花完毕及时追肥和疏除多余枝；注意防治蚜虫、卷叶虫、红蜘蛛等病虫害。

适宜范围 北京地区。

知春

树种：桃	学名：*Prunus persica* 'Zhichun'
类别：优良品种	编号：京S-SV-PP-004-2009
科属：蔷薇科 桃属	申请人：北京市农林科学院农业综合发展研究所

良种来源　优株'87-7-1'与油桃'早红2号'杂交后代。

良种特性　3月底~4月上旬萌芽，4月中旬开花，7月中旬果实成熟，果实发育期93~96d左右，11月上旬落叶，生育期225d左右。中熟白肉普通桃。果实近圆稍扁，果型大，平均果重255.2g，较大果重290g。果顶圆平，微凹，梗洼深，广度中。缝合线浅，两侧果肉较对称。果皮茸毛中，底色乳白，表面着条状、块状、斑状鲜红-玫瑰红色，色泽艳丽。果肉乳白色、硬溶质，硬度较硬。口感较细腻，果汁多。风味浓甜、中香。可溶性固形物含量10.0%~11.0%，鲜食品质近优。半粘核，无裂核。北京地区7月18~20日成熟。多年未发现裂果。花为蔷薇型，粉色，重复瓣，花瓣数13~15枚；花径大，直径5.5cm，花美艳丽；花期约10~12d，属中花系，有花粉。

繁殖和栽培　采用嫁接繁殖，春季枝接或夏秋季芽接，砧木选用毛桃或山桃。种植选排水良好，土层深厚，阳光充足的地块建园。露地栽种行株距以5m×3m、4m×3m或以观光园设计规划种植；增施基肥，以有机肥为主，配合磷钾肥。追肥需氮、磷、钾配合，最好于落花后即追施果树专用肥，以提高果品质量；及时夏剪，以改善光照，增进果实着色；为提高该品种观赏性和延长花期，可与早、晚花品种搭配种植且冬剪时适量多留果枝。赏花完毕及时追肥和疏除多余枝；注意防治蚜虫、卷叶虫、红蜘蛛等病虫害。

适宜范围　北京地区。

美锦

树种：桃
类别：品种
科属：蔷薇科 桃属

学名：*Amygdalus persica* 'Meijin'
编号：冀S-SV-PP-028-2009
申请人：河北省农林科学院石家庄果树研究所

良种来源 石家庄果树研究所利用京玉自交选育而成。

良种特性 落叶乔木。果个大，平均果重240g，最大果重310g。果形圆整，缝合线浅，两半部对称。果皮底色黄色，果实着鲜艳红色，着色度60%。风味甜，有香味，可溶性固形物含量12.6%。果肉黄色，类胡萝卜素含量16.9mg/kg。核小，离核，食用方便。果肉细腻，鲜食品质佳。果实采收时带皮硬度为25kg/cm^2，常温下可贮藏10d以上。成熟期7月下旬~8月上旬，果实发育期100~105d，长、中、短果枝均可结果。花粉量大，自花结实率和自然坐果率分别达62.1%和64.3%，产量高。盛果期树产量为2375kg/667m^2。

繁殖和栽培 嫁接繁殖，适宜砧木为毛桃或山桃。幼树冬剪要轻，一般每年进行4次夏季修剪。进入结果期的树要注意培养结果枝组。果实生长期要及时疏花、疏果。果实成熟前，要进行适度疏枝和摘心。注意增施有机肥和磷钾肥。无特殊的病虫害，以农业防治、物理防治和生物防治为主，以化学防治为辅。

适宜范围 河北省石家庄市区、临漳县、辛集市、乐亭县及其他生态条件类似地区推广栽培。

忆春

树种：桃	学名：*Prunus persica Batsch.* cv. 'yichun'
类别：优良品种	编号：京S-SV-PP-012-2010
科属：蔷薇科 桃属	申请人：北京市农林科学院农业综合发展研究所

良种来源 优株'87-7-1'与油桃'早红2号'杂交后代。

良种特性 3月底~4月上旬萌芽，4月中旬开花，7月中旬果实成熟，果实发育期93~96d左右，11月上旬落叶，生育期225d左右。中熟白肉普通桃。果实近圆稍扁，果型大，平均果重255.2g，较大果重290g。果顶圆平，微凹，梗洼深，广度中。缝合线浅，两侧果肉较对称。果皮茸毛中，底色乳白，表面着条状、块状、斑状鲜红–玫瑰红色，色泽艳丽。果肉乳白色，硬溶质，硬度较硬。口感较细腻，果汁多。风味浓甜、中香。可溶性固形物含量10.0%~11.0%，鲜食品质近优。半粘核，无裂核。北京地区7月18~20日成熟。多年未发现裂果。花为蔷薇型，粉色，重复瓣，花瓣数13~15枚；花径大，直径5.5cm，花美艳丽；花期约10~12d，属中花系，有花粉。

繁殖和栽培 采用嫁接繁殖，春季枝接或夏秋季芽接，砧木选用毛桃或山桃。种植选排水良好，土层深厚，阳光充足的地块建园。露地栽种行株距以5m×3m、4m×3m或以观光园设计规划种植；增施基肥，以有机肥为主，配合磷钾肥。追肥需氮、磷、钾配合，最好于落花后即追施果树专用肥，以提高果品质量；及时夏剪，以改善光照，增进果实着色；为提高该品种观赏性和延长花期，可与早、晚花品种搭配种植且冬剪时适量多留果枝。赏花完毕及时追肥和疏除多余枝；注意防治蚜虫、卷叶虫、红蜘蛛等病虫害。

适宜范围 北京地区。

金秋蟠桃

树种：桃
类别：优良品种
科属：蔷薇科 桃属

学名：*Prunus persica* 'Jinqiupantao'
编号：京S-SV-PP-013-2010
申请人：北京市农林科学院农业综合发展研究所

良种来源 优株'89-15-7'与蟠桃'NJF2'的杂交后代。

良种特性 在北京地区4月上旬萌芽，4月中下旬开花，8月中旬果实成熟，果实发育期120d左右，10月下旬~11月旬落叶，生育期210d左右。中晚熟黄肉蟠桃。果实扁平，果型大，平均果重170.8g，较大果重247.0g。果形正，果顶平，中心微凹，正常年份中心无裂或有轻度的愈痕，雨水较多的年份80%果顶有小于1cm的'一'字形开裂，无胶；裂顶超过1cm的果比例低于10%，腹背比5∶6。梗洼浅而广。缝合线浅，两侧果肉较对称。果皮茸毛稀疏，底色黄，全面着鲜红色。果肉黄色，硬溶质，硬度较硬，口感较细腻。风味浓甜、微香。可溶性固形物含量11%~12%，鲜食品质优。核小，半离，无裂核。北京地区8月11~17日成熟。有花粉。

繁殖和栽培 采用嫁接繁殖，春季枝接或夏秋季芽接，砧木选用毛桃或山桃。种植选排水良好，土层深厚，阳光充足的地块建园；增施基肥，以有机肥为主，配合磷钾肥。追肥需氮、磷、钾配合，最好于落花后即追施果树专用肥，以提高果品质量；及时夏剪，以改善光照，增进果实着色；幼龄树控制生长，冬季修剪时在留有预备枝的情况下，采用长枝修剪技术；加强果实管理，适度疏果，并采取套袋措施，改善果实外观，防治桃蛀螟等蛀果害虫危害。

适宜范围 北京地区。

中农红久保

树种：桃

类别：优良品种

科属：蔷薇科 桃属

学名：*Prunus persica* 'Zhongnonghongjiubao'

编号：京S-SV-PP-014-2010

申请人：中国农业大学

良种来源 大久保实生后代。

良种特性 该品种系大久保自然实生后代，树姿开张，树势中庸。果实圆形，果顶圆平，底色浅绿，平均单果重187.8g，梗洼深、宽。果肉白色，硬溶质。可溶性固形物13.8%，可溶性总糖9.75%、滴定酸0.37%。充分成熟果肉硬度3.95kg/cm^2。风味甜，离核，核椭圆形，核重4.9g。自花结实率高，丰产性强，果面着色好，果实风味浓，果肉硬度较大，耐运输，树体、花芽抗寒性均强。

繁殖和栽培

1. 建园与定植：适宜的栽植株行距为2~3m×4~5m，667m^{2}定植44~83株。北京地区适宜定植时期为4月上旬。2m×4m株行距建园于定植前挖0.6m宽深定植沟，每施入腐熟有机肥5~7m^3；3m×4m，3m×5m株行距建园于定植前挖0.6m宽深定植穴，施入腐熟有机肥4~5m^3。定植沟穴回填后浇透水沉实土壤。定植后距地面0.5~0.6m定干，树下覆1m^{2}地膜，自定干剪口处套聚乙烯防虫套，防虫套下口直达地面，覆土掩实。

2. 整形修剪：适宜树形为三主枝开心型和V字型，3m×4m，3m×5m株行距可采用三主枝开心形，2m×4m株行距可采用V字形整形。

幼树期通过修剪促发二次枝，迅速增加枝量，增加树冠的覆盖率。进入结果期后通过修剪调整枝组的位置和枝类比，结果枝总数4500~6000个/667m^2，长、中、短果枝比例5：3：2，控制负载量，保证良好的通风透光条件。

该品种萌芽率高，成枝力强，根据这一特点，夏季修剪每年宜进行4~5次。第1次于5月上~中旬花后新梢迅速生长期进行，调整新梢留量和选留新少的生长方向，抹除背上旺长新梢、双芽新梢。第2次夏季修剪在5月下旬~6月初进行，清理内膛徒长枝，疏除过密、过旺、竞争枝，对长度超过50cm的进行摘心。第3次夏季修剪于6月下旬~7月上旬进行，主要对各类果枝摘心，疏除内膛密枝、旺枝、徒长枝。第4次8月上~中旬进行，对全树所有生长点进行摘心，对上次摘心后长出的副梢留1~2个进行摘心。

3. 花果管理：该品种幼树长势强，定植当年需进行促花处理。6月底~7月初整株喷施2次150mg/kg烯效唑或多效唑，2次喷施间隔7d。

该品种容易成花，花粉量大，自花结实，花期晚，坐果率高，因此生产上应进行合理疏花疏果。4月中旬进行疏花蕾和疏花，留单花，延长枝上的花蕾全部疏除。5月上旬，谢花后10d进行第1次疏果，长果枝一般留3~4个果，中果枝留2~3个果，短果枝留1~2个果，延长枝不留果。5月下旬果实硬核期进行第2次疏果，选留发育正常、果形端正、无病虫害的果实，长果枝留2个果，中果枝留1~2个果，短果枝留1个果。成龄树每株留果量不超过250个。果实着色好，生产上不建议采用套袋栽培。

4. 土肥水管理：该品种对水分敏感，果园灌溉宜采用滴灌。每次灌溉量50~60L/株。生长季视土壤墒情适时适量灌溉。

基肥于每年秋季一次性施入。8月下旬~9月初秋施有机肥，施肥量以3~5m^3/667m^{2}为宜。肥料以腐熟的鸡粪、羊粪或牛粪为宜。施肥方法为树下开方格沟、放射沟、环状沟施入，施肥后立即滴灌5~8h。

生长季内土壤追肥2次。于花前第1次追肥，追施氮磷钾复合肥，氮、磷、钾比0.8：1：0.8，每株2~2.5kg。5月中下旬第2次追肥，每株施3~3.5kg。果园行间生草，生草草种为紫花苜蓿、高羊茅或自然生草，草高30cm时刈割。果园行内采用清耕或农田秸秆覆盖。

适宜范围 北京地区。

中农醯保

树种：桃
类别：优良品种
科属：蔷薇科 桃属

学名：*Prunus persica* 'Zhongnongxibao'
编号：京S-SV-PP-015-2010
申请人：中国农业大学

良种来源 大久保实生后代。

良种特性 该品种系大久保自然实生后代，树姿半开张，树势中庸。果实圆形，果顶圆平，果实底色白，果面70%着深红色晕。平均单果重217.4g，果形整齐度好，果实成熟一致性好。果实缝合线中深，对称性好。果肉白色，皮下和果肉色素多。果肉硬溶质，汁多，风味甜酸。可溶性固形物12.5%，可溶性总糖8.80%、滴定酸0.45%，果汁pH3.64。果肉硬度2.7kg/cm²。离核，核重8.0g。丰产性强，树体、花芽抗寒性均较强。

繁殖和栽培

1. 建园与定植：适宜的栽植株行距为2~3m×4~5m，667m²定植44~83株。北京地区适宜定植时期为4月上旬。'中农醯保'花粉败育，生产上需配置授粉树，授粉品种以大久保、庆丰、'中农红久保'为宜。2m×4m株行距建园于定植前挖0.6m宽深定植沟，每施入腐熟有机肥5~7m³；3m×4m，3m×5m株行距建园于定植前挖0.6m宽深定植穴，施入腐熟有机肥4~5m³。定植沟穴回填后浇透水沉实土壤。定植后距地面0.5~0.6m定干，树下覆1m²地膜，自定干剪口处套聚乙烯防虫套，防虫套下口直达地面，覆土掩实。

2. 整形修剪：'中农醯保'适宜树形为三主枝开心型和V字型，3m×4m，3m×5m株行距可采用三主枝开心形，2m×4m株行距可采用V字形整形。

幼树期通过修剪促发二次枝，迅速增加枝量，增加树冠的覆盖率。进入结果期后通过修剪调整枝组的位置和枝类比，结果枝总数4500~6000个／667m²，长、中、短果枝比例5：3：2，控制负载量，保证良好的通风透光条件。

'中农醯保'萌芽率高，成枝力强，夏季修剪每年宜进行4~5次。第1次于5月上~中旬花后新梢迅速生长期进行，调整新梢留量和选留新少的生长方向，抹除背上旺长新稍、双芽新梢。第2次夏季修剪在5月下旬~6月初进行，清理内膛徒长枝，疏除过密、过旺、竞争枝，对长度超过50cm的进行摘心。第3次夏季修剪于6月下旬~7月上旬进行，主要对各类果枝摘心，疏除内膛密枝、旺枝、徒长枝。第4次8月上~中旬进行，对全树所有生长点进行摘心，对上次摘心后长出的副稍留1~2个进行摘心。

3. 花果管理：'中农醯保'桃幼树长势强，定植当年需进行促花处理。6月底~7月初整株喷施2次150mg/kg烯效唑或多效唑，2次喷施间隔7d。

'中农醯保'容易成花，配置授粉树后坐果率高，因此生产上应进行合理疏花疏果。4月中旬进行疏花蕾和疏花，留单花，延长枝上的花蕾全部疏除。5月上旬，谢花后10d进行第1次疏果，长果枝一般留3~4个果，中果枝留2~3个果，短果枝留1~2个果，延长枝不留果。5月下旬果实硬核期进行第2次疏果，选留发育正常、果形端正、无病虫害的果实，长果枝留2个果，中果枝留1~2个果，短果枝留1个果。成龄树每株留果量不超过250个。'中农醯保'果实可溶性固形物含量低于大久保，生产上不建议采用套袋栽培。

4. 土肥水管理：'中农醯保'桃对水分敏感，果园灌溉宜采用滴灌。每次灌溉量50~60L/株。生长季视土壤墒情适时适量灌溉。

基肥于每年秋季一次性施入。8月下旬~9月初秋施有机肥，施肥量以3~5m³／667m²为宜。肥料以腐熟的鸡粪、羊粪或牛粪为宜。施肥方法为树下开方格沟、放射沟、环状沟施入，施肥后立即滴灌5~8h。

生长季内土壤追肥2次。于花前第1次追肥，追施氮磷钾复合肥，氮、磷、钾比0.8：1：0.8，每株2~2.5kg。5月中下旬第2次追肥，每株施3~3.5kg。果园行间生草，生草草种为紫花苜蓿、高羊茅或自然生草，草高30cm时刈割。果园行内采用清耕或农田秸秆覆盖。

适宜范围 北京地区。

久脆

树种：桃	学名：*Amygdalus persica* 'Jiucui'
类别：优良品种	编号：冀S-SV-PP-013-2010
科属：蔷薇科 桃属	申请人：河北科技师范学院

良种来源 利用实生选种方法在'大久保'桃实生后代中选育出的优良品种。

良种特性 落叶乔木。平均单果重250g，果实圆形，两侧对称，果顶平，果实各部位成熟度一致；色泽鲜艳，着色度70%以上；果肉白色，肉质脆，红色素少，粘核；不溶质。果肉甜酸适度，可溶性固形物含量12.0%，果实适于制罐兼。果实耐贮运，在常温下可贮藏10~15d，在低温下可贮藏30~40d。自花结实。丰产性强，平均每667m²产量2500kg。采前落果轻，挂果期长。无裂果，好果率90%以上。

繁殖和栽培 以毛桃为砧木嫁接繁殖，芽接、枝接均可。适宜土壤为沙壤土；建园株行距为4m×5m；适宜的树形为开心形；自花结实，不用配置授粉树；冬季修剪以长枝修剪为主。提供充足肥水，有机肥为宜。

适宜范围 河北省满城县、唐山市丰润区、秦皇岛海港区等地区栽培。

久艳

树种：桃
类别：优良品种
科属：蔷薇科 桃属

学名：*Amygdalus persica* 'Jiuyan'
编号：冀S-SV-PP-016-2010
申请人：河北科技师范学院

良种来源 大久保桃实生后代。

良种特性 落叶乔木。平均单果重237g，最大单果重300g以上；果实圆形，两侧对称，果顶平，果实各部位成熟度一致；色泽鲜艳，着色度80%以上；果肉白色，具红色素，离核；硬溶质。果肉甜酸适度，可溶性固形物含量13.0%；果实较耐贮运，在常温下可贮藏5~7d，在低温下可贮藏8~14d。果实7月中旬成熟，成熟期比大久保桃早14d左右。自花结实。丰产性强，平均亩产2400kg左右。采前落果轻；无裂果现象。好果率90%以上。

繁殖和栽培 嫁接繁殖，适宜砧木为毛桃，嫁接方法包括芽接和枝接。适宜土壤为沙壤土；建园株行距为4m×5m；适宜的树形为开心形；自花结实，不用配置授粉树；冬季修剪以长枝修剪为主。提供充足肥水，有机肥为宜。

适宜范围 河北省满城县、唐山市丰润区、秦皇岛海港区等地区栽培。

久玉

树种：桃	学名：*Amygdalus persica* 'Jiuyu'
类别：优良品种	编号：冀S-SV-PP-012-2010
科属：蔷薇科 桃属	申请人：河北科技师范学院

良种来源 利用实生选种方法在'大久保'桃实生后代中选育出的优良品种。

良种特性 落叶乔木。平均单果重260g，最大单果重350g；果实长圆形，果顶凸，果面紫红色，着色度80%以上；缝合线明显，果肉白色，离核，硬溶质，耐贮运，甘甜，可溶性固形物含量12.5%。常温下贮藏7~10d，低温下可贮藏15~20d。树势健壮，树姿开张，长、中、短果枝均可结果，以中、长果枝结果为主。自花结实，自花结实率75%，建园时无需配置授粉树。丰产性强，盛果期平均单株产量70kg，平均每667m²产量2300kg。采前落果较轻。无裂果现象。好果率90%以上，优于母本"大久保"桃及"京玉"桃。

繁殖和栽培 以毛桃为砧木嫁接繁殖，芽接、枝接均可。

适宜范围 可在河北省满城县、唐山市丰润区、秦皇岛海港区等地区栽培。

脆保

树种：桃
类别：优良品种
科属：蔷薇科 桃属

学名：*Amygdalus persica* 'Cuibao'
编号：冀S-SV-PP-014-2011
申请人：河北省农林科学院昌黎果树研究所

良种来源 利用实生选种方法在大久保实生后代中选育出的优良品系。

良种特性 落叶乔木。果实成熟一致；近圆形，果皮底色黄白，着鲜红晕，着色度95%以上，绒毛较短，果顶圆平，缝合线较浅，两侧对称，整齐度好。果肉白色，具红色素。果肉硬溶质，果肉硬度8.5kg/cm²。果汁中多，酸甜适度，可溶性固形物12.6%。离核。自花结实。

繁殖和栽培 嫁接繁殖。砧木以毛桃实生砧木，以离皮芽接为宜，接后立即剪砧，接口下叶片全部保留。常规田间管理。秋季落叶后或翌年春季萌芽前起苗。栽植株行距为2~3m×4~5m。适宜修剪树形为三主枝开心型和V字型。夏季修剪每年宜进行4~5次。根据长势进行促花处理。合理疏花疏果以提高果实品质。宜采用小水灌或滴灌。每年秋季一次性施入基肥。主要防治桃细菌性穿孔病、桃褐腐病。害虫主要防治对象为桃蚜、桃小食心虫、叶螨、桑白蚧等。

适宜范围 河北省秦皇岛市昌黎县、唐山市乐亭县、邢台市邢台县及其生态条件类似的地区栽培。

脆 保

艳保

树种：桃
类别：优良品种
科属：蔷薇科 桃属

学名：*Amygdalus persica* 'Yanbao'
编号：冀S-SV-PP-015-2011
申请人：河北省农林科学院昌黎果树研究所

良种来源　利用实生选种方法在大久保实生后代中选育出的优良品系。

良种特性　落叶乔木。果形整齐度好，果实底色黄白，果面90％着红晕。平均单果重270g，最大果重340g。果实对称性好，果面绒毛多、短。无裂果。果肉黄白色。萌芽率高，成枝力强。容易成花，花粉量大，自花结实，坐果率高。抗病性较强。

繁殖和栽培　嫁接繁殖。砧木以毛桃实生砧木。以离皮芽接为宜，接后立即剪砧，接口下叶片全部保留。常规田间管理。秋季落叶后或翌年春季萌芽前起苗。适

宜的栽植株行距为2~3m×4~5m。适宜树形为三主枝开心型和V字型。夏季修剪每年宜进行4~5次。根据长势进行促花处理。合理疏花疏果。成龄树每株留果量不超过250个。灌溉宜采用小水灌或滴灌。基肥于每年秋季一次性施入。施肥后立即浇水。主要防治桃细菌性穿孔病、桃褐腐病。害虫主要防治对象为桃蚜、桃小食心虫、叶螨、桑白蚧等。

适宜范围　河北省昌黎县、唐山市乐亭县、邢台市邢台县及其生态条件类似的地区栽培。

中农3号

树种：桃
类别：优良品种
科属：蔷薇科 桃属

学名：*Prunus persica* 'Zhongnongsanhao'
编号：京S-SV-PP-027-2013
申请人：中国农业大学

良种来源 燕红×大久保杂交育成。

良种特性 该品种树姿开张，树势中庸。一年生枝红褐色，叶披针形，深绿色，叶长14.5cm，叶宽3.3cm。花型为蔷薇形，花粉少。果实圆形，果顶圆平，果面着鲜红晕。平均单果重202.2g，梗洼宽、中深。果肉白色，溶质，风味甜，适口性好，可溶性固形物14.2%，果汁pH4.80。充分成熟果肉硬度0.68kg/cm²。离核，核倒卵圆形，浅褐色，核重6.8g，8月中旬果实成熟，果实发育期110~120d。

繁殖和栽培

1. 建园与定植：适宜栽植株行距为2~3m×4~5m。适宜定植时期为4月上旬。定植后距地面0.5~0.6m定干，树下覆1m²地膜，自定干剪口处套聚乙烯防虫套，防虫套下口直达地面，覆土掩实。

2. 整形修剪：适宜树形为三主枝开心型和V字型，3m×4m，3m×5m株行距可采用三主枝开心形，2m×4m株行距可采用V字形整形。结果枝总数4500~6000个/亩，长、中、短果枝比例5∶3∶2。夏季修剪每年宜进行4~5次。调整新梢留量和选留新梢的生长方向，抹除背上旺长新梢、双芽新梢，清理内膛徒长枝，疏除过密、过旺、竞争枝，对各类果枝摘心。

3. 花果管理：定植当年需进行促花处理。6月底~7月初整株喷施2次150mg/kg烯效唑或多效唑，2次喷施间隔7d。结果树4月中旬进行疏花蕾和疏花，留单花，延长枝上的花蕾全部疏除。5月上旬第1次疏果，5月下旬第2次疏果。成龄树每株留果量不超过250个。

4. 土肥水管理：灌溉宜采用滴灌。每次灌溉量50~60L/株。基肥以腐熟的鸡粪、羊粪或牛粪为宜，于每年8月下旬~9月初一次性施入，施肥量以3~5m³/亩为宜。树下开方格沟、放射沟、环状沟施入。生长季内土壤追肥2次。于花前第1次追肥，追施氮磷钾复合肥，氮、磷、钾比0.8∶1∶0.8，每株2~2.5kg。5月中下旬第2次追肥，每株施3~3.5kg。

适宜范围 北京地区。

中农4号

树种：桃

类别：优良品种

科属：蔷薇科 桃属

学名：*Prunus persica* 'Zhongnongsihao'

编号：京S-SV-PP-028-2013

申请人：中国农业大学

良种来源 丰白 × 燕红杂交育成。

良种特性 该品种树姿直立，树势强。一年生枝暗红色，叶披针形，深绿色，叶长15.5cm，叶宽4.0cm。花型为蔷薇形，花粉少。果实圆形，果顶平，果面着鲜红晕。平均单果重226.0g，梗洼宽、深。果肉白色，溶质，风味酸甜适口，可溶性固形物12.0%，果汁pH3.75。充分成熟果肉硬度0.84kg/cm²。离核，核椭圆形，深褐色，核重6.5g。8月中旬~下旬果实成熟，果实发育期120~130d，丰产性、抗逆性均强。

繁殖和栽培

1. 建园与定植：适宜栽植株行距为2~3m×4~5m。适宜定植时期为4月上旬。定植后距地面0.5~0.6m定干，树下覆1m²地膜，自定干剪口处套聚乙烯防虫套，防虫套下口直达地面，覆土掩实。

2. 整形修剪：适宜树形为三主枝开心型和V字型，3m×4m，3m×5m株行距可采用三主枝开心形，2m×4m株行距可采用V字形整形。结果枝总数4500~6000个/亩，长、中、短果枝比例5∶3∶2。夏季修剪每年宜进行4~5次。调整新梢留量和选留新梢的生长方向，抹除背上旺长新梢、双芽新梢，清理内膛徒长枝，疏除过密、过旺、竞争枝，对各类果枝摘心。

3. 花果管理：定植当年需进行促花处理。6月底~7月初整株喷施2次150mg/kg烯效唑或多效唑，2次喷施间隔7d。结果树4月中旬进行疏花蕾和疏花，留单花，延长枝上的花蕾全部疏除。5月上旬第1次疏果，5月下旬第2次疏果。成龄树每株留果量不超过250个。

4. 土肥水管理：灌溉宜采用滴灌。每次灌溉量50~60L/株。基肥以腐熟的鸡粪、羊粪或牛粪为宜，于每年8月下旬~9月初一次性施入，施肥量以3~5m³/亩为宜。树下开方格沟、放射沟、环状沟施入。生长季内土壤追肥2次。于花前第1次追肥，追施氮磷钾复合肥，氮、磷、钾比0.8∶1∶0.8，每株2~2.5kg。5月中下旬第2次追肥，每株施3~3.5kg。

适宜范围 北京地区。

瑞光35号

树种：桃
类别：优良品种
科属：蔷薇科 桃属

学名：*Prunus persica* 'Ruiguang Sanshiwuhao'
编号：京S-SV-PP-029-2013
申请人：北京市农林科学院林业果树研究所

良种来源 母本'幻想'，父本'瑞光19号'，杂交育成。

良种特性 该品种属中熟油桃，果实发育期109d，8月初成熟。平均单果重191g，最大果重235g；果实圆整，果面美观，全面着紫红色晕。果肉黄白色、硬溶质、风味甜，离核。可溶性固形物平均含量12.6%。树势中庸，树姿半开张。花粉多，丰产性强，抗逆性较强，盛果期平均亩产2000kg以上。

繁殖和栽培

1.合理的栽植密度。二主枝自然开心形整枝株行距2~2.5m×5~6m，三主枝自然开心形整枝株行距3~4m×5~6m。

2.加强施肥水管理。秋后施用有机肥，果实成熟前20~30d应增加速效钾肥的施用，以增大果个，促进果实全面着色，增加含糖量，提高品质。北京地区春季干旱，注意及时灌水，保证前期正常生长发育；成熟时正值雨季，注意排涝。

3.加强果实管理。该品种坐果率较高，应合理留果，有利果个增大和品质提高，提高商品率。通常每个长果枝留果量3个左右，中果枝2个，短果枝1个，花束状果枝可不留。亩产量控制在2000kg左右为宜，肥水条件好的果园可适当增加产量。果实成熟时正值雨季，推荐果实套袋，套袋措施不仅使果面光洁度增加，颜色更为鲜艳，而且防病、防虫效果显著，应在采收前7d左右进行解袋。

4.加强夏季修剪。由于光照不足时影响果实着色，应加强夏季修剪，控制徒长枝，改善通风透光条件，促进果实着色。果实采收前10d可采用疏枝的办法增加果实着色。

5.适时分批采收。该品系果实着色早，从着色到果实成熟还有一段果实迅速膨大时期，应以果实底色变白，果肉富有弹性，具有本品种的固有风味为采收指标。由于树体不同部位、不同单株果实成熟时间略有差异，应分批采收。果实成熟时偶尔会遇有暴雨和大风，适时采收可以减少风害和病害造成的落果损失。

6.重视蚜虫、红蜘蛛、卷叶虫、梨小食心虫和褐腐病等主要病虫害防控。

适宜范围 北京地区。

瑞油蟠2号

树种：桃	学名：*Prunus persica* 'Ruiyoupan Erhao'
类别：优良品种	编号：京S-SV-PP-030-2013
科属：蔷薇科 桃属	申请人：北京市农林科学院林业果树研究所

良种来源 母本'瑞光27号'，父本'93-1-24'，杂交育成。

良种特性 该品种属中熟油蟠桃，果实发育期119d，8月中旬成熟。平均单果重122g，最大果重150g；果实扁平无毛，果面美观，全面着紫红色晕。果肉黄白色、硬溶质、硬度高、风味甜，粘核，不裂顶。可溶性固形物平均含量13.5%。树势强，树姿半开张。花粉多，各类果枝结果性均好，丰产性好，抗逆性较强盛，果期平均亩产2000kg以上。

繁殖和栽培

1.合理的栽植密度。二主枝自然开心形整枝株行距2~2.5m×5~6m，三主枝自然开心形整枝株行距3~4m×5~6m。

2.加强施肥水管理。秋后施用有机肥，果实成熟前20~30d应增加速效钾肥的施用，以增大果个，促进果实全面着色，增加含糖量，提高品质。北京地区春季干旱，注意及时灌水，保证前期正常生长发育；成熟时正值雨季，注意排涝。

3.加强果实管理。该品种坐果率较高，应合理留果，有利于果个增大和品质提高，提高商品率。通常每个长果枝留果量4~5个左右，中果枝2~3个，短果枝1~2个，花束状果枝可不留。亩产量控制在2000kg左右为宜，肥水条件好的果园可适当增加产量。果实成熟时正值雨季，推荐果实套袋，套袋措施不仅使果面光洁度增加，颜色更为鲜艳，而且防病、防虫效果显著，应在采收前7d左右进行解袋。

4.加强夏季修剪。由于光照不足时影响果实着色，应加强夏季修剪，控制徒长枝，改善通风透光条件，促进果实着色。果实采收前10d可采用疏枝的办法增加果实着色。

5.适时分批采收。该品系果实着色早，从着色到果实成熟还有一段果实迅速膨大时期，应以果实底色变白，果肉富有弹性，具有本品种的固有风味为采收指标。由于树体不同部位、不同单株果实成熟时间略有差异，应分批采收。果实成熟时偶尔会遇有暴雨和大风，适时采收可以减少风害和病害造成的落果损失。

6.重视蚜虫、红蜘蛛、卷叶虫、梨小食心虫和褐腐病等主要病虫害防控。

适宜范围 北京地区。

瑞蟠24号

树种：桃
类别：优良品种
科属：蔷薇科 桃属

学名：*Prunus persica* 'Ruipan Ershisihao'
编号：京S-SV-PP-031-2013
申请人：北京市农林科学院林业果树研究所

良种来源 从'瑞蟠10号'自然实生后代中选出。

良种特性 该品种属晚熟蟠桃，果实发育期135d，8月下旬成熟。平均单果重226g，最大果重406g；果实扁平形，果面3/4以上着玫瑰红色晕。果肉黄白色、硬溶质、风味甜，粘核。可溶性固形物平均含量12.6%。树势中庸，树姿半开张。花粉多，丰产性强，抗逆性较强，盛果期平均亩产2000kg以上。

繁殖和栽培

1.合理的栽植密度。二主枝自然开心形整枝株行距2~2.5m×5~6m，三主枝自然开心形整枝株行距3~4m×5~6m。

2.加强施肥水管理。秋后施用有机肥，果实成熟前20~30d应增加速效钾肥的施用，以增大果个，促进果实全面着色，增加含糖量，提高品质。北京地区春季干旱，注意及时灌水，保证前期正常生长发育；成熟时正值雨季，注意排涝。

3.加强果实管理。该品种属大型蟠桃，应合理留果，有利果个增大和品质提高，提高商品率。通常每个长果枝留果量3~4个左右，中果枝2个，短果枝1个，花束状果枝可不留。幼树期可适当利用徒长性果树结果，疏果时尽量不留朝天果和顶部有裂果倾向的果实。亩产量控制在2000kg左右为宜，肥水条件好的果园可适当增加产量。果实成熟时正值雨季，推荐果实套袋，套袋措施不仅使果面光洁度增加，颜色更为鲜艳，而且防病、防虫效果显著，应在采收前7d左右进行解袋。

4.加强夏季修剪。由于光照不足时影响果实着色，应加强夏季修剪，控制徒长枝，改善通风透光条件，促进果实着色。果实采收前10d可采用疏枝的办法增加果实着色。

5.适时分批采收。该品系果实着色早，从着色到果实成熟还有一段果实迅速膨大时期，应以果实底色变白，果肉富有弹性，具有本品种的固有风味为采收指标。由于树体不同部位、不同单株果实成熟时间略有差异，应分批采收。果实成熟时偶尔会遇有暴雨和大风，适时采收可以减少风害和病害造成的落果损失。

6.重视蚜虫、红蜘蛛、卷叶虫、梨小食心虫和褐腐病等主要病虫害防控。

适宜范围 北京地区。

保佳红

树种：桃	学名：*Prunus persica* 'Baojiahong'
类别：优良品种	编号：冀S-SV-PP-008-2013
科属：蔷薇科 桃属	申请人：河北农业大学

良种来源 辛集市南智丘镇大车城村一桃园边埂上的桃苗。

良种特性 落叶乔木。树势中庸，树姿半开张，萌芽率较高，成枝力较强。果实近圆形，果形端正，平均单果重218g，大果重404g，茸毛少。果实底色乳白色，着色面积90%以上，色泽艳丽；果肉白色，有红色素，硬溶质，离核；风味甜略带酸味，可溶性固形物含量13.5%，可滴定酸含量0.25%，维生素C含量7.68mg/100g。果实硬度大，耐贮运。在辛集市果实成熟期7月中下旬，比大久保早10d左右。在正常管理管理条件下，以短果枝结果为主。盛果期树产量3000kg/667m²以上。抗寒性强。

繁殖和栽培 嫁接繁殖。三主枝整形，株行距可采用3~4m×5~6m；Y字形整枝株行距可采用2~3m×5~6m；倾斜单干形整枝株行距可采用1.5~2m×4~6m；主干形或纺锤形整枝株行距可采用1.5~2m×3~4m。保佳红没有花粉，建园时需配置授粉树。授粉树可选择京红、早久保、燕红及其他有花粉桃品种。授粉树比例应为20%以上。为提高坐果率，应进行桃园放养蜜蜂、壁蜂辅助授粉，或人工点授、机械喷粉等辅助授粉。

适宜范围 河北省辛集市、藁城市、顺平县以及生态条件类似地区。

久鲜

树种：桃
类别：优良品种
科属：蔷薇科 桃属

学名：*Prunus persica* 'Jiuxian'
编号：冀S-SV-PP-010-2013
申请人：河北科技师范学院

良种来源 '大久保'桃实生后代。

良种特性 落叶乔木。树势健壮，长、中、短果枝均可结果。果实圆形，两侧对称，果顶平，果实各部位成熟度一致；色泽鲜艳，着色度80％以上；平均单果重250g、最大单果重310g以上；果肉白色，红色素少，粘核；硬溶质。果肉甜酸适度，可溶性固形物含量12.5％。果实耐贮运，在常温下可贮藏8d以上，在低温下可贮藏15~20d。果实8月下旬成熟。以中、长果枝结果为主。自花结实率70％~80％。丰产性强。采前落果轻。无裂果现象。好果率90％以上。

繁殖和栽培 嫁接繁殖，适宜砧木为毛桃，嫁接方法包括芽接和枝接。宜选择沙壤土质建园，建园株行距4m×5m，适宜树形为开心形。冬季修剪按南方品种群，以长枝修剪为主。

适宜范围 河北省满城县、唐山市丰润区、秦皇岛海港区等生态条件类似地区。

久蜜

树种：桃	学名：*Prunus persica* 'Jiumi'
类别：优良品种	编号：冀S-SV-PP-009-2013
科属：蔷薇科 桃属	申请人：河北科技师范学院

良种来源 '大久保'桃实生后代。

良种特性 落叶乔木。树势健壮，树姿较直立，长、中、短果枝均可结果。果实圆形，两侧对称，果顶平，果实各部位成熟度一致；色泽鲜艳，着色度90%以上；平均单果重260g，最大单果重320g以上；果肉白色，红色素较多，粘核；不溶质。果肉甜，可溶性固形物含量13.0%。果实耐贮运，在常温下可贮藏8d以上，在低温下可贮藏15~20d，贮藏后风味变化不大。果实8月上旬成熟。花粉不育，建园时配置授粉树。丰产性好。采前落果轻。无裂果现象。好果率95%以上。

繁殖和栽培 嫁接繁殖，适宜砧木为毛桃，嫁接方法包括芽接和枝接。桃园栽植密度应根据园地的立地条件、整形修剪方式和管理水平等而定。一般栽培采用4m×5m株行距；密植栽培采用2~3m×4m株行距。栽植时需要配置授粉品种或人工授粉。大久保、京玉、燕红、久红、久艳、久脆、久玉等均可做授粉树。主栽品种与授粉品种的栽植比例为（3~4）：1。由于'久蜜'的生长结果特点同北方品种群，故整形和修剪方法按北方品种群进行。

适宜范围 河北省满城县、唐山市丰润区、秦皇岛昌黎县等生态条件类似地区。

龙田硕蟠

树种：桃　　　　　学名：*Amygdalus persica* L. 'lontianshuopan'
类别：优良无性系　编号：晋S-SC-AP-018-2014
科属：蔷薇科 桃属　申请人：山西省农业科学院现代农业研究中心、山西省农业科学院果树研究所

良种来源　从早露蟠自然芽变中选出。

良种特性　果实扁平形，果顶凹入，缝合线浅，平均单果重78g，最大果重102g，果皮底色乳黄，果面61%覆盖红晕，茸毛中等，易剥离，果肉乳白色，近核处微红，硬溶质，质细，微香，风味甜，可溶性固形物12.2%~12.4%（山西省中部果园），果实粘核，裂核极少，果实可食率高。核小，软核，半黏核；种仁半成熟。树势中庸，树姿较开张。枝条成花容易，复花芽居多，花芽起始于第一、二节。各类果枝均能结果，丰产。坐果率高，生理落果较轻。通常定值后第2年开花，第3年大量结果，第5年进入大量结果期。果实可食率为93.16%。

繁殖和栽培　嫁接繁殖，砧木用山桃或毛桃。有条件的果园，可采用无毒接穗进行繁育。适宜采用自由纺锤树形，并配合长枝修剪技术进行整形修剪，果园初期密度可采用2.5m×3m，每亩86株，进入盛果期以后，通过间伐将果园密度变为5m×3m，每亩最终保持43株左右。在秋季应施足有机肥，落花后增施磷钾肥，在果实膨大期追施人粪尿或尿素与复合肥。浇水应在花前、花后、果实膨大期前各进行1次。

由于该品种果实生育期短，所以要及时合理疏花疏果，需要在花后10d左右完成疏果，通常长果枝留果3~4个、中果枝2~3个、短果枝1个。

适宜范围　适宜在山西省运城市、临汾市、晋中市等中南部桃树产区种植。

秋妃

树种：桃	学名：*Prunus persica* 'Qiufei'
类别：优良品种	编号：冀S-SV-PP-008-2014
科属：蔷薇科 桃属	申请人：唐山职业技术学院

良种来源 唐山市丰润区栽培的'西妃'桃群体。

良种特性 落叶乔木。果实圆形、端正，果顶平或微凸，茸毛密度中等。底色黄绿，果实深红，梗洼中等，着色面积60%以上。果肉白色，核附近及外层具红色。果实可溶性固形物含量12%~14%，果肉较脆，果汁较多，有香气，甜酸适度。粘核。果实硬溶质，耐贮运。采前落果轻，有轻微裂果现象，套袋后无裂果。

繁殖和栽培 嫁接繁殖。适宜土壤为沙壤土。建园株行距3m×5m。适宜的树形为开心形；冬季修剪以长枝修剪为主。落花后15~30d内进行疏果。根据枝条壮弱决定留果量。一般长果枝留果2~3个，中果枝留1~2个，短果枝留1个。定果后果实套袋，越早越好。在采前10d左右去袋，去袋后铺设反光膜，果实着色更佳。

适宜范围 河北省唐山市丰润区、迁西县、顺平县、廊坊大厂回族自治县以及生态条件类似地区。

晚秋妃

树种：桃
类别：优良品种
科属：蔷薇科 桃属

学名：*Prunus persica* 'Wanqiufei'
编号：冀S-SV-PP-009-2014
申请人：唐山职业技术学院

良种来源 唐山市丰润区栽培的'西妃'桃群体。

良种特性 落叶乔木。果实圆形、端正，果顶平或微凸，缝合线较浅。茸毛少，梗洼深。底色淡黄，果实深红，套袋果底色黄白，着粉红色，着色面积60%以上。果皮厚度中等，果肉黄白色。果肉质地细，硬溶质，耐贮运，在常温下可贮藏7~10d，在低温下可贮藏30~40d，成熟度一致，粗纤维少，果汁多，风味浓甜，果实硬度13.5×105Pa，可溶性固形物16%，可滴定酸含量0.29%，可溶性糖含量含量9.5%，维生素C含量4.2mg/100g。自花结实率高，无需配置授粉树。有裂果现象，套袋后无裂果。

繁殖和栽培 嫁接繁殖。适宜土壤为沙壤土。建园株行距3m×5m。适宜的树形为开心形；冬季修剪以长枝修剪为主。落花后15~30d内进行疏果。根据枝条壮弱决定留果量。一般长果枝留果2~3个，中果枝留1~2个，短果枝留1个。定果后果实套袋，越早越好。在采前10d左右去袋，去袋后铺设反光膜，果实着色更佳。

适宜范围 河北省唐山市丰润区、迁西县、顺平县、廊坊大厂回族自治县以及生态条件类似地区。

京春

树种：桃	学名：*Prunus persica* 'Jingchun'
类别：优良品种	编号：京S-SV-PP-046-2007
科属：蔷薇科 桃属	申请人：北京市农林科学院林业果树研究所

良种来源 熟从'早生黄金'自然授粉实生后代中选出。

良种特性 早熟桃品种，果实发育期约64d，6月中旬果实成熟。果实近圆形，平均单果重131.3g，大果重150g。果顶圆平或微凹，缝合线浅，两侧较对称，果形整齐。果皮底色黄白，阳面从果顶部起呈辐射状的红色条纹或网状斑纹，绒毛中等，较易剥离。果肉白色，阳面皮下有少量红丝；硬溶质，汁液多，纤维少；风味甜，有香气；粘核，无裂核。可溶性固形物含量9.8%。树势中庸，树姿半开张。花为蔷薇形，有花粉。花芽形成较好，复花芽多，花芽起始节位低。各类果枝均能结果，生理落果少。丰产性良好，盛果期平均亩产1500kg以上。抗寒性较强。

繁殖和栽培

1. 果实发育期短，成熟早，应适当早疏果。合理留果，以免留果多而造成树势早衰。

2. 在秋季早施、增施基肥，花后适当追施磷钾肥，以利果实发育和提高品质。

3. 整形修剪要冬夏结合，幼树适当轻剪。

适宜范围 北京地区。

白花山碧桃

树种：桃
类别：优良品种
科属：蔷薇科 桃属

学名：*Prunus persica × davidiana* 'Baihua Shanbitao'
编号：京S-ETS-PD-002-2015
申请人：北京市植物园

良种来源 山桃与桃的天然杂交品种。

良种特性 其株型高大，枝型开展；树皮光滑，深灰色或暗红褐色；小枝细长，黄褐色；花白色，花蕾卵形，花瓣卵形，长1.83cm，花径4.3cm，复瓣，梅花型，花瓣数18枚（16~23）；雄蕊数平均73.5，花丝长1.83cm，雄蕊与花瓣近等长，花药黄色；无雌蕊；着花密；花梗长0.53cm；萼片绿色，两轮，卵状；花丝和萼片均有瓣化现象；叶绿色，椭圆披针形，长12.8cm，宽3.2cm，叶长与叶宽比（L/W）为4；叶缘细锯齿，叶柄1.5cm。花期比普通观赏桃花品种早，北京植物园观测始花期4月4日，花期可持续9~10d。

繁殖和栽培

1. 栽植时期。最适宜春季栽植，栽植后一定要进行修剪。

2. 水肥土管理。不耐水，较耐干旱，需要种植在排水良好的沙质土壤中。新植植株加强水肥管理，及时浇透水，尤其在早春干旱年份，更不能缺水。11月下旬浇冻水，要灌足灌透，以保证越冬所需水分。

3. 整形修剪。夏季修剪及冬剪相结合进行，及时去除枯枝、残病枝、徒长枝、过密枝等，灵活掌握修剪中短截、疏剪、回缩等修剪方法。

4. 病虫害防治。树龄较大的植株容易出现流胶病，减少不必要的机械损伤；常见虫害有蚜虫、叶蝉、螨类等，应做好监控和预防，发现害虫及时防治。

适宜范围 北京地区。

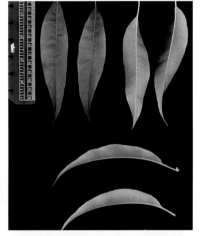

品虹

树种：桃	学名：*Prunus persica × davidiana* 'Pinhong'
类别：优良品种	编号：京S-SV-PD-003-2015
科属：蔷薇科 桃属	申请人：北京市植物园

良种来源 '绛桃'与'白花山碧桃'的杂交种。

良种特性 株型高大、开展，树皮灰褐色，较为光滑，小枝红色；树势中等；花粉红色（RHS Colour Chart 55B），花蕾卵形，花瓣卵圆形，长2.1cm，花径4.27cm，复瓣，梅花型，花瓣数28枚（22~33），雄蕊数平均53，花丝长1.43cm，花丝有瓣化现象，花药橘红色；雌蕊低于雄蕊；着花中等；花萼紫红色，花梗长0.93cm。叶绿色，椭圆披针形，长13.2cm，宽3.3cm，叶长与叶宽比（L/W）为4；叶缘细锯齿，叶柄1.5cm。果实绿色，长4.24cm，宽3.84cm，卵圆形；果核长2.48cm，宽1.65cm，卵圆形，核面光滑。在北京植物园观测平均始花期4月8日，比父本'白花山碧'桃花期晚4d左右，花期可持续8~9d。

繁殖和栽培

1. 栽植时期。最适宜春季栽植，栽植后一定要进行修剪。
2. 水肥土管理。不耐水，较耐干旱，需要种植在排水良好的沙质土壤中。新植植株加强水肥管理，及时浇透水，尤其在早春干旱年份，更不能缺水。11月浇冻水，要灌足灌透。
3. 整形修剪。夏季修剪及冬剪相结合进行，及时去除枯枝、残病枝、徒长枝、过密枝等，灵活掌握修剪中短截、疏剪、回缩等修剪方法。
4. 病虫害防治。树龄较大的植株容易出现流胶病，减少不必要的机械损伤；常见虫害有蚜虫、叶蝉、螨类等，及时关注，做好预防，发现害虫及时防治。

适宜范围 北京及周边地区。

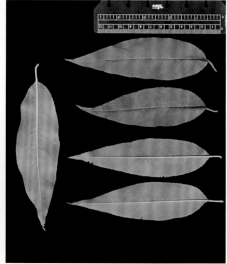

品霞

树种：桃	学名：*Prunus persica × davidiana* 'Pinxia'
类别：优良品种	编号：京S-SV-PD-004-2015
科属：蔷薇科 桃属	申请人：北京市植物园

良种来源 '合欢二色'桃与'白花山碧'桃的杂交种。

良种特性 株型高大，树皮灰褐，较光滑，小枝绿色；树势中等。花色淡粉（RHS Colour Chart 69A），授粉后花色变深；花蕾卵形，花瓣卵形，长1.97cm，花径4.1cm，复瓣，梅花型，花瓣数20.3枚（17~23）；雄蕊数平均53，花丝长1.43cm，花药橘红色；雌蕊明显低于雄蕊；着花中等；花梗长1.07cm；花萼红褐色，两轮，花丝和萼片均有瓣化现象。叶绿色，椭圆披针形，长12.8cm，宽3.2cm，叶长与叶宽比（L/W）为4；叶缘细锯齿，叶柄1.4cm。果实绿色，长3.4cm，宽3.2cm，圆形；果核长2.55cm，宽1.82cm，椭圆形；核面平滑。在北京植物园内进行4年连续观测，平均始花期在4月6日，比父本'白花山碧'桃花期晚2d左右，整体花期可持续8~9d。

繁殖和栽培

1. 栽植时期。最适宜春季栽植，栽植后一定要进行修剪。

2. 水肥土管理。不耐水，较耐干旱，需要种植在排水良好的沙质土壤中。新植植株加强水肥管理，及时浇透水，尤其在早春干旱年份，更不能缺水。11月下旬浇冻水，要灌足灌透，以保证越冬所需水分。

3. 整形修剪。夏季修剪及冬剪相结合进行，及时去除枯枝、残病枝、徒长枝、过密枝等，灵活掌握修剪中短截、疏剪、回缩等修剪方法。

4. 病虫害防治。树龄较大的植株容易出现流胶病，减少不必要的机械损伤；常见虫害有蚜虫、叶蝉、螨类等，应做好监控和预防，发现害虫及时防治。

适宜范围 北京及周边地区。

谷艳

树种：桃	学名：*Prunus persica* 'Guyan'
类别：优良品种	编号：京S-SV-PP-040-2015
科属：蔷薇科 桃属	申请人：北京市平谷区人民政府果品办公室

良种来源 北京市平谷区大华山镇向北宫村桃同偶然实生苗。

良种特性 果实近圆形，纵径8.17cm，横径9.12cm，侧径8.16cm；平均果重275.0g，大果重850.0g。果顶平，微凹；果皮底色为绿白，果面粉红着红色晕，茸毛中等，皮不易剥离。果肉白色，皮下无红丝，近核处红色，硬溶质，汁中等；风味甜；粘核。含可溶性固形物13.0%。

树势中庸，树姿半开张。以中果枝结果为主。抗冻力强，生理落果少，丰产性强，盛果期每亩产量3400kg以上。在北京地区3月底~4月上旬叶芽萌动，5月上旬新梢开始生长。4月中旬始花，4月下旬盛花，4月末末花，花期1周左右。果实于9月底采收，果实发育期158d。10月中下旬落叶，年生长发育期212d左右。1年生枝绿色，阳面红褐色，叶长椭圆披针形，长15.6cm，宽4.4cm，叶柄长1.2cm，叶面微向内凹，叶尖微向外卷，叶基楔形近直角。花为蔷薇形，5瓣，深粉色，花药橙红色，雌蕊与雄蕊等高或略低，花粉多。

繁殖和栽培

1.整形修剪。采用三主枝自然开心形整枝，株行距4m×6m定植或"Y"字型整枝株行距3m×6m定植。幼树期需调控好树势，保持树势中庸，树势旺时果实较小。注意加强夏季修剪，尤其是采收以后，及时控制背上直立旺枝，改善通风透光条件，促进花芽分化。第1次摘心可在春季新梢30~40cm时结合抹芽工作进行。

2.土肥管理。一年中前期追肥以氮肥为主，磷、钾配合使用，促进枝叶生长，后期追肥以钾肥为主，配合磷肥，尤其在采收前20~30d（果实膨大期）可叶面喷0.3%的KH_2PO_4，以增大果个，促进着色，增加含糖量，提高品质。特别是秋施基肥应适量加施氮、磷、钾化肥，可增加树体营养，提高翌年坐果率。

3.花果管理。花蕾膨大期，疏掉果枝背上的花蕾，花期再疏掉花量的50%。幼果期疏小果1次，定果1次，主枝上部适当多留，亩留果量10000~11000个左右。不留朝天果。徒长性结果枝坐果良好，幼树期可适当利用徒长性结果枝结果。亩产量控制在4000kg左右为宜。

4.病虫害防治。及时注意病情、虫情的发生和发展情况，适时施药，主要控制蚜虫、红蜘蛛危害，另外，在果实近熟时，预防根霉软腐病、褐腐病、炭疽病等果实病害。

5.适时采收。当果皮底色已变白，果实表现出品种固有的风味时带果柄采收。

适宜范围 北京地区。

谷丰

树种：桃
类别：优良品种
科属：蔷薇科 桃属

学名：*Prunus persica* 'Gufeng'
编号：京S-SV-PP-041-2015
申请人：北京市平谷区人民政府果品办公室

良种来源 平谷区镇罗营大久保芽变。

良种特性 果实近圆形，纵径9.30cm，横径10.92cm，侧径9.63cm；平均果重250g，大果重400g。果顶平圆，微凹，缝合线浅，两侧较对称，果形整齐；果皮底色乳白，茸毛中等，果肉乳白色，近核处乳白色，肉质硬；风味甜；离核。含可溶性固形物13.8%。树势中庸，树姿开张。以中果枝、短果枝结果为主。复花芽多，抗冻力强，无裂核、裂果现象，丰产性良好，盛果期每亩产量可达3000kg左右。在北京地区3月底叶芽萌动，5月上旬新梢开始生长，5月下旬萌发副梢。4月中旬初花，花期7d左右。果实于7月下旬采收，果实发育期92d左右。10月下旬初出落叶，年生长发育期207d左右。1年生枝条背面绿色，阳面红褐色，叶椭圆状披针形，长19.0cm，宽4.3cm，叶面平展，叶尖锐尖，微向外卷，叶基楔形，蜜腺2~4个，肾形。花为蔷薇形，雌蕊与雄蕊等高或略低，花粉多。

繁殖和栽培

1. 整形修剪。a.幼树整形：三主枝自然开心形整枝，可采用株行4m×6m进行定植，"Y"字型整枝株行距可选用3m×6m。根据既有利早期丰产，又方便后期管理的原则，幼树期需调控好树势，保持树势中庸。b.大树冬剪：疏除主枝头的旺枝，以壮果枝带头；枝组以斜上和水平为主，同侧大枝组保持80~100cm间距，中小型枝组保持30~50cm间距；亩留果枝量10000~11000个。c.大树夏剪：4月底~5月上旬抹芽、除萌；5月底~6月上旬，疏除多余直立旺梢，其余的扭梢或留3~4片

叶短截；6月底~7月上旬，疏去直立有副梢的遮光徒长枝和过密的枝梢；8月底~9月上旬剪嫩梢。尤其是采收以后，及时控制背上直立旺枝，改善通风透光条件，促进花芽分化。

2. 土肥水管理。9月份沟施发酵有机肥4方/亩；盛果期树结合花前浇水，每亩追施氮磷钾混合肥17kg或150~200kg发酵好的饼肥（香油渣、豆饼、棉子饼、菜籽饼、葵花饼等）；果实膨大期（采收前20~30d）叶面喷0.3%的KH$_2$PO$_4$或亩施混合肥22kg（尿素5kg、磷酸二胺2kg、硫酸钾15kg）。生长季根据墒情及时浇水，落叶后（11月上中旬）浇冻水。

3. 花果管理。2月中旬至花芽膨大期进行疏花芽，6月上旬前完成疏果、果实套袋工作。主枝上部适当多留，亩留果枝量10000~11000个左右，产量每亩控制在3000kg左右为宜，亩产量最多不宜超过3500kg。

4. 病虫害的防治。萌芽前喷3~5度的石硫合剂；生长季以预防为主，采用农业防治为主、物理防治、生物防治和化学防治为辅（使用生物农药和低毒低残留高效的化学农药）的综合防治措施，防控蚜虫、螨类、食心虫、桃褐腐病、桃软腐病、桃细菌性黑斑病等病虫危害。

5. 适时采收。当果皮底色已变白，果实表现出品种固有的风味时即可采收；为提高贮藏性，采收时带果柄。

6. 注意事项。生长季节禁止大水漫灌，果实采摘前20d控水；雨季挖排水沟，及时排水。

适宜范围 北京浅山、丘陵、平原地区栽植。

谷玉

树种：桃	学名：*Prunus persica* 'Guyu'
类别：优良品种	编号：京S-SV-PP-042-2015
科属：蔷薇科 桃属	申请人：北京市平谷区人民政府果品办公室

良种来源 平谷区峪口镇胡莹村辛玉芽变。

良种特性 果实椭圆形，纵径8.12cm，横径8.20cm，侧径8.16cm；平均果重210.0g，大果重350.0g。果顶圆，微凸，缝合线浅，两侧较对称，果形整齐；果皮底色绿白色，果面2/3至全面粉红，绒毛少，不易剥离。果肉白色，近核处红色，肉质松脆，纤维少；风味甜；离核。含可溶性固形物12.6%。

树势中庸，树姿半开。以中长果枝结果为主，抗冻力强，生理落果少，丰产性良好，盛果期亩产量2800kg以上，在北京地区3月底~4月上旬叶芽萌动，5月上旬新梢开始生长。4月中旬始花，4月下旬盛花，4月末末花，花期10d左右。果实于7月下旬采收，果实发育期95d。10月中下旬落叶，年生育期213d左右。

1年生枝绿色，阳面红褐色，叶长椭圆披针形，长16.6cm，宽4.2cm。花为蔷薇形，花药橙红色，雌蕊与雄蕊等高，花粉多。

繁殖和栽培 选择选择地势平缓、土层深厚、土质疏松、排灌良好的背风向阳地块。露地栽培自然开心形采用株行距4m×6m进行定植，"Y"字型株行距以3m×6m为宜。增施基肥，以有机肥为主。适当追肥，氮、磷、钾肥配合以提高果实品质。及时夏剪，以改善光照，增进果实着色。注意防治梨小食心虫、蚜虫、桃疮痂病等病虫害。

适宜范围 北京地区。

谷红1号

树种：桃
类别：优良品种
科属：蔷薇科 桃属

学名：*Prunus persica* 'Guhong yihao'
编号：京S-SV-PP-043-2015
申请人：北京市平谷区人民政府果品办公室

良种来源 平谷区峪口镇西樊各庄村燕红桃芽变。

良种特性 果实近圆形；平均单果重200g，大果重650g。果顶平，微凹，缝合线浅，两侧对称，果形整齐；果皮底色绿白色，紫红果面占1/2至全面，绒毛中等，皮不能剥离。果肉白色，皮下红色素多，近核处红，硬溶质，汁液中；风味浓甜，香气淡；粘核。含可溶性固形物13%以上。

树势强，树姿半开张。以中长枝结果为主。抗冻力强，丰产性好，盛果期每亩产量可达2500kg以上。在北京地区3月底叶芽萌动，4月中下旬盛花。果实于7月中下旬采收，果实发育期约91d。11月上中旬落叶终止，年生育期228d左右。

1年生枝紫褐色，叶长椭圆形，长16.8cm，宽4.2cm，叶面平展，叶尖急尖，叶基尖形。花为蔷薇形，花粉多。

繁殖和栽培

1.整形修剪。采取三主枝开心形树形，第1年定干60cm，选择不同方向的三个主枝，第2年进行枝头甩放，选出大型结果枝组。

2.花果管理。花芽膨大期疏花芽一次，用食指抹去背上花芽。幼果期疏果1~2次，疏去小果、背上果和双果。定果，主枝上部适当多留，亩留果量10000~11000个左右。

3.肥水管理。前期追肥以氮肥为主，磷肥、钾肥配合使用，促进枝叶生长，后期追肥以钾肥为主，配合磷肥，尤其在采收前20~30d（果实膨大期）可叶面喷0.3%的KH$_2$PO$_4$，以增大果个，促进着色，增加含糖量，提高品质。秋施基肥，亩施有机肥4方，适量加施氮、磷、钾化肥，可增加树体营养，提高翌年坐果率。

4.病虫害防治。预防为主，综合防治。萌芽前喷3~5度的石硫合剂，生长季以预防为主，及时注意病情、虫情的发生和发展情况，适时施药，注意防控蚜虫、螨类、食心虫、桃褐腐病、桃软腐病、桃细菌性黑斑病等病虫危害。

5.注意事项。幼树以中长枝结果为主，盛果期以中短枝结果为主。7~8月份应加强果园管理，避免旱、涝现象加剧生理落果。

适宜范围 北京山区及平原区。

谷红2号

树种：桃	学名：*Prunus persica* 'Guhong erhao'
类别：优良品种	编号：京S-SV-PP-044-2015
科属：蔷薇科 桃属	申请人：北京市平谷区人民政府果品办公室

良种来源 平谷区镇罗营镇见子庄村燕红芽变。

良种特性 果实近圆形，纵径8.57cm，横径9.62cm，侧径9.16cm；平均单果重275g，最大单果重650g。果顶平，两侧对称，果形齐整；果皮底色绿白，易着色，果面鲜红至深红色，茸毛稀而短。果肉白色，近核处红色，硬溶质，肉质紧密；浓甜，有香味；粘核。果实可溶性固形物含量14%。

树势较旺，树姿半开张。长、中、短果枝均可结果。花芽起始节位低，复花芽多，抗逆性较强，丰产性强，盛果期平均亩产3500kg以上。在北京地区3月底4月初萌芽，4月中下旬盛花，花期1周左右。9月中下旬果实成熟，果实发育期152d。10月中下旬落叶，生育期208d左右。

1年生枝红褐色，叶片披针形，长16.3cm、宽4.2cm，叶基楔形，锯齿细钝。花蔷薇形，雌蕊与雄蕊等高，花粉多。

繁殖和栽培

1.整形修剪。三主枝自然开心形整枝，可采用株行距4m×6m定植；"Y"字型整枝株行距用3m×6m。注意加强夏季修剪，第1次摘心可在春季新梢30~40cm

时结合抹芽工作进行。采收以后，及时控制背上直立旺枝，促进花芽分化。

2.土肥管理。一年中前期追肥以氮肥为主，磷肥、钾肥配合使用，促进枝叶生长，后期追肥以钾肥为主，配合磷肥，尤其在采收前20~30d（果实膨大期）可叶面喷0.3% KH_2PO_4，提高品质。秋施基肥应适量加施氮、磷、钾化肥，增加树体营养，提高翌年坐果率。成熟前注意加强肥水管理，水分不足底部易蔫。

3.花果管理。主枝上部适当多留，亩留果量10000~12000个左右。不留朝天果。徒长性结果枝坐果良好，幼树期可适当利用徒长性结果枝结果。产量每亩控制在3500kg左右为宜。

4.病虫害防治。对病虫害以物理防治和生物防治为主，及时观察虫情、病情发展情况，做好预测预报，必要时选用低残留的化学农药进行防治。主要防治蚜虫、红蜘蛛及褐腐病。

5.适时采收。当果皮底色已变白，果实表现出品种固有的风味时即可采收；为提高贮藏性，采收时宜带果柄。

适宜范围 北京山区。

敦煌紫胭桃

树种：桃
类别：优良品种
科属：蔷薇科 桃属

学名：*Prunus persica* var.nectarina 'Zhongyoutao'
编号：甘S-SV-Pp-021-2011
申请人：甘肃省敦煌市林业技术推广中心

良种来源 甘肃省敦煌。

良种特性 敦煌紫胭桃品质优良，果肉含糖量7%～15%，有机酸含量0.2%～0.9%，并具有高产特性。果皮光滑，无茸毛，肉质脆硬。因品系不同，成熟期8月中旬～10月中上旬，果形均匀，色泽艳丽，肉厚味香而闻名，其果肉呈蜜白色，味甘清香，含汁丰富，有较多的蛋白质、脂肪、维生素、有机酸、矿物质、粗纤维和碳水化合物等营养成分。

繁殖和栽培 选择土层深厚、防护林体系健全，具备灌溉条件的地块建园，株行距3m×4m。选择二年生嫁接苗定植。定植前，在定植穴上开挖0.8m见方的丰产穴，每穴施有机肥30~50kg，磷肥2~3kg。苗木定植后以自然开心形为主要整形修剪树形。以摘心、拉枝、短截等夏季修剪为主，冬季修剪为辅。肥水管理以有机肥为主，化肥补充，氮：磷：钾的比例为1：0.8：0.9，坚持春旱、夏巧、秋控、冬满园的灌水原则。

适宜范围 适宜在甘肃河西地区种植。

晚金油桃

树种：油桃	学名：*Prunus persica* L. var. nectariana
类别：优良品种	编号：晋S-SV-PP-004-2005
科属：蔷薇科 桃属	申请人：山西省农科院果树研究所

良种来源 从意大利引种，经实生选育而来。

良种特性 果实成熟期晚，果实圆形，平均单果重234.0g，最大果重300.0g，果实纵横径为7.8cm×7.7cm；果面全红，果肉金黄，离核，甜仁，硬溶质，风味浓郁，酸甜适度，可溶性固形物为13.0%~15.0%。丰产性好，定植后第2年即可挂果，三年生平均株产13.6kg，单位面积产量11250kg/hm²，抗冻性较强。

繁殖和栽培 嫁接繁殖，山桃做砧木。应选择土壤肥沃、有浇水条件、排水良好的丘陵坡地或平地；定植株行距为3m×4m为宜；树形可选用开心形，主干形等树形；加强花期管理，适当进行疏花疏果。

适宜范围 山西省中、南部及类似气候地区栽培。

金春

树种：油桃
类别：优良品种
科属：蔷薇科 桃属

学名：*Prunus persica* 'Jinchun'
编号：京S-SV-PP-013-2006
申请人：北京市农林科学院农业综合发展研究所

良种来源　优株'89-4-24'自然授粉后代。

良种特性　3月底~4月上旬萌芽，4月中旬开花，7月上中旬果实成熟，果实发育期84d左右，10月下旬落叶，生育期208d左右。早熟黄肉甜油桃。果实长圆，果个大，平均果重171.3g，较大果重260g，果顶圆，少数微凹，梗洼较深，广度中等，缝合线浅或不明显两侧对称。果皮光滑无毛，底色黄，全面着玫瑰红或鲜红色，阳面着色浓。有果点，果肉黄色，不溶质，硬度中等。风味浓甜、微香。可溶性固形物含量12.4%，鲜食品质优。耐贮运性好。半粘核，无裂核。7月9~11日成熟。多年未发现裂果。

繁殖和栽培　采用嫁接繁殖，春季枝接或夏秋季芽接，砧木选用毛桃或山桃。种植选排水良好，土层深厚，阳光充足的地块建园。露地栽种行株距以5m×3m、4m×3m为宜；与开花物候期相同的有花粉品种搭配建园，可隔2行种植1行有花粉品种，或人工授粉。增施基肥，以有机肥为主，配合磷钾肥。追肥需氮、磷、钾配合，最好于落花后即追施果树专用肥，以提高果品质量；及时夏剪，以改善光照，增进果实着色，果实成熟前可适当摘叶，使果面着色均匀。把好疏果关，促进果实发育；注意防治蚜虫、卷叶虫、红蜘蛛等病虫害。

适宜范围　北京地区。

华春

树种：油桃	学名：*Prunus persica* 'Huachun'
类别：优良品种	编号：京S-SV-PB-053-2007
科属：蔷薇科 桃属	申请人：北京市农林科学院农业综合发展研究所

良种来源　优株'93-4-54'自然授粉后代。

良种特性　3月底~4月上旬萌芽，4月上中旬开花，7月中旬果实成熟，果实发育期94d左右，11月上旬落叶，生育期228d左右。早熟白肉甜油桃。果实近圆稍长，果型较大，平均果重150g，较大果重168g。果顶圆平，梗洼浅，广度中等，缝合线浅，两侧果肉对称。果皮光滑无毛，底色绿白，表面着条状、块状、斑状鲜红色，着色先从果顶开始，随着果实成熟，着色比例可达50%~90%。果肉白色，红色比率小于25%，稀薄。软溶质，硬度中等。口感较细腻，果汁多。风味甜、微香，近核稍酸。可溶性固形物含量9~12%，鲜食品质较好。半粘核，裂核比例近25%。北京地区7月6至12日成熟。多年未发现裂果。开花早，花粉色，复瓣花，少数单瓣，部分花丝瓣化，花瓣数5~12枚，观赏价值高。

繁殖和栽培　采用嫁接繁殖，春季枝接或夏秋季芽接，砧木选用毛桃或山桃。种植选排水良好，土层深厚，阳光充足的地块建园。露地栽种行株距以5m×3m、4m×3m或以观光园设计规划种植；增施基肥，以有机肥为主，配合磷钾肥。追肥需氮、磷、钾配合，最好于落花后即追施果树专用肥，以提高果品质量；及时夏剪，以改善光照，增进果实着色；为提高该品种观赏性和延长花期，可与中、晚花品种搭配种植且冬剪时适量多留果枝。赏花完毕及时追肥和疏除多余枝；注意防治蚜虫、卷叶虫、红蜘蛛等病虫害。

适宜范围　北京地区及相同立地条件的地区。

锦春

树种：油桃
类别：优良品种
科属：蔷薇科 桃属

学名：*Prunus persica* 'Jinchun'
编号：京S-SV-PB-052-2007
申请人：北京市农林科学院农业综合发展研究所

良种来源 优株'95-11-12'与'93-4-44'杂交后代。

良种特性 3月底~4月上旬萌芽，4月中旬开花，6月中下旬果实成熟，果实发育期62~69d左右，11月上旬落叶，生育期223d左右。早熟白肉甜油桃。果实圆正，中小果型，平均果重92.8g，较大果重125g。果顶圆平，少数微凹，梗洼深度中等，广度中等。缝合线浅，两侧果肉对称。果皮光滑无毛，底色绿白，表面着玫瑰红色，着色先从果顶开始，随着果实成熟，将遍及整个果面，色泽艳丽。果肉乳白色，红色比率50%~70%，软溶质，硬度中等。口感较细腻，果汁多。风味甜、微香。可溶性固形物含量10%~12%，鲜食品质优。半离核，无裂核。北京地区6月17~22日成熟。偶有轻微裂果。

花为蔷薇型，红花略浅，单瓣或复瓣，花瓣数5~10枚，部分花丝瓣化，花药红色，有花粉。花早，观赏价值高。

繁殖和栽培 采用嫁接繁殖，春季枝接或夏秋季芽接，砧木选用毛桃或山桃。种植选排水良好，土层深厚，阳光充足的地块建园。露地栽种行株距以5m×3m、4m×3m或以观光园设计规划种植，温室1.2m×1m、1.5m×0.8m为宜；增施基肥，以有机肥为主，配合磷钾肥。追肥需氮、磷、钾配合，最好于落花后即追施果树专用肥，以提高果品质量；及时夏剪，以改善光照，增进果实着色；提高该品种观赏性和延长花期，可与中、晚花品种搭配种植且冬剪时适量多留果枝。赏花完毕及时追肥和疏除多余枝；锦春坐果率高，因加强疏果工作；注意防治蚜虫、卷叶虫、红蜘蛛等病虫害。

适宜范围 北京地区。

锦霞

树种：油桃
类别：无性系
科属：蔷薇科 桃属

学名：*Prunus persica* L. var. nectariana 'Jinxia'
编号：晋S-SV-PP-009-2007
申请人：山西省农业科学研究院果树研究所

良种来源　大久保桃和兴津油桃杂交选育。

良种特性　早熟油桃品种。该品种在晋中地区7月中旬成熟，平均单果重160.0g，最大单果重375g，纵、横、侧径分别是6.8cm×6.8cm×6.8cm。果顶较平，缝合线浅，两侧果肉对称，果皮光滑无毛，底色绿白，阳面鲜红色，着色面占80%左右，果肉白，肉质较细，汁液多，软溶质，味浓甜；可溶性固形物13.6%，含总糖9.22%，总酸0.472%，果肉含维生素C 13.34mg/100g，半离核，核扁圆形。在花芽抗冻性、

果实抗裂果性、丰产、稳产性等方面表现良好，具浓郁的桃香味，浓甜爽口，符合国内消费者口味。

繁殖和栽培　嫁接繁殖。应选择土壤肥沃、有灌溉条件、排水良好的丘陵山地和平地建园；定植株行距为3m×4m（55株/666.7m²）为宜；树形可选用自然开心形或Y字型；加强夏季修剪和花期管理，严格疏花疏果。

适宜范围　山西省中南部及类似气候地区栽培。

夏至早红

树种：油桃
类别：优良品种
科属：蔷薇科 桃属

学名：*Prunus persica* 'Xiazhizaohong'
编号：京S-SV-PP-002-2009
申请人：北京市农林科学院林业果树研究所

良种来源 母本'81-26-9'，父本'早红2号'，杂交育成。

良种特性 属早熟油桃品种，果实发育期67d，北京地区6月下旬成熟。平均单果重138g，最大果重163g；果面近全面着玫瑰红或紫红色晕；果肉黄白色、硬溶质、味甜、硬度较高，粘核。可溶性固形物含量12.6%。树势中庸，树姿半开张。花铃形，花粉多，丰产性强，4年生树平均亩产1300kg，盛果期平均亩产1700kg以上。

繁殖和栽培

1.三主枝自然开心形整枝株行距3~4m×5m进行定植，'Y'型整枝株行距2m×5m。

2.秋后增施有机肥，并加强春季肥水管理，花后适当追施磷钾肥，果实成熟前20~30d应增加速效钾肥的施用，可叶面喷0.3%的磷酸二氢钾，以增大果个，促进果实全面着色，增加含糖量，提高品质。成熟前根据土壤墒情适时灌水。

3.果实发育期短，要及早疏果、合理留果，既要保证丰产，又不致造成果个偏小。每个长果枝留果4~5个，亩产控制在2000kg为宜。

4.加强采收后的夏季修剪，控制徒长枝，防止郁闭，以利花芽分化。

5.果实上色早，应注意适时采收。

适宜范围 北京地区。

金美夏

树种：油桃	学名：*Prunus persica* 'Jinmeixia'
类别：优良品种	编号：京S-SV-PP-003-2009
科属：蔷薇科 桃属	申请人：北京市农林科学院农业综合发展研究所

良种来源 优株'83-3-10'与油桃品种夏魁（Summergrand）杂交后代。

良种特性 3月底~4月上旬萌芽，4月中旬开花，7月下旬果实成熟，果实发育期98d左右，11月上旬落叶，年生育期210d左右。中熟黄肉甜油桃。果实近圆稍扁，果个大，平均果重202.1g，较大果重283g；平均果径6.96cm×7.07cm×7.46cm。果顶圆平；梗洼较深、广度中等；缝合线浅，两侧片肉对称。果皮光滑无毛，底色黄，全面浓红色，光亮艳丽。果肉黄色，硬溶质，硬度中等。风味浓甜，有中度香气，可溶性固形物含量11%~12%，可溶性糖8.58%，可滴定酸0.26%，每100g鲜果含维生素C 3.48mg/100g、β-

类胡萝卜素0.956mg/kg。鲜食品质优。粘核，无裂核。北京地区7月17~22日成熟。多年未发现裂果。

繁殖和栽培 采用嫁接繁殖，春季枝接或夏秋季芽接，砧木选用毛桃或山桃。种植选排水良好，土层深厚，阳光充足的地块建园。露地栽种行株距以5m×3m、4m×3m为宜；增施基肥，以有机肥为主，配合磷钾肥。追肥需氮、磷、钾配合，最好于落花后即追施果树专用肥，以提高果品质量；及时夏剪，以改善光照，增进果实着色；注意防治蚜虫、卷叶虫、红蜘蛛等病虫害。

适宜范围 北京地区。

夏至红

树种：油桃
类别：优良品种
科属：蔷薇科 桃属

学名：*Prunus persica* 'Xiazhihong'
编号：京S-SV-PP-005-2009
申请人：北京市农林科学院林业果树研究所

良种来源 母本'81-26-9'，父本'早红2号'杂交育成。

良种特性 属早熟油桃品种，果实发育期78d，北京地区7月初成熟。平均单果重172g，最大果重242g；果面近全面着玫瑰红或紫红色晕；果肉黄白色、硬溶质、味甜，粘核。可溶性固形物含量12.1%。树势中庸，树姿半开张。花铃形，花粉多，丰产性强，4年生树平均亩产1500kg，盛果期平均亩产2000kg以上。

繁殖和栽培

1. 三主枝自然开心形整枝株行距3~4m×5m进行定植，'Y'型整枝株行距2m×5m。

2. 秋后增施有机肥，并加强春季肥水管理，花后适当追施磷钾肥，果实成熟前20~30d应增加速效钾肥的施用，可叶面喷0.3%的磷酸二氢钾，以增大果个，促进果实全面着色，增加含糖量，提高品质。北方地区气候干旱，果实迅速膨大期要根据土壤墒情适时灌水。

3. 合理留果，既要保证丰产，又不致造成果个偏小。每个长果枝留果3~4个，亩产控制在2000kg为宜。

4. 加强采收后的夏季修剪，控制徒长枝，防止郁闭，以利花芽分化。

5. 果实上色早，应注意适时采收。

适宜范围 北京地区。

瑞光33号

树种：油桃	学名：*Prunus persica* 'Ruiguang sanshisanhao'
类别：优良品种	编号：京S-SV-PP-006-2009
科属：蔷薇科 桃属	申请人：北京市农林科学院林业果树研究所

良种来源 母本'亲玉'，父本'瑞光3号'杂交育成。

良种特性 属中熟油桃品种，果实发育期101d，北京地区7月下旬成熟。平均单果重271g，最大果重515g；果面3/4-近全面着玫瑰红色晕。果肉黄白色、硬溶质、味甜，粘核。可溶性固形物含量12.8%。树势中庸，树姿半开张。无花粉，丰产性强，盛果期平均亩产2000kg以上。

繁殖和栽培

1. 三主枝自然开心形采用株行距3~4m×5m，'Y'形整枝株行距2m×5m，建园时应配置授粉树。

2. 为充分发挥该品种果实大和品质优的固有特性，应于秋季落叶前1个月，增施有机肥。生长季进行2次关键的追肥，前期追肥以氮肥为主，磷、钾肥配合施用，促进枝、叶生长，果实成熟前20~30d的果实迅速膨大期以追施速效钾肥为主，有利于增大果实，促进果实全面着色，增加含糖量。

3. 花期要进行人工授粉。授粉后坐果率高，应合理留果，有利于生产出高品质的大型果。通常每个长果枝留果2~3个，中果枝1~2个，短果枝1个，花束状果枝可不留，产量控制在每亩2000kg左右。建议使用果实套袋措施，以增加果面光洁度，使果色更为均匀，鲜艳，并能减少病虫为害。应在采收前7d进行解袋。

4. 加强采收前一个月夏季修剪，改善通风透光条件，促进果实着色。

5. 注意加强对蚜虫、红蜘蛛、卷叶虫、潜叶蛾、穿孔病等主要病虫害防控。

适宜范围 北京地区。

瑞光39号

树种：油桃
类别：优良品种
科属：蔷薇科 桃属

学名：*Prunus persica* 'Ruiguangsanshijiuhao'
编号：京S-SV-PP-014-2009
申请人：北京市农林科学院林业果树研究所

良种来源 母本为'华玉'，父本'顶香'，杂交育成。

良种特性 属晚熟油桃品种，果实发育期132d，北京地区8月下旬成熟。平均单果重202g，最大果重284g；果面3/4~近全面着玫瑰红或紫红色、晕。果肉黄白色、硬溶质、味浓甜，粘核。可溶性固形物含量13%。树势中庸，树姿半开张。花粉多，丰产性强，盛果期平均亩产2000kg以上。

繁殖和栽培

1.三主枝自然开心形采用株行距3~4m×5m，'Y'形整枝株行距2m×5m。

2.北方春季干旱，注意及时灌水。前期追肥以氮肥为主，磷、钾肥配合施用，促进枝、叶生长。采收前20~30d的果实迅速膨大期加强速效钾肥的施用，配合磷肥，可喷0.3%磷酸二氢钾，以增大果个，促进果实全面着色，增加含糖量。

3.合理留果，通常每个长果枝留果3个，中果枝2个，短果枝1个，花束状果枝可不留，产量控制在每亩2000kg左右。建议使用果实套袋措施，以增加果面光洁度，使果色更为均匀，鲜艳，并能减少病虫为害。应在采收前7d进行解袋。

4.加强采收前一个月夏季修剪，改善通风透光条件，促进果实着色。

5.树体生长前期注意加强对蚜虫、红蜘蛛、卷叶虫的防控，后期特别注意梨小食心虫和褐腐病等主要病虫害防控。

适宜范围 北京地区。

京和油1号

树种：油桃	学名：*Prunus persica* 'Jingheyouyihao'
类别：优良品种	编号：京S-SV-PP-009-2011
科属：蔷薇科 桃属	申请人：北京市农林科学院农业综合发展研究所

良种来源 优株'89-2-1'与法国油桃品种'弗扎德'的杂交后代。

良种特性 3月底~4月初萌芽，4月中旬开花，7月中旬果实成熟，果实发育期90d左右，11月上旬落叶，年生育期214d左右。早中熟白肉甜油桃。平均果重217g，较大果重270g。果实近圆稍长，果顶圆平，梗洼深度中等，广度中等偏狭，缝合线浅，两侧果肉对称。果皮光滑无毛，底色乳白色，近全面着玫瑰红色，呈块状，色泽明亮艳丽。果肉乳白色，红色比率50%~70%，硬溶质，硬度中等。口感较细腻，果汁多。风味甜、中香。可溶性固形物平均含量13.1%，鲜食品质优，耐贮运性好。无裂核。北京地区7月12~15日左右成熟。多年未发现裂果。

繁殖和栽培 采用嫁接繁殖，春季枝接或夏秋季芽接，砧木选用毛桃或山桃。种植选排水良好，土层深厚，阳光充足的地块建园。露地栽种行株距以5m×3m、4m×3m为宜；增施基肥，以有机肥为主，配合磷钾肥。追肥需氮、磷、钾配合，最好于落花后即追施果树专用肥，以提高果品质量；及时夏剪，以改善光照，增进果实着色；注意防治蚜虫、卷叶虫、红蜘蛛等病。

适宜范围 北京地区。

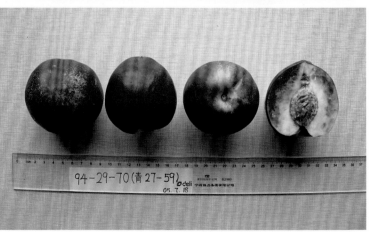

京和油2号

树种：油桃
类别：优良品种
科属：蔷薇科 桃属

学名：*Prunus persica* 'Jingheyouerhao'
编号：京S-SV-PP-010-2011
申请人：北京市农林科学院农业综合发展研究所

良种来源 优株'25-17'与'2-2-94'的杂交后代。

良种特性 4月初萌芽，4月中旬开花，8月中下旬果实成熟，果实发育期120~130d左右；10月下旬落叶，生育期205d左右。中晚熟黄肉油桃。果实近圆，果型大，平均果重201.2g，较大果重228.0g。果顶圆平，梗洼深度中等，广度中等；缝和线浅，两侧对称；果皮底色黄，80%着块状鲜红色，偶有开裂；果肉黄色，硬溶质，硬度较硬；风味浓甜、浓香，可溶性固形物含量12.0%~14.5%，鲜食品质优。半粘核，无裂核。北京地区8月中下旬成熟。

繁殖和栽培 采用嫁接繁殖，春季枝接或夏秋季芽接，砧木选用毛桃或山桃。种植选排水良好，土层深厚，阳光充足的地块建园。露地栽种行株距以5m×3m、4m×3m为宜；栽培时配置授粉树或与有花粉品种隔行种植。望春、金美夏、超红珠等早熟、中熟品种均可作为其授粉树。针对裂果及着色问题，建议采用套袋技术，在授粉后1月进行定果套袋，在果实成熟前7~10d摘袋；加强病虫害管理，重点防治桃蛀螟、梨小等为害果实的鳞翅目害虫，采用灯光诱杀、糖醋水诱集、农艺措施结合化学药剂防治，有效降低园区虫口密度。同时注意防治蚜虫、卷叶虫、红蜘蛛等虫害及细菌性穿孔病等病害，保证枝叶健康，树体旺盛。

适宜范围 北京地区。

瑞光45号

树种：油桃	学名：*Prunus persica* 'Ruiguangsishiwuhao'
类别：优良品种	编号：京S-SV-PP-011-2011
科属：蔷薇科 桃属	申请人：北京市农林科学院农业果树研究所

良种来源 母本'华玉'，父本'顶香'，杂交育成。

良种特性 该品种属中熟油桃品种，树势中庸树姿半开张，花粉多。丰产性强。平均单果重220.0g，最大单果重300.0g；果面3/4至近全面，着玫瑰红色至紫红色。果肉黄白色，硬溶质，风味甜，离核。可溶性固形物平均含量12.9%。果实发育期112d，北京地区8月上旬成熟。

繁殖和栽培

1. 合理的栽植密度。二主枝自然开心形整枝株行距2~2.5m×5~6m，三主枝自然开心形整枝株行距3~4m×5~6m。

2. 加强施肥水管理。秋后施用有机肥，果实成熟前20~30d应增加速效钾肥的施用，以增大果个，促进果实全面着色，增加含糖量，提高品质。北京地区春季干旱，注意及时灌水，保证前期正常生长发育；成熟时正值雨季，注意排涝。

3. 加强果实管理。该品种坐果率较高，应合理留果，有利果个增大和品质提高，提高商品率。通常每个长果枝留果量3个左右，中果枝2个，短果枝1个，花束状果枝可不留。亩产量控制在2000kg左右为宜，肥水条件好的果园可适当增加产量。果实成熟时正值雨季，推荐果实套袋，套袋措施不仅增加使果面光洁度，颜色更为鲜艳，而且防病、防虫效果显著，应在采收前7d左右进行解袋。

4. 加强夏季修剪。由于光照不足时影响果实着色，应加强夏季修剪，控制徒长枝，改善通风透光条件，促进果实着色。果实采收前10d可采用疏枝的办法增加果实着色。

5. 适时分批采收。该品种果实着色早，从着色到果实成熟还有一段果实迅速膨大时期，应以果实底色变白，果肉富有弹性，具有本品种的固有风味为采收指标。由于树体不同部位、不同单株果实成熟时间略有差异，应分批采收。果实成熟时偶尔会遇有暴雨和大风，适时采收可以减少风害和病害造成的落果损失。

6. 重视蚜虫、红蜘蛛、卷叶虫、梨小食心虫和褐腐病等主要病虫害防控。

适宜范围 北京地区。

山桃六盘山种源

树种：山桃
类别：优良种源
科属：蔷薇科 桃属

学名：*Amygdalus davidiana*（Carr.）C. de Voss.ex Henry
编号：宁S-SP-AD-0010-2007
申请人：宁夏林业技术推广总站、宁夏固原市原州区林业局、宁夏彭阳县林业局、宁夏隆德县林业局

良种来源 宁夏六盘山区原生树种。

良种特性 落叶灌木。枝干红褐色至暗紫色，有光泽，嫩枝红色；花瓣粉色至白色，先于叶开放，花梗紧贴枝条，花期3~4月。造林3年平均株高2.1m以上，平均地径1.5cm以上，南北冠幅1.8~3.6m，东西冠幅2.0~2.6m。喜阳喜温，适应性强。耐-20℃低温，年降雨量200mm条件下仍可存活。活土层50cm以上，土壤全盐含量5‰以下，土壤pH值7~8.5的地区均可栽植。不耐水湿。易受桃蚜危害。造林绿化树种，亦可用于园林观赏。

繁殖和栽培 8月下旬采种，10月下旬秋播育苗，4月中下旬春播育苗。春播前用80~90℃的热水浸种0.5~1h，需不停搅拌，自然冷却后浸泡2d，每日换水。在平整好的圃地上进行人工或单犁大田播种，播种量75~100kg/亩，播种深度8~10cm。采用1~2年生，地径≥0.2cm，苗高≥35cm的苗木造林，可混种云杉、油松等。花落后至初夏、秋季桃蚜迁回时，用10%吡虫啉可湿性粉剂3000~4000倍液或20%杀灭菊酯乳剂3000倍液喷洒防治桃蚜。

适宜范围 在宁夏年平均气温5℃以上，年日照2100h以上，≥10℃年活动积温1903℃以上，年平均降水量200mm以上，活土层在50cm以上，土壤全盐含量在0.5%以下，pH值7~8.5的地区可种植。宁南山区的原州区、海原、西吉、隆德、泾源、彭阳及宁夏中部干旱带的同心、中卫、中宁等局部地区均可栽植。

冀光

树种：杏	学名：*Armeniaca vulgaris* 'Jiguang'
类别：优良品种	编号：HEBS2001-2102
科属：蔷薇科 杏属	申请人：河北省农林科学院石家庄果树研究所

良种来源 '串枝红'×'二红'杂交。

良种特性 落叶乔木。树势健壮。果实圆形，果顶微凸、缝合线浅，果皮底色橙黄，阳面有红晕，果面光滑，果肉橙黄色。6月中下旬成熟。果实适合加工糖水罐头，组织致密，有韧性，纤维少，汁液中，味酸甜，香气浓，可溶性固形物含量12.92%，比对照高1.4%。鲜食品质好，离核、加工过程去核容易。果实耐储藏。丰产性强，树体健壮。

繁殖和栽培 嫁接繁殖。适宜株行距为2.5~4m×4~6m。树形为疏散分层形、开心形或纺锤形。冬剪时宜轻剪，以扩大树冠，增加枝量。加强肥水管理。及时疏花疏果。

适宜范围 在河北省中南部杏树适生区种植。

太平肉杏

树种：杏
类别：优良类型
科属：蔷薇科 杏属

学名：*Prunus armeniaca* L. 'Taipingrouxing.'
编号：QLS034-J019-2001
申请人：泾阳县太平肉杏研究所

良种来源 陕西省泾阳县太平镇变异类群。

良种特性 落叶乔木。树势强健。树冠自然半圆形，树姿半开张。1年生新梢棕红色，2年生枝深红褐色，多年生枝灰褐色。叶片大，深绿色，椭圆形或近圆形。花单生，浅红色。3月底开花，5月中下旬果实成熟，果实发育期53d。自花结实率为28.0%~35.0%，以齐杏、梅杏作授粉品种，结实率可达68.3%。果实圆形，果面光滑，阳面艳红，阴面橙黄。果顶微凹。果皮厚，不易分离，果肉淡橙黄色。核扁圆形，仁甜，离核。栽植3年后挂果，4年进入稳产期，盛果期平均鲜果产量

82500kg/hm^2。经济林树种。

繁殖和栽培 培育山杏苗作砧木。先一年秋季开沟条播，6月下旬、7月中旬连续两次摘心，第二年4月上旬采用劈接法嫁接。造林前先整地，小于25°的阴坡或半阴坡，沿等高线挖1m×0.8m的水平沟；大于25°的坡地，采用1.5m×0.8m×0.6m鱼鳞坑整地，呈"品"字状排列。栽植密度为3.0m×4.0m。栽后浇水、覆膜，按70~80cm高度定杆。

适宜范围 适宜于渭河流域、黄河中下游地区及相类似地区栽植。

一窝蜂

树种：杏
类别：优良无性系
科属：蔷薇科 杏属

学名：*Prunus armeniaca* L. 'Yiwofeng.'
编号：QLS052-J037-2004
申请人：西北农林科技大学

良种来源 陕西省榆阳区引进河北省涿鹿县杏的特异性单株。

良种特性 落叶乔木。树势较强。树冠自然圆头形。枝条开张角度较小。树干褐紫色，表面粗糙。枝条灰白色，较平滑。新梢紫褐色。叶色深绿，叶背灰绿，叶片心形，叶缘平展。3月下旬萌动，始花期3月底~4月上旬，盛花期4月中下旬，萌芽期4月中旬，展叶期4月下旬，果实成熟期7月上中旬，10月下旬~11月上旬落叶。果实卵形，较扁。果皮黄色，果肉浅黄，成熟时缝合线自然裂开。核小，核壳深棕黄色。出核率15.38%，出仁率31.02%。杏仁含水分含量4.79%，粗蛋白含量19.33%，粗脂肪含量46.16%，粗纤维含量20.26%，碳水化合物含量7.20%。栽植后

前1~2年，生长较慢，3~4年营养生长明显加快，7年进入稳产期，盛产期平均鲜果、杏仁产量分别为11607.75kg/hm^{2}和594.00kg/hm^2。经济林树种。

繁殖和栽培 培育山杏苗作砧木。先一年秋季开沟条播，6月下旬、7月中旬连续两次摘心，第二年4月上旬采用劈接法嫁接。造林前先整地，小于25°的阴坡或半阴坡，沿等高线挖1m×0.8m的水平沟；大于25°的坡地，采用1.5m×0.8m×0.6m鱼鳞坑整地，呈"品"字状排列。栽植密度为3.0m×4.0m。栽后浇水、覆膜，按70~80cm高度定杆。

适宜范围 适宜海拔870~1809m，年平均气温7.8~8.8℃左右，年平均降水量450mm左右，无霜期83~155d的陕北黄土丘陵区栽植。

'慕亚格'杏

树种：杏	学名：*Armeniaca vulgaris* 'Muyage'
类别：优良品种	编号：新S-SV-AV-059-2004
科属：蔷薇科 杏属	申请人：新疆喀什地区林业局、喀什地区科技局、疏附县林业局

良种来源 '慕亚格'杏起源于疏附县塔什米力克乡，是喀什地区众多杏树栽培品种中自然形成的传统优良中晚熟品种之一，至今已有150多年的历史。该品种已成为喀什地区推广的优质杏品种。

良种特性 树形为圆头形，枝条长势较为直立紧凑。幼树生长旺盛，新梢年生长量可达2m以上，在短时期内即可形成较大的树冠，盛果期后，生长势渐弱。以短果枝和花束状果枝结果为主，且质量好，自然坐果率4.96%。果实长圆形，纵径4.6cm，横径3.9cm，果柄长0.73cm。果面金黄色，树体阳面所结果实的果顶带有红晕，果肉厚达9.4mm，果核小，果皮薄，肉质细腻，含糖量高达24%，汁液少，单果重平均36g左右，最高可达50g。维生素C含量1.74mg/100g，可食率高达88%。制干率高达36%。

繁殖和栽培 采用杏核播种；春播、秋播皆可，春播种子需在冬季进行层积处理；出苗后加强肥水管理；于出苗当年夏季或秋季芽接，秋季芽接的，接后不剪砧，待第2年春季再剪砧，嫁接未成活的进行补接；8月底停止灌水，促进枝条木质化；嫁接苗高1.5m、地径1.5cm以上时，即可出圃。整个苗期加强病虫害防治。

适宜范围 新疆南疆都可正常生长结果，但以山前地带为最佳适生区。

'色买提'杏

树种：杏	学名：*Armeniaca vulgaris* 'Saimaiti'
类别：优良品种	编号：新S-SV-AV-060-2004
科属：蔷薇科 杏属	申请人：新疆喀什地区林业局、喀什地区科技局、英吉沙县林业局

良种来源 '色买提'杏起源于新疆英吉沙县艾古司乡，是喀什地区传统的优良中晚熟杏品种之一，至今已有350多年历史。20世纪80年代在果树调查中发现了该品种的优良结果性状和经济性状，经过优良单株汇集、筛选、提纯、扩繁和推广，逐步使该品种成为喀什地区主要推广的优质杏品种。

良种特性 树形为自然开心形和疏散分层形，树势中庸，枝条较粗。进入结果期较早，一般栽后2~3年开始挂果，5~6年进入盛果期，单株产量可达105~110kg，按每亩16株计算，亩产1700kg左右，比其他品种高出15%~20%。'色买提'杏3月27日开花，在平原区早3~4d，花期9~12d，果实发育期90~95d，果实成熟期6月25日至7月10日，枝条长势较为直立紧凑。幼树生长旺盛，新梢年生长量2m以上，在短时期内即可形成较大的树冠，盛果期后，生长势渐弱。以短果枝和花束状果枝结果为主，且质量好。果个中等，平均单果重32g，最大48g，自然坐果率7.84%，果实大小整齐，果面光滑，果实椭圆形，果面金红色，果肉厚度11.3mm，果核小，出仁率28%，果皮中厚，肉质中细，汁液多，含糖量高达21%，维生素C含量1.74mg/100g，可食率高达88%。制干率高达33%~34%。

繁殖和栽培 采用杏核播种；春播、秋播皆可，春播种子需在冬季进行层积处理；出苗后加强肥水管理；于出苗当年夏季或秋季芽接，秋季芽接的，接后不剪砧，待第2年春季再剪砧，嫁接未成活的进行补接；8月底停止灌水，促进枝条木质化；嫁接苗高1.5m、地径1.5cm以上时，即可出圃。整个苗期加强病虫害防治。

适宜范围 新疆南疆都可正常生长结果，但以山前地带为最佳适生区。

'托普鲁克'杏

树种：杏	学名：*Armeniaca vulgaris* 'Tuopuluke'
类别：优良品种	编号：新S-SV-AV-061-2004
科属：蔷薇科 杏属	申请人：新疆喀什地区林业局、喀什地区科技局、英吉沙县林业局

良种来源 '托普鲁克'杏起源于英吉沙县托普鲁克乡，是喀什地区传统的优良中晚熟杏品种之一，至今已有150多年历史。从20世纪80年代在果树调查中发现了该品种的优良结果性状和经济性状，经过优良单株汇集、筛选、提纯、扩繁和推广，逐步使该品种成为喀什地区推广的优质杏品种。

良种特性 果型特大，产量高，品质好，是目前所有杏品种中果型最大的。一般栽后2~3年开始挂果，5~6年进入盛果期，幼树生长势很强，枝条稀疏3月26日左右开花，花期8~10d，自然坐果率7.84%，有一定的自花结实能力，花期、幼果期和果实膨大期有明显的落花落果现象，果实发育期105~110d。大小年明显，短果枝和中果枝结果能力强，抗风力差。树形：一般的树形有自然开心形和疏散分层形。根：主要根系垂直分布在土壤50~60cm，水平根系分布树冠的2~7倍范围。干、枝：主干树皮颜色为褐色或浅褐色，一年生枝条颜色为绿色或棕绿色，枝条萌发力强，成枝率弱。叶：叶片大，心形，叶尖突起对称，叶基卵圆形，叶基与叶柄交接处下有一对托叶，叶柄较长并在托叶下面的叶柄上有两个腺体。果：果实发育期105~110d左右，7月上旬成熟。自然坐果率7.84%，果型较大，光滑无毛，果肉厚，肉质中细，金黄色，可溶性糖21%，品质极上，鲜果制干率30%。果个大，果面光泽，果实形状近圆形，浅黄色，大小均匀，离核，缝合线明显，单果重60.8g，果皮较薄，果肉厚11.7mm，汁液多，总糖含量21%，可滴定酸0.66%，维生素含量1.96mg/100g。可食率88%。制干率高达30%。种子：种核较大5.2g，核缝合线为主各有2条副缝合线，离核，仁甜，鲜仁重1~1.4g，出仁率26%。盛果期平均单株产量为80~100kg，最高时可达250~300kg。

繁殖和栽培 采用杏核播种；春播、秋播皆可，春播种子需在冬季进行层积处理；出苗后加强肥水管理；于出苗当年夏季或秋季芽接，秋季芽接的，接后不剪砧，待第2年春季再剪砧，嫁接未成活的进行补接；8月底停止灌水，促进枝条木质化；嫁接苗高1.5m、地径1.5cm以上时，即可出圃。整个苗期加强病虫害防治。

适宜范围 新疆南疆都可正常生长结果，但以山前地带为最佳适生区。

'黑叶'杏

树种：杏
类别：优良品种
科属：蔷薇科 杏属

学名：*Armeniaca vulgaris* 'Heiye'
编号：新S-SV-AV-062-2004
申请人：新疆皮山县林业局

良种来源 1992~1998年，从当地杏树中共选出6个优良单株，后经室外逐个单株实地观察测定、取样、调查。1998年初步选定该品种优良单株作为今后发展的主要产品，命名为'黑叶'杏。先后在新疆皮山县阔什塔克乡、克里阳乡建立了2片优质杏品种汇集区域试验小区，开展优树对比试验。1998年的普查选优复选中确定'黑叶'杏优良单株为和田地区杏主栽品种之一。

良种特性 高大乔木，根系非常发达，能深入土壤深层，花为完全花，有强的适应性，极耐旱、耐盐碱、抗寒能力强，易栽培，果实大，口感好。杏树的根、枝、叶、花、果、仁可入药，果肉含蔗糖、枸橼酸、苹果酸、果胶、蛋白质、钙、铁等，其中所含的维生素A居调查的12种水果的首位。所含的维生素B17是有效的抗癌物质。

繁殖和栽培 嫁接繁殖。

适宜范围 适宜在干燥大陆性热带气候的环境下生长，新疆喀什、和田地区广泛栽培。

'明星'杏

树种：杏
类别：优良品种
科属：蔷薇科 杏属

学名：*Armeniaca vulgaris* 'Mingxing'
编号：新S-SV-AV-063-2004
申请人：新疆皮山县林业局

良种来源 1992~1998年，从当地杏树中共选出6个优良单株，后经室外逐个单株实地观察测定、取样、调查，室内果实逐个考种。1998年初步选定该品种优良单株作为今后发展的主要产品，命名为'明星'杏。先后在皮山县阔什塔克乡、克里阳乡建立了两片优质杏品种汇集区域试验小区，开展优树对比试验。1998年普查选优复选中确定'明星'杏优良单株为和田地区杏主栽品种之一。

良种特性 高大乔木，根系非常发达，能深入土壤深层，花为完全花，有强的适应性，极耐旱、耐盐碱、抗寒能力强，有较强的抗病虫能力。杏树的根、枝、叶、花、果、仁可入药，果肉含蔗糖、枸橼酸、苹果酸、果胶、蛋白质、钙、铁等，其中所含的维生素A居调查的12种水果的首位。所含的维生素B17是有力的抗癌物质。

繁殖和栽培 嫁接繁殖。

适宜范围 在新疆喀什、和田地区杏适生区栽植。

'胡安娜'杏

树种：杏
类别：优良品种
科属：蔷薇科 杏属

学名：*Armeniaca vulgaris* 'Huanna'
编号：新S-SV-AV-064-2004
申请人：新疆皮山县林业局

良种来源 1992~1998年，从当地杏树中共选出6个优良单株，后经室外逐个单株实地观察测定、取样、调查，室内果实逐个考种。1998年初步选定该品种优良单株作为今后发展的主要产品，命名为'胡安娜'杏。先后在皮山县阔什塔克乡、克里阳乡建立了两片优质杏品种汇集区域试验小区，开展优树对比试验，1998年的普查选优复选中确定'胡安娜'杏优良单株为和田地区杏主栽品种之一。

良种特性 高大乔木，根系非常发达，能深入土壤深层，花为完全花，有强的适应性，极耐旱、耐盐碱、抗寒能力强，有较强的抗病虫能力。杏树的根、枝、叶、花、果、仁可入药，果肉内含蔗糖、枸橼酸、苹果酸、果胶、蛋白质、钙、铁等，其中所含的维生素A居调查的12种水果的首位。所含的维生素B17是有力的抗癌物质。

繁殖和栽培 嫁接繁殖。

适宜范围 在新疆喀什、和田地区杏适生区栽植。

'轮南白杏'

树种：杏	学名：*Armeniaca vulgaris* 'Lunnanbaixing'
类别：优良品种	编号：新S-SV-AV-065-2004
科属：蔷薇科 杏属	申请人：新疆轮台县林业局

良种来源 此品种是经过本地群众长期栽培后形成的一种乡土树种。

良种特性 果皮光滑，纤维少，丰产性好，适应性强，宜鲜食和加工，有一定的营养和药用价值。单果重12.7g，鲜果含固形物24.2%，全糖量11.38%，每100g含维生素C22.95mg。盛果期单株产量40~60kg。耐干旱、耐瘠薄、耐盐碱。

繁殖和栽培 主要采用嫁接繁殖。

适宜范围 在新疆轮台县、库车县杏适生区栽植。

串枝红

树种：杏

类别：优良品种

科属：蔷薇科 杏属

学名：*Prunus areniaca* cv. Chuanzhihong

编号：冀S-SV-PA-033-2005

申请人：河北省农林科学院石家庄果树研究所

良种来源 原产河北巨鹿。

良种特性 落叶乔木。果实长圆形，平均果重52.5g。果肉橙黄色，肉质硬脆，纤维细、少，汁液少，味甜酸，有香气；可溶性固形物含量10.15%，pH值3.0，总糖含量7.1%，总酸含量1.5%，维生素C含量9.1g/100g，品质中上。果实硬度17.3kg/cm²。离核，可食率96.0%。树势中庸。5~8年生树平均完全花率56.05%，自然坐果率32.4%。萌芽率44.0%，成枝率6.0%。极丰产。以短果枝和花束状果枝结果为主。抗寒、抗旱、耐瘠薄，适应性强。自然条件下果实无明显病害，树体抗寒和花芽抗晚霜力强。采前不落果，抗风力强。

繁殖和栽培 播种山杏或普通杏种子培养砧木苗，于春季砧木苗树液流动而接穗未发芽前枝接或生长季节芽接繁殖苗木。适宜株行距为2.5~4m×4~6m。自花不结实，适宜授粉品种为二红杏、大丰杏、甘玉杏、金太阳杏和凯特杏等，可按主栽品种与授粉品种3~4：1的比例配置授粉树。修剪树形可采用自然圆头形。可结合修剪及时疏除多余花芽。坐果过多时及时疏果。

适宜范围 河北省除承德和秦皇岛外各市均有栽培。

香白杏

树种：杏　　　　　　　　　学名：*Prunus areniaca* cv. Xiangbaixing

类别：优良品种　　　　　　编号：冀S-SV-PA-037-2005

科属：蔷薇科 杏属　　　　　申请人：遵化市林业局

良种来源　遵化香白杏是1976年在遵化娘娘庄乡相古庄村发现的自然实生后代。

良种特性　落叶乔木。萌芽力和成枝力较弱。果实扁圆形，平均果重94g。果面底色浅黄色，色泽均匀。果肉黄色，肉厚1.62cm，质细，纤维少，汁液多，果实充分成熟后果核处充满汁液，可溶性固形物含量为9.4%~13.4%。离核。6月中下旬果实成熟。丰产性强，8年生平均株产38.3kg，10年生平均株产53.7kg。根系强大，穿透能力强，可做经济林兼水土保持树种栽植。开花早，易受晚霜危害。不完全花比例较高。

繁殖和栽培　嫁接繁殖。在平地较肥沃土壤栽植密度5~6m×6~7m；山地及瘠薄土壤栽植密度3~4m×4~5m。由于自花结实率低，可用当地火千子、金太阳做授粉树。树形为疏散分层形、开心形或纺锤形。1~3年生"香白杏"树冬剪时宜轻剪，以扩大树冠，增加枝量。4~7年生树主要应控制树冠增长速度，防止树冠郁闭，培养稳定的结果枝组，维持骨干枝长势。树高达到3.5m时，要适时开心。应加强肥水管理，增加树体营养，减少退化花，提高坐果率。

适宜范围　冀东及生态条件相似地区。

'巴仁'杏('苏克牙格力克'杏)

树种：杏
类别：优良品种
科属：蔷薇科 杏属

学名：*Armeniaca vulgaris* 'Baren'
编号：新S-SV-AV-001-2006
申请人：新疆阿克陶县林业局

良种来源 该品种早在几百年前就在新疆阿克陶县巴仁乡有栽植，为农家品种，被叫做'巴仁苏克牙格力克'杏'巴仁'杏等。20世纪80年代只分布巴仁乡3~4个村。改革开放以后，随着特色果品需求的增长，'巴仁'杏的种植面积逐步扩大。20世纪90年代，阿克陶县委县人民政府把'巴仁'杏产业作为农民增收的重要工作来抓，大力扩建优良制干杏基地。经过林业、园艺技术人员的长年调查、选定采穗母树，建立了30亩良种采穗圃，全县统一提供穗条进行嫁接品种改良。2001年，阿克陶县被国家经济林协会授予"中国巴仁杏之乡"荣誉称号。

良种特性 树体开心形，生长势强，抗逆性较强；结果早（栽植第2年可见果，第6年进入盛果期），果实大，椭圆形，平均单果重45g，最大单果重60g，表面油光，果面底色浅黄，充分成熟时阳面有淡红晕。无畸形果，无异常气味，无果面缺陷。味甜可口，离核，肉厚达1.3cm，果肉橘黄色，肉色一致，仁甜饱满，鲜仁重

1.3g，干仁重0.9g。营养成分丰富，含有丰富的有机酸、蛋白质、维生素、矿物质和微量元素，可溶性固形物达26%。制干率30%，杏干肉厚平均0.5cm，色泽黄清光。制干产品质量特优、营养丰富、食用价值高。盛果期每亩年产量1~1.5t，商品果率达80%，病虫果率低于3%，制干率10：3，按鲜杏计算亩产值达1200~1750元，制干销售每亩产值平均达到3000~5000元。

繁殖和栽培 采取普通杏种子播种后嫁接繁殖，育苗要选用排灌条件、肥力较好的土地。秋季翻耕深度25cm以上，直接播种；春季必须催芽处理种子并采取铺膜保墒措施，亩播种量30~40kg。第1年加强水肥管理，第2年春季进行嫁接。嫁接主要采用枝接。第2年秋季或者第3年春季出圃。

适宜范围 适宜在新疆和田地区、喀什地区、克州杏树适栽区域种植。

围选1号

树种：杏
类别：优良品种
科属：蔷薇科 杏属

学名：*Armeniaca vulgaris* 'Weixuan 1'
编号：冀S-SV-PA-001-2007
申请人：围场县林业局

良种来源　原产杨家湾乡务本堂村。

良种特性　落叶乔木。树势强健。果实平均重13.6g（果皮绿色时），阔卵圆形，底色绿黄，阳面有红色；果肉浅黄色，肉质绵，味酸，粗纤维多，果肉适宜加工。离核，核阔卵圆形，核长宽比1.4，平均单核重2.6g；种仁饱满，平均单仁重0.93g，出仁率35.7%。仁皮棕黄色，仁肉乳白色，味香甜而脆，略有苦味，杏仁食用、药用均可。花期抗寒性较强。抗杏疗能力强。

繁殖和栽培　以山杏实生苗为砧木嫁接繁殖。建园株行距3m×4m或3m×3m。主要树形为自然园头形和疏散分层形。幼树整形修剪，逐年选留各层主枝和侧枝，培养骨架，主侧枝以外的枝条作辅养枝处理，采取短截或长放，逐年培养成结果枝组；初果期树对各骨干枝的延长枝继续短截，扩大树冠，注意开张角度，控制辅养枝；盛果期树，要保持中庸健壮的树势，骨干枝外围新梢年生长量保持在30cm左右，截、放、缩、疏相结合。

适宜范围　河北省围场坝下及生态条件相似地区。

山杏彭阳种源

树种：山杏
类别：优良种源
科属：蔷薇科 杏属

学名：*Armeniaca vulgaris* Lam.var. *ansu* (Maxim.)Yuet Lu
编号：宁S-SP-AV-009-2007
申请人：宁夏彭阳县林业局、宁夏林业技术推广总站

良种来源 宁夏彭阳县古城镇任河村杏儿沟天然山杏林。

良种特性 落叶小乔木，枝灰褐色至浅红色。叶基部楔形或宽卵形、叶缘细钝单锯齿、角质层厚，叶芽与芽并生。花2朵、淡红色、先叶开放。果实近球形，黄色或橘红色，平均鲜果产量40kg/株。果核扁球形、表面粗糙有网纹、两侧扁、表面平滑。根系发达，适应性极强，具有极强的抗旱抗寒抗高温性能，特别能耐瘠薄，但在花期抗冻性能不佳，不耐水涝。造林绿化树种，亦可用于园林观赏。

繁殖和栽培 采用秋季播种育苗。播前要对圃地进行深翻、施肥，并灌足底水，之后用30~50℃温水浸种2d。10月下旬进行播种，播种深度8~10cm，株行距5cm×15cm，播种量60kg/亩。选择1年生苗木进行植苗造林，可作为主栽或伴生树种营造混交林。

适宜范围 宁夏南部山区黄土丘陵区，及土石质山区海拔2000m以下的地方均可栽植。

京早红

树种：杏
类别：优良品种
科属：蔷薇科 杏属

学名：*Prunus armeniaca* 'Jingzaohong'
编号：京S-SV-PA-008-2008
申请人：北京市农林科学院林业果树研究所

良种来源 '大偏头'בₓ'红荷包'杂交选育。

良种特性 该品种果实心脏圆形，果实纵径4.43cm，横径4.52cm，平均单果重48.0g，最大果重56.0g；果顶圆凸，缝合线中等深，较对称。果皮底色橙黄，果面部分着深红色，绒毛中等。果肉橙黄，汁液中多，风味酸甜，有香气。离核、苦仁。可溶性固形物含量12.0%~14.5%。北京地区6月中下旬果实成熟，果实发育期65d左右。坐果率高，连续丰产性能强，抗日烧病。

繁殖和栽培

1. 开心形或自然圆头形整枝，可采用株行距3m×4m或3m×5m进行定植。

2.7月份前追肥以氮肥为主，磷、钾配合使用，7月份及以后，追肥以钾肥为主，促进花芽分化。秋施基肥以有机肥为主。

3. 注意加强夏季修剪，及时进行新梢摘心，培育结果枝及结果枝组。改善通风透光条件，促进果实品质提高和花芽分化。

4. 自交不亲和品种，需配置授粉树或人工授粉。授粉品种宜选用葫芦杏、骆驼黄等。

5. 病虫害防治：主要控制蚜虫、桃红颈天牛、杏仁蜂、流胶病等。

适宜范围 北京地区栽培区。

西农25

树种：杏
类别：优良品种
科属：蔷薇科 杏属

学名：*Prunus armeniaca* 'Xinong Ershiwu'
编号：京S-SV-PA-009-2008
申请人：北京市农林科学院林业果树研究所

良种来源 引自西北农学院杂交选育此杏品种，亲本不详。

良种特性 该品种果实心脏圆形，平均单果重58.5g，最大果重70.5g。果皮底色黄，阳面1/2左右着鲜红色片红，果实美观。果肉橙黄，汁液多，肉质硬脆，纤维少。甜味浓，有香气。果实可溶性固形物含量14.0%~15.5%。离核、苦仁。果实发育期75d左右。坐果率高、裂果极少、较丰产，果实耐贮运。

繁殖和栽培

1. 栽植密度：开心形或自然圆头形整枝，在土壤条件比较差的山区梯田或丘陵地株行距为2m×4~5m；地势平坦、土壤肥沃、土层深厚的平原地，株行距为3m×5m。

2. 一般在落叶前或在萌芽前15d施基肥，以迟效性农家肥为主；于萌芽前、新梢生长期、幼果膨大期分别灌1次水，封冻前结合施肥灌1次水，其他时期根据干旱情况灌水。果实成熟期不灌水。追肥时期为花前、花后、幼果膨大及花芽分化期和果实开始着色至采收期间；花前肥追施尿素；果实膨大肥以速效氮肥为主，配以磷、钾肥，施磷酸二铵；采果后追肥以磷、钾肥为主，配以少量氮肥。以根外追肥作补充。果实膨大期喷0.3%~0.4%的磷酸二氢钾；花芽分化期每隔半月喷1次0.2%~0.4%磷酸二氢钾。

3. 注意加强夏季修剪，及时进行新梢摘心，培育结果枝及结果枝组。改善通风透光条件，促进果实品质提高和花芽分化。

4. 花期易发生冻害的地方，采用花前灌水、熏烟等方法，防止花器官受冻。

5. 自交不亲和品种，需配置授粉树或人工授粉。

6. 病虫害防治：主要控制蚜虫、杏仁蜂、流胶病等。

适宜范围 北京地区栽培。

'轮台白杏'

树种：杏	学名：*Prunus armeniaca* 'Luntaixiaobaixing'
类别：优良品种	编号：新S-SV-PAL-017-2009
科属：蔷薇科 杏属	申请人：新疆轮台县杏子研究开发中心

良种来源 '轮台白杏'原产于新疆轮台县境内，其栽培历史悠久。20世纪90年代末轮台县在农业产业结构调整中将杏子作为发展特色林果首选品种，2003年又将'轮台白杏'作为开口杏核加工专用品种而选育并进行大面积种植。

良种特性 树势强，20年生树高8.0m，冠幅7.5m×6.5m，新梢平均长7.0cm，粗0.3cm。3月中旬萌芽，3月底4月初开花，6月中旬果实成熟，以中短果枝和花束状果枝结果为主，果实发育期77d。4月中旬展叶，11月上旬落叶，树体营养生长期200d，成熟期6月中旬。果实小，卵圆形，平均单果重15.8g，果实纵径3.4cm，横径3.1cm，侧径3.0cm，缝合线浅、广、明显，果实两半对称，梗洼浅、窄。果面光滑无茸毛，果皮白色，果肉泽与果皮色泽一致，肉质细，成熟时柔软多汁，味极甜，有香气。可溶性固形物21.7%，总糖7.3%，总酸0.8%，鲜核重1.8g，干核重1.2g；纵径0.2cm，横径1.3cm。离核，核卵圆形，棕褐色，大小均一，仁香甜、脆、饱满，品质上等，干仁重0.4g，出仁率32.7%。耐贮运性差，常温下可存放5d左右。可食率90.4%，丰产。耐旱，抗寒，抗盐碱、耐冬季极端最低气温−22℃，适应性强。性状稳定，中熟品种，平均亩产在800kg以上。杏核薄，壳厚1.275mm，仁脆香甜、饱满，符合企业加工开口杏核标准。鲜食、制干、开口杏核加工兼用的品种类型。

繁殖和栽培 以普通杏、西伯利亚杏、辽杏和本地毛杏为砧木嫁接繁殖。

适宜范围 新疆轮台县以南的南疆地区种植。

'库车小白杏'

树种：杏

类别：优良品种

科属：蔷薇科 杏属

学名：*Prunus armeniaca* 'Kuchexiaobaixing'

编号：新S-SV-PAK-018-2009

申请人：新疆库车县林业局

良种来源 '库车小白杏'是在新疆库车县古老品种小白杏群体中精选而来的优质杏品种，栽培历史悠久。在2002年6月26日举办龟兹（库车）白杏文化节、中国李杏协会第八届年会上，选出杏的优良品种，对优株挂牌，再从表现好的株树中进行果实、产量、品质、抗逆性、成熟期测定，嫁接选育的优良单株。

良种特性 树势强健，树冠开张，呈半圆形。枝条较密，以短果枝结果为主。丰产果实呈广卵形，平均重19.7g；果实纵径3.62cm，横径2.96cm，侧径2.91cm，果皮黄白或淡橙黄色，光滑无毛。果肉黄白，肉质细，味极甜，多汁，品质上乘。离核，仁甜而有芳香。在库车3月下旬开花，6月中旬成熟。果实发育期75d左右，树体营养时间200d左右。是鲜食、制干、取仁兼用品种。抗旱，抗寒，丰产，适应性强。

繁殖和栽培 无性繁殖，以普通杏和本地毛杏为砧木嫁接繁殖为好。

适宜范围 在新疆库车县以南的阿克苏等南疆地区种植。

京香红

树种：杏	学名：*Prunus armeniaca* 'Jingxianghong'
类别：优良品种	编号：京S-SV-PA-016-2010
科属：蔷薇科 杏属	申请人：北京市农林科学院林业果树研究所

良种来源 '青密沙'×'骆驼黄'杂交选育。

良种特性 该品种系早熟杏品种，果实扁圆形，平均单果重76g，最大单果重98g，果实底黄色，阳面着红晕。果顶平，梗洼中深；缝合线浅，较对称；果肉较细，纤维中多，肉质柔软，汁多，可溶性固形物含量13%~14%，风味甜，香气浓。果核卵圆形，核翼明显。离核、苦仁。北京地区6月中旬果实成熟，果实发育期63d左右。

繁殖和栽培

1.栽植密度：开心形或自然圆头形整枝，可采用株行距3m×4m或3m×5m进行定植。

2.秋施基肥以有机肥为主。7月份前追肥以氮肥为主，磷、钾配合使用，7月份及以后，追肥以钾肥为主，促进花芽分化。

3.注意加强夏季修剪，及时进行新梢摘心，培育结果枝及结果枝组。改善通风透光条件，促进果实品质提高和花芽分化。结果量多时，应注意疏果，单果重可大幅度提高。

4.两个亲本均为自交不亲和品种，需配置授粉树或人工授粉。授粉品种宜选用大偏头、红荷包等。

5.病虫害防治，主要控制蚜虫、桃红颈天牛、杏仁蜂、流胶病等。

适宜范围 北京地区。

京脆红

树种：杏
类别：优良品种
科属：蔷薇科 杏属

学名：*Prunus armeniaca* 'Jingcuihong'
编号：京S-SV-PA-017-2010
申请人：北京市农林科学院林业果树研究所

良种来源 '青密沙'×'骆驼黄'杂交选育。

良种特性 果实圆形，平均单果重68.0g，最大果重85.2g。果实底色黄绿，着紫红色，着色面积较大。果顶圆凸，梗洼中深；缝合线浅，较对称；果肉细、较硬，纤维中等，汁多，可溶性固形物含量13.5%~14.8%，风味甜，香气微。果核卵圆形，核翼明显。离核、甜仁。

繁殖和栽培

1.栽植密度：开心形或自然圆头形整枝，可采用株行距3m×4m或3m×5m进行定植。

2.秋施基肥以有机肥为主。7月份前追肥以氮肥为主，磷、钾配合使用，7月份及以后，追肥以钾肥为主，促进花芽分化。

3.果实迅速膨大期注意控水。

4.注意加强夏季修剪，及时进行新梢摘心，培育结果枝及结果枝组。改善通风透光条件，促进果实品质提高和花芽分化。结果量多时，应注意疏果，单果重可大幅度提高。

5.两个亲本均为自交不亲和品种，需配置授粉树或人工授粉。授粉品种宜选用大偏头、红荷包等。

6.病虫害防治，主要控制蚜虫、桃红颈天牛、杏仁蜂、流胶病等。

适宜范围 北京地区。

曹杏

树种：杏	学名：*Prunus armeniaca*
类别：品种	编号：甘S-SP-PA-026-2010
科属：蔷薇科 杏属	申请人：宁县林业局林木种苗管理站

良种来源 亲本来源于宁县早胜原曹家村当地大杏与陕西三原优良杏种反复嫁接培育而成。

良种特性 曹杏离核甜仁，果扁圆形，纵径4.3cm，横径4.5cm，平均单果重35~53g，最大果重62.5g，大小均匀，可溶性固形物含量15%~18%。一般山杏单果重20~30g，可溶性固形物含量7%~15%。它以果大、色艳、皮薄、肉厚、仁甜、味香成为中国西北唯一可与敦煌李广杏相媲美的优良杏品种。曹杏经济价值高，用途广。木质坚硬，纹理通顺细腻，是制作家具的好材料；枯枝落叶，可作燃料和饲料；杏核壳可制活性炭，在国防工业上用途也很广。杏子除鲜食外，亦可加工杏脯、杏干、罐头等。杏仁是重要的药材，又是制造酒精和工业用油的原料；甜杏仁是制造茶点和杏仁粉的原料。杏对风土选择性不苛，是荒山荒坡绿化的优良树种之一。

繁殖和栽培 一般采用种子繁殖，先年秋季下种，次年春季嫁接，秋季出圃，为2+1苗。栽培技术要点：选用国标二级以上苗木。整地采用外高内底反坡式鱼鳞坑，半径不小于60cm。一般秋季栽植2+1苗龄苗木，稍部埋土防寒，成活率可提高到98%。密度一般采用3m×4m株行距。造林技术：用株行距4m×3m，在土层深厚肥沃的土壤上宜采用220株/亩。

适宜范围 适应在陇东地区栽植。

'叶娜'杏

树种：杏
类别：优良品种
科属：蔷薇科 杏属

学名：*Prunus armeniaca* 'Yena'
编号：新S-SV-PA-001-2010
申请人：新疆农业科学研究院园艺作物研究所、
新疆喀什地区叶城县林业局

良种来源 1997年新疆农业科学研究院园艺所在对叶城县杏资源进行调查时，发现'叶娜'杏在鲜食、制干、制脯、丰产性等方面明显优于当地主栽品种'黑叶'杏。其后，经过多年的观察，'叶娜'杏的优良性状表现稳定。2001~2002年在叶城县伊利克其乡开始规模化育苗，2002~2003年在全乡引种栽培。

良种特性 嫁接7年的'叶娜'杏，树高4.0m，冠经2.0m×2.0m，自然开心形，树冠开张，树势中庸，一年生枝条阳面红色，梢柔软。夏梢平均生长量35.2cm，节间长1.6cm，叶色绿色，卵圆形，宽5.8cm，长8.2cm，叶基平，叶尖渐突，叶缘锯齿密、锐，叶柄长3.4cm，叶柄蜜腺1~2个。果实较大，大小较不整齐，果实呈不规则椭圆形，平均单果重41.0g，最大果重59.0g，果实纵径5.3cm，横径5.0cm，宽（与缝合线垂直）4.8cm。果面光滑，无绒毛，底色黄色或绿黄色，部分果阳面有少量红晕。果肉黄白色，肉色一致，核翼侧肉厚0.89cm，核背侧肉厚0.77cm，横向肉厚1.3cm；肉软硬中等，汁液较多，风味甜，略有酸味，无香味，品质佳，可溶性固形物19.2%~24.8%。离核，不对称椭圆形，鲜核重4.42g，占果实重90.8%。鲜仁重0.82g，甜仁，扁平，饱满。出干率25.0%，杏干平均重11.6g，杏干浅灰色，饱满，柔软，味甘甜，品种上。大量结果后生长势中等，异花授粉结实率高。丰产性好，连续结果能力强，6年生以上大树亩产量1000kg以上，部分地块可达1500kg以上。在整形修剪、肥水和其他管理措施到位的情况下，盛果期亩产在1500~2000kg。萌芽期3月中旬、始花期3月下旬，盛花期4月上旬，果实成熟期7月上旬（山区为7月下旬）、落叶期11月中旬左右。抗逆性：'叶娜'杏适合沙性土、沙壤土和壤土，土壤pH值<8.3，总盐量在0.25%以下。适应性强，耐旱、耐瘠薄，但在肥水充足的条件下，产量高，品质好。抗病性较强，未发现有别于其他杏品种的病虫害。缺陷：'叶娜'杏幼树生长势强，应适当控制肥水，同时加强整形，开张主枝角度，尽量保留其他枝条，以缓和树势，推荐树形为自然开心形。

繁殖和栽培 采用实生苗嫁接'叶娜'杏的方法繁殖苗木。实生苗繁殖按一般杏实生苗繁殖要求进行。嫁接分为春季嫁接和夏秋季嫁接。春季嫁接可用枝接法（切接、插皮接、劈接等），夏季嫁接从5月底至6月底，秋季嫁接8月下旬至9月中旬，夏、秋季嫁接方法主可采用带木质部芽接。夏季芽接后要剪砧，秋季嫁接的半成苗当年不剪砧，到来年的春季萌芽前剪砧。'叶娜'杏在苗圃进行苗木整形，定植后可提前结果，具体方法如下：春季嫁接的苗木，接穗成活长到60~70cm时（约5月中下旬）在50cm处定干，剪20cm以下的芽全部抹除。待整形带的芽萌发抽枝后，选留3个方位合适且生长健壮的新枝作为主枝培养，培养成自然开心形，其余枝条一律剪除。定干整形后，苗木的营养集中供应保留的主枝，使主枝生长得非常健壮，这样的苗木定植后经过一年的恢复生长，第2年即可开花挂果。

适宜范围 新疆喀什地区、和田地区、克州及阿克苏地区适宜杏生长的农区均可种植。

京佳2号

树种：杏

类别：优良品种

科属：蔷薇科 杏属

学名：*Prunus armeniaca* 'Jingjiaerhao'

编号：京S-SV-PA-012-2011

申请人：北京市农林科学院林业果树研究所

良种来源 '年枝红'דpe金玉杏'杂交选育。

良种特性 该品种树势中等，一年生枝红褐色，叶卵圆形，叶背无毛，花白色，完全花比例63.6%，自花坐果率20.6%，需配置授粉树。果实椭圆形，果实纵径5.5cm，横径4.8cm，侧径5.0cm，平均单果重77.6g，最大果重118.0g。果顶微凹，缝合线中深，较对称。梗洼深，果皮底色橙黄，阳面有红晕片红；果肉橙黄，汁液中多，风味甜，离核、苦仁。可溶性固形物含量13.1%，果实发育期87d左右。抗晚霜能力强。

繁殖和栽培

1. 栽植密度：开心形或自然圆头形整枝，可采用株行距3m×4m或3m×5m进行定植。

2. 秋施基肥以有机肥为主。7月份前追肥以氮肥为主，磷、钾配合使用，7月份及以后，追肥以钾肥为主，促进花芽分化。

3. 加强夏季修剪，及时进行新梢摘心，培育结果枝及结果枝组。改善通风透光条件，促进果实着色、品质提高和花芽分化。

4. 需配置授粉树或人工授粉。授粉品种宜选用骆驼黄、蜜陀罗、杨继元、红玉、早甜核、葫芦杏等。

5. 坐果率高，辅以适当的疏花疏果，单果重可以提高20g以上。

6. 适时采收。成熟后果实松软，如用于加工，采收期应比作为鲜食用途时提前3~5d。

7. 病虫害防治，主要控制蚜虫、桃红颈天牛、杏仁蜂、流胶病等。

适宜范围 北京地区。

红梅杏

树种：杏	学名：*Armeniaca vulgaris* Lam. 'hongmei'
类别：驯化树种	编号：宁S-ETS-AV-008-2011
科属：蔷薇科 杏属	申请人：宁夏彭阳县林业局、宁夏林业技术推广总站、宁夏林业产业发展中心

良种来源 原产于宁夏固原地区。1997年，彭阳县从固原市原州区引入。

良种特性 落叶小乔木。果实近圆形，甜仁，离核。果皮底色近红色，皮薄，少绒毛。果肉汁多，味甜，色泽艳丽，香气浓郁，口感香脆，不易变味。平均单果重29~34g，最大单果重43g。7年生成树1500kg/亩。果肉含总糖10.09%，总酸1.20%，维生素C8.26mg/100g，硒0.0037mg/kg，钾4108.4mg/kg。为鲜食品种，肉仁兼用。6月下旬成熟，采摘期20d，常温下贮藏期7d。经济林树种，鲜食为主及加工兼用品种。

繁殖和栽培 在春季以山杏作砧木，采用劈接、皮下接等方法嫁接培育苗木。春季或秋季栽植，黄土丘陵区退耕还林地株行距1m×2m，平原地区3m×4m。选用2年生地径≥0.8cm以上的嫁接苗栽植，生长期间适当追肥。整形以自然开心形为主，夏季修剪要做好抹芽、摘心、开张角度、疏枝等控制树冠，同时要加强疏花疏果等措施，限制结果量，提高优质果率。冬季修剪以短截、疏除衰弱枝组等方法培养主枝，以形成强大的树体骨架。

适宜范围 适宜在宁夏南部山区的彭阳县，以及原州区东部的黄土丘陵沟壑区栽植。

金秀

树种：杏
类别：优良品种
科属：蔷薇科 杏属

学名：*Prunus areniaca* 'Jinxiu'
编号：冀S-SV-PA-016-2013
申请人：河北省农林科学院石家庄果树研究所

良种来源 '串枝红'ב金太阳'人工杂交。

良种特性 落叶乔木。姿半开张。果实卵圆形，单果重65.5~106g。果皮底色橙黄，1/4~1/2着片状红色。果肉橙黄色，肉质细密可溶性固形物含量12.5%，可食率95.80%。带皮硬度12.9kg/cm²，耐贮运。出脯率高达40%。

繁殖和栽培 嫁接繁殖。建园株行距3~4m×5~6m，在旱薄地株行距以2~3m×3~4m为宜。授粉树可选用"骆驼黄""凯特""甘玉"等杏品种。树形采用疏散分层形或自然圆头形。合理疏果，在盛花后20d进行，每5~8cm留1个果，或每25~30片叶留1个果。基肥施入量占全年施肥量的70%以上，果实采收前20d施用速效性钾肥。交替喷洒吡虫啉、高效氯氰菊酯、齐螨素、波美度石硫合剂、多菌灵可湿性粉剂防治各类病虫。

适宜范围 河北省石家庄市区、平山县、巨鹿县、顺平县及生态条件类似地区。

辽优扁1号

树种：杏	学名：*Armeniaca vulgaris* Lam. 'Liao you bian 1'
类别：优良品种	编号：辽S-SV-AV-012-2013
科属：蔷薇科 杏属	申请人：辽宁省干旱地区造林研究所

良种来源 辽宁省朝阳建平辽宁省干旱地区造林研究所大扁杏试验园特异性单株。

良种特性 树势强健，树形较直立，结实早，寿命长。萌发力强，成枝力弱。幼树期间新梢生长量大，开始大量结果后，新梢生长量减少。抗旱，耐寒，适应性强，为喜光树种。花先于叶开放，杏果成熟时橙黄色，无红晕，杏仁大而扁，甜仁带有苦味。极丰产，栽植第5年平均单株产仁量0.81kg，每公顷产杏仁1741.5kg，每平方米树冠投影面积产仁量0.27kg。平均单果重13.4g，出核率20.0%，出仁率35.6%，单仁重0.95g。产量、品质和抗性显著优于生产应用的普通龙王帽品种。经济林树种，也可用于荒山造林，防风固沙等，杏仁可直接食用或加工。

繁殖和栽培 用山杏作砧木进行嫁接繁殖，圃地采用腹接或舌接，每667m²产成苗0.8~1.0万株。水平沟整地，沟宽1m，深70cm；栽植株行距1.5~2m×4m，每667m²定植83~111株；按主栽品种10：1~2的比例配置授粉树。定干高度60~70cm，树形为多主枝自由形和疏散分层形。幼树期间多疏少截促进早结果；盛果期树培养结果枝组，均衡树势。早春喷5波美度石硫合剂，幼果期喷0.5%尿素+0.3%磷酸二氢钾水溶液。进行树盘覆草、深翻压青、增施磷钾肥。

适宜范围 辽南、辽西地区推广。

金宇

树种：杏		学名：*Prunus areniaca* 'Jinyu'	
类别：优良品种		编号：冀S-SV-PA-006-2014	
科属：蔷薇科 杏属		申请人：河北省农林科学院石家庄果树研究所	

良种来源 宇宙红 × 金太阳人工杂交。

良种特性 落叶乔木。姿半开张。果实卵圆形，平均单果重55.2g。果肉橙黄色，肉质细腻，纤维细少，汁液较多，酸甜可口，无涩味；可溶性固形物含量13.05%，总糖10.1%，总酸0.76%，维生素C 5.41mg/100g。离核。果实可食率96.20%。果实带皮硬度12.6kg/cm²。萌芽率73.74%，成枝率15.66%。完全花率平均为85.06%，完全花的自然坐果率平均为68.31%。自花授粉不结实。丰产性强。生理落果、采前落果较轻。适应性较强，抗旱，耐瘠薄，较抗细菌性穿孔病和焦边病。

繁殖和栽培 嫁接繁殖，砧木可用西伯利亚杏、辽杏和普通杏实生苗。建园株行距3~4m×5~6m，在干旱瘠薄地株行距以2~3m×3~4m为宜。授粉树可选用"新世纪""子荷""甘玉""骆驼黄"和"沧旱甜杏2号"、凯特等杏品种做授粉树，主栽品种与授粉品种比例为3~4：1。树形采用疏散分层形或自然圆头形。合理疏果，在盛花后20d进行，每3~5cm留1个果。

适宜范围 河北省石家庄市区、巨鹿县、顺平县及生态条件类似地区。

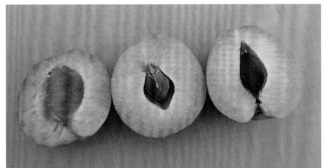

辽白扁2号

树种：杏
类别：引种驯化品种
科属：蔷薇科 杏属

学名：*Armeniaca vulgaris* Lam. 'Liao bai bian 2'
编号：辽S-ETS-AV-018-2014
申请人：辽宁省干旱地区造林研究所

良种来源 辽宁省朝阳建平辽宁省干旱地区造林研究所大扁杏试验园特异性单株。

良种特性 树冠大，树姿开张，结实早。新梢嫩叶背面叶脉呈紫色，新梢黄褐色。花先于叶开放，花粉量大，以短果枝和花束状结果枝结果为主。萌发力强，成枝力弱。抗寒性极强，花期能抗-5℃~-6℃低温。杏果扁圆形，成熟时果皮黄绿色，果肉沿缝线开裂，果核脱落。杏仁扁而圆，仁肉细致具有香甜味，品质佳。极丰产，栽植第5年进入丰产期，单株产仁量0.78kg，每公顷产杏仁1298.7kg，平均单仁重0.89g，出核率22.0%，出仁率35.5%。产量和效益显著高于普通白玉扁品种。经济林树种，也可用于荒山造林，防风固沙

等，杏仁可直接食用或加工。

繁殖和栽培 用山杏作砧木进行嫁接繁殖。每667m²产成苗0.8万~1.0万株。水平沟整地，沟宽1m，深70cm；栽植株行距2m×3~4m，每667m²定植83~111株；按主栽品种10∶1~2的比例配置授粉树。定干高度60~70cm，树形疏散分层形或自然开心形。幼树期间多疏少截促进早结果；盛果期树培养结果枝组，均衡树势。早春喷5波美度石硫合剂，幼果期喷布0.5%尿素+0.3%磷酸二氢钾水溶液。进行树盘覆草、深翻压青、增施磷钾肥。

适宜范围 朝阳、阜新、锦州、葫芦岛地区推广。

山杏

树种：杏	学名：*Armeniaca vulgaris*
类别：优良种源	编号：新S-SP-AV-003-2014
科属：蔷薇科 杏属	申请人：新疆天山西部国有林管理局

良种来源　2002年天西林管局组织巩留林场、蒙玛拉林场、伊宁林场、霍城林场技术人员30多人，开展杏选优工作，通过实地调查确定巩留林场：30、37林班，蒙玛拉林场：17、21、29林班，伊宁林场：45、47、49林班，霍城林场：123、124林班四个种源区，7月下旬在每个种源区选取35株采种树进行采种。2003年在特克斯林场海拔1800m山区苗圃和1200m平原苗圃播种育苗。于2005年开始造林试验，特克斯林场苗圃及造林3050亩，巩留林场苗圃定植70亩，蒙玛拉林场造林60亩。

良种特性　小枝红褐色，叶宽卵形或卵状椭圆形，先端短尾状渐尖，基部近圆或微心形，边缘钝锯齿，两面无毛或仅背面脉腋具柔毛，叶柄带红色无毛。花两性，单生，白色至淡粉红色，萼暗红色，先叶开放。果黄色或带红晕，果实大，直径在2cm以上果肉多汁。

繁殖和栽培　地块整平，施羊粪3~4t/亩，播种前一周，灌足底水，播种量每亩30kg左右，以秋播为最佳，11月上旬进行。种子不必处理，行距确定为40cm，覆土厚度4cm，覆土后要稍加踏实。

适宜范围　主要是新疆天山山区的伊犁河谷山地海拔1000~1600m之间，尤其是巩留、新源、霍城等地。

'圃杏1号'

树种：杏
类别：优良品种
科属：蔷薇科 杏属

学名：*Armeniaca vulgaris* 'Puxing1'
编号：新S-SV-AV-022-2014
申请人：新疆农业科学院轮台果树资源圃

良种来源 选育时间：2003年。加工性状观测时间：2002~2008年。农艺性状观测时间：1993~2008年。根据确定的育种目标以及田间观测、实验室测试，观测数据以白杏为对照，对果实成熟期进行差异性分析，对核果平均重、核果形状、核壳厚度、核果整齐度、核仁风味进行相似度分析。经连续观测，该品种是一个比较丰产的鲜食、加工兼用的优良品种类型。

良种特性 树势强，17年生树高5.9m，冠幅6.3m×5.7m，干高75cm，干周72cm，新梢平均长35cm，粗0.43cm，节间长1.0cm。顶芽为叶芽，侧芽有单芽和复芽，花芽为纯花芽、完全花，叶芽具早熟性。自花不结实或结实率很低；3月中旬花芽萌动，4月初开花，花期约一周，以短果枝和花束状果枝结果为主；7月上中旬果实成熟，果实发育期85d左右，比小白杏成熟期延后约17d左右；叶芽4月中萌动，10月末落叶，树体

营养生长期190d。果实平均单果重18.65g，长卵圆形，纵径3.5cm，横径2.25cm，侧径2.21cm，缝合线浅、明显，果实两半对称，梗洼浅，果面无茸毛，果皮黄色，阳面着色为鲜红，点状，果肉色泽与果皮色泽一致，肉质细，完熟时柔软多汁，味甜，可溶性固形物含量20.88%，离核，核长卵圆形，褐色，大小均一，核壳厚1.034mm，壳大小均一，仁甜、饱满，仁品质上等，硬度0.42kg/cm^2，耐贮运性中差。可食率92.8%，丰产，其丰产性与白杏一致。抗旱，抗寒，耐冬季极端最低气温-22℃，适应性强。

繁殖和栽培 以普通杏、西伯利亚杏、辽杏为砧木嫁接繁殖为好，也可用山桃、毛桃、李做砧木。

适宜范围 在新疆轮台县、库车县以南的南疆地区杏适生区种植。

晋梅杏

树种：杏
类别：优良无性系
科属：蔷薇科 杏属

学名：*Armeniaca vulgaris* Lam. 'Jinmeixing'
编号：晋S-SC-AV-032-2015
申请人：山西省农业科学院果树研究所

良种来源 从新疆泽普县引进的穗条。

良种特性 适应性强，树姿半开张，树形为圆头形，树高4~5m，冠幅3.5~4.5m。叶片近圆形，长8.76cm，宽8.34cm，叶面平展，深绿色，光滑无毛，叶尖突尖，叶基圆形，叶缘粗锯齿，花瓣5个，浅粉红色，雌蕊1枚，雄蕊30枚左右。果实近圆形，纵径4.13cm，横径4.10cm，侧径4.43cm。平均单果重34.26g，最大果重48g，果个大小整齐。果皮底色黄，果实盖色紫红，着色程度中，果皮光滑，茸毛稀少，具光泽。果顶凹入，梗洼浅窄；缝合线中深，果实不对称。果肉黄色，质地硬韧，纤维中粗；汁液中多，风味酸甜，具少许香味；可溶性固形物16%，总糖9.02%，可滴定酸1.04%。离核，核近圆形，核面较平滑。仁饱满，味甜。3年结果，5年进入初果期，平均株产达18kg，6、7年生进入盛果期，平均株产30kg以上，盛果期平均亩产可达1500kg左右。果肉硬，耐贮运，货架期长。

繁殖和栽培 本地杏一年生苗实生苗作砧木，在翌春的3月下旬枝接或者3月下旬~4月上旬春季嵌芽接繁育，亦可在当年8月上、中旬采用秋季嵌芽接法繁育。在丘陵山区株行距以3m×4m为宜，在平地可用3m×5m。树形以纺锤形或改良疏散分层形为宜。用凯特、兰州大接杏等作授粉树，主栽品种与授粉品种比例为4:1。

适宜范围 适宜山西省年均温6~14℃，冬季绝对低温>-30℃，年降雨量450~700mm及生态条件类似的地区栽植。

山苦2号

树种：杏
类别：优良无性系
科属：蔷薇科 杏属

学名：*Prunus armeniaca* L. 'Shanku2.'
编号：陕S-SC-PS-008-2015
申请人：西北农林科技大学

良种来源 陕西省吴旗县仓堡乡特异性单株。

良种特性 落叶乔木。树势较强。树冠开心形或自然圆头形，树姿开张。当年生枝条阳面红褐色，阴面黄绿色。多年生枝条灰褐色。叶尖长，叶脉明显，叶面和叶背多绒毛。2月下旬花芽膨大，3月上旬露红，3月中旬开花，3月下旬叶芽萌动，4月初展叶，6月上旬果实成熟。以短果枝和花束状果枝结果为主。早熟品种。果实卵圆形，果顶微凹。果肉较厚，果色橙黄。核出仁率31.75%。栽植3年后挂果，4年进入稳产期，盛果期平均鲜果、杏仁产量分别为18385 kg/hm^{2}和349 kg/hm^2。经济林树种。

繁殖和栽培 山杏或杏本砧嫁接繁殖。将沙藏的山杏或普通杏种子于春季3月下旬播种培育砧木。苗木长至45 cm左右时摘心，促进粗生长。翌年3月下旬~4月上旬采用带木质芽接或舌接。选择土质疏松、地下水位较低的沙壤土或壤土建园，栽植密度3 m×4 m。冬剪、夏剪相结合，培育自然圆头形或开心疏层形。春抹芽、夏摘心、秋拉枝、冬剪枝。开花后、硬核期、果实膨大期各追肥一次，每次每株0.25 kg，施肥后及时灌水。10月中下旬每株施农家肥25 kg。

适宜范围 适宜渭北北部部分县区栽植。

唐汪大接杏

树种：杏
类别：优良品种
科属：蔷薇科 杏属

学名：*Prunus armeniaca* L
编号：S620105149501
申请人：甘肃省临夏州林木种苗工作管理站

良种来源 甘肃省临夏州唐汪川。

良种特性 在唐汪川已有200余年的栽培历史。其果实80~105 g/单果。因个大味浓、皮薄汁多、肉质细嫩、含糖量高（14%~17%）、富含维生素，兼具抗癌功效，核仁食用等特点，成为陇货精品而享誉海内外。近年来，当地群众从大接杏栽培中获得的收入不断提高，鲜食杏出售价每斤均保持在8元以上，一棵15年生的杏树产量150斤，收入上千元，商品性较差的大接杏成为当地杏脯加工厂的重要原料。

繁殖和栽培 栽植株行距为4 m×5 m或5 m×5 m，每亩约33株或28株，各行杏树相互错开呈"品"字形排列。挖穴径、穴深60 cm的坑，栽植时施入一定量的有机肥，并将表土与有机肥料混合，栽后要及时灌水，使土壤与根系密切接触，并要求根茎与地面相齐，水渗完后封土保墒。

适宜范围 适宜在海拔低于1900 m的干旱、半干旱山区、川塬区栽培。

大红杏

树种：杏

类别：优良品种

科属：蔷薇科 杏属

学名：*Prunus armeniaca* 'Dahong'

编号：新S-SV-PAD-016-2015

申请人：特克斯县林业局

良种来源 根据我县民间记载，'大红杏'1985年通过民间，从甘肃引种到特克斯县，初步在乔拉克铁热克镇阿克铁热克村嫁接成功，目前在该县栽植已有30年历史。

良种特性 果实圆形或椭圆形，纵径6.8cm，横径6.3cm，最大果重210g，平均果重160g，果面背阴面呈黄色、阳面呈红色，果肉橙黄色，厚1.8cm，纤维多，味酸甜，品质优良。离核，甜仁，核仁大较扁。该品种树势较强，表皮褐色或红褐色，表皮气孔较大，新梢生长旺盛，在特克斯区域4月中下旬为花期，7月中旬~8月上旬为成熟期。

繁殖和栽培 该杏以无性繁殖，采用新疆野山杏种子播种繁育砧木苗，翌年4月进行嫁接，嫁接以枝接为主，或7月中旬以芽接为辅。

适宜范围 适宜种植在特克斯县行政区域，年均温度5℃以上，年降雨量400mm以上，≥10℃积温达2900℃左右，海拔900~1300m。

山杏1号

树种：山杏　　　　　　　学名：*Armeniaca sibirica* L. 'Shanxing 1'
类别：优良无性系　　　　编号：辽S-SC-AS-004-2014
科属：蔷薇科 杏属　　　　申请人：沈阳农业大学、喀左县林业种苗管理站、北票市林木良种繁育中心

良种来源　内蒙古敖汉旗优良单株。

良种特性　苦肉苦仁，丰产稳产。落叶灌木或小乔木，树冠圆形，枝粗壮，主枝基角45°，一年生枝灰白色。叶尾尖，叶基圆形。白色五瓣花。果实扁圆形，向阳面着紫红色，果肉、果仁味苦，成熟后果皮干裂。核圆鼓形，表面光滑，基部平截，背基微突，腹缝翅宽且锐利。2012、2013和2014年3年无性系平均产核量338.92g/m² 树冠。平均单果重5.84g，单核重1.25g，单仁重0.44g，出核率及出仁率分别为21.4%和35.2%。抗性强，未发现严重的杏疔病、流胶病、天幕毛虫、蚜虫、杏仁蜂、食心虫等山杏常见病虫害。经济林树种，也可作造林绿化树种。主要生产苦杏仁，用于加工杏仁油、杏仁蛋白，提炼苦杏仁挥发油，制药及小食品配料等，杏核壳制造高级活性炭。

繁殖和栽培　采取嫁接、组培繁殖；立地条件选择半阴坡、半阳坡或阳坡的中、厚层土；造林密度为2m×2m，2m×3m；整形采用丛状形、开心形；修剪技术为"一疏、二缩、三短截"。

适宜范围　辽宁适宜地区推广。

山杏2号

树种：山杏	学名：*Armeniaca sibirica* L. 'Shanxing 2'
类别：优良无性系	编号：辽S-SC-AS-005-2014
科属：蔷薇科 杏属	申请人：沈阳农业大学、北票市林木良种繁育中心、喀左县林业种苗管理站

良种来源 内蒙古敖汉旗优良单株。

良种特性 苦肉苦仁，丰产稳产。落叶灌木或小乔木，枝长、微曲，向斜上方伸展，主枝基角55°，一年生枝棕色。叶尾尖，叶基平，叶面粗糙。粉白色5瓣花。果实扁圆形，向阳面着黄红色。核心形圆鼓，基部聚合，背基突起，腹缝翅较宽。2012、2013和2014年3年无性系平均产核量294.95g/m²树冠。平均单果重4.98g，单核重1.48g，单仁重0.48g。出核率及出仁率分别为29.71%和32.43%。抗性强，未发现严重的杏疔病、流胶病、天幕毛虫、蚜虫、杏仁蜂、食心虫等山杏常见病虫害。经济林树种，也可作造林绿化树种。主要生产苦杏仁，用于加工杏仁油、杏仁蛋白，提炼苦杏仁挥发油，制药及小食品配料等，杏核壳制造高级活性炭。

繁殖和栽培 采取嫁接、组培繁殖；立地条件选择半阴坡、半阳坡或阳坡的中、厚层土；造林密度为2m×2m，2m×3m；整形采用丛状形、开心形；修剪技术为"一疏、二缩、三短截"。

适宜范围 辽宁适宜地区推广。

山杏3号

树种：山杏	学名：*Armeniaca sibirica* L. 'Shanxing 3'
类别：优良无性系	编号：辽S-SC-AS-006-2014
科属：蔷薇科 杏属	申请人：沈阳农业大学、喀左县林业种苗管理站、北票市林木良种繁育中心

良种来源 内蒙古敖汉旗优良单株。

良种特性 苦肉苦仁，丰产稳产。落叶灌木或小乔木，主枝基角45°，一年生枝红褐色。叶尾尖，叶基圆形，叶缘粗锯齿。粉白色五瓣花。果实扁圆形，向阳面着青红色，果肉、果仁味苦。核皮薄，肚鼓，腹缝翅中等，基部锐突。2012、2013和2014年3年无性系平均产核量257.81 g/m² 树冠。平均单果重4.25 g，单核重1.10 g，单仁重0.42 g。出核率及出仁率分别为25.88%和38.18%。抗性强，未发现严重的杏疔病、流胶病、天幕毛虫、蚜虫、杏仁蜂、食心虫等山杏常见病虫害。经济林树种，也可作造林绿化树种。主要生产苦杏仁，用于加工杏仁油、杏仁蛋白，提炼苦杏仁挥发油，制药及小食品配料等，杏核壳制造高级活性炭。

繁殖和栽培 采取嫁接、组培繁殖；立地条件选择半阴坡、半阳坡或阳坡的中、厚层土；造林密度为2 m×2 m，2 m×3 m；整形采用丛状形、开心形；修剪技术为"一疏、二缩、三短截"。

适宜范围 辽宁适宜地区推广。

甜丰

树种：山杏	学名：*Armeniaca sibirica* L. 'Tianfeng'
类别：优良无性系	编号：辽S-SC-AS-007-2014
科属：蔷薇科 杏属	申请人：沈阳农业大学、北票市林木良种繁育中心、喀左县林业种苗管理站

良种来源 辽宁省喀左县六官营子镇优良单株。

良种特性 甜肉甜仁，丰产稳产。落叶灌木或小乔木，主枝基角25°，一年生枝紫红色，心形叶。果大，近球形、向阳面橘红色。核大，表面粗糙，基部聚合，腹缝翅较宽。2012、2013和2014年3年平均产核量282.38 g/m² 树冠。平均单果重17.48 g，单核重1.53 g，单仁重0.47 g。出核率及出仁率分别为8.75%和30.72%。花期晚3~4 d。抗性强，未发现严重的杏疗病、流胶病、天幕毛虫、蚜虫、杏仁蜂、食心虫等山杏常见病虫害。经济林树种，也可作造林绿化树种。该品种为甜肉、甜仁，杏肉既可直接食用，还能加工杏肉干和杏脯等。甜仁是食品工业的重要原料，在深加工时免去浸泡除苦工艺，降低生产成本，还可提炼杏仁油。

繁殖和栽培 采取嫁接、组培繁殖；立地条件选择半阴坡、半阳坡或阳坡的中、厚层土；造林密度为2 m×2 m，2 m×3 m；整形采用丛状形、开心形；修剪技术为"一疏、二缩、三短截"。

适宜范围 辽宁适宜地区推广。

'恐龙蛋'

树种：杏李
类别：优良品种
科属：蔷薇科 李属

学名：*Prunus simonii* 'Konglongdan'
编号：新S-SV-PSK-021-2010
申请人：新疆林业科学研究院科技推广处

良种来源 2004年新疆林业科学研究院阿克苏佳木试验站从中国林业科学研究院经济林研究中心引进杏李优良品种7个，定植50亩进行区域试验，通过对其生长、抗逆性、产量和果实品质等方面进行观察测定，发现'恐龙蛋'在新疆环塔里木盆地种植表现出品质优良、适应性强和丰产性好等特点。

良种特性 杏基因25%、李基因75%。果实近圆形，果实特大，果实纵径5.2~6.3cm，横径5.6~6.6cm，平均单果重126g，最大果重145g。果面黄红色，带有红色斑纹，果肉鲜红如血、肉质脆甜爽口，质脆汁多，味香甜，黏核。自花结实率较低，树势强，树冠开张，萌芽力成枝力强，枝条粗壮。果实发育期135d。果实色泽艳丽，风味香甜，具有特有的浓郁芬芳的香味，含水量高，营养丰富，果大，果实含糖量高，可溶性固形物含量19%，水解后还原糖含量11.22%，总酸含量11.70g/kg，含钾225.44mg/100g。早实、高产见效快，是市场前景较好的新兴水果品种之一。果实成熟期9月上中旬，发育期135d。苗木定植后第2年平均单株挂果1~3kg，盛果期株产30~50kg，每亩产量可达2000~2500kg。树势强，树姿开张，萌芽力和成枝力强。树形可采用自然开心形或小冠疏层形，应配置适宜的授粉品种，如'风味皇后''味帝'等。病虫害少，适应性强，抗逆性强，适应多种类型的土壤，抗干旱，抗寒冷。

繁殖和栽培 使用新疆毛桃核、杏核播种，嫁接方法可采用芽接和枝接。枝接在3月中旬进行，采用舌接和劈接的方法。芽接在5月底至6月底均可进行，芽接时间过晚可导致苗木木质化程度低，不易越冬。芽接可采用"T"形芽接。嫁接后管理要求：嫁接后及时观察成活率，未成活的及时进行补接，嫁接后及时抹芽、去绑带和绑支架，加强土肥水管理，嫁接部位长至40cm进行摘心，促进苗木木质化，8月底9月初必须控水，保证苗木安全越冬。

适宜范围 在新疆环塔里木盆地杏栽植适宜区栽植。

'味帝'

树种：杏李	学名：*Prunus simonii* 'Weidi'
类别：优良品种	编号：新S-SV-PSW-020-2010
科属：蔷薇科 李属	申请人：新疆林业科学研究院科技推广处

良种来源 2004年新疆林业科学研究院阿克苏佳木试验站从中国林业科学研究院经济林研究中心引进杏李优良品种7个，定植50亩进行区域试验，通过对其生长、抗逆性、产量和果实品质等方面进行观察测定，发现'味帝'在新疆环塔里木盆地种植表现出品质优良、适应性强和丰产性好等特点。

良种特性 李基因75%、杏基因25%。果实圆形或近圆形，平均单果重83g，最大果116g。果实成熟期在7月下旬。成熟果实果皮浅紫色带红色斑点，果肉鲜红色，质细，黏核，粗纤维少，果汁多，味甜，香气浓。亩产2000~2500kg。盛果期可达15年。果实近圆形，大果型，果实纵径5.2~6.3cm，横径5.6~6.6cm。果肉质脆甜爽口，可溶性固形物含量19.2%，水解后糖含量12.15%，总酸含量12.89g/kg，钾含量230.90mg/100g。

发育期135d，耐贮藏。适应性强，对栽植土壤的酸碱度要求不高。树势强，树姿开张，萌芽力和成枝力强。树形可采用自然开心形或小冠疏层形。病虫害少，适应性强，抗逆性强，适应多种类型的土壤，抗干旱、耐低温。

繁殖和栽培 使用新疆毛桃核、杏核播种，嫁接方法可采用芽接和枝接。枝接在3月中旬进行，采用舌接和劈接的方法。芽接在5月底至6月底均可进行，芽接时间过晚可导致苗木木质化程度低，不易越冬。芽接可采用"T"形芽接。嫁接后及时观察成活率，未成活的及时补接，嫁接后及时抹芽、去绑带和绑支架，加强土壤肥水管理，嫁接部位长至60cm进行摘心，8月底至9月初开始控水。

适宜范围 在新疆环塔里木盆地杏栽植适宜区种植。

'味厚'

树种：杏李
类别：优良品种
科属：蔷薇科 李属

学名：*Prunus simonii* 'Weihou'
编号：新S-SV-PSW-019-2010
申请人：新疆林业科学研究院科技推广处

良种来源 2004年新疆林业科学研究院阿克苏佳木试验站从中国林业科学研究院经济林研究中心引进杏李优良品种7个，定植50亩进行区域试验，通过对其生长、抗逆性、产量和果实品质等方面进行观察测定，发现'味厚'在新疆环塔里木盆地种植表现出品质优良、适应性强和丰产性好等特点。

良种特性 李基因75%、杏基因25%。属异花授粉品种，自花结实率低。果实圆形，平均单果重96g，最大149g。成熟后果皮紫黑色，有蜡质光泽，果皮厚，不易剥离，果面易出现疤痕，果肉橘黄色，质细，黏核，粗纤维少，果汁多，味甜，香气浓。可溶性固形物含量23.2%，水解后还原糖含量10.7%，总酸含量7.73g/kg，含钾230.12mg/100g。果实纵径5.2~5.5cm，横径5.6~6.3cm。耐贮藏，常温下贮藏30~60d，2~5℃可贮藏4~6个月。栽植第2年20%结果，平均株产1~3kg；4~5年进入盛果期，株产30~50kg，亩产2000~2500kg。盛果期可达15年以上。适宜的授粉品种是'恐龙蛋'和'风味皇后'。树势中庸，树姿直立，萌芽力和成枝力强。枝条较细弱，易下垂。果实极晚熟，成熟期10月上中旬，果实发育期150d左右。果实硬度大，货架期长。该品种适应性强，对栽植土壤的酸碱度要求不高。树形可采用自然开心形或小冠疏层形。适应性强，抗逆性强，适应多种类型的土壤，抗干旱，抗寒冷（-26℃）。

繁殖和栽培 使用新疆毛桃核、杏核播种，嫁接方法可采用芽接和枝接。枝接在3月中旬进行，采用舌接和劈接的方法。芽接在5月底至6月底均可进行，芽接时间过晚可导致苗木木质化程度低，不易越冬。芽接可采用"T"形芽接。嫁接后及时观察成活率，未成活的及时补接，并及时抹芽、去绑带和绑支架，加强土壤肥水管理，嫁接部位长至60cm进行摘心，8月底至9月初开始控水。

适宜范围 在新疆环塔里木盆地杏栽植适宜区种植。

'卡拉玉鲁克1号'（'喀什酸梅1号'）

树种：欧洲李	学名：*Prunus domestica* 'Kalayuluke-1'
类别：优良品种	编号：新S-SV-PDK-056-2004
科属：蔷薇科 李属	申请人：新疆喀什地区林业局、喀什地区林业科学研究所、伽师县林业局

良种来源 该品种约300年前从高加索地区引进，经自然杂交选育的品种。自然杂交选育后，通过根蘖或嫁接进行繁殖推广。

良种特性 树形呈自然圆头形，树体不高，成枝力强，竞争枝、极短果枝密集，通风透光差。耐盐碱、瘠薄能力强，抗旱、抗寒性、抗风能力较强。树势中庸，树形呈自然圆头形，树干基部萌蘖多，易生根蘖苗。叶片背面毛较密。结果以中、短果枝和花束状果枝为主。果实8月中旬成熟。果个小，果实卵圆形。叶柄较短。果柄较短。黏核，核大。甜酸爽口，酸味纯正。开花期4月5日左右，花期8～10d，果实发育在110～115d，8月中旬开始成熟。果实卵圆形，大小均匀，单果重

6.5g，果皮较厚，可食率达90%以上，制干率30%，果面深紫色，挂白霜。含酸量高，味最佳。可溶性固形物含量30.85%，滴定酸2.62g/100mg，维生素C含量22.37g/100g。一般根蘖苗栽后第3年进入结果期，5～6年后进入盛果期。自然坐果率2.3%左右，大小年明显。亩产干酸梅300kg左右。5年生树平均单株产量12kg。7年生树平均单株产量27kg。

繁殖和栽培 可采用根蘖繁殖或用桃、杏做砧木，嫁接繁殖。

适宜范围 新疆南疆地下水位1m以下，土壤pH值<8.5，已有灌溉条件的前山，冲积扇上中下均可种植。土壤质地为沙土、沙壤土、壤土。

'艾努拉'酸梅（喀什大果酸梅）

树种：欧洲李
类别：优良品种
科属：蔷薇科 李属

学名：*Prunus domestica* 'Ainula'
编号：新S-SV-PDA-058-2004
申请人：新疆喀什地区林业局、喀什地区林业科学研究所、伽师县林业局

良种来源 该品种于1998年在新疆疏附县乌帕尔乡发现，是自然杂交品种，通过嫁接繁殖推广。经过对优良单株进行汇集、筛选、提纯、扩繁和推广，逐步使该品种成为喀什地区的优良酸梅品种之一。

良种特性 树势强健，树形纺锤形，枝条直立。叶片背面被稀茸毛，中、短果枝结果为主。果实成熟期7月下旬，果个大，长卵圆形，缝合线浅。果面紫红色，挂白霜。果肉黄色，肉质厚，核小，可食率高，黏核，酸甜汁多，制干率低。4月5月左右始花，花期8~12 d，果实发育期100~105 d，7月下旬成熟。果实长卵圆形，果个大，纵径3.2 cm，横径2.6 cm。果面紫红色，果肉黄色，大小均匀。平均单果重35 g，果皮中厚，果肉厚，汁液多，可溶性固形物20.95%，制干率21%。定植3年始果，第5年单株产量15 kg，第7年29 kg。

繁殖和栽培 采用桃、杏、本砧做砧木，嫁接繁殖。

适宜范围 新疆南疆地下水位1 m以下，土壤pH值<8.5，已有灌溉条件的前山，冲积扇上、中、下部均可种植。适宜的土壤质地为沙土、沙壤土、壤土。

'艾努拉'酸梅（喀什大果酸梅）

'卡拉玉鲁克5号'（'喀什酸梅5号'）

树种：欧洲李	学名：*Prunus domestica* 'Kalayuluke-5'
类别：优良品种	编号：新S-SV-PDK-057-2004
科属：蔷薇科 李属	申请人：新疆喀什地区林业局、喀什地区林业科学研究所、伽师县林业局

良种来源 约300多年前从高加索地区引进，经自然杂交选育的品种。通过嫁接进行繁殖推广。

良种特性 树形自然圆头形，树势中庸，枝条直立，树干基部萌蘖多，易生根蘖苗。以中、短果枝及花束状果枝结果为主，叶片较小，倒卵圆形，背面被密茸毛，果实8月中旬成熟，果面深紫色，缝合线浅，果柄长，核大，果肉黄色，甜酸适口，酸味纯正，制干率高。4月5日左右始花，花期8~12d，果实发育期115~120d，8月中旬成熟，果实长鸡心形，果面深紫色，果肉黄色。大小均匀，平均单果重7.5g，果皮中厚，果肉较硬，可溶性固形物26.05%，制干率25%。定植3年始果，第5年单株产量9kg，第7年22kg。

繁殖和栽培 根蘖苗繁殖或采用桃、杏砧做砧木，嫁接繁殖。

适宜范围 新疆南疆地下水位1m以下，土壤pH值<8.5，已有灌溉条件的前山，冲积扇上，中、下部均可种植。适合的土壤质地为沙土、沙壤土、壤土。

紫晶

树种：欧洲李
类别：无性系
科属：蔷薇科 李属

学名：*Prunus domestica* 'Zijing'
编号：晋S-SC-PD-010-2007
申请人：山西省农业科学研究院果树研究所

良种来源 从意大利引种中选育。

良种特性 果实圆形，平均单果重51.9g，最大果重78g；果顶微凸，果梗较细，长1.51cm，缝合线浅，片肉对称；果核小，长扁形，粘核；果皮紫红色，果粉白色，果肉橘红色，晶体状，细腻多汁，纤维少，风味酸甜，品质上等。该品种在山西中部地区4月上旬盛花、8月上旬成熟。

繁殖和栽培 用山杏作砧木，嫁接繁殖。应选择背风向阳、土壤肥沃、排灌良好的山坡地建园；定植密度以株行距为3m×4m为宜；树形采用小冠疏层形；初结果树和盛果期树结果过多时，应适当加强疏果，结果母枝上每3~5cm选留1个果为宜。

适宜范围 山西省中南部及类似气候地区栽培。

'紫晶'李

'新梅1号'

树种：欧洲李	学名：*Prunus domestica* 'Xinmei1'
类别：优良品种	编号：新S-SV-PDX-009-2010
科属：蔷薇科 李属	申请人：新疆伊犁州林业科学研究院、新疆喀什地区林业科学研究所、 新疆农科院园艺所、伽师县林业局

良种来源 新疆伊犁州林业科学研究院2002年从辽宁熊岳、天津津农果研所引进到伊犁州直进行区域试验。新疆喀什地区林业科学研究所于1996年通过引智项目，由英国园艺专家引进欧洲李品种French（中文音译：法兰西）的接穗在喀什地区林业科学研究所院内进行嫁接。1998年将从安徽、天津、辽宁引进'女神''斯太勒''大总统'，从塔城地区引进'欧洲'李这4个品种集中在伽师县，采用高接换头的方法建立了品种汇集圃，分别在伽师县、疏附县、莎车县、英吉沙县、麦盖提县、喀什市、巴楚县进行引种栽培区域试验。

良种特性 属中熟品种，果实为长圆形，单果重13.83g，果实纵径3.55cm，横径2.575cm，果柄长1.9cm，果顶平，缝合线平，对称，果粉中，果皮底色绿黄，果实成熟时为紫红色，全面着色、片红。果肉黄绿色，剥离难。汁液中肉质松脆、纤维少、甜味浓、酸味微、涩味中、香味微，味甜，品质极佳，可溶性固形物在26.25%，系鲜食的优良品种。适应性广，抗逆性强。果实耐贮运，常温下可贮藏20~30d，冷库可贮藏100d以上。

繁殖和栽培 繁殖以嫁接为主（芽接或枝接），在新疆南疆用实生毛桃、杏、李、酸梅、桃巴旦做砧木，培育嫁接苗造林，也可采用高接换头进行低产杏园、酸梅园、桃园良种嫁接改造，新疆北疆主要砧木树种为山桃、野山杏。芽接在春、夏、秋皆可进行，夏季以6~7月为宜，秋季以8~9月为宜。枝接适用春季嫁接，时间以春季树液开始流动，叶芽萌动时为宜。嫁接前3~5d清除田间杂草并浇水，以提高嫁接效率和嫁接成活率。嫁接时剪除砧木主干上嫁接部位以下的侧枝，嫁接的高度为距地面5~10cm处。

适宜范围 在新疆伊犁州直欧洲李适生区、新疆伽师县、疏附县、英吉沙县、莎车县西梅适生区种植。

新梅2号

树种：欧洲李	学名：*Prunus domestica* 'Xinmei 2'
类别：优良品种	编号：新S-SV-PDX-010-2010
科属：蔷薇科 李属	申请人：新疆喀什地区林业科学研究所、新疆农科院园艺所、伽师县林业局

良种来源 从美国引进的欧洲李的栽培品种'女神'，在我国市场上把欧洲李果品称作'西梅'。本品种是喀什地区林业科学研究所1998年从安徽六安绿宇果树花卉研究中心引进接穗，和同期从安徽、辽宁引进'斯太勒''大总统'，以及从塔城地区引进欧洲李的4个品种，集中在伽师县采用高接换头的方法建立了品种汇集圃，分别在新疆伽师县、喀什市进行了引种栽培区域试验。通过10多年的品种对比观测，以适应性、抗逆性、丰产性、加工性能为主要品种选育指标，筛选出适宜喀什地区栽培、丰产稳产、干鲜兼用的西梅品种晚紫玉，命名为'新梅2号'。

良种特性 萌芽力强，成枝力强，树形较直立。定植第3年挂果，第6年进入盛果期。树以中短果枝及花束状果枝结果为主，自花授粉坐果率2.5%，异花授粉坐果率10%，丰产性好。树冠圆头形，树势强。多年生枝浅灰褐色，1年生枝灰绿色。叶片大而厚，叶柄浅绿色。4月上旬开花，花期持续7~9d。鲜食成熟期是9月上中旬，制干加工成熟期是9月下旬至10月上旬。果实生育期145d，果实长卵圆形，有明显的侧沟，平均单果重44g，最大单果重69.2g，果实纵径5.8cm、横径4cm、侧径3.8cm。果柄长1.2~1.6cm。果皮黑紫色，被果粉。果肉黄色，肉质较硬，味酸甜，具香味，可溶性固形物23%。离核，核小，可食率95%。10月下旬至11月上旬落叶，全年生长期245d左右。可鲜食，耐贮运，也可制干，加工成果脯、果酱、果酒，是优良的鲜食加工兼用品种。该品种高接换头后第2年开始挂果，3~5年为初果期，平均单株产量25kg，平均每亩产量700kg，第6年进入盛果期，平均单株产量45kg。平均每亩产1260kg。冬季抗寒能力强，能在极端低温-28℃条件下正常越冬，耐盐碱能力较强，花期抗低温、晚霜和大风沙尘危害能力强。果实可溶性固形物含量高，富含维生素C以及铁、钾等微量元素。具有清热解毒、消暑解渴、养颜美容之功效，长期食用对预防高血压等心脑血管疾病有保健作用。幼果期存在生理落果现象。

繁殖和栽培 在新疆南疆用实生毛桃、杏、李、酸梅、桃巴旦做砧木，培育嫁接苗造林，也可采用高接换头进行低产杏园、酸梅园、桃园良种嫁接改造。

适宜范围 在新疆伽师县、喀什市、麦盖提县西梅适生区种植。

新梅3号

树种：欧洲李	学名：*Prunus domestica* 'Xinmei 3'
类别：优良品种	编号：新S-SV-PDX-011-2010
科属：蔷薇科 李属	申请人：新疆喀什地区林业科学研究所、新疆农科院园艺所、伽师县林业局

良种来源 从美国引进的欧洲李的栽培品种'斯太勒'，在我国市场上把欧洲李果品称作'西梅'。'新梅3号'是喀什地区林业科学研究所1998年从安徽六安绿宇果树花卉研究中心引进接穗，采用高接换头的方法，建立了品种汇集圃，分别在伽师县、喀什市、麦盖提县开展区域试验，通过近10年的引种栽培试验。对果实经济性状、生长结果习性、物候期、适应性及抗逆性等方面进行观测研究。

良种特性 萌芽力强，成枝力强，树形较直立。定植第3年挂果，第6年进入盛果期，盛果期树以中短果枝及花束状果枝结果为主，自花授粉坐果率2.2%，异花授粉坐果率14.2%，丰产性优。树冠圆头形，树势强；多年生枝浅期，平均单株产量30kg，平均每亩产量840kg，第6年进入盛果期，平均单株产量60kg，平均每亩产1680kg。冬季抗寒能力强，能在-28℃条件下正常越冬，耐盐碱能力较强，花期可规避低温、晚霜和大风沙尘危害。果实可溶性固形物含量高，富含维生素

C以及铁、钾等微量元素。具有清热解毒、消暑解渴、养颜美容之功效，长期食用对预防灰褐色，1年生枝灰绿色；叶片大而厚。叶柄浅绿色，4月4日左右开花，花期持续8~10d。果实长椭圆形，缝合线明显，沿缝合线两面不对称，平均单果重32g，最大果实单果重50g，纵径4.5cm、横径3.4cm、侧径3.4cm；果柄长2.1~2.4cm；果皮紫黑色，被果粉；果肉黄色，肉质较硬，充分成熟后变软，甘甜，具菠萝香味。10月下旬至11月上旬落叶，全年生长期240d左右。果个均匀，可溶性固形物含量24%，离核，核小，可食率95%，是优良的鲜食加工兼用品种，可鲜食，耐贮运，也可制干，加工成果脯、果酱、果酒。鲜食成熟期是9月上中旬，制干加工成熟期是9月下旬10月上旬。该品种高接换头后第2年开始挂果，3~5年为初果高血压等心脑血管疾病有保健作用。幼果期存在生理落果现象。

适宜范围 在新疆伽师县、喀什市、麦盖提县西梅适生区种植。

'新梅4号'（法新西梅）

树种：欧洲李
类别：优良品种
科属：蔷薇科 李属

学名：*Prunus domestica* 'Xinmei4'
编号：新S-SV-PDX-014-2013
申请人：新疆林业科学研究院

良种来源 该品种于2006年4月由河北省农林科学院昌黎果树研究所引进，当年4月初在克州阿克陶县阿克陶镇8村进行栽植（地理坐标为 N39°06′30.8″，E75°56′25.4″，海拔为1367±4m）。

良种特性 长势较强，萌芽力、成枝力强，枝条密集，结实能力强，丰产性突出；果甜，含糖量为10%；外观光泽，果面颜色为深红淡黄色；可溶性固形物含量21.3%，维生素C含量8.4mg/100g，果形指数1.31，可鲜食，也可作果干。抗逆性较强，耐旱、抗病虫害能力强，能耐−25℃的低温，主要适合于在新疆南疆极端低温−25℃以上的地区种植。

繁殖和栽培 繁殖以嫁接为主（芽接或枝接）。主要砧木树种为桃树（毛桃或山桃）、杏、酸梅，以酸梅砧最好，亲和力强、成活率高、长势好、寿命亦长。

栽培技术要点 园地选择：地下水位1m以下，土壤质地为轻壤土、沙壤土为宜。整形修剪：栽植或嫁接第2年开始整形。采用开心形或自然圆头性树形。进入结果期后注意控制突长枝。病虫害防治：此品种对病虫抗逆性比较强。主要防治对象：介壳虫。采用方法：冬季修剪，冬春喷施石硫合剂。生长期按发生情况采取针对性防治措施。

适宜范围 在新疆欧洲李生长种植区栽植。

理查德早生

树种：欧洲李
类别：优良品种
科属：蔷薇科 李属

学名：*Prunus domestica* 'Lichadezaosheng'
编号：新S-SV-PDL-007-2015
申请人：和硕县林业局

良种来源　2002年，和硕县林业局从山东果树研究所引进该品种。

良种特性　树势强，萌芽率为72%，成枝率为14%。3年生开始结果，7~10年生进入盛果期，盛果期树单株产量为40.0kg。以短果树和花束状果枝结果为主。果实长圆形，平均单果重41.7g，最大53.0g；果顶凹，缝合线浅，片肉不对称。果皮底色绿，着蓝紫色，皮厚；果粉灰白色。果肉绿色，质硬脆，纤维多，味酸甜，汁多。含可溶性固形物14.5%，总糖6.95%，总酸0.84%。离核，核长椭圆形。果实可食率为96.5%，品质中等。在常温下，果实可贮放10d左右。果实极耐贮运。果实于8月下旬成熟，果实发育期约110d。树体营养生长期为230d。

繁殖和栽培　1.苗圃地扦插。2.嫁接繁殖。在当地的杏树、毛桃树木上嫁接繁殖亲和力好，生长树势强壮，成枝率好，萌芽率高的苗木。嫁接方法主要有：腹接和插皮接。

适宜范围　新疆和硕县所辖区域基本农田，房前屋后，庭院以及适宜山杏、毛桃生长的区域均可种植。

伊梅1号

树种：欧洲李
类别：优良品种
科属：蔷薇科 李属

学名：*Prunus domestica* 'YiMei.1'
编号：新S-SV-PDY-020-2015
申请人：伊犁州林业科学研究院

良种来源 2002年原伊犁州园艺所从天津津农果树研究所引进伊犁。

良种特性 乔木，树势强，树枝半开张，枝条萌发力、成枝力均高；新梢叶背面有茸毛，叶片卵圆形，叶厚，叶缘为锐锯齿状。以中短果枝为主，成花容易，坐果率高、丰产性好，抗晚霜、耐盐碱能力强，商品性高。伊梅1号在伊犁河谷4月初萌芽，4月中下旬开花，果实9月上旬成熟，11月初开始落叶。果个大，平均单果重120g；果实成熟时为深蓝黑色，有较厚果粉，果实为卵圆或椭圆形。果肉硬，核大。果肉乳黄色，味甜，品质极佳，可溶性固形物为20%以上。

繁殖和栽培 新疆毛桃作为砧木为佳，秋季芽接繁殖苗木。在8月中旬对苗木进行摘心，控制苗木旺长。

适宜范围 在新疆伊犁河谷沿山逆温带种植。

'红叶'李

树种：樱桃李
类别：优良无性系
科属：蔷薇科 李属

学名：*Prunus cerasifera* 'Atropurpurea'
编号：新S-SC-PC-009-2014
申请人：新疆玛纳斯县林业局

良种来源 '红叶'李是90年从东北开源引进嫁接苗5000株，在玛纳斯县平原林场栽种，为沙壤土，机井灌溉，株行距60cm×60cm，整个生长季节都为紫色。'红叶'李具有形态优美，观赏性高，适应性强，树冠美观，抗逆性强等优点，已广泛用于城市绿化、园林绿化。'红叶'李在引进玛纳斯县完全能够适应这里的气候特点。

良种特性 性喜温暖湿润气候。不耐寒，较耐湿，可在黏质土壤生长。喜阳光，在荫蔽环境下叶色不鲜艳。根系较浅，萌枝力较强。

繁殖和栽培 1.嫁接繁殖：用毛桃、杏等作砧木，切接宜在春季发芽前（2月中旬至3月上旬）进行，芽接宜在秋季（8~9月）进行。嫁苗成活后1~2年可出圃定植。
2.扦插繁殖：每年11~12月，选当年健壮枝条作插穗，最好选木质化程度较高的种条中下部，插穗长10~12cm。插穗需用生根粉溶液处理10~12h，或用萘乙酸50mg/kg的溶液处理2h，插穗插入土中3/4，插好后地面要露出1~2个芽，插后需浇水并盖棚覆膜。

适宜范围 新疆昌吉市、吉木萨尔县、玛纳斯县、呼图壁县及相似土壤、气候的区域均可栽植。

'紫霞'（Ⅰ14-14）

树种：樱桃李　　　　　　　　学名：*Prunus sogdiana* 'Zixia'
类别：优良品种　　　　　　　编号：新S-SV-PSZ-027-2014
科属：蔷薇科 李属　　　　　　申请人：新疆伊犁州林业科学研究院

良种来源　1998年开始进行相关樱桃李研究，2003年以新疆伊犁州直平原人工栽培资源为主开展加工型樱桃李优良品种选育。在樱桃李资源广泛调查基础上，进行普遍的初选、复选，对植物学性状、生物学特性和抗逆性进行全面综合比较、分析，并结合加工利用对果实特性及内含物的要求进一步筛选。依据选育目标，以果色、可溶性固形物含量、单果平均重大小、核果比、总酸、单株平均产量6个性状为主要选择考察变量，采用模糊数学聚类分析、隶属度函数综合评判法，结合专家的实践经验等综合方法进行最终的决选，在察布查尔县、伊宁市、霍城县大西沟乡、伊车嘎善乡、惠远镇等乡镇设置区试点，观察其生长和结实情况，来验证优良单株栽培适应性和优良特性。经过3年重复调查比较，最后选出早果、丰产、抗逆性强、加工性状好、性状稳定的优良品种，同时扩大栽培示范建设。2009年通过了自治区良种审定委员会认定，进一步进行良种生产应用，各优良性状表现稳定。

良种特性　果实较大，果皮紫色，色素含量丰富，可滴定酸含量较高，可溶性固形物含量较高，丰产，核果比小，适宜作为食品加工原料，加工浓缩浆、果汁和果酱等。果实扁圆形或近圆形，纵横径2.19cm×2.28cm，平均单果重8.25g，最大果重10g，最小果重4.7g。果面紫色，果粉薄，果顶圆，果底平，果柄洼浅，果柄长1.03cm，缝合线不明显，两半对称。果肉绿黄色，汁液多，风味甜酸，可溶性固形物含量11%~13.6%，可滴定酸含量3.77%。黏核，鲜核平均重0.478g，核果比6.0%，核椭圆形，核纵横1.26cm×0.72cm。花期15d，始花期4月4日，盛花期4月12日，末花期4月19日，早熟，成熟期7月中旬，果实发育期85d，初果3年平均株产19.67kg，以短果枝和花束状果枝结果为主，丰产稳产。

繁殖和栽培　1.实生苗繁殖：播种量约在25kg/亩左右，开沟条播。春秋两个季节均可进行播种。秋播宜晚，春播宜早。2.嫁接：使用1~2年生实生幼苗采取"T"形芽接法嫁接。以6月至7月初进行为好。相对于不同季节，早春可采用枝接法。

适宜范围　适于温带半干旱型气候，特别在前山区逆温带生长佳。年平均气温9.2℃以上，极端最高气温40.2℃，极端最低气温-30℃，年平均10℃以上的积温3400~3500℃；无霜期全年平均165d左右。

'黑玉'（Ⅰ16-56）

树种：樱桃李	学名：*Prunus sogdiana* 'Heiyu'
类别：优良品种	编号：新S-SV-PSH-028-2014
科属：蔷薇科 李属	申请人：新疆伊犁州林业科学研究院

良种来源 1998年开始进行相关樱桃李研究，2003年以新疆伊犁州直平原人工栽培资源为主开展加工型樱桃李优良品种选育。在樱桃李资源广泛调查基础上，进行普遍的初选、复选，对植物学性状、生物学特性和抗逆性进行全面综合比较、分析，并结合加工利用对果实特性及内含物的要求进一步筛选。依据选育目标，以果色、可溶性固形物含量、单果平均重大小、核果比、总酸、单株平均产量6个性状为主要选择考察变量，采用模糊数学聚类分析、隶属度函数综合评判法，结合专家的实践经验等综合方法进行最终的决选，在察布查尔县、伊宁市、霍城县大西沟乡、伊车嘎善乡、惠远镇等乡镇设置区试点，观察其生长和结实情况，来验证优良单株栽培适应性和优良特性。经过3年重复调查比较，最后选出早果、丰产、抗逆性强、加工性状好，性状稳定的优良品种。同时扩大栽培示范建设。2009年通过了自治区良种审定委员会认定，进一步进行良种生产应用，各优良性状表现稳定。

良种特性 果实中大，果皮深紫色，色素含量高，可溶性固形物含量较高，丰产稳产，核果比小，适宜作为食品加工原料加工果汁、果酱、浓缩浆等。果实圆形，纵横径2.08cm×2.12cm，平均单果重5.7g，最大果重7.5g，最小果重3.2g。果面深紫色，果粉薄，果顶平，果底平，果柄洼浅，果柄长0.76cm，缝合线浅，不明显。果肉绿黄色，汁液中多，风味酸，可溶性固形物含量11.5%，可滴定酸含量4.33%。黏核，鲜核平均重0.47g，核果比8.25%，核椭圆形，核纵横径1.12cm×0.79cm。花期14d，始花期4月6日，盛花期4月13日，末花期4月19日，成熟期7月中旬，平均株产18.43kg，果实发育期85d，以短果枝和花束状果枝结果为主。无采前落果，不易裂果，耐瘠薄，在肥水充足条件下产量高，抗病性强。

繁殖和栽培 1.实生苗繁殖：播种量约在25kg/亩左右，开沟条播。春秋2个季节均可进行播种。秋播宜晚，春播宜早。2.嫁接：使用1~2年生实生幼苗采取"T"形芽接法嫁接。以6月至7月初进行为好。相对于不同季节，早春可采用枝接法。

适宜范围 适于温带半干旱型气候，特别在前山区逆温带生长佳。年平均气温9.2℃以上，极端最高气温40.2℃，极端最低气温−30℃，年平均10℃以上的积温3400~3500℃；无霜期全年平均165d左右。

'络珠'（Ⅰ16-38）

树种：樱桃李　　　　　　　　　学名：*Prunus sogdiana* 'Luozhu'

类别：优良品种　　　　　　　　编号：新S-SV-PSL-029-2014

科属：蔷薇科　李属　　　　　　申请人：新疆伊犁州林业科学研究院

良种来源　1998年开始进行相关樱桃李研究，2003年以伊犁州直平原人工栽培资源为主开展加工型樱桃李优良品种选育。在樱桃李资源广泛调查基础上，进行普遍的初选、复选，对植物学性状、生物学特性和抗逆性进行全面综合比较、分析，并结合加工利用对果实特性及内含物的要求进一步筛选。依据选育目标，以果色、可溶性固形物含量、单果平均重大小、核果比、总酸、单株平均产量6个性状为主要选择考察变量，采用模糊数学聚类分析、隶属度函数综合评判法，结合专家的实践经验等综合方法进行最终的决选，在察布查尔县、伊宁市、霍城县大西沟乡、伊车嘎善乡、惠远镇等乡镇设置区试点，观察其生长和结实情况，来验证优良单株栽培适应性和优良特性。经过3年重复调查比较，最后选出早果、丰产、抗逆性强、加工性状好、性状稳定的优良品种。同时扩大栽培示范建设。2009年通过了自治区良种审定委员会认定，进一步进行良种生产应用，各优良性状表现稳定。

良种特性　果实大，果皮紫色，色素含量丰富，糖、酸含量均较高，可溶性固形物含量较高，丰产稳产，核果比小，适宜作为食品加工原料，加工果汁、果酱、果酒等。果实卵圆形，纵横径2.53 cm×2.42 cm，平均单果重8.88 g，最大果重10 g。果面紫色，果粉薄，果顶圆，果底平，果柄洼深，果柄长1.01 cm，缝合线不明显，两半对称。果肉黄色，汁液多，风味酸甜，可溶性固形物含量12.0%，可滴定酸含量2.87%。核椭圆形，纵横径1.50 cm×0.98 cm，黏核，鲜核平均重0.52 g，核果比5.86%。花期13 d，始花期4月7日，盛花期4月15日，末花期4月20日，成熟期7月中下旬，果实发育期95 d，初果3年平均株产36.8 kg，以短果枝和花束状果枝结果为主，丰产稳产。无采前落果，裂果少，喜肥水，抗病性强。

繁殖和栽培　1.实生苗繁殖：播种量约在25 kg/亩左右，开沟条播。春秋两个季节均可进行播种。秋播宜晚，春播宜早。2.嫁接：使用1~2年生实生幼苗采取"T"形芽接法嫁接。以6月至7月初进行为好。相对于不同季节，早春可采用枝接法。

适宜范围　适于温带半干旱型气候，特别在前山区逆温带生长佳。年平均气温9.2℃以上，极端最高气温40.2℃，极端最低气温－30℃，年平均10℃以上的积温3400~3500℃；无霜期全年平均165 d左右。

'紫美'（V 2-16）

树种：樱桃李

类别：优良品种

科属：蔷薇科 李属

学名：*Prunus sogdiana* 'Zimei'

编号：新S-SV-PSZ-030-2014

申请人：新疆伊犁州林业科学研究院

良种来源 1998年开始进行相关樱桃李研究，2003年以伊犁州直平原人工栽培资源为主开展加工型樱桃李优良品种选育。在樱桃李资源广泛调查基础上，进行普遍的初选、复选，对植物学性状、生物学特性和抗逆性进行全面综合比较、分析，并结合加工利用对果实特性及内含物的要求进一步筛选。依据选育目标，以果色、可溶性固形物含量、单果平均重大小、核果比、总酸、单株平均产量6个性状为主要选择考察变量，采用模糊数学聚类分析、隶属度函数综合评判法，结合专家的实践经验等综合方法进行最终的决选，在察布查尔县、伊宁市、霍城县大西沟乡、伊车嘎善乡、惠远镇等乡镇设置区试点，观察其生长和结实情况，来验证优良单株栽培适应性和优良特性。经过3年重复调查比较，最后选出早果、丰产、抗逆性强、加工性状好，性状稳定的优良品种。同时扩大栽培示范建设。2009年通过了自治区良种审定委员会认定，进一步进行良种生产应用，各优良性状表现稳定。

良种特性 果实中大，果皮紫色，色素丰富，有机酸含量较高，可溶性固形物含量较高，丰产稳产，适宜作为食品加工原料加工果汁和果酱、浓缩浆等。果实圆形，纵横径2.28 cm×2.16 cm，平均单果重6.85 g，最大果重8.5 g，最小果重4.2 g。果面紫色，果粉薄，果顶圆，果底平，果柄洼浅。果柄长1.07 cm，缝合线浅，较明显，两半对称，部分果近果柄洼处深渐浅，果肉黄色，汁液中多，风味甜酸，可溶性固形物含量12.0%，可滴定酸含量3.56%。黏核，鲜核平均重0.52 g，核果比8.18%，核椭圆形，核纵横径1.45 cm×0.86 cm。花期15 d，始花期4月4日，盛花期4月12日，末花期4月19日，成熟期7月上旬，果实发育期85 d，初果3年平均株产19.17 kg，以短果枝和花束状枝结果为主，丰产稳产。

繁殖和栽培 1.实生苗繁殖：播种量约在25 kg/亩左右，开沟条播。春秋两个季节均可进行播种。秋播宜晚，春播宜早。2.嫁接：使用1~2年生实生幼苗采取"T"形芽接法嫁接。以6月至7月初进行为好。相对于不同季节，早春可采用枝接法。

适宜范围 适于温带半干旱型气候，特别在前山区逆温带生长佳。年平均气温9.2℃以上，极端最高气温40.2℃，极端最低气温-30℃，年平均10℃以上的积温3400~3500℃；无霜期全年平均165 d左右。

西域红叶李

树种：樱桃李	学名：*Prunus cerasifera* 'Pissardii'
类别：优良无性系	编号：新S-SV-PC-022-2015
科属：蔷薇科 李属	申请人：新疆林业科学院

良种来源 2005年从俄罗斯西伯利亚理萨文卡园艺研究所引进观赏果树欧洲红叶李3个品种（系），用榆叶梅做砧木进行嫁接保存种源。2006~2008年初选出优良品系及优良单株HL-1号；5年进行了8次转接，稳定了优良基因。2007~2008年试验研究出培育苗木的最佳砧木、最佳方法、最佳时间；2009年秋筛选出优良品种（系），命名为'西域红叶李'。

良种特性 该品种属中熟品种，果实成熟期北疆8月26日左右，南疆在7月底；先花后叶、落花后果实即为红色，至成熟变为亮红色；果实近圆形，纵径3.6cm，横径3.65cm，果形指数0.98；单果均重28.2g，最大单果重34.4g；核小，平均单核重1.35g；成熟时，果皮光洁亮红色、外观好，果肉鲜红色，可溶性固形物含量12.7%，肉质细、汁液多、味酸甜适口，品质上等。贮运性与一般李子相近，自然环境下货架期7~10d。抗逆性强，能耐-36℃低温，也适宜南疆干旱炎热气候，抗病虫害。

繁殖和栽培 以无性嫁接繁殖为主，最佳砧木选择为山桃，采用春季枝接或秋季贴芽接较好。

适宜范围 适宜在新疆吉木萨尔县、呼图壁县、阿勒泰地区、阿克苏地区、伊犁州等冬季极端低温-36℃以上苹果适栽区域种植。

紫叶矮樱

树种：紫叶李*矮樱
类别：引种驯化品种
科属：蔷薇科 李属

学名：*Prunus × cistena*
编号：京S-ETS-PC-035-2007
申请人：北京植物园

良种来源 1990年4月从美国Bailey苗圃引进小苗。

良种特性 该品种为观叶小乔木、灌木。树形椭圆，株高1.8~2.5m，冠幅1.5~1.8m。枝条紫红色，叶终年紫红色，部分宿存。花淡粉色，5瓣，有淡香，花期4月下旬。抗寒性强。对土壤要求不严。

繁殖和栽培 耐寒性好。对土壤要求不严。生长迅速。栽植前施底肥。注意对刺蛾等虫害的防治。硬枝扦插为主。11~12月份将组织充实的枝条剪成10~15cm长的插条。储藏在0~5℃的低温库中备用。第2年3~4月份在棚内扦插，将棚内地块整平做成40cm高30cm宽的高垄。将整根插条按照10cm×10cm的株行距插在高垄上，并用土全部覆盖严。经过30~50d插穗开始生根生长，可撤去塑料棚。苗木当年可长至50cm。

适宜范围 适于北京平原及低山区栽植。

紫叶矮樱

树种：紫叶李*矮樱	学名：*Prunus × cistena pissardii*
类别：优良品种	编号：宁S-SV-PC-005-2010
科属：蔷薇科 李属	申请人：宁夏银川市林业（园林）技术推广站、宁夏大学、银川市花木公司

良种来源　2003年，从北京格瑞阳光生态发展有限公司引入银川地区。

良种特性　落叶灌木或小乔木，为紫叶李与矮樱的杂交种。枝条幼时紫褐色，通常无毛，老枝有皮孔，并分布于整个枝条。初生叶片紫红亮色，后叶呈紫红色或深紫红色，叶背面紫红色更深。当年生枝条木质部红色。花单生，中等偏小而薄，淡粉红色，花瓣5片，微香，雄蕊多数，单雌蕊，花期4~5月，花后无果。在银川地区生长期240d，4月中上旬从2年生枝条叶痕处开始萌芽。园林观赏树种，适应性强，抗性强，萌芽力强，极耐修剪，是城市园林绿化优良的彩叶配置树种。

繁殖和栽培　采用嫁接和扦插进行繁育，以嫁接苗较多。嫁接砧木选用山杏、山桃、毛桃等实生苗，利用山桃、山杏、中国李等大砧木高干嫁接能较快形成景观效果。春秋季用切接或带木质部嵌芽接，夏季采用"T"形芽接。4月中旬选择生长健壮、整齐、无病虫害的优质苗木按株距30cm、行距50cm定植。幼树以整形为主，促使分枝，培养成冠球形或自然开心形。

适宜范围　宁夏引黄灌区均可栽植。

黑宝石李

树种：李	学名：*Prunus salicina* 'Fraiar'
类别：品种	编号：冀S-ETS-PS-002-2006
科属：蔷薇科 李属	申请人：河北农业大学

良种来源 原名Friar，美国品种。1992年河北农业大学从山东果树研究所引种。

良种特性 落叶乔木。树势强壮。早果性能好，极丰产。果汁极少、微香酸甜，可溶性固形物含量13.5%，总酸1.0%。离核，核小，可食率98.77%。耐贮运，抗旱、抗寒、抗盐碱能力强。露地栽培果面有少量锈斑，不抗细菌性穿孔病，不耐水涝。

繁殖和栽培 嫁接繁殖，嫁接方法主要有腹接和插皮接。建园栽植密度2m×3m或2m×4m；适宜树形为细长纺锤形。夏季修剪以开张枝条角度为主，冬季修剪短截、缓放相结合。注意疏花疏果，疏果标准为叶果比为25~30：1，按枝果比计算每4~5个短果枝留1个果，按留果距离计算留果间距为12~16cm留1个果。合理控制树体负载量，盛果期树产量控制在1500~2000kg/667m^2。每株留果400~600个为宜。

适宜范围 河北省除张家口和承德坝上寒冷地区外均可栽培，最适栽培地区为河北省中南部地区太行山及燕山干旱少雨地区。

安哥诺李

树种：李
类别：品种
科属：蔷薇科 李属

学名：*Prunus salicina* 'Angeleno'
编号：冀S-ETS-PS-003-2006
申请人：河北农业大学

良种来源 安哥诺李为 Queen Ann 的自然授粉后代，原名 Angeleno，1967年在美国加州育成。2000年河北农业大学从国家李杏种质资源圃引入河北省试种。

良种特性 落叶乔木。树势强壮，萌芽率82.3%，成枝率16.7%。果实扁圆形，平均单果重102g，最大178g，果皮底色黄绿，皮厚，着紫黑色，果肉淡黄色，质致密，汁多，味甜，可溶性固形物含量13.7%，总酸含量0.69%。半离核，可食率98.81%。成熟期晚，9月中下旬成熟。果实耐贮运，货架期30d，冷库可贮存至翌年3~4月。抗旱、抗寒性强。地栽培果面有少量锈斑，早期丰产性能较差。

繁殖和栽培 嫁接繁殖，砧木为毛桃、毛樱桃和山杏。建园株行距为3m×5m或3m×4m。自花不结实，需要配置授粉树，授粉品种为圣玫瑰、索瑞斯和黑宝石，授粉树与主栽品种的配置比例为1∶5。适宜树形为细长纺锤形，以夏季修剪为主，冬季修剪以疏枝为主，严格控制中央领导干的势力，对1年生枝不短截。土壤使用多效唑控制旺长，促进花芽分化，使用量为树冠投影面积0.5g/m²。盛果期控制负载量1500kg/667m²，疏果标准为叶果比为40∶1。

适宜范围 河北省除张家口和承德坝上寒冷地区外均可栽培，最适栽培地区为河北省中南部地区及燕山地区。

黑宝石李

树种：李
类别：优良品种
科属：蔷薇科 李属

学名：*Prunus salicina* 'Heibaoshi'
编号：新S-SV-PSH-007-2015
申请人：和硕县林业局

良种来源 2002年，和硕县林业局从山东果树研究所引进该品种。

良种特性 树势强，树姿直立。萌芽率为82.7%，成枝率为22.4%。自然结实率为85.2%，自花结实率为0.8%。2年生树开始结果，4~5年生树进入盛果期，3年生树平均株产量为6.6kg。果实扁圆形，平均单果重72.2g，最大单果重127.0g；疏果后平均单果重可达140.0g；纵径4.94cm，横径5.79cm，侧径6.21cm。果顶圆，缝合线明显，片肉对称；梗洼宽、浅；果面紫黑色，无果点，果粉少。果肉乳白色，肉质细硬而脆，果汁多，味甜；含可溶性固形物11.5%，总糖9.4%，总酸0.83%，维生素C 5.62mg/100g。品质上等。离核，核小，椭圆形。果实可食率为98.1%。在常温下，果实可存放20~30d，在0~5℃条件下，能贮藏3个月。属于罕见的耐贮运品种。8月下旬到9月上旬果实成熟，果实发育期约135d。11月中下旬落叶，树体营养生长期约220d。

繁殖和栽培 苗圃地扦插。嫁接繁殖。在当地的杏树、毛桃树木上嫁接繁殖亲和力好，生长树势强壮，成枝率好，萌芽率高的苗木。嫁接方法主要有：腹接和插皮接。

适宜范围 新疆和硕县所辖区域基本农田、房前屋后、庭院以及适宜山杏、毛桃生长的区域均可栽植。

大石早生

树种：李	学名：*Prunus salicina* 'Oishiwase'
类别：品种	编号：冀S-ETS-PS-001-2006
科属：蔷薇科 李属	申请人：河北农业大学

良种来源 大石早生李为台湾李自然授粉后代，母本为福摩萨，父本为美丽李。1939年日本福岛县伊达郡大石俊雄育成，原品系名大石7号。1992年河北农业大学从辽宁省引种。

良种特性 树势强，萌芽率85.1%，成枝率35.7%。果实卵圆形，平均单果重70g，果皮底色黄绿，着紫红色，果皮中厚，易剥离。果肉红色，肉质细，松脆爽口，汁多、浓香，味甜，可溶性固形物含量12.9%，总酸含量1.90%，固酸比6.79，粘核，可食率95%，果实成熟期6月上旬，货架期12天。抗细菌性穿孔病能力强、抗旱、抗寒能力强，一般年份在-28.3℃的情况下，不发生严重的冻害。幼树期生长极其旺盛，停长较晚，易发生抽条现象，早期丰产性能较差，露地栽培果面有少量锈斑。

繁殖和栽培 适宜采用嫁接繁殖方法，适宜砧木为毛桃、毛樱桃和山杏，嫁接方法主要有腹接和插皮接。还可采用嫩枝扦插繁殖。一般栽植密度为株行距3m×5m。适宜的授粉品种为美丽李和香蕉李；授粉品种与主栽品种的配置比例为1：4~5。适宜的树形以细长纺锤形或小冠疏层形。主要防治李实蜂和细菌性穿孔病。

适宜范围 河北省除张家口和承德坝上寒冷地区外均可栽培，最适栽培地区为河北省中南部地区及燕山地区。

红喜梅

树种：美洲李	学名：*Prunus Americana* Marsh. 'Hongximei.'
类别：优良无性系	编号：QLR012-J012-2005
科属：蔷薇科 李属	申请人：西北农林科技大学

良种来源 意大利。

良种特性 落叶小乔木。树势强健。树姿较直立。萌芽力强，成枝力弱。嫩梢黄绿色，1年生枝条红褐色，分枝疏密中等。皮孔大而稀，灰褐色，圆形凸起。成龄叶浓绿色，边缘深绿，两侧向正面反卷，阔卵圆形。叶芽3月中旬萌动，4月初开花，花期6~7d，8月下旬果实成熟，10月下旬~11月上旬落叶。长、中、短果枝及花束状果枝均能结果，盛果期树以短果枝及花束状果枝结果为主。花芽占总芽数3/4以上，有花粉，自花结实率高达32%。配置授粉树可提高坐果率。果实圆形至长圆形、卵圆形，果顶圆，果面玫瑰红，果肉淡黄色。果实可溶性固形物含量18.5%。栽植2年后挂果，5年进入稳产期，盛果期平均产量22560.75kg/hm²。经济林树种。

繁殖和栽培 冬季层积处理山桃或毛桃种子，春季播种育苗作砧木。当年8~9月份，采用带木质芽接。建园宜适当密植，山地2.0m×3.0m，平地4.0m×3.0m为宜。授粉树以大石早生、龙园秋李、大石中生等红色李品种为好。整形采用自然开心形，定干高度50~60cm。修剪以缓放为主，疏缩结合，少短截，疏除竞争枝、徒长枝、过密枝。严格疏果，第一次在花后10~15d进行，第二次距第一次约10d后进行。避免在风口建园，适时采收。

适宜范围 适宜陕西关中平原、渭北高原、秦岭北麓以及相类似地区栽培。

秦红李

树种：美洲李	学名：*Prunus Americana* Marsh. 'Qinhongli.'
类别：优良无性系	编号：QLS060-J042-2005
科属：蔷薇科 李属	申请人：西北农林科技大学

良种来源 美国。

良种特性 落叶小乔木。树势强健。树形较开张。萌芽力强，成枝力弱。嫩梢黄绿色，1年生枝黄褐色，皮孔较多，细小，灰褐色，圆形凸起。新叶淡黄绿色，边缘微红；成龄叶片椭圆形。3月中旬萌芽，3月底~4月初开花，花期6~7d，7月下旬果实成熟，10月下旬~11月上旬落叶。幼树以短果枝结果为主，占92%以上；盛果期树以花束状果枝结果为主，占85%以上。花芽占总芽数2/3以上，有花粉，自花结实率高，自然坐果率25%~34%，配置授粉树可明显提高坐果率。果实圆形至长圆形，果顶圆。果面鲜红至玫瑰红，被果粉。果肉淡黄色，贮藏后变为紫红色，果实可溶性固形物含量15%~16%。栽植2年后挂果，5年进入稳产期，盛果期平均产量18564.75kg/hm^2。经济林树种。

繁殖和栽培 冬季层积处理山桃或毛桃种子，春季播种育苗作砧木。当年8~9月份，采用带木质芽接。建园宜适当密植，山地2.0m×3.0m，平地4.0m×3.0m为宜。授粉树以大石早生、龙园秋李、大石中生等红色李品种为好。整形采用自然开心形，定干高度50~60cm。修剪以缓放为主，疏缩结合，少短截，疏除竞争枝、徒长枝、过密枝。严格疏果，第一次在花后10~15d进行，第二次距第一次约10d后进行。避免在风口建园，适时采收。

适宜范围 适宜陕西关中平原、渭北高原、秦岭北麓以及相类似地区栽培。

奥德

树种：欧洲酸樱桃	学名：*Prunus cerasus* L. 'Aode.'
类别：优良无性系	编号：QLS076-J054-2009
科属：蔷薇科 樱属	申请人：西北农林科技大学

良种来源 野生酸樱桃实生选育。

良种特性 落叶乔木。树势中庸。干性弱，层性不明显。树皮暗褐色。嫩枝无毛，初为绿色，后转为红褐色。叶片倒卵状椭圆形或卵形，叶色浓绿。花序伞形。花瓣白色，倒卵圆形。自花授粉。3月中下旬萌芽，3月下旬展叶，3月底始花，4月上旬盛花，5月下旬果实成熟。果形扁球形，浅红色，有光泽。果实总糖含量为10.36%，可溶性蛋白质1.40%，维生素C含量0.176mg/100g，铁0.046mg/100g，钙0.825mg/100g，总酸度1.45%。栽植3年后挂果，4年进入稳产期，盛果期平均产量28800kg/hm^2。经济林树种。

繁殖和栽培 培育中国樱桃、马哈利CDR-1及马哈利C500作砧木嫁接繁殖。嫁接时间为每年3月上旬和8月下旬带木质芽接。建园栽植密度，采用中国樱桃作砧木的，株行距为3.5~4.0m×4.5~5.0m；采用马哈利CDR-1作砧木的，株行距为3.0~3.5m×3.5~4.0m。高密栽植株行距为2.0m×3.5m。授粉品种为先锋，搭配比例8：1。定干、整形修剪、施肥、病虫害防治参阅CDR-1。

适宜范围 适宜陕西关中、渭北、陕北及相类似地区栽植。

'桑波'（Ⅱ20-38）

树种：欧洲酸樱桃
类别：优良品种
科属：蔷薇科 樱属

学名：*Prunus ceracifera* 'Sangbo'
编号：新S-SV-PCS-003-2009
申请人：新疆伊犁州林业科学研究院

良种来源 从新疆伊犁州直近山逆温带人工栽培资源中进行普遍的初选、复选，对植物学性状、果实性状、生物学特性等方面进行综合比较、分析、筛选。

良种特性 果实较大，果皮紫色，色素含量丰富，总酸含量较高，可溶性固形物含量较高，丰产稳产，抗逆性强，适宜作为食品加工原料加工生产浓缩浆、果汁和果酱等。果实阔卵圆形，纵横径2.2cm×2.1cm，平均单果重6.8g，最大果重7.6g，最小果重5.06g。果面紫色，果粉薄，果顶微突，果底平，果柄洼浅，果柄长0.9cm，缝合线近果柄处深，渐浅，两半对称。果肉黄色，汁液中多，风味酸甜，可溶性固形物含量16%，可滴定酸含量4.60%。核果比小，黏核，鲜核平均重0.56g，核果比8.24%，核椭圆形，核纵横径1.30cm×1.14cm。花期12d，始花期4月8日，盛花期4月15日，末花期4月20日。成熟期7月下旬，果实发育期95d，初果3年平均株产25.5kg，以短果枝和花束状果枝结果为主，丰产稳产。无采前落果，采前遇雨不易裂果。耐瘠薄，抗病性较强。

繁殖和栽培 实生苗：播种量约在25kg/亩左右，开沟条播。春秋2个季节均可进行播种。秋播宜晚，春播宜早。嫁接苗：使用1~2年生实生幼苗，采用"T"形芽接法嫁接培育。以6月至7月初进行为好。相对于不同季节，早春可采用枝接法。

适宜范围 适于温带半干旱型气候，特别在前山区逆温带生长佳。年平均气温9.2℃以上，极端最高气温40.2℃，极端最低气温-30℃，年平均10℃以上的积温3400~3500℃；无霜期全年平均165d左右。

奥杰

树种：欧洲酸樱桃	学名：*Prunus cerasus* L. 'Aojie.'
类别：优良无性系	编号：陕S-SV-PM-010-2015
科属：蔷薇科 樱属	申请人：西北农林科技大学

良种来源 野生酸樱桃自然杂交。

良种特性 落叶乔木。树势强健。树冠纺锤形，树姿开张。成枝力强。树皮暗褐色。嫩枝初为绿色，后转为红褐色。叶片倒卵状椭圆形或卵形，叶色浓绿。自花授粉。属中熟品种。果形扁球形，紫红色，有光泽，果肉红色。果实总糖含量9.44%，可溶性蛋白质含量1.84%，维生素C含量0.128mg/100g，铁含量0.065mg/100g，钙含量0.819mg/100g，总酸度1.62%。栽植3年后挂果，4年进入稳产期，盛果期平均产量26000kg/hm^2。经济林树种。

玫蕾

树种：欧洲酸樱桃	学名：*Prunus cerasus* L. 'Meilei.'
类别：优良无性系	编号：陕S-SV-PM-009-2015
科属：蔷薇科 樱属	申请人：西北农林科技大学

良种来源 野生酸樱桃自然杂交。

良种特性 落叶乔木。树势强健。树冠纺锤形，树姿开张。萌芽力、成枝力强。树皮暗褐色。嫩枝无毛，初为绿色，后转为红褐色。叶片倒卵状椭圆形或卵形，叶色浓绿。自花授粉。属中晚熟品种。果实球形，红色，有光泽。果实总糖含量8.92%，可溶性蛋白质含量1.46%，维生素C含量0.152mg/100g，铁含量0.040mg/100g，钙含量0.914mg/100g，总酸度1.49%。栽植3年后挂果，4年进入稳产期，盛果期平均产量31270kg/hm^2。经济林树种。

繁殖和栽培 苗木繁育、造林建园参阅秦樱1号。栽植1年后定干，高度0.8m。整形修剪为细长纺锤形。生长期拉枝角度与水平面呈90°。2年后新梢除延长头以外全部摘心，第一次在新梢长度30cm开始摘心，第二次新梢长度20cm时摘心。

适宜范围 适宜陕西关中、渭北、陕北及相类似地区栽植。

秦樱1号

树种：欧洲甜樱桃
类别：优良无性系
科属：蔷薇科 樱属

学名：*Prunus avium* L. 'Qinying-1.'
编号：QLS061-J043-2005
申请人：西北农林科技大学

良种来源 法国波兰特樱桃芽变种。

良种特性 落叶乔木。树势强健。树形紧凑。树皮黑褐色。小枝灰棕色，嫩枝绿色。冬芽卵状椭圆形。叶片倒卵状椭圆形或卵形，叶缘有缺刻状钝锯齿。叶片正面绿色，背面淡绿色被稀疏长茸毛。花序伞形。花瓣白色，倒卵圆形。异花授粉。3月中旬萌芽，3下旬展叶期，盛花期3月底，5月上旬果实成熟期。果实心形，表面紫红色，有光泽。果实可溶性固形物含量16.1%，可溶性总糖8.71%，可溶性蛋白质934mg/100g，维生素C含量8.21mg/100g。栽植3年后挂果，5年进入稳产期，盛果期平均产量18000kg/hm²以上。经济林树种。

繁殖和栽培 培育中国樱桃、马哈利CDR-1及马哈利C500作砧木嫁接繁殖。嫁接时间为每年3月上旬和8月下旬带木质芽接。建园栽植密度，采用中国樱桃作砧木的，株行距为3.5~4.0m×4.5~5.0m；采用马哈利CDR-1作砧木的，株行距为3.0~3.5m×3.5~4.0m。高密栽植株行距为2.0m×3.5m。授粉品种为先锋，搭配比例8∶1。定干、整形修剪、施肥、病虫害防治参阅CDR-1。

适宜范围 陕西关中、陕南、渭北及相类似地区栽植。

艳阳

树种：欧洲甜樱桃
类别：优良无性系
科属：蔷薇科 樱属

学名：*Prunus avium* L. 'Yanyang.'
编号：QLS070-J049-2006
申请人：西北农林科技大学、西安天宇农林科技有限公司

良种来源 先锋、斯坦勒有性杂交。

良种特性 落叶乔木。树势强旺。树形紧凑。4年生树小于30cm长的枝组比例占82%。3月中旬萌芽，盛花期3月底，果实发育期56d，成熟期5月下旬。雄蕊数39~46枚。自花授粉。果实心形，紫红色，有光泽。早果性强，中晚熟。果实可溶性固形物含量17.6%，可溶性总糖14.39%，可溶性蛋白质1119mg/100g，维生素C16.47mg/100g，总酸度0.41%。丰产性强，栽植3年后挂果，5年进入稳产期，盛果期平均产量23000kg/hm²。主要缺陷是幼树树势强旺，成枝力弱。经济林树种。

繁殖和栽培 培育中国樱桃、马哈利CDR-1及马哈利C500作砧木嫁接繁殖。嫁接时间为每年3月上旬和8月下旬带木质芽接。建园栽植密度，采用中国樱桃作砧木的，株行距为3.5~4.0m×4.5~5.0m；采用马哈利CDR-1作砧木的，株行距为3.0~3.5m×3.5~4.0m。高密栽植株行距为2.0m×3.5m。授粉品种为先锋，搭配比例8∶1。定干、整形修剪、施肥、病虫害防治参阅CDR-1。

适宜范围 适宜渭北南部、关中、陕南，陇海线周边地区的沙壤土（土壤pH值6.5~7.5）栽植。

龙田早红

树种：欧洲甜樱桃　　　　　　学名：*Cerasus avium* 'Longtianzaohong'
类别：无性系　　　　　　　　编号：晋S-SC-CA-011-2007
科属：蔷薇科　樱属　　　　　申请人：山西省农业高新技术园区

良种来源　从加拿大引种经辐射选育。

良种特性　树势健壮或中庸，枝条较直立、粗壮、树冠半开张。成花早，结果早，2年生树的成花率为17.9%，3年生树成花率为71.3%。果个中等，平均单果重5~6g，最大果实为8.6g，果实扁心脏形，酸甜，微香，可溶性固形物含量13.2%~13.7%，品质上等。比原亲本果实成熟期提早7~8d，是我省果实成熟最早的樱桃品种。越冬抗逆性、抗流胶特性明显增强。

繁殖和栽培　可以采用山樱桃为砧木嫁接繁育乔化苗木，也可以采用吉塞拉系列矮化砧木进行组织培养，然后嫁接繁育矮化苗木。在果园肥力中等条件下，栽植密度为（43~55）株/666.7m²；适宜的授粉品种有宾库、红灯、意大利早红等品种，数量按20%左右配备；适宜树形为自由纺锤形，保留十个主枝结果。

适宜范围　山西省运城市、临汾市及晋中市等地栽培。

彩虹

树种：欧洲甜樱桃
类别：优良品种
科属：蔷薇科 樱属

学名：*Prunus avium* 'Caihong'
编号：京S-SV-PA-008-2009
申请人：北京市农林科学院林业果树研究所

良种来源 实生选育。

良种特性 该品种果实扁圆形，初熟时黄底红晕，完熟后全面橘红色，十分艳丽美观。果个大，平均单果重8.0g，最大果重10.5g，可溶性固形物19.4%。果肉黄色，脆，汁多，风味酸甜可口。平均单核重0.61g，单核长1.31cm，可食率93%，北京地区果实发育期65~70d，6月上、中旬成熟，在树上维持时间可达半月，较适合观光采摘。

繁殖和栽培 采用株行距2~3m×4m定植，加强夏季修剪，促发分枝，增加校量，促进尤芽形成。盛果期树及时疏除过密枝条，改善通风透光条件，对过大的枝组及时回缩复壮，防止结果部位外移。多施有机肥，增加树体营养，提高果实品质。幼树冬季进行防抽条防护，生长季注意防治卷叶虫，李小食心虫，红蜘蛛，大青叶蝉和褐斑病的等。

适宜范围 北京地区。

晶玲

树种：欧洲甜樱桃	学名：*Cerasus avium* 'jingling'
类别：无性系	编号：晋S-SC-CA-009-2009
科属：蔷薇科 樱属	申请人：山西省农科院果树研究所

良种来源 从友谊品种中选育。

良种特性 果实宽心脏形，平均单果重9.5g，最大11g；梗洼浅平，广圆形，果顶圆凸；果梗细长，不易与果实脱离，完全成熟时不落果。果皮深红色，有光泽，较厚；果肉红色，较硬脆，汁液丰富，味浓甜，可溶性固形物含量17%；核较小，卵形，半粘，单核重0.43g，可食率95.5%，品质上等。晚熟品种，晋中太谷地区4月中旬开花，较友谊晚2~3d，可以较好地避开晚霜危害，果实6月中下旬成熟，较友谊晚5~7d，抗裂果，丰产。

繁殖和栽培 嫁接繁殖。园址应选择土壤肥沃、排灌良好的丘陵或平地；定植株行距为3m×4m。自花结实率低，需配置授粉树，以拉宾斯、友谊等晚熟品种为好；树形选用细长纺锤形，盛果期做好疏花、疏果工作；注意防治病虫害。

适宜范围 太原以南，年均温在9~13℃，极端低温-20℃以上地区栽培。

甜樱桃'晶玲'

彩霞

树种：欧洲甜樱桃	学名：*Prunus avium* 'Caixia'
类别：优良品种	编号：京S-SV-PA-018-2010
科属：蔷薇科 樱属	申请人：北京市农林科学院林业果树研究所

良种来源 实生选育。

良种特性 该品种为晚熟甜樱桃品种。果实扁圆形，初熟时黄底红晕，完熟后全面鲜红色，艳丽美观。果个大，平均单果重7.6g，最大果重9.8g，可溶性固形物19.6%。果肉黄色，质地脆，汁多，风味酸甜可口。平均单核重0.58g，单核长1.27cm，可食率93%。北京地区果实6月下旬成熟。

繁殖和栽培 采用株行距2~3m×4m定植，定植当年秋季控制肥水，促进新梢成熟，落叶后用塑料薄膜缠裹枝条，以防止抽条。幼树期注意防治李小食心虫。落花后追施速效肥，秋后增施有机肥以提高果实品质。加强夏季修剪，去除过密、徒长枝条，改善通风透光条件，促进花芽分化。及时对结果板组更新复壮，保持长势中庸健壮，果实品质良好。注意对褐斑病的防治，以防止早期落叶。

适宜范围 北京地区。

早丹

树种：欧洲甜樱桃	学名：*Prunus avium* 'Zaodan'
类别：优良品种	编号：京S-SV-PA-019-2010
科属：蔷薇科 樱属	申请人：北京市农林科学院林业果树研究所

良种来源 'Xesphye'组培变异。

良种特性 该品种为极早熟甜樱桃。果实长圆形，初熟时鲜红色，完熟后紫红色。果个中大，平均单果重6.2g，最大果重8.3g，可溶性固形物16.6%。果肉红色，汁多，风味酸甜可口。平均单核重0.28g，单核长1.07cm，可食率96%，果柄中长，平均长度3.8cm。北京地区果实5月上、中旬成熟。该优系树姿较开张，早果丰产性好。

繁殖和栽培 采用株行距2~3m×4m定植。幼树生长季多次夏剪以促发分极，增加枝量。盛果期树及时疏除过密枝条，改善通风透光条件，通过疏校回缩保持结果枝组中庸健壮。多施有机肥，增加树体营养，提高果实品质。栽植头两年采用冬季缠塑料薄膜，地膜覆盖等措施预防抽条。采果后注意防治刺蛾，大青叶蝉和褐斑病等病虫害。

适宜范围 北京地区。

友谊

树种：欧洲甜樱桃	学名：*Cerasus avium* 'Youyi'
类别：引种驯化品种	编号：晋S-ETS-CA-009-2010
科属：蔷薇科 樱属	申请人：山西省农业科学研究院果树研究所

良种来源 从乌克兰引种。

良种特性 果实宽心脏形，平均单果重9.2g；梗洼浅平，广圆形，果顶圆凸；果梗细长，成熟时不落果。果皮深红色，有光泽，较厚；果点浅灰，多；果肉血红，较硬脆，汁液丰富，味浓甜，可溶性固形物含量16.5%；核较小，卵形，半粘，可食率93.9%。品质上等。裂果较轻。果实耐贮运。晚熟，在太谷地区，4月上中旬开花，6月中旬果实成熟。抗逆性好，在抵御冬季低温、春季晚霜危害方面表现突出。

繁殖和栽培 以Gisela 5（吉塞拉）作砧木，嫁接繁殖。园址应选择在土壤肥沃、排灌良好的平川或丘陵区；定植株行距为2.5m×4m。自花结实率低，需配置授粉树，以'拉宾斯'、'短枝斯特拉'等晚熟品种为好；树形选用细长纺锤形，盛果期做好疏花、疏果工作；注意防治病虫害。

适宜范围 山西省太原以南年均温在9~13℃，极端低温-20℃以上地区栽培。

香泉1号

树种：欧洲甜樱桃
类别：优良品种
科属：蔷薇科 樱属

学名：*Prunus avium* 'Xiangquanyihao'
编号：京S-SV-PA-017-2012
申请人：北京市农林科学院林业果树研究所

良种来源 甜樱桃杂交后代。

良种特性 该品种果实近圆形，黄底红晕，平均单果重8.4g，最大单果重10.1g，酸甜可口，果实可溶性固形物19.0%，品质好；平均单核重0.39g，可食率95.0%；果柄平均长度为3.6cm。在北京地区6月上旬成熟，为自交可育的中熟丰产品种。

繁殖和栽培 幼树定植当年秋季应控制肥水，防治大青叶蝉，促进新梢成熟，使用塑料膜缠裹，以防止抽条。由于果实发育期短，应在秋后增施有机肥，落花后追施速效肥，以促进果实发育。加强夏季修剪，增加枝量，促进花芽形成。对过大的枝组及时更新，防止结果部位外移。

适宜范围 北京地区。

香泉2号

树种：欧洲甜樱桃
类别：优良品种
科属：蔷薇科 樱属

学名：*Prunus avium* 'Xiangquanerhao'
编号：京S-SV-PA-018-2012
申请人：北京市农林科学院林业果树研究所

良种来源 甜樱桃品种'拉宾斯'实生后代。

良种特性 该品种果实肾形，黄底红晕，艳丽美观。平均单果重6.6g，最大单果重8.3g，可溶性固形物17.0%。果肉黄色，软，汁多，风味浓郁，酸甜可口。平均单核重0.37g，可食率94.4%。果柄平均长度2.6cm。北京地区果实发育期36d左右，5月18日前后成熟，成熟期比北京生产上最早熟的'伯兰特（布拉）'早3d，比'红灯'早6~8d。比'拉宾斯'早13d。

繁殖和栽培 幼树定植当年秋季应控制肥水，防治大青叶蝉，促进新梢成熟，使用塑料膜缠裹，以防止抽条。由于果实发育期短，应在秋后增施有机肥，落花后追施速效肥，以促进果实发育。加强夏季修剪，增加枝量，促进花芽形成。对过大的枝组及时更新，防止结果部位外移。

适宜范围 北京地区。

兰丁1号

树种：欧洲甜樱桃	学名：*Prunus avium × pseudocerasus* 'Landing Yihao'
类别：优良品种	编号：京S-SV-PA-026-2014
科属：蔷薇科 樱属	申请人：北京市农林科学院林业果树研究所

良种来源 甜樱桃与中国樱桃杂交后代。

良种特性 该品种长势较强，树姿开张、树冠半圆形。根系分布较深，侧生根粗壮发达。新梢先端嫩叶略带紫红色，1年生枝黄绿色，密被短茸毛，皮孔较密。叶片长圆形，叶面与叶背均具短茸毛，叶片大，叶长15.6cm，叶宽9.1cm，边缘呈现波浪状，不很平展。花白色，常见柱头外露现象。为3倍体，自然授粉条件下未见结实。该品种易于无性繁殖，嫁接亲和力好，根系发达，固地性好。抗根癌能力强，抗褐斑病，耐盐碱，耐瘠薄。

繁殖和栽培

1. '兰丁1号'可采用绿枝扦插或组织培养技术进行繁殖。绿枝扦插苗可冬季假植，次年3月下旬栽植，种植当年秋季或次年春季进行嫁接。

2. '兰丁1号'砧木干性好，嫁接部位分枝少，管理时基本不用去除基部分枝；该砧木叶片较大，栽植密度不可过密，可采用宽窄行的种植办法。7月份后要控制其快速生长，通过去除侧稍、肥水控制等措施，促使枝条组织充实，尤其注意不要使用速效化学肥料，否则嫁接部位过粗，影响嫁接成活率。

3. 当年秋季嫁接甜樱桃品种，建议采用带木质芽接的方法，嫁接部位冬季最好采取埋土、缠裹等防冻措施，可以提高嫁接成活率。

4. 春季嫁接可在3月下旬芽萌动时进行带木质芽接。

5. 以'兰丁1号'为砧木嫁接甜樱桃品种，嫁接苗长势较强，成型快，适宜在北京山区、丘陵区和土壤瘠薄地区栽培。

适宜范围 北京山区、丘陵区和土壤瘠薄地区。

兰丁2号

树种：欧洲甜樱桃
类别：优良品种
科属：蔷薇科 樱属

学名：*Prunus avium × pseudocerasus* 'Landing Erhao'
编号：京S-SV-PA-027-2014
申请人：北京市农林科学院林业果树研究所

良种来源 甜樱桃与中国樱桃杂交后代。

良种特性 该品种树势较强，树姿开张、树冠半圆形。根系分布较深，粗根发达，须根多。新梢先端嫩叶略带黄红色，1年生枝黄褐色，密被短茸毛，皮孔较密。叶片长圆形，叶面与叶背均具短茸毛，叶片比'兰丁1号'小，长度11.7cm，宽度7.2cm，叶柄基部着生2个暗红色肾形蜜腺。花白色。为3倍体，自然授粉条件下未见结实。该品种易于无性繁殖，嫁接亲和力好，较耐盐碱和旱涝。嫁接甜樱桃品种树势生长健壮，树姿开张，成枝力强，早果性好。

繁殖和栽培

1.绿枝扦插苗可于冬季假植，次年3月下旬栽植，种植当年秋季或次年春季进行嫁接。

2.可采用宽窄行的种植办法，以免影响通风透光，造成苗木生长不充实。8月份以后要控制其快速生长，通过去除侧稍、肥水控制等措施，促使枝条组织充实，有利于提高嫁接成活率。'兰丁2号'直立性好，嫁接部位分枝少，管理时基本不用去除基部分枝。

3.如果当年秋季嫁接甜樱桃品种，建议采用带木质芽接的方法，嫁接部位冬季最好采取埋土、缠裹等防冻措施，可以提高嫁接成活率。

4.春季嫁接可在3月下旬芽萌动时进行带木质芽接。

5.嫁接苗长势好，成型快，适宜在北京平原地区樱桃栽培适宜区应用。

适宜范围 北京平原地区。

万尼卡

树种：欧洲甜樱桃	学名：*Cerasus avium* (L.) 'Wannika'
类别：引种驯化品种	编号：晋S-ETS-CA-033-2015
科属：蔷薇科 樱属	申请人：山西省农业科学院果树研究所

良种来源 从亚美尼亚引进的晚熟甜樱桃穗条。

良种特性 树形为圆头形，半开张。树势中庸偏弱，枝条多斜生，中短，中粗，老皮褐色，1年生枝浅褐色。叶片椭圆形，先端渐尖，叶缘细锯齿，花瓣圆形，白色。果心脏形，中大，平均单果重7.7g，纵径2.31cm，横径2.55cm，侧径2.13cm，果顶尖凸，梗洼深广，果柄中长。果实成熟前果皮鲜红色，完全成熟时紫红色，全面着色，光泽亮丽。果肉较硬，粉黄色，肥厚多汁，风味上，可溶性固形物18%。核长圆形，核均重0.4g。可食率94%以上。果实发育期65d左右，属晚食品种。幼树长势中庸，秋梢停止生长较早，大树基本无秋梢，因而枝条较充实，发生抽条的几率较少；结果以花束状和短果枝结果为主，形成短枝和花束状果枝较一般品

种容易。开始结果的年龄较早，一般3年生开花株率可达到100%，5年生即进入盛果初期，平均株产达13.0kg，6、7年生进入盛果期，平均株产20kg以上，最高50kg，亩产可达1000kg左右。萌芽率较强，一般达95%，成枝力中等为32.5%，树冠不易郁闭，修剪量少，适于较密栽培。

繁殖和栽培 用山樱桃或中国樱桃苗作砧木，8月份采用嵌芽接法嫁接繁殖。株行距2~2.5m×4~4.5m，60~110株/亩，砧木宜用乔化砧，需配置授粉树，可选择红玛瑙、龙田晚红或友谊等，一般选择2个以上品种，主栽品种与授粉品种比例4:1。树形宜采用纺锤形。

适宜范围 适宜山西省太原及以南年均温8~10℃，冬季绝对低温 >－24℃的地区栽培。

吉美

树种：欧洲甜樱桃
类别：优良无性系
科属：蔷薇科 樱属

学名：*Prunus avium* L. 'Jimei.'
编号：QLS071-J050-2006
申请人：西北农林科技大学

良种来源 匈牙利。

良种特性 落叶乔木。树势强旺。开花晚，易形成花芽。3月中旬萌芽，盛花期3月底，果实发育期61d，成熟期5月底~6月初。异花授粉。果实心形，紫红色，有光泽。早果性强，晚熟。丰产性强。栽植3年后挂果，5年进入稳产期，盛果期平均产量24000kg/hm² 以上。果实可溶性固形物含量17.2%，可溶性总糖13.17%，可溶性蛋白质1100mg/100g，维生素C含量14.40mg/100g，总酸度0.42%。主要缺陷是幼树期势强旺，成枝力弱。经济林树种。

繁殖和栽培 培育中国樱桃、马哈利CDR-1及马哈利C500作砧木嫁接繁殖。嫁接时间为每年3月上旬和8月下旬带木质芽接。建园栽植密度，采用中国樱桃作砧木的，株行距为3.5~4.0m×4.5~5.0m；采用马哈利CDR-1作砧木的，株行距为3.0~3.5m×3.5~4.0m。高密栽植株行距为2.0m×3.5m。授粉品种为先锋，搭配比例8：1。定干、整形修剪、施肥、病虫害防治参阅CDR-1。

适宜范围 适宜渭北南部、关中、陕南，陇海线周边地区的沙壤土（土壤pH值6.5~7.5）栽植。

海樱1号

树种：樱桃
类别：优良品种
科属：蔷薇科 樱属

学名：*Prunus pseudocerasus* 'Haiyingyihao'
编号：京S-SV-PP-019-2012
申请人：北京市海淀区植物组织培养技术实验室

良种来源 海淀区苏家坨镇大工村北京对樱桃。

良种特性 该品种枝条较光滑，有分枝；幼叶红色至青绿色，完全展开叶片深绿色，叶脉明显，叶柄1.4cm左右，叶全缘，卵圆形，具细锯齿，有急尖，叶片宽7.6cm，长11.8cm；节间长度3.0cm；根系发达，须根多。

无性系组培苗根系发达，移栽成活率高，砧木苗生长一致性好。一年生组培苗可生长至100cm以上，基径粗可达0.8cm以上，可以进行芽接和枝接。其与多个品种的嫁接亲和性都较好，嫁接口愈合平滑、坚固，平均嫁接成活率达到85%以上。嫁接芽萌发后，当年生长高度可以达到200cm以上。田间根癌病发病率2.9%，树体生长健壮，成形快，早果，较丰产，其果实产量和品质都较好。

繁殖和栽培 该品种目前主要以组培快繁技术进行繁殖，如果当年秋季芽接，建议2月份进行移栽；如果移栽时期晚了，到9月份苗的粗度达不到嫁接要求，可以翌年再接。"海樱1号"生长期长，落叶较晚，8月份以后要控制其快速生长，通过摘心、肥水控制等措施，促使枝条组织充实，否则冬季容易抽条。如果秋季以"海樱1号"当年组培苗为砧木嫁接甜樱桃品种，嫁接部位冬季最好采取埋土、包裹等防冻措施，可以大大提高嫁接成活率。以"海樱1号"为砧木嫁接甜樱桃品种，嫁接苗长势好，成型快，生产上适宜的栽培密度为3m×5m。

适宜范围 北京地区。

海樱2号

树种：樱桃	学名：*Prunus pseudocerasus* 'Haiyingerhao'
类别：优良品种	编号：京S-SV-PP-020-2012
科属：蔷薇科 樱属	申请人：北京市海淀区植物组织培养技术实验室

良种来源 海淀区青龙桥地区红山口村北京对樱桃。

良种特性 枝条较光滑，有分枝；幼叶红色至青绿色，完全展开叶片深绿色，叶脉明显，叶柄1.5cm左右，叶全缘，卵圆形，具细锯齿，有急尖，叶片宽7.3cm，长11.3cm；节间长度3.1cm；根系发达，须根多。组培苗根系发达，移栽成活率高，生长一致性好，根癌病发病率极低。一年生组培苗可生长至100cm以上，基径粗可达0.8cm以上，可以进行芽接和枝接。"海樱2号"与多个品种的嫁接亲和性都较好，嫁接口愈合平滑、坚固，平均嫁接成活率达到80%以上。嫁接芽萌发后，当年生长高度可以达到150cm以上。田间根癌病发病率0.3%，树体生长健壮，成形快，早果，较丰产，其果实产量和品质都较好。

繁殖和栽培 该品种目前主要以组培快繁技术进行繁殖，如果当年秋季芽接，建议2月份进行移栽；如果移栽时期晚了，到9月份苗的粗度达不到嫁接要求，可以翌年再接。"海樱2号"生长期长，落叶较晚，8月份以后要控制其快速生长，通过摘心、肥水控制等措施，促使枝条组织充实，否则冬季容易抽条。如果秋季以当年组培苗为砧木嫁接甜樱桃品种，嫁接部位冬季最好采取埋土、包裹等防冻措施，可以大大提高嫁接成活率。以"海樱2号"为砧木嫁接甜樱桃品种，嫁接苗长势好，成型快，生产上适宜的栽培密度为3m×4~5m。

适宜范围 北京地区。

京欧1号

树种：欧李	学名：*Cerasus humilis* 'Jingouyihao'
类别：优良品种	编号：京S-SV-CH-024-2009
科属：蔷薇科 樱属	申请人：李卫东，刘志国，魏胜利，王文全，卢宝明，姜英淑，邢丹

良种来源 1998年10月，收集来自内蒙古自治区通辽地区的野生欧李种子，1999年获得1万株实生苗，2000年开始结果，2002年选出优良单株'京欧1号'，2003~2005年扦插繁殖，2006~2009年完成了品种比较试验和区域化试验，2009年7月通过了北京市林木品种审定委员会审定。

良种特性 该品种果实紫红色，果肉红色，扁圆形、磨盘状，纵横径比2：2.5cm，果柄长1.2cm，粘核，有浓香气，口感酸、甜、脆、爽，适口性好。该品种在北京地区7月中旬果实开始成熟，熟期一周左右，属于早熟品种。植株生长中庸，丛状生长，早产（定植第2年见果），丰产性好。

繁殖和栽培 适宜在我国北方中性土壤种植，株行距0.8m×1.0m为宜，授粉品种采用'京欧2号'。采用丛状树形、篱壁树形或毛樱桃砧高接树形。修剪采用枝条年间交替生长、轮换结果，极重短截、缓放各半。丰产期要进行疏花疏果，亩产控制在800~1000kg，以提高果实品质。结果期及时防治桃小食心虫，5月份防治蚜虫危害，5月下旬定果后喷3~5次杀菌剂。

适宜范围 适宜北京市沙土、沙壤土和壤土地区种植。

京欧2号

树种：欧李	学名：*Cerasus humilis* 'Jingouerhao'
类别：优良品种	编号：京S-SV-CH-023-2009
科属：蔷薇科 樱属	申请人：李卫东，刘志国，魏胜利，王文全，卢宝明，姜英淑，邢丹

良种来源 1998年10月，收集来自内蒙古自治区通辽地区的野生欧李种子，1999年获得1万株实生苗，2000年开始结果，'京欧2号'为2003年从中选出的优良单株，2003~2005年扦插繁殖，2006~2009年完成了品种比较试验和区域化试验，2009年7月通过了北京市林木品种审定委员会审定。

良种特性 该品种果实紫色，果肉红色，圆形，纵横径比2.1∶2.1cm，果柄长1.1cm。果实成熟香气浓郁，口感香甜，离核，适口性好。在北京地区7月下旬果实开始成熟，熟期一周左右，属于中熟品种。植株生长健壮，丛状生长，早产（定植第2年见果），丰产。

繁殖和栽培 适宜在我国北方中性土壤种植株行距以1.0m×1.0m为宜，授粉品种用'京欧1号'欧李。采用丛状树形、篱壁树形成毛樱桃高接树形。修剪采用枝条年间交臂生长、轮换结果，蔬果、缓放各半。丰产期要进行疏花疏果，以提高果实品质。5月份防治蚜虫危害，5月下旬定果后喷3~5次杀菌剂，结果期及时防治桃小食心虫。

适宜范围 适宜北京市沙土、沙壤土和壤土地区种植。

夏日红

树种：欧李
类别：优良品种
科属：蔷薇科 樱属

学名：*Prunus humilis* 'Xiarihong'
编号：京S-SV-PH-026-2013
申请人：北京农林科学院农业综合发展研究所

良种来源　2003年从山西省运城引进的实生品种。

良种特性　该品种是经实生选优获得的丰产型早熟欧李品种。果皮红色，果肉红黄色，肉厚，纤维少，果汁多，酸甜，玫瑰香味浓郁，微涩。平均果重6.7g，最大果重7.3g，果实扁圆形，果顶较平，缝合线浅。果肉总糖含量8.20%，总酸含量1.81%，每百克果肉钙含量为21.97mg，铁含量0.44mg，锌含量0.11mg，维生素C含量18.20mg。果实可溶性固形物10.9%。半离核，可食率94.5%。7月中旬~8月初成熟，属早熟品系。结实力强，丰产，抗寒、抗旱、耐瘠薄，不耐涝，可鲜食、加工。

繁殖和栽培

1. 用无性系进行嫁接、扦插、分株或组培育苗。

2. 栽植密度1.0m×1.0m或0.5m×2.0m。可采用丛状树形、直立树形或异砧高接。修剪时要求枝条年间交替生长、轮换结果，极短重截，缓放各半。

3. 果实迅速生长时适当施肥，雨季注意防涝，果实采收后注意防治红蜘蛛。

适宜范围　北京地区。

北美紫叶稠李

树种：紫叶稠李
类别：引种驯化
科属：蔷薇科 稠李属

学名：*Prunus virginiana* 'Schubert'
编号：吉S-SV-PV-2007-001
申请人：吉林省林业科学研究院

良种来源 2002年从加拿大 Alberta 省 Edmonton 地区引进种子和苗木，进行繁育。

良种特性 落叶乔木，喜光，稍耐阴，耐寒，喜肥沃、湿润、排水良好的土壤。速生，株高可达10m，冠幅4.5~7.5m，树冠椭圆形。叶片阔卵形，长5~10cm，叶紫色。花为细长、密集的圆柱状丛生花簇，白色，花期4月下旬至5月。果实成熟时紫红色，最后变为暗紫色，果期6~9月。易移栽，耐修剪，枝繁叶茂，枝权分布好，花絮长而美丽。抗寒、抗干旱、耐瘠薄能力强、抗高温、抗病虫害。在土壤条件良好、空气湿润、气候温暖、通风的条件下，能更好地生长、保持叶片鲜艳、延长挂叶期。

繁殖和栽培 可种子和嫁接培育种苗。2~3年生苗木即可用于绿化，可孤植、丛植、群植或片植。

适宜范围 东北寒冷地区城乡园林、庭院及公路绿化美化。

紫叶稠李

树种：紫叶稠李
类别：引种驯化品种
科属：蔷薇科　稠李属

学名：*Prunus virginiana* 'Canada Red'
编号：京S-ETS-PV-034-2007
申请人：北京植物园

良种来源　1990年4月从美国 Bailey 苗圃引进小苗。

良种特性　该品种为观叶乔木；叶片从6月份开始由绿变为紫红色，可一直持续到11月份。总状花序，花白色，清香，花期4~5月。管理粗放，对土壤适应性强。生长迅速。喜光，耐寒，耐半阴。

繁殖和栽培　喜光，耐寒，管理粗放。生长迅速。栽植前施足底肥。注意防治红蜘蛛、刺蛾的危害。硬枝扦插为主。11~12月份将组织充实的枝条剪成10~15cm长的插条，储藏在0~5℃的低温库中备用。第2年3~4月份在棚内扦插，将棚内地块整平做成40cm高30cm宽的高垄。将整根插条按照10cm×10cm的株行距插在高垄上，并用土全部覆盖严。浇透水。然后将棚覆盖塑料布用来增加温度。随时观察插穗生长情况。当棚内温度过高时可适当喷水降温。经过30~50d插穗开始生根生长，可撤去塑料棚。苗木当年可长至80cm。

适宜范围　北京地区。

紫叶稠李

树种：紫叶稠李	学名：*Prunus virginiana*
类别：优良无性系	编号：新S-SC-PV-012-2014
科属：蔷薇科 稠李属	申请人：新疆玛纳斯县林业局

良种来源 1997年春天从北京顺义县引进一批胸径1.5~1.7cm的苗木，株行距1m×1m；2009年就地采种进行秋播（种子来源于1997年栽培的紫叶稠李林），播种面积3亩；播种育苗有30%的播种苗不变叶色，再次进行嫁接；至2012年共培育紫叶稠李苗8万株。

良种特性 高大落叶乔木，树高可达20~30m左右。单叶互生，叶缘有锯齿，近叶片基部有2腺体。总状花序，花白色，核果。初生叶为绿色，叶表有光泽，叶背脉腋有白色簇毛，进入5月后，逐渐转为紫红绿色至紫红色，叶背脉腋白色簇毛变淡褐色，秋后变成红色，整个生长季节，叶子都为紫色或绿紫色。花序直立，后期下垂，总花梗上也有叶，小叶与枝叶近等大。花瓣较大，近圆形。果球形，径约1~1.2cm，成熟时紫红色或紫黑色，果皮光亮、涩、稍有甜味。

繁殖和栽培 以嫁接和扦插繁殖为主。嫁接繁殖采用稠李的种子进行播种，当年或第2年即可芽接或枝接，成活率可达90%以上。桃、杏、李、梅虽然也是李属的植物，但和稠李亲缘关系较远，亲和力差，不适宜用做稠李的砧木。扦插繁殖可采用紫叶稠李的半成熟枝于，枝条用促进根系生长的促根素进行处理或生根粉进行处理后于6~7月进行扦插，生根率可达50%~60%。

适宜范围 新疆昌吉市、吉木萨尔县、玛纳斯县、呼图壁县及相似土壤、气候的区域均可栽植。

吉县刺槐1号

树种：刺槐
类别：实生种子园
科属：豆科 刺槐属

学名：*Robinia pseudoacacia* L.
编号：晋S-SSO-RP-002-2001
申请人：吉县林木良种繁育场

良种来源 吉县林木良种繁育场实生种子园。

良种特性 树皮裂沟纵性开裂，裂片宽1~2.5cm，裂沟宽1~2cm，裂沟深0.2cm。树冠窄，侧枝互生，一年生枝互生，有复叶2~3对，每花序有花朵23个左右，种子紫色，千粒重20.04g。9年生平均树高9.25m，平均胸径10.02cm，耐旱、抗病虫害能力强。

繁殖和栽培 种子繁殖为主，也可嫁接和硬枝扦插繁殖。同普通刺槐。春秋季均可栽植，秋季栽植截干为好。

适宜范围 山西省中南部地区栽培。

吉县刺槐2号

树种：刺槐
类别：实生种子园
科属：豆科 刺槐属

学名：*Robinia pseudoacacia* L.
编号：晋S-SSO-RP-003-2001
申请人：吉县林木良种繁育场

良种来源 吉县林木良种繁育场实生种子园。

良种特性 树皮呈不规则斜纵向开裂，裂片宽1~2cm，裂沟深0.2cm，裂沟宽1cm，裂沟长5~20cm。树冠近圆形。侧枝少，光滑，对生和轮生，一年生枝互生，有复叶2~3对，每花序有花朵13~20个，种子黄褐色，千粒重20.69g。生长快，9年生平均树高10.29m，平均胸径10.97cm。耐旱，抗病虫害。

繁殖和栽培 同普通刺槐。种子繁殖为主，也可嫁接和硬枝扦插繁殖。春秋季均可栽植，秋季栽植截干为好。

适宜范围 山西省中南部地区栽培。

吉县刺槐3号

树种：刺槐
类别：实生种子园
科属：豆科 刺槐属

学名：*Robinia pseudoacacia* L.
编号：晋S-SSO-RP-004-2001
申请人：吉县林木良种繁育场

良种来源 吉县林木良种繁育场实生种子园。

良种特性 树皮裂沟纵性开裂，裂片宽1~2.5cm，裂沟宽1~2cm，裂沟深0.2cm。树冠窄，侧枝互生，一年生枝互生，有复叶2~3对，每花序有花朵23个左右，种子紫色，千粒重20.04g。9年生平均树高9.25m，平均胸径10.02cm。抗旱、抗病虫害能力强。

繁殖和栽培 同普通刺槐。种子繁殖为主，也可嫁接和硬枝扦插繁殖。春秋季均可栽植，秋季栽植截干为好。

适宜范围 山西省中南部地区栽培。

吉县刺槐4号

树种：刺槐
类别：无性系种子园
科属：豆科 刺槐属

学名：*Robinia pseudoacacia* L.
编号：晋S-CSO-RP-005-2001
申请人：吉县林木良种繁育场

良种来源 吉县林木良种繁育场无性系种子园。

良种特性 树皮呈不规则纵性开裂，裂片宽5cm，长43cm，裂沟宽2.5cm，裂沟深0.3cm，裂沟长17~30cm。树冠近圆形，侧枝互生，一年生枝互生，有复叶4~5对半。每花序有22~25朵花，种子黑褐色，千粒重19.42g。生长快，9年生树高平均达9.47m，胸径8.01cm。耐旱、抗病虫害能力强。

繁殖和栽培 同普通刺槐。种子繁殖为主，也可嫁接和硬枝扦插繁殖。春秋季均可栽植，秋季栽植截干为好。

适宜范围 山西省太原以南地区栽培。

吉县刺槐5号

树种：刺槐
类别：无性系种子园
科属：豆科 刺槐属

学名：*Robinia pseudoacacia* L.
编号：晋S-CSO-RP-006-2001
申请人：吉县林木良种繁育场

良种来源　吉县林木良种繁育场无性系种子园。

良种特性　树皮裂沟呈不规则纵向开裂，裂片宽1.5~2.5cm，裂沟宽1.5~2cm，树冠圆形，冠大，枝叶浓密。侧枝光滑，一年生枝呈互生，间节短，有复叶2~3对半。每花序有花朵16~17个，种子黑色，千粒重17.8g。生长快，9年生平均树高达8.96m，平均胸径达9.11cm。耐旱、抗病虫害能力强。

繁殖和栽培　同普通刺槐。种子繁殖为主，也可嫁接和硬枝扦插繁殖。春秋季均可栽植，秋季栽植截干为好。

适宜范围　山西省中南部地区栽培。

吉县刺槐6号

树种：刺槐　　　　　　　　　　学名：*Robinia pseudoacacia* L.
类别：无性系种子园　　　　　　编号：晋S-CSO-RP-001-2006
科属：豆科　刺槐属　　　　　　申请人：吉县林木良种繁育场

良种来源　吉县林木良种繁育场无性系种子园。

良种特性　树冠窄，尖削度小，树干圆满通直，出材率高，树皮灰褐色，皮较细，裂沟纵性开裂，侧枝互生，角度小约30°，叶长4.9cm，叶宽2.1cm，叶先端凹圆，开花较早，荚果长6cm，宽1cm，种子紫色，每一荚果有种子3~6粒，千粒重18.65g。生长速度快，9年生平均树高10.92m，平均胸径11.11cm，分别超出对照30%和22.7%。抗旱性强，抗白粉病、抗蚜虫能力强。但抗寒性较差。

繁殖和栽培　同普通刺槐。种子繁殖为主，也可嫁接和硬枝扦插繁殖。春秋季均可栽植，以秋季截干栽植为好。

适宜范围　山西省太原以南海拔600~1400m，气温高于-25℃的地区栽培。

吉县刺槐7号

树种：刺槐
类别：无性系种子园
科属：豆科 刺槐属

学名：*Robinia pseudoacacia* L.
编号：晋S-CSO-RP-002-2006
申请人：吉县林木良种繁育场

良种来源 吉县林木良种繁育场无性系种子园。

良种特性 树冠圆大，树干圆满通直，出材率高，树皮灰褐色，不规则纵性开裂，侧枝互生，角度较大约45°，叶长4.5cm，叶宽1.51cm，叶先端凹圆，荚果长5~8cm，宽1.5cm，种子黑褐色，每一荚果有种子3~5粒，千粒重20.08g。生长速度快，9年生平均树高9.39m，平均胸径10.21cm，分别超出对照27%和24.2%。抗旱性强，抗白粉病、抗蚜虫能力强。但结实量较差。

繁殖和栽培 同普通刺槐。种子繁殖为主，也可嫁接和硬枝扦插繁殖。春秋季均可栽植，以秋季截干栽植为好。

适宜范围 山西省太原以南海拔600~1400m的地区栽培。

树新刺槐母树林种子

树种：刺槐	学名：*Robinia pseudoacacia* L.
类别：母树林种子	编号：宁S-SS-RP-007-2007
科属：豆科 刺槐属	申请人：宁夏青铜峡市树新林场、宁夏林业技术推广总站

良种来源 70年代青铜峡市树新林场从山东引种。

良种特性 落叶高大乔木，树高10~20m，胸径可达1m。树冠近卵形，树皮灰褐色至黑褐色，呈纵裂。小枝褐色或淡褐色，光滑。在总叶柄基部具有大小、软硬不相等的2托叶刺。3~5年生开始开花结实，10年生以后大量结实，花期4~5月，果期8~9月，总状花序腋生，花两性，花冠白色，具清香气。荚果矩圆状条形，扁平状，棕褐色，长4~10cm，宽1~1.5cm，沿腹缝线有窄翅。种子扁肾形，黑色或暗棕色，有淡色斑纹。造林绿化树种，亦可用于园林观赏。生长快，适生能力强，病虫害少，根系发达密布地表，可以有效地控制水土流失，还能根瘤固氮，改良土壤。

繁殖和栽培 9~10月采种。播种前，用温水浸种24h后再进行催芽处理，当种子有20%露白即可播种。4月下旬进行大田条播，行距30~40cm，覆土1~2cm。播种量4~5kg/亩。幼苗生出2片真叶时开始间苗。选择背风向阳，土壤含盐量≤0.25%的地块进行植苗造林，初植密度330株/亩，可与杨树、白榆、臭椿、侧柏、紫穗槐等混交，以带状混交方式为好。

适宜范围 宁夏引黄灌区、南部黄土丘陵区及沙区有补水条件的地方均可栽植。

金山刺槐母树林种子

树种：刺槐
类别：母树林种子
科属：豆科 刺槐属

学名：*Robinia pseudoacacia* L.
编号：宁S-SS-RP-003-2010
申请人：宁夏贺兰县林场、宁夏林业技术推广总站

良种来源 70年代初，从山东刺槐优良种源区引进栽植。
良种特性 落叶高大乔木，树冠近卵形，树皮灰褐色至黑褐色，呈纵裂。小枝褐色或淡褐色，较光滑。叶互生，奇数羽状复叶，总叶柄基部具有大小、软硬不等的2个托叶刺。3~5年生开始开花结实，10年生以后大量结实。花两性，组成腋生、弯垂的总状花序，花冠白色或紫红色，具清香。花期4~5月，果期9~10月。种子扁肾形，黑色或暗棕色，有淡色斑纹，千粒重22.3g。造林绿化树种，亦可用于园林观赏。喜光，耐干旱，但不耐庇荫、水湿，耐寒性较弱，对土壤要求不严，除低洼积水地及重盐碱地外，一般条件均能生长。

繁殖和栽培 9~10月当荚果由绿色变为赤褐色，荚皮呈干枯状时即可采种。因种皮厚且坚硬，需温水浸种，软化种皮，促使出苗整齐。翌年4月下旬，采用大田条播方式育苗，播种行距30~40cm，播种量4~5kg/亩，覆土1~2cm，播后及时镇压保墒。夏季应追肥，秋季要注意排水，择心，防止徒长。侧根萌蘖力强，大苗出圃后，残留侧根可就地萌蘖，可选留壮条抚育。春秋两季均可造林，选择背风向阳，土壤含盐量≤0.25%的沙土、壤土、粘土及石砾沙壤进行截干造林。要加强槐尺蠖等病虫害防治。

适宜范围 宁夏全区各地均可栽植。

沁盛香花槐

树种：刺槐	学名：*Robinia pseudoacacia* cv. *idaho* 'Qinsheng'
类别：无性系	编号：晋S-SC-RP-004-2012
科属：豆科 刺槐属	申请人：郭锁胜

良种来源 从香花槐单株变异中选育。

良种特性 树干表皮光滑、光亮、有光泽。15~21片羽状复叶，叶椭圆形，直到晚秋下霜季节，叶片翠绿，黄叶、落叶现象较少。根系粗壮发达，像鸡爪形，不易发生倒伏现象。每年5月、7月两次开花，花冠为红色或紫红色。生长速度快，当年嫁接苗高达3.5m，胸径1~2cm。

繁殖和栽培 砧木选1年生刺槐，嫁接以插皮接为主，嫁接时间4月20日~5月20日，地面留3~4cm。选择向阳地栽植，时间为3月上旬~4月下旬，栽后浇一次透水，地膜盖树盘。行道栽培株行距3~5m，成片栽培株行距2~3m，生长3~4年可隔行移植大苗。

适宜范围 适宜在山西省太原以南刺槐适生区种植。

大叶槐

树种：刺槐
类别：引种驯化品种
科属：豆科 刺槐属

学名：*Robinia pseudoacacia* L. 'Dayehuai'
编号：晋S-ETS-RP-023-2015
申请人：山西绿满地农林牧生态科技有限公司

良种来源 从吉林省集安市北方园艺研究所引种。

良种特性 奇数羽状复叶，小叶17~21枚，叶片生长速度是普通刺槐的2~3倍，叶质肥厚，单叶干重量是普通刺槐的4~6倍。单性花，紫红色，根蘖性强，生长迅速，生长期45d就可进行嫩枝嫩叶的采集制作饲料。叶粉粗蛋白含量为25.67%，粗脂肪2.38%，粗纤维14.41%，含有赖氨酸等18种氨基酸，总含量达18.91%。1.6kg叶粉的粗蛋白含量相当于1kg豆饼，是优良的综合性饲料。主要用于营建灌木饲料林，也可用于荒山绿化。

繁殖和栽培 选用1~2年生侧生根，栽成10~15cm长的种根进行根插繁殖，深埋5~10cm，平埋、斜埋均可。株行距30cm×60cm。1年生苗木平茬造林，若培育灌木饲料林，1000株/亩以上。

适宜范围 适宜在山西省忻定盆地以南海拔1300m以下黄土丘陵区栽培。

双季槐

树种：国槐	学名：*Sophpra japonica* L. 'Shuangji'
类别：无性系	编号：晋S-SC-SJ-005-2012
科属：豆科 槐属	申请人：运城市林木种苗站

良种来源 从国槐优良单株中选育。

良种特性 长势旺盛，枝条粗壮；叶片明显比普通国槐大且厚，中叶色微黄；米穗大且紧凑，颗粒饱满，落粒少；夏（7月上中旬）秋（9月中下旬）两季开花结实。早实性好，嫁接后当年即可结实，第2年50%的苗木开始结实，第3年100%苗木开始结实。丰产稳产性好，第3年可亩产干槐米60kg左右，第5年进入初盛果期，平均亩产干槐米150kg左右。芦丁含量达21%（普通国槐18%）。抗冻害能力强。

繁殖和栽培 3月下旬~6月下旬，8月初~9月初，用普通国槐为砧木，以本品种为接穗进行芽接或枝接，嫁接接穗或接芽与砧木愈合后（一个月左右），表示嫁接成功，除去嫁接绳。嫁接成活后，应定期抹去砧木划出的芽与枝条，以保证嫁接本品种顶芽的旺盛生长。选择向阳地栽植，株行距2m×4m或2m×5m，加强除草及土壤管理。采收槐米期要注意保护母树，尽量避免大树的严重损伤。

适宜范围 适宜在山西省太原以南国槐适生区种植。

晋森

树种：国槐
类别：优良家系
科属：豆科 槐属

学名：*Sophora japonica* Linn.
编号：晋S-SF-SJ-008-2013
申请人：山西省林木育种研究中心

良种来源 山西省代县峪口乡选仁村国槐优良单株。

良种特性 树干通直、无扭曲；树冠整齐、圆形、枝条均匀；较普通国槐放叶早、落叶迟；结实量大、种子饱满、发芽率高；幼苗期顶端优势明显；10年生以上树皮平滑且颜色淡、裂纹浅。主要用于道路、园林绿化及景观造型。

繁殖和栽培 采用种子繁殖，可大田育苗，亦可用营养袋育苗，育苗技术与普通槐树种子育苗技术相同。合理密植；幼苗移植注意修根、沾泥浆；胸径达8cm进行移植、定干高度3.8m；胸径达14cm以上进行移植，需要缩冠50%，断根。

适宜范围 适宜在山西省国槐适生区种植。

金叶槐

树种：国槐	学名：*Sophora japonica* 'Jinye'
类别：引种驯化品种	编号：京S-ETS-SJ-001-2014
科属：豆科 槐属	申请人：北京市黄垡苗圃

良种来源 国槐的实生苗变种，产自河北。

良种特性 该品种是国槐的实生苗变异品种，树干通直，树冠丰满，春夏秋三季叶片金黄，观赏期可达7个月，尤其在春季新叶色泽更加亮丽。喜光，萌芽力强，耐修剪、耐热、耐低温，具有抗逆性强等特点。

繁殖和栽培

1. 栽植环境：一定要选择在阳光充足的地方栽培，方能表现出金叶的特点；

2. 栽植时期：春秋栽植，夏季移植需提前断根，土球稍大，适当截冠；

3. 种植特点：圃内栽植，大苗胸径超过6cm的植株栽培时，株行距应达到2m×3m，利于植株生长和保持冠型圆满；

4. 土肥水管理：对土壤要求不严，加强水肥管理，定期中耕松土，可促进植物生长，提前出圃应用；

5. 整形修剪：生长期主要剪除徒长枝、过密枝、内膛枝，保持通风透光且冠形丰满；休眠期主要剪除病虫枝、衰弱枝和干枯枝；

6. 病虫害防治：无特殊病虫害，偶有蚜虫、尺蠖等害虫，需及时防治。在试验地未见灾害性病虫害发生。

适宜范围 北京地区。

米槐1号

树种：国槐
类别：优良无性系
科属：豆科 槐属

学名：*Sophora japonica* Lam. 'mihuai1'
编号：晋S-SC-SJ-027-2014
申请人：雷茂端

良种来源 河北省石家庄市城郊一株国槐行道树。

良种特性 树冠广卵形，5年生树高3.2m，干形弯曲，叶片淡黄，窄柳叶形。发芽早，结米早，米穗呈纺锤形，大且紧凑。采收期为7月上中旬。抗干旱、耐瘠薄、抗盐碱。当年栽植部分植株结米，第3年亩产槐米40kg，第5年亩产槐米130~150kg，丰产稳产，无隔年结米现象；千粒重2.1g。在年降雨量只有350mm，有机质含量不到0.5的丘陵旱垣可正常生长。

繁殖和栽培 1年或2年国槐做砧木，接穗宜选结米6~7年的大树枝条。木质芽接和插皮接嫁接方法，木质芽接后，解绑不宜过早，宜在新梢长至30cm后解绑。春秋两季均可栽植，秋季以10月中下旬~11月上中旬为最佳栽植时期，密度以2m×5m为宜，干旱丘陵地区不宜挖大坑，以50cm见方为好。树形采用疏散分层形，干高60cm左右，树高4.5m左右。修剪手法以短截疏除为主。树势不可过旺，不宜大肥大水。

适宜范围 适宜在山西中南部区域的平川、黄土丘陵、土石山区的浅山地区种植。

米槐2号

树种：雷茂端
类别：优良无性系
科属：豆科 槐属

学名：*Sophora japonica* Lam. 'mihuai2'
编号：晋S-SC-SJ-028-2014
申请人：山西省林业科学研究院、山西绿源春生态林业有限公司

良种来源 从国槐试验园中选择的优良单株国槐。

良种特性 树冠广卵形，5年生树高3.3m。干形直立，叶片深绿，呈长卵形。结米早，穗大呈圆椎形。采收期为7月中下旬。抗干旱、耐瘠薄、抗盐碱。当年栽植部分植株结米，第3年亩产槐米45kg，第5年亩产槐米150kg，槐米千粒重1.8g，丰产稳产。在年降雨量只有350mm、有机质含量不到0.5的丘陵旱垣可正常生长。

繁殖和栽培 1年或2年国槐做砧木，接穗宜选结米6~7年的大树枝条。木质芽接和插皮接嫁接方法，木质芽接后，解绑不宜过早，宜在新梢长至31cm后解绑。春秋两季均可栽植，秋季以10月中下旬~11月上中旬为最佳栽植时期，密度以2m×5m为宜，干旱丘陵地区不宜挖大坑，以50cm见方为好。树形采用疏散分层形，干高60cm左右，树高4.5m左右。修剪手法以短截疏除为主。树势不可过旺，不宜大肥大水。

适宜范围 适宜在山西中南部区域的平川、黄土丘陵、土石山区的浅山地区种植。

运城五色槐

树种：堇花槐
类别：无性系
科属：豆科 槐属

学名：*Sophora japonica* var. violacea Garr.
编号：晋S-SC-SJ-001-2003
申请人：运城市林木种苗站直属苗圃

良种来源 由运城市新绛县堇花槐单株繁育而来。

良种特性 花初开时绿白色，开放时旗瓣白色，中部黄色，翼瓣和龙骨瓣玫瑰红色，微带紫红色。经无性繁殖测定，花色性状稳定。幼龄枝干黄色变为浅绿色，叶片较国槐宽大，表面具革质光泽。有较高的观赏价值，主要用于绿化观赏。

繁殖和栽培 采用无性嫁接繁殖方法进行扩繁，如砧木圃芽接，大树换头枝接等，均可在第2年形成花芽。

适宜范围 可在山西国槐栽培区推广栽培。

紫穗槐

树种：紫穗槐	学名：*Amorpha fruticosa* L.
类别：驯化树种	编号：宁S-ETS-AF-0014-2007
科属：豆科 紫穗槐属	申请人：宁夏灵武市林业局、宁夏林业技术推广总站

良种来源 亲本选自宁夏灵武市白芨滩风沙地和平罗县高庄乡紫穗槐林分中筛选出的优良单株。

良种特性 丛生落叶灌木，枝条直伸，青灰色，幼时有毛。芽常2个叠生。奇数羽状复叶，小叶11~25枚，长椭圆形，长2~4cm，具透明油腺点，幼叶密被毛，老叶毛稀疏。花小，蓝紫色，花药黄色，呈顶生总状花序。荚果短镰形，棕褐色。花期5~7月，果期9~10月。喜光，生长快、繁殖力强。根系发达，具有根瘤菌，对土壤要求不严。造林绿化树种，亦可用于园林观赏。适应性强，抗污染，耐寒、耐湿、耐旱、耐盐碱、耐风蚀、耐瘠薄。

繁殖和栽培 3月下旬~4月上旬播种育苗，采用大田条播，播前用70℃温水浸种搅拌15min后浸泡24h，捞出后用沙拌种堆放在太阳下用薄膜覆盖，湿度以能用手捏成团不出水一触即散为宜，当有10%的种子露白时即可播种。播种量10~15kg/亩，覆土厚2~3cm，干旱地区播后应及时覆膜。在冬季封冻前或春季地解冻后，进行植苗截干造林。在雨季前或下过透雨后进行直播造林。因造林目的不同，造林密度不同，一般为300~400株（穴）/亩。

适宜范围 适宜在宁夏引黄灌区、黄土丘陵区、沙区栽植。

柠条盐池种源

树种：小叶锦鸡儿
类别：优良种源
科属：豆科 锦鸡儿属

学名：*Caragana microphylla* Lam.
编号：宁S-SP-CM-0012-2007
申请人：宁夏盐池县林业局、宁夏林业技术推广总站

良种来源 从宁夏盐池县青山乡尖山湾野生天然林中选取母树采种栽培。

良种特性 落叶灌木，老枝黑灰色，幼枝灰黄色或黄白色，疏生短柔毛。长枝上的托叶宿存并硬化成针刺，较粗壮，直伸或稍弯曲。小叶6~10对，羽状排列，宽倒卵形或三角状宽倒卵形，长4~8mm，宽3~7mm，先端有细尖刺，两面疏被短伏毛。花单生，黄色，无毛或疏被短伏毛，中部以上具关节。花期5~6月，果期7~8月。荚果圆筒形，棕褐色。种子肾形，千粒重37g。造林绿化树种，耐旱、耐寒、耐高温。

繁殖和栽培 在沙质土壤或轻沙壤土进行大田或床式播种育苗。播前将净种用0.5%的高锰酸钾水溶液浸种0.5h，再用温水浸种8~12h后，在13~18℃的室温中催芽12~24h即可播种。采用春季条播，播幅5~8cm，沟深2~3cm，覆土1.5~2.0cm。苗高4~6cm时开始间苗、定苗，留苗120~150株/m²。植苗造林和直播造林均可。

适宜范围 适宜在宁夏引黄灌区、黄土丘陵区、沙区栽植。

晋西柠条

树种：小叶锦鸡儿
类别：种源
科属：豆科 锦鸡儿属

学名：*Caragana microphylla* Lam cv. 'jinxi'
编号：晋S-SP-CML-010-2009
申请人：山西省农业科学院

良种来源 从27个小叶锦鸡儿种源中选育。

良种特性 耐寒、耐旱、耐盐碱、耐瘠薄，在年降水量仅有150~200mm的干旱荒漠地区能正常生长。植株较高，达165~302cm，分枝多而通直，少刺至无刺。生长期比小叶锦鸡儿长5~10d，增加了光合积累，提高了生物产量。做饲料适口性好，可食率比小叶锦鸡儿高6%~14%。粗蛋白23.46%，粗脂肪3.77%，粗纤维12.38%，氮3.754%，磷0.279%，钾1.26%，钙2.103%，维生素C 215.5mg/kg。叶片中总黄酮平均

含量为2.2%，最高可达2.669%。是饲用和加工兼用型新品种。

繁殖和栽培 当年种子在夏秋雨后直播，常年可营养袋育苗。每穴15~30粒种子，覆土2cm，踩实土壤。不耐湿涝，雨涝时应注意排水防涝。生长2~3年后于冬季土壤冻结后齐地面刈割平茬。

适宜范围 山西省太原以北海拔900~1200m的黄土丘陵或沙质地栽培。

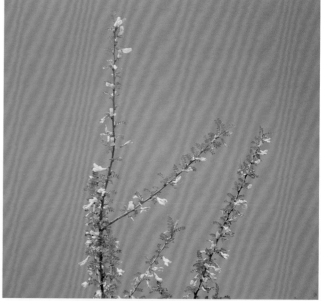

毛条灵武种源

树种：柠条锦鸡儿
类别：优良种源
科属：豆科 锦鸡儿属

学名：*Caragana korshinskii* Kom.
编号：宁S-SP-CK-0011-2007
申请人：宁夏灵武市林业局、宁夏林业技术推广总站

良种来源 在宁夏灵武市猪头岭、马一沟、六道梁、缸涝坝沟等毛条天然林选取母树采种栽培。

良种特性 落叶灌木，枝条淡黄色，无毛。长枝上的托叶宿存硬化成针刺，小叶5~10对，羽状排列，无小叶柄，倒卵状长椭圆形或长椭圆形，长6~10mm，宽3~4mm，先端有细尖刺。花单生，疏被短绒毛。荚果扁，红褐色，先端尖，含种子4粒或更多。种子扁长圆形，长0.7cm，宽0.4cm，种皮黄棕至粟褐色。花期5~6月，果期6~7月。造林绿化树种，喜光，极耐干旱，萌蘖力强，主、侧根均发达，抗风蚀和沙埋，适应性强。

繁殖和栽培 在沙质土壤或轻沙壤土进行大田或床式播种育苗。播前将净种用0.5%的高锰酸钾水溶液浸种0.5h，再用温水浸种8~12h后，在13~18℃的室温中催芽12~24h即可播种。采用春季条播，播幅5~8cm，沟深2~3cm，覆土1.5~2.0cm。苗高4~6cm时开始间苗、定苗，留苗120~150株/m²。植苗造林和直播造林均可。

适宜范围 适宜在宁夏北部沙区、宁南黄土丘陵区种植。

杭锦旗柠条锦鸡儿母树林种子

树种：柠条锦鸡儿
类别：母树林种子
科属：豆科 锦鸡儿属

学名：*Caragana korshinskii* Kom.
编号：内蒙古S-SS-CK-007-2009
申请人：鄂尔多斯市杭锦旗种苗站

良种来源 鄂尔多斯市杭锦旗柠条锦鸡儿的优良林分。

良种特性 深根性沙漠旱生灌木树种，散生于荒漠、荒漠草原地带的流动沙丘及半固定沙地。植株高大，树皮为金黄色，花较大。主根明显，侧根向四周水平方向延伸，易繁殖，萌蘖力较强，耐家畜啃食。耐寒，耐旱，耐瘠薄。主要用于固沙、保土、改良土壤、饲料。

繁殖和栽培 种子繁殖，不需要特殊处理，用始温50~60℃的温水浸泡24h后，除去浮在上面的杂质及瘪粒，种子吸水膨胀后即可播种。

用机械带状或人工穴状整地，春秋两季均可进行苗木或直播造林。在6~7月雨季进行植苗造林，苗木选用1年生的合格苗，栽植时保持根系舒展，分层覆土、踩实，及时浇水。

适宜范围 内蒙古自治区境内pH值为7~8的土壤、荒漠化、半荒漠化地区、黄土丘陵地区、山坡、沟岔地、肥力极差地、沙层含水率2%~3%的流动沙地和丘间低地以及固定、半固定沙地均可栽培。

达拉特旗柠条锦鸡儿母树林种子

树种：柠条锦鸡儿	学名：*Caragana korshinskii* Kom.
类别：母树林种子	编号：内蒙古S-SS-CK-008-2009
科属：豆科 锦鸡儿属	申请人：鄂尔多斯市达拉特旗种苗站、鄂尔多斯市造林总场

良种来源 鄂尔多斯市达拉特旗柠条锦鸡儿的优良林分。

良种特性 深根性沙漠旱生灌木树种，散生于荒漠、荒漠草原地带的流动沙丘及半固定沙地。植株高大，树皮为金黄色，花较大。主根明显，侧根向四周水平方向延伸，易繁殖，萌蘖力较强，耐家畜啃食。耐寒，耐旱，耐瘠薄。主要用于固沙、保土、改良土壤、饲料。

繁殖和栽培 种子繁殖，不需要特殊处理，用始温50℃~60℃的温水浸泡24 h后，除去浮在上面的杂质及瘪粒，种子吸水膨胀后即可播种。

用机械带状或人工穴状整地，春秋两季均可进行苗木造林。在6~7月雨季进行植苗造林，苗木选用1年生的合格苗，栽植时保持根系舒展，分层覆土、踩实，及时浇水。

适宜范围 内蒙古自治区境内pH值为7~8的土壤、荒漠化、半荒漠化地区、黄土丘陵地区、山坡、沟岔地、肥力极差地、沙层含水率2%~3%的流动沙地和丘间低地以及固定、半固定沙地均可栽培。

乌拉特中旗柠条锦鸡儿采种基地种子

树种：柠条锦鸡儿　　　　　　学名：*Caragana korshinskii* Kom.
类别：采种基地　　　　　　　编号：内蒙古S-SB-CK-017-2011
科属：豆科 锦鸡儿属　　　　　申请人：巴彦淖尔市乌拉特中旗种苗站

良种来源　亲本来源于乌拉特中旗。

良种特性　深根性旱生灌木，散生于荒漠、荒漠草原地带的固定及半固定沙地。植株高大，树皮为金黄色，花较大，主根明显，侧根向四周水平方向延伸。易繁殖，萌蘖力较强。耐家畜啃食，耐寒，耐旱，耐瘠薄。主要用于固沙、保土和改良土壤，也可作饲料。

繁殖和栽培　带状或穴状整地。用1年生根系发达合格苗造林。栽植时保持根系舒展，分层覆土、踩实，及时浇水。

适宜范围　内蒙古自治区境内pH值为7~8的荒漠化、半荒漠化地区、黄土丘陵地区、山坡、沟岔地、肥力极差地、流动沙地和丘间低地以及固定、半固定沙地均可栽培。

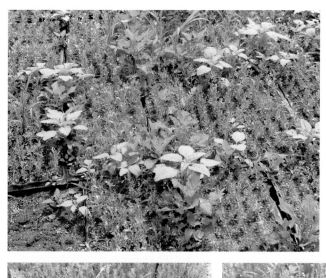

正镶白旗柠条锦鸡儿采种基地种子

树种：柠条锦鸡儿

类别：采种基地

科属：豆科 锦鸡儿属

学名：*Caragana korshinskii* Kom.

编号：内蒙古S-SB-CK-009-2013

申请人：锡林郭勒盟林木种苗工作站

良种来源 种源来源于锡盟正镶白旗哲里根图林场，林分起源为人工林（优选当地天然柠条锦鸡儿种子直播造林）。

良种特性 沙生灌木，根系发达，树皮为金黄色，繁殖快，分蘖力较强。耐寒、耐旱、耐瘠薄、耐家畜啃食。主要用于防风固沙、水土保持和饲料。

繁殖和栽培 春季栽植，栽植前对裸根苗的根系进行修剪，将断根、劈裂根、病虫根、过长的根剪去，剪口要平滑。穴植，穴规格一般为40cm×40cm×50cm，栽植时保持根系舒展，苗直立后回填表土，随填土随踏实，及时浇水。栽植不宜过深，超出原土痕2~3cm即可。后期加强抚育管理。

适宜范围 内蒙古境内 pH 值为7~8的荒漠化、半荒漠化地区、黄土丘陵地区、山坡、沟岔地、流动沙地和丘间低地以及固定、半固定沙地均可栽培。

白锦鸡儿

树种：柠条锦鸡儿

类别：引种驯化品种

科属：豆科 锦鸡儿属

学名：*Caragana Korshinskii* Kom.

编号：青S-ETS-CK-003-2013

申请人：青海省农林科学院

良种来源 甘肃省民勤沙生植物园、陕西省治沙研究所、宁夏盐池县引进。

良种特性 树高1.5~5m，根系发达，极耐干旱、酷热和严寒，抗逆性强，是干旱草原、荒漠草原地带的旱生植物。土壤pH值在6.5~9.0的环境下都能正常生长。喜沙性土壤，在沙丘各部位、黄土丘陵地区、山坡、沟岔均能正常生长。白锦鸡儿富含钙、钾及人体和动物体必须的多种氨基酸，每1kg枝叶所含的可消化粗蛋白相当于267kg玉米，是良好的饲料品种。白锦鸡儿籽油中亚油酸与油酸含量可达51.79%和17.03%，可以提炼工业润滑油，用来制造醇酸树漆。

繁殖和栽培 人工造林一般采用带状整地、沟状整地和穴状整地。造林方式有春、秋季植苗造林，雨季直播造林和容器苗造林，以雨季直播造林为主，一般采用种子直播造林，穴播和条状密播法，造林株行距1.0m×2.0m、1.0m×3.0m。

适宜范围 适宜在青海省东部河湟谷地海拔高度1800~2600m的荒山、退耕地，共和盆地、柴达木盆地栽培。

鄂托克前旗中间锦鸡儿采种基地种子

树种：中间锦鸡儿
类别：采种基地
科属：豆科 锦鸡儿属

学名：*Caragana intermedia* Kuang et H. C. Fu
编号：内蒙古S-SB-CI-022-2011
申请人：鄂尔多斯市鄂托克前旗林业种苗站

良种来源　种源来源于鄂托克前旗昂素和城川境内中间锦鸡儿采种基地的优良林分。

良种特性　多年生落叶灌木，喜生于黄土高原及其丘陵沟壑地区。主根明显，侧根向四周水平方向延伸，易繁殖，萌蘖力较强，耐家畜啃食，耐寒，耐旱，耐瘠薄。主要用于防风固沙、水土保持和改良土壤，也可作饲料。

繁殖和栽培　带状或穴状整地。用1年生根系发达的合格容器苗或裸根苗造林，也可直播造林。栽植时保持根系舒展，分层覆土、踩实，及时浇水。

适宜范围　内蒙古自治区境内 pH 值为7~8的荒漠化、半荒漠化地区、黄土丘陵地区、山坡、沟岔地、肥力极差地、流动沙地和丘间低地以及固定、半固定沙地均可栽培。

沙冬青宁夏种源

树种：沙冬青
类别：优良种源
科属：豆科 沙冬青属

学名：*Ammopiptanthus mongolicus* (Maxim.)Chengf.
编号：宁S-SP-AM-001-2008
申请人：宁夏灵武市白芨滩国家级自然保护区管理局、
宁夏林业技术推广总站

良种来源 为我国Ⅲ级重点保护的珍稀濒危植物，亲本来源于宁夏灵武白芨滩国家级自然保护区猪头岭、面子山、五更山、长流水等片区的沙冬青天然林，选取优良母株采种进行驯化栽培。

良种特性 常绿灌木，分枝多，小枝粗壮。树皮淡黄色，老枝黄绿色，幼枝灰白色，具暗褐色髓。托叶小三角或三角状披针形，与叶柄结合。叶掌状三出复叶，小叶无柄椭圆形或卵形，长2~4cm，宽5~15mm。叶片较厚，具角质层，有浓密的表皮毛，气孔下陷，栅栏组织发达。幼枝和叶均被白色绢毛，花较大互生，鲜黄色，总状花序顶生。花期4~5月，果期5~6月，荚果扁平大型。生长缓慢，深根性，具很强的萌发力和抗风蚀能力。造林绿化树种，抗旱性、抗热性较强，耐寒、耐盐碱、耐粗砾贫瘠土壤。

繁殖和栽培 2~6月均可育苗，采用营养袋育苗。出苗后每隔7d用800倍的托布津或多菌灵溶液全面喷雾或结合灌水进行灌根。幼苗期应少灌水，夏季过于干旱可适当浅灌。选择灰钙土类和淡灰钙土类及含砾石山梁峁地或风沙土类固定沙丘的丘间低地和平铺沙地造林。株行距2m×4m、4m×4m、5m×5m、6m×6m、7m×7m均可。

适宜范围 在宁夏灵武市、贺兰县、平罗县、同心县、中卫市等地种植，周边同类地区也可推广栽植。

阿拉善盟沙冬青优良种源区种子

树种：沙冬青
类别：优良种源
科属：豆科 沙冬青属

学名：*Ammopiptanthus mongolicus* (Maxim. ex Kom.) Cheng f.
编号：内蒙古S-SP-AM-010-2013
申请人：阿拉善盟林木种苗站

良种来源　种源来源于阿拉善盟孪井滩生态移民示范区沙冬青优质种源区天然沙冬青林。

良种特性　常绿灌木，树皮黄色，侧根发达，根部具有根瘤，具有改良土壤的作用。抗干旱，抗风沙，耐盐碱，耐贫瘠，生活力强。主要用于防风固沙、改良土壤，美化环境。

繁殖和栽培　直播造林：播种前用50~60℃的温水浸泡一昼夜，捞出秕粒，消毒后播种。条播造林：每米播种30~40粒种子；穴播造林：每穴6~10粒种子。覆土厚度2cm，播种后用草、锯末等进行覆盖，播后7~10d幼苗即可出土。植苗造林：采用容器苗造林，穴植，规格40cm×40cm，栽植时将苗木放置穴中央位置扶正，先填表层湿土，后填新土，分层踩实，土埋至地径以上20cm处灌水即可，待水下渗后，覆20cm沙土踩实，以利保墒。及时松土除草，有条件的地方要进行施肥、灌水。在春季野兔爱啃食沙冬青嫩梢和花蕾。

适宜范围　内蒙古西部地区均可栽培。

花棒宁夏种源

树种：细枝岩黄耆	学名：*Hedysarum scoparium* Fisch.etMey.
类别：优良种源	编号：宁S-SP-HS-002-2008
科属：豆科 岩黄耆属	申请人：宁夏平罗县陶乐治沙林场、宁夏林业技术推广总站

良种来源 亲本源自宁夏平罗县陶乐治沙林场花棒采种基地的天然优良母株。

良种特性 落叶灌木，小枝绿色，植株上部小叶常退化，小叶矩圆状椭圆形或条形，叶两面被平伏柔毛。花冠紫红色。沙生，主、侧根系均发达，萌蘖力强、喜沙埋，适于流沙环境，具防风固沙作用。造林绿化树种，亦可用于园林观赏，耐旱、喜光，抗风蚀、耐严寒酷热。

繁殖和栽培 10月中下旬采集种子。采用大田式平床开沟条播育苗。4月下旬~5月上旬进行春播，播前用凉水或温水浸泡种子1~2d，然后捞出混入种子体积2倍的湿沙搅拌均匀，待50%以上的种子裂嘴露白即可播种。播种行距30cm，播种沟深3~4cm，覆土厚2~3cm，播种量5~7.5kg/亩。6~8月，在雨季到来之前或雨中进行人工直播造林，株行距1m×3m，每穴15粒种子。3月下旬~4月上旬，在≤25°的沙丘迎风坡进行植苗造林，穴行距2m×3m，每穴植苗2株，栽植深度将干部1/3埋于湿沙层处为宜。

适宜范围 适宜在年均温10~15℃，≥10℃的年积温2700~3200℃，年降水量150~420mm的沙质土壤中种植。

花棒

树种：细枝岩黄耆
类别：品种
科属：豆科 岩黄耆属

学名：*Hedysarum scoparium* Fisch. et Mey
编号：甘S-SS-HS-012-2010
申请人：古浪县海子滩林场

良种来源 内蒙、宁夏等地。

良种特性 花棒系落叶灌木，为耐旱、沙生的喜光树种。蒸腾强度大，抗热性强，萌芽更新力强，耐沙埋能力强，主侧根都很发达。

繁殖和栽培 育苗圃地以沙质、轻壤质土地为好。播种前5~10d，把种子用温水浸泡2~3d后，混合湿沙堆放催芽，看到少量的种子开始裂口露白尖时，即可播种。播种方法一般采用大田式育苗，行距25cm条播，深3~4cm，覆土后轻镇压。栽植主要为植苗造林，一般为1年生高度大于40cm的一级苗木，成活率可达80%~90%；栽植挖穴深度为苗高的3/4，利于成活；固沙造林株行距为2m×2m。

适宜范围 适宜在甘肃省河西、庆阳地区栽植。

鄂托克旗细枝岩黄耆采种基地种子

树种：细枝岩黄耆
类别：采种基地
科属：豆科 岩黄耆属

学名：*Hedysarum scoparium* Fisch. *et Mey.*
编号：内蒙古S-SB-HS-002-2012
申请人：鄂尔多斯市鄂托克旗林木种苗站

良种来源 种源来源于鄂托克旗苏米图苏木苏里格嘎查、伊连陶老盖嘎查细枝岩黄芪优良林分。

良种特性 浅根性沙漠旱生灌木树种，植株高大，树皮为深黄色或淡黄色，花紫红色，侧根极发达，向四周伸展成网状，萌蘖更新力强，抗寒、抗旱、抗风沙、耐热、耐沙埋、耐瘠薄。主要用于防风固沙、水土保持、土壤改良和优质饲草。

繁殖和栽培 穴状整地，流动沙地可提前设置沙障。春季直播造林或植苗造林，栽植时穴状灌水或采用保水剂、蘸泥浆等保水措施。栽植时保持根系舒展，分层覆土踩实。栽植后的第二年要进行浇水、除草等抚育管理，以保证苗木正常生长。

适宜范围 内蒙古荒漠、荒漠草原地带的流动沙丘和固定、半固定沙地均可栽培。

杨柴盐池种源

树种：蒙古岩黄耆
类别：优良种源
科属：豆科 岩黄耆属

学名：*Hedysarum mongolicum* Turcz.
编号：宁S-SP-HM-003-2008
申请人：宁夏盐池机械化林场、宁夏林业技术推广总站

良种来源 选自宁夏盐池机械化林场哈巴湖分场天然杨柴灌木林优良株系。

良种特性 落叶灌木，在宁夏主要分布于陶乐、盐池、灵武等地的流动沙地、半固定和固定沙地。幼茎绿色，老茎灰白色，树皮条状纵裂，茎多分枝。奇数羽状复叶，总状花序，花蝶形，淡紫红色，荚果扁圆形。侧根发达，根蘖旺盛，根系具丰富的根瘤，有良好的土壤改良功效。造林绿化树种，能在瘠薄沙地上旺盛生长，是干旱荒漠草原区固沙造林的优良先锋树种。

繁殖和栽培 采取播种育苗。9~10月荚果陆续成熟，随熟随采。播种前用40~50℃温水浸种2d，混沙堆放，保持湿润，隔4~6d有40%~50%的种子裂嘴露白即可播种。4月下旬~5月上旬地温达到20℃时播种，播种量3~4kg/亩。春秋季均可植苗造林，采用条带状密植造林。雨季可进行直播造林，条播、穴播、撒播、飞播均可。

适宜范围 适宜在年均温6~8℃，≥10℃的年积温2700~3100℃，年降水量200~300mm的地区栽植。

鄂托克旗塔落岩黄耆采种基地种子

树种：岩黄耆
类别：采种基地
科属：豆科 岩黄耆属

学名：*Hedysarum laeve* Maxim.
编号：内蒙古S-SB-HL-003-2012
申请人：鄂尔多斯市鄂托克旗林木种苗站

良种来源 来源于鄂托克旗木肯淖镇小湖采种基地的优良林分。

良种特性 沙生灌木，生长于半固定、流动沙地或黄土丘陵覆沙地上。茎直立多分枝，根系发达，有明显的主根，侧根多而发达，横走的根蘗向四周延伸，根蘗力强。作为流动沙地的先锋植物，在沙丘迎风坡、背风坡和丘间低地均能正常开花、结实。耐寒、耐旱、耐瘠薄。主要用于防风固沙、水土保持、土壤改良和优质饲草。

繁殖和栽培 穴状整地，流动沙地可提前设置沙障。春季直播造林或植苗造林，栽植时穴状灌水或采用保水剂、蘸泥浆等保水措施。栽植时保持根系舒展，分层覆土踩实，栽植后的第2年要进行浇水、除草等抚育管理，以保证苗木正常生长。

适宜范围 内蒙古流动、半固定及固定沙地均可栽培。

晋皂1号

树种：山皂荚

类别：优良无性系

科属：豆科 皂荚属

学名：*Gleditsia japonica* Miq. 'Jinzao 1'

编号：晋S-SC-GJ-002-2015

申请人：山西省林业科学研究院

良种来源 忻州市利民西街山皂荚树优良单株。

良种特性 生长速度快，嫁接苗5年生平均树高6.46m，胸径4.60cm，冠幅2.57m，均高于对照普通山皂荚。主干通直、枝繁叶茂、冠型美观、整株无刺或少刺，其观赏价值较高。抗性、适应性强，树势强，生长健壮，无明显的病虫害。主要用于城乡绿化。

繁殖和栽培 嫁接繁殖。4月中上旬带木质部芽接。接穗采集时间为从梓树落叶后直到来年树液流动前，粗度在0.8~1.5cm的1年生枝，将其截成4~6cm的短节，接穗两头蜡封，地窖或冷库储存。砧木定植前5~6d，进行作床、施肥、灌水。砧木初始定植株行距0.4m×0.6m。栽植1年生实生苗，定植1年后嫁接。在砧木基部离地10~20cm处选一光滑的表面，斜切砧木，斜切方向呈45°，深度0.3~0.5cm，在切口上方约2.5cm处下刀斜切，不改变方向，直至与第一刀交汇，取下带木质部小片。春秋季栽植，株行距3m×2m或4m×3m。保持土球完整。疏剪树上的枯枝、病虫枝、交叉枝、过密枝。3月中旬，6月上中旬施肥，施肥量折复合肥0.25~0.5kg/株。

适宜范围 适宜在山西省恒山以南海拔1200m以下地区栽培。

晋皂1号端氏林场区试林（5年生苗）

晋皂1号襄汾基地区试林（5年生苗）

晋皂1号母树荚果及树干

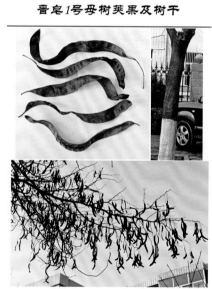

晋皂1号景尚林场区试林（3年生苗）

帅丁

树种：皂荚	学名：*Gleditsia sinensis Lam.* 'shuaiding'
类别：优良无性系	编号：晋S-SC-GS-026-2014
科属：豆科 皂荚属	申请人：山西省林业科学研究院、山西绿源春生态林业有限公司

良种来源 在平陆县张店镇选择皂荚优良单株。

良种特性 属于果刺两用品种，荚果大、刺大、种粒饱满、种子千粒比较重、结果早、丰产性好、果刺产量高、品质好、性状稳定、抗逆性强、病虫害少。平均荚果长度为23.41cm，宽度为2.67cm，厚度为1.08cm，单果平均重为25.5g，千粒重为431.15g，枝刺长度为16.21cm，粗度为0.61cm，单刺平均重为4.84g。在集约化栽培管理条件下，野皂荚嫁接帅丁皂荚第3年开始挂果，第5年进入盛果期，合理栽植管理园盛果期，亩产荚果169kg，亩产皂刺35kg。

繁殖和栽培 嫁接繁殖。4月中上旬，野皂荚做砧木采用插皮接，皂荚做砧木采用带木质部芽接。接穗采集时间为从皂荚落叶后直到来年树液流动前都可进行，粗度在0.8~1.5cm的一年生枝，接穗两头蜡封，地窖或冷库储存。也可埋入含水量20%左右沙土中。选野皂荚灌木林改造成皂荚园，也可以选择背风向阳、土壤肥沃、灌排水条件好的丘陵山地或平地建园，2年生实生苗，初始栽植密度为4m×5m较好，品字形栽植，树冠郁闭后，间伐成8m×5m为宜。修剪可借鉴果树修剪的方法。水肥一年两次，第1次在3月中旬，第2次在6月上中旬。以施有机肥为主，可兼施氮、磷、钾复合肥。年施肥量折复合肥0.25~0.5kg/株，造林后1~3年，离幼树30cm处沟施。3年后，沿幼树树冠投影线沟施。病虫害轻时可剪除病虫枝及枯枝等，减少和改善病虫害滋生的环境，也可用黑光灯诱杀害虫。受害严重时，采用高效、广谱、低毒、低污染的化学农药防治。

适宜范围 适宜在山西中南部区域的平川、黄土丘陵、土石山区的浅山地区种植。

银果胡颓子

树种：胡颓子
类别：引种驯化
科属：胡颓子科 胡颓子属

学名：*Elaeagnus commutate*
编号：吉-jslz-2004-07
申请人：吉林省林业科学研究院

良种来源 银果胡颓子是北美地区的乡土树种。2001年从加拿大 Saskatchewan、Alberta、Manitoba 和美国 North Dakota 引进银果胡颓子种子。在吉林省进行了多年的苗木培育。

良种特性 株高3~5m，枝红褐色至灰褐色，无刺，植株体各部分均被银白色腺鳞。叶银白色，单叶互生。花两性，黄色，完全花。花萼钟状，花期6~7月。果实为干燥的、果皮不开裂的瘦果，果期7~9月，成熟的果实为银白色。喜光，具有抗寒、抗干旱、抗风沙、耐瘠薄、耐盐碱等特点，对土壤条件要求不严，在干旱、瘠薄、中等盐碱化土地上均可生长。当年生苗高达30~40cm，根系长达30~35cm；2年生苗高可达60~70cm。苗木的木质化程度、顶芽封顶状况及长势较好。根系发达，具

有根瘤菌，能忍耐严酷的环境条件。银果胡颓子叶片和果实银色，可供观赏。耐修剪，可做绿篱，用于城乡绿化美化。主要缺陷是不耐涝，在地势低洼、土质粘重的土壤上生长不良，不宜栽植。跟踪观测的结果表明：银果胡颓子抗寒性较强，能在吉林省西部自然越冬，并具有较强的抗旱、抗瘠薄、抗风沙和抗盐碱的能力。

繁殖和栽培 种子繁殖，截干定植。1~2年生苗木，地上部分保留5~10cm，随起苗随栽植。株行距为1m×1m、1m×2m、2m×2m或2m×3m，单株或2~3株穴状种植，植苗穴深度为30cm，直径30cm；回填土要踩实。

适宜范围 吉林省西部乃至东北西部风沙干旱地区和盐渍化地区。东北城乡及公路绿化美化。

沙枣宁夏种源

树种：沙枣	学名：*Elaeagnus angustifolia* L.
类别：优良种源	编号：宁S-SP-EA-008-2007
科属：胡颓子科 胡颓子属	申请人：宁夏永宁杨显林场、宁夏林业技术推广总站

良种来源 在宁夏各地均有分布，以中北部引黄灌区最多，为宁夏主要造林树种之一。

良种特性 落叶乔木，树皮褐色，具纵裂。枝紫褐色，具粗壮枝刺，幼枝密被银白色鳞片。单叶互生，椭圆形至披针形，叶长2~8cm，宽0.8~2.5cm，叶片先端钝，基部宽楔形至圆形，全缘，两面均被银白色鳞片。叶柄长0.5~1cm，密被银白色鳞片。花1~3朵生于当年生枝，具浓烈香气，果实椭圆形或近球形。4月中下旬萌芽，5月下旬开花，9~10月进入果期，10月中旬种子成熟。造林绿化树种，亦可用于园林观赏。

繁殖和栽培 采用播种育苗。春播前进行沙藏越冬处理，未冬藏的种子，播前先用50℃温水浸泡2~3d后进行催芽处理，当少部分种子露白即可播种。3月中下旬~4月中旬春播，10月下旬~11月上旬秋播。采用行距25~30cm大田式条播，或行距20cm，带距30~40cm的3~4行式带状条播。4月下旬~5月中旬出苗，6月上旬间苗。7~8月幼苗生长旺期，要加强松土、除草、灌水、追肥、防虫等抚育管理。选用地径≥0.8cm的1年生或2年生苗木进行植苗造林。

适宜范围 在宁夏pH值7~8.5，土壤总盐含量在0.8%以下，有机质含量在0.3%~1.0%之间都能栽植。

白城桂香柳

树种：沙枣　　　　　　　　　学名：*Elaeagnus angustifolia* cv. 'baicheng'
类别：引种驯化　　　　　　　编号：吉-S-ETS-E-2009-012
科属：胡颓子科 胡颓子属　　　申请人：吉林省林业科学研究院

良种来源　2001年从加拿大Saskatchewan、Alberta引进沙枣种子。在吉林省进行了多年的苗木培育，筛选出优良单株进行无性繁殖并推广应用。

良种特性　落叶乔木或小乔木，高5~10m，无刺或具刺，刺长30~40mm，棕红色，发亮。幼枝密被银白色鳞片，老枝鳞片脱落，红棕色，光亮。叶薄纸质，矩圆状披针形至线状披针形，顶端钝尖或钝形，基部楔形，全缘，上面幼时具银白色圆形鳞片，成熟后部分脱落。叶柄纤细，银白色。果实椭圆形，粉红色，密被银白色鳞片。花期5~6月，果期9月。喜光，生长迅速，根系浅，水平根系发达，生命力强，具有较强的抗旱、耐瘠薄、抗风沙和抗盐碱的能力。主要缺陷是不耐涝，在地势低洼、土质粘重的土壤上生长不良。

繁殖和栽培　苗木播种育苗和扦插繁殖均可。造林时一年生苗木采取截干造林方式，地上部分保留5~10cm，随起苗随栽植，及时浇水，加强日常管护，除草松土和平茬利用。

适宜范围　吉林省西部乃至东北西部中重度盐渍化地区。东北寒冷地区城乡及公路绿化美化。

沙枣母树林

树种：沙枣	学名：*Elaeagnus angustifolia*
类别：品种	编号：甘S-SS-Ea-013-2011
科属：胡颓子科 胡颓子属	申请人：酒泉市肃州区林业技术服务中心站、肃州区夹边沟林场

良种来源 酒泉市肃州区夹边沟林场天然沙枣母树林。

良种特性 沙枣生活力很强，有抗旱、抗风沙、耐盐碱、耐贫瘠等特点。沙枣侧根发达，根幅很大，在疏松的土壤中，能生出很多根瘤，其中的固氮根瘤菌还能提高土壤肥力，改良土壤。侧枝萌发力很强，顶芽长势弱。枝条茂密，常形成稠密株丛。纸条被沙埋后，易生长不定根，有防风固沙作用。其叶和果实均含有牲畜所需要的营养物质，沙枣作为饲料。还是很好的造林、绿化、防风、固沙树种。花、果、枝、叶又可入药治烧伤、支气管炎、消化不良、神经衰弱等。沙枣的多种经济用途受到广泛重视，目前已成为西北地区主要造林树种之一。

繁殖和栽培 沙枣可用植苗或插干造林。插干造林：在土壤湿润、水分条件好的地方，可用插干造林。选择2cm粗、1.5m长的枝条，剪去侧枝后作为侧穗，直接插于整好地的造林地上，扦插深度一般应达40cm。以春季扦插为好。扦插后保持土壤湿润。植苗造林：植苗造林可在春、秋两季进行，但以春季造林为好。在地下水位不超过2~3m的沙滩地或丘间低地上造林，不灌水也能成活、生长。若地下水位过深时，需有灌溉条件方可造林。土壤粘重的，要在头年耕翻整地，来年造林、沙壤土、壤质沙土地、厚覆沙地以及地表盐结皮较厚的盐渍土，都可以挖穴边栽植，不必事先整地。每亩栽植200株左右。

适宜范围 适宜在甘肃河西地区种植。

大果沙枣

树种：东方沙枣
类别：优良品种
科属：胡颓子科 胡颓子属

学名：*Elaeagnus angustifolia* var. Orientalis
编号：新S-SV-EA-033-2010
申请人：新疆克州阿图什市林业局

良种来源 大果沙枣作为新疆主要的沙枣品种之一，有悠久的种植历史。由于其生长迅速，繁殖容易，生命力强，具有较强的抗逆性，同时沙枣具有耐瘠薄和改良土壤作用。

良种特性 为灌木或乔木，高3~10m。树皮栗褐色至红褐色，有光泽，树干常弯曲，枝条稠密，具枝刺，嫩枝、叶、花果均被银白色鳞片及星状毛；叶具柄，披针形，长4~8cm，先端尖或钝，基部楔形，全缘，上面银灰绿色，下面银白色。花小，银白色，芳香，通常1~3朵生于小枝叶腋，花萼筒状钟形，顶端通常4裂。果实长椭圆形，黄褐至红褐色，长2~3cm，两端果洼内有8条明显的皱褶，果肉厚，核细长。天然分布在降水量低于150mm的荒漠和半荒漠地区，与浅的地下水位相关，地下水位低于4m，则生长不良。沙枣对热量条件要求较高，在≥10℃积温3000℃以上地区生长发育良好，积温<2500℃时，结实较少。活动积温>5℃时才开始萌动，10℃以上时，生长进入旺季，16℃以上时进入花期。果实主要在平均气温20℃以上的盛夏高温期内形成。耐盐碱能力也较强，但随盐分种类不同而异，对硫酸盐土适应性较强，对氯化物则抗性较弱。在硫酸盐土含盐量1.5%以下时可以生长，而在氯化盐土上含盐量超过0.4%时则不适于生长。沙枣侧根发达，根幅很大，在疏松的土壤中，能生出很多根瘤，其中的固氮根瘤菌还能提高土壤肥力，改良土壤。侧枝萌发力强，顶芽长势弱。枝条茂密，常形成稠密株丛。枝条被沙埋后，易生长不定根，有防风固沙作用。在阿图什市，沙枣3月下旬树液开始流动，4月中旬开始萌芽，5月底至6月初进入花期，花期为3周左右，7月上旬见幼果，8月下旬果实成型，10月果实成熟，果期100d左右。喜阳耐旱，怕涝。

繁殖和栽培 以播种育苗、扦插繁育为主，也可压条繁育。

适宜范围 海拔1000~1500m的戈壁、盐渍地、盐碱地、沙漠边缘等均可种植。

尖果沙枣

树种：尖果沙枣	学名：*Elaeagnus oxycarpa*
类别：优良品种	编号：新S-SV-EO-034-2010
科属：胡颓子科 胡颓子属	申请人：中国科学院新疆生态与地理研究所

良种来源　2006年10月中下旬在准噶尔盆地北部天然分布的尖果沙枣林采集籽种，晾干保存；2007年3月底，选择2cm径粗、1.5m长枝条作为扦插用。2007年4月初，在中国科学院阜康荒漠生态系统国家野外科学实验研究站进行植苗和扦插造林试验。试验测定项目包括土壤理化性质，苗木物候及生长量、抗逆性等测定。通过4年的种植试验表明，新鲜饱满的种子发芽率在90%以上，保存4年的种子发芽率在70%以上，扦插成活率可达72%~83%。

良种特性　耐盐旱中生小乔木，高3~7m，非豆科的固氮树种，生长迅速、根系发达，耐风沙、干旱、高温、盐渍化和贫瘠。根蘖性强，是防风固沙、保持水土和改良盐碱地及绿化的重要树种。耐寒，能耐-40℃以下的低温；耐干旱，在年降水量仅有20~60mm、蒸发量高达2500mm的区域生长良好；耐土壤瘠薄，在沙质或沙砾质荒漠均能生长；较耐盐碱，在土壤总含盐量小于1%时，生长良好，超过1%时，生长受到抑制。叶片窄长圆形至线状披针形；枝具明显的棘针；果实较小，卵圆形或近圆形长0.5~1.0cm，乳黄色或橙黄色。花期5~6月，果期9~10月。叶含蛋白质4%，粗脂肪2.4%，是优质的饲料；果肉含粗蛋白7.94%，粗脂肪1.34%。果实粉碎后是营养丰富的饲料；花芳香，是很好的蜜源；根有根瘤菌，可改良土壤。沙枣树可营造防护林。尖果沙枣抗逆性强，可在土壤pH值9.5~10.5、有机质含量0.6%左右的盐碱地、退化贫瘠地上生长。当年高生长量可达1.60m，3年幼树可达4~5m，胸径4.2~5.1cm。在防风固沙、保持水土、发展畜牧业等方面有着重要的作用。

繁殖和栽培　种子繁殖。采用秋播或春播。秋播简单方便，播后灌冬水越冬。春播需催芽处理，一般在12月至翌年1月，将去果肉种子淘洗干净，掺细沙和水拌成稠泥状，埋入沙坑，覆沙20cm越冬，或播前用50℃左右温水浸泡2~3d，淘洗干净后保湿催芽，视有少部种子露芽即可播种。营养繁殖，插穗采一两年生枝条，采用生根剂催根。

适宜范围　适宜新疆南北疆绿洲防护林及沙漠-绿洲过渡带保护地栽培。

深秋红

树种：沙棘
类别：优良品种
科属：胡颓子科 沙棘属

学名：*Hippophae rhamnoides* L
编号：辽S-SV-HR-006-2007
申请人：梁九鸣、付广芝

良种来源 从芬兰和俄罗斯引入沙棘优树或品种，经多年选育出的优良品种。

良种特性 亚乔木或灌木，主干通直，侧枝分层明显，树体挺拔，根系发达，生长健壮，4年生树高可达4.3m，冠幅2.5m，无刺或少刺，喜光，耐寒，耐旱，混交或散生。果实圆柱状，橘色，颜色鲜亮，果皮较厚，柄长，鲜果百粒重64~81g，含糖量9.77%，β-胡萝卜素含量7.79mg/100g，种子中β-胡萝卜素含量23.12mg/100g。经济林树种，亦可用于防风固沙。果实从8月开始变红，从冬至春不落果，不烂果，栽植时不能窝根，栽后灌溉。果实的主要用途是药用、榨油、日用化妆品等，此品种也可做风景树。

繁殖和栽培 嫩枝扦插：采用2~3年生母树当年生嫩枝做扦插穗。扦插穗剪成12~15cm长，上端第1个芽距切口1.5cm，下部5cm以下的叶片摘除，扦插前用根宝夜速浸，扦插前苗床用高锰酸钾或多菌灵稀释液消毒，24h后用清水冲洗。扦插时间为每年6月中旬~7月上旬为宜。不要窝根，栽后灌溉。

适宜范围 辽西北地区栽培。

无刺丰

树种：沙棘	学名：*Hippophae rhamnoides* L
类别：优良品种	编号：辽S-SV-HR-007-2007
科属：胡颓子科 沙棘属	申请人：梁九鸣、付广芝

良种来源 从芬兰和俄罗斯引入沙棘优树或品种，经多年选育出的优良品种。

良种特性 多骨干枝，披散形，馒头状树冠，全无刺，造林当年缓慢，第2年后生长迅速，树体健壮，果实圆柱型，橘黄色，两端有红晕。3年后大量结果，单株产量20kg，亩产1.55t，栽植5年后达到盛果期，鲜果百粒重78~93g，种子千粒重19g，果实果大柄长，采摘方便，苗木抗病性强，果实出汁率80%，出籽率3%，果肉中总酸含量1.25g/100g，粗脂肪含量2.86g/100g，总糖7.72g/100g，总氨基酸含量6.62mg/100g，VE含量0.61mg/100g，β-胡萝卜素含量0.67mg/100g。经济林树种，亦可用于防风固沙，可供药用或食用等。

繁殖和栽培 嫩枝扦插：采用2~3年生母树当年生嫩枝做扦插穗。扦插穗剪成12~15cm长，上端第1个芽距切口1.5cm，下部5cm以下的叶片摘除，扦插前用根宝夜速浸。扦插前苗床用高锰酸钾或多菌灵稀释液消毒，24h后用清水冲洗。扦插时间为每年6月中旬~7月上旬为宜。移植苗木时注意不要窝根，栽植后要灌溉。株行距2m×4m最宜，雌雄配置按8:1，也可以按田字形配置，十字交叉点为雄株。

适宜范围 辽西北地区栽培。

沙棘

树种：沙棘	学名：*Hippophae rhamnoides* Linn. subsp. *sinensis*. Rousi
类别：品种	编号：青S-SV-HR-002-2007
科属：胡颓子科 沙棘属	申请人：大通县城关苗圃

良种来源 青海省大通县原生树种。

良种特性 落叶灌木或乔木，适应范围广，耐寒、耐旱、耐盐碱。枝叶稠密，根系发达，根蘖能力强，平茬后生长旺盛。根系上着生大量根瘤菌，有较好的固氮作用，木材热值很高，是良好的薪炭林树种。沙棘果、叶具有较高的经济价值，果实中维生素C、维生素E、维生素A、维生素K等含量较高。此外，还含有近20种微量元素和20种氨基酸，果实含油率约为10%。沙棘油有抗辐射、抗疲劳等作用，是现代医学中的一种珍贵药用油。茎皮还含有抗癌物质。叶可制茶。花既是蜜源，亦可提炼香精。

繁殖和栽培 沙棘以播种育苗为主，建立以产果为目的的沙棘园，需采用无性繁殖方法。沙棘无性繁殖主要采用硬枝扦插和嫩枝扦插的方法。春秋季造林均可，采用带状整地或鱼鳞坑整地，苗木泥浆蘸根后造林，株行距1.5m×1.5m或者1m×1.5m，造林密度4440～6660株/hm²，造林时采用1~2年生实生苗，加强抚育管理，5年左右即可成林，成林后要适时平茬。沙棘主要虫害，苗期有地下害虫华北大黑鳃金龟和华北蝼蛄危害幼苗根部，林地蛀干害虫有红缘天牛和芳香木蠹蛾等。主要病害有沙棘干枯病和沙棘叶斑病。防治方法除采用造混交林、平茬更新等营林措施和保护天敌如七星瓢虫、环颈雉外，可按通常采用的方法进行药物防治。

适宜范围 适宜在青海省内海拔1700～3500m的中高位浅山、脑山地区种植。

沙棘六盘山种源

树种：沙棘
类别：优良种源
科属：胡颓子科 沙棘属

学名：*Hippophae rhamnoides* L. subsp. *sinensis* Rousi
编号：宁S-SP-HR-0013-2007
申请人：宁夏林业技术推广总站、宁夏隆德县林业局、
宁夏原州区林业局、宁夏彭阳县林业局、宁夏海原县林业局

良种来源 亲本来源于六盘山半干旱、半阴湿区天然生长的沙棘优良林分。

良种特性 落叶灌木或小乔木。幼枝密被褐锈色鳞片。叶互生或近对生，线形或线状披针形，长2~6cm，宽0.4~1.2cm，两端钝尖，全缘，叶背密被淡白色鳞片，叶柄短。雌雄异株，花较叶先开放，短总状花序腋生于隔年枝上，花小，淡黄色，花被两裂。花期5月，果期9~10月。浆果状近于球形，橙黄色或桔红色，种子褐色有光泽。造林绿化树种，对土壤要求不严，耐干旱瘠薄，抗风，抗寒。

繁殖和栽培 9月下旬~10月上旬采种。春季播种前1周，用40~60℃温水浸种24h后，再用湿沙催芽，当30%的种子裂嘴露白时播种。采用开沟条播，行距20~25cm，沟深1.5~2cm，宽10cm。将种子均匀地撒在播种沟内，覆过筛土1cm。播种量5~6kg/亩。育苗前期要控制水分，促进扎根。速生期浇水施肥，促进生长。苗后期要停水停肥，促进苗木木质化。春、秋两季均可造林。可营造针阔混交林，株行距2m×1.5m。纯林易发生干枯衰老现象，应及时平茬复壮。

适宜范围 在宁夏南部六盘山及外围的干旱半干旱、半阴湿区及条件相似的地区均可种植。

'向阳'

树种：沙棘
类别：优良无性系
科属：胡颓子科 沙棘属

学名：*Hippophae rhamnoides* 'Xiangyang'
编号：新S-SC-HR-006-2009
申请人：新疆青河县林业局

良种来源 2002年，新疆青河县从山东引进大果沙棘品种'向阳'等8个品种进行引种试验，从2004年开始连续5年对各试验地的各品种进行全面测量，2008年对历年测量数据进行汇总比较，比对选育目标，最终确定'向阳'为适合高寒山区种植的果用型大果沙棘品种。

良种特性 树型开张，植株较为低矮，长势好，便于采摘。树冠2~3m，冠径2.5m，树冠开张，呈叉开式。结实较早，2年树龄进入结果期。果实圆柱形，橙色，果实粒大，无刺或少刺，平均单果重0.95g，最大达到1.2g。单株产量高，单株产量平均16.5kg，亩产1600kg左右，8月中旬成熟。

繁殖和栽培 硬枝或绿枝扦插繁殖，插穗为当年生嫩枝或2~3年生硬枝，插穗长度为15~18cm，扦穗用50mg/L吲哚丁酸处理12h，或用100mg/L ABT生根粉1号处理24h。在全光照喷雾装置或良好给排水设备的塑料大棚内进行扦插，苗床采用高床，扦插前要进行土壤消毒。保持大棚的温度和湿度，在土壤上冻前1个半月左右开始炼苗。

适宜范围 退耕地、撂荒地、贫瘠的山地、河滩地、沙地、丘陵山地都可以正常生长，适应pH值在6.5~8.5、含盐量在0.4%~0.6%的土壤。土壤条件为沙壤土、壤土或沙土均可，不能在黏重的土壤上种植。土壤腐殖质含量要高，并应含有比较丰富的磷酸盐和钾盐；最好要有灌溉排水条件，有比较充足的光照条件。

'阿尔泰新闻'

树种：沙棘　　　　　　　　　　学名：*Hippophae rhamnoides* 'Aertaixinwen'
类别：优良无性系　　　　　　　编号：新S-SC-HR-007-2009
科属：胡颓子科 沙棘属　　　　　申请人：新疆青河县林业局

良种来源　2002年，新疆青河县从黑龙江齐齐哈尔市引进'阿尔泰新闻'等8个大果沙棘品种进行引种试验，从2004年开始连续5年对各试验地的各品种进行全面测量。2008年对历年测量数据进行汇总比较，比对选育目标，最终确定'阿尔泰新闻'为适合高寒山区种植的果用型大果沙棘品种。

良种特性　树型开张，植株较为低矮，长势好，便于采摘。株丛高大，树冠开张。果实金红色，果实粒大，微刺，平均单果重0.57g。成熟期早，8月中旬成熟，单株产量高，盛果期达10~12年，亩产1700kg左右。本品种耐严寒，对干缩病有一定抗性，在大田条件下能抗病虫害。

繁殖和栽培　硬枝或绿枝扦插繁殖，插穗为当年生嫩枝或2~3年生硬枝，插穗长度为15~18cm，扦穗用50mg/L吲哚丁酸处理12h，或用100mg/LABT生根粉1号处理24h。在全光照喷雾装置或良好给排水设备的塑料大棚内进行扦插，苗床采用高床，扦插前要进行土壤消毒。保持大棚的温度和湿度，在土壤上冻前1个半月左右开始炼苗。

适宜范围　退耕地、撂荒地、贫瘠的山地、河滩地、沙地、丘陵山地都可以正常生长，适应pH值在6.5~8.5，含盐量在0.4%~0.6%的土壤。土壤条件为沙壤土、壤土或沙土均可，不能在黏重的土壤上种植。土壤腐殖质含量要高，并应含有比较丰富的磷酸盐和钾盐；最好要有灌溉排水条件，有比较充足的光照条件。

'楚伊'

树种：沙棘
类别：优良无性系
科属：胡颓子科 沙棘属

学名：*Hippophae rhamnoides* 'Chuyi'
编号：新S-SC-HR-008-2009
申请人：新疆青河县林业局

良种来源 2002年，新疆青河县从山东等地引进'楚伊'等8个大果沙棘品种进行引种试验，并完成推广种植大果沙棘5万余亩，从2004年开始连续5年对各试验地的各品种进行全面测量。2008年对历年测量数据进行汇总比较，比对选育目标，最终确定'楚伊'为适合高寒山区种植的果用型大果沙棘品种。

良种特性 树型开张，植株较为低矮，便于采摘，长势好。树冠呈叉开式，圆形，枝条稀疏，棘刺较少。定植3~4年进入结果期，果实早熟，果实粒大，无刺。8月中旬成熟，植株高达2.5m，单株产量高，果实干脱落。平均单果重0.9g，亩产1140~1750kg。

繁殖和栽培 硬枝或绿枝扦插繁殖，插穗为当年生嫩枝或2~3年生硬枝，插穗长度为15~18cm，扦穗用50mg/L吲哚丁酸处理12h，或用100mg/LABT生根粉1号处理24h。在全光照喷雾装置或良好给排水设备的大棚内进行扦插，苗床采用高床，扦插前要进行土壤消毒。保持大棚的温度和湿度，在土壤上冻前1个半月左右开始炼苗。

适宜范围 在退耕地、撂荒地、贫瘠的山地、河滩地、沙地、丘陵山地都可以正常生长，适应pH值在6.5~8.5、含盐量在0.4%~0.6%的土壤。土壤条件为沙壤土、壤土或沙土均可，不能在黏重的土壤上种植。土壤腐殖质含量要高，并应含有比较丰富的磷酸盐和钾盐；最好要有灌溉排水条件，有比较充足的光照条件。

'阿列伊'

树种：沙棘	学名：*Hippophae rhamnoides* 'Alieyi'
类别：优良无性系	编号：新S-SC-HR-009-2009
科属：胡颓子科 沙棘属	申请人：新疆青河县林业局

良种来源 新疆青河县对从山东引进沙棘雄株品种'阿列伊'以及青河县自行繁育的中国无刺雄株、实生沙棘雄株进行对比试验，从2004年开始连续5年对各试验地的各品种进行全面测量。2008年对历年测量数据进行汇总比较，比对选育目标，确定'阿列伊'为适合高寒山区种植的授粉用大果沙棘品种。

良种特性 花粉量大，花期长，长势好。植株生长势强，6年生高3.8m，树冠直径3.1~3.4m，无刺。花芽很大，生育组织花抗寒，可生产大量花粉，花粉具有很高生命力（95.4%），可做授粉树使用，甚至可以在不利条件下获得很高的坐果率。

繁殖和栽培 硬枝或绿枝扦插繁殖，插穗为当年生嫩枝或2~3年生硬枝，插穗长度为15~18cm，扦穗用50mg/L吲哚丁酸处理12h，或用100mg/L ABT生根粉1号处理24h。在全光照喷雾装置或良好给排水设备的大棚内进行扦插，苗床采用高床，扦插前要进行土壤消毒。保持大棚的温度和湿度，在土壤上冻前1个半月左右开始炼苗。

适宜范围 在退耕地、撂荒地、贫瘠的山地、河滩地、沙地、丘陵山地都可以正常生长，适应pH值在6.5~8.5、含盐量在0.4%~0.6%的土壤。土壤条件为沙壤土、壤土或沙土均可，不能在黏重的土壤上种植。土壤腐殖质含量要高，并应含有比较丰富的磷酸盐和钾盐；最好要有灌溉排水条件，有比较充足的光照条件。

沙棘 HF-14

树种：沙棘
类别：优良无性系
科属：胡颓子科 沙棘属

学名：*Hippophae rhamnoide* 'HF-14'
编号：黑S-SC-HR-004-2010
申请人：黑龙江省森林与环境科学研究院

良种来源 亲本为蒙古沙棘"乌兰格木"自由授粉子1代种子，从中国林科院林研所引入。其亲本主要特征是生长势好、少刺、果大、有果柄，变异类型多，抗逆性比俄罗斯种源好。

良种特性 落叶灌木，有明显主干，树冠开张呈半圆形，枝浅褐色，被白色鳞片，枝粗壮、无徒长枝、少刺；叶互生，长5.8~6.3cm，宽0.69~0.74cm，叶柄长0.4mm，披针形微内卷，基部楔形，先端钝尖；果实椭圆形，橙黄色，横径0.8cm，纵径0.9cm，果柄长0.52cm，单果重0.41g；种子卵形，褐色。该品种以采集果实利用为主。具有高产、优质、抗逆性强等优点。可用于营造经济林、水土保持林、防风固沙林等。

繁殖和栽培 扦插繁殖为主。利用全光喷雾或具有喷雾条件的大棚作为育苗设施，采用当年生半木质化嫩枝进行扦插，插穗长度15cm，培养介质采用1∶1的腐殖土＋珍珠岩，扦插前用100ppmABT1号生根粉蘸根处理，扦插时间7月中旬。沙棘园营造。应选择土壤通透性好、地下水位较高或有灌溉条件、不会发生内涝、交通方便的地方。造林宜采用2m×3m的株行距，造林应选用2年生换床苗，雌雄比例5∶1为宜，要均匀配置，栽植后二年内可实行林粮间作（矮秆作物）以耕代抚，还要及时除蘖。沙棘的主要病害是干缩病（*Plowuigneia hippophaeos*），对此病害需采取加强抚育管理措施；日灼、机械刮拉伤、人为剪伤（修枝）、牲畜啃伤等伤害引起的病原菌侵入，可通过修枝和追肥提高树势的方法防治。沙棘的虫害主要有蚜虫和卷叶蛾，如有危害喷洒环保型杀虫剂灭除。

适宜范围 适宜在黑龙江省中、西部地区种植。

'无刺丰'

树种：沙棘	学名：*Hippophae rhamnoides* 'Wucifeng'
类别：优良无性系	编号：新S-SC-HR-012-2010
科属：胡颓子科 沙棘属	申请人：新疆博林科技发展有限责任公司

良种来源 从俄罗斯大果沙棘品种自由授粉播种后代选育。2003年，新疆博林科技发展有限责任公司从辽宁省阜新绿洲大果沙棘研究所引进，第2年通过绿枝扦插获得扦插苗，分别在吉木萨尔西芦芽湖村、吉木萨尔县石场沟、奇台县七户乡、玛纳斯县林场、布尔津县、克州阿合奇县共6个点进行试验种植。通过几年对生长量、成活率、挂果情况及适应性调查，该品种表现出适应性强、无刺、无病虫害、丰产等特性。

良种特性 属多骨干枝、披散型、馒头状树冠，造林当年生长缓慢，第2年生长迅速，树体健壮，抗干缩病。造林第2年少量结果，3年时大量结果。果实圆柱形，橘黄色，两端有红晕，枝条发育好，无刺，单株最高产量20kg，亩产1.55~2t。种籽千粒重19.8g，单果重1.1g，百果鲜重80g左右。

繁殖和栽培 硬枝扦插在4月下旬到5月上旬进行；绿枝扦插采用全光照喷雾扦插技术，在6月上旬至8月上旬扦插。育苗设施以大棚、温室、沙盘为主，底层施有机肥混合土10cm，上层为河沙10cm，用微喷式全光照喷灌设施并安装电磁阀和时间控制仪控制喷水时间。温度太高可用遮阳网，在生根阶段遮阴，生长后撤除遮阴设备。

适宜范围 新疆沙棘适生区均可种植。

'深秋红'

树种：沙棘
类别：优良无性系
科属：胡颓子科 沙棘属

学名：*Hippophae rhamnoides* 'Shenqiuhong'
编号：新S-SC-HR-013-2010
申请人：新疆博林科技发展有限责任公司

良种来源 2003年，新疆博林科技发展有限责任公司从辽宁省阜新绿洲大果沙棘研究所引进，第2年通过绿枝扦插获得扦插苗后，陆续在吉木萨尔石场沟西芦芽湖村、奇台县七户乡、玛纳斯县林场、布尔津县、阿合奇县进行试验种植。2005年又引进'深秋红'及其他2个品种的绿枝扦插苗各600株。

良种特性 亚乔木或灌木，主干明显，属主干直立型，树体挺拔，根系发达，植株特别健壮，4年树高达4.3m，冠幅2.5m。耐干旱瘠薄，抗病性强，有少量棘刺。果实密集，橘红色，皮厚，果柄长，抗干缩病。无性扦插繁殖可保持大果、不落果等性状。第3年进入丰

产期后亩产量1350kg。果实圆椎形，8月中旬橘红色，9月中旬变为黄色，果皮较厚，冬天不落果、不烂果，种籽千粒重11g，最大单果0.8g，百果鲜重60g左右。

繁殖和栽培 硬枝扦插在4月下旬到5月上旬；绿枝扦插采用全光照喷雾扦插技术，在6月上旬至8月上旬进行。育苗设施以大棚、温室、沙盘为主，底层施有机肥、混合土10cm，上层为河沙10cm，用微喷式全光照喷灌设施并安装电磁阀和时间控制仪控制喷水时间，温度太高可用遮阳网，在生根阶段遮阴，生根后撤除遮阴设备。

适宜范围 新疆沙棘适生区均可种植。

'壮圆黄'

树种：沙棘	学名：*Hippophae rhamnoides* 'Zhuangyuanhuang'
类别：优良无性系	编号：新S-SC-HR-014-2010
科属：胡颓子科 沙棘属	申请人：新疆博林科技发展有限责任公司

良种来源 该品种由辽宁阜新绿州大果沙棘选育推广研究所与沙棘研究专家黄铨研究员共同选育，2000年该品种通过鉴定。2005年新疆博林科技发展有限公司从辽宁绿州大果沙棘推广研究所引进'壮圆黄'及其他品种的绿枝扦插苗各600株。

良种特性 属主干直立型，植株健壮，果实圆球形，橘黄色，枝顶有少量刺，耐干旱，抗病性强，无性繁殖力高，生长势强，根系发达，主根明显，抗干缩病。8月下旬成熟，种籽千粒重16.2g，百果重75g，单果重1.0g。

繁殖和栽培 硬枝扦插在4月下旬到5月上旬；绿枝扦插采用全光照喷雾扦插技术，在6月上旬至8月上旬进行。育苗设施以大棚、温室、沙盘为主，底层施有机肥混合土10cm，上层为河沙10cm，用微喷式全光照喷灌设施并安装电磁阀和时间控制仪控制喷水时间，温度太高可用遮阳网，在生根阶段遮阴，生根后撤除遮阴设备。

适宜范围 新疆沙棘适生区均可种植。

'新垦沙棘1号'（乌兰沙林）

树种：沙棘
类别：优良无性系
科属：胡颓子科 沙棘属

学名：*Hippophae rhamnoides* 'Xinken1'
编号：新S-SC-HR-015-2010
申请人：新疆农垦科学院林园研究所

良种来源 '新垦沙棘1号'是2002年从内蒙古磴口县中国林业科学研究院沙漠林业试验中心引进的'乌兰沙林'种苗中选出，该品种是从蒙古国沙棘良种'乌兰格木'实生苗中通过多层次和多点试验选择出来的。

良种特性 树体丛灌型，当树龄5年时，高2.5~3.0m，树冠椭圆形，平均冠径1.5~2.0m。2年生枝平均长40~80cm，分枝数在15~40个，枝条棕褐色，当年生枝深灰褐色。叶片披针形，长6~12cm，宽0.8~0.9cm，叶表暗绿色，叶被深绿，有腺点，叶脉明显突出。成熟果实颜色为深橘黄色，卵圆形顶有红晕。果柄长度0.4~0.6cm，果实横径为0.91~1.2cm，果实纵径为1.1~1.6cm，平均百粒果重为63.4g，最大单果重1.22g。萌蘖力极强，至4年生时，平均单株萌蘖数达12株。耐干旱，在降水量300mm左右地区试种，可以生长，也可以结实；干旱时果实品质稍差；耐贫瘠，对土壤没有具体要求；耐低温，极端最低温度可达−50℃。

繁殖和栽培 主要采用播种育苗和绿枝扦插育苗，方法如下：播种育苗：种子播前处理：高锰酸钾溶液1：1000~2000消毒，温汤浸种催芽。播种季节和方法：春季5月份播种，采用平床或高床条播，播后撒湿沙或细土，轻轻压实。绿枝扦插育苗：苗床准备：微喷雾装置，底层铺设鹅卵石，上层铺沙土，再铺河沙。扦插作业：6月中下旬，采集插穗，凌晨采穗、下午剪穗处理，傍晚扦插。插穗用激素处理：ABT1号生根粉100mg/L0.5~1h左右。微喷雾及苗床管理：根据扦插前、中、后期插穗对环境的适应性和一天早、中、晚、夜间温度条件变化控制喷雾间隔，每周杀菌，苗床除草。苗木移栽：因新疆冬季寒冷，当年不能出圃移栽，可在翌年春移栽。

适宜范围 新疆各地的退耕还林地、戈壁荒漠地、沙漠边沿地、撂荒地、河滩地、丘陵山地都可以正常生长结实，适应pH值在6.5~8.5、土壤含盐量在0.6%以下的土壤环境。在地下水位低，年降水量在300mm以下的地区，需要有灌溉条件。

'新垦沙棘2号'（'棕丘'）

树种：沙棘	学名：*Hippophae rhamnoides* 'Xinken2'
类别：优良无性系	编号：新S-SC-HR-016-2010
科属：胡颓子科 沙棘属	申请人：新疆农垦科学院林园研究所

良种来源 '新垦沙棘2号'是2002年从内蒙古磴口县中国林业科学研究院沙漠林业试验中心引进的'棕丘'种苗中选出，该品种是从俄罗斯沙棘无性系品种'丘伊斯克'实生苗中通过多层次和多点试验选择出来的。

良种特性 树体丛灌型，根萌蘖力强，单株冠幅较小，但林分密度大。树高1.8~2.5m。树干及枝条棕褐色或褐色，枝条开张度中等，无刺或基本无刺。叶片披针形，表面暗绿，叶被淡绿。花期4月中旬，果熟期8月上旬。成熟果实橘红色，长椭圆形或卵圆形。果柄长度0.25~0.30cm，果实横径为0.8~1.16cm，果实纵径为1.2~1.4m，果形系数1.2左右。平均百粒果重为50~60.8g。萌蘖力极强，至4年生时，单株萌蘖数达10~14株。耐干旱，耐贫瘠，对土壤要求不严格，耐低温。干旱时果实较小。

繁殖和栽培 主要采用播种育苗和绿枝扦插育苗，方法如下：播种育苗：种子的播前处理：高锰酸钾溶液1：1000~2000消毒，温汤浸种催芽。播种季节和方法：春季5月份播种，采用平床或高床条播，播后撒湿沙或细土，轻轻压实。绿枝扦插育苗：扦插作业：6月中下旬，采集插穗，凌晨采穗、下午剪穗处理，傍晚扦插。插穗用激素处理：ABT 1号生根粉100mg/L0.5~1h左右。微喷雾及苗床管理：根据扦插前、中、后期插穗对环境的适应性和一天早、中、晚、夜间温度条件变化控制喷雾间隔，每周杀菌，苗床除草。苗木移栽：因新疆冬季寒冷，当年不能出圃移栽，可在翌年春移出栽培。

适宜范围 新疆各地的退耕还林地、戈壁荒漠地、沙漠边沿地、撂荒地、河滩地、丘陵山地都可以正常生长结实，适应pH值在6.5~8.5、土壤含盐量在0.6%以下的土壤环境。在地下水位低，年降水量在300mm以下的地区，需要有灌溉条件。

'新垦沙棘3号'('无刺雄')

树种：沙棘
类别：优良无性系
科属：胡颓子科 沙棘属

学名：*Hippophae rhamnoides* 'Xinken3'
编号：新S-SC-HR-017-2010
申请人：新疆农垦科学院林园研究所

良种来源 '新垦沙棘3号'是2002年从内蒙古磴口县中国林业科学研究院沙漠林业试验中心引进的'无刺雄'种苗中选出，该品种是从中国沙棘丰宁种源实生苗中通过多层次和多点试验选择出来的。

良种特性 花芽饱满、充实、定植后生育旺盛，萌芽、萌蘖力强；花期长、花粉量大；主干型灌木，分枝角度约40°，叶片浓绿；生长旺盛，3年生时树高达2.5~3.0m，5年生时树高可达4.0m左右。若进行平茬或截干，次年即可迅速恢复生长。植株长势很强，无刺或少刺。花粉具有很高生命力（95%），与大多数已推广的雌性品种配伍坐果率高。耐干旱，耐贫瘠，对土壤要求不严格；耐低温。在比较干旱地区有少量枝刺。

繁殖和栽培 采用绿枝扦插，主要注意事项：苗床准备：全自动喷雾装置，底层铺设鹅卵石，上层铺沙土，再铺河沙，注意通透性和保水性协调统一。插穗采制：6月中下旬，关键时刻采集插穗，采集合适树龄和部位接穗。激素处理：ABT1号100mg/L0.5~1h左右。扦插作业：凌晨或傍晚，随采穗、剪穗连贯进行。喷雾及苗床管理：注意气候、温度条件控制喷雾间隔，每周杀菌，苗床除草。苗木移栽：通常扦插半月就可生根，1个半月到2个月，根系发育完备，有设施条件的可移栽，注意防高温和保湿。喷雾装置安装和水温控制：按说明进行安装，水源可以是自来水和井水。水温控制在20~25℃，可加设水箱、晒水池、延长喷雾管通道等措施。苗木出圃：由于新疆冬季来临早并寒冷，扦插苗可在翌年春移到苗圃地，继续培育1年，达到合格标准，即可出圃造林。

适宜范围 新疆各地的退耕还林地、戈壁荒漠地、沙漠边沿地、撂荒地、河滩地、丘陵山地都可以正常生长结实，适应pH值在6.5~8.5，土壤含盐量在0.6%以下的土壤环境。在地下水位低，年降水量在300mm以下的地区，需要有灌溉条件。

中红果沙棘

树种：沙棘	学名：*Hippophae rhamnoides* L. 'Zhong hong guo'
类别：优良品种	编号：辽S-SV-HR-007-2013
科属：胡颓子科 沙棘属	申请人：辽宁省干旱地区造林研究所

良种来源 辽西地区大面积沙棘人工林，经长期自然选择和天然杂交的果用优良类型。

良种特性 中红果沙棘树势生长旺盛，抗逆性强、适生范围广、果大、丰产、繁殖容易等。树高为2~3m，果实红色，果味酸甜，可鲜食，果实圆形，百果质量22.8g；适应性强，适生范围广，对土壤要求不严，抗旱，耐寒，耐瘠薄，抗盐碱。经济林树种，亦可用于造林绿化等。果实酸甜可鲜食，含有人体所需的18种氨基酸和近200种对人体有益的生物活性物质，素有"维生素C之王"和"最具开发前景的第三代水果"等美称，产汁和产种率高。沙棘原料广泛应用于食品、药品、饮品、饲料、化妆品等行业。特别是以沙棘油为原料制成的系列药品，对于防（治）癌、烧（烫）伤治疗以及对妇科疾病和胃病的治疗具有特殊疗效。

繁殖和栽培 嫩枝扦插：全光喷雾裸地嫩枝扦插，采用半木质化枝条，生长激素处理，自动控制喷水量；硬枝扦插：采用2年生20cm长的枝段，经激素处理后扦插。栽植前进行细致整地，栽植株行距2m×3~4m，每666m²定植83~111株，雌雄株比例为8∶2或9∶1配置授粉树。栽后进行树盘覆草、深翻压青、合理施肥和整形修剪等项管理。

适宜范围 辽宁西部适宜地区推广。

中黄果沙棘

树种：沙棘
类别：优良品种
科属：胡颓子科 沙棘属

学名：*Hippophae rhamnoides* L. 'Zhong huang guo'
编号：辽S-SV-HR-008-2013
申请人：辽宁省干旱地区造林研究所

良种来源 辽西地区大面积沙棘人工林，经长期自然选择和天然杂交的果用优良类型。

良种特性 中黄果沙棘抗逆性强、适生范围广、果大、丰产、繁殖容易。树高为2m左右，果实为黄色，果味酸，百果质量36.6g。适应性强，适生范围广，对土壤要求不严，抗旱，耐寒，耐瘠薄，抗盐碱。经济林树种，亦可用于造林绿化等。果实含有人体所需的18种氨基酸和近200种对人体有益的生物活性物质，素有"维生素C之王"和"最具开发前景的第三代水果"等美称，产汁和产种率高。沙棘原料广泛应用于食品、药品、饮品、饲料、化妆品等行业。特别是以沙棘油为原料制成的系列药品，对于防（治）癌、烧（烫）伤治疗以及对妇科疾病和胃病的治疗具有特殊疗效。

繁殖和栽培 嫩枝扦插：全光喷雾裸地嫩枝扦插，采用半木质化枝条，生长激素处理，自动控制喷水量；硬枝扦插：采用2年生20cm长的枝段，经激素处理后扦插；栽植前进行细致整地，栽植株行距2m×3~4m，每666m²定植83~111株，雌雄株比例为8∶2或9∶1配置授粉树。栽后进行树盘覆草、深翻压青、合理施肥和整形修剪等项管理。

适宜范围 辽宁西部适宜地区推广。

中无刺沙棘

树种：沙棘	学名：*Hippophae rhamnoides* L. 'Zhong wu ci'
类别：优良品种	编号：辽S-SV-HR-009-2013
科属：胡颓子科 沙棘属	申请人：辽宁省干旱地区造林研究所

良种来源 辽西地区大面积沙棘人工林，经长期自然选择和天然杂交的叶用优良类型。

良种特性 中无刺沙棘抗逆性强、适生范围广、繁殖容易。枝条无棘刺，生长旺盛，枝叶繁茂，主要用于叶用、饲用，营造生态经济林。树高为3~4m，果实较小，百果质量仅13.6g，不宜做以提高产量为目的发展，主要用于采叶制茶、饲料添加剂、叶片可提取黄酮。适应性强，适生范围广，对土壤要求不严，抗旱，耐寒，耐瘠薄，抗盐碱。经济林树种，亦可用于造林绿化等。果实含有人体所需的18种氨基酸和近200种对人体有益的生物活性物质，素有"维生素C之王"和"最具开发前景的第三代水果"等美称。沙棘制品广泛应用于食品、药品、饮品、饲料、化妆品等行业，沙棘油为原料制成的系列药品，烧（烫）伤和胃病的治疗具有特殊疗效。叶片富含黄酮，可制茶、饲料添加剂，枝干粉碎可做食用菌培养基，提高品质和产量。

繁殖和栽培 嫩枝扦插：全光喷雾裸地嫩枝扦插，采用半木质化枝条，生长激素处理，自动控制喷水量；硬枝扦插：采用2年生20cm长的枝段，经激素处理后扦插；栽植前进行细致整地，栽植株行距1.5~2m×3m，每666m²定植148~111株，雌雄株比例为8∶2或9∶1配置授粉树。栽后进行树盘覆草、深翻压青、合理施肥和整形修剪等项管理。

适宜范围 辽宁西部适宜地区推广。

'皮亚曼1号'石榴

树种：石榴

类别：优良品种

科属：石榴科 石榴属

学名：*Punica granatum* 'Piyaman-1'

编号：新S-SV-PG-066-2004

申请人：新疆皮山县林业局

良种来源 1998年和田地区林业局在全地区共选出18个优良单株，对每个优良单株的性状、结实状况进行记录。1998年在18个优良单株中选出4个单株作为今后发展主栽品种，1999年复选出'皮亚曼1号'。

良种特性 落叶乔木，花分为完全花、中间花、退化花、单性雄花；抗瘠薄、抗病性强；果实色泽鲜艳，外形美观、皮薄、粒大、汁多味甜，营养丰富，平均一级单果重697g，含糖量19%左右，并含有丰富的维生素。自花授粉，授粉率不高，落花落果严重。成熟期亩产300kg以上。

繁殖和栽培 主要通过硬枝扦插育苗来繁殖。选择土层深厚肥沃的土地为育苗地，扦插前施入足够的基肥。育苗地选择在平床和垄上扦插，最好垄插，垄插有利于地温的提高。栽培技术要点间作式栽培株行距3m×6m，每亩单株37株；园式栽培株行距3m×4m，每亩单株56株；实行因树修剪、随枝作形的方式进行修剪，修剪以改善通风透光，完善和配备各主枝和侧枝，配备各类结果枝为目的，分春夏两个季节进行修剪；合理施肥，施基肥1次，幼树7.5~10kg，中龄树25kg，大树50kg。生长季节追施无机肥2次；及时中耕除草，一年除草4~5次；全年灌水5~10次；采用人工防治与化学防治相结合的原则进行病虫害防治，化学防治用无公害农药。

适宜范围 适宜在光热资源丰富，昼夜温差大、积温高、无霜期长的地方栽培，尤其适宜新疆南疆平原地区。

'皮亚曼2号'石榴

树种：石榴	学名：*Punica granatum* 'Piyaman-2'
类别：优良品种	编号：新S-SV-PG-067-2004
科属：石榴科 石榴属	申请人：新疆皮山县林业局

良种来源 1998年新疆和田地区林业局在全地区共选出18个优良单株，对每个优良单株的性状、结实状况进行记录。1998年在18个优良单株中选出4个单株作为今后发展主栽品种，1999年复选出'皮亚曼2号'。

良种特性 落叶灌木或小乔木，花分为完全花、中间花、退化花、单性雄花；抗瘠薄、抗病性强；果实色泽鲜艳，外形美观、皮薄、粒大、汁多味甜，营养丰富，平均一级单果重726g，含糖量19%左右，并含有丰富的维生素。自花授粉，授粉率不高，落花落果严重。成熟期亩产石榴300kg以上。

繁殖和栽培 主要通过硬枝扦插繁殖。选择土层深厚肥沃的土地为育苗地，扦插前施入足够的基肥，育苗地选择在平床和垅上扦插，最好垅插，垅插有利于地温的提高。

适宜范围 适宜在光热资源丰富，昼夜温差大、积温高、无霜期长的地方栽培，尤其在新疆南疆平原地区栽植。

昭陵御石榴

树种：石榴
类别：优良类型
科属：石榴科 石榴属

学名：*Punica granatum* L. 'Zhaolingyushiliu.'
编号：QLS091-J065-2010
申请人：咸阳市林业技术推广站、礼泉县林业工作站

良种来源 陕西省礼泉县变异类群。

良种特性 落叶灌木。树势旺盛。树冠圆头形。单叶对生，长椭圆形，全缘，有光泽。花红色，单生或数朵簇生枝顶及叶腋，花瓣倒卵形。根系萌蘖力强。3月初萌动，5月上旬始花，花期可延续2个月，11月上旬果实成熟。果个大、近圆球形，大红灯笼状。果实总糖含量10.26%，总酸含量2.80%，可溶性固形物16.70%，维生素C含量8.72mg/100g。丰产稳产，栽植3年后挂果，7年进入稳产期，盛果期平均产量15000~22500kg/hm²。经济林树种。

繁殖和栽培 扦插繁殖苗木。将2年生枝条剪成30cm长，保留3个以上侧枝，下部削成马耳形，开挖33cm深沟槽，沟底垫一层松土，按16cm×33cm株行距倾斜插入，填土夯实，枝条入土深度为3/4，浇水。选取1m长枝条，剪去下部无刺部分，削成马耳形，开挖长50cm、宽70cm、深35~50cm沟槽，插入2根插条，株距4~6cm，夯实浇水。挖长50cm、宽20cm、深33cm的坑，将枝条剪成30cm，下部盘成圆圈，每坑2~3株，夯实浇水。造林选择背风向阳、土层深厚的原地或坡台地。栽植穴60cm×60cm×60cm，栽植密度为株行距3m×4m。病虫害主要有：干腐病，幼树主枝或大枝出现皮层凹陷干腐，危害花、果实及果核。防治方法一是加强果园管理，提高林木抗病能力；二是发病后及时刮除病部皮层，剪去病害枝条，摘除僵果；二是5°石硫合剂或1：1：160波尔多液喷洒。

适宜范围 适宜海拔650~1000m，年平均气温10℃，日照时数2215h，年均降水540mm左右的渭北南部地区栽植。

芽黄

树种：红瑞木	学名：*Cornus alba* 'Bud's Yellow'
类别：引种驯化品种	编号：京S-ETS-CA-006-2015
科属：山茱萸科 梾木属	申请人：北京市植物园

良种来源　引自美国 Bailey 苗圃。

良种特性　'芽黄'红瑞木为观枝干落叶灌木，枝条黄色 (RHS Colour Chart 5A)。株高1~1.5m，冠幅0.8~1.0m。树形开张，枝条斜上，开张角度较大。单叶对生，阔卵形，秋季叶色为明黄色，秋季观叶效果亦佳。其原种红瑞木枝条为紫红色，本品种枝条为黄色，与原种差异明显。

繁殖和栽培

1. 栽植环境：喜光照充足、温暖潮湿的环境，适宜的生长温度是22~30℃。在排水通畅、养分充足的环境下，生长速度快。北京宜栽植于开阔处，以背风向阳最佳。

2. 栽植时期：春季栽植在土壤化冻后尚未萌动前栽植最为适宜，小苗可裸根移植，栽植后进行中度至重度修剪，促发新枝。秋季落叶后至土壤封冻前也可种植，栽植后浇透水越冬。其他非正常季节栽植要带土球，并进行中度至重度修剪，减少水分蒸发，促发新枝，并保持充足的水分供应。

3. 土肥水管理：每年11月中旬浇冻水，翌年3月底浇春水。栽植时穴内施基肥，以后每年的春季或秋两季开沟追肥。

4. 整形修剪：本品种株型饱满，整齐。枝条饱实度高，所以早春不易抽条。整形修剪只需剪除病弱枝。新枝条颜色更鲜艳，所以为了观赏效果，可丁春季叶芽萌动前将三年生以上的老枝疏除，以促发新枝。

适宜范围　北京地区。

贝雷

树种：红瑞木	学名：*Cornus sericea* 'Baileyi'
类别：引种驯化品种	编号：京S-ETS-CS-005-2015
科属：山茱萸科 梾木属	申请人：北京市植物园

良种来源 引自美国Bailey苗圃。

良种特性 '贝雷'红瑞木为落叶观枝灌木，冬春季枝条紫红色（RHS Colour Chart 60 A）。株高2 m，冠幅2 m。枝条斜上，开张角度小，嫩枝绿色。叶对生，卵形，秋季为暗红色，可秋季观叶。早春有抽条现象。易繁殖，硬枝扦插成活率达90%。其原种绢毛红瑞木枝条为暗紫红色。冬春季枝条颜色没有该品种亮丽。本品种的观枝效果比原种更加鲜艳。

繁殖和栽培

1. 栽植环境：喜温暖潮湿的环境，适宜的生长温度是22~30℃。在光照充足、排水通畅、养分充足的环境下，生长速度非常快。北京宜栽植于开阔处，以背风向阳最佳。

2. 栽植时期：春季栽植在土壤化冻后尚未萌动前栽植最为适宜，小苗可裸根移植，栽植后进行中度至重度修剪，减少营养消耗。秋季落叶后至土壤封冻前也可种植，栽植后浇透水，搭风障或枝干缠绕无纺布防寒越冬。其他非正常季节栽植要带土球，并进行中度至重度修剪，减少水分蒸发，促发新枝，并保持充足的水分供应。

3. 土肥水管理：每年11月中旬浇冻水，翌年3月底浇春水。栽植时穴内施基肥，以后每年的春季或秋季开沟追肥，保证旺盛生长。

4. 整形修剪：本品种新发枝条颜色鲜艳，每年春季叶芽萌动前将三年生以上的老枝疏除，将冬季干枯枝条剪除，促发新枝，使株型丰满。为了达到更好的观赏效果，可于3月中下旬进行平茬，促进新枝生长。本品种分枝能力差，适宜密植，成片栽植观赏效果好。

适宜范围 北京地区。

主教

树种：红瑞木	学名：*Cornus sericea* 'Cardinal'
类别：引种驯化品种	编号：京S-ETS-CS-007-2015
科属：山茱萸科 梾木属	申请人：北京市植物园

良种来源 引自美国 Bailey 苗圃。

良种特性 '主教'红瑞木为观枝干落叶灌木，冬春季枝条橘红色 (RHS Colour Chart 50 A)。株高2~2.5m，冠幅1.5m左右。枝条斜上，开张角度小，嫩枝绿色。单叶对生，卵圆形，秋季叶色为橙红色，可秋季观叶。早春有抽条现象。其原种绢毛红瑞木枝条颜色为紫红色，本品种与原种枝条颜色差异明显，其颜色更加艳丽，观赏效果更佳。

繁殖和栽培

1. 栽植环境：喜温暖潮湿的环境，适宜的生长温度是22~30℃。在光照充足、排水通畅、养分充足的环境下，生长速度非常快。北京宜栽植于开阔处，以背风向阳最佳。

2. 栽植时期：春季栽植在土壤化冻后尚未萌动前栽植最为适宜，小苗可裸根移植，栽植后进行中度至重度修剪，减少营养消耗。秋季落叶后至土壤封冻前也可种植，栽植后浇透水，搭风障或枝干缠绕无纺布防寒越冬。其他非正常季节栽植要带土球，并进行中度至重度修剪，减少水分蒸发，促发新枝，并保持充足的水分供应。

3. 土肥水管理：每年11月中旬浇冻水，翌年3月底浇春水。栽植时穴内施基肥，以后每年的春季或秋季开沟追肥，保证旺盛生长。

4. 整形修剪：本品种新发枝条颜色鲜艳，每年春季叶芽萌动前将三年生以上的老枝疏除，将冬季干枯枝条剪除，促发新枝，使株型丰满。为了达到更好的观赏效果，可于3月中下旬进行平茬，促进新枝生长。本品种分枝能力差，适宜密植，成片栽植观赏效果好。

适宜范围 北京地区。

大红枣1号

树种：山茱萸

类别：优良无性系

科属：山茱萸科 山茱萸属

学名：*Cornus officinalis* Sieb.et.Zuuc av 'Dahongzao1.'

编号：陕QLS074-J052-2007

申请人：陕西师范大学

良种来源　陕西省佛坪县特异性单株。

良种特性　落叶小乔木。树势强健。树冠卵圆形。叶深绿有光泽。枝条粗壮，节间短。3月初开花，4月初展叶，结果期4月中下旬，10月上旬果实成熟。果实较大，长卵形，成熟时深红色，出肉率（湿）55.0%~75.0%，出药率（烘干）19.7%~23.9%，有效成分马钱素、熊果酸和齐墩果酸含量分别为1.216%、0.162%和0.072%。栽植5年后结果，9年进入稳产期，盛果期平均产量5600kg/hm^{2}以上。经济林树种。

繁殖和栽培　以2~3年生山茱萸实生苗作砧木，3月下旬~4月初或7月中下旬采用枝接或芽接繁殖苗木，嫁接成活后及时抹芽，适时剪砧、松绑。造林选择背风向阳、土层深厚肥沃、排水良好的沙壤平地或坡地。秋末落叶后或春季发芽前选取高70~100cm、地径0.8~1.2cm的苗木栽植，栽植密度3~4m×3~4.5m，随起苗随栽植，浇足定根水。幼树期间作套种豆类、薯类等低杆作物。

适宜范围　适宜年平均气温11.5~13.8℃，海拔600~1200m，无霜期217d左右的秦巴山区栽植。

石滚枣1号

树种：山茱萸

类别：优良无性系

科属：山茱萸科 山茱萸属

学名：*Cornus officinalis* Sieb.et.Zuuc av 'Shigunzao1.'

编号：QLS075-J053-2007

申请人：陕西师范大学

良种来源　陕西省佛坪县特异性单株。

良种特性　落叶小乔木。树势中庸。树冠阔卵形。树干低或丛生。枝条粗壮，节间短。叶色深绿，长圆形。花丛生。3月初开花，4月初展叶，结果期4月中下旬，10月上旬果实成熟。果实成熟后大红色，长圆柱形。出肉率（湿）56.0%~82.4%，出药率（烘干）20.4%~24.6%，有效成分马钱素、熊果酸和齐墩果酸含量分别为1.135%、0.173%和0.077%。嫁接后5年开花结果，9年进入稳产期，盛果期平均产量5500kg/hm^{2}以上。经济林树种。

繁殖和栽培　以2~3年生山茱萸实生苗作砧木，3月下旬~4月初，或7月中下旬，采用枝接或芽接繁殖苗木，嫁接成活后及时抹芽，适时剪砧、松绑。造林选择背风向阳、土层深厚肥沃、排水良好的沙壤平地或坡地。秋末落叶后或春季发芽前选取高70~100cm、地径0.8~1.2cm的苗木栽植，栽植密度3~4m×3~4.5m，随起苗随栽植，浇足定根水。幼树期间作套种豆类、薯类等低杆作物。

适宜范围　适宜年平均气温11.5~13.8℃，海拔600~1200m，无霜期217d左右的秦巴山区栽植。

秦丰

树种：山茱萸	学名：*Cornus officinalis* Sieb.et.Zuuc av 'Qinfeng.'
类别：优良无性系	编号：陕S-SV-JR-005-2012
科属：山茱萸科 山茱萸属	申请人：陕西师范大学

良种来源 陕西省丹凤县特异性单株。

良种特性 落叶小乔木。树势强健。树冠阔卵形。主干较低。单叶对生，叶绿色，长圆形。枝条健壮，节间短。伞形花序，花丛生。3月初~3月中旬开花，4月上旬展叶，10月上旬果实成熟。果实圆柱形。果实成熟后呈鲜红色。果肉淡红色，味酸涩，微甘。平均出肉率（湿）71.1%，平均出药率（烘干）22.1%，有效成分马钱素、熊果酸和齐墩果酸含量分别为0.721%、0.156%和0.067%。栽植4~5年后开花结果，9年进入稳产期，盛果期平均产量6000 kg/hm²。经济林树种。

繁殖和栽培 以2~3年生山茱萸实生苗作砧木，3月下旬~4月初，或7月中下旬，采用枝接或芽接繁殖苗木，嫁接成活后及时抹芽，适时剪砧、松绑。造林选择背风向阳、土层深厚肥沃、排水良好的沙壤平地或坡地。秋末落叶后或春季发芽前选取高70~100cm、地径0.8~1.2cm的苗木栽植，栽植密度3~4m×3~4.5m，随起苗随栽植，浇足定根水。幼树期间作套种豆类、薯类等低杆作物。

适宜范围 适宜年平均气温11.5~13.8℃，年降雨量630~1200mm，无霜期217d左右的地区栽植，尤其适宜秦巴山区栽培。

秦玉

树种：山茱萸	学名：*Cornus officinalis* Sieb.et.Zuuc av 'Qinyu.'
类别：优良无性系	编号：陕S-SV-JR-006-2012
科属：山茱萸科 山茱萸属	申请人：陕西师范大学

良种来源 陕西省丹凤县特异性单株。

良种特性 落叶小乔木。树势强健。树冠开张，倒阔卵形。主干丛生或较低。枝条健壮，节间短。单叶对生，叶色深绿，长圆形。伞形花序，花丛生，每花序具小花35~47个。花期2月下旬~4月初，果期3月中旬~10月上旬。果实长椭圆形，果肉淡红色，味酸、涩、微甘。平均出肉率（湿）69%，平均出药率（烘干）21.2%，有效成分马钱素含量0.788%，熊果酸含量0.158%，齐墩果酸含量0.066%。栽植4年后开花结果，平均单株产量4.71kg，9年进入稳产期，盛果期平均产量5250 kg/hm²以上。经济林树种。

繁殖和栽培 以2~3年生山茱萸实生苗作砧木，3月下旬~4月初，或7月中下旬，采用枝接或芽接繁殖苗木，嫁接成活后及时抹芽，适时剪砧、松绑。造林选择背风向阳、土层深厚肥沃、排水良好的沙壤平地或坡地。秋末落叶后或春季发芽前选取高70~100cm、地径0.8~1.2cm的苗木栽植，栽植密度3~4m×3~4.5m，随起苗随栽植，浇足定根水。幼树期间作套种豆类、薯类等低杆作物。

适宜范围 适宜年平均气温11.5~13.8℃，年降雨量630~1200mm，无霜期217d左右的地区栽植，尤其适宜秦巴山区栽培。

'华源发'黄杨

树种：北海道黄杨

类别：优良无性系

科属：卫矛科 黄杨属

学名：*Euonymus japonnicus* 'Huayuanfa'

编号：京S-SV-EJ-011-2012

申请人：北京华源发苗木交易市场有限公司

良种来源 北海道黄杨变异株。

良种特性 该品种是通过北海道黄杨芽变嫁接于丝绵木砧木上形成的。主要特征：新梢节间短，叶序近轮生，叶色呈浓绿色，发枝多而密，树冠分枝稍开张，同时抗寒性优于原种北海道黄杨，生长势强，易修剪造型。

繁殖和栽培 用干径粗度一般为3~5cm以上的丝绵木作为砧木，干高选择在1~2.2m进行定植，定植株行距为1.5m×1.5m或1.5m×2m，定植2年，培养嫁接侧枝。根据不同园林需要确定干高，干高定好后进行截干处理，在干顶培养位置较好新生枝3~5个，其余枝条去除。对水分要求不严格，土壤含水量保持在70%以下，追肥每年早春和5月中下旬施入。主要虫害为黄杨尺蠖和天牛。

适宜范围 北京地区。

栓翅卫矛 '铮铮1号'

树种：栓翅卫矛
类别：优良无性系
科属：卫矛科 卫矛属

学名：*Euonymus phellomanus* Loes. 'ZZ-1'
编号：宁S-SC-EP-004-2015
申请人：宁夏中宁县铮铮良种苗木繁育有限公司

良种来源 从六盘山林业局二龙河林场、龙潭林场苗圃地，通过形态观察选优引入，为自然授粉有性杂交的实生移植苗。

良种特性 落叶灌木，当年新枝绿色，老枝条灰褐色。叶片椭圆形，叶缘具细锯齿。叶淡绿色，叶尖较锐，叶长8.7cm，宽3.0cm。秋季，冠顶叶片渐变为淡黄红色。枝条易形成花芽，聚伞花序。蒴果倒圆锥形，外果皮粉红色，色泽鲜艳，多集中在2~3年生枝条上，坐果率70%~85%。蒴果大小均匀，有1~3粒种子。3月中下旬萌芽展叶，5月中下旬为花期，6月中旬蒴果膨大期，6月下旬至7月上旬蒴果着色期。8月中下旬，蒴果4裂瓣种子外露，种子包衣紫红色，蒴果观赏期70~80d。10月下旬~11月上旬落果、落叶，枝条上突显出褐色木质栓翅。园林观赏树种，在降水量≤400mm的地区栽植

时，需补充灌水。

繁殖和栽培 通过丝棉木高杆嫁接培育。先培育不同等级的丝棉木砧木，待苗高250~300cm以上，胸径2.5~3cm时进行移植备用。采用插皮法嫁接。3月中旬，采集1~2年生枝条进行冷藏或湿沙沙藏。4月上旬~5月中旬进行春季嫁接，7月中下旬~8月中旬进行夏秋季嫁接。当年春季嫁接的，6~7月解带松绑。夏秋季嫁接的，翌年5月松绑解带，促进主枝粗生长和木质化，提高接穗抗风折能力。嫁接成活后第2年，要加强田间管理，扩大树冠。第2年开花结果，第3年即可出圃移栽造林。春秋两季均可栽植，采用孤植、对植、列植等方式栽植。

适宜范围 在有机质含量≥0.5%、pH值≤8.3、全盐量≤3g/kg的立地条件下栽植。

栓翅卫矛'铮铮2号'

树种：栓翅卫矛

类别：优良无性系

科属：卫矛科 卫矛属

学名：*Euonymus phellomanus* Loes. 'ZZ-2'

编号：宁S-SC-EP-005-2015

申请人：中宁县铮铮良种苗木繁育有限公司

良种来源 从六盘山林业局二龙河林场、龙潭林场苗圃地，通过形态观察选优引入。

良种特性 落叶灌木，3月中下旬萌芽展叶，枝条短而粗壮，当年生嫩枝泛紫红色。叶深绿色，叶片肥厚且多为椭圆形，叶缘具细锯齿，向上微翘，平均叶长9.13cm，宽4.48cm。5月中下旬进入花期，聚伞花序。6月中下旬为蒴果膨大期，7月上旬蒴果着色期。蒴果粉红色，蒴果外围和向阳面着色早而鲜艳。蒴果果形大，倒圆锥形，平均单果重10.9g，平均坐果率77%~91%。，蒴果多集中在2~3年生枝条上，观赏期80~90d。8月下旬~9月上旬，蒴果4裂瓣种子外露，种子1~4粒。9月中下旬蒴果脱落，10月下旬~11月上旬落叶，枝条上突显褐色木质栓翅，3~4年生木质栓翅较厚，不易剥落，平均木质栓翅宽5.1mm、厚2.0mm。园林观赏树种，在降水量≤400mm的地区栽植时，需补充灌水。

繁殖和栽培 通过丝棉木高杆嫁接培育。先培育不同等级的丝棉木砧木，待苗高250~300cm以上，胸径2.5~3cm时进行移植备用。采用插皮法嫁接。3月中旬，采集1~2年生枝条进行冷藏或湿沙沙藏。4月上旬~5月中旬进行春季嫁接，7月中下旬~8月中旬进行夏秋季嫁接。当年春季嫁接的，6~7月解带松绑。夏秋季嫁接的，翌年5月松绑解带，促进主枝粗生长和木质化，提高接穗抗风折能力。嫁接成活后第2年，要加强田间管理，扩大树冠。第2年开花结果，第3年即可出圃移栽造林。春秋两季均可栽植，采用孤植、对植、列植等方式栽植。

适宜范围 在有机质含量≥0.5%、pH值≤8.3、全盐量≤3g/kg的立地条件下栽植。

'哈密大枣'

树种：枣	学名：*Ziziphus jujuba* 'Hamidazao'
类别：优良品种	编号：新S-SV-ZJ-012-1995
科属：鼠李科 枣属	申请人：新疆哈密地区林管站、哈密地区林业科学研究所

良种来源 '哈密大枣'在哈密具有悠久的种植历史。哈密地处内陆腹地，光热资源十分丰富，'哈密大枣'就是生长在这一特定的地理气候条件下的产物。'哈密大枣'以其个大、肉厚、含糖量高，含有人体所需多种营养成分，制干后果品饱满，皱缩程度小等优秀品质而饮誉疆内外。

良种特性 鲜果圆形，径3.5~3.9cm，平均单果重23g，平均单株产量28.5kg，含糖率42%，制干率65%，平均产量比其他同龄枣树高21%。果实个大肉厚，外观紫红艳丽具光泽，果形为长椭圆形、扁椭圆形和近似圆形；干枣果形饱满、皱缩程度小，性能表现良好，是区别于其他红枣的明显特征。

繁殖和栽培 可根蘖、嫁接繁殖。

适宜范围 在新疆哈密市、伊吾县及南疆红枣主栽区栽植。

延川狗头枣

树种：枣
类别：优良无性系
科属：鼠李科 枣属

学名：*Ziziphus jujuba* cv. 'Yanchuangoutouzao.'
编号：QLS035-J020-2001
申请人：西北农林科技大学林科院、延川县枣业局、延川县红枣技术推广站

良种来源 陕西省延川县延水关乡庄头村特异性单株。

良种特性 落叶乔木。树势中强。树冠自然圆头形，树姿开张。发枝力中等。树干灰褐色，树皮不规则条状浅裂，易脱落，脱皮后为浅红色。花蕾扁圆形，花中大，初开花盘黄色。枣头棕褐色。枣股圆柱形，每枣股抽生枣吊3~5个。4月中下旬萌动，5月上旬展叶，6月上中旬盛花期，9月中旬成熟，9月下旬脆熟（红熟），11月上旬落叶。果实锥形或卵圆形，似狗头状。果面平整，果肉绿白色。鲜枣可溶性固形物含量32.0%，糖含量13.1%，酸含量0.4%，维生素C含量322.99mg/100g，可食率94.2%。干枣糖含量75%、酸1.32%。栽植2~3年后结果，7~8年进入稳产期，盛果期平均产鲜枣24750kg/hm^2。经济林树种。制干、鲜食兼用品种。

繁殖和栽培 培育酸枣苗作砧木嫁接繁殖。参阅方木枣。山地建园前先进行水平沟整地，缓坡地栽植密度3m×4~6m，滩坝地为3m×4m。林粮间作枣园栽植密度4m×6m。病虫害防治参阅方木枣。

适宜范围 适宜年平均温度10℃左右，年降雨量少于550mm，昼夜温差较大的陕北、渭北及相类似地区推广栽植。

佳县油枣

树种：枣	学名：*Ziziphus jujuba* cv. 'Jiaxianyouzao.'
类别：优良类型	编号：QLS036-J021-2001
科属：鼠李科 枣属	申请人：西北农林科技大学

良种来源 陕西省佳县变异类群。

良种特性 落叶乔木。树势中庸偏强。树冠自然半圆形，树姿半开张。干性中强，发枝力中等。二次枝弧形，4~8节。枣股圆柱形，抽生枣吊2~5个。花量多，每个花序平均6朵。4月下旬萌动发芽，盛花期6月，9月下旬~10月上旬果实成熟。果实圆柱形、长圆形或锥形等。果面平，果肉厚，绿白色。鲜果含糖量75.2%，含水量20.0%，酸含量1.2%。制干率47.6%。栽植2~3年后挂果，7年进入稳产期，盛果期平均干枣产量4500kg/hm²。经济林树种。鲜食、制干兼用品种。

繁殖和栽培 苗木繁育采用根蘖苗归圃培育，留苗量15万株/hm²左右，归圃后距地面10cm处平茬，翌年即可出圃造林。建园选择背风向阳或半阳坡，造林前先整地。密植园栽植密度3m×4m，树高控制在3.0~3.5m；枣粮间作栽植密度4m×6~8m，树高控制在2.5~3.0m。树形培育自然圆头形或疏散分层形。病虫害防治参阅方木枣。

适宜范围 适宜在年平均气温8.4~11.1℃，年平均降雨量小于570mm，昼夜温差较大的渭北、陕北及类似地区的黄河及其支流沿岸栽培。

阎良相枣

树种：枣

类别：优良无性系

科属：鼠李科 枣属

学名：*Ziziphus jujuba* cv. 'Yanliangxiangzao.'

编号：QLS037-J022-2001

申请人：阎良区农林水利局、西北农林科技大学

良种来源 陕西省阎良区特异性单株。

良种特性 落叶乔木。树势中庸偏强。树冠自然圆头形。成枝力弱。干部树皮龟裂，裂深度中浅。嫩枝由绿色逐渐转为红色，木质化后呈红褐色，皮孔灰色。一年生枣头平均着生14个二次枝，二次枝枣股圆柱形；老龄枣股每个枣股生枣吊1~5个。以2~5年生枣股结果能力最强。叶片卵状披针形。3月底芽萌动，4月中旬展叶，盛花期6月上旬，8月中下旬白熟，9月下旬脆熟，10月上中旬完熟。果皮赭红色，果肩平，果肉绿白色。鲜枣含水量64%，可溶性固形物含量27%，可溶性总糖16.1%，有机酸0.61%，维生素C含量204mg/100g；干枣含水量23%，可溶性糖含量

29.2%，酸含量0.31%。可食率96%，制干率46%。栽植7~8年后挂果，盛产期平均产量11250kg/hm²。经济林树种。制干品种。

繁殖和栽培 培育酸枣苗作砧木嫁接繁殖。参阅方木枣。造林地选择河流川道、冲积土平原以及黄土旱塬等。栽植密度3m×4m。枣粮间作，栽植密度4m×6~8m。间作作物为小麦、豆类等低干作物。能够自花授粉正常结果。整形修剪为疏散分层形，盛花期注意进行摘心。病虫害防治参阅方木枣。

适宜范围 适宜年平均气温11~13℃，年平均降雨500~650mm的关中东部、渭北旱塬及相类似地区栽植。

七月鲜

树种：枣	学名：*Ziziphus jujuba* cv. 'Qiyuexian.'
类别：优良无性系	编号：QLS045-J030-2002
科属：鼠李科 枣属	申请人：西北农林科技大学

良种来源 陕西省合阳县孟庄乡特异性单株。

良种特性 落叶乔木。树势中庸。树姿开张。树干灰褐色，1年枣头枝红褐色，着生5个以上二次枝，2年生枝灰褐色，多年生枝深褐色。枣股圆锥形。叶片长卵圆形，有光泽。花量多。4月中旬萌芽，5月底进入盛花期，8月中下旬果实成熟，11月上旬落叶。果实卵圆形，可溶性固形物含量28.9%，可食率97.8%。栽植2~3年后挂果，盛产期平均产量22500 kg/hm²。经济林树种。鲜食品种。

繁殖和栽培 蘖苗归圃培育或培育酸枣苗作砧木嫁接繁殖，参阅方木枣。选择背风向阳，土层深厚肥沃，有灌溉条件地块建园。春秋均可栽植，秋栽在树木落叶后土壤封冻前进行，春栽在土壤解冻后枣树发芽前进行。密植园密度栽植为3300株/hm²，培育树形为细长纺锤形；一般园密度为1650株/hm²，培育树形为矮冠疏层形。定干整形在早春发芽前进行，高度70~80 cm。一次枝上抽出2~3个二次枝时及时摘心。病虫害防治参阅方木枣。

适宜范围 适宜各地枣树生长的地区矮化密植和设施栽培。

无核丰

树种：枣	学名：*Ziziphus jujuba*（L.）Meikle.
类别：品种	编号：冀S-SC-ZJ-009-2003
科属：鼠李科 枣属	申请人：青县林业局

良种来源 由河北省青县农艺师楚旭名选育出的无核小枣优良新品种。

良种特性 落叶乔木。果实长圆形，果形端正，平均果重4.63g，鲜枣含糖量35.6%，维生素C含量384.4mg/100g。核基本退化，无核率100%。制干率65%。鲜食制干品质优良。丰产性、抗逆性强，无核性状稳定，适宜制干、鲜食、加工，综合性状优良。裂果轻，抗干旱、耐盐碱能力强。

繁殖和栽培 主要通过硬枝嫁接繁殖，以酸枣或其他品种枣做砧木。嫁接一般在砧木萌芽后进行。可根据接穗和砧木的粗度采用不同的嫁接方法，接穗和砧木粗度相近时，可采用腹接或劈接法；接穗细砧木粗且相差较多时，可采用插皮接的方法。适宜的栽植密度为2.5~3m×4.5~5m，也可进行枣粮、枣菜、枣药间作种植，树形可采用主干疏层形、自然圆头形、纺锤形和延迟开心形。土壤解冻后至萌芽前，结合早春施有机肥进行翻树盘，应以施有机肥为主，每亩在3000kg以上，每年的发芽期、花期和果实发育期应根据树体和土壤情况进行追肥和浇水并及时中耕。花期管理是周年管理的重点，盛花期开甲、喷10~15mg/lkg赤霉素、喷0.3%~0.5%尿素，花前摘心等措施都是提高无核丰坐果率的有效措施。

适宜范围 河北省枣树适生栽培区。

骏枣1号

树种：枣
类别：品种
科属：鼠李科 枣属

学名：*Ziziphus jujuba*
编号：晋S-SV-ZJ-002-2003
申请人：山西省林业科学研究院

良种来源 从山西交城县磁窑村骏枣变异单株选育而来。

良种特性 早期果实丰产性强，2年生枣股平均着吊数2.6个，着果数2.6个；3年生枣股平均着吊数4.3个，着果数5.6个（对照品种骏枣1~3年生枣股挂果能力较弱）。果型大，柱形，单果平均重32g，最大果重60g，含糖量32.2%，含酸量0.32%，维生素C含量453mg/100g，可食率97.1%（对照品种骏枣单果平均重21g，最大果重36.6g，含糖量28.7%，含酸量0.45%，维生素C含量432mg/100g，可食率96.0%）。品质优良。适应性同骏枣。

繁殖和栽培 嫁接繁殖。建立集约化枣园，株行距3m×4m，树高2m。采用早实、密植、矮化优质管理技术，树形以开心形为主，培养强壮二次枝增加结果能力。加强水肥管理和病虫害防治，注意保花保果和合理负载。

适宜范围 山西太原以南骏枣栽培区。

壶瓶枣1号

树种：枣

类别：品种

科属：鼠李科 枣属

学名：*Ziziphus jujuba*

编号：晋S-SV-ZJ-003-2003

申请人：山西省林业科学研究院

良种来源 从太谷县小白乡白燕村壶瓶枣变异单株选育而来。

良种特性 早期果实丰产性强，2年生枣股平均着吊数2.6个，着果数3.6个；3年生枣股平均着吊数3.8个，着果数5.1个（对照品种壶瓶枣1~3年生枣股挂果能力较弱）。果型大，柱形，单果平均重35g，最大果重75g，含糖量35.0%，含酸量0.5%，维生素C含量530mg/100g，可食率98.5%（对照品种壶瓶枣果型长倒卵形，单果平均重18.3g，最大果重28.3g，含糖量30.4%，含酸量0.57%，维生素C含量493.1mg/100g，可食率96.3%）。品质优良。适应性同壶瓶枣。

繁殖和栽培 早期果实丰产性强，2年生枣股平均着吊数2.6个，着果数3.6个；3年生枣股平均着吊数3.8个，着果数5.1个（对照品种壶瓶枣1~3年生枣股挂果能力较弱）。果型大，柱形，单果平均重35g，最大果重75g，含糖量35.0%，含酸量0.5%，维生素C含量530mg/100g，可食率98.5%（对照品种壶瓶枣果型长倒卵形，单果平均重18.3g，最大果重28.3g，含糖量30.4%，含酸量0.57%，维生素C含量493.1mg/100g，可食率96.3%）。品质优良。适应性同壶瓶枣。

适宜范围 山西太原以南壶瓶枣栽培区。

金昌一号

树种：枣
类别：品种
科属：鼠李科 枣属

学名：*Ziziphus jujuba*
编号：晋S-SV-ZJ-004-2003
申请人：山西省农科院植物保护研究所

良种来源 从太谷县北乡枣品种园壶瓶枣变异单株选育而来。

良种特性 早期果实丰产性强，2年生枣股平均着吊数2.6个，着果数3.8个；3年生枣股平均着吊数3.9个，着果数5.3个。果实大，呈短柱形，果顶稍膨大，果皮鲜红，纵横径5.0cm×3.8cm，平均单果重30.2g，最大果重80.3g。鲜枣含糖量35.7%，含酸量0.62%，维生素C含量532.6mg/100g，可溶性固形物38.4%，可食率98.6%（对照品种壶瓶枣果型长倒卵形，单果平均重18.3g，最大果重30.3g，含糖量30.3%，含酸量0.57%，维生素C含量493.2mg/100g，可食

率96%）。干枣含糖量73.5%，制干率58.3%。抗裂果，经观察2000年、2001年、2002年'金昌一号'枣裂果率分别为0.4%、4.7%、9.6%，而对照品种壶瓶枣裂果率分别为4.6%、41.3%、60.8%。果实酸甜爽口，果肉厚、果核小、果汁多。适应性同壶瓶枣。

繁殖和栽培 嫁接繁殖，砧木为酸枣实生苗或壶瓶枣、骏枣根蘖苗。选择沙壤土建立集约化枣园，栽植密度为2m×3m或3m×4m。树体要进行整形修剪，树形以纺锤形或小冠疏层形为宜。加强水肥管理和病虫害防治，注意保花保果和合理负载。

适宜范围 山西太原以南壶瓶枣栽培区。

'灰枣'

树种：枣
类别：优良品种
科属：鼠李科 枣属

学名：*Ziziphus jujuba* 'Huizao'
编号：新S-SV-ZJ-052-2004
申请人：新疆阿克苏地区林业科学研究所

良种来源 1975年由河南省新郑市引入新疆，1985年引入新疆阿克苏地区林业科学研究所，试验地设在林科所试验站枣品种园，面积1亩，沙质壤土，土层厚，株行距为3m×4m，砧木为当地酸枣。从地区林业科学研究所红枣生产园中单株优选出优良株系。'灰枣'物候期调查用吊线定花的方法，每周观测一次，果实生育期约100d，坐果基本稳定，果实品质、平均单果重于成熟期随机抽样调查，显示该品种具有良好的推广和应用价值。

良种特性 树势中等，树姿开张，树冠圆头形，发枝力中等，萌芽力强，成枝力中等，丰产性强，产量稳定，枣头枝红褐色，枣股较大，通常抽生枣吊3~5个，吊长14cm，叶较小，中等厚，长卵形，长3.7~5.7cm，宽1.5~3cm，汁缘有波状锯齿，深绿色。果实中大，果个较整齐，长圆柱形，纵径3.8cm，磺径2.6cm，平均单果重11.98g，果顶微，梗洼中深而广，果皮中等，橙红色，肉厚，质脆，汁液中等，味甜，核小细长，可食率占果重的93%，制干率为p5%~60%，品质上等，为优良的鲜食制干兼用品种。在正常栽培条件下加强管理，采用提高坐果率的方法，就能获得稳产、高产。亩产量1200~1600kg。

繁殖和栽培 嫁接繁殖，与鸡心枣、酸枣实生苗亲和力强。

适宜范围 在新疆南疆枣适生区栽植。

'赞皇枣'

树种：枣
类别：优良品种
科属：鼠李科 枣属

学名：*Ziziphus jujuba* 'Zanhuangzao'
编号：新S-SV-ZJ-053-2004
申请人：新疆阿克苏地区林业科学研究所

良种来源 1987年引入新疆阿克苏地区林业科研所，原名'乐金大枣'，1975年由石家庄果树研究所引进，经栽培观察选育出的芽变株系。引进新疆阿克苏地区，经地区林业科学研究所红枣品种园中单株优选出，嫁接繁殖后，种植表现良好。

良种特性 该树势强旺，干性强，树冠半圆头形，部分枝条直立，树干棕褐色，干皮裂纹粗，裂纹纵向，6年生树平均高3.2m，南北冠径3.0m，东西冠径3.2m，干粗6.5~7.4cm。枣头生长势强，年平均生长量达62.8cm。皮红褐色，针刺不发达，枣股微凸，抽生枣吊能力中等。叶片大而厚，卵圆形，叶长5.3cm，宽3.2cm，叶色深绿，叶背暗绿无茸毛，先端钝尖，叶基偏心形，叶缘粗锯齿。早期丰产性强，且稳产。果实大，长圆柱形，坐果整齐，纵径4.2~4.7cm，横径3.2~3.7cm，平均单果重18g，果面光滑，皮厚，暗红色，肉厚，质致密酥脆，汁液多，味浓甜，核大，长纺锤形，可食率占96%，品质上等，制干率为47%。在正常栽培条件下加强管理，采用提高坐果率的方法，就能获得稳产、高产。一亩地产量1600~2000kg。

繁殖和栽培 嫁接繁殖，与鸡心枣、酸枣实生苗亲和力强。

适宜范围 新疆南疆枣适生区及吐鲁番、哈密地区均可种植。

'金丝小枣'

树种：枣
类别：优良品种
科属：鼠李科 枣属

学名：*Ziziphus jujuba* 'Jinsixiaozao'
编号：新S-SV-ZJ-054-2004
申请人：新疆阿克苏地区林业科学研究所

良种来源 1975年由山东乐陵引入新疆，1987年引入新疆阿克苏林业科学研究所，从阿克苏地区林业科学研究所红枣品种园中单株优选出，品质极佳。试验地设在林科所试验站枣品种园，面积1亩，沙质壤土，土层厚，株行距为3m×4m，砧木为鸡心枣。物候期调查用吊线定花的方法，每周观测一次，9月中旬随机抽样调查其果实品质和平均单果重，确定该品种产量高，稳产。显示该品种具有良好的推广和应用价值。

良种特性 树势中等，树冠多为自然圆头形。当年生枝红褐色，多年生枝灰色，幼树和徒长枝有棘针。叶片卵状，先端渐尖，锯齿钝，叶片长2.8cm，宽1.7cm，枣吊有小叶7~12片。树势萌芽力强，成枝力中等，枣枝

结果能力强，结果稳定，丰产性能较好。果实中大，多为椭圆形或倒卵形，平均单果重9g，果皮薄，果面光亮，鲜红。肉质致密细脆，汁液中多，味极甜，清香。果实半干时，掰开可拉出黄色丝。果形饱满，富弹性，制干率为55%，含糖量74%~80%，品质极优，为优良的鲜食制干品种。在正常栽培条件下加强管理，采用提高坐果率的方法，就能获得稳产、高产。亩产量1200~1600kg。

繁殖和栽培 嫁接繁殖，与鸡心枣、酸枣实生苗亲和力强。

适宜范围 在新疆南疆、东疆枣适生区栽植。

'喀什噶尔长圆枣'

树种：枣	学名：*Ziziphus jujuba* 'Kashigaerchangyuanzao'
类别：优良品种	编号：新S-SV-ZJ-055-2004
科属：鼠李科 枣属	申请人：新疆喀什地区林业局、喀什地区科技局、疏附县林业局

良种来源 该品种来源于新疆疏附县阿瓦提乡，是长期栽培过程中经自然杂交而形成的品种。'喀什噶尔长圆枣'栽培历史悠久，据当地民间传说该品种原产于佰什克热木乡22村一带，经过长期繁衍驯化自然杂交选育而成，后栽培面积逐渐扩大分布于阿瓦提等乡村。迄今已有300多年的栽培历史。疏附县佰什克热木乡和阿瓦提乡的农民在长期栽培过程中，经过自然杂交形成的品种类型，一些品质较好的单株通过农民的栽种保留了下来，'喀什噶尔长圆枣'就是其中的一个优良枣品种。经过优良单株汇集、筛选、提纯、扩繁和推广，逐步使该品种成为喀什地区的优质枣品种之一。

良种特性 乔木树种，树体高大，幼树生长旺盛，开始结果早，一般根蘖苗定植2年后结果，12~15年进入盛果期，无层次，每主枝2~3侧枝，树顶开张，品质好，抗性强，抗寒性较强，尤其是果实制干后能基本保持鲜果果形，果皮饱满基本不皱缩，果实成熟期晚，果个中小，果面光滑，果肉绿白色、味甜、肉质厚、含糖量高，核小。自然坐果率较高，自然落果率较低，大小年不太明显，亩产干枣400kg左右。物候期较早，在喀什地区4月中旬萌发，5月上旬展叶，5月中下旬开花，果实10月中旬成熟，11月中旬落叶进入休眠期。品种特征特性：水平根发达，粗大，垂直根较弱，吸收根主要分布在表土层15~30cm深度集中分布。枝条生长旺盛，新梢年生长量可达80cm左右。枣头一般由主芽萌发而来，一年萌发一次，具有较强的延伸能力，是构成中干、主枝等骨干枝的主要来源。树干有不规则的龟裂纹，新枝褐色，老枝灰褐色。叶较厚，具光泽，卵圆形，互生，无茸毛，叶缘平展。叶柄长0.3~0.4cm，叶片长4.3cm，宽2.2cm。每枣吊花数20~25个。枣头（发育枝）长56cm，粗0.9cm，节间长6.2cm，微曲。枣股（结果母枝）长26cm。枣吊（结果枝）长18~20cm，着生叶数9~13片，花序着生在枣吊上，每吊平均坐果数3~5个。果实长圆形，纵径2.66cm，横径1.98cm。种子纵径1.65cm，横径0.66cm。结果性状：结果早，栽后第2年结果。自然坐果率15%~20%，果型美观，产量稳定，大小年不太明显。制干后果皮皱缩不明显，是优良的制干品种。亩产干枣400kg左右。寿命可达300年以上，经济寿命100年以上。果实特性：果型不大，单果重平均7g左右，最高可达10g，肉质中细，致密，味甜，口感好，干枣含糖量高达67.2%，可滴定酸1.14%，维生素C含量19.3mg/100g。制干率64%。果核小，可食率高达90%以上，品质极佳。

繁殖和栽培 采用酸枣或红枣核播种；春播、秋播皆可，春播种子需在冬季进行层积处理；出苗后加强肥水管理；于出苗当年秋季或第2年夏季芽接，嫁接未成活的进行补接；嫁接苗高1.0m、地径0.8cm以上时，即可出圃。整个苗期加强病虫害防治。

适宜范围 新疆南疆地下水位1.0m以上，土壤含盐量0.2%以下的砂壤土和轻黏壤土都可以生长。

献王枣

树种：枣　　　　　　　　　　　学名：*Ziziphus jujuba* cv. Xianwangzao
类别：品种　　　　　　　　　　编号：冀S-SV-ZJ-021-2005
科属：鼠李科 枣属　　　　　　　申请人：河北农业大学、赞皇县林业局

良种来源　河北献县林业局从金丝小枣中选出的优良品系。

良种特性　落叶乔木。树势强健。果实个大，长圆形，平均果重9g。果皮深红色，光泽；果面平整，略有凹凸。鲜枣果肉黄白色，口感较硬，汁液较多、脆甜，鲜枣含可溶性固形物32%左右；果实可食率为90.4%。干枣含糖量76.5%，制干率70%~78%；枣果肉厚、核小、口感好，极少有裂果。耐干旱、耐盐碱。易早期结果。

繁殖和栽培　嫁接繁殖。由于坐果率和产量高，因此应注意肥水管理，特别是采果后有机肥的施用，生长期要加强追肥和叶面喷肥管理，以提高果实品质。整形修剪适宜树形有主干疏层形和开心形。发枝力强，枝叶较密，修剪时应特别注意及时梳枝，保持树体的通风透光，特别要加强夏季修剪。由于枝条较软，结果后枝条容易向下披散，要注意及时更新，保持健壮的枝势。坐果适宜的气温为22~25℃，花期管理要抓住时机，适时采取开甲和喷激素等措施促进坐果，注意调节坐果期的空气湿度，增加坐果率。

适宜范围　河北省中南部平原壤土、沙壤土地区栽培。

晋枣3号

树种：枣	学名：*Ziziphus jujuba* cv. 'Jinzao3.'
类别：优良类型	编号：QLS064-J046-2005
科属：鼠李科 枣属	申请人：陕西省林业技术推广总站、彬县林业工作站、彬县晋枣研究所

良种来源 陕西省彬县变异类群。

良种特性 落叶乔木。树势强健。树冠圆柱形，树姿较直立。干性强，萌芽力强。叶片长椭圆形至卵状披针形，薄而色淡，有光泽。1年生枝红褐色，皮孔圆形或椭圆形。花量多，蕾椭圆，初开花蜜盘鲜黄色。4月中旬萌芽，随即抽生枣吊，枣吊生长期25~30d，5月中旬初花期，6月上旬盛花期，花期可持续1个多月，10月上旬果实成熟，11月初落叶。果实成熟后为卵圆柱形，果肩宽，果顶平圆。能自花授粉，正常结实，主栽品种与授粉品种搭配，能显著提高坐果率。幼树枣头生长旺盛。多次开花，多次坐果。鲜枣含糖量15.82%，含酸量0.18%，蛋白质含量1.2%~2.3%，脂肪含量0.2%~0.4%，维生素C含量307.2mg/100g。栽植3年后零星挂果，6年进入稳产期，盛果期平均鲜枣产量33133kg/hm²。经济林树种。制干、鲜食兼用品种。

繁殖和栽培 培育酸枣苗作砧木嫁接繁殖或用枣树根蘖苗归圃后嫁接繁殖。参阅方木枣。春秋均可栽植建园，但春栽宜迟（枣树发芽前）秋栽宜早（枣苗落叶后）。栽植密度株行距为2m×3m，8年生后隔株移栽，株距为3m×4m。冬季整形修剪，加大层间距，疏除过密枝。病虫害防治参阅方木枣。

适宜范围 渭北南部、关中及相类似地区在通透性良好的沙壤土推广栽植。

秦宝冬枣

树种：枣

类别：优良无性系

科属：鼠李科 枣属

学名：*Ziziphus jujuba* cv. 'Qinbaodongzao.'

编号：QLS064-J046-2005

申请人：西安市林业技术推广中心

良种来源 陕西省高陵县引种河北黄骅冬枣的特异性单株。

良种特性 落叶乔木。树势中庸。树冠自然半圆形，树姿开张。成枝力强，枝叶较密。花较小，夜开型。萌芽期4月中旬，初花期5月下旬，盛花期6月中旬，果实膨大期6月下旬，白熟期8月初，着色期9月上旬，成熟期10月中旬，10月底落叶。果实近圆形，果面平整光洁，皮薄，赭红，果肉绿白色。果实可溶性固形物含量29.20%，总糖含量24.80%，维生素C含量312.60mg/100g，总酸度0.10%。可食率96.90%。丰产性好，大小年不明显，栽植4年后零星挂果，6年进入稳产期，盛果期平均32280kg/hm^2。经济林树种。鲜食品种。

繁殖和栽培 培育酸枣苗作砧木嫁接繁殖，参阅方木枣。春栽3月中下旬，秋栽落叶后10月中旬~11月上旬，株行距2.0m×3.0m或1.5m×3.0m。苗木用生根粉进行处理，栽后覆膜。夏、冬季加强整形修剪，以自然开心形或小冠疏层形为宜。

适宜范围 适宜海拔400~600m，年降雨400~600mm，土壤为黄土、老黄土等，pH值5.5~8.5的关中地区推广栽培。

灵武长枣

树种：枣	学名：*Ziziphus jujuba* Mill. cv. 'Lingwuchangzao'
类别：优良品种	编号：宁S-SV-ZJ-003-2005
科属：鼠李科 枣属	申请人：宁夏农林科学院、宁夏灵武市林业局

良种来源 原产宁夏灵武市，栽培历史始于18世纪。

良种特性 落叶小乔木。果实长圆柱形略扁，平均单果重15g，大小较整齐，果色紫红色，成熟好的优质果果皮上有片状小黑斑。平均单果重14.5~24g，最大达40g。纵径4.34~4.80cm，横径2.57~3.36cm。果肉白绿色，质地细脆，汁液较多，味甜微酸。鲜枣含可溶性固形物31%、水分67.21%、总糖25.33%、总酸0.41%、维生素C693mg/100g。果实可食率94%。成龄树产鲜果500~700kg/亩。9月下旬至10月上旬果实成熟。经济林树种，鲜食及榨汁兼用品种。

繁殖和栽培 10月下旬~11月中旬选取归圃苗，在地窖中沙藏，或翌年春季发芽前选取根蘖苗进行归圃培育。4月中旬~5月中旬嫁接繁育苗木，选用1年生，粗度0.7~1cm的酸枣苗作砧木，接穗为充分木质化的1年生枝条，粗度0.6~1cm。接穗在熔化的石蜡中浸1~2s后捞出，降温后用有气孔的塑料袋盛装，放置在0~5℃温度的冷凉房屋地面或地窖中，随取随用。选用Ⅰ~Ⅱ级保护完好的优质归圃苗或嫁接苗，采用0.8m×0.8m×0.8m的定植穴或0.8m×0.8m的定植沟，施足基肥。4月下旬栽植，栽植深度以嫁接口与地面齐平为准，随即浇足定植水，并覆膜。Ⅰ级大苗定干高度为60~70cm，Ⅱ级苗定干高度30~40cm。合理整形修剪，保持纺锤形树形，做好抹芽、拿枝、疏枝、刻芽、摘心等田间管理。

适宜范围 适宜在宁夏引黄灌区栽培。

帅枣1号

树种：枣
类别：优良无性系
科属：鼠李科 枣属

学名：*Ziziphus jujuba*
编号：晋S-SC-ZJ-005-2006
申请人：山西省林业科学研究院

良种来源 从山西省石楼县木枣品种中选育。

良种特性 该品种为大果型木枣优良变异品种，树势中强，树姿直立，枣头数目少，生长势强。二次枝节间长，叶片大、肥厚、深绿；枣吊粗壮，生长量大。果实大，平均单果重25.20g，最大果重47.63g，比木枣大68.00％；长圆柱形，纵径4.48cm，横侧径3.49cm×3.37cm，果形指数1.28，可食率96.00％。果实质地致密，风味酸甜，品质上，含糖量29.31％，完熟期含酸量0.53％，维生素C含量523.48mg/100g。结果早，丰产性强。属制干加工品种，也可鲜食。

繁殖和栽培 采用劈接、皮下接、方块芽接嫁接，管理包括检查成活率、解除绑缚物；剪砧、除萌、立支柱；肥水管理、病虫害防治。应选择背风向阳、土壤深厚、排水良好的丘陵坡地建园；株行距(2.5~3)m×(4~5)m，树形可选用自然开心形、多主枝自然圆头形和小冠疏层形等丰产树形。

适宜范围 山西省西部黄土丘陵枣树栽培区及生态条件类似地区栽培。

帅枣2号

树种：枣	学名：*Ziziphus jujuba*
类别：优良无性系	编号：晋S-SC-ZJ-006-2006
科属：鼠李科 枣属	申请人：山西省林业科学研究院

良种来源 从山西省石楼县木枣品种中选育。

良种特性 该品种为大果型木枣优良变异品种，树势强健，树姿直立，枣头数目较多，生长量大。二次枝节间长；叶片大、肥厚、深绿；枣吊粗壮，生长量大。果实大，平均单果重23.60g，最大果重49.16g，比木枣大57.33%；长圆锥形，纵径4.86cm，横侧径3.60cm×3.04cm，果形指数1.35，可食率95.00%。果实质地致密，品质上，完熟期含糖量24.62%，含酸量0.55%，维生素C含量516.22mg/100g。结果早，丰产性强。属制干加工品种。

繁殖和栽培 采用劈接、皮下接、方块芽接嫁接，管理包括检查成活率、解除绑缚物；剪砧、除萌、立支柱；肥水管理、病虫害防治。应选择背风向阳、土壤深厚、排水良好的丘陵坡地建园；株行距(2.5~3)m×(4~5)m，树形可选用自然开心形、多主枝自然圆头形和小冠疏层形等丰产树形。

适宜范围 山西省西部黄土丘陵枣树栽培区及生态条件类似地区栽培。

雨丰枣

树种：枣	学名：*Ziziphus jujuba*
类别：优良无性系	编号：晋S-SC-ZJ-007-2006
科属：鼠李科 枣属	申请人：山西省林业科学研究院

良种来源 从引进的赞皇大枣品种中选育。

良种特性 该品种为典型的抗裂果优良变异品种，树冠圆头形，中心主干生长强，骨干枝分枝角度好；二次枝弯曲。枣吊粗壮，生长量大。果实大，平均单果重21.85g，最大果重36.00g，长圆形，纵径4.52cm，横径3.40cm，果形指数1.33，可食率95.00%。果实质地致密酥脆，风味酸甜，品质极上，完熟期含糖量33.82%，含酸量0.40%，维生素C含量510.42mg/100g。结果早，丰产性强，抗裂果。属鲜食制干兼用品种。

繁殖和栽培 采用劈接、皮下接、方块芽接嫁接，管理包括检查成活率、解除绑缚物；剪砧、除萌、立支柱；肥水管理、病虫害防治。应选择背风向阳、土壤深厚、排水良好的丘陵坡地建园；株行距（2.5~3）m×（4~5）m，树形可选用自然开心形、多主枝自然圆头形和小冠疏层形等丰产树形。

适宜范围 山西省太原以南枣树栽培区。

冷白玉枣

树种：枣	学名：*Ziziphus jujuba*
类别：优良无性系	编号：晋S-SC-ZJ-008-2006
科属：鼠李科 枣属	申请人：山西省农科院果树研究所

良种来源 从引进的白枣品种（也叫北京白枣、长辛店白枣）中选育。

良种特性 该品种为晚熟鲜食品种，树体紧凑，树冠较小，树姿半开张，股吊率和果吊率较高，早果性和早期丰产性能强，适宜密植栽培。该品种果实较大，纵横经4.72cm×3.39cm，平均单果重19.5g，最大30g，果形倒卵圆形或椭圆形，果皮较薄，肉质致密而酥脆，汁多，味浓甜，口感极佳。鲜枣可食率96.75%，可溶性固形物含量29.4%，含糖量21.18%，含酸0.22%，维生素C含量438.9mg/100g。果实成熟期9月底~10月初。果实耐贮、抗缩果病和黑斑病、较抗裂果。

繁殖和栽培 采用酸枣苗作砧木，春季4~5月改良劈接法嫁接繁殖。选择土肥水条件充足良好，交通便利，丘陵或坡地建园。株行距（1.5~2.5）m×（3~4）m。树形以小冠疏层形或主干疏层形均可。

适宜范围 山西省太原以南枣树栽培区。

阎良脆枣

树种：枣
类别：优良无性系
科属：鼠李科 枣属

学名：*Ziziphus jujuba* Mill 'Yanliangcuizao.'
编号：QLS069-J048-2006
申请人：阎良区林业科技中心

良种来源 陕西省西安市阎良区关山镇东丁村特异性单株。

良种特性 落叶乔木。树势强健。树冠圆锥形至半圆形，冠形紧凑，树姿直立。主干灰黑色，皮部深纵裂，裂片大，长方形，不易剥落。叶片椭圆形或长卵形，基部圆或偏圆，有光泽。枣头分布在树冠外围，当年生枣头褐红色。枣头有二次枝6~8个。枣股圆柱形。花量中等，花蕾倒卵形，初开密盘黄色。早熟品种。4月初开始萌动，4月中旬抽发芽头及枣吊，5月下旬~6月开花结果，花期30d左右，8月下旬果实白熟，9月初成熟，11月上旬落叶。果实圆柱形，白熟期可溶性固形含量21%，全红果可溶性固形物含量28.5%，可食率95%以上。栽植2~3年后挂果，5年生进入稳产期，盛果期平均产量15699kg/hm²。经济林树种。鲜食品种。

繁殖和栽培 培育酸枣苗作砧木嫁接繁殖；也可用枣树根蘖苗归圃后嫁接繁育。参阅方木枣。造林选择土层深厚、排水良好的砂质土壤，忌低洼积涝。栽植穴80cm×80cm×60cm，株行距3~6m×4~8m，南北行向。生长期及时拉枝，适时摘心，修剪以短截疏枝、撑枝为主。病虫害防治参阅方木枣。

适宜范围 适宜关中及相类似地区矮化密植及设施栽培。

长辛店白枣

树种：枣
类别：优良家系
科属：鼠李科 枣属

学名：*Ziziphus jujuba* 'Changxindianbaizao'
编号：京S-SF-ZJ-043-2007
申请人：丰台区长辛店镇林业工作站

良种来源　。

良种特性　果大，果肉呈浅绿色，肉质致密、酥脆、汁液多、味甜，且成熟早、易管理、连续结果能力强、丰产性好、树体寿命长，抗旱、耐涝、耐瘠薄、抗缩果病。

繁殖和栽培

1. 嫁接苗的管理：及时检查成活情况，20d左右及时解除绑条，及时除蘖。

2. 推荐栽植密度：采摘果园为每亩栽83株，株行距为2m×4m。

3. 加强肥水管理：全年3~4次中耕除草，秋施基肥后深耕。施肥以有机肥为主，在每年秋季施入，施肥量按树势、结果量和树龄而定。

4. 整形与修剪：修剪量小，适当轻剪。

5. 花期管理：根据空气湿度及温度，喷清水加强坐果率，适时环剥。

6. 及时防治病虫害。

适宜范围　北京及生态条件相适宜的地区。

北京大老虎眼酸枣

树种：枣
类别：优良品种
科属：鼠李科 枣属

学名：*Ziziphus.Spinosa* 'Beijing Longyan Dasuanzao'
编号：京S-SV-ZS-055-2007
申请人：北京市京宝园艺场

良种来源 在北京朝阳区北花园村133号院一株树上采集的接穗。

良种特性 果个大、成熟早、酸味浓、结果早、连续结果力强、适应性强。

繁殖和栽培

1. 建园：适宜枣树栽培的较肥沃平地和丘陵山地。

2. 夜开型有自花结实能力，和其他品种相互授粉可提高出仁率。

3. 推荐栽植密度：每667平方米栽110株，株行距为2m×3m。采摘果园为667平方米栽83株，株行距为2m×4m。

4. 土肥水管理：全年3~4次中耕除草，秋施基肥后深耕。施肥以有机肥为主，在每年秋季施入，施肥量按树势、结果量和树龄而定。

5. 花果管理：三年生树在盛花初期大部分结果枝开花5~6朵时进行环剥。环剥宽度根据树势强弱，控制在干径的1/10左右，以30d愈合为度。环剥后2~3d喷布10~20mg/L赤霉素1~2次，以提高坐果率。

适宜范围 适宜在北京及生态条件相适宜的地区。

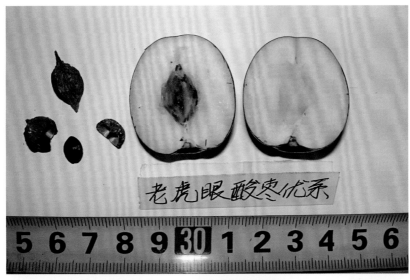

北京马牙枣优系

树种：枣　　　　　　　　　　学名：*Ziziphus jujuba* 'Beijingmayazaoyoux'
类别：优良品种　　　　　　　编号：京S-SV-ZJ-056-2007
科属：鼠李科 枣属　　　　　申请人：北京市京宝园艺场

良种来源　由北京市崇文门外南官园27号和德外西后街66号两株70余年生大树采接穗。

良种特性　果个大、成熟早、极甜、品质优、结果早、连续结果力强。

繁殖和栽培

1. 栽植：在平原建园，栽植株行距为3m×2m。采摘果园为4m×2m。

2. 土肥水管理：一般在果实采收后结合秋季施基肥，全园深翻20~25cm。土层薄的果园可稍浅。幼树可以沟施或放射状施肥。基肥以有机肥为主，结果后在果实膨大期应加施一次追肥。视旱情适时灌溉。果实膨大期通常正值雨季，如遇伏旱，必须灌溉。

3. 整形修剪：通常采用小冠疏层形或开心形等树形。树高、冠径均为2~2.5m，以夏季修剪为主，冬剪为辅。夏剪主要采用抹芽、摘心、疏枝以及撑、拉、吊等修剪方法控制营养生长。冬剪主要采用短截、疏枝以及撑、拉、吊等修剪方法平衡树势、稳定树形、培养结果枝组。

4. 环剥保花：在盛花初期结果枝平均开花5~8朵时，进行环剥。环剥时依树势强弱，掌握环剥宽度为树干直径的1/10左右，以能在35d左右愈合为佳。环剥后2~3d喷布一次10~20mg/L赤霉素，一周后视坐果情况可再喷一次以提高坐果率。

适宜范围　适宜在北京及生态条件相适宜的地区。

木枣1号

树种：枣
类别：无性系
科属：鼠李科 枣属

学名：*Ziziphus jujuba* 'Muzao1'
编号：晋S-SC-ZJ-004-2007
申请人：山西省林业科学研究院

良种来源 从山西省临县木枣品种群中选育。

良种特性 为大果型木枣优良变异无性系，树势强健，树姿半开张，枝条中密，枣头数目较多，生长量大，干性中强。二次枝长42cm，每股平均抽生枣吊3吊，枣吊长16cm，叶片大、卵状披针形，肥厚、深绿色。果实大，平均单果重24.3g，最大果重33.9g，果实圆柱形，腰部微凹，纵径5.64cm，横侧径3.57cm×3.20cm，果形指数1.58，可食率95.67%，果实质地致密，味酸甜，品质中上。含糖量22.4%，含酸量0.77%，维生素C含量499mg/100g。结果早，丰产

性强，6~7年后进入盛果期，属制干品种。

繁殖和栽培 采用劈接、皮下接、方块芽接嫁接，管理包括检查成活率、解除绑缚物；剪砧、除萌、立支柱；肥水管理、病虫害防治。应选择背风向阳、土层深厚、排水良好的丘陵坡地建园；株行距3m×5m（44株/666.7m^2）；树形可选用自然开心形、多主枝自然圆头形和小冠疏层形等丰产树形。

适宜范围 山西省西部黄土丘陵枣树栽培区及生态条件类似地区栽培。

早脆王

树种：枣	学名：*Ziziphus jujuba* 'Zaocuiwang'
类别：引种驯化品种	编号：晋S-ETS-ZJ-006-2007
科属：鼠李科 枣属	申请人：山西省农业科学研究院园艺研究所

良种来源 从河北省沧县引种。

良种特性 树势中强，角度开张，枝条生长快，二次枝长，枣吊长，叶片中大，叶色淡绿；发芽开花稍晚于其他品种，花量大；在我省南部8月上旬，中部8月下旬成熟，果实卵圆形或圆柱形，果面平整光洁，鲜红色，果点小，果个大，平均单果重30.9g，果皮较厚，果肉白绿色，肉质酥脆多汁、甜酸可口，鲜枣可溶性固形物含量达33.5%，维生素C含量405.2mg/100g。核小肉厚，可食率达95.9%，该品种抗逆性好，抗裂果能力强，且果实耐贮运，果实干鲜兼用。

繁殖和栽培 蜡封接穗，嫁接繁殖。应选择土层深厚、有机质含量丰富的砂壤土建园；适宜密植栽培，株行距以1.5m×3.0m或2.0m×3.0m为宜（110~148株/666.7m²）；树高控制在2.5m以下，干高60~80cm，留3~4个主枝，并拉平开心向外；每年秋末施足有机肥，生长期适当追肥，全年坚持浇4次水即萌芽水、封冻水、二次膨大水，花期适时开甲，并配合叶面喷肥。

适宜范围 山西省中南部年均气温9℃以上的地区栽培。

板枣1号

树种：枣
类别：无性系
科属：鼠李科 枣属

学名：*Ziziphus jujuba* 'Banzao1'
编号：晋S-SC-ZJ-005-2007
申请人：山西省林业科学研究院

良种来源 从山西省稷山县板枣品种群中选育。

良种特性 为大果型板枣优良变异无性系，树势较强，树体中大，枝条较密，树姿开张，干性弱；二次枝长37cm；每股平均抽生枣吊5吊，枣吊长15cm；叶片卵圆形，深绿色，长5.8cm，宽2.2cm。果实中大，平均单果重11.9g，最大果重16g，果实倒偏卵形，纵径3.34cm，横侧径2.73cm×2.54cm，果形指数1.22，可食率94.80%，果实质地致密，味甚甜，汁中多，品质极上。果实含糖量35.80%，含酸量0.40%，维生素C含量451.70mg/100g。结果较早，丰产性强，6年生后进入初盛果期，属兼用品种。

繁殖和栽培 采用劈接、皮下接嫁接，管理包括检查成活率、解除绑缚物；剪砧、除萌、立支柱；肥水管理、病虫害防治。应选择背风向阳、土层深厚、排水良好的平地、丘陵坡地建园；株行距3m×5m（44株/666.7m²）；树形可选用自然开心形、多主枝自然圆头形和小冠疏层形等丰产树形。

适宜范围 山西省中南部枣区肥水条件较好地栽培。

靖远小口枣

树种：枣
类别：品种
科属：鼠李科 枣属

学名：*Ziziphus jujuba* Mill
编号：甘S-SV-ZJ-10-2007
申请人：靖远县林业技术推广站

良种来源 甘肃。

良种特性 树势强健，发枝力强，枝系稠密，结果龄期早，栽植后3年挂果，5年进入丰产期。坐果率高、产量高而稳定。果大肉厚核小，甜脆清香，结果较早，丰产稳定，果实圆筒形。质量指标显示：糖味纯正，甜醇十足，入口松而不僵硬，干燥不相粘，枣面色泽金黄，晶莹透亮，是一种耐干旱、耐盐碱、适应性强、经济效益较高的农产品树种。

繁殖和栽培 嫩枝扦插育苗、靖远小口大枣根蘖繁殖系数低，采用植物生长调节剂处理嫩枝，开展枣树嫩枝扦插，是快速繁殖的有效途径。根蘖归圃育苗、根蘖归圃育苗是指把枣园内散生的自然分蘖的丛状苗，分株（分根）后集中扦插于苗圃地继续培养成健壮苗木的方法。其特点是便于田间管理，出苗整齐、量大，苗木根系发达健壮，移栽成活率高，生长量大，结果早。嫁接育苗、嫁接育苗具有生长快，结果早，抗塑性强，并能保持接穗品种的优良特性等特点。

适宜范围 适合在甘肃省中西部灌溉农业区及东部降雨量500mm以上枣栽培区推广。

民勤小枣

树种：枣
类别：品种
科属：鼠李科 枣属

学名：*Ziziphus jujuba* Mill
编号：甘S-SV-ZJU-11-2007
申请人：武威市林业科学研究院

良种来源 中国。

良种特性 该树种树势中强，主枝分支角度大，开始结果早，果实品质好，丰产性较强。经测定平均单果重5.7g，可溶性固形物含量29.6%，有机酸含量0.56%，维生素C含量801mg/100g，制干率50%。该枣肉质致密，酥脆，多汁，酸甜，品质上乘。该品种每亩栽植110株，第2年亩产鲜枣100kg，第3年亩产可达400kg，第4年亩产可达500kg。

繁殖和栽培 选择土层深厚肥沃的地块，使用嫁接苗或根蘖苗进行建园。可实行枣粮间作或密植建园，加强水肥管理及病虫害防治才能获得优质高产。

适宜范围 适合在沙壤土地pH值7.0~8.3，≥10℃有效积温2800℃以上，年均温大于8℃的河西有灌溉条件的地区推广。

同心圆枣

树种：枣
类别：优良品种
科属：鼠李科 枣属

学名：*Ziziphus jujuba.* Mill. cv. 'TongxinYuanzao'
编号：宁S-SV-ZJ-005-2007
申请人：宁夏同心县林业局、宁夏林业技术推广总站

良种来源 源于宁夏同心县王团镇大沟沿、黄草岭、倒墩子，石狮镇的沙沟脑子，预旺镇的贺家塬，喊叫水乡的贺家口子、杨庄子、上庄子等地分布的优良单株。

良种特性 落叶小乔木。聚伞花序，每花序多为5朵。果实较大近圆形，抗裂果，肉松汁少味甜，果肉厚，核较大，纵横径比0.32。平均单果重19.7g，最大单果25g。鲜果含可容性固形物25%，干果含糖量52.3%，含酸量0.86%，维生素C含量20.5mg/100g，可鲜食也可制干，还可加工蜜枣，可食率95.5%，制干率50%。5月初萌芽，5月中旬叶芽抽梢，花蕾显露，5月下旬初花期，6月上旬盛花期，7月下旬~8月上旬末花期，果实生长110d，10月上旬开始落叶。经济林树种，制干及鲜食兼用品种。适应性强，耐瘠薄，极抗旱。

繁殖和栽培 生产上主要采用断根育苗、归圃育苗、嫁接育苗。在春季萌芽前，选择树势健壮、丰产稳产、品种纯正的成龄树，在树冠外围通过切断小根促进形成根蘖苗。归圃育苗按株行距20cm×30cm或60cm的宽窄行栽植，培育7400株/亩，栽后在离地面5cm处平茬。嫁接育苗在4月中下旬培育酸枣砧木苗，3月下旬~4月上旬采用劈接法嫁接。选择地径≥0.8cm，根系完整，苗高60cm以上的嫁接苗、归圃苗或断根苗栽植，4月下旬~5月上旬顶芽开始萌动时栽植。

适宜范围 在年平均气温8℃以上，≥10℃活动积温2900℃以上，无霜期140d以上，年日照时数2900h以上，海拔高度1800m以下，土壤为pH值≤8.5的沙壤土、轻壤土、壤土均适生，适宜在宁夏中部干旱带栽植。

中宁圆枣

树种：枣	学名：*Ziziphus jujuba* Mill. cv. 'ZhongningYuanzao'
类别：优良品种	编号：宁S-SV-ZJU-006-2007
科属：鼠李科 枣属	申请人：宁夏中宁县林业局

良种来源 原产于中宁县的枣园地区（现中宁县石空镇），栽培历史约在宋仁宗（1041~1049年）之前，距现在已超过970年。

良种特性 落叶小乔木。果肉质细嫩脆，汁多味甜微酸，可鲜食、制干、加工，易矮化密植栽培。栽植第3年20kg/亩，第5年160kg/亩，第7年400kg/亩。果实大小均匀，短圆筒形，表面光滑，皮薄深红色，果点小且密明显，平均单果重12g，最大单重19g。果核较小，圆锥形，平均纵径1.76cm，横径0.55cm，平均核重0.31g，有核仁占20%。鲜枣硬度93.6N/cm^2，总糖25.25%，总酸0.58%，可溶性固性物28.0mg/100g，总抗坏血酸253.5mg/100g。干枣水分29.51%，总糖58.18%，总酸0.63%，淀粉2.15%。维生素C 9.4mg/100g。可食率96.9%，制干率47%以上。经济林树种，制干及鲜食兼用品种。

繁殖和栽培 采用根蘖归圃和嫁接培育苗木。4月上旬~5月上旬定植，密植枣园株距2~3m，行距3~4m。枣粮等间作园地，株距3~6m，行距6~8m。选择地径≥0.8cm，根系完整，苗高≥60cm的嫁接苗、归圃苗或断根苗栽植，4月下旬~5月上旬顶芽萌动时栽植。

适宜范围 宁夏引黄灌区均可栽植。

新星

树种：枣	学名：*Ziziphus jujuba* 'Xinxing'
类别：品种	编号：冀S-SV-ZJ-010-2009
科属：鼠李科 枣属	申请人：河北省林业科学研究院

良种来源　1998年在沧州金丝小枣产区，对抗裂果的优良品系和单株进行调查中，在献县淮镇李洼村发现一株无核、抗裂果枣优树，母树树龄150年以上。

良种特性　落叶乔木。树势开张。果实长圆柱形，平均果重4.78g，最大果重7.2g。果皮簿，鲜红光亮，果肉黄白色，质地致密，较脆，汁液适中，味极甜，鲜枣可溶性固形物含量36.5%，维生素C含量为550mg/100g，无核，可食率100%，制干率63.1%。9月中下旬成熟。制干、鲜食兼用。早果早丰，连续结果能力强。抗枣裂果病能力强，成熟期极少裂果。

繁殖和栽培　嫁接繁殖。平原区可直接栽植抗性苗木或采用高接换头方法建园。树形以开心形、小冠疏层形为宜，修剪以疏枝、缓放和拉枝等方式为主。病虫害防治选用高效、低（无）毒、低（无）残留药剂以及其他生物制剂进行防治，应以人工、生物、物理防治为主，化学防治为辅，对枣红蜘蛛、绿盲蝽象、枣尺蛾可利用无公害粘虫胶有效防治，桃小食心虫利用灭幼尿Ⅲ号进行控制。

适宜范围　河北省沧州献县、沧县、泊头市及生态条件类似地区。在一般枣树适生栽培区能正常生长。

相枣1号

树种：枣
类别：无性系
科属：鼠李科 枣属

学名：*Ziziphus jujuba* 'xiangzao 1'
编号：晋S-SC-ZJ-003-2009
申请人：山西省农业科学研究院园艺研究所

良种来源 从山西省相枣品种群中选育。

良种特性 树势较强，枝条生长快，二次枝较长，枣吊较长，叶片较大，叶色绿；花量大；在山西省运城地区9月下旬成熟，果实扁卵圆形或高元宝形，果个特大，平均单果重33.4g，果皮较厚，果肉质地致密，汁液少，味甜，适宜制干。鲜枣可食率98.5%，含糖量30.7%，还原糖10.3%，可滴定酸0.3%，鲜枣果肉含维生素C 360mg/100g。核小肉厚，制干率56%。抗裂果能力较强。5年生吊果率0.3，株产11.5kg以上，最高可达22kg，亩产可达1000kg以上。

繁殖和栽培 蜡封接穗，嫁接繁殖。栽植适宜密度为每亩110株，每年秋末施足有机肥，生长期适当追肥，并配合叶面喷肥，在萌芽前、花期、果实膨大期、封冻前保证树体水分正常供应，适时摘心开甲等。

适宜范围 山西省原相枣分布区及生态条件类似的地区栽培。

早熟王

树种：枣	学名：*Ziziphus jujuba* 'Zaoshuwang'
类别：无性系	编号：晋S-SC-ZJ-005-2009
科属：鼠李科 枣属	申请人：临县红枣产业开发办公室

良种来源 从山西省临县木枣品种群中选育。

良种特性 树势较强，枝条生长快，二次枝较长，枣吊较长，叶片较大，叶色绿；花量大；特早熟，在我省中部8月下旬成熟，果实圆柱形，果面平整光洁，紫红色，果个大，平均单果重21.1g，果皮薄，果食质地酥脆、汁液多、味美香甜，品质上等，以鲜食为主。鲜枣可食率96.%，可溶性固形物含量29.6%，总糖25.15%，还原糖8.44%，可滴定酸0.5%，鲜枣果肉含维生素C

520mg/100g。肉厚，制干率56.8%。

繁殖和栽培 酸枣苗作砧木，采用改良劈接法于春季4月嫁接，接穗采用一次枝、二次枝均可。栽植适宜密度为每亩80~110株，增加树体修剪技术；栽前每年秋末施足有机肥，生长期适当追肥，花期适时开甲，并配合叶面喷肥。

适宜范围 山西省西部黄土丘陵木枣栽培区及生态条件类似地区栽培。

关公枣

树种：枣
类别：无性系
科属：鼠李科 枣属

学名：*Ziziphus jujuba* 'Guangongzao'
编号：晋S-SC-ZJ-004-2009
申请人：山西省农业科学研究院园艺研究所

良种来源 从运城农家品种中选育。

良种特性 树势中庸，枝条生长快而少，二次枝短，枣股经济寿命长，枣吊较短，叶片中大，叶色浓绿；花量大；在我省南部9月上旬，中部9月中旬脆熟，果实扁圆柱形或圆柱形，果面平整光洁，紫红色，果个中大，平均单果重10.1g，果皮薄，果肉酥脆多汁，适宜鲜食，也可制干。鲜枣可食率96.1%，总糖32.2%，还原糖6.13%，可滴定酸0.5%，100g鲜枣果肉含维生素C 300mg。核小。该品种树体易管理、易坐果、丰产性好，抗裂果能力较强。5年生吊果率0.6，亩产可达1000kg以上，最高可达1500kg。

繁殖和栽培 蜡封接穗，嫁接繁殖。栽植适宜密度为每亩80~110株，每年秋末施足有机肥，生长期适当追肥，并配合叶面喷肥，在萌芽前、花期、果实膨大期、封冻前保证树体水分正常供应，适时摘心开甲等。

适宜范围 山西省太原以南年均温9.5℃以上地区栽培。

骏枣

树种：枣	学名：*Ziziphus jujuba* 'Junzao'
类别：优良品种	编号：新S-SV-ZJ-001-2009
科属：鼠李科 枣属	申请人：新疆林业科学研究院

良种来源 20世纪70年代从山西引进，在新疆林业科学研究院扎木台试验站等地试种，之后在洛浦县、泽普县、且末县、库车县和哈密市等不同生态类型区又进行了试种。

良种特性 树体高大，树势强，树冠成自然圆头形。枝条粗壮，主干灰褐色，皮裂中度深，不易脱落。枣头红褐色，萌发力中等。皮目中等大，圆形或椭圆形，分布中度密，凸起，开裂，灰白色。枣股肥大，圆锥形，抽吊力中等，股平均抽生3~4吊，枣吊长16cm。叶片中等大，长卵形，深绿色，长6.6cm，宽3cm，先端渐尖叶基圆形，叶缘锯齿中度密。花量中等多，每吊平均着花54.2朵，花序平均4.5朵。果实大，柱形或长倒卵形，纵经4.7cm，横径3.3cm。嫁接苗结果早，一年生嫁接苗当年结实株率40%以上。鲜枣平均单果重25~30g，含糖量34.8%，可溶性固形物33%果酸75.6%，维生素C 432.0mg/100g，可食率96.5%，制干率45%~60%。干枣含糖量71.6%~75.6%，果酸15.8%，维生素C 16.0mg/100g，平均单果重16g，干枣可食率93%。

繁殖和栽培 酸枣作砧木，采用根部劈接。要求穗条品种纯正，夏季水肥管理到位，嫁接当年秋季控水，越冬保护。

适宜范围 在新疆环塔里木盆地、吐哈盆地及其他红枣适生区种植。

独特的红枣花　果初期　骏枣苗

果实成熟期

'垦鲜枣1号'（梨枣）

树种：枣
类别：优良品种
科属：鼠李科 枣属

学名：*Ziziphus jujuba* 'Kenxian1'
编号：新S-SV-ZJ-002-2009
申请人：新疆农垦科学院林园研究所

良种来源 1993年从山西运城市引进，在新疆石河子市平茬栽培，表现出结果多、成熟期较早。经过优良单株汇集、筛选、提纯、扩繁和推广等过程，逐步使该品种成为新疆北疆推广的优良枣品种之一。

良种特性 乔木，主干灰褐色，在北疆用于平茬栽培，平茬后萌发力强。多为多主枝自然形，无层次，每主枝有8~12个侧枝。一般定植当年可结果，3~4年进入盛果期，要求光照良好。水平根发达，一般分布在表土层15~60cm深度，分布集中。结果早，栽后当年见果，坐果率高而稳定，特丰产稳产。大小年不明显，第3~4年亩产鲜枣800~1000kg，果实口感好，是优良的鲜食品种。果实大，单果重平均25~30g，最高可达70g，可食率高达96%以上。果皮薄，淡红色，果肉厚，绿白色，质地较疏松，汁液多，味甜略酸，口感好，鲜枣含糖量高达30.84%，总酸0.36%，维生素C 296mg/100g。品质上乘。

繁殖和栽培 采用酸枣播种，多采用春播。种子需在冬季进行层积处理，（脱壳用种仁播的不处理），出苗后加强肥水管理。第2年夏季进行枝接。对嫁接苗入冬要加以保护。

适宜范围 新疆北疆积温达3500℃以上区域均可种植，推广区域为昌吉州、石河子市、奎屯市、伊犁州直、博乐市的棉花栽培区。

金谷大枣

树种：枣	学名：*Ziziphus jujuba* 'jingudazao'
类别：无性系	编号：晋S-SC-ZJ-004-2010
科属：鼠李科 枣属	申请人：山西省农业科学研究院果树研究所

良种来源 从太谷县枣树中选育。

良种特性 树体中等大，树姿半开张，干性中等，成枝力强，开花结果早，早期丰产性能强，适宜中度密植或密植栽培。嫁接第2年少量结果，第3年有一定产量，第4年平均株产达3.6kg，第5年进入盛果期，平均株产20kg。坐果率较高，9月下旬果实完全成熟，为中熟品种类型。果个大，果形长圆柱形，略扁，纵横侧径分别为5.67cm×2.83cm×2.24cm，平均单果重24.10g，大小较整齐。果面较平滑，果皮较薄。肉质较致密，汁液中多，味酸甜，口感好，适宜鲜食和制干，主要用于制干，品质上等。适应性广，具有较强的抗病性和抗裂果能力。

繁殖和栽培 酸枣苗作砧木，春季4~5月采用改良劈接法嫁接繁殖。栽植适宜密度为每亩88~110株，树形以小冠疏层形或主干疏层形均可，树高2.5~3.5m，骨干枝5~7个，层性明显。加强夏季修剪，及时抹芽，疏除过密枝，冬季修剪时注意进行骨干枝的更新复壮。

适宜范围 山西省太原以南年均温9℃以上地区及生态条件类似地区栽培。

宫枣

树种：枣
类别：无性系
科属：鼠李科 枣属

学名：*Ziziphus jujuba* 'gongzao'
编号：晋S-SC-ZJ-006-2010
申请人：山西省农业科学研究院园艺研究所

良种来源 从北京白枣品种中选育。

良种特性 树体中大，树势强健，干性强；股吊率和果吊率较高，枣吊长而粗壮，2~3年生枣头枝的结果能力强，开花结果早，早期丰产性能强，适宜密植栽培。果实中大，长圆形，纵径4.37cm、横径2.95cm、平均单果重17.7g、最大果重25.8g，大小较整齐，果皮薄，鲜红色，果面光滑；果顶平或呈小突起，柱头遗存，果肉厚致密，味酸甜，汁液多，品质佳，适宜鲜食，可食率97.2%；枣核较小、成熟期8月底~9月初，属早中熟品种，抗病性强、较抗裂果。

繁殖和栽培 以酸枣苗作砧木，单芽接穗封蜡处理，采用改良劈接法于春季4中旬~5月上旬嫁接，接后及时去除根蘖，利用二次枝芽嫁接时应注意萌芽后及时进行枣吊摘心，以促进主芽萌生枣头枝。每亩栽植111~148株；适宜树形为纺锤形、开心形；树高控制在2.5m以下，干高50~60cm，修剪时重视骨干枝培养、摘心和刻芽技术的应用，控制中央干的生长势，及时进行骨干枝的更新复壮。

适宜范围 山西省中部以南地区土层深厚的平川及丘陵区栽培。

晋赞大枣

树种：枣	学名：*Ziziphus jujuba* 'jinzandazao'
类别：无性系	编号：晋S-SC-MP-007-2010
科属：鼠李科 枣属	申请人：山西省农业科学研究院果树研究所

良种来源 从赞皇大枣自然变异类型中选育。

良种特性 极晚熟，比赞皇大枣成熟期晚10~15d。果个特大，果形为扁卵圆形，平均果重29.88g，大小整齐一致。果面略有隆起，红色，外观艳丽。肉质较致密，中等粗细，汁液中多，味酸甜，品质较好，适宜制干或加工。鲜枣可食率96.1%，可溶性固形物含量32.0%，总糖28.71%，酸0.40%，糖酸比60.79，维生素C 352.82mg/100g。制干率51.0%，干枣可食率91.2%，可溶性固形物含量56.7%，总糖50.61%，酸1.21%。

繁殖和栽培 酸枣苗作砧木，春季4~6月采用改良劈接法嫁接繁殖。栽植株行距为3.0~3.5m×3.0~4.0m。树形以小冠疏层形或主干疏层形均可。树高3.0~3.5m，骨干枝5~7个，层性明显。定植嫁接苗或坐地酸枣苗嫁接建园。加强夏季修剪，及时抹芽，疏除过密枝，冬季修剪时注意进行骨干枝的更新复壮。

适宜范围 山西省太原以南年均温9℃以上，绝对低温高于−25℃的地区栽培。

喀左大平顶枣

树种：枣
类别：优良品种
科属：鼠李科 枣属

学名：*Ziziphus jujuba* Mill.
编号：辽S-SV-ZJ-004-2010
申请人：喀左县林业种苗管理站

良种来源 喀左丘陵山区原生树种。

良种特性 落叶小乔木，树势强健，树姿开张，叶卵形，卵状椭圆形，边缘具圆齿状锯齿，花黄绿色，两性，聚伞花序。果实中等大小，属柱形枣果，果面光洁，果皮薄脆，成熟期呈橘红色，阳面色泽鲜亮，阴面略暗，果点密度中等较明显，果肩中等亮、平圆，果顶圆，呈圆柱形成长椭圆形，平均单果重13g，最大单果重20g。味酸甜，可食率90%以上，果核纺锤形，核尖凸尖，可耐-31℃极端低温，在土壤pH值5.5~8.5的范围内，含盐量0.4%以下地区均可栽植，不耐水湿，经济林树种，鲜食及榨汁兼用品种。

繁殖和栽培 早春4月下旬~5月上旬，播种酸枣仁作为砧木，播前将酸枣仁用清水浸泡24h，捞出混3倍的河沙催芽，芽露白时即可播种，大垄双行，当年培育成砧木地径≥0.5cm，苗高≥60cm，第2年春季嫁接，时间在5月上旬，将贮存好蘸蜡的大枣接穗采用劈接法进行嫁接。嫁接苗生长期进行田间管理（松土、除草、抹芽、施肥、灌水及病虫害防治），当年苗高可达1.2m，地径可达0.8cm以上，翌年春季可栽植。

适宜范围 辽宁朝阳、阜新、葫芦岛适宜地区。

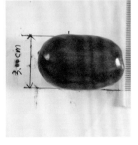

陕北长枣

树种：枣	学名：*Ziziphus jujuba* cv. 'Shaanbeichangzao.'
类别：优良无性系	编号：QLS086-J060-2010
科属：鼠李科 枣属	申请人：西北农林科技大学

良种来源 陕西省清涧县玉家河乡舍余里村特异性单株。

良种特性 落叶乔木。树势中强。树姿开张。干性强，枝条中密。4月底萌芽，6月上旬始花，9月上旬着色，9月底果实成熟，10月下旬落叶。枣头延伸力强，进入丰产期后，枣头生长缓慢。自然萌枝力较差，花量大。以多年生枣股结果为主。较抗雨裂。果实固形物含量35.96%，总含糖72.0%以上，含酸量1.30%，维生素C含量398.4mg/100g。制干率58.3%。丰产性强，栽植3年后挂果，6年进入稳产期，盛果期平均产干枣4500kg/hm²。经济林树种。制干、加工果汁、果酱兼用品种。

繁殖和栽培 苗木繁殖、造林建园、病虫害防治参阅方木枣。管理夏季摘心是幼树整形期的关键，以5~10年生枣股结果能力最强，12年生以上枣股要及时更新。

适宜范围 陕北黄河、无定河沿岸，年平均温度8~11.5℃，年降雨370~560mm的地区推广。

方木枣

树种：枣
类别：优良无性系
科属：鼠李科 枣属

学名：*Ziziphus jujuba* cv. 'Fangmuzao.'
编号：QLS087-J061-2010
申请人：西北农林科技大学

良种来源 陕西省清涧县玉家河镇冷水坪村特异性单株。

良种特性 落叶乔木。生长势较强，干性中强。树冠自然开心形，树姿开张。枝条中密，萌发力中等。枣头延伸能力强，自然萌枝力差。4月下旬萌芽，4月底展叶，6月上旬始花，上旬盛花期，下旬可见幼果，9月上旬着色，9月底~10月初开始糖心，10月上旬果实成熟，11月上旬落叶。果实可溶性固形物含量36.00%，总糖含量34.00%，维生素C含量400.30mg/100g，总酸度0.35%，制干率58.60%以上。大小年不明显，高产稳产，栽植2年后挂果，4年进入稳产期，盛果期平均产干枣4500kg/hm²。经济林树种。鲜食、制干兼用品种。

繁殖和栽培 将木枣、团枣的根蘖苗归圃培育，留苗量30~45万株/hm²。地径达到1.0cm以上时采用插皮接或芽接。也可培育酸枣苗作砧木进行嫁接，即将经过沙藏和催芽处理酸枣核于4月下旬~5月上旬播种，播种量225~375kg/hm²，留苗量15~18万株/hm²，翌年4~5月枝接，7月中旬~8月中旬芽接。山地建园栽植株行距3.0m×4.0m，树高控制在3.0~3.5m；水肥条件较好的平地采用矮化密植，株行距2.0m×3.0m，树高控制在2.5~3.0m。危害枣树的病虫害种类较多，但常造成较大经济损失的主要有：枣疯病（MLO），症状是枝叶丛生，最后整株死亡。防治方法一是严格检疫，防止带病苗木传病；二是清除病源；三是树冠喷洒2.5%溴氰菊酯或10%氯氰菊酯3000~4000倍液，防治中国拟菱纹叶蝉、凹缘菱纹叶蝉等传病昆虫。枣尺蠖，危害早芽、嫩叶。防治方法一是中耕垦复枣树周围地面，破坏越冬生境；二是成虫羽化前在树干基部缠6~8cm塑料薄膜或在树干基部培圆锥形土堆，压实，上撒一层细沙，阻杀上树雌蛾；三是幼虫期树冠喷洒2.5%溴氰菊酯或20%杀灭菊酯3000~5000倍液。枣镰翅小卷蛾，危害叶、花、果。防治方法一是冬春刮树皮消灭虫蛹；二是8月、9月树干绑缚草束，诱虫产卵；三是幼虫期树冠喷洒菊酯类农药3000~5000倍液；四是成虫期黑光灯诱杀。桃小食心虫，幼虫危害果实。防治方法一是春季垦复树冠下地面，消灭虫茧；二是树干周围覆盖地膜，阻止幼虫出土化蛹；三是7~9月捡拾虫果，集中处理；四是成虫盛发期树冠喷洒菊酯类农药3000~5000倍液；五是成虫期黑灯光诱杀。

适宜范围 适宜海拔700~900m，年降雨370~560mm，年平均气温8.2~11.5℃，全年无霜期173~215d，土壤为川道淤土（冲积土）、沙壤土的渭北地区推广栽植。

'若羌灰枣'

树种：枣
类别：优良品种
科属：鼠李科 枣属

学名：*Ziziphus jujuba* 'Ruoqianghuizao'
编号：新S-SV-ZJ-002-2010
申请人：新疆若羌县红枣科技服务中心

良种来源 1987年从河南新郑市引进灰枣苗木0.11万株，1988年引进6.03万株，1989年引进5万株，1990~1993年每年引进苗1~2万株，对灰枣进行引种试验。

良种特性 平均单果重11.4g，橙红色，品质上等。鲜枣可溶性固形物40.8%，可食率97%，干枣总糖含量74.88%，核小与肉分离，干枣掰开能扯出金丝，制干率60%。成熟期9月上旬，树势强旺，单轴延长生长能力强，适应性强，丰产稳产，果实品质优良，适宜于鲜食和制干。

繁殖和栽培 繁殖主要采用嫁接繁殖和分株繁殖，根蘖苗归圃1年后可移栽大田。

适宜范围 在新疆南疆及哈密地区、吐鲁番市红枣适生区种植。

'若羌冬枣'

树种：枣
类别：优良品种
科属：鼠李科 枣属

学名：*Ziziphus jujuba* 'Ruoqiangdongzao'
编号：新S-SV-ZJ-003-2010
申请人：新疆若羌县红枣科技服务中心

良种来源　新疆若羌县2000年从河北引进冬枣苗木0.1万株，开始引种试验，2002年又从河北引种冬枣苗木0.5万株，2003年引进冬枣接穗10万芽，2004年引进冬枣接穗5.2万芽，对冬枣进行引种试验。

良种特性　平均单果重16g，赭红色，鲜食品质极佳。鲜枣可溶性固形物35.2%，可食率95.9%。成熟期10月中旬，树势强旺，适应性强，丰产稳产，果实品质极优，适宜于鲜食。

繁殖和栽培　主要采用嫁接繁殖和分株繁殖，根蘖苗归圃1年后可移栽大田。

适宜范围　在新疆南疆及哈密地区、吐鲁番市红枣适生区栽植。

'若羌金丝小枣'

树种：枣

类别：优良品种

科属：鼠李科 枣属

学名：*Ziziphus jujuba* 'Ruoqiangjinsixiaozao'

编号：新S-SV-ZJ-004-2010

申请人：新疆若羌县红枣科技服务中心

良种来源　2000年从河北沧州引进'金丝小枣'接穗2000芽，2002年引进'金丝小枣'苗木3.1万株，2004年引进'金丝小枣'接穗6万芽，对金丝小枣进行引种试验。

良种特性　平均单果重7.5g，鲜红色，品质极佳。鲜枣可溶性固形物35.8％，可食率97％，核小皮薄肉厚，制干率65％。成熟期9月中下旬，树势强壮，适应性强，丰产稳产，果实品质优良，适宜制干。

繁殖和栽培　繁殖主要采取嫁接繁殖和分株繁殖，根蘖苗归圃1年后可移栽大田。

适宜范围　在新疆南疆及哈密地区、吐鲁番市红枣适生区种植。

曙光2号

树种：枣

类别：品种

科属：鼠李科 枣属

学名：*Ziziphus jujuba* 'Shuguang 2'

编号：冀S-SV-ZJ-003-2011

申请人：河北省林业科学研究院

良种来源 鹿泉市白鹿泉乡梁庄村发现的婆枣变异单株，采集接穗，对架庄村部分野生酸枣进行嫁接，经过多年选育而成。

良种特性 落叶乔木。果实圆柱形，平均单果重16.8g，果个大小均匀。果皮深红褐色，较厚。果肉厚，近白色，肉质细，汁液多，味浓酸甜。鲜枣可溶性固形物含量30.5%，可滴定酸0.39%，维生素C含量为252mg/100g，可食率97.1%。高抗枣缩果病，兼抗裂果。进入结果期早，丰产稳产，当年生枝发育的结果枝具有良好的结实能力，枣树高接换头当年可结果，栽后3~5年进入丰产期，连续结果能力强。枣树高接第2年株产鲜枣2.2kg，4年株产鲜枣5.3kg，5年株产鲜枣8.5kg。

繁殖和栽培 嫁接繁殖，砧木选择播种酸枣苗、野生酸枣苗、普通婆枣等，大树高接换头可采取多头嫁接方式。常用树形为开心形、小冠疏层形。幼树期修剪以培养树形为主；盛果期要注意疏密以改善通风透光条件，培养结果枝组。在枣树花期如出现持续高温天气，可使用枣树保花坐果剂进行预防，提高枣树坐果率。

适宜范围 河北省石家庄市行唐县、保定市易县、阜平县及其他生态条件类似地区栽培。

曙光3号

树种：枣
类别：品种
科属：鼠李科 枣属

学名：*Ziziphus jujuba* 'Shuguang 3'
编号：冀S-SV-ZJ-004-2011
申请人：河北省林业科学研究院

良种来源 从河北省太行山区"婆枣"资源中选育出来的优良新品种。

良种特性 落叶乔木。树势开张。果实圆形，平均单果质量19.3g，最大单果质量30.2g。果皮深红褐色，较厚。果肉厚，近白色。鲜枣果肉厚，富有弹性。干性较强，发枝力弱。进入结果期早，丰产稳产，连续结果能力强。

繁殖和栽培 大树高接换头可采取多头嫁接方式。常用树形为开心形、小冠疏层形。幼树期修剪以培养树形为主；盛果期要注意疏密以改善通风透光条件，培养结果枝组。花量大，自然坐果率高于普通'婆枣'，花期如出现持续高温天气，可使用枣树保花坐果剂进行预防，提高坐果率。

适宜范围 河北省石家庄市行唐县、保定市易县、阜平县及其他生态条件类似地区栽培。

敦煌灰枣

树种：枣
类别：品种
科属：鼠李科 枣属

学名：*Ziziphus jujuba* 'Xinzhenghong'
编号：甘S-SV-Zj-022-2011
申请人：甘肃省敦煌市林业技术推广中心

良种来源 河南省新郑。

良种特性 敦煌灰枣品质优良，耐储藏，并具有高产特性。果实中等，果实长倒卵形，色泽橙红色。肉质细密有弹性，受压后能复原。核小、肉厚、核肉较易分离，味美香甜，干枣可食部分含糖77.35%。果实外观漂亮，是鲜食、制干兼用型品种。敦煌灰枣品质优良，大枣药用价值很高，枣树的叶、花、果、皮、根、刺皆可入药。

繁殖和栽培 选择有灌溉条件，完整防护林体系，土层深厚的沙壤土和轻壤土地块建园。要加强水肥管理和病虫害防治，合理整形修剪，1~3年生增枝促果主要措施"一拉二刻三扶四栽五缩"，定植4~5年，以小冠疏层形整形，定植6年后，回缩株间交枝，在行间预留80cm作业道，对主枝和结果枝进行更新复壮，在正常的栽培管理条件下，定植第二年开花结果，第三、四年株产鲜枣1~10kg。枣树八年进入盛果期，亩栽55株，株行距3m×4m，亩产达到1500~2000kg。

适宜范围 适宜在甘肃河西地区种植。

曙光4号

树种：枣	学名：*Ziziphus jujuba* 'Shuguang 4'
类别：品种	编号：冀S-SV-ZJ-003-2012
科属：鼠李科 枣属	申请人：河北省林业科学研究所

良种来源 鹿泉市上寨乡南村发现的婆枣变异单株，采集接穗，对南寨村部分野生酸枣、婆枣进行嫁接，经多年选育而成。

良种特性 落叶乔木。果实圆形，平均单果重17.4g，果个大小均匀。果皮深红褐色，较厚。果肉厚，近白色，肉质细，汁液多，味浓酸甜。鲜枣可溶性圆形物含量26.6%，维生素C含量为518mg/100g，可滴定酸0.3%，可食率94.7%。适合干制，制干率58.2%。进入结果期早，丰产稳产，当年生枝具有良好的结实能力，嫁接当年可结果，栽后3~5年进入丰产期，连续结果能力强。嫁接3年平均株产鲜枣3.6kg，4年平均株产鲜枣6.8kg，5年平均株产鲜枣10.5kg。枣缩果病极轻，成熟期裂果率较低。不抗枣疯病。

繁殖和栽培 嫁接繁殖，砧木选择播种酸枣苗、野生酸枣苗、普通婆枣等，大树高接换头可采取多头嫁接方式。主要树形为开心形、小冠疏层形。

适宜范围 河北省行唐县、获鹿市、献县及与其生态条件类似地区。

红螺脆枣

树种：枣
类别：优良品种
科属：鼠李科 枣属

学名：*Ziziphus jujuba* 'Hongluocuizao'
编号：京S-SV-ZJ-038-2013
申请人：北京农学院、怀柔区园林绿化局

良种来源 北京市怀柔区西三村枣园变异株。

良种特性 '红螺脆枣'果实卵圆形，平均单果重21.8g。果皮中等厚，果点大且显著，紫红色，光滑平整。果肉浅绿色，肉细而致密，酸甜适口。可溶性固形物含量22%，总酸0.47%，每百克含维生素C 281.47mg，鲜食品质上等；枣核小，纺锤形，含仁率达91.3%。鲜枣可食率95.2%。9月中旬成熟。

繁殖和栽培

1. 栽植密度：生产园株行距2m×3m，观光采摘枣园株行距2m×4m。
2. 整形修剪：树形可选用小冠疏层形、纺锤形等。选用二次枝枣股萌发的枣头枝培养主枝，开张主枝角度，缓和树势。
3. 花期管理：盛花期主干环剥，花期空气湿度低于60%时傍晚喷水提高坐果率。

适宜范围 北京地区。

鸡心脆枣

树种：枣	学名：*Ziziphus jujuba* 'Jixincuizao'
类别：优良品种	编号：京S-SV-ZJ-039-2013
科属：鼠李科 枣属	申请人：北京农学院、平谷区园林绿化局

良种来源 北京市平谷区水峪村枣园变异株。

良种特性 '鸡心脆枣'果实鸡心形，单果重13.2g。果皮薄，红色，光滑平整。果肉白色，酥脆细嫩，风味、口感俱佳，鲜食品质上等；可溶性固形物含量28%，可溶性糖22.1%，总酸0.74%，每百克含维生素C313.25mg；枣核小，纺锤形，多无种仁。鲜枣可食率98.1%。9月中旬成熟。

繁殖和栽培

1. 栽植密度：生产园株行距2m×3m，观光采摘枣园株行距2m×4m。
2. 整形修剪：树形可选用小冠疏层形、纺锤形等。选用二次枝枣股萌发的枣头枝培养主枝，开张主枝角度，缓和树势。
3. 花期管理：盛花期主干环剥，花期空气湿度低于60%时傍晚喷水提高坐果率。

适宜范围 北京地区。

灵武长枣2号

树种：枣
类别：优良无性系
科属：鼠李科 枣属

学名：*Ziziphus jujuba* Mill. cv. 'Lingwuchangzao-2'
编号：宁S-SC-ZJ-001-2013
申请人：宁夏灵武市成园苗木花卉有限公司、宁夏农林科学院、宁夏灵武市林业局、宁夏灵武市科技局

良种来源 母株来自宁夏灵武市磁窑堡镇马跑泉村黎家新庄的黎成家中80年的老枣树，在灵武市临河镇二道沟村李宝家8年生枣园中也发现与母株特性一致的枣树，然后进行嫁接育苗试验及区域试验。

良种特性 落叶小乔木。树冠高大，树形较直立。叶片中大，长卵圆形，主叶脉明显，侧叶脉不明显。花药淡黄色，柱头二裂，白昼裂蕾开花。4月下旬萌芽，5月上旬展叶，枣头开始生长，6月上旬开花，花期可延期到7月下旬，6月上中旬开始坐果，9月上中旬开始着色，9月下旬全红。果实发育期90~95d。果体大，长椭圆形，平均单果重21g，最大果重40g，果纵径5.05cm、横径3.1cm、侧径2.6cm。果皮紫红色、有光泽。果肉淡绿色，肉质松脆，汁液较多，可溶性固形物含量26.0%，总糖24.3%，总酸0.44%，水分73.58%，维生素C 380.4mg/100g，果肉硬度14.05kg/cm^2，味甜、微酸、可食率95%。经济林树种，鲜食及榨汁兼用品种。

繁殖和栽培 4月中旬~5月上旬，选用地径0.6cm的酸枣苗作砧木，采用劈接、切接等方法繁殖苗木。4月下旬~5月上旬栽植，定植密度4m×2~3m。采用冬夏结合的修剪方法，及时除萌、摘心、疏枝。5年内完成以自由纺锤形为主的树形修剪，干高50~60cm，保留8~10个主枝，主枝长1.0m，主枝间距20cm，基角70°~80°。定植后1~3年内合理间作，间作物距离树体1m为宜，不宜种植高杆及秋季需水多的作物。

适宜范围 适宜于灵武长枣国家地理标志产品保护区及气候条件相似的地区栽植。

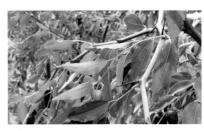

晋园红

树种：枣	学名：*Ziziphus jujuba* Mill. 'Jinyuanhong'
类别：优良无性系	编号：晋S-SC-ZJ-019-2014
科属：鼠李科 枣属	申请人：山西省农业科学院园艺研究所

良种来源 山西省红枣协会会员高金应在柳林县三交镇靳家山村发现的木枣单株优系。

良种特性 树势强健，二年生枣股抽吊率2.52，枣吊长18.5cm，叶片厚大，7.1cm×3.6cm，果实成熟期晚，10月上旬进入脆熟期，可以避开雨季，完熟期在10月中旬，果个大，平均单果重21.6g，纵横径4.64cm×3.31cm。鲜枣可食率97.4%，制干率73.2%。鲜枣可溶性糖26.7%，糖酸比42.4，维生素C 430.5mg/100g，半干枣可溶性总糖46.3%，可滴定酸0.58%。5年生树株产12.5kg，亩定植55株，亩产687.5kg。

繁殖和栽培 以酸枣苗作砧木，单芽接穗封蜡处理，采用改良劈接法于春季4月中旬~5月上旬嫁接，利用二次枝芽嫁接时应注意萌芽后及时进行枣吊摘心，以促进主芽萌生枣头枝。栽植密度为（3~4）m×（4~5）m，适宜树形为小冠疏层形、纺锤形、开心形等树形，采用摘心、拉枝、开甲、喷布激素微肥等常规技术以达到早期丰产稳产目的。

适宜范围 适宜在我省吕梁地区年均气温10℃以上，年降雨量500mm以下，冬季极端气温-25℃以上的枣区种植。

临黄1号

树种：枣
类别：优良无性系
科属：鼠李科 枣属

学名：*Ziziphus jujuba* Mill. 'Linhuang1'
编号：晋S-SC-ZJ-020-2014
申请人：山西省农业科学院果树研究所

良种来源 从临县克虎镇的吕梁木枣变异类型中选育出的单株优系。

良种特性 树体中等大小，树姿较开张，主干皮裂为条状纵裂，枣头枝紫红色，节间较长，二次枝弯曲度中等。枣头枝针刺不发达，多年生枝针刺退化。皮孔圆形，较密。枣股圆锥形，一般着生枣吊3个，木质化枣吊少。叶片大，浓绿色，卵状披针形，叶尖钝尖，叶基截形。花量中等，每花序着花3~8朵，花朵较大，花径7.0mm。果实成熟期9月下旬~10月上旬，属晚熟品种。果个大，果形长圆柱形或长卵圆形，平均果重22.8g，大小较整齐均匀。果面较平滑，果皮较厚，深红色。果肉汁液较少，肉质致密，味酸甜，鲜食品质较差，适宜制干或蜜枣加工。鲜枣可食率97.8%，可溶性固形物含量26.4%，总糖21.3%，可滴定酸含量0.41%，维生素C含量294.4mg/100g。制干率61.5%，干枣果皮较平展靓丽，果肉富有弹性和韧性，总糖含量70.3%，有机酸1.78%。枣核长纺锤形，核内无种仁。该品系比吕梁木枣果实优异特性主要表现在成熟期晚、果个大、果实外观靓丽等突出的商品性状。高接树当年即开花结果，第2年平均株产2kg，第3年树冠基本形成达到丰产初期，平均株产4.5kg。5~6年生盛果期树株产可达20kg。

繁殖和栽培 吕梁木枣作高接树或用优质酸枣苗作砧木，春季4~5月采用皮下接或改良劈接法嫁接改良和繁殖。栽植株行距（2~3）m×（3~4）m，亩栽56~110株。据立地条件、树形及栽培模式等决定适宜的密度。树形小冠疏层形或主干疏层形均可。树高2.5~3.5m，骨干枝5~7个，层性明显。加强夏季修剪，及时抹芽，疏除过密枝，冬季修剪时注意进行骨干枝的更新复壮。高接换优时，树发芽后1个月内选5~10年生高接树采用改良劈接或皮下接法嫁接，选角度较开张、方位较合理、嫁接部位粗度3~5cm的骨干枝嫁接。嫁接当年生长的枣头枝长至8~10个二次枝时摘心并撑或拉至基本水平状。采用摘心、拉枝、花期喷布1次赤霉素等常规技术可达到早期丰产。

适宜范围 适宜在山西省吕梁山的沿黄枣主产区及类似区域均可种植。

'垦鲜枣2号'（赞皇枣）

树种：枣
类别：优良品种
科属：鼠李科 枣属

学名：*Ziziphus jujuba* 'Kenxianzao2'
编号：新S-SV-ZJ-021-2014
申请人：新疆农垦科学院林园研究所

良种来源 1993年从河北省赞皇县，在新疆石河子市平茬栽培后，表现突出，结果多，熟期较早。该品种具有的优良结果性状和经济形状后，经过有意识的优良单株汇集、筛选、提纯、扩繁和推广等过程，具有一定的种植面积，2009年由新疆林木品种审定委员会认定后，进行了大力推广，使该品种成为新疆北疆种植的优良枣树品种。

良种特性 乔木，主干灰褐色，叶片厚而宽大，深绿色，叶片5.0~7.0cm，宽3.2~4.2cm，每吊着生花数40~55朵，每花序着花平均4.1朵。花大，花径8~9mm。果实大，长圆形或倒卵形，纵径3.4~4.1cm，横径2.8~3.1cm，平均果重22g最大重31g。果皮较薄，深红色，果面光滑。果肉厚，绿白色，肉质致密，细脆，味甜，汁液中等，在北疆用于平茬栽培，平茬后萌发力强，多为多主枝自然形，无层次，每主枝有8~13个侧枝。一般定植当年可结果，3~4年进入盛果期，要求光照良好。枣头当年可长达1.5~2.0m，经人工控制在1m左右，其上二次枝，平均长90cm，人工控制在60~70cm，节间长5~8cm，枣股一年一生，一股长一吊。枣吊平均15~50cm，着生叶片11~30片，花序着生在枣吊上，每吊坐果数3~5个，最多19个。

繁殖和栽培 酸枣播种，多采用春播。种子需在冬季进行层积处理，（脱壳用种仁播的不处理），出苗后加强肥水管理，第2年夏季进行枝接。对嫁接成苗入冬要加以保护，移入温室或菜窖，以备翌年开春定植使用。

适宜范围 新疆北疆积温达3500℃以上区域适宜种植，推广区域为昌吉州、石河子市、奎屯市、伊犁州直、博乐市适宜棉花的栽培区。

京枣311

树种：枣
类别：优良品种
科属：鼠李科 李属

学名：*Ziziphus jujuba* 'Jingzao 311'
编号：京S-SV-ZJ-049-2015
申请人：北京市农林科学院林业果树研究所等

良种来源　在北京市西城区月坛北街居民四合院中实生古树采集的接穗。

良种特性　果实中等大，圆柱形或近圆形，平均纵径3.2cm，横径2.9cm。平均单果重12.3g；果形、大小均较整齐，果柄短、较细；果肩圆，果顶圆，顶点凹下，梗洼窄，残柱不明显。果面平滑光亮，果皮薄，紫红色，果面上有暗红色的果点，果点较大，分布稀疏；果肉绿白色，肉细，质地酥脆，汁液多，鲜枣可溶固形物含量平均26.4%，总糖含量21.97%；可滴定酸含量0.44%；维生素C含量为317.67mg/100g；鲜食，品质上等；果核小，纺锤形或近圆形，含仁率100%，成熟种仁饱满率100%，果实酸甜，可食率93%。果实外形光洁美观，肉质细脆多汁，酸甜可口，宜鲜食，为中早熟优良鲜食品种。树体中等大，干性较弱，树姿开张。发枝力强，枝系寿命长，结构稳定；结实早，丰产性强，高接枝当年结果，2年后即进入盛果期，枣吊坐果率在85%以上，一般枣吊挂果2~5个，最多的枣吊挂果10个且均能发育成熟。盛果期树，一般株产20~30kg。在北京4月上中旬树液开始流动，4月20日左右萌芽，5月20日左右始花，5月底~6月初盛花，白熟期8月下旬，脆熟期为9月初。9月上中旬采收。果实生长时间100~110d，10中旬开始落叶。树冠多主干自然圆头形。120年生树，胸径36cm，树高8m左右，树冠8m左右。树干灰白色，树皮较粗糙，条状不规则纵裂；成熟老枝灰白色，有光泽，树皮裂纹呈条块状，裂片较大，不易剥落；枣股圆锥形，较粗大；枣头较粗壮，针刺弱；枣吊较粗，平均枣吊长26.52cm，每吊平均叶片数17片；叶片中等大，卵状披针形，主脉两侧极不对称，叶片薄，深绿色，有光泽，平均叶片长8.48cm，平均叶宽3.19cm，叶尖渐尖，叶基楔形，两侧极不对称，叶缘锯齿较细；花量大，每一花序平均花5~8朵。适应能力强。耐贫瘠，抗旱、抗寒能力强。在内蒙古伊盟和新疆库尔勒地区人工栽培，自然条件下冬季无冻害；裂果率低，在少量降雨情况下，自然裂果率低于5%；缩果病和枣锈病发病率较低。适宜在北京及周边地区栽植；区域试验表明，该品种可在华北及西北大部分地区推广栽培。

繁殖和栽培

1. 栽植。以嫁接育苗为主。土壤化冻后、苗木萌芽前均可栽植。适于密植。栽植株行距以2m×3m为宜，密植可1m×2m。树高控制在2.5m以内，冠径控制在2.0~2.5m。

2. 整形修剪。做好冬剪和夏剪。冬季修剪在落叶后至次年萌芽前，以萌芽前5~10d最为适宜。剪除病枝和弱枝。夏季修剪以摘心为主，结果枝上萌发的枣头长至5cm左右时摘心或从基部剪去。做好拉枝，角度以大于60°为宜。

3. 肥水管理。采果后、落叶前或春季土壤化冻后、萌芽前施基肥，施肥量根据肥料有效成分、土壤营养状况、树势强弱及坐果量等因素综合考虑。灌水主要在发芽期、花前期、幼果期及落叶前进行。

4. 花果管理。在盛花期后适当控制枣吊末梢花开放，或修剪枣吊梢部。合理疏果，提高枣果品质。

5. 病虫害防治。萌芽前3~5d喷施5波美度石硫合剂，萌芽初期重点防治枣瘿蚊为害，及时喷施溴氰菊酯或其他低残留、低毒杀虫药剂。7月中旬~8月中旬喷施波尔多液，每10d1次，防治枣锈病。

适宜范围　北京及周边地区。

晋冬枣

树种：枣	学名：*Ziziphus jujuba* Mill. 'Jindongzao'
类别：优良无性系	编号：晋S-SC-ZJ-036-2015
科属：鼠李科 枣属	申请人：山西省农业科学院园艺研究所、万荣县皇甫双领红枣专业合作社

良种来源 选自沾化冬枣变异单株。

良种特性 树势中庸，发枝力较低，叶片5.90cm×4.25cm，圆厚、叶色浓绿，果个大，平均单果重22.1g。花量中多，花径6.8mm，每花序花朵数12.5枚，坐果适中，9月下旬成熟，成熟期早于冬枣；果实扁圆形，果肉质地酥脆，汁液多，甜脆，鲜食口感好，早果易丰产。该品种抗逆性好，在果实成熟期日灼较轻，较抗裂果。5年生树株产11.2kg以上，亩产可达1000kg以上。

繁殖和栽培 采用酸枣做砧木，一年生枝作为接穗蜡封，劈接等方法进行嫁接繁殖。株行距2m×3m或1.5m×4.0m，栽植密度为110株/亩，每年秋末施足有机肥，生长期适当追肥，并配合叶面喷肥，在萌芽前、花期、果实膨大期、封冻前保证树体水分正常供应，适时摘心、开甲等，剥开甲时宽度要窄。

适宜范围 适宜山西省冬枣种植区域栽培。

霍城大枣

树种：枣
类别：优良品种
科属：鼠李科 枣属

学名：*Ziziphus jujuba* 'Huochengdazao'
编号：新S-SV-ZJ-023-2015
申请人：新疆林科院经济林研究所

良种来源 霍城大枣在伊犁河谷已有上百年的栽植历史，早期仅为零星栽植于院落、房前屋。因在当地生长、结实性能良好，可露地直立越冬，栽植积极性增加，扩大了栽植面积。

良种特性 树体高大，树势强，枝条粗壮，树姿半开张，萌蘖力强。叶片长卵形，深绿色，叶长4~6cm，宽2~3cm，先端渐尖叶基圆形。果实短圆柱形，纵经2.86cm，横径2.64cm。枣果均匀，果肉质脆、味甜。适应性强，可在-30℃左右的绝对低温下安全越冬。早实性强、见效快、果较大、果肉质脆、味甜。果实黄酮含量、还原型抗坏血酸含量及还原糖含量高。鲜枣单果重12.0~18.0g。在春季由于芽萌动较晚，有效规避了春季寒害对幼嫩枝条和花体的损害，表现出较强的抗寒性和适应性。

繁殖和栽培 以培育根蘖苗无性繁殖为主，选择5年生以上生长健壮、园相整齐枣园，4月中下旬行间中耕，根蘖苗生长15~20cm时间苗，剪除生长过强、过弱苗木；加强土肥水管理；10月中下旬或早春出圃。

适宜范围 新疆伊犁河谷及其相似的枣适生区均可种植。

九龙金枣（宁县晋枣）

树种：枣	学名：*Ziziphus jujuba* Mill.
类别：品种	编号：S622826209824
科属：鼠李科 枣属	申请人：宁县林业局林木种苗管理站

良种来源 甘肃宁县。

良种特性 宁县九龙金枣又名宁县晋枣，已有两千多年的生产历史，《诗经》和隋唐史志中均有记载，曾以地方特产向朝廷进贡，因之得名。九龙金枣原名"晋枣"，在宁县已有两千多年的栽培历史。相传在西周时"九龙金枣"就以地方特产晋贡朝廷，因此得名"晋枣"，后改名为"九龙金枣"。其果实个大、色红、皮薄、核小、肉厚、味甜、多汁、含糖量高，鲜食香味浓郁，是优质的鲜食和加工品种，堪称稀世珍品。

繁殖和栽培 一般采用种子繁殖，先年春季下种，次年春季嫁接，秋季出圃，为2+1苗。栽培技术要点：选用国标二级以上苗木。一般秋季栽植2+1苗龄苗木，稍部埋土防寒，成活率可提高到98%。密度一般采用3m×4m株行距。造林技术：用株行距4m×3m，在土层深厚肥沃的土壤上宜采用220株/亩。

适宜范围 适宜在宁县栽植。

梨枣

树种：枣
类别：品种
科属：鼠李科 枣属

学名：*Ziziphus jujuba* Mill.
编号：S622821209827
申请人：庆阳市林科所

良种来源 山西。

良种特性 果实特大，近圆形，单果平均重31.6g，最大单果重82.7g，果肉厚白色，质地酥脆，汁多，味极甜。树冠乱头形，树姿下垂，干性弱，树势中庸，树体中大，主干灰褐色，皮部纵裂，裂纹深，剥落少，枣头枝褐红色，枣股灰褐色，圆锥形，通常抽生枣吊4~8个，吊长13.5~29cm，着果较多部位7~10节。枣头萌发力强，进入结果期早，一般嫁接后第二年大量结果，枣头、枣吊结果能力很强，特丰产，产量稳定，2年生植株产鲜枣3.2kg，3年生植株产鲜枣6~8kg。在庆城县，4月中旬发芽，5月下旬开花，6月中旬达盛花期，9月中下旬果实成熟，11月上旬落叶。

繁殖和栽培 梨枣栽植时间春季4月上旬，栽植密度株距2m、行距3m、111株／亩。挖坑、施肥栽植坑以40cm×40cm至50cm×50cm为宜，能是根系舒展，并有5~10cm的余地。表土与底土各放一侧。每坑施厩肥30斤，磷肥或复合肥1斤左右，与表土拌匀。肥料与表土混合，先放入坑内适量，用脚踏实并使中心略高与四周，将枣苗立在坑中心，根系自然舒展，把混肥熟土填于根际处，附近地表土填在上层，轻提枣苗后踏实，在填土踏实，在覆土，用挖坑时的底土补平地面，苗的栽植深度以略高与地面露出接茬为宜。

适宜范围 适宜在庆阳、平凉地区栽植。

大青葡萄

树种：葡萄	学名：*Vitis vinifera* L.
类别：优良品种	编号：宁S-SV-VV-004-2008
科属：葡萄科 葡萄属	申请人：宁夏青铜峡市林业局、宁夏林业技术推广总站

良种来源 在宁夏中宁、中卫、吴忠、青铜峡、灵武、永宁、银川、贺兰广泛栽培，其中以青铜峡栽培面积最大，最集中，管理最精细。

良种特性 木质落叶藤本。果穗大、果粒大，果穗长圆锥形，平均单穗重850g，最大果穗重2100g。果粒短椭圆形，黄绿色，平均粒重8g，最大13g。可溶性固形物16%~18%，全糖8.51%，酸0.75%。果皮薄，汁多味美，酸甜适度，具清香味，鲜食品质极佳。为中晚熟品种，9月上旬成熟，推迟到9月下旬采收，果粒呈黄绿透明状。不裂果，不落粒，但果皮较薄，不耐贮运。适宜庭院栽培。经济林树种，鲜食品种。

繁殖和栽培 扦插育苗时，季选择健壮、芽体饱满的无病虫害1年生枝作种条，冬剪后沙埋贮藏，翌年春剪截成两芽为1根的插条，经泡条催根后扦插到营养袋中，在温棚中培育成营养袋苗，待幼苗生长到4~5叶时，移栽到大田中培育成苗。在庭院棚架栽培时，株行距1~2m×4~6m，架根向北或向西，架口向南或向东。选根系完整，芽眼饱满的1年生带根苗或者选具4~5叶的健壮营养袋苗，于春季4月中旬栽植。采用龙干形整形，单龙干或者双龙干，龙干在架面上间距40~50cm。每年龙干上发出的1年生枝，采取双枝更新法剪留。

适宜范围 适宜在宁夏引黄灌区的灌淤土、风沙土、灰钙土等土壤中栽植。在有灌溉条件，≥10℃积温2900~3000℃以上，pH值7~8.8，地下水位1m以下的区域均可栽植。

'无核白'（吐鲁番无核白、和静无核白）

树种：葡萄	学名：*Vitis vinifera* 'Tulufanseedless'、*Vitis vinifera* 'Hejingseedless'
类别：优良无性系	编号：新S-SC-VV-004-2009
科属：葡萄科 葡萄属	申请人：吐鲁番市林业站、新疆吐鲁番葡萄生产力促进中心、
	吐鲁番地区农业科学研究所、托克逊县葡萄研究开发中心、
	新疆鄯善葡萄瓜果研究开发中心、新疆和静县林业局

良种来源 该品种经古丝绸之路由中亚细亚引进，是新疆吐鲁番的葡萄主栽品种。1998年新疆和静县农业局园艺站从吐鲁番地区将'无核白'品种引进，在巴润哈尔莫顿镇种植2000亩进行生产试验。

良种特性 中熟品种，成熟后果粒浅黄绿色，糖度18%~23%，粒均重1.8g，穗均重480g，平均亩产2123kg，干为绿色或褐色，耐高温，抗病性强、适应性强，在新疆吐鲁番地区物候期：3月末4月上旬萌芽，5月中旬开花，7月上旬开始成熟，8月下旬完全成熟，火焰山南早于山北，生长期140d左右。定植2年可挂果，3~5年可丰产，亩产2t以上，高产4~5t。皮薄而韧，肉质紧密而脆，适合鲜食、制干、制罐。晾制阴干后，色泽碧绿鲜艳，肉质佳。

繁殖和栽培 繁殖主要采用扦插繁殖，选择充分成熟冬芽饱满充实的一年生枝，粗度在0.7cm以上。在扦插前，用ABT生根粉浸泡插条下端1h左右，可提高扦插成活率。先将贮藏的插条用清水洗干净，再用5%硫酸铜消毒2~3min，然后剪成2~3芽一段的插条，扦插株行距为20cm×25cm。扦插时间在3月左右，视当地气候可选择提早或延晚。插条2/3入土，顶芽要离地面3cm左右，且向北倾斜；防止插条插在肥料集中处并注意防止倒插。插后浇足定根水，待插条发芽后及时选留健壮新梢2~3个加强培养。

适宜范围 适合在新疆东疆、南疆葡萄栽培区栽植。

'无核白鸡心'

树种：葡萄	学名：*Vitis vinifera* 'Jixinseedless'
类别：优良无性系	编号：新S-SC-VV-005-2009
科属：葡萄科 葡萄属	申请人：新疆吐鲁番葡萄生产力促进中心、吐鲁番地区农科所、托克逊县葡萄研究开发中心、吐鲁番市林业站、新疆鄯善葡萄瓜果研究开发中心

良种来源 '无核白鸡心'又名'森田尼无核'，属欧亚种，是美国用'Goid×Q25-6'杂交育成。1983年沈阳农业大学从美国引入，1998年引入新疆吐鲁番地区。

良种特性 嫩梢绿色，有稀疏茸毛。幼叶微红，有稀疏茸毛。一年生成熟枝条为黄褐色，粗壮，节间较长。成龄叶片大，心形，5裂，裂刻极深，上裂刻呈封闭状，叶片正反面均无茸毛，叶缘锯齿大而锐，叶柄洼呈拱形。两性花。果穗圆锥形，平均穗重480g，果粒着生中等紧密，果粒长卵圆形，平均粒重2.6g，果皮黄绿色，皮薄肉脆，浓甜，可溶性固形物20%，微有玫瑰香味。树势强，在吐鲁番地区3月中、下旬萌芽，4月下旬5月上旬开花，7月中下旬成熟。成熟后，果粒黄绿色，制干色泽为金黄色，平均粒重1.14g，比传统的无核白葡萄干重0.58g，差异显著，是优良的鲜食制干葡萄品种。

繁殖和栽培 选择充分成熟冬芽饱满充实的一年生枝，粗度在0.7cm以上。在扦插前，用ABT生根粉浸泡插条下端1h左右，可提高扦插成活率。先将贮藏的插条用清水洗干净，再用5%硫酸铜消毒2~3min，然后剪成2~3芽一段的插条，扦插株行距为20cm×25cm。扦插时间在3月初左右，视当地气候可选择提早或延晚。插条2/3入土，顶芽要离地面3cm左右，且向北倾斜；注意防止插条插在肥料集中处和倒插。插后浇足定根水，待插条发芽后及时选留健壮新梢2~3个加强培养。

适宜范围 适应性广，新疆南北疆都可种植，也可在温室种植。

'赤霞珠'

树种：葡萄
类别：优良无性系
科属：葡萄科 葡萄属

学名：*Vitis vinifera* 'CabernetSauvignon'
编号：新S-SC-VV-021-2009
申请人：新疆玛纳斯县林业局、新疆焉耆县林业局

良种来源 欧亚种，原产法国波尔多，黑色酿酒葡萄，为晚熟品种。1998年10月、1999年10月新疆玛纳斯县林业局连续2年从河北昌黎地区引进优质'赤霞珠'种条，玛纳斯县园艺场采用电热线扦插育苗法，共育'赤霞珠'苗木370万株。1998年新疆焉耆县乡都酒业有限公司从清华大学引进，由野葡萄上嫁接的'赤霞珠'品种。当年在焉耆县七个星镇西戈壁栽植苗木3000亩进行生产试验。

良种特性 晚熟品种，生长势中等，结实力强，易丰产。果穗小，平均穗重165.2g，圆锥形。果粒着生中等密度，平均粒重1.9g，圆形，紫黑色，有青草味，出汁率达73%~80%。可溶性固形物16%~18%，含酸量0.56%，生育期130~148d。9月下旬成熟。树势中庸。结果枝率45%，结果系数1.6，产量中等，适应性强，抗病性较强。宜篱架整形，中短梢修剪。酿成的酒为宝石红色，酒质极优。轧后的皮渣可喂养牲畜。葡萄籽有提炼食用、药用、美容等作用。

繁殖和栽培 扦插育苗催根时根部温度保持在25~30℃之间，棚内气温保持在10℃左右，出根后棚温可升高。营养袋扦插后1周注意遮阴，然后逐渐升温至25~30℃。大田移栽前，揭棚炼苗7~10d。育苗期间要注意掌握干透再浇水。

适宜范围 新疆南北疆葡萄适宜区域均适宜种植。

'白木纳格'葡萄

树种：葡萄
类别：优良无性系
科属：葡萄科 葡萄属

学名：*Vitis vinifera* 'Munage'
编号：新S-SC-VV-022-2009
申请人：新疆阿图什市林业局

良种来源 欧亚种，1000多年前从地中海引入，是新疆阿图什市郊区农民普遍长期栽培的一个农家乡土品种。

良种特性 粒大、皮薄、色泽鲜艳、口味甘美，是最具新疆特色的鲜食、晚熟、耐贮运地方品种，具较强的地域性。外观色泽亮丽，味清香，果粒均匀，果实丰满，果肉爽脆可切成薄片，糖度高，手感硬，甜酸可口，风味极佳，成为鲜食葡萄之珍品。叶齿双侧凸，5裂，上裂刻较浅，闭合，基部U形，下裂刻浅。叶柄长10~15cm。叶柄洼闭合，扁圆形。秋叶黄色。新梢较直立生长，成熟枝条横切面近圆形，表面光滑，有条纹，黄褐色，节间长7~14cm，粗1.3cm。两性花，雄蕊5个。花序着生节位5~6节，花序圆锥形，3~4级分枝，通常一个花序上有300~1600朵。果穗长，圆锥形，极大，长28.2cm，宽11.6cm，平均穗重860g，最大穗重4000g，果穗大小较整齐、松散，穗梗长7~11cm。果粒长束腰形，极大，纵径3.2cm，横径2.1cm，果形指数1.52，有小果粒，平均粒重8~9g。果粉薄，果皮薄，果汁黄绿色。果梗短8~10mm。果粒含种，平均1.6粒，自然无核率6%~11%，瘪籽多。种子大，百粒种子鲜重5.3g。种子卵圆形，棕褐色，喙长2.1mm。生长势强，顶端优势明显。阿图什产区4月1~5日开始萌芽，5月14~20日开花，花期6~8d。8月上旬果实开始着色、变软，果面发亮，浆果进入始熟期。9月中旬种子变褐色，浆果完全成熟，有弹性，推迟采摘颜色更艳、风味更佳。全株果穗和全部果粒成熟基本一致。萌芽率72%，果枝率31%，结果系数1.0，副梢结实力弱，不能成熟。坐果率中，18%~25%。果汁多，出汁率63%，无特殊香味。风味甜酸，含酸量0.4%，含可溶性固形物19%以上，最高达28%。主要缺陷抗风差、易染病。

繁殖和栽培 以扦插繁育为主，也可压条繁育。

适宜范围 在新疆阿图什市平原葡萄适栽区种植。

'红木纳格'葡萄

树种：葡萄
类别：优良无性系
科属：葡萄科 葡萄属

学名：*Vitis vinifera* 'Hongmunage'
编号：新S-SC-VV-023-2009
申请人：新疆阿图什市林业局

良种来源 欧亚种，1000多年前从地中海引入，是新疆阿图什市农民普遍栽培的一个农家乡土品种。

良种特性 晚熟品种，果实生长期长，9月中旬到10月中旬成熟。粒大、皮薄、色泽鲜艳、口味甘美，是最具新疆特色的鲜食、晚熟、耐贮运地方品种，具较强的地域性。其外观色泽亮丽，味清香，果粒均匀，果实丰满，果肉爽脆可切成薄片，糖度高，手感硬，甜酸可口，风味极佳，成为鲜食葡萄之珍品，至今已在国内外荣获众多殊誉。植物学特性：梢尖嫩梢绿色，有少许绒毛。幼叶绿带红斑，下表面有稀疏茸毛。叶片极大，纵横径22.5cm×21.8cm，卵圆形。成龄叶深绿色，上下表面无茸毛，有光泽。叶缘上卷，锯齿双侧凸，5裂，上裂刻中，开张，基部U形，下裂刻浅。叶柄长10~14cm。叶柄洼闭合，扁圆形。秋叶黄色。新梢较直立生长，成熟枝条横切面近圆形，表面光滑，有条纹，黄色，节间长8~15cm，粗1.2cm。两性花，雄蕊5个。花序着生节位5~6节，花序圆椎形，3~4级分枝，通常一个花序上有200~2000朵花。果穗长圆锥形，极大，长26.2cm，宽12.9cm，平均穗重850g，最大穗重4800g，果穗大小差异大，果穗松散，穗梗长6~9cm。果粒椭圆形，极大，纵径2.8cm，横径2.1cm，果形指数1.32，小果粒较多，平均粒重7~8g。果实半透明，果粉薄，果汁黄绿色。商品果率≥90%，含糖量达到18度。果梗短7~9mm。果粒含种子少，1~2粒，平均1.1粒，自然无核率较高20%~30%，瘪籽多。种子大，百粒种子鲜重4.8g。种子卵圆形，黄褐色，喙长2mm。生物学特性：生长势强，顶端优势明显。阿图什产区4月1~5日开始萌芽。5月14~20日开花，花期6~8d。8月上旬果实开始变软，进入始熟期。9月下旬种子变褐，风味最佳，有弹性，浆果完全成熟。全株果穗和全部果粒成熟基本一致。萌芽率75%，果枝率35%，结果系数1.0，副梢结实力弱，不能成熟。坐果率低，16%~22%。果肉脆，可切成薄片，果汁多，出汁率68%，无特殊香味，特甜，含可溶性固形物18%以上，最高达27%。生产上常采用埋土防寒，品种可塑性较差，夏季温度过高果粒有变小的趋势，抗风差，易染病。

繁殖和栽培 以扦插繁育为主，也可压条繁育。

适宜范围 在新疆阿图什市平原葡萄适栽区种植。

'红地球'葡萄

树种：葡萄
类别：优良无性系
科属：葡萄科 葡萄属

学名：*Vitis vinifera* 'YiliRedGlobe'
编号：新S-SC-VV-024-2009
申请人：新疆伊犁州园艺技术推广总站、
新疆阿瓦提县林业局、新疆和静县林业局

良种来源 欧亚种，为美国加州大学戴维斯分校Olmo教授利用L12~80（皇帝×Hunisa实生苗）×S45~48(L12~80×Nocera)为亲本育成，于1980年发表的专利品种，商品名称'红提'。1999年新疆和静县农业局园艺站引进新疆农业科学院红提品种。当年在和静县和静镇栽植苗木建园30亩，巴润哈尔莫顿镇10亩进行生产试验，经试验，此品种性状表现优良。

良种特性 嫩梢浅紫红色，先端带紫红色纹，中下部位绿色。梢间1~3片幼叶，微红色，叶面光滑，叶脊有稀疏茸毛。成龄叶中等大，心脏形，5裂，上裂刻深，下裂刻浅，叶面平滑有光泽，叶脊无茸毛，叶缘锯齿较钝，叶柄洼拱形，叶淡红色。1年生枝条浅褐色，两性花。果穗大，长圆锥形，自然生长穗重可达2~3kg。树势较旺，嫩梢细弱，呈褐色，随着生长逐渐变绿，节间较短，有绒毛，生长缓慢。幼叶叶片较薄，黄绿色有光泽，上下表现均无茸毛。成龄叶片中大，纵横径均为17~19cm，近圆形，叶面颜色中绿，平滑，平展有皱纹，裂片5裂，上侧裂刻较深，下侧裂刻中深，叶缘锯齿双侧凸形，叶柄长度中长，约10cm左右，叶柄洼及其基部呈拱形，叶面光滑无茸毛。萌芽力强，芽眼萌芽率为87%，其中营养枝为23%，结果枝为67%，结果枝80%以上为双穗。二次结果能力较强。果粒着生紧密，成熟后果皮鲜红色或紫红，果肉硬而脆，味酸甜适口，品质极佳。该品种果穗圆锥形或双肩圆锥形，平均果穗重600~2000g。果粒圆形或近圆形，圆形果纵横径都在27mm以上，粒重12~13g，最大可达30g左右，使用膨大剂果粒纵横径可达32mm以上，重16g以上。皮厚、肉紧、肉脆、汁多而不流。可剥皮食，风味纯正，品质上等。每粒果实有种子3~4粒，种子大，褐色，果蒂较大，紧扣在果粒上。果刷较长且粗深入果肉中心，着生极牢固，耐拉力强，不脱粒，属极晚熟品种，特耐贮藏运输。抗虫性较强，抗病性较弱，易感霜霉病、白粉病等病害，抗寒性较弱，冬季埋土应在20~30cm以上。

繁殖和栽培 '红地球'葡萄繁殖方法有扦插育苗、营养袋育苗、嫁接育苗等，目前在生产中运用的比较多的是扦插育苗和嫁接育苗。扦插育苗主要包括插条准备、催根、扦插。嫁接育苗主要包括砧木插条准备、砧木催根、砧木扦插、嫁接。

适宜范围 新疆伊犁州直西四县即霍城县、伊宁市、伊宁县、察布查尔县、新疆环塔里木盆地、新疆焉耆盆地葡萄适宜区及其他晚熟葡萄适生区均可种植。

'克瑞森无核'

树种：葡萄
类别：优良无性系
科属：葡萄科 葡萄属

学名：*Vitis vinifera* 'Crimsonseedless'
编号：新S-SC-VV-006-2010
申请人：新疆和静县林业局

良种来源 2004年新疆和静县农业局园艺站将'克瑞森无核'品种引进。在巴润哈尔莫顿镇种植500亩进行生产试验，结果表明，此品种性状表现优良。

良种特性 嫩梢红绿色，有光泽，无茸毛。果穗圆锥形，有岐肩，平均穗重500g，最大1000g。果粒椭圆形，平均粒重4g，最大6g。果肉浅黄色，半透明肉质，果肉较硬，果皮中等厚，与果肉不易分离，口味甜。无核。含可溶性固形物19%，含酸量3.1mg/L，品质极佳。适应性强，抗病性强。9月下旬成熟，为无核品种。

繁殖和栽培 苗圃地扦插，营养袋快速育苗，绿枝扦插育苗，嫁接育苗。

适宜范围 在新疆焉耆盆地葡萄适宜区栽植。

'克瑞森无核'

'新雅'

树种：葡萄	学名：*Vitis vinifera* 'Xinya'
类别：优良品种	编号：新S-SV-VV-016-2014
科属：葡萄科 葡萄属	申请人：新疆维吾尔自治区葡萄瓜果研究所

良种来源 1991年以'红地球'自然实生后代E42-6为母本，以'里扎马特'为父本进行杂交，1992年进行种子播种，1993年将该组合杂交苗共356株定植于杂种圃中。1996年开始挂果，经3年栽培观察和果实鉴定，从中选出表现较好的单株91-2-334进行嫁接扩繁，继续进行生产试验，2004年嫁接扩繁1亩于复选圃中，2008年又嫁接扩繁1亩。经过几年的栽培观察和果实鉴定，以及3年的品种区试及生产试验，于2013年将表现优良的品系SP2334定名为'新雅'。

良种特性 嫩梢绿带微红色，无茸毛，幼叶绿色，有光泽，叶柄绿带微红，叶背无茸毛。成龄叶片中等大，正反两面无茸毛，绿色，5裂，上裂刻中、下裂刻浅，锯齿中锐，两侧凸，叶柄洼"V"形张开，一年生成熟枝条黄褐色，两性花。果穗分枝形，穗重500~800g左右，果粒着生松紧适中，果粒椭圆形，果粒纵径3.12cm，横径2.23cm，平均粒重9.0g，果皮紫红色，皮中厚，肉脆耐贮运，风味酸甜适口，品质佳，耐压力强，可溶性固形物含量18%，有种子1~3粒。植株生长势中庸，芽眼萌发率59.3%，果枝占萌发芽眼数的60%，多着生在结果枝的2~6节，结果系数1.28。隐芽萌发的新梢和副梢结实力弱，果实成熟期较一致。该品种贮运性能好，丰产，适应性较强。

繁殖和栽培 主要采用无性硬枝扦插繁殖育苗。选用3年以上成龄树上发育成熟、健壮无病的一年生枝条，当年秋冬季采集，第2年春季将种条修剪成2~3芽的插条，插条上端在芽以上1~1.5cm处平剪，下端在芽以下0.5~1cm处尚45°角斜剪。将剪好的插条捆扎好在清水中浸泡12~24h，在配好的150mg/L萘乙酸生根液中浸泡3~4h，在22~25℃苗床上催根10~12d。然后在整好的育苗圃中扦插，扦插后用细土在插条周围覆土封口，灌足水。生长期及时做好灌水、修剪、施肥、除草、病虫害防治等工作。还可以采用绿枝扦插和嫁接育苗方法进行育苗。

适宜范围 在新疆南疆、吐鲁番、哈密地区以及北疆部分少雨适合红地球栽培的地区种植。

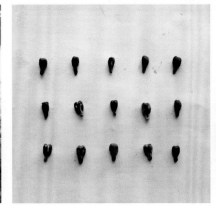

'火州紫玉'

树种：葡萄
类别：优良品种
科属：葡萄科 葡萄属

学名：*Vitis vinifera* 'Huozhouziyu'
编号：新S-SV-VV-017-2014
申请人：新疆维吾尔自治区葡萄瓜果研究所

良种来源 1997年以'新葡一号'为母本，以'红无籽露'为父本进行杂交，1998年进行种子播种，1999年将该组合杂交苗共130株定植于杂种圃中。2001年开始挂果，经3年栽培观察和果实鉴定，从中选出表现较好的单株97-1-5进行嫁接扩繁，继续进行生产试验，2003年育成苗，2004年定植于复选圃中，同时进行了嫁接扩繁，2006年开始结果。经过几年的栽培观察和果实鉴定，以及3年的品种区试及生产试验，于2013年将表现优良的品系SP9715定名为'火州紫玉'。

良种特性 嫩梢绿带微红色，无茸毛，幼叶淡红色，有光泽，叶背有极稀疏茸毛。成龄叶片中等大，正反两面无茸毛，绿色，叶柄洼处叶脉粉红色，5裂，上裂刻深、下裂刻深，锯齿钝，叶柄洼开张"U"形，一年生成熟枝条黄褐色。两性花。果穗圆锥形，有副穗，穗重600g左右，果粒着生紧，果粒椭圆形，粒重3~4g，果皮紫红色，较薄，肉脆，无种子。经赤霉素处理可达5g以上，较耐贮运，风味酸甜适口，可溶性固形物含量18%以上。'火州紫玉'植株生长势较强，芽眼萌发率63.0%，果枝率63.3%，多着生在结果枝的2~6节，结

果系数1.52。隐芽萌发的新梢和副梢结实力较弱，果实成熟期较一致。该品种贮运性能好，丰产，适应性较强。在新疆鄯善县4月上、中旬萌芽，5月中、下旬开花，7月下旬果实开始成熟，9月上旬完全成熟，从开花至果实完全成熟需105d，从萌芽至果实完全成熟所需天数为135d，此期间≥10℃活动积温为3200℃左右。

繁殖和栽培 主要采用无性硬枝扦插繁殖育苗，选用3年以上成龄树上发育成熟、健壮无病的一年生枝条，当年秋冬季采集，第2年春季将种条修剪成2~3芽的插条，插条上端在芽以上1~1.5cm处平剪，下端在芽以下0.5~1cm处沿45°角斜剪。将剪好的插条捆扎好在清水中浸泡12~24h，在配好的150mg/L萘乙酸生根液中浸泡3~4h，在22~25℃苗床上催根10~12d。然后在整好的育苗圃中扦插，扦插后用细土在插条周围覆土封口，灌足水。生长期及时做好灌水、修剪、施肥、除草、病虫害防治等工作。可采用绿枝扦插和嫁接育苗方法进行繁殖育苗。

适宜范围 在新疆南疆、北疆气候较为干燥少雨，适宜葡萄种植的区域种植。

'白沙玉'

树种：葡萄
类别：优良无性系
科属：葡萄科 葡萄属

学名：*Vitis vinifera* 'Baishayu'
编号：新S-SC-VV-023-2014
申请人：新疆新和县林业局

良种来源 欧亚葡萄种的一个乡土品种。2004年新疆新和县组织林业局、园艺站和科技局等单位的技术人员，在全县范围内对4万亩的沙玉葡萄进行了选优。2005年，借助自治区科技攻关项目"沙玉鲜食葡萄选优及标准化高效栽培技术要点示范"，邀请自治区科研院所的葡萄专家，通过举办5届赛葡萄会。把赛葡萄会上获得一等奖的16亩葡萄园作为'白沙玉'葡萄原种采穗圃，通过扩繁，建立了100亩的'白沙玉'葡萄采穗圃，经过嫁接繁育，又建立了1005亩的'白沙玉'葡萄示范园。

良种特性 幼嫩梢绿带褐色，有稀疏绒毛。一年生枝浅红色，梢尖1~2片幼叶微绿色。成龄叶绿褐红色，上下表面无茸毛，锯齿中锐，5裂，上裂刻深，下裂刻浅，叶片较薄，叶柄洼闭合椭圆形。果穗大高产，圆锥形，平均穗重560g，最大穗重1400g，果粒长锥形，平均粒重7.84g，果粒着生疏松，较整齐，果皮中厚而韧，肉质松脆，果汁中多，淡黄色，无香味，酸甜，可溶性固形物17%~18%，品质极上，果柄长，与果实结合紧密，不易裂口，果实可远途运输和长期贮藏，可贮藏到翌年4~5月份，但采收期过晚容易落粒。长势较旺盛，枝条成熟较迟，枝条成熟后，节间短，芽眼突出，饱满，结果枝芽占芽眼总数24.1%，结果系数1.0，副梢结实力弱。在新疆南疆，该品种4月上旬平均气温11.3℃萌动，平均气温14℃时展叶，5月中旬开花，5月下旬到6月上旬生长量最大，9月下旬到10月上旬成熟，果实生育期130~140d，从萌芽到休眠，全生育期230~240d。苗木定植后2年可结果，第3年株产可达8~12kg。

繁殖和栽培 插扦繁殖法：选择充分成熟的枝条，节间以5~8cm为好，以8~10节为一段，100枝为一捆埋于地下。春季将冬贮枝条剪成15~18cm的插条，每上要有3个腋芽。药剂催根生根后覆膜并做好插后灌水、修剪、施肥、病虫害防治等各项管理工作。压条繁殖法：一是在母株周围结合深翻土地施入有机肥料，把压条水平压入土中；二是压条分离母株，直接在空地上定植。每年冬春两季，结合修剪1~2年生枝条，冬季在11月下旬，春季在4月上旬按定植行距要求挖沟，沟深20~25cm，把压条顺沟埋入土中。分株繁殖法：利用母株上的分蘖连同少量根系从母株上挖下，移植。

适宜范围 在新疆新和县及类似的灌溉农区适宜种植。适宜在年平均气温10~12℃，无霜期≥170d，≥10℃的有效积温≥3500℃，降雨量60~90mm的灌溉农区栽培。

'红旗特早玫瑰'

树种：葡萄
类别：优良无性系
科属：葡萄科 葡萄属

学名：*Vitis vinifera* 'Hongqitezaomeigui'
编号：新S-SC-VV-024-2014
申请人：新疆农业科学院吐鲁番农业科学所

良种来源 该品种是1996年7月在山东省平度市红旗园艺场玫瑰香生产园中发现的芽变单株。经6年嫁接繁育、扦插繁殖，表现为变异性状稳定，2001年通过山东青岛市科委鉴定。2004年4月从山东省平度市红旗园艺场引进，在新疆吐鲁番地区进行了设施和常规栽培观察，通过适应性栽培和区试可知该品种适应性强，表现较好，设施栽培最早4月中下旬成熟，极早熟、耐温性强、上色整齐、丰产稳产、商品性极佳。2009年通过品种认定后，进行了篱架和棚架栽培技术要点比较研究，主要开展了以需要种苗少（亩栽约300株），技术简便，产量品质均符合生产要求的、符合农民习惯的棚架栽培技术要点研究，2013年初步总结出该品种棚架优质丰产栽培技术要点。该品种棚架栽培商品性表现极佳，和当地温室内栽培的'京秀''京亚'等比较，'红旗特早玫瑰'4月中下旬结果，极早熟，着色率95%，可溶性固形物含量17%~18%，各项指标均优于其他设施葡萄早熟品种。

良种特性 嫩梢绿色，有稀疏茸毛。幼叶绿色，有稀疏茸毛。一年生成熟枝条为黄褐色，节间中等长。成龄叶中等大小，心脏形，5裂，裂刻中深，叶片正反面均无茸毛，叶缘锯齿中。两性花。树势中等，成熟早，果穗圆锥形，平均穗重440g，果粒着生中等紧密，着色率为95%，品质好。果粒色泽为紫黑色，粒大，近圆形，平均粒重6g，最大可达11g，皮薄肉脆，味甜，可溶性固形物17%~18%，有玫瑰香味，有核2~3粒。在吐鲁番地区露地栽培3月下旬萌芽，4月下旬至5月上旬开花，7月上旬成熟，宜棚架栽培，宜中、短梢修剪，产量高，露地栽培成熟期比无核白早15~20d，为优良早熟鲜食品种。特别适宜温室栽培，加温温室可在4月底5月初成熟，日光温室可在5月中下旬成熟。耐贮运，果肉较硬，果刷长，耐拉力强，室内常温存放7d不变质。

繁殖和栽培 主要采用硬枝扦插繁殖。苗圃选择土层深厚，土质疏松的沙壤土。苗圃整成宽80cm、高25cm的苗床。整前施肥、浇水、深翻。插条选择充分成熟冬芽饱满充实的一年生枝，直径在0.7cm以上。插条应贮藏在高、燥、排水良好的背阳地段。贮藏前，将插条剪成长50cm左右，捆成30条一捆。要捆得稍微松一点，以便于河沙进入各插条之间。贮藏时，先在堆放处垫一层5cm的河沙，然后把插条放在细沙上，每放一层枝条，盖一层河沙。在扦插前，用ABT生根粉浸泡插条下端1h左右，可提高扦插成活率。先将贮藏的插条用清水洗干净，再用5%硫酸铜消毒2~3min，然后剪成2~3芽一段的插条，扦插株行距为20cm×25cm。扦插时间在3月初左右，视当地气候可选择提早或延晚。注意防止倒插；插条2/3入土，顶芽要离地面3cm左右，且向北倾斜；防止插条插在肥料集中处。插后浇足定根水，待插条发芽后及时选留健壮新梢2~3个加强培养。

适宜范围 在新疆吐鲁番地区葡萄适生区种植。

葡萄'威代尔'

树种：葡萄
类别：驯化品种
科属：葡萄科 葡萄属

学名：*Vitis vinifera* 'vidalblanc'
编号：宁S-ETS-VV-003-2015
申请人：宁夏林业研究所股份有限公司、
　　　　种苗生物工程国家重点实验室、
　　　　国家经济林木种苗快繁工程技术研究中心

良种来源　原产于法国，由法国人 Jean Louis Vidal 利用♀白玉霓（Ugniblanc）×♂赛必尔4986（Seibel 4986）杂交选育而来。

良种特性　木质落叶藤本。平均枝条萌芽率82.10%，果枝比1.62，单穗平均重249.62g，丰产期产量500~800kg/亩。具良好的抗霜霉病、白粉病的特性，其霜霉病的平均病情指数为6.73，明显低于赤霞珠的平均病情指数18.00。具较强的抗寒性，明显高于宁夏贺兰山东麓产区主栽的酿酒葡萄品种赤霞珠。成熟后果穗不落粒、果皮较厚、果粒脱水差，可长时间留存在树上，在宁夏地区可延迟至12月初采收。经济林树种，主要用于酿造冰白葡萄酒，还可作为酿造贵妇酒、甜型酒、半甜型酒的原料。

繁殖和栽培　主要采用硬枝扦插和组培快繁等技术培育苗木。定植前要进行必要的土壤改良，采取沟栽法抗寒栽培技术，开挖种植沟宽100cm，深80cm，行间≤30cm。采用"厂"字型架型或者龙干单蔓架形，架式行宽3.0~3.5m，株距80~100cm，190~277棵/亩。以施有机肥为主，化肥为辅，推行水肥一体化技术灌水施肥。在宁夏地区，需采取防寒措施促进安全越冬。

适宜范围　适宜在宁夏贺兰山东麓的青铜峡市、永宁县、银川市金凤区等地区种植，在中宁县、中卫市、吴忠市红寺堡区、贺兰县、石嘴山市大武口区部分区域也可种植。

霞多丽

树种：葡萄
类别：优良无性系
科属：葡萄科 葡萄属

学名：*Vitis vinifera* 'Chardonnay'
编号：新S-SV-VV-004-2015
申请人：焉耆天都葡萄开发有限公司

良种来源　1998年乡都酒业有限公司从北京清华大学园艺科引进。当年在焉耆县七个星镇西戈壁栽植苗木建园250亩进行生产试验。

良种特性　欧亚种，属中熟型酿酒葡萄品种，果穗小，平均重142g，圆柱圆锥形，有副穗。果粒着生较紧密，平均粒重1.5g，圆形，绿黄色，汁多，可溶性固形物含量14.8%~19.0%。出汁率在15%左右，含糖量23%~24%左右，含酸量约0.7%。生长期约150d，需要积温3100℃左右，成熟过程中糖的浓度增加较快，酸度降低较慢。9月上旬果实成熟，树势中等，萌芽率约60%，果枝率约75%，每果枝约1.9穗，适应性强，抗病及抗寒能力均较强，早期丰产性较好，喜肥水，管理不好结果部位容易上移。根系抗寒能力弱，一般在-5℃以下时发生冻害。

繁殖和栽培　苗圃地扦插或营养袋快速育苗。

适宜范围　在新疆焉耆县葡萄适宜种植区种植。

梅鹿辄

树种：葡萄	学名：*Vitis vinifera* 'Merlot'
类别：优良无性系	编号：新S-SC-VV-005-2015
科属：葡萄科 葡萄属	申请人：和硕县林业局

良种来源　2000年，和硕县林业局从山东烟台引进该品种。

良种特性　梅鹿辄果穗均重240g，果肉多汁，有浓郁青草味，带有欧洲草莓独特香味，正常采收含糖量220~240g/L，含可滴定酸为0.6%~0.7%，出汁率为70%，酿制干红葡萄酒的主要原料之一，幼树生长旺盛，坐果率高，早果丰产性强，第三年开始挂果，盛产期亩产600~800kg。

繁殖和栽培　苗圃地扦插。营养袋快速育苗。绿枝扦插育苗。

适宜范围　在新疆焉耆县、和硕县葡萄适宜种植区种植。

西拉

树种：葡萄

类别：优良无性系

科属：葡萄科 葡萄属

学名：*Vitis vinifera* 'Petite Sira'

编号：新S-SC-VV-006-2015

申请人：焉耆天都葡萄开发有限公司

良种来源 2010年，焉耆天都葡萄开发有限公司、望中酒业、中菲酒业从河北昌黎引进。

良种特性 属欧亚种，果穗中等大，圆柱形，稳重280.0g左右。果粒着生紧密，粒中等大小，圆形，蓝黑色，百粒重210.0g左右，果皮下色素层厚，味酸甜。可溶性固形物含16.9%~18.5%，含酸量0.65%~0.75%，出汁率75%。植株生长势中等，芽眼萌发率高。每个结果枝平均有花序1.4个，产量中等偏高，适应性较强，宜立架、小棚架栽培，中、短梢修剪。

9月中旬成熟。生长期135d左右，需有效积温3100℃。葡萄根系抗寒能力弱，一般在-5℃时发生冻害。

繁殖和栽培 苗圃地扦插。营养袋快速育苗。嫁接繁殖。

栽培技术要点：防护林网建设 — 葡萄定植地开沟 — 施基肥 — 葡萄定植 — 田间管理（水肥管理、夏剪）— 冬剪 — 埋土安全越冬与适时出土。

适宜范围 在新疆焉耆县葡萄适宜种植区种植。

雷司令

树种：葡萄	学名：*Vitis vinifera* 'Riesling'
类别：优良无性系	编号：新S-SV-VV-007-2015
科属：葡萄科 葡萄属	申请人：和硕县林业局

良种来源　2000年，和硕县从河北引进该品种。

良种特性　欧亚种，原产德国，是德国酿制高级葡萄酒的品种。果穗圆锥形，平均重190.0g，最大重400.0g，果粒近圆形，着生紧密，黄绿色，果肉柔软，汁多味酸甜，含糖量18.9%~20%，可滴定酸为0.88%、出汁率为67%，用其酿制的酒，酒精含量11°以上，挥发酸为0.031%，浅金黄色微带绿色，澄清透明，果香悦人，柔和爽口，回味绵延，9月下旬成熟。是世界著名的酿酒品种，酒质优，可制作冰葡萄酒。产量高，抗病力弱，应加强病害防治，控制负载量。适合在干旱、半干旱地区种植，宜篱架栽培，以短稍修剪为主。果皮薄，易感病。

繁殖和栽培　苗圃地扦插。营养袋快速育苗。绿枝扦插育苗。

适宜范围　在新疆和硕县葡萄适宜种植区栽植。

无核白葡萄

树种：葡萄
类别：品种
科属：葡萄科 葡萄属

学名：*Vitls vinifera* L.
编号：S622102209828
申请人：甘肃省敦煌市林业技术推广中心

良种来源 新疆吐鲁番。

良种特性 果穗圆锥形，果粒着生紧密或中松，平均穗重350 g，最大穗重1000 g。果粒椭圆形，平均粒重1.95 g，果皮薄，绿黄色。肉脆、汁少无核，酸甜，含糖量20%，树势强，结实率高，每个果枝着生两穗果，副梢结实力强，果实成熟期一致，不脱粒。8月中下旬成熟，是鲜食、制干、制罐头兼用型品种。

繁殖和栽培 主要以扦插繁殖为主，选择生长健壮、充分成熟、芽眼饱满、没有病虫害的一年生枝条做种条，剪留2~3节为插穗，经扦插育苗后，选一级壮苗种植。以春季定植为主（4月中下旬），株行距0.8 m×4 m，东西向行距为主，苗木定植前开挖宽、深均为0.8 m的丰产沟，亩施有机肥4~6方，磷肥100~150 kg，以一级苗按株距定植，以独龙干形整形为主；定植当年主梢长至80~100 cm时摘心，一次副梢留3叶摘心，2次副梢留2~3叶摘心，结果后按25~30 cm的间距培养结果枝组，以双枝更新修剪为主，采取短截、重短截的修剪方法，结果后按1斤果半斤肥的要求施入有机肥，氮：磷：钾的比例为1：0.8：1.2。

适宜范围 本品种适生范围广，是西北葡萄产区的主栽品种，在河西走廊有灌溉条件的地区均可种植。

冠硕

树种：文冠果	学名：*Xanthoceras sorbifolia* 'Guanshuo'
类别：优良无性系	编号：晋S-SC-XS-026-2015
科属：无患子科 文冠果属	申请人：山西省林业科学研究院

良种来源 阳曲县阳坡村文冠果树优良单株。

良种特性 长势强，植株较直立。小叶15~17枚，枝条壮，果实长圆柱形，果大，平均纵径6.8cm，平均横径6.0cm，干果重45g，出籽率65.1%，种仁含油量62.1%。花序可孕花多，坐果率高，每花序平均坐果4.8个，果枝率43.4%。顶芽、侧芽均可结果，丰产性强。主要作为木本油料品种，也可作为荒山荒坡绿化品种。

繁殖和栽培 砧木为文冠果实生苗。春季萌芽后带木质芽接，也可以夏季 T 型芽接。栽植株行距2~3m×3~4m，修剪时注意多疏枝。

适宜范围 适宜在山西省恒山以南海拔1300m以下地区和大同盆地栽培。

冠红

树种：文冠果
类别：优良无性系
科属：无患子科 文冠果属

学名：*Xanthoceras sorbifolia* 'Guanhong'
编号：晋S-SC-XS-027-2015
申请人：山西省林业科学研究院

良种来源 昔阳县大寨村文冠果树优良单株。

良种特性 长势强，干性弱，枝条柔软，新生枝条红褐色，秋季落叶后变为深红色。小叶17~19枚。果实圆形，果中等大，平均纵径5.7cm，平均横径5.3cm，干果重32g，出籽率55%，种仁含油量62.9%。花序可孕花多，坐果率高，每花序平均坐果4.2个，果枝率43.8%。顶芽、侧芽均可结果，丰产性强。主要用于园林绿化，也可用于防护林。

繁殖和栽培 砧木为文冠果实生苗。春季萌芽后带木质芽接，也可以夏季T型芽接。栽植株行距2~3m×3~4m，修剪时注意多疏枝。

适宜范围 适宜在山西省恒山以南海拔1300m以下地区和大同盆地栽培。

冠林

树种：文冠果	学名：*Xanthoceras sorbifolia* 'Guanlin'
类别：优良无性系	编号：晋S-SC-XS-028-2015
科属：无患子科 文冠果属	申请人：山西省林业科学研究院

良种来源 翼城县樊店村文冠果树优良单株。

良种特性 长势强，生长快，干性强。枝叶茂密，生长旺盛，叶片长，小叶数多，达19~23枚，主干明显，小乔木。果实长圆柱形，果大，平均纵径7.8cm，平均横径6.3cm，干果重47g，出籽率56%，种仁含油量62.2%。花序可孕花多，坐果率高，每花序平均坐果3.0个，果枝率21.7%。顶芽结果，丰产性强。主要作为木本油料品种，也可作为荒山荒坡绿化品种。

繁殖和栽培 砧木为文冠果实生苗。春季萌芽后带木质芽接，也可以夏季T型芽接。栽植株行距（2~3）m×（3~4）m，修剪时注意多疏枝。

适宜范围 适宜在山西省恒山以南海拔1300m以下地区和大同盆地栽培。

艳红

树种：元宝枫
类别：优良无性系
科属：槭树科 槭属

学名：*Acer truncatum* 'Yanhong'
编号：京S-SV-AT-004-2007
申请人：北京市园林科学研究院

良种来源 实生选种。

良种特性 落叶小乔木，单叶对生，叶掌状5裂，叶基多平截，春色叶红色；花期4月，杂性同株，翅果似元宝。秋季叶色变为血红色，且变色较早，10月中旬~11月上旬为最佳观赏期；深根性，抗风力强，对城市环境适应性较强，在酸性、中性及钙质土壤中均可正常生长。

繁殖和栽培

1.繁殖方法。嫁接繁殖为主，也可夏季嫩枝扦插。

2.种植密度。胸径6cm以上植株绿化种植时，株行距应达到4m×4m，利于植株冠型圆满。

3.栽植时期。以春季栽植为主。

4.土肥水管理。新植植株应加强土壤管理，及时浇灌，定期中耕松土，保持土壤疏松肥沃；植株成活后较耐粗放管理；耐干旱，但不耐涝，切忌土壤过湿。

5.整形修剪。因"艳红"剪口有流胶现象，整形修剪以生长初期完全展叶后为主，此时份流量小，有利于剪口愈合。

6.病虫害防治。及时防治天牛、蚜虫和卷叶蛾等虫害。

适宜范围 适宜在北京低海拔山区、城乡和平原种植。

丽红

树种：元宝枫	学名：*Acer truncatum* 'Lihong'
类别：优良无性系	编号：京S-SV-AT-005-2007
科属：槭树科 槭属	申请人：北京市园林科学研究院

良种来源 实生选种。

良种特性 秋季叶色变为血红色，且变色稍晚，10月下中旬~11月中旬。对城市环境适应性较强，在酸性、中性及钙质土壤中均可正常生长。

繁殖和栽培

1. 繁殖方法。嫁接繁殖为主，也可夏季嫩枝扦插。

2. 种植密度。胸径6cm以上植株绿化种植时，株行距应达到4m×4m，利于植株冠型圆满。

3. 栽植时期。以春季栽植为主。

4. 土肥水管理。新植植株应加强土壤管理，及时浇灌，定期中耕松土，保持土壤疏松肥沃；植株成活后较耐粗放管理；耐干旱，但不耐涝，切忌土壤过湿。

5. 整形修剪。因"丽红"剪口有流胶现象，整形修剪以生长初期完全展叶后为主，此时份流量小，有利于剪口愈合。

6. 病虫害防治。及时防治天牛、蚜虫和卷叶蛾等虫害。

适宜范围 适宜在北京低海拔山区、城乡和平原种植。

翁牛特旗元宝枫采种基地种子

树种：元宝枫
类别：采种基地
科属：槭树科 槭属

学名：*Acer truncatum* Bunge
编号：内蒙古S-SB-AT-001-2011
申请人：赤峰市翁牛特旗松树山国有治沙林场

良种来源 赤峰市翁牛特旗松树山国有治沙林场天然林。

良种特性 树姿优美，叶形秀丽。耐阴性较强，喜侧方庇荫，根系发达，抗风力强。具有较强的抗旱、抗寒及耐贫瘠性。主要用于防风固沙、水土保持和园林绿化。种子可入药，嫩叶可制茶。

繁殖和栽培 前一年雨季前水平沟或鱼鳞坑整地。用1年生根系发达合格苗造林。在运输苗木时一定使苗木保湿，打好泥浆。栽植时保持根系舒展，踏实，浇水，覆土。

适宜范围 内蒙古半干旱地区半固定沙地、固定沙地或山地均可栽培。

寒露红

树种：元宝枫
类别：无性系
科属：槭树科 槭属

学名：*Acer truncatum* cv. *Aima. L.* 'Hanluhong'
编号：晋S-SC-AT-001-2012
申请人：山西农业大学

良种来源 从元宝枫芽变枝条中选育。

良种特性 观赏特性突出，其变异性状明显，遗传稳定，在城市或平川地区秋叶变色时间平均提早14 d。叶片呈现鲜红色，变色率提高了70%左右，变色整齐度高，在我省国庆节后，叶片逐渐变为橙红色或红色。落叶时间晚，观赏期长，观赏价值高。

繁殖和栽培 与普通元宝枫相同。早期以嫁接为主，成熟期可以种子繁殖。

适宜范围 适宜在山西省忻州（含）以南海拔1500 m以下的平川和低山区种植。

阜新高山台五角枫母树林种子

树种：五角枫
类别：母树林
科属：槭树科 槭属

学名：*Acer mono* Maxim.
编号：辽S-SS-AM-004-2009
申请人：辽宁省阜新市林业种苗管理站

良种来源　辽宁阜新地区原生树种。

良种特性　落叶乔木，高达20m。树皮灰色或灰褐色，纵裂，叶5裂，裂深达叶片中部1/3处，长5~8cm，宽7~11cm，偶有3裂或7裂，裂片三角状卵形，顶端渐尖，叶基部近心形或稍心状截形，全缘，背面脉腋有簇生毛；叶柄长3~10cm。花杂性同株，伞房花序。果翅长为小坚果1.5~2倍，两翅成钝角或近平展。花期5~6月；果期9~10月。稍耐阴，喜温凉湿润气候，过于干冷及高温处均不见分布。对土壤要求不严，在中性、酸性及石灰性土上均能生长，但以土层深厚、肥沃及湿润之地生长最好。有一定耐旱力，但不耐涝，土壤太湿易烂根。萌蘖性强，深根性；能耐烟尘及有害气体。五角枫树姿优美，叶形秀丽，入秋变成橙黄或红色，是北方重要秋天观叶树种，可栽作庭园和行道树。木材细致，供家具、车辆、建筑、胶合板、乐器等用，种子可榨油，可作为优美的观赏树种，也是荒山造林的重要树种。

繁殖和栽培　秋季翅果由绿色变为黄褐色时采集。采种后需晒2~3d，去杂后再干藏。播种多在春季进行，播种前，用50℃温水浸种10min，然后加入冷水浸一昼夜，捞出后置于背风向阳处，每天用温水冲洗一次，均匀搅拌。待50%的种子裂开后，即可播种。条播，行距20~30cm，播种深度2cm，每亩播种15~20kg，覆土1.5~2cm。其他管理措施同常规育苗。春、雨、秋三季均可造林，采用裸根苗或容器苗造林，雨季造林采用容器苗。造林株行距3m×2m或5m×3m。荒山造林要先整地后栽植，提倡营造混交林。其他措施同常规造林。

适宜范围　辽宁省大部分地区。

阜新高山台五角枫母树林种子

周家店五角枫母树林种子

树种：五角枫
类别：母树林
科属：槭树科 槭属

学名：*Acer mono* Maxim. 'Zhoujiadian'
编号：辽S-SS-AM-005-2011
申请人：辽宁省阜新蒙古族自治县林业种苗管理站

良种来源 辽宁省老鹰窝山自然保护区原生树种。

良种特性 落叶乔木，高达20m。树皮灰色或灰褐色，纵裂，叶5裂，裂深达叶片中部1/3处，长5~8cm，宽7~11cm，偶有3裂或7裂，裂片三角状卵形，顶端渐尖，叶基部近心形或稍心状截形，全缘，背面脉腋有簇生毛；叶柄长3~10cm。花杂性同株，伞房花序。果翅长为小坚果1.5~2倍，两翅成钝角或近平展。花期5~6月；果期9~10月。喜温凉、较耐寒、稍耐阴，对土壤要求不严，种子繁殖。有一定耐旱力，但不耐涝，土壤太湿易烂根。萌蘖性强，深根性；能耐烟尘及有害气体。五角枫树姿优美，叶形秀丽，入秋变成橙黄或红色，是北方要重秋天观叶树种，可栽作庭园和行道树。木材细致，供家具、车辆、建筑、胶合板、乐器等用，种子可榨油，可作为优美的观赏树种，也是荒山造林的重要树种。

繁殖和栽培 秋季翅果由绿色变为黄褐色时采集。采种后需晒2~3d，去杂后再干藏。播种多在春季进行，播种前，用50℃温水浸种10min，然后加入冷水浸一昼夜，捞出后置于背风向阳处，每天用温水冲洗一次，均匀搅拌。待50%的种子裂开后，即可播种。条播，行距20~30cm，播种深度2cm，每亩播种15~20kg，覆土1.5~2cm。其他管理措施同常规育苗。春、雨、秋三季均可造林，采用裸根苗或容器苗造林，雨季造林采用容器苗。造林株行距3m×2m或5m×3m。荒山造林要先整地后栽植，提倡营造混交林。其他措施同常规造林。

适宜范围 辽宁省适宜地区推广。

金枫

树种：五角枫
类别：优良无性系
科属：槭树科 槭属

学名：*Acer mono* Maxim. 'Jinfeng'
编号：晋S-SC-AM-007-2015
申请人：山西省林业科学研究院、太岳山国有林管理局

良种来源 太岳山国有林管理局七里峪林场五角枫优良单株。

良种特性 树皮灰褐色，较粗糙，浅纵裂。树干通直、无扭曲，分枝点高、出材率高，树体粗壮。树冠椭圆形、圆满，分枝均匀，长势旺盛。与普通五角枫相比，生长速度快，结实量大，种子饱满，发芽率高。主要用于营造用材林，也可用于城镇园林绿化。

繁殖和栽培 嫁接繁殖，夏季带木质部芽接，次年春季解绑，选择生长健壮、地径不小于1.5cm的实生苗作砧木，春季萌芽前采穗，长12~17cm，剪口平整，封蜡处理。春、雨季栽植，宜采用1~2年生容器苗造林，110~160株/亩，栽植截干。

适宜范围 适宜在山西省太原市及以南地区栽培。

金叶复叶槭

树种：梣叶槭	学名：*Acer negundo* 'Jinyefuyeqi'
类别：优良品种	编号：京S-SV-AN-020-2013
科属：槭树科 槭属	申请人：北京市黄垈苗圃、北京植物园

良种来源 复叶槭的栽培变种，源自欧洲。

良种特性 '金叶复叶槭'为彩色乔木观赏树种，雄性，树冠伞形或椭圆形。先花后叶，伞房花序。抗寒、耐旱，对气候适应性强，不择土壤，繁殖容易，栽培管理方便。其新生叶在早春4月中旬~5月中旬呈亮金黄色，5月下旬~11月份新叶呈金黄色，老叶逐渐变绿，全年观赏期可达200d。该树种属于速生树种，生长势旺盛，幼苗生长量大于5年生以上苗木生长量，顶端优势明显。

繁殖和栽培

1.栽植环境。金叶复叶槭一定要选择在阳光充分的地方栽培，方能达到亮丽的景色。金叶复叶槭栽培时选择背风向阳、地势平坦、土壤疏松肥沃、排水良好的地块，撒施充分腐熟的有机肥，并深翻土地、整平苗床。

2.栽植时期。北方在春季栽植，夏秋季种植也可。

3.种植密度。小苗在春季萌发前定植，株行距以80cm×60cm为宜。栽后要浇透定根水，隔3d再浇1次，封土保墒，促进根系的生长。金叶复叶槭生长迅速，胸径超过6cm的植株栽培时，株行距应达到3m×3m。利于植株生长和保持冠型圆满。

4.土肥水管理。加强肥水管理，定期中耕松土，促进苗木生长。

5.整形修剪。金叶复叶槭为大乔木，顶端优势性强，萌枝能力很强，修剪时保证主枝延长生长、应及时去除主干上的徒长枝，过密枝、内膛枝，通风透光，维持冠型丰满，休眠期主要剪除病虫枝、衰弱枝和干枯枝。修剪应避开伤流期，1月底以前结束修剪；剪除大枝后要将伤口自枝条基部切削平滑，并涂上护伤剂或用蜡封闭伤口，或在伤口处包扎塑料布，以利于伤口的愈合。

6.病虫害防治。在圃偶尔会发生黄刺蛾、天牛，枯梢病等危害。注意及时预防。

适宜范围 北京地区。

复叶槭

树种：梣叶槭
类别：引种驯化品种
科属：槭树科 槭属

学名：*Acer negundo* L.
编号：新S-ETS-ZJ-026-2015
申请人：新疆维吾尔自治区省级林木种苗示范基地

良种来源 2004年从新疆博林公司引进优质复叶槭幼苗进行扦插育苗，之后长期采取扦插繁育。

良种特性 雄花的花序聚伞状，雌花的花序总状，均由无叶的小枝旁边生出，常下垂，花梗长约1.5~3cm，花小，黄绿色，开于叶前，雌雄异株，无花瓣及花盘，雄蕊4~6，花丝很长，子房无毛。小坚果凸起，近于长圆形或长圆卵形，无毛；翅宽8~10mm，稍向内弯，连同小坚果长3~3.5cm，张开成锐角或近于直角。花期4~5月，果期9月。

繁殖和栽培 选择优良品种采种、种子处理沙藏法或快速催芽法，育苗地以地势平坦、土质肥沃、土层深厚、灌水方便、排水良好的沙壤土最好。春播一般在4月上旬到中旬，复叶槭幼苗怕水涝，苗木出齐后，为避免苗木根茎腐烂死亡，要少浇水，勤松土。

栽培技术要点：定杆、除萌、修剪、施肥、灌水、采收、病虫害防治，与主要技术相同。

适宜范围 适宜在新疆昌吉州栽植。

紫霞

树种：黄栌	学名：*Cotinus coggygria* 'Zixia'
类别：优良品种	编号：京S-SV-CC-004-2006
科属：漆树科 黄栌属	申请人：北京市十三陵昊林苗圃

良种特性 小枝褐色，单叶互生，叶正反面被灰色柔毛，从4月萌芽到11月落叶叶片均为紫红色，形成层为紫色，花序有紫红色毛。当年苗高可达1m左右。

繁殖和栽培

1. 善排水性好的土壤和充足的光照或半阴环境栽植，以深厚、肥沃而排水良好的沙质壤土生长最好。

2. 须根较少，移栽时应对枝条进行强修剪，以保持树势平衡。地径0.5cm以上的苗木，栽植密度0.5m×0.5m为宜。每年3月中旬后可移植。

3. 注意防治白粉病、刺蛾、卷叶虫等病害。

适宜范围 北京地区山区、城乡及平原。

大红袍

树种：漆树	学名：*Rhus vrniciflua.* cv. 'Dahongpao.'
类别：优良类型	编号：QLS065-K015-2005
科属：漆树科 漆树属	申请人：西安植物园、西安生漆研究所、平利县生漆研究所

良种来源 陕西省平利县牛王乡变异类群。

良种特性 落叶乔木。树势强健。树冠钟形。侧枝粗壮辅散，与主干夹角30°~90°。幼龄树皮灰褐色，成龄后呈灰红色。6年生以后树干呈纵向开裂，裂纹初为红色，随树龄增大而加深为紫红色，皮厚而松软。顶芽肥大，初展叶为紫红色，叶片宽阔，椭圆形。叶芽3月萌动，3月底~4月初发芽，5月上旬开花，7月中旬果实掉落，10月中旬落叶。雄蕊发育良好，子房退化，有性繁殖能力消失。体细胞染色体数为2n=45。开割年龄10年生左右，单株年割口2~3个，平均单株产量0.3kg。造林绿化、经济林兼用树种。

繁殖和栽培 埋根育苗，秋季叶落至土壤冻结前或翌年春土壤解冻后，从6~13年生良种母树根部挖取或从良种苗木根部剪取粗度0.5~1.5cm种根，剪成15cm长的根穗，经冬藏、催芽，春季漆根发芽后及时排根，排根时先开宽30cm、深20cm的沟，按行距40cm，株距10~20cm摆放于沟内，芽以上覆土1cm。造林选择背风向阳、光照充足、土壤通透性好，pH值6~7.5的地块。带状或穴状整地，栽植密度株行距3m×4m，每穴栽2株；漆粮间作600株/hm²。主要害虫为漆树叶甲，危害叶片，仅留主脉，防治方法一是利用成虫假死习性，人工捕杀；二是幼虫期树冠喷2.5%溴氰菊酯或5%高效氯氰菊酯3000~5000倍液；三是成虫羽化出土前地面撒施5%辛硫磷颗粒剂。

适宜范围 适宜于海拔800m以下，年平均气温不低于12℃，相对湿度不小于70%，背风向阳、温暖湿润、土壤疏松肥沃的安康、汉中部分县区推广栽植。缺点是怕水淹。

高八尺

树种：漆树	学名：*Rhus vrniciflua.* cv. 'Gaobachi.'
类别：优良类型	编号：QLS066-K016-2005
科属：漆树科 漆树属	申请人：西安生漆研究所、平利县生漆研究所

良种来源 陕西省平利县牛王乡变异类群。

良种特性 落叶乔木。树势健壮。树冠伞形。轮状分枝，与主干夹角35°。幼龄树皮灰白色，6~7年开始呈纵向开裂，裂纹红色，皮厚而松软。顶芽尖瘦，初展叶为浅黄绿色，叶片长椭圆形或长卵形。叶芽4月上旬萌动，5月中旬开花，9月上旬果实成熟，10月上旬落叶。圆锥花序，花稠密。结籽能力强，变异性较大。开割年龄10年生左右，单株年割口2~3个，平均单株产量0.50kg。造林绿化、经济林兼用树种。

繁殖和栽培 埋根育苗、造林参阅大红袍。播种育苗播前先对漆籽进行脱蜡和催芽处理，3月上旬~4月上旬条播，播种量187.5~225kg/hm²。

适宜范围 适宜于海拔1300m以下，年平均气温不低于12℃，相对湿度不小于70%，背风向阳、温暖湿润、土壤疏松肥沃的安康、汉中部分县区推广栽植。缺点是忌水淹。

天水臭椿母树林

树种：臭椿	学名：*Ailanthus altissima*
类别：品种	编号：甘S-SS-AaS-002-2011
科属：苦木科 臭椿属	申请人：天水市林木种苗管理站

良种来源 甘肃。

良种特性 臭椿树干通直高大，臭椿属深根性树种，主根明显，侧根发达，喜光、耐寒，耐旱、耐瘠薄；繁殖容易，病虫害少，适应性强，对微酸性、中性和石灰土壤都能适应，是石灰岩山区的造林先锋树种。臭椿对病虫害的抗性较强，病虫害较少，对烟和二氧化硫抗性能力较强。臭椿种子的自然传播力很强，在甘肃不论平川，还是山地，房前屋后、地埂、沟边，臭椿树随处可见。

繁殖和栽培 春秋两季均可栽植，关键是掌握适时和深栽。春季造林宜早栽，经验是苗干上部的壮芽膨大呈球状时栽植，成活率高，深度以超过根颈2~3cm为宜。山上可用水平沟或鱼鳞坑整地，平坦地带多用穴状整地。造林密度不宜过大，一般株行距为1m×2m。根穴长、宽、深各40cm。干旱多风的地方，宜采用截干造林，在早春深栽，埋土深度超过根颈15~18cm，上端与土面取平或露出土面1cm。造林时间应在土壤开始解冻后的早春进行。

适宜范围 在甘肃省范围内均可栽植。

晋椿1号

树种：臭椿	学名：*Ailanthus altissima*（Mill.）Swingle. 'Jinchun 1'
类别：优良无性系	编号：晋S-SC-AA-003-2015
科属：苦木科 臭椿属	申请人：山西省林业科学研究院

良种来源 灵丘县东河南镇北张庄村臭椿优良单株。

良种特性 生长速度快，嫁接苗5年生平均树高8.09m，平均胸径6.84cm，平均冠幅3.34m，树高、胸径、冠幅生长量均高于对照普通臭椿。主干通直、树皮浅灰色、枝繁叶茂、其观赏价值较高。抗性、适应性强，树势强，生长健壮，无明显的病虫害。主要用于城乡绿化。

繁殖和栽培 嫁接繁殖。4月中上旬带木质部芽接。接穗采集时间为从梓树落叶后直到来年树液流动前，粗度在0.8~1.5cm的1年生枝，将其截成4~6cm的短节，接穗两头蜡封，地窖或冷库储存。砧木定植前5~6d，进行作床、施肥、灌水。砧木初始定植株行距

0.4m×0.6m。秋季落叶后至土壤上冻前或次年春季土壤解冻后至萌芽前。栽植1年生实生苗，定植1年后嫁接。接后2周内要检查接头是否积水，若出现积水应及时放水。嫁接后应及时抹除萌蘖，接芽长到10cm时松动塑料条；及时割除影响嫁接幼树生长的杂草，雨季刨树盘，松动土壤，促进根系生长。春秋季栽植，株行距3m×2m或4m×3m，保持土球完整。初植树木要保证浇好前三水，6月初施入适量氮肥，秋末结合浇封冻水，施用一次农家肥。喷洒25%灭幼脲Ⅲ号1000倍液或20%杀灭菊酯乳油2000倍液进行虫害防治。

适宜范围 适宜在山西省海拔1200m以下地区栽培。

冠椿1号（5

冠椿1号苗木繁殖

冠椿1号襄汾基地区试林（4年生苗）

南强1号

树种：花椒	学名：*Zanthoxylum bungeanum* Maxim. 'Nanqiangyi1hao.'
类别：优良类型	编号：QLS056-J041-2004
科属：芸香科 花椒属	申请人：陕西省林业技术推广总站

良种来源 陕西省韩城市变异类群。

良种特性 落叶灌木。树势中庸偏强。树形紧凑。枝条粗壮，新稍尖削度稍大。树皮1年生棕红色，多年生灰褐色。奇数羽状复叶，叶色深绿，卵状长圆形，腺点明显，叶片不平整向上翘。3月底叶芽萌动，4月底初花期，果实成熟期8月中下旬，10月下旬开始落叶。果穗疏散，鲜果浓红色，制干后深红色。麻味浓烈，香气浓郁。不挥发乙醚抽提物含量12.32%。栽植3年后挂果，7年进入稳产期，盛果期平均产量1350 kg/hm^2。经济林树种。食用、药用兼用树种。

繁殖和栽培 嫁接繁殖和播种育苗均可。嫁接繁殖是培育花椒作砧木，春季枝接或带木质芽接。播种育苗在春季或秋季将种子处理后直接播种。造林建园选择光照充足，排水良好，土层深厚，土壤疏松的缓坡地、台田或平地栽植，秋季、雨季均可，栽植穴60 m×80 m×100 cm，立地条件好的株行距为3 m×4~4.5 m，坡地、旱地2.5 m×3.5~4 m。培育树形为多主枝丛状形或自然开心形。花椒主要害虫是花椒窄吉丁，危害主干。防治方法一是冬季树干涂白；二是刮除病斑，涂抹50~100倍敌敌畏；三是成虫期树冠喷洒菊酯类农药3000~5000倍液。

适宜范围 适宜陕西省渭北及相类似花椒产区推广栽植。

狮子头

树种：花椒	学名：*Zanthoxylum bungeanum* Maxim. 'Shizitou.'
类别：优良类型	编号：QLS054-J039-2004
科属：芸香科 花椒属	申请人：陕西省林业技术推广总站

良种来源 陕西省韩城市变异类群。

良种特性 落叶灌木。树势强健。树形紧凑。新生枝条粗壮，1年生树皮紫绿色，多年生树皮灰褐色。奇数羽状复叶，钝尖圆形，两侧上翘。4月初叶芽萌动，5月初开花，果实成熟期9月中旬，10月下旬开始落叶。果穗紧凑，鲜果黄红色，平均每穗50~80粒。麻味浓烈、持久。不挥发乙醚抽提物含量11.56%。栽植3年后挂果，7年进入稳产期，盛果期平均产量1530 kg/hm^2。经济林树种。食用、药用兼用树种。

繁殖和栽培 嫁接繁殖和播种育苗均可。嫁接繁殖是培育花椒作砧木，春季枝接或带木质芽接。播种育苗在春季或秋季将种子处理后直接播种。造林建园选择光照充足，排水良好，土层深厚，土壤疏松的缓坡地、台田或平地栽植，秋季、雨季均可，栽植穴60 m×80 m×100 cm，立地条件好的株行距为3 m×4~4.5 m，坡地、旱地2.5 m×3.5~4 m。培育树形为多主枝丛状形或自然开心形。花椒主要害虫是花椒窄吉丁，危害主干。防治方法一是冬季树干涂白；二是刮除病斑，涂抹50~100倍敌敌畏；三是成虫期树冠喷洒菊酯类农药3000~5000倍液。

适宜范围 适宜陕西渭北、关中及陕南栽植。

无刺椒

树种：花椒	学名：*Zanthoxylum bungeanum* Maxim. 'Wucijiao.'
类别：优良无性系	编号：QLS055-J040-2004
科属：芸香科 花椒属	申请人：陕西省林业技术推广总站

良种来源　陕西省韩城市南强村特异性单株。

良种特性　落叶灌木。树势中庸。自然开角好。树皮浅灰色，皮刺扁宽。新生枝灰褐色，结果枝易下垂。奇数羽状复叶，叶色深绿，卵状矩圆形。3月底初叶芽萌动，4月底初花期，果实成熟期8月上中旬，10月下旬落叶。果穗较疏散，鲜果浓红色。麻味浓烈，香气浓郁。不挥发乙醚抽提物含量12.52%。栽植3年后挂果，7年进入稳产期，盛果期平均产量1500kg/hm²。经济林树种。食用、药用兼用树种。

繁殖和栽培　嫁接繁殖和播种育苗均可。嫁接繁殖是培育花椒作砧木，春季枝接或带木质芽接。播种育苗在春季或秋季将种子处理后直接播种。造林建园选择光照充足，排水良好，土层深厚，土壤疏松的缓坡地、台田或平地栽植，秋季、雨季均可，栽植穴60m×80m×100cm，立地条件好的株行距为3m×4~4.5m，坡地、旱地2.5m×3.5~4m。培育树形为多主枝丛状形或自然开心形。花椒主要害虫是花椒窄吉丁，危害主干。防治方法一是冬季树干涂白；二是刮除病斑，涂抹50~100倍敌敌畏；三是成虫期树冠喷洒菊酯类农药3000~5000倍液。

适宜范围　陕西渭北、关中、陕南地区栽植。

美凤椒

树种：花椒	学名：*Zanthoxylum bungeanum* Maxim. 'Fengjiao'
类别：优良类型	编号：QLS088-J062-2010
科属：芸香科 花椒属	申请人：杨凌职业技术学院、西北农林科技大学、凤县花椒产业发展局

良种来源　陕西凤县优良类群。

良种特性　落叶灌木。树势旺盛。树冠半圆形。分枝角度小，树姿半开张。当年生新梢棕红色，1年生枝紫褐色，多年生枝灰褐色。枝具皮刺。叶片广卵圆形，叶色浓绿，有光泽。花序腋生或顶生。花期4~5月份，果期7月中下旬~8月上旬。果实表面疣状腺点突起明显，果穗紧密。挥发油、醇溶提取物、不挥发性乙醚提取物含量分别为52.5g/kg、259.5g/kg和132.1g/kg。栽植3年后挂果，8年后进入稳产期，盛果期平均产量2200kg/hm²。缺点是不耐水湿。经济林树种。食用、药用兼用树种。

繁殖和栽培　苗木繁育、建园参阅狮子头。盛花期和坐果期喷0.3%尿素、0.2%的硼酸和1%~2%的过磷酸钙。

适宜范围　同小红冠。

大红袍

树种：花椒	学名：*Zanthoxylum bungeanum* Maxim. 'Dahongpao'
类别：优良品种	编号：晋S-SV-ZB-009-2012
科属：芸香科 花椒属	申请人：平顺县林业局

良种来源　从花椒农家品种中选育。

良种特性　属晚熟品种，8月下旬～9月上旬成熟。速生，年生长量达60～100cm；早实，种植3年即可挂果，7～8年进入盛果期，丰产、稳产，在正常管理条件下每亩干椒产量达126.5kg左右。采收期长，品质优良，色泽鲜艳，果粒大，味香独特。适应性强，耐干旱、耐瘠薄，在年降雨量400mm，土层厚度在50～60cm瘠薄的土壤上生长正常。

繁殖和栽培　实生繁殖，采种时选择8～15年生树，种子不宜暴晒和堆放，及时处理放通风处阴干，用草木灰与种子混合存放。早春、早秋和晚秋均可播种，每亩7.5～10kg。另外也可采用嫁接和插条方法繁殖。园址应选择海拔在1300m以下的阳坡、半阳坡，土壤肥沃，排水良好的沙壤、中壤土。采用平埋压苗栽植法，可在早春土壤解冻后，或初冬土壤封冻前进行栽植。株行距为2.4m×4m或3m×4m。定干高度50～60cm，树形以自然开心形为主，一般留主枝5～7个，每个主枝上再选留2～4个侧枝。加强水、肥管理。

适宜范围　适宜在山西省忻州以南海拔850～1300m，年均温8～14℃，最低气温高于－20℃地区种植。

黄波萝母树林

树种：黄檗	学名：*Phellodendron amurense* 'Mushulin'
类别：母树林	编号：新S-SS-PAM-072-2004
科属：芸香科 黄檗属	申请人：新疆玛纳斯县平原林场

良种来源 1956年从辽宁省引种进行区域栽培试验，经过8年育苗试验、造林试验，生物、生态学特性观察研究及形态描述，摸清了林木结实规律，制定了黄波椤引种栽培技术要点规程。

良种特性 落叶乔木，喜光，奇数羽状复叶。树高可达18m，胸径可达1m，不耐庇荫，可耐极端低温-40℃，可耐40℃高温，喜肥沃湿润且排水良好的沙壤土。黄波椤木材坚硬，纹理美观有光泽，可作家具、飞机用材；树皮木栓层厚可作软木；内皮为重要中药；叶可提取芳香油。幼树易冻梢，注意秋季控水。

繁殖和栽培 将采集的果实放入大缸等容器内用水浸泡，每天换水，3~5d即可捞出，经过搓洗后用水漂去果皮和果肉，可获纯净种子；黄波椤种子有休眠特性，需经催芽处理，一般采用混沙催芽法，在积雪不化时按积雪1：3比例混合，春播前10~15d取出在阳光下翻晒，待30%吐白时即可播种；播种采用垄作，覆土约1cm，不能过厚，播种后需保持垄面湿润，一般播种后20d可出齐苗。

适宜范围 新疆各地均有栽培，比较适宜沙壤土。

霸王

树种：霸王	学名：*Sarcozygium xanthoxylon*
类别：引种驯化品种	编号：青S-ETS-ZX-004-2013
科属：蒺藜科 霸王属	申请人：青海省农林科学院

良种来源 青海省黄河流域积石峡、公伯峡和孙巴峡等干热峡谷陡坡地野生种。

良种特性 灌木，高50~100cm。枝弯曲，开展，皮淡灰色，木质部黄色，先端具刺尖，坚硬。叶在老枝上簇生，幼枝上对生。叶柄长8~25mm，小叶1对，长匙形，狭矩圆形或条形，长8~24mm，宽2~5mm，先端圆钝，基部渐狭，肉质。花生于老枝叶腋，萼片4，倒卵形，绿色，长4~7mm，花瓣4，倒卵形或近圆形，淡黄色，长8~11mm，雄蕊8，长于花瓣。蒴果近球形，长18~40mm，翅宽5~9mm，常3室，每室有1种子。种子肾形，长6~7mm，宽约2.5mm。花期4~5月，果期7~8月。耐干旱、酷热和盐碱，抗逆性强，是干旱草原、荒漠草原地带的旱生植物，能在降水量50~350mm，土壤pH值7.5~9.0的环境下正常生长。

繁殖和栽培 育苗可采用播种育苗、硬枝扦插育苗和嫩枝扦插育苗，以播种育苗为主，播种深度2~3cm，播种量15kg/hm²。造林采用带状整地、沟状整地和穴状整地等整地方式。适合的造林方式有容器苗造林、植苗造林、直播造林等，造林株行距1.0m×1.0m、1.0m×2.0m、1.0m×4.0m。苗木立枯病是苗期易发病害，在发病初期用0.1%的70%敌克松可湿性粉剂，或者0.3%~0.4%五氯酚钠溶液喷洒。

适宜范围 适宜在青海省东部河湟谷地海拔1800~2500m的荒山、退耕地、盐碱地，柴达木盆地海拔2700~3000m区域栽培。

互叶醉鱼草（醉鱼木）

树种：互叶醉鱼草
类别：品种
科属：马钱科 醉鱼草属

学名：*Buddleja alternifolia* Maxim.
编号：宁S-SV-BA-004-2005
申请人：宁夏林业研究所（有限公司）

良种来源 母株选于宁夏贺兰山东麓干旱荒漠地带自然分布的互叶醉鱼草优良株系。

良种特性 落叶灌木，高可达3m，多分枝，树形饱满。花筒状，圆锥花序，花冠紫红色或紫堇色，花期5~6月。小花布满枝条，花期可长达1月。盛花时节满树紫堇，鲜艳夺目，气味芳香，花枝长达1m以上，四面下垂，形成天然的球状"花坛"，花色艳丽、花序优雅。园林观赏树种。

繁殖和栽培 采用组织培养、无性扦插方式进行培育。选择出分化途径（丛生芽型、叶芽生成型、胚状体生成型等）进行外植体分化扩繁组织培养。扦插时，在采穗圃内选取生长旺盛、无病虫害的半木质化嫩枝，催根处理后及时扦插。插后60d内，经过炼苗即可移栽定植。春季在3月下旬~4月上中旬，秋季在树木停止生长落叶后和土壤封冬前进行裸根苗栽植，容器苗根据种植目的因时而定。

适宜范围 适合在宁夏年均降雨量200~400mm，有灌溉条件的平沙地、黄土地、干滩地、梁坡地及侵蚀沟等区域种植。

杠柳

树种：杠柳	学名：*Periploca sepium* Bunge.
类别：驯化树种	编号：宁S-ETS-PS-002-2011
科属：萝藦科 杠柳属	申请人：宁夏灵武市北沙窝林场、宁夏灵武市农林科技开发中心、宁夏灵武市林业局

良种来源 从灵武市下白公路林区的天然杠柳林分中筛选优良单株，并采集种条，在灵武市北沙窝林场开展育苗及造林试验。

良种特性 多年生落叶蔓型灌木，具乳汁。小枝对生，灰褐色，有时带紫色。叶卵状披针形至披针形，叶长4~10cm，宽0.8~2.5cm，先端长渐尖，叶表面深绿色，背面淡绿色，叶柄长3~8mm。花冠紫红色，花冠筒状，种子多数，圆柱形，黑褐色。4月下旬萌动，5月上旬吐叶，5月中旬进入全叶期。花期5~6月，果期7~9月。成熟时果皮由绿变黄褐色，果实脱落后，果皮开裂，种子借种毛可随风飘散。根系发达，根茎上有不定芽，易于萌发，多枝丛生。造林绿化树种，抗旱、抗寒、抗盐性、抗涝性、耐脊薄、耐风蚀性能强。

繁殖和栽培 硬枝扦插育苗。从优良植株上剪取生长整齐、粗细均匀、芽体饱满、无病虫的1年生枝条剪制插穗。采用窄行密植扦插，4月中旬扦插前，把接穗用300倍多菌灵液浸泡5min后直接扦插，地上留1cm压实，株行距20cm×30~40cm。插后覆膜，灌足头水。选择1~2年生、地径≥0.3cm、苗高≥35cm、根幅≥15cm的苗木，3月下旬~4月上旬进行春季造林，10月下旬~11月上旬进行秋季造林。

适宜范围 适宜在宁夏中卫市、吴忠市、银川市和石嘴山市等地广泛栽植，其中在毛乌素沙漠边缘的灵武市、盐池县和腾格里沙漠边缘的中卫市沙坡头区最适宜推广种植。

'精杞1号'

树种：宁夏枸杞	学名：*Lycium barbarum* 'Jingqi-1'
类别：优良无性系	编号：新S-SC-LB-001-2003
科属：茄科 枸杞属	申请人：新疆精河县林业站

良种来源 1990年开始单株选育，在精河县枸杞主产区托里乡4万多亩果园里先后选育出'精杞1号'（90-1）等12个优良单株。1991年开始用无性繁殖法繁殖苗木，1992年小区定植并建立汇集圃，进行无性对比试验，随后进行区域试验，经过3个试验区多年的观察，'精杞1号'表现丰产、果大、优质性状，受到了广大农民的好评。

良种特性 该品种通过多年栽培测定，4年以上枸杞苗产干果250kg以上。其果实色艳肉厚、含糖量高，总糖56.3%，蛋白质含量13.46%，并含有多种维生素和微量元素。表现出丰产性好、结果性强、产量高而稳定、适应性强等特点。

繁殖和栽培 采用硬枝扦插、全光雾嫩枝扦插，组织培养无性繁殖技术。

适宜范围 在新疆平原枸杞适栽区域栽植，在轻度盐碱土壤上表现更佳。

宁杞4号

树种：宁夏枸杞	学名：*Lycium barbarum* L. 'Ningqi-4'
类别：优良无性系	编号：宁S-SC-LB-001-2005
科属：茄科 枸杞属	申请人：宁夏中宁县枸杞产业管理局

良种来源 1985年，在宁夏中宁县选出品种纯、产量高、品质好的枸杞大麻叶丰产园，再从中初选和复选出优良单株，最终保留最优单株作为选育材料。

良种特性 落叶灌木，嫩叶叶脉基部至中部正面紫色。花长1.59cm，花瓣直径1.53cm，花丝中部有圈稠密绒毛。果实长，果径粗，具八棱，四棱高，四棱低，先端多钝尖。成年枸杞树产量486kg/亩，鲜果千粒重840g，干果千粒重200g，鲜干比4.2∶1。干果维生素C 19.40mg/100g，胡萝卜素7.38mg/100g，人体必须的8种氨基酸1.619g/100g，枸杞多糖3%以上。经济林树种，制干兼鲜食品种。

繁殖和栽培 采用硬枝扦插。从健壮的母树上选取粗度≥0.3cm的1年生无病虫害枝条，剪制成长12~15cm的插穗，并进行消毒和倒置沙藏催根。3月下旬~4月上旬气温达到17~20℃，枸杞芽萌动前及时扦插。按5cm×50cm株行距开沟插入，并覆盖地膜，及时灌水。在4月上旬，选择地径≥1.0cm的无病虫害和机械损伤的1年以上苗木，按株行距1m×3m或1.5m×2m，挖50cm×50cm×50cm的栽植穴定植，定干高度80cm。栽后要及时灌水，全年灌水和除草3~5次。在枝条生长期、开花期、果实收获期进行追肥，以复合肥为主。加强树体修剪和病虫害防治。

适宜范围 适宜在宁夏引（扬）黄灌区及其年平均气温7℃以上、≥10℃年均活动积温2900℃以上、年日照时数大于2900h以上，具有灌水条件、地下水1m以下，土壤含盐量≤0.5%，土壤有机质含量1%以上的沙壤、轻壤、壤土的地方种植。

图4-97 宁杞4号果实

图4-96 宁杞4号树型

宁杞5号

树种：宁夏枸杞	学名：*Lycium barbarum* L. 'Ningqi-5'
类别：优良无性系	编号：宁S-SC-LB-001-2009
科属：茄科 枸杞属	申请人：宁夏枸杞工程技术研究中心、银川育新枸杞种业有限公司、宁夏枸杞协会

良种来源 1999年，在银川育新枸杞种业有限公司宁杞1号生产园发现变异株，以此作为选育材料。

良种特性 落叶灌木。花长1.8cm，花瓣绽开1.6cm，花柱超长、显著高于雄蕊花药，花绽开后花冠裂片紫红色。当年生结果枝梢部较细弱，梢部枝条节间较长，结果枝细、软、长。1年生枝条黄灰白色，节间长1.3~2.5cm，有效结果枝70%集中在40~70cm处。总糖含量55.8%、甜菜碱含量0.98g/100g、枸杞多糖3.49g/100g、类胡萝卜素1.20g/kg，240~260kg/亩，混等干果269粒/50g。宁夏银川地区4月中旬萌芽，4月下旬1年生枝现蕾、5月上旬当年生枝现蕾，5月底果熟初期，6月上旬进入盛果期，7月中旬发秋梢。经济林树种，制干兼鲜食品种。

繁殖和栽培 硬枝扦插时，选用粗度0.4~0.5cm的枝条剪制插穗，用生根粉催根处理后扦插。嫩枝扦插采集半木质化枝条，茎段剪成3~4个节长，催根处理后及时扦插。扦插苗成活后，前期新发枝条大多匍匐生长，5月下旬~6月上旬修剪，以促发直立主干。4月上旬，选地径≥1.0cm的无病虫害和机械损伤的1年生苗木，按株行距1m×2m或1.5m×2m，挖50cm×50cm×50cm的栽植穴进行定植，定干高度80cm。建园时需配置宁杞1号作为授粉树，混植比例为1：1或1：2。幼树期应加强修剪，最少剪截、摘心2次。3龄以后春剪以留、疏为主，春季萌芽后，7~10d抹芽一次，夏季及时疏除徒长枝。

适宜范围 宁夏惠农、银川、中宁、中卫、同心、红寺堡、海原及原州区的中北部等有灌溉条件，可种植宁杞1号的地方均可种植。

宁杞3号

树种：宁夏枸杞	学名：*Lycium barbarum* L. 'Ningqi-3'
类别：优良无性系	编号：宁S-SC-LB-001-2010
科属：茄科 枸杞属	申请人：国家枸杞工程技术研究中心

良种来源 1996~1999年，在银川郊区成年丰产枸杞园的优良品种大麻叶中，采用单株选优方法选出来的8个优良单株，经过扦插育苗、小区品比、生产示范后选出的优良无性系。

良种特性 落叶灌木。结果枝细长而软，棘刺少。花绽开后紫红色，花冠喉部及花冠裂片基部紫红色，长枝上有花1~3朵，腋生。自花授粉率较低。果熟后为红色，浆果，粗大，果腰部略向外凸，平均纵径1.74cm，横径0.89cm，果肉厚0.207cm，鲜果千粒重996.6g，果实鲜干比4.68∶1。成龄树株产鲜果8.56kg，果实鲜干比4.68∶1。成龄树干果250kg/亩，干果含枸杞多糖6.33%，人体必需的8种氨基酸2.6mg/100g，甜菜碱1.1g/100g，胡萝卜素20mg/100g。在宁夏银川地区，3月下旬萌芽，5月上旬老眼枝开花，5月下旬七寸枝开花至9月下旬；6月下旬开始果熟，至10月下旬；10月下旬开始落叶。经济林树种，制干兼鲜食品种。

繁殖和栽培 采用嫩枝扦插繁育。将嫩枝剪成2节1叶及3节1叶的短插条，1节1叶，长度1.3~1.5cm，经生根剂处理后于6月初扦插培育。小面积人工耕作生产园株行距1m×2m，幼树期可加倍密植。大面积人工耕作生产园株行距1m×3m。栽植后于离地高约50cm处剪顶定干，在定干上部选留4~5个侧枝作为第一层主枝，以后逐年增加树冠层次和枝条数量，培养具有4~5层枝条的圆锥形树冠。每年秋季，修剪以疏剪为主，少短截。生长季节应及时剪除不需留用的徒长枝。

适宜范围 在年平均气温4.4~12.8℃、≥10℃的年有效积温2000~4400℃、年日照时数≥2500h，具有灌水条件、土壤活土层30cm以上，地下水1.2m以下，土壤含盐量≤0.2%，pH值8~9.1的中壤、轻壤土中种植。在宁夏南部干旱地区的海原、同心、固原市原州区等有灌溉条件的地方为最适宜种植区，引黄灌区的银川、惠农、中宁等地可适当种植。

宁杞6号

树种：宁夏枸杞

类别：优良无性系

科属：茄科 枸杞属

学名：*Lycium barbarum* L. 'Ningqi-6'

编号：宁S-SC-LB-008-2010

申请人：宁夏林业研究所股份有限公司、
国家林业局枸杞工程技术研究中心、
西北特色经济林栽培与利用国家地方联合工程研究中心

良种来源 2003年，在宁夏林业研究所枸杞资源圃内发现1株枸杞实生苗与资源圃内各保留材料存在较大差异，故进行选育试验。

良种特性 落叶灌木。叶展开呈宽长条形，叶片碧绿，叶脉清晰，幼叶片两边对称卷曲呈水槽状。合瓣花，花长1.4cm，花瓣直径1.3cm，花冠5，紫红色且一直延伸至花筒基部。5年生平均鲜果千粒重973.6g，单果平均横径9.29mm、纵径22.73mm，果肉厚2.03mm，鲜干比4.5：1。枸杞多糖含量1.26mg/100mg，氨基酸含量8.91mg/100mg，胡萝卜素0.15mg/100mg。在宁夏银川地区，3月下旬开始萌芽，4月上旬大量萌芽展叶，4月下旬老眼枝大量现蕾，5月中旬当年生枝大量现蕾，5月初开花，盛花期为5月中下旬，6月中旬老眼枝进入盛果期。经济林树种，制干兼鲜食品种。

繁殖和栽培 生产上广泛采用硬枝或嫩枝扦插技术进行苗木培育。春季定植采用地径0.5~0.7cm，苗高60~70cm以上，根系3~5条的硬枝扦插苗。夏季绿苗定植选用径粗0.2cm以上，苗高10~15cm，侧根3~5条，毛根布满营养钵且根团完整的营养钵绿苗。栽植株行距1m×2~3m，栽植坑30cm×30cm×40cm。按2：1的比例进行株间混植或1：1的比例进行行间混栽，宁杞1号作为授粉树。修剪时要多留结果枝，老眼枝结果力强，对中间枝采取重短截促发侧枝，注意保留当年生徒长枝打顶后发出的强壮侧枝和部分经二次打顶后发出的结果枝条。

适宜范围 适宜在宁夏引黄灌区种植。

宁杞7号

树种：宁夏枸杞　　　　　　　　学名：*Lycium barbarum* L. 'Ningqi-7'
类别：优良无性系　　　　　　　编号：宁S-SC-LB-009-2010
科属：茄科 枸杞属　　　　　　　申请人：国家枸杞工程技术研究中心、
　　　　　　　　　　　　　　　　　　　　宁夏枸杞工程技术研究中心、
　　　　　　　　　　　　　　　　　　　　宁夏林业产业服务中心

良种来源　2002年，在中卫市海原县黑城镇（原固原市原州区黑城镇）宁杞1号生产园中发现母株，以此开展选育试验。

良种特性　落叶灌木。幼果粗壮，熟时呈深红色，果身椭圆柱状，多不具纵棱，先端钝尖，鲜果纵径1.80~2.00 cm，横径0.98~1.20 cm，果肉厚0.13~0.17 cm，鲜果千粒重940~1002 g。成龄树株产鲜果7~10 kg，宁夏地区夏季晴天鲜果脱蜡处理后3~4 d可以制干，果实鲜干比4.4∶1。总糖量53%，枸杞多糖3.97%，类胡萝卜素1.38 g/kg，甜菜碱1.08 g/100 g。成龄树亩产干果300 g/亩。在银川地区，4月初萌芽，4月中旬展叶，下旬萌发第一次新枝（春梢），5月中旬当年生新枝（夏梢）现蕾，6月中旬果熟初期，6月下旬~7月下旬进入盛果期，8月中旬发秋梢，9月底至10月初秋果成熟。制干、鲜食及榨汁兼用品种。

繁殖和栽培　采用硬枝或嫩枝扦插技术进行苗木培育。生产园宜选中壤或轻壤，地下水位不高于100 cm的地块。建立小面积人工耕作生产园，株行距1.5 m×2 m，幼树期可加倍密植。营建大面积人工耕作生产园，株行距1.5 m×2.8~1.0 m×3.0 m，幼树期可株间密植，3龄后间挖。夏季修剪时，要疏除主干、主枝及1级侧枝上的萌发芽及未及时疏除时形成的强壮徒长枝。

适宜范围　适宜在宁夏枸杞主栽区种植。

'精杞2号'

树种：宁夏枸杞	学名：*Lycium barbarum* 'Jingqi2'
类别：优良无性系	编号：新S-SC-LB-018-2010
科属：茄科 枸杞属	申请人：新疆精河县枸杞开发管理中心、新疆林业科学研究院经济林研究所

良种来源 '精杞2号'是2005年通过对新疆精河枸杞资源普查，从托里乡二牧场枸杞丰产园内发现的枸杞新品系。通过2007~2010年，在精河县枸杞试验基地示范田内对其进行4年的种植观察，并与其他品种对比发现有明显不同的特性。2007年暂定为'0702'新品系，现定名为'精杞2号'。'精杞2号'为大麻叶枸杞的自然杂交后代，是2005年从与原品种差异较大的变异类型中选出的优良品种。

良种特性 生长势强，耐干旱，耐盐碱，发枝率高，树姿开张，树冠中大，为半圆形，成年树树高1.6m，冠幅1.5~2.0m；果枝长38~65cm，果枝占新发枝的65%左右；果实大、皮薄、丰产性好，果实圆柱形、有棱，长度在2.4~2.9cm、宽度1.5~1.7cm，最大鲜果单重3g，鲜果千粒重平均1277g。果实种子数量39~59个，每个叶腋着生1~3果，以一果为主，果距平均1.5cm；叶片长3.5~8cm，宽0.7~1.5cm；该品系颗粒大，在肥沃的土壤上其鲜果千粒重可能大幅提高，是生产大果枸杞首选的优良品系。该品种对土壤和气候适应性强，在地下水位100cm以下、pH值≤9.0的盐碱土壤上均生长良好，在≥10℃积温达2500℃的条件下可正常生长结实。

繁殖和栽培 采用无性硬枝扦插、利用2~7龄树上强壮的七寸枝条扦插育苗。种条粗0.5~1.2cm，长13~14cm，用20mg/L奈乙酸生根液处理24h，扦插覆膜后做好灌水、修剪、施肥、病虫害防治等工作。还可采用绿枝扦插及根蘖苗繁育等技术繁育苗木。

适宜范围 新疆博州、塔城地区、乌苏市、昌吉州及南疆等地枸杞适栽区均可栽植。

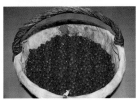

柴杞1号

树种：宁夏枸杞	学名：*Lycium barbarum* L. 'chaiqi-1'
类别：优良品种	编号：青S-SV-LB-001-2013
科属：茄科 枸杞属	申请人：海西州农业科学研究所

良种来源 海西野生枸杞（30年生，父本）和宁杞1号（4年生，母本）杂交后选择优势品系，扦插扩繁，选择优良单株。

良种特性 鲜果橙红色，果表光亮，平均单果质量1.74g；花长1.76cm，花瓣绽开直径1.72cm，花冠喉部至花冠裂片基部淡黄色，花丝近基部有圈稀疏绒毛，花萼2裂；叶色深绿色，质地较厚，横切面平，顶端钝尖。

繁殖和栽培 采用硬枝扦插和嫩枝扦插等无性育苗技术；栽植株行距1.0m×3.0m，幼树期以中、重度剪截为主，促发新枝加速树冠扩张，经过4~5年整形修剪，形成高1.60m左右，树冠1.00m左右，主枝4~6层，枝干分布均匀，冠形稳定，上小下大的丰产树形；主要防治枸杞瘿螨、蚜虫、负泥虫、锈螨等害虫，结合物候期加强预防。

适宜范围 适宜在青海省海西州、海南州枸杞适生区栽培。

青杞1号

树种：宁夏枸杞
类别：优良品种
科属：茄科 枸杞属

学名：*Lycium barbarum* 'Qingqi-1'
编号：青S-SV-LBQ-008-2013
申请人：青海省农林科学院

良种来源 宁杞1号种子经过钴源辐射后，培育实生苗，利用幼株选育的方法从大量实生苗中选育出优良新品种。

良种特性 树势强健，树体紧凑，枝条柔顺，树姿半开张。当年生枝青绿色，嫩枝稍部淡紫红色，多年生枝褐白色，节间长1.3~2.5cm，有效结果枝70%长度集中在30~50cm之间。鲜果红色，果表光亮，鲜果平均单果质量1.64g，单果最大质量1.95g；在青海省诺木洪地区5月上旬萌芽，5月中下旬一年生枝现蕾，6月上旬当年生枝现蕾，7月下旬果熟初期，8月中旬进入盛果期，1年采4茬果实。

繁殖和栽培 采用无性繁殖育苗，主要是嫩枝扦插和硬枝扦插。栽植园地选沙壤土，地下水位不得高于90cm，株行距1.5m×2m或1.0m×3.0m。高度自交，可单一品种建园。生殖生长强势、耐水肥，定植当年每亩施有机肥2m³，尿素25kg，二胺25kg，进入盛果期后，每亩施有机肥4m³，尿素50kg，二胺50kg，年灌水5~6次，盛果期适量增加灌水次数，注意两种肥料的使用。对枸杞瘿螨等常见害虫应结合物候期加强预防，花期尽可能避免使用农药，入秋后需加强白粉病的防治。幼树期以中、重度剪截为主，成龄树选用圆锥形或自然半圆形树形，一年生枝剪截留比例把握在各1/3较为适宜。

适宜范围 适宜在青海省海南州、海西州栽植。

宁农杞9号

树种：宁夏枸杞
类别：优良无性系
科属：茄科 枸杞属

学名：*Lycium barbarum* L. 'Ningnongqi-9'
编号：宁S-SC-LB-001-2014
申请人：宁夏农林科学院（国家枸杞工程技术研究中心）、
中宁县百瑞源枸杞产业发展有限公司

良种来源 内蒙古乌拉特前旗太和堂村"宁夏枸杞"生产园特异性单株。

良种特性 落叶灌木。鲜果粒大，绛红色，纵切面近圆形，青果具明显果尖。物候期较宁杞7号晚4~5 d，果熟期滞后6 d。宁夏地区在混植授粉质量好的条件下，最大鲜果重2.8 g，全年平均单果重1.06 g，鲜果单果质量较宁杞7号增加50%。鲜果果肉厚1.8 mm，平均含籽数32个，鲜干比4.3~4.7。总糖45.28 g/100 g，枸杞多糖含量2.14 g/kg，甜菜碱0.83 g/100 g，类胡萝卜素2.25 g/kg。银川地区4月初萌芽，4月中旬大量萌芽展叶，4月下旬新梢开始生长，4月底老眼枝少量现蕾，5月下旬当年生枝条大量现蕾，6月中旬果熟初期，7月上旬当年生新枝进入盛果期，10月下旬落叶。经济林树种，制干、鲜食及榨汁兼用品种。

繁殖和栽培 为保持母本的优良性状，采用嫩枝或硬枝扦插繁育。硬枝扦插选用直径0.4~0.7 cm枝条，用0.1‰的α-萘乙酸水溶液浸泡下部6~12 h；嫩枝扦插选半木质化枝条，剪成3~4节长小段，用0.2‰的α-萘乙酸水溶液混合滑石粉调成糊状，速蘸插条下端1~1.5 cm。1龄树1级摘心，促进萌发侧枝形成花果。2龄后在休眠期进行修剪，按照"去强留弱"原则对2年生2级侧枝进行选留和短截，其余枝条一律疏除，留枝长度15~30 cm。2龄后，夏季选留不定芽萌发的强枝，长度10~13 cm时摘心，成龄树单株留枝220条。自交不亲和，可选择长粒型制干速度相近的品系为授粉树，与授粉树混植比例为1~3：1；适宜修剪二层窄冠疏散分层树形。主根较为肉质，施肥距离应较一般品种远20 cm，避免烧根。

适宜范围 适宜在宁夏惠农、银川、中宁、中卫、同心、红寺堡等宁夏枸杞产区种植。

'精杞4号'

树种：宁夏枸杞	学名：*Lycium barbarum* 'Jingqi4'
类别：优良无性系	编号：新S-SC-LB-018-2014
科属：茄科 枸杞属	申请人：新疆精河县枸杞开发管理中心、新疆林业科学研究院经济林研究所

良种来源 2005年新疆精河县枸杞开发管理中心选育课题组在精河县托里乡克孜勒加尔村西滩开发区枸杞资源调查时，发现20株表现不同的其他枸杞品种的优良单株，其果个大、产量高、果圆，进行了挂牌登记、观察记载和测定。2008年经选育人员调查观测，初步选定优良单株3株。2009年枸杞开发管理中心选育组采用无性繁殖扩繁150株，定植在新疆枸杞种种资源汇集中心内，成活148株。2010年选育组在精河县试验苗圃建立示范基地5亩，把该品系编号为"圆果1015"，进行正常的田间管理，以期观测其生物学特性及果实经济性状。重点的观测对比选优、分析研究和性状总结。建立了苗木繁育圃，开展苗木繁育技术研究，进行嫩枝快繁技术研究、最佳育苗方式、方法、时间的试验。进一步选优扩繁，并建立了该品系采穗圃10亩。经连续4年对其单株的生长、物候等生物学特性进行试验与观察，结果习性、丰产性、果实品质、果实利用价值进行比较测定。表现早实、丰产，与原始母株果实一致，说明优良遗传基因稳定，初步确定为大麻叶优良芽变，命名为'精杞4号'。2011年选育组在博州精河县、博乐市、温泉县、农七师124团、福海县分别进行了5个区域试验点，共25亩。对其生长、物候等生物学特性进行试验与观察，结果习性、丰产性、果实品质、果实利用价值进行比较测定。2012~2013年建立采穗圃10亩，繁育苗木30余万株，示范园130亩，示范种植3000亩。2014年选育组通过5年试验观察丰富了我区丰产性枸杞种质资源，为新疆发展枸杞产业提供了科学依据，为北疆高寒区发展经济林提供了优良种源。

良种特性 硬枝型枸杞，生长势强，树冠大，半圆形，成龄树高1.7~1.8m，当年生结果枝灰黄色，针刺少，多以直立斜生枝为主，普遍比对照品种长，长度42~69cm；叶片大，向内自然翻卷，叶色深绿，叶片长5.7~7.8cm，宽1.2~2.8cm；花大，深紫色，花瓣5个，花萼1~3裂，雄蕊5个，花瓣长0.8cm，宽0.6cm，花柄长2.8cm，柱头偏移中心；果枝占新发枝的比率达85%左右，幼树腋花芽结实能力强，每个叶腋着生1~6果，以3果为主；果实变大；果实鲜艳，着色均匀，果肉厚，果实圆形，纵径1.4~2.4cm，横径1~1.5cm，果实种子数量在22~51粒之间；'精杞4号'品系结果早，扦插苗当年种植当年结果，丰产性好，比对照平均增产8.8%；制出的干果大，圆形，等级率高，收购商喜欢。在生产中'精杞4号'品系对修剪技术要求低，修剪粗放条件下易丰产、稳产、果粒大、采摘用工省、种植收益高等综合优势。对气候适应性强，在≥10℃活动积温达2500℃就可正常生长结实。早实性明显，丰产性突出；果大，单果均重1.1g，最大单果重2g；还原糖（以葡萄糖计）48.7g/100g，灰分4.92%；β-胡萝卜素2.03mg/100g；还原维生素C694mg/100g；甜菜碱2.07%；多糖6.48%；总类黄酮0.38g/100g。符合早果、丰产、优质制干枸杞圆果品种的要求。适口性好，深受客户欢迎，前景广阔。抗逆性强，能耐-35℃低温，也适宜干旱炎热气候，抗病虫害。

繁殖和栽培 以无性扦插繁殖为主，夏季可采用嫩枝扦插、营养杯扦插。

适宜范围 在新疆博州、塔城地区、阿勒泰地区等适宜枸杞栽培的区域种植。

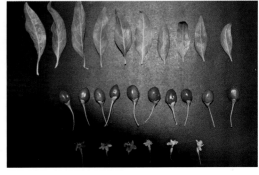

'精杞5号'

树种：宁夏枸杞	学名：*Lycium barbarum* 'Jingqi5'
类别：优良无性系	编号：新S-SC-LB-019-2014
科属：茄科 枸杞属	申请人：新疆精河县枸杞开发管理中心、新疆林业科学研究院经济林研究所

良种来源 2005年选育组在全县枸杞资源普查中在精河县托里乡克孜勒加尔村西滩开发区王锦祥5年枸杞丰产园中，通过枝、叶、花、果等形态学特征比对，优选25株，把该品系编为"0502"新品系；经连续4年观察与对照相比表现出果实优等率高、制干色泽好、鲜果易保存等特点，命名为'精杞5号'。2006年在精河县枸杞种质资源汇集中心定植该品系15株。2007~2009年建立了该品种（系）采穗圃10亩，该品种生长势强，架型硬挺，干性强，营养枝角度小，结果枝较长、粗壮，老眼枝花量小，叶黄绿色，叶脉清晰，叶厚而脆，果实颜色具有中国红的色泽，红提葡萄的硬度，果实挂树时间长，整齐度好，甘甜无异味，是目前收集枸杞品种（系）果皮最厚的品种，果实椭圆形，先端钝圆；生长快、果枝成枝率快、果大、皮厚、抗病虫害、抗风、抗霜冻、易保鲜等优点，适宜为保鲜、制干兼用品种。2011年选育组在精河县、博乐市、温泉县，农七师124团，福海县分别进行了5个区域试验点，共28亩。对其生长、物候等生物学特性进行试验与观察，结果习性、丰产性、果实品质、果实利用价值进行比较测定。2012~2013年建立采穗圃10亩，繁育苗木50余万株，示范园150亩。2014年选育组通过5年试验观察丰富了新疆丰产性枸杞种质资源，为新疆发展枸杞产业提供了科学依据，为北疆高寒区发展经济林提供了优良种源。

良种特性 生长势强，架型硬挺，成年树高1.8m，宽1.5m，树干黄褐色，树形自然半圆形，结果枝较长、粗壮，果枝长度35~75cm，果枝占新发枝的比率达60%。起始结果位4.5~6.6cm，果枝每个叶腋着生2~3果，以2果为主，果距平均2.1~4.8cm；叶一眼1~3片，叶披针形，叶色黄绿色，叶脉突出，5对明显侧脉，叶微向下翻卷，叶片长3.3~4.6cm，宽0.9~1.4cm。叶柄长2.1~2.4cm，叶基紫色，花瓣向外卷曲，花色深紫色，花瓣5个，花萼2~3裂，雄蕊5个，花瓣长0.6cm，宽0.4cm，花柄长2cm；鲜果千粒重平均1127.4g，最大单果重2g；果实颜色为中国红，硬度及可溶性固形物高，果皮厚0.2cm。是目前收集枸杞品种（系）果皮最厚的品种，果实椭圆形，先端钝圆；鲜果平均纵径2.03cm，横径1.12cm，果实种子数量在17~46粒/果，果实鲜干比4.22：1，鲜果千粒重1127.44g，4年生每亩枸杞产量280kg以上，该品种其物候期在精河比'精杞1号''宁杞1号'、大麻叶晚7~10d，4月上中旬萌芽；现蕾期为5月上旬，初花期为5月中下旬，花期为7~9d；初果期6月下旬，夏果结束期比精杞1号、宁杞1号、大麻叶晚3~5d，秋枝萌发期为7月底到8月初，秋果成熟期为9月下旬。干果还原糖（以葡萄糖计）51.7g/100g，灰分4.28%；β–胡萝卜素44.3mg/100g；还原维生素C 697mg/100g；甜菜碱2.4%；多糖4.68%；总类黄酮0.44g/100g。'精杞5号'具有生长快、果枝成枝率快、果大、皮厚、抗病虫害、抗风、抗霜冻、易保鲜等优点，适宜为保鲜、制干兼用品种。

繁殖和栽培 以无性扦插繁殖为主，夏季可采用嫩枝扦插、营养杯扦插。

适宜范围 在新疆的博州、塔城地区、阿勒泰地区等适宜枸杞栽培的区域种植。

宁杞8号

树种：宁夏枸杞	学名：*Lycium barbarum* L. 'Ningqi-8'
类别：优良无性系	编号：宁S-SC-LB-001-2015
科属：茄科 枸杞属	申请人：宁夏林业研究所股份有限公司、
	国家林业局枸杞工程技术研究中心、
	西北特色经济林栽培与利用国家地方联合工程研究中心

良种来源 2003年，在内蒙古先锋乡生产园自然选优收集的优良单株培育出的无性系。

良种特性 落叶灌木。果粒大，鲜果平均千粒重1211.5g，最大单粒重3.2g，单果最大纵径4.3cm，成龄树株产干果1.15kg以上，鲜干比4.6~4.8。枸杞总糖含量41.35%，多糖含量3.27%，胡萝卜素含量0.21%，氨基酸总量7.5%，灰分含量3.71%。适应性强，果大肉厚，口感甘甜，制干鲜食均可。在宁夏地区，3月下旬开始萌芽，4月上旬大量萌芽展叶，4月下旬老眼枝大量现蕾，5月中旬当年生枝大量现蕾，5月初开花，5月中下旬盛花期，6月中旬老眼枝进入盛果期，10月下旬落叶，生长期245d。经济林树种，制干兼鲜食品种。

繁殖和栽培 采用组织培养、硬枝或嫩枝扦插技术进行苗木培育。春季定植采用硬枝扦插苗，夏季绿苗定植采用营养钵苗。栽植后大水漫灌1次，成活后进入正常的田间管理。宜与宁杞1号按2：1的比例进行株间混植或1：1的比例进行行间混栽。春季修剪宜轻剪，对直立萌芽、徒长枝、密枝、病虫枝条、横穿枝条作细致的修剪，把枝条背部的直立针刺剔除。夏季修剪，成龄树主枝上没有现蕾的枝条及时打顶，对于前一年已发新的秋枝条则不需要进行再次打顶及抹芽。主要防治枸杞蚜虫、负泥虫，枸杞瘿螨、枸杞锈螨等虫害，可用吡虫啉产品和瘿锈螨净进行防治。

适宜范围 适宜在≥10℃年均活动积温2800℃以上、年降雨量≤400mm的宁夏北部惠农县、银川地区、银南的中宁县、中卫市（现沙坡头区）、同心县、红寺堡区等宁夏主要枸杞产区种植。

枸杞'叶用1号'

树种：宁夏枸杞、中国枸杞
类别：优良无性系
科属：茄科 枸杞属

学名：*Lycium barbarum × L.chinense* 'Yeyong-1'
编号：宁S-SC-LBC-002-2015
申请人：国家林业局枸杞工程技术研究中心、
宁夏森淼种业生物工程有限公司、
宁夏森淼枸杞科技开发有限公司

良种来源 1997~2000年，对宁杞1号叶片进行愈伤组织诱导、染色体加倍，得四倍体植株，对宁杞1号、河北枸杞、白花枸杞等二倍体品种与四倍体植株进行正反交杂交授粉，得三倍体株系。将三倍体株系与宁杞1号做品比试验，选育出生长量大的株系，进行栽培选育试验。

良种特性 落叶灌木，三倍体枸杞。叶片肥厚、宽长，叶长平均52.48mm，宽8.83mm，厚0.95~1.65mm，单叶重0.17g。叶芽鲜嫩，风味良好。五叶一芽中氨基酸总量4.61g/100g；矿质元素含量钾、钙、铁、锌含量分别为4170mg/kg、1740mg/kg、72.00mg/kg、6.9mg/kg；枸杞多糖、甜菜碱含量分别为3.4g/100g、0.62g/100g；维生素类总含量为402.29mg/100g；蛋白质含量5.27g/100g，总膳食纤维含量6.56g/100g；脂肪1.1g/100g；能量为206KJ/100g。银川地区沙地栽培优质枸杞叶芽831~883kg/亩，壤土地栽培1500kg/亩以上，设施栽培1800kg/亩以上。经济林树种，枸杞叶用品种。

繁殖和栽培 采用嫩枝扦插繁殖。5月中旬~8月上旬均可扦插。4月下旬~8月上旬都可进行苗木定植，株行距15~20cm×70cm，4800~6400株/亩。落叶后萌芽前复壮更新1次，保留高度5~8cm。6~7月再复壮更新1次，保留高度10cm。当新梢长到15~20cm时，开始采收未木质化的叶芽，平均3~5d采收一次，采收长度8~12cm，从四叶一芽~八叶一芽。晴天采收，上午10时以前和下午4时以后进行，采收装筐厚度不超过10cm，边采收边入库。

适宜范围 在宁夏银川、贺兰、永宁、中宁等地均可栽培。

黑果枸杞"诺黑"

树种：黑果枸杞
类别：种源种子
科属：茄科 枸杞属

学名：*Lycium ruthenicum* Murr. 'Nuohei'
编号：青S-SP-LRM-003-2014
申请人：青海省农林科学院

良种来源 青海省柴达木盆地诺木洪黑果枸杞自然分布区。

良种特性 多棘刺灌木，主干白色，具不规则纵裂纹。多分枝，当年生分枝浅绿色，较软，木质化后成白色，坚硬，具不规则纵裂纹。小枝顶端渐尖成棘刺状，分枝上刺与花、叶或叶同时簇生。叶子簇生于分枝棘刺两侧，绿色，肥厚肉质，在老枝和木质化分枝上呈棒状，当年生分枝上呈条形，条状倒披针形。双被花着生于分枝上，花萼狭钟状，合瓣花冠，漏斗状，雄蕊着生于花冠筒中部，稍伸出花冠，花药黄色，花柱等高或略高于雄蕊，柱头绿色。浆果黑色，扁圆型，形似蟠桃。种子肾形，褐色，千粒重1.0g。花果期7~10月中旬。抗逆性强，适用于盐碱土荒地、沙地，是重要的生态经济林树种。诺黑种源果型蟠桃型，果粒大，横径平均10.38±0.23mm，纵径平均7.04±0.40mm，野生鲜果百果重可达32.1g，人工栽培高达59.4g；特优级果率高，光泽度好；结果枝长，当年生枝平均19.93±2.10cm，木质化枝平均15.02±2.20cm，果实产量较高；果梗较长，易采摘；花青素含量较高，鲜果中平均8.57±0.79mg/g，干果中平均4.35mg/g；果实干鲜比为1∶5.5~1∶6.5。

繁殖和栽培 以种子实生繁育技术为主。栽植：园地选择沙壤、轻壤或中壤土，地下水位埋深不小于1.5m。小面积集约种植株行距（0.5~0.8）m×1.5m，种植密度8340~13335株/hm²，大面积连片栽植株行距（0.8~1.0）m×（1.5~2.0）m，种植密度4995~8340株/hm²。整形修剪：定干高度40cm，按照（5~4）-（4~3）-（3~2）层次整形修剪。水肥管理：控水灌溉，全年灌溉3~5次为宜，提倡有机栽培，每亩施有机肥1.5~2m³。果实采收及制干：人工采摘，以晒床阴干方式获得干果。

适宜范围 适宜在柴达木盆地海拔2700~3100m，年降雨量40~180mm，年均温3.5~5.0℃的地区生长。

金叶莸

树种：金叶莸	学名：*Caryopteris clandonensis* Simmonds.
类别：品种	编号：宁S-SV-CC-005-2005
科属：马鞭草科 莸属	申请人：宁夏林业研究所(有限公司)

良种来源 2001年，由北京林业大学从国外引进，为马鞭草科莸属的杂交种，是从兰香草（*Caryopteris incana*）和蒙古莸（*Caryopteris mongholica*）的杂交后代中选育出的金叶品种。

良种特性 落叶小灌木，多分枝，叶金黄色。花高脚碟状，圆锥花序，花冠紫红色或蓝紫色，花期9月。在冬季 –30℃条件下能正常越冬，且春季没有抽干现象。在pH值9、全盐含量2.4‰以下的土壤中可正常生长。园林观赏树种，耐干旱、抗风沙、耐瘠薄、观赏性强。

繁殖和栽培 采用组织培养、嫩枝扦插等进行无性繁殖。栽植多选用裸根苗或容器苗，苗高20 cm以上。栽植株行距依种植目的而定，栽植深度以埋土到根际线为宜。

适宜范围 除海拔较高的山地及地下水位较高的低洼盐碱地不宜种植外，宁夏有灌溉条件的地方均可栽植。

蒙古莸

树种：蒙古莸	学名：*Caryopteris mongholica* Bunge.
类别：驯化树种	编号：宁S-ETS-CM-001-2011
科属：马鞭草科 莸属	申请人：宁夏林业研究所股份有限公司

良种来源 亲本引自宁夏贺兰山东麓榆树沟自然生长人优良单株，在银川植物园开展驯化工作。

良种特性 落叶小灌木，株高20~50cm，茎直立且多分枝，老枝灰褐色，有纵裂纹，幼枝紫褐色。单叶对生，披针形或狭披针形，长1.5~6cm，宽3~10mm，有短柄。聚伞花序顶生或腋生，花冠蓝紫色，筒状，花序较长。4月下旬萌动，5月初叶芽开放，5月中旬展叶，7月下旬开花直至9月初，花期长达2个月。10月上旬~11月上旬种子成熟，10月中旬开始落叶。花较大，花序较长，蓝紫色。园林观赏树种，耐干旱、耐瘠薄、抗风沙、根蘖性强。

繁殖和栽培 采用嫩枝扦插和播种繁育进行培育。在春季进行嫩枝扦插，插条选取母株上生长健壮的1年生枝条，随采随插。播种育苗时，选择土壤疏松、通透性良好的沙壤土作床育苗，在床面开沟条播，行距30cm，沟深1~1.5cm，将种子均匀撒入，并覆原土或细沙即可。播后3~5d保持床面湿润，一周即可出苗。以裸根苗或者容器苗栽植，定植穴规格30cm×30cm×30cm，栽后立即灌足定根水。

适宜范围 宁夏中北部城市园林绿化均可栽植，亦可在沙区或干旱地区造林。

金叶白蜡

树种：白蜡树	学名：*Fraxinus chinensis* 'Jinyebaila'
类别：优良品种	编号：京S-SV-FC-019-2013
科属：木犀科 白蜡属	申请人：北京市黄垡苗圃、北京农业职业学院

良种来源 白蜡实生苗变异品种，产自河南鄢陵。

良种特性 '金叶白蜡'为落叶乔木，高约15m以上。小枝灰褐色，无毛。羽状复叶，小叶5~7枚，通常7枚，缘有齿，表面无毛。圆锥花序侧生或顶生当年枝条上。花期3~5月。果期10月。其叶片春、夏、秋三季金黄色，树形优美，抗逆性强，病虫害少，是北京地区一个良好的观叶彩色乔木树种。

繁殖和栽培

1. 栽植环境。金叶白蜡一定要选择在阳光充分的地方栽培，方能达到亮丽的景色。

2. 栽植时期。北方在春季栽植，夏秋季种植也可。

3. 种植密度。胸径超过6cm的植株栽培时，株行距应达到3m×3m。

4. 土肥水管理。栽后及时施肥和灌水，定期中耕松土，保持土壤疏松肥沃；耐旱，但不耐涝，土壤不可过湿。

5. 整形修剪。包括生长期修剪和休眠期修剪，以生长期修剪为主。生长期主要剪除徒长枝、过密枝、内膛枝，保持通风透光且冠型丰满；休眠期主要剪除病虫枝、衰弱枝和干枯枝。

6. 病虫害防治。在圃仅发生食叶形害虫，应及时进行病虫危害预防。

适宜范围 北京地区。

泗交白蜡

树种：白蜡树	学名：*Fraxinus chinensis* 'Sijiaobaila'
类别：优良无性系	编号：晋S-SC-FC-004-2015
科属：木犀科 白蜡属	申请人：山西省林业科学研究院

良种来源 运城市夏县泗交镇春沟白蜡树优良单株。

良种特性 树干皮栗褐色光滑、侧枝开张角度近平行、枝间距匀称、小枝丰富细长、叶片油亮，可提前形成干皮、枝叶景观，具观赏价值。干形通直、主干单一、生长量大，树冠匀称、无病虫害、性状稳定、抗逆性强、枝繁叶茂。可作园林绿化和用材两用品种。

繁殖和栽培 嫁接繁殖。砧木为普通白蜡树，春、夏、秋均可嫁接，枝接、T形芽接。T形芽接法，接芽长到10~15cm时剪砧。枝接后新梢长至10~15cm时留壮枝1个。6~7月间结合浇水追肥1次，每亩施氮肥20~30kg。封冻前浇越冬水，春季浇解冻水。造林株行距（2~3）m×（2~3）m。新造林三年内注意割灌除草抚育管理，幼中龄林抚育按技术规程进行。

适宜范围 适宜在山西省恒山以南海拔1200m以下的地区栽培。

京黄

树种：美国红梣	学名：*Fraxinus pennsylvanica* 'Jinghuang'
类别：优良无性系	编号：京S-SV-FP-003-2014
科属：木犀科 白蜡属	申请人：北京市园林科学研究院

良种来源 北京城市绿化应用洋白蜡。

良种特性 雄性。落叶乔木，树皮纵裂，当年生枝条密被绒毛；奇数羽状复叶，小叶7~9枚；花期3月底或4月初，先花后叶，圆锥花序生于两年生枝条，无果。叶片10月下旬~11月上旬变为金黄色，色泽明亮，变色后宿存枝条15d；原种洋白蜡虽秋季叶片变色金黄，但叶片变色后宿存时间短，随变即落，其他主栽种绒毛白蜡和白蜡，秋季叶片变为橙黄或黄色，色泽暗。从叶片变色质量和变色后宿存时间评价，'京黄'当属白蜡中秋色叶观赏价值较高的品种。

繁殖和栽培

1.繁殖方法。嫁接繁殖为主，也可扦插繁殖。4月份插皮接，切接，合接均可，6~9月份常嵌芽接繁殖，离皮期间可"T"字型芽接。

2.种植密度。'京黄'洋白蜡生长迅速，地径3cm以下苗，行距1.5m即可；地径3~5cm苗，株行距1.5m×1.5m；胸径6cm以上时，为保持冠型丰满，株行距应达到5m×5m。

3.栽植时期。最适宜春季栽植，小苗可裸根种植，胸径6cm以上的苗宜带土球移植，可提高成活率。

4.土肥水管理。新植植株加强水肥管理，及时浇透水，尤其在早春干旱年份，更不能缺水。植株成活后较耐粗放管理，自然降水可满足其正常生长需求，少量积水区域也能正常生长。

5.病虫害防治。'京黄'常见有白蜡窄吉丁、天牛等蛀干害虫，以及女贞叶棉蚜，应做好监控和预防，发现害虫及时防治。

适宜范围 北京地区。

水曲柳驯化树种 NG

树种：水曲柳
类别：驯化树种
科属：木樨科 白蜡属

学名：*Fraxinus mandshurica* Rupr. cv. 'NG'
编号：宁S-ETS-FM-002-2007
申请人：宁夏林业技术推广总站

良种来源 水曲柳在宁夏六盘山林业局秋千架林场有天然分布，为国家三级重点保护植物。该品种以白蜡为砧木，水曲柳为接穗，采用嫁接的方法使一个珍贵野生树种变成为人工栽培型树种。接穗水曲柳的亲本来源于宁夏六盘山千秋架林场水曲柳天然次生林和人工幼林中优良株系，砧木白蜡来源于宁夏主要造林乡土树种白蜡的优良株系。

良种特性 落叶乔木，树干圆满通直，树冠较窄。奇数羽状复叶，对生，小叶7~13枚，卵圆椭圆形或披针形，无柄，叶背沿叶脉有黄褐色绒毛。花期5~6月，雌雄异株，翅果扭曲。主根短，侧根和毛细根发达。造林绿化树种，亦可用于园林观赏。喜光，喜冷湿，耐寒，在pH值8.4、土壤含盐量0.1%~0.15%的盐碱地上仍能生长。

繁殖和栽培 春季定植1年生白蜡实生苗，株行距30cm×70cm，定植后及时平茬覆膜，秋季苗高可达到70~80cm，地径达到1cm以上。接穗选择采穗圃1年生水曲柳苗，粗细和砧木基本相同，侧芽饱满的枝条。嫁接时间春季和秋季均可，但以秋季嫁接最好。嫁接方法以嵌芽接为主，在主风方向的两侧离地面5cm处嫁接。翌年4月15日前剪砧并解除绑带，当砧木萌芽长到3~5cm时，及时抹除萌芽，松帮带，及时抹芽是提高嫁接成活率和生长量的关键，要连续抹2~3次。造林时，黄灌区采用1-2$_{(3)}$苗木，山区采用1-1$_{(2)}$苗木造林，株行距2m×3m或2m×2m。

适宜范围 宁夏引黄灌区及南部黄土丘陵区年降雨量300mm以上的地方均可栽植。

宝龙店水曲柳天然母树林

树种：水曲柳　　　　　　　　学名：*Fraxinus mandshurica*
类别：母树林　　　　　　　　编号：黑S-SS-FM-028-2010
科属：木犀科　白蜡属　　　　申请人：五常市宝龙店母树林林场

良种来源　亲本来自宝龙店种子林场水曲柳天然次生林优良林分改建的母树林。生长优势明显，材质优良，结实较多，病虫害少。

良种特性　大乔木，高可达35m，胸径可达1m余。树冠卵形。老时呈较规则纵向浅裂。枝对生，幼枝常呈四棱形，绿色，无毛。皮孔明显，黄褐色。叶为奇数羽状复叶，对生，长8~50cm。雌雄异株。速生、材积增益显著，树干通直、稳定性好，抗病虫害。

繁殖和栽培　种子处理：水曲柳种子属于长休眠期种子，需经催芽处理才能出苗，常用方法有：隔冬层积埋藏法。将储备的水曲柳种子于播种前一年的8月份进行精选工作，把病虫害、空瘪粒、杂质、迫伤等种子挑出来，以提高种子纯度。而后进行浸种、消毒、挖坑层积埋藏，于翌年春播前取出种子，发现种胚有80%已变黄绿色，并有少量发芽，即可适时播种。变温处理法。9月下旬新采集的种子，需用室内变温处理，按种、沙1：3的比例均匀混合，先在20~24℃条件下处理两个月，后转为0~5℃下处理两个月，处理顺序不能颠倒，时间不宜缩短。播种：播种时间为春播，翻地同时施入基肥0.6~0.8kg/hm^2，垄作每亩播种量约为40g，覆土厚度1~2cm，播种后充分灌水，在出苗前及时用百草枯进行化学除草。苗期管理：水曲柳出苗后，速生期开始易染立枯病，出苗后即喷杀菌剂进行防治；及时间苗，每米双行留苗20~25株；加强水肥管理，当年苗高生长在20~30cm。水曲柳要在秋季掘苗，在气温稳定，地温降低到0℃以下假植越冬。

适宜范围　哈尔滨、牡丹江、鸡西、伊春等水曲柳适生区。

大泉子水曲柳母树林

树种：水曲柳
类别：母树林
科属：木犀科 白蜡属

学名：*Fraxinus mandshurica* Rup.
编号：黑R-SS-FM-008-2012
申请人：宾县林业局

良种来源 来自宾县大泉子天然母树林场的水曲柳天然母树林，生长优势明显，适应强，稳定性好。

良种特性 生长迅速、病虫害少，稳定性好。

繁殖和栽培 种子繁殖。种子处理方法有隔冬层积埋藏法、变温处理法。播种时间为春播，垄作每亩播种量约为40g，覆土厚度1~2cm，播种后充分灌水。水曲柳出苗后，防止立枯病，加强水肥管理，当年苗高生长在20~30cm。水曲柳要在秋季掘苗，在气温稳定，地温降低到0℃以下假植越冬。

适宜范围 哈尔滨、牡丹江等水曲柳适生区。

'水曲柳1号'

树种：水曲柳	学名：*Fraxinus mandshurica* 'Shuiqvliu1'
类别：优良无性系	编号：新S-SC-FM-002-2014
科属：木犀科 白蜡属	申请人：新疆林业科学研究院园林绿化研究所、 乌鲁木齐市五彩园林科技有限公司

良种来源 2002~2004年陆续从宁夏省林业科学研究所引进水曲柳苗木、从辽宁省林科院引进水曲柳优系苗木、实生苗木。2005年进行了二次选优，从宁夏省林科所引进水曲柳苗木中发现1株连续3年生长量都特大，初步确定为水曲柳佳系芽变，将速生水曲柳定植保留在乌市安宁渠镇林木试验基地。2007年开始采集其接穗繁殖，目前单株佳系已扩繁出苗木30余万株。

良种特性 奇数羽状复叶，叶片7~13片，叶色深绿色；树干直，侧枝直立，冠幅窄（6年生冠幅1~1.3m左右、8年生1.2~1.5m）。抗逆性强：自然封顶早（新疆南疆均在8月初停止高生长），材质优，能耐－40℃严寒（北屯市生长无抽条冻害）；耐盐碱（在土壤总盐0.6%、pH值8.4生长正常）；抗干旱风沙（在新疆南北疆一年灌溉4~8水生长正常、不焦叶）；极抗病虫危害。无性繁殖：秋季（新疆北疆8月初至8月底、南疆8月中旬至9月中旬）贴芽接、成活率达84.6%，春季（新疆北疆4月、南疆3月中旬至4月底）枝接、成活率达93.2%。年高生长1.58~2.41m、年径生长1.3~1.5cm。5~7月为生长高峰期，8月初即自然封顶。雌雄异株，目前培育的绝大部分雄株，不结实。

繁殖和栽培 以无性繁殖为主。可采用大、小叶白蜡苗作砧木，嫁接'水曲柳1号'接穗。秋季贴芽接、春季枝接。

适宜范围 适宜新疆昌吉州、塔城地区、阿克苏地区、乌鲁木齐市、伊犁州等地种植。要求土壤总盐≤0.6%、pH7~8.6，极端低温在－40℃以上区域。

小叶白蜡

树种：天山梣　　　　　　　　　　学名：*Fraxinus sogdiana*
类别：优良品种　　　　　　　　　　编号：新S-SV-FS-021-2004
科属：木犀科　白蜡属　　　　　　　申请人：新疆玛纳斯县平原林场

良种来源　1960年玛纳斯县平原林场从伊犁州直引进小叶白蜡，主要进行抗寒性、适应性研究及生长量测定，物候期观察，生物学特性观测。

良种特性　树形优美，树体高大，材质优良。有较强的适应性和抗逆性，能耐−40℃和40℃的极端温度。喜生于土壤肥厚湿润的壤土。耐盐碱能力强，土壤含盐量达1.46%时苗木可正常生长。小叶白蜡生长快，15年

树高可达8.8m，胸径可达13.5cm。

繁殖和栽培　选择生长健壮、干形通直生长量大、无病虫害的优良树采种；小叶白蜡种子为中等休眠种子，秋播时不需处理，春播时要进行催芽；幼苗必须8月中旬停水，否则顶芽会出现冻害。

适宜范围　在新疆南北疆地区栽植。

大叶白蜡

树种：美国白蜡
类别：优良品种
科属：木犀科 白蜡属

学名：*Fraxinus americana* var. Juglandifolia
编号：新S-SV-FA-017-2013
申请人：新疆玛纳斯县平原林场

良种来源 玛纳斯县平原林场1965年前后从石河子和伊犁采种进行人工繁育。

良种特性 属喜光树种，适生长于深厚肥沃及水分条件好的土壤上。根系发达，具有较强的抗寒性，耐大气干旱能力较一般硬杂木差。生长快，寿命长，干形直，材质优，不耐荫庇，树形美观，是用材和绿化用的优良树种。

繁殖和栽培 应选择生长健壮、结实良好、无病虫害的母树进行采种，在果皮由黄绿变成黄褐色时及时采种，所采种子及时晾干，放在干燥通风室内保存；播种地选择土壤肥沃、排水良好的土壤进行播种，秋播不需种子处理；秋播后要及时灌好冬水，翌年开春后及时耙地保墒。

适宜范围 新疆各地均可种植。

秋紫白蜡

树种：美国白蜡
类别：引种驯化品种
科属：木犀科 白蜡属

学名：*Fraxinus americana* 'Autumn Purple'
编号：京S-ETS-FA-002-2014
申请人：北京市黄垡苗圃

良种来源 美国白蜡的栽培变种，源自美国。

良种特性 该品种为美国白蜡（Fraxinus americana）的栽培品种，系北京于20世纪90年代从美国引进的品种，树干通直，树冠丰满，叶片9月底开始变色，10月中旬整株叶片全部变色，由绿色变为紫红、深红色，色泽艳丽，观赏期可达3周，在北京地区秋季变色率相对较高。喜光、耐干旱、耐寒、抗逆性强。该品种与普遍栽培的白蜡属植物相比，具有秋叶紫红的明显优点。

繁殖和栽培

1. 栽植环境：秋紫白蜡喜光，选择在阳光充分的地方栽培，秋季叶片变色充分，观赏性好。秋紫白蜡栽培时选择背风向阳、地势平坦的地块，撒施充分腐熟的有机肥，并深翻土地、整平苗床。春季栽植，夏季移植需提前断根，土球稍大，适当截冠。

2. 种植特点：小苗在春季萌发前定植，株行距以80cm×60cm为宜。栽后要浇透定根水，隔3d再浇1次，封土保墒，促进根系的生长。秋紫白蜡生长较快，胸径超过6cm的植株种植时，圃内栽植株行距应达到2m×3m。利于植株生长和保持冠型圆满。

3. 土肥水管理：需注意加强水肥管理，在日常管理中，水分供应不足会导致叶片生长势弱，叶片面积减小，影响观赏效果，定期中耕松土，促进苗木生长。

4. 整形修剪：秋紫白蜡修剪时以疏枝为主，为保证主枝延长生长、应及时去除主干上的徒长枝，过密枝、内膛枝，通风透光。维持冠型丰满，休眠期主要剪除病虫枝、衰弱枝和干枯枝。剪除大枝后要将伤口自枝条基部切削平滑，并涂上护伤剂或用蜡封闭伤口，或在伤口处包扎塑料布，以利于伤口的愈合。

5. 病虫害防治：无特殊病虫害，偶有蚜虫、卷叶蛾、白蜡窄吉丁危害。可在秋冬喷石硫合剂防治，生长季喷40%蚍虫啉、50%马拉硫磷乳剂或40%乙酰甲胺磷1000~1500倍液防治。

适宜范围 北京地区。

大叶白蜡母树林

树种：美国白蜡
类别：母树林
科属：木犀科 白蜡属

学名：*Fraxinus americana* var. Juglandifolia
编号：新S-SS-FA-014-2014
申请人：新疆伊犁州林木良种繁育试验中心

良种来源 1963年在伊犁州林木良种繁育试验中心人工营造大叶白蜡纯林410亩，其中50亩经选择保留改造为母树林。1993年，"大叶白蜡人工林改造为母树林的研究"荣获伊犁州科技进步三等奖。2001年由母树林采种播种繁育，2006年进行更新，定植株行距2m×4m，初植密度84株/亩。

良种特性 奇数羽状复叶，对生，小叶5~7枚；嫩枝，叶轴和小叶叶柄均密被绒毛；小叶披针形，矩圆状长披针形或长圆形；树皮灰褐色，光滑、浅裂或深裂。干形

直，材质好，适应性强，耐寒、耐旱。喜光，喜温暖湿润气候，喜湿耐涝，是优良的城市园林绿化树种。

繁殖和栽培 播种繁殖，秋播为主，春播种子需经层积催芽处理，播种深度3~5cm，亩播种量6~8kg，春季出苗后进行间苗，间距3~5cm，大叶白蜡播种苗主根明显，侧根发达。圃地内可对1~2年生播种苗进行断根处理或对2~3年生播种苗进行移植，以促进侧根生长。

适宜范围 新疆新源县、巩留县、伊宁县、察布查尔县及相似土壤、气候的区域均可栽植。

京绿

树种：绒毛白蜡	学名：*Fraxinus velutina* 'Jinglv'
类别：优良无性系	编号：京S-SV-FV-006-2007
科属：木犀科 白蜡属	申请人：北京市园林科学研究院

良种来源 北京城区绿化应用绒毛白蜡。

良种特性 落叶乔木，奇数羽状复叶，小叶3~7枚，通常5枚，顶生小叶较大；花期4月，圆锥花序，雄株。生长迅速，绿期长，11月下旬开始落叶，较亲本绒毛白蜡推迟20~30d，且性状稳定。株型圆满，抗盐碱，水湿和高温能力均较强。

繁殖和栽培

1.繁殖方法。嫁接繁殖为主，也可扦插繁殖。4月份插皮接、切接、合接均可，6~9月份常嵌芽接繁殖，离皮期间可"T"字型芽接。

2.种植密度。胸径超过6cm的植株，行道树种植株距应该保持5m。

3.栽植时期。北方提倡春季栽植，胸径5cm及以下小苗可裸根种植，胸径6cm以上应带土球栽植。

4.整形修剪。生长期主要剪除徒长枝、过密枝、内膛枝，保持通风透光且冠型丰满；休眠期主要剪除病虫枝、衰弱枝和干枯枝。

5.病虫害防治。常见虫害有去丁虫、木蠹蛾，应做好预防和防治工作。

适宜范围 适宜在北京地区广泛应用。

雷舞

树种：窄叶白蜡	学名：*Fraxinus angustifolia* 'Raywood'
类别：优良无性系	编号：京S-ETS-FA-004-2014
科属：木犀科 白蜡属	申请人：北京市园林科学研究院

良种来源 国外引进。

良种特性 雄株。落叶乔木，树皮光滑不裂，青灰色，小枝绿色，光滑无毛；奇数羽状复叶，小叶9~13枚，长披针形，叶色深绿；绿期较强，可持续到11月下旬，秋季叶片变为红褐色，优良的秋色叶树种。适应性强，不择土壤，尤其是抗病虫害能力强，优于目前北京常用的白蜡、洋白蜡和绒毛白蜡。

繁殖和栽培

1. 繁殖方法。'雷舞'是白蜡属中唯一干皮光滑树种，为保持其独特的观干皮性状，多低接繁殖。4月份可切接，合接和嵌芽接；6~9月份常嵌芽接繁殖。

2. 栽植密度。雷舞狭叶白蜡冠型紧凑，开展角度小，胸径小于5cm时，为培养树形挺拔直立，多采取1.5m×1.5m的株行距栽种；胸径5cm以上植株定植，株行距4m×4m即可。

3. 栽植时期。提倡春季栽植，胸径5cm以下苗子可裸根栽植，胸径5cm以上苗子建议带土球栽植。反季节栽植必须带土球并重剪。

4. 土肥水管理。新植植株应注意浇水，要浇透，切忌缺水，定期中耕松土有利植株生长；'雷舞'成活后较耐粗放管理，正常养护管理即可健壮生长。

5. 整形修剪。雷舞狭叶白蜡冠型紧凑，容易形成内膛枝过密的现象，不利于通风透光，因此，应及时去除过密的内膛枝、干枯枝和徒长枝，保证树冠圆满，侧枝和小枝分布匀称。

6. 病虫害防治。抗病虫害能力强，近几年北京市白蜡、洋白蜡和绒毛白蜡常见有天牛和白蜡窄吉丁虫蛀蚀树干，而同一环境的'雷舞'，未见有病虫危害。

适宜范围 北京地区。

'金园'丁香

树种：丁香	学名：*Syringa* 'JinYuan'
类别：优良品种	编号：京S-SV-S-033-2007
科属：木犀科 丁香属	申请人：北京植物园

良种来源　从河北省涿鹿县西灵山采集种子后实生选育。

良种特性　该品种是北京丁香的一个品种，为落叶灌木或小乔木；花金黄色，芳香，圆锥花序，长15~20cm。花期5~6月。蒴果。喜光，耐寒，耐瘠薄土壤。生长迅速。

繁殖和栽培　喜光，耐寒，耐瘠薄土壤。生长迅速。嫁接繁殖为主。采用劈接法。每年3~4月进行嫁接。砧木多采用一年生的实生丁香苗。将砧木从地面5cm左右处平剪，从其剪口中部向下竖劈一刀，深度为1~2cm。接穗的下部剪成楔形，插在砧木中。使砧木、接穗的形成层对齐。然后用塑料布将其捆绑紧，防止接穗脱落及水分流失。最后用塑料布卷成筒状将整个接穗及砧木包裹严。经过7~15d可检查接穗是否成活。嫁接成活后可将塑料布等去除。

适宜范围　北京地区。

紫丁香

树种：紫丁香	学名：*Syringa juliana* C.K.Schneid.
类别：优良家系	编号：青S-SF-SJ-011-2013
科属：木犀科 丁香属	申请人：西宁市林业科学研究所

良种来源 对青海省互助县北山林场天然生长的紫丁香进行初选、复选和产地试验而选育出来的326株优良单株及其后代组成的混合家系。

良种特性 落叶灌木。树皮灰褐色，小枝黄褐色，初被短柔毛，后渐脱落。嫩叶簇生，后对生，卵形，倒卵形或披针形，叶长3~5cm，宽1.5~3cm；圆锥花序长6~10cm，总状花梗粗壮，花淡紫色、紫红色或蓝色，芳香，花冠筒长0.6~0.8cm，花期4~5月；蒴果细圆柱形，长1~1.5cm，具明显的疣状突起，果熟期9月。喜阴凉气候，耐寒、耐瘠薄、抗盐碱能力较强。

繁殖和栽培 以种子繁殖为主，亦可进行分蘖和扦插繁殖。种子繁殖采用开沟条播，沟深3cm左右，株行距2cm×10cm，播种量150~180kg/hm²。造林宜栽于土壤疏松而排水良好的向阳处，选择3~4年生实生苗，春季萌动前裸根栽植，株行距1.5m×2m或2m×2m，后期要加强抚育管理。

适宜范围 适宜在青海省西宁市、海东市栽植。

紫丁香

树种：紫丁香
类别：引种驯化品种
科属：木犀科 丁香属

学名：*Syringa oblata* Lindl
编号：新S-ETS-ZJ-027-2015
申请人：新疆维吾尔自治区省级林木种苗示范基地

良种来源 2002年从新疆博林公司引进栽培；2002年栽植20亩，后逐年扩大，2004年采用营养袋播种育苗，种子来源于2002年栽培的紫丁香。

良种特性 喜光，稍耐阴，阴处或半阴处生长衰弱，开花稀少。喜温暖、湿润，有一定的耐寒性和较强的耐旱力。

繁殖和栽培 播种、扦插、嫁接、分株、压条繁殖。播种

苗不易保持原有性状，但常有新的花色出现；种子须经层积，翌春播种。夏季用嫩枝扦插，成活率很高。嫁接为主要繁殖方法，华北以小叶女贞作砧木，行靠接、枝接、芽接均可；华东偏南地区，实生苗生长不良，高接于女贞上使其适应。

适宜范围 适宜在新疆昌吉州栽植。

红董

树种：什锦丁香	学名：*Syringa × chinensis* 'Saugeana'
类别：引种驯化品种	编号：京S-ETS-SC-008-2015
科属：木犀科 丁香属	申请人：北京市植物园

良种来源 引自荷兰 W.J. Spaargaren 苗圃。

良种特性 '红董'什锦丁香为观花灌木，高达4m。叶片对生，卵状披针形至卵形，长8cm。圆锥花序直立，长15cm，花朵紫红色，漏斗状，长1cm，花冠裂片4，卵形。花量大，有二次花现象，不结实，观赏性强。本品种为欧丁香与花叶丁香的杂交品种。花叶丁香叶片小，披针形，有裂叶出现，花淡紫色。欧丁香叶片卵形，叶片较大。花淡紫色或紫色。本品种叶片卵状披针形，大小介于两者之间，花色比这两种的更深，偏红色。

繁殖和栽培

1. 栽植环境：'红董'什锦丁香为阳性植物，喜光，宜栽植在开阔之处或侧庇荫处。耐旱，不耐涝，宜排水良好、腐殖质高的土壤，中性或偏碱性均宜。

2. 栽植时期：春季栽植在土壤化冻后尚未萌动前栽植最为适宜，小苗可裸根移植，栽植后进行中度至轻度修剪，促发新枝。秋季落叶后至土壤封冻前也可种植，栽植后浇透水越冬。其他非正常季节栽植要带土球，并进行中度修剪，减少水分蒸发，促发新枝，并保持充足的水分供应。

3. 土肥水管理：'红董'什锦丁香栽培管理容易，对土壤要求不严，疏松肥沃的土壤对开花更为有利。每年11月中旬浇冻水，翌年3月底浇春水，雨季如有积水则要进行排水。秋季施肥以有机肥和磷钾为主。

4. 整形修剪：冬季修剪主要是疏除干枯枝、瘦弱枝、交叉枝等，保持树体通透。花后剪除残花有利于二次花的形成。

适宜范围 北京地区。

暴马丁香

树种：暴马丁香	学名：*Syringa amurensis* Rupr.
类别：驯化树种	编号：宁S-ETS-SA-006-2011
科属：木犀科 丁香属	申请人：宁夏固原市六盘山林业局、宁夏林业技术推广总站

良种来源 在六盘山林区天然分布，亲本来源于六盘山卧羊川后沟、秋千架大黑沟、二龙河头道河的天然灌木林内、林缘和沟边。

良种特性 落叶小乔木，小枝褐色，无毛，老枝黑褐色。叶对生，圆卵形或卵状披针形，长3~8cm，宽2~7cm。圆锥花序，顶生，花冠白色。蒴果矩圆形，具疣状突起。萌芽期3月下旬~4月中旬，展叶期4月下旬~5月上旬，花期6月上旬~6月下旬，8月中下旬果实成熟，9月上旬秋叶开始变色。园林观赏树种，喜光、耐荫、耐严寒、耐干旱瘠薄，根系发达，对土壤要求不严。

繁殖和栽培 8月中下旬采收种子后，将种子雪藏处理，播种前10d进行消毒、催芽处理。4月下旬~5月上旬春播，10月下旬~11月上旬秋播。播幅宽3~5cm，行距10~15cm，播种量10~12.5kg/亩。培养灌木型绿化苗，春季要重修剪，促生分枝，培养树形。培养乔木型绿化苗，春季要及时抹芽。早春季节栽植，培育乔木型的，应选择胸径2~3cm，高2~2.5m的大苗，培育灌木型的，应选择5~7分枝的平茬苗。在园林绿化中宜群植或孤植，栽植密度1m×1m或2m×2m，栽后应灌足定根水，对地上部分要重剪，促进根茎部萌发强壮新枝。

适宜范围 宁夏各地均可作为城镇园林景观绿化树种栽植。

暴马丁香

树种： 暴马丁香
类别： 优良家系
科属： 木犀科 丁香属

学名： *Syringa amurensis* Rupr.
编号： 青S-SF-SA-012-2013
申请人： 西宁市林业科学研究所

良种来源 青海省互助县原生种源。

良种特性 落叶灌木或小乔木，具直立或开展枝条，主干明显，树干通直圆满。树皮紫灰褐色，具细裂纹。叶片厚纸质，宽卵形、卵形至椭圆状卵形，或为长圆状披针形，长2.5~13cm，宽1~8cm。圆锥花序长20~25cm，花冠白色或黄白色，花期5~6月，香味浓，10月果熟。中生树种，喜光，喜温暖湿润气候，耐严寒，对土壤要求不严，喜湿润的冲积土。

繁殖和栽培 以种子繁殖为主。造林多采用3~4年生实生苗，株行距1.5m×2m或2m×2m，造林地选择排水良好退耕还林地或河流两岸荒地，土层厚度≥40cm。春季造林，造林采用垄式，垄宽0.7m，垄高0.2m，初植密度280株/hm²。造林后要加强抚育管理。

适宜范围 适宜在青海省西宁市、海东市栽植。

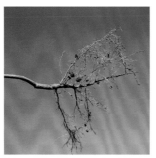

金阳

树种：朝鲜连翘	学名：*Forsythia koreana* 'Sun Gold'
类别：引种驯化品种	编号：京S-ETS-FK-010-2015
科属：木犀科 连翘属	申请人：北京市植物园

良种来源 引自荷兰 W.J. Spaargaren 苗圃。

良种特性 '金阳'连翘为观花、观叶灌木，植株高1~1.5m，枝干丛生，枝条开展、略弯曲；单叶对生，长椭圆形或卵形，叶长3~10cm，新叶亮黄色，老叶黄绿色，叶边缘有粗锯齿；花黄色，1~3朵生于叶腋，花期3~4月，先叶开放。夏季强光下叶片易灼伤，宜栽植于半阴处。其原种朝鲜连翘叶片为绿色，本品种叶片亮黄色，明显区别于原种，更具观赏价值。

繁殖和栽培

1. 栽植环境：喜光，但是夏季强光下叶片易焦边，适宜栽植于花荫凉下。过阴的环境下叶片变绿，色彩表现不突出。耐干旱，在平地和坡地均可栽植，栽于土壤深厚处更利于植物生长。

2. 栽植时期：春季在土壤化冻后尚未萌动前栽植最为适宜，小苗可裸根移植，栽植后进行中度至重度修剪；花后未展叶前也可移植，此时应带土球，并进行中度修剪。秋季落叶后至土壤封冻前也可种植，栽植后浇透水越冬。其他非正常季节栽植要带土球，并进行中度至重度修剪，并保持充足的水分供应。

3. 土肥水管理：每年11月中旬浇冻水，翌年3月底浇春水。雨季雨量大时要进行排水。花后可适当施稀薄液体肥，以氮肥为主，浓度为0.1%~0.2%，以促进幼苗营养生长；7~8月追施以磷、钾肥为主的液体肥，浓度同上，以促进种苗枝条健壮充实和根系增粗发达，随着种苗苗龄增长施肥量也应逐年增加。

4. 整形修剪：耐修剪，花后整形修剪。幼年植株轻度修剪，培养树形，促进开花；成年植株重度修剪，控制株型，并促发新枝。冬季清理内部过密的萌蘖和老化枝条，对发育不充实的秋梢也可修剪。

适宜范围 北京地区。

林伍德

树种：金钟连翘	学名：*Forsythia × intermedia* 'Lynwood'
类别：引种驯化品种	编号：京S-ETS-FI-012-2015
科属：木犀科 连翘属	申请人：北京市植物园

良种来源 引自荷兰 W.J. Spaargaren 苗圃。

良种特性 '林伍德'连翘为观花灌木，株型直立，枝条粗壮，株高和冠幅均可达3m。单叶，对生，叶片长达10cm，椭圆形至披针形，有时3深裂，叶缘有锯齿。花金黄色，漏斗状，花直径2.5~3.5cm，2~3朵簇生于老枝上，先花后叶，花期3月下旬，株丛花朵繁密，单株花期可达半个月。雄蕊黄色，突出，很少结实。其原种金钟连翘长势强健。本品种与原种相比，生长势更强健、抗性更强、更加耐旱。

繁殖和栽培

1. 栽植环境：阳性植物，喜光，宜栽植在开阔的场地。略耐阴，侧方遮阴或疏阴下也可生长，但过分遮阴会影响着花量。栽于土壤深厚处着花量更多。

2. 栽植时期：春季在土壤化冻后尚未萌动前栽植最为适宜，小苗可裸根移植，栽植后进行中度至重度修剪；花后未展叶前也可移植，此时应带土球，并进行中度修剪。秋季落叶后至土壤封冻前也可种植，栽植后浇透水越冬。其他非正常季节栽植要带土球，进行中度至重度修剪，并保持充足的水分供应。

3. 土肥水管理：每年11月中旬浇冻水，翌年3月底浇春水，干旱季节适当补充水分即可。雨季如有积水则要排水。花后可适当施肥，以鸡粪等有机肥为主，采取穴施，深至40cm根系处，既可改良土壤，又能增加肥力，促进枝条成长和花芽发育。

4. 整形修剪：耐修剪，花后整形修剪。幼年植株进行轻度修剪，培养树形，促进开花；成年植株进行重度修剪，控制株型，并促发新枝。冬季适当清理内部过密的萌蘖和老化枝条，对发育不充实的秋梢也可修剪，使春季开花整齐。

适宜范围 北京地区。

陕桐3号

树种：泡桐	学名：*Paulownia* 'Shaantong3.'
类别：优良杂交种	编号：QLS032-K013-2000
科属：玄参科 泡桐属	申请人：西北农林科技大学

良种来源 湖北黄岗白花泡桐与陕西毛泡桐有性杂交选育。

良种特性 落叶乔木。树势强健。树冠广卵圆形。树皮褐色，纵向浅裂。侧枝分枝角度大（下部枝条分枝角度近90°），枝叶浓密，枝条较细、密集，属细枝型。叶卵状心形，叶面光滑，叶背有少量星状毛。叶柄浅绿色。盛花期4月中旬，展叶期4月中下旬，10月底落叶。花冠近白色，向阳面略带紫色，冠内密被紫色小斑点。接干能力中等，顶端萌发力中等。无性繁殖容易，生长迅速。1年生苗平均高4.59m、地径4.16cm。造林绿化、园林观赏兼用树种。

繁殖和栽培 埋根育苗简便易行，成活率高，冬春均可进行。根条长15~20cm，粗细分级。埋根前5~7d苗床灌水。埋根时使根条上端与地面平，其上培5~10cm小土堆，根条开始萌动时及时刨开土堆，埋根后一般不需要灌水。埋根密度9990株/hm²。多风、寒冷的地方育苗时需要覆盖地膜。造林选择选排水良好，地下水位较低，土层深厚、肥沃、湿润地块栽植。尽可能避免从起苗到栽植过程中的苗木失水。栽植前剪去损伤的根，缩剪过长的侧根，栽后立即灌水。在粘重或坚硬土壤栽植，栽植坑要适当挖大，并掺适量沙土；在风大干旱地栽植，栽后要封土堆。病虫害主要有：丛枝病（MLO），危害主干或主枝上部，密生丛枝小叶，尤其对苗木及幼树生长影响极大。防治方法一是埋根育苗选择无病母树的根；二是幼树发病初期及时修剪、销毁；三是选择、培育抗病品种；四是1~3年生感病植株，6~7月份注射1万单位盐酸四环素50~100ml药液；五是树冠喷洒2.5%溴氰菊酯或10%氯氰菊酯3000~4000倍液，防治中国拟菱纹叶蝉、凹缘菱纹叶蝉等传病昆虫。大袋蛾，危害树叶。防治方法一是秋冬树木落叶后，人工摘除虫袋，集中处理；二是苗木、幼树及时摘除虫袋，防止传播蔓延；三是幼虫孵化期树冠喷洒菊酯类农药3000~5000倍液。

适宜范围 适宜陕西关中、陕南、渭北南部及相类似地区栽培。

陕桐4号

树种：泡桐	学名：*Paulownia* 'Shaantong4.'
类别：优良杂交种	编号：QLS033-K014-2000
科属：玄参科 泡桐属	申请人：西北农林科技大学

良种来源 浙江白花泡桐与陕西毛泡桐有性杂交选育。

良种特性 落叶乔木。树势强健。树冠枝叶稀疏，呈宽圆锥形。树皮褐色，纵向浅裂。侧枝分枝角度小（60°~75°），枝条粗壮、稀疏，属粗枝型。叶卵状心形，叶面光滑，叶背有较多星状毛。叶柄浅绿色。盛花期4月中旬，展叶盛期4月中下旬，10月底落叶。花冠近白色，向阳面略带紫色，冠内紫色小斑点稀疏。接干能力中等，顶端萌发力中等。无性繁殖容易，生长迅速。1年生苗平均高4.67m、地径6.61cm。造林绿化、园林观赏兼用树种。

繁殖和栽培 同上。

适宜范围 同上。

楸树

树种：楸树	学名：*Catalpa bungei*
类别：品种	编号：甘S-SV-CF-007-2010
科属：紫葳科 梓属	申请人：宁县林业局林木种苗管理站

良种来源 甘肃宁县。

良种特性 落叶乔木，高30m，胸径1m。树冠狭长，树干通直，树皮灰褐色或黑褐色，浅纵裂。生长健壮、树干通直、圆满、速生、材质优良。

繁殖和栽培 应选择生长健壮、树干通直、圆满、速生、材质优良，在15~30年生的健壮母树和优种树上，果实由黄绿色变为灰褐色时采种。楸树种子纯度90%，发芽率89%。楸树采用二年生合格苗木，地径0.8~1cm，苗高100~120cm，要求根系完整，无机械损伤，根长25cm以上。用材林的株行距2m×3m，在土层深厚肥沃的土壤上宜采用330株/亩，速生用材林宜150~300株/亩，薪炭林为500株/亩。

适宜范围 适应在甘肃大部分地区栽植。

晋梓1号

树种：梓树
类别：优良无性系
科属：紫葳科 梓属

学名：*Catalpa ovata* G. Don. 'Jinzi 1'
编号：晋S-SC-CO-001-2015
申请人：山西省林业科学研究院

良种来源 运城市夏县泗交镇下秦涧村梓树优良单株。

良种特性 生长速度快，嫁接苗5年生树平均树高8.50m，平均胸径7.23cm，平均冠幅2.14m，树高、胸径生长量均高于对照普通梓树，冠幅是普通梓树的1/2左右。主干通直、枝繁叶茂、其观赏价值较高。抗性、适应性强，树势强，生长健壮，无明显的病虫害。主要用于城乡绿化。

繁殖和栽培 嫁接繁殖。4月中上旬带木质部芽接。接穗采集时间为从梓树落叶后直到来年树液流动前，粗度在0.8~1.5cm的1年生枝，将其截成4~6cm的短节，接穗两头蜡封，地窖或冷库储存。砧木定植前5~6d，进行作床、施肥、灌水。砧木初始定植株行距0.4m×0.6m。秋季落叶后至土壤上冻前或次年春季土壤解冻后至萌芽前。栽植1年生实生苗，定植1年后嫁接。出圃胸径≥4cm。春秋两季栽植，株行距3m×2m或4m×3m。保持土球完整。农家肥做基肥，6月初施入氮肥。

适宜范围 适宜在山西省恒山以南海拔1200m以下地区和恒山以北盆地城乡绿化栽培。

晋梓1号苗木繁殖

晋梓1号襄汾基地区试林（5年生苗）

金羽

树种：欧洲接骨木	学名：*Sambucus racemosa* 'Plumosa Aurea'
类别：引种驯化品种	编号：京S-ETS-SR-011-2015
科属：忍冬科 接骨木属	申请人：北京市植物园

良种来源 引自荷兰艾思维尔德苗圃。

良种特性 '金羽'欧洲接骨木为落叶灌木或小乔木。株高可达4m，枝条开展，略下垂。奇数羽状复叶，小叶5~7片，椭圆形至卵状披针形，长5~12cm，缘有不规则的缺刻状锯齿。新叶金黄色，上面洒粉红晕，老叶黄绿色。圆锥花序，花小，白色至淡黄色。花期4~5月。核果近球形，红色。其原种欧洲接骨木叶片绿色，本品种新叶金黄色，老叶黄绿色，明显区别于欧洲接骨木，更具观赏价值。

繁殖和栽培

1. 栽植环境：'金羽'欧洲接骨木喜光，遮阴条件下叶片变绿。但夏天强光照下叶片偶有焦边现象，可种植柳树等树木进行侧遮阴。栽培土最好为肥沃、疏松、湿润的壤土。

2. 栽植时期：春季在土壤化冻后尚未萌动前栽植最为适宜，小苗可裸根移植，栽植后进行中度至重度修剪。秋季落叶后至土壤封冻前也可种植，栽植后浇透水越冬。其他非正常季节栽植要带土球，并进行中度至重度修剪，减少水分蒸发，促发新枝，并保持充足的水分供应。

3. 土肥水管理：栽培管理容易，疏松肥沃的土壤对植物生长更为有利。每年11月中旬浇冻水，翌年3月底浇春水，干旱季节适当补充水分即可。雨季如有积水则要进行排水。秋季可适当施肥，以鸡粪等有机肥为主，采取穴施，深至40cm根系处，既可改良土壤，又能增加肥力，促进翌年枝条成长和开花结果。

4. 整形修剪：冬季修剪时去除老枝和枯枝，保持健壮的萌蘖枝进行更新，其余萌蘖从基部去除。

适宜范围 北京地区。

蓝心忍冬

树种：蓝果忍冬	学名：*Lonicera caerulea* 'Lan Xin'
类别：引种驯化品种	编号：黑S-ETS-LCLX-039-2012
科属：忍冬科 忍冬属	申请人：黑河市林业局

良种来源 蓝靛果忍冬品种"蓝心忍冬"，原始材料为俄罗斯里萨文科园艺研究所选育的优良品种"герда"。亲本具有抗逆性强，产量高，栽培技术简单易行等特点。

良种特性 株丛茂密，果实成熟期早；自然坐果率高，平均坐果率55.3%，较对照增加38.3%；1年生苗定植后当年即可见果，第4年进入丰产期；果实富含花青素、维生素C、糖、酸、蛋白质及多种微量元素，营养成分丰富；抗逆性强，产量高。

繁殖和栽培 春秋两季均可定植，株行距1m×2m，每公顷栽植5000株，栽后灌透水。及时浇解冻水、催芽水，坐果水、催果水和封冻水。整个生长期及时中耕除草。苗木在定植后的5年内不需要特别修剪，只需剪掉受损和倒伏的枝条即可。生长期内及时防治白粉病和蚜虫。

适宜范围 黑河及其他相似生态气候区。

伊人忍冬

树种：蓝果忍冬	学名：*Lonicera caerulea* 'Yi Ren'
类别：引种驯化品种	编号：黑S-ETS-LCYR-040-2012
科属：忍冬科 忍冬属	申请人：黑河市林业局

良种来源 蓝靛果忍冬品种"伊人"，原始材料为俄罗斯里萨文科园艺研究所选育的优良品种"Иллиада"，该品种是通过蓝靛果忍冬品种蓝鸟和精选的勘察加忍冬（花粉混合物）杂交而来的。

良种特性 株丛高大，果实成熟期早，自然坐果率高；1年生苗定植后当年即可见果，第4年进入丰产期，果实富含花青素、维生素C、糖、酸、蛋白质及多种微量元素，营养成分丰富，具有多种医疗保健功效，抗逆性强，产量高，管理技术简单易行。

繁殖和栽培 春秋两季均可定植，株行距1m×2m，每公顷栽植5000株，栽后灌透水。及时浇解冻水、催芽水、坐果水、催果水和封冻水。整个生长期及时中耕除草。苗木在定植后的5年内不需要特别修剪，只需剪掉受损和倒伏的枝条即可。生长期内及时防治白粉病和蚜虫。

适宜范围 黑河及其他相似生态气候区。

黑林丰忍冬

树种：蓝果忍冬
类别：引种驯化品种
科属：忍冬科 忍冬属

学名：*Lonicera caerulea* 'Hei Lin Feng'
编号：黑S-ETS-LCHLF-041-2012
申请人：黑河市林业局

良种来源 "黑林丰忍冬"，原始材料为俄罗斯里萨文科园艺研究所选育的优良品种"Берель 1C"。

良种特性 株丛高大，果实成熟期早，自然坐果率高；1年生苗定植后当年即可见果，第4年进入丰产期，果实富含花青素、维生素C、糖、酸、蛋白质及多种微量元素，营养成分丰富，具有多种医疗保健功效，抗逆性强，产量高，管理技术简单易行。

繁殖和栽培 春秋两季均可定植，株行距1m×2m，每公顷栽植5000株，栽后灌透水。及时浇解冻水、催芽水，坐果水、催果水和封冻水。整个生长期及时中耕除草。苗木在定植后的5年内不需要特别修剪，只需剪掉受损和倒伏的枝条即可。生长期内及时防治白粉病和蚜虫。

适宜范围 黑河及其他相似生态气候区。

鞑靼忍冬

树种：鞑靼忍冬
类别：驯化树种
科属：忍冬科 忍冬属

学名：*Lonicera tatarica* L.
编号：宁S-ETS-LT-003-2014
申请人：宁夏林业研究所股份有限公司、
种苗生物工程国家重点实验室、
宁夏森淼种业生物工程有限公司

良种来源 亲本引自内蒙古呼和浩特植物园，在银川地区开展优良单株选育。

良种特性 落叶灌木，株高2~3m，冠幅1~1.5m。叶卵形或卵状椭圆形，叶长2~6cm。3月中旬芽膨大，4月上旬芽开放，4月下旬~5月上旬盛叶期。花成对腋生，唇形花冠，粉红色、红色或淡粉色，花期5~6月，唇形花冠呈粉红色、红色或淡粉色。浆果红色、橙黄色，常合生，果期7~9月。在降水量200mm、pH值8~9、含盐量3‰的条件下均能正常生长，在35℃高温下叶片无灼烧现象，并可耐-20℃低温，抗旱、耐瘠薄、耐盐碱、抗寒等抗逆性显著。不耐水湿、粘重土壤。园林观赏树种，亦可用于造林绿化。

繁殖和栽培 组织培养时，将选取的嫩枝洗净，用75%的酒精和氯化汞等消毒5~8min，得到无菌外植体。然后进行分化培养和生根培养，生根培养20d后移入试管苗移栽车间进行炼苗，再进行温室穴盘移栽，50~60d移栽至大田培育。5~7月，采用容器进行嫩枝扦插。选用半木质化嫩枝，穗长8~10cm，生根剂稀释至1200~1500mg/L，浸泡10~30min，早晨扦插最优，插后室温控制在28~30℃，湿度90%以上。7月中旬，采用容器进行硬枝扦插。穗长10~15cm，生根剂稀释至1200mg/L，浸泡6h以上，插后室温控制在24~28℃，湿度60%~75%。栽植时间为春季4~5月，秋季10~11月，栽植穴为50cm×50cm×50cm。栽后立即灌足定根水，夏季缓苗期需遮阳，1~2年生幼苗补水不及时可能导致缓苗期延长或干旱死亡。

适宜范围 宁夏境内除海拔较高的山地、地下水位较高的低洼盐碱地不宜种植外，全区的大多数地区均可种植。

金花忍冬

树种：金花忍冬	学名：*Lonicera chrysantha* Turcz.
类别：驯化树种	编号：宁S-ETS-LC-007-2011
科属：忍冬科 忍冬属	申请人：宁夏固原市六盘山林业局

良种来源 亲本来源于六盘山二龙河、西峡、龙潭、秋千架、东山坡等林区。

良种特性 落叶灌木，枝黑灰色。叶菱形、菱状卵形或倒卵状菱形，叶两面被毛，叶缘具缘毛。秋季叶色变黄。花期5月中旬~6月下旬，花叶腋对生，被毛，花冠呈黄白色，后变为黄色，基部膨大成囊状。果期7月上旬~9月中旬，浆果红色，艳丽美观。园林观赏树种，耐荫，喜湿，喜水肥，萌生力强，耐修剪。

繁殖和栽培 8月下旬采种贮藏，4月下旬~5月上旬春播，或在10月下旬~11月初秋播。春播时，先用30℃温水浸种10d后，再与干净的湿河沙按1:3的比例混匀，放置在阴凉处堆藏146d。秋播用30℃温水浸种10d后即可播种。按15cm的间距，宽10cm、深2cm的播幅进行条播，播后按常规田间管理。适于早春栽植，选择根系完整，生长健壮，无徒长枝的苗木，从根系基部留取20cm进行修剪，栽植密度1m×1m或2m×2m。

适宜范围 宁夏南部地区及银川地区可作为景观绿化树种栽植。

梢红

树种：金银忍冬	学名：*Lonicera maackii* 'Shaohong'
类别：优良品种	编号：京S-SV-LM-001-2015
科属：忍冬科 忍冬属	申请人：北京农业职业学院

良种来源 实生苗选育。

良种特性 该品种3月下旬春芽红色，4月上中旬新展叶为红色，4月下旬~11月新梢为暗红色，老叶渐变为红绿色、绿色，叶缘有红线，幼枝紫红色。喜光，耐寒、耐旱、耐高温、耐贫瘠，对土壤适应性强，萌芽力强，耐修剪。繁殖容易，栽培管理方便，适生范围广，抗逆性强，观赏价值高，是北京地区乡土彩色树种之一。

繁殖和栽培

1. 苗木繁育。硬枝扦插。1月份在日光温室中做高床，床底铺电热丝，基质为蛭石与珍珠岩。基质温度控制在5℃~10℃，40~45d生根。嫩枝扦插。夏季进行微喷扦插，30~35d生根。嫁接。选金银木作砧木，采用枝接和芽接。

2. 栽植环境。选择在全光条件下种植梢红金银木，方能获得较好的观赏效果。

3. 种植密度。初植密度为1.0m×1.5m；2~3年后隔株间苗，定植株行距为1.5m×2.0m。

4. 栽植时期。春季栽植在土壤解冻后至发芽前进行，秋季在落叶后至土壤封冻前进行，夏季栽植前要适当修剪。

5. 栽植方法。整地。栽植前细致整地。挖种植穴。规格为：长×宽×深=0.6m×0.6m×0.5m，回填10cm表土，每穴施入0.5~1.0kg的复合肥，按照"三埋两踩一提苗"的栽植方法栽植。做树盘。做到土壤紧实，不松散。

6. 土肥水管理。加强土壤管理，及时松土、除草和灌水，保持土壤疏松肥沃。

7. 整形修剪。生长期主要剪除徒长枝、过密枝、保持通风透光，冠型丰满。休眠期主要剪除细弱毛枝、病虫枝、衰弱枝、伤残枝、干枯枝及低头枝。基本树形为无主干球形树。

8. 病虫害防治。在通风不畅处，偶有蚜虫发生，及时防治即可。

适宜范围 北京地区。

红王子

树种：锦带	学名：*Weigela florida* 'Red Prince'
类别：引种驯化品种	编号：京S-ETS-WF-032-2007
科属：忍冬科 锦带花属	申请人：北京植物园

良种来源 1990年4月从美国 Bailey 苗圃引进小苗。

良种特性 该品种为观花落叶灌木。株高1.5~2m，冠幅1.5~2m。小枝直立，成熟后成拱形。花鲜红色，花3~4朵着生叶腋处，花密而丰满，花期4~5月。该品种生长迅速、耐盐碱。适应性较强。

繁殖和栽培 该品种生长迅速。对土壤要求不严。喜大肥大水。一年生苗木株行距30cm×30cm。生长期应注意蛴螬等地下害虫的防治。嫩枝扦插繁殖。选择一年生组织充实的枝条。剪成8~12cm。上部保留2~3片叶子。基部采用萘乙酸200倍液处理10秒，成活率在80%以上。

适宜范围 北京地区城乡及平原。

金亮

树种：锦带	学名：*Weigela florida* 'Goldrush'
类别：引种驯化品种	编号：京S-ETS-WF-009-2015
科属：忍冬科 锦带花属	申请人：北京市植物园

良种来源 引自荷兰 W.J. Spaargaren 苗圃。

良种特性 '金亮'锦带为观花观叶灌木，株型紧凑，株高达2m，叶对生，长10cm，长倒卵形，缘有锯齿，新叶金黄色，夏季变为黄绿色。花漏斗形，长达3cm，数朵组成腋生聚伞花序。花粉紫色，着花繁密，花期5月上旬~中旬，夏季偶有二次花现象，但花量很少。其原种锦带花的叶色为绿色，本品种的叶片为金黄色，与原种有明显区别，更具观赏效果。

繁殖和栽培

1.栽植环境：喜光，耐半阴，耐寒、怕水涝。萌芽力强，生长迅速。对土壤要求不严，在肥沃湿润深厚的沙壤土中生长尤为健壮，水肥充足有利于开花茂盛。

2.栽植时期：春季在土壤化冻后尚未萌动前栽植最为适宜，小苗可裸根移植，栽植后进行中度修剪。秋季落叶后至土壤封冻前也可种植，栽植后浇透水越冬。其他非正常季节栽植要带土球，并进行中度至重度修剪，减少水分蒸发，并保持充足的水分供应。

3.土肥水管理：每年11月中旬浇冻水，翌年3月底浇春水。雨季雨量大时要进行排水。花后可适当施肥，以鸡粪等有机肥为主，采取穴施，深至40cm根系处，促进枝条成长和花芽发育。

4.整形修剪：耐修剪，注意花后整形修剪，幼年植株进行轻度修剪，培养树形，促进开花；成年植株进行重度修剪，控制株型，并促发新枝。冬季适当清理内部过密的萌蘖和老化枝条，保持通风透光，对发育不充实的秋梢也可修剪。

5.病虫害防治：生长期应注意蛴螬等地下害虫的防治，可撒施5%辛硫磷颗粒剂等化学药剂。

适宜范围 北京地区。

中文名称索引

'076-28' 杨 ············ 412

101 杨 ············ 465

2001（21世纪）············ 510

2001 杨 ············ 454

54 杨 ············ 464

'741-9-1' 杨 ············ 411

78-133 杨 ············ 463

78-8 杨 ············ 462

HG 14 红松坚果无性系 ············ 079

HG 23 红松坚果无性系 ············ 080

HG 27 红松坚果无性系 ············ 081

HG 8 红松坚果无性系 ············ 078

'I-214' 杨 ············ 433

'I-488' 杨 ············ 436

J 2 杨 ············ 457

J 3 杨 ············ 458

JM 24 红松坚果无性系 ············ 075

JM 29 红松坚果无性系 ············ 076

JM 32 红松坚果无性系 ············ 077

LK 11 红松坚果无性系 ············ 068

LK 20 红松坚果无性系 ············ 069

LK 27 红松坚果无性系 ············ 070

LK 3 红松坚果无性系 ············ 067

NB 45 红松坚果无性系 ············ 071

NB 66 红松坚果无性系 ············ 072

NB 67 红松坚果无性系 ············ 073

NB 70 红松坚果无性系 ············ 074

SC 1 苹果矮化砧木 ············ 548

SC 3 苹果矮化砧木 ············ 549

WQ 90 杨 ············ 456

A

阿波尔特 ············ 537

'阿尔泰新闻' ············ 818

'阿浑 02 号' 核桃 ············ 194

阿拉善盟沙冬青优良种源区种子 ············ 799

'阿列伊' ············ 820

矮化苹果砧木 Y-2 ············ 550

'艾努拉' 酸梅（喀什大果酸梅）············ 727

安哥诺李 ············ 745

安康串核桃 ············ 234

安康紫仁核桃 ············ 235

安栗 1 号 ············ 268

安栗 2 号 ············ 292

鞍杂杨 ············ 394

暗香 ············ 581

奥德 ············ 748

奥地利黑松 ············ 130

奥杰 ············ 750

B

八渡油松种子园 ············ 109

八棱脆 ············ 575

'巴仁' 杏（'苏克牙格力克' 杏）············ 697

霸王 ············ 942

白城 5 号杨 ············ 398

白城桂香柳 ············ 809

白城小黑杨 ············ 416

白城小青黑杨·····················393
白城杨-2·····················382
白花山碧桃·····················663
白桦六盘山种源·····················305
白锦鸡儿·····················796
白林85-68柳·····················347
白林85-70柳·····················348
白林二号杨·····················392
白林一号·····················396
'白木纳格'葡萄·····················908
白桑·····················166
'白沙玉'·····················914
白音敖包沙地云杉优良种源种子·····················012
白榆初级种子园·····················160
白榆种子园·····················163
班克松·····················133
板枣1号·····················869
宝龙店水曲柳天然母树林·····················966
'保加利亚3号'杨·····················434
保佳红·····················656
暴马丁香·····················979
暴马丁香·····················980
北京605杨·····················430
北京大老虎眼酸枣·····················865
北京红·····················585
北京马牙枣优系·····················866
'北美1号'杨('OP-367')·····················447
'北美2号'杨('DN-34')·····················448
'北美3号'杨('NM-6')·····················449
北美鹅掌楸种源4P·····················150
北美紫叶稠李·····················768
北票油松种子园种子·····················111
贝雷·····················835
博爱·····················579
渤海长白落叶松初级无性系种子园种子·····················041
薄壳红·····················316
薄壳香·····················182
薄壳香·····················237

'布劳德'·····················484
'布特'·····················626

C

彩虹·····················753
彩霞·····················755
曹杏·····················706
草河口红松结实高产无性系·····················062
草莓果冻·····················558
柴杞1号·····················952
昌红·····················507
昌苹8号·····················527
长城山华北落叶松·····················015
'长富2号'、'(伊犁)长富2号'·····················523
长富6号·····················542
长红3号·····················487
长辛店白枣·····················864
陈家店长白落叶松初级无性系种子园种子·····················047
赤峰小黑杨·····················469
赤峰杨·····················410
赤美杨·····················452
'赤霞珠'·····················907
'楚伊'·····················819
串枝红·····················695
春潮·····················582
脆保·····················649
错海长白落叶松第一代无性系种子园种子·····················038
错海樟子松第一代无性系种子园种子·····················095

D

达拉特旗柠条锦鸡儿母树林种子·····················793
达维·····················317
鞑靼忍冬·····················990
大板油松母树林种子·····················126
大峰·····················296
大孤家日本落叶松种子园种子·····················049
大国·····················298
大果沙枣·····················811

大红袍…………………………………………… 935

大红袍…………………………………………… 940

大红杏…………………………………………… 718

大红枣 1 号……………………………………… 837

大亮子河红松天然母树林……………………… 082

大青葡萄………………………………………… 904

大青杨 HL 系列无性系………………………… 388

大泉子水曲柳母树林…………………………… 967

大石早生………………………………………… 747

'大台' 杨………………………………………… 401

大杨树林业局樟子松母树林种子……………… 104

大叶白蜡………………………………………… 970

大叶白蜡母树林………………………………… 972

大叶槐…………………………………………… 781

大叶山杨………………………………………… 373

大叶榆母树林…………………………………… 156

丹东核桃楸母树林种子………………………… 261

丹东银杏………………………………………… 001

砀山酥梨………………………………………… 491

道格……………………………………………… 563

蝶叶侧柏………………………………………… 136

东部白松………………………………………… 086

东部白松 2000－15 号种源…………………… 084

东部白松 2000－16 号种源…………………… 085

东部白松 2000－4 号种源……………………… 083

东方红樟子松第一代无性系种子园种子……… 096

东方红钻天松…………………………………… 099

东陵明珠………………………………………… 273

冬红花楸………………………………………… 490

短毛柽柳………………………………………… 338

短枝密叶杜仲…………………………………… 154

敦煌灰枣………………………………………… 891

敦煌紫胭桃……………………………………… 671

'多果' 巴旦杏…………………………………… 605

多娇……………………………………………… 591

多俏……………………………………………… 592

多枝柽柳………………………………………… 339

E

俄罗斯杨………………………………………… 439

峨嵋林场刚松种子园种子……………………… 132

额济纳旗多枝柽柳优良种源区穗条…………… 337

鄂尔多斯沙柳优良种源穗条…………………… 350

鄂托克旗塔落岩黄耆采种基地种子…………… 804

鄂托克旗细枝岩黄耆采种基地种子…………… 802

鄂托克前旗中间锦鸡儿采种基地种子………… 797

二球悬铃木……………………………………… 151

F

法国杂种………………………………………… 431

方木枣…………………………………………… 885

粉荷……………………………………………… 598

粉芽……………………………………………… 555

丰香……………………………………………… 244

风沙 1 号杨……………………………………… 395

峰桧……………………………………………… 144

'弗瑞兹'………………………………………… 623

付家樟子松无性系初级种子园种子…………… 090

阜新高山台五角枫母树林种子………………… 929

阜新镇油松母树林种子………………………… 119

复叶槭…………………………………………… 933

G

甘河林业局兴安落叶松种子园种子…………… 030

缸窑兴安落叶松初级无性系种子园种子……… 027

杠柳……………………………………………… 944

高八尺…………………………………………… 935

高城……………………………………………… 297

阁山兴安落叶松人工母树林…………………… 027

格尔里杨………………………………………… 418

格氏杨…………………………………………… 429

宫枣……………………………………………… 881

枸杞 '叶用 1 号'………………………………… 958

古城油松种子园………………………………… 112

谷丰……………………………………………… 667

谷红 1 号………………………………………… 669

谷红 2 号 ……………………………………… 670
谷艳 …………………………………………… 666
谷玉 …………………………………………… 668
关帝林局华北落叶松种源种子 ………………… 025
关帝林局双家寨核桃楸母树林种子 …………… 267
关帝林局孝文山白杆母树林种子 ……………… 005
关帝林局真武山辽东栎母树林种子 …………… 299
关帝林局枝柯白皮松种源种子 ………………… 088
关公枣 ………………………………………… 877
冠红 …………………………………………… 923
冠林 …………………………………………… 924
冠硕 …………………………………………… 922
管涔林局闫家村白杆母树林种子 ……………… 004
光皮小黑杨 …………………………………… 445
广银 …………………………………………… 277
国光苹果 ……………………………………… 521
国见 …………………………………………… 294

H

哈达长白落叶松种子园种子 …………………… 037
哈雷彗星 ……………………………………… 586
'哈密大枣' …………………………………… 842
海眼寺母树林油松种子 ………………………… 117
海樱 1 号 ……………………………………… 763
海樱 2 号 ……………………………………… 764
寒丰 …………………………………………… 207
'寒丰' ………………………………………… 483
'寒丰' 巴旦姆 ………………………………… 614
寒富 …………………………………………… 539
寒红梨 ………………………………………… 493
寒露红 ………………………………………… 928
寒香萃柏 ……………………………………… 135
杭锦后旗细穗怪柳优良种源穗条 ……………… 340
杭锦旗柠条锦鸡儿母树林种子 ………………… 792
合作杨 ………………………………………… 400
'和春 06 号' 核桃 …………………………… 193
和龙长白落叶松种源 …………………………… 045
'和上 01 号' 核桃 …………………………… 185

'和上 15 号' 核桃 …………………………… 186
'和上 20 号' 核桃 …………………………… 192
和顺义兴母树林油松种子 ……………………… 118
河北杨 ………………………………………… 379
核桃楸 ………………………………………… 260
贺春 …………………………………………… 638
鹤岗长白落叶松初级无性系种子园种子 ……… 048
黑宝石李 ……………………………………… 744
黑宝石李 ……………………………………… 746
黑果枸杞 "诺黑" …………………………… 959
黑里河林场华北落叶松种子园种子 …………… 023
黑里河林场油松母树林种子 …………………… 121
黑里河油松种子园种子 ………………………… 123
黑林丰忍冬 …………………………………… 989
黑林穗宝醋栗 ………………………………… 481
黑青杨 ………………………………………… 451
'黑叶' 杏 …………………………………… 691
'黑玉' (Ⅰ 16–56) ………………………… 738
红八棱 ………………………………………… 576
'红宝石' 海棠 ……………………………… 577
'红地球' 葡萄 ……………………………… 910
红岗山桃 ……………………………………… 637
红光 1 号 ……………………………………… 528
红光 2 号 ……………………………………… 529
红光 3 号 ……………………………………… 530
红光 4 号 ……………………………………… 531
红花多枝怪柳 ………………………………… 336
红花尔基樟子松母树林种子 …………………… 094
红桦六盘山种源 ……………………………… 311
红佳人 (张掖红梨 2 号) …………………… 506
红堇 …………………………………………… 978
红丽 …………………………………………… 557
红螺脆枣 ……………………………………… 893
红满堂 ………………………………………… 545
'红梅朗' 月季 ……………………………… 584
红梅杏 ………………………………………… 709
'红木纳格' 葡萄 …………………………… 909
'红旗特早玫瑰' ……………………………… 915

红旗油松种子园种子 …………………… 114

红松果林高产无性系（9512、9526）……… 065

红王子 …………………………………… 993

红五月 …………………………………… 583

红喜梅 …………………………………… 747

红勋 1 号 ………………………………… 578

红亚当 …………………………………… 569

'红叶' 李 ………………………………… 736

红叶乐园 ………………………………… 543

红玉 ……………………………………… 564

'胡安娜' 杏 ……………………………… 693

胡杨 ……………………………………… 471

胡杨母树林 ……………………………… 472

壶瓶枣 1 号 ……………………………… 849

蝴蝶泉 …………………………………… 599

互叶醉鱼草（醉鱼木）…………………… 943

互助县北山林场青杆种源 ………………… 011

互助县北山林场油松种源 ………………… 129

花棒 ……………………………………… 801

花棒宁夏种源 …………………………… 800

华北落叶松母树林种子 …………………… 020

华春 ……………………………………… 674

华山松六盘山种源 ………………………… 060

华山松母树林 …………………………… 059

华艺 1 号 ………………………………… 253

华艺 2 号 ………………………………… 258

华艺 7 号 ………………………………… 259

'华源发' 黄杨 …………………………… 839

桦林背杜松 ……………………………… 147

怀丰 ……………………………………… 280

怀香 ……………………………………… 285

'皇家嘎啦' ……………………………… 525

黄波萝母树林 …………………………… 941

黄冠梨 …………………………………… 498

黄南州麦秀林场紫果云杉母树林 ………… 013

黄手帕 …………………………………… 580

湟水林场小叶杨 M 29 无性系 …………… 383

灰拣 ……………………………………… 290

'灰枣' …………………………………… 851

汇林 88 号杨 …………………………… 407

惠丰醋栗 ………………………………… 482

火焰 ……………………………………… 561

火焰山 …………………………………… 600

'火州紫玉' ……………………………… 913

霍城大枣 ………………………………… 901

J

鸡西长白落叶松初级无性系种子园种子……… 047

鸡西长白落叶松种源 ……………………… 044

鸡心脆枣 ………………………………… 894

吉柳 1 号 ………………………………… 345

吉柳 2 号 ………………………………… 346

吉美 ……………………………………… 763

吉县刺槐 1 号 …………………………… 771

吉县刺槐 2 号 …………………………… 772

吉县刺槐 3 号 …………………………… 773

吉县刺槐 4 号 …………………………… 774

吉县刺槐 5 号 …………………………… 775

吉县刺槐 6 号 …………………………… 776

吉县刺槐 7 号 …………………………… 777

极丰榛子 ………………………………… 312

冀光 ……………………………………… 686

冀硕 ……………………………………… 502

冀酥 ……………………………………… 503

加格达奇兴安落叶松第一代无性系种子园种子… 028

加格达奇樟子松第一代无性系种子园种子…… 106

加杨 ……………………………………… 432

夹角 ……………………………………… 486

佳县油枣 ………………………………… 844

尖果沙枣 ………………………………… 812

建平南果梨 ……………………………… 492

'健227' 杨 ……………………………… 437

健杨 ……………………………………… 470

箭 × 小杨 ………………………………… 435

解放钟 …………………………………… 486

金白杨 1 号 ……………………………… 363

金白杨2号 …………………………… 364
金白杨3号 …………………………… 365
金白杨5号 …………………………… 366
金薄丰1号 …………………………… 225
金薄香1号核桃 ……………………… 205
金薄香2号核桃 ……………………… 206
金薄香3号 …………………………… 218
金薄香6号 …………………………… 230
金薄香7号 …………………………… 223
金薄香8号 …………………………… 224
金昌一号 ……………………………… 850
金春 …………………………………… 673
金枫 …………………………………… 931
金谷大枣 ……………………………… 880
金冠苹果 ……………………………… 520
金核1号 ……………………………… 247
金黑杨1号 …………………………… 459
金黑杨2号 …………………………… 460
金黑杨3号 …………………………… 461
金花桧 ………………………………… 142
金花忍冬 ……………………………… 991
金蕾1号 ……………………………… 512
金蕾2号 ……………………………… 513
金亮 …………………………………… 994
金美夏 ………………………………… 678
金秋蟠桃 ……………………………… 643
金山刺槐母树林种子 ………………… 779
金丝垂柳 J 1010 ……………………… 354
金丝垂柳 J 1011 ……………………… 355
金丝垂柳 J 841 ……………………… 352
金丝垂柳 J 842 ……………………… 353
'金丝小枣' …………………………… 853
金秀 …………………………………… 710
金阳 …………………………………… 981
'金叶'榆 ……………………………… 162
金叶白蜡 ……………………………… 962
金叶复叶槭 …………………………… 932
金叶槐 ………………………………… 784

金叶莸 ………………………………… 960
金宇 …………………………………… 712
金羽 …………………………………… 986
'金园'丁香 …………………………… 975
金真栗 ………………………………… 284
金真晚栗 ……………………………… 284
金钟梨 ………………………………… 499
锦春 …………………………………… 675
锦梨1号 ……………………………… 504
锦梨2号 ……………………………… 505
锦霞 …………………………………… 676
晋18短枝红富士 ……………………… 526
晋 RS-1系核桃砧木 ………………… 231
晋扁2号扁桃 ………………………… 616
晋扁3号扁桃 ………………………… 617
晋薄1号 ……………………………… 629
晋椿1号 ……………………………… 937
晋冬枣 ………………………………… 900
晋丰 …………………………………… 217
晋富2号 ……………………………… 518
晋富3号 ……………………………… 519
晋龙1号 ……………………………… 180
晋龙2号 ……………………………… 181
晋龙2号 ……………………………… 239
晋梅杏 ………………………………… 716
晋绵1号 ……………………………… 246
晋森 …………………………………… 783
晋西柠条 ……………………………… 790
晋香 …………………………………… 216
晋园红 ………………………………… 896
晋赞大枣 ……………………………… 882
晋枣3号 ……………………………… 856
晋皂1号 ……………………………… 805
晋榛2号 ……………………………… 315
晋梓1号 ……………………………… 985
京春 …………………………………… 662
京脆红 ………………………………… 705
京海棠－宝相花 ……………………… 565

京海棠 - 粉红珠 …………………… 567

京海棠 - 紫美人 …………………… 566

京海棠 - 紫霞珠 …………………… 568

'京海棠 —— 黄玫瑰' …………… 573

'京海棠 —— 宿亚当' …………… 574

京和油1号 ………………………… 682

京和油2号 ………………………… 683

京黄 ………………………………… 964

京佳2号 …………………………… 708

京绿 ………………………………… 973

京欧1号 …………………………… 765

京欧2号 …………………………… 766

京暑红 ……………………………… 281

京香1号 …………………………… 220

京香2号 …………………………… 221

京香3号 …………………………… 222

京香红 ……………………………… 704

京艺1号 …………………………… 252

京艺2号 …………………………… 254

京艺6号 …………………………… 255

京艺7号 …………………………… 256

京艺8号 …………………………… 257

京早红 ……………………………… 700

京枣311 …………………………… 899

晶玲 ………………………………… 754

'精杞1号' ………………………… 945

'精杞2号' ………………………… 951

'精杞4号' ………………………… 955

'精杞5号' ………………………… 956

景观柰 - 29 ……………………… 553

靖远小口枣 ……………………… 870

静乐华北落叶松 ………………… 016

九龙金枣（宁县晋枣） ………… 902

久脆 ………………………………… 646

久蜜 ………………………………… 658

久鲜 ………………………………… 657

久艳 ………………………………… 647

久玉 ………………………………… 648

骏枣 ………………………………… 878

骏枣1号 …………………………… 848

K

'喀什噶尔长圆枣' ……………… 854

喀左大平顶枣 …………………… 883

'卡卡孜' 核桃 …………………… 175

'卡拉玉鲁克1号'（'喀什酸梅1号'）… 726

'卡拉玉鲁克5号'（'喀什酸梅5号'）… 728

'卡买尔' …………………………… 628

凯尔斯 ……………………………… 560

'克瑞森无核' …………………… 911

'克西' 巴旦姆 …………………… 610

'垦鲜枣1号'（梨枣） …………… 879

'垦鲜枣2号'（赞皇枣） ………… 898

'恐龙蛋' …………………………… 723

'库车小白杏' …………………… 703

'库尔勒' 香梨 …………………… 494

'库三02号' 核桃 ……………… 195

宽优9113 ………………………… 283

L

兰丁1号 …………………………… 760

兰丁2号 …………………………… 761

蓝塔桧 ……………………………… 143

蓝心忍冬 ………………………… 987

老秃顶子红松母树林种子 ……… 061

老秃顶子日本落叶松种子园种子… 050

雷司令 ……………………………… 920

雷舞 ………………………………… 974

冷白玉枣 ………………………… 862

梨树长白落叶松初级无性系种子园种子… 046

梨树樟子松初级无性系种子园种子… 106

梨枣 ………………………………… 903

理查德早生 ……………………… 734

丽红 ………………………………… 926

利平 ………………………………… 295

良乡1号 …………………………… 286

辽白扁2号 ························· 713

辽核1号 ··························· 183

辽胡耐盐1号杨 ····················· 473

辽胡耐盐2号杨 ····················· 474

辽栗10号 ·························· 269

辽栗15号 ·························· 270

辽栗23号 ·························· 271

辽宁10号 ·························· 208

辽宁1号 ··························· 202

辽宁1号 ··························· 212

辽宁1号核桃 ······················· 248

辽宁4号 ··························· 213

辽宁4号 ··························· 236

辽宁5号 ··························· 214

辽宁6号 ··························· 219

辽宁7号 ··························· 203

辽宁7号 ··························· 209

辽宁东北红豆杉 ····················· 148

辽宁省实验林场红松母树林种子 ··········· 066

辽宁省实验林场日本落叶松母树林种子 ······· 056

辽宁杨 ···························· 444

辽瑞丰 ···························· 233

辽优扁1号 ························· 711

辽育1号杨 ························· 390

辽育2号杨 ························· 391

辽育3号杨 ························· 399

辽榛3号 ··························· 319

辽榛4号 ··························· 320

辽榛7号 ··························· 325

辽榛8号 ··························· 326

辽榛9号 ··························· 327

'裂叶'榆 ·························· 157

林伍德 ···························· 982

临黄1号 ··························· 897

灵武长枣 ·························· 858

灵武长枣2号 ······················· 895

陵川第一山林场油松母树林种子 ··········· 127

陵川王莽岭中国黄花柳种源 ············· 349

陵川县西闸水南方红豆杉母树林种子 ········· 149

六盘山华北落叶松一代种子园种子 ·········· 017

龙田硕蟠 ·························· 659

龙田早红 ·························· 752

'卢比' ··························· 621

鲁光 ····························· 211

鲁光 ····························· 240

鲁果11 ··························· 243

鲁果1号 ··························· 242

潞城西流漳河柳 ····················· 343

吕梁林局康城辽东栎母树林种子 ··········· 301

吕梁林局上庄核桃楸母树林种子 ··········· 265

绿岭 ····························· 227

绿野 ····························· 587

'轮南白杏' ························ 694

'轮台白杏' ························ 702

罗山青海云杉天然母树林种子 ············ 009

'络珠'（Ⅰ16–38） ················· 739

落叶松杂交种子园 ··················· 052

M

'麻壳'巴旦姆 ······················ 613

毛条灵武种源 ······················ 791

玫蕾 ····························· 750

梅鹿辄 ···························· 918

美凤椒 ···························· 939

美国黄松 ·························· 131

美锦 ····························· 641

美人香 ···························· 601

美硕 ····························· 632

美香 ····························· 245

蒙富 ····························· 535

蒙古扁桃 ·························· 631

蒙古莸 ···························· 961

孟家岗长白落叶松初级无性系种子园种子 ······ 039

米槐1号 ··························· 785

米槐2号 ··························· 786

米星 ····························· 622

'密胡杨1号'…………………………………… 475

'密胡杨2号'…………………………………… 476

民勤小枣………………………………………… 871

明拣……………………………………………… 291

'明星'杏………………………………………… 692

木枣1号………………………………………… 867

'慕亚格'杏……………………………………… 688

N

内蒙古大兴安岭北部林区兴安落叶松母树林种子032

内蒙古大兴安岭东部林区兴安落叶松母树林种子033

内蒙古大兴安岭南部林区兴安落叶松母树林种子034

内蒙古大兴安岭中部林区兴安落叶松母树林种子035

内蒙古贺兰山青海云杉母树林种子………… 010

南强1号………………………………………… 938

嫩江云杉………………………………………… 003

'尼普鲁斯'……………………………………… 625

拟青 × 山海关杨……………………………… 409

宁金富苹果……………………………………… 522

宁农杞9号……………………………………… 954

宁杞3号………………………………………… 948

宁杞4号………………………………………… 946

宁杞5号………………………………………… 947

宁杞6号………………………………………… 949

宁杞7号………………………………………… 950

宁杞8号………………………………………… 957

宁秋……………………………………………… 511

柠条盐池种源…………………………………… 789

农大1号………………………………………… 514

农大2号………………………………………… 515

农大3号………………………………………… 516

'浓帕烈'………………………………………… 618

O

欧美杨107……………………………………… 446

欧美杨108……………………………………… 446

欧洲垂枝桦……………………………………… 307

欧洲黑杨………………………………………… 467

欧洲三倍体山杨………………………………… 374

欧洲山杨三倍体………………………………… 375

P

'皮亚曼1号'石榴……………………………… 831

'皮亚曼2号'石榴……………………………… 832

品虹……………………………………………… 664

品霞……………………………………………… 665

苹果矮化砧木 SH 1…………………………… 544

苹果砧木 Y-3………………………………… 551

葡萄'威代尔'…………………………………… 916

'圃杏1号'……………………………………… 715

Q

七月鲜………………………………………… 846

祁连圆柏……………………………………… 146

缱绻………………………………………… 571

强特勒……………………………………… 228

乔木状沙拐枣……………………………… 331

桥山双龙油松种子园……………………… 115

秦白杨1号………………………………… 367

秦白杨2号………………………………… 368

秦白杨3号………………………………… 369

秦宝冬枣…………………………………… 857

秦丰………………………………………… 838

秦红李……………………………………… 748

秦香………………………………………… 334

秦樱1号…………………………………… 751

秦玉………………………………………… 838

秦仲1号…………………………………… 152

秦仲2号…………………………………… 152

秦仲3号…………………………………… 153

秦仲4号…………………………………… 153

沁盛香花槐………………………………… 780

沁水县樊庄侧柏母树林种子……………… 138

沁源油松…………………………………… 124

青海杨 X 10 无性系………………………… 384

青海云杉…………………………………… 008

青海云杉（天祝）母树林种子 …………… 007

青凉山日本落叶松种子园种子 …………… 051

青杞1号 …………………………………… 953

青山长白落叶松第一代种子园种子 ……… 040

青山杨 ……………………………………… 404

青山杂种落叶松实生种子园种子 ………… 036

青山樟子松初级无性系种子园种子 ……… 097

青杨雄株优良无性系 ……………………… 387

青竹柳 ……………………………………… 344

清河城红松母树林种子 …………………… 064

清河城红松种子园种子 …………………… 063

清香 ………………………………………… 184

清香 ………………………………………… 232

秋妃 ………………………………………… 660

秋富1号 …………………………………… 540

秋紫白蜡 …………………………………… 971

楸树 ………………………………………… 984

群改2号 …………………………………… 389

R

日5×兴9杂种落叶松家系 ……………… 057

日本落叶松优良家系（F13、F41）……… 053

绒团桧 ……………………………………… 145

瑞光33号 ………………………………… 680

瑞光35号 ………………………………… 653

瑞光39号 ………………………………… 681

瑞光45号 ………………………………… 684

瑞蟠22号 ………………………………… 635

瑞蟠24号 ………………………………… 655

瑞油蟠2号 ………………………………… 654

'若羌冬枣' ………………………………… 887

'若羌灰枣' ………………………………… 886

'若羌金丝小枣' …………………………… 888

S

'萨依瓦克5号'核桃 ……………………… 199

'萨依瓦克9号'核桃 ……………………… 200

'三倍体'毛白杨（193系列）…………… 381

三倍体毛白杨 ……………………………… 380

'桑波'（Ⅱ20-38）……………………… 749

'色买提'杏 ………………………………… 689

森尾早生 …………………………………… 488

'沙01' ……………………………………… 495

沙地赤松 …………………………………… 089

沙冬青宁夏种源 …………………………… 798

沙棘 ………………………………………… 815

沙棘HF-14 ………………………………… 821

沙棘六盘山种源 …………………………… 816

沙枣母树林 ………………………………… 810

沙枣宁夏种源 ……………………………… 808

山苦2号 …………………………………… 717

山桃六盘山种源 …………………………… 685

山新杨 ……………………………………… 376

山杏 ………………………………………… 714

山杏1号 …………………………………… 719

山杏2号 …………………………………… 720

山杏3号 …………………………………… 721

山杏彭阳种源 ……………………………… 699

陕北长枣 …………………………………… 884

陕核短枝 …………………………………… 229

陕桐3号 …………………………………… 983

陕桐4号 …………………………………… 983

上高台林场华北落叶松母树林种子 ……… 018

上庄油松 …………………………………… 110

梢红 ………………………………………… 992

'少先队2号'杨 …………………………… 442

深秋红 ……………………………………… 813

'深秋红' …………………………………… 823

沈阳文香柏 ………………………………… 134

胜利油松母树林种子 ……………………… 120

胜山红松天然母树林 ……………………… 082

胜山兴安落叶松天然母树林 ……………… 028

圣乙女 ……………………………………… 570

狮子头 ……………………………………… 938

石滚枣1号 ………………………………… 837

石门魁香 …………………………………… 215

首红 …………………………………………………… 538
曙光 2 号 ………………………………………… 889
曙光 3 号 ………………………………………… 890
曙光 4 号 ………………………………………… 892
树新刺槐母树林种子 …………………………… 778
帅丁 …………………………………………………… 806
帅枣 1 号 ………………………………………… 859
帅枣 2 号 ………………………………………… 860
栓翅卫矛'铮铮 1 号' ……………………… 840
栓翅卫矛'铮铮 2 号' ……………………… 841
'双薄'巴旦姆 …………………………………… 612
'双果'巴旦姆 …………………………………… 611
双季槐 ……………………………………………… 782
'双软'巴旦杏 …………………………………… 606
'水曲柳 1 号' …………………………………… 968
水曲柳驯化树种 NG ………………………… 965
硕果海棠 ………………………………………… 552
'斯大林工作者'杨 …………………………… 438
四子王旗华北驼绒藜采种基地种子 ……… 330
泗交白蜡 ………………………………………… 963
饲仲 1 号 ………………………………………… 154
松柏柽柳 ………………………………………… 335
苏木山林场华北落叶松种子园种子 ……… 019
梭梭柴 ……………………………………………… 328
'索拉诺' ………………………………………… 627
'索诺拉' ………………………………………… 619

Ⓣ

太城 4 号 ………………………………………… 487
太东长白落叶松初级无性系种子园种子 … 046
太平肉杏 ………………………………………… 687
太行林局海眼寺核桃楸母树林种子 ……… 264
太行林局坪松辽东栎母树林种子 ………… 300
太岳林局北平核桃楸母树林种子 ………… 263
太岳林局大南坪核桃楸母树林种子 ……… 262
太岳林局灵空山辽东栎母树林种子 ……… 303
太岳林局灵空山油松母树林种子 ………… 128
太岳林局石膏山白皮松母树林种子 ……… 087

'汤姆逊' ………………………………………… 624
唐汪大接杏 ……………………………………… 717
特娇 ………………………………………………… 589
特俏 ………………………………………………… 590
'特晚花浓帕烈' ……………………………… 620
天富 1 号 ………………………………………… 517
天富 2 号 ………………………………………… 517
天红 1 号 ………………………………………… 508
天红 2 号 ………………………………………… 509
天山白雪 ………………………………………… 597
天山桦 ……………………………………………… 310
天山桃园 ………………………………………… 596
天山之光 ………………………………………… 595
天山之星 ………………………………………… 594
天水臭椿母树林 ……………………………… 936
天水榆树第一代种子园 ……………………… 161
天汪一号 ………………………………………… 542
天香 ………………………………………………… 593
甜丰 ………………………………………………… 722
铁榛二号 ………………………………………… 314
铁榛一号 ………………………………………… 313
通林 7 号杨 ……………………………………… 408
通天一长白落叶松初级无性系种子园种子 … 048
同心圆枣 ………………………………………… 872
头状沙拐枣 ……………………………………… 332
'吐古其 15 号'核桃 ………………………… 201
'托普鲁克'杏 ………………………………… 690

Ⓦ

湾甸子裂叶垂枝桦 …………………………… 308
'晚丰'巴旦杏 …………………………………… 607
晚花杨 ……………………………………………… 417
晚金油桃 ………………………………………… 672
晚秋妃 ……………………………………………… 661
'晚熟'无花果 …………………………………… 168
万家沟油松种子园种子 ……………………… 116
万尼卡 ……………………………………………… 762
王族 ………………………………………………… 562

旺业甸林场华北落叶松母树林种子 …………… 024
旺业甸林场樟子松母树林种子 …………… 103
旺业甸林场樟子松种子园种子 …………… 102
旺业甸实验林场长白落叶松母树林种子 …… 043
旺业甸实验林场长白落叶松种子园种子 …… 042
旺业甸实验林场日本落叶松母树林种子 …… 055
旺业甸实验林场日本落叶松种子园种子 …… 054
望春 …………… 633
围选 1 号 …………… 698
'味帝' …………… 724
'味厚' …………… 725
'温 185' 核桃 …………… 172
翁牛特旗元宝枫采种基地种子 …………… 927
乌尔旗汉林业局兴安落叶松种子园种子 …… 031
'乌火 06 号' 核桃 …………… 196
乌拉特后旗梭梭采种基地种子 …………… 329
乌拉特中旗叉子圆柏优良种源穗条 …………… 139
乌拉特中旗柠条锦鸡儿采种基地种子 …………… 794
乌兰坝林场华北落叶松母树林种子 …………… 022
乌兰坝林场华北落叶松种子园种子 …………… 021
乌兰坝林场兴安落叶松种子园种子 …………… 029
乌审旗旱柳优良种源穗条 …………… 341
乌审旗沙地柏优良种源穗条 …………… 140
无刺丰 …………… 814
'无刺丰' …………… 822
无刺椒 …………… 939
'无核白'（吐鲁番无核白、和静无核白）…… 905
'无核白鸡心' …………… 906
无核白葡萄 …………… 921
无核丰 …………… 847
吴城油松 …………… 113
吴屯杨 …………… 402
五台林局白杆种源种子 …………… 006
五台林局华北落叶松种源种子 …………… 026

X

西 + 加杨 …………… 419
西扶 1 号 …………… 176
西扶 2 号 …………… 177
西吉青皮河北杨 …………… 378
西拉 …………… 919
西林 2 号 …………… 178
西岭 …………… 226
西洛 1 号 …………… 178
西洛 2 号 …………… 179
西洛 3 号 …………… 179
西农 25 …………… 701
西农枇杷 2 号 …………… 488
西域红叶李 …………… 741
锡盟洪格尔高勒沙地柏优良种源穗条 …………… 141
锡盟沙地榆优良种源种子 …………… 159
霞多丽 …………… 917
夏日红 …………… 767
夏橡 …………… 304
夏至红 …………… 679
夏至早红 …………… 677
献王枣 …………… 855
相枣 1 号 …………… 875
香白杏 …………… 696
香妃 …………… 602
香红梨 …………… 497
香恋 …………… 603
香玲 …………… 204
香玲 …………… 210
香泉 1 号 …………… 758
香泉 2 号 …………… 759
'祥丰' 牡丹 …………… 333
'向阳' …………… 817
小洞油松母树林种子 …………… 125
小黑杨 …………… 440
小胡杨 …………… 478
小胡杨 -1 …………… 477
小美旱杨 …………… 405
小美旱杨 …………… 406
小青杨新无性系 …………… 386
'小软壳 (14 号)' 巴旦姆 …………… 615

小叶白蜡⋯⋯⋯⋯⋯⋯⋯⋯⋯⋯⋯⋯⋯ 969

'新萃丰'核桃 ⋯⋯⋯⋯⋯⋯⋯⋯⋯⋯ 198

'新丰'核桃 ⋯⋯⋯⋯⋯⋯⋯⋯⋯⋯⋯ 170

'新富1号' ⋯⋯⋯⋯⋯⋯⋯⋯⋯⋯⋯⋯ 533

'新光'核桃 ⋯⋯⋯⋯⋯⋯⋯⋯⋯⋯⋯ 169

'新红1号' ⋯⋯⋯⋯⋯⋯⋯⋯⋯⋯⋯⋯ 532

新红星⋯⋯⋯⋯⋯⋯⋯⋯⋯⋯⋯⋯⋯⋯ 541

新疆大叶榆母树林⋯⋯⋯⋯⋯⋯⋯⋯ 155

新疆落叶松种子园⋯⋯⋯⋯⋯⋯⋯⋯ 014

新疆杨⋯⋯⋯⋯⋯⋯⋯⋯⋯⋯⋯⋯⋯⋯ 370

新疆杨⋯⋯⋯⋯⋯⋯⋯⋯⋯⋯⋯⋯⋯⋯ 371

新疆杨⋯⋯⋯⋯⋯⋯⋯⋯⋯⋯⋯⋯⋯⋯ 372

新疆野苹果⋯⋯⋯⋯⋯⋯⋯⋯⋯⋯⋯⋯ 547

'新巨丰'核桃 ⋯⋯⋯⋯⋯⋯⋯⋯⋯⋯ 191

'新垦沙棘1号'（乌兰沙林）⋯⋯⋯⋯ 825

'新垦沙棘2号'（'棕丘'）⋯⋯⋯⋯⋯ 826

'新垦沙棘3号'（'无刺雄'）⋯⋯⋯⋯ 827

新梨9号⋯⋯⋯⋯⋯⋯⋯⋯⋯⋯⋯⋯⋯ 496

'新露'核桃 ⋯⋯⋯⋯⋯⋯⋯⋯⋯⋯⋯ 171

'新梅1号' ⋯⋯⋯⋯⋯⋯⋯⋯⋯⋯⋯⋯ 730

新梅2号⋯⋯⋯⋯⋯⋯⋯⋯⋯⋯⋯⋯⋯ 731

新梅3号⋯⋯⋯⋯⋯⋯⋯⋯⋯⋯⋯⋯⋯ 732

'新梅4号'（法新西梅）⋯⋯⋯⋯⋯⋯ 733

新苹红⋯⋯⋯⋯⋯⋯⋯⋯⋯⋯⋯⋯⋯⋯ 536

'新温179'核桃 ⋯⋯⋯⋯⋯⋯⋯⋯⋯ 188

'新温233'核桃 ⋯⋯⋯⋯⋯⋯⋯⋯⋯ 189

新温724⋯⋯⋯⋯⋯⋯⋯⋯⋯⋯⋯⋯⋯ 249

'新温81'核桃 ⋯⋯⋯⋯⋯⋯⋯⋯⋯⋯ 187

新温915⋯⋯⋯⋯⋯⋯⋯⋯⋯⋯⋯⋯⋯ 250

新温917⋯⋯⋯⋯⋯⋯⋯⋯⋯⋯⋯⋯⋯ 251

'新乌417'核桃 ⋯⋯⋯⋯⋯⋯⋯⋯⋯ 190

'新新2号'核桃 ⋯⋯⋯⋯⋯⋯⋯⋯⋯ 197

新星⋯⋯⋯⋯⋯⋯⋯⋯⋯⋯⋯⋯⋯⋯⋯ 874

'新雅' ⋯⋯⋯⋯⋯⋯⋯⋯⋯⋯⋯⋯⋯⋯ 912

'新早丰'核桃 ⋯⋯⋯⋯⋯⋯⋯⋯⋯⋯ 174

'新榛1号'（平榛 × 欧洲榛）⋯⋯⋯⋯ 321

'新榛2号'（平榛 × 欧洲榛）⋯⋯⋯⋯ 322

'新榛3号'（平榛 × 欧洲榛）⋯⋯⋯⋯ 323

'新榛4号'（平榛 × 欧洲榛）⋯⋯⋯⋯ 324

兴7 × 日77−2杂种落叶松家系 ⋯⋯⋯⋯ 057

绚丽⋯⋯⋯⋯⋯⋯⋯⋯⋯⋯⋯⋯⋯⋯⋯ 556

雪岭云杉（天山云杉）种子园 ⋯⋯⋯⋯ 002

雪球⋯⋯⋯⋯⋯⋯⋯⋯⋯⋯⋯⋯⋯⋯⋯ 559

Y

芽黄⋯⋯⋯⋯⋯⋯⋯⋯⋯⋯⋯⋯⋯⋯⋯ 834

'烟富3号' ⋯⋯⋯⋯⋯⋯⋯⋯⋯⋯⋯⋯ 524

延川狗头枣⋯⋯⋯⋯⋯⋯⋯⋯⋯⋯⋯⋯ 843

阎良脆枣⋯⋯⋯⋯⋯⋯⋯⋯⋯⋯⋯⋯⋯ 863

阎良相枣⋯⋯⋯⋯⋯⋯⋯⋯⋯⋯⋯⋯⋯ 845

艳保⋯⋯⋯⋯⋯⋯⋯⋯⋯⋯⋯⋯⋯⋯⋯ 650

艳丰6号⋯⋯⋯⋯⋯⋯⋯⋯⋯⋯⋯⋯⋯ 636

艳红⋯⋯⋯⋯⋯⋯⋯⋯⋯⋯⋯⋯⋯⋯⋯ 925

艳丽花楸⋯⋯⋯⋯⋯⋯⋯⋯⋯⋯⋯⋯⋯ 489

艳阳⋯⋯⋯⋯⋯⋯⋯⋯⋯⋯⋯⋯⋯⋯⋯ 751

燕昌早生⋯⋯⋯⋯⋯⋯⋯⋯⋯⋯⋯⋯⋯ 278

燕丽⋯⋯⋯⋯⋯⋯⋯⋯⋯⋯⋯⋯⋯⋯⋯ 293

燕龙⋯⋯⋯⋯⋯⋯⋯⋯⋯⋯⋯⋯⋯⋯⋯ 276

燕妮⋯⋯⋯⋯⋯⋯⋯⋯⋯⋯⋯⋯⋯⋯⋯ 588

燕平⋯⋯⋯⋯⋯⋯⋯⋯⋯⋯⋯⋯⋯⋯⋯ 275

燕秋⋯⋯⋯⋯⋯⋯⋯⋯⋯⋯⋯⋯⋯⋯⋯ 288

燕山早丰⋯⋯⋯⋯⋯⋯⋯⋯⋯⋯⋯⋯⋯ 272

燕山早生⋯⋯⋯⋯⋯⋯⋯⋯⋯⋯⋯⋯⋯ 279

燕兴⋯⋯⋯⋯⋯⋯⋯⋯⋯⋯⋯⋯⋯⋯⋯ 282

燕紫⋯⋯⋯⋯⋯⋯⋯⋯⋯⋯⋯⋯⋯⋯⋯ 287

阳丰⋯⋯⋯⋯⋯⋯⋯⋯⋯⋯⋯⋯⋯⋯⋯ 480

阳高河北杨⋯⋯⋯⋯⋯⋯⋯⋯⋯⋯⋯⋯ 377

阳光⋯⋯⋯⋯⋯⋯⋯⋯⋯⋯⋯⋯⋯⋯⋯ 289

杨柴盐池种源⋯⋯⋯⋯⋯⋯⋯⋯⋯⋯⋯ 803

杨树林局九梁洼樟子松母树林种子⋯⋯ 105

'叶娜'杏 ⋯⋯⋯⋯⋯⋯⋯⋯⋯⋯⋯⋯ 707

一窝蜂⋯⋯⋯⋯⋯⋯⋯⋯⋯⋯⋯⋯⋯⋯ 687

伊犁大叶杨（大叶钻天杨）⋯⋯⋯⋯⋯ 420

伊犁小美杨（阿富汗杨）⋯⋯⋯⋯⋯⋯ 421

伊犁小青杨（'熊钻17号'杨）⋯⋯⋯⋯ 385

伊犁小叶杨（加小 × 俄9号）⋯⋯⋯⋯ 397

'伊犁杨1号'（'64号'杨）………………… 422

'伊犁杨2号'（'I-45／51'杨）…………… 423

'伊犁杨3号'（日本白杨）………………… 424

'伊犁杨4号'（'I-262'杨）………………… 425

'伊犁杨5号'（'I-467'杨）………………… 426

'伊犁杨6号'（'优胜003'）………………… 443

'伊犁杨7号'（马里兰德杨）……………… 427

'伊犁杨8号'（'保加利亚3号'杨）………… 428

伊梅1号……………………………………… 735

伊人忍冬…………………………………… 988

猗红柿……………………………………… 479

忆春………………………………………… 642

'银×新10'………………………………… 358

'银×新12'………………………………… 359

'银×新4'…………………………………… 357

银白杨母树林……………………………… 356

银果胡颓子………………………………… 807

银中杨……………………………………… 362

缨络………………………………………… 572

'鹰嘴'巴旦姆……………………………… 609

咏春………………………………………… 639

疣枝桦……………………………………… 306

友谊………………………………………… 757

榆林长柄扁桃（种源）…………………… 630

榆林樟子松种子园种子…………………… 100

雨丰枣……………………………………… 861

玉坠………………………………………… 318

圆冠榆……………………………………… 165

运城五色槐………………………………… 787

Z

'赞皇枣'…………………………………… 852

早脆王……………………………………… 868

早丹………………………………………… 756

'早富1号'………………………………… 534

早露蟠桃…………………………………… 634

'早美香'（'香梨芽变94-9'）…………… 500

'早熟'无花果……………………………… 167

早熟王……………………………………… 876

早硕………………………………………… 241

早钟6号…………………………………… 485

'扎343'核桃……………………………… 173

章古台樟子松种子园种子………………… 092

彰武松……………………………………… 108

樟子松……………………………………… 101

樟子松金山种源…………………………… 098

樟子松卡伦山种源………………………… 107

樟子松优良无性系（GS1、GS2）……… 091

樟子松优良种源（高峰）………………… 093

昭林6号杨………………………………… 468

昭陵御石榴………………………………… 833

沼泽小叶桦………………………………… 309

哲林4号杨………………………………… 403

正蓝旗黄柳采条基地穗条………………… 351

正镶白旗柠条锦鸡儿采种基地种子……… 795

知春………………………………………… 640

'纸皮'巴旦杏……………………………… 608

中富柳1号………………………………… 342

中富柳2号………………………………… 342

中黑防杨…………………………………… 455

中红果沙棘………………………………… 828

中黄果沙棘………………………………… 829

中加10号杨……………………………… 441

中金10号………………………………… 415

中金2号…………………………………… 413

中金7号…………………………………… 414

中辽1号杨………………………………… 450

中林1号…………………………………… 238

中林美荷…………………………………… 453

中林杨……………………………………… 466

中宁圆枣…………………………………… 873

中农3号…………………………………… 651

中农4号…………………………………… 652

中农红久保………………………………… 644

中农酥梨…………………………………… 501

中农醯保…………………………………… 645

中条林局皋落核桃楸母树林种子·················· 266

中条林局横河辽东栎母树林种子·················· 302

中条林局历山裂叶榆母树林种子·················· 158

中条山华山松······························ 058

中无刺沙棘································ 830

中砧 1 号·································· 546

周家店侧柏母树林种子························ 137

周家店五角枫母树林种子······················ 930

主教······································ 836

'壮圆黄'·································· 824

'准噶尔 1 号' 杨（银白杨 × 新疆杨）·········· 360

'准噶尔 2 号' 杨（银白杨 × 新疆杨）·········· 361

准格尔旗油松母树林种子······················ 122

子午岭紫斑牡丹···························· 333

紫丁香···································· 976

紫丁香···································· 977

紫晶······································ 729

'紫美'（Ⅴ 2－16）·························· 740

紫穗槐···································· 788

紫霞······································ 934

'紫霞'（Ⅰ 14－14）························ 737

紫叶矮樱·································· 742

紫叶矮樱·································· 743

紫叶稠李·································· 769

紫叶稠李·································· 770

钻石······································ 554

钻天榆 × 新疆白榆优树杂交种子园 ·········· 164

醉红颜···································· 604

遵化短刺·································· 274

分省名称索引

北京市

柏科

蝶叶侧柏 ……………………………… 136

金花桧 ………………………………… 142

蓝塔桧 ………………………………… 143

峰桧 …………………………………… 144

绒团桧 ………………………………… 145

木兰科

北美鹅掌楸种源4P ………………… 150

胡桃科

辽宁7号 ……………………………… 209

香玲 …………………………………… 210

鲁光 …………………………………… 211

辽宁1号 ……………………………… 212

辽宁4号 ……………………………… 213

辽宁5号 ……………………………… 214

京香1号 ……………………………… 220

京香2号 ……………………………… 221

京香3号 ……………………………… 222

丰香 …………………………………… 244

美香 …………………………………… 245

京艺1号 ……………………………… 252

华艺1号 ……………………………… 253

京艺2号 ……………………………… 254

京艺6号 ……………………………… 255

京艺7号 ……………………………… 256

京艺8号 ……………………………… 257

华艺2号 ……………………………… 258

华艺7号 ……………………………… 259

壳斗科

燕平 …………………………………… 275

燕昌早生 ……………………………… 278

燕山早生 ……………………………… 279

怀丰 …………………………………… 280

京暑红 ………………………………… 281

怀香 …………………………………… 285

良乡1号 ……………………………… 286

阳光 …………………………………… 289

杨柳科

金丝垂柳J841 ……………………… 352

金丝垂柳J842 ……………………… 353

金丝垂柳J1010 …………………… 354

金丝垂柳J1011 …………………… 355

蔷薇科

早钟6号 ……………………………… 485

中农酥梨 ……………………………… 501

金蕾1号 ……………………………… 512

金蕾2号 ……………………………… 513

农大1号 ……………………………… 514

农大2号 ……………………………… 515

农大3号 ……………………………… 516

中砧1号 ……………………………… 546

钻石 …………………………………… 554

粉芽 …………………………………… 555

绚丽 …………………………………… 556

红丽 …………………………………… 557

草莓果冻 ……………………………… 558

雪球 …………………………………… 559

凯尔斯	560	火焰山	600
火焰	561	美人香	601
王族	562	香妃	602
道格	563	香恋	603
红玉	564	醉红颜	604
京海棠－宝相花	565	望春	633
京海棠－紫美人	566	早露蟠桃	634
京海棠－粉红珠	567	瑞蟠22号	635
京海棠－紫霞珠	568	艳丰6号	636
红亚当	569	贺春	638
圣乙女	570	咏春	639
缱绻	571	知春	640
璎络	572	忆春	642
'京海棠——黄玫瑰'	573	金秋蟠桃	643
'京海棠——宿亚当'	574	中农红久保	644
八棱脆	575	中农醮保	645
红八棱	576	中农3号	651
博爱	579	中农4号	652
黄手帕	580	瑞光35号	653
暗香	581	瑞油蟠2号	654
春潮	582	瑞蟠24号	655
红五月	583	京春	662
'红梅朗'月季	584	白花山碧桃	663
北京红	585	品虹	664
哈雷彗星	586	品霞	665
绿野	587	谷艳	666
燕妮	588	谷丰	667
特娇	589	谷玉	668
特俏	590	谷红1号	669
多娇	591	谷红2号	670
多俏	592	金春	673
天香	593	华春	674
天山之星	594	锦春	675
天山之光	595	夏至早红	677
天山桃园	596	金美夏	678
天山白雪	597	夏至红	679
粉荷	598	瑞光33号	680
蝴蝶泉	599	瑞光39号	681

京和油1号 ……………………………… 682

京和油2号 ……………………………… 683

瑞光45号 ……………………………… 684

京早红 ……………………………………… 700

西农25 ……………………………………… 701

京香红 ……………………………………… 704

京脆红 ……………………………………… 705

京佳2号 ……………………………………… 708

紫叶矮樱 ……………………………………… 742

彩虹 ……………………………………… 753

彩霞 ……………………………………… 755

早丹 ……………………………………… 756

香泉1号 ……………………………………… 758

香泉2号 ……………………………………… 759

兰丁1号 ……………………………………… 760

兰丁2号 ……………………………………… 761

海樱1号 ……………………………………… 763

海樱2号 ……………………………………… 764

京欧1号 ……………………………………… 765

京欧2号 ……………………………………… 766

夏日红 ……………………………………… 767

紫叶稠李 ……………………………………… 769

豆科

金叶槐 ……………………………………… 784

芽黄 ……………………………………… 834

贝雷 ……………………………………… 835

主教 ……………………………………… 836

卫矛科

'华源发'黄杨 ……………………………………… 839

鼠李科

长辛店白枣 ……………………………………… 864

北京大老虎眼酸枣 ……………………………………… 865

北京马牙枣优系 ……………………………………… 866

红螺脆枣 ……………………………………… 893

鸡心脆枣 ……………………………………… 894

京枣311 ……………………………………… 899

槭树科

艳红 ……………………………………… 925

丽红 ……………………………………… 926

金叶复叶槭 ……………………………………… 932

漆树科

紫霞 ……………………………………… 934

木犀科

金叶白蜡 ……………………………………… 962

京黄 ……………………………………… 964

秋紫白蜡 ……………………………………… 971

京绿 ……………………………………… 973

雷舞 ……………………………………… 974

'金园'丁香 ……………………………………… 975

红堇 ……………………………………… 978

金阳 ……………………………………… 981

林伍德 ……………………………………… 982

忍冬科

金羽 ……………………………………… 986

梢红 ……………………………………… 992

红王子 ……………………………………… 993

金亮 ……………………………………… 994

河北省

胡桃科

清香 ……………………………………… 184

辽宁1号 ……………………………………… 202

辽宁7号 ……………………………………… 203

香玲 ……………………………………… 204

石门魁香 ……………………………………… 215

西岭 ……………………………………… 226

绿岭 ……………………………………… 227

早硕 ……………………………………… 241

壳斗科

燕山早丰 ……………………………………… 272

东陵明珠 ……………………………………… 273

遵化短刺 ……………………………………… 274

燕龙 ……………………………………… 276

燕兴 ……………………………………… 282

燕紫 ……………………………………… 287

燕秋 ……………………………………… 288

燕丽 ……………………………… 293

蔷薇科

香红梨 ……………………………… 497

黄冠梨 ……………………………… 498

冀硕 ……………………………… 502

冀酥 ……………………………… 503

昌红 ……………………………… 507

天红 1 号 ……………………………… 508

天红 2 号 ……………………………… 509

"2001（21 世纪）" ……………………………… 510

昌苹 8 号 ……………………………… 527

红光 1 号 ……………………………… 528

红光 2 号 ……………………………… 529

红光 3 号 ……………………………… 530

红光 4 号 ……………………………… 531

美硕 ……………………………… 632

红岗山桃 ……………………………… 637

美锦 ……………………………… 641

久脆 ……………………………… 646

久艳 ……………………………… 647

久玉 ……………………………… 648

脆保 ……………………………… 649

艳保 ……………………………… 650

保佳红 ……………………………… 656

久鲜 ……………………………… 657

久蜜 ……………………………… 658

秋妃 ……………………………… 660

晚秋妃 ……………………………… 661

冀光 ……………………………… 686

串枝红 ……………………………… 695

香白杏 ……………………………… 696

围选 1 号 ……………………………… 698

金秀 ……………………………… 710

金宇 ……………………………… 712

黑宝石李 ……………………………… 744

安哥诺李 ……………………………… 745

大石早生 ……………………………… 747

鼠李科

无核丰 ……………………………… 847

献王枣 ……………………………… 855

新星 ……………………………… 874

曙光 2 号 ……………………………… 889

曙光 3 号 ……………………………… 890

曙光 4 号 ……………………………… 892

山西省

松科

管涔林局闫家村白杆母树林种子 …………… 004

关帝林局孝文山白杆母树林种子 …………… 005

五台林局白杆种源种子 …………… 006

长城山华北落叶松 …………… 015

静乐华北落叶松 …………… 016

关帝林局华北落叶松种源种子 …………… 025

五台林局华北落叶松种源种子 …………… 026

中条山华山松 …………… 058

太岳林局石膏山白皮松母树林种子 …………… 087

关帝林局枝柯白皮松种源种子 …………… 088

杨树林局九梁洼樟子松母树林种子 …………… 105

上庄油松 …………… 110

吴城油松 …………… 113

海眼寺母树林油松种子 …………… 117

和顺义兴母树林油松种子 …………… 118

沁源油松 …………… 124

陵川第一山林场油松母树林种子 …………… 127

太岳林局灵空山油松母树林种子 …………… 128

柏科

沁水县樊庄侧柏母树林种子 …………… 138

桦林背杜松 …………… 147

红豆杉科

陵川县西闸水南方红豆杉母树林种子 ………… 149

榆科

中条林局历山裂叶榆母树林种子 …………… 158

胡桃科

晋龙 1 号 …………… 180

晋龙 2 号 …………… 181

薄壳香 …………… 182

辽核 1 号 …………………………… 183

金薄香 1 号核桃 …………………… 205

金薄香 2 号核桃 …………………… 206

晋香 ………………………………… 216

晋丰 ………………………………… 217

金薄香 3 号 ………………………… 218

金薄香 7 号 ………………………… 223

金薄香 8 号 ………………………… 224

金薄丰 1 号 ………………………… 225

金薄香 6 号 ………………………… 230

晋 RS-1 系核桃砧木 ……………… 231

清香 ………………………………… 232

晋绵 1 号 …………………………… 246

金核 1 号 …………………………… 247

太岳林局大南坪核桃楸母树林种子 … 262

太岳林局北平核桃楸母树林种子 …… 263

太行林局海眼寺核桃楸母树林种子 … 264

吕梁林局上庄核桃楸母树林种子 …… 265

中条林局皋落核桃楸母树林种子 …… 266

关帝林局双家寨核桃楸母树林种子 … 267

壳斗科

关帝林局真武山辽东栎母树林种子 … 299

太行林局坪松辽东栎母树林种子 …… 300

吕梁林局康城辽东栎母树林种子 …… 301

中条林局横河辽东栎母树林种子 …… 302

太岳林局灵空山辽东栎母树林种子 … 303

榛科

晋榛 2 号 …………………………… 315

柽柳科

松柏柽柳 …………………………… 335

杨柳科

潞城西流漳河柳 …………………… 343

陵川王莽岭中国黄花柳种源 ……… 349

金白杨 1 号 ………………………… 363

金白杨 2 号 ………………………… 364

金白杨 3 号 ………………………… 365

金白杨 5 号 ………………………… 366

欧洲山杨三倍体 …………………… 375

阳高河北杨 ………………………… 377

群改 2 号 …………………………… 389

中金 2 号 …………………………… 413

中金 7 号 …………………………… 414

中金 10 号 ………………………… 415

中林美荷 …………………………… 453

2001 杨 …………………………… 454

中黑防杨 …………………………… 455

WQ 90 杨 ………………………… 456

J 2 杨 ……………………………… 457

J 3 杨 ……………………………… 458

金黑杨 1 号 ………………………… 459

金黑杨 2 号 ………………………… 460

金黑杨 3 号 ………………………… 461

柿树科

猗红柿 ……………………………… 479

阳丰 ………………………………… 480

蔷薇科

金钟梨 ……………………………… 499

锦梨 1 号 …………………………… 504

锦梨 2 号 …………………………… 505

晋富 2 号 …………………………… 518

晋富 3 号 …………………………… 519

晋 18 短枝红富士 ………………… 526

苹果矮化砧木 SH 1 ……………… 544

红满堂 ……………………………… 545

SC 1 苹果矮化砧木 ……………… 548

SC 3 苹果矮化砧木 ……………… 549

矮化苹果砧木 Y-2 ……………… 550

苹果砧木 Y-3 …………………… 551

硕果海棠 …………………………… 552

晋扁 2 号扁桃 ……………………… 616

晋扁 3 号扁桃 ……………………… 617

晋薄 1 号 …………………………… 629

龙田硕蟠 …………………………… 659

晚金油桃 …………………………… 672

锦霞 ………………………………… 676

晋梅杏 ……………………………… 716

紫晶 …………………………………………………… 729

龙田早红 …………………………………………… 752

晶玲 …………………………………………………… 754

友谊 …………………………………………………… 757

万尼卡 ……………………………………………… 762

豆科

吉县刺槐1号 ……………………………………… 771

吉县刺槐2号 ……………………………………… 772

吉县刺槐3号 ……………………………………… 773

吉县刺槐4号 ……………………………………… 774

吉县刺槐5号 ……………………………………… 775

吉县刺槐6号 ……………………………………… 776

吉县刺槐7号 ……………………………………… 777

沁盛香花槐 ………………………………………… 780

大叶槐 ……………………………………………… 781

双季槐 ……………………………………………… 782

晋森 ………………………………………………… 783

米槐1号 …………………………………………… 785

米槐2号 …………………………………………… 786

运城五色槐 ………………………………………… 787

晋西柠条 …………………………………………… 790

晋皂1号 …………………………………………… 805

帅丁 ………………………………………………… 806

鼠李科

骏枣1号 …………………………………………… 848

壶瓶枣1号 ………………………………………… 849

金昌一号 …………………………………………… 850

帅枣1号 …………………………………………… 859

帅枣2号 …………………………………………… 860

雨丰枣 ……………………………………………… 861

冷白玉枣 …………………………………………… 862

木枣1号 …………………………………………… 867

早脆王 ……………………………………………… 868

板枣1号 …………………………………………… 869

相枣1号 …………………………………………… 875

早熟王 ……………………………………………… 876

关公枣 ……………………………………………… 877

金谷大枣 …………………………………………… 880

宫枣 ………………………………………………… 881

晋赞大枣 …………………………………………… 882

晋园红 ……………………………………………… 896

临黄1号 …………………………………………… 897

晋冬枣 ……………………………………………… 900

无患子科

冠硕 ………………………………………………… 922

冠红 ………………………………………………… 923

冠林 ………………………………………………… 924

槭树科

寒露红 ……………………………………………… 928

金枫 ………………………………………………… 931

苦木科

晋椿1号 …………………………………………… 937

芸香科

大红袍 ……………………………………………… 940

木犀科

泗交白蜡 …………………………………………… 963

紫葳科

晋梓1号 …………………………………………… 985

内蒙古自治区

松科

内蒙古贺兰山青海云杉母树林种子 ……………… 010

白音敖包沙地云杉优良种源种子 ………………… 012

上高台林场华北落叶松母树林种子 ……………… 018

苏木山林场华北落叶松种子园种子 ……………… 019

乌兰坝林场华北落叶松种子园种子 ……………… 021

乌兰坝林场华北落叶松母树林种子 ……………… 022

黑里河林场华北落叶松种子园种子 ……………… 023

旺业甸林场华北落叶松母树林种子 ……………… 024

乌兰坝林场兴安落叶松种子园种子 ……………… 029

甘河林业局兴安落叶松种子园种子 ……………… 030

乌尔旗汉林业局兴安落叶松种子园种子 ………… 031

内蒙古大兴安岭北部林区兴安落叶松母树林种子032

内蒙古大兴安岭东部林区兴安落叶松母树林种子033

内蒙古大兴安岭南部林区兴安落叶松母树林种子034

内蒙古大兴安岭中部林区兴安落叶松母树林种子035

旺业甸实验林场长白落叶松种子园种子………… 042

旺业甸实验林场长白落叶松母树林种子………… 043

旺业甸实验林场日本落叶松种子园种子………… 054

旺业甸实验林场日本落叶松母树林种子………… 055

红花尔基樟子松母树林种子………… 094

旺业甸林场樟子松种子园种子………… 102

旺业甸林场樟子松母树林种子………… 103

大杨树林业局樟子松母树林种子………… 104

万家沟油松种子园种子………… 116

黑里河林场油松母树林种子………… 121

准格尔旗油松母树林种子………… 122

黑里河油松种子园种子………… 123

柏科

乌拉特中旗叉子圆柏优良种源穗条………… 139

乌审旗沙地柏优良种源穗条………… 140

锡盟洪格尔高勒沙地柏优良种源穗条………… 141

榆科

锡盟沙地榆优良种源种子………… 159

藜科

乌拉特后旗梭梭采种基地种子………… 329

四子王旗华北驼绒藜采种基地种子………… 330

柽柳科

额济纳旗多枝柽柳优良种源区穗条………… 337

杭锦后旗细穗柽柳优良种源穗条………… 340

杨柳科

乌审旗旱柳优良种源穗条………… 341

鄂尔多斯沙柳优良种源穗条………… 350

正蓝旗黄柳采条基地穗条………… 351

新疆杨………… 371

河北杨………… 379

哲林4号杨………… 403

小美旱杨………… 405

汇林88号杨………… 407

通林7号杨………… 408

拟青 × 山海关杨………… 409

赤峰杨………… 410

赤美杨………… 452

昭林6号杨………… 468

赤峰小黑杨………… 469

小胡杨 –1………… 477

蔷薇科

寒红梨………… 493

蒙富………… 535

新苹红………… 536

豆科

杭锦旗柠条锦鸡儿母树林种子………… 792

达拉特旗柠条锦鸡儿母树林种子………… 793

乌拉特中旗柠条锦鸡儿采种基地种子………… 794

正镶白旗柠条锦鸡儿采种基地种子………… 795

鄂托克前旗中间锦鸡儿采种基地种子………… 797

阿拉善盟沙冬青优良种源区种子………… 799

鄂托克旗细枝岩黄耆采种基地种子………… 802

鄂托克旗塔落岩黄耆采种基地种子………… 804

槭树科

翁牛特旗元宝枫采种基地种子………… 927

辽宁省

银杏科

丹东银杏………… 001

松科

哈达长白落叶松种子园种子………… 037

大孤家日本落叶松种子园种子………… 049

老秃顶子日本落叶松种子园种子………… 050

青凉山日本落叶松种子园种子………… 051

落叶松杂交种子园………… 052

日本落叶松优良家系 (F13、F41)………… 053

辽宁省实验林场日本落叶松母树林种子………… 056

老秃顶子红松母树林种子………… 061

草河口红松结实高产无性系………… 062

清河城红松种子园种子………… 063

清河城红松母树林种子………… 064

红松果林高产无性系 (9512、9526)………… 065

辽宁省实验林场红松母树林种子………… 066

东部白松2000 – 4号种源………… 083

东部白松2000 – 15号种源………… 084

东部白松2000 – 16号种源………… 085

东部白松⋯⋯⋯⋯⋯⋯⋯⋯⋯⋯⋯⋯ 086

沙地赤松⋯⋯⋯⋯⋯⋯⋯⋯⋯⋯⋯⋯ 089

付家樟子松无性系初级种子园种子⋯⋯ 090

樟子松优良无性系 (GS1、GS2) ⋯⋯⋯ 091

章古台樟子松种子园种子⋯⋯⋯⋯⋯⋯ 092

彰武松⋯⋯⋯⋯⋯⋯⋯⋯⋯⋯⋯⋯⋯ 108

北票油松种子园种子⋯⋯⋯⋯⋯⋯⋯ 111

红旗油松种子园种子⋯⋯⋯⋯⋯⋯⋯ 114

阜新镇油松母树林种子⋯⋯⋯⋯⋯⋯ 119

胜利油松母树林种子⋯⋯⋯⋯⋯⋯⋯ 120

小洞油松母树林种子⋯⋯⋯⋯⋯⋯⋯ 125

大板油松母树林种子⋯⋯⋯⋯⋯⋯⋯ 126

峨嵋林场刚松种子园种子⋯⋯⋯⋯⋯ 132

班克松⋯⋯⋯⋯⋯⋯⋯⋯⋯⋯⋯⋯⋯ 133

柏科

沈阳文香柏⋯⋯⋯⋯⋯⋯⋯⋯⋯⋯⋯ 134

寒香萃柏⋯⋯⋯⋯⋯⋯⋯⋯⋯⋯⋯⋯ 135

周家店侧柏母树林种子⋯⋯⋯⋯⋯⋯ 137

红豆杉科

辽宁东北红豆杉⋯⋯⋯⋯⋯⋯⋯⋯⋯ 148

胡桃科

寒丰⋯⋯⋯⋯⋯⋯⋯⋯⋯⋯⋯⋯⋯⋯ 207

辽宁10号⋯⋯⋯⋯⋯⋯⋯⋯⋯⋯⋯⋯ 208

辽宁6号⋯⋯⋯⋯⋯⋯⋯⋯⋯⋯⋯⋯ 219

辽瑞丰⋯⋯⋯⋯⋯⋯⋯⋯⋯⋯⋯⋯⋯ 233

丹东核桃楸母树林种子⋯⋯⋯⋯⋯⋯ 261

壳斗科

辽栗10号⋯⋯⋯⋯⋯⋯⋯⋯⋯⋯⋯⋯ 269

辽栗15号⋯⋯⋯⋯⋯⋯⋯⋯⋯⋯⋯⋯ 270

辽栗23号⋯⋯⋯⋯⋯⋯⋯⋯⋯⋯⋯⋯ 271

广银⋯⋯⋯⋯⋯⋯⋯⋯⋯⋯⋯⋯⋯⋯ 277

宽优9113 ⋯⋯⋯⋯⋯⋯⋯⋯⋯⋯⋯⋯ 283

国见⋯⋯⋯⋯⋯⋯⋯⋯⋯⋯⋯⋯⋯⋯ 294

利平⋯⋯⋯⋯⋯⋯⋯⋯⋯⋯⋯⋯⋯⋯ 295

大峰⋯⋯⋯⋯⋯⋯⋯⋯⋯⋯⋯⋯⋯⋯ 296

高城⋯⋯⋯⋯⋯⋯⋯⋯⋯⋯⋯⋯⋯⋯ 297

大国⋯⋯⋯⋯⋯⋯⋯⋯⋯⋯⋯⋯⋯⋯ 298

桦木科

湾甸子裂叶垂枝桦⋯⋯⋯⋯⋯⋯⋯⋯ 308

榛科

极丰榛子⋯⋯⋯⋯⋯⋯⋯⋯⋯⋯⋯⋯ 312

铁榛一号⋯⋯⋯⋯⋯⋯⋯⋯⋯⋯⋯⋯ 313

铁榛二号⋯⋯⋯⋯⋯⋯⋯⋯⋯⋯⋯⋯ 314

薄壳红⋯⋯⋯⋯⋯⋯⋯⋯⋯⋯⋯⋯⋯ 316

达维⋯⋯⋯⋯⋯⋯⋯⋯⋯⋯⋯⋯⋯⋯ 317

玉坠⋯⋯⋯⋯⋯⋯⋯⋯⋯⋯⋯⋯⋯⋯ 318

辽榛3号⋯⋯⋯⋯⋯⋯⋯⋯⋯⋯⋯⋯ 319

辽榛4号⋯⋯⋯⋯⋯⋯⋯⋯⋯⋯⋯⋯ 320

辽榛7号⋯⋯⋯⋯⋯⋯⋯⋯⋯⋯⋯⋯ 325

辽榛8号⋯⋯⋯⋯⋯⋯⋯⋯⋯⋯⋯⋯ 326

辽榛9号⋯⋯⋯⋯⋯⋯⋯⋯⋯⋯⋯⋯ 327

杨柳科

辽育1号杨⋯⋯⋯⋯⋯⋯⋯⋯⋯⋯⋯ 390

辽育2号杨⋯⋯⋯⋯⋯⋯⋯⋯⋯⋯⋯ 391

辽育3号杨⋯⋯⋯⋯⋯⋯⋯⋯⋯⋯⋯ 399

吴屯杨⋯⋯⋯⋯⋯⋯⋯⋯⋯⋯⋯⋯⋯ 402

小美旱杨⋯⋯⋯⋯⋯⋯⋯⋯⋯⋯⋯⋯ 406

辽宁杨⋯⋯⋯⋯⋯⋯⋯⋯⋯⋯⋯⋯⋯ 444

中辽1号杨⋯⋯⋯⋯⋯⋯⋯⋯⋯⋯⋯ 450

辽胡耐盐1号杨⋯⋯⋯⋯⋯⋯⋯⋯⋯ 473

辽胡耐盐2号杨⋯⋯⋯⋯⋯⋯⋯⋯⋯ 474

蔷薇科

建平南果梨⋯⋯⋯⋯⋯⋯⋯⋯⋯⋯⋯ 492

辽优扁1号⋯⋯⋯⋯⋯⋯⋯⋯⋯⋯⋯ 711

辽白扁2号⋯⋯⋯⋯⋯⋯⋯⋯⋯⋯⋯ 713

山杏1号⋯⋯⋯⋯⋯⋯⋯⋯⋯⋯⋯⋯ 719

山杏2号⋯⋯⋯⋯⋯⋯⋯⋯⋯⋯⋯⋯ 720

山杏3号⋯⋯⋯⋯⋯⋯⋯⋯⋯⋯⋯⋯ 721

甜丰⋯⋯⋯⋯⋯⋯⋯⋯⋯⋯⋯⋯⋯⋯ 722

胡颓子科

深秋红⋯⋯⋯⋯⋯⋯⋯⋯⋯⋯⋯⋯⋯ 813

无刺丰⋯⋯⋯⋯⋯⋯⋯⋯⋯⋯⋯⋯⋯ 814

中红果沙棘⋯⋯⋯⋯⋯⋯⋯⋯⋯⋯⋯ 828

中黄果沙棘⋯⋯⋯⋯⋯⋯⋯⋯⋯⋯⋯ 829

中无刺沙棘⋯⋯⋯⋯⋯⋯⋯⋯⋯⋯⋯ 830

鼠李科

喀左大平顶枣⋯⋯⋯⋯⋯⋯⋯⋯⋯⋯⋯ 883

槭树科

阜新高山台五角枫母树林种子⋯⋯⋯⋯ 929

周家店五角枫母树林种子⋯⋯⋯⋯⋯⋯ 930

吉林省

松科

樟子松优良种源（高峰）⋯⋯⋯⋯⋯⋯ 093

杨柳科

吉柳1号⋯⋯⋯⋯⋯⋯⋯⋯⋯⋯⋯⋯⋯ 345

吉柳2号⋯⋯⋯⋯⋯⋯⋯⋯⋯⋯⋯⋯⋯ 346

白林85-68柳⋯⋯⋯⋯⋯⋯⋯⋯⋯⋯ 347

白林85-70柳⋯⋯⋯⋯⋯⋯⋯⋯⋯⋯ 348

大叶山杨⋯⋯⋯⋯⋯⋯⋯⋯⋯⋯⋯⋯⋯ 373

欧洲三倍体山杨⋯⋯⋯⋯⋯⋯⋯⋯⋯⋯ 374

白城杨-2⋯⋯⋯⋯⋯⋯⋯⋯⋯⋯⋯⋯ 382

大青杨HL系列无性系⋯⋯⋯⋯⋯⋯⋯ 388

白林二号杨⋯⋯⋯⋯⋯⋯⋯⋯⋯⋯⋯⋯ 392

白城小青黑杨⋯⋯⋯⋯⋯⋯⋯⋯⋯⋯⋯ 393

鞍杂杨⋯⋯⋯⋯⋯⋯⋯⋯⋯⋯⋯⋯⋯⋯ 394

风沙1号杨⋯⋯⋯⋯⋯⋯⋯⋯⋯⋯⋯⋯ 395

白林一号⋯⋯⋯⋯⋯⋯⋯⋯⋯⋯⋯⋯⋯ 396

白城5号杨⋯⋯⋯⋯⋯⋯⋯⋯⋯⋯⋯⋯ 398

白城小黑杨⋯⋯⋯⋯⋯⋯⋯⋯⋯⋯⋯⋯ 416

晚花杨⋯⋯⋯⋯⋯⋯⋯⋯⋯⋯⋯⋯⋯⋯ 417

格尔里杨⋯⋯⋯⋯⋯⋯⋯⋯⋯⋯⋯⋯⋯ 418

西+加杨⋯⋯⋯⋯⋯⋯⋯⋯⋯⋯⋯⋯⋯ 419

北京605杨⋯⋯⋯⋯⋯⋯⋯⋯⋯⋯⋯⋯ 430

中加10号杨⋯⋯⋯⋯⋯⋯⋯⋯⋯⋯⋯ 441

蔷薇科

艳丽花楸⋯⋯⋯⋯⋯⋯⋯⋯⋯⋯⋯⋯⋯ 489

北美紫叶稠李⋯⋯⋯⋯⋯⋯⋯⋯⋯⋯⋯ 768

胡颓子科

银果胡颓子⋯⋯⋯⋯⋯⋯⋯⋯⋯⋯⋯⋯ 807

白城桂香柳⋯⋯⋯⋯⋯⋯⋯⋯⋯⋯⋯⋯ 809

黑龙江省

松科

嫩江云杉⋯⋯⋯⋯⋯⋯⋯⋯⋯⋯⋯⋯⋯ 003

缸窑兴安落叶松初级无性系种子园种子⋯ 027

阁山兴安落叶松人工母树林⋯⋯⋯⋯⋯ 027

加格达奇兴安落叶松第一代无性系种子园种子 028

胜山兴安落叶松天然母树林⋯⋯⋯⋯⋯ 028

青山杂种落叶松实生种子园种子⋯⋯⋯ 036

错海长白落叶松第一代无性系种子园种子 038

孟家岗长白落叶松初级无性系种子园种子 039

青山长白落叶松第一代种子园种子⋯⋯ 040

渤海长白落叶松初级无性系种子园种子⋯ 041

鸡西长白落叶松种源⋯⋯⋯⋯⋯⋯⋯⋯ 044

和龙长白落叶松种源⋯⋯⋯⋯⋯⋯⋯⋯ 045

太东长白落叶松初级无性系种子⋯⋯⋯ 046

梨树长白落叶松初级无性系种子⋯⋯⋯ 046

鸡西长白落叶松初级无性系种子⋯⋯⋯ 047

陈家店长白落叶松初级无性系种子⋯⋯ 047

鹤岗长白落叶松初级无性系种子⋯⋯⋯ 048

通天一长白落叶松初级无性系种子⋯⋯ 048

日5×兴9杂种落叶松家系⋯⋯⋯⋯⋯ 057

兴7×日77-2杂种落叶松家系⋯⋯⋯ 057

LK3红松坚果无性系⋯⋯⋯⋯⋯⋯⋯ 067

LK11红松坚果无性系⋯⋯⋯⋯⋯⋯⋯ 068

LK20红松坚果无性系⋯⋯⋯⋯⋯⋯⋯ 069

LK27红松坚果无性系⋯⋯⋯⋯⋯⋯⋯ 070

NB45红松坚果无性系⋯⋯⋯⋯⋯⋯⋯ 071

NB66红松坚果无性系⋯⋯⋯⋯⋯⋯⋯ 072

NB67红松坚果无性系⋯⋯⋯⋯⋯⋯⋯ 073

NB70红松坚果无性系⋯⋯⋯⋯⋯⋯⋯ 074

JM24红松坚果无性系⋯⋯⋯⋯⋯⋯⋯ 075

JM29红松坚果无性系⋯⋯⋯⋯⋯⋯⋯ 076

JM32红松坚果无性系⋯⋯⋯⋯⋯⋯⋯ 077

HG8红松坚果无性系⋯⋯⋯⋯⋯⋯⋯ 078

HG14红松坚果无性系⋯⋯⋯⋯⋯⋯⋯ 079

HG23红松坚果无性系⋯⋯⋯⋯⋯⋯⋯ 080

HG27红松坚果无性系⋯⋯⋯⋯⋯⋯⋯ 081

大亮子河红松天然母树林⋯⋯⋯⋯⋯⋯ 082

胜山红松天然母树林⋯⋯⋯⋯⋯⋯⋯⋯ 082

错海樟子松第一代无性系种子园种子⋯⋯ 095

东方红樟子松第一代无性系种子园种子……… 096

青山樟子松初级无性系种子园种子………… 097

樟子松金山种源…………………………… 098

东方红钻天松……………………………… 099

加格达奇樟子松第一代无性系种子园种子…… 106

梨树樟子松初级无性系种子园种子………… 106

樟子松卡伦山种源………………………… 107

桦木科

欧洲垂枝桦……………………………… 307

杨柳科

青竹柳…………………………………… 344

银中杨…………………………………… 362

山新杨…………………………………… 376

青山杨…………………………………… 404

光皮小黑杨……………………………… 445

黑青杨…………………………………… 451

茶藨子科

黑林穗宝醋栗…………………………… 481

惠丰醋栗………………………………… 482

蔷薇科

冬红花楸………………………………… 490

胡颓子科

沙棘 HF−14 …………………………… 821

木犀科

宝龙店水曲柳天然母树林………………… 966

大泉子水曲柳母树林……………………… 967

忍冬科

蓝心忍冬………………………………… 987

伊人忍冬………………………………… 988

黑林丰忍冬……………………………… 989

陕西

松科

榆林樟子松种子园种子…………………… 100

八渡油松种子园………………………… 109

古城油松种子园………………………… 112

桥山双龙油松种子园……………………… 115

奥地利黑松……………………………… 130

美国黄松………………………………… 131

杜仲科

秦仲1号………………………………… 152

秦仲2号………………………………… 152

秦仲3号………………………………… 153

秦仲4号………………………………… 153

饲仲1号………………………………… 154

短枝密叶杜仲…………………………… 154

胡桃科

西扶1号………………………………… 176

西扶2号………………………………… 177

西林2号………………………………… 178

西洛1号………………………………… 178

西洛2号………………………………… 179

西洛3号………………………………… 179

强特勒…………………………………… 228

陕核短枝………………………………… 229

安康串核桃……………………………… 234

安康紫仁核桃…………………………… 235

鲁果1号………………………………… 242

鲁果11 ………………………………… 243

壳斗科

安栗1号………………………………… 268

金真栗…………………………………… 284

金真晚栗………………………………… 284

灰拣……………………………………… 290

明拣……………………………………… 291

安栗2号………………………………… 292

芍药科

'祥丰'牡丹 …………………………… 333

猕猴桃科

秦香……………………………………… 334

杨柳科

中富柳1号……………………………… 342

中富柳2号……………………………… 342

秦白杨1号……………………………… 367

秦白杨2号……………………………… 368

秦白杨3号……………………………… 369

蔷薇科

夹角 ···································· 486

解放钟 ································ 486

太城 4 号 ··························· 487

长红 3 号 ··························· 487

森尾早生 ···························· 488

西农枇杷 2 号 ···················· 488

榆林长柄扁桃（种源） ·········· 630

太平肉杏 ···························· 687

一窝蜂 ································ 687

山苦 2 号 ··························· 717

红喜梅 ································ 747

秦红李 ································ 748

奥德 ·································· 748

奥杰 ·································· 750

玫蕾 ·································· 750

秦樱 1 号 ··························· 751

艳阳 ·································· 751

吉美 ·································· 763

石榴科

昭陵御石榴 ························· 833

山茱萸科

大红枣 1 号 ························ 837

石滚枣 1 号 ························ 837

秦丰 ·································· 838

秦玉 ·································· 838

鼠李科

延川狗头枣 ························· 843

佳县油枣 ···························· 844

阎良相枣 ···························· 845

七月鲜 ································ 846

晋枣 3 号 ··························· 856

秦宝冬枣 ···························· 857

阎良脆枣 ···························· 863

陕北长枣 ···························· 884

方木枣 ································ 885

械树科

大红袍 ································ 935

高八尺 ································ 935

芸香科

南强 1 号 ··························· 938

狮子头 ································ 938

无刺椒 ································ 939

美凤椒 ································ 939

玄参科

陕桐 3 号 ··························· 983

陕桐 4 号 ··························· 983

甘肃省

松科

青海云杉（天祝）母树林种子 ········· 007

华北落叶松母树林种子 ············· 020

华山松母树林 ······················ 059

榆科

天水榆树第一代种子园 ············· 161

胡桃科

辽宁 4 号 ··························· 236

薄壳香 ································ 237

中林 1 号 ··························· 238

晋龙 2 号 ··························· 239

鲁光 ·································· 240

芍药科

子午岭紫斑牡丹 ···················· 333

杨柳科

三倍体毛白杨 ······················ 380

欧美杨 107 ························· 446

欧美杨 108 ························· 446

胡杨母树林 ························· 472

蔷薇科

砀山酥梨 ···························· 491

红佳人（张掖红梨 2 号） ·········· 506

天富 1 号 ··························· 517

天富 2 号 ··························· 517

秋富 1 号 ··························· 540

新红星 ································ 541

天汪一号 ···························· 542

长富6号 …… 542

敦煌紫胭桃 …… 671

曹杏 …… 706

唐汪大接杏 …… 717

豆科

花棒 …… 801

胡颓子科

沙枣母树林 …… 810

鼠李科

靖远小口枣 …… 870

民勤小枣 …… 871

敦煌灰枣 …… 891

九龙金枣（宁县晋枣） …… 902

梨枣 …… 903

葡萄科

无核白葡萄 …… 921

苦木科

天水臭椿母树林 …… 936

紫葳科

楸树 …… 984

青海省

松科

青海云杉 …… 008

互助县北山林场青杆种源 …… 011

黄南州麦秀林场紫果云杉母树林 …… 013

互助县北山林场油松种源 …… 129

柏科

祁连圆柏 …… 146

胡桃科

辽宁1号核桃 …… 248

杨柳科

湟水林场小叶杨M29无性系 …… 383

青海杨X10无性系 …… 384

小青杨新无性系 …… 386

青杨雄株优良无性系 …… 387

豆科

白锦鸡儿 …… 796

胡颓子科

沙棘 …… 815

蒺藜科

霸王 …… 942

茄科

柴杞1号 …… 952

青杞1号 …… 953

黑果枸杞"诺黑" …… 959

木犀科

紫丁香 …… 976

暴马丁香 …… 980

宁夏回族自治区

松科

罗山青海云杉天然母树林种子 …… 009

六盘山华北落叶松一代种子园种子 …… 017

华山松六盘山种源 …… 060

桦木科

白桦六盘山种源 …… 305

红桦六盘山种源 …… 311

柽柳科

红花多枝柽柳 …… 336

杨柳科

新疆杨 …… 370

西吉青皮河北杨 …… 378

小胡杨 …… 478

蔷薇科

宁秋 …… 511

国光苹果 …… 520

金冠苹果 …… 521

宁金富苹果 …… 522

红叶乐园 …… 543

景观奈-29 …… 553

蒙古扁桃 …… 631

山桃六盘山种源 …… 685

山杏彭阳种源 …… 699

红梅杏 …… 709

紫叶矮樱 …… 743

豆科

树新刺槐母树林种子 ………………………………… 778

金山刺槐母树林种子 ………………………………… 779

紫穗槐 …………………………………………………… 788

柠条盐池种源 …………………………………………… 789

毛条灵武种源 …………………………………………… 791

沙冬青宁夏种源 ………………………………………… 798

花棒宁夏种源 …………………………………………… 800

杨柴盐池种源 …………………………………………… 803

胡颓子科

沙枣宁夏种源 …………………………………………… 808

沙棘六盘山种源 ………………………………………… 816

卫矛科

栓翅卫矛'铮铮1号' …………………………………… 840

栓翅卫矛'铮铮2号' …………………………………… 841

鼠李科

灵武长枣 ………………………………………………… 858

同心圆枣 ………………………………………………… 872

中宁圆枣 ………………………………………………… 873

灵武长枣2号 …………………………………………… 895

葡萄科

大青葡萄 ………………………………………………… 904

葡萄'威代尔' …………………………………………… 916

马钱科

互叶醉鱼草（醉鱼木） ………………………………… 943

萝藦科

杠柳 ……………………………………………………… 944

茄科

宁杞4号 ………………………………………………… 946

宁杞5号 ………………………………………………… 947

宁杞3号 ………………………………………………… 948

宁杞6号 ………………………………………………… 949

宁杞7号 ………………………………………………… 950

宁农杞9号 ……………………………………………… 954

宁杞8号 ………………………………………………… 957

枸杞'叶用1号' ………………………………………… 958

马鞭草科

金叶莸 …………………………………………………… 960

蒙古莸 …………………………………………………… 961

木犀科

水曲柳驯化树种 NG …………………………………… 965

暴马丁香 ………………………………………………… 979

忍冬科

鞑靼忍冬 ………………………………………………… 990

金花忍冬 ………………………………………………… 991

新疆维吾尔自治区

松科

雪岭云杉（天山云杉）种子园 ………………………… 002

新疆落叶松种子园 ……………………………………… 014

樟子松 …………………………………………………… 101

悬铃木科

二球悬铃木 ……………………………………………… 151

新疆大叶榆母树林 ……………………………………… 155

大叶榆母树林 …………………………………………… 156

'裂叶'榆 ………………………………………………… 157

白榆初级种子园 ………………………………………… 160

'金叶'榆 ………………………………………………… 162

白榆种子园 ……………………………………………… 163

钻天榆 × 新疆白榆优树杂交种子园 ………………… 164

圆冠榆 …………………………………………………… 165

桑科

白桑 ……………………………………………………… 166

'早熟'无花果 …………………………………………… 167

'晚熟'无花果 …………………………………………… 168

胡桃科

'新光'核桃 ……………………………………………… 169

'新丰'核桃 ……………………………………………… 170

'新露'核桃 ……………………………………………… 171

'温185'核桃 …………………………………………… 172

'扎343'核桃 …………………………………………… 173

'新早丰'核桃 …………………………………………… 174

'卡卡孜'核桃 …………………………………………… 175

'和上01号'核桃 ……………………………………… 185

'和上15号'核桃 ……………………………………… 186

'和上20号'核桃 ……………………………………… 192

'和春06号'核桃 ····· 193

'阿浑02号'核桃 ····· 194

'库三02号'核桃 ····· 195

'乌火06号'核桃 ····· 196

'新新2号'核桃 ····· 197

'新萃丰'核桃 ····· 198

'萨依瓦克5号'核桃 ····· 199

'萨依瓦克9号'核桃 ····· 200

'吐古其15号'核桃 ····· 201

新温724 ····· 249

新温915 ····· 250

新温917 ····· 251

'新温81'核桃 ····· 187

'新温179'核桃 ····· 188

'新温233'核桃 ····· 189

'新乌417'核桃 ····· 190

'新巨丰'核桃 ····· 191

核桃楸 ····· 260

壳斗科

夏橡 ····· 304

桦木科

疣枝桦 ····· 306

沼泽小叶桦 ····· 309

天山桦 ····· 310

榛科

'新榛1号'（平榛 × 欧洲榛）····· 321

'新榛2号'（平榛 × 欧洲榛）····· 322

'新榛3号'（平榛 × 欧洲榛）····· 323

'新榛4号'（平榛 × 欧洲榛）····· 324

蓼科

梭梭柴 ····· 328

乔木状沙拐枣 ····· 331

头状沙拐枣 ····· 332

柽柳科

短毛柽柳 ····· 338

多枝柽柳 ····· 339

杨柳科

银白杨母树林 ····· 356

'银 × 新4' ····· 357

'银 × 新10' ····· 358

'银 × 新12' ····· 359

'准噶尔1号'杨（银白杨 × 新疆杨）····· 360

'准噶尔2号'杨（银白杨 × 新疆杨）····· 361

新疆杨 ····· 372

'三倍体'毛白杨（193系列）····· 381

伊犁小青杨（'熊钻17号'杨）····· 385

伊犁小叶杨（加小 × 俄9号）····· 397

合作杨 ····· 400

'大台'杨 ····· 401

'741－9－1'杨 ····· 411

'076－28'杨 ····· 412

伊犁大叶杨（大叶钻天杨）····· 420

伊犁小美杨（阿富汗杨）····· 421

'伊犁杨1号'（'64号'杨）····· 422

'伊犁杨2号'（'I－45 / 51'杨）····· 423

'伊犁杨3号'（日本白杨）····· 424

'伊犁杨4号'（'I－262'杨）····· 425

'伊犁杨5号'（'I－467'杨）····· 426

'伊犁杨7号'（马里兰德杨）····· 427

'伊犁杨8号'（'保加利亚3号'杨）····· 428

格氏杨 ····· 429

法国杂种 ····· 431

加杨 ····· 432

'I－214'杨 ····· 433

'保加利亚3号'杨 ····· 434

箭 × 小杨 ····· 435

'I－488'杨 ····· 436

健227'杨 ····· 437

斯大林工作者'杨 ····· 438

俄罗斯杨 ····· 439

小黑杨 ····· 440

'少先队2号'杨 ····· 442

'伊犁杨6号'（'优胜003'）····· 443

'北美1号'杨（'OP－367'）····· 447

'北美2号'杨（'DN－34'）····· 448

'北美3号'杨（'NM－6'）····· 449

78-8杨 …………………………………… 462

78-133杨 ………………………………… 463

54杨 ……………………………………… 464

101杨 …………………………………… 465

中林杨 …………………………………… 466

欧洲黑杨 ………………………………… 467

健杨 ……………………………………… 470

胡杨 ……………………………………… 471

'密胡杨1号' ……………………………… 475

'密胡杨2号' ……………………………… 476

茶藨子科

'寒丰' …………………………………… 483

'布劳德' ………………………………… 484

蔷薇科

'库尔勒'香梨 …………………………… 494

'沙01' …………………………………… 495

新梨9号 ………………………………… 496

'早美香'（'香梨芽变94-9'） …………… 500

'长富2号'、'(伊犁)长富2号' …………… 523

'烟富3号' ……………………………… 524

'皇家嘎啦' ……………………………… 525

'新红1号' ……………………………… 532

'新富1号' ……………………………… 533

'早富1号' ……………………………… 534

阿波尔特 ………………………………… 537

首红 ……………………………………… 538

寒富 ……………………………………… 539

新疆野苹果 ……………………………… 547

'红宝石'海棠 …………………………… 577

红勋1号 ………………………………… 578

'多果'巴旦杏 …………………………… 605

'双软'巴旦杏 …………………………… 606

'晚丰'巴旦杏 …………………………… 607

'纸皮'巴旦杏 …………………………… 608

'鹰嘴'巴旦姆 …………………………… 609

'克西'巴旦姆 …………………………… 610

'双果'巴旦姆 …………………………… 611

'双薄'巴旦姆 …………………………… 612

麻壳'巴旦姆 …………………………… 613

'寒丰'巴旦姆 …………………………… 614

'小软壳(14号)'巴旦姆 ………………… 615

'浓帕烈' ………………………………… 618

'索诺拉' ………………………………… 619

'特晚花浓帕烈' ………………………… 620

'卢比' …………………………………… 621

米星 ……………………………………… 622

'弗瑞兹' ………………………………… 623

'汤姆逊' ………………………………… 624

'尼普鲁斯' ……………………………… 625

'布特' …………………………………… 626

'索拉诺' ………………………………… 627

'卡买尔' ………………………………… 628

'慕亚格'杏 ……………………………… 688

'色买提'杏 ……………………………… 689

'托普鲁克'杏 …………………………… 690

'黑叶'杏 ………………………………… 691

'明星'杏 ………………………………… 692

'胡安娜'杏 ……………………………… 693

'轮南白杏' ……………………………… 694

'巴仁'杏（'苏克牙格力克'杏） ………… 697

'轮台白杏' ……………………………… 702

'库车小白杏' …………………………… 703

'叶娜'杏 ………………………………… 707

山杏 ……………………………………… 714

'圃杏1号' ……………………………… 715

大红杏 …………………………………… 718

'恐龙蛋' ………………………………… 723

'味帝' …………………………………… 724

'味厚' …………………………………… 725

'卡拉玉鲁克1号'（'喀什酸梅1号'） …… 726

'艾努拉'酸梅(喀什大果酸梅) ………… 727

'卡拉玉鲁克5号'（'喀什酸梅5号'） …… 728

'新梅1号' ……………………………… 730

新梅2号 ………………………………… 731

新梅3号 ………………………………… 732

'新梅4号'（法新西梅） ………………… 733

理查德早生 …………………………… 734

伊梅1号 ……………………………… 735

'红叶'李 ……………………………… 736

'紫霞'（Ⅰ14－14） ………………… 737

'黑玉'（Ⅰ16－56） ………………… 738

'络珠'（Ⅰ16－38） ………………… 739

'紫美'（Ⅴ2－16） ………………… 740

西域红叶李 …………………………… 741

黑宝石李 ……………………………… 746

'桑波'（Ⅱ20－38） ………………… 749

紫叶稠李 ……………………………… 770

胡颓子科

大果沙枣 ……………………………… 811

尖果沙枣 ……………………………… 812

'向阳' ………………………………… 817

'阿尔泰新闻' ………………………… 818

'楚伊' ………………………………… 819

'阿列伊' ……………………………… 820

'无刺丰' ……………………………… 822

'深秋红' ……………………………… 823

'壮圆黄' ……………………………… 824

'新垦沙棘1号'（乌兰沙林） ……… 825

'新垦沙棘2号'（'棕丘'） ………… 826

'新垦沙棘3号'（'无刺雄'） ……… 827

石榴科

'皮亚曼1号'石榴 …………………… 831

'皮亚曼2号'石榴 …………………… 832

鼠李科

'哈密大枣' …………………………… 842

'灰枣' ………………………………… 851

'赞皇枣' ……………………………… 852

'金丝小枣' …………………………… 853

'喀什噶尔长圆枣' …………………… 854

骏枣 …………………………………… 878

'垦鲜枣1号'（梨枣） ……………… 879

'若羌灰枣' …………………………… 886

'若羌冬枣' …………………………… 887

'若羌金丝小枣' ……………………… 888

'垦鲜枣2号'（赞皇枣） …………… 898

霍城大枣 ……………………………… 901

葡萄科

'无核白'（吐鲁番无核白、和静无核白） …… 905

'无核白鸡心' ………………………… 906

'赤霞珠' ……………………………… 907

'白木纳格'葡萄 ……………………… 908

'红木纳格'葡萄 ……………………… 909

'红地球'葡萄 ………………………… 910

'克瑞森无核' ………………………… 911

'新雅' ………………………………… 912

'火州紫玉' …………………………… 913

'白沙玉' ……………………………… 914

'红旗特早玫瑰' ……………………… 915

霞多丽 ………………………………… 917

梅鹿辄 ………………………………… 918

西拉 …………………………………… 919

雷司令 ………………………………… 920

槭树科

复叶槭 ………………………………… 933

芸香科

黄波萝母树林 ………………………… 941

茄科

'精杞1号' …………………………… 945

'精杞2号' …………………………… 951

'精杞4号' …………………………… 955

'精杞5号' …………………………… 956

木犀科

'水曲柳1号' ………………………… 968

小叶白蜡 ……………………………… 969

大叶白蜡 ……………………………… 970

大叶白蜡母树林 ……………………… 972

紫丁香 ………………………………… 977

拉丁文名称索引

（B-9，Milling 8×red standard）'Hongye'　543

（P.simonii×P.euphratica）×P.nigra　474

A

Acer mono Maxim.　929

Acer mono Maxim. 'Jinfeng'　931

Acer mono Maxim. 'Zhoujiadian'　930

Acer negundo 'Jinyefuyeqi'　932

Acer negundo L.　933

Acer truncatum 'Lihong'　926

Acer truncatum 'Yanhong'　925

Acer truncatum Bunge　927

Acer truncatum cv. Aima. L. 'Hanluhong'　928

Actindia chinensis Var. hisda C.F.Liang. 'Qinxiang.'
　　334

Ailanthus altissima　936

Ailanthus altissima（Mill.）Swingle. 'Jinchun 1'　937

Ammopiptanthus mongolicus (Maxim. ex Kom.) Cheng f.
　　799

Ammopiptanthus mongolicus (Maxim.)Chengf.　798

Amorpha fruticosa L.　788

Amydalus pedunculata Pall. 'Yulin chang bing bian tao.'
　　630

Amygdalus communis 'Buute'　626

Amygdalus communis 'Carmel'　628

Amygdalus communis 'Duoguo'　605

Amygdalus communis 'Fritz'　623

Amygdalus communis 'Hanfeng'　614

Amygdalus communis 'Kexi'　610

Amygdalus communis 'Make'　613

Amygdalus communis 'Mission'　622

Amygdalus communis 'Nepulusultra'　625

Amygdalus communis 'Nonpareil'　618

Amygdalus communis 'Ruby'　621

Amygdalus communis 'Shuangbo'　612

Amygdalus communis 'Shuangguo'　611

Amygdalus communis 'Shuangruan'　606

Amygdalus communis 'Solano'　627

Amygdalus communis 'Sonora'　619

Amygdalus communis 'Tewanhuanonpareil'　620

Amygdalus communis 'Thompson'　624

Amygdalus communis 'Wanfeng'　607

Amygdalus communis 'Xiaoruanke-14'　615

Amygdalus communis 'Yingzui'　609

Amygdalus communis 'Zhipi'　608

Amygdalus communis L.　616

Amygdalus communis L.　617

Amygdalus communis L. 'jinbo1'　629

Amygdalus davidiana（Carr.）C. de Voss.ex Henry
　　685

Amygdalus mongolica Maxim.　631

Amygdalus persica 'Cuibao'　649

Amygdalus persica 'Honggang Shantao'　637

Amygdalus persica 'Jiucui'　646

Amygdalus persica 'Jiuyan'　647

Amygdalus persica 'Jiuyu'　648

Amygdalus persica 'Meijin'　641

Amygdalus persica 'Meishuo'　632

Amygdalus persica 'Yanbao'　650

Amygdalus persica L. 'lontianshuopan'　659

Armeniaca sibirica L. 'Shanxing 1'　719

Armeniaca sibirica L. 'Shanxing 2'　720

Armeniaca sibirica L. 'Shanxing 3'　721

Armeniaca sibirica L. 'Tianfeng'　722

Armeniaca vulgaris   714

Armeniaca vulgaris 'Baren'   697

Armeniaca vulgaris 'Heiye'   691

Armeniaca vulgaris 'Huanna'   693

Armeniaca vulgaris 'Jiguang'   686

Armeniaca vulgaris 'Lunnanbaixing'   694

Armeniaca vulgaris 'Mingxing'   692

Armeniaca vulgaris 'Muyage'   688

Armeniaca vulgaris 'Puxing1'   715

Armeniaca vulgaris 'Saimaiti'   689

Armeniaca vulgaris 'Tuopuluke'   690

Armeniaca vulgaris 'Weixuan 1'   698

Armeniaca vulgaris Lam. 'hongmei'   709

Armeniaca vulgaris Lam. 'Jinmeixing'   716

Armeniaca vulgaris Lam. 'Liao bai bian 2'   713

Armeniaca vulgaris Lam. 'Liao you bian 1'   711

Armeniaca vulgaris Lam.var. ansu (Maxim.)Yuet Lu

                                                            699

B

Betula albo-sinensis Burk.   311

Betula microphylla var. paludosa   309

Betula pendula   306

Betula pendula   307

Betula pendula 'Wandianzi'   308

Betula platyphylla Suk.   305

Betula tianschanica   310

Buddleja alternifolia Maxim.   943

C

C.crenata Sieb.et Zucc.×C.mollissima BL. 'KuanYou9113'

                                                            283

Calligonum arborescens   331

Calligonum caput-medusae   332

Caragana intermedia Kuang et H. C. Fu   797

Caragana korshinskii Kom.   791

Caragana korshinskii Kom.   792

Caragana korshinskii Kom.   793

Caragana korshinskii Kom.   794

Caragana korshinskii Kom.   795

Caragana Korshinskii Kom.   796

Caragana microphylla Lam cv. 'jinxi'   790

Caragana microphylla Lam.   789

Caryopteris clandonensis Simmonds.   960

Caryopteris mongholica Bunge.   961

Castanea crenata Sieb. et Zucc. 'Dafeng'   296

Castanea crenata Sieb. et Zucc. 'Daguo'   298

Castanea crenata Sieb. et Zucc. 'Gao cheng'   297

Castanea crenata Sieb. et Zucc. 'Guojian'   294

Castanea crenata Sieb.et Zucc. 'Liping'   295

Castanea dantunnyensis×（Castanea mollissima+
Castanea crenata）   270

Castanea dantunnyensis×（Castanea mollissima+
Castanea crenata）   271

Castanea dantunnyensis×Castanea mollissima   269

Castanea mollissima 'Huaifeng'   280

Castanea mollissima 'Huaixiang'   285

Castanea mollissima 'Huijian.'   290

Castanea mollissima 'Jingshuhong'   281

Castanea mollissima 'Liangxiang Yihao'   286

Castanea mollissima 'Mingjian.'   291

Castanea mollissima 'Qinli2.'   292

Castanea mollissima 'Yanchangzaosheng'   278

Castanea mollissima 'Yanli'   293

Castanea mollissima 'Yanlong'   276

Castanea mollissima 'Yanqiu'   288

Castanea mollissima 'Yanshanzaosheng'   279

Castanea mollissima 'Yanxing'   282

Castanea mollissima 'Yanzi'   287

Castanea mollissima Bl.×Castanea crenata Sieb.et
Zucc. 'Guangyin'   277

Castanea mollissima Bl. 'Yangguang'   289

Castanea mollissima Blume 'Anliyihao'   268

Castanea mollissima cv. 'Yanping'   275

Castanea mollissima cv. Donglinmingzhu   273

Castanea mollissima cv. Yanshanzaofeng   272

Castanea mollissima cv. Zunhuaduanci   274

Castanea mollissima.av. 'Jinzhenli.'   284

Castanea mollissima.av. 'Jinzhenwanli.'   284

Catalpa bungei   984

Catalpa ovata G. Don. 'Jinzi 1'　985

Cerasus avium 'jingling'　754

Cerasus avium 'Longtianzaohong'　752

Cerasus avium 'Youyi'　757

Cerasus avium (L.) 'Wannika'　762

Cerasus humilis 'Jingouerhao'　766

Cerasus humilis 'Jingouyihao'　765

Ceratoides arborescens (Losinsk.) Tsien et C.G.Ma　330

Cornus alba 'Bud's Yellow'　834

Cornus officinalis Sieb.et.Zuuc av 'Dahongzao1.'　837

Cornus officinalis Sieb.et.Zuuc av 'Qinfeng.'　838

Cornus officinalis Sieb.et.Zuuc av 'Qinyu.'　838

Cornus officinalis Sieb.et.Zuuc av 'Shigunzao1.'　837

Cornus sericea 'Baileyi'　835

Cornus sericea 'Cardinal'　836

Corylus heterophylla Fisch.　312

Corylus heterophylla Fisch. 'jinzhen2'　315

Corylus heterophylla Fisch. 'Tie zhen 1'　313

Corylus heterophylla Fisch. 'Tie zhen 2'　314

Corylus heterophylla Fisch. × Corylus avellana L. 'Bokehong'　316

Corylus heterophylla Fisch. × Corylus avellana L. 'Dawei'　317

Corylus heterophylla Fisch. × Corylus avellana L. 'Liao zhen 3'　319

Corylus heterophylla Fisch. × Corylus avellana L. 'Liao zhen 4'　320

Corylus heterophylla Fisch. × Corylus avellana L. 'Liaozhen 7'　325

Corylus heterophylla Fisch. × Corylus avellana L. 'Liaozhen 8'　326

Corylus heterophylla Fisch. × Corylus avellana L. 'Liaozhen 9'　327

Corylus heterophylla Fisch. × Corylus avellana L. 'Yuzhui'　318

Corylus heterophylla × avelana 'Xinzhen1'　321

Corylus heterophylla × avelana 'Xinzhen2'　322

Corylus heterophylla × avelana 'Xinzhen3'　323

Corylus heterophylla × avelana 'Xinzhen4'　324

Cotinus coggygria 'Zixia'　934

D

Diospyros kaki L. f.　479

Diospyros kaki L.cv. 'Yangfeng'　480

E

Elaeagnus angustifolia　810

Elaeagnus angustifolia cv. 'baicheng'　809

Elaeagnus angustifolia L.　808

Elaeagnus angustifolia var. Orientalis　811

Elaeagnus commutate　807

Elaeagnus oxycarpa　812

Eriobotrya japonica 'Zaozhong liuhao'　485

Eriobotrya japonica Lindl. 'Changhong3.'　487

Eriobotrya japonica Lindl. 'Jiajiao.'　486

Eriobotrya japonica Lindl. 'Jiefangzhong.'　486

Eriobotrya japonica Lindl. 'Senweizaosheng.'　488

Eriobotrya japonica Lindl. 'Taicheng4.'　487

Eriobotrya japonica Lindl. 'Xinongpipa2.'　488

Eucommia ulmoides Oliv. 'Duanzhimiyeduzhong.'　154

Eucommia ulmoides Oliv. 'Qinzhong1.'　152

Eucommia ulmoides Oliv. 'Qinzhong2.'　152

Eucommia ulmoides Oliv. 'Qinzhong3.'　153

Eucommia ulmoides Oliv. 'Qinzhong4.'　153

Eucommia ulmoides Oliv. 'Sizhong1.'　154

Euonymus japonnicus 'Huayuanfa'　839

Euonymus phellomanus Loes. 'ZZ-1'　840

Euonymus phellomanus Loes. 'ZZ-2'　841

F

Ficus carica 'Wanshu'　168

Ficus carica 'Zaoshu'　167

Forsythia koreana 'Sun Gold'　981

Forsythia × intermedia 'Lynwood'　982

Fraxinus americana 'Autumn Purple'　971

Fraxinus americana var. Juglandifolia　970

Fraxinus americana var. Juglandifolia　972

Fraxinus angustifolia 'Raywood'　974

Fraxinus chinensis 'Jinyebaila'　962

Fraxinus chinensis 'Sijiaobaila'	963
Fraxinus mandshurica	966
Fraxinus mandshurica 'Shuiqvliu1'	968
Fraxinus mandshurica Rup.	967
Fraxinus mandshurica Rupr. cv. 'NG'	965
Fraxinus pennsylvanica 'Jinghuang'	964
Fraxinus sogdiana	969
Fraxinus velutina 'Jinglv'	973

G

Ginkgo biloba L.	001
Gleditsia japonica Miq. 'Jinzao 1'	805
Gleditsia sinensis Lam. 'shuaiding'	806

H

Haloxylon ammodendron	328
Haloxylon ammodendron (C. A. Mey.) Bunge	329
Hedysarum laeve Maxim.	804
Hedysarum mongolicum Turcz.	803
Hedysarum scoparium Fisch. et Mey	801
Hedysarum scoparium Fisch. et Mey.	802
Hedysarum scoparium Fisch.etMey.	800
Hippophae rhamnoide 'HF-14'	821
Hippophae rhamnoides 'Aertaixinwen'	818
Hippophae rhamnoides 'Alieyi'	820
Hippophae rhamnoides 'Chuyi'	819
Hippophae rhamnoides 'Shenqiuhong'	823
Hippophae rhamnoides 'Wucifeng'	822
Hippophae rhamnoides 'Xiangyang'	817
Hippophae rhamnoides 'Xinken1'	825
Hippophae rhamnoides 'Xinken2'	826
Hippophae rhamnoides 'Xinken3'	827
Hippophae rhamnoides 'Zhuangyuanhuang'	824
Hippophae rhamnoides L	813
Hippophae rhamnoides L	814
Hippophae rhamnoides L. 'Zhong hong guo'	828
Hippophae rhamnoides L. 'Zhong huang guo'	829
Hippophae rhamnoides L. 'Zhong wu ci'	830
Hippophae rhamnoides L. subsp. sinensis Rousi	816
Hippophae rhamnoides Linn. subsp. sinensis. Rousi	

	815

J

Juglans hopeiensis 'Huayi erhao'	258
Juglans hopeiensis 'Huayi qihao'	259
Juglans hopeiensis 'Jingyi Bahao'	257
Juglans hopeiensis 'Jingyi Erhao'	254
Juglans hopeiensis 'Jingyi Liuhao'	255
Juglans hopeiensis 'Jingyi Qihao'	256
Juglans hopeiensis Hu 'Huayiyihao'	253
Juglans hopeiensis Hu 'Jingyi yihao'	252
Juglans mandshurica Maxim	260
Juglans mandshurica Maxim	262
Juglans mandshurica Maxim	263
Juglans mandshurica Maxim	264
Juglans mandshurica Maxim	265
Juglans mandshurica Maxim	266
Juglans mandshurica Maxim	267
Juglans mandshurica Maxim.	261
Juglans regia 'Ahun02'	194
Juglans regia 'Ankangchuanhetao'	234
Juglans regia 'Ankangzirenhetao'	235
Juglans regia 'Chandler'	228
Juglans regia 'Hechun06'	193
Juglans regia 'Heshang01'	185
Juglans regia 'Heshang15'	186
Juglans regia 'Heshang20'	192
Juglans regia 'Jin RS-1'	231
Juglans regia 'jinbofeng1'	225
Juglans regia 'Jinboxiang3'	218
Juglans regia 'Jinboxiang6'	230
Juglans regia 'Jinboxiang7'	223
Juglans regia 'Jinboxiang8'	224
Juglans regia 'Jinfeng'	217
Juglans regia 'Jingxiang erhao'	221
Juglans regia 'Jingxiang sanhao'	222
Juglans regia 'Jingxiang yihao'	220
Juglans regia 'Jinxiang'	216
Juglans regia 'Kakazi'	175
Juglans regia 'Kusan02'	195

Juglans regia 'Liaoning No.5' 214
Juglans regia 'Liaoning Qihao' 209
Juglans regia 'Luguo1' 242
Juglans regia 'Luguo11' 243
Juglans regia 'Sayiwake5' 199
Juglans regia 'Sayiwake9' 200
Juglans regia 'Shanheduanzhi' 229
Juglans regia 'Tuguqi15' 201
Juglans regia 'Wen185' 172
Juglans regia 'Wuhuo06' 196
Juglans regia 'Xifu1.' 176
Juglans regia 'Xifu2.' 177
Juglans regia 'Xilin2.' 178
Juglans regia 'Xiluo1' 178
Juglans regia 'Xiluo2' 179
Juglans regia 'Xiluo3' 179
Juglans regia 'Xincuifeng' 198
Juglans regia 'Xinfeng' 170
Juglans regia 'Xinguang' 169
Juglans regia 'Xinjufeng' 191
Juglans regia 'Xinlu' 171
Juglans regia 'Xinwen179' 188
Juglans regia 'Xinwen233' 189
Juglans regia 'Xinwen81' 187
Juglans regia 'Xinwu417' 190
Juglans regia 'Xinxin2' 197
Juglans regia 'Xinzaofeng' 174
Juglans regia 'Zaoshuo' 241
Juglans regia 'Zha343' 173
Juglans regia cv. 'Liaoning1' 202
Juglans regia cv. 'Liaoning1' 248
Juglans regia cv. Liaoning7 203
Juglans regia cv. Xiangling 204
Juglans regia L 'Jinhe 1' 247
Juglans regia L 'Jinmian 1' 246
Juglans regia L 'Liaoning 10' 208
Juglans regia L 'Liaoning 6' 219
Juglans regia L. 180
Juglans regia L. 181
Juglans regia L. 182

Juglans regia L. 183
Juglans regia L. 205
Juglans regia L. 206
Juglans regia L. 'Fengxiang' 244
Juglans regia L. 'Liaoning No 1' 212
Juglans regia L. 'Liaoning No.4' 213
Juglans regia L. 'Liaoruifeng' 233
Juglans regia L. 'Luguang' 211
Juglans regia L. 'Ivling' 227
Juglans regia L. 'Meixiang' 245
Juglans regia L. 'Qing xiang' 184
Juglans regia L. 'Qinxiang' 232
Juglans regia L. 'Shimen Kuixiang' 215
Juglans regia L. 'Xiangling' 210
Juglans regia L. 'Xiling' 226
Juglans regia L. 'XinWen 724' 249
Juglans regia L. 'XinWen 915' 250
Juglans regia L. 'XinWen 917' 251
Juglans regia L. × *Juglans cordiformis* Max 'Han feng' 207
Juglans regia Linn 'Bokexiang' 237
Juglans regia Linn 'jinlong 2' 239
Juglans regia Linn 'Liaoning 4' 236
Juglans regia Linn 'Luguang' 240
Juglans regia Linn 'Zhonglin 1' 238
Juniperus rigida 'hualinbei' 147

L

Larix gmelini 027
Larix gmelini 027
Larix gmelini 028
Larix gmelini 028
Larix gmelini (Rupr.)Kuzen. 029
Larix gmelini (Rupr.)Kuzen. 030
Larix gmelini (Rupr.)Kuzen. 031
Larix gmelini (Rupr.)Kuzen. 032
Larix gmelini (Rupr.)Kuzen. 033
Larix gmelini (Rupr.)Kuzen. 034
Larix gmelini (Rupr.)Kuzen. 035
Larix gmelini 7 × *L. kaempferi* 77-2 057

Larix kaempferi (Lamb.) Carr.	049	Lonicera caerulea 'Hei Lin Feng'	989
Larix kaempferi (Lamb.) Carr.	050	Lonicera caerulea 'Lan Xin'	987
Larix kaempferi (Lamb.) Carr.	051	Lonicera caerulea 'Yi Ren'	988
Larix kaempferi (Lamb.) Carr.	054	Lonicera chrysantha Turcz.	991
Larix kaempferi (Lamb.) Carr.	055	Lonicera maackii 'Shaohong'	992
Larix kaempferi ×L. gmelini、Larix kaempferi ×L. olgensis、Larix gmelini×L. kaempferi	036	Lonicera tatarica L.	990
Larix kaempferi 5× L.gmelini 9	057	Lycium barbarum 'Jingqi-1'	945
Larix kaempferi（Lamb.）Carr.	053	Lycium barbarum 'Jingqi2'	951
Larix kaempferi（Lamb.）Carr.	056	Lycium barbarum 'Jingqi4'	955
Larix kaempferi × gmelini	052	Lycium barbarum 'Jingqi5'	956
Larix olgensis	038	Lycium barbarum 'Qingqi-1'	953
Larix olgensis	039	Lycium barbarum L. 'chaiqi-1'	952
Larix olgensis	040	Lycium barbarum L. 'Ningnongqi-9'	954
Larix olgensis	041	Lycium barbarum L. 'Ningqi-3'	948
Larix olgensis	046	Lycium barbarum L. 'Ningqi-4'	946
Larix olgensis	046	Lycium barbarum L. 'Ningqi-5'	947
Larix olgensis	047	Lycium barbarum L. 'Ningqi-6'	949
Larix olgensis	047	Lycium barbarum L. 'Ningqi-7'	950
Larix olgensis	048	Lycium barbarum L. 'Ningqi-8'	957
Larix olgensis	048	Lycium barbarum ×L.chinense 'Yeyong-1'	958
Larix olgensis 'Helong'	045	Lycium ruthenicum Murr. 'Nuohei'	959
Larix olgensis 'Jixi'	044		
Larix olgensis Henry	037	Ⓜ	
Larix olgensis Henry	042	M.baccata×M.prunifolia 'shuoguohaitang'	552
Larix olgensis Henry	043	M.pumila×M.baccata 'hongmantang'	545
Larix principis-rupprechtii Mayr	015	Malus 'Dolgo'	563
Larix principis-rupprechtii Mayr	016	Malus 'Flamer'	561
Larix principis-rupprechtii Mayr	017	Malus 'Kelsey'	560
Larix principis-rupprechtii Mayr	021	Malus 'Radiant'	556
Larix principis-rupprechtii Mayr	022	Malus 'Red Jade'	564
Larix principis-rupprechtii Mayr	023	Malus 'Royalty'	562
Larix principis-rupprechtii Mayr	024	Malus 'Snowdrift'	559
Larix principis-rupprechtii Mayr	026	Malus 'Sparkler'	554
Larix principis-rupprechtii Mayr.	018	Malus 'Spire'	555
Larix principis-rupprechtii Mayr.	019	Malus 'Splender'	557
Larix principis-rupprechtii Mayr.	020	Malus 'Strawberry Parfait'	558
Larix principis-rupprechtii Mayr.	025	Malus baccata 'Y-2'	550
Larix sibirica 'Zhongziyuan'	014	Malus baccata 'Y-3'	551
Liriodendron tulipifera-4P	150	Malus Crabapple cv. 'hongyadang'	569
		Malus cv. 'Baoxianghua'	565

Malus cv. 'Fenhongzhu'   567

Malus cv. 'Jinghaitang huangmeigui'   573

Malus cv. 'Jinghaitang suyadang'   574

Malus cv. 'qianquan'   571

Malus cv. 'shengyinv'   570

Malus cv. 'yingluo'   572

Malus cv. 'Zimeiren'   566

Malus cv. 'Zixiazhu'   568

Malus domestica 'Jinlei Yihao'   512

Malus domestica 'Jinleierhao'   513

Malus domestica 'Nongdaerhao'   515

Malus domestica 'Nongdasanhao'   516

Malus domestica 'Nongdayihao'   514

Malus honanensis SC1   548

Malus honanensis × *Malus prattii* SC3   549

Malus prunifolia   578

Malus prunifolia 'Balengcui'   575

Malus prunifolia 'Hongbaleng'   576

Malus prunifolia 'Ruby'   577

Malus prunifolia (willd.) Borkh.   553

Malus pumila   541

Malus pumila '2001'   510

Malus pumila 'Abort'   537

Malus pumila 'Changhong'   507

Malus pumila 'Changping 8'   527

Malus pumila 'Hanfu'   539

Malus pumila 'Hongguang1'   528

Malus pumila 'Hongguang2'   529

Malus pumila 'Hongguang3'   530

Malus pumila 'Hongguang4'   531

Malus pumila 'Huangjiagala'   525

Malus pumila 'jin18duanzhihongfushi'   526

Malus pumila 'Jinfu2'   518

Malus pumila 'Jinfu3'   519

Malus pumila 'Mengfu'   535

Malus pumila 'Nagafu2'、*Malus pumila* 'YiliNagafu2'   523

Malus pumila 'Redchief'   538

Malus pumila 'Tianhong 2'   509

Malus pumila 'Xinfu1'   533

Malus pumila 'Xinhong1'   532

Malus pumila 'Xinpinghong'   536

Malus pumila 'Yanfu3'   524

Malus pumila 'Zaofu1'   534

Malus pumila cv. tianhong1   508

Malus pumila Mill   517

Malus pumila Mill   517

Malus pumila Mill   521

Malus pumila Mill 'NingJinFu'   522

Malus pumila Mill.   520

Malus pumila Mill.   540

Malus pumila Mill.   542

Malus pumila Mill.   542

Malus pumila Mill. cv. 'NingQiu'   511

Malus pumila × *Malus honanensis* 'SH1'   544

Malus sieversii   547

Malus xiaojinensis 'Zhongzhanyihao'   546

Morus alba L.   166

P

P. × *alba* L. 'Jinbaiyang 1'   363

P. × *alba* L. 'Jinbaiyang 2'   364

P. × *alba* L. 'Jinbaiyang 3'   365

P. × *alba* L. 'Jinbaiyang 5'   366

P. × *deltoides* L. 'Jinheiyang 1'   459

P. × *deltoides* L. 'Jinheiyang 2'   460

P. × *deltoides* L. 'Jinheiyang 3'   461

P. × *euramericana*（*Dode*）*Guiner* cv. 'Zhonglin'   453

P. × *xiaozhuanica* W.Y.Hsu et liang cv. 'Chifengensis'   410

P. × *xiaozhuanica* W.Y.Hsu et liang cv. 'Zhaolin-6'   468

P.alba × (*P.alba* × *P.glandulosa*) cl. 'Qinbaiyang1.'   367

P.alba × (*P.alba* × *P.glandulosa*) cl. 'Qinbaiyang2.'   368

P.alba × (*P.alba* × *P.glandulosa*) cl. 'Qinbaiyang3.'   369

P.deltoides × *P.cathayana* 'WQ90'   456

P.deltoides × *P.cathayana* 'zhongheifang'   455

P.deltoides × *P.nigra* 'J2'   457

P.deltoides × *P.nigra* 'J3'   458

P × *simonigra* Chon-lin cv. 'zhao'   469

Paeonia ostii 'Xiangfeng.'   333

Paeonia suffruticosa Andr. var.	333	*Pinus koraiensis* 'NB67'	073
Paulownia 'Shaantong3.'	983	*Pinus koraiensis* 'NB70'	074
Paulownia 'Shaantong4.'	983	*Pinus koraiensis* Sieb. et Zucc.	061
Periploca sepium Bunge.	944	*Pinus koraiensis* Sieb. et Zucc.	062
Phellodendron amurense 'Mushulin'	941	*Pinus koraiensis* Sieb. et Zucc.	063
Picea crassifolia Kom.	007	*Pinus koraiensis* Sieb. et Zucc.	064
Picea crassifolia Kom.	008	*Pinus koraiensis* Sieb. et Zucc.	065
Picea crassifolia Kom.	009	*Pinus koraiensis* Sieb.et Zucc	066
Picea crassifolia Kom.	010	*Pinus nigra* var. *austriaca*.Badoux	130
Picea koraiensis var. *nenjiangensis*	003	*Pinus ponderosa* Dougl. es Laws.	131
Picea meyeri Rehd. et Wils.	004	*Pinus rigida* Mall.	132
Picea meyeri Rehd. et Wils.	005	*Pinus* Sieb.et Zucc.var.*zhangwuensis* Zhang.Li etYuan	
Picea meyeri Rehd. et Wils.	006	var.nov.	108
Picea mongolica（H.Q.Wu）W.D.Xu	012	*Pinus strobus* L.	086
Picea purpurea Mast.	013	*Pinus strobus* L. '2000−15'	084
Picea schrenkiana 'Zhongziyuan'	002	*Pinus strobus* L. '2000−16'	085
Picea wilsonii Mast.	011	*Pinus strobus* L. '2000−4'	083
Pimus sylvestris L. var. *mongolica* Litv.	090	*Pinus sylvestris* L. var. *mongolica* Litv	091
Pinus armandii 'zhongtiaoshan'	058	*Pinus sylvestris* L. var. *mongolica* Litv	092
Pinus armandii Franch	059	*Pinus sylvestris* L. var. *mongolica* Litv.	100
Pinus armandii Franch	060	*Pinus sylvestris* L. var. *mongolica* Litv.	102
Pinus banksiana L.	133	*Pinus sylvestris* L. var. *mongolica* Litv.	103
Pinus bungeana Zucc.	087	*Pinus sylvestris* L.var. *mongolica* Litv.	094
Pinus bungeana Zucc. ex Endl.	088	*Pinus sylvestris* L.var. *mongolica* Litv.	104
Pinus densiflora Sieb. et Zucc.	089	*Pinus sylvestris* var. *fastigiana*	099
Pinus koraiensis	082	*Pinus sylvestris* var. *mongolica*	095
Pinus koraiensis	082	*Pinus sylvestris* var. *mongolica*	096
Pinus koraiensis 'HG14'	079	*Pinus sylvestris* var. *mongolica*	097
Pinus koraiensis 'HG23'	080	*Pinus sylvestris* var. *mongolica*	098
Pinus koraiensis 'HG27'	081	*Pinus sylvestris* var. *mongolica*	101
Pinus koraiensis 'HG8'	078	*Pinus sylvestris* var. *mongolica*	105
Pinus koraiensis 'JM24'	075	*Pinus sylvestris* var. *mongolica*	106
Pinus koraiensis 'JM29'	076	*Pinus sylvestris* var. *mongolica*	106
Pinus koraiensis 'JM32'	077	*Pinus sylvestris* var. *mongolica*	107
Pinus koraiensis 'LK11'	068	*Pinus sylvestris* var. *mongolica* cv. 'Gaofeng'	093
Pinus koraiensis 'LK20'	069	*Pinus tabulaeformis*	124
Pinus koraiensis 'LK27'	070	*Pinus tabulaeformis* Carr.	109
Pinus koraiensis 'LK3'	067	*Pinus tabulaeformis* Carr.	110
Pinus koraiensis 'NB45'	071	*Pinus tabulaeformis* Carr.	111
Pinus koraiensis 'NB66'	072	*Pinus tabulaeformis* Carr.	112

Pinus tabulaeformis Carr.	113	*Populus canadensis*	432
Pinus tabulaeformis Carr.	114	*Populus canadensis* '076-28'	412
Pinus tabulaeformis Carr.	115	*Populus canadensis* '741-9-1'	411
Pinus tabulaeformis Carr.	116	*Populus canadensis* 'Baojialiya3'	434
Pinus tabulaeformis Carr.	117	*Populus canadensis* 'I-488'	436
Pinus tabulaeformis Carr.	118	*Populus canadensis* 'Yili1'	422
Pinus tabulaeformis Carr.	119	*Populus canadensis* 'Yili2'	423
Pinus tabulaeformis Carr.	120	*Populus canadensis* 'Yili3'	424
Pinus tabulaeformis Carr.	121	*Populus canadensis* 'Yili4'	425
Pinus tabulaeformis Carr.	122	*Populus canadensis* 'Yili5'	426
Pinus tabulaeformis Carr.	123	*Populus canadensis* 'Yili8'	428
Pinus tabulaeformis Carr.	125	*Populus canadensis* 'zhongliao1'	450
Pinus tabulaeformis Carr.	126	*Populus cathayana* Rehd.	387
Pinus tabulaeformis Carr.	127	*Populus cathayana* Rehd. × *Populus simonii* Kitag.	386
Pinus tabulaeformis Carr.	128	*Populus davidiana*	373
Pinus tabulaeformis Carr.	129	*Populus davidiana* Dodo × *P. alba* var. *pyramidalis* Bunge	376
Platanus acerifolia	151	*Populus deltoides* 'OP-367'	447
Platycladus orientalis 'Dieye'	136	*Populus deltoides* × *P. cathayana* cv. 'Chimei'	452
Platycladus orientalis (L.) Franco	137	*Populus deltoides* × *nigra* 'DN-34'	448
Platycladus orientalis (L.)Franco	138	*Populus euphratica*	471
Populus 'BaiLin-1'	396	*Populus euphratica* Oliv	472
Populus 'bailin-2'	392	*Populus eurameicana* cv. 'Gelrica'	418
Populus 'I-214'	433	*Populus euramericana* 'N3016' × *P. ussuriensis*	451
Populus 'marilandica'	427	*Populus hopeiensis* Hu et Chow	377
Populus 'Robusta'	470	*Populus hopeiensis* Hu et Chow	379
Populus 'Zhonglin 54'	464	*Populus hopeiensis* Hu et Chow 'XijiQingpi'	378
Populus 'Zhonglin 78-133'	463	*Populus nigra*	467
Populus 'Zhonglin 78-8'	462	*Populus nigra* var. *italica* 'Xiongzuan-17'	385
Populus 'Zhonglin'	466	*Populus nigra* var.thevespina × Simonii	435
Populus × *beijingensis* cv. '605'	430	*Populus nigra* × *maximowiczii* 'NM-6'	449
Populus × *deltoides* 'Liaoyu3'	399	*Populus przewalskii* Maxim. 'x10'	384
Populus × *eur.* 'DN182'	441	*Populus pseudo-cachayana* × *P. deltoides* Bartr	404
Populus afghanica	421	*Populus pseudo-cathayana* × *P. deltoids*	409
Populus alba 'Mushulin'	356	*Populus pseudo-simonii* × *nigra* cv. 'Fengsha-1'	395
Populus alba L. var. *pyramidalis* Bunge	371	*Populus pseudo-simonii* × *P. nigra* cv. 'baicheng-1'	393
Populus alba var. *pyramidalis*	372		
Populus alba var. *pyramidalis* Bge.	370		
Populus alba × *P. berolinensis*	362	*Populus russkii*	439
Populus alba × *P.alba* var. *pyramidalis* '101'	465	*Populus simonii* × *P. euphratica* cv. 'Xiaohuyang-1'	477
Populus balsamifera	420		

Populus simonii Carr ×*P. nigra* L. 445

Populus simonii Carr. 383

Populus simonii Carr.×(*Populus nigra* L. var. italica (Moench) Koehne +*Salix matsudana* Koidz. 405

Populus simonii cv. 'Huilin 88' 407

Populus simonii× *P. nigra* cv. 'Tonglin 7' 408

Populus simonii×Nigra 440

Populus simonii×*P. euphratica* 478

Populus simonii×*P. nigra* cv. 'baicheng−1' 416

Populus simonii×*P.euphratica* 473

Populus spp. 389

Populus spp. 413

Populus spp. 414

Populus spp. 415

Populus suaveolens×*P. canadensis* 419

Populus talassica×*euphratica* 'Mihu1' 475

Populus talassica×*euphratica* 'Mihu2' 476

Populus tomentosa 'Triplold' 380

Populus tomentosa 'Triplold' 381

Populus tremula×*Populus tremuloides[3n]* 375

Populus tremulagigas 374

Populus ussuriensis cv. 'HL' 388

Populus wutunensis 402

Populus x euramericana Guariento 446

Populus x euramericana Neva 446

Populus Zheyin3#×*Populus canadensis* Carr. 403

Populus× 'Robusta227' 437

Populus× 'Yinxin1' 360

Populus× 'Yinxin2' 361

Populus× *Liaoyu* '1' 390

Populus× *Liaoyu* '2' 391

Populus× 'Koehe−003' 443

Populus× 'Stalinetz' 438

Populus× 'Yilixiaoye' 397

Populus× 'Yinxin10' 358

Populus× 'Yinxin12' 359

Populus× 'Yinxin4' 357

Populus×*eurameicana* cv. 'Serotina' 417

Populus×*Euramericana* 431

Populus×*euramericana* cv. '2001' 454

Populus×*generosa* 429

Populus×*liaoningensis* 444

Populus×*pioner* 'Jabl−2' 442

Populus×*popularis* Chon−Lin 406

Populus×*xiaozhuannica* 'Dataiensis' 401

Populus×*xiaozhuannica* 'Opera' 400

Populus×*xiaozhuannica* cv. 'Anshan' 394

Populus×*xiaozhuannica* cv. 'Baicheng−2' 382

Populus×*xiaozhuannica* cv. 'Baicheng − 5' 398

Prunus cerasifera 'Atropurpurea' 736

Prunus × *cistena* 742

Prunus Americana Marsh. 'Hongximei.' 747

Prunus Americana Marsh. 'Qinhongli.' 748

Prunus areniaca 'Jinxiu' 710

Prunus areniaca 'Jinyu' 712

Prunus areniaca cv. Chuanzhihong 695

Prunus areniaca cv. Xiangbaixing 696

Prunus armeniaca 706

Prunus armeniaca 'Dahong' 718

Prunus armeniaca 'Jingcuihong' 705

Prunus armeniaca 'Jingjiaerhao' 708

Prunus armeniaca 'Jingxianghong' 704

Prunus armeniaca 'Jingzaohong' 700

Prunus armeniaca 'Kuchexiaobaixing' 703

Prunus armeniaca 'Luntaixiaobaixing' 702

Prunus armeniaca 'Xinong Ershiwu' 701

Prunus armeniaca 'Yena' 707

Prunus armeniaca L 717

Prunus armeniaca L. 'Shanku2.' 717

Prunus armeniaca L. 'Taipingrouxing.' 687

Prunus armeniaca L. 'Yiwofeng.' 687

Prunus avium 'Caihong' 753

Prunus avium 'Caixia' 755

Prunus avium 'Xiangquanerhao' 759

Prunus avium 'Xiangquanyihao' 758

Prunus avium 'Zaodan' 756

Prunus avium × *pseudocerasus* 'Landing Erhao' 761

Prunus avium × *pseudocerasus* 'Landing Yihao' 760

Prunus avium L. 'Jimei.' 763

Prunus avium L. 'Qinying−1.' 751

Prunus avium L. 'Yanyang.' 751

Prunus ceracifera 'Sangbo' 749

Prunus cerasifera 'Pissardii' 741

Prunus cerasus L. 'Aode.' 748

Prunus cerasus L. 'Aojie.' 750

Prunus cerasus L. 'Meilei.' 750

Prunus domestica 'Ainula' 727

Prunus domestica 'Kalayuluke-1' 726

Prunus domestica 'Kalayuluke-5' 728

Prunus domestica 'Lichadezaosheng' 734

Prunus domestica 'Xinmei 2' 731

Prunus domestica 'Xinmei 3' 732

Prunus domestica 'Xinmei1' 730

Prunus domestica 'Xinmei4' 733

Prunus domestica 'YiMei.1' 735

Prunus domestica 'Zijing' 729

Prunus humilis 'Xiarihong' 767

Prunus persica 'Baojiahong' 656

Prunus persica 'Gufeng' 667

Prunus persica 'Guhong erhao' 670

Prunus persica 'Guhong yihao' 669

Prunus persica 'Guyan' 666

Prunus persica 'Guyu' 668

Prunus persica 'Huachun' 674

Prunus persica 'Jinchun' 673

Prunus persica 'Jinchun' 675

Prunus persica 'Jingchun' 662

Prunus persica 'Jingheyouerhao' 683

Prunus persica 'Jingheyouyihao' 682

Prunus persica 'Jinmeixia' 678

Prunus persica 'Jinqiupantao' 643

Prunus persica 'Jiumi' 658

Prunus persica 'Jiuxian' 657

Prunus persica 'Qiufei' 660

Prunus persica 'Ruiguang sanshisanhao' 680

Prunus persica 'Ruiguang Sanshiwuhao' 653

Prunus persica 'Ruiguangsanshijiuhao' 681

Prunus persica 'Ruiguangsishiwuhao' 684

Prunus persica 'Ruipan ershierhao' 635

Prunus persica 'Ruipan Ershisihao' 655

Prunus persica 'Ruiyoupan Erhao' 654

Prunus persica 'Wangchun' 633

Prunus persica 'Wanqiufei' 661

Prunus persica 'Xiazhihong' 679

Prunus persica 'Xiazhizaohong' 677

Prunus persica 'Zaolupantao' 634

Prunus persica 'Zhichun' 640

Prunus persica 'Zhongnonghongjiubao' 644

Prunus persica 'Zhongnongsanhao' 651

Prunus persica 'Zhongnongsihao' 652

Prunus persica 'Zhongnongxibao' 645

Prunus persica × *davidiana* 'Baihua Shanbitao' 663

Prunus persica × *davidiana* 'Pinhong' 664

Prunus persica × *davidiana* 'Pinxia' 665

Prunus persica Batch 'Yanfeng Liuhao' 636

Prunus persica Batsch 'Hechun' 638

Prunus persica Batsch 'Yongchun' 639

Prunus persica Batsch. cv. 'yichun' 642

Prunus persica L. var. nectariana 672

Prunus persica L. var. nectariana 'Jinxia' 676

Prunus persica var.nectarina 'Zhongyoutao' 671

Prunus pseudocerasus 'Haiyingerhao' 764

Prunus pseudocerasus 'Haiyingyihao' 763

Prunus salicina 'Angeleno' 745

Prunus salicina 'Fraiar' 744

Prunus salicina 'Heibaoshi' 746

Prunus salicina 'Oishiwase' 747

Prunus simonii 'Konglongdan' 723

Prunus simonii 'Weidi' 724

Prunus simonii 'Weihou' 725

Prunus sogdiana 'Heiyu' 738

Prunus sogdiana 'Luozhu' 739

Prunus sogdiana 'Zimei' 740

Prunus sogdiana 'Zixia' 737

Prunus virginiana 770

Prunus virginiana 'Canada Red' 769

Prunus virginiana 'Schubert' 768

Prunus × *cistena* pissardii 743

Punica granatum 'Piyaman-1' 831

Punica granatum 'Piyaman-2' 832

Punica granatum L. 'Zhaolingyushiliu.' 833
Pyrus betulifolia Bunge. 'Jinli 1' 504
Pyrus betulifolia Bunge. 'Jinli 2' 505
Pyrus bretschneideri 'Huangguanli' 498
Pyrus bretschneideri 'Jinzhong' 499
Pyrus bretschneideri 'Jishuo' 502
Pyrus bretschneideri 'Jisu' 503
Pyrus bretschneideri 'Zaomeixiang' 500
Pyrus bretschneideri 'Zhongnongsuli' 501
Pyrus communis 'Xianghongli' 497
Pyrus Linn 491
Pyrus sinkiangensis 'Kuerlexiangli' 494
Pyrus sinkiangensis 'Sha01' 495
Pyrus ussuriensis 'Hanhong' 493
Pyrus ussuriensis Maxim . 492
Pyrus xinjiangensis ' Xinli9 ' 496

Q

Quercus liaotungensis Koidz. 299
Quercus liaotungensis Koidz. 300
Quercus liaotungensis Koidz. 301
Quercus liaotungensis Koidz. 302
Quercus liaotungensis Koidz. 303
Quercus robur 304

R

Rhus vrniciflua. cv. 'Dahongpao.' 935
Rhus vrniciflua. cv. 'Gaobachi.' 935
Ribes nigrum 'Bulaode' 484
Ribes nigrum 'Hanfeng' 483
Ribes nigrum 'Hei Lin Sui Bao' 481
Ribes nigrum 'Hui Feng' 482
Robinia pseudoacacia cv. idaho 'Qinsheng' 780
Robinia pseudoacacia L. 771
Robinia pseudoacacia L. 772
Robinia pseudoacacia L. 773
Robinia pseudoacacia L. 774
Robinia pseudoacacia L. 775
Robinia pseudoacacia L. 776
Robinia pseudoacacia L. 777

Robinia pseudoacacia L. 778
Robinia pseudoacacia L. 779
Robinia pseudoacacia L. 'Dayehuai' 781
Rosa 'Anxiang' 581
Rosa 'Boai' 579
Rosa 'Duojiao' 591
Rosa 'Duoqiao' 592
Rosa 'Fenhe' 598
Rosa 'Haleihuixing' 586
Rosa 'Hong wuyue' 583
Rosa 'Huangshoupa' 580
Rosa 'Hudiequan' 599
Rosa 'Huoyanshan' 600
Rosa 'Lvye' 587
Rosa 'Mediland Scarlet' 584
Rosa 'Meirenxiang' 601
Rosa 'Tejiao' 589
Rosa 'Teqiao' 590
Rosa 'Tianshanbaixue' 597
Rosa 'Tianshantaoyuan' 596
Rosa 'Tianshanzhiguang' 595
Rosa 'Tianshanzhixing' 594
Rosa 'Tianxiang' 593
Rosa 'Xiangfei' 602
Rosa 'Xianglian' 603
Rosa 'Yanni' 588
Rosa 'Zuihongyan' 604
Rosa chinensis 'Chunchao' 582
Rosa hybrida 'Beijinghong' 585
Rosaceae 506

S

Sabina chinensis 'Feng' 144
Sabina chinensis 'Fongtuan' 145
Sabina chinensis 'Jinhua' 142
Sabina chinensis 'Lanta' 143
Sabina Przewalskii Kom. 146
Sabina vulgaris Ant. 139
Sabina vulgaris Ant. 140
Sabina vulgaris Ant. 141

Salix babylonica × S. glandulosa cv. 'Bailin 85-68'	347
Salix babylonica × S.glandulosa cv. 'Bailin 85-70'	348
Salix gordejevii Y. L. Chang et Skv.	351
Salix matsudana f. lobato~glandulosa	343
Salix matsudana Koidz.	341
Salix matsudana Koidz. 'Zhongfuliu1hao'	342
Salix matsudana Koidz. 'Zhongfuliu2hao'	342
Salix matsudana × babylonica cv. 'Qingzhu'	344
Salix matsudana × S. alba	345
Salix matsudana × S. alba	346
Salix psammophila C.Wang et Ch.Y.Yang	350
Salix sinica (Hao) C. Wang et C.F. Fang	349
Salix × aureo-pendula CL. 'J1010'	354
Salix × aureo-pendula CL. 'J1011'	355
Salix × aureo-pendula CL. 'J841'	352
Salix × aureo-pendula CL. 'J842'	353
Sambucus racemosa 'Plumosa Aurea'	986
Sarcozygium xanthoxylon	942
Sophora japonica 'Jinye'	784
Sophora japonica Lam. 'mihuai1'	785
Sophora japonica Lam. 'mihuai2'	786
Sophora japonica Linn.	783
Sophora japonica var. violacea Garr.	787
Sophpra japonica L. 'Shuangji'	782
Sorbus decora (Showy Mountain Ash)	489
Sorbus sibirica 'Dong Hong'	490
Syringa 'JinYuan'	975
Syringa amurensis Rupr.	979
Syringa amurensis Rupr.	980
Syringa juliana C.K.Schneid.	976
Syringa oblata Lindl	977
Syringa × chinensis 'Saugeana'	978

T

Tamarix chinensis Lour. 'Songbai'	335
Tamarix gallica 'Hong hua duo zhi'	336
Tamarix karelinii	338
Tamarix leptostachys Bunge	340
Tamarix ramosissima	339
Tamarix ramosissima Ledeb.	337

Taxus cuspidata Sieb. et Zucc	148
Taxus mairei (Lemee' et Levl.)S.Y.Hu ex Liu	149
Thuja occidentalis L. 'Hanxiangcuibai'	135
Thuja occidentalis L. 'shen yang wen xiang bai'	134

U

Ulmus densa Litw	165
Ulmus laciniata	157
Ulmus laciniata (Trautv.) Mayr	158
Ulmus laevis 'Mushulin'	155
Ulmus laevis 'Mushulin'	156
Ulmus pumila 'Chujizhongziyuan'	160
Ulmus pumila 'Jinye'	162
Ulmus pumila 'Pyramidalis × Umuspumila Linn'	164
Ulmus pumila 'Zhongziyuan'	163
Ulmus pumila L.	161
Ulmus pumila L. var. sabulosa J. H. Guo Y. S. Li et J. H. Li	159

V

Vitis vinifera 'Baishayu'	914
Vitis vinifera 'CabernetSauvignon'	907
Vitis vinifera 'Chardonnay'	917
Vitis vinifera 'Crimsonseedless'	911
Vitis vinifera 'Hongmunage'	909
Vitis vinifera 'Hongqitezaomeigui'	915
Vitis vinifera 'Huozhouziyu'	913
Vitis vinifera 'Jixinseedless'	906
Vitis vinifera 'Merlot'	918
Vitis vinifera 'Munage'	908
Vitis vinifera 'Petite Sira'	919
Vitis vinifera 'Riesling'	920
Vitis vinifera 'Tulufanseedless'、*Vitis vinifera* 'Hejingseedless'	905
Vitis vinifera 'vidalblanc'	916
Vitis vinifera 'Xinya'	912
Vitis vinifera 'YiliRedGlobe'	910
Vitis vinifera L.	904
Vitls vinifera L.	921

W

Weigela florida 'Goldrush'   994

Weigela florida 'Red Prince'   993

X

Xanthoceras sorbifolia 'Guanhong'   923

Xanthoceras sorbifolia 'Guanlin'   924

Xanthoceras sorbifolia 'Guanshuo'   922

Z

Zanthoxylum bungeanum Maxim. 'Dahongpao'   940

Zanthoxylum bungeanum Maxim. 'Fengjiao'   939

Zanthoxylum bungeanum Maxim. 'Nanqiangyi1hao.'
                                           938

Zanthoxylum bungeanum Maxim. 'Shizitou.'   938

Zanthoxylum bungeanum Maxim. 'Wucijiao.'   939

Ziziphus jujuba   848

Ziziphus jujuba   849

Ziziphus jujuba   850

Ziziphus jujuba   859

Ziziphus jujuba   860

Ziziphus jujuba   861

Ziziphus jujuba   862

Ziziphus jujuba 'Banzao1'   869

Ziziphus jujuba 'Beijingmayazaoyoux'   866

Ziziphus jujuba 'Changxindianbaizao'   864

Ziziphus jujuba 'gongzao'   881

Ziziphus jujuba 'Guangongzao'   877

Ziziphus jujuba 'Hamidazao'   842

Ziziphus jujuba 'Hongluocuizao'   893

Ziziphus jujuba 'Huizao'   851

Ziziphus jujuba 'Huochengdazao'   901

Ziziphus jujuba 'jingudazao'   880

Ziziphus jujuba 'Jingzao 311'   899

Ziziphus jujuba 'Jinsixiaozao'   853

Ziziphus jujuba 'jinzandazao'   882

Ziziphus jujuba 'Jixincuizao'   894

Ziziphus jujuba 'Junzao'   878

Ziziphus jujuba 'Kashigaerchangyuanzao'   854

Ziziphus jujuba 'Kenxian1'   879

Ziziphus jujuba 'Kenxianzao2'   898

Ziziphus jujuba 'Muzao1'   867

Ziziphus jujuba 'Ruoqiangdongzao'   887

Ziziphus jujuba 'Ruoqianghuizao'   886

Ziziphus jujuba 'Ruoqiangjinsixiaozao'   888

Ziziphus jujuba 'Shuguang 2'   889

Ziziphus jujuba 'Shuguang 3'   890

Ziziphus jujuba 'Shuguang 4'   892

Ziziphus jujuba 'xiangzao 1'   875

Ziziphus jujuba 'Xinxing'   874

Ziziphus jujuba 'Xinzhenghong'   891

Ziziphus jujuba 'Zanhuangzao'   852

Ziziphus jujuba 'Zaocuiwang'   868

Ziziphus jujuba 'Zaoshuwang'   876

Ziziphus jujuba cv. 'Fangmuzao.'   885

Ziziphus jujuba cv. 'Jiaxianyouzao.'   844

Ziziphus jujuba cv. 'Jinzao3.'   856

Ziziphus jujuba cv. 'Qinbaodongzao.'   857

Ziziphus jujuba cv. 'Qiyuexian.'   846

Ziziphus jujuba cv. 'Shaanbeichangzao.'   884

Ziziphus jujuba cv. 'Yanchuangoutouzao.'   843

Ziziphus jujuba cv. 'Yanliangxiangzao.'   845

Ziziphus jujuba cv. Xianwangzao   855

Ziziphus jujuba Mill   870

Ziziphus jujuba Mill   871

Ziziphus jujuba Mill 'Yanliangcuizao.'   863

Ziziphus jujuba Mill.   883

Ziziphus jujuba Mill.   902

Ziziphus jujuba Mill.   903

Ziziphus jujuba Mill. 'Jindongzao'   900

Ziziphus jujuba Mill. 'Jinyuanhong'   896

Ziziphus jujuba Mill. 'Linhuang1'   897

Ziziphus jujuba Mill. cv. 'Lingwuchangzao-2' 895

Ziziphus jujuba Mill. cv. 'Lingwuchangzao' 858

Ziziphus jujuba Mill. cv. 'ZhongningYuanzao' 873

Ziziphus jujuba. Mill. cv. 'TongxinYuanzao' 872

Ziziphus jujuba（L.）Meikle.   847

Ziziphus.Spinosa 'Beijing Longyan Dasuanzao' 865